DELIUS KLASING

Herausgeber: R. Etzold

Rob Keenan

So wird's gemacht

pflegen – warten – reparieren

Übertragen und bearbeitet
von Udo Stünkel

Band 165

Ford Transit Custom

Diesel
2,0 l (1996 cm^3)
2,2 l (2198 cm^3)

Delius Klasing Verlag

Die englische Originalausgabe mit dem Titel »Ford Transit Custom Diesel Owners Workshop Manual« erschien 2018 bei Haynes Publishing.

Autor: Rob Keenan

Bibliografische Information der Deutschen Nationalbibliothek
Die Deutsche Nationalbibliothek verzeichnet diese Publikation
in der Deutschen Nationalbibliografie; detaillierte bibliografische
Daten sind im Internet über http://dnb.dnb.de abrufbar.

1. Auflage
ISBN 978-3-667-11843-1
Die Rechte für die deutsche Ausgabe liegen beim Verlag
Delius Klasing & Co. KG, Bielefeld.

Übertragen und bearbeitet von Udo Stünkel
Lektorat: Hanno Vienken
Umschlaggestaltung: Gabriele Engel
Satz: Bernd Pettke · Digitale Dienste, Bielefeld
Printed in Malaysia 2020

Delius Klasing Verlag, Siekerwall 21, D - 33602 Bielefeld
Tel.: 0521/559-0, Fax: 0521/559-115
E-Mail: info@delius-klasing.de
www.delius-klasing.de

Inhalt

Einleitung

Die Ende 2012 eingeführten Transit Custom-Modelle stammen aus dem türkischen Ford-Werk nahe Istanbuls und werden im Frühjahr 2018 einem Facelift unterzogen, das in diesem Buch nicht mehr behandelt wird. Die Fahrzeuge sind mit zwei Radständen erhältlich.

Als Motor war anfangs ein Turbodiesel mit 2,2 Liter Hubraum und mehreren Leistungsvarianten montiert. Diese mit zwei obenliegenden Nockenwellen und vier Ventilen je Zylinder gesteuerten Triebwerke werden per Common-Rail-Direkteinspritzung mit Kraftstoff versorgt. Der Motor ist quer eingebaut und treibt über ein Sechsganggetriebe die Vorderräder an. Seit Juni 2016 ist der Transit Custom mit einem 2,0 l-Turbodiesel ausgerüstet, der bei vergleichbarer Motorleistung aktuelle Abgasgesetze erfüllt. Das für diesen optional erhältliche Automatikgetriebe ist in diesem Buch nicht beschrieben.

Die Hinterräder des mit zwei Radständen erhältlichen Fahrzeugs werden mit einer in Blattfedern aufgehängten Starrachse geführt.

Die servounterstützte Zweikreisbremse verzögert an allen Rädern mit Scheibenbremsen und ist serienmäßig mit ABS, einem elektronischen Stabilitätsprogramm (ESP), einem Notbrems-Assistenten (EBA) und einer elektronischen Bremskraftverteilung (EBD) ausgerüstet.

Mit einer zumeist serienmäßig vorhandenen Ausrüstung aus Servolenkung, Klimaanlage, Zentralverriegelung, elektrischen Fensterhebern, Wegfahrsperre und SRS (Gurtstraffern) befindet sich der Transit Custom auf modernem Pkw-Niveau.

Vorausgesetzt, das Fahrzeug wurde und wird regelmäßig entsprechend der Herstellervorgaben gewartet, gilt der Transit Custom als zuverlässig und wirtschaftlich. Für den Hobbyschrauber ist der Transit Custom ein unkompliziert zu wartendes Fahrzeug, bei dem die meisten der regelmäßig Aufmerksamkeit erfordernden Bauteile leicht zugänglich sind.

Über dieses Handbuch

Der Sinn dieses Buches ist es, Ihnen dabei zu helfen, mit Ihrem Fahrzeug viel Freude zu haben. Diese Hilfe kann auf verschiedenen Wegen geschehen: Sie können entscheiden, welche Arbeiten erledigt werden müssen und was Sie davon selbst ausführen können; Ihnen werden Informationen zur Instandhaltung und Pflege Ihres Autos gegeben; es werden Ihnen Diagnosen und Reparatur-Reihenfolgen angeboten, um Störungen zu beseitigen.

Wir wünschen uns, dass Sie mit diesem Handbuch viele Arbeiten selber erledigen können. Bei vielen simplen Arbeiten kann es einfacher sein, sie selber auszuführen, als einen Werkstatttermin auszumachen und das Auto zum Händler zu bringen und wieder abzuholen. Noch wichtiger ist, dass man schon viel Geld sparen kann, wenn man auch nur einige Vorarbeiten erledigt – noch mehr, wenn man alle Reparaturen selber erledigt. Ebenfalls ein wichtiger Punkt ist das gute Gefühl, das entsteht, wenn man eine Arbeit erfolgreich zu Ende gebracht hat.

Angaben für die rechte oder linke Seite beziehen sich – soweit nicht anders angegeben – auf die Fahrtrichtung. Im ursprünglich bei Haynes in England erschienenen Handbuch wurde ein Rechtslenker-Modell behandelt. Wir haben versucht, alle für Linkslenker relevanten Informationen zu berücksichtigen, dennoch kann es vorkommen, dass auf Fotos manche Bauteile auf der »falschen« Seite angeordnet sind.

Projekt-Fahrzeuge

Das bei der Erstellung dieses Handbuchs vor allem verwendete Fahrzeug war ein Transit Custom-Kastenwagen mit 2,0 l-Motor. Manche Arbeiten wurden auch an einem Fahrzeug mit 2,2 l-Motor erledigt.

Danksagung

Dank an Draper Tools, die uns einige der gezeigten Werkzeuge zur Verfügung gestellt haben. Wir möchten uns auch bei allen Menschen in Sparkford bedanken, die uns bei der Produktion dieses Handbuchs geholfen haben. Der Übersetzer dankt dem Autohaus Piske in Wolfenbüttel für die freundliche Unterstützung.

Wir sind stets sehr um die Richtigkeit der Informationen in allen unseren Büchern bemüht, doch es kommt immer wieder vor, dass Fahrzeughersteller während der Produktion technische Veränderungen vornehmen, von denen wir nichts wissen. Autor und Verlag können deshalb keine Verantwortung für fehlende oder falsche Informationen übernehmen, die dem Kunden Schaden oder Verletzungen zugefügt haben.

Sicherheit geht vor!

Professionelle Mechaniker haben während ihrer Ausbildung viel über Arbeitssicherheit gelernt. Doch auch der Enthusiast sollte sich bei seinen Tätigkeiten die Zeit nehmen, um sicherzustellen, dass er sich nicht unnötig in Gefahr begibt. Eine kurze Unachtsamkeit kann genauso zu einem Unfall führen wie die Nichtbeachtung simpler Vorsichtsmaßnahmen.
Es gibt unendlich viele Möglichkeiten, einen Unfall herbeizuführen – und es kann hier keine umfassende Liste aller Gefahren wiedergegeben werden; vielmehr soll auf das Risiko hingewiesen und auf eine sichere Herangehensweise an alle Arbeiten am Auto aufmerksam gemacht werden.

Asbest

• Verschiedene Reibmaterialien, Isolierungen und Dichtungen (z. B. Brems- und Kupplungsbeläge, Kopfdichtungen, Hitzeschilde usw.) können gefährliche Fasern wie Asbest enthalten. Absolute Vorsicht ist beim Einatmen des Staubs solcher Teile geboten, da dieser äußerst gesundheitsschädlich sein kann. Im Zweifelsfall sollte man immer davon ausgehen, dass Asbest enthalten ist.

Feuer

• Denken Sie immer daran, dass Benzin leicht entzündbar ist. Rauchen Sie niemals bei der Arbeit am Fahrzeug und lassen Sie keine offenen Flammen in die Nähe kommen. Hiermit ist das Feuerrisiko jedoch noch nicht gebannt, denn Funken durch einen elektrischen Kurzschluss, das Aneinanderschlagen zweier Metallteile, der unbedachte Einsatz von Werkzeugen oder die statische Aufladung des Körpers oder der Kleidung können in geschlossenen Räumen Benzindämpfe entzünden, die sich zu einem hochexplosiven Gemisch entwickelt haben. Verwenden Sie Benzin niemals als Reinigungsmittel, sondern benutzen Sie ungefährlichere Lösungsmittel.
• Trennen Sie vor jeder Arbeit am Kraftstoff- oder Zündsystem den Masseanschluss (–) von der Batterie. Lassen Sie niemals Kraftstoff auf den heißen Motor oder Auspuff tropfen.
• In der Garage oder der Werkstatt muss ein für brennende Flüssigkeiten geeigneter Feuerlöscher griffbereit gehalten werden. Löschen Sie niemals brennenden Kraftstoff oder unter Strom stehende Teile mit Wasser!

Dämpfe

• Manche Dämpfe sind hochgiftig und können schnell zur Bewusstlosigkeit oder gar zum Tod führen, wenn sie in einer bestimmten Konzentration eingeatmet werden. Benzindämpfe gehören genauso dazu wie Dämpfe von Lösungsmitteln wie Trichlorethylen. Sämtlicher Umgang mit solch flüchtigen Stoffen darf nur in gut belüfteten Bereichen geschehen.
• Bei der Verwendung von Reinigungs- oder Lösungsmitteln müssen stets sorgfältig die Anwendungshinweise durchgelesen werden. Benutzen Sie niemals Stoffe aus unbeschrifteten Behältern und mischen Sie niemals verschiedene an sich harmlose Lösungsmittel – sie können giftige Dämpfe freisetzen.
• Lassen Sie niemals einen Verbrennungsmotor in geschlossenen Räumen laufen. Auspuffgase können extrem giftiges Kohlenmonoxid enthalten. Wenn ein Motor gestartet werden muss, hat dies möglichst im Freien zu geschehen, zumindest ist das Fahrzeug so hinzustellen, dass der Auspuff nach draußen zeigt.

Batterie

• Setzen Sie die Batterie nie offenem Feuer oder Funken aus, da sie immer etwas Wasserstoff abgibt, der hochexplosiv ist.
• Trennen Sie vor der Arbeit am Kraftstoff- oder Zündsystem den Masse-Anschluss (–) von der Batterie – außer, die Stromzufuhr wird ausdrücklich verlangt.
• Lockern Sie beim Laden der Batterie die Einfüllstopfen. Laden Sie die Batterie nicht mit einer zu hohen Rate, da sie hierdurch beschädigt wird.
• Beim Auffüllen, Reinigen und Tragen der Batterie ist Vorsicht geboten. Die Batteriesäure ist auch im verdünnten Zustand stark ätzend. Haut- und Augenkontakt muss durch das Tragen von Gummihandschuhen und einer Schutzbrille mit Gesichtsschutz vermieden werden. Muss die Batteriesäure selber vorbereitet werden, darf nur die Säure langsam dem Wasser zugefügt werden – kippen Sie niemals das Wasser in die Säure!

Elektrizität

• Beim Einsatz von Elektrowerkzeugen, Lampen usw. muss immer ein korrekter Stromanschluss und ggf. Masseanschluss sichergestellt sein. Verwenden Sie keine Elektrogeräte in feuchter Umgebung oder in der Nähe von Benzin oder Benzindämpfen. Achten Sie darauf, dass alle Geräte und das Stromnetz den Sicherheitsstandards entsprechen.
• Einen starken Stromschlag kann man beim Berühren bestimmter Teile der elektrischen Anlage bekommen, so zum Beispiel beim Anfassen der Zündkabel bei laufendem oder durchgedrehtem Motor – und besonders, wenn Bauteile feucht sind oder eine defekte Isolierung haben. Bei elektronischen Zündanlagen kann die Zündspannung lebensgefährlich sein!

Airbags

• Ein versehentlich ausgelöster Airbag kann schwere Verletzungen hervorrufen. Beachten Sie vor Arbeiten am Lenkrad und an den Verkleidungen vor anderen Airbags die Warnhinweise in Kapitel 9.

Diesel-Einspritzung

• Diesel-Einspritzpumpen arbeiten mit extrem hohen Drücken. Beim Lösen eines unter Druck stehenden Anschlusses kann Kraftstoff durch die Haut ins Körpergewebe und Blutbahnen eindringen und zu lebensgefährlichen Vergiftungen führen!

Niemals ...

• den Motor starten, ohne geprüft zu haben, dass sich das Getriebe im Leerlauf befindet.
• plötzlich den Deckel eines heißen Kühlsystems entfernen – sondern ihn mit Lappen abdecken und langsam den Druck ablassen, um sich nicht durch austretendes Kühlmittel zu verbrühen.
• aus einem heißen Motor Öl ablassen, sondern ihn erst etwas abkühlen lassen, um sich nicht zu verbrennen.

• Teile eines heißen Motors oder Auspuffs anfassen, um sich nicht zu verbrennen.
• Bremsflüssigkeit oder Kühlmittel auf Lack oder Kunststoffteile gelangen lassen.
• giftige Flüssigkeiten wie Benzin, Bremsflüssigkeit oder Frostschutzmittel mit dem Mund ansaugen oder auf die Haut gelangen lassen.
• Staub einatmen, der gesundheitsschädlich sein kann (siehe oben unter Asbest).
• Öl oder Fett auf dem Boden belassen, sondern es aufwischen, bevor jemand darauf ausrutscht.
• verschlissene Werkzeuge benutzen, da man damit abrutschen und sich verletzen kann.
• schwere Bauteile allein heben, sondern einen Assistenten zu Hilfe holen.
• in Zeitnot arbeiten oder die Arbeit auf gefährlichen Wegen abkürzen.
• Kinder oder Tieren ermöglichen, sich in der Nähe eines unbeobachteten Fahrzeugs aufzuhalten.
• einen Reifen über den erlaubten Maximaldruck aufpumpen. Abgesehen von der Überlastung der Karkasse kann er in Extremfällen platzen.

Stets ...

• dafür sorgen, dass das Fahrzeug sicher steht. Besonders wichtig ist dies, wenn das Auto für den Ausbau eines Rades oder einer Radaufhängung aufgebockt wird.
• festsitzende Schrauben oder Muttern vorsichtig lockern. An einem Schlüssel zu ziehen, ist immer besser als ihn zu drücken, damit man beim Abrutschen nicht gegen das Bauteil stößt.
• beim Einsatz von Bohrern, Schleifern und anderen Maschinen eine Schutzbrille tragen.
• beim Arbeiten in schmutzigen Bereichen die Hände mit Schutzcreme versehen, die nicht nur vor Infektionen schützt, sondern auch das Reinigen erleichtert. Längerer Kontakt mit Motoröl kann ein Gesundheitsrisiko sein. Passen Sie auf, dass die Hände durch die Creme nicht rutschig werden.
• Kleidungsstücke wie Ärmel, Halstücher oder lange Haare außerhalb des Arbeitsbereichs beweglicher Teile halten.
• Schmuck und Uhren vor der Arbeit – besonders an elektrischen Bauteilen – ablegen.
• den Arbeitsbereich sauber und geordnet halten, um nicht über herumliegende Teile zu fallen.
• beim Zusammendrücken von Federn für den Aus- oder Einbau, Spannen und Entspannen vorsichtig sein.
• Federn nur mit geeigneten Werkzeugen greifen, die die Feder nicht plötzlich wegspringen lassen.
• aufpassen, dass Hebevorrichtungen genügend Tragkraft für die zu verrichtende Arbeit haben.
• jemanden regelmäßig die Arbeit kontrollieren lassen, wenn man allein am Fahrzeug arbeitet.
• die Arbeit in einer logischen Reihenfolge ausführen und anschließend prüfen, ob alles korrekt montiert und gesichert ist.
• daran denken, dass die Sicherheit des Fahrzeugs auch Ihre eigene Sicherheit und die anderer bedeutet. Bei jedem Zweifel muss professioneller Rat eingeholt werden.
• **Da man sich trotz des Befolgens dieser Hinweise verletzen kann, muss dafür gesorgt werden, dass immer jemand (nötigenfalls per Telefon) erreichbar ist, der einem zu Hilfe kommen kann.**

Straßenrand-Reparaturen

Auf den folgenden Seiten werden typische Pannen und Startprobleme behandelt. Detailliertere Fehlersuchen finden sich im Anhang dieses Buchs; Informationen zu Reparaturen sind in den entsprechenden Kapiteln zu finden.

Motor startet nicht und Anlasser dreht nicht

☐ Schieben Sie den Fahrersitz nach vorn, öffnen Sie den Batteriebox-Deckel und prüfen Sie, ob die Batteriekabel sauber sind und fest sitzen.

☐ Schalten Sie das Fahrlicht ein und versuchen Sie, den Motor zu starten – wenn das Licht dabei sehr schwach wird, wird die Batterie wahrscheinlich stark entladen sein. Lassen Sie sich Starthilfe geben (siehe nächste Seite).

Motor startet nicht, obwohl der Anlasser normal dreht

☐ Befindet sich Kraftstoff im Tank?

☐ Sind elektrische Komponenten im Motorraum feucht? Schalten Sie die Zündung aus und wischen Sie Feuchtigkeit mit einem trockenen Lappen ab. Sprühen Sie Kontakte des Zündsystems und der Kraftstoffversorgung mit wasserverdrängendem Mittel (z. B. WD 40) ein – achten Sie dabei besonders auf die in den Abbildungen gezeigten Stecker.

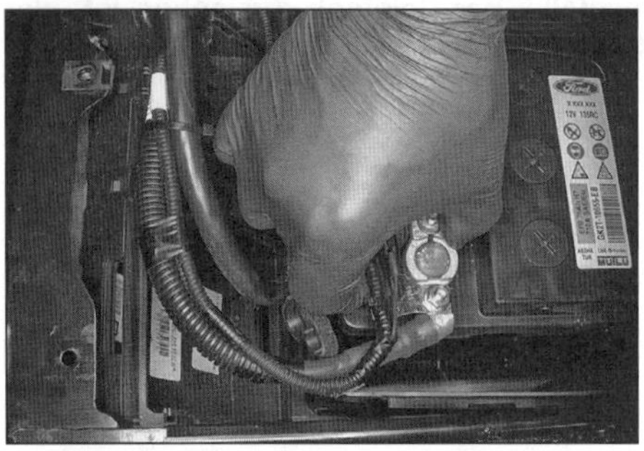

A Kontrollieren Sie die Festigkeit und den Zustand der Batterieanschlüsse (unter dem Fahrersitz).

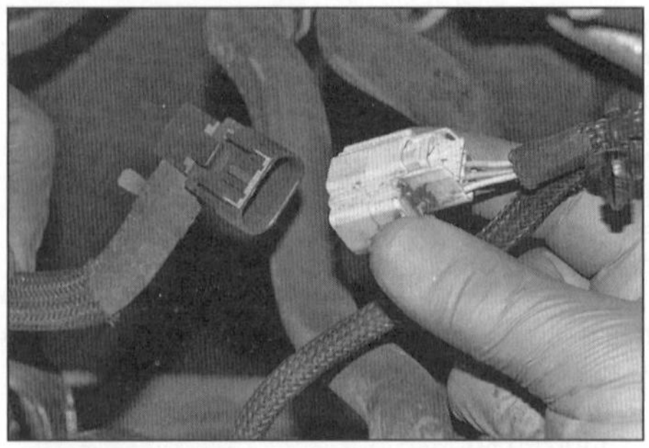

B Prüfen Sie bei ausgeschalteter Zündung den Zustand und den festen Sitz aller zugänglichen Stecker.

C Kontrollieren Sie alle Sicherungen auf geschmolzene Drähte.

Bei ausgeschalteter Zündung muss geprüft werden, ob alle elektrischen Anschlüsse sicher verbunden sind. Sprühen Sie alle Kontakte mit wasserverdrängendem Mittel (z. B. WD 40) ein, falls Feuchtigkeit das Problem sein kann.

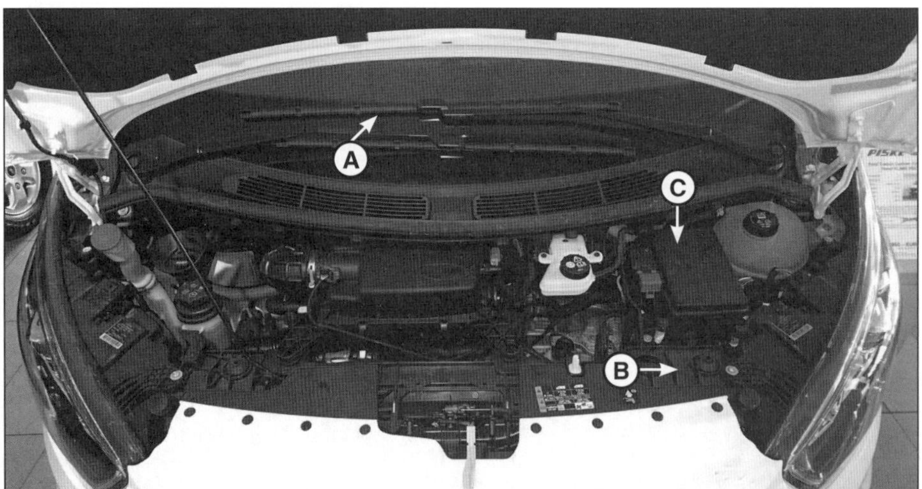

Bei ausgeschalteter Zündung muss geprüft werden, ob alle elektrischen Anschlüsse sicher verbunden sind. Sprühen Sie alle Kontakte mit wasserverdrängendem Mittel (z. B. WD 40) ein, falls Feuchtigkeit das Problem sein kann.

Starthilfe

Beim Überbrücken eines Fahrzeugs mithilfe einer Fremdbatterie müssen die folgenden Vorsichtsmaßnahmen berücksichtigt werden:

✓ Vor dem Anklemmen der Fremdbatterie muss die Zündung ausgeschaltet werden.

Achtung: Ziehen Sie den Zündschlüssel ab, falls die Zentralverriegelung beim Anschließen der Fremdbatterie das Fahrzeug verriegelt.

✓ Sämtliche elektrischen Verbraucher (Licht, Lüftung, Scheibenwischer etc.) müssen abgeschaltet sein.
✓ Alle auf der Batterie zu findenden Sicherheitshinweise müssen beachtet werden.
✓ Die Fremdbatterie muss die gleiche Spannung haben wie die Fahrzeugbatterie.
✓ Falls die Fremdbatterie in einem anderen Auto eingebaut ist, dürfen sich die beiden Autos keinesfalls berühren.
✓ Das Getriebe muss sich im Leerlauf befinden.

Praxis-Tipp

Starthilfe bringt den Wagen zwar erst einmal wieder in Fahrt, doch muss der Fehler umgehend behoben werden, der die Batterie zum Schwächeln brachte. Es gibt drei Möglichkeiten:

1 Die Batterie wurde durch wiederholte Startversuche oder Anlassen der Beleuchtung entleert.

2 Das Ladesystem funktioniert nicht richtig (Keilrippenriemen locker oder gerissen, Kabel mit Kontaktproblemen, Lichtmaschine selbst defekt).

3 Die Batterie ist defekt (Säurepegel niedrig oder physikalische Schäden).

Praxis-Tipp

Verwenden Sie ausreichend dimensionierte Überbrückungskabel. Die beträchtlichen Strommengen können dünne Kabel sehr heiß werden lassen.

1 Befreien Sie die Kunststoffkappe vom Pluspol (+) der leeren Batterie und verbinden Sie eine Klemme des roten Überbrückungskabels damit.

2 Die andere Klemme des roten Überbrückungskabels wird mit dem Pluspol (+) der Starthilfebatterie verbunden.

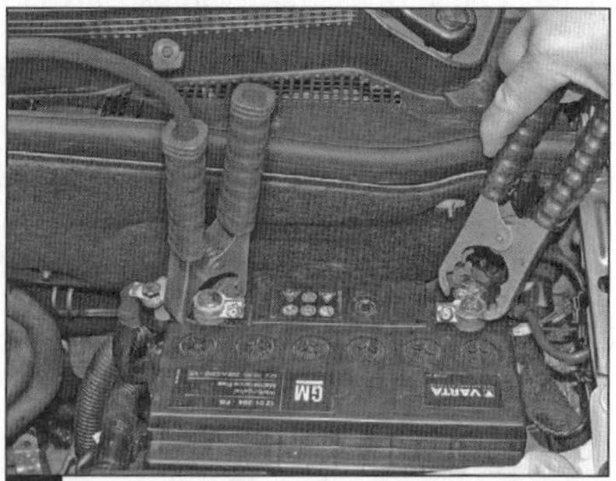

3 Eine Klemme des schwarzen Überbrückungskabels wird mit dem Minuspol (–) der Starthilfebatterie verbunden.

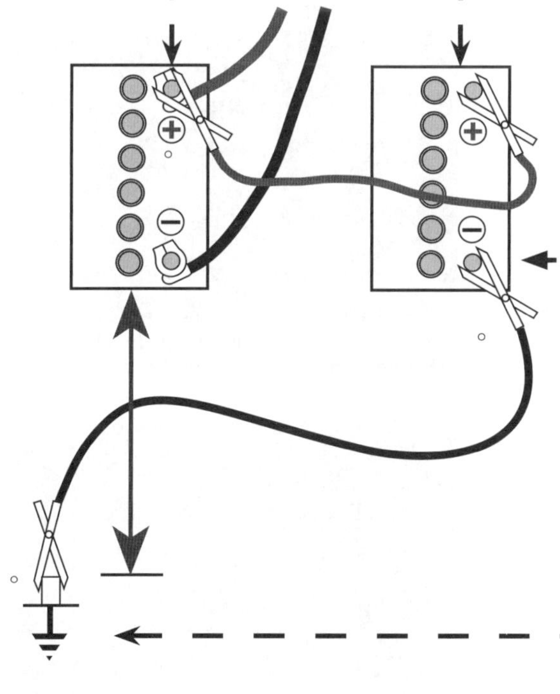

4 Die andere Klemme des schwarzen Überbrückungskabels wird mit dem Halter am Metallgehäuses vorn am Zylinderkopf des zu startenden Fahrzeugs verbunden.

5 Sorgen Sie dafür, dass kein Kabel mit dem Kühlerventilator, Antriebsriemen oder anderen beweglichen Teilen in Berührung kommt.

6 Starten Sie den Motor mithilfe der Fremdbatterie und lassen Sie ihn im erhöhten Standgas laufen. Schalten Sie alle größeren Verbraucher (Licht, Heckscheibenheizung, Gebläse) ein und trennen Sie die Überbrückungskabel in exakt der umgekehrten Anschluss-Reihenfolge. Schalten Sie die Verbraucher wieder ab.

Radwechsel

Anmerkung: *Manche Modelle sind mit einem Reparaturset statt eines Reserverades ausgerüstet – beachten Sie in diesem Fall die Hinweise im Fahrerhandbuch.*

⚠ ***Warnung: Ein Radwechsel darf niemals in Situationen durchgeführt werden, wo ein Gefährdungsrisiko durch andere Verkehrsteilnehmer besteht. An belebten Straßen muss versucht werden, in einer Parkbucht oder einer Einfahrt zu halten. Bei Radwechsel muss der Verkehr stets beobachtet werden – bei der Arbeit kann man leicht abgelenkt werden***

Vorbereitung

- ☐ Sobald ein Druckverlust bemerkt wird, muss angehalten werden, solange dies gefahrlos möglich ist.
- ☐ Gestoppt werden muss möglichst auf einem ebenen Untergrund und abseits des Verkehrs.
- ☐ Falls nötig, muss die Warnblinkanlage eingeschaltet werden.
- ☐ Falls das Fahrzeug am Straßenrand steht, müssen andere Verkehrsteilnehmer mithilfe des Warndreiecks gewarnt werden.
- ☐ Ziehen Sie die Handbremse an und legen Sie den ersten oder den Rückwärtsgang ein.
- ☐ Das dem Plattfuß diagonal gegenüberliegende Rad muss verkeilt werden – ein paar größere Steine reichen aus.
- ☐ Auf weichem Untergrund muss die Last unterhalb des Wagenhebers mit einem Stück Holz oder Ähnlichem verteilt werden.

Austausch der Räder

1 In einem Fach im rechten Einstieg befinden sich der Wagenheber samt Griff und Radmutternschlüssel. Lösen Sie die Laschen des Deckels, entnehmen Sie ihn und befreien Sie die Haltebänder der Werkzeuge.

2 Falls das Fahrzeug nicht mir einem Reparaturset, sondern mit einem Reserverad ausgerüstet ist, befindet sich dies unter dem Fahrzeugheck und wird von einem mit einem Stahlseil verbundenen Halter in Position gehalten. Der Zugang zum Absenkmechanismus befindet sich unterhalb der rechten Hecktür im Fahrzeugboden – lösen Sie ggf. die oberhalb der Führungsbohrung sitzende Sicherungsschraube.

3 Stecken Sie je nach Modell das flache Ende des Radmutternschlüssels oder das kurze Ende des Griffs in die Führungsbohrung und lassen Sie es in den Mechanismus greifen. Drehen Sie den Schlüssel oder Griff gegen den Uhrzeigersinn, bis das Reserverad auf dem Boden aufliegt und das Seil locker wird.

4 Ziehen Sie das Rad unter dem Fahrzeug heraus. Befreien Sie zuerst den Seilzug ...

5 ... und befreien Sie wie gezeigt den Halter durch Lösen der Schraube. Der Halter kann jetzt an der Außenseite der Felge befreit werden.

6 **Hebeln Sie ggf. die Radkappe oder die Radmutterdeckel ab. Setzen Sie ggf. den Sicherheits-Schlüssel auf und lockern Sie alle Radmuttern um eine halbe Umdrehung.**

7 **Positionieren Sie den Wagenheber unter dem nächsten Hebepunkt – die vorderen Hebepunkte sind die hinteren Schrauben des Hilfsrahmens, die in die Vertiefungen des Hebers greifen. Drehen Sie den Wagenhebergriff im Uhrzeigersinn, bis das Rad nicht mehr den Boden berührt.**

8 **Die hinteren Hebepunkte befinden sich möglichst nahe am Rad an den hinteren Augen der Blattfeder. Die flache Seite oben am Wagenheber muss um 90° verdreht werden, um korrekt einzurasten. Drehen Sie den Wagenhebergriff im Uhrzeigersinn, bis das Rad nicht mehr den Boden berührt.**

9 **Lösen Sie die Radmuttern vollständig, beachten Sie ihre Einbaurichtung und entnehmen Sie das Rad – legen Sie es zur Sicherheit unter den Schweller, um ein ggf. abrutschendes Fahrzeug abzufangen. Setzen Sie das Reserverad an der Radnabe an, installieren Sie die Muttern, und ziehen Sie sie etwas an.**

10 **Senken Sie das Fahrzeug ab. Ziehen Sie die Radmuttern über Kreuz (bei Fünflochfelgen wie gezeigt) fest an und montieren Sie ggf. die Radkappe.**

Zum Schluss ...

- ☐ ... wird der Keil entfernt.
- ☐ ... werden das defekte Rad unter dem Fahrzeug mit dem Zugseil verbunden und unter den Wagen gezogen. Verstauen Sie das Werkzeug in seinem Fach im Einstieg. Manche Alufelgen lassen sich nicht mit dem Seilzug und dem Halter verbinden, sodass sie im Laderaum gelagert werden und das Zugseil unter dem Fahrzeug gesichert werden müssen. Das Ford-Handbuch schreibt vor, den Windenmechanismus nicht ohne das Rad abzusenken, da er hierbei beschädigt werden kann. Belassen Sie den Reserverad-Rahmen nicht unbeladen und ungesichert unter dem Fahrzeug – es kann herunterfallen.
- ☐ ... wird der Luftdruck des soeben montierten Rades geprüft. Falls er niedrig ist oder kein Messgerät zur Hand ist, muss langsam zur nächsten Werkstatt oder Tankstelle gefahren werden, um dort den Reifen aufzupumpen – beachten Sie die empfohlenen Drücke am Ende dieser Sektion.
- ☐ ... werden die Radmuttern bei nächster Gelegenheit gelockert und mit dem korrekten Drehmoment (200 Nm) angezogen.
- ☐ ... wird der defekte Reifen möglichst bald repariert oder ausgetauscht.

Abschleppen

Wenn nichts mehr geht, muss das Fahrzeug abgeschleppt werden. Lange Strecken sollten nur von einem professionellen Abschleppdienst bewältigt werden. Kurze Strecken können mithilfe eines anderen Autos erledigt werden – dabei sind folgende Hinweise zu beachten:

- ☐ Abschleppen darf nur mit einem speziellen Abschleppseil oder einer Abschleppstange erfolgen. Bei beiden Fahrzeuge müssen die Warnblinkanlagen eingeschaltet sein.
- ☐ Beim gezogenen Fahrzeug muss der Zündschlüssel so weit gedreht werden, bis das Lenkschloss entriegelt ist und die Bremsleuchten funktionieren.

- ☐ Die Abschleppösen befinden sich vorn in der Stoßstange bzw. hinten unter der Stoßstange.
- ☐ Das Abschleppseil oder die Abschleppstange darf nur an der Abschleppöse befestigt werden.
- ☐ Vor dem Abschleppen muss die Handbremse gelöst und der Leerlauf eingelegt sein.
- ☐ Weil die Bremskraftverstärkung des Motors fehlt, muss mit erhöhtem Pedaldruck beim Bremsen gerechnet werden.
- ☐ Auch die Lenkung wird bei einer nicht funktionierenden Servolenkung deutlich schwergängiger.
- ☐ Der Fahrer des gezogenen Fahrzeugs muss stets dafür sorgen, dass das Abschleppseil gespannt ist.
- ☐ Beide Fahrer müssen vor Abfahrt die Route besprechen.
- ☐ Das Tempo muss moderat sein, die abzuschleppende Distanz möglichst gering. Der Fahrer des Zugfahrzeugs darf nur sanft an Kreuzungen usw. heranfahren.

Undichtigkeiten

Pfützen auf dem Garagenboden oder in der Einfahrt, eine triefende Motorhaube und eine komplett durchfeuchtete Fahrzeug-Unterseite weisen auf Lecks hin, die abgedichtet werden müssen. Manchmal ist es nicht einfach, die Quelle zu entdecken (vor allem, wenn der Motorraum und die Unterseite stark verschmutzt sind. Fahrtwind-Verwirbelungen tragen ebenfalls dazu bei, die Ursache zu verschleiern.

⚠ ***Warnung: Die meisten im Fahrzeug verwendeten Schmiermittel und Flüssigkeiten sind giftig! Falls man mit ihnen in Berührung kommt, muss kontaminierte Bekleidung unverzüglich ausgezogen und verunreinigte Haut abgewaschen werden.***

Praxis-Tipp

Der Geruch der aus dem Auto tropfenden Flüssigkeit kann Hinweise auf deren Ursprung geben. Manche Flüssigkeiten haben auch eine spezielle Farbe. Um den Austrittspunkt zu bestimmen, kann hilfreich sein, den Motorraum und den Unterboden sorgfältig zu reinigen und über Nacht sauberes Papier unter das Auto zu legen.
Manche Flüssigkeiten treten allerdings nur aus, wenn der Motor läuft und/oder das Fahrzeug bewegt wird.

Ölwanne

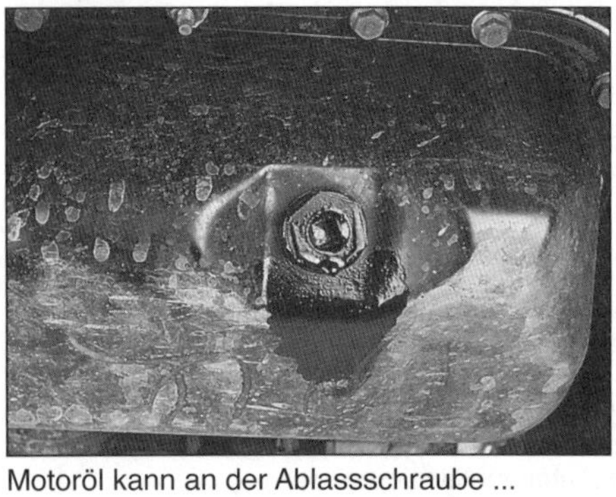

Motoröl kann an der Ablassschraube ...

Ölfilter

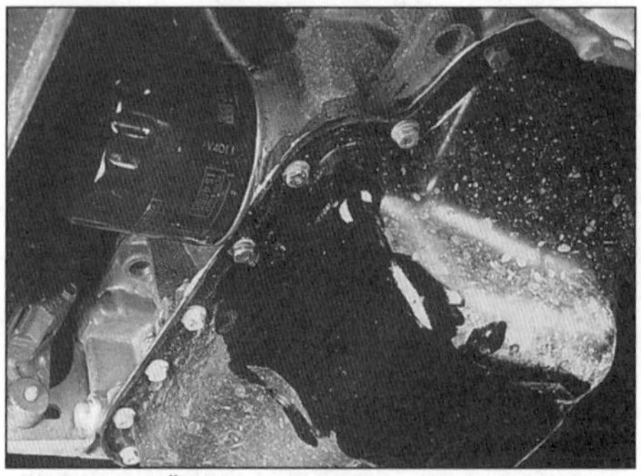

... oder am Ölfilter austreten.

Getriebeöl

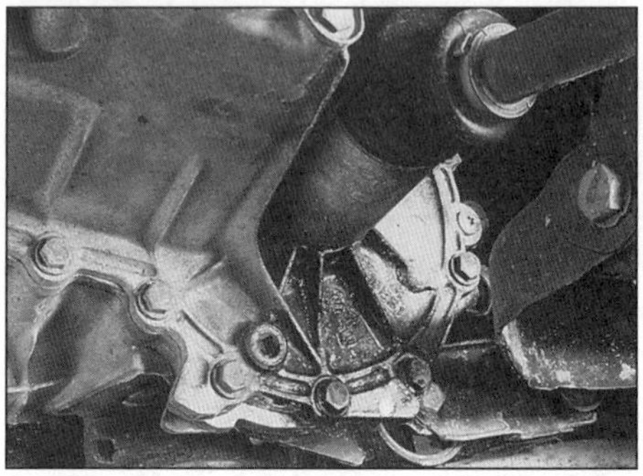

Getriebeöl hat einen speziellen Geruch. Es kann durch die Dichtringe zur Kupplung oder an den Antriebswellen-Flanschen austreten.

Frostschutzmittel

Ausgetretenes Kühlmittel hinterlässt oft kristalline Ablagerungen.

Bremsflüssigkeit

Flüssigkeit im Bereich der Radaufhängungen stammt mit großer Sicherheit aus der Bremse.

Einleitung

Es gibt einige sehr simple Checkpunkte, die nur wenige Minuten dauern – aber vor reichlich Unannehmlichkeiten und hohen Kosten schützen können.
Diese »Wöchentlichen Kontrollen« erfordern keine großen Kenntnisse oder Spezialwerkzeuge; und das bisschen Zeit für ihre Ausführung kann eine sehr gute Investition sein. Zum Beispiel:

- ☐ Ein gelegentlicher Blick auf den Zustand und den Luftdruck der Reifen schützt nicht nur vor frühzeitigem Verschleiß und höherem Kraftstoffverbrauch, sondern kann tatsächlich Leben retten.
- ☐ Viele Pannen sind auf Elektrikprobleme zurückzuführen. Besonders häufig sind defekte Batterien die Ursache. Regelmäßige Schnell-Checks können die Mehrzahl dieser Pannen verhindern.
- ☐ Falls im Bremssystem eine Undichtigkeit auftritt, merkt man dies möglicherweise erst, wenn die Bremse nicht mehr korrekt funktioniert. Eine regelmäßige Kontrolle des Flüssigkeitspegels kann vorzeitig auf Probleme hinweisen.
- ☐ Falls Öl oder Kühlmittel austritt, ist eine Abdichtung des Lecks deutlich billiger als die Reparatur eines Motorschadens.

Motorraum-Checkpunkte

(abgebildet sind Rechtslenkermodelle – einige Bauteile sind bei Linkslenkern anders positioniert.)

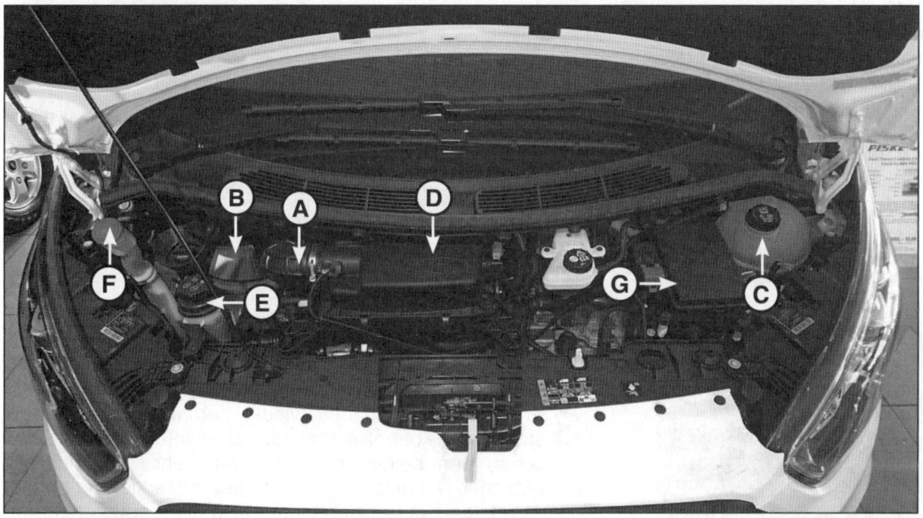

◀ Modelle mit 2,0 l-Motor

A *Motoröl-Peilstab*
B *Motoröl-Einfülldeckel*
C *Kühlmittel-Ausgleichsbehälter*
D *Brems- und Kupplungsflüssigkeitsbehälter*
E *Servolenkungsöl-Behälter*
F *Wischwasserbehälter*
G *Motorraum-Sicherungs-/Relaisbox*

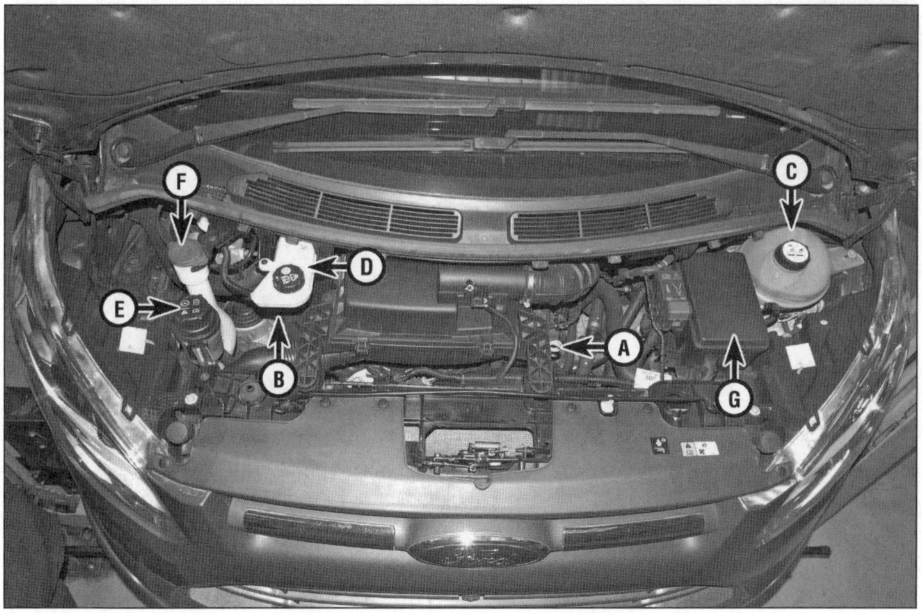

◀ Modelle mit 2,2 l-Motor

A *Motoröl-Peilstab*
B *Motoröl-Einfülldeckel*
C *Kühlmittel-Ausgleichsbehälter*
D *Brems- und Kupplungsflüssigkeitsbehälter (bei Linkslenkern auf der anderen Seite)*
E *Servolenkungsöl-Behälter*
F *Wischwasserbehälter*
G *Motorraum-Sicherungs-/Relaisbox*

Motorölpegel

Vor Beginn:

✓ Das Fahrzeug muss auf einem ebenen Untergrund stehen.
✓ Der Ölpegel sollte bei warmem Motor, aber erst fünf Minuten nach dem Abschalten des Motors kontrolliert werden.

Achtung: Falls das Öl direkt nach dem Abschalten des Motors kontrolliert wird, sorgt das noch im oberen Bereich des Motors befindliche Öl dafür, dass am Peilstab möglicherweise ein niedriger Pegel festgestellt wird.

Das richtige Öl

Moderne Motoren stellen hohe Ansprüche an ihr Öl. Ford schreibt SAE 5W/30-Mehrbereichsöl nach der Spezifikation WSS-M2C913-C vor.

Vorsichtsmaßnahmen:

- Ein geringer Ölverbrauch ist normal. Falls jedoch regelmäßig Öl nachgefüllt werden muss, sollten die Gründe des Ölverlustes gefunden werden. Legen Sie dazu sauberes Papier über Nacht unter den Motor und kontrollieren Sie es am nächsten Morgen auf Ölflecken. Falls keine Tropfen zu finden sind, wird das Öl entweder vom Motor verbrannt oder es tritt nur bei laufendem Motor aus (siehe *Fehlersuche*).
- Der Ölpegel muss stets zwischen den beiden Markierungen am Peilstab stehen (Abb. 3). Bei zu niedrigem Pegel können schwere Motorschäden entstehen. Falls das Motoröl überfüllt wird, können Dichtringe und Dichtungen beschädigt werden.

1 Der Peilstab ist durch eine markante Farbgebung gut erkennbar (beachten Sie die Abbildungen auf den vorherigen Seiten). Ziehen Sie ihn heraus.

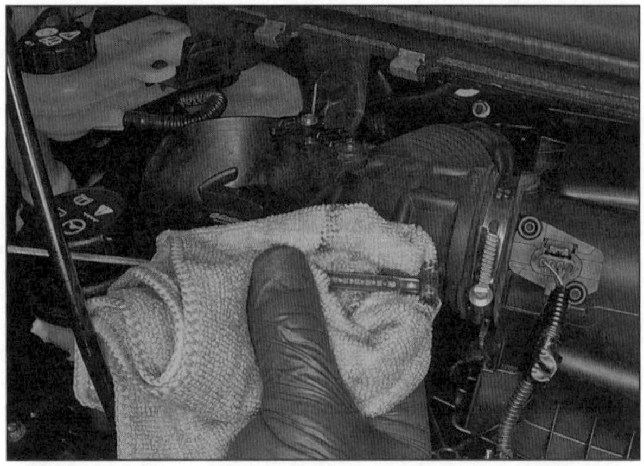

2 Der Peilstab wird mithilfe eines sauberen Lappens oder Papiertuchs abgewischt und wieder bis zum Anschlag in sein Rohr gesteckt.

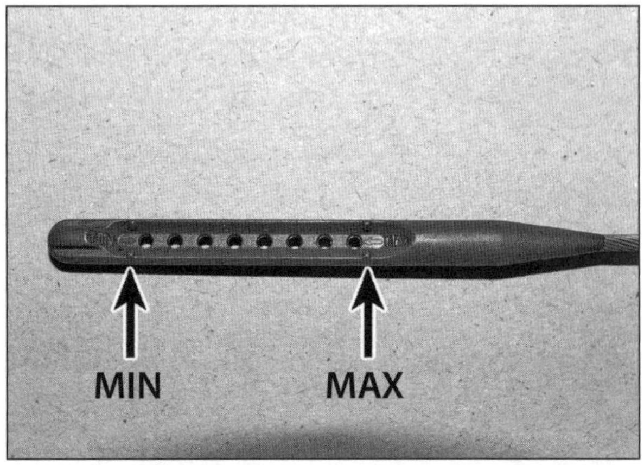

3 Am unteren Ende des wieder herausgezogenen Peilstabs wird kontrolliert, ob der Ölpegel im Bereich zwischen den beiden Markierungen steht. Die Differenz zwischen der unteren und der oberen Markierung beträgt etwa 1,5 Liter. Bei Benzinmotoren sind die Markierungen für MIN und MAX als Linien ausgeführt.

4 Falls Öl nachgefüllt werden muss, geschieht dies über den Einfülldeckel am Zylinderkopf – nötigenfalls mithilfe eines Trichters. Da das Öl erst durch den Motor laufen muss, sollte vor der erneuten Kontrolle einen Moment gewartet werden. Der Motor darf nicht überfüllt werden (siehe oben).

Kühlmittelpegel

***Warnung:** NIEMALS darf bei heißem Motor der Deckel des Ausgleichsbehälters entfernt werden, da eine hohe Verbrühungsgefahr besteht. Kühlmittel darf niemals in offenen Behältern gelagert werden – es ist giftig und kann durch seinen süßlichen Geruch Kindern und Tieren zum Verhängnis werden.*

Vorsichtsmaßnahmen

- Bei einem abgedichteten Kühlsystem sollte nicht regelmäßig Kühlflüssigkeit nachgefüllt werden müssen. Falls der Pegel stetig abfällt, wird wahrscheinlich ein Leck entstanden sein. Überprüfen Sie den Kühler, alle Schläuche und Anschlüsse auf Flecken und Feuchtigkeit. Alle Schäden müssen umgehend behoben werden.
- Es ist wichtig, Frostschutz ganzjährig zu verwenden und nicht nur im Winter. Füllen Sie bei gesunkenem Pegel nicht nur Wasser auf, um die Flüssigkeit nicht zu verdünnen.

1 Der Kühlmittelpegel variiert mit der Motortemperatur. Bei kaltem Motor muss der Pegel zwischen den MAX- und MIN-Markierung vorn am Behälter stehen. Mit zunehmender Motortemperatur kann der Pegel leicht über die MAX-Markierung ansteigen.

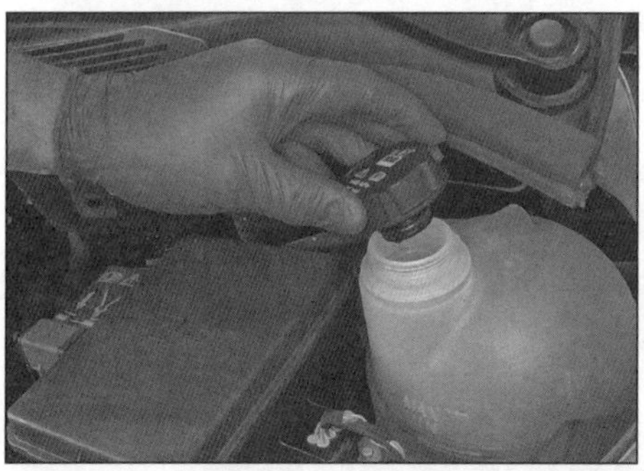

2 Falls Kühlmittel nachgefüllt werden muss, wird **bei abgekühltem Motor** der Deckel entfernt – drehen Sie ihn langsam ab, um möglichen Druck sicher entweichen zu lassen.

3 Füllen Sie das aus Wasser und Frostschutzmittel (Ford empfiehlt SuperPlus-Premium nach der Ford-Spezifikation WSS-M97B44-D) bestehende Kühlmittel auf, bis der Pegel zwischen den MAX- und MIN-Markierung steht. Achten Sie bei einem Frostschutzmittel eines Fremdherstellers darauf, dass es die gleiche Farbe hat wie das im System vorhandene Kühlmittel. Drehen Sie den Deckel fest zu.

Brems- und Kupplungsflüssigkeit

Anmerkung: *Alle Modelle sind mit einer hydraulischen Kupplung ausgerüstet, die sich den Ausgleichsbehälter mit der Bremse teilt. Die Abbildungen zeigen ein Rechtslenkermodell – bei einem Linkslenker befindet sich der Behälter weiter links zwischen dem Luftfiltergehäuse und der Sicherungsbox.*

Warnung:
- ***Bremsflüssigkeit kann zu Augenverletzungen führen und Lackoberflächen angreifen, bewahren Sie deshalb beim Umgang hiermit größte Sorgfalt.***
- ***Benutzen Sie keine Bremsflüssigkeit, die längere Zeit offen gestanden hat, da sie Feuchtigkeit aus der Luft absorbiert, was zu einem gefährlichen Verlust an Bremswirkung führen kann.***

Sicherheit geht vor!

- Falls der Ausgleichsbehälter regelmäßig aufgefüllt werden muss, ist dies ein Hinweis auf ein Leck im Hydrauliksystem, das unverzüglich abgedichtet werden muss.
- Falls ein Leck vermutet wird, darf das Fahrzeug nicht gefahren werden, solange das Bremssystem nicht kontrolliert wurde. Schadhafte Bremsen stellen ein extrem hohes Sicherheitsrisiko dar.

Praxis-Tipp
- ***Das Fahrzeug muss auf ebenem Untergrund stehen.***
- ***Der Pegel im Ausgleichsbehälter sinkt langsam ab, da die Bremsbeläge verschleißen. Der Pegel darf jedoch NIEMALS unter den MIN-Pegel sinken!***

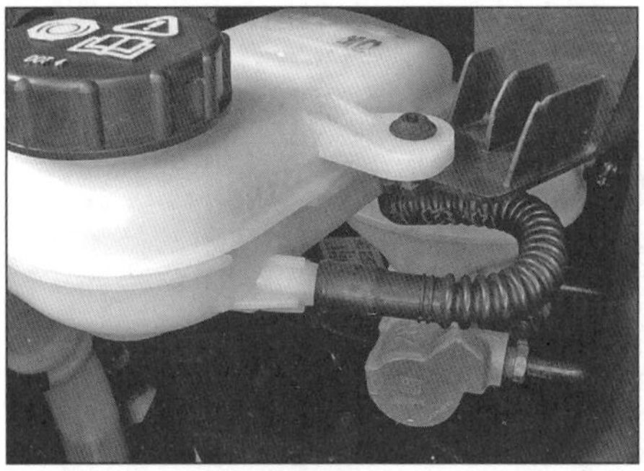

1 Die MIN- und MAX-Markierungen sind vorn am Ausgleichsbehälter zu sehen, der sich hinten im Motorraum befindet. Der Bremsflüssigkeitspegel muss stets zwischen diesen beiden Markierungen stehen.

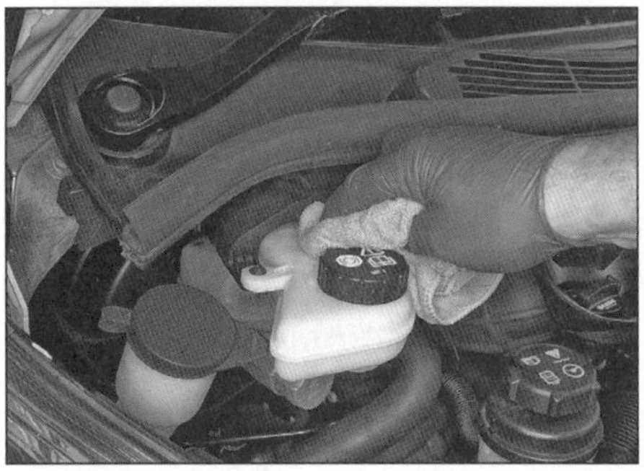

2 Falls Hydraulikflüssigkeit nachgefüllt werden muss, sollte zuerst der Bereich um den Einfülldeckel herum abgewischt werden, damit kein Schmutz ins Hydrauliksystem gerät. Schrauben Sie den Deckel ab.

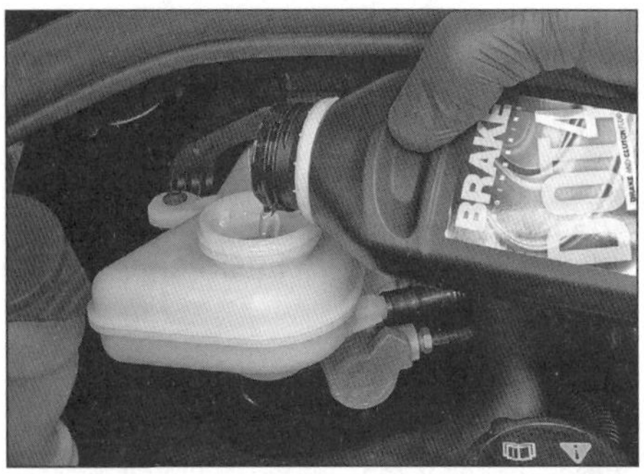

3 Füllen Sie vorsichtig frische Hydraulikflüssigkeit auf, ohne dass dabei Spritzer auf umliegende Bauteile gelangen. Verwenden Sie ausschließlich Bremsflüssigkeit vom Typ DOT 4 nach der Ford-Spezifikation WSS-M6C65-A2 – das Mischen unterschiedlicher Typen kann dem Bremssystem schaden! Nach dem Auffüllen werden der Deckel aufgeschraubt und mögliche Spritzer abgewischt.

Servolenkungsöl-Pegel

Vor Beginn:

✓ Das Fahrzeug muss auf einem ebenen Untergrund stehen.
✓ Die Lenkung muss in die Geradeaus-Position gestellt werden.
✓ Der Motor muss abgeschaltet sein.

Praxis-Tipp ***Für eine akkurate Kontrolle darf die Lenkung nach dem Abschalten des Motors nicht mehr bewegt werden***

Sicherheit geht vor!

• Falls der Ausgleichsbehälter regelmäßig aufgefüllt werden muss, ist dies ein Hinweis auf ein Leck im Hydrauliksystem, das unverzüglich abgedichtet werden muss.

1 Der Ausgleichsbehälter der Servolenkung sitzt rechts im Motorraum. Der Pegel muss bei **kaltem** Motor zwischen den MIN- und MAX-Markierungen des transparenten Behälters liegen.

2 Falls Hydraulikflüssigkeit nachgefüllt werden muss, sollte vor dem Entfernen des Deckels dieser und der umliegende Bereich abgewischt werden, damit kein Schmutz in den Behälter gelangt.

3 Schrauben Sie den Deckel ab und füllen Sie den Behälter mit Hydraulikflüssigkeit nach der am Ende dieser Sektion beschriebenen Ford-Spezifikation auf. Installieren Sie anschließend den Behälterdeckel.

Reifen – Zustand und Luftdruck

Die Reifen müssen sich stets in einem guten Zustand befinden und den korrekten Luftdruck aufweisen – ein Reifenschaden kann bei jeder Geschwindigkeit ein hohes Risiko darstellen. Der Reifenverschleiß hängt stark von der Fahrweise ab – starkes Beschleunigen und Bremsen sowie hohe Kurvengeschwindigkeiten beschleunigen den Verschleiß. Generell gilt, dass bei unterschiedlich abgefahrenen Reifen diejenigen mit der größeren Profiltiefe hinten montiert sein sollten – es wird jedoch empfohlen, alle vier Reifen gleichzeitig auszutauschen.
Entfernen Sie alle Nägel, scharfkantigen Steine und andere Fremdkörper aus dem Reifenprofil, bevor sie sich nach innen arbeiten können. Falls nach dem Entfernen eines Nagels Luft entweicht, muss er wieder hineingesteckt werden, um die Stelle für eine Reparatur zu markieren. Tauschen Sie das Rad gegen das Reserverad aus und lassen Sie den Reifen unverzüglich reparieren.
Die Seitenwände der Reifen müssen regelmäßig auf Risse oder Beulen überprüft werden. Demontieren Sie die Räder gelegentlich, um sie innen und außen zu reinigen. Kontrollieren Sie regelmäßig die Felgen auf Korrosion und Beschädigungen. Leichtmetallfelgen können leicht beim Überfahren von Bordsteinen beschädigt werden; auch Stahlfelgen können hier verbeult werden. Bei größeren Schäden hilft meistens nur der Austausch der Felge.
Neue Reifen müssen nach der Montage ausgewuchtet werden. Allerdings müssen sie manchmal bei einem gewissen Verschleiß neu gewuchtet werden; das Gleiche gilt, wenn Gewichte verloren gegangen sind. Nicht ausgewuchtete Reifen beeinträchtigen nicht nur den Fahrkomfort, sondern lassen auch Federelemente, die Lenkung und die Reifen selbst schneller verschleißen. Eine Unwucht zeigt sich üblicherweise durch Vibrationen – meistens bei Geschwindigkeiten um 80 km/h herum. Falls diese Vibrationen lediglich im Lenkrad fühlbar sind, sind wahrscheinlich nur die Vorderräder nicht ausgewuchtet. Sind die Vibrationen im gesamten Auto spürbar, werden die Hinterräder nicht ausgewuchtet sein. Räder können bei jedem Reifenhändler ausgewuchtet werden.

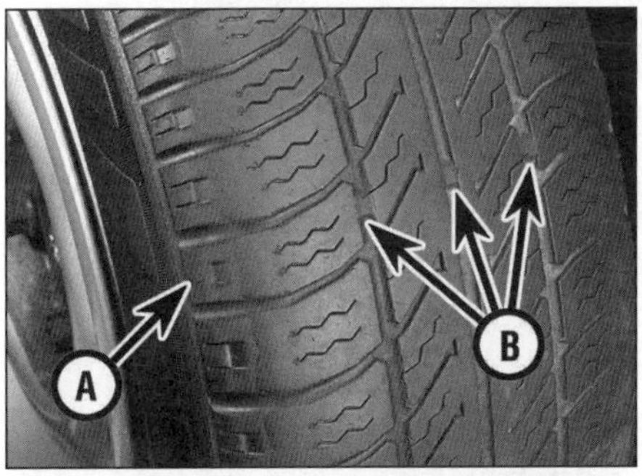

1 *Profiltiefe - Sichtkontrolle*
Die meisten Reifen besitzen Profiltiefen-Indikatoren (B), auf die an den Flanken mit Dreiecken oder der Bezeichnung TWI hingewiesen wird (A). Diese Indikatoren müssen **nicht** den vorgeschriebenen 1,6 mm entsprechen!

2 *Profiltiefe - Messen*
Mithilfe eines einfachen und preiswerten Profiltiefen-Messgeräts wird die Profiltiefe an der am stärksten verschlissenen Stelle des Reifens ermittelt – die Polizei wird es bei einer Kontrolle ebenso tun.

3 *Luftdruck - Kontrolle*
Der Luftdruck muss bei **kaltem** Reifen überprüft werden – also nicht direkt nach längerer Fahrt, denn hierbei wird der Reifen warm und der Luftdruck steigt. Der korrekte Druck kann bei geöffneter Fahrertür auf einem Aufkleber an der A-Säule abgelesen werden.

Reifenverschleißmuster

Seitlicher Verschleiß

Zu niedriger Luftdruck (Verschleiß an beiden Rändern)
Geringer Luftdruck sorgt für starke Erwärmung des Reifens, da er während der Fahrt zu stark walkt. Überhitzung kann zum plötzlichen Ausfall des Reifens führen! Da die Lauffläche nicht korrekt auf der Fahrbahn aufliegt, wird die Traktion vermindert und der Verschleiß stark erhöht. *Der Luftdruck muss sofort auf den korrekten Wert gebracht werden!*

Unkorrekter Sturz (Verschleiß an einer Seite)

Der Sturzwinkel des Fahrzeugs muss eingestellt werden. Beschädigte Teile des Fahrwerks müssen ersetzt werden.

Hohe Kurvengeschwindigkeiten

Der Reifen kann von der Felge springen! Langsam fahren und bei nächster Gelegenheit den Luftdruck erhöhen!

Mittiger Verschleiß

Zu hoher Luftdruck

Zu hoher Reifendruck erhöht den Verschleiß in der Laufflächenmitte, verringert die Traktion, verschlechtert den Fahrkomfort und erhöht die Gefahr eines plötzlichen Schadens an der Reifenstruktur.
Der Luftdruck muss sofort auf den korrekten Wert gebracht werden!

Falls die Reifen manchmal wegen hoher Reisegeschwindigkeiten stärker aufgepumpt werden müssen, darf nicht vergessen werden, den Druck anschließend wieder auf die normalen Werte abzusenken.

Ungleichmäßiger Verschleiß

Vorderreifen verschleißen manchmal aufgrund falscher Spureinstellungen ungleichmäßig. Viele Reifenhändler und Werkstätten sind in der Lage, die Spur zu kontrollieren und korrekt einzustellen.

Unkorrekter Sturz oder Nachlauf

Verschlissene oder beschädigte Teile des Fahrwerks müssen ersetzt werden.

Ungewuchtete Räder

Die Räder müssen ausgewuchtet werden.

Unkorrekte Spureinstellung

Die Spur der Vorderräder muss eingestellt werden.
Anmerkung: *Ungleichmäßig verschlissene Profilblöcke, die auf eine unkorrekte Spureinstellung hinweisen, lassen sich am besten per Auge und Fingergefühl ermitteln.*

Wischwasserpegel

- Wischwasserzusätze sorgen nicht nur für klare Sicht durch die Windschutzscheibe, sondern verhindern auch, dass das Wischwasser im Winter einfriert – eine Zeit, in der es am häufigsten gebraucht wird. Daher darf der Behälter niemals mit klarem Wasser nachgefüllt werden.
- Kontrollieren Sie die Funktion der Düsen für die Windschutzscheibe und für die Heckscheibe. Stellen Sie die Düsen nötigenfalls mit einem geeigneten Stift so ein, dass sie auf einen Punkt leicht über der Mitte des Wischbereichs zielen.

⚠ ***Warnung: Auf keinen Fall darf Kühler-Frostschutzmittel für die Scheibenwaschanlage verwendet werden, da es den Lack des Fahrzeugs angreift!***

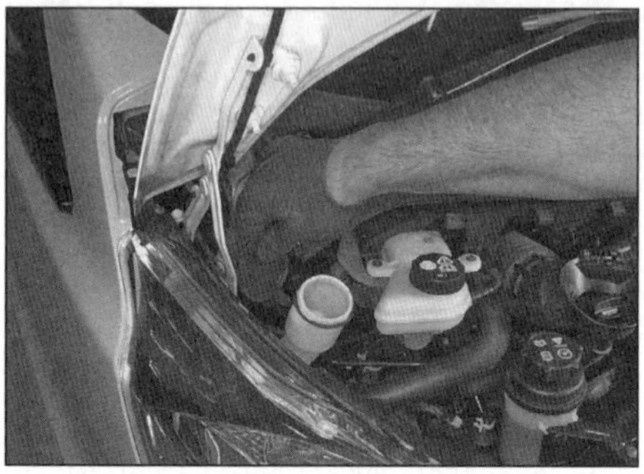

1 Der Wischwasserbehälter sitzt rechts im Motorraum. Für die Kontrolle des Pegels muss der Deckel geöffnet und hineingeschaut werden.

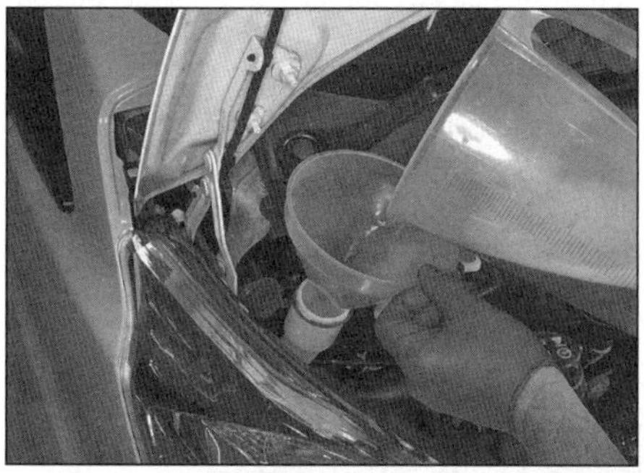

2 Zum Auffüllen des Behälters muss das korrekte Gemisch aus Wasser und Zusatzmittel verwendet werden.

Scheibenwischer

- Verwenden Sie nur Marken-Scheibenwischer.
- Achten Sie beim Ausbau des alten Scheibenwischers dessen Einbaurichtung – die Montage neuer Scheibenwischer kann ansonsten zu einer kniffligen Aufgabe werden.
- Lassen Sie den Wischerarm bei demontiertem Scheibenwischer nicht auf die Windschutz- oder Heckscheibe schlagen!
- Positionieren Sie den neuen Scheibenwischer korrekt am Wischerarm und lassen Sie ihn korrekt einrasten, damit er sich nicht während der ersten Regenfahrt löst – hierbei würde nicht nur die Sicht stark behindert, sondern durch den über die Scheibe kratzenden Wischerarm auch große Schäden angerichtet.

Praxis-Tipp

Falls auch nach dem Einbau neuer Scheibenwischer auf der Windschutzscheibe Schlieren auftreten, sollte diese mit speziellem Scheibenwasch-Additiv oder Spiritus gereinigt werden.

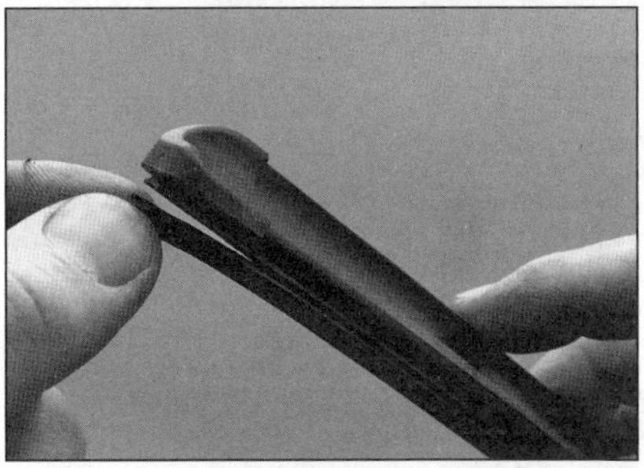

1 Kontrollieren Sie den Zustand der Wischerblätter. Ist ein Blatt eingerissen oder spröde oder erzeugt es auf der Windschutzscheibe Schlieren, muss es ersetzt werden. Wischerblätter sollten jährlich erneuert werden.

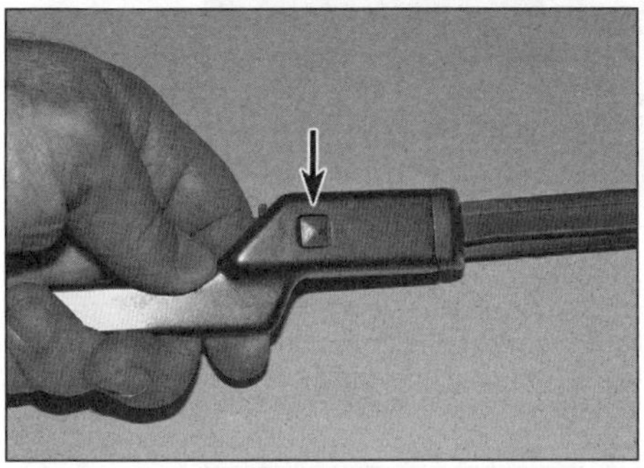

2 Um ein Windschutzscheiben-Wischerblatt zu demontieren, wird der Wischerarm von der Windschutzscheibe abgehoben, bis er einrastet. Legen Sie ein dickes Handtuch auf die Fensterscheibe, damit sie beim versehentlichen Zurückschlagen des Arms nicht beschädigt wird. Drücken Sie die Laschen an der Seite des Wischerblatts und befreien Sie es vom Wischerarm.

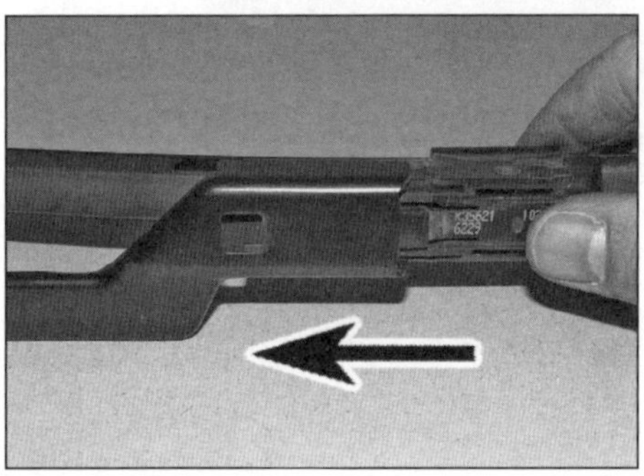

3 Richten Sie das neue Wischerblatt korrekt aus und lassen Sie es sicher einrasten.

Elektrik

✓ Kontrollieren Sie alle Leuchten außen am Fahrzeug sowie die Hupe. Falls Stromkreise nicht funktionieren, müssen die Hinweise in Kapitel 12, Sektion 2 beachtet werden.

✓ Begutachten Sie alle zugänglichen Kabelstecker sowie die Verkabelungen und ihre Befestigungen auf sichere Anschlüsse und Hinweise auf Scheuerstellen und Beschädigungen.

✓ Die Fahrzeuge sind mit vier separaten Sicherungs-/Relais-Boxen ausgerüstet: eine sitzt links im Motorraum, zwei weitere befindet sich hinter dem Handschuhfach im Beifahrerfußraum und eine vierte befindet sich unter dem Fahrersitz. Beachten Sie für Details die Hinweise in Kapitel 12, Sektion 3.

Praxis-Tipp

Um Bremslichter ohne fremde Hilfe kontrollieren zu können, wird das Fahrzeug rückwärts vor eine helle Wand oder ein Garagentor gefahren und die Bremse betätigt – durch die Reflexionen lässt sich erkennen, ob alle Bremsleuchten funktionieren.

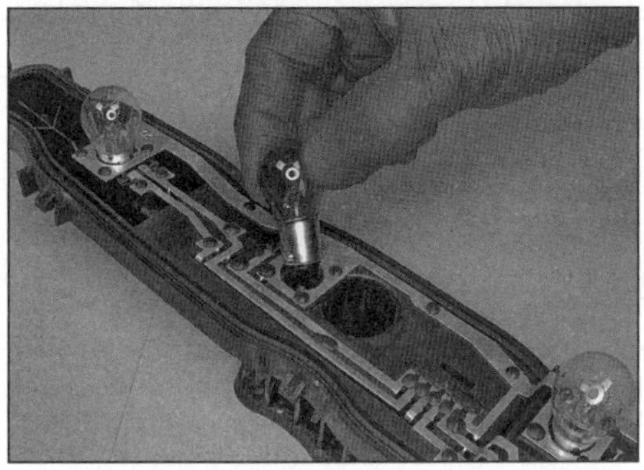

1 Falls ein einzelner Blinker, ein Bremslicht, ein Standlicht, ein Rücklicht oder ein Scheinwerfer ausfällt, muss wahrscheinlich die Lampe ersetzt werden (siehe Kapitel 12, Sektion 8). Falls alle Bremsleuchten ausfallen, wird wahrscheinlich der Bremslichtschalter defekt sein (siehe Kapitel 9, Sektion 20).

2 Falls mehr als ein Blinker oder beide Rücklichter ausfallen, wird wahrscheinlich eine Sicherung durchgebrannt sein oder im Stromkreis ein Defekt vorliegen (siehe Kapitel 12, Sektion 2). Um Zugang zur Sicherungs-/Relais-Box im Motorraum zu erhalten, muss die Abdeckung gelöst und abgenommen werden. Beachten Sie für die Zuordnung der Sicherungen die Schaltpläne am Ende von Kapitel 12.

3 In der Sicherungsbox befinden sich mehrere Sicherungen sowie Ersatzsicherungen. Ziehen Sie mithilfe der beigefügten kleinen Zange die defekte Sicherung heraus und installieren Sie eine gleich starke Ersatzsicherung (siehe Kapitel 12, Sektion 3). Falls die neue Sicherung sofort wieder durchbrennt, muss vor dem Einbau der nächsten Sicherung die Ursache gefunden und beseitigt werden (siehe Kapitel 12, Sektion 2).

Batterie

Achtung: Bevor an der Fahrzeugbatterie gearbeitet wird, müssen die Hinweise in der Sektion »Sicherheit geht vor!« am Anfang dieses Kapitels durchgelesen werden. Beachten Sie vor dem Trennen der Batterie die Hinweise in Kapitel 5.

- ✓ Der Batteriehalter muss sich in einem guten Zustand befinden und die Halterung muss fest sitzen. Korrosion am Halter, der Klemme und der Batterie selbst kann mithilfe von Sodalauge entfernt werden, anschließend werden alle gereinigten Bereiche mit Wasser abgespült. Durch Korrosion beschädigte Metallteile sollten umgehend mit Zink-Grundierung behandelt und anschließend lackiert werden.
- ✓ Etwa vierteljährlich sollte der Ladezustand der Batterie überprüft werden (siehe Kapitel 5, Sektion 3).
- ✓ Muss das Fahrzeug wegen einer entladenen Batterie überbrückt werden, sind die Hinweise auf Seite 11 zu beachten.

Praxis-Tipp

Korrosion der Batteriepole kann auf ein Minimum reduziert werden, wenn man sie nach dem Anschließen der Kabel mit Polfett oder Vaseline versieht. Für diesen Zweck sind auch Sprays erhältlich. Verwenden Sie kein Fett auf Mineralbasis.

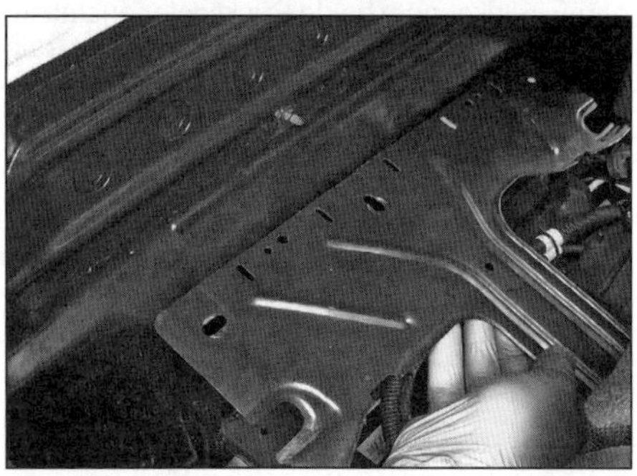

1 Die Batterie befindet sich in einem Fach unter dem Fahrersitz. Schieben Sie den Sitz ganz nach vorn und öffnen Sie den Batteriefach-Deckel. Kontrollieren Sie die Batterie regelmäßig auf äußerliche Beschädigungen.

2 Prüfen Sie die Festigkeit der Batterieklemmen, um eine gute elektrische Verbindung sicherzustellen. Alle Batteriekabel müssen auf Risse in der Isolierung und abgerissene Litzen überprüft werden.

3 Falls Korrosion (weiße, flockige Ablagerungen) festgestellt wird, müssen die Kabelklemmen von den Batteriepolen befreit, die Pole mit einer kleinen Drahtbürste gereinigt und die Klemmen wieder gesichert werden. Im Autozubehörhandel sind Werkzeuge erhältlich, mit denen sich sowohl die Batteriepole ...

4 ... als auch die Kabelklemmen reinigen lassen.

Schmierstoffe und Flüssigkeiten

Motoröl*	SAE 5W/30-Mehrbereichsöl nach Ford-Spezifikation WSS-M2C913-C oder ACEA A5/B5
Kühlmittel	SuperPlus Premium nach Ford-Spezifikation WSS-M97B44-D
Schaltgetriebeöl	Getriebeöl nach Ford-Spezifikation WSS-M2C200-D2
Brems- und Kupplungsflüssigkeit	Super DOT 4-Hydraulikflüssigkeit nach Ford-Spezifikation WSS-M6C65-A2
Servolenkung**	
Fahrzeug wurde vor dem 12.03.2013 gebaut	Hydraulikflüssigkeit nach Ford-Spezifikation WSS-M2C204-A2
Fahrzeug wurde nach dem 12.03.2013 gebaut	Hydraulikflüssigkeit nach Ford-Spezifikation WSS-M2C938-A
Radlager	Fett nach Ford-Spezifikation WSS-M1C228-A

** Andere als die empfohlenen Öle können zu einem längeren Kaltstartverhalten, geringerer Motorleistung, erhöhtem Verbrauch und schlechteren Abgaswerten führen.*
*** Nachgefüllt darf nur mit farblich gleicher Hydraulikflüssigkeit.*

Auswahl des Motoröls
Das Motoröl dient nicht nur der Schmierung beweglicher Teile, sondern es unterstützt auch die Kühlung, minimiert den Verschleiß, reinigt Bauteile, steigert die Motorleistung und sorgt für geringen Kraftstoffverbrauch.

Wie Motoröl funktioniert

- **Verschleißminderung**

Ohne Öl würden die beweglichen Teile des Motor aneinander reiben, sich dabei stark erhitzen und schmelzen bzw. miteinander verschweißen – ein rascher Motorschaden wäre die Folge. Motoröl erzeugt zwischen beweglichen Teilen einen Film, der vor Verschleiß und Überhitzung schützt.

- **Hotspot-Kühlung**

Im Motor können Temperaturen von über 1.000 °C entstehen. Das zirkulierende Motoröl dient dabei als Kühlmittel, indem es die Hitze in die Ölwanne transferiert.

- **Motorreinigung**

Hochwertiges Motoröl reinigt Motorbauteile und nimmt Verbrennungsrückstände auf, um sie im Ölfilter abzulagern. Spezielle Additive sorgen dafür, dass sich kleinste Schwebeteilchen nicht absetzen, sondern im Öl verbleiben und beim nächsten Ölwechsel herausgespült werden.

Achtung: Motoröl darf nicht mehr verwendet werden und muss in einen auslaufsicheren Behälter gefüllt werden. Jeder Händler, der technische Öle verkauft, ist auch dazu verpflichtet, entsprechende Mengen Altöl zurückzunehmen und zur fachgerechten Entsorgung oder zum Recycling zu bringen. Lassen Sie nie Altöl in die Kanalisation gelangen oder im Boden versickern!

Reifen-Luftdruck

Die Luftdruck-Werte in der Tabelle sind Richtwerte für Kastenwagen- und Kombi-Modelle. Beachten Sie auch den Aufkleber an der A-Säule der Fahrertür und die Hinweise in der Bedienungsanleitung. Der Luftdruck muss stets bei kalten Reifen gemessen werden.

Kastenwagen- und Kombi	Reifengröße	Luftdruck (in bar) vorn	hinten
250S und 270S	215/65 R 15 C	3,3	2,9
250S und 270S	215/65 R 16 C	3,5	3,1
290S	215/65 R 15 C	3,3	3,3
290S	215/65 R 16 C	3,5	3,6
290L	215/65 R 15 C	3,5	3,3
290L	215/65 R 16 C	3,8	3,6
300S	215/65 R 15 C	3,4	3,3
300L	215/65 R 15 C	3,7	3,3
310S	215/65 R 15 C	3,4	3,7
310L	215/65 R 15 C	3,9	4,0
330S	215/65 R 16 C	3,6	4,8
330L	215/65 R 16 C	4,0	4,8

Kapitel 1

Einstellungs- und Wartungsarbeiten

Inhalt **Sektion**

Schwierigkeitsgrade

Leicht. Geeignet für Anfänger mit wenig Erfahrung.	**Relativ leicht.** Geeignet für Anfänger mit etwas Erfahrung.	**Relativ schwierig.** Geeignet für geübte Selbstschrauber.	**Schwer.** Geeignet für Selbstschrauber mit viel Erfahrung.	**Sehr schwer.** Geeignet für Experten und Profis.

1 Technische Daten

Schmiermittel und Flüssigkeiten . . . . . siehe Seite 23

Füllmengen
Motoröl
2,0 l-Motor mit grauem Peilstab-Ende
mit Filterwechsel . . . . . 8,3 Liter
ohne Filterwechsel . . . . . 8,1 Liter
Differenz zwischen MIN- und MAX-Markierung . . . . . 1,5 Liter
2,0 l-Motor mit gelbem Peilstab-Ende
mit Filterwechsel . . . . . 9,8 Liter
ohne Filterwechsel . . . . . 9,2 Liter
Differenz zwischen MIN- und MAX-Markierung . . . . . 1,5 Liter
2,2 l-Motor
mit Filterwechsel . . . . . 6,5 Liter
ohne Filterwechsel . . . . . 6,3 Liter
Differenz zwischen MIN- und MAX-Markierung . . . . . 1,5 Liter
Schaltgetriebe . . . . . 2,1 Liter
Kühlsystem
2,0 l-Motor . . . . . 11,2 Liter
2,2 l-Motor . . . . . 9,3 Liter
Kraftstofftank
Standard-Tank . . . . . 80 Liter
Großer Tank . . . . . 95 Liter

Kühlsystem
Frostschutz bei 40-prozentigem Frostschutzgehalt
Bildung erster Eiskristalle . . . . . -25 °C
Komplette Verfestigung . . . . . -30 °C

Bremssystem
Minimale Bremsbelag-Materialstärke . . . . . 1,5 mm

Anzugsdrehmomente	**Nm**
Keilrippenriemendeckel-Schrauben	10
Keilrippenriemenspanner-Befestigungsschrauben	25
Klimaanlagenkompressor-Befestigungsschrauben	25
Motoröl-Ablassschraube	39
Ölfilter	20
Radmuttern	200
Schaltgetriebe-Einfüll-/Kontrollschraube	35

2 Wartungsplan

1 Die in diesem Handbuch angegebenen Wartungsintervalle beziehen sich darauf, dass der Fahrzeugbesitzer – und nicht die Werkstatt – die Arbeiten durchführt. Es sind die von uns empfohlenen Minimum-Wartungsintervalle für täglich bewegte Fahrzeuge. Wer sein Auto in einem hervorragenden Zustand erhalten will, muss einige dieser Punkte öfter ausführen. Wir empfehlen, alle Wartungen regelmäßig durchzuführen, da hierdurch die Wirtschaftlichkeit, die Leistungsfähigkeit und der Wiederverkaufswert des Fahrzeugs erhalten bleiben.
2 Falls der Wagen viel in staubiger Umgebung, mit geringem Tempo (viel Stadtverkehr), mit Anhänger oder auf kurzen Strecken gefahren wird, empfehlen wir, die Wartungsintervalle zu verkürzen oder gar zu halbieren.
3 Ein Fahrzeug sollte bis zum Ablaufen der Garantie von einer von Ford anerkannten Fachwerkstatt gewartet werden, da andernfalls Garantieansprüche möglicherweise nicht anerkannt werden. Während der Garantiezeit dürfen nur Original-Ersatzteile eingebaut werden.

Alle 400 km oder wöchentlich

☐ Alle »Wöchentlichen Kontrollen«

Alle 12.000 km oder spätestens nach 6 Monaten

☐ Zurücksetzen der Wartungsintervall-Anzeige (Sektion 4)
☐ Wechsel des Motoröls und des Ölfilters (Sektion 6)

Anmerkung: *Ford schreibt bei einem unter normalen Bedingungen gefahrenen Auto den Austausch des Motoröls alle 60.000 km oder 24 Monate vor. Weil sich der Austausch des Motoröls und des Ölfilters sich äußerst positiv auf den Motor auswirkt, empfehlen wir jedoch, diesen Wechsel mindestens zweimal jährlich durchzuführen – besonders wenn das Fahrzeug viel auf Kurzstrecke und/oder mit Anhänger eingesetzt wird.*

Alle 25.000 km oder spätestens nach 12 Monaten

Zusätzlich zu den oben aufgeführten Punkten:
☐ Kontrolle der Batterie und Reinigung ihrer Anschlüsse (Sektion 7)
☐ Kontrolle des Keilrippenriemens (Sektion 8)
☐ Kontrolle der Elektrik (Sektion 9)
☐ Kontrolle des Motorraums, aller Leitungen und Schläuche auf Undichtigkeiten (Sektion 10)
☐ Kontrolle und Entwässern des Kraftstofffilters (Sektion 11)
☐ Austausch des verschmutzten Kraftstofffilters (Sektion 12)
☐ Kontrolle der Motorraum-Verkabelungen (Sektion 13)
☐ Kontrolle der Klimaanlagen-Komponenten (Sektion 14)
☐ Kontrolle der Sicherheitsgurte (Sektion 15)
☐ Kontrolle des Kühlmittel-Frostschutzes (Sektion 16)
☐ Kontrolle der Lenkung, der Radaufhängungen und der Räder (Sektion 17)
☐ Kontrolle der Antriebswellenmanschetten und Gleichlaufgelenke (Sektion 18)
☐ Kontrolle der Auspuffanlage (Sektion 19)
☐ Kontrolle des Unterbodens und aller Brems- und Kraftstoffleitungen (Sektion 20)
☐ Kontrolle der Bremsbelagstärke (Sektion 21)
☐ Kontrolle der Funktion und Einstellung der Handbremse (Sektion 22)
☐ Kontrolle der Türen und Schmieren aller Schlösser und Scharniere (Sektion 23)
☐ Festigkeitskontrolle der Radmuttern (Sektion 24)
☐ Probefahrt (Sektion 25)
☐ Zurücksetzen der Inspektionsanzeige (Sektion 26)

Alle 50.000 km oder spätestens nach 2 Jahren

Zusätzlich zu den oben aufgeführten Punkten:
☐ Austausch des Luftfilterelements (Sektion 27)
☐ Kontrolle des Getriebeölpegels (Sektion 28)
☐ Austausch des Pollenfilters (Sektion 29)
☐ Austausch der Bremsflüssigkeit (Sektion 30)
☐ Austausch der Fernbedienungs-Batterie (Sektion 31)
☐ Austausch des Kühlmittels (Sektion 32)*

** Ford schreibt bei Verwendung des SuperPlus-Frostschutzmittels keine regelmäßige Austauschintervalle vor.*

Alle 250.000 km oder spätestens nach 10 Jahren

Zusätzlich zu den oben aufgeführten Punkten:
☐ Austausch des Zahnriemens (Sektion 33)

3 Lage der Baugruppen

Motorraum – 2,0 l-Motor

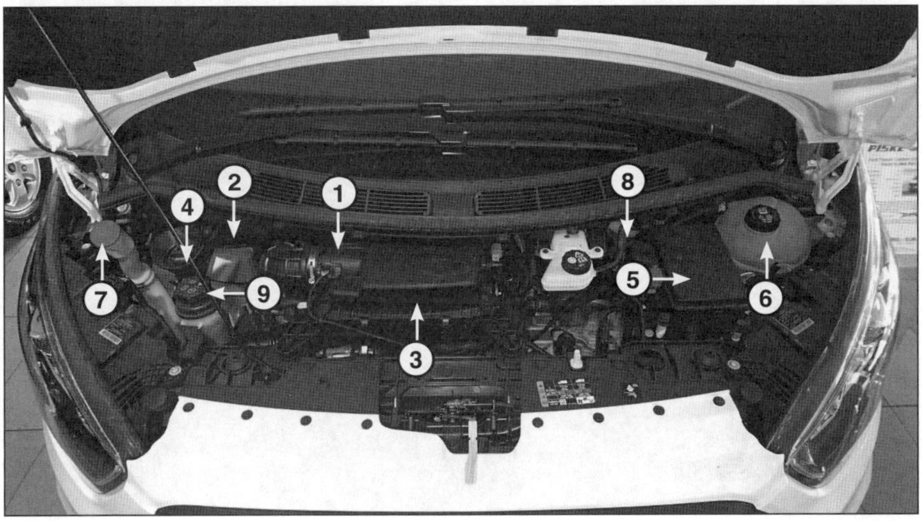

1 *Motoröl-Peilstab*
2 *Motoröl-Einfülldeckel*
3 *Luftfiltergehäuse*
4 *Brems-/Kupplungs-Ausgleichsbehälter (bei Linkslenkern zwischen dem Luftfiltergehäuse und der Sicherungsbox)*
5 *Motorraum-Sicherungs-/Relaisbox*
6 *Kühlmittel-Ausgleichsbehälter*
7 *Wischwasserbehälter*
8 *Pluskabel-Anschlusspunkt*
9 *Servolenkungsöl-Behälter*

Motorraum – 2,2 l-Motor (Rechtslenker)

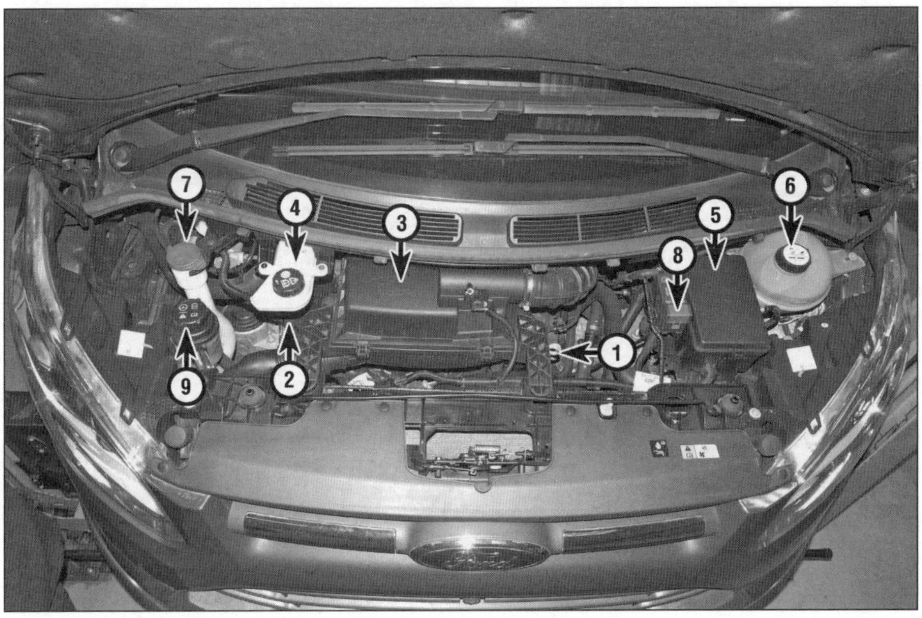

1 *Motoröl-Peilstab*
2 *Motoröl-Einfülldeckel*
3 *Luftfiltergehäuse*
4 *Brems-/Kupplungs-Ausgleichsbehälter (bei Linkslenkern zwischen dem Luftfiltergehäuse und der Sicherungsbox)*
5 *Motorraum-Sicherungs-/Relaisbox*
6 *Kühlmittel-Ausgleichsbehälter*
7 *Wischwasserbehälter*
8 *Pluskabel-Anschlusspunkt*
9 *Servolenkungsöl-Behälter*

Unterseite Frontbereich – 2,0 l-Motor

1 *Motoröl-Ablassschraube*
2 *Ölfilter*
3 *Vorderrad-Bremssättel*
4 *Ladeluftkühler*
5 *Wischwasserbehälter*
6 *Getriebe*
7 *Spurstangen*
8 *Unterer Querlenker*
9 *Vorderer Hilfsrahmen*
10 *Hintere Motorhalterung*
11 *Katalysator*
12 *Zwischen-Antriebswelle*

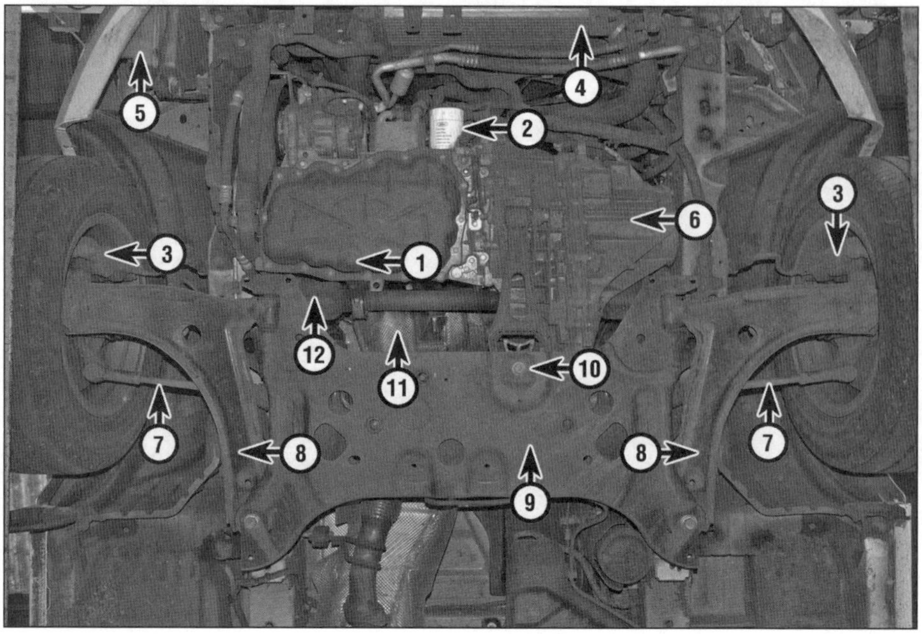

Unterseite Frontbereich – 2,2 l-Motor

1 *Motoröl-Ablassschraube*
2 *Ölfilter*
3 *Vorderrad-Bremssättel*
4 *Ladeluftkühler*
5 *Wischwasserbehälter*
6 *Getriebe*
7 *Spurstangen*
8 *Unterer Querlenker*
9 *Vorderer Hilfsrahmen*
10 *Hintere Motorhalterung*
11 *Katalysator*
12 *Zwischen-Antriebswelle*

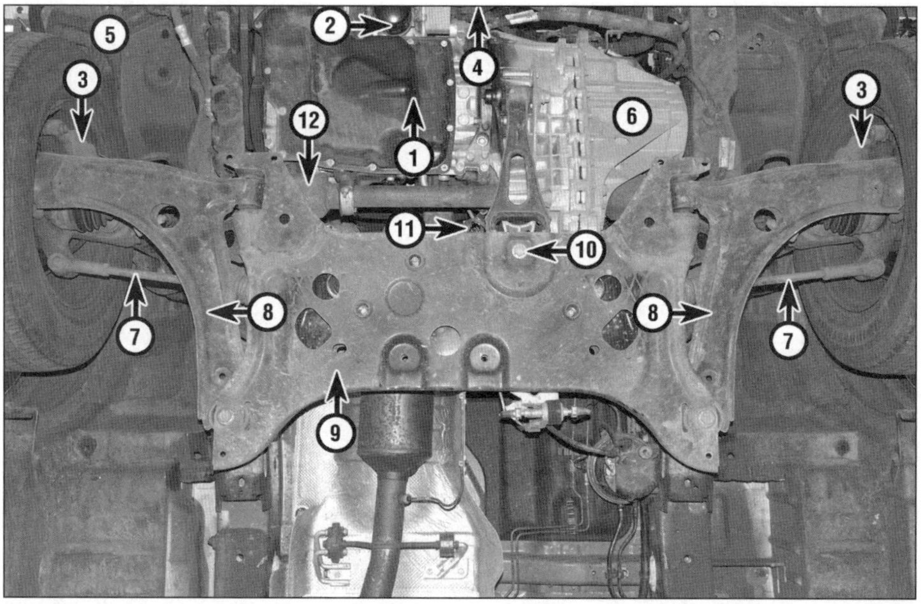

Unterseite – Heckbereich

1 Handbremsen-Seilzug
2 Auspuff-Endrohr
3 Untere Stoßdämpfer-aufnahme
4 Starrachse
5 Bremsschlauch
6 Blattfeder
7 Ersatzrad

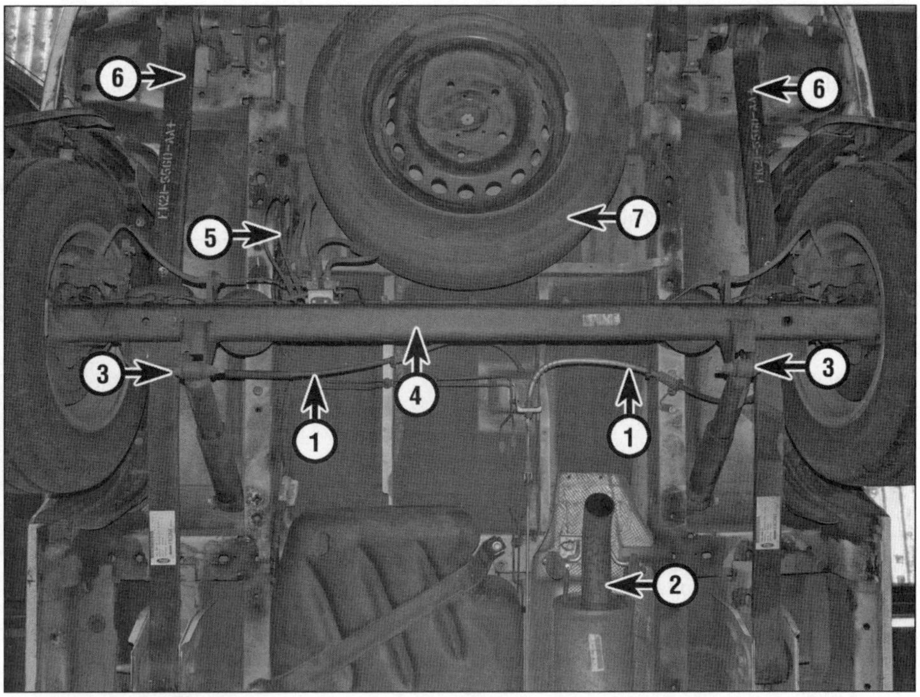

4 Allgemeine Informationen

1 Dieses Kapitel soll dem Hobbyschrauber helfen, sein Fahrzeug in einem sicheren und technisch guten Zustand zu halten, sodass es immer voll leistungsfähig ist und eine lange Lebensdauer erreicht.
2 Dieses Kapitel beinhaltet einen Master-Wartungsplan und Sektionen, die sich im Einzelnen mit jeder Aufgabe in diesem Plan beschäftigt; darin finden sich Sichtkontrollen, Einstellungen, der Austausch von Komponenten und andere hilfreiche Dinge. Das Auffinden der diversen Komponenten wird mithilfe der Motorraum- und Unterseitenbilder auf den vorherigen Seiten erleichtert.
3 Werden die Arbeiten am Fahrzeug entsprechend des Wartungsplans (s. o.) und der folgenden Sektionen durchgeführt, sollte dies zu einem lange und zuverlässig funktionierendem Fahrzeug führen. Es handelt sich um einen sehr umfangreichen Plan – und das regelmäßige Warten einiger Komponenten, aber die Vernachlässigung anderer Baugruppen bringt nicht die gleichen Ergebnisse.
4 Während der Wartungsarbeiten wird auffallen, dass viele Prozeduren gemeinsam erledigt werden können – entweder wegen der speziellen Prozeduren oder der unmittelbaren Nähe zweier ansonsten nicht zusammenhängender Komponenten. Wird das Fahrzeug beispielsweise aus einem bestimmten Grund angehoben, kann neben einer Kontrolle der Lenkung und Radaufhängungen auch gleich eine Inspektion des Auspuffs durchgeführt werden.
5 Der erste Schritt dieses Wartungsprogramms ist, sich selbst vor der eigentlichen Arbeit korrekt vorzubereiten. Alle relevanten Sektionen müssen sorgfältig durchgelesen werden. Dann wird eine Liste erstellt und alle erforderlichen Teile und Werkzeuge müssen beschafft werden. Falls ein Problem auftritt, muss Rat bei einem Ersatzteilhändler oder einer Fachwerkstatt gesucht werden.

5 Große Inspektion

1 Wenn das Fahrzeug von Beginn an nach Wartungsplan inspiziert wurde und entsprechend der Hinweise in diesem Handbuch regelmäßig Flüssigkeitspegel und Verschleißteile überprüft worden sind, kann davon ausgegangen werden, dass sich der Motor in einem relativ guten Zustand befindet und kaum zusätzliche Arbeiten nötig sind.
2 Möglicherweise lief der Motor mangels regelmäßiger Wartung nicht korrekt. Dies kann bei Gebrauchtwagen, die nicht regelmäßig gewartet wurden, durchaus auftreten. In solchen Fällen können neben den üblichen Wartungsintervallen zusätzliche Arbeiten auftreten.
3 Bei Verdacht auf erhöhten Motorverschleiß kann ein Kompressionstest (siehe Kapitel 2A, Sektion 2) wertvolle Informationen über die Gesamtperformance wichtiger Motorinnereien liefern. Solch ein Test kann als Grundlage genutzt werden, um zu entscheiden, wie umfangreich die Arbeit ausfallen wird. Falls ein Kompressionstest beispielsweise auf einen hochgradigen Verschleiß von Motorkomponenten hinweist, würde die in diesem Kapitel beschriebene konventionelle Wartung die Leistungsfähigkeit des Motors kaum verbessern und sich stattdessen als Zeit- und Geldverschwendung erweisen, solange nicht zuvor umfangreiche Überholungen (siehe Kapitel 2B) stattgefunden haben.
4 Die folgenden Arbeitsabläufe sind oft nötig, um die Leistungsfähigkeit eines generell schlecht laufenden Motors zu verbessern:

Primär-Tätigkeiten

a) Reinigung, Kontrolle und Testen der Batterie (siehe Wöchentliche Kontrollen und Sektion 7)
b) Kontrolle aller für den Motor wichtigen Betriebsflüssigkeiten (siehe Wöchentliche Kontrollen)

c) Kontrolle des Zustands des Keilrippenriemens (Sektion 8)
d) Kontrolle aller Schläuche auf Undichtigkeit (Sektionen 10 und 20)
e) Austausch des Kraftstofffilters (Sektion 12)
f) Kontrolle und ggf. Austausch des Luftfilterelements (Sektion 27).

5 Falls die oben beschriebenen Tätigkeiten nicht das gewünschte Ergebnis bringen, müssen zusätzlich die folgenden Arbeiten durchgeführt werden:

Sekundär-Tätigkeiten

g) Kontrolle des Batterieladesystems (siehe Kapitel 5, Sektion 3)
h) Kontrolle der Glühkerzen (siehe Kapitel 5, Sektion 11)
i) Kontrolle des Kraftstoffsystems und der Abgasregelung (siehe Kapitel 4A und 4B)

6 Motoröl und Ölfilter – Austausch

1 Bevor mit dieser Prozedur begonnen wird, müssen alle erforderlichen Werkzeuge beschafft sein. Um Spritzer aufzuwischen, werden Lappen oder Zeitungspapier benötigt. Motoröl sollte möglichst gewechselt werden, wenn der Motor nach einer Fahrt auf Betriebstemperatur ist; warmes Öl und Ölschlamm fließen so leichter ab. Bei Arbeiten unter dem Fahrzeug dürfen weder der Auspuff noch andere heiße Komponenten berührt werden. Um Verbrühungen vorzubeugen und sich selbst vor Hautreizungen und im Öl enthaltenen giftigen Stoffen zu schützen, sollten bei dieser Arbeit Handschuhe getragen werden.
2 Die Arbeit wird durch einen guten Zugang zur Fahrzeugunterseite deutlich leichter – fahren Sie es also möglichst auf eine Rampe oder über eine Grube oder stützen Sie es sicher ab (siehe Seite 355); vor allem beim Abstützen muss darauf geachtet werden, dass es waagerecht oder so steht, dass die Ablassschraube ganz unten liegt.
3 Entfernen Sie den Öleinfülldeckel – dies belüftet den Motor und erinnert daran, dass das Öl abgelassen wurde. Lockern Sie die Ölablassschraube um etwa eine halbe Umdrehung (siehe Abbildung). Stellen Sie einen ausreichend großen Sammelbehälter darunter und drehen Sie die Ablassschraube (samt Dichtscheibe) vollständig heraus.

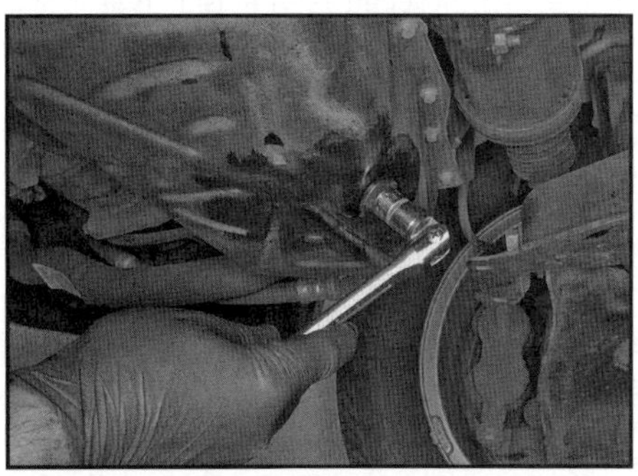

6.3 Lockern Sie die Motorölablassschraube – gezeigt am 2,0 l-Motor.

> **Praxis-Tipp**
> ***Drücken Sie die Ablassschraube während der letzten Umdrehungen von Hand gegen die Ölwanne und ziehen Sie sie dann rasch weg – so läuft das Öl nicht über die Hand und den Arm.***

4 Geben Sie dem Öl genug Zeit zum Ablaufen – nötigenfalls muss der Behälter umgesetzt werden, wenn es nur noch tröpfelt.
5 Wischen Sie die Ablassschraube sauber und ersetzen Sie die Dichtscheibe. Reinigen Sie den Bereich um die Ablaufbohrung, installieren Sie die mit der neuen Dichtscheibe ausgerüstete Ablassschraube und ziehen Sie sie mit 39 Nm an.
6 Schieben Sie den Sammelbehälter unter den vorn am Motor sitzenden Ölfilter.
7 Drehen Sie – ggf. mithilfe eines Band- oder Ölfilterschlüssels – den Filter ab (siehe Abbildung).

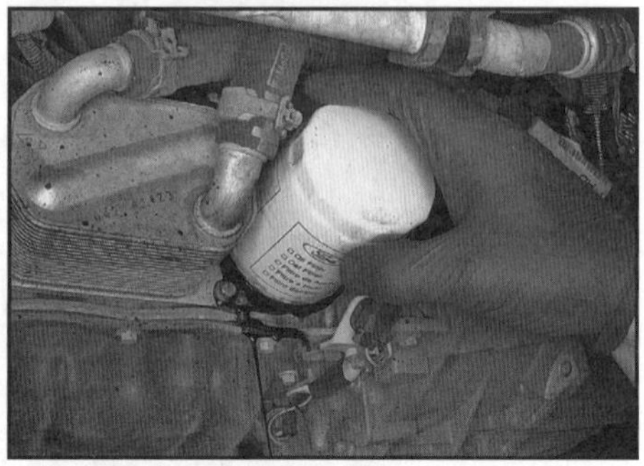

6.7 Drehen Sie den Ölfilter ab – gezeigt am 2,0 l-Motor.

8 Reinigen Sie mit Lappen die Dichtfläche des Ölfilters am Motor (siehe Abbildung).

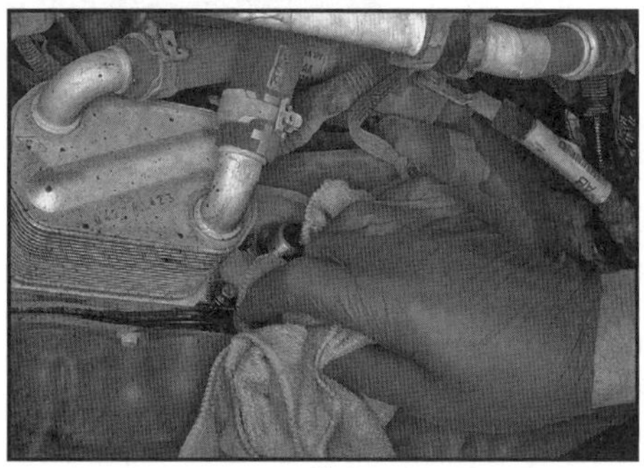

6.8 Wischen Sie die Ölfilter-Dichtfläche sauber.

9 Schmieren Sie die Dichtung des neuen Ölfilters mit frischem Motoröl und schrauben Sie ihn handfest auf den Stutzen – ggf. kann er mit einem speziellen Adapter mit 20 Nm angezogen werden (siehe Abbildungen).

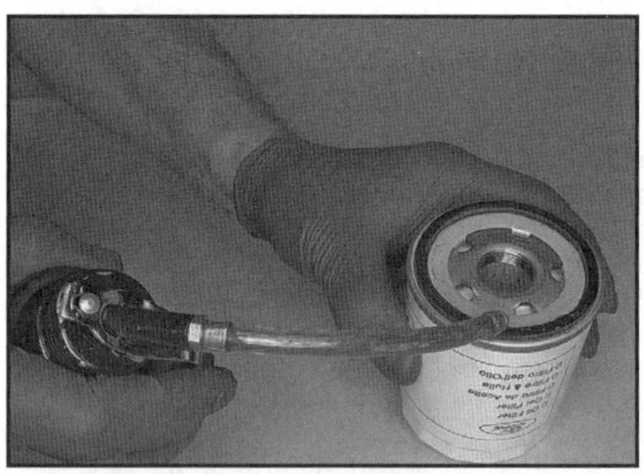

6.9a Schmieren Sie die Ölfilter-Dichtung ...

6.9b ... und drehen Sie ihn von Hand oder mit einem solchen Werkzeug auf den Stutzen.

10 Entfernen Sie den mit Altöl gefüllten Sammelbehälter und sämtliches unter dem Fahrzeug liegendes Werkzeug und senken Sie das Fahrzeug ab.
11 Füllen Sie etwa die Hälfte des vorgeschriebenen Motoröls (siehe Wöchentliche Kontrollen) durch den Einfüllstutzen ein – benutzen Sie hierzu nötigenfalls einen Trichter. Warten Sie ein paar Minuten, damit das Öl in die Ölwanne sickern kann. Füllen Sie dann Öl in kleinen Mengen nach, bis der Pegel an der unteren Markierung des Peilstabs erreicht ist. Bis zur oberen Markierung müssen jetzt noch ca. 1,5 Liter nachgefüllt werden. Installieren Sie den Peilstab und den Einfülldeckel.
12 Starten Sie den Motor. Die Öldruck-Warnlampe wird noch einige Sekunden leuchten, bis der Ölfilter und alle Ölkanäle im Motor gefüllt sind. Die Drehzahl darf in diesem Zeitraum nicht erhöht werden. Lassen Sie den Motor einige Minuten laufen und kontrollieren Sie die Bereiche um den Ölfilter und die Ablassschraube auf Undichtigkeiten.
13 Schalten Sie den Motor ab und warten Sie einige Minuten, damit sich das Öl wieder in der Ölwanne gesammelt hat. Kontrollieren Sie erneut den Pegel und füllen Sie nötigenfalls etwas Öl nach.
14 Das alte Motoröl kann nicht mehr verwendet werden und muss in einen auslaufsicheren Behälter gefüllt werden. Jeder Händler, der technische Öle verkauft, ist auch dazu verpflichtet, entsprechende Mengen Altöl zurückzunehmen und zur fachgerechten Entsorgung oder zum Recycling zu bringen. Lassen Sie nie Altöl in die Kanalisation gelangen oder im Boden versickern!

7 Batterie – Wartung und Laden

Warnung: Bei der Kontrolle und der Wartung einer Batterie müssen besondere Vorsichtsmaßnahmen getroffen werden. Da in Batteriezellen stets leicht entzündliche Wasserstoffgase präsent sind, müssen Flammen, Funken und brennende Zigaretten davon ferngehalten werden. Beim Elektrolyt innerhalb der Batterie handelt es sich um verdünnte Schwefelsäure, die beim Austritt dennoch nicht nur Lacke und Bekleidung auflöst, sondern auch schwere Augen- und Hautschädigungen hervorruft.

Allgemeines

1 Um ein zuverlässiges Startverhalten des Motors sicherzustellen, muss die Batterie regelmäßig gewartet werden – beachten Sie hierzu die Hinweise in den Wöchentlichen Kontrollen. Notfalls finden sich am Anfang des Buchs Hinweise zum Überbrücken einer entladenen Batterie. Der Aus- und Einbau der Batterie ist in Kapitel 5, Sektion 3 beschrieben.

Batteriesäure-Pegel

2 Falls es sich bei der Batterie nicht um einen sogenannten »wartungsfreien« (Maintenace-free = MF) Akkumulator handelt, kann der Säurepegel in allen sechs Zellen kontrolliert werden.
3 Der Pegel muss etwa einen Zentimeter über den Batterieplatten stehen – am Gehäuse sollten entsprechende Markierungen für MIN und MAX angebracht sein.
4 Falls der Pegel zu niedrig ist, muss der Deckel der Zelle mit einem Schraubendreher oder einer Münze entfernt und destilliertes Wasser nachgefüllt werden; um den Zugang zu den mittleren Deckeln zu verbessern, kann die Halteklemme der Batterie entfernt werden.
5 Installieren Sie alle entfernten Kappen und wischen Sie sämtliche Spritzer ab.
Achtung: *Bei einer über die MAX-Linie hinaus gefüllten Batterie kann Säure beim Laden austreten und Korrosion und Schäden anrichten!*

Laden

Anmerkung: *Die folgenden Hinweise sind nur grobe Richtlinien. Beachten Sie stets die Hinweise des Herstellers (oft auf Aufklebern an der Batterie zu erkennen), bevor Sie die Batterie laden.*

Warnung: Beim Laden entwickeln sich brennbare und explosive Wasserstoffgase, sodass Flammen, Funken und brennende Zigaretten davon ferngehalten werden müssen! Tragen Sie beim Laden stets ein Schutzbrille! Das Ladegerät darf beim Verbinden oder Trennen der Batterie nicht mit der Stromversorgung verbunden sein!

6 Eine Batterie, die so stark entladen ist, dass der Motor nicht mehr gestartet werden kann, sollte möglichst behutsam geladen werden. Auch wenn das Fahrzeug zwischen den Startvorgängen nur sehr kurze Strecken bewegt wird, sollte der Ladezustand regelmäßig überprüft werden. Eine gut geladene Batterie ist besonders im Winter wichtig, da sie hier härter arbeiten und mehr Verbraucher (Licht, Heckscheibenheizung usw.) versorgen muss.
7 Kontrollieren Sie, ob am Batteriegehäuse Hinweise zum Laden angebracht sind. Manche MF-Batterien benötigen anfangs eine besonders niedrige Laderate oder haben andere spezielle Anforderungen, um keine Schäden davonzutragen.
8 Verwenden Sie möglichst ein »Erhaltungs-Ladegerät« mit nicht mehr als zwei Ampere Ladestrom; diese sind sicher und belasten Batterien am wenigsten. Zum schnellen Laden dürfen höhere Ampere-Raten verwendet werden – deren Wert darf aber nie ein Zehntel der Batteriekapazität (Ah) übersteigen (z. B. nicht mehr als 5 Ampere bei einer 50 Ah-Batterie). Schnellladegeräte können die Batterie in einer oder zwei Stunden wieder aufladen, belasten sie allerdings auch stark und können ältere Batterien beschädigen, sodass sie nur in Notfällen eingesetzt werden sollten.
9 Die durchschnittliche Ladedauer sollte in der Bedienungsanleitung des Ladegeräts aufgeführt sein – ein Erhaltungs-Ladegerät benötigt im Durchschnitt 12 bis 16 Stunden, um eine Batterie vollständig aufzuladen.

8 Keilrippenriemen – Kontrolle

Allgemein

1 Riemenscheiben am rechten Kurbelwellen-Ende treiben zwei Riemen an: Der flache und mit mehreren Längsrippen versehene Riemen treibt die Lichtmaschine, den Klimaanlagenkompressor an und bei 2,0 l-Motoren auch die Servolenkungspumpe an; ein automatischer Riemenspanner sorgt für die korrekte Spannung. Ein zweiter elastischer Riemen treibt bei 2,2 l-Motoren die Servolenkungspumpe und über eine Kupplung die Wasserpumpe an; beim 2,0 l-Motor treibt er nur die Wasserpumpe an.

2 Damit die Riemen korrekt arbeiten können, müssen sie sich in einem guten Zustand befinden und korrekt gespannt sein. Aufgrund seiner Zusammensetzung verschleißt ein Keilrippenriemen mit der Zeit und kann reißen – eine regelmäßige Kontrolle ist daher unerlässlich.

Kontrolle

3 Schalten Sie die Zündung ab und öffnen Sie die Motorhaube.

4 Ziehen Sie die Handbremse und stützen Sie das Fahrzeug vorn sicher ab (siehe Seite 355). Entfernen Sie das rechte Vorderrad und lösen Sie unter der Radlaufabdeckung die zwei oder drei Befestigungen der Riemenabdeckung, um diese zu entfernen.

5 Drehen Sie mithilfe eines Steckschlüssels samt Verlängerung die Kurbelwellen-Riemenscheibe im Uhrzeigersinn, um den/die Riemen über die gesamte Länge auf glänzende Scheuerstellen, Risse, ablösendes oder ausgefranstes Gewebe und andere Schäden inspizieren zu können – verwenden Sie dazu nötigenfalls eine Taschenlampe.

6 Verdrehen Sie den Riemen, um beide Seiten betrachten zu können; tasten Sie den Riemen nötigenfalls mit den Fingern ab, um unsichtbare Schäden zu entdecken. Ein schadhafter oder auch nur zweifelhafter Riemen muss ersetzt werden (siehe Sektion 33).

Riemenspannung

7 Der Keilrippenriemen wird automatisch gespannt, sodass regelmäßige Kontrollen nicht nötig sind. Eine Einstellung des Spanners ist nicht möglich. Der elastische Riemen kann nicht gespannt werden

8 Falls der Keilrippenriemen durchrutscht (durch Quietschen hörbar), muss der Riemenspanner ersetzt werden.

Austausch

9 Beachten Sie hierzu die Hinweise in Sektion 33.

9 Elektrik – Kontrolle

1 Prüfen Sie die Funktion aller Lampen und Blinker außen am Fahrzeug.

2 Kontrollieren Sie die Funktion der Instrumente, ihrer Beleuchtung und aller Warnleuchten sowie aller Schalter.

3 Prüfen Sie die Funktion der Hupe(n).

4 Stellen Sie sicher, dass alle anderen elektrischen Verbraucher korrekt funktionieren.

10 Unterboden-Schläuche und Leitungen – Kontrolle

1 Unterziehen Sie alle Motor-Dichtflächen, Dichtungen und Dichtringe auf Spuren ausgetretenen Öls oder Kühlmittels – beachten Sie dabei besonders die Bereiche um die Zylinderkopf-, die Ventildeckel-, die Ölfilter- und die Ölwannendichtung. Kontrollieren Sie ebenfalls das Getriebe und ggf. den Klimaanlagen-Kompressor auf Undichtigkeiten. Mit der Zeit können Dichtungen zu »schwitzen« beginnen, was aber normal ist; an »echten« Undichtigkeiten tropft Flüssigkeit ab. Werden solche Lecks entdeckt, muss die entsprechende Dichtung oder der Dichtring erneuert werden – beachten Sie das entsprechende Kapitel in diesem Handbuch.

2 Die hohen Temperaturen im Motorraum können Gummi- und Kunststoffschläuche am Motor, Nebenaggregaten und der Abgasregelung spröde und rissig werden lassen, sodass regelmäßige Kontrollen auf Alterung, lockere Schellen, Verhärtungen und Undichtigkeiten durchgeführt werden müssen.

3 Überprüfen Sie bei der Kontrolle der Schläuche auch deren Halterungen und Kabelbinder. Gerissene oder gebrochene Halterungen können dazu führen, dass Schläuche, Kabel oder Rohre scheuern – und rasch größere Schäden entstehen.

4 Überprüfen Sie sorgfältig alle Kühler- und Heizungsschläuche auf ihrer gesamten Länge (siehe Praxis-Tipp); vergessen Sie nicht die zur Spritzwand führenden Heizungsschläuche und Rohre. Alle Schläuche, die Risse aufweisen, angeschwollen oder spröde sind, müssen ersetzt werden. Risse zeigen sich besser, wenn man den Schlauch von Hand an mehreren Stellen quetscht. Achten Sie besonders auf die Schellen, mit denen die Schläuche an den Kühlsystem-Komponenten gesichert sind. Eine zu fest angezogene Schlauchschelle kann einen Schlauch abklemmen oder durchstechen, sodass Kühlmittel austritt. Ersetzen Sie ggf. vorhandene Einweg-Schellen durch wiederverwendbare Schraubschellen.

Praxis-Tipp

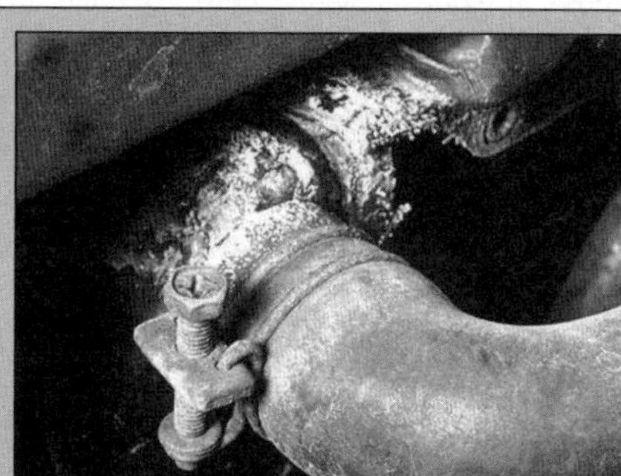

Ein Leck im Kühlsystem zeigt sich normalerweise durch weiße oder rostfarbene Ablagerungen im Bereich der Undichtigkeit.

5 Prüfen Sie die Festigkeit aller Schlauchverbindungen. Falls die größeren Schläuche des Ansaugtraktes locker sind, dringt Luft ein und das Standgas kann sich verschlechtern. Ersetzen Sie ggf. vorhandene Einweg-Schellen durch wiederverwendbare Schraubschellen.

6 Manche Schläuche sind mit Federklemmen auf ihren Stutzen gesichert. Falls diese Klemmen ermüdet sind, können Undichtigkeiten auftreten. Wo keine Klemmen zum Einsatz kommen, muss geprüft werden, ob die Schlauch-Enden nicht geweitet oder verhärtet sind, sodass sie undicht werden können.

7 Begutachten Sie alle Flüssigkeitsbehälter, Einfülldeckel, Ablassschrauben usw. auf Spuren ausgetretenen Öls, Kühlmittels oder Hydraulikflüssigkeit. Überprüfen Sie die Leitungen der Kupplungshydraulik zwischen dem Ausgleichsbehälter, dem Geberzylinder und dem Ausrückzylinder am Getriebe.

8 Falls das Fahrzeug stets an der gleichen Stelle geparkt wird, sollte der Untergrund regelmäßig auf ausgetretene Flüssigkeiten untersucht werden – Kondenswasserpfützen der Klimaanlage sind jedoch nach deren Betrieb normal. Legen Sie eine saubere Pappe unter den Motor, um mögliche Tropfen besser lokalisieren zu können – beachten Sie jedoch, dass der heiße Katalysator die Pappe nicht in Brand setzt.

9 Manche Undichtigkeiten entstehen nur bei laufendem Motor, bei großer Hitze oder bei kaltem Motor. Ziehen Sie die Handbremse, starten Sie den kalten Motor und begutachten Sie ihn von unten auf Undichtigkeiten.

10 Falls – besonders bei heißem Motor – ungewöhnliche Gerüche wahrgenommen werden, können dies Hinweise auf Undichtigkeiten sein.

11 Sobald ein Leck festgestellt wird, muss die Ursache gefunden und beseitigt werden. Wo längere Zeit Öl austrat, muss der angesammelte Schmutz wahrscheinlich mit einem Dampfstrahler oder Hochdruckreiniger entfernt werden, damit die Quelle besser lokalisiert werden kann.

11 Kraftstofffilter – Entwässern

Achtung: Wischen Sie vor Arbeitsbeginn den Filter und seine Umgebung sauber, damit keine Fremdkörper ins System geraten. Beschaffen Sie einen geeigneten Behälter, in den der Filter entleert werden kann. Unterlegen Sie den Filter mit Lappen, um Flüssigkeiten aufzusaugen. Lassen Sie keinen Treibstoff auf die Lichtmaschine oder den Anlasser, Kühlerschläuche, Kabel oder Motorhaltegummis gelangen.

1 Je nach Modell kann es sinnvoll sein, einen Schlauch unten am Filtergehäuse anzuschließen. Lockern Sie die Ablassschraube (siehe Abbildung) um eine bis zwei volle Umdrehungen und lassen Sie Kraftstoff ablaufen, bis dieser sauber und frei von Wasser ist (etwa 100 ml dürfen ausreichen). Im Cockpit muss die Anzeige für Wasser im Kraftstoff verschwinden.

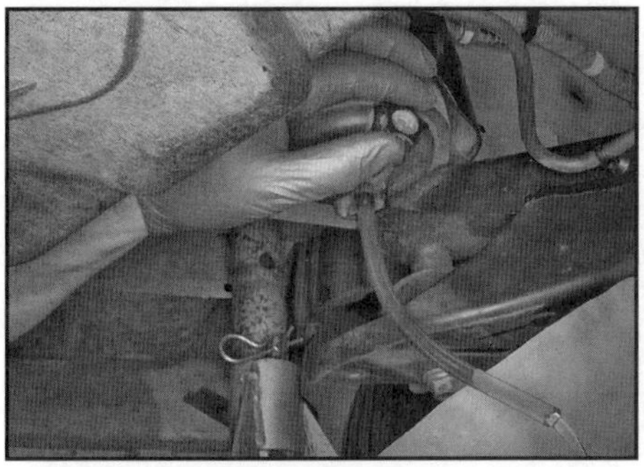

11.1 Lockern Sie die Ablassschraube und lassen Sie etwas Kraftstoff ablaufen.

2 Entfernen Sie den Schlauch und ziehen Sie die Ablassschraube wieder an.

3 Entsorgen Sie den abgelassenen Kraftstoff fachgerecht.

12 Kraftstofffilter – Ersetzen

Anmerkung: *Beachten Sie die Warnhinweise am Anfang von Sektion 11. Lesen Sie außerdem die Warnhinweise in Kapitel 4A, Sektion 1 durch.*

1 Ziehen Sie die Handbremse und stützen Sie das Fahrzeug vorn sicher ab (siehe Seite 355).

2 Der Filter sitzt hinter dem Motor links an der Spritzwand.

3 Falls noch nicht geschehen, muss der Filter zunächst entwässert werden (siehe Sektion 11).

2,0 l-Motoren

4 Legen Sie Lappen unter das äußere Rohr. Drücken Sie mit einem Schraubendreher den oberen Teil des Clips nach oben, bevor der untere Teil hochgezogen wird. Trennen Sie die Leitung oben vom Filtergehäuse (siehe Abbildung).

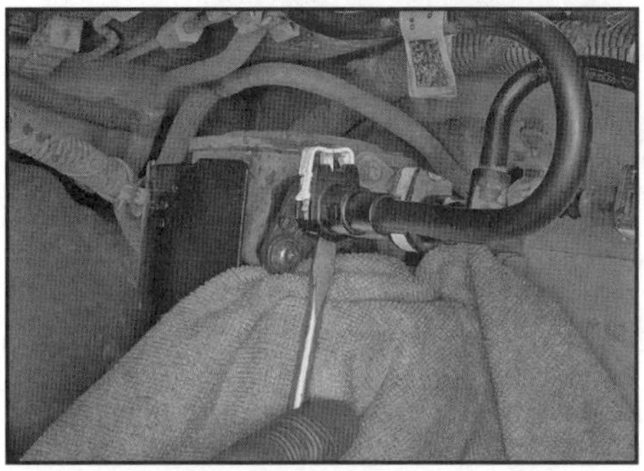

12.4 Lösen Sie den Clip und trennen Sie den oberen Schlauch vom Filtergehäuse.

5 Stellen Sie einen Sammelbehälter unter den Filter und lösen Sie das Gehäuse-Unterteil, um den Filter herauszuziehen (siehe Abbildung).

12.5 Lösen Sie das Gehäuse-Unterteil, um den Filter herauszuziehen.

6 Installieren Sie den neuen Filter von Hand und drehen Sie ihn, bis seine Lasche gegen den Anschlag drückt (siehe Abbildungen).

12.6a Installieren Sie den neuen Filter von Hand ...

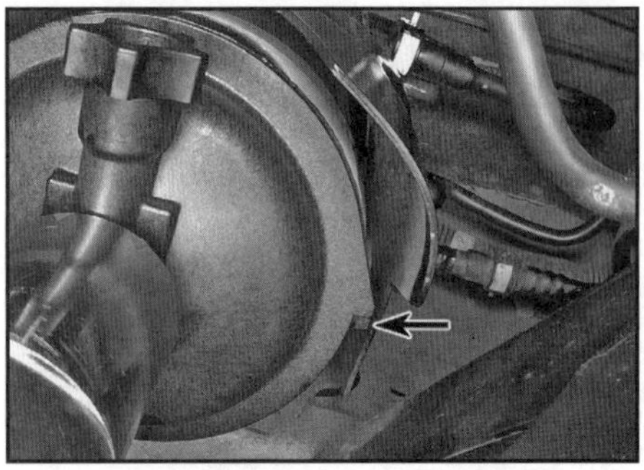

12.6b ... und drehen Sie ihn, bis seine Lasche gegen den Anschlag drückt.

7 Verbinden Sie den oberen Schlauch und sichern Sie ihn mit dem Clip.
8 Wischen Sie Kraftstoffspritzer ab, füllen Sie das Kraftstoffsystem vor und entlüften Sie es (siehe Kapitel 4A, Sektion 4).
9 Entsorgen Sie den abgelassenen Kraftstoff fachgerecht.

2,2 l-Motoren

10 Trennen Sie die Kabelstecker oben und unten am Filtergehäuse und befreien Sie die Kabelbinder (siehe Abbildungen).

12.10a Trennen Sie die Kabelstecker oben ...

12.10b ... und unten am Filtergehäuse und befreien Sie die Kabelbinder.

11 Drehen Sie für den Austausch des Filters das untere Filtergehäuse im Uhrzeigersinn und befreien Sie es unter dem Fahrzeug heraus – halten Sie es dabei aufrecht. Schrauben Sie den Deckel des Behälters ab und entleeren Sie ihn in einen geeigneten Behälter. Entnehmen Sie das Filterelement und die zwei O-Ringe – die Teile müssen später erneuert werden.

12.11 Lösen Sie das Filtergehäuse nötigenfalls mit einem Bandschlüssel.

12 Trennen Sie für den Austausch des Filtergehäuses die vier Kraftstoffleitungen oben am Folter und verstopfen Sie deren Enden, um keinen Schmutz eindringen zu lassen (siehe Abbildung).

12.12 Trennen Sie die vier Kraftstoffleitungen.

13 Lösen Sie die zwei Befestigungsmuttern und manövrieren Sie das Filtergehäuse nach unten aus dem Fahrzeug heraus.
14 Der Einbau entspricht der umgekehrten Ausbaureihenfolge.
15 Wischen Sie Kraftstoffspritzer ab, füllen Sie das Kraftstoffsystem vor und entlüften Sie es (siehe Kapitel 4A, Sektion 4).
16 Entsorgen Sie den abgelassenen Kraftstoff fachgerecht.

13 Motorraum-Elektrik – Kontrolle

1 Parken Sie das Fahrzeug auf einer ebenen Fläche, ziehen Sie die Handbremse und öffnen Sie die Motorhaube. Kontrollieren Sie mithilfe einer Taschenlampe alle sichtbaren Kabel innerhalb und unterhalb des Motorraums.
2 Achten Sie dabei auf Kabel, die durch scharfen Kanten oder beweglichen Teile Scheuerstellen aufweisen, durch sorglos montierte Komponenten gequetscht wurden oder an heißen Teilen geschmolzen sind. Schäden dieser Art sind fast immer auf unkorrekte Verlegung bei vorherigen Arbeiten zurückzuführen.
3 Je nach Größe des Schadens können defekte Kabel gekürzt und wieder verbunden oder müssen neu eingezogen und verlötet und mit Isolierband und Schrumpfschlauch isoliert werden. Bei schweren Schäden kann nur der Austausch der Kabelbaum-Sektion eine zuverlässige Funktion sicherstellen.
4 Sobald der tatsächliche Schaden repariert ist, muss sichergestellt werden, dass der Kabelbaum korrekt verlegt ist, um abseits von anderen Komponenten und weder geknickt noch gestreckt mit Kabelbindern gesichert zu werden.
5 Prüfen Sie, ob alle Kabelstecker sauber sind, fest sitzen und mit ihren Clips oder Laschen gesichert sind. Falls ein Stecker äußerliche Hinweise auf Korrosion (weiße oder grüne Ablagerungen) oder Verunreinigungen aufweist, muss er getrennt und mithilfe von Kontaktspray gereinigt werden. Falls einzelne Steckkontakte verrostet sind, muss der Stecker ersetzt werden – erkundigen Sie sich beim Ford-Händler, ob dies ohne den Austausch des Kabelbaums möglich ist.
6 Falls sich der Stecker reinigen lässt, um weiterverwendet zu werden, sollte er mit Korrosionsschutz behandelt werden – erkundigen Sie sich beim Ford-Händler nach einem solchen Produkt.
7 Kontrollieren Sie genauso auch alle Massepunkte im Motorraum auf guten elektrischen Kontakt, saubere und feste Verbindungen.

14 Klimaanlage – Kontrolle

1 Die folgenden Wartungspunkte stellen sicher, dass die Klimaanlage mit hoher Wirksamkeit funktioniert:
a) Kontrollieren Sie den Keilrippenriemen (siehe Sektion 8).
b) Kontrollieren Sie alle Klimaanlagen-Schläuche auf Schäden und Undichtigkeiten.
c) Inspizieren Sie die Kühlrippen des Verflüssigers Laub, Insekten und andere Ablagerungen und reinigen Sie sie mit einem sauberen Pinsel.
d) Prüfen Sie, ob das Ablaufrohr vorn am Verdampfer sauber ist – im Betrieb ist es normal, dass hier klares Wasser austritt, das unter dem Fahrzeug größere Pfützen bilden kann.
2 Die Klimaanlage sollte mindestens einmal monatlich für etwa eine halbe Stunde in Betrieb genommen werden. Vor allem im Winter kann die Klimaanlage zusammen mit der Heizung rasch für klare Fenster sorgen. In einer über längere Zeit nicht benutzten Anlage können Dichtungen aushärten und undicht werden.
3 Aufgrund der Komplexität einer Klimaanlage und der zur Wartung benötigten Spezialausrüstung sollten die Fehlerdiagnose und Reparaturarbeiten einer Fachwerkstatt überlassen werden.
4 Der häufigste Grund für eine schwache Kühlwirkung ist ein zu niedriger Kältemittel-Pegel. Falls der Austritt kühler Luft fühlbar nachlässt, kann der folgende Schnell-Check einen niedrigen Pegel bestätigen:
5 Starten Sie den Motor und bringen Sie ihn auf Betriebstemperatur.
6 Schalten Sie den Temperaturregler auf den niedrigsten Wert und das Gebläse auf die höchste Stufe. Öffnen Sie die Türen, damit sich die Anlage nicht abschaltet, sobald sie den Innenraum heruntergekühlt hat.
7 Sobald der Kompressor durch ein Klicken aktiviert wird (das Zentrum seiner Kupplung dreht sich), werden seine Ein- und Auslassrohre angefasst – eines muss kalt und das andere warm sein; falls zwischen den Leitungen keine Temperaturunterschiede feststellbar sind, liegt am Kompressor oder dem Rest der Anlage ein Problem vor – bringen Sie das Fahrzeuge in eine Fachwerkstatt, wo weitere Untersuchungen und Reparaturen durchgeführt werden können.

15 Sicherheitsgurte – Kontrolle

1 Überprüfen Sie alle Gurte auf korrekte Funktion und guten Zustand. Ziehen Sie kräftig am Gurt, um zu kontrollieren, ob die Arretierung korrekt einrastet. Begutachten Sie das Gewebe auf Ausfransungen und Risse. Die Gurte müssen sich selbstständig wieder aufrollen.
2 Prüfen Sie die Festigkeit aller zugänglichen Gurt-, Umlenkungs- und Peitschen-Befestigungen – beachten Sie die Anzugsdrehmomente in Kapitel 11.

16 Kühlflüssigkeit – Kontrolle des Frostschutzgehalts

1 Das Kühlsystem muss das ganze Jahr über mit dem vorgeschriebenen Gemisch aus Frostschutzmittel und Wasser befüllt sein. Die Konzentration kann mit der Zeit durch Auffüllen mit Wasser reduziert werden. Falls regelmäßig Wasser nachgefüllt werden muss, sind zunächst entsprechende Reparaturen durchzuführen. Das Gemisch muss zu mindestens 40 %, aber höchstens 70 % aus Frostschutzmittel bestehen – beachten Sie die auf dem Behälter angebrachte Tabelle, um einen dem zu erwartenden Klima entsprechende Frostfestigkeit sicherzustellen.
2 Entfernen Sie bei abgekühltem Motor vorsichtig die Kappe des Ausgleichsbehälters. Falls der Motor noch nicht vollständig abgekühlt ist, muss zuvor ein Lappen über den Deckel gelegt und der Deckel langsam geöffnet werden, um möglichen Druck abzulassen.
3 Prüfen Sie den Gehalt des Frostschutzmittels mithilfe eines Hydrometers und befolgen Sie die beigefügte Anleitung.
4 Falls der Frostschutzgehalt zu niedrig ist, muss etwas Kühlmittel aus dem Kühler abgesaugt und der Ausgleichsbehälter mit Frostschutzmittel aufgefüllt werden; lassen Sie nötigenfalls das alte Kühlmittel ab und füllen Sie frisches mit dem korrekten Frostschutzgehalt auf (siehe Sektion 32).

17 Lenkung, Radaufhängungen und Räder – Kontrolle

Lenkung und Vorderradaufhängungen

1 Ziehen Sie die Handbremse an, heben Sie das Fahrzeug vorn an, und stützen Sie es sicher ab (siehe Seite 355).
2 Begutachten Sie die Staubkappen der Spurstangenköpfe und die Lenkstangen-Manschetten auf Risse, Scheuerstellen und Alterungserscheinungen. Jeder Schaden an diesen Komponenten lässt Schmutz und Wasser eindringen und Schmiermittel austreten, sodass die Spurstangenköpfe und das Lenkgestänge rapide verschleißen.
3 Kontrollieren Sie die Servolenkungs-Hydraulikschläuche auf Scheuerstellen und Alterungserscheinungen. Begutachten Sie die Rohr- und Schlauchanschlüsse auf Undichtigkeiten. Prüfen Sie auch, ob an den Manschetten des Lenkgestänges unter Druck Flüssigkeit austritt, die auf schadhafte Dichtringe innerhalb des Lenkgetriebes hinweist.
4 Greifen Sie das Rad in der 12-Uhr- und der 6-Uhr-Position und versuchen Sie, daran zu wackeln (siehe Abbildung). Sehr geringes Spiel ist normal, doch wenn deutliche Bewegung spürbar ist, müssen weitere Untersuchungen die Ursache ermitteln. Wackeln Sie weiter am Rad, während ein Assistent das Bremspedal betätigt. Wenn die Bewegung jetzt verschwunden oder deutlich verringert ist, werden wahrscheinlich die Radlager defekt sein oder ggf. Einstellungen benötigen. Ist das Spiel auch bei betätigter Bremse vorhanden, wird der Verschleiß an den Radaufhängungen oder Federsystemen zu suchen sein.

17.4 Wackeln Sie so am angehobenen Rad, um mögliches Spiel der Radlager zu ermitteln.

5 Greifen Sie jetzt das Rad jetzt in der 9-Uhr- und der 3-Uhr-Position und versuchen Sie erneut, daran zu wackeln. Jede jetzt fühlbare Bewegung kann wieder auf defekte Radlager zurückzuführen sein – oder auf Verschleiß in den Spurstangenköpfen. Falls das innere oder äußere Lenkgestänge-Kugelgelenk verschlissen ist, wird seine Bewegung deutlich zu beobachten sein. Spiel am inneren Gelenk kann ggf. erfühlt werden, wenn eine Hand über die Lenkstangen-Manschette gelegt und die Lenkstange gegriffen und mit der anderen Hand am Rad gewackelt wird.
6 Mithilfe eines zwischen die Federelemente und ihren Befestigungspunkten eingesetzten großen Schraubendrehers oder einer flachen Stange kann durch Hebeln Verschleiß in den Lagerbuchsen ermittelt werden. Da die Buchsen aus Gummi bestehen, ist etwas Bewegung normal, doch übermäßiger Verschleiß sollte deutlich fühlbar sein. Kontrollieren Sie auch den Zustand aller sichtbaren Gummibuchsen; achten Sie auf Risse und sprödes Gummi.
7 Während das Fahrzeug wieder auf seinen Rädern steht, dreht ein Assistent das Lenkrad etwa eine achtel Umdrehung hin und her – die Räder müssen sich ein kleines Stück bewegen. Ist dies nicht der Fall, müssen alle zuvor beschriebenen Gelenke und Halterungen genau untersucht werden, zusätzlich müssen auch die Kreuzgelenke und das Zahnstangengetriebe auf Verschleiß überprüft werden.

Hinterradaufhängungen

8 Blockieren Sie die Vorderräder, heben Sie dann das Fahrzeug hinten an, und stützen Sie es sicher ab (siehe Seite 355).
9 Kontrollieren Sie die Aufhängungen wie bei den Vorderrädern – überprüfen Sie hier die Radlager, die Lagerbuchsen der Blattfedern und die Stoßdämpferaufnahmen auf Verschleiß. Kontrollieren Sie auch, ob Muttern der U-Eisen für die Blattfedern mit den in Kapitel 10 angegebenen Drehmomenten angezogen sind (siehe Abbildung).

17.9 Muttern der U-Eisen für die Blattfedern (gezeigt sind zwei von vier)

Stoßdämpfer

10 Kontrollieren Sie das Stoßdämpfergehäuse sowie die Gummidichtung der Kolbenstange auf ausgetretenes Öl – in diesem Fall ist das Bauteil defekt und muss ersetzt werden (siehe Kapitel 10, Sektion 6 oder 13).
Anmerkung: *Die Stoßdämpfer einer Achse müssen stets paarweise ersetzt werden.*
11 Die Funktion der Stoßdämpfer kann geprüft werden, indem das Fahrzeug an jeder vorderen Ecke heruntergedrückt wird. Die Karosserie sollte in ihre normale Position zurückkehren und dort verbleiben; falls sie sich über die ursprüngliche Lage hinaus anhebt und wieder einsackt, wird der Stoßdämpfer wahrscheinlich defekt sein. Kontrollieren Sie auch seine obere und untere Aufnahme auf Verschleiß.

Räder

12 Demontieren Sie gelegentlich die Räder und befreien Sie sie – vor allen an der Innenseite – von sämtlichen Ablagerungen. Kontrollieren Sie die Felgen auf starke Korrosion und andere Schäden. Vor allem Alufelgen können an Bordsteinen leicht beschädigt werden, aber auch Stahlfelgen können Dellen aufweisen. Oft hilft hier nur der Austausch der Felge.
13 Ein korrekt gewuchtetes Rad verbessert nicht nur den Fahrkomfort, sondern vermindert auch den Verschleiß am Reifen, der Lenkung und Federungs-Komponenten. Während ein unausgewuchtetes Rad durch Vibrationen in der Karosserie spürbar ist, machen sich ungewuchtete Vorderräder auch in der Lenkung bemerkbar. Andererseits muss beachtet werden, dass auch Verschleiß in Lenkungs- und Fahrwerks-Komponenten zu erhöhtem Reifenverschleiß führt. Unrund laufende oder schlecht eingestellte Räder, verschlissene oder falsch eingestellte Radlager gehören ebenfalls zu dieser Kategorie. Auswuchten verhindert üblicherweise keine Vibrationen, die durch solchen Verschleiß entstehen. Weitere Details zu diesem Thema finden sich in Kapitel 10.

18 Antriebswellen-Manschetten und Gleichlaufgelenke – Kontrolle

1 Die Manschetten an den Antriebswellen schützen die Gleichlaufgelenke vor dem Eindringen von Schmutz und Wasser. Äußere Einflüsse wie Streusalz können das Gummi schneller altern lassen, sodass die Manschetten gelegentlich mit Seifenwasser abgewaschen werden sollten.
2 Das Fahrzeug muss vorn angehoben und sicher abgestützt sein (siehe Seite 355). Lenken Sie die Vorderräder bis zum Anschlag nach links oder rechts und drehen Sie dann langsam eines der Räder, um den Zustand der Manschette über dem äußeren Gleichlaufgelenk zu ermitteln – drücken Sie diese an verschiedenen Stellen von Hand, um die Bereiche in den Falten freizulegen (siehe Abbildung). Falls Risse oder andere Beschädigungen festgestellt werden, die Fett austreten lassen, kann hierdurch auch Wasser und Schmutz eindringen. Kontrollieren Sie ebenfalls die Schellen. Wiederholen Sie die Kontrolle an der inneren Manschette und am anderen Vorderrad. Falls irgendwelche Schäden oder Hinweise auf Alterung festgestellt werden, müssen die Manschetten ersetzt werden (siehe Kapitel 8, Sektion 3).

18.2 Kontrollieren Sie Antriebswellen-Manschetten auf Risse und Undichtigkeiten.

3 Kontrollieren Sie gleichzeitig den Zustand des Gleichlaufgelenks selbst, indem Sie die Antriebswelle festhalten und versuchen, das Rad zu drehen. Wiederholen Sie die Kontrolle, indem Sie den inneren Flansch halten und versuchen, die Antriebswelle zu drehen.
4 Jedes fühlbare Spiel weist auf Verschleiß im Gelenk oder in den Mitnehmerverzahnungen hin – oder auf eine lockere Antriebswellenmutter.

19 Auspuffanlage – Kontrolle

1 Kontrollieren Sie die (mindestens drei Stunden lang) abgekühlte Auspuffanlage vom Krümmerflansch bis zum Endrohr am Heck. Dies sollte möglichst beim vorn und hinten angehobenen und sicher abgestützten Fahrzeug geschehen (siehe Seite 355).
2 Überprüfen Sie alle Rohre und Anschlüsse auf Undichtigkeit, starke Korrosion und Beschädigungen. Alle Halterungen und Gummis müssen in Ordnung und fest verbunden sein (siehe Abbildung). Alle Schrauben und Muttern müssen korrekt angezogen sein. Oft treten Rost und Undichtigkeiten an den Schweißnähten zwischen den Rohren und den Schalldämpfern auf. Rußablagerungen sind Hinweise auf Löcher.

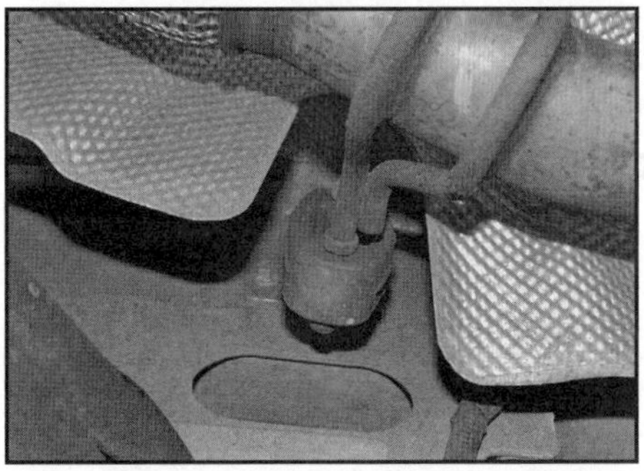

19.2 Kontrollieren Sie die Auspuffanlagen-Haltegummis.

3 Klappern und andere Geräusche weisen oft auf Defekte an der Auspuffanlage hin – meistens auf schadhafte Haltegummis. Versuchen Sie, an den Rohren und Schalldämpfern zu wackeln; falls dabei Auspuffteile gegen die Karosserie schlagen, müssen sie mit neuen Halterungen gesichert werden. Trennen Sie nötigenfalls – und falls möglich – die Auspuff-Komponenten und verdrehen Sie die Rohre, um den Abstand zur Karosserie zu vergrößern.

20 Unterboden-Schläuche und Leitungen – Kontrolle

1 Das Fahrzeug muss angehoben und sicher abgestützt sein (siehe Seite 355), um den Unterboden und die Radkästen sorgfältig auf Schäden und Korrosion untersuchen zu können. Inspizieren Sie besonders die Unterseiten der Schweller und andere verborgenen Bereiche, wo sich Straßenschmutz ansammeln kann.
2 Wo Korrosion vorhanden ist, muss z. B. mit einem Schraubendreher geprüft werden, wie weit diese fortgeschritten ist.
3 Soweit das Blech noch nicht stark korrodiert ist, kann der Rost entfernt und Unterbodenschutz aufgetragen werden – beachten Sie hierzu die Hinweise in Kapitel 11, Sektion 4.
4 Kontrollieren Sie den Tank und den Einfüllstutzen auf Löcher, Risse und andere Schäden – die Verbindung zwischen beiden Komponenten ist besonders empfindlich. Manchmal werden Gummistutzen durch lockere Schellen oder Versprödung undicht.
5 Inspizieren Sie alle mit dem Tank verbundenen Kraftstoff-Gummischläuche und -Rohre auf lockere Anschlüsse, Versprödung, Knicke und andere Schäden. Beachten Sie auch Belüftungsschläuche am Einfüllstutzen, die verstopft oder geknickt sein können. Verfolgen und kontrollieren Sie alle Leitungen zur Vorderseite des Fahrzeugs und ersetzen Sie schadhafte Sektionen. Kontrollieren Sie auch alle unter dem Fahrzeug verlaufenden Bremsleitungen auf Korrosion und Versprödung und ersetzen Sie sie nötigenfalls (siehe Kapitel 9, Sektion 3).
6 Überprüfen Sie innerhalb des Motorraums alle Kraftstoff-, Unterdruck-, Servolenkungs- und Bremsleitungen auf sichere Verbindungen, Knicke, Scheuerstellen und Versprödung.

21 Bremsbeläge – Verschleißkontrolle

Vorderradbremsen

1 Ziehen Sie die Handbremse fest an, heben Sie dann das Fahrzeug vorn an, und stützen Sie es sicher ab (siehe Seite 355). Demontieren Sie ggf. die Vorderräder, um einen besseren Zugang zu den Bremssätteln zu erhalten.
2 Die Belagstärke kann jetzt durch die Öffnung im Bremssattel kontrolliert werden (siehe Abbildung). Messen Sie mit einem Lineal nach – die Belagstärke darf nicht unter 1,5 mm liegen.

21.2 Nach der Demontage des Rades kann die Belagstärke durch die Öffnung des Bremssattels kontrolliert werden.

3 Falls die Belagstärke nicht exakt ermittelt werden kann oder Zweifel über den Zustand der Beläge besteht, müssen die Bremsbeläge für eine umfangreiche Kontrolle ausgebaut und gereinigt werden (siehe Kapitel 9, Sektion 4).
4 Kontrollieren Sie den Bremssattel der anderen Seite auf die gleiche Weise.
5 Falls das Belagmaterial auch nur eines Bremsbelages unter der Verschleißgrenze von 1,5 mm liegt, müssen alle vier Bremsbeläge beider Bremssättel als Set ausgetauscht werden (siehe Kapitel 9).
6 Kontrollieren Sie die vorderen Bremsscheiben (siehe Kapitel 9, Sektion 5).
7 Prüfen Sie vor der Montage der Räder alle Bremsleitungen und -Schläuche (siehe Kapitel 9, Sektion 3) – kontrollieren Sie besonders die Bremsschläuche an den Bremssätteln, da sie Lenkbewegungen ausgleichen müssen; drücken Sie die Schläuche mit den Fingern, um versteckte Risse, Brüche und andere Schäden zu entdecken (siehe Abbildung).

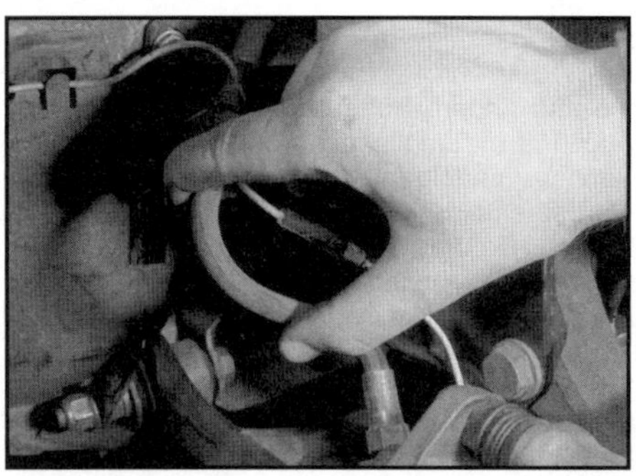

21.7 Drücken Sie die Bremsschläuche mit den Fingern, um versteckte Risse, Brüche und andere Schäden zu entdecken.

8 Montieren Sie die Vorderräder und senken Sie das Fahrzeug ab. Ziehen Sie die Radmuttern mit 200 Nm an.

Hinterradbremsen

9 Blockieren Sie die Vorderräder, heben Sie dann das Fahrzeug hinten an, und stützen Sie es sicher ab (siehe Seite 355). Demontieren Sie die Hinterräder.
10 Die Kontrolle der Hinterrad-Bremsbeläge ähnelt der an den Vorderradbremsen (siehe Schritte 2 bis 8) – die Belagstärke darf auch hier bis auf 1,5 mm absinken.

22 Handbremse – Funktionsprüfung und Einstellung

1 An leichtem Gefälle muss die fest angezogene Handbremse das Fahrzeug sicher halten. Lösen Sie die Bremse und prüfen Sie, ob das Fahrzeug ohne Schleifen der Bremsen ins Rollen kommt.
2 Bei anderen Ergebnissen muss die Handbremse eingestellt werden. Stellen Sie das Fahrzeug zunächst auf eine ebene Fläche.
3 Blockieren Sie die Vorderräder, heben Sie dann das Fahrzeug hinten an, und stützen Sie es sicher ab (siehe Seite 355).
4 Treten Sie das Bremspedal und lösen Sie es wieder; wiederholen Sie dies zehnmal.
5 Ziehen Sie die Handbremse und lösen Sie sie wieder; wiederholen Sie dies drei- bis viermal.
6 Lockern Sie bei gelöster Handbremse die Kontermutter der Handbremsseil-Einstellmutter (siehe Abbildung) und drehen Sie diese soweit, bis an beiden Hinterradbremsen der Handbremsenhebel am Anschlag anliegt.

22.6 Kontermutter der Handbremsseil-Einstellmutter am Bremszugverteiler

7 Führen Sie an beiden Hinterradbremsen ein 1-mm-Fühlerlehrenblatt zwischen den Handbremsenhebel am Bremssattel und den Anschlag ein (siehe Abbildung).

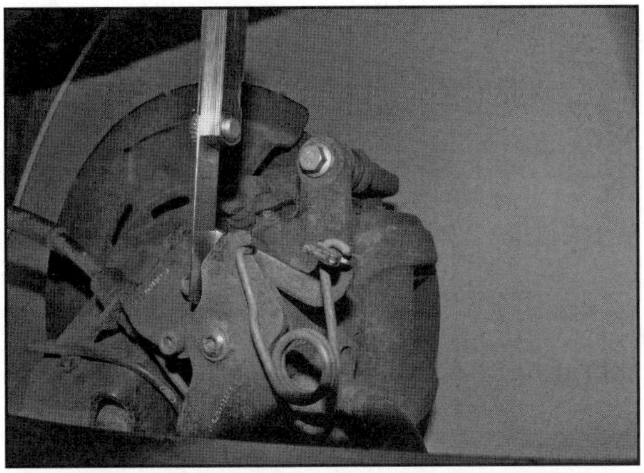

22.7 Führen Sie ein 1-mm-Fühlerlehrenblatt zwischen den Handbremsenhebel und den Anschlag ein.

8 Ziehen Sie die Einstellmutter jetzt so weit an, bis an einem der Handbremsenhebel Bewegung festgestellt wird (die Fühlerlehre herausfällt).
9 Entfernen Sie die Fühlerlehren und ziehen Sie die Einstellmutter zwei Umdrehungen weiter, um sie dort zu halten und mit der Kontermutter zu sichern.
10 Prüfen Sie, ob sich beide Hinterräder frei drehen lassen, und senken Sie das Fahrzeug ab.

23 Scharniere und Schlösser – Kontrolle und Schmieren

1 Prüfen Sie, ob alle Türen, die Motorhaube und ggf. die Heckklappe sicher schließen. Prüfen Sie die Funktion der Motorhauben-Sicherheitsverriegelung. Kontrollieren Sie alle Türfangbänder.
2 Schmieren Sie alle Tür-, Motorhauben- und Kofferraum- oder Heckklappen-Scharniere mit Mehrzweck- oder Maschinenöl.
3 Schmieren Sie ebenfalls die Motorhaubenverriegelung samt Bowdenzug und alle Schließmechanismen.

24 Radmuttern – Festigkeitsprüfung

1 Ziehen Sie die Handbremse, blockieren Sie die Räder und legen Sie den ersten Gang ein.
2 Entfernen Sie ggf. die Radkappen von den Felgen und lockern Sie die Radmuttern leicht.
3 Ziehen Sie die Radmuttern mithilfe eines Drehmomentschlüssels nacheinander mit 200 Nm an.
4 Stecken Sie ggf. zum Schluss die Radkappen wieder auf – sie müssen korrekt und sicher sitzen.

25 Probefahrt

Instrumente und Elektrik

1 Kontrollieren Sie die Funktion aller Instrumente, aller Lampen und anderen elektrischen Bauteile.
2 Stellen Sie sicher, dass alle Instrumente korrekt anzeigen und sämtliche Schalter korrekt funktionieren.

Lenkung und Radaufhängungen

3 Vergewissern Sie sich, dass die Lenkung, die Federung, das Handling und die Straßenlage keine Auffälligkeiten aufweisen.
4 Kontrollieren Sie beim Fahren, ob keine ungewöhnlichen Vibrationen oder Geräusche auftreten.
5 Die Lenkung darf sich nicht schwammig oder rau anfühlen. Beim Durchfahren von Kurven oder auf schlechten Straßen dürfen die Federelemente keine Geräusche erzeugen.

Antrieb

6 Kontrollieren Sie die Leistungsfähigkeit des Motors, der Kupplung, des Getriebes und der Antriebswellen.
7 Aus dem Motor und dem Antrieb dürfen keine ungewöhnlichen Geräusche zu hören sein.
8 Der Motor muss sich warm und kalt problemlos starten lassen, im Standgas rund laufen und verzögerungsfrei beschleunigen.
9 Die Kupplung muss sanft und progressiv die Kraft übertragen und darf weder schleifen noch rutschen. Der Pedalweg darf nicht zu lang sein. Bei gedrücktem Kupplungspedal dürfen keine Geräusche auftreten. Details finden sich in Kapitel 6.
10 Alle Gänge des Getriebes müssen sich sanft und geräuschfrei einlegen lassen. Im Schalthebel muss das Einrasten der Gänge deutlich fühlbar sein.
11 Bei langsamer Fahrt mit vollständig eingeschlagener Lenkung dürfen im Frontbereich keine klickenden Geräusche auftreten. Führen Sie diesen Test in beide Richtungen durch. Klicken würde auf einen Schmiermangel oder Verschleiß in den äußeren Gleichlaufgelenken der Antriebswellen hinweisen (siehe Kapitel 8)

Bremsanlage

12 Prüfen Sie, ob das Fahrzeug beim Bremsen nicht zu einer Seite zieht und die Räder bei Vollbremsungen nicht blockieren.
13 Beim Bremsen dürfen in der Lenkung keine Vibrationen auftreten.
Anmerkung: *Durch das ABS können beim heftigen Bremsen im Bremspedal Vibrationen spürbar sein – dies ist normal und beeinträchtigt nicht die Funktion der Bremse.*
14 Prüfen Sie, ob die Handbremse korrekt funktioniert – sie muss das Fahrzeug problemlos an einem Gefälle halten können.
15 Prüfen Sie die Funktion der Servobremse bei ausgeschaltetem Motor wie folgt: Treten Sie vier- bis fünfmal auf die Bremse, um den Unterdruck abzubauen. Starten Sie dann den Motor – das Bremspedal muss sich unverzüglich durch den aufgebauten Unterdruck weiter herunterdrücken lassen. Lassen Sie den Motor mindestens zwei Minuten laufen und schalten Sie ihn wieder ab. Wird die Bremse nun erneut gedrückt, sollte dabei ein Zischen aus der Servopumpe zu hören sein. Nach vier bis fünf Tritten auf die Bremse sollte kein Zischen mehr hörbar sein und der Pedaldruck deutlich härter werden.

26 Inspektionsanzeige – Zurücksetzen

1 Nachdem der Zündschlüssel auf die Position 0 gedreht wurde, werden gleichzeitig das Bremspedal und das Gaspedal voll durchgetreten.
2 Schalten Sie die Zündung ein (Position II), aber starten Sie nicht den Motor.
3 Warten Sie bei weiterhin durchgetretenen Pedalen mindestens 15 Sekunden, bis die Inspektionsintervall-Anzeige erlischt.

27 Luftfilterelement – Ersetzen

2,0 l-Motor

1 Lösen Sie die Schelle des Auslassstutzens und ziehen Sie diesen vom Stutzen am Luftfilterdeckel (siehe Abbildungen).

27.1a Lösen Sie die Schelle des Auslassstutzens ...

27.1b ... und ziehen Sie diesen vom Stutzen am Luftfilterdeckel.

2 Trennen Sie oben am Luftfilterdeckel den Stecker des Luftmassensensors (siehe Abbildung).

27.2 Trennen Sie den Stecker des Luftmassensensors.

3 Ziehen Sie seitlich am Luftfilterdeckel den Unterdruckschlauch ab (siehe Abbildung).

27.3 Ziehen Sie links am Luftfilterdeckel den Unterdruckschlauch ab.

4 Lösen Sie die vier Federklemmen, die den Deckel am Luftfiltergehäuse sichern (siehe Abbildung).

27.4 Lösen Sie die vier Federklemmen, die den Deckel am Luftfiltergehäuse sichern.

5 Heben Sie den Luftfilterdeckel vorn an und entnehmen Sie ihn (siehe Abbildung).

27.5 Heben Sie den Luftfilterdeckel vorn an und entnehmen Sie ihn.

6 Heben Sie das Luftfilterelement heraus (siehe Abbildung). Wischen Sie das Gehäuse nötigenfalls sauber.

27.6 Heben Sie das Luftfilterelement heraus.

7 Wenn das Filterelement laut Wartungsplan ausgetauscht werden soll, muss dies ungeachtet seines Zustands geschehen.
8 Falls das Filterelement aus irgendeinem anderen Grund ausgebaut wurde, muss vor allem seine Unterseite kontrolliert werden – falls sie verölt oder stark verschmutzt ist, muss das Element erneuert werden. Ein nur leicht verschmutzter Filter kann mit Druckluft ausgeblasen werden.
9 Installieren Sie das (neue) Filterelement in der umgekehrten Ausbaureihenfolge.

2,2 l-Motor

10 Lösen Sie die Schelle des Auslassstutzens und ziehen Sie diesen vom Stutzen am Luftfilterdeckel (siehe Abbildung).

27.10 Lösen Sie die Schelle des Auslassstutzens und ziehen Sie diesen ab.

11 Trennen Sie oben am Luftfilterdeckel den Stecker des Luftmassensensors (siehe Abbildung).

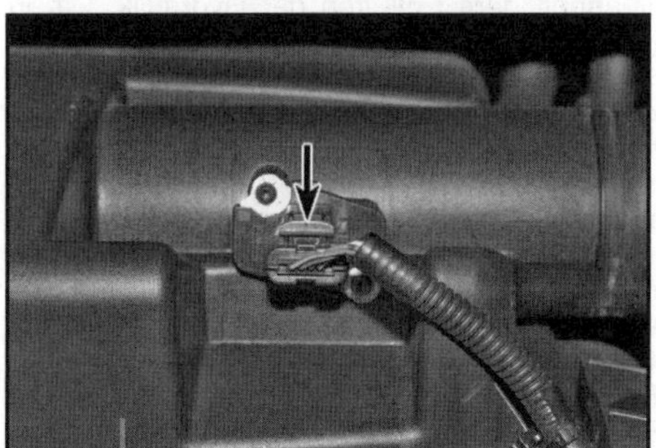

27.11 Lösen Sie den Clip und trennen Sie den Stecker des Luftmassensensors.

12 Lösen Sie die vier Federklemmen, die den Deckel am Luftfiltergehäuse sichern, und heben Sie ihn ab (siehe Abbildung).

27.12 Lösen Sie die vier Federklemmen und heben Sie den Deckel vom Luftfiltergehäuse.

13 Heben Sie das Luftfilterelement heraus (siehe Abbildung). Wischen Sie das Gehäuse nötigenfalls sauber.

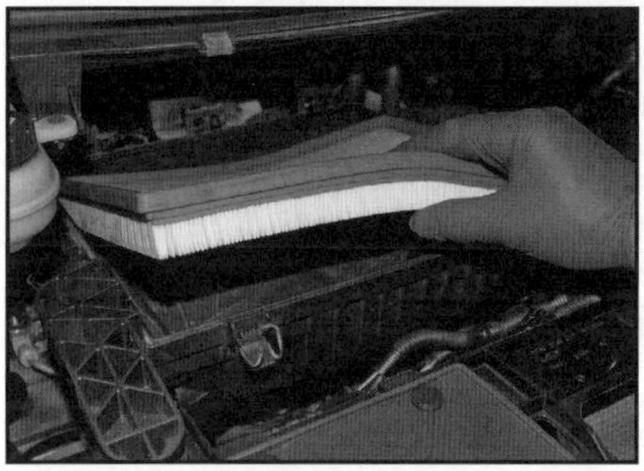

27.13 Heben Sie das Luftfilterelement heraus – beachten Sie seine Einbaurichtung.

14 Wenn das Filterelement laut Wartungsplan ausgetauscht werden soll, muss dies ungeachtet seines Zustands geschehen.
15 Falls das Filterelement aus irgendeinem anderen Grund ausgebaut wurde, muss vor allem seine Unterseite kontrolliert werden – falls sie verölt oder stark verschmutzt ist, muss das Element erneuert werden. Ein nur leicht verschmutzter Filter kann mit Druckluft ausgeblasen werden.
16 Installieren Sie das (neue) Filterelement in der umgekehrten Ausbaureihenfolge.

28 Getriebeölpegel – Kontrolle

Anmerkung: *Diese Arbeit ist kein offizieller Ford-Wartungspunkt. Es kann allerdings nicht schaden, den Ölpegel mindestens alle zwei Jahre zu kontrollieren.*
1 Heben Sie dann das Fahrzeug waagerecht an und stützen Sie es sicher ab (siehe Seite 355).
2 Drehen Sie die vorn unten am Getriebe sitzende Einfüll/Kontroll-Schraube mithilfe eines Inbusschlüssels heraus – sie kann sehr fest sitzen.
3 Wenn der Pegel korrekt ist, muss er etwa 20 mm unterhalb der Schraubenbohrung stehen. Fertigen Sie aus einem gebogenen Draht einen »Peilstab« an und halten Sie ihn ins Getriebe, um den Pegel zu ermitteln (siehe Abbildung).

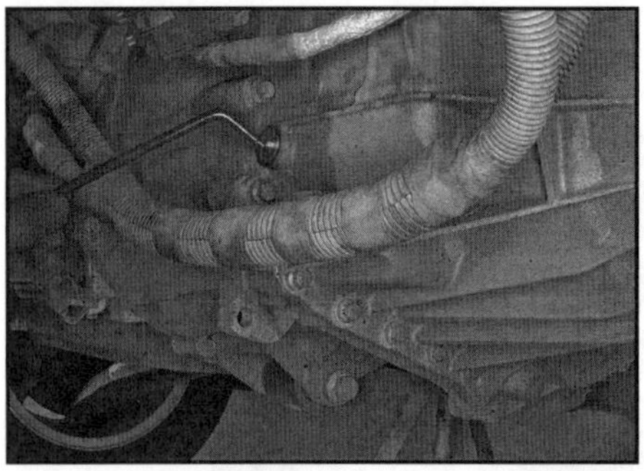

28.3 Kontrollieren Sie den Pegel mit einem selbstgebauten Peilstab.

4 Falls der Pegel zu niedrig steht, muss mithilfe einer Spritze oder einer Plastikflasche samt Schlauch Getriebeöl aufgefüllt werden (siehe Abbildung) – beachten Sie hierzu die Hinweise auf Seite 23.

28.4 Füllen Sie Getriebeöl z. B. mithilfe einer Plastikflasche samt Schlauch auf.

5 Messen Sie zwischendurch immer wieder den Ölpegel – keinesfalls darf zu viel Öl aufgefüllt werden.
6 Installieren Sie die Einfüll/Kontroll-Schraube und ziehen Sie sie mit 35 Nm an. Führen Sie eine Probefahrt durch und kontrollieren Sie die Dichtigkeit der Schraube.
8 Falls der Getriebeölpegel regelmäßig absinkt, muss die Ursache hierfür unverzüglich gefunden und repariert werden.

29 Pollenfilter – Ersetzen

1 Zur Verbesserung des Zugangs sollte das Handschuhfach vollständig geöffnet werden, indem die seitlichen Anschläge gelöst werden (siehe Abbildung).

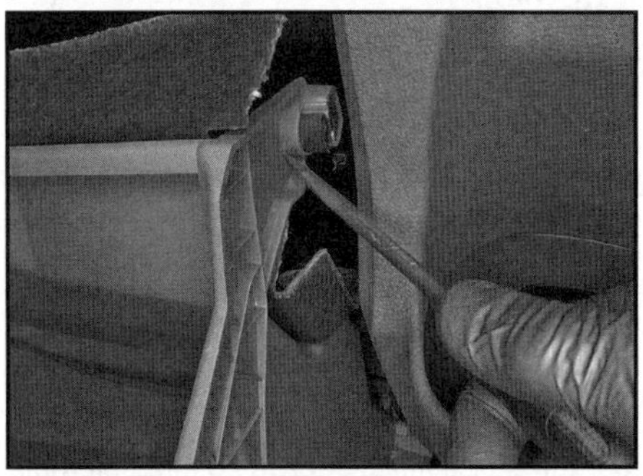

29.1 Lösen Sie mit einem Schraubendreher die seitlichen Anschläge des Handschuhfachs, um es vollständig zu öffnen.

2 Befreien Sie im Beifahrerfußraum den linken Clip der Abdeckung, öffnen Sie diese und entnehmen Sie den Filter unter Beachtung seiner Einbaurichtung (siehe Abbildungen).

29.2a Befreien Sie die Abdeckung ...

29.2b ... und entnehmen Sie den Filter.

3 Installieren Sie den neuen Filter in der umgekehrten Ausbaureihenfolge – beachten Sie die korrekte Einbaurichtung.

30 Bremsflüssigkeit – Ersetzen

Warnung:
• Hydraulikflüssigkeit kann zu Augenverletzungen führen und Lackoberflächen angreifen, bewahren Sie deshalb beim Umgang hiermit größte Sorgfalt.
• Benutzen Sie NIEMALS Bremsflüssigkeit, die längere Zeit offen gestanden hat, da sie Feuchtigkeit aus der Luft absorbiert, was zu einem gefährlichen Verlust an Bremswirkung führen kann.

1 Die Prozedur ähnelt dem Entlüften der Hydraulik, wie in Kapitel 9, Sektion 2 beschrieben. Nur wird hier der Ausgleichsbehälter zunächst entleert – möglichst durch Abpumpen – und dann beim Herauspumpen beobachtet, wann frische Bremsflüssigkeit austritt.
2 Gehen Sie wie in Kapitel 9, Sektion 2 beschrieben vor, öffnen Sie das erste Entlüftungsventil, und pumpen Sie sanft mit dem Bremspedal, bis die Bremsflüssigkeit im Ausgleichsbehälter bei der MIN-Markierung steht. Füllen Sie bis zur MAX-Markierung frische Hydraulikflüssigkeit in den Ausgleichsbehälter und pumpen Sie sie so lange durch, bis sämtliche alte Flüssigkeit aus dem System gepumpt ist (siehe Praxis-Tipp). Füllen Sie dabei regelmäßig frische Hydraulikflüssigkeit nach (siehe Abbildung). Ziehen Sie die Entlüftungsschraube anschließend sorgfältig an und stecken Sie die Kappe auf.

Praxis-Tipp *Alte Hydraulikflüssigkeit ist deutlich dunkler als frische. Pumpen Sie so lange Hydraulikflüssigkeit heraus, bis helle Flüssigkeit austritt.*

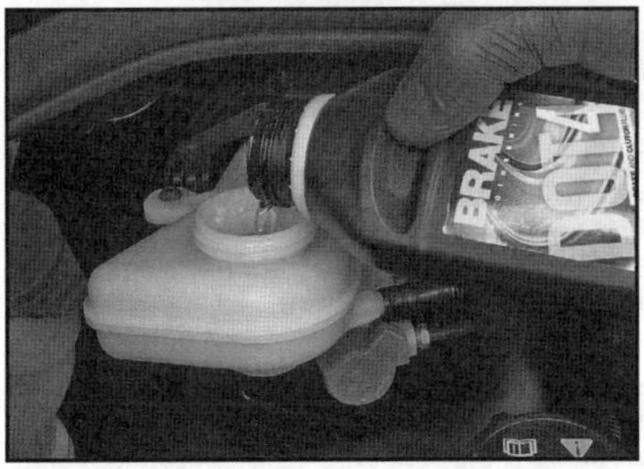

30.2 Füllen Sie den Ausgleichsbehälter bis zur MAX-Markierung auf – gezeigt am Linkslenker-Modell

3 Gehen Sie bei den anderen Entlüftungsschrauben genauso vor. Achten Sie darauf, dass der Pegel im Ausgleichsbehälter nicht unter die MIN-Markierung fällt – falls Luft ins Hydrauliksystem eindringt, muss es zeitaufwendig entlüftet werden.
4 Prüfen Sie zum Schluss, ob alle Entlüftungsschrauben fest sitzen und mit den Gummikappen ausgerüstet sind. Waschen Sie Spritzer ab und kontrollieren Sie erneut den Pegel im Ausgleichsbehälter.
5 Prüfen Sie die Funktion der Bremse bzw. der Kupplung, bevor Sie das Fahrzeug im Straßenverkehr bewegen.
6 Entsorgen Sie die alte Hydraulikflüssigkeit (separat von Ölen!) im Fachhandel, wo sie auch verkauft wird – hier ist man verpflichtet, »handelsübliche« Mengen wieder zurückzunehmen.

31 Fernbedienung – Batteriewechsel

1 Die im Zündschlüssel sitzende Batterie für die Zentralverriegelungs-Fernbedienung ist fest verbaut und wird während der Fahrt aufgeladen. Ford empfiehlt, alle vorhandenen Schlüssel mindestens einmal jährlich zu benutzen, um ihre Ladung zu erhalten. Sobald eine Batterie vollständig entladen ist, muss der Schlüssel von einer Ford-Werkstatt neu programmiert werden.

32 Kühlflüssigkeit – Austausch

Anmerkung: *Wenn das von Ford empfohlene Frostschutzmittel SuperPlus verwendet wird, muss der Austausch nur alle zehn Jahre stattfinden. Falls nicht bekannt ist, welches Frostschutzmittel aufgefüllt ist oder man lieber konventionellen Wartungsintervallen folgen möchte, muss das Kühlmittel wie folgt alle 30 000 km oder zwei Jahre ausgetauscht werden:*

Warnung: Diese Arbeit darf erst ausgeführt werden, wenn der Motor abgekühlt ist. Öffnen Sie niemals bei heißem Motor den Deckel des Ausgleichsbehälters, da Dampf und heiße Flüssigkeit zu Verbrühungen führen können!

Warnung: Lassen Sie Frostschutzmittel nicht auf die Haut oder lackierte Teile des Fahrzeugs gelangen. Spülen Sie Spritzer umgehend mit reichlich Wasser ab. Kühlmittel darf niemals in offenen Behältern gelagert werden – es ist giftig und kann durch seinen süßlichen Geruch Kindern und Tieren zum Verhängnis werden.

Ablassen

1 Entfernen Sie zunächst den Deckel des Ausgleichsbehälters – legen Sie einen dicken Lappen darüber und drehen Sie ihn bis zum Anschlag nach links; warten Sie, bis jeglicher Druck entwichen ist. Drücken Sie den Deckel herunter und drehen Sie ihn weiter nach links, bis er entnommen werden kann.
2 Entfernen Sie entweder den linken Scheinwerfer (siehe Kapitel 12, Sektion 11) oder heben Sie das Fahrzeug vorn an und stützen Sie es sicher ab (siehe Seite 355).
3 Stellen Sie einen ausreichend großen Behälter links unter den Kühler und öffnen Sie den Kühlmittel-Auslass (siehe Abbildung), um das Kühlmittel ablaufen zu lassen.

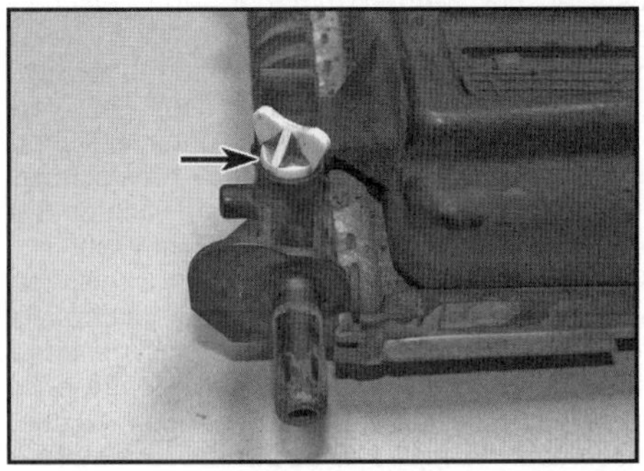

32.3 Öffnen Sie den Kühlmittel-Auslass, um das Kühlmittel in den Sammelbehälter ablaufen zu lassen.

4 Verschließen Sie den Auslass wieder und senken Sie das Fahrzeug ggf. ab.

Spülen

5 Falls der Wechsel des Kühlmittels vernachlässigt oder das Gemisch verdünnt wurde, verliert das Kühlsystem mit der Zeit seine Wirksamkeit, da sich die Kühlkanäle mit Rost, Ablagerungen und anderen Sedimenten zusetzen. Die Wirksamkeit kann durch das Spülen des Systems wiederhergestellt werden.
6 Der Kühler sollte unabhängig vom Motor gespült werden, um hier unnötige Verunreinigungen zu verhindern.

Spülen des Kühlers

7 Ziehen Sie alle Schläuche vom Kühler ab.
8 Verbinden Sie einen Gartenschlauch mit dem oberen Kühlerstutzen und lassen Sie solange Wasser durch den Kühler strömen, bis dies unten sauber wieder austritt.
9 Bei starker Verunreinigung muss der Kühler in entgegengesetzte Richtung gespült werden – stecken Sie dazu den Gartenschlauch in den unteren Stutzen und umwickeln Sie ihn mit Lappen, um ihn abzudichten. Spülen Sie so lange, bis oben sauberes Wasser austritt. Wird vermutet, dass der Kühler stark verstopft ist, muss er ausgebaut (siehe Kapitel 3, Sektion 5), auf den Kopf gestellt und erneut in entgegengesetzte Richtung gespült werden.

Spülen des Motors

10 Demontieren Sie den Thermostaten (siehe Kapitel 3, Sektion 3). Falls der obere Kühlerschlauch vom Motor getrennt ist, muss der Thermostatgehäusedeckel übergangsweise wieder montiert und der Schlauch angeschlossen werden.

11 Soweit beide Haupt-Kühlerschläuche vom Kühler getrennt sind, wird der Gartenschlauch mit dem oberen Schlauch verbunden und solange Wasser durch den Motor gespült, bis es am unteren Schlauch sauber wieder austritt.

12 Montieren Sie anschließend den Thermostaten und schließen Sie alle Schläuche an (siehe Kapitel 3, Sektion 3).

Frostschutzmittel und Gemisch

13 Ford gibt an, dass das empfohlene SuperPlus-Frostschutzmittel zehn Jahre im Kühlsystem verbleiben kann. Hierzu muss es in der vorgeschriebenen Konzentration verwendet werden und darf nicht mit anderen Frostschutzmitteln oder Additiven gemischt werden. Auch zum Auffüllen darf neben klarem Wasser nur SuperPlus-Frostschutzmittel verwendet werden. Falls andere oder unbekannte Frostschutzmittel verwendet wurden, muss das Kühlsystem vor dem Auffüllen gespült werden (siehe oben).

14 Falls ein anderes als das von Ford empfohlene Frostschutzmittel verwendet wird, muss es alle 30 000 km oder zwei Jahre ausgetauscht werden, um den erforderlichen Frostschutz sicherzustellen.

15 Soweit Frostschutzmittel nach Ford-Vorgaben verwendet wird, müssen die Mischungs-Hinweise auf der Verpackung beachtet werden. Ford empfiehlt unter üblichen Witterungsbedingungen ein Gemisch aus 40% Frostschutzmittel und 60% weichem Wasser (nach Volumen) – achten Sie darauf, ob anderes Frostschutzmittel bereits vorgemischt ist.

16 Mischen Sie etwas mehr als die in den technischen Daten vorgegebene Menge an Kühlmittel an, um nötigenfalls etwas nachfüllen zu können. Weil nur selten das gesamte Kühlsystem entleert wird und die vorgegebene Menge eher ein akademischer Wert ist, sollte davon ausgegangen werden, dass – außer nach einer Komplett-Entleerung des Motors – nur etwa zwei Drittel erneuert werden können.

17 Bevor Kühlmittel aufgefüllt wird, muss das System vollständig entleert und möglichst gespült werden, außerdem sollten alle Schläuche auf festen Sitz und guten Zustand überprüft werden – frisches Kühlmittel findet jede Schwachstelle im Kühlsystem, um auszutreten.

18 Nach dem Auffüllen frischen Kühlmittels muss am Ausgleichsbehälter ein Hinweis angebracht werden, auf dem der Typ, die Konzentration, das Datum und die Laufleistung vermerkt ist. Zum Nachfüllen darf nur das gleiche Mittel verwendet werden.

19 Verwenden Sie niemals ein Motor-Kühlmittel im Wischwasserbehälter, da es den Lack angreift; hierfür gibt es spezielle Frostschutzmittel.

Kühlsystem auffüllen

20 Bevor das Kühlsystem aufgefüllt wird, müssen alle Schläuche und Schellen auf einen guten Zustand und festen Sitz überprüft werden. Frostschutzmittel muss das ganze Jahr über verwendet werden, da es auch als Korrosionsschutz wirkt.

21 Füllen Sie das System langsam über den Ausgleichsbehälter auf, bis der Pegel etwa 15 mm über der MAX-Markierung steht (siehe Abbildung). Setzen Sie den Ausgleichsbehälterdeckel auf und drücken Sie die Kühlerschläuche von Hand zusammen, damit Luftblasen besser entweichen können.

32.21 Füllen Sie das Kühlsystem auf, bis der Pegel etwa 15 mm über der MAX-Markierung steht.

22 Starten Sie den Motor und bringen Sie ihn im Standgas auf Betriebstemperatur.

Anmerkung: *Beachten Sie dabei die Temperaturanzeige. Falls der Pegel im Ausgleichsbehälter unter MIN abfällt, muss der Motor abgeschaltet werden und nach dem Abkühlen Kühlmittel bis zur MAX-Markierung nachgefüllt werden.*

23 Schalten Sie den Motor ab und lassen Sie ihn für mindestens eine halbe Stunde abkühlen.

24 Öffnen Sie den Ausgleichsbehälterdeckel und füllen Sie Kühlmittel bis zur MAX-Markierung nach. Installieren Sie den Deckel wieder.

Luftblasen

25 Falls sich nach dem Entleeren und Auffüllen des Kühlsystems Symptome von Überhitzung zeigen, die zuvor nicht existierten, werden dafür wahrscheinlich Luftblasen verantwortlich sein, die den Kühlkreis behindern. Luftblasen entstehen oft, weil das System zu schnell aufgefüllt wurde.

26 Wird eine Luftblase vermutet, müssen alle zugänglichen Kühlerschläuche vorsichtig gedrückt werden – mit Luft gefüllte Schläuche fühlen sind anders an als wenn sie Kühlmittel enthalten. Nach dem Auffüllen des Kühlsystems steigen die meisten Luftblasen nach dem Abkühlen auf, sodass Kühlmittel nachgefüllt werden muss.

27 Sobald der Motor auf Betriebstemperatur ist, werden die Heizung und ihr Gebläse eingeschaltet, um ihre Funktion zu prüfen. Vorausgesetzt, das Kühlsystem ist korrekt befüllt, weist ein verzögertes Einsetzen der Heizung auf Luftblasen im System hin.

28 Luftblasen können aber nicht nur die Heizung ausfallen lassen, sondern den gesamten Kühlkreislauf unterbrechen. Prüfen Sie bei warmem Motor, ob der obere Kühlerschlauch warm ist – ein kalter Schlauch kann auf eine Luftblase oder einen nicht geöffneten Thermostaten hinweisen.

29 Falls das Problem weiter besteht, muss der Motor abgeschaltet werden und vollständig abkühlen. Öffnen Sie den Ausgleichsbehälterdeckel oder lockern Sie Kühlerschlauchschellen um Luft austreten zu lassen. Nötigenfalls muss das gesamte Kühlsystem entleert und gespült oder gereinigt werden. Lassen Sie das System nötigenfalls von einem Fachbetrieb absaugen und per Vakuum auffüllen.

33 Keilrippenriemen – Ersetzen

1 Trennen Sie den Masseanschluss (–) der Batterie (siehe Kapitel 5, Sektion 3). Zur Verbesserung des Zugangs kann der rechte Scheinwerfer demontiert werden (siehe Kapitel 12, Sektion 11).

2 Ziehen Sie die Handbremse an. Lockern Sie die Radmuttern des rechten Vorderrads, heben Sie den Wagen rechts vorn an und stützen Sie ihn sicher ab (siehe Seite 355). Demontieren Sie das rechte Vorderrad.
3 Entfernen Sie die Kunststoff-Abdeckung (siehe Abbildung).

33.3 Lösen Sie die drei Schrauben und lösen Sie den Clip, um die Abdeckung zu entfernen.

4 Lösen Sie die Mutter der Servolenkungsrohrhalterung und verlagern Sie das Rohr vom Riemendeckel weg (siehe Abbildung).

33.4 Lösen Sie die Mutter der Rohrhalterung und verlagern Sie das Rohr vom Riemendeckel weg.

5 Lösen Sie die Schrauben und Muttern des Keilrippenriemen-Deckels und entnehmen Sie ihn (siehe Abbildung).

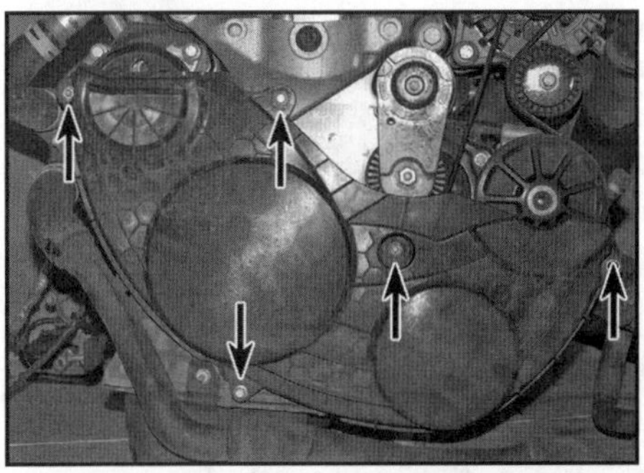

33.5 Schrauben und Muttern des Keilrippenriemen-Deckels – gezeigt am 2,0 l-Motor

Elastischer Riemen – Modelle mit Klimaanlage

Anmerkung: *Der elastische Riemen treibt bei 2,0 l-Motoren die Wasserpumpe und bei 2,2 l-Motoren die Servolenkungspumpe an. Einen Riemenspanner gibt es nicht. Der elastische Riemen muss nach jeder Demontage durch ein Neuteil ersetzt werden.*

6 Entfernen Sie den elastischen Riemen, indem Sie ihn mit einem scharfen Messer oder Seitenschneider durchtrennen.
7 Kontrollieren Sie, ob die Nuten der zwei Riemenscheiben sauber und fettfrei sind.
8 Der neue Riemen wird eventuell ohne Montagewerkzeug (Ford-Teilenummer 303-1596) ausgeliefert. Eine Montage ohne dieses Werkzeug ist zwar möglich, aber nicht empfehlenswert, da der Riemen dabei beschädigt werden kann. Im Fachhandel sind entsprechende Werkzeuge erhältlich.
9 Legen Sie den neuen Riemen in die Nuten der Wasserpumpen- oder Servolenkungspumpen-Riemenscheibe, sodass er nirgends übersteht. Positionieren Sie den Riemen unter der Kurbelwellen-Riemenscheibe und über das Montagewerkzeug. Drehen Sie die Kurbelwelle an der Riemenscheibe im Uhrzeigersinn, bis der Riemen korrekt in seinen Nuten liegt (siehe Abbildungen). Entfernen Sie das Montagewerkzeug.

33.9a Legen Sie den Riemen über die Kurbelwellen-Riemenscheibe ...

33.9b ... und über das Montagewerkzeug. Drehen Sie die Scheibe dann im Uhrzeigersinn.

10 Drehen Sie die Kurbelwelle mindestens zwei volle Umdrehungen im Uhrzeigersinn, damit sich der Riemen setzt; prüfen Sie dann, ob er auf beiden Riemenscheiben korrekt aufliegt.
11 Montieren Sie den Riemendeckel, die Kunststoffabdeckung, den Servolenkungsrohrhalter und das Rad.
12 Senken Sie das Fahrzeug ab, ziehen Sie die Radmuttern mit 200 Nm an und schließen Sie die Batterie an.

Lichtmaschinen-Antriebsriemen – Modelle ohne Klimaanlage

Anmerkung: *Bei Modellen ohne Klimaanlage kommt ein elastischer Riemen ohne Riemenspanner zum Einsatz. Dieser Riemen muss nach jeder Demontage durch ein Neuteil ersetzt werden.*
13 Entfernen Sie den Servolenkungspumpen-Riemen (siehe oben).
14 Entfernen Sie den elastischen Lichtmaschinen-Riemen, indem Sie ihn mit einem scharfen Messer oder Seitenschneider durchtrennen.

15 Kontrollieren Sie, ob die Nuten der zwei Riemenscheiben sauber und fettfrei sind.
16 Der neue Riemen wird mit einem Montagewerkzeug ausgeliefert, das etwa in der Fünf-Uhr-Position über den Nuten der Kurbelwellen-Riemenscheibe positioniert werden muss.
17 Legen Sie den neuen Riemen in die Nuten der Lichtmaschinen-Riemenscheibe, sodass er nirgends übersteht. Positionieren Sie den Riemen unter der Kurbelwellen-Riemenscheibe und über das Montagewerkzeug (siehe Abbildungen).

33.17a Legen Sie den neuen Riemen in die Nuten der Lichtmaschinen-Riemenscheibe ...

33.17b ... und positionieren Sie ihn unter der Kurbelwellen-Riemenscheibe und über das Montagewerkzeug.

18 Drücken Sie das Montagewerkzeug um die Kurbelwellen-Riemenscheibe herum bis in die Acht-Uhr-Position und führen Sie dabei den Riemen in die Nuten der Scheibe.
19 Drehen Sie die Kurbelwelle mit der Riemenscheibe im Uhrzeigersinn, bis der Riemen korrekt sitzt (siehe Abbildung). Entfernen Sie das Montagewerkzeug.

33.19 Drehen Sie die Kurbelwelle im Uhrzeigersinn, bis der Riemen korrekt in den Nuten der Riemenscheibe sitzt.

20 Drehen Sie die Kurbelwelle mindestens zwei volle Umdrehungen im Uhrzeigersinn, damit sich der Riemen setzt; prüfen Sie dann, ob er auf beiden Riemenscheiben korrekt aufliegt.
21 Montieren Sie den äußeren elastischen Riemen (siehe oben).

Keilrippenriemen – Modelle mit Klimaanlage

22 Entfernen Sie den elastischen Riemen (siehe oben).
23 Falls der vorhandene Riemen wiederverwendet werden soll, muss seine Laufrichtung markiert werden, damit diese später sichergestellt werden kann.
24 Schwenken Sie die Riemenspanner-Rolle im Uhrzeigersinn, um den Riemen zu entspannen und führen Sie einen Inbusschlüssel oder eine entsprechende Stange (6 mm stark bei 2,0 l-Motoren; 4 mm stark bei 2,2 l-Motoren) durch die Bohrung im Gehäuse, um den Spanner zu arretieren. Je nach Modell und Ausstattung ist der Spanner mit einem Außensechskant oder einem Innenvierkant ausgerüstet, über den er mit einem Steckschlüssel oder Ratschengriff bewegt werden kann (siehe Abbildung).

33.24 Schwenken Sie den Spanner und arretieren Sie ihn durch die Bohrung.

25 Heben Sie den Riemen von allen Riemenscheiben.
26 Kontrollieren Sie, ob die Nuten aller Riemenscheiben sauber und fettfrei sind. Prüfen Sie, ob der Spanner korrekt funktioniert – beim Schwenken nach rechts muss eine starke Federkraft fühlbar sein, zudem muss er sanft nach links zurückkehren.
27 Falls der alte Riemen wiederverwendet werden soll, muss mithilfe der angebrachten Markierungen dafür gesorgt werden, dass er in der ursprünglichen Laufrichtung dreht.

28 Richten Sie die Keilrippen des Riemens so zu den Nuten der Riemenscheiben aus, dass der Riemen korrekt sitzt und nicht übersteht. Achten Sie auf die korrekte Verlegung (siehe Abbildungen). Beginnen Sie oben und arbeiten Sie sich zur unteren Riemenscheibe vor.

33.28a Verlegung des Keilrippenriemens am 2,0 l-Motor mit Klimaanlage

1 Lichtmaschine
2 Umlenkrolle
3 Servolenkungspumpe
4 Keilrippenriemen
5 Klimaanlagen-Kompressor
6 Kurbelwelle
7 Wasserpumpenriemen (elastisch)
8 Wasserpumpe
9 Riemenspanner
10 Kraftstoffpumpenantrieb-Deckel

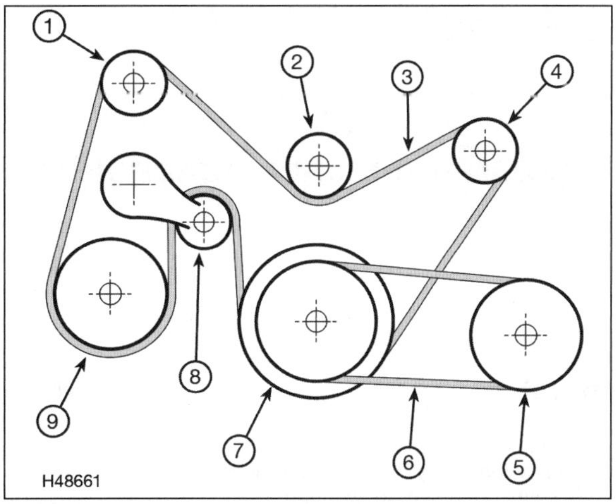

33.28b Verlegung des Keilrippenriemens am 2,2 l-Motor mit Klimaanlage

1 Umlenkrolle
2 Umlenkrolle
3 Keilrippenriemen
4 Lichtmaschine
5 Servolenkungspumpe
6 Servolenkungspumpen-Riemen (elastisch)
7 Kurbelwelle
8 Riemenspanner
9 Klimaanlagen-Kompressor

29 Schwenken Sie den Riemenspanner ein kleines Stück nach rechts, entnehmen Sie den Arretierstift und lassen Sie den Spanner nach links schwenken, um den Riemen zu spannen.

30 Drehen Sie die Kurbelwellen-Riemenscheibe mindestens zwei volle Umdrehungen im Uhrzeigersinn, damit sich der Riemen setzt. Kontrollieren Sie dann, ob er rundherum korrekt aufliegt.

31 Montieren Sie einen neuen Wasserpumpen- (2,0 l-Motor) oder Servolenkungspumpen-Riemen (2,2 l-Motoren) (siehe oben).

Kapitel 2A

Reparaturen am eingebauten 2,0 l-Motor

Inhalt — Sektion

Schwierigkeitsgrade

Leicht. Geeignet für Anfänger mit wenig Erfahrung.	**Relativ leicht.** Geeignet für Anfänger mit etwas Erfahrung.	**Relativ schwierig.** Geeignet für geübte Selbstschrauber.	**Schwer.** Geeignet für Selbstschrauber mit viel Erfahrung.	**Sehr schwer.** Geeignet für Experten und Profis.

Technische Daten

Motor

Motortyp	Wassergekühlter Vierzylinder-Reihenmotor, zwei obenliegende Nockenwellen (DOHC), Schlepphebeln und Hydrostößel, 4 Ventile je Brennraum
Bezeichnung	EcoBlue
Motorcode	
Motoren mit 77 kW (105 PS)	YLFS, YLF6
Motoren mit 96 kW (130 PS)	YMFS, YMF6
Motoren mit 125 kW (170 PS)	YNFS, YNF6
Hubraum	1996 cm³
Bohrung	84,01 mm
Hub	90,03 mm
Verdichtungsverhältnis	16,5 : 1
Zündfolge	1-3-4-2
Position von Zylinder Nr. 1	rechts (an Zahnriemen-Seite)
Kurbelwellen-Drehrichtung	vorwärts (von rechts betrachtet im Uhrzeigersinn)
Abgasnorm	Euro 6

Zylinderkopf

Kolben-Überstand	Stärke der Zylinderkopfdichtung
0,671 bis 0,720 mm	1,30 mm (1 Zahn oder Loch)
0,721 bis 0,770 mm	1,35 mm (2 Zähne oder Löcher)

0,771 bis 0,820 mm	1,40 mm (3 Zähne oder Löcher)
0,821 bis 0,870 mm	1,45 mm (4 Zähne oder Löcher)
0,871 bis 0,920 mm	1,50 mm (5 Zähne oder Löcher)
Maximaler Dichtflächen-Verzug	0,10 mm

Schmiersystem

Motoröl-Typ	SAE 5W/30-Mehrbereichsöl nach Ford-Spezifikation WSS-M2C913-C oder ACEA A5/B5
Motoröl-Füllmenge (bei Filterwechsel)	siehe Kapitel 1, Technische Daten
Öldruck (bei Betriebstemperatur)	
bei Standgas (min.)	1,0 bar
bei 2000/min (min.)	1,5 bar

Anzugsdrehmomente	**Nm**
Hauptlagerdeckel-Schrauben*	
Schritt 1	6
Schritt 2	15
Schritt 3	20
Schritt 4	35
Schritt 5	80
Schritt 6	um 90° weiter
Keilrippenriemenspanner-Schraube	48
Keilrippenriemen-Umlenkrolle	48
Kurbelwellen-Dichtringträger-Schrauben (hinten)	
Schritt 1	5
Schritt 2	10
Kurbelwellensensorhalter-Schraube(n)	10
Kurbelwellen-Zwischenrad-Schraube*	
Schritt 1	60
Schritt 2	um 90° lockern
Schritt 3	20
Schritt 4	45
Schritt 5	um 45° weiter
Kurbelwellen-Riemenscheiben-Schraube*	
Schritt 1	10
Schritt 2	um 60° lockern
Schritt 3	20
Schritt 4	70
Schritt 5	150
Schritt 6	um 90° lockern
Schritt 7	100
Schritt 8	300
Schritt 9	um 90° weiter
Motor / Getriebe – Verbindungsschrauben	40
Motorgehäuse-Unterseite an Zylinderblock	
Schrauben 1 bis 7, 9 bis 10, 12, 13	23
Schrauben 8 und 11	13
Motorhalterungen	
Hintere Halterung	
an Hilfsrahmen*	133
Durchgangsbolzen*	
M14 x 1,5	150
M14 x 2,0	175
Linke Halterung (Getriebe)	
an Innenkotflügel – Schrauben	70
an Getriebe – untere Schrauben	70
an Getriebe – Muttern	133
Rechte Halterung	
Halterung an Motorträger – Muttern	115
Halterung an Innenkotflügel – Schrauben	70
Motorträger an Motor	
Schritt 1	12
Schritt 2	80
Schritt 3	um 90° weiter
Nockenwellengehäuse-Schrauben	
Schritt 1	5
Schritt 2 – Schrauben 1 bis 18 (siehe Text)	10
Schritt 3 – Schraube 19 (siehe Text)	23
Öldruckschalter	20
Öldüsen-Schrauben (zur Kolben-Kühlung)	10

Ölfilter/Ölkühlergehäuse	
Gehäuseschrauben	10
Ölfilter-Befestigungsbolzen	55
Ölpumpenantrieb-Deckel	10
Ölpumpen-Schrauben	
Schritt 1	5
Schritt 2	10
Ölwannen-Ablassschraube	39
Ölwannen-Schrauben	
Schritt 1	5
Schritt 2	10
Pleuelfußschrauben*	
Schritt 1	5
Schritt 2	25
Schritt 3	40
Schritt 4	um 90° weiter
Radmuttern	200
Schwungrad-Schrauben*	
Schritt 1	15
Schritt 2	30
Schritt 3	75
Schritt 4	um 45° weiter
Zahnriemenspanner*	25
Zahnriemendeckel-Schrauben	
M6-Schrauben	10
M8-Schrauben	18
Zylinderkopf-Schrauben*	
Schritt 1	15
Schritt 2	25
Schritt 3	40
Schritt 4	um 90° weiter
Schritt 5	um 90° weiter
Schritt 6	um 90° weiter

** Stets durch Neuteile zu ersetzen*

1 Allgemeine Informationen

Der Zweck dieses Kapitels

1 Dieses Kapitel beinhaltet Reparaturen, die bei im Fahrzeug montiertem 2,0 l-Dieselmotor (EcoBlue) durchgeführt werden können. Falls der Motor ausgebaut und entsprechend freigelegt ist, können nicht zutreffende Schritte ignoriert werden. Kapitel 2C beinhaltet den Ausbau des Motors samt Getriebe aus dem Fahrzeug und die dann mögliche Komplettüberholung.
2 Die meisten der in diesem Kapitel beschriebenen Arbeiten werden bei eingebautem Motor durchgeführt – falls der Motor ausgebaut ist, müssen nicht zutreffende Schritte ignoriert werden.

Motor – Beschreibung

3 Der seit Ende 2016 montierte 2,0 l-Vierzylindermotor wird mit zwei obenliegenden Nockenwellen (DOHC) und vier Ventilen je Zylinder gesteuert. Der Motor ist quer eingebaut und das Getriebe ist links angeflanscht.
4 Das Haupt-Motorgehäuse besteht aus Gusseisen, das Gehäuse-Unterteil ist aus Aluminium gegossen und den unteren Abschluss bildet eine aus Stahlblech geformte Ölwanne.
5 Die geschmiedete Kurbelwelle des komplett gleitgelagerten Motors läuft in fünf Lagerschalen. Ihr Axialspiel wird durch Anlauf-Halbringe am mittleren oberen Hauptlager begrenzt. Die Pleuel drehen sich mit horizontal gebrochenen Lagerschalen auf den Hubzapfen. Die aus einer Aluminiumlegierung bestehenden Kolben sind mit drei Kolbenringen (zwei Kompressionsringen und einem Ölabstreifring) ausgerüstet und mit Kolbenbolzen im oberen Pleuelauge gelagert.
6 Die zwei Ein- und Auslassventile jedes Zylinders sitzen in Führungen, die genauso wie die Ventilsitze in den Zylinderkopf eingepresst sind.
7 Die zwei obenliegenden Nockenwellen werden von der Kurbelwelle aus über einen Zahnriemen angetrieben, der nicht wie üblich trocken, sondern im mit Öl geschmierten Steuergehäuse läuft. Die Nockenwellen öffnen die 16 Ventile über Schlepphebel mit Hydrostößeln, die in einem gesonderten Träger auf dem Zylinderkopf sitzen. Jede Nockenwelle dreht sich in fünf direkt ins Nockenwellengehäuse und die Lagerdeckel gebohrten Lagern.
8 Die zur Aktivierung des Bremskraftverstärkers und anderer mit Unterdruck arbeitenden Komponenten benötigte Vakuumpumpe sitzt links am Zylinderkopf und wird von der Auslass-Nockenwelle angetrieben. Die Hochdruck-Kraftstoffpumpe wird über ein Zwischenrad von der Kurbelwelle angetrieben.
9 Die am unteren Motorgehäuse und per Riemen von der Kurbelwelle angetriebene Ölpumpe saugt Öl durch ein Sieb aus der Ölwanne an und drücke es durch den vorn am Motor sitzenden Ölfilter, von dort aus gelangt es durch den Haupt-Ölkanal ins Motorgehäuse, die Kurbelwelle (Hauptlager) und den Zylinderkopf. Der Ölfilter sitzt an einem vom Kühlmittel durchspülten Ölkühler.
10 Die Pleuelfußlager werden durch Bohrungen in der Kurbelwelle mit Drucköl versorgt. Öldüsen kühlen bei stärkeren Motoren die Unterseiten der Kolbenböden mit Sprühöl. Die Nockenwellen und der Ventiltrieb werden mit Sprühöl versorgt. Der Turbolader hat eine eigene Ölversorgung.

Reparaturen, die bei eingebautem Motor möglich sind

11 Die folgenden Arbeiten können erledigt werden, ohne dass der Motor dafür aus dem Fahrzeug ausgebaut werden muss. Besondere Aufmerksamkeit gilt bei Arbeiten, die den Ausbau des Zahnriemens, der Nockenwellen oder des Zylinderkopfs erfordern, da hier viel Erfahrung und spezielle Werkzeuge erforderlich sind; lesen Sie stets den gesamten Text durch, um sicherzugehen, dass Sie sich die Prozedur zutrauen.

a) Kompressionsprüfung
b) Nockenwellengehäuse – Ausbau und Einbau
c) Zahnriemen – Ausbau und Einbau
d) Zahnriemenspanner und Ritzel – Ausbau und Einbau
e) Nockenwellen, Schlepphebel und Hydrostößel – Ausbau und Einbau
f) Zylinderkopf – Ausbau, Überholung und Einbau
g) Kurbelwellen-Riemenrad – Ausbau und Einbau
h) Ölwanne – Ausbau und Einbau
*i) Kolben, Pleuel und Pleuelfußlager – Ausbau und Einbau**
j) Kurbelwellendichtringe – Ausbau und Einbau
k) Ölpumpe – Ausbau und Einbau
l) Schwungrad – Ausbau und Einbau
m) Motor- und Getriebehalterungen – Ausbau und Einbau

** Obwohl diese Komponenten theoretisch bei eingebautem Motor (nach der Demontage der Ölwanne) ausgebaut werden können, wird aus Gründen der besseren Zugänglichkeit und Sauberkeit empfohlen, den Motor dafür auszubauen – siehe Kapitel 2C.*

2 Kompressionsprüfung – Beschreibung und Auswertung

Anmerkung: *Für diesen Test wird ein für Dieselmotoren geeigneter Kompressionsprüfer benötigt.*
Anmerkung: *Die folgende Prozedur wird wahrscheinlich einen Fehlercode im Motorsteuergerät erzeugen. Falls nach dem Test die Motorsteuerungs-Warnleuchte aktiviert wird, muss der Fehler mithilfe einer speziellen Diagnoseausrüstung gelöscht werden – fahren Sie dazu in eine entsprechend ausgerüstete Fachwerkstatt.*
1 Wenn die Motorleistung sinkt oder Fehlzündungen entstehen, die nicht auf das Kraftstoffsystem zurückzuführen sind, kann eine Kompressionsprüfung Hinweise auf den Zustand des Motors liefern. Wenn dieser Test regelmäßig durchgeführt wird, kann er vor Problemen warnen, bevor andere Symptome offensichtlich werden.
2 Der Motor muss vollständig auf Betriebstemperatur gebracht werden, der Ölpegel muss stimmen und die Batterie muss komplett geladen sein. Für den Test wird ein Assistent benötigt.
3 Demontieren Sie die Glühkerzen (siehe Kapitel 5, Sektion 11).
4 Schrauben Sie den Kompressionsprüfer samt Adapter (z. B. unter der Teilenummer 303-1051 bei Ford erhältlich) in den Einspritzdüsen-Sitz von Zylinder Nr. 1 (rechts am Motor).
5 Lassen Sie einen Assistenten den Motor mithilfe des Anlassers durchdrehen – nach einer bis zwei Umdrehungen sollte sich der maximale Kompressionsdruck aufgebaut und stabilisiert haben – notieren Sie das höchste Ergebnis.
6 Wiederholen Sie die Prüfung mit den anderen Zylindern und notieren Sie auch deren Werte.
7 Die Ursache für niedrige Kompression lässt sich bei Dieselmotoren nicht so leicht ermitteln wie bei Benzinmotoren. Die Wirkung von in den Brennraum gefülltem Öl ist nicht eindeutig, da das Risiko besteht, dass sich dies in der Wirbelkammer oder einer Vertiefung im Kolbenboden ansammelt, statt einen möglichen Spalt zwischen den Kolbenringen und der Zylinderwand zu verschließen. Als grobe Diagnosehinweise kann folgendes gelten:
8 Ford macht zwar keine Angaben über tatsächliche Werte, doch müssen alle Zylinder sehr ähnliche Drücke erzeugen –

größere Unterschiede weisen auf einen Defekt hin. Beachten Sie, dass sich die Kompression in einem gesunden Motor sehr schnell aufbaut; niedrige Kompression im ersten Kolbenhub gefolgt von schrittweisen Anstiegen in den folgenden Hüben weist auf verschlissene Kolbenringe hin. Niedrige Kompression im ersten Kolbenhub, der auch in den folgenden Hüben keine höheren Werte folgen, weist auf verschlissene Ventile oder eine durchgebrannte Zylinderkopfdichtung hin (ein Riss im Zylinderkopf kann auch möglich sein). Ablagerungen an den Ventilen können ebenfalls zu niedriger Kompression führen.

9 Niedrige Drücke in zwei benachbarten Zylindern weist fast immer darauf hin, dass die Kopfdichtung zwischen ihnen durchgebrannt ist – Kühlmittel im Motoröl bestätigt dies.

10 Falls die Kompression ungewöhnlich hoch ist, haben sich wahrscheinlich Kohleablagerungen in den Brennräumen gebildet. In diesem Fall muss der Zylinderkopf demontiert und samt Kolbenboden gereinigt werden (siehe Kapitel 2C).

11 Entfernen Sie schließlich den Kompressionsprüfer und installieren Sie die Glühkerzen (siehe Kapitel 5, Sektion 11).

Druckverlustprüfung

12 Bei einer Druckverlustprüfung wird ermittelt, wie viel komprimierte Luft verloren geht. Diese Alternative zur Kompressionsprüfung ist auf vielerlei Weise besser, da die entweichende Luft besser zeigt, wo der Druckverlust auftritt (Kolbenringe, Ventile, Zylinderkopfdichtung).

13 Die für eine Druckverlustprüfung erforderliche Ausrüstung ist umfangreich und teuer, sodass eine solche Prüfung von einer entsprechend ausgerüsteten Fachwerkstatt durchgeführt werden sollte.

3 Steuerzeiten – Einstellung

Anmerkung: *Drehen Sie die Kurbelwelle ausschließlich vorwärts – von rechts betrachtet also im Uhrzeigersinn.*

Allgemeine Informationen

1 Der obere Totpunkt (OT) ist der höchste Punkt, den ein im Zylinder oszillierender Kolben erreicht – beim Viertakter findet dies einmal im Verdichtungstakt und einmal im Ausstoßtakt statt. In diesem Buch bezieht sich der OT generell auf den oberen Totpunkt von Kolben Nr. 1 (rechts am Zahnriemen) im Verdichtungstakt.

2 Die Positionierung von Kolben Nr. 1 im Verdichtungs-OT ist bei vielen Arbeiten, die Zylinderkopf-Komponenten und den Zahnriemen betreffen, ein entscheidender Punkt.

3 Weil bei diesem Motor Ventile und Kolben zusammenstoßen können (und dabei beschädigt werden), falls eine Nockenwelle bei demontiertem Zahnriemen gedreht wird, muss besonders darauf geachtet werden, dass dies nicht geschieht.

Einstellung

Anmerkung: *Zur Sicherung der Kurbelwelle im OT wird das Ford-Spezialwerkzeug 303-1637 oder eine geeignete Alternative benötigt.*

4 Demontieren Sie den Zahnriemendeckel (siehe Sektion 5).

5 Entfernen Sie die Schwungrad-Arretierung.

6 Drehen Sie den alte Riemenscheibenbolzen übergangsweise handfest in die Kurbelwelle.

7 Drehen Sie die Kurbelwelle mit einem am Riemenscheibenbolzen angesetzten Steckschlüssel im Uhrzeigersinn, bis die Markierungen am Kurbelwellen-Zahnrad und am Zwischenrad zueinander fluchten und gleichzeitig die runden Löcher der Nockenwellenräder in der Zwölf-Uhr-Position stehen (siehe Abbildungen).

3.7a Die Markierungen am Kurbelwellen-Zahnrad und am Zwischenrad müssen zueinander fluchten ...

3.7b ... und gleichzeitig die runden Löcher der Nockenwellenräder in der Zwölf-Uhr-Position stehen.

8 Entfernen Sie vorsichtig den alte Riemenscheibenbolzen.

9 Verwenden Sie das Ford-Spezialwerkzeug 303-1637 oder eine geeignete Alternative, um die Kurbelwelle in dieser Position gegen das Motorgehäuse zu arretieren (siehe Abbildung).

3.9 Spezialwerkzeug zum Arretieren der Kurbelwelle

10 Arretieren Sie die Nockenwellen mit zwei 6 mm starken Bohrern oder Stangen, die durch die runden Bohrungen der

Riemenräder in Vertiefungen des Nockenwellengehäuses geschoben werden (siehe Abbildung).

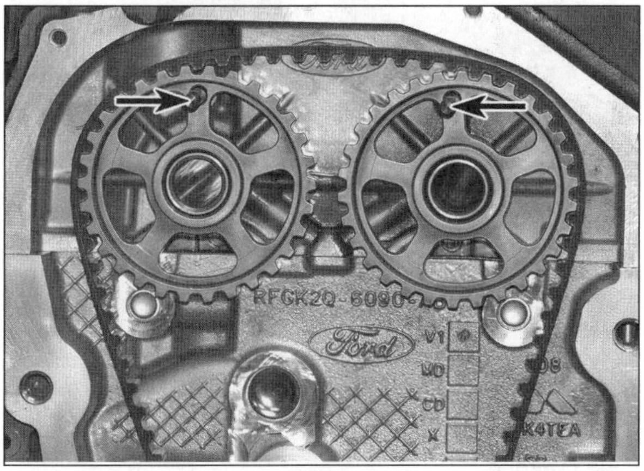

3.10 Arretieren Sie die Riemenräder mit zwei 6 mm starken Bohrern oder Stangen.

11 Die Kurbelwelle und beide Nockenwellen sind jetzt so arretiert, dass Kolben Nr. 1 im Verdichtungs-OT steht.
12 Bevor die Kurbelwelle weitergedreht wird, müssen das Arretierwerkzeug und die zwei 6-mm-Stifte entfernt werden – benutzen Sie diese niemals zum Kontern, um Schrauben oder Muttern anzuziehen!

4 Nockenwellengehäuse – Ausbau und Einbau

Achtung: Führen Sie niemals bei laufendem Motor Arbeiten am Kraftstoffsystem durch. Warten Sie nach dem Abschalten des Motors mindestens zwei Minuten, damit sich Drücke abgebaut haben und heiße Teile etwas abgekühlt sind. Achten Sie beim Kraftstoffsystem auf penible Sauberkeit und verstopfen Sie offene Anschlüsse umgehend, damit keine Fremdkörper ins System gelangen.
Achtung: Drehen Sie die Kurbelwelle ausschließlich vorwärts – von rechts betrachtet also im Uhrzeigersinn.

Ausbau

1 Trennen Sie den Masseanschluss (–) der Batterie (siehe Kapitel 5, Sektion 3).
2 Entfernen Sie den Zahnriemen (siehe Sektion 7).
3 Demontieren Sie die Lichtmaschine (siehe Kapitel 5, Sektion 5).
4 Demontieren Sie den Kraftstoff-Druckspeicher (siehe Kapitel 4A, Sektion 13).
5 Entfernen Sie die Einspritzdüsen (siehe Kapitel 4A, Sektion 12).
6 Trennen Sie an Zylinder Nr. 1 den Stecker der Glühkerze, befreien Sie die Verkabelung, lösen Sie die zwei Schrauben und entfernen Sie den über der Hochdruckpumpe liegenden Halter (siehe Abbildung).

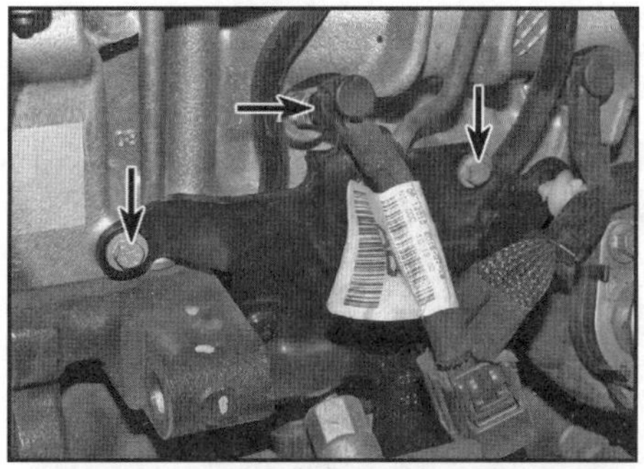

4.6 Trennen Sie den Stecker der Glühkerze und lösen Sie die zwei Schrauben des Halters.

7 Trennen Sie den Stutzen der Kraftstoff-Rücklaufschläuche vom Halter links am Zylinderkopf und trennen Sie den Schlauch vom Druckspeicher und der Hochdruckpumpe (siehe Abbildungen).

4.7a Trennen Sie den Stutzen vom Halter links am Zylinderkopf.

4.7b Trennen Sie den Kraftstoff-Rücklaufschlauch von der Hochdruckpumpe ...

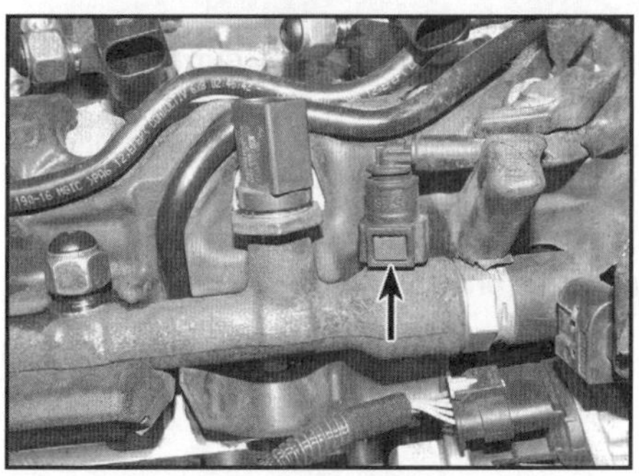

4.7c ... und dem Druckspeicher.

8 Drücken Sie am Anschluss der Kraftstoff-Zulaufleitung an der Hochdruckpumpe die Knöpfe ein, trennen Sie sie und verlagern Sie sie beiseite (siehe Abbildung).

4.8 Drücken Sie die Knöpfe und trennen Sie die Kraftstoff-Zulaufleitung von der Hochdruckpumpe.

9 Trennen Sie am Nockenwellensensor den Stecker, lösen Sie die Schraube und entfernen Sie den Sensor (siehe Abbildung).

4.9 Trennen Sie den Stecker des Nockenwellensensors und lösen Sie seine Schraube.

10 Entfernen Sie den Schallschutzdeckel vom Motor (siehe Abbildung).

4.10 Heben Sie den Schallschutzdeckel vom Motor.

11 Demontieren Sie die Vakuumpumpe, die Rohre und die Dichtung (siehe Kapitel 9, Sektion 14).
12 Lösen Sie die Mutter des Peilstab-Führungsrohrs und befreien Sie es vom Nockenwellengehäuse (siehe Abbildung) – der O-Ring muss später erneuert werden.

4.12 Mutter des Peilstab-Führungsrohrs

13 Lockern Sie die Gehäuseschrauben entgegen der in Abb. 4.16 gezeigten Reihenfolge und heben Sie das Nockenwellengehäuse vom Zylinderkopf – sowohl die Gehäusedichtung als auch die Einspritzdüsen-Dichtungen müssen später erneuert werden.

Einbau

14 Reinigen Sie mit Bremsenreiniger sorgfältig die Dichtflächen des Nockenwellengehäuses und des Zylinderkopfs.
15 Rüsten Sie das Gehäuse mit einer neuen Dichtung aus, die über den zwei Passhülsen sitzen muss.
16 Senken Sie das Gehäuse über dem Zylinderkopf ab, sodass die zwei Passhülsen in ihre Bohrungen greifen. Ziehen Sie die Gehäuseschrauben zunächst in der gezeigten Reihenfolge mit 5 Nm an; ziehen Sie dann bis auf Nr. 19 alle Schrauben in der gleichen Reihenfolge mit 10 Nm an. Ziehen Sie Schraube Nr. 19 anschließend mit 23 Nm an (siehe Abbildung).

4.16 Anzugsreihenfolge der Nockenwellengehäuse-Schrauben

17 Der Rest des Einbaus entspricht der umgekehrten Ausbaureihenfolge – ziehen Sie alle Befestigungen mit den ggf. vorgegebenen Drehmomenten an.

5 Zahnriemendeckel – Ausbau und Einbau

Anmerkung: *Um diese Arbeit bei eingebautem Motor erledigen zu können, muss dieser korrekt abgestützt werden, da die rechte Motorhalterung entfernt werden muss; zudem muss das Fahrzeug vorn sicher angehoben und abgestützt werden.*

Ford-Werkstätten nutzen eine sich am Unterboden und der vorderen Querstrebe abstützende Aufnahme. Alternativ kann ein Werkstattkran verwendet werden, der mit Ketten und Haken an den Halteösen des Motors verbunden wird. Falls der Motor mit einem Rangierwagenheber von unten abgestützt werden soll, muss die Last mit Hölzern verteilt werden, um die Ölwanne nicht zu beschädigen. Weil Details der Prozedur von der vorhandenen Ausrüstung abhängig ist, ist die folgende Beschreibung nur repräsentativ.

Anmerkung: *Ford-Werkstätten nutzen Spezialwerkzeuge, um den Kurbelwellendichtring auszubauen und den neuen Zahnriemendeckel auszurichten – der alte wird beim Ausbau irreparabel zerstört.*

Ausbau

1 Trennen Sie den Masseanschluss (–) der Batterie (siehe Kapitel 5, Sektion 3).

2 Entleeren Sie das Kühlsystem (siehe Kapitel 1, Sektion 32).

3 Demontieren Sie die Luftfilter-Baugruppe (siehe Kapitel 4A, Sektion 5).

4 Entfernen Sie den Anlasser (siehe Kapitel 5, Sektion 8).

5 Entfernen Sie den/die Keilrippenriemen (siehe Kapitel 1, Sektion 33).

6 Demontieren Sie den rechten Scheinwerfer (siehe Kapitel 12, Sektion 11).

7 Lassen Sie das Motoröl ab (siehe Kapitel 1, Sektion 6).

8 Um die Kurbelwelle am Mitdrehen zu hindern, muss das in den Anlasser-Zahnkranz greifende Ford-Spezialwerkzeug 303-1643 oder eine geeignete Alternative in der Gehäuseöffnung für Anlasser montiert werden (siehe Abbildung) – der Zahnkranz kann nötigenfalls auch mit einem geeigneten Hebel arretiert werden.

5.8 Spezialwerkzeug zum Arretieren des Anlasser-Zahnkranzes

9 Lösen Sie die zwei Schrauben der Lenkgestänge-Abdeckung und entfernen Sie diese (siehe Abbildung).

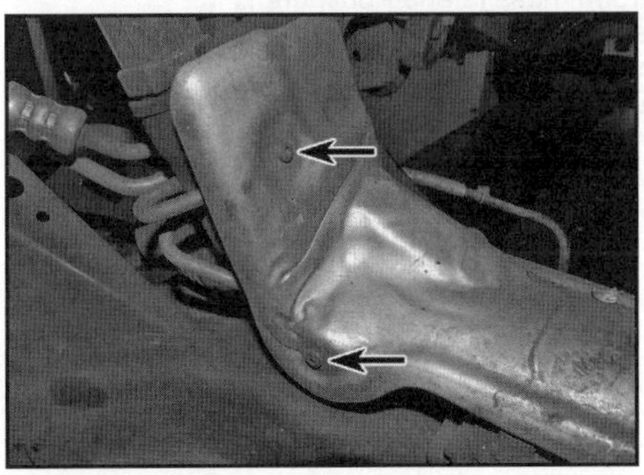

5.9 Schrauben der Lenkgestänge-Abdeckung

10 Stützen Sie den Motor sicher ab (siehe Anmerkung am Anfang dieser Sektion), demontieren Sie die rechte Motorhalterung (siehe Sektion 17) und lösen Sie die fünf Schrauben, mit denen die Aufnahme am Motorgehäuse gesichert ist (siehe Abbildung).

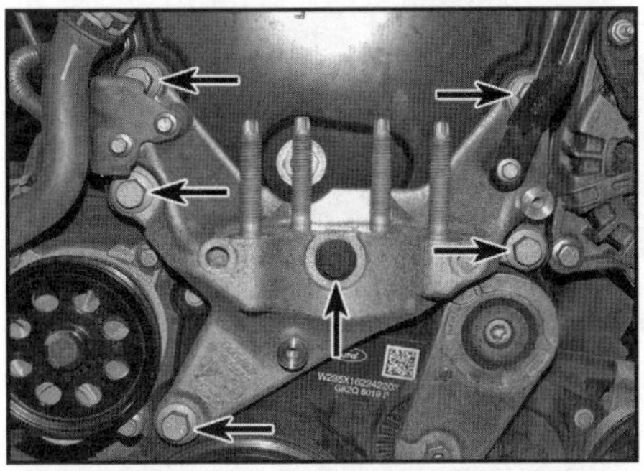

5.10 Schrauben der rechten Motorhalterungs-Aufnahme

11 Lockern Sie den Bolzen der Kurbelwellen-Riemenscheibe zwei volle Umdrehungen (siehe Abbildung).

5.11 Lockern Sie den Kurbelwellenbolzen zwei volle Umdrehungen.

12 Trennen Sie neben dem Zahnriemendeckel den Kühlerschlauch vom Stutzen (siehe Abbildung).

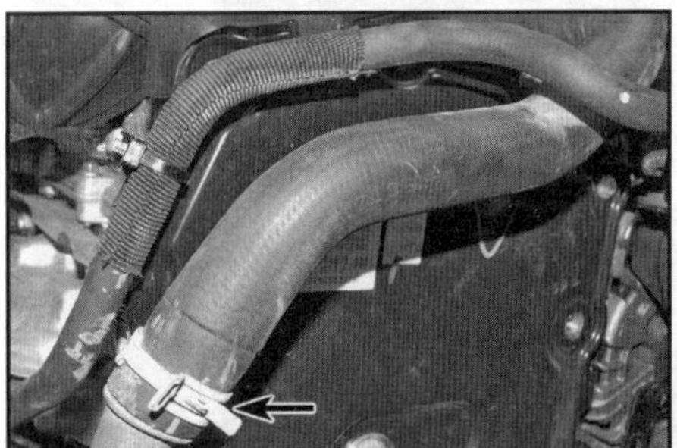

5.12 Trennen Sie den Kühlerschlauch vom Stutzen.

13 Entfernen Sie den Schlauch zwischen dem Ladeluftkühler und dem Luftklappengehäuse (siehe Abbildung).

5.13 Entfernen Sie den Schlauch zwischen dem Ladeluftkühler und dem Luftklappengehäuse.

14 Lösen Sie die Mutter der elektrischen Wasserpumpe und verlagern Sie sie beiseite (siehe Abbildung) – befreien Sie nötigenfalls den Wasserpumpenschlauch vom Zahnriemendeckel.

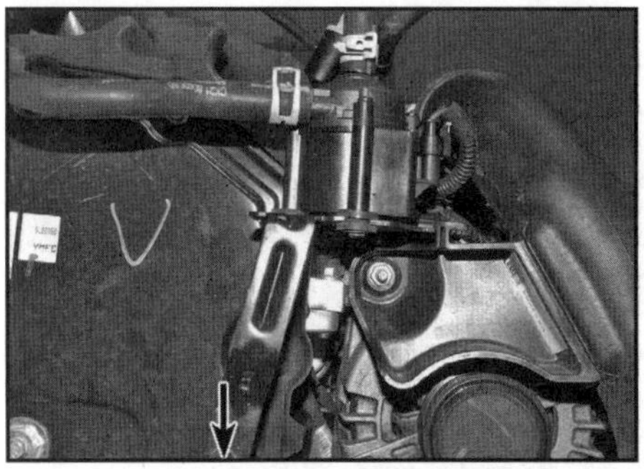

5.14 Lösen Sie die Mutter der elektrischen Wasserpumpe und verlagern Sie sie beiseite.

15 Heben Sie oben am Zahnriemendeckel das Isoliermaterial etwas an.
16 Lösen Sie die Torxschraube und entfernen Sie den Keilrippenriemenspanner (siehe Abbildung).

5.16 Schraube des Keilrippenriemenspanners

17 Lösen Sie die drei Schrauben der Servolenkungspumpe und verlagern Sie diese beiseite (siehe Abbildung) – die Leitungen müssen dabei nicht getrennt werden.

5.17 Schrauben der Servolenkungspumpe

18 Entfernen Sie das Riemenrad von der Kurbelwelle (siehe Sektion 6).
19 Lösen Sie die Schrauben des Zahnriemendeckels – die größere zentrale Schraube muss später samt Mutter erneuert werden (siehe Abbildungen).

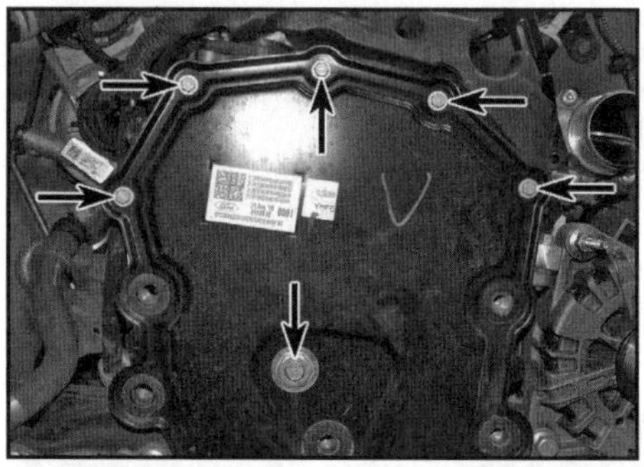

5.19a Obere ...

5.19b ... und untere Befestigungen des Zahnriemendeckels

20 Der Deckel ist mit Dichtmasse am Zylinderkopf und Motorgehäuse verklebt, sodass er mithilfe geeigneter Werkzeuge abgehebelt werden muss (siehe Abbildung).
Achtung: Beschädigen Sie beim Trennen des Deckels nicht die Dichtflächen des Motors!
Anmerkung: *Der Zahnriemendeckel wird bei der Demontage zerstört und muss unbedingt durch ein Neuteil ersetzt werden.*

5.20 Hebeln Sie den Deckel vom Motor ab.

Einbau

21 Verstopfen Sie die Bohrung der Keilrippenriemenspanner-Schraube, damit keine Dichtmasse hineingelangt.

22 Sorgen Sie dafür, dass die Dichtflächen des neuen Deckels und des Motors absolut sauber sind. Tragen Sie eine 4 mm breite Raupe der Dichtmasse (z. B. Ford WSE-M4G232-A4) auf der Dichtfläche des Deckels auf – bleiben Sie dabei stets innerhalb der Schraubenbohrungen. Tragen Sie außerdem 9 mm breite Dichtmassen-Raupen an den Kontaktflächen des Nockenwellengehäuses zum Zylinderkopf, des Kopfes zum Motorgehäuse und der beiden Motorgehäuse-Segmente auf (siehe Abbildungen).

Achtung: Setzen Sie den Deckel spätestens fünf Minuten nach dem Auftragen der Dichtmasse am Motor an – achten Sie darauf, dass er erst korrekt ausgerichtet in Kontakt mit dem Motor kommt.

5.22a Tragen Sie eine 4 mm dicke Dichtmassen-Raupe innerhalb der Schraubenbohrungen am Deckel ...

5.22b ... und sechs 9 mm starke Raupen an den Kontaktflächen der Motor-Komponenten auf.

23 Positionieren Sie den Deckel über den Passhülsen und lassen Sie ihn von einem Assistenten dort halten.

24 Installieren Sie zwei Schrauben oben am Deckel, zwei Schrauben in der Mitte und zwei Schrauben unten (siehe Abbildung) – drehen Sie sie zunächst nur handfest ein.

5.24 Drehen Sie zunächst sechs Schrauben handfest ein.

25 Montieren Sie die Aufnahme der Motorhalterung und ziehen Sie ihre Schrauben in der gezeigten Reihenfolge (siehe Abbildung) und in drei Schritten mit den vorgeschriebenen Drehmomenten an und schließlich um 90° weiter.

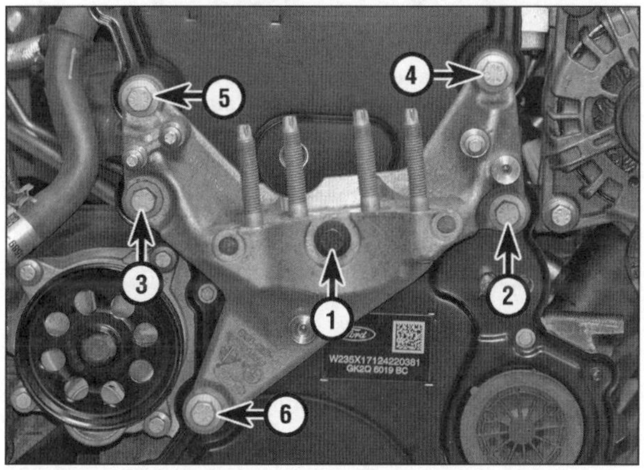

5.25 Anzugsreihenfolge der Motorhalterungsaufnahme-Schrauben

26 Installieren Sie die verbliebenen äußeren Deckelschrauben und installieren Sie sie in der gezeigten Reihenfolge mit 10 Nm (M6-Schrauben) bzw. 18 Nm (M8-Schrauben) an (siehe Abbildung). Installieren Sie eine neue zentrale Deckelschraube und ziehen Sie sie mit 40 Nm an – nötigenfalls muss hierfür einer der Motorhalterungs-Stehbolzen entfernt werden (siehe Abbildung).

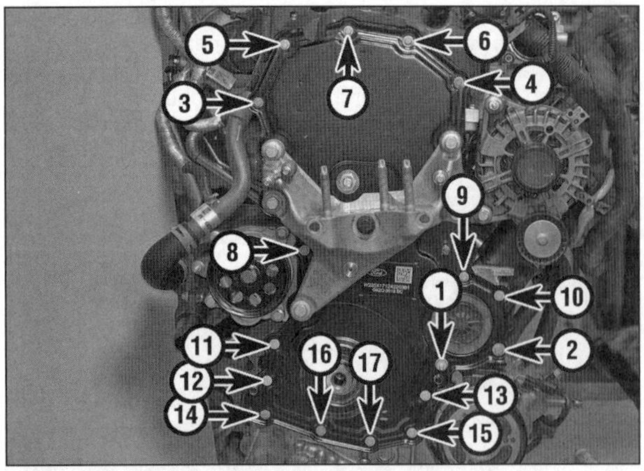

5.26a Anzugsreihenfolge der Zahnriemendeckel-Schrauben

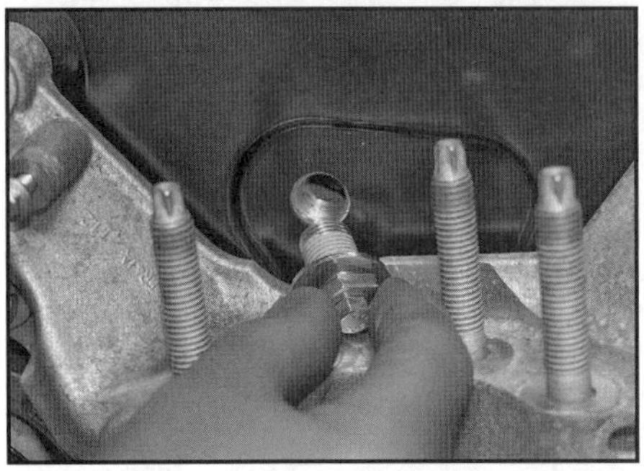

5.26b Entfernen Sie übergangsweise einen der Motorhalterungs-Stehbolzen, um die zentrale Schraube installieren zu können.

27 Entfernen Sie den Stopfen aus der Bohrung der Keilrippenriemenspanner-Schraube.

28 Der Rest des Einbaus entspricht der umgekehrten Ausbaureihenfolge – beachten Sie dabei folgende Punkte:

a) Montieren Sie die Kurbelwellen-Riemenscheibe entsprechend der Hinweise in Sektion 6.

b) Montieren Sie den/die Keilrippenriemen entsprechend der Hinweise in Kapitel 1, Sektion 33.

c) Installieren Sie die Luftfilter-Baugruppe entsprechend der Hinweise in Kapitel 4A, Sektion 5.

d) Füllen Sie Motoröl auf (siehe Kapitel 1, Sektion 6).

e) Füllen Sie das Kühlsystem auf (siehe Kapitel 1, Sektion 32).

6 Kurbelwellen-Riemenscheibe – Ausbau und Einbau

Anmerkung: *Bei dieser Prozedur muss das Schwungrad mithilfe geeigneter Werkzeuge gekontert werden, außerdem müssen die Kurbelwelle und die Nockenwelle im Verdichtungs-OT von Zylinder Nr. 1 arretiert werden.*

Anmerkung: *Beim Einbau wird ein neuer Riemenscheiben-Bolzen benötigt.*

Ausbau

1 Trennen Sie den Masseanschluss (–) der Batterie (siehe Kapitel 5, Sektion 3).

2 Ziehen Sie die Handbremse, lockern Sie die Radmuttern des rechten Vorderrads, heben Sie das Fahrzeug vorn an und stützen Sie es sicher ab (siehe Seite 355). Demontieren Sie das rechte Vorderrad.

3 Entfernen Sie den/die Keilrippenriemen (siehe Kapitel 1, Sektion 33).

4 Demontieren Sie den Anlasser (siehe Kapitel 5, Sektion 8).

5 Um die Kurbelwelle am Mitdrehen zu hindern, muss das in den Anlasser-Zahnkranz greifende Ford-Spezialwerkzeug 303-1643 oder eine geeignete Alternative in der Gehäuseöffnung für Anlasser montiert werden (siehe Abbildung) – der Zahnkranz kann nötigenfalls auch mit einem geeigneten Hebel arretiert werden.

6.5 Spezialwerkzeug zum Arretieren des Anlasser-Zahnkranzes

6 Lockern Sie den Bolzen der Riemenscheibe um fünf Umdrehungen – dies erfordert viel Kraft, sodass das Fahrzeug gut abgestützt sein muss.

7 Befreien Sie mithilfe eines Zweiarm-Abziehers die Riemenscheibe von der Kurbelwelle (siehe Abbildung). Entfernen Sie den Bolzen und die Riemenscheibe – beim Einbau muss ein neuer Bolzen verwendet werden.

6.7 Lockern Sie den Bolzen, bevor Sie die Riemenscheibe mit dem Zweiarm-Abzieher von der Kurbelwelle ziehen.

8 Entfernen Sie den Zweiarm-Abzieher.

9 Es ist ratsam, jetzt den Kurbelwellen-Dichtring auf Undichtigkeit zu überprüfen und nötigenfalls auszutauschen (siehe Sektion 15).

Einbau

10 Setzen Sie die Riemenscheibe korrekt ausgerichtet an den Kurbelwellenstumpf, installieren Sie den neuen Riemenscheiben-Bolzen und ziehen Sie ihn in neun Schritten entsprechend der Vorgaben in den technischen Daten an.

11 Der Rest des Einbaus entspricht der umgekehrten Ausbaureihenfolge.

7 Zahnriemen – Ausbau, Kontrolle und Einbau

Allgemeines

Anmerkung: *Drehen Sie die Kurbelwelle ausschließlich vorwärts – von rechts betrachtet also im Uhrzeigersinn.*

1 Der Zahnriemen treibt von der Kurbelwelle die mit halber Drehzahl laufenden Nockenwellen an. Falls der Riemen bei laufendem Motor überspringt oder reißt, werden sich Ventile und Kolben berühren, sodass große Schäden entstehen.

2 Der Zahnriemen muss kontrolliert werden, wenn im laufenden Betrieb seltsame Geräusche auftreten.

Ausbau

Anmerkung: *Für den Einbau eines neuen Riemens wird das Ford-Spezialwerkeug 305-1650 oder eine geeignete Alternative benötigt.*

Achtung: Solange der Zahnriemen entfernt ist, dürfen weder die Kurbelwelle noch eine der Nockenwellen gedreht werden!

3 Entfernen Sie den Zahnriemendeckel (siehe Sektion 5).

4 Entfernen Sie das Werkzeug (303-1643), mit dem der Anlasser-Zahnkranz blockiert ist.

5 Drehen Sie die Kurbelwelle und die Nockenwellen in den Verdichtungs-OT von Zylinder Nr. 1 (siehe Sektion 3).

6 Lockern Sie den Zahnriemenspanner, indem Sie einen Sechskantschlüssel in die Bohrung oben am Spanner stecken und ihn im Uhrzeigersinn schwenken, bis seine 6-mm-Bohrung zu der des Gehäuses fluchtet und er mit einer Stange oder Schraube arretiert werden kann (siehe Abbildung).

7.6 Schwenken Sie den Riemenspanner nach rechts und arretieren Sie ihn z. B. mit einer Schraube (Pfeil).

7 Entfernen Sie den Zahnriemen unter Beachtung seiner Verlegung von den Riemenrädern.

8 Lösen Sie die Riemenspanner-Schraube und entfernen Sie den Spanner – später wird eine neue Schraube benötigt.

Kontrolle

9 Ein einmal ausgebauter Zahnriemen sollte ungeachtet seines Zustands erneuert werden; der Preis eines neuen Riemens steht in keinem Verhältnis zu den Kosten eines Motorschadens nach einem gerissenen Zahnriemen. Die Riemenspanner-Schraube muss stets erneuert werden.

10 Kontrollieren Sie die Zähne der drei Riemenräder auf starken Verschleiß und Beschädigungen und ersetzen Sie die Räder nötigenfalls (siehe Sektion 8).

Einbau und Spannen

11 Die Kurbelwelle und beide Nockenwellen müssen im Verdichtungs-OT von Zylinder Nr. 1 stehen (siehe Sektion 3).

12 Installieren Sie den Riemenspanner korrekt an den Motor (siehe Abbildung) und sichern Sie ihm mit einer neuen Schraube, die mit 25 Nm angezogen werden muss.

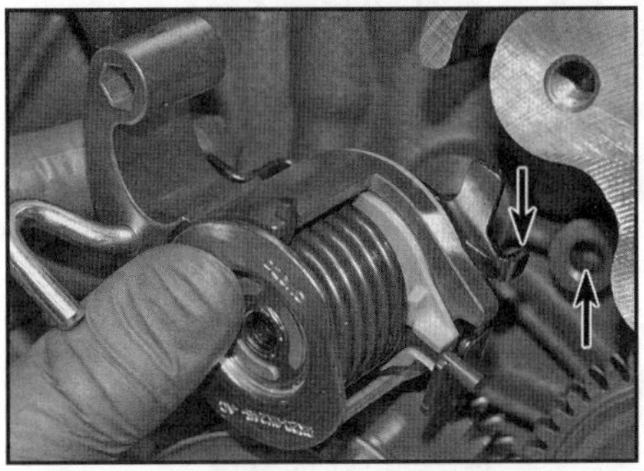

7.12 Die Lasche des Riemenspanners muss in das Loch im Motorgehäuse greifen.

13 Verwenden Sie das Ford-Spezialwerkzeug 303-1637 oder eine geeignete Alternative, um die Kurbelwelle gegen das Motorgehäuse zu arretieren (siehe Abbildung).

7.13 Spezialwerkzeug zum Arretieren der Kurbelwelle

14 Installieren Sie die beiden Ford-Spezialwerkzeuge 303-1650 so über die Nockenwellenräder, dass deren Arretierungen in den Löchern stecken (siehe Abbildung). Drehen Sie die Riemenräder nicht!

7.14 Die beiden Spezialwerkzeuge erleichtern das Auflegen des neuen Zahnriemens.

15 Legen Sie den neuen Zahnriemen um das untere Riemenrad, sodass die Zähne ineinandergreifen. Legen Sie den Riemen dann um den Spanner und das linke obere Einbau-Werkzeug, um ihn auf das Nockenwellenrad zu schieben. Wiederholen Sie dies am rechten Nockenwellenrad – alle Zähne müssen ineinandergreifen (siehe Abbildungen).

7.15a Legen Sie den Riemen zuerst um das untere Riemenrad und um den Spanner herum, ...

7.15b ... um ihn dann zuerst über das linke und dann über das rechte Nockenwellenrad zu führen.

16 Sobald der Riemen korrekt auf allen Riemenrädern liegt, wird der Riemenspanner wie in Schritt 6 beschrieben nach rechts geschwenkt, um seine Arretierung zu entfernen und ihn dann sanft gegen den Riemen drücken zu lassen (siehe Abbildung und Abb. 7.6).

7.16 Lassen Sie den Riemenspanner sanft gegen den Riemen drücken.

17 Entfernen Sie die beiden Ford-Spezialwerkzeuge 303-1650 von den Nockenwellenrädern und ziehen Sie deren Arretierungen heraus (Abb. 3.10).
18 Entfernen Sie das Ford-Spezialwerkzeug 303-1637 zum Arretieren der Kurbelwelle und drehen Sie den alten Riemenscheiben-Bolzen handfest ein.
19 Setzen Sie am Riemenscheiben-Bolzen einen Steckschlüssel an und drehen Sie die Kurbelwelle vier volle Umdrehungen im Uhrzeigersinn. Prüfen Sie, ob der neue Zahnriemen korrekt auf allen Riemenrädern läuft.
20 Entfernen Sie jetzt den alten Riemenscheiben-Bolzen.
21 Installieren Sie das Ford-Spezialwerkzeug 303-1637 wieder an die Riemenscheibe und das Motorgehäuse – ziehen Sie dabei den Bolzen nur handfest an (Abb. 7.13).
22 Die Markierungen am Kurbelwellen-Zahnrad und am Zwischenrad müssen zueinander ausgerichtet sein und die Löcher in den Nockenwellenrädern zu den Bohrungen im Nockenwellengehäuse fluchten, sodass probehalber die Stangen eingeschoben werden. Entfernen Sie sämtliche Arretierungen.
23 Installieren Sie jetzt das Ford-Spezialwerkzeug 303-1643 an den Anlasser-Zahnkranz (Abb. 6.5).
24 Der Rest des Einbaus entspricht der umgekehrten Ausbaureihenfolge.

8 Zahnriemenspanner und Riemenräder – Ausbau, Kontrolle und Einbau

Zahnriemenspanner

1 Der Ausbau des Zahnriemenspanners ist in Sektion 7 beschrieben.

Nockenwellenräder

2 Die Nockenwellenräder sind in die Nockenwellen integriert (die nur zusammen mit ihrem Gehäuse beschafft werden können. Fragen Sie ggf. beim Ford-Händler nach Einzelteilen. Beachten Sie für den Ausbau des Nockenwellengehäuses die Hinweise in Sektion 4.

Kurbelwellen-Zwischenrad

Ausbau

3 Entfernen Sie den Zahnriemen (siehe Sektion 7).
4 Stecken Sie 4-mm-Bohrer durch die Bohrungen des Zwischenrades und des Kraftstoffpumpenrades (siehe Abbildung).

8.4 Stecken Sie 4-mm-Bohrer durch die Bohrungen des Zwischenrades und des Kraftstoffpumpenrades.

5 Markieren Sie die Position des Kraftstoffpumpenrades zum Motorgehäuse (siehe Abbildung).

8.5 Markieren Sie die Position des Kraftstoffpumpenrades zum Motorgehäuse.

6 Lösen Sie die Schraube der Zwischenrad-Buchse und entfernen Sie das Riemenrad samt Zahnrad (siehe Abbildungen) – die Schraube muss später erneuert werden.

8.6a Entfernen Sie die Zwischenrad-Buchse ...

8.6b ... und das kombinierte Riemenrad samt Zwischenrad.

Einbau

7 Positionieren Sie das Zwischenrad so, dass es in die Zahnräder der Kurbelwelle und der Kraftstoffpumpe greift und der Bohrer hindurch ins Motorgehäuse geschoben werden kann – der Bohrer des Kraftstoffpumpenrades muss weiterhin installiert sein. Installieren Sie die Buchse und eine neue Schraube und ziehen Sie diese mit den in den technischen Daten angegebenen 5 Schritten an (siehe Abbildung).

8.7 Ziehen Sie den Zwischenrad-Bolzen zunächst mit 60 Nm an, lockern Sie ihn dann um 90°, ziehen Sie ihn erneut mit 20, dann mit 45 Nm an und schließlich um 45° weiter.

8 Installieren Sie den Zahnriemen (siehe Sektion 7).

9 Nockenwellen, Schlepphebel und Hydrostößel – Ausbau und Einbau

Anmerkung: *Drehen Sie die Kurbelwelle ausschließlich vorwärts – von rechts betrachtet also im Uhrzeigersinn.*

Nockenwellen

1 Die Nockenwellen sind in ihr Gehäuse integriert und können nur als komplette Baugruppe beschafft werden. Fragen Sie ggf. beim Ford-Händler nach Einzelteilen. Beachten Sie für den Ausbau des Nockenwellengehäuses die Hinweise in Sektion 4.

Schlepphebel und Hydrostößel

Ausbau

2 Demontieren Sie das Nockenwellengehäuse (siehe Sektion 4).

3 Halten Sie einen in 16 Fächer unterteilbaren Behälter bereit, der möglichst mit Motoröl gefüllt werden kann, um die Hydrostößel und Schlepphebel darin lagern zu können. In die Hydrostößel darf keine Luft eindringen und alle Teile müssen später unbedingt wieder an ihre ursprüngliche Positionen gelangen – markieren Sie die Fächer entsprechend des Zylinders, Ein- oder Auslass sowie links oder rechts. Falls die Baugruppen trocken gelagert werden, müssen sie mit den Ventil-Kontaktflächen nach unten abgelegt werden, damit kein Öl ausläuft.

4 Heben Sie die Schlepphebel und Hydrostößel heraus und legen Sie sie zusammen im entsprechend markierten Behälter ab (siehe Abbildung).

9.4 Lagern Sie die Schlepphebel samt ihrer Hydrostößel mit den Ventil-Kontaktflächen nach unten.

Einbau

5 Installieren Sie die Schlepphebel samt ihrer Hydrostößel an ihre ursprüngliche Positionen – schmieren Sie sie dabei mit frischem Motoröl (siehe Abbildung).

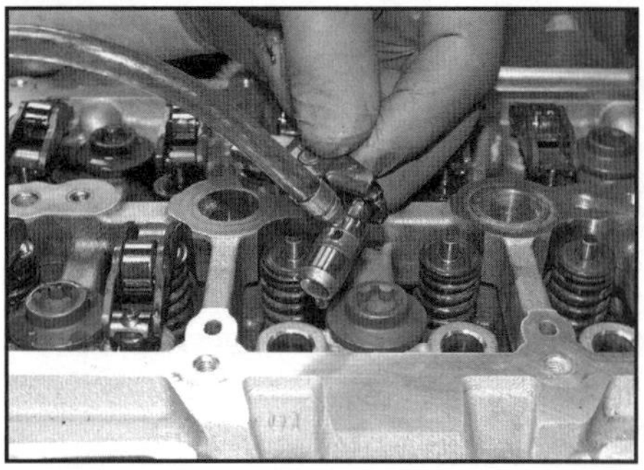

9.5 Installieren Sie die Schlepphebel samt ihrer Hydrostößel und schmieren Sie sie mit frischem Motoröl.

6 Der Rest des Einbaus entspricht der umgekehrten Ausbaureihenfolge.

10 Zylinderkopf – Ausbau, Kontrolle und Einbau

Ausbau

1 Trennen Sie den Masseanschluss (–) der Batterie (siehe Kapitel 5, Sektion 3).
2 Demontieren Sie die Nockenwellen, Schlepphebel und Hydrostößel (siehe Sektion 9).
3 Entfernen Sie den Einlassstutzen (siehe Kapitel 4A, Sektion 16).
4 Schrauben Sie den Thermostaten ab (siehe Kapitel 3, Sektion 3) und verlagern Sie ihn beiseite.
5 Trennen Sie die Stecker der Glühkerzen von Zylinder 3 und 4 (links).
6 Entfernen Sie links am Zylinderkopf den Kabelbaumhalter, die Kabelstecker und die Clips (siehe Abbildung).

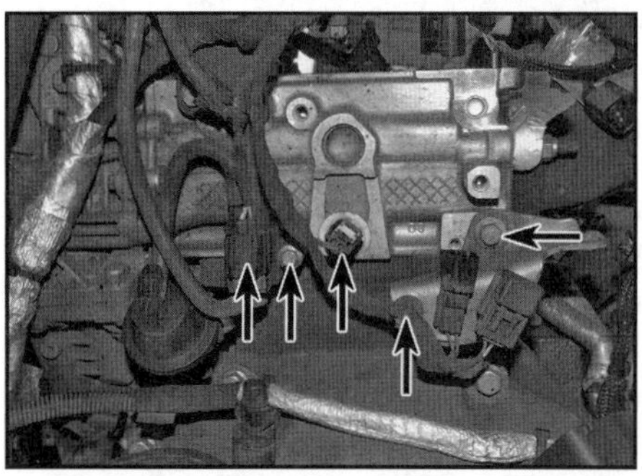

10.6 Entfernen Sie den Halter und die Kabelstecker und befreien Sie den Kabelbaum vom Zylinderkopf.

7 Trennen Sie am Heizungs-Wärmetauscher den rechten Schlauch, indem Sie die Knöpfe des Anschlusses eindrücken (siehe Abbildung).

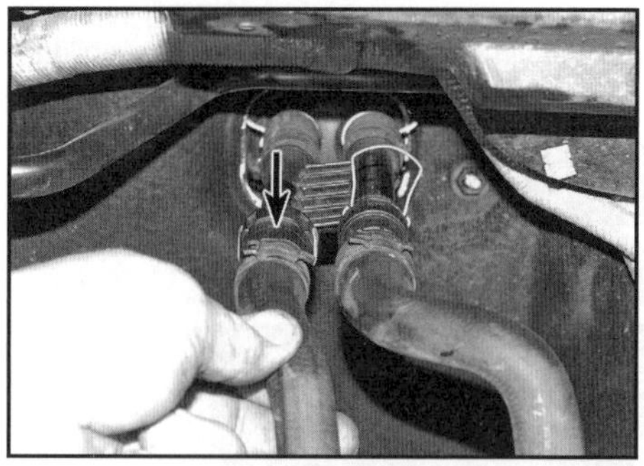

10.7 Trennen Sie den rechten Schlauch vom Heizungs-Wärmetauscher.

8 Trennen Sie den Schlauch vom AGR-Kühler (siehe Abbildung).

10.8 Lockern Sie die Schelle und trennen Sie den Schlauch vom AGR-Kühler.

9 Trennen Sie oben am AGR-Kühler den Stecker des Ventils (siehe Abbildung).

10.9 Trennen Sie den Stecker des AGR-Ventils.

10 Lösen Sie die 7 Schrauben des AGR-Kühlers und entnehmen Sie ihn samt Ventil (siehe Abbildungen).

10.10a Lösen Sie die Schraube unterhalb des AGR-Kühlers ...

10.10b … und die sechs Schrauben des AGR-Ventils.

11 Lösen Sie die Schrauben des Katalysators/Partikelfilters und lockern Sie die Schellen, mit denen die Baugruppe gesichert ist (siehe Abbildung), um sie vorsichtig beiseite zu verlagern.

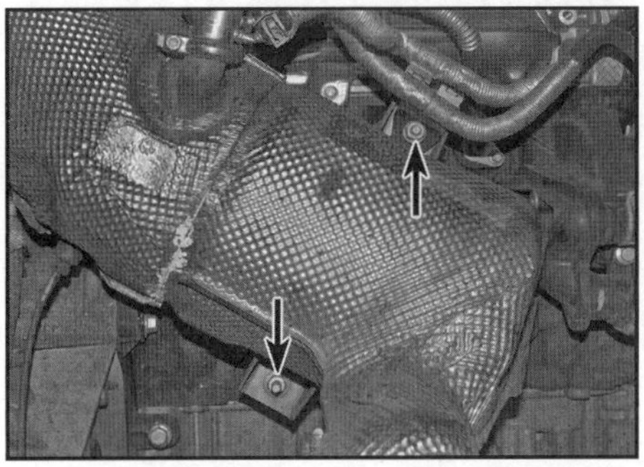

10.11 Katalysator/Partikelfilter-Befestigungsschrauben

12 Lösen Sie die zwei Schrauben der Motor-Hebeöse und entfernen Sie sie (siehe Abbildung).

10.12 Schrauben der Motor-Hebeöse

13 Drücken Sie am Kühlerschlauch-Anschluss des Zylinderkopfs die zwei Knöpfe und befreien Sie den Schlauch (siehe Abbildung).

10.13 Trennen Sie den Kühlerschlauch vom Zylinderkopf.

14 Trennen Sie die Ölversorgung und das Rücklaufrohr des Turboladers (siehe Kapitel 4A, Sektion 15).
15 Prüfen Sie, ob alle Schläuche, Rohre und Kabel vom Zylinderkopf getrennt sind.
16 Lockern Sie die Zylinderkopfschrauben entgegen der in Abb. 10.38 gezeigten Reihenfolge um jeweils eine halbe Umdrehung, bis alle locker sind und entfernt werden können – beim Einbau werden neue Schrauben benötigt.
17 Heben Sie den Zylinderkopf möglichst mithilfe eines Assistenten ab – er ist sehr schwer. Legen Sie den Zylinderkopf nicht auf seiner Dichtfläche ab, da hierdurch die Glühkerzen beschädigt werden; positionieren Sie ihn stattdessen auf entsprechend ausgelegten Hölzern.
Achtung: Keinesfalls darf der Zylinderkopf abgehebelt werden, da hierbei die Dichtflächen zerstört werden!
18 Entfernen Sie die Zylinderkopfdichtung von den zwei Passhülsen – sie wird noch zur Identifizierung der neuen Dichtung benötigt.

Kontrolle

19 Die Zerlegung und Überholung des Zylinderkopfs ist in Kapitel 2C, Sektionen 6 und 7 beschrieben.

Auswahl der Zylinderkopfdichtung

20 Kontrollieren Sie die alte Dichtung auf Identifikationsmarkierungen des Herstellers – dies sollten ein bis fünf Laschen am vorderen Rand und/oder Löcher sein, die auf die Stärke der Dichtung hinweisen (siehe Abbildung).

10.20 Löcher und Laschen zeigen die Stärke der Zylinderkopfdichtung an.

21 Solange keine neuen Motorkomponenten installiert wurden und der Zylinderkopf nicht geplant (gerichtet) wurde, muss die neue Zylinderkopfdichtung genauso dick sein wie die alte. Beschaffen Sie eine neue Dichtung mit der gleichen Anzahl an Löchern und/oder Laschen wie die alte und fahren Sie mit Schritt 27 fort.

22 Falls der Zylinderkopf geplant oder neue Kolben installiert wurden, muss die neue Zylinderkopfdichtung ggf. eine andere Stärke aufweisen als die alte. Die Stärke der Zylinderkopfdichtung hängt vom Überstand der Kolben oberhalb der Dichtfläche ab – richten Sie sich dabei nach Vorgaben in den technischen Daten.
23 Messen Sie den Kolben-Überstand, indem Sie eine Messuhr so an den Motor montieren, dass sich ihr Taster über die Dichtfläche und den ersten Kolben schwenken lässt. Nullen Sie sie über der Dichtfläche (siehe Abbildung).

10.23 Ermitteln Sie mit einer Messuhr den Überstand des Kolbens über der Motor-Dichtfläche.

24 Schwenken Sie die Messuhr über den ersten Kolben und drehen Sie die Kurbelwelle langsam von Hand, bis der Kolben an seinem höchsten Punkt (OT) steht. Notieren Sie die von der Messuhr angezeigte Differenz.
25 Wiederholen Sie die Messung an den anderen Kolben und notieren Sie auch diese Werte.
26 Falls sich die Messungen unterscheiden, muss die höchste Differenz zur Bestimmung der neuen Zylinderkopfdichtung (siehe technische Daten) herangezogen werden.

Vorbereitung für den Einbau

27 Die Dichtflächen des Zylinderkopfes und des Zylinderblocks müssen absolut sauber sein. Entfernen Sie dazu Dichtungsreste und Kohleablagerungen mithilfe eines Hartplastik- oder Holzschabers; reinigen Sie auch die Kolbenböden. **Anmerkung:** *Die neue Zylinderkopfdichtung ist mit Gummi beschichtet, das durch scharfe Kanten oder vom Schaber hinterlassene Späne beschädigt werden kann. Achten Sie besonders beim Reinigen der Kolben darauf, ihre Oberfläche nicht zu beschädigen.*
28 Achten Sie beim Reinigen der Kolbenböden darauf, nicht das weiche Aluminium zu beschädigen.
29 Die Ablagerungen dürfen keinesfalls in Öl- oder Wasserkanäle gelangen – bereits kleinste Partikel können Öldüsen verstopfen! Kleben Sie daher alle Bohrungen des Zylinderkopfs/Motorgehäuses mit Kreppband ab.
30 Damit keine Ablagerungen zwischen die Kolben und Zylinderwände gelangen, muss hier etwas Fett aufgetragen werden. Wischen Sie nach dem Reinigen der Kolben Fett und Ablagerungen mit einem sauberen Lappen ab.
31 Kontrollieren Sie die Dichtflächen des Zylinderkopfes und des Zylinderblocks auf Riefen, tiefe Kratzer und andere Schäden – beachten Sie die Anmerkung hinter Schritt 27. Kleine Unebenheiten können mit einer Feile geschlichtet werden; größere erfordern jedoch maschinelles Planen oder den Austausch.
32 Falls ein Verzug des Zylinderkopfes vermutet wird, muss dieser mit einem Richtwinkel geprüft werden (siehe Kapitel 2C, Sektion 7).
33 Reinigen Sie sorgfältig die Gewindebohrungen im Zylinderblock – die Schrauben müssen sich von Hand darin drehen lassen und es dürfen sich keine Öl- oder Wasserreste darin befinden (die beim Anziehen der Schrauben so hohen hydraulischen Druck ausüben können, dass das Gehäuse reißt).

Einbau

34 Die Dichtflächen des Zylinderkopfs und des Motorgehäuses müssen absolut sauber sein. Die zwei Passhülsen müssen im Motorblock stecken.
35 Drehen Sie die Kurbelwelle so, dass die Kolben in den Zylindern 1 und 4 im OT stehen; drehen Sie sie dann eine Viertelumdrehung zurück – so wird vermieden, dass Ventile und Kolben miteinander in Kontakt kommen können.
36 Legen Sie die neue Zylinderkopfdichtung richtig herum über die zwei Passhülsen auf den Motorblock (siehe Abbildung) – die Identifizierungs-Markierungen müssen vorn liegen und alle Bohrungen müssen fluchten.

10.36 Legen Sie die neue Zylinderkopfdichtung über die zwei Passhülsen auf den Motorblock – die Identifizierungs-Markierungen müssen vorn liegen.

37 Setzen Sie mithilfe eines Assistenten den Zylinderkopf vorsichtig über die Passhülsen auf die Dichtung.
38 Installieren Sie die **neuen** Zylinderkopfschrauben und drehen Sie sie handfest ein. Ziehen Sie die Schrauben jeweils in der gezeigten Reihenfolge mit den in den technischen Daten angegebenen 6 Schritten an (siehe Abbildung).

10.38 Anzugsreihenfolge der NEUEN Zylinderkopfschrauben

39 Der Rest des Einbaus entspricht der umgekehrten Ausbaureihenfolge – beachten Sie dabei folgende Punkte:
a) Montieren Sie die Schlepphebel und Hydrostößel (siehe Sektion 9).
b) Kontrollieren Sie den Motorölpegel und füllen Sie nötigenfalls Öl nach (siehe Wöchentliche Kontrollen).
c) Lesen Sie vor dem Starten des Motors die Hinweise in Kapitel 2C, Sektion 17 durch.

11 Ölwanne – Ausbau und Einbau

Ausbau

1 Ziehen Sie die Handbremse, heben Sie das Fahrzeug vorn an und stützen Sie es sicher ab (siehe Seite 355).
2 Lassen Sie das Motoröl ab (siehe Kapitel 1, Sektion 6). Wir empfehlen auch den Ölfilter zu entfernen, um später einen neuen zu installieren (siehe Kapitel 1, Sektion 6).
3 Lockern Sie schrittweise die Ölwannen-Schrauben und -Muttern und entfernen Sie sie.
4 Trennen Sie vorsichtig die Ölwanne vom Motor – Ford empfiehlt, sie nach jeder Demontage zu erneuern, doch mit etwas Sorgfalt bleibt sie heile und kann wiederverwendet werden.

Achtung: Durch das Dichtmittel kann die Ölwanne sehr fest am Motorgehäuse kleben. Lösen Sie die Dichtmasse möglichst mit einem geeigneten Spachtel (Ford bietet unter der Teilenummer 303-428 ein passendes Werkzeug an). Keinesfalls darf die Ölwanne abgehebelt werden, da hierbei Schäden an der aus Aluminium bestehenden unteren Motorgehäusehälfte entstehen können!

Einbau

5 Reinigen und entfetten Sie sorgfältig die Dichtflächen des Motorgehäuses und der Ölwanne.
Anmerkung: *Achten Sie darauf, dass keine Dichtmasse in die Gewindebohrungen der Ölwannenschrauben gerät.*
6 Tragen Sie eine 7 mm breite Raupe des Ford-Dichtmittels LB 2U7J-M4G232-AB oder einer anderen Dichtmasse nach den Ford-Vorgaben WSE-M4G323-A4 an der Ölwannen-Dichtfläche auf – bleiben Sie dabei innerhalb der Schraubenbohrungen (siehe Abbildung). Die Ölwanne muss jetzt innerhalb von fünf Minuten montiert werden.

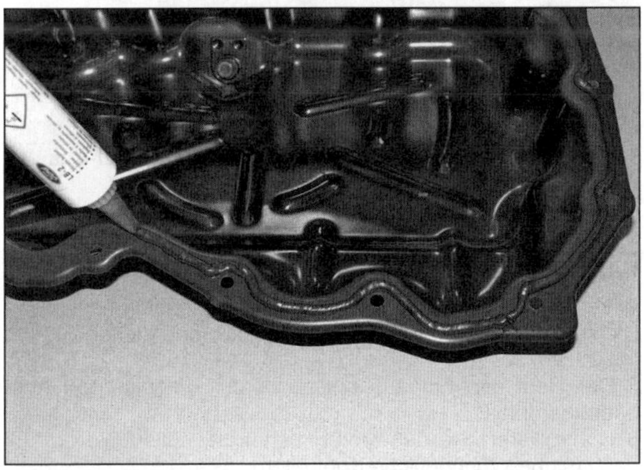

11.6 Tragen Sie eine 7 mm breite Dichtmittel-Raupe innerhalb der Ölwannen-Schraubenbohrungen auf.

7 Setzen Sie die Ölwanne an und ziehen Sie alle Schrauben und Muttern in der gezeigten Reihenfolge zunächst mit 5 Nm an; ziehen Sie in einem zweiten Durchgang mit 10 Nm an (siehe Abbildung)

11.7 Anzugsreihenfolge der Ölwannen-Schrauben und -Muttern

8 Installieren Sie eine neue Ölablassschraube und ziehen Sie sie mit 39 Nm an.
9 Montieren Sie ggf. einen neuen Ölfilter (siehe Kapitel 1, Sektion 6). Senken Sie das Fahrzeug ab und füllen Sie Motoröl auf (siehe Kapitel 1, Sektion 6).
10 Kontrollieren Sie den Bereich um die Ölwanne nach einer ausgiebigen Probefahrt auf Undichtigkeiten.

12 Ölpumpe – Ausbau und Einbau

Anmerkung: *Die folgende Prozedur betrifft den Aus- und Einbau der Ölpumpe. Falls ihr Antriebsriemen oder dessen Spanner ersetzt werden muss, ist zunächst der Zahnriemen zu entfernen (siehe Sektion 7).*

Ausbau

1 Demontieren Sie die Ölwanne (siehe Sektion 11).
2 Befreien Sie das am Ölansaugrohr befestigte Rohr (siehe Abbildung).

12.2 Befreien Sie das Rohr.

3 Lösen Sie die Schrauben des Pumpenriemendeckels und entfernen Sie diese (siehe Abbildung).

12.3 Lösen Sie die Schrauben des Pumpenriemendeckels und entfernen Sie diese.

4 Lösen Sie die vier Schrauben der Ölpumpe und entfernen Sie sie samt Ansaugrohr aus der unteren Motorgehäusehälfte. Heben Sie den Pumpenriemen vom Riemenrad, ohne ihn dabei zu beschädigen. Stellen Sie nötigenfalls die Arretierstifte der Pumpe sicher (siehe Abbildungen).

12.4a Ölpumpenschrauben (Pfeile)

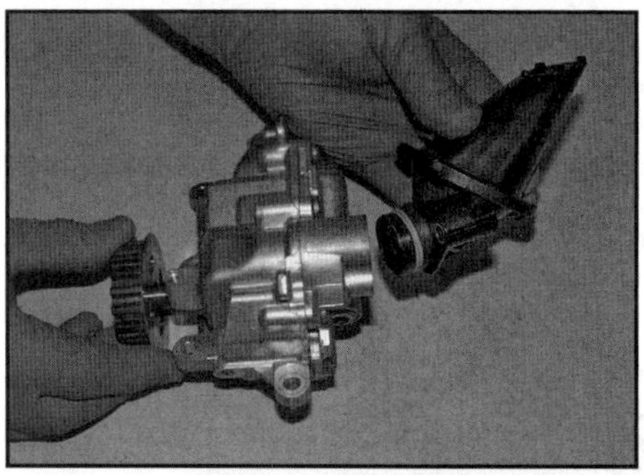

12.4b Von der ausgebauten Pumpe können das Ansaugsieb abgezogen und die O-Ringe erneuert werden.

Einbau

5 Positionieren Sie die Ölpumpe im unteren Motorgehäuse und legen Sie zunächst den Riemen auf, bevor Sie die Pumpe mithilfe der Arretierstifte sichern.
6 Ziehen Sie die vier Ölpumpenschrauben zunächst mit 5 und dann mit 10 Nm an.
7 Der Rest des Einbaus entspricht der umgekehrten Ausbaureihenfolge.

13 Öldruckschalter – Ausbau und Einbau

Ausbau

1 Der Öldruckschalter ist oberhalb des Ölkühlers vorn ins Motorgehäuse geschraubt.
2 Zur Verbesserung des Zugangs kann die Handbremse gezogen, das Fahrzeug vorn angehoben und sicher abgestützt werden (siehe Seite 355).
3 Trennen Sie den Stecker vom Öldruckschalter und schrauben Sie ihn heraus (siehe Abbildungen) – seien Sie auf etwas austretendes Öl vorbereitet.

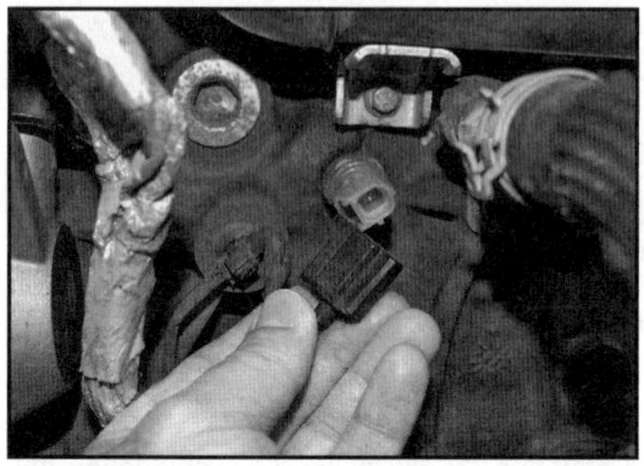

13.3a Trennen Sie den Stecker ...

13.3b ... und schrauben Sie den Öldruckschalter aus dem Motor.

Einbau

4 Versehen Sie das Gewinde des Öldruckschalters mit etwas Dichtmasse, drehen Sie ihn in den Motor und ziehen Sie ihn mit 20 Nm an.
5 Der Rest des Einbaus entspricht der umgekehrten Ausbaureihenfolge.
6 Kontrollieren Sie den Motorölpegel und füllen Sie ggf. Öl nach (siehe Wöchentliche Kontrollen).
7 Prüfen Sie die korrekte Funktion des Öldruck-Warnleuchte. Kontrollieren Sie nach einer Probefahrt den Bereich um dem Öldruckschalter auf Undichtigkeiten.

14 Ölfiltergehäuse und Ölkühler – Ausbau und Einbau

Ausbau

1 Trennen Sie den Masseanschluss (–) der Batterie (siehe Kapitel 5, Sektion 3).
2 Entleeren Sie das Kühlsystem (siehe Kapitel 1, Sektion 32).
3 Lassen Sie das Motoröl ab (siehe Kapitel 1, Sektion 6).
4 Das Ölfiltergehäuse und der Ölkühler sitzen vorn am Motorblock.
5 Ziehen Sie die Handbremse, heben Sie das Fahrzeug vorn an und stützen Sie es sicher ab (siehe Seite 355).
6 Stellen Sie einen Sammelbehälter unter den Ölfilter, um austretendes Öl und Kühlmittel aufzunehmen.
7 Lösen Sie an den Stutzen des Ölkühlers die zwei Schellen und ziehen Sie die Schläuche ab (siehe Abbildung) – seien Sie auf austretendes Kühlmittel vorbereitet.

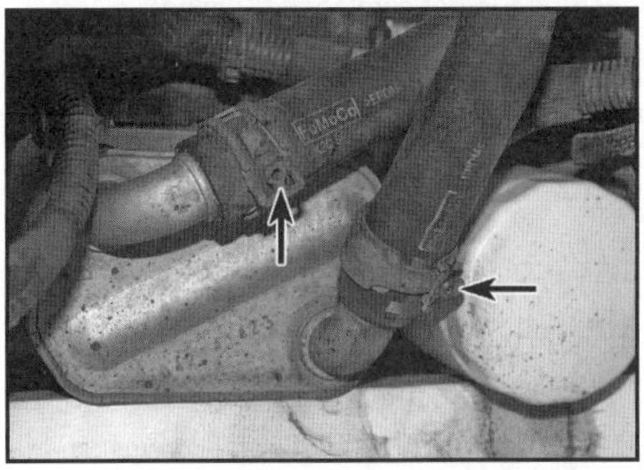

14.7 Trennen Sie die Kühlmittelschläuche vom Ölkühler.

8 Lockern Sie mithilfe eines Bandschlüssels den Ölfilter und drehen Sie den Filter von Hand ab – er muss später durch ein Neuteil ersetzt werden.
9 Drehen Sie den Ölfilterstutzen aus dem Gehäuse und lösen Sie dann dessen vier Schrauben, um es vom Motorgehäuse zu trennen – sämtliche Dichtungen und O-Ringe müssen später erneuert werden (siehe Abbildungen).
Anmerkung: *Der Ölkühler und der Ölfiltersitz bilden eine Baugruppe, die nicht getrennt werden kann.*

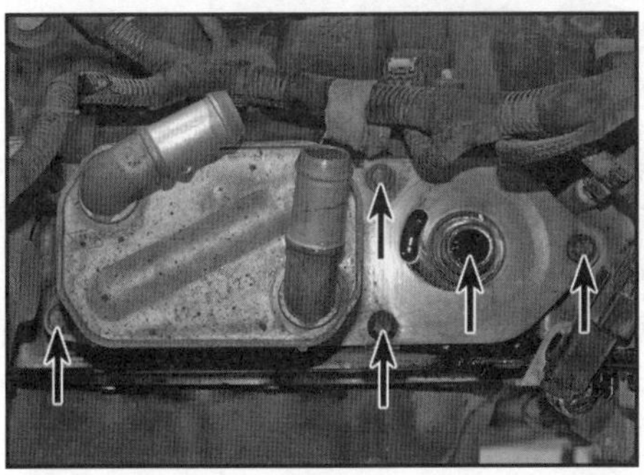

14.9a Lösen Sie den Ölfiterstutzen und die vier Ölkühlerschrauben.

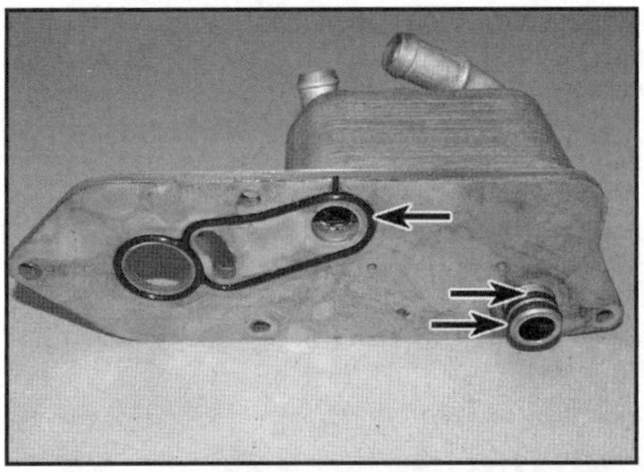

14.9b Entfernen Sie sämtliche Dichtungen und O-Ringe vom Ölfiltergehäuse.

Einbau

10 Der Einbau entspricht der umgekehrten Ausbaureihenfolge – beachten Sie dabei folgende Punkte:
a) Verwenden Sie neue Dichtungen und O-ringe.
b) Drehen Sie die vier Ölfiltergehäuse-Schrauben und den Ölfilterstutzen zunächst handfest ein.
c) Ziehen Sie die Gehäuseschrauben mit 10 Nm und den Stutzen mit 55 Nm an.
d) Ölen Sie das Dichtgummi des neuen Filters ein und drehen Sie ihn von Hand auf den Stutzen.
e) Sichern Sie die Kühlerschläuche mit neuen Schellen an den Stutzen.
f) Füllen Sie ggf. Motoröl und Kühlmittel nach.
g) Starten Sie den Motor und kontrollieren Sie den Bereich um den Ölkühler auf Undichtigkeiten.

15 Kurbelwellen-Dichtringe – Ersetzen

Zahnriemen-Dichtring (rechts)

1 Der Dichtring ist in den Zahnriemendeckel integriert und kann nicht separat ersetzt werden. Der Aus- und Einbau des Deckels ist in Sektion 5 beschrieben.

Getriebeseiten-Dichtring (links)

2 Demontieren Sie das Getriebe (siehe Kapitel 7, Sektion 7) und die Kupplung (siehe Kapitel 6, Sektion 6).
3 Lassen Sie das Motoröl ab (siehe Kapitel 1, Sektion 6).
4 Entfernen Sie das Schwungrad (siehe Sektion 16).
5 Lösen Sie die acht Schrauben des Dichtring-Trägers und entfernen Sie ihn (siehe Abbildung).

15.5 Die 8 Schrauben des Dichtring-Trägers.

6 Reinigen Sie das Ende der Kurbelwelle und polieren Sie Grate oder Kanten ab, die den neuen Dichtring beim Einbau beschädigen könnten. Reinigen Sie auch die Dichtflächen des Gehäuses und des Dichtring-Trägers und entfetten Sie beide Teile (siehe Abbildung).

15.6 Befreien Sie die Dichtflächen von alten Dichtungsresten.

7 Tragen Sie an der Motorgehäuse-Dichtfläche innerhalb der Schraubenbohrungen eine 4 mm breite Raupe aus geeigneter Dichtmasse (Ford empfiehlt WSE-M4G323-A4) auf. An den Kontaktflächen der Motorgehäusehälften müssen zwei 9 mm breite Dichtmittel-Raupen aufgetragen werden (siehe Abbildung).

15.7 Tragen Sie wie gezeigt Dichtmasse auf.

Anmerkung: *Setzen Sie den Dichtring-Träger spätestens fünf Minuten nach dem Auftragen der Dichtmasse am Motor an.*
Achtung: Verschieben Sie den Dichtring-Träger nicht, nachdem Sie ihn am Motor angesetzt haben!

8 Positionieren Sie den neuen Dichtringträger so am Motorgehäuse, dass die beigefügte Einbauhülse korrekt über der Kurbelwelle liegt (siehe Abbildung). Installieren Sie die Dichtringträger-Schrauben zunächst handfest.

15.8 Positionieren Sie den mit der Einbauhülse ausgerüsteten Dichtringträger über der Kurbelwelle.

9 Sichergehend, dass der Dichtringträger korrekt positioniert bleibt, werden seine Schrauben schrittweise und über Kreuz in zwei Durchgängen zunächst mit 5 und dann mit 10 Nm angezogen. Entfernen Sie die Einbauhülse (siehe Abbildung).

15.9 Ziehen Sie nach dem Anziehen der Schrauben die Montagehülse heraus.

10 Der Rest Einbau entspricht der umgekehrten Ausbaureihenfolge – beachten Sie dabei folgende Punkte:
a) Verwenden Sie eine neue Ölablassschraube.
b) Starten Sie den Motor und kontrollieren Sie den Bereich unter der Kupplung auf Undichtigkeiten.

16 Schwungrad – Ausbau, Kontrolle und Einbau

Anmerkung: *Beim Einbau werden neue Befestigungsschrauben für das Schwungrad benötigt.*

Ausbau

1 Demontieren Sie das Getriebe (siehe Kapitel 7, Sektion 7). Demontieren Sie die Kupplung (siehe Kapitel 6, Sektion 6).
2 Hindern Sie das Schwungrad am Mitdrehen, indem Sie den Anlasserzahnkranz mit dem Ford-Spezialwerkzeug 303-1643 oder einen anderen geeigneten Werkzeug blockieren (siehe Abbildung).

16.2 Blockieren Sie den Anlasserzahnkranz des Schwungrads z. B. mit dem Ford-Spezialwerkzeug.

3 Lösen Sie die 8 Schwungradschrauben und heben Sie das Schwungrad ab.
Achtung: Das Schwungrad ist sehr schwer!

Kontrolle

5 Je nach Motorleistung und Baujahr des Fahrzeugs kann ein massives einteiliges oder ein mehrteiliges Zweimassenschwungrad Verwendung finden.

Einteiliges Schwungrad

6 Inspizieren Sie das Schwungrad auf Riefen auf der Kupplungs-Reibfläche sowie Verschleiß oder ausgebrochene Zähne am Anlasserzahnkranz. Das Schwungrad kann nötigenfalls geplant werden, es empfiehlt sich jedoch der Austausch gegen ein Neuteil
7 Bei jedem Zweifel über das Schwungrad muss Rat bei einer Fachwerkstatt gesucht werden, ob es überarbeitet werden kann oder ausgetauscht werden muss.

Zweimassenschwungrad

8 Ein Zweimassenschwungrad reduziert die Vibrationen aus dem Antriebsstrang und damit die Geräuschentwicklung. Das Schwungrad besteht aus einer Primär-Schwungmasse, auf der eine Sekundär-Schwungmasse einen durch Federn begrenzten Bewegungsspielraum hat.
9 Zweimassenschwungrädern haftet der Ruf an, unzuverlässig zu sein und teilweise schon nach 30.000 km ausgetauscht werden zu müssen. Neben den in Schritt 6 beschriebenen Kontrollen sollten einige weitere Prüfpunkte beachtet werden:
10 Schauen Sie durch die Schraubenbohrungen die Öffnungen in der Sekundärschwungmasse an, um mögliche Schäden am Mittellager zu begutachten.
11 Halten Sie ihre Daumen in den 3- und 9-Uhr-Positionen auf die Kupplungsfläche der Sekundärschwungmasse und versuchen Sie, daran zu wackeln – die maximale Bewegung darf nicht mehr als 3 mm betragen. Wiederholen Sie den Test mit den Daumen in der 12- und der 6-Uhr-Position.
12 Drehen Sie die Sekundärschwungmasse nach links und rechts – sie muss sich in beide Richtungen drehen lassen, bis der Widerstand durch die Federn spürbar wird; knirschende oder rasselnde Geräusche dürfen hierbei nicht auftreten. Der maximale Drehbereich beträgt fünf Zähne am Anlasserzahnkranz.
13 Bei jedem Zweifel über das Zweimassenschwungrad muss Rat bei einer Fachwerkstatt gesucht werden, ob es akzeptabel ist oder ausgetauscht werden muss.

Einbau

14 Setzen Sie das Schwungrad mit den korrekt ausgerichteten Schraubenbohrungen an die Kurbelwelle und drehen Sie die neuen Schrauben zunächst handfest ein – achten Sie darauf, dass das Schwungrad korrekt anliegt.
15 Blockieren Sie den Anlasser-Zahnkranz wieder mit dem Ford-Spezialwerkzeug 303-1643 oder einen anderen geeigneten Werkzeug.
16 Ziehen Sie die Schrauben über Kreuz zunächst mit 15 Nm an (siehe Abbildung).

16.16 Ziehen Sie die Schrauben stets über Kreuz an.

17 Ziehen Sie die Schrauben in zwei weiteren Durchgängen über Kreuz zunächst mit 30 und dann mit 75 Nm an.
18 Ziehen Sie die Schrauben im vierten Schritt mithilfe einer Gradscheibe über Kreuz um jeweils 45° weiter an (siehe Abbildung).

16.18 Ziehen Sie die Schrauben zum Schluss mithilfe einer Gradscheibe um 45° weiter.

19 Entfernen Sie das Arretierwerkzeug aus der Anlasser-Öffnung.
20 Der Rest des Einbaus entspricht der umgekehrten Ausbaureihenfolge.

17 Motorhalterungen – Kontrolle und Ersetzen

Allgemein

1 Motorhalterungen erfordern nur selten Aufmerksamkeit. Falls jedoch eine Halterung gebrochen oder anderweitig beschädigt ist, muss sie unverzüglich ersetzt werden, da die zusätzliche Belastung des Antriebsstrangs zu Schäden oder erhöhtem Verschleiß führen kann.
2 Manche Halterungen können einzeln entfernt und wieder montiert werden, doch wenn mehr als eine entfernt wird (z. B. beim Ausbau des Motors samt Getriebe), müssen ihre Positionen zueinander markiert werden, um wieder korrekt zusammengesetzt werden zu können.
3 Beim Zusammenbau darf nicht das gesamte Gewicht der Antriebseinheit von den Halterungen getragen werden, solange sie nicht korrekt ausgerichtet sind. Ziehen Sie alle Befestigungen mit den in den technischen Daten angegebenen Drehmomenten an.

Kontrolle

4 Für die Kontrolle muss der Motor samt Getriebe leicht angehoben werden, damit die Halterungen entlastet werden.
5 Ziehen Sie die Handbremse, heben Sie das Fahrzeug vorn an und stützen Sie es sicher ab (siehe Seite 355). Stützen Sie den Motor oder das Getriebe mit einem Rangierwagenheber samt großer Hölzer ab, um die Halterungen zu entlasten.
6 Warnung: Positionieren Sie niemals Körperteile unter dem Motor, solange dieser nur von einem Rangierwagenheber abgestützt ist!
7 Inspizieren Sie die Gummiblöcke der Halterungen – wenn sie rissig, verhärtet oder irgendwo vom Metall getrennt sind, müssen die Halteblöcke ersetzt werden. Manchmal reißen Haltegummis in der Mitte aus.
8 Kontrollieren Sie den Verschleiß der Halteblöcke, indem Sie mit einem großen Schraubendreher oder ähnlichem Werkzeug vorsichtig daran hebeln und mögliches Spiel ermitteln. Wo dies nicht möglich ist, sollte ein Assistent den Motorblock vor und zurück sowie zu beiden Seiten drücken, während die Halterungen beobachtet werden. Während geringes Spiel normal ist, dürfen keine übermäßigen Bewegungen festgestellt werden. Wenn die Befestigungen bei über-

mäßigem Spiel korrekt angezogen sind, müssen verschlissene Komponenten ausgetauscht werden (siehe unten).

Ersetzen

Anmerkung: *In den folgenden Schritten wird davon ausgegangen, dass der Motor und/oder das Getriebe wie oben beschrieben abgestützt ist.*

Rechte Motorhalterung

9 Markieren Sie die Position der Halterung zum rechten Innenkotflügel.
10 Soweit der Motor abgestützt ist, werden die vier Muttern gelöst, die den Halter am Motor-Träger sichern (siehe Abbildung).

17.10 Muttern, die rechts den Motorträger mit der Halterung verbinden

11 Lösen Sie dann die vier Schrauben, mit denen die Halterung am rechten Innenkotflügel gesichert ist (siehe Abbildung) und befreien Sie die Halterung aus dem Motorraum.

17.11 Zwei der vier Halterungs-Schrauben am rechten Innenkotflügel

12 Drehen Sie beim Einbau zuerst die Schrauben am Innenkotflügel handfest ein. Ziehen Sie dann die Muttern am Motorträger mit 115 Nm an. Entlasten Sie dann die Motorabstützung etwas, prüfen Sie, ob alle beim Ausbau angebrachten Markierungen fluchten, und ziehen Sie die Schrauben am Innenkotflügel mit 70 Nm an.

Linke Motorhalterung (Getriebe)

13 Markieren Sie bei korrekt abgestützter Motor/Getriebe-Einheit die Ausrichtung der Halterung am linken Innenkotflügel.
14 Lösen Sie die vier Schrauben – jeweils zwei von oben und unten –, mit denen die Halterung am Getriebe-Träger gesichert ist (siehe Abbildung).

17.14 Schrauben, die links den Getriebeträger mit der Halterung verbinden

15 Lösen Sie dann die vier Schrauben, mit denen die Halterung am linken Innenkotflügel gesichert ist (siehe Abbildung) und befreien Sie die Halterung aus dem Motorraum.

17.15 Halterungs-Schrauben am linken Innenkotflügel

16 Drehen Sie beim Einbau zuerst die Schrauben am Innenkotflügel handfest ein. Ziehen Sie dann die Muttern am Getriebeträger mit 133 Nm und die Schrauben mit 70 Nm an. Entlasten Sie dann die Motorabstützung etwas, prüfen Sie, ob alle beim Ausbau angebrachten Markierungen fluchten, und ziehen Sie die Schrauben am Innenkotflügel mit 70 Nm an.

Hintere Halterung

Achtung: Der Durchgangsbolzen, der diese Halterung am Getriebe sichert, hat je nach Modell unterschiedliche Gewindesteigungen (M14 x 1,5 oder M14 x 2,0. Beschaffen Sie den korrekten Bolzen und beachten Sie die unterschiedlichen Anzugsdrehmomente.

17 Lösen Sie den Bolzen, der die hintere Motorhalterung am Hilfsrahmen sichert. Lösen Sie dann den Durchgangsbolzen, der sie am Getriebe sichert, und manövrieren Sie die Halterung unter dem Fahrzeug heraus (siehe Abbildung) – beide Bolzen müssen beim Einbau durch Neuteile ersetzt werden.

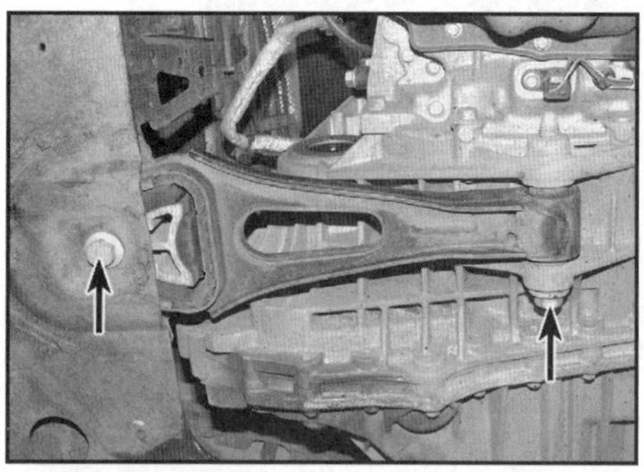

17.17 Bolzen der hinteren Motorhalterung

18 Ziehen Sie beim Einbau den neuen Durchgangsbolzen mit 150 Nm (M14 x 1,5) bzw. mit 175 Nm (M14 x 2,0) und den neuen Bolzen am Hilfsrahmen mit 133 Nm an.

Kapitel 2B

Reparaturen am eingebauten 2,2 l-Motor

Inhalt — Sektion

Schwierigkeitsgrade

Leicht. Geeignet für Anfänger mit wenig Erfahrung.	**Relativ leicht.** Geeignet für Anfänger mit etwas Erfahrung.	**Relativ schwierig.** Geeignet für geübte Selbstschrauber.	**Schwer.** Geeignet für Selbstschrauber mit viel Erfahrung.	**Sehr schwer.** Geeignet für Experten und Profis.

Technische Daten

Motor

Motortyp	Wassergekühlter Vierzylinder-Reihenmotor, zwei obenliegende Nockenwellen (DOHC), Kipphebeln und Hydrostößel, 4 Ventile je Brennraum
Bezeichnung	DuraTorq-TDCi
Motorcode	
Motoren mit 74 kW (100 PS)	DRFF
Motoren mit 92 kW (125 PS)	CYFF
Motoren mit 114 kW (155 PS)	CVFF
Hubraum	2198 cm³
Bohrung	86,0 mm
Hub	94,6 mm
Verdichtungsverhältnis	15,5 : 1
Zündfolge	1-3-4-2
Position von Zylinder Nr. 1	rechts (an Steuerketten-Seite)
Kurbelwellen-Drehrichtung	vorwärts (von rechts betrachtet im Uhrzeigersinn)

Zylinderkopf

Kolben-Überstand	Stärke der Zylinderkopfdichtung
0,340 bis 0,520 mm	1,10 mm (1 Zahn/Loch)
0,521 bis 0,570 mm	1,15 mm (2 Zähne)
0,571 bis 0,620 mm	1,20 mm (3 Zähne)
Maximaler Dichtflächen-Verzug	0,10 mm

Schmiersystem

Motoröl-Typ	SAE 5W/30-Mehrbereichsöl nach Ford-Spezifikation WSS-M2C913-C oder ACEA A5/B5
Motoröl-Füllmenge (bei Filterwechsel)	siehe Kapitel 1, Technische Daten
Öldruck (bei Betriebstemperatur)	

bei Standgas (min.)	1,25 bar
bei 2000/min (min.)	2,0 bar
Anzugsdrehmomente	**Nm**
Hauptlagerdeckel-Schrauben*	
Schritt 1	15
Schritt 2	20
Schritt 3	35
Schritt 4	80
Schritt 5	um 90° weiter
Keilrippenriemenspanner-Schrauben	25
Keilrippenriemen-Umlenkrollen	
Obere Umlenkrollen-Schraube	25
Untere Umlenkrollen-Mutter	43
Kipphebelträger-Schrauben	
Schritt 1	10
Schritt 2	um 30° weiter
Kurbelwellen-Dichtringträger-Schrauben	10
Kurbelwellensensorhalter-Schraube	7
Kurbelwellen-Riemenscheiben-Schraube*	
Schritt 1	45
Schritt 2	um 120° weiter
Motor / Getriebe – Verbindungsschrauben	40
Motorhalterungen	
Motorhalterungen	
Hintere Halterung	
an Hilfsrahmen	133
Durchgangsbolzen*	
M14 x 1,5	150
M14 x 2,0	175
Linke Halterung (Getriebe)	
an Innenkotflügel – Schrauben	70
an Getriebe – Schrauben	115
an Getriebe – Muttern	133
Rechte Halterung	
Halterung an Motorträger – Muttern	115
Halterung an Innenkotflügel – Schrauben	70
Rechter Motorträger	
Obere Schrauben	
Schritt 1	30
Schritt 2	50
Schritt 3	120
Schritt 4	um 45° weiter
Unterer Stehbolzen	
Schritt 1	20
Schritt 2	25
Schritt 3	50
Schritt 4	um 45° weiter
Nockenwellenritzel-Schrauben	33
Nockenwellensensor-Halter	10
Nockenwellenträger-Schrauben	
Schritt 1 – Schrauben 1 bis 20	10
Schritt 1 – Schrauben 21 bis 24	10
Schritt 2 – Schrauben 1 bis 20	23
Schritt 2 – Schrauben 21 bis 24	10
Ölfiltergehäuseschrauben	23
Ölpumpen-Ansaugrohr	10
Ölwannen-Ablassschraube	40
Ölwannen-Schrauben/Muttern	
Schritt 1	7
Schritt 2	14
Pleuelfußschrauben*	
Schritt 1	8
Schritt 2	25
Schritt 3	37
Schritt 4	um 90° weiter
Radmuttern	200
Schwungrad-Schrauben*	
Schritt 1	15
Schritt 2	30
Schritt 3	75
Schritt 4	um 45° weiter

Steuerkettendeckel	
Muttern	10
Schrauben	14
Steuerkettenspanner*	15
Ventildeckel	10
Zylinderkopf-Schrauben*	
Schritt 1	
Schrauben 1 bis 10	10
Schrauben 11 bis 18	5
Schritt 2	
Schrauben 1 bis 1	20
Schrauben 11 bis 18	10
Schritt 3	
Schrauben 1 bis 10	35
Schrauben 11 bis 18	20
Schritt 4	
Schrauben 1 bis 10	45
Schrauben 11 bis 18	25
Schritt 5 (alle Schrauben)	um 90° weiter
Schritt 6 (alle Schrauben)	um 90° weiter

* *Stets durch Neuteile zu ersetzen*

1 Allgemeine Informationen

Der Zweck dieses Kapitels

1 Dieses Kapitel beinhaltet Reparaturen, die bei im Fahrzeug montiertem 2,2 l-Dieselmotor durchgeführt werden können. Falls der Motor ausgebaut und entsprechend freigelegt ist, können nicht zutreffende Schritte ignoriert werden. Kapitel 2C beinhaltet den Ausbau des Motors samt Getriebe aus dem Fahrzeug und die dann mögliche Komplettüberholung.
2 Die meisten der in diesem Kapitel beschriebenen Arbeiten werden bei eingebautem Motor durchgeführt – falls der Motor ausgebaut ist, müssen nicht zutreffende Schritte ignoriert werden.

Motor – Beschreibung

3 Der bis Ende 2016 montierte 2,2 l-Vierzylindermotor (DuraTorq TDCi) wird mit zwei obenliegenden Nockenwellen (DOHC) und vier Ventilen je Zylinder gesteuert. Der Motor ist quer eingebaut und das Getriebe ist links angeflanscht.
4 Das Haupt-Motorgehäuse besteht aus Gusseisen, das Gehäuse-Unterteil ist aus Aluminium gegossen und den unteren Abschluss bildet eine aus Stahlblech geformte Ölwanne.
5 Die geschmiedete Kurbelwelle des komplett gleitgelagerten Motors läuft in fünf Lagerschalen. Ihr Axialspiel wird durch Anlauf-Halbringe am mittleren oberen Hauptlager begrenzt. Die Pleuel drehen sich mit horizontal gebrochenen Lagerschalen auf den Hubzapfen. Die aus einer Aluminiumlegierung bestehenden Kolben sind mit drei Kolbenringen (zwei Kompressionsringen und einem Ölabstreifring) ausgerüstet und mit Kolbenbolzen im oberen Pleuelauge gelagert.
6 Die zwei Ein- und Auslassventile jedes Zylinders sitzen in Führungen, die genauso wie die Ventilsitze in den Zylinderkopf eingepresst sind.
7 Die zwei obenliegenden Nockenwellen werden von der Kurbelwelle aus über eine Steuerkette angetrieben, die im mit Öl geschmierten Steuergehäuse läuft. Die Nockenwellen öffnen die 16 Ventile über Kipphebel mit Hydrostößeln, die in einem gesonderten Träger auf dem Zylinderkopf sitzen. Jede Nockenwelle dreht sich in fünf direkt in den Zylinderkopf und die Lagerdeckel gebohrten Lagern.
8 Die zur Aktivierung des Bremskraftverstärkers und anderer mit Unterdruck arbeitenden Komponenten benötigte Vakuumpumpe sitzt links am Zylinderkopf und wird von der Auslass-Nockenwelle angetrieben. Die Hochdruck-Kraftstoffpumpe sitzt links am Zylinderkopf und wird von der Einlass-Nockenwelle angetrieben
9 Die am unteren Motorgehäuse und per Kette von der Kurbelwelle angetriebene Ölpumpe saugt Öl durch ein Sieb aus der Ölwanne an und drücke es durch den vorn am Motor sitzenden Ölfilter, von dort aus gelangt es durch den Haupt-Ölkanal ins Motorgehäuse, die Kurbelwelle (Hauptlager) und den Zylinderkopf. Der Ölfilter sitzt an einem vom Kühlmittel durchspülten Ölkühler.
10 Die Pleuelfußlager werden durch Bohrungen in der Kurbelwelle mit Drucköl versorgt. Öldüsen kühlen bei stärkeren Motoren die Unterseiten der Kolbenböden mit Sprühöl. Die Nockenwellen und der Ventiltrieb werden mit Sprühöl versorgt. Der Turbolader hat eine eigene Ölversorgung.

Reparaturen, die bei eingebautem Motor möglich sind

11 Die folgenden Arbeiten können erledigt werden, ohne dass der Motor dafür aus dem Fahrzeug ausgebaut werden muss. Besondere Aufmerksamkeit gilt bei Arbeiten, die den Ausbau der Steuerkette, der Nockenwellen oder des Zylinderkopfs erfordern, da hier viel Erfahrung und spezielle Werkzeuge erforderlich sind; lesen Sie stets den gesamten Text durch, um sicherzugehen, dass Sie sich die Prozedur zutrauen.
a) Kompressionsprüfung
b) Ventildeckel – Ausbau und Einbau
c) Steuerkettendeckel – Ausbau und Einbau
d) Steuerkette – Austausch
e) Steuerkettenspanner und Ritzel – Ausbau und Einbau
f) Nockenwellen-Dichtring – Austausch
g) Nockenwellen, Kipphebel und Hydrostößel – Ausbau und Einbau
h) Zylinderkopf – Ausbau, Überholung und Einbau
i) Kurbelwellen-Riemenrad – Ausbau und Einbau
j) Ölwanne – Ausbau und Einbau
*k) Kolben, Pleuel und Pleuelfußlager – Ausbau und Einbau**
l) Kurbelwellendichtringe – Ausbau und Einbau
m) Ölpumpe – Ausbau und Einbau
n) Schwungrad – Ausbau und Einbau
o) Motor- und Getriebehalterungen – Ausbau und Einbau
* *Obwohl diese Komponenten theoretisch bei eingebautem Motor (nach der Demontage der Ölwanne) ausgebaut werden können, wird aus Gründen der besseren Zugänglichkeit und Sauberkeit empfohlen, den Motor dafür auszubauen – siehe Kapitel 2C.*

2 Kompressionsprüfung – Beschreibung und Auswertung

Anmerkung: *Für diesen Test wird ein für Dieselmotoren geeigneter Kompressionsprüfer benötigt.*

Anmerkung: *Die folgende Prozedur wird wahrscheinlich einen Fehlercode im Motorsteuergerät erzeugen. Falls nach dem Test die Motorsteuerungs-Warnleuchte aktiviert wird, muss der Fehler mithilfe einer speziellen Diagnoseausrüstung gelöscht werden – fahren Sie dazu in eine entsprechend ausgerüstete Fachwerkstatt.*

1 Wenn die Motorleistung sinkt oder Fehlzündungen entstehen, die nicht auf das Kraftstoffsystem zurückzuführen sind, kann eine Kompressionsprüfung Hinweise auf den Zustand des Motors liefern. Wenn dieser Test regelmäßig durchgeführt wird, kann er vor Problemen warnen, bevor andere Symptome offensichtlich werden.

2 Der Motor muss vollständig auf Betriebstemperatur gebracht werden, der Ölpegel muss stimmen und die Batterie muss komplett geladen sein. Für den Test wird ein Assistent benötigt.

3 Demontieren Sie die Glühkerzen (siehe Kapitel 5, Sektion 11).

4 Schrauben Sie den Kompressionsprüfer samt Adapter (z. B. unter der Teilenummer 303-1051 bei Ford erhältlich) in den Einspritzdüsen-Sitz von Zylinder Nr. 1 (rechts am Motor).

5 Lassen Sie einen Assistenten den Motor mithilfe des Anlassers durchdrehen – nach einer bis zwei Umdrehungen sollte sich der maximale Kompressionsdruck aufgebaut und stabilisiert haben – notieren Sie das höchste Ergebnis.

6 Wiederholen Sie die Prüfung mit den anderen Zylindern und notieren Sie auch deren Werte.

7 Die Ursache für niedrige Kompression lässt sich bei Dieselmotoren nicht so leicht ermitteln wie bei Benzinmotoren. Die Wirkung von in den Brennraum gefülltem Öl ist nicht eindeutig, da das Risiko besteht, dass sich dies in der Wirbelkammer oder einer Vertiefung im Kolbenboden ansammelt, statt einen möglichen Spalt zwischen den Kolbenringen und der Zylinderwand zu verschließen. Als grobe Diagnosehinweise kann folgendes gelten:

8 Ford macht zwar keine Angaben über tatsächliche Werte, doch müssen alle Zylinder sehr ähnliche Drücke erzeugen – größere Unterschiede weisen auf einen Defekt hin. Beachten Sie, dass sich die Kompression in einem gesunden Motor sehr schnell aufbaut; niedrige Kompression im ersten Kolbenhub gefolgt von schrittweisen Anstiegen in den folgenden Hüben weist auf verschlissene Kolbenringe hin. Niedrige Kompression im ersten Kolbenhub, der auch in den folgenden Hüben keine höheren Werte folgen, weist auf verschlissene Ventile oder eine durchgebrannte Zylinderkopfdichtung hin (ein Riss im Zylinderkopf kann auch möglich sein). Ablagerungen an den Ventilen können ebenfalls zu niedriger Kompression führen.

9 Niedrige Drücke in zwei benachbarten Zylindern weist fast immer darauf hin, dass die Kopfdichtung zwischen ihnen durchgebrannt ist – Kühlmittel im Motoröl bestätigt dies.

10 Falls die Kompression ungewöhnlich hoch ist, haben sich wahrscheinlich Kohleablagerungen in den Brennräumen gebildet. In diesem Fall muss der Zylinderkopf demontiert und samt Kolbenboden gereinigt werden (siehe Kapitel 2C).

11 Entfernen Sie schließlich den Kompressionsprüfer und installieren Sie die Glühkerzen (siehe Kapitel 5, Sektion 11).

Druckverlustprüfung

12 Bei einer Druckverlustprüfung wird ermittelt, wie viel komprimierte Luft verloren geht. Diese Alternative zur Kompressionsprüfung ist auf vielerlei Weise besser, da die entweichende Luft besser zeigt, wo der Druckverlust auftritt (Kolbenringe, Ventile, Zylinderkopfdichtung).

13 Die für eine Druckverlustprüfung erforderliche Ausrüstung ist umfangreich und teuer, sodass eine solche Prüfung von einer entsprechend ausgerüsteten Fachwerkstatt durchgeführt werden sollte.

3 Steuerzeiten – Einstellung

Anmerkung: *Drehen Sie die Kurbelwelle ausschließlich vorwärts – von rechts betrachtet also im Uhrzeigersinn.*

Allgemeine Informationen

1 Der obere Totpunkt (OT) ist der höchste Punkt, den ein im Zylinder oszillierender Kolben erreicht – beim Viertakter findet dies einmal im Verdichtungstakt und einmal im Ausstoßtakt statt. In diesem Buch bezieht sich der OT generell auf den oberen Totpunkt von Kolben Nr. 1 (rechts am Zahnriemen) im Verdichtungstakt.

2 Die Positionierung von Kolben Nr. 1 im Verdichtungs-OT ist bei vielen Arbeiten, die Zylinderkopf-Komponenten und die Steuerkette betreffen, ein entscheidender Punkt.

3 Weil bei diesem Motor Ventile und Kolben zusammenstoßen können (und dabei beschädigt werden), falls eine Nockenwelle bei demontierter Steuerkette gedreht wird, muss besonders darauf geachtet werden, dass dies nicht geschieht.

Einstellung

Anmerkung: *Zur Sicherung der Kurbelwelle im OT wird das Ford-Spezialwerkzeug 303-1587 oder eine geeignete Alternative benötigt.*

4 Trennen Sie den Masseanschluss (–) der Batterie (siehe Kapitel 5, Sektion 3).

5 Ziehen Sie die Handbremse an. Lockern Sie die Radmuttern des rechten Vorderrads, heben Sie den Wagen rechts vorn an und stützen Sie ihn sicher ab (siehe Seite 355). Demontieren Sie das rechte Vorderrad.

6 Lösen Sie die zwei oder drei Befestigungen des Keilrippenriemen-Deckels und befreien Sie diesen nach unten aus dem Fahrzeug heraus.

7 Demontieren Sie den Steuerkettendeckel (siehe Sektion 5).

8 Installieren Sie die alten Riemenscheiben-Schrauben und drehen Sie die Kurbelwelle im Uhrzeigersinn, bis das Ford-Spezialwerkzeug 303-1587 oder eine geeignete Alternative so an der Kurbelwelle angesetzt werden kann, dass die Bohrung am Ende des Werkzeugs mit der Gewindebohrung im Motorgehäuse fluchtet (siehe Abbildung).

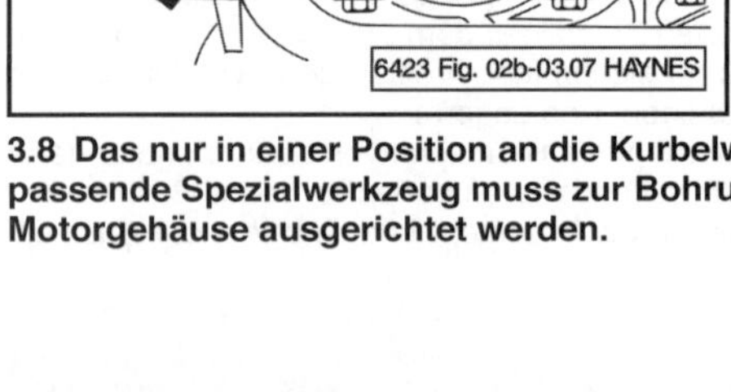

3.8 Das nur in einer Position an die Kurbelwelle passende Spezialwerkzeug muss zur Bohrung am Motorgehäuse ausgerichtet werden.

9 Beachten Sie die Positionen der Nockenwellenritzel – die 6 mm großen Löcher müssen unten (6-Uhr-Position) zu den Bohrungen im Zylinderkopf fluchten, andernfalls muss die Kurbelwelle eine volle Umdrehung im Uhrzeigersinn gedreht werden, um diese Position zu erreichen (die Nockenwellen drehen sich mit halber Kurbelwellen-Drehzahl). Arretieren Sie die Nockenwellen mit zwei 6 mm starken Bohrern oder Stangen, die durch die Bohrungen der Ritzel in Vertiefungen des Zylinderkopfs geschoben werden (siehe Abbildung). Schrauben Sie jetzt das Ende der Kurbelwellen-Arretierung an das Motorgehäuse (Abb. 3.8).

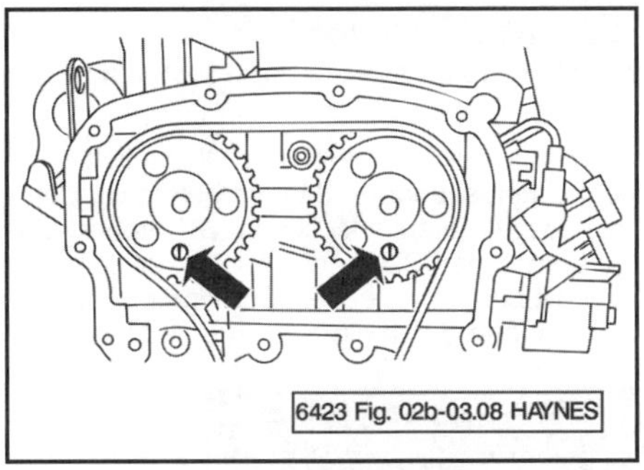

3.9 Arretieren Sie die Riemenräder mit zwei 6 mm starken Bohrern oder Stangen.

10 Die Kurbelwelle und beide Nockenwellen sind jetzt so arretiert, dass Kolben Nr. 1 im Verdichtungs-OT steht.
11 Bevor die Kurbelwelle weitergedreht wird, müssen das Arretierwerkzeug und die zwei 6-mm-Stifte entfernt werden.
Achtung: Benutzen Sie die Arretierwerkzeuge niemals zum Kontern, um Schrauben oder Muttern anzuziehen!

4 Ventildeckel – Ausbau und Einbau

Achtung: Führen Sie niemals bei laufendem Motor Arbeiten am Kraftstoffsystem durch. Warten Sie nach dem Abschalten des Motors mindestens zwei Minuten, damit sich Drücke abgebaut haben und heiße Teile etwas abgekühlt sind. Achten Sie beim Kraftstoffsystem auf penible Sauberkeit und verstopfen Sie offene Anschlüsse umgehend, damit keine Fremdkörper ins System gelangen.

Ausbau

1 Trennen Sie den Masseanschluss (–) der Batterie (siehe Kapitel 5, Sektion 3).
2 Entfernen Sie die Einspritzdüsen (siehe Kapitel 4A, Sektion 12).
3 Reinigen Sie an der Hochdruckpumpe und dem Druckspeicher die Bereiche um die Kraftstoffrohr-Anschlüsse mit einer Bürste und geeignetem Lösungsmittel und lassen Sie dieses abtrocknen.
4 Lockern Sie an der Hochdruckpumpe und dem Druckspeicher vorsichtig die Anschlüsse des Kraftstoffrohrs (siehe Abbildungen).

4.4a Lockern Sie die Kraftstoffrohr-Anschlüsse an der Hochdruckpumpe ...

4.4b ... und am Druckspeicher.

5 Sobald die Anschlüsse locker sind, müssen sie mit sauberen Küchentüchern oder Lappen umwickelt werden, damit kein Schmutz eindringen kann. Ford-Werkstätten verwenden spezielle Absaugsysteme, um Schmutz aus den Öffnungen fernzuhalten; verwenden Sie keinesfalls Druckluft, da hiermit Partikel hineingeblasen werden.
6 Lösen Sie die Schraube, mit der die Klemme des Kraftstoffrohrs am Ventildeckel gesichert ist (siehe Abbildung).

4.6 Lösen Sie die Schraube der Kraftstoffrohr-Klemme.

7 Entfernen Sie das Kraftstoffrohr (siehe Abbildung) – später muss ein Neuteil verwendet werden.

4.7 Entfernen Sie das Kraftstoffrohr und entsorgen Sie es.

8 Trennen Sie am Luftfilter-Auslassstutzen den Stecker des Luftmassensensors (siehe Abbildung).

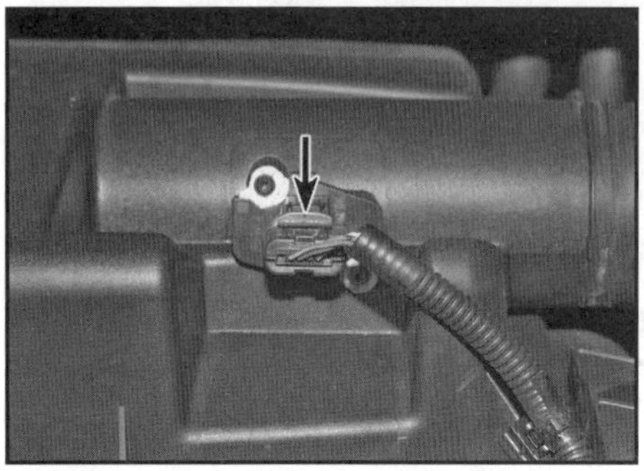

4.8 Stecker des Luftmassensensors

9 Öffnen Sie hinten am Ventildeckel die Schelle des Motorentlüftungsschlauchs und ziehen Sie diesen ab (siehe Abbildung).

4.9 Ziehen Sie hinten am Ventildeckel den Motorentlüftungsschlauch ab.

10 Lockern Sie am Turbolader die Schelle des Luftschlauchs und befreien Sie diesen aus dem Motorraum (siehe Abbildungen).

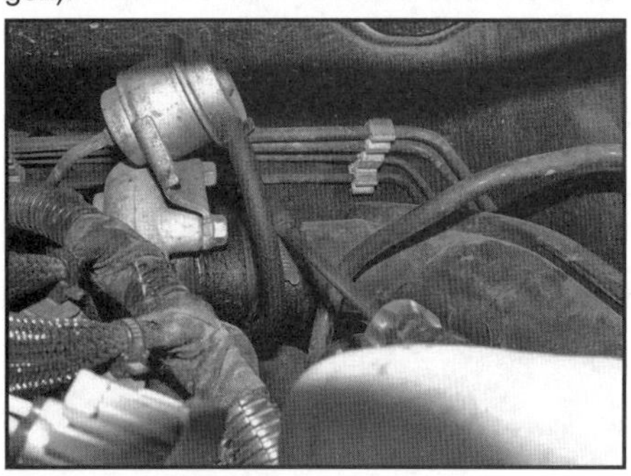

4.10a Lockern Sie am Turbolader die Schelle des Luftschlauchs ...

4.10b ... und befreien Sie diesen aus dem Motorraum.

11 Falls vorhanden, muss die Schraube des Öleinfüllstutzens aus dem Ventildeckel gelöst und der Stutzen befreit werden.
12 Lösen Sie die zwölf unterschiedlichen Schrauben des Ventildeckels und entnehmen Sie diesen (siehe Abbildung) – die Schrauben verbleiben am Deckel. Entnehmen Sie die Dichtung – sie muss später durch ein Neuteil ersetzt werden.

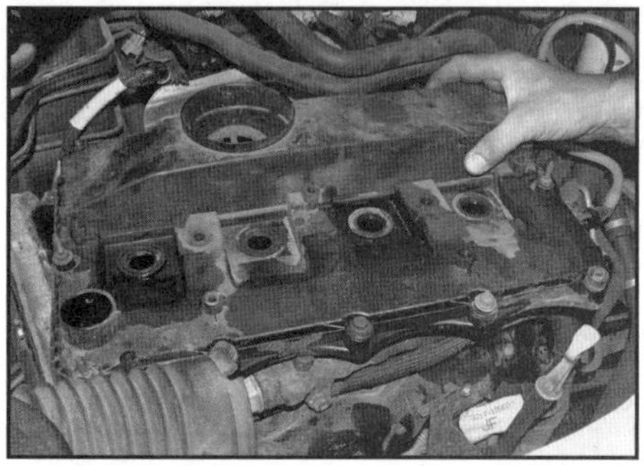

4.12 Lösen Sie die zwölf Schrauben des Ventildeckels und heben Sie diesen vom Zylinderkopf.

Einbau

13 Reinigen Sie sorgfältig die Dichtflächen des Ventildeckels und des Zylinderkopfs.
14 Hebeln Sie die ggf. vorhandenen Einspritzdüsen-Dichtungen mit einem Schraubendreher heraus und drücken Sie neue Dichtungen in ihre Sitze (siehe Abbildungen).

4.14a Entfernen Sie ggf. die Einspritzdüsen-Dichtungen ...

4.14b … und drücken Sie neue in ihre Sitze.

15 Drücken Sie eine neue Dichtung in die Nut des Ventildeckels (siehe Abbildung).

4.15 Drücken Sie eine neue Dichtung in die Nut des Ventildeckels.

16 Der Rest des Einbaus entspricht der umgekehrten Ausbaureihenfolge – beachten Sie dabei folgende Punkte:

a) *Verwenden Sie ein neues Kraftstoffrohr und ziehen Sie seine Anschlüsse zunächst mit 15 und dann mit 30 Nm an. Ziehen Sie die Schraube der Kraftstoffrohr-Klemme mit 10 Nm an.*

b) *Beachten Sie für den Einbau der Einspritzdüsen die Hinweise in Kapitel 4A, Sektion 12.*

5 Steuerkettendeckel – Ausbau und Einbau

Anmerkung: *Um diese Arbeit bei eingebautem Motor erledigen zu können, muss dieser korrekt abgestützt werden, da die rechte Motorhalterung entfernt werden muss; zudem muss das Fahrzeug vorn sicher angehoben und abgestützt werden. Ford-Werkstätten nutzen eine sich am Unterboden und der vorderen Querstrebe abstützende Aufnahme. Alternativ kann ein Werkstattkran verwendet werden, der mit Ketten und Haken an den Halteösen des Motors verbunden wird. Falls der Motor mit einem Rangierwagenheber von unten abgestützt werden soll, muss die Last mit Hölzern verteilt werden, um die Ölwanne nicht zu beschädigen. Weil Details der Prozedur von der vorhandenen Ausrüstung abhängig ist, ist die folgende Beschreibung nur repräsentativ.*

Anmerkung: *Ford-Werkstätten nutzen Spezialwerkzeuge, um den Kurbelwellendichtring auszubauen und den neuen Steuerkettendeckel auszurichten – der alte wird beim Ausbau irreparabel zerstört.*

Ausbau

1 Trennen Sie den Masseanschluss (–) der Batterie (siehe Kapitel 5, Sektion 3).

2 Ziehen Sie die Handbremse an. Lockern Sie die Radmuttern des rechten Vorderrads, heben Sie den Wagen rechts vorn an und stützen Sie ihn sicher ab (siehe Seite 355). Demontieren Sie das rechte Vorderrad.

3 Demontieren Sie die Luftfilter-Baugruppe (siehe Kapitel 4A, Sektion 5).

4 Entfernen Sie den/die Keilrippenriemen (siehe Kapitel 1, Sektion 33).

5 Lösen Sie bei Modellen mit Klimaanlage die zwei Schrauben des Keilrippenriemenspanners. Schrauben Sie dann die oberhalb des Spanners sitzende Umlenkrolle ab.

6 Demontieren Sie die Kurbelwellen-Riemenscheibe (siehe Sektion 6).

7 Entfernen Sie den rechten Kurbelwellendichtring (siehe Sektion 15).

8 Lösen Sie im unteren Teil des Steuerkettendeckels die Schrauben und Muttern.

9 Stützen Sie den Motor sicher ab (siehe Anmerkung am Anfang dieser Sektion).

10 Demontieren Sie die rechte Motorhalterung vom Träger am Deckel und vom Innenkotflügel (siehe Abbildungen).

5.10a Lösen Sie die drei Muttern am motorseitigen Halter …

5.10b … und die vier Schrauben, die den Halter an der Karosserie sichern.

11 Lösen Sie bei Modellen mit Klimaanlage die Mutter der Umlenkrolle und ziehen Sie diese vom Zapfen am Motorhalter-Träger (siehe Abbildung).

Anmerkung: *Die Rolle lässt sich zu diesem Zeitpunkt nicht vollständig vom Zapfen abziehen.*

5.11 Lösen Sie die Mutter und ziehen Sie die Umlenkrolle vom Motor ab.

12 Lösen Sie am Motorhalter-Träger die zwei oberen Schrauben und den unteren Stehbolzen und entnehmen Sie ihn ggf. samt der Umlenkrolle vom Steuerkettendeckel (siehe Abbildungen).

5.12a Lösen Sie am Motorhalter-Träger die zwei oberen Schrauben und den unteren Stehbolzen ...

5.12b ... und befreien Sie ihn vom Steuerkettendeckel.

13 Lösen Sie im oberen Teil des Steuerkettendeckels die Schrauben und Muttern.

14 Der Deckel ist mit Dichtmasse am Zylinderkopf und Motorgehäuse verklebt, sodass er mithilfe geeigneter Werkzeuge abgehebelt werden muss (siehe Abbildung). Stellen Sie ggf. innen im Bereich der Motorhalterung die Dichtung sicher.

Achtung: Beschädigen Sie beim Trennen des Deckels nicht die Dichtflächen des Motors!

Anmerkung: *Der Zahnriemendeckel wird bei der Demontage zerstört und muss unbedingt durch ein Neuteil ersetzt werden.*

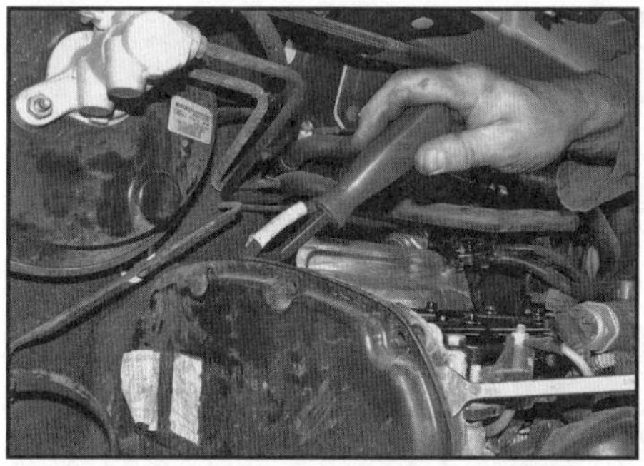

5.14a Hebeln Sie den Deckel mit geeigneten Werkzeugen vom Motor ab, ...

5.14b ... entfernen Sie ihn ...

5.14c ... und stellen Sie die innere Dichtung sicher.

Einbau

15 Sorgen Sie dafür, dass die Dichtflächen des neuen Deckels und des Motors absolut sauber sind. Tragen Sie eine 3 mm breite Raupe der Dichtmasse (z. B. Ford-Nr. WSE-M4G232-A4) auf der Dichtfläche des Deckels auf – bleiben Sie dabei stets innerhalb der Schraubenbohrungen.

Achtung: Setzen Sie den Deckel spätestens fünf Minuten nach dem Auftragen der Dichtmasse am Motor an – achten Sie darauf, dass er erst korrekt ausgerichtet in Kontakt mit dem Motor kommt.

16 Positionieren Sie den neuen Steuerkettendeckel mithilfe eines Assistenten am Motor und drehen Sie die Schrauben und Muttern zunächst handfest ein oder auf.

17 Richten Sie den Deckel jetzt mithilfe des Ford-Spezialwerkzeugs 303-682 über dem Kurbelwellenstumpf aus (siehe Abbildung) und ziehen Sie die Muttern mit 10 sowie die Schrauben mit 14 Nm an.

5.17 Zentrieren Sie den Deckel mithilfe des Ford-Spezialwerkzeugs über dem Kurbelwellenstumpf.

18 Der Rest des Einbaus entspricht der umgekehrten Ausbaureihenfolge – beachten Sie dabei folgende Punkte:

a) Installieren Sie einen neuen Kurbelwellendichtring (siehe Sektion 15).

b) Montieren Sie die Kurbelwellen-Riemenscheibe entsprechend der Hinweise in Sektion 6.

c) Montieren Sie den/die Keilrippenriemen entsprechend der Hinweise in Kapitel 1, Sektion 33.

d) Installieren Sie die Luftfilter-Baugruppe entsprechend der Hinweise in Kapitel 4A, Sektion 5.

6 Kurbelwellen-Riemenscheibe – Ausbau und Einbau

Anmerkung: *Beim Einbau wird ein neuer Riemenscheiben-Bolzen benötigt.*

Ausbau

1 Trennen Sie den Masseanschluss (–) der Batterie (siehe Kapitel 5, Sektion 3).

2 Ziehen Sie die Handbremse, lockern Sie die Radmuttern des rechten Vorderrads, heben Sie das Fahrzeug vorn an und stützen Sie es sicher ab (siehe Seite 355). Demontieren Sie das rechte Vorderrad.

3 Entfernen Sie den/die Keilrippenriemen (siehe Kapitel 1, Sektion 33).

4 Die drei Schrauben der Riemenscheibe sitzen sehr fest, sodass das Fahrzeug sicher abgestützt sein muss, wenn sie gelockert werden.

5 Um die Kurbelwelle am Mitdrehen zu hindern, nutzen Ford-Werkstätten das Spezialwerkzeug 303-1310, mit dem zwei der drei Schrauben gekontert werden. Falls dieses Werkzeug nicht vorhanden ist, muss ein Assistent den ersten Gang einlegen und fest die Bremse treten; falls dies nicht reicht, muss der Anlasser demontiert (siehe Kapitel 5, Sektion 8) und der Anlasserzahnkranz mit einem geeigneten Werkzeug blockiert werden (siehe Abbildung).

6.5 Blockieren Sie nötigenfalls den Anlasserzahnkranz, um die Kurbelwelle beim Lockern der Riemenscheiben-Schrauben am Mitdrehen zu hindern.

6 Lösen Sie die Riemenscheiben-Schrauben und befreien Sie das Rad von der Kurbelwelle (siehe Abbildung) – die Schrauben müssen beim Einbau erneuert werden.

6.6 Riemenscheiben-Schrauben

7 Es ist ratsam, jetzt den Kurbelwellen-Dichtring auf Undichtigkeit zu überprüfen und nötigenfalls auszutauschen (siehe Sektion 15).

Einbau

8 Setzen Sie die Riemenscheibe korrekt ausgerichtet an den Kurbelwellenstumpf, installieren Sie die neuen Riemenscheiben-Bolzen, blockieren Sie die Kurbelwelle wie beim Ausbau und ziehen Sie sie zunächst mit45 Nm an.

9 Im zweiten Durchgang müssen die Schrauben um 120° weitergedreht werden. Erledigen Sie dies entweder mithilfe einer speziellen Gradscheibe oder markieren Sie die Schrauben an einer der Sechskant-Spitzen und die Schwungscheibe zwei Spitzen weiter rechts (siehe Abbildung) – der Abstand entspricht genau 120°, sodass die Schraube jetzt soweit angezogen werden muss, bis die Markierungen fluchten.

6.9a Markieren Sie die Schrauben und die Riemenscheibe wie gezeigt mit schnelltrocknender Farbe ...

6.9b ... und ziehen Sie die Schrauben an, bis die Markierungen zueinander ausgerichtet sind.

10 Montieren Sie den/die Keilrippenriemen (siehe Kapitel 1, Sektion 33).
11 Der Rest des Einbaus entspricht der umgekehrten Ausbaureihenfolge.

7 Steuerkette – Ausbau, Kontrolle und Einbau

Anmerkung: *Drehen Sie die Kurbelwelle ausschließlich vorwärts – von rechts betrachtet also im Uhrzeigersinn.*

Ausbau

⚠ ***Achtung: Solange der Zahnriemen entfernt ist, dürfen weder die Kurbelwelle noch eine der Nockenwellen gedreht werden!***

1 Entfernen Sie den Steuerkettendeckel (siehe Sektion 5).
2 Drehen Sie die Kurbelwelle und die Nockenwellen in den Verdichtungs-OT von Zylinder Nr. 1 (siehe Sektion 3) und arretieren Sie die Nockenwellenritzel (siehe Abbildung).

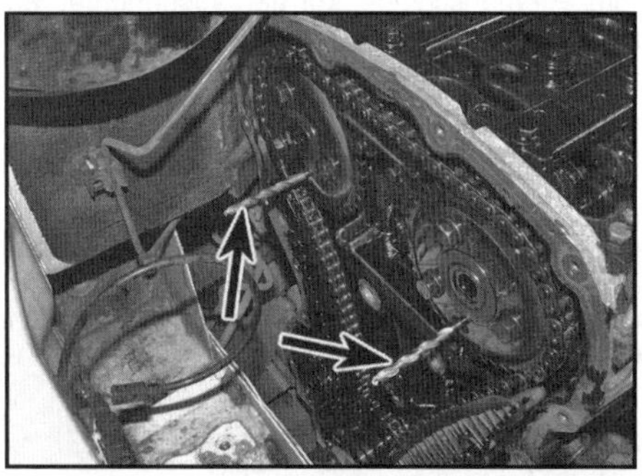

7.2 Arretieren Sie die Nockenwellenritzel mit Bohrern in der OT-Position.

3 Während die Steuerkette nicht montiert ist (oder z. B. im Zuge einer Zylinderkopf-Demontage entfernt wurde, sollte übergangsweise die rechte Motorhalterung montiert werden (siehe Sektion 17).
4 Lockern Sie den Steuerkettenspanner, indem Sie einen kleinen Schraubendreher in die Bohrung des Spanners stecken und den Ratschenmechanismus auslösen, um gegen die Spannerschiene zu drücken, bis der Kolben im Spannergehäuse verschwunden ist; installieren Sie anschließend einen etwa 2 mm starken Arretierstift, um den Kolben in der komprimierten Position zu sichern (siehe Abbildung).

7.4 Sichern Sie den Kolben z. B. mit einem Draht in der komprimierten Position.

5 Lösen Sie die zwei Schrauben des Steuerkettenspanners und befreien Sie ihn vom Motorblock (siehe Abbildung) – beim Einbau muss ein neuer Spanner verwendet werden.

7.5 Entfernen Sie den Steuerkettenspanner samt Kolben-Arretierung vom Motorblock.

6 Lösen Sie die Schrauben der oberen und vorderen Steuerketten-Führungsschienen und den Lagerzapfen der Spannerschiene und befreien Sie diese (siehe Abbildungen).

7.6a Schrauben der oberen Steuerketten-Führungsschiene

7.6b Vordere Steuerketten-Führungsschiene

7.6c Lagerzapfen mit Spannerschiene

7 Blockieren Sie die Nockenwellen und lösen Sie die Ritzelschrauben, um die Ritzel samt Steuerkette zu entnehmen.
Achtung: Drehen Sie bis zur Montage der neuen Steuerkette nicht an den Nockenwellen!
Achtung: Verlassen Sie sich zum Kontern der Nockenwellen nicht auf die 6 mm starken Bohrer.
8 Um das Steuerkettenritzel von der Kurbelwelle entfernen zu können, muss zunächst die Antriebskette für die Ölpumpe demontiert werden: Heben Sie den Spannerhebel an und führen Sie einen passenden Bohrer durch seine Bohrung hinter das Federblech. Der Spanner kann jetzt von seinem Lagerzapfen gezogen und die Kette vom Ritzel befreit werden. Lösen Sie die versetzt angeordnete Schraube der Ritzel-Baugruppe und ziehen Sie diese von der Kurbelwelle – beachten Sie den dahinter sitzenden Distanzring (siehe Abbildungen).

7.8a Heben Sie den Spannerhebel an und führen Sie einen passenden Bohrer durch seine Bohrung hinter das Federblech.

7.8b Ziehen Sie den Spanner vom Lagerzapfen.

7.8c Stellen Sie den hinten an der Ritzel-Baugruppe sitzenden Distanzring sicher.

Kontrolle

Anmerkung: *Lagern Sie alle Komponenten so, dass sie in ihren ursprünglichen Positionen montiert werden können.*
9 Reinigen Sie alle Komponenten sorgfältig und trocknen Sie sie ab.
10 Begutachten Sie die Spanner- und Führungsschienen auf Schäden und tiefe Nuten durch die Steuerkette und ersetzen Sie sie nötigenfalls.
11 Inspizieren Sie die Steuerkette auf starken Verschleiß. Halten Sie sie waagerecht, um Knickstellen zu erkennen. Bei jedem Zweifel über den Zustand der Kette muss sie samt Ritzeln ersetzt werden. Anmerkung: Generell kann es nach einer hohen Laufleistung nicht schaden, die Kette samt Ritzeln durch Neuteile zu ersetzen.
12 Kontrollieren Sie die Ritzel auf starken Verschleiß (»Sägezähne«) und ausgebrochene Zähne. Ersetzen Sie die Ritzel und die Kette immer als Set.

Einbau

13 Die Kurbelwelle und beide Nockenwellen müssen im Verdichtungs-OT von Zylinder Nr. 1 stehen (siehe Sektion 3).
14 Installieren Sie die Kurbelwellenritzel und sichern Sie sie mit der Schraube. Montieren Sie die Ölpumpen-Kette samt Spanner, drücken Sie diesen gegen die Feder und entfernen Sie den Arretierstift. Weitere Informationen über die Montage der Ölpumpe finden sich in Sektion 12.
15 Legen Sie die Steuerkette so um die beiden Nockenwellenritzel, dass deren Pfeile zu den farbig markierten Kettengliedern zeigen (siehe Abbildungen).

7.15a Legen Sie die Steuerkette so um die beiden Nockenwellenritzel, ...

7.15b ... dass deren Pfeile zu den farbig markierten Kettengliedern zeigen.

16 Halten Sie die Kette auf den Nockenwellenritzeln in Position und führen Sie sie um das Kurbelwellenritzel. Positionieren Sie dann die beiden Ritzel an den Nockenwellen (siehe Abbildung).

7.16 Setzen Sie die Ritzel mit der aufgelegten Kette an die Nockenwellen.

17 Installieren Sie die Schrauben der Nockenwellenritzel zunächst handfest.
18 Montieren Sie den neuen Steuerkettenspanner und ziehen Sie seine Schrauben mit 15 Nm an. Die Arretierung muss im Spanner verbleiben.
19 Montieren Sie die Spannerschiene und ziehen Sie den Lagerzapfen mit 40 Nm an. Montieren Sie die beiden Führungsschienen und ziehen Sie ihre Schrauben mit 15 Nm an.
20 Sobald alle Schienen installiert sind, wird Druck gegen den Spannerkolben ausgeübt und die Arretierung herausgezogen (siehe Abbildung) – die Steuerkette wird jetzt gespannt.

7.20 Üben Sie Druck auf den Spanner aus und entfernen Sie den Arretierstift.

21 Blockieren Sie das entsprechende Nockenwellenritzel – verlassen Sie sich dabei nicht allein auf den Bohrer oder Stift der Steuerzeitenarretierung – und ziehen Sie die Ritzelschrauben mit 33 Nm an (siehe Abbildung).

7.21 Blockieren Sie das Ritzel und ziehen Sie die Ritzelschrauben mit 33 Nm an.

22 Prüfen Sie, ob sich der Motor weiterhin im OT befindet (siehe Sektion 3) und entfernen Sie die zwei Bohrer oder Stift der Steuerzeitenarretierung aus den Nockenwellenritzeln sowie das Spezialwerkzeug von der Kurbelwelle.
23 Drehen Sie die Kurbelwelle zwei volle Umdrehungen im Uhrzeigersinn und installieren Sie erneut die Steuerzeiten-Arretierungen an die Kurbelwelle und in die Nockenwellenritzel (siehe Sektion 3).
24 Prüfen Sie, ob die Steuerkette korrekt gespannt ist, und entfernen Sie die Steuerzeitenarretierungen wieder.
25 Montieren Sie den Steuerkettendeckel (siehe Sektion 5).

8 Steuerkettenspanner und Ritzel – Ausbau, Kontrolle und Einbau

Steuerkettenspanner

1 Der Ausbau des Zahnriemenspanners ist in Sektion 7 beschrieben.

Nockenwellenritzel

2 Die Nockenwellenritzel werden zusammen mit der Steuerkette demontiert – beachten Sie die Hinweise in Sektion 7.

Kurbelwellenritzel

3 Das Kurbelwellenritzel wird zusammen mit der Steuerkette demontiert – beachten Sie die Hinweise in Sektion 7.

9 Nockenwellen und Kipphebelträger – Ausbau und Einbau

Anmerkung: *Beim Einbau werden neue Schrauben für den Kipphebelträger benötigt.*
Anmerkung: *Drehen Sie die Kurbelwelle ausschließlich vorwärts – von rechts betrachtet also im Uhrzeigersinn.*

Ausbau

1 Demontieren Sie den Steuerkettendeckel (siehe Sektion 5).
2 Drehen Sie die Kurbelwelle und die Nockenwellen in den Verdichtungs-OT von Zylinder Nr. 1 (siehe Sektion 3).
3 Entfernen Sie den Ventildeckel (siehe Sektion 4).

4 Entfernen Sie den Kraftstoff-Druckspeicher (siehe Kapitel 4A, Sektion 13).
5 Demontieren Sie die Vakuumpumpe für den Bremskraftverstärker (siehe Kapitel 9, Sektion 14).
6 Entfernen Sie die Hochdruck-Kraftstoffpumpe (siehe Kapitel 4A, Sektion 11).
7 Lockern Sie schrittweise und über Kreuz die zehn Schrauben des Kipphebelträgers und heben Sie diesen ab (siehe Abbildungen) – beim Einbau werden neue Schrauben benötigt. Ein weiteres Zerlegen des Kipphebelträgers ist nicht möglich, weil weder die Kipphebel noch die Hydrostößel separat erhältlich sind.

9.7a Lockern Sie schrittweise und über Kreuz die zehn Schrauben des Kipphebel-Trägers ...

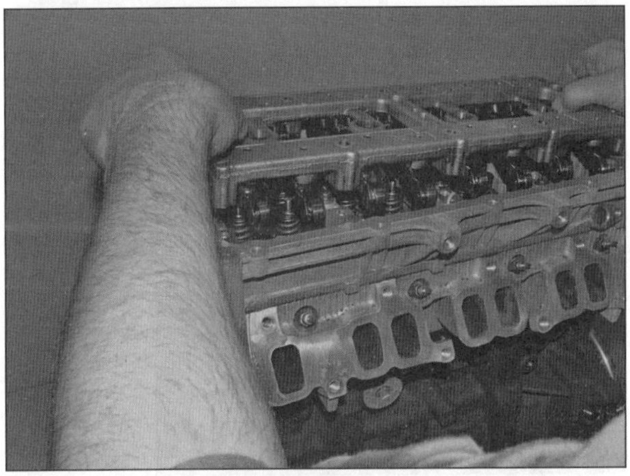

9.7b ... und heben Sie diesen ab.

8 Entfernen Sie den Steuerkettenspanner, die Steuerkette samt Nockenwellenritzeln und die Führungsschienen (siehe Sektion 7).
9 Lockern Sie die Schrauben des Nockenwellenträgers schrittweise entgegen der Anzugsreihenfolge (Abb. 9.14) und heben Sie den Träger vom Zylinderkopf.
10 Heben Sie vorsichtig die Nockenwellen aus dem Zylinderkopf und legen Sie sie gut geschützt und sauber ab.

Einbau

11 Die Dichtflächen des Zylinderkopfs und des Nockenwellenträgers müssen absolut sauber sein. Reinigen Sie penibel die Lagerflächen der Nockenwellen.
12 Schmieren Sie die Lagerzapfen der Nockenwellen und ihre Sitze im Zylinderkopf ausgiebig mit frischem Motoröl und legen Sie die Nockenwellen vorsichtig ein (siehe Abbildungen).

9.12a Schmieren Sie die Lagerzapfen der Nockenwellen und ihre Sitze im Zylinderkopf mit frischem Motoröl ...

9.12b ... und legen Sie die Nockenwellen vorsichtig ein.

Anmerkung: *Der Nockenwellenträger muss innerhalb von fünf Minuten nach dem Auftragen der Dichtmasse auf den Zylinderkopf gesetzt werden – lassen Sie beide Komponenten erst in Kontakt zueinander kommen, nachdem sie korrekt zueinander positioniert sind.*
13 Tragen Sie eine 2,5 mm starke Raupe aus geeigneter Dichtmasse an der äußeren Dichtfläche des Nockenwellenträgers auf und positionieren Sie ihn auf dem Zylinderkopf (siehe Abbildungen).

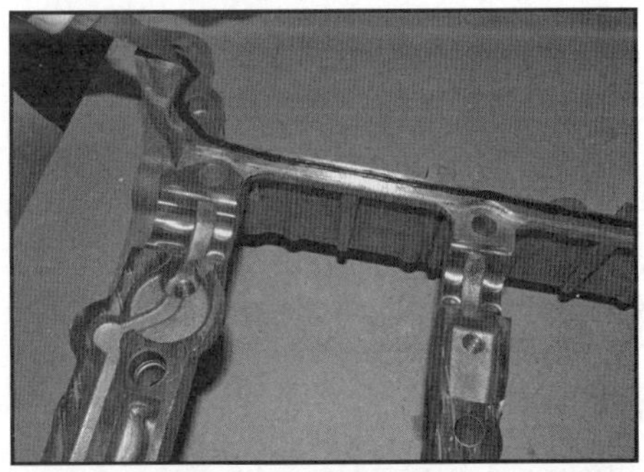

9.13a Tragen Sie eine 2,5 mm starke Dichtmasse-Raupe an der äußeren Dichtfläche des Nockenwellenträgers auf ...

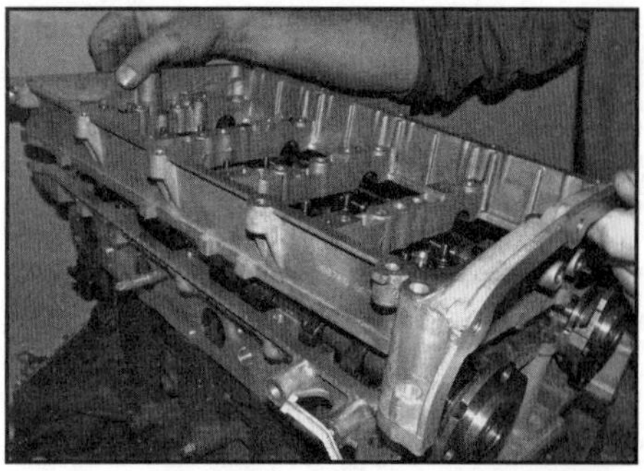

9.13b ... und positionieren Sie ihn auf dem Zylinderkopf.

14 Installieren Sie die Nockenwellenträger-Schrauben und ziehen Sie sie in der gezeigten Reihenfolge in zwei Durchgängen an – beachten Sie die unterschiedlichen Anzugswerte (siehe technische Daten) (siehe Abbildung).

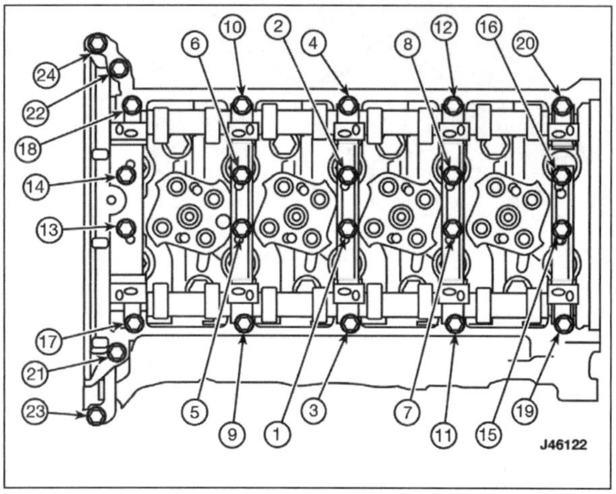

9.14 Anzugsreihenfolge der Nockenwellenträger-Schrauben

15 Montieren Sie die Steuerkette samt Nockenwellenritzeln und Führungsschienen sowie den Steuerkettenspanner (siehe Sektion 7).
16 Montieren Sie den Kipphebelträger unter Verwendung neuer Schrauben und ziehen Sie sie zunächst schrittweise bis zum Drehmoment von 10 Nm an und dann mithilfe einer Gradscheibe um 30° weiter.
17 Montieren Sie den Steuerkettendeckel (siehe Sektion 5).
18 Montieren Sie den Ventildeckel (siehe Sektion 4).
19 Montieren Sie die Hochdruck-Kraftstoffpumpe (siehe Kapitel 4A, Sektion 11).
20 Montieren Sie die Vakuumpumpe für den Bremskraftverstärker (siehe Kapitel 9, Sektion 14).
21 Montieren Sie den Kraftstoff-Druckspeicher (siehe Kapitel 4A, Sektion 13).

10 Zylinderkopf – Ausbau, Kontrolle und Einbau

Ausbau

1 Trennen Sie den Masseanschluss (–) der Batterie (siehe Kapitel 5, Sektion 3).
2 Entleeren Sie das Kühlsystem (siehe Kapitel 1, Sektion 32).
3 Demontieren Sie die Nockenwellen und den Kipphebelträger (siehe Sektion 9).
4 Entfernen Sie den Auspuffstutzen (siehe Kapitel 4A, Sektion 17).
5 Entfernen Sie den Einlassstutzen (siehe Kapitel 4A, Sektion 16).
6 Demontieren Sie die Vakuumpumpe für den Bremskraftverstärker (siehe Kapitel 9, Sektion 14).
7 Lösen Sie die Muttern der Glühkerzenkabel, um sie von den Glühkerzen und dem Zylinderkopf zu befreien.
8 Prüfen Sie, ob alle Schläuche, Rohre und Kabel vom Zylinderkopf getrennt sind und keine Teile bei dessen Demontage hinderlich sind.
9 Lockern Sie entgegen der in Abb. 10.33 gezeigten Reihenfolge die Zylinderkopfschrauben um jeweils eine halbe Umdrehung, bis alle locker sind und entfernt werden können – beim Einbau werden neue Schrauben benötigt.
10 Heben Sie den Zylinderkopf möglichst mithilfe eines Assistenten ab – er ist sehr schwer. Legen Sie den Zylinderkopf auf entsprechend ausgelegten Hölzern ab.
Achtung: Keinesfalls darf der Zylinderkopf abgehebelt werden, da hierbei die Dichtflächen zerstört werden!
11 Entfernen Sie die Zylinderkopfdichtung von den zwei Passhülsen – sie wird noch zur Identifizierung der neuen Dichtung benötigt.

Kontrolle

12 Die Zerlegung und Überholung des Zylinderkopfs ist in Kapitel 2C, Sektionen 6 und 7 beschrieben.

Auswahl der Zylinderkopfdichtung

13 Kontrollieren Sie die alte Dichtung auf Identifikationsmarkierungen des Herstellers – dies sollten ein bis drei Laschen am vorderen Rand und/oder Löcher sein, die auf die Stärke der Dichtung hinweisen (siehe Abbildung).

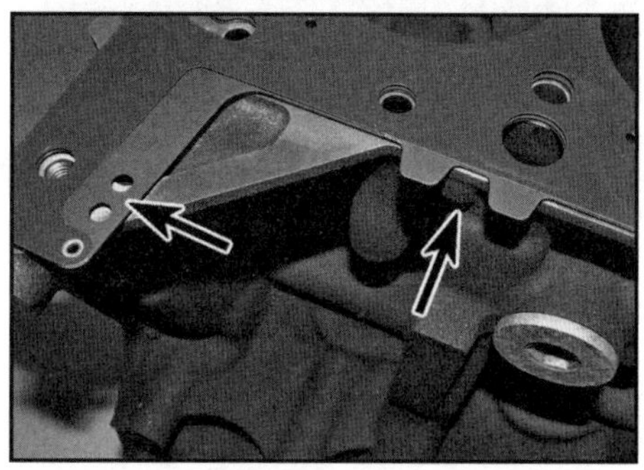

10.13 Löcher und Laschen zeigen die Stärke der Zylinderkopfdichtung an.

14 Solange keine neuen Motorkomponenten installiert wurden und der Zylinderkopf nicht geplant (gerichtet) wurde, muss die neue Zylinderkopfdichtung genauso dick sein wie die alte. Beschaffen Sie eine neue Dichtung mit der gleichen Anzahl an Löchern und/oder Laschen wie die alte und fahren Sie mit Schritt 20 fort.
15 Falls der Zylinderkopf geplant oder neue Kolben installiert wurden, muss die neue Zylinderkopfdichtung ggf. eine andere Stärke aufweisen als die alte. Die Stärke der Zylinderkopfdichtung hängt vom Überstand der Kolben oberhalb der Dichtfläche ab – richten Sie sich dabei nach Vorgaben in den technischen Daten.
16 Messen Sie den Kolben-Überstand, indem Sie eine Messuhr so an den Motor montieren, dass sich ihr Taster über die Dichtfläche und den ersten Kolben schwenken lässt. Nullen Sie sie über der Dichtfläche (siehe Abbildung).

10.16 Ermitteln Sie mit einer Messuhr den Überstand des Kolbens über der Motor-Dichtfläche.

17 Schwenken Sie die Messuhr über den ersten Kolben und drehen Sie die Kurbelwelle langsam von Hand, bis der Kolben an seinem höchsten Punkt (OT) steht. Notieren Sie die von der Messuhr angezeigte Differenz.
18 Wiederholen Sie die Messung an den anderen Kolben und notieren Sie auch diese Werte.
19 Falls sich die Messungen unterscheiden, muss die höchste Differenz zur Bestimmung der neuen Zylinderkopfdichtung (siehe technische Daten) herangezogen werden.

Vorbereitung für den Einbau

20 Die Dichtflächen des Zylinderkopfes und des Zylinderblocks müssen absolut sauber sein. Entfernen Sie dazu Dichtungsreste und Kohleablagerungen mithilfe eines Hartplastik- oder Holzschabers; reinigen Sie auch die Kolbenböden. **Anmerkung:** *Die neue Zylinderkopfdichtung ist mit Gummi beschichtet, das durch scharfe Kanten oder vom Schaber hinterlassene Späne beschädigt werden kann. Achten Sie besonders beim Reinigen der Kolben darauf, ihre Oberfläche nicht zu beschädigen.*
21 Achten Sie beim Reinigen der Kolbenböden darauf, nicht das weiche Aluminium zu beschädigen.
22 Die Ablagerungen dürfen keinesfalls in Öl- oder Wasserkanäle gelangen – bereits kleinste Partikel können Öldüsen verstopfen! Kleben Sie daher alle Bohrungen des Zylinderkopfs/Motorgehäuses mit Kreppband ab.
23 Damit keine Ablagerungen zwischen die Kolben und Zylinderwände gelangen, muss hier etwas Fett aufgetragen werden. Wischen Sie nach dem Reinigen der Kolben Fett und Ablagerungen mit einem sauberen Lappen ab.
24 Kontrollieren Sie die Dichtflächen des Zylinderkopfes und des Zylinderblocks auf Riefen, tiefe Kratzer und andere Schäden – beachten Sie die Anmerkung hinter Schritt 27. Kleine Unebenheiten können mit einer Feile geschlichtet werden; größere erfordern jedoch maschinelles Planen oder den Austausch.
25 Falls ein Verzug des Zylinderkopfes vermutet wird, muss dieser mit einem Richtwinkel geprüft werden (siehe Kapitel 2C, Sektion 7).
26 Reinigen Sie sorgfältig die Gewindebohrungen im Zylinderblock – die Schrauben müssen sich von Hand darin drehen lassen und es dürfen sich keine Öl- oder Wasserreste darin befinden (die beim Anziehen der Schrauben so hohen hydraulischen Druck ausüben können, dass das Gehäuse reißt).

Einbau

27 Drehen Sie die Kurbelwelle so, dass die Kolben in den Zylindern 1 und 4 im OT stehen; drehen Sie sie dann eine Viertelumdrehung zurück – so wird vermieden, dass Ventile und Kolben miteinander in Kontakt kommen können. Die Dichtflächen des Zylinderkopfs und des Motorgehäuses müssen absolut sauber sein.
28 Um den Zylinderkopf korrekt positionieren zu können, sollten zwei Stehbolzen an beiden Enden des Motors in die Schraubenbohrungen gedreht werden; als Alternative können zwei alte Zylinderkopfschrauben mit abgesägten Köpfen und eingesägten Schlitzen installiert werden (sodass sie später wieder herausgedreht werden können).
29 Die zwei Passhülsen müssen im Motorblock stecken. Legen Sie die neue Zylinderkopfdichtung richtig herum über die zwei Passhülsen auf den Motorblock (siehe Abbildung) – die Identifizierungs-Markierungen müssen vorn liegen und alle Bohrungen müssen fluchten (Abb. 10.13). Beschädigen Sie nicht die Gummibeschichtung der Dichtung.

10.29 Legen Sie die neue Zylinderkopfdichtung über die zwei Passhülsen auf den Motorblock.

30 Setzen Sie mithilfe eines Assistenten den Zylinderkopf vorsichtig über die Stehbolzen und Passhülsen auf die Dichtung.
31 Installieren Sie die **neuen** Zylinderkopfschrauben in die freien Bohrungen und drehen Sie sie handfest ein.
32 Entfernen Sie die Stehbolzen bzw. abgesägten Schrauben und drehen Sie die zwei verbliebenen Zylinderkopfschrauben handfest ein.
33 Ziehen Sie die Schrauben jeweils in der gezeigten Reihenfolge mit den in den technischen Daten angegebenen 6 Schritten an (siehe Abbildung).

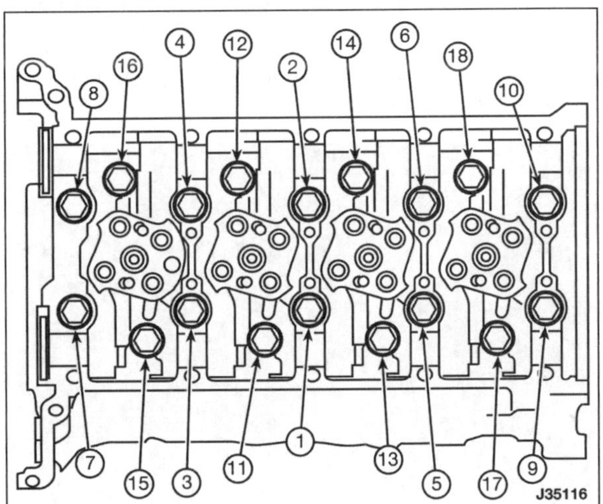

10.33 Anzugsreihenfolge der NEUEN Zylinderkopfschrauben

34 In den letzten zwei Schritten müssen die Schrauben um jeweils 90° weitergedreht werden – da dies ein Viertelkreis ist, sollte das Anziehen auch ohne Gradscheibe möglich sein.
35 Der Rest des Einbaus entspricht der umgekehrten Ausbaureihenfolge – lesen Sie vor dem Starten des Motors die Hinweise in Kapitel 2C, Sektion 17 durch.

11 Ölwanne – Ausbau und Einbau

Ausbau

1 Ziehen Sie die Handbremse, heben Sie das Fahrzeug vorn an und stützen Sie es sicher ab (siehe Seite 355).
2 Lassen Sie das Motoröl ab (siehe Kapitel 1, Sektion 6). Installieren Sie eine neue Ölablassschraube und ziehen Sie sie mit 40 Nm an. Wir empfehlen auch den Ölfilter zu entfernen, um später einen neuen zu installieren (siehe Kapitel 1, Sektion 6).
3 Lösen Sie ggf. die Befestigungen der links an der Ölwanne verlaufenden Rohre und verlagern Sie diese.
4 Die Ölwanne ist nicht mit einer konventionellen Dichtung, sondern mit Dichtmasse am Motorblock befestigt, sodass sie daran kleben bleiben wird.
5 Lockern Sie schrittweise die elf Ölwannen-Schrauben sowie die elf Muttern und entfernen Sie sie.
6 Durch das Dichtmittel kann die Ölwanne sehr fest am Motorgehäuse kleben. Lösen Sie die Dichtmasse möglichst mit einem geeigneten Spachtel. Keinesfalls darf die Ölwanne abgehebelt werden, da hierbei Schäden an der aus Aluminium bestehenden unteren Motorgehäusehälfte und/oder der Ölwanne entstehen können.

Einbau

7 Reinigen und entfetten Sie sorgfältig die Dichtflächen des Motorgehäuses und der Ölwanne. Wischen Sie mit einem sauberen Lappen die Ölwanne und den unteren Bereich des Motors sauber.
8 Falls die Stehbolzen entfernt wurden, müssen sie vor dem Ansetzen der Ölwanne wieder montiert werden. Andernfalls kann Dichtmasse in die Gewindebohrungen der Ölwannenschrauben geraten und deren korrekten Anzug behindern.
9 Tragen Sie eine 3 mm breite Raupe LB-Dichtmasse oder eines anderen Dichtmittels an der Ölwannen-Dichtfläche auf – bleiben Sie dabei innerhalb der Schraubenbohrungen (siehe Abbildung). Die Ölwanne muss jetzt innerhalb von fünf Minuten montiert werden.

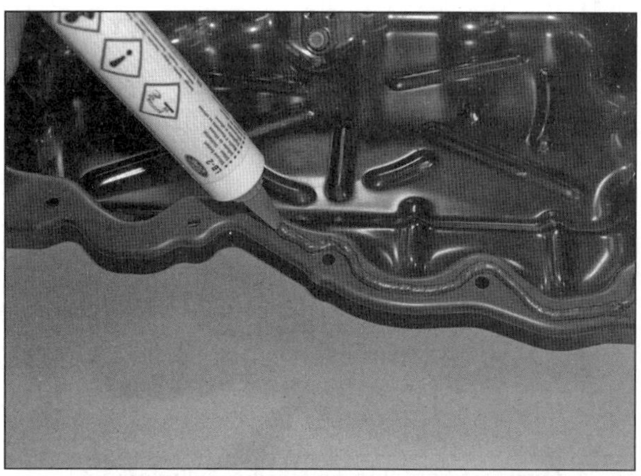

11.9 Tragen Sie eine 3 mm breite Dichtmittel-Raupe innerhalb der Ölwannen-Schraubenbohrungen auf.

10 Setzen Sie die Ölwanne an und dreien Sie alle Schrauben und Muttern zunächst handfest ein/auf.
11 Ziehen Sie zunächst die Schrauben im ersten Durchgang mit 7 und dann mit 14 Nm an; ziehen Sie dann die Muttern mit den gleichen Werten an (siehe Abbildung).

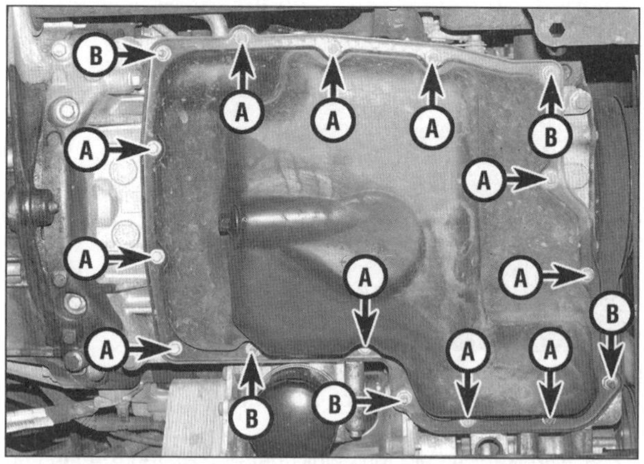

11.11 Anzugsreihenfolge der Ölwannen-Schrauben (A) und -Muttern (B)

12 Montieren Sie ggf. einen neuen Ölfilter (siehe Kapitel 1, Sektion 6). Senken Sie das Fahrzeug ab und füllen Sie Motoröl auf (siehe Kapitel 1, Sektion 6).
13 Kontrollieren Sie den Bereich um die Ölwanne nach einer ausgiebigen Probefahrt auf Undichtigkeiten.

12 Ölpumpe – Ausbau und Einbau

Anmerkung: *Die folgende Prozedur betrifft den Aus- und Einbau der Ölpumpe. Falls ihre Antriebskette oder deren Spanner ersetzt werden muss, ist zunächst die Steuerkette zu entfernen (siehe Sektion 7).*

Ausbau

1 Demontieren Sie die Ölwanne (siehe Sektion 11).
2 Zur Ausrichtung des Ölpumpenritzels wird das Ford-Spezialwerkzeug 303-705 oder eine andere geeignete Vorrichtung benötigt, die so an den Ölwannenflansch geschraubt wird, dass sie bündig zum Ritzel sitzt (siehe Abbildung).

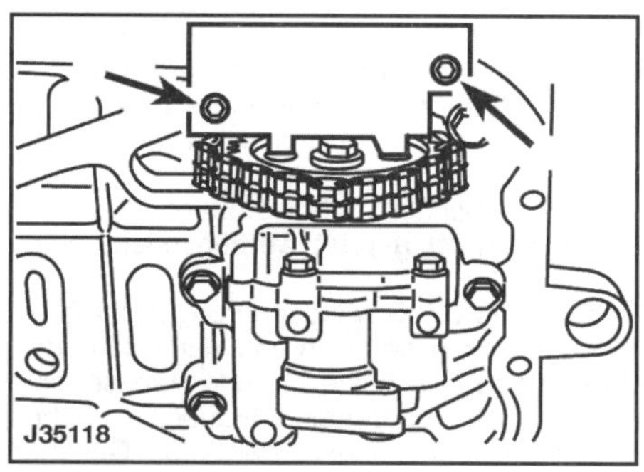

12.2 Platte zum Ausrichten des Ölpumpenritzels

3 Befreien Sie das Ölansaugrohr, nachdem seine Schraube gelöst wurde (siehe Abbildung).

12.3 Befreien Sie das Ölansaugrohr von der Ölpumpe.

4 Lösen Sie die vier Schrauben der Ölpumpe und entfernen Sie sie aus der unteren Motorgehäusehälfte (siehe Abbildung). Ziehen Sie die Kette herunter und befreien Sie sie vom Ritzel.

12.4 Ölpumpen-Befestigungsschrauben

Achtung: Die Ritzel der Ölpumpe und der Kurbelwelle müssen perfekt zueinander ausgerichtet sein, damit die Kette nicht verkantet. Verwenden Sie das Ford-Spezialwerkzeug 303-705 oder eine andere geeignete Vorrichtung, um die Ritzel zueinander fluchten zu lassen.

Einbau

5 Positionieren Sie die Ölpumpe im unteren Motorgehäuse und legen Sie die Kette auf, bevor Sie die Schrauben zunächst handfest eindrehen.
6 Verschieben Sie die Pumpe, bis das Ritzel zum Spezialwerkzeug ausgerichtet ist (Abb. 12.2); ziehen Sie nun die Schrauben mit 10 Nm an.
7 Sobald die Ölpumpe korrekt ausgerichtet ist, wird das Spezialwerkzeug vom Ölwannenflansch entfernt.
8 Falls die Pumpe im Zuge einer Motorüberholung demontiert wurde und auch der Steuerkettendeckel entfernt ist, kann die Ausrichtung des Ölpumpenritzels auch mit einer Messuhr ermittelt werden:
9 Befestigen Sie die Messuhr so am Motorgehäuse, dass ihr Taster am inneren Kurbelwellenritzel anliegt (siehe Abbildung) – nullen Sie die Messuhr in dieser Position.

12.9 Befestigen Sie die Messuhr so am Motorgehäuse und nullen Sie den Taster am inneren Kurbelwellenritzel.

10 Schwenken Sie die Messuhr ohne eine Bewegung ihres Gehäuses zum Ölpumpenritzel (siehe Abbildung). Verschieben Sie die nur handfest gesicherte Ölpumpe, bis die Messuhr den gleichen Wert anzeigt; ziehen Sie nun die Schrauben mit 10 Nm an.

12.10 Schwenken Sie die Messuhr ohne eine Bewegung ihres Gehäuses zum Ölpumpenritzel und gleichen Sie dies an.

11 Sichern Sie das Ansaugrohr an der Ölpumpe (Abb. 12.3) und montieren Sie die Ölwanne (siehe Sektion 11).

13 Öldruckschalter – Ausbau und Einbau

Ausbau

1 Der Öldruckschalter ist oben in das Ölfiltergehäuse geschraubt.
2 Zur Verbesserung des Zugangs kann die Handbremse gezogen, das Fahrzeug vorn angehoben und sicher abgestützt werden (siehe Seite 355).
3 Trennen Sie den Stecker vom Öldruckschalter und schrauben Sie ihn heraus (siehe Abbildung) – seien Sie auf etwas austretendes Öl vorbereitet.

13.3 Trennen Sie den Stecker und schrauben Sie den Öldruckschalter aus dem Ölfiltergehäuse.

Einbau

4 Versehen Sie das Gewinde des Öldruckschalters mit etwas Dichtmasse, drehen Sie ihn in den Motor und ziehen Sie ihn sorgfältig an.
5 Senken Sie das Fahrzeug ggf. ab, kontrollieren Sie den Motorölpegel und füllen Sie ggf. Öl nach (siehe Wöchentliche Kontrollen).
6 Prüfen Sie die korrekte Funktion des Öldruck-Warnleuchte. Kontrollieren Sie nach einer Probefahrt den Bereich um dem Öldruckschalter auf Undichtigkeiten.

14 Ölfiltergehäuse und Ölkühler – Ausbau und Einbau

Ausbau

1 Das Ölfiltergehäuse und der Ölkühler sitzen vorn am Motorblock.
2 Ziehen Sie die Handbremse, heben Sie das Fahrzeug vorn an und stützen Sie es sicher ab (siehe Seite 355).
3 Stellen Sie einen Sammelbehälter unter den Ölfilter, um austretendes Öl und Kühlmittel aufzunehmen.
4 Klemmen Sie die Ölkühlerschläuche ab, um das Austreten von Kühlmittel zu minimieren. Öffnen Sie die Schellen und ziehen Sie die Schläuche vom Ölkühler ab – seien Sie auf austretendes Kühlmittel vorbereitet.
5 Trennen Sie den Stecker des Öldruckschalters (siehe Sektion 13).
6 Lösen Sie die drei Schrauben des Ölfiltergehäuses und befreien Sie es vom Motorblock (siehe Abbildung) – die Dichtung muss später erneuert werden.

14.6 Ölfiltergehäuse-Schrauben

7 Lösen Sie bei demontiertem Ölfiltergehäuses ggf. die vier Schrauben, um den Ölkühler zu trennen – die Dichtung muss später erneuert werden.

Einbau

8 Der Einbau entspricht der umgekehrten Ausbaureihenfolge – beachten Sie dabei folgende Punkte:
a) Verwenden Sie neue Dichtungen.
b) Ziehen Sie die Ölkühlerschrauben sorgfältig an.
c) Ziehen Sie die Ölfiltergehäuse-Schrauben mit 23 Nm an
d) Ölen Sie das Dichtgummi des neuen Filters ein und drehen Sie ihn von Hand auf den Stutzen.
e) Sichern Sie die Kühlerschläuche mit neuen Schellen an den Stutzen.
f) Füllen Sie ggf. Motoröl und Kühlmittel nach.
g) Starten Sie den Motor und kontrollieren Sie den Bereich um den Ölkühler auf Undichtigkeiten.

15 Kurbelwellen-Dichtringe – Ersetzen

Steuerketten-Dichtring (rechts)

1 Demontieren Sie die Kurbelwellen-Riemenscheibe (siehe Sektion 6).
2 Ford-Werkstätten verwenden ein spezielles Aus- und Einbauwerkzeug (Teilenummer 303-679), doch es kann auch ein passender Dreiarm-Abzieher mit passenden Schrauben verwendet werden (siehe Abbildung). Drehen Sie damit den Dichtring gegen den Uhrzeigersinn und entfernen Sie ihn aus dem Steuerkettendeckel (siehe Abbildungen).

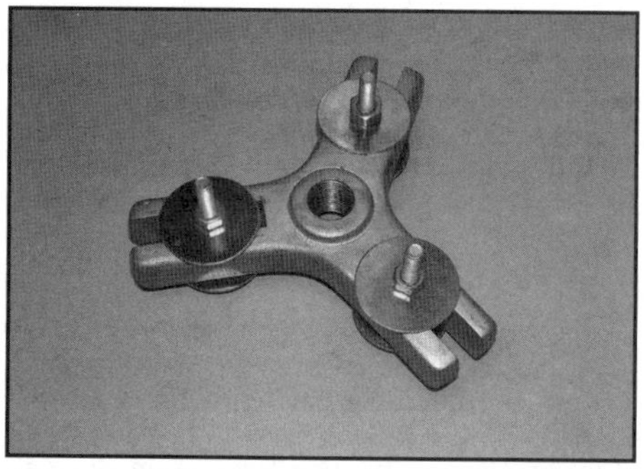

15.2a Das Werkzeug zum Ausbau des Kurbelwellen-Dichtrings ...

15.2b ... muss in die Vertiefungen des Dichtrings gesteckt werden, ...

15.2c … um diesen links herum herauszudrehen.

3 Wischen Sie den Sitz des Dichtrings sauber und entfernen Sie mögliche Grate und scharfe Kanten von der Kurbelwelle, damit der neue Dichtring nicht beim Einbau beschädigt wird.
4 Der neue Dichtring sollte mit einer Einbauhülse ausgeliefert werden, die **nicht** vor dem Einbau entfernt werden darf.
5 Schieben Sie den neuen Dichtring mit der Dichtlippe nach innen auf die Kurbelwelle und pressen Sie ihn senkrecht in seinen Sitz im Deckel. Entfernen Sie jetzt die Einbauhülse (siehe Abbildungen).

15.5a Positionieren Sie den Dichtring samt Einbauhülse über der Kurbelwelle, drücken Sie ihn in seinen Sitz …

15.5b … und entfernen Sie die Hülse.

6 Drehen Sie den Dichtring mithilfe des beim Ausbau verwendeten Werkzeugs ein, bis er korrekt im Deckel sitzt.
7 Montieren Sie die Kurbelwellen-Riemenscheibe (siehe Sektion 6).

Getriebeseiten-Dichtring (links)

8 Demontieren Sie das Getriebe (siehe Kapitel 7, Sektion 7) und die Kupplung (siehe Kapitel 6, Sektion 6).
9 Entfernen Sie das Schwungrad (siehe Sektion 16).
10 Lösen Sie die Schrauben des Dichtring-Trägers und entfernen Sie ihn – der Dichtring ist nur samt Träger und dessen Schrauben erhältlich.
11 Reinigen Sie das Ende der Kurbelwelle und polieren Sie Grate oder Kanten ab, die den neuen Dichtring beim Einbau beschädigen könnten. Reinigen Sie auch die Dichtflächen des Gehäuses und des Dichtring-Trägers und entfetten Sie beide Teile.
12 Der neue Dichtring wird mit einer Einbauhülse ausgeliefert, die keinesfalls vor dem Einbau entfernt werden darf (siehe Abbildung). Auch eine Zentrierhülse ist beigelegt (Abb. 15.15).

15.12 Der neue Dichtring wird mit einer Einbauhülse ausgeliefert.

13 Tragen Sie an den Vertiefungen des Dichtringträgers geeignete Dichtmasse (z. B. von LB) auf (siehe Abbildung).

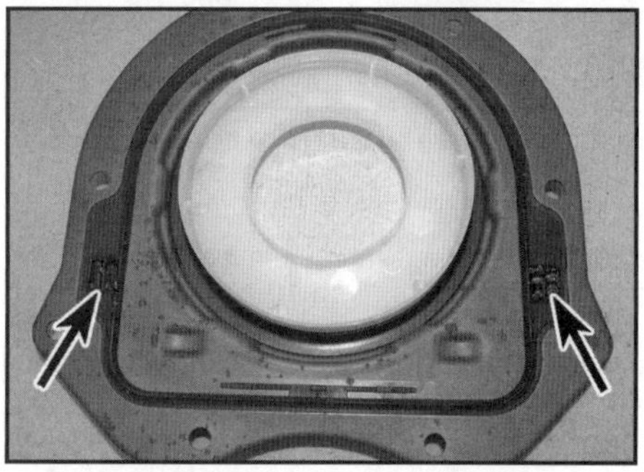

15.13 Tragen Sie hier Dichtmasse auf.

14 Positionieren Sie den neuen Dichtringträger so am Motorgehäuse, dass die beigefügte Einbauhülse korrekt über der Kurbelwelle liegt (siehe Abbildungen). Installieren Sie die neuen Dichtringträger-Schrauben zunächst handfest. Entfernen Sie die Einbauhülse.

15.14a Positionieren Sie den mit der Einbauhülse ausgerüsteten Dichtringträger über der Kurbelwelle …

15.14b ... und entfernen Sie die Einbauhülse.

15 Zentrieren Sie den Dichtringträger mithilfe der beigefügten Zentrierhülse korrekt über der Kurbelwelle (siehe Abbildung).

15.15 Die beigefügte Zentrierhülse richtet den Dichtringträger korrekt aus.

16 Ziehen Sie die Befestigungsschrauben schrittweise und über Kreuz bis zum Drehmoment von 10 Nm an. Entfernen Sie die Zentrierhülse.
17 Der Rest Einbau entspricht der umgekehrten Ausbaureihenfolge – starten Sie zum Schluss den Motor und kontrollieren Sie den Bereich unter der Kupplung auf Undichtigkeiten.

16 Schwungrad – Ausbau, Kontrolle und Einbau

Anmerkung: *Beim Einbau werden neue Befestigungsschrauben für das Schwungrad benötigt.*

Ausbau

1 Demontieren Sie das Getriebe (siehe Kapitel 7, Sektion 7). Demontieren Sie die Kupplung (siehe Kapitel 6, Sektion 6).
2 Hindern Sie das Schwungrad am Mitdrehen, indem Sie den Anlasserzahnkranz mit einem angeschraubten Haken (siehe Abbildung) oder einem anderen geeigneten Werkzeug blockieren.

16.3 Blockieren Sie den Anlasserzahnkranz des Schwungrads z. B. mit einem solchen Haken.

3 Lösen Sie die 8 Schwungradschrauben gleichmäßig und heben Sie das Schwungrad mithilfe eines Assistenten ab.
Achtung: Das Schwungrad ist sehr schwer!

Kontrolle

4 Je nach Motorleistung und Baujahr des Fahrzeugs kann ein massives einteiliges oder ein mehrteiliges Zweimassenschwungrad Verwendung finden.

Einteiliges Schwungrad

5 Inspizieren Sie das Schwungrad auf Riefen auf der Kupplungs-Reibfläche sowie Verschleiß oder ausgebrochene Zähne am Anlasserzahnkranz. Das Schwungrad kann nötigenfalls geplant werden, es empfiehlt sich jedoch der Austausch gegen ein Neuteil
6 Bei jedem Zweifel über das Schwungrad muss Rat bei einer Fachwerkstatt gesucht werden, ob es überarbeitet werden kann oder ausgetauscht werden muss.

Zweimassenschwungrad

7 Ein Zweimassenschwungrad reduziert die Vibrationen aus dem Antriebsstrang und damit die Geräuschentwicklung. Das Schwungrad besteht aus einer Primär-Schwungmasse, auf der eine Sekundär-Schwungmasse einen durch Federn begrenzten Bewegungsspielraum hat.
8 Zweimassenschwungrädern haftet der Ruf an, unzuverlässig zu sein und teilweise schon nach 30 000 km ausgetauscht werden zu müssen. Neben den in Schritt 6 beschriebenen Kontrollen sollten einige weitere Prüfpunkte beachtet werden:
9 Schauen Sie durch die Schraubenbohrungen die Öffnungen in der Sekundärschwungmasse an, um mögliche Schäden am Mittellager zu begutachten.
10 Halten Sie ihre Daumen in den 3- und 9-Uhr-Positionen auf die Kupplungsfläche der Sekundärschwungmasse und versuchen Sie, daran zu wackeln – die maximale Bewegung darf nicht mehr als 3 mm betragen. Wiederholen Sie den Test mit den Daumen in der 12- und der 6-Uhr-Position.
11 Drehen Sie die Sekundärschwungmasse nach links und rechts – sie muss sich in beide Richtungen drehen lassen, bis der Widerstand durch die Federn spürbar wird; knirschende oder rasselnde Geräusche dürfen hierbei nicht auftreten. Der maximale Drehbereich beträgt fünf Zähne am Anlasserzahnkranz.
12 Bei jedem Zweifel über das Zweimassenschwungrad muss Rat bei einer Fachwerkstatt gesucht werden, ob es akzeptabel ist oder ausgetauscht werden muss.

Einbau

13 Setzen Sie das Schwungrad mit den korrekt ausgerichteten Passhülsen- und Schraubenbohrungen (siehe Abbildung) an die Kurbelwelle und drehen Sie die neuen Schrauben zunächst handfest ein – achten Sie darauf, dass das Schwungrad korrekt anliegt.

16.13 Achten Sie beim Ansetzen des Schwungrads darauf, dass die Bohrung zwischen den Schraubenbohrungen über die Passhülse greift.

14 Blockieren Sie den Anlasser-Zahnkranz wieder mit dem Ford-Spezialwerkzeug 303-1643 oder einen anderen geeigneten Werkzeug.
15 Ziehen Sie die Schrauben über Kreuz zunächst mit 15 Nm an.
16 Ziehen Sie die Schrauben in zwei weiteren Durchgängen über Kreuz zunächst mit 30 und dann mit 75 Nm an.
17 Ziehen Sie die Schrauben im vierten Schritt mithilfe einer Gradscheibe über Kreuz um jeweils 45° weiter an.
18 Entfernen Sie das Arretierwerkzeug aus der Anlasser-Öffnung.
19 Der Rest des Einbaus entspricht der umgekehrten Ausbaureihenfolge.

17 Motorhalterungen – Kontrolle und Ersetzen

Allgemein

1 Motorhalterungen erfordern nur selten Aufmerksamkeit. Falls jedoch eine Halterung gebrochen oder anderweitig beschädigt ist, muss sie unverzüglich ersetzt werden, da die zusätzliche Belastung des Antriebsstrangs zu Schäden oder erhöhtem Verschleiß führen kann.
2 Manche Halterungen können einzeln entfernt und wieder montiert werden, doch wenn mehr als eine entfernt wird (z. B. beim Ausbau des Motors samt Getriebe), müssen ihre Positionen zueinander markiert werden, um wieder korrekt zusammengesetzt werden zu können.
3 Beim Zusammenbau darf nicht das gesamte Gewicht der Antriebseinheit von den Halterungen getragen werden, solange sie nicht korrekt ausgerichtet sind. Ziehen Sie alle Befestigungen mit den in den technischen Daten angegebenen Drehmomenten an.

Kontrolle

4 Für die Kontrolle muss der Motor samt Getriebe leicht angehoben werden, damit die Halterungen entlastet werden.
5 Ziehen Sie die Handbremse, heben Sie das Fahrzeug vorn an und stützen Sie es sicher ab (siehe Seite 355). Stützen Sie den Motor oder das Getriebe mit einem Rangierwagenheber samt großer Hölzer ab, um die Halterungen zu entlasten.

Warnung: Positionieren Sie niemals Körperteile unter dem Motor, solange dieser nur von einem Rangierwagenheber abgestützt ist!

6 Inspizieren Sie die Gummiblöcke der Halterungen – wenn sie rissig, verhärtet oder irgendwo vom Metall getrennt sind, müssen die Halteblöcke ersetzt werden. Manchmal reißen Haltegummis in der Mitte aus.
7 Kontrollieren Sie den Verschleiß der Halteblöcke, indem Sie mit einem großen Schraubendreher oder ähnlichem Werkzeug vorsichtig daran hebeln und mögliches Spiel ermitteln. Wo dies nicht möglich ist, sollte ein Assistent den Motorblock vor und zurück sowie zu beiden Seiten drücken, während die Halterungen beobachtet werden. Während geringes Spiel normal ist, dürfen keine übermäßigen Bewegungen festgestellt werden. Wenn die Befestigungen bei übermäßigem Spiel korrekt angezogen sind, müssen verschlissene Komponenten ausgetauscht werden (siehe unten).

Ersetzen

Anmerkung: *In den folgenden Schritten wird davon ausgegangen, dass der Motor und/oder das Getriebe wie oben beschrieben abgestützt ist.*

Rechte Motorhalterung

8 Markieren Sie die Position der Halterung zum rechten Innenkotflügel.
9 Soweit der Motor abgestützt ist, werden die vier Muttern gelöst, die den Halter am Motor-Träger sichern (siehe Abbildung).

17.9 Muttern, die rechts den Motorträger mit der Halterung verbinden

10 Lösen Sie dann die vier Schrauben, mit denen die Halterung am rechten Innenkotflügel gesichert ist (siehe Abbildung) und befreien Sie die Halterung aus dem Motorraum.

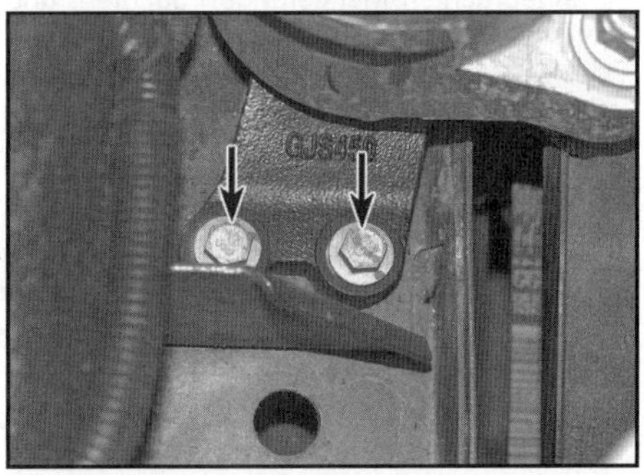

17.10 Zwei der vier Halterungs-Schrauben am rechten Innenkotflügel

11 Drehen Sie beim Einbau zuerst die Schrauben am Innenkotflügel handfest ein. Ziehen Sie dann die Muttern am Motorträger mit 125 Nm an. Entlasten Sie dann die Motorabstützung etwas, prüfen Sie, ob alle beim Ausbau angebrachten Markierungen fluchten, und ziehen Sie die Schrauben am Innenkotflügel mit 70 Nm an.

Linke Motorhalterung (Getriebe)

12 Markieren Sie bei korrekt abgestützter Motor/Getriebe-Einheit die Ausrichtung der Halterung am linken Innenkotflügel.
13 Lösen Sie die zwei Muttern, die von oben die Halterung am Getriebe-Träger sichern, lösen Sie dann von unten die zwei Schrauben (siehe Abbildung).

17.13 Schrauben und Muttern, die links den Getriebeträger mit der Halterung verbinden

14 Lösen Sie dann die vier Schrauben, mit denen die Halterung am linken Innenkotflügel gesichert ist (siehe Abbildung) und befreien Sie die Halterung aus dem Motorraum.

17.14 Halterungs-Schrauben am linken Innenkotflügel

15 Drehen Sie beim Einbau zuerst die Schrauben am Innenkotflügel handfest ein. Ziehen Sie dann die Schrauben am Getriebeträger mit 115 und die Muttern mit 133 Nm an. Entlasten Sie dann die Motorabstützung etwas, prüfen Sie, ob alle beim Ausbau angebrachten Markierungen fluchten, und ziehen Sie die Schrauben am Innenkotflügel mit 70 Nm an.

Hintere Halterung

Achtung: Der Durchgangsbolzen, der diese Halterung am Getriebe sichert, hat je nach Modell unterschiedliche Gewindesteigungen (M14 x 1,5 oder M14 x 2,0. Beschaffen Sie den korrekten Bolzen und beachten Sie die unterschiedlichen Anzugsdrehmomente.
16 Lösen Sie den Bolzen, der die hintere Motorhalterung am Hilfsrahmen sichert. Lösen Sie dann den Durchgangsbolzen, der sie am Getriebe sichert, und manövrieren Sie die Halterung unter dem Fahrzeug heraus (siehe Abbildung) – beide Bolzen müssen beim Einbau durch Neuteile ersetzt werden.

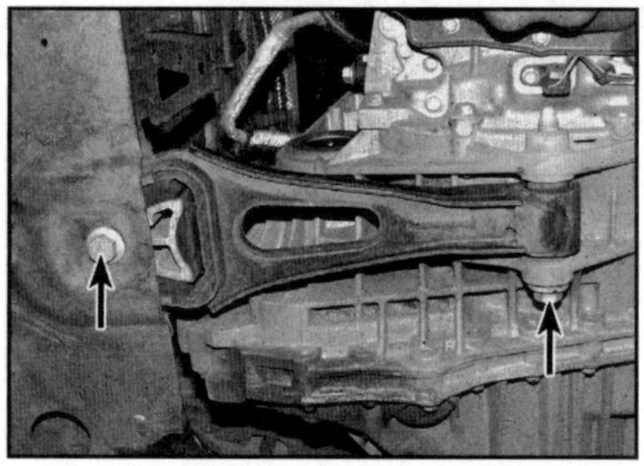

17.16 Bolzen der hinteren Motorhalterung

17 Ziehen Sie beim Einbau den neuen Durchgangsbolzen mit 150 Nm (M14 x 1,5) bzw. mit 175 Nm (M14 x 2,0) und den neuen Bolzen am Hilfsrahmen mit 133 Nm an.

Kapitel 2C

Motoren – Ausbau und Überholarbeiten

Inhalt Sektion

Schwierigkeitsgrade

Leicht. Geeignet für Anfänger mit wenig Erfahrung.	**Relativ leicht.** Geeignet für Anfänger mit etwas Erfahrung.	**Relativ schwierig.** Geeignet für geübte Selbstschrauber.	**Schwer.** Geeignet für Selbstschrauber mit viel Erfahrung.	**Sehr schwer.** Geeignet für Experten und Profis.

Technische Daten

Motor-Typen	**Motor-Code**
2,0 l-Motor	
Motoren mit 77 kW (105 PS)	YLFS, YLF6
Motoren mit 96 kW (130 PS)	YMFS, YMF6
Motoren mit 125 kW (170 PS)	YNFS, YNF6
2,2 l-Motor	
Motoren mit 74 kW (100 PS)	DRFF
Motoren mit 92 kW (125 PS)	CYFF
Motoren mit 114 kW (155 PS)	CVFF

2,0 l-Motoren

Ventile

Spiel der Ventile im Schaft	
Einlassventile	0,026 bis 0,061 mm
Auslassventile	0,036 bis 0,075 mm

Zylinderblock

Zylinderbohrung – Durchmesser	84,0 mm bis 84,02 mm

Kolben und Kolbenringe

Kolben-Durchmesser	83,915 bis 83,931 mm
Kolben-Spiel im Zylinder	0,07 bis 0,11 mm
Kolbenring-Stoßspiel (eingebaut)*	
Oberer Kompressionsring	0,25 bis 0,40 mm
Zweiter Kompressionsring	0,85 bis 1,10 mm
Ölabstreifringe	0,2 bis 0,4 mm

* *Die Öffnungen müssen eingebaut um 120° zueinander versetzt sein.*

Kurbelwelle und Lager

Kurbelwellen-Axialspiel	0,09 bis 0,305 mm
Hubzapfen – Standarddurchmesser	53,0 bis 53,013 mm

Pleuellagerschalen-Spiel auf Hubzapfen	0,017 bis 0,029 mm
Hauptlagerzapfen – Standarddurchmesser (1 bis 5)	59,970 bis 59,990 mm
Hauptlagerschalen-Spiel auf Hauptlager	
Lager 1, 2, 4 und 5	0,019 bis 0,035 mm
Lager 3	0,023 bis 0,039 mm

Anzugsdrehmomente — siehe technische Daten in Kapitel 2A

2,2 l-Motoren

Ventile

Spiel der Ventile im Schaft	
Einlassventile	0,045 mm
Auslassventile	0,055 mm

Zylinderblock

Zylinderbohrung – Durchmesser	
Klasse 1	86,0 mm bis 86,01 mm
Klasse 2	86,01 mm bis 86,02 mm
Klasse 3	86,02 mm bis 86,03 mm

Kolben und Kolbenringe

Kolben-Durchmesser	
Klasse 1	85,94 mm bis 85,95 mm
Klasse 2	85,95 mm bis 85,96 mm
Klasse 3	85,96 mm bis 85,97 mm
Kolben-Spiel im Zylinder	0,05 bis 0,07 mm
Kolbenring-Stoßspiel (eingebaut)*	
Oberer Kompressionsring	0,25 bis 0,40 mm
Zweiter Kompressionsring	0,85 bis 1,10 mm
Ölabstreifringe	0,2 bis 0,4 mm

* *Die Öffnungen müssen eingebaut um 120° zueinander versetzt sein.*

Kurbelwelle und Lager

Kurbelwellen-Axialspiel	0,09 bis 0,305 mm
Hubzapfen – Standarddurchmesser	52,98 bis 53,00 mm
Pleuellagerschalen-Spiel auf Hubzapfen	0,034 bis 0,10 mm
Hauptlagerzapfen – Standarddurchmesser	
Lager 1 bis 4	64,950 bis 64,970 mm
Lager 5	69,950 bis 69,970 mm
Hauptlagerschalen-Spiel auf Hauptlager	
Lager 1 bis 4	0,033 bis 0,080 mm
Lager 5	0,034 bis 0,083 mm

Anzugsdrehmomente — siehe technische Daten in Kapitel 2B

1 Allgemeine Informationen

1 In diesem Teil von Kapitel 2 werden der Ausbau des Motors samt Getriebe sowie dessen allgemeine Überholung (Zylinderkopf, Zylinder, Kurbelwelle und alle anderen beteiligten Komponenten) detailliert beschrieben.
2 Die Informationen reichen von Hinweisen bezüglich der Vorbereitung einer Überholung über die Beschaffung von Ersatzteilen bis hin zu detaillierten Schritt-für-Schritt-Anleitungen zum Ausbau, Kontrollieren, Erneuern und Einbau interner Motorkomponenten.
3 Ab Sektion 6 basieren alle Anleitungen auf der Annahme, dass der Motor aus dem Fahrzeug ausgebaut ist. Informationen zu Reparaturen bei eingebautem Motor sowie den Aus- und Einbau externer Komponenten, die zu einer Komplettüberholung gehören, finden sich in Kapitel 2A oder B sowie in Sektion 6 dieses Kapitels. Wenn der Motor bereits ausgebaut ist, müssen alle nicht zutreffenden Zerlegungsanweisungen in Kapitel 2A oder B ignoriert werden.
4 Abgesehen von den in den technischen Daten der Kapitel 2A oder B zu findenden Anzugsdrehmomenten finden sich alle zum Überholen benötigten Daten am Anfang dieses Kapitels. **Anmerkung:** *Erkundigen Sie sich vor einer größeren Motorzerlegung beim Ford-Händler oder in einer anderen Fachwerkstatt nach der Verfügbarkeit von Ersatzteilen. Wichtige Komponenten wie die Kurbelwelle, Kolben und Pleuel oder Nockenwellen sind bei Ford nicht als separate Ersatzteile erhältlich, können aber aus anderen Quellen beschafft werden.*

2 Motorüberholung – Allgemeine Informationen

1 Es ist nicht immer einfach festzustellen, wann oder ob ein Motor vollständig überholt werden muss. Eine Vielzahl an Faktoren muss hierbei berücksichtigt werden.
2 Eine hohe Laufleistung ist nicht zwingend ein Hinweis auf eine erforderliche Überholung – genauso wie eine geringe Laufleistung eine Motorüberholung nicht ausschließt. Eine regelmäßige Wartung ist hierbei der wichtigste Punkt. Ein Motor, bei dem regelmäßig das Motoröl und der Filter gewechselt und auch andere Wartungspunkte durchgeführt wurden, wird wahrscheinlich mehrere hunderttausend Kilometer problemlos durchhalten. Umgekehrt wird ein vernachlässigter Motor wesentlich früher eine Überholung benötigen.
3 Übermäßiger Ölverbrauch weist darauf hin, dass Kolbenringe, Ventilschaftdichtungen und/oder Ventilführungen nach Aufmerksamkeit verlangen. Mithilfe eines in Kapitel 2A oder B, Sektion 2 durchgeführten Kompressionstests kann herausgefunden werden, welche Gründe für den Ölverlust verantwortlich sind.
4 Ermitteln Sie den Öldruck mithilfe eines statt des Öldruckschalters in den Ölkanal geschraubten Messgeräts und vergleichen Sie das Ergebnis mit den technischen Daten von Kapitel 2A oder B. Falls extrem geringer Druck festgestellt wird, werden die Haupt- und Pleuelfußlager und/oder die Ölpumpe verschlissen sein.
5 Leistungsmangel, rauer Motorlauf, klopfende oder metallisch klingende Motorgeräusche, ein klappernder Ventiltrieb und hoher Kraftstoffverbrauch können ebenfalls auf eine Überholung hinweisen – besonders, wenn alles gleichzeitig auftritt. Falls eine große Inspektion die Probleme nicht behebt, können nur größere Überholmaßnahmen die Lösung sein.
6 Eine Motorüberholung beinhaltet die Wiederherstellung aller internen Motorkomponenten auf die Vorgaben für einen neuen Motor. Während einer Überholung werden Kolben und deren Ringe erneuert und die Zylinderbohrungen überholt. Neue Haupt- und Pleuellagerschalen werden generell eingebaut und die Kurbelwelle wird nötigenfalls geschliffen (oder ausgetauscht), um die Lagerzapfen zu restaurieren. Die Ventile werden ebenfalls behandelt, da sie zu diesem Zeitpunkt üblicherweise ebenfalls nicht mehr perfekt sind. Kontrollieren Sie unbedingt den Zustand der Ölpumpe und ersetzen Sie sie nötigenfalls. Das Endergebnis soll ein absolut neuwertiger Motor sein, der viele pannenfreie Kilometer garantiert. **Anmerkung:** *Wichtige Komponenten des Kühlsystems (Schläuche, Antriebsriemen, Thermostat, Wasserpumpe) sollten bei einer Motorüberholung ebenfalls erneuert werden. Der Kühler selbst muss sorgfältig überprüft werden, um sicherstellen zu können, dass er weder blockiert noch undicht ist.*
7 Vor einer Motorüberholung muss die gesamte Prozedur durchgelesen werden, um sich mit dem Umfang und den Anforderungen vertraut zu machen. Das Überholen eines Motors ist nicht schwierig, wenn man sorgfältig den Anweisungen folgt, die benötigten Werkzeuge und Ausrüstungsgegenstände zur Hand hat und sich genau an alle Vorgaben hält. Sie kann jedoch zeitaufwendig sein. Prüfen Sie die Verfügbarkeit von Teilen und beschaffen Sie sämtliche Spezialwerkzeuge und andere Hilfsmittel im Voraus. Die meisten Arbeiten können mit typischen Hand-Werkzeugen verrichtet werden, doch viele Teile müssen präzise vermessen werden, um ihre Wiederverwendbarkeit bestimmen zu können. Ein Großteil der Arbeit besteht in der Kontrolle von Teilen und der Entscheidung, ob Teile aufgearbeitet oder ersetzt werden müssen.
8 Mit hoher Wahrscheinlichkeit müssen Dienstleistungen von Motoreninstandsetzungsbetrieben in Anspruch genommen werden. Hier können nicht nur Kurbelwellen geschliffen und Zylinder gebohrt und gehont werden, sondern es werden auch Bauteile überprüft und Ratschläge zu Reparaturen oder dem Austausch von Komponenten wie Kolben, Ringen und Lagerschalen gegeben. Achten Sie bei der Auswahl der Werkstatt darauf, dass der Betrieb der Kfz-Innung ist und Zertifikate aufweisen kann.
9 Warten Sie stets, bis der Motor komplett zerlegt und alle Komponenten (besonders Zylinderblock/Motorgehäuse und Kurbelwelle) begutachtet wurden, bevor entschieden wird, welche Wartungs- und Reparaturarbeiten durchgeführt werden müssen. Der Zustand dieser Baugruppen ist der wesentliche Faktor, wenn es darum geht, ob der ursprüngliche Motor überholt oder ein aufgearbeitetes Triebwerk gekauft werden soll. Kaufen Sie daher noch keine Einzelteile und lassen sie noch nichts überholen, solange nicht alles sorgfältig inspiziert wurde. Generell bildet Zeit die größten Kosten einer Überholung, sodass es sich nicht lohnt, verschlissene oder grenzwertige Teile einzubauen.
10 Schließlich muss für ein möglichst langes Leben eines aufgearbeiteten Motors sichergestellt sein, dass alles mit größter Sorgfalt in einer lupenreinen Umgebung wieder zusammengebaut wird.
11 Während der Motor überholt wird, können auch andere Bauteile wie die Einspritzanlage, der Anlasser oder die Lichtmaschine kontrolliert und überarbeitet werden.

3 Motor/Getriebe – Ausbaumethoden und Vorsichtsmaßnahmen

1 Wenn entschieden wurde, dass ein Motor für eine Überholung oder größere Reparatur ausgebaut werden soll, müssen einige einleitende Schritte durchgeführt werden:
2 Ein geeigneter Arbeitsplatz ist extrem wichtig. Es wird ausreichend Platz für Arbeiten und das Fahrzeug selbst benötigt. Falls keine Werkstatt oder ausreichend große Halle zur

Verfügung steht, wird mindestens eine ebene und saubere Arbeitsfläche gebraucht.
3 Reinigen Sie vor Arbeitsbeginn den Motorraum und die Antriebseinheit, um Werkzeug sauber und gut organisiert zu halten.
4 Die Unterstützung eines Assistenten ist – besonders für Neulinge – unerlässlich. Abgesehen von Sicherheitsaspekten gibt es immer wieder Situationen, in denen eine Person nicht gleichzeitig alle erforderlichen Operationen durchführen kann.
5 Planen Sie alle Arbeiten weit voraus. Sorgen Sie vor Arbeitsbeginn dafür, dass alle erforderlichen Werkzeuge und Teile gekauft oder gemietet sind. Zu den Ausrüstungsgegenständen, die für einen sicheren und unkomplizierten Aus- und Einbau benötigt werden, gehören folgende Dinge:
a) ein Motor-Transportwagen, der das Gewicht des Motors samt Getriebe nach dem Ausbau aufnehmen kann
b) ein ausreichend dimensionierter Rangierwagenheber
c) ausreichend stabile Stützböcke
d) einige Holzblöcke
e) ein komplettes Set an Schraubenschlüsseln und ein Knarrenkasten
f) eine ausreichende Menge an Lappen und Lösungsmittel zum Aufwischen von Ölspritzern, Kühlmittel und Kraftstoff
6 Planen Sie ein, dass das Fahrzeug längere Zeit nicht benutzt werden kann. Viele Arbeiten kann der Hobbyschrauber ohne Spezialausrüstungen nicht erledigen, sodass sie Fachwerkstätten überlassen werden müssen. Hier herrscht oft rege Betriebsamkeit, sodass es hilfreich sein kann, sie vor dem Ausbau des Motors zu konsultieren, damit Arbeiten in den Terminplan aufgenommen werden können und ein entsprechender Zeitrahmen aufgestellt werden kann.
7 Während des Ausbaus ist es ratsam, die Positionen aller Halterungen, Kabelbinder, Massepunkte usw. zu notieren; zudem sollten die Anschlüsse und Verlegungen aller Kabelbäume und anderen Leitungen am und um den Motor herum festgehalten werden. Ein effektiver Weg hierzu liegt im Anfertigen von zahlreichen Fotos von den verschiedenen Komponenten, bevor sie getrennt und/oder demontiert werden – moderne Digitaltechnik ersetzt oder ergänzt beim Einbau das fotografische Gedächtnis.
Achtung: Beim Aus- und Einbau eines Motors muss äußerst sorgfältig vorgegangen werden. Fahrlässiges Handeln kann zu schweren Verletzungen führen. Planen Sie gut voraus und nehmen Sie sich Zeit, dann werden Sie feststellen, dass auch eine solch umfangreiche Prozedur erfolgreich durchgeführt werden kann.
8 Der Motor kann nur samt Getriebe als Baugruppe nach vorn aus dem Fahrzeug befreit werden, nachdem die Stoßstange, der Kühler und die obere Karosserie-Querstrebe entfernt sind. Anschließend können Motor und Getriebe voneinander getrennt werden.
Anmerkung: *Aufgrund der vielfältigen Ausstattungsvarianten und Extras können die in Sektion 4 beschriebenen Prozeduren nur als Hinweise betrachtet werden – aber nicht als exakte Anleitung. Wo Unterschiede auftreten oder andere Komponenten getrennt oder demontiert werden müssen, sind hierzu Notizen anzufertigen, die beim Einbau hilfreich sein können.*

4 Motor/Getriebe – Ausbau, Trennen und Einbau

Warnung: Die Einspritzanlage arbeitet mit extrem hohen Drücken. Warten Sie nach dem Abschalten des Motors mindestens eine Minute, bevor mit der Arbeit an Einspritzanlagen-Komponenten begonnen wird.

Anmerkung: *Lesen Sie die gesamte Sektion sowie die Hinweise in Sektion 3 zuvor vollständig durch. Der Motor kann nur zusammen mit dem Getriebe nach vorn ausgebaut werden, um dann davon getrennt zu werden.*

Ausbau

1 Lassen Sie bei Modellen mit Klimaanlage dessen Kältemittel von einem Fachbetrieb ablassen.
2 Trennen Sie den Masseanschluss (–) der Batterie (siehe Kapitel 5, Sektion 3).
3 Demontieren Sie die Luftfilter-Baugruppe (siehe Kapitel 4A, Sektion 5).
4 Lockern Sie rechts am Motor die Schelle des Ansaugstutzens und entfernen Sie diesen (siehe Abbildung).

4.4 Entfernen Sie den Ansaugstutzen.

5 Lösen Sie ggf. oben am Öleinfüllstutzen die Schraube und drehen Sie diesen vom Motordeckel ab (siehe Abbildungen).

4.5a Lösen Sie oben am Öleinfüllstutzen die Schraube ...

4.5b ... und drehen Sie diesen vom Motordeckel ab.

6 Entfernen Sie das Motorsteuergerät (siehe Kapitel 4A, Sektion 10).
7 Befreien Sie den zum Kühlmittel-Ausgleichsbehälter führenden Schlauch vom Pluskabel-Anschlusspunkt der Batterie und heben Sie die Abdeckung vom Anschlusspunkt. Entfernen Sie den Deckel der Sicherungs/Relais-Box und die Abdeckung der Pluskabel-Anschlussbox.

8 Lösen Sie am Pluskabel-Anschluss die Mutter des Anlasserkabels und trennen Sie dies (siehe Abbildung).

4.8 Lösen Sie die Mutter des Anlasserkabels und trennen Sie dies.

9 Lösen Sie links an der Karosserie die Schraube des Masseanschlusses und trennen Sie dies (siehe Abbildung).

4.9 Befreien Sie links an der Karosserie das Massekabel.

10 Trennen Sie links im Motorraum die Kabelbaum-Stecker, sodass der Kabelbaum zusammen mit dem Motor entfernt werden kann (siehe Abbildung) – befreien Sie die Kabel aus allen Befestigungen.

4.10 Trennen Sie links im Motorraum die Kabelbaum-Stecker.

11 Lösen Sie die Schrauben des Bremsflüssigkeits-Ausgleichsbehälters, befreien Sie diesen und sichern Sie ihn mit Draht im Motorraum – seine Schläuche müssen nicht getrennt werden.
12 Demontieren Sie die vor der Stoßstange sitzende Frontverkleidung (siehe Kapitel 11, Sektion 22).
13 Demontieren Sie den Kühlerventilator (siehe Kapitel 3, Sektion 4).
14 Entfernen Sie den Ladeluftkühler (siehe Kapitel 3, Sektion 5).
15 Demontieren Sie den Kühler (siehe Kapitel 3, Sektion 5).
16 Entfernen Sie den Klimaanlagen-Verflüssiger (siehe Kapitel 3, Sektion 10).

17 Befreien Sie den Servolenkungs-Ausgleichsbehälter nach oben von seinem Halter und verlagern Sie ihn beiseite (siehe Abbildung).

4.17 Befreien Sie den Servolenkungs-Ausgleichsbehälter nach oben von seinem Halter.

18 Befreien Sie die Schalthebel-Bowdenzüge aus den Anschlüssen am Getriebe (siehe Kapitel 7, Sektion 4).
19 Lösen Sie an beiden Seiten die vier Schrauben der Motorhaubenscharnier-Abdeckungen (siehe Abbildung) und trennen Sie alle vorhandenen Stecker.

4.19 Lösen Sie die vier Schrauben der Motorhaubenscharnier-Abdeckung.

20 Trennen Sie die Hydraulikleitungen der Servolenkung (siehe Kapitel 10, Sektion 21).
21 Trennen Sie die Klimaanlagenkompressor-Leitungen (siehe Kapitel 3, Sektion 10).
22 Lösen Sie am Heizungs-Wärmetauscher die Schnellverschlüsse der Leitungen – drücken Sie dazu am rechten Anschluss die beiden Knöpfe und hebeln Sie links den Sicherungsclip hoch (siehe Abbildung).

4.22 Befreien Sie die Kühlmittelschläuche vom Heizungs-Wärmetauscher.

23 Lösen Sie die Schnellverschlüsse der Kraftstoffleitungen (Zulauf und Rücklauf) (siehe Abbildung) und befreien Sie die Schläuche aus ihren Haltern. Verstopfen Sie alle offenen Anschlüsse.

4.23 Lösen Sie die Schnellverschlüsse der Kraftstoffleitungen

24 Trennen Sie den Unterdruckschlauch vom Bremskraftverstärker oder der Vakuumpumpe (siehe Abbildung).

4.24 Trennen Sie den Unterdruckschlauch z. B. vom Bremskraftverstärker.

25 Hebeln Sie am Kupplungs-Ausrückzylinder den Sicherungsclip der Hydraulikleitung heraus, trennen Sie diese und befreien Sie sie aus allen Befestigungen. Bedecken oder verstopfen Sie sowohl die Leitung als auch den Zylinder, um möglichst wenig Hydraulikflüssigkeit zu verlieren und keinen Schmutz eindringen zu lassen (siehe Abbildung).

4.25 Hebeln Sie am Kupplungs-Ausrückzylinder den Sicherungsclip der Hydraulikleitung heraus.

26 Demontieren Sie die Antriebswellen (siehe Kapitel 8, Sektion 2).
27 Entfernen Sie den Hitzeschutz und trennen Sie das Dieseladditiv-Rohr (nur 2,0 l-Motor) (siehe Abbildung).

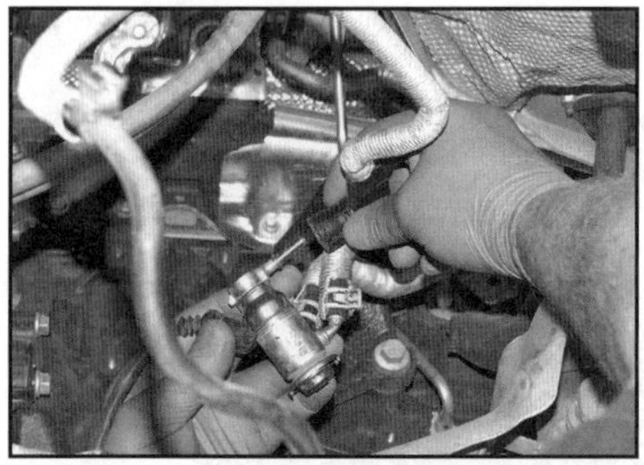

4.27 Trennen Sie das Dieseladditiv-Rohr (2,0 l-Motor).

28 Demontieren Sie die hintere Motor/Getriebe-Halterung (siehe Kapitel 2A oder 2B, Sektion 17).
29 Entfernen Sie den Katalysator und den Partikelfilter (siehe Kapitel 4A, Sektion 3).
30 Positionieren Sie ein geeignetes Transportmittel unter der Motor/Getriebe-Baugruppe und legen Sie Hölzer darauf, sodass die Ölwanne und das Getriebe damit abgestützt wird.
31 Demontieren Sie die linke und rechte Motor/Getriebe-Halterung (siehe Kapitel 2A oder 2B, Sektion 17).
32 Prüfen Sie noch einmal, ob alle Rohre, Schläuche, Kabel usw. getrennt sind und abseits des Arbeitsbereichs verlagert wurden. Die Motor/Getriebe-Baugruppe muss sicher auf dem Transportmittel abgestützt sein, sodass dies nach vorn herausgerollt werden kann. Es kann nötig sein, die Antriebseinheit etwas schwenken zu müssen, um sie vom Unterboden zu befreien – hierzu wird ein Assistent benötigt. Achten Sie darauf, dass beim Ausbau keine Komponenten gequetscht oder anderweitig beschädigt werden.

Trennen

33 Stützen Sie die Motor/Getriebe-Baugruppe auf Hölzern oder heben Sie sie auf die Werkbank, um sie dort sicher abzustützen.
34 Demontieren Sie den Anlasser (siehe Kapitel 5, Sektion 8).
35 Lösen Sie die verbliebenen Schrauben, die das Getriebe mit dem Motor verbinden – beachten Sie deren Positionen und mögliche Halterungen, um sie später wieder richtig zuordnen zu können.
36 Ziehen Sie das Getriebe mithilfe des Assistenten vom Motor ab – belasten Sie dabei nicht die in die Kupplung greifende Eingangswelle.
37 Kontrollieren Sie alle Komponenten der Motorhalterungen auf Verschleiß und Schäden und ersetzen Sie sie nötigenfalls. Überprüfen Sie ebenfalls alle Kühler- und Unterdruckleitungen. Normalerweise versteckte Bauteile können jetzt genau untersucht und nötigenfalls ersetzt werden, wenn Zweifel über ihren Zustand besteht. Nutzen Sie bei einer höheren Laufleistung ebenfalls die Gelegenheit, die Kupplung ungeachtet ihres Zustands auszutauschen. Kontrollieren Sie alle Bauteile wie den Getriebe-Dichtring, die nur jetzt überprüft und nötigenfalls ersetzt werden können.

Einbau

38 Der Einbau entspricht der umgekehrten Ausbaureihenfolge – beachten Sie dabei folgende Punkte:
a) *Ziehen Sie alle Muttern und Schrauben mit den in den technischen Daten der Kapitel 2A oder 2B angegebenen Drehmomenten an.*
b) *Ersetzen Sie alle entfernten selbstsichernden Muttern und Seegerringe durch Neuteile.*
c) *Ersetzen Sie alle aufgeschnittenen Kabelbinder durch Neuteile.*

d) Beachten Sie beim Verbinden des Getriebes mit dem Motor die Hinweise in Kapitel 7, Sektion 7.
e) Manövrieren Sie die Motor/Getriebe-Einheit in den Motorraum und bringen Sie die Karosserie in die korrekte Höhe, sodass die Motorhalterungen montiert werden können (siehe Kapitel 2A oder 2B, Sektion 17).
f) Montieren und justieren Sie alle Komponenten und Systeme entsprechend der Hinweise in den jeweiligen Kapiteln.
h) Füllen Sie Kühlmittel, Motoröl und Getriebeöl auf (siehe Kapitel 1),
i) Füllen Sie das Kraftstoffsystem vor und entlüften Sie es (siehe Kapitel 4A, Sektion 4).
j) Entlüften Sie die Servolenkungshydraulik (siehe Kapitel 10, Sektion 23).
k) Starten Sie den Motor und prüfen Sie, ob er korrekt läuft und alles dicht ist. Schalten Sie den Motor ab und kontrollieren Sie die Pegel aller Betriebsflüssigkeiten.
l) Lassen Sie ggf. die Klimaanlage befüllen.

5 Motorüberholung – Zerlegungsreihenfolge

Anmerkung: *Erkundigen Sie sich vor einer größeren Motorzerlegung beim Ford-Händler oder in einer anderen Fachwerkstatt nach der Verfügbarkeit von Ersatzteilen. Wichtige Komponenten wie die Kurbelwelle, Kolben und Pleuel oder Nockenwellen sind bei Ford nicht als separate Ersatzteile erhältlich, können aber aus anderen Quellen beschafft werden.*

1 Das Zerlegen und die Arbeit am Motor wird deutlich einfacher, wenn dieser an einem transportablen Motorständer befestigt ist. Damit er daran befestigt werden kann, muss das Schwungrad entfernt werden (siehe Kapitel 2A oder 2B, Sektion 16).

2 Falls kein Motorständer zur Hand ist, kann der Motor auf einer ausreichend stabilen Werkbank oder dem Boden zerlegt werden – lassen Sie ihn dabei nicht umkippen oder gar herunterfallen.

3 Falls ein Austauschmotor beschafft werden soll, müssen zunächst – wie bei einer selbst durchgeführten Überholung – sämtliche externen Komponenten vom vorhandenen Motor demontiert werden, um sie mit dem »neuen« Triebwerk zu verbinden. Anmerkung: Bei der Demontage der externen Komponenten vom Motor müssen alle Details genau beachtet werden, die für den Einbau hilfreich und wichtig sein können. Achten Sie auf die Einbaupositionen von Dichtungen, Dichtringen, Scheiben, Schrauben und anderer Kleinteile.
Hierzu gehören:
a) Lichtmaschine, Anlasser und Halterungen
b) Glühkerzen/Vorwärm-Komponenten
c) Kühlsystem/Thermostatgehäuse
d) Öleinfüll- und Peilstab-Rohre
e) Kraftstoffsystem-Komponenten
f) Vakuumpumpe für Bremskraftverstärker
g) Alle elektrischen Schalter und Sensoren
h) Einlass- und Auspuffstutzen
i) Motor/Getriebe-Halterungen
j) Schwungrad

4 Falls Sie als Ersatz einen Rumpfmotor (Motorgehäuse mit Zylindern, Kolben, Pleuel und Kurbelwelle) beschafft haben, müssen auch die Ölwanne, die Ölpumpe, der Zylinderkopf und der Nockenwellenantrieb umgebaut werden.

5 Falls eine Komplettüberholung geplant ist, kann der Motor zerlegt werden; dabei sind die noch vorhandenen Komponenten in der folgenden Reihenfolge auszubauen:
a) Einlassstutzen (siehe Kapitel 4A, Sektion 16)
b) Auspuffstutzen (siehe Kapitel 4A, Sektion 17)
c) Zahnriemen/Steuerkette mit Spanner und Riemenrädern/Ritzeln (siehe Kapitel 2A oder 2B, Sektionen 7 und 8)
d) Schwungrad (siehe Kapitel 2A oder 2B, Sektion 16)
e) Ölwanne (siehe Kapitel 2A oder 2B, Sektion 11)
f) Ölpumpe (siehe Kapitel 2A oder 2B, Sektion 12)
g) Kolben samt Pleuelstangen (Sektion 16)
h) Kurbelwelle und Hauptlager (Sektion 10)

6 Bevor mit dem Zerlegen und Überholen begonnen wird, muss dafür gesorgt werden, dass alle erforderlichen Werkzeuge vorhanden sind – beachten Sie hierzu die Hinweise auf den Seiten 355 ff.

6 Zylinderkopf – Zerlegen

Anmerkung: *Beim Ford-Händler oder Fachbetrieben und -Händlern sind neue oder überholte Zylinderköpfe zu bekommen. Zum Zerlegen und Begutachten des vorhandenen Zylinderkopfes werden Spezialwerkzeuge und präzise Messinstrumente benötigt, zudem müssen diverse Einzelteile beschafft werden. Es kann daher für den Hobbymechaniker praktischer und wirtschaftlicher sein, einen überholten Zylinderkopf zu kaufen, als das Originalteil zu zerlegen, zu kontrollieren und zu vermessen und mit neuen Ersatzteilen auszurüsten. Zum Zerlegen des Zylinderkopfes wird eine Ventilfederpresse benötigt.*

1 Demontieren Sie den Zylinderkopf (siehe Kapitel 2A oder 2B) und reinigen Sie ihn äußerlich. Demontieren Sie alle externen Halterungen, Anschlüsse, Stutzen Rohre, Sensoren und Aufnahmen.

2,0 l-Motor

Achtung: Die Glühkerzen ragen unten aus dem Zylinderkopf heraus – stützen Sie ihn daher so auf Hölzern ab, dass die Glühkerzen nicht beschädigt werden.

2 Lösen Sie die zwei Schrauben der Hebeöse und entfernen Sie diese.

3 Lösen Sie die Schraube des Stutzen-Halters der Abgasrückführung (AGR) und entfernen Sie diesen (siehe Abbildung).

6.3 Schraube des AGR-Stutzen-Halters

4 Entfernen Sie den Auspuffstutzen samt Turbolader (siehe Kapitel 4A, Sektion 17).

Alle Motoren

5 Entfernen Sie die Glühkerzen (siehe Kapitel 5, Sektion 11).

6 Um ein Ventil ausbauen zu können, muss beim auf der Seite liegenden Zylinderkopf eine Ventilfederpresse senkrecht zwischen Federteller und Ventilteller angesetzt werden. Komprimieren Sie die Feder, bis der Druck des Federtellers auf die Keile nachlässt. Befreien Sie die Keile aus den Nuten des Ventilschafts – hierzu kann ein kleiner Schraubendreher, ein Magnet oder eine Spitzzange benutzt werden. Entspannen Sie die Ventilfeder langsam wieder und entfernen Sie die Ventilfederpresse. Heben Sie den Federteller und die Feder heraus (siehe Abbildungen).

6.6a Komprimieren Sie die Ventilfeder mit der Presse ...

6.6b ... und befreien Sie die Keile. Entspannen Sie die Presse wieder.

6.6c Entfernen Sie den Federteller ...

6.6d ... und die Feder.

7 Falls der Federteller beim Anziehen der Ventilfederpresse nicht die Keile freigeben will, muss mit leichten Hammerschlägen auf die Presse gelockert werden.
8 Ziehen Sie das Ventil durch den Brennraum heraus – falls es sich nicht herausziehen lässt, muss es zurückgeschoben und an den Keilnuten mit einer feinen Feile oder einem Nassschleifstein entgratet werden.
9 Befreien Sie mit einer Zange oder einem Spezialwerkzeug die Ventilschaftdichtung samt Federsitz von der Ventilführung (siehe Abbildung).

6.9 Demontage der Ventilschaftdichtung samt Federsitz mit einem Spezialwerkzeug

10 Solange die Bauteile nicht allzu sehr verschlissen sind, sodass sie nicht wiederverwendet werden können, muss jedes Ventil zusammen mit seinem Federteller, seinen Keilen, der Feder und deren Sitz so abgelegt werden, dass später alles wieder an seinen ursprünglichen Platz gelangt. Packen Sie die Teile dazu in markierte Tüten (siehe Abbildung) oder z. B. Eierkartons.

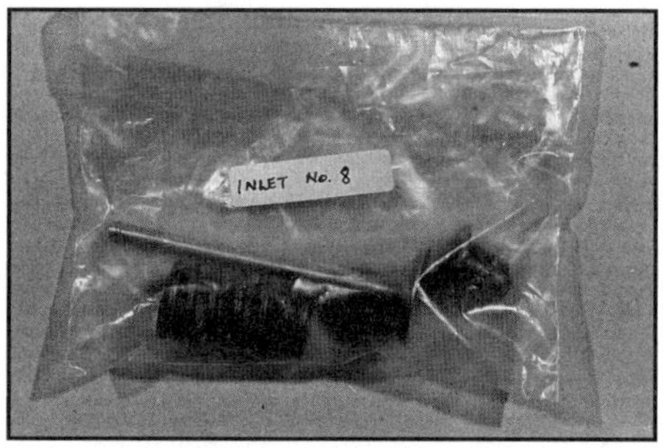

6.10 Lagern Sie die Einzelteile jedes Ventils in markierten Behältern.

7 Zylinderkopf und Ventile – Reinigung, Kontrolle und Überholung

Anmerkung: *Falls der Motor z. B. aufgrund eines Kühlproblems überhitzt wurde, kann der Zylinderkopf verzogen sein, sodass er sorgfältig überprüft werden muss.*
1 Reinigen Sie den Zylinderkopf und die Ventil-Komponenten sorgfältig, um anschließend eine detaillierte Inspektion durchzuführen. So können Entscheidungen getroffen werden, ob vor dem Zusammenbau der Komponenten weitere Arbeiten notwendig sind.

Reinigung

2 Schaben Sie altes Dichtungsmaterial vom Zylinderkopf – achten Sie darauf, nicht die relativ weiche Dichtfläche zu beschädigen
3 Schaben Sie Kohleablagerungen aus den Brennräumen und Kanälen, waschen Sie den Zylinderkopf dann mit Petroleum oder geeignetem Lösungsmittel.
4 Kratzen Sie alle Kohleablagerungen von den Ventilen. Reinigen Sie Ventilteller und Schaft anschließend mit einem Drahtbürstenaufsatz für die Bohrmaschine.
5 Falls der Zylinderkopf sehr stark verschmutzt ist, sollte er mit einem Dampfstrahler gereinigt werden. Achten Sie darauf, dass alle Ölbohrungen sauber und frei sind. Blasen Sie alles mit Druckluft trocken. Achtung: Tragen Sie beim Einsatz von Druckluft stets eine Schutzbrille!

Kontrolle und Überholung

Anmerkung: *Führen Sie die folgenden Kontrollen durch, bevor der Zylinderkopf zum Überholen an eine Fachwerkstatt weitergereicht wird. Erstellen Sie eine Liste mit allen Punkten, die Aufmerksamkeit erfordern.*

Zylinderkopf

6 Inspizieren Sie den Zylinderkopf sorgfältig auf Risse (ausgetretenes Kühlmittel) und andere Beschädigungen. Wenn Risse festgestellt werden, muss der Zylinderkopf ausgetauscht werden.
7 Mithilfe eines Präzisions-Richtscheits und einer Fühlerlehre wird geprüft, ob die Dichtfläche des Zylinderkopfs verzogen ist (siehe Abbildung); erkundigen Sie sich in einer Fachwerkstatt, ob der Zylinderkopf erneuert werden muss oder die Dichtfläche eventuell geplant werden kann. Ford macht keine Angaben zum maximalen Verzug, doch dürfen allgemein nicht mehr als 0,05 mm festgestellt werden.

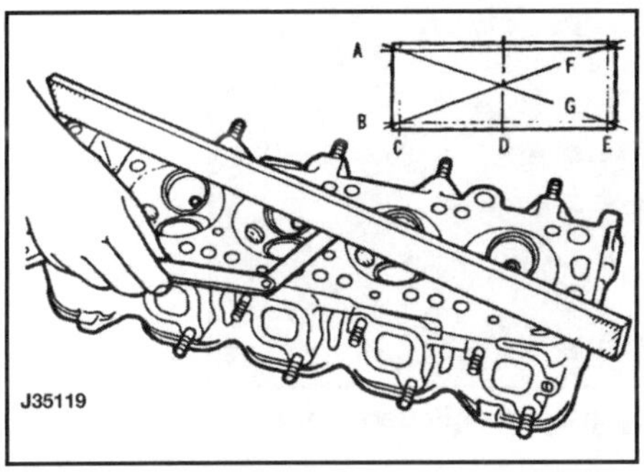

7.7 Kontrollieren Sie den Verzug des Zylinderkopfs in den gezeigten Richtungen mithilfe eines Richtscheits und einer Fühlerlehre.

8 Begutachten Sie die Ventilsitze im Brennraum. Falls sie Ausbrüche, Risse oder Verbrennungen zeigen, müssen sie nachgeschnitten oder ausgetauscht werden – diese notwendige Arbeit übersteigt die Möglichkeiten eines Hobbyschraubers. Wenn sie nur leicht erodiert sind, kann dies durch Einschleifen beseitigt werden (siehe unten). Falls die Ventilsitze nachgeschnitten werden müssen, darf dies erst **nach** dem Austausch der Ventilführungen geschehen.
9 Wenn die Ventilführungen verschlissen sind, lässt sich das Ventil seitlich darin bewegen und es müssen Übermaß-Ventilführungen beschafft werden, zudem sind Ventile mit Übermaß-Ventilschäften erhältlich. Der Austausch der Führungen sollte einer Fachwerkstatt überlassen werden.
10 Kontrollieren Sie beim 2,2 l-Motor die Nockenwellen-Lagerflächen im Zylinderkopf (siehe Kapitel 2B, Sektion 9).

Ventile

11 Inspizieren Sie sorgfältig den Ventilteller auf Risse, Löcher sowie verbrannte Stellen. Drehen Sie das Ventil und prüfen Sie dabei, ob es verzogen sein könnte. Kontrollieren Sie das Ende des Ventilschafts und die Keilnuten auf Ausbrüche und übermäßigen Verschleiß. Schadhafte Ventile müssen ersetzt werden.
12 Wenn die Ventile bis hierher gut aussehen, wird der Schaftdurchmesser an mehreren Stellen mit einer Mikrometerschraube ermittelt (siehe Abbildung). Jede Differenz zwischen den Messungen weist auf Verschleiß am Schaft hin, sodass das Ventil ersetzt werden muss.

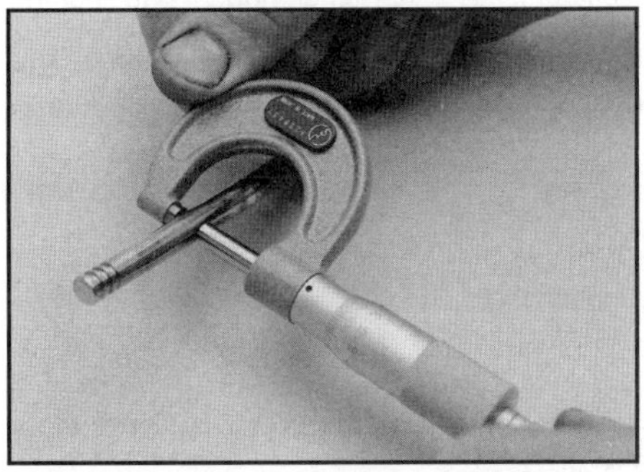

7.12 Ermitteln des Ventilschaft-Durchmessers mithilfe einer Mikrometerschraube an mehreren Stellen.

13 Sind die Ventile in einem zufriedenstellenden Zustand oder sollen neue Ventile installiert werden, müssen sie in ihren jeweiligen Sitzen geschliffen (»geläppt«) werden, um Dichtigkeit zu garantieren.
14 Das Läppen der Ventile wird wie folgt ausgeführt: Legen Sie den Zylinderkopf verkehrt herum auf die Werkbank – unterlegen Sie ihn mit Hölzern, um Platz für die Ventilschäfte zu erhalten. Schützen Sie ggf. die Nockenwellen-Lagerflächen.
15 Geben Sie etwas von der groben Schleifpaste auf die Ventildichtfläche sowie etwas von einem Gemisch aus Molybdänfett und Motoröl an den Ventilschaft und stecken Sie das Ventil in die Führung. Befestigen Sie einen Ventildreher am Ventil und drehen sie ihn zwischen den Handflächen. Hin- und herdrehen ist dem Drehen in eine Richtung vorzuziehen. Heben Sie das Ventil gelegentlich an, um die Schleifpaste neu zu verteilen (siehe Abbildung).

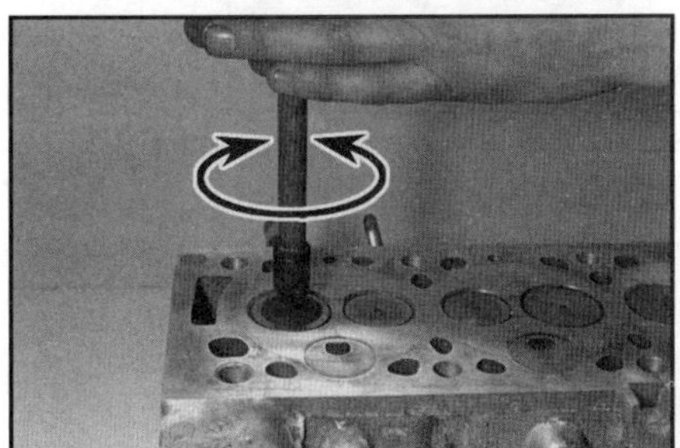

7.15 »Läppen« eines Ventils

16 Wenn am Ventilsitz und am Ventilteller eine trübe, matte und gleichmäßige Oberfläche entstanden ist, wird die Schleifpaste abgewischt und der Prozess mit der Feinschleifpaste wiederholt.
17 Sobald ein gleichmäßiger und ununterbrochener matt hellgrauer Ring am Ventilsitz und am Ventil entstanden ist, wird das Läppen beendet – schleifen Sie die Ventile nicht weiter als nötig ein, da sonst der Sitz vorzeitig in den Zylinderkopf gedrückt werden kann. Reinigen Sie anschließend das Ventil

und seine Führung sorgfältig mit Lösungsmittel. Blasen Sie alle Kanäle mit Druckluft aus – vor der Montage müssen alle Schleifmittelreste entfernt sein.

Ventil-Komponenten

18 Begutachten Sie die Ventilfedern auf Beschädigungen und Verfärbung – ersetzen Sie sie bei jedem Zweifel.
19 Vergleichen Sie möglichst die freie Länge der vorhandenen Federn mit Neuteilen. Stellen Sie die Federn auf eine ebene Fläche und prüfen Sie sie auf Verzug. Falls eine Feder deutlich kürzer ist oder schräg steht, müssen alle Federn als Set ausgetauscht werden. Federn ermüden mit der Zeit und es kann nicht schaden, sie nach einer hohen Laufleistung generell auszutauschen.
20 Die Ventilschaftdichtungen müssen ungeachtet ihres Zustands nach jedem Ausbau durch Neuteile ersetzt werden.

8 Zylinderkopf – Zusammenbau

Achtung: Tragen Sie beim Einsatz von Druckluft stets eine Schutzbrille!
1 Unabhängig davon, ob der Zylinderkopf auf irgendeine Weise repariert wurde oder nicht, muss er sorgfältig gereinigt werden. Entfernen Sie sämtliche Metallpartikel, die beim Läppen oder Nachschneiden entstanden sind. Blasen Sie den Kopf möglichst mit Druckluft aus.
2 Beginnen Sie an einem Ende des Zylinderkopfs und installieren Sie den neuen Federsitz samt Ventilschaftdichtung – drücken Sie diese mit einem geeigneten Werkzeug fest auf die Ventilführung (siehe Abbildungen).

8.2a Installieren Sie einen neuen Federsitz samt Ventilschaftdichtung ...

8.2b ... und drücken Sie diese mit einem geeigneten Werkzeug fest auf die Ventilführung.

3 Ölen Sie den Schaft des Ventils und schieben Sie es in seine Führung (siehe Abbildung). Falls neue Ventile installiert werden, müssen sie dort installiert werden, wo sie eingeschliffen wurden.

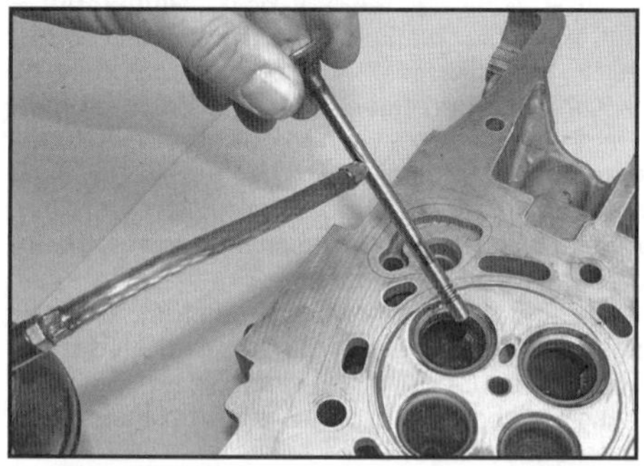

8.3 Ölen Sie den Ventilschaft und schieben Sie das Ventil ein.

4 Installieren Sie die Ventilfeder über das Ventil und legen Sie den Federteller auf (siehe Abbildungen).

8.4a Installieren Sie die Ventilfeder über das Ventil ...

8.4b ... und legen Sie den Federteller auf.

5 Komprimieren Sie die Feder mit der Ventilfederpresse, bis der Federteller unter der Keilnut liegt. Installieren Sie die Keile mit der schmalen Seite nach unten in ihre Nut im Ventilschaft und »kleben« Sie sie dort mit etwas Fett an (siehe Abbildung).

8.5 Komprimieren Sie die Feder und »kleben« Sie die Keile mit etwas Fett in ihre Nuten.

6 Entlasten Sie die Presse vorsichtig und prüfen Sie, ob die Keile in der Nut verbleiben. Sobald die Ventilfederpresse vollständig gelöst ist, sollte der Ventilschaft einen sanften Schlag mit einem weichen Hammer erhalten, damit sich die Komponenten setzen.
7 Wiederholen Sie die Prozedur mit den anderen Ventilen – achten Sie auf ihre originalen Positionen.

9 Kolben und Pleuel – Ausbau und Kontrolle

Anmerkung: *Obwohl diese Arbeit theoretisch bei eingebautem Motor möglich ist, erfordert sie so viel Vorarbeit und lässt sich aufgrund der begrenzten Platzverhältnisse deutlich besser bei ausgebautem Motor erledigen. In der Sektion wird davon ausgegangen, dass der Motor ausgebaut ist.*

Ausbau

1 Demontieren Sie den Zylinderkopf und die Ölwanne (siehe Kapitel 2A oder 2B, Sektionen 10 und 11).
2 Demontieren Sie die Ölpumpe samt Ansaugrohr (siehe Kapitel 2A oder 2B, Sektion 12).
3 Lockern Sie schrittweise und über Kreuz die Schrauben, mit denen die untere Motorgehäusehälfte am Hauptgehäuse (Zylinderblock) gesichert ist. Trennen Sie die Gehäusehälften und entsorgen Sie die Dichtung.
4 Montieren Sie übergangsweise die Riemenscheibe, um die Kurbelwelle drehen zu können. Jede Kolben/Pleuel-Baugruppe sollte an den Abflachungen beider Pleuelfußhälften mit der Zylinder-Position (Nr. 1 rechts am Steuertrieb, Nr. 4 links am Getriebe) markiert sein. Auf den Kolbenböden angebrachte Pfeile müssen nach rechts zeigen. Falls keine Markierungen angebracht sind, müssen selbst welche angebracht werden, um die Komponenten korrekt zuordnen und ausrichten zu können (siehe Abbildung).

9.4 Bringen Sie an den Pleuelfußhälften z. B. Körnerschläge an.

5 Erfühlen Sie mit einem Fingernagel, ob sich im OT des oberen Kolbenrings (ca. 6 mm unterhalb des oberen Zylinderrands) eine Kante gebildet hat, die entweder auf Verschleiß oder Kohleablagerungen hinweist. Im Fachhandel sind spezielle Reibahlen erhältlich, mit denen die Kante angeglichen werden kann (siehe Abbildung) – folgen Sie deren beigefügten Hinweisen.
Achtung: Wird versucht, einen Kolben bei noch vorhandener Kante auszubauen, können Kolbenringe brechen!

9.5 Mit einer speziellen in die Zylinderbohrung eingeführten Reibahle kann die Kante oberhalb der Kolbenringe entfernt werden.

6 Beginnen Sie an Zylinder Nr. 1 und lockern Sie die beiden Pleuelfußschrauben um jeweils eine halbe Umdrehung, bis sie von Hand herausgedreht und die Pleuelfuß-Lagerdeckel abgenommen werden können – verlieren Sie dabei nicht die Lagerschale.
7 Die Pleuelfüße wurden aus einem Stück gefertigt und dann an vorgegebenen Stellen gebrochen, sodass sie perfekt rund sind. Die gebrochenen Kontaktflächen sind rau und empfindlich und dürfen nicht beschädigt werden – z. B. durch Ablegen auf einer harten Oberfläche. Nur die gebrochenen Pleuelfußhälften passen korrekt zusammen, sodass dafür gesorgt werden muss, dass nichts durcheinander gerät.
8 Entfernen Sie die obere Lagerschale und drücken Sie das Pleuel samt Kolben nach oben aus dem Zylinder – verwenden Sie dazu nötigenfalls einen Hammergriff. Falls Widerstand fühlbar wird, muss geprüft werden, ob sich immer noch eine Kante oben im Zylinder befindet. Wiederholen Sie die Prozedur mit den anderen Kolben/Pleuel-Baugruppen.
9 Verbinden Sie nach dem Ausbau den Lagerdeckel wieder mit dem Pleuel und drehen Sie die Schrauben handfest ein. Belassen Sie die alten Lagerschalen zunächst in ihren Sitzen, damit diese nicht versehentlich beschädigt werden können. Beim Einbau sollten generell neue Lagerschalen verwendet werden.
10 Lösen Sie unterhalb der Zylinderbohrungen ggf. die Schrauben der Öldüsen und entfernen Sie diese (siehe Abbildungen).

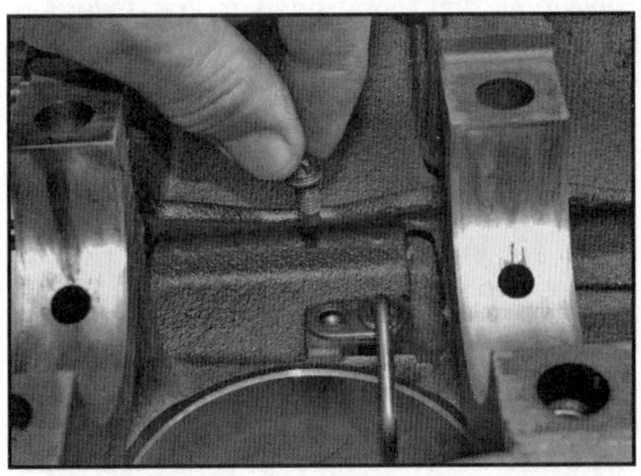

9.10a Lösen Sie unterhalb der Zylinderbohrungendie Schrauben ...

9.10b ... und entfernen Sie die Öldüsen.

9.14a Die Kolbenring-Nuten können mit einem Spezialwerkzeug, ...

9.14b ... aber auch mit einem abgebrochenen Stück eines alten Kolbenringes von Kohleresten befreit werden

Kontrolle

11 Zunächst müssen die aus dem Kolben und dem Pleuel bestehenden Baugruppen gereinigt werden, dann werden die alten Kolbenringe entfernt. Die Ringe müssen eine glatte Oberfläche aufweisen und dürfen weder Kohleablagerungen noch Hinweise auf Verschleiß an ihren Ober- und Unterseiten zeigen. Verfärbungen weisen darauf hin, dass der Ring nicht richtig gegen die Zylinderwand abgedichtet hat und Verbrennungsgase durchgelassen hat. Die Enden der Ringe dürfen weder Kohleablagerungen aufweisen noch wie poliert aussehen (was auf zu geringes Stoßspiel hinweisen würde). Alle Ringe (einschließlich der Ölabstreifring-Segmente) müssen sich frei in ihren Nuten drehen lassen, ohne dabei viel Spiel nach oben und unten zu haben. Soweit die Kolbenringe insgesamt gut aussehen, könnten sie eventuell wiederverwendet werden – kontrollieren Sie zunächst ihr Stoßspiel (siehe Sektion 14). Sobald auch nur ein Ring verschlissen oder beschädigt ist oder sein Stoßspiel von den Vorgaben abweicht, sollten alle Ringe als Set ausgetauscht werden.
Anmerkung: *Generell empfiehlt sich bei jeder Motorüberholung neue Kolbenringe zu verwenden, doch können akzeptable Kolbenringe auch wiederverwendet werden – achten Sie beim Ausbau auf Markierungen, damit sie wieder in ihre ursprüngliche Positionen gelangen.*

12 Spannen Sie die alten Ringe vorsichtig auseinander, um sie aus ihren Nuten zu befreien und nach oben zu entfernen; mithilfe zwei oder drei alter Fühlerlehrenblätter können die Ringe daran gehindert werden, in leeren Nuten einzurasten. Der Kolben darf nicht mit den Ring-Enden zerkratzt werden. Kolbenringe sind gehärtet und können leicht brechen, wenn sie zu sehr gespannt werden. Sie sind außerdem sehr scharfkantig, sodass Schutzhandschuhe getragen werden sollten.

13 Schaben Sie die Ölkohle vom Kolbenboden. Eine weiche Drahtbürste oder feines Schmirgelleinen kann zur Nacharbeit verwendet werden. Benutzen Sie keinesfalls einen Drahtbürstenaufsatz auf einer Bohrmaschine, das Kolbenmaterial ist sehr weich und würde abgetragen werden.

14 Die Kolbenring-Nuten können mit einem Spezialwerkzeug, aber auch mit einem abgebrochenen Stück eines alten Kolbenringes von Kohleresten befreit werden (siehe Abbildungen). Seien Sie vorsichtig, dass kein Kolben-Metall entfernt wird oder die Seiten der Nut gequetscht oder eingekerbt werden.

15 Wenn die Kohleablagerungen entfernt sind, wird der Kolben mit Lösungsmittel gereinigt und anschließend möglichst mit Druckluft getrocknet. Gehen Sie sicher, dass die Ölrücklaufbohrungen in der Nut des Ölabstreifrings sauber sind.
Achtung: Tragen Sie beim Einsatz von Druckluft stets eine Schutzbrille!

16 Wenn die Kolben und Zylinder weder beschädigt noch übermäßig verschlissen sind, können die alten Kolben wiederverwendet werden. Normaler Kolbenverschleiß sind leichte Laufspuren an den Kolbenhemden und ein mit leichtem Spiel in seiner Nut sitzender oberer Kolbenring.

17 Begutachten Sie jeden Kolben sorgfältig auf Brüche am Hemd, an den Bolzenaugen und zwischen den Kolbenringnuten.

18 Achten Sie auf Riefen und Schleifspuren am Hemd, Löcher im Kolbenboden sowie Verbrennungen an dessen Rand. Wenn das Hemd Riefen oder Klemmspuren zeigt, kann der Motor an Überhitzung gelitten haben und/oder eine abnormale Verbrennung sorgte für extrem hohe Arbeitstemperatur. Kontrollieren Sie sorgfältig das Kühl- und das Schmiersystem. Brandflecken an den Seiten der Kolben weisen darauf hin, dass Leckgase an den nicht korrekt abdichtenden Kolbenringen vorbeiströmen können. Ein Loch im Kolbenboden oder verbrannte Stellen am Rand des Bodens weisen auf Klingeln oder Klopfen hin. Wenn eines dieser Probleme existiert, müssen die Gründe beseitigt werden, damit die Schäden sich nicht fortsetzen. Ursachen können Nebenluft, eine defekte Einspritzdüse oder ein Fehler in der Motorsteuerung sein.

19 Korrosion (in Form von Lochfraß) am Kolben weist darauf hin, dass Kühlmittel in den Brennraum und/oder das Kurbelgehäuse gelangt. Wieder muss das Problem beseitigt werden, bevor der Motor zusammengebaut wird.

20 Ermitteln Sie das Spiel zwischen Kolben und Pleuel, indem Sie versuchen, beide Teile gegeneinander zu verdrehen – jegliches fühlbare Spiel weist auf Verschleiß hin, sodass die Bauteile von einer Fachwerkstatt inspiziert und vermessen werden müssen. Falls neue Teile benötigt werden, ist man hier auch in der Lage, die passenden Kolben und Ringe zu beschaffen und die Zylinderbohrungen entsprechend zu honen oder ggf. aufzubohren.

21 Kontrollieren Sie das Pleuel auf Risse und andere Schäden, Demontieren Sie übergangsweise den unteren Lagerdeckel und die alten Lagerschalen, um deren Sitze auf Schäden zu überprüfen. Installieren Sie anschließend wieder die alten Lagerschalen und den Deckel und drehen Sie die Schrauben handfest ein.

10 Kurbelwelle (2,2 l-Motor) – Ausbau und Kontrolle

Anmerkung: *Diese Prozedur gilt nur für den 2,2 l-Motor; beim 2,0 l-Motor darf die Kurbelwelle laut Ford nicht ausgebaut werden.*

Ausbau

Anmerkung: *Die Kurbelwelle kann erst demontiert werden, nachdem die Antriebseinheit aus dem Fahrzeug gebaut und getrennt wurde. Ebenfalls müssen das Schwungrad, die Steuerkette, der Zylinderkopf, die Ölwanne, die Ölpumpe, die Kolben samt Pleuel und die untere Motorgehäusehälfte entfernt sein. Der Dichtringträger muss vom Motorgehäuse abgeschraubt sein.*

1 Kontrollieren Sie zunächst das Axialspiel der Kurbelwelle (siehe Sektion 14). Verbinden Sie eine Messuhr so mit dem Motorblock, dass der Taster am Ende der Kurbelwelle anliegt (siehe Abbildung).

10.1 Axialspiel-Prüfung mithilfe einer Messuhr …

2 Drücken Sie die Kurbelwelle vollständig gegen die Messuhr und nullen Sie sie. Hebeln Sie sie nun von der Messuhr weg und notieren Sie den Messwert – falls er über 0,305 mm liegt, sind die Anlauf-Halbringe an Hauptlager Nr. 3 verschlissen und müssen durch Neuteile ersetzt werden.

3 Falls keine Messuhr vorhanden ist, kann auch eine Fühlerlehre verwendet werden. Drücken Sie die Kurbelwelle zunächst in Richtung Steuerkette. Messen Sie dann mit Fühlerlehrenblättern den Spalt zwischen der Kurbelwange und den Anlauf-Halbringen an Hauptlager Nr. 3 – falls mehr als 0,305 mm ermittelt werden, sind die Anlauf-Halbringe verschlissen und müssen durch Neuteile ersetzt werden (siehe Abbildung).

10.3 … oder mit einer Fühlerlehre.

4 Die Hauptlagerdeckel sollten von der Steuerkette aus von 1 bis 5 nummeriert sein (siehe Abbildung) – bringen Sie andernfalls Markierungen an. Es müssen auch Pfeile sichtbar sein, die stets zur Steuerkette zeigen müssen (siehe Abbildung). Beginnen Sie an den äußeren Hauptlagerdeckeln und arbeiten Sie sich nach innen vor: Lockern Sie die Schrauben jeweils um eine Viertelumdrehung, bis sie entfernt werden können.

10.4a Die Hauptlagerdeckel sollten von der Steuerkette aus von 1 bis 5 nummeriert sein.

10.4b Die Pfeile müssen zur Steuerkette zeigen.

5 Klopfen Sie die Hauptlagerdeckel sanft mit einem weichen Hammer ab, um sie vom Motorblock entfernen zu können – hebeln Sie sie nötigenfalls mithilfe einer der Schrauben ab. Lassen Sie nicht die Lagerschalen aus den Deckeln fallen.

6 Heben Sie die Kurbelwelle vorsichtig aus dem Motorgehäuse (siehe Abbildung) – nötigenfalls mithilfe eines Assistenten. Soweit die Lagerschalen in den Lagersitzen und den Hauptlagerdeckeln verblieben sind, werden die Deckel aufgesetzt und die Schrauben handfest eingedreht. Belassen Sie die alten Lagerschalen zunächst in ihren Sitzen, damit diese nicht versehentlich beschädigt werden können. Beim Einbau sollten generell neue Lagerschalen verwendet werden.

10.6 Heben Sie die Kurbelwelle vorsichtig aus dem Motorgehäuse.

Kontrolle

7 Reinigen Sie die Kurbelwelle mit Petroleum oder Lösungsmittel und trocknen Sie sie möglichst mit Druckluft. Reinigen Sie alle Ölbohrungen mit einem Pfeifenreiniger oder Ähnlichem, um sicherzugehen, dass sie nicht verstopft sind.

Warnung: Tragen Sie beim Einsatz von Druckluft stets eine Schutzbrille!

8 Kontrollieren Sie die Gleitlagerflächen der Haupt- und Pleuellager auf ungleichmäßigen Verschleiß, Riefen, Lochfraß und Risse.
9 Verschlissene Pleuelfußlager machen sich durch metallisches Klopfen bemerkbar – besonders wenn der Motor bei geringen Drehzahlen unter Last gesetzt wird; zudem sinkt der Öldruck.
10 Verschlissene Hauptlager machen sich durch starke Motorvibrationen und rumpelnde Geräusche bemerkbar – je höher die Drehzahl, desto stärker; zudem sinkt auch hier der Öldruck.
11 Kontrollieren Sie die Lagerzapfen auf raue Oberflächen, indem Sie sanft mit einem Finger darüberstreichen. Raue Stellen weisen auf Lagerverschleiß hin, sodass die Kurbelwelle eventuell auf ein Untermaß geschliffen oder ersetzt werden muss.
12 Lassen Sie eine Fachwerkstatt den Durchmesser der Hauptlager- und Hubzapfen ermitteln und entscheiden, ob die Welle geschliffen werden kann und entsprechende Übermaß-Lagerschalen eingesetzt werden können – falls beim Ford-Händler keine Übermaß-Lagerschalen erhältlich sind und die Kurbelwelle unter die in den technischen Daten angegebenen Maße verschlissen ist, hilft nur ein Austausch der Welle.
13 Wenn die Welle geschliffen wurde, müssen die Ölbohrungen auf Grate überprüft werden (normalerweise sind sie angefast, sodass Grate kein Problem darstellen, solange nicht sorglos gearbeitet wurde. Entfernen Sie sämtliche Grate mit einer feinen Feile oder einem Schaber und reinigen Sie die Ölbohrungen wie oben beschrieben.

11 Zylinderblock/Motorgehäuse – Reinigung und Kontrolle

Reinigung

Anmerkung: *Falls der Halter des Kurbelwellensensors entfernt wird, muss beim Einbau seine exakte Position bestimmt werden (siehe Sektion 16).*

1 Für eine komplette Reinigung müssen alle externen Komponenten (Halterungen, Ölkühler, Ölfiltergehäuse, Kolben-Kühldüsen usw. sowie elektrische Schalter und Sensoren vom Motorblock entfernt werden.
2 Entfernen Sie die Hauptlagerdeckel und befreien Sie die Lagerschalen aus dem Deckel und den Sitzen im Motorgehäuse. Markieren Sie die Schalen entsprechend ihrer Positionen und legen Sie sie beiseite (siehe Abbildung). Wischen Sie die Lagersitze im Deckel und Motorgehäuse sauber und kontrollieren Sie sie auf Einkerbungen, Furchen und Kratzer

11.2 Markieren Sie die Schalen entsprechend ihrer Positionen.

3 Schaben Sie Dichtungsreste vom Motorgehäuse und den Hauptlagerdeckeln – beschädigen Sie dabei nicht die Dichtflächen.
4 Entfernen Sie alle vorhandenen Ölkanalstopfen – sie sitzen meistens sehr fest und müssen ggf. ausgebohrt werden, sodass die Bohrungen mit neuen Gewinden ausgerüstet werden müssen. Verwenden Sie beim Zusammenbau des Motor auf jeden Fall neue Stopfen.
5 Falls Teile des Motorgehäuses extrem verschmutzt sind, sollte zunächst alles mit einem Dampfstrahler gesäubert werden.
6 Nachdem das Motorgehäuse vom Dampfstrahlen zurückgekehrt ist, müssen alle Ölbohrungen und -kanäle gereinigt werden. Spülen Sie alle Kanäle mit warmen Wasser durch, bis es klar wieder austritt. Trocknen Sie anschließend alles sorgfältig und ölen Sie alle bearbeiteten Flächen – vor allem die Zylinderbohrungen – dünn ein, um sie vor Rost zu schützen. Falls Zugang zu Druckluft besteht, kann damit der Trocknungsprozess beschleunigt werden; außerdem sollten damit alle Ölbohrungen und -kanäle ausgeblasen werden.

Warnung: Tragen Sie beim Einsatz von Druckluft stets eine Schutzbrille!

7 Falls das Motorgehäuse nicht allzu stark verschmutzt ist, kann es mit warmen Seifenwasser und einer harten Bürste gereinigt werden – nehmen Sie sich Zeit und arbeiten Sie sorgfältig. Unabhängig von der Reinigungsmethode müssen besonders Bohrungen und Kanäle äußerst penibel gesäubert und alle Komponenten gut getrocknet werden. Ölen Sie die Zylinderbohrungen in Gusseisen-Gehäusen sofort nach der Reinigung ein, um sie vor Korrosion zu schützen.
8 Um beim Zusammenbau korrekte Anzugswerte sicherstellen zu können, müssen die Gewindebohrungen gereinigt werden: drehen Sie dazu einen passenden Gewindebohrer hinein und entfernen Sie damit Korrosion, Kleberreste und Schmutz; gleichzeitig werden dadurch Schäden am Gewinde beseitigt (siehe Abbildung). Reinigen Sie anschließend die Bohrungen möglichst mit Druckluft. Vergessen Sie nicht, auch die Gewinde der Schrauben und Muttern zu reinigen, falls sie wiederverwendet werden sollen.

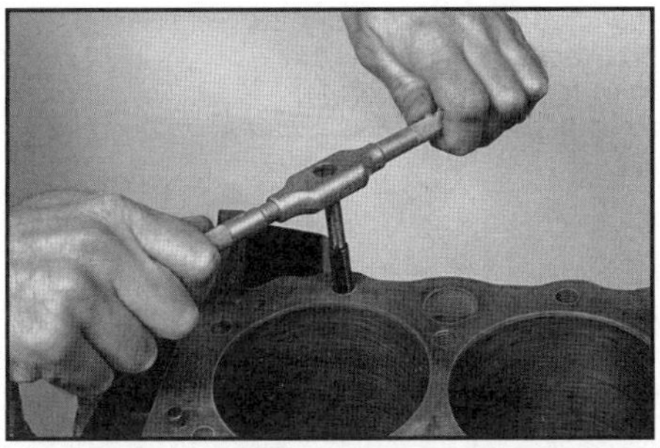

11.8 Zum Reinigen und Restaurieren von Gewindebohrungen wird ein passender Gewindebohrer hineingedreht.

9 Versehen Sie neue Ölkanalstopfen mit geeigneter Dichtmasse, drehen Sie sie in ihre Sitze und ziehen Sie sie sorgfältig an. Installieren Sie ggf. die Öldüsen und ziehen Sie deren **neuen** Schrauben sorgfältig an.
10 Installieren Sie die Hauptlagerdeckel und drehen Sie ihre Schrauben handfest ein. Falls der Motor nicht gleich wieder zusammengebaut werden soll, muss er mit einer Abdeckplane vor Staub und Schmutz geschützt werden. Schützen Sie bearbeiteten Flächen mit Öl vor Korrosion.

Kontrolle

11 Inspizieren Sie das Gehäuse auf Risse und Korrosion. Achten Sie auf ausgerissene Gewindebohrungen. Falls irgendwann Wasser in den Motor eingedrungen war, sollte das Gehäuse von einem Spezialbetrieb auf Haarrisse untersucht werden. Falls Schäden gefunden werden, können diese eventuell repariert werden, ansonsten muss ein Austauschmotor beschafft werden.
12 Kontrollieren Sie jede Zylinderbohrung auf Scheuerstellen und Riefen. Falls die Kolbenringe im oberen Totpunkt bereits eine Kante erzeugt haben, ist dies ein Hinweis auf eine verschlissene Bohrung. Soweit der Verschleiß noch nicht stark fortgeschritten ist, können die Bohrungen eventuell gehont oder aufgebohrt werden – holen Sie sich Rat bei einem Fachbetrieb.
13 Stellen Sie den Motorblock richtig herum auf einen ebenen Untergrund und messen Sie mit einem Richtscheit und einer Fühlerlehre den Verzug der Zylinder-Dichtfläche – längs und diagonal dürfen nicht mehr als 0,1 mm Verzug ermittelt werden, andernfalls kann Planen helfen – holen Sie sich auch hierzu Rat bei einem Fachbetrieb.
14 Zum korrekten Vermessen der Zylinderbohrungen werden Spezialinstrumente benötigt. Wir empfehlen, den Motorblock von einer Fachwerkstatt vermessen und kontrollieren zu lassen; hier können auch Ratschläge zu möglicherweise benötigten neuen Kolben gegeben werden, falls die Zylinder auf Übermaß aufgebohrt werden müssen.
15 Wenn die Zylinderbohrungen und Kolben nicht übermäßig verschlissen sind, sich in einem brauchbaren Zustand befinden und das Kolbenspiel eingehalten wird, brauchen eventuell nur die Kolbenringe erneuert zu werden. Dies erfordert das Honen der Bohrungen – und kann von einem Fachbetrieb zu moderaten Kosten durchgeführt werden.
16 Montieren Sie alle externen Komponenten und Sensoren wie beim Ausbau notiert.

12 Hauptlager und Pleuelfußlager – Kontrolle

1 Auch wenn die Haupt- und Pleuelfuß-Lagerschalen bei einer Motorüberholung generell ausgetauscht werden, sollten die alten Bauteile für eine genaue Begutachtung aufbewahrt werden, um aus Ihnen wertvolle Informationen über den Zustand des Motors zu ziehen.
2 Lagerschäden beruhen zumeist auf Ölmangel, Schmutz oder Fremdkörpern im Motor, Motorüberlastung und/oder Korrosion (siehe Abbildung). Ungeachtet des Grundes für die Lagerschäden muss dieser vor der Motormontage korrigiert werden, um eine Wiederholung auszuschließen.

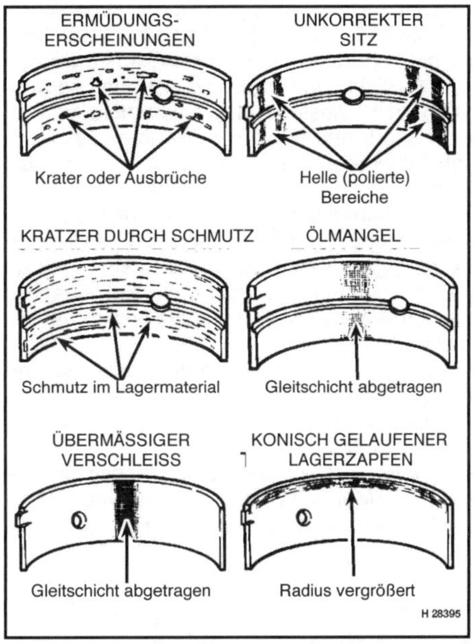

12.2 Typische Verschleißerscheinungen an Lagerschalen

3 Zu einer Begutachtung der Lager werden alle Lagerschalen aus dem Motorblock, den Pleuel und allen Lagerdeckeln ausgebaut und entsprechend ihrer Positionen an der Kurbelwelle auf eine saubere Oberfläche gelegt. Dieses erlaubt Ihnen, ein erkanntes Lagerproblem dem entsprechenden Kurbelzapfen zuzuordnen. Die Lagerflächen der Gleitschalen dürfen nicht mit den Fingern berührt werden!
4 Schmutz und andere Fremdkörper können auf unterschiedliche Weise in den Motor gelangen. Sie können beim Zusammenbau zurückgelassen werden oder durch den Filter bzw. die Motorentlüftung eindringen. Die Partikel gelangen mit dem Öl in die Lager. Oftmals finden sich Metallsplitter als Bearbeitungsrückstände oder Verschleißspuren. Ablagerungen verbleiben auch nach Überholungen in Motorkomponenten, besonders wenn die Teile nicht sorgfältig gereinigt wurden.
5 Fremdkörper arbeiten sich auf jeden Fall in das weiche Lagermaterial ein und können leicht erkannt werden. Große Partikel werden jedoch nicht in das Lager eingebettet, sondern kerben und zerkratzen die Lager und Zapfen. Der beste Schutz gegen diese Lager-Ausfälle ist sorgfältiges Reinigen und absolute Sauberkeit bei der Motormontage. Ebenso müssen natürlich regelmäßig das Öl und der Ölfilter gewechselt werden.
6 Ölmangel und eine Unterbrechung der Schmierung haben eine Reihe von zusammenhängenden Gründen: Extreme

Hitze verdünnt das Öl, Überlastung drückt das Öl aus den Lagern und überhöhtes Lagerspiel oder eine verschlissene Ölpumpe lässt den nötigen Druck des Schmiersystems zusammenbrechen. Blockierte Ölleitungen lassen ein Lager trocken laufen und zerstören es schnell. Lagerschalen besitzen zwar sogenannte »Notlaufeigenschaften«, aber nur für die jeweils ersten Sekunden nach dem Anlassen – wird jedoch bei hohen Drehzahlen einmal die Schmierung für Zehntelsekunden unterbrochen, können Schalen und Zapfen bereits schrottreif sein. Das Lagermaterial wird abgetragen und die durch die Reibung entstehende starke Hitze zerstört den Wellenzapfen.

7 Auch die Fahrweise hat einen direkten Einfluss auf die Laufzeiten von Lagern. Vollgas bei niedrigen Drehzahlen und hohe Belastung beanspruchen die Lager stark, da diese dazu neigen, den Ölfilm abzuquetschen. Diese Zustände belasten die Lager stark und erzeugen feine Ermüdungsbrüche in der Oberfläche. Eventuell kann das Lagermaterial ausbrechen und selbst weitere Schäden erzeugen. Kurzstreckenbetrieb führt zu Korrosion der Lager, da der Motor keine ausreichende Betriebstemperatur erreicht, um Kondenswasser und aggressive Gase zu vertreiben. Diese Produkte sammeln sich im Motoröl und bilden Säure und Schlamm. Wenn dieses Öl in die Lager gelangt, greift die Säure die Lager an und lässt das Material korrodieren.

8 Eine nachlässige Lagermontage während des Motorzusammenbaus kann ebenso zu Problemen führen. Festsitzende Lager führen zu geringem Lagerspiel und einem unzureichenden Schmierfilm. Hinter einer Lagerschale verbleibender Schmutz oder Fremdteile verbiegen die Schale und sorgen für punktuellen Verschleiß.

9 Die Gleitflächen der Lagerschalen dürfen unter keinen Umständen mit den Fingern berührt werden, da die empfindliche Oberfläche beschädigt werden kann oder kleinste Schmutzpartikel daran haften bleiben.

10 Wie bereits erwähnt, ist es sehr empfehlenswert, die Lagerschalen bei jeder Motorüberholung durch Neuteile zu ersetzen; alles andere wäre falsche Sparsamkeit.

13 Motorüberholung – Zusammenbaureihenfolge

1 Bevor der Zusammenbau beginnt, muss sichergestellt sein, dass alle neuen Teile und notwendigen Werkzeuge beschafft sind. Lesen Sie die gesamte Arbeitsprozedur durch, um sich mit der anstehenden Arbeit vertraut zu machen und sicher zu sein, dass alle für den Zusammenbau benötigten Dinge – einschließlich aller Dichtungen – vorhanden sind. Neben allen normalen Werkzeugen und Materialien werden in manchen Fällen Schrauben-Sicherungspaste (»Loctite«) und vom Hersteller empfohlene Dichtmasse benötigt. Generell müssen Dichtflächen absolut sauber und fettfrei sein, bevor Dichtungen aufgelegt werden dürfen.

2 Zu diesem Zeitpunkt müssen alle Motorkomponenten absolut sauber und trocken und alle Schäden repariert sein. Alle Bauteile müssen auf einer absolut sauberen Arbeitsfläche ausgelegt oder in Behältern bereitgehalten werden. Schmieren Sie alle Teile beim Zusammenbau mit frischem Motoröl.

3 Um Zeit zu sparen und Probleme zu vermeiden, sollte der Zusammenbau in der folgenden Reihenfolge durchgeführt werden:

a) Kurbelwelle und Hauptlager (Sektion 10)
b) Kolben/Pleuel (Sektion 9)
c) Ölpumpe (Kapitel 2A oder 2B, Sektion 12)
d) Ölwanne (Kapitel 2A oder 2B, Sektion 11)
e) Schwungrad (Kapitel 2A oder 2B, Sektion 16)
f) Zylinderkopf (Kapitel 2A oder 2B, Sektion 10)
g) Nockenwellenantrieb (Kapitel 2A oder 2B, Sektion 8)
h) Einlassstutzen (Kapitel 4A, Sektion 16)
i) Auspuffstutzen (Kapitel 4A, Sektion 17)
j) Externe Motorkomponenten und Nebenaggregate

14 Kolbenringe – Einbau

1 Vor der Montage neuer Ringe an die Kolben muss ihr Stoßspiel in den Zylinderbohrungen ermittelt werden: Sortieren Sie zum Messen den Kolben samt Ringen dem korrekten Zylinder zu, sodass die Ringe mit dem korrekten Kolben und Zylinder gemessen und später auch hier installiert werden.

2 Installieren Sie den oberen Ring in die erste Bohrung und drücken Sie ihn mit der Oberseite des Kolbens herunter, damit er senkrecht im Zylinder sitzt (siehe Abbildung). Positionieren Sie den Ring knapp über dem unteren Totpunkt der Kolbenringe und ziehen Sie den Kolben wieder heraus.

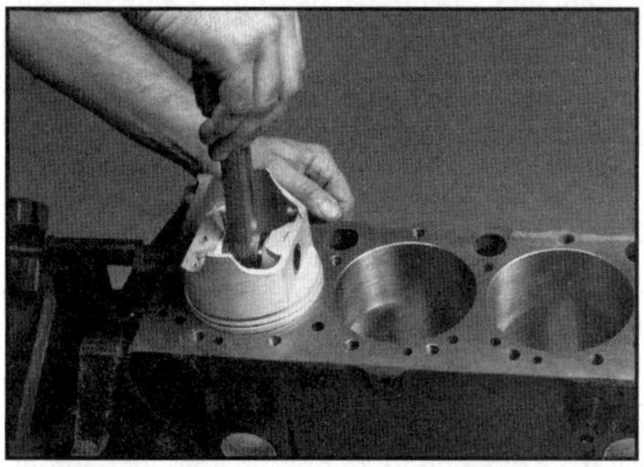

14.2 Drücken Sie den Kolbenring mit der Oberseite des Kolbens herunter, damit er senkrecht im Zylinder sitzt.

3 Messen Sie das Stoßspiel mit einer Fühlerlehre und vergleichen Sie die Ergebnisse mit den Angaben in den technischen Daten (siehe Abbildung). Falls das Stoßspiel von den Vorgaben abweicht, muss geprüft werden, ob der Ring tatsächlich zum Zylinder passt. Falls der Zustand der alten Kolbenringe kontrolliert werden soll, muss der Zylinderblock von einem Fachbetrieb kontrolliert und vermessen werden, damit sichergegangen werden kann, welche Komponente(n) verschlissen ist.

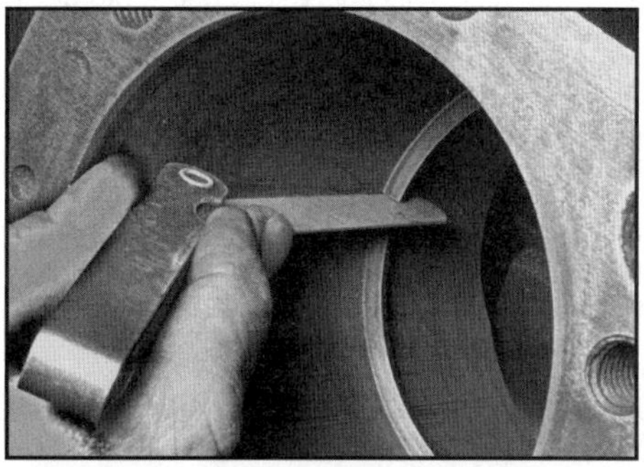

14.3 Messen Sie mit einer Fühlerlehre den Abstand der korrekt positionierten Kolbenring-Enden.

4 Falls der Spalt weiterhin zu klein ist, muss er vorsichtig mit einer feinen Feile erweitert werden. Ein Stoßspiel am oberen Ende der Vorgaben ist nicht kritisch, solange der Zylinder nicht verschlissen ist.

5 Wiederholen Sie die Messung mit allen Ringen des ersten Zylinders und anschließend mit den Ringen der anderen Zylinder – achten Sie stets darauf, dass alle Teile korrekt zusammenpassen müssen.

6 Montieren Sie die Kolbenringe wie folgt. Achten Sie bei den originalen Ringen auf beim Ausbau angebrachte Markierungen, damit jeder Ring richtig herum in seine Nut gelangt. Neue Kolbenringe sind generell auf der Oberseite und oft mit ihrer Größe markiert (TOP und z. B. STD (für Standard) (siehe Abbildung).

Anmerkung: *Folgen Sie stets den mit den Kolbenring-Sets gelieferten Hinweisen – verschiedene Hersteller können unterschiedliche Prozeduren vorschreiben. Vertauschen Sie nicht die beiden oberen Kolbenringe – sie haben unterschiedliche Querschnitte.*

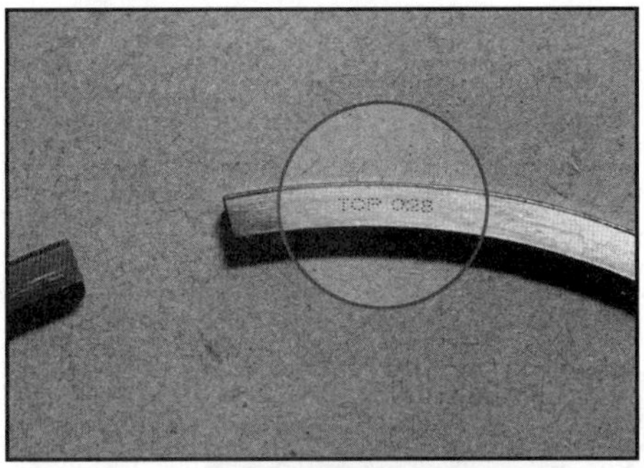

14.6 Dieser Kolbenring ist oben mit TOP und dem Übermaß markiert.

7 Der (untere) Ölabstreifring besteht aus drei Teilen und wird als Erster installiert: zuerst der Expander, dann der untere Stahlring und schließlich der obere Stahlring. Verwenden Sie hierzu keine Kolbenringzange, da die Ringe damit beschädigt würden; platzieren Sie stattdessen ein Ende des unteren Stahlrings in der Nut zwischen dem Expander und dem Kolben, halten Sie es dort fest und schieben Sie den Ring mit einem Finger rundherum herunter in die Nut. Installieren Sie den oberen Stahlring auf die gleiche Weise.

8 Sobald alle Komponenten des Ölabstreifrings installiert sind, muss geprüft werden, ob sich die beiden Stahlringe in ihrer Nut verdrehen lassen.

9 Installieren Sie den zweiten Kompressionsring in die mittlere Kolbennut. Auf der Oberseite sollte er markiert sein. Spannen Sie Kolbenringe nicht zu weit auseinander, da sie leicht brechen, und verwenden Sie für die Montage die Fühlerlehrenblätter vom Ausbau.

10 Sobald alle Kolbenringe installiert sind, müssen ihre Öffnungen um den Kolben herum verteilt werden, sodass sie 120° zueinander stehen (auch die beiden Ölabstreif-Stahlringe müssen unterschiedlich positioniert sein.

15 Kurbelwelle (2,2 l-Motor) – Einbau

Anmerkung: *Diese Prozedur gilt nur für den 2,2 l-Motor; beim 2,0 l-Motor darf die Kurbelwelle laut Ford nicht ausgebaut werden. Details zum Erneuern der Dichtung zwischen den Motorgehäusehälften der 2,0 l-Motoren finden sich in Sektion 16.*

Anmerkung: *Beim Einbau der Kurbelwelle werden neue Hauptlagerdeckel-Schrauben benötigt.*

1 Der Einbau der Kurbelwelle ist der erste wichtige Schritt beim Zusammenbau des Motors. Das Motorgehäuse und die Kurbelwelle müssen gereinigt, kontrolliert und repariert oder überholt sein. Falls vorhanden, müssen die Öldüsen installiert und ihre Schrauben sorgfältig angezogen werden.

2 Stellen Sie den Motorblock mit dem Kurbelgehäuse nach oben auf eine saubere und ebene Arbeitsfläche. Wischen Sie die Innenseiten der Hauptlagerdeckel und der Lagersitze im Gehäuse mit einem sauberen Tuch absolut sauber.

3 Reinigen Sie die Rückseiten der neuen Hauptlagerschalen mit einem fusselfreien Tuch und positionieren Sie die Lagerschalen mit den Ölnuten so ins Motorgehäuse, dass ihre Ölbohrungen ausgerichtet sind – beachten Sie die in Lagerschale Nr. 3 (Mitte) integrierten Anlauf-Halbringe (siehe Abbildungen). Installieren Sie die jeweils anderen Lagerschalen jedes Sets in den entsprechenden Lagerdeckel. Lagerschalen dürfen weder mit Gewalt eingepresst noch an der Gleitfläche angefasst oder beschädigt werden.

15.3a Positionieren Sie die Lagerschalen mit den Ölnuten korrekt ausgerichtet ins Motorgehäuse.

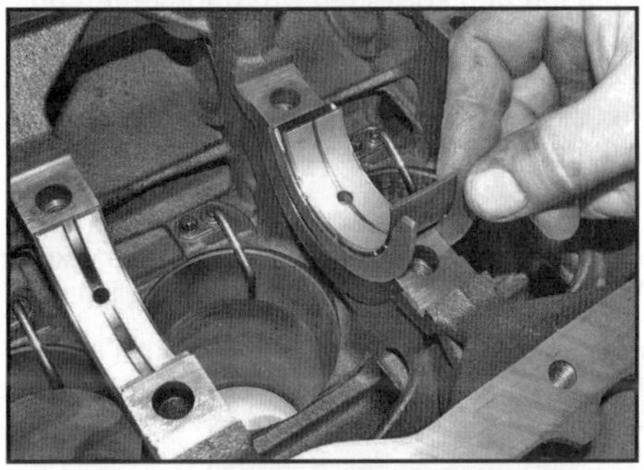

15.3b Beachten Sie die in Lagerschale Nr. 3 (Mitte) integrierten Anlauf-Halbringe.

4 Reinigen Sie die Gleitflächen der Lagerschalen im Motorgehäuse und die Kurbelwelle mit einem fusselfreien Lappen – sämtliche Partikel in den Ölnuten oder Bohrungen würden sich im Betrieb in die Lagerfläche einarbeiten.

5 Ölen Sie die Gleitflächen der Motorgehäuse-Lagerschalen und der Anlaufhalbringe dünn mit frischem Motoröl ein (siehe Abbildung).

15.5 Alle Lagerschalen müssen absolut sauber sein und mit frischem Öl geschmiert werden.

6 Prüfen Sie erneut, ob die Lagerzapfen der Kurbelwelle absolut sauber sind, und legen Sie sie in den Motorblock.
7 Ölen Sie die Dichtring-Gleitflächen der Kurbelwelle mit frischem Motoröl ein.
8 Reinigen Sie die Gleitflächen der Hauptlagerdeckel-Lagerschalen und schmieren Sie sie mit frischem Öl. Installieren Sie die Hauptlagerdeckel mit den Pfeilen zur Steuerkette zeigend und korrekt positioniert über die Hauptlager.
9 Schmieren Sie die Gewinde und Unterseiten der Köpfe aller neuen Hauptlagerschrauben mit Motoröl und drehen Sie sie von Hand ein.
10 Beginnen Sie am Hauptlager Nr. 3 und ziehen Sie die Schrauben schrittweise abwechselnd zunächst mit 15 Nm – der Hauptlagerdeckel muss sich dabei senkrecht absenken (siehe Abbildung). Arbeiten Sie sich so zu den Enden der Kurbelwelle vor.

15.10 Ziehen Sie die NEUEN Hauptlagerschrauben in vier Durchgängen mit den korrekten Drehmomenten an.

11 Nachdem alle Hauptlagerschrauben mit 15 Nm angezogen sind, werden sie in weiteren Durchgängen auf die gleiche Weise mit 20, dann mit 35 und schließlich mit 80 Nm angezogen.
12 Im letzten Schritt müssen alle Schrauben um 90° weitergedreht werden (siehe Abbildung) – da dies ein Viertelkreis ist, sollte das Anziehen auch ohne Gradscheibe möglich sein.

15.12 Ziehen Sie die Schrauben im letzten Durchgang um 90° weiter.

13 Drehen Sie die Kurbelwelle mehrere Umdrehungen von Hand durch, um sicherzugehen, dass sie nicht klemmt.
14 Kontrollieren Sie das Axialspiel der Kurbelwelle (siehe Sektion 10).
15 Montieren Sie einen neuen linken Kurbelwellendichtring und das Schwungrad(siehe Kapitel 2A oder 2B, Sektion 15 und 16).
16 Montieren Sie die Kolben/Pleuel-Baugruppen an die Kurbelwelle (siehe Sektion 16).

16 Kolben und Pleuel – Einbau

Anmerkung: *Die Kurbelwelle muss vermessen, ggf. überholt und wieder ins Motorgehäuse eingebaut sein (siehe Sektion 15).*
Anmerkung: *Bei der Montage der Pleuelfußdeckel müssen neue Schrauben und Muttern verwendet werden.*
1 Bei der folgenden Prozedur wird davon ausgegangen, dass die Kurbelwelle mit den Hauptlagerdeckeln gesichert ist und die Zylinderbohrungen absolut sauber sind.
2 Entfernen Sie am Pleuel von Zylinder Nr. 1 den Pleuelfußdeckel und entnehmen Sie beide Lagerschalen. Wischen Sie mit einem fusselfreien Lappen die Lagerschalensitze im Deckel und im Pleuel absolut sauber.
3 Beseitigen Sie mit Paraffin sämtliches Schutzfett von den neuen Lagerschalen und trocknen Sie sie mit einem fusselfreien Lappen ab. Drücken Sie die Lagerschalen mittig in ihre Sitze (siehe Abbildung).

16.3 Drücken Sie die neuen Lagerschalen mittig in ihre Sitze.

4 Schmieren Sie die Zylinder, Kolben und Kolbenringe mit Motoröl und legen Sie die Kolben/Pleuel-Baugruppen entsprechend ihrer Zylinder korrekt positioniert aus. Achten Sie darauf, die Zylinderwände und Hubzapfen beim Einbau nicht zu zerkratzen.
5 Beginnen Sie mit Kolben Nr. 1 (rechts) und prüfen Sie die Ausrichtung der Ringstöße (siehe Sektion 14). Klemmen Sie die Kolbenringe mit dem Einbauwerkzeug ein.
6 Führen Sie den Kolben Nr. 1 von oben ein (siehe Abbildung) – führen Sie das Pleuel dabei, um die Zylinderbohrung zu schützen. Achten Sie beim Ansetzen des Pleuels am Hubzapfen darauf, nicht die Öldüsen zu beschädigen.

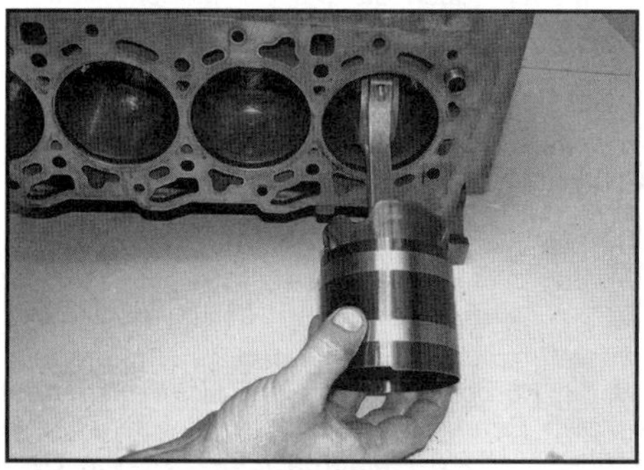

16.6 Führen Sie den Kolben Nr. 1 von oben in den rechten Zylinder ein.

7 Achten Sie darauf, dass der Pfeil auf dem Kolbenboden nach rechts zeigt und die Markierungen am Pleuel wie in Sektion 9 beschrieben ausgerichtet sind.

8 Sobald der Kolben korrekt positioniert ist, wird er mit einem Hammergriff vorsichtig in den Zylinder geklopft, bis der Kolbenboden bündig zur Zylinder-Oberseite steht (siehe Abbildung).

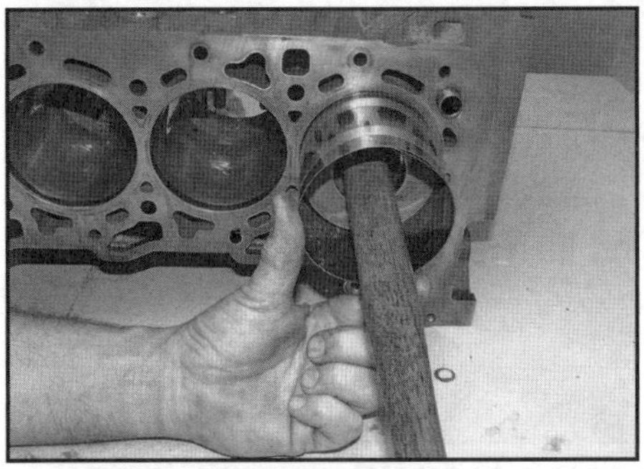

16.8 Klopfen Sie den Kolben mit einem Hammergriff vorsichtig in den Zylinder.

9 Stellen Sie sicher, dass alle Lagerschalen korrekt installiert sind. Schmieren Sie sie und die Hubzapfen ausgiebig mit Motoröl. Ziehen Sie das Pleuel gegen den Hubzapfen. **Ölen** Sie die Gewinde und Kopf-Unterseiten der neuen Pleuelfußschrauben, setzen Sie den Deckel (samt Lagerschale) auf – die Markierungen müssen zueinander passen. Drehen Sie die Schrauben zunächst handfest ein (siehe Abbildung).

16.9 Setzen Sie den Pleuelfußdeckel korrekt ausgerichtet am Pleuel an.

10 Ziehen Sie die Pleuelfußmuttern zunächst in drei Schritten mit den in den technischen Daten angegebenen Drehmomenten an (siehe Abbildung). Im letzten Schritt müssen alle Schrauben um 90° weitergedreht werden (siehe Abbildung) – da dies ein Viertelkreis ist, sollte das Anziehen auch ohne Gradscheibe möglich sein.

16.10a Ziehen Sie die NEUEN Pleuelfußschrauben in drei Durchgängen mit den korrekten Drehmomenten an ...

16.10a ... und im letzten Durchgang um 90° weiter.

11 Wiederholen Sie die Prozedur mit den drei anderen Kolben/Pleuel-Baugruppen.

12 Sobald die Pleuelfußmuttern korrekt angezogen sind, muss geprüft werden, ob die Kurbelwelle frei drehbar ist; bei Neuteilen darf eine gewisse Steifigkeit erwartet werden, klemmen darf sie jedoch nicht.

13 Beim 2,2 l-Motor kommt an der Verbindung der beiden Motorgehäusehälften eine Dichtung zum Einsatz, wogegen beim 2,0 l-Motor Silikon-Dichtmasse LB (nach Ford-Spezifikation WSE-M4G323-A4) verwendet wird. Tragen Sie diese Dichtmasse in einer 4,5 mm breiten Raupe in den gezeigten Bereichen auf, zusätzlich muss in der Vertiefung eine 2,5 mm breite Raupe aufgetragen werden (siehe Abbildung) – hierzu haben Sie fünf Minuten Zeit.

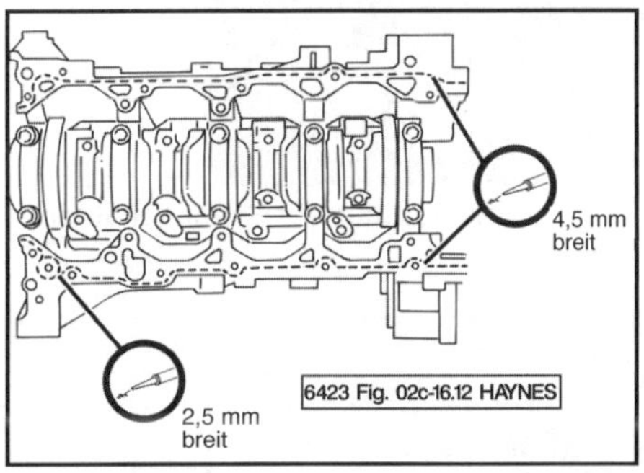

16.13 Dichtmasse-Raupen am Motorgehäuse des 2,0 l-Motors

14 Sobald die Dichtmasse aufgetragen oder die Dichtung aufgelegt ist, werden das Gehäuse-Unterteil aufgesetzt und seine Schrauben handfest eingedreht (siehe Abbildungen).

16.14a Legen Sie beim 2,2 l-Motor die neue Dichtung auf ...

16.14b ... und setzen Sie das Gehäuse-Unterteil auf.

15 Halten Sie am Getriebeflansch einen Richtscheit an beide Gehäusehälften, um sie möglichst perfekt auszurichten – ein maximaler Versatz von 0,01 mm ist erlaubt. Wiederholen Sie die Kontrolle am Sitz der Einspritzpumpe (seitlich am Motorgehäuse) – hier ist ein maximaler Versatz von 0,05 mm erlaubt (siehe Abbildungen).

16.15a Prüfen Sie die Ausrichtung der Gehäusehälften am Getriebeflansch ...

16.15b ... und an den Angüssen für die Einspritzpumpe.

16 Sobald die Gehäusehälften zueinander ausgerichtet sind, werden die Schrauben schrittweise bis zu den in den technischen Daten angegebenen Drehmomenten angezogen – beachten Sie beim 2,0 l-Motor die unterschiedlichen Werte und die gezeigte Reihenfolge (siehe Abbildung).

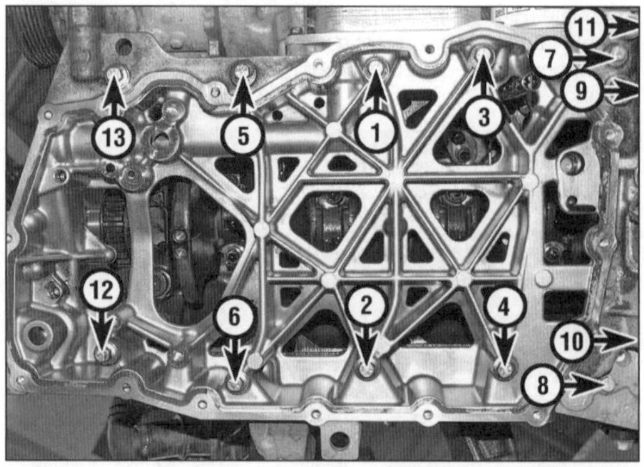

16.16 Anzugsreihenfolge der Motorgehäuse-Verbindungsschrauben am 2,0 l-Motor

17 Entfernen Sie außen am 2,0 l-Motor überschüssige Dichtmasse.
18 Stellen Sie jetzt ggf. die Position des Kurbelwellensensor-Halters ein (siehe unten) und montieren Sie alle anderen Motorkomponenten (siehe Kapitel 2A oder 2B).

Einstellen des Kurbelwellensensor-Halters

Anmerkung: *Für diese Arbeit wird das Ford-Spezialwerkzeug 303-698 benötigt.*
19 Falls der Halter des Kurbelwellensensors bei der Reinigung und der Überarbeitung des Motorgehäuses demontiert wurde, muss er wie folgt zur Position des Schwungrades ausgerichtet werden:
20 Positionieren Sie den Kurbelwellensensor-Halter am Motor und drehen Sie seine Schrauben handfest ein.
21 Fertigen Sie aus einem Stück Blech oder Plastik, einer Schraube, Scheiben und Muttern einen Pfeil an, der an der Bohrung der oberen linken Getriebe-Verbindungsschraube montiert werden kann und außerhalb der Anlasserverzahnung auf das Schwungrad gerichtet werden kann (siehe Abbildung).

16.21 Fertigen Sie einen solchen Pfeil an.

22 Montieren Sie an der Zylinderkopf-Dichtfläche eine Messuhr, deren Taster auf Kolben Nr. 1 gerichtet ist.
23 Drehen Sie die Kurbelwelle, bis Kolben Nr. 1 etwa 10 mm vor OT steht. Nullen Sie die Messuhr und markieren Sie die Position des Schwungrads zum Zeiger mithilfe weißer Farbe oder eines geeigneten Stifts (siehe Abbildungen).

16.23a Drehen Sie die Kurbelwelle, bis Kolben Nr. 1 etwa 10 mm vor OT steht. Nullen Sie die Messuhr.

16.23b Markieren Sie die Position des Schwungrads zum Zeiger.

24 Drehen Sie die Kurbelwelle gegen den Uhrzeigersinn, bis die Messuhr null anzeigt; markieren Sie auch diese Position am Schwungrad.
25 Wiederholen Sie die Schritte 23 und 24, um sicherzugehen, dass die Markierungen am Schwungrad korrekt sind.
26 Messen Sie mithilfe eines Maßbands (oder notfalls mit einem Seil) den Abstand zwischen den beiden Markierungen am Schwungrad (siehe Abbildung). Teilen Sie das Ergebnis durch zwei, um den Mittelpunkt zu finden und zu markieren – dies ist der obere Totpunkt.

16.26 Messen Sie den Abstand zwischen den beiden Markierungen am Schwungrad.

27 Messen Sie jetzt mit dem Maßband (oder dem Seil) den Umfang des Schwungrads.
28 Multiplizieren Sie den gemessenen Umfang mit 0,1388 und markieren Sie das Ergebnis links von der zuvor angebrachten OT-Markierung – dieser Punkt markiert 50° vor OT (siehe Abbildung).

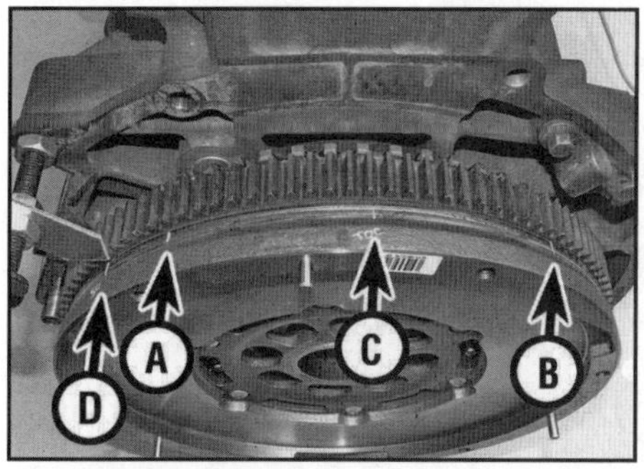

16.28 Die bis hierher angebrachten Markierungen am Schwungrad

A Markierung aus Schritt 23
B Markierung aus Schritt 24
C Errechneter OT
D Errechnete 50° vor OT

29 Drehen Sie die Kurbelwelle so, dass der Pfeil auf den errechneten Punkt 50° vor OT zeigt (siehe Abbildung).

16.29 Drehen Sie die Kurbelwelle, bis der Pfeil auf 50° vor OT zeigt.

30 Installieren Sie das Ford-Spezialwerkzeug 303-698 in den Halter des Kurbelwellensensors und bewegen Sie diesen in seinen Langlöchern, bis das Werkzeug im Schwungrad einrastet (siehe Abbildungen).

16.30a Installieren Sie das Ford-Spezialwerkzeug 303-698 in den Halter des Kurbelwellensensors ...

16.30b ... und bewegen Sie diesen in seinen Langlöchern, bis das Werkzeug im Schwungrad einrastet.

31 Ziehen Sie die Schrauben des Sensorhalters jetzt mit 10 Nm an. Entfernen Sie das Spezialwerkzeug.

17 Motor – Erstinbetriebnahme nach Überholen

1 Wenn der Motor ins Fahrzeug eingebaut ist, werden der Motoröl- und der Kühlmittelpegel kontrolliert. Überprüfen Sie erneut, ob alles angeschlossen ist und keine Werkzeuge oder Lappen im Motorraum zurückgelassen wurden.
2 Füllen Sie das Kraftstoffsystem vor und entlüften Sie es (siehe Kapitel 4A, Sektion 4).
3 Starten Sie den Motor – aufgrund der entleerten Kraftstoff-Komponenten kann es länger dauern, bis er anspringt. Die Öldruck-Kontrollleuchte muss kurz danach erlöschen.
4 Lassen Sie den Motor im Standgas laufen und kontrollieren Sie alles auf austretenden Kraftstoff, Motoröl oder Kühlmittel. Falls bei der Montage Öl oder Fett auf jetzt heiß werdende Teile gelangt sind, werden diese verdampfen, sodass eine gewisse Rauchentwicklung normal ist.
5 Lassen Sie den Motor im Standgas laufen, bis im oberen Kühlerschlauch heißes Kühlwasser erfühlt werden kann. Schalten Sie den Motor anschließend ab.
6 Kontrollieren Sie nach einigen Minuten erneut den Motoröl- und der Kühlmittelpegel und füllen Sie ggf. Flüssigkeiten nach (siehe *Wöchentliche Kontrollen*).
7 Soweit die Zylinderkopfschrauben während der Montage korrekt angezogen wurden, ist es bei diesen Motoren nicht erforderlich, sie noch einmal nachzuziehen.
8 Falls Neuteile wie Kolben, Kolbenringe und Lagerschalen installiert wurden, muss der Motor auf den ersten 1.000 km eingefahren werden, als wäre er neu. Fahren Sie den Wagen nicht mit Vollgas und setzen Sie ihn bei niedrigen Drehzahlen unter große Last. Es ist ratsam, nach diesen 1.000 km das Motoröl samt Filter zu wechseln (siehe Kapitel 1).

Kapitel 3

Kühlsystem, Heizung und Klimaanlage

Inhalt — Sektion

Schwierigkeitsgrade

Leicht. Geeignet für Anfänger mit wenig Erfahrung.	**Relativ leicht.** Geeignet für Anfänger mit etwas Erfahrung.	**Relativ schwierig.** Geeignet für geübte Selbstschrauber.	**Schwer.** Geeignet für Selbstschrauber mit viel Erfahrung.	**Sehr schwer.** Geeignet für Experten und Profis.

Technische Daten

Kühlmittel	
Typ	Motorcraft SuperPlus nach Ford-Spezifikation WSS-M97B44-D
Füllmenge	
2,0 l-Motor	11,2 Liter
2,2 l-Motor	9,3 Liter
Ausgleichsbehälter-Deckel	
Max. Überdruck	1,45 bar
Klimaanlage	
Kältemittel-Typ	R134a
Kältemittel-Füllmenge	740 g
Anzugsdrehmomente	**Nm**
Elektrische Wasserpumpe	
Halterung an Motor	10
Pumpe an Halterung	8
Kältemittel-Leitungen	
an Kompressor	20
an Verflüssiger	8
Kältemittel-Schild	
an Kompressor	25
an Motorblock	15
Klimaanlagenkompressor-Schrauben	25
Kompressorhalterungs-Schrauben	25
Querträger-Schrauben	
A-Säulen-Durchgangsschrauben	30
Innenraum-Schrauben	25
Thermostatdeckel-Schrauben	10
Wasserpumpen-Befestigungsschrauben	24

1 Allgemeine Informationen und Warnhinweise

Motorkühlsystem

1 Das unter Druck stehende Kühlsystem besteht aus der vom Keilrippenriemen (2,0 l-Motor) oder über eine Kupplung an der Servolenkungspumpe (2,2 l-Motor) angetriebenen Wasserpumpe, einem aus Leichtmetall bestehenden Wasserkühler, einem Ausgleichsbehälter, einem elektrisch betriebenen Kühlventilator, einem Thermostaten, einem Heizungs-Wärmetauscher sowie diversen Schläuchen und Schaltern.
2 Der Thermostat sitzt in einem Gehäuse unterhalb der Bremskraftverstärker-Vakuumpumpe links am Motor.
3 Das Kühlsystem funktioniert folgendermaßen: Kaltes Kühlmittel aus dem Kühler gelangt zur Wasserpumpe, die es durch die Kühlkanäle des Motorblocks und des Zylinderkopfes fördert. Nachdem es die Zylinder, die Brennräume und die Ventilsitze abgekühlt hat, gelangt das Kühlmittel durch den Heizungs-Wärmetauscher und an die Unterseite des Thermostaten, der anfangs geschlossen ist und das Kühlmittel im »kleinen Kühlkreis« zur Wasserpumpe zurückleitet.
4 Sobald das Kühlmittel eine bestimmte Temperatur erreicht hat, öffnet der Thermostat, und das Kühlmittel fließt durch den oberen Schlauch in den Wasserkühler, wo es vom hindurchströmenden Fahrtwind abgekühlt wird – oder mithilfe des am Kühler sitzenden Ventilators. Hier beginnt der »große« Kühlkreis wieder von vorn.
5 Hinter dem Kühler sitzt ein elektrisch betriebener Ventilator, die von einem Thermoschalter, bzw. einem Sensor gesteuert wird und sich bei einer vorgegebenen Temperatur einschaltet, um die Kühlwirkung zu verbessern.
6 Das Kühlmittel dehnt sich mit zunehmender Temperatur aus, sodass es über einen dünnen Schlauch oben vom Kühler in einen Ausgleichsbehälter geleitet wird, wo der Pegel ansteigt; bei abkühlendem Kühlmittel sinkt er wieder ab.

Heizung/Lüftung

7 Das Heizsystem besteht aus einem Gebläse und einem Wärmetauscher, der über Schläuche mit dem Kühlsystem verbunden ist. Heißes Kühlmittel zirkuliert durch den Wärmetauscher, in dem durch Klappen gesteuerte einströmende Frischluft die Wärme aufnehmen und ins Fahrzeuginnere abgeben kann. Über Temperaturregler wird der Anteil der durch den Wärmetauscher geleitete Luft geregelt; mit dem Gebläseregler wird festgelegt, wie viel Luft per Ventilator ins Fahrzeug gelangt.

Klimaanlage

8 Beachten Sie die Hinweise in Sektion 10.

Warnhinweise

Warnung: Solange der Motor heiß ist, darf weder der Ausgleichsbehälterdeckel noch irgendein anderes Teil des Kühlsystems entfernt oder getrennt werden – das unter Druck stehende Kühlmittel kann bei Druckverlust plötzlich aufkochen, sodass heißer Dampf austritt und ernsthafte Verbrennungen verursacht. Falls der Ausgleichsbehälterdeckel im Notfall vor dem Abkühlen des Motors und des Kühlers entfernt werden soll, muss zunächst vorsichtig der Druck abgelassen werden. Legen Sie dazu einen dicken Lappen oder ein Handtuch um den Deckel und entfernen Sie diesen durch vorsichtiges Drehen nach links bis zum Anschlag. Wenn ein zischendes Geräusch hörbar wird, muss gewartet werden, bis es aufhört. Jetzt wird der Deckel heruntergedrückt und weiter nach links gedreht, bis er abgenommen werden kann. Achtung: Siedendes Wasser kann auch mit etwas Verzögerung herausspritzen!

- ***Frostschutzmittel darf nicht mit der Haut oder Lackoberflächen in Berührung kommen. Wischen Sie Spritzer unverzüglich mit reichlich Wasser ab. Frostschutz kann giftige und explosive Gase produzieren, wenn er in offenen Behältern gelagert oder auf den Boden verschüttet wird. Kinder und Tiere können durch den süßen Geschmack irritiert werden und das Mittel trinken. Fragen Sie Ihren Fachhändler, wo Sie altes Frostschutzmittel entsorgen können.***
- ***Bei heißem Motor kann ein elektrischer Ventilator auch nach dem Abschalten des Motors (und auch der Zündung) einschalten. Halten Sie bei Arbeiten im Motorraum stets Hände, Haare und Kleidung weit genug vom Ventilator weg.***
- ***Beachten Sie vor der Arbeit an Klimaanlagen-Komponenten die Warnhinweise in Sektion 9.***

2 Kühlsystem-Schläuche – Trennen und Verbinden

Anmerkung: *Beachten Sie vor Arbeitsbeginn die Warnhinweise in Sektion 1. Schläuche dürfen erst abgezogen werden, wenn der Motor ausreichend abgekühlt ist.*
1 Falls bei den Kontrollen in Kapitel 1, Sektion 10 ein defekter Schlauch entdeckt wurde, muss er wie folgt ersetzt werden:
2 Entleeren Sie zuerst das Kühlsystem (siehe Kapitel 1, Sektion 32) – falls das Frostschutzmittel nicht erneuert werden muss, kann es später wiederverwendet werden, wenn es in einem sauberen Behälter gelagert wird.
3 Merken Sie sich vor dem Trennen eines Schlauchs seine Verlegung im Motorraum und mögliche zusätzliche Befestigungen mit Clips oder Kabelbindern. Lösen Sie Schellen des entsprechenden Schlauchs – es können zwei Schellentypen zum Einsatz kommen: Schraubschellen und Federschellen – für Schraubschellen wird ein passender Schraubendreher benötigt, für Federschellen eine geeignete Zange. Lockern Sie die Schelle und ziehen Sie sie ein Stück weit zurück, sodass der Schlauch vom Stutzen befreit werden kann.
4 Je nach Motor können auch Schläuche mit Schnellverschlüssen gesichert sein. Heben Sie bei diesen Modellen die Enden der Drahtbügel mit einem Schraubendreher an, um den Clip zu spreizen, und ziehen Sie den Schlauch vom Stutzen.
5 Beachten Sie, dass die beiden Haupt-Stutzen des Kühlers relativ empfindlich sind, sodass beim Abziehen der Schläuche keine übermäßige Kraft angewendet werden darf; falls ein Schlauch sich nicht lösen lässt, muss versucht werden, ihn drehend abzuziehen.

Praxis-Tipp ***Wenn sich ein Schlauch nicht abziehen lässt, muss mit einem scharfen Messer ein Längsschnitt über dem Flansch gezogen werden, sodass der Schlauch abgeschält werden kann. Es ist immer besser, nur einen neuen Schlauch zu beschaffen, als den ganzen Kühler zu ersetzen.***

6 Vor der Montage empfiehlt es sich, den Stutzen mit etwas Spülmittel oder speziellem Gummi-Schmiermittel zu versehen, um den Schlauch leichter aufschieben zu können. Verwenden Sie auf keinen Fall Fett oder Motoröl, da dies den Schlauch angreifen kann.

7 Vor der Montage eines Schlauchs mussen die Schellen aufgeschoben sein. Prüfen Sie vor dem Verbinden des Schlauchs, ob er korrekt verlegt ist. Stecken Sie den Schlauch auf seinen Stutzen – richten Sie ihn dabei korrekt aus. Schieben Sie die Schelle über den Stutzen und ziehen Sie sie ggf. an.

8 Füllen Sie das Kühlsystem auf (siehe Kapitel 1, Sektion 32) und kontrollieren Sie das Kühlsystem auf Undichtigkeiten.

9 Prüfen Sie nach einigen Kilometern das Kühlsystem auf Undichtigkeiten und die Festigkeit aller auf neuen Schläuchen sitzenden Schellen.

3 Thermostat – Ausbau, Test und Einbau

Anmerkung: *Beachten Sie vor Arbeitsbeginn die Warnhinweise in Sektion 1. Schläuche dürfen erst abgezogen werden, wenn der Motor ausreichend abgekühlt ist.*

Ausbau

1 Entleeren Sie zuerst das Kühlsystem (siehe Kapitel 1, Sektion 32) – falls das Frostschutzmittel nicht erneuert werden muss, kann es später wiederverwendet werden, wenn es in einem sauberen Behälter gelagert wird.

2 Zur Verbesserung des Zugangs kann der Ventilator samt Haube entfernt werden (siehe Sektion 4).

3 Ziehen Sie beim 2,0 l-Motor die zwei Kabelstecker oben und unten am Thermostaten ab (siehe Abbildung).

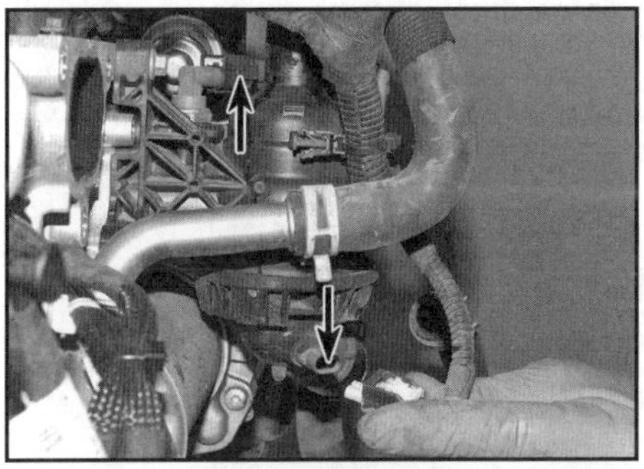

3.3 Ziehen Sie beim Thermostaten des 2,0 l-Motors oben und unten die Kabelstecker ab.

4 Lösen Sie am Thermostatgehäuse die Schellen der Kühlerschläuche und ziehen Sie diese ab (siehe Abbildung).

3.4 Ziehen Sie die drei Kühlerschläuche vom Thermostatgehäuse – gezeigt am 2,0 l-Motor.

5 Befreien Sie ggf. vorn am Thermostaten den Kabelbaum aus seinen Befestigungen und schwenken Sie ihn beiseite.

6 Lösen Sie die drei Schrauben und trennen Sie das Thermostatgehäuse (2,0 l-Motor) oder dessen Deckel (2,2 l-Motor) (siehe Abbildungen).

3.6a Lösen Sie die drei Schrauben (2,0 l-Motor).

3.6b Trennen Sie den Deckel vom Thermostatgehäuse (2,2 l-Motor).

3.6c Entfernen Sie das Thermostatgehäuse (2,0 l-Motor).

7 Ziehen Sie beim 2,2 l-Motor den Thermostaten aus seinem Gehäuse (siehe Abbildung).

3.7 Ziehen Sie den Thermostaten heraus (2,2 l-Motor).

8 Entfernen Sie alle O-Ringe – sie müssen beim Einbau durch Neuteile ersetzt werden.

Test

9 Bevor der Thermostat für Probleme im Kühlsystem verantwortlich gemacht wird, sollten immer der Kühlmittel-Pegel (siehe Wöchentliche Kontrollen), ggf. die korrekte Spannung des für den Antrieb der Wasserpumpe zuständigen Keilrippenriemens (siehe Kapitel 1, Sektion 8) und die Funktion der Temperaturanzeige kontrolliert werden.
10 Falls sich der Motor nur sehr langsam erwärmt (erkennbar an einer spät einsetzenden Heizung und der Temperaturanzeige), wird der Thermostat im geöffneten Zustand klemmen – ersetzen Sie einen klemmenden Thermostaten.
11 Eine lange Aufwärmzeit kann auch bedeuten, dass der Thermostat fehlt, weil er vom Vorbesitzer oder Mechaniker ausgebaut oder versehentlich vergessen wurde. Dieser Zustand hat zu Folge, dass der Motor nach jedem Kaltstart lange im Aufwärm-Modus läuft und dabei mehr Kraftstoff verbraucht und entsprechend mehr Abgase erzeugt.
12 Beim 2,0 l-Motor erlaubt die Konstruktion des Thermostaten keinen Test, sodass nur Fehler per Diagnosestecker ausgelesen werden können (siehe Kapitel 4A, Sektion 9).
13 Um beim 2,2 l-Motor die Funktion eines bei Raumtemperatur geschlossenen Thermostaten zu testen, wird er in einen mit kaltem Wasser gefüllten Topf gehängt – sichern Sie ihn mit Draht oder Fäden so, dass er nicht den Boden berührt. Erhitzen Sie den Topf und bringen Sie das Wasser zum Kochen – wenn der Thermostat sich dabei nicht öffnet, muss ersetzt werden.
14 Falls ein Thermometer (bis 100 °C) vorhanden ist, kann damit die Öffnungstemperatur des Thermostaten ermittelt werden (siehe Abbildung) – sie sollte den auf dem Thermostaten angegebenen Vorgaben entsprechen, andernfalls muss der Thermostat ersetzt werden.

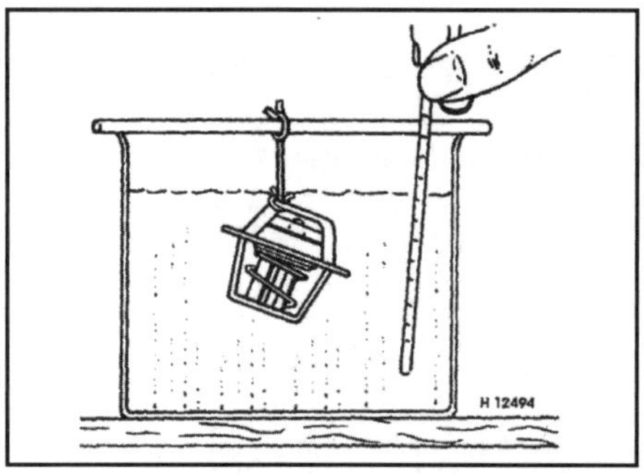

3.14 Ermitteln Sie die Öffnungstemperatur des Thermostaten.

Einbau

15 Der Einbau entspricht der umgekehrten Ausbaureihenfolge – beachten Sie dabei folgende Punkte:
a) Reinigen Sie sorgfältig alle Dichtflächen und ersetzen Sie die Dichtringe des Thermostaten.
b) Ziehen Sie beim 2,2 l-Motor die Schrauben des Thermostatdeckels mit 10 Nm an.
c) Verbinden Sie alle Kühlerschläuche und füllen Sie das Kühlsystem auf (siehe Kapitel 1, Sektion 32).
d) Starten Sie den Motor und bringen Sie ihn auf Betriebstemperatur. Kontrollieren Sie alles auf Undichtigkeiten und korrekt Funktion des Thermostaten.

4 Kühlerventilator – Test, Ausbau und Einbau

Anmerkung: *Beachten Sie vor Arbeitsbeginn die Warnhinweise in Sektion 1.*

Warnung: Der Ventilator kann bei heißem Motor jederzeit anspringen – passen Sie bei Arbeiten in der Nähe des Ventilators entsprechend auf.

Test

1 Der Ventilator wird vom Motorsteuergerät mithilfe der Informationen vom Zylinderkopf-Temperatursensor aktiviert.
2 Falls der Ventilator bei sehr heißem Motor nicht anläuft, müssen zunächst alle relevanten Sicherungen und Relais kontrolliert werden (siehe Kapitel 12, Sektion 3).
3 Um den Ventilator direkt zu testen, wird sein Stecker getrennt und mithilfe von abgesicherten Überbrückungskabeln und der geladenen Fahrzeugbatterie ein Stromkreis hergestellt – läuft er auch jetzt nicht, muss er ersetzt werden.
4 Wenn der überbrückte Ventilator arbeitet, kann der Fehler im Zylinderkopf-Temperatursensor (siehe Kapitel 4A, Sektion 10), der Verkabelung (siehe Kapitel 12, Sektion 2) oder dem Steuergerät (siehe Kapitel 4A) liegen.

Ausbau

5 Trennen Sie den Masseanschluss (–) der Batterie (siehe Kapitel 5, Sektion 3).
6 Entfernen Sie die Luftfilter-Baugruppe und die Ansaugtrakte (siehe Kapitel 4A, Sektion 5).
7 Stützen Sie die geöffnete Motorhaube so ab, dass die ursprüngliche Abstützung von ihr befreit werden kann.
8 Trennen Sie die Stecker des Ventilators und befreien Sie ihre Clips (siehe Abbildung).

4.8 Trennen Sie beide Ventilatorstecker.

9 Befreien Sie die über den Ventilator verlaufenden Ausgleichsbehälterleitungen aus ihren Befestigungen.
10 Lösen Sie an beiden Seiten die Befestigungs-Clips und heben Sie die Ventilator-Baugruppe heraus (siehe Abbildung).

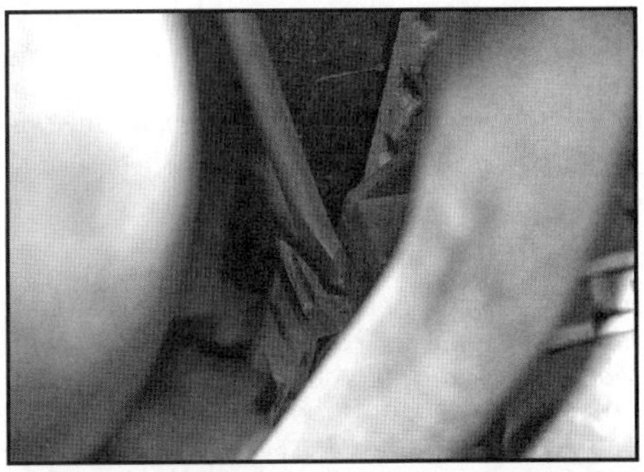

4.10 Lösen Sie an beiden Seiten die Befestigungs-Clips und heben Sie die Ventilator-Baugruppe heraus.

11 Lösen Sie die nötigenfalls die drei Torxschrauben, um den Motor aus dem Gehäuse zu befreien – trennen Sie dabei seinen Stecker (siehe Abbildung).

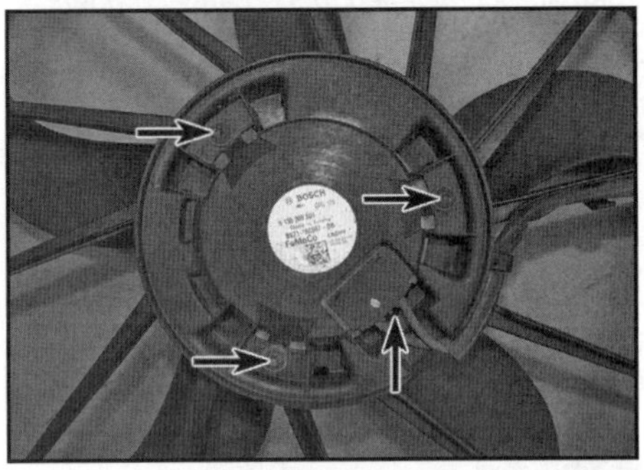

4.11 Ventilatormotor-Befestigungsschrauben

Einbau

12 Der Einbau entspricht der umgekehrten Ausbaureihenfolge.

5 Wasserkühler – Ausbau, Kontrolle und Einbau

Anmerkung: *Beachten Sie zunächst die Warnhinweise in Sektion 1.*
Anmerkung: *Beachten Sie, dass kleine Undichtigkeiten am Kühler auch im eingebauten Zustand durch das Einfüllen von speziellem Kühler-Dichtmittel beseitigt werden können.*

Ausbau

1 Entleeren Sie zuerst das Kühlsystem (siehe Kapitel 1, Sektion 32) – falls das Frostschutzmittel nicht erneuert werden muss, kann es später wiederverwendet werden, wenn es in einem sauberen Behälter gelagert wird.
2 Demontieren Sie den Ventilator samt Lüfterhaube (siehe Sektion 4).
3 Demontieren Sie den Ladeluftkühler (siehe Kapitel 4A, Sektion 18).
4 Drücken Sie rechts am Kühler die Knöpfe des Ausgleichsbehälterschlauchs und ziehen Sie diesen ab (siehe Abbildung).

5.4 Trennen Sie den Schnellverschluss des Ausgleichsbehälterschlauchs.

5 Öffnen Sie an den Anschlüssen des oberen und unteren Kühlerschlauchs die Schellen und ziehen Sie die Schläuche ab (siehe Abbildungen).

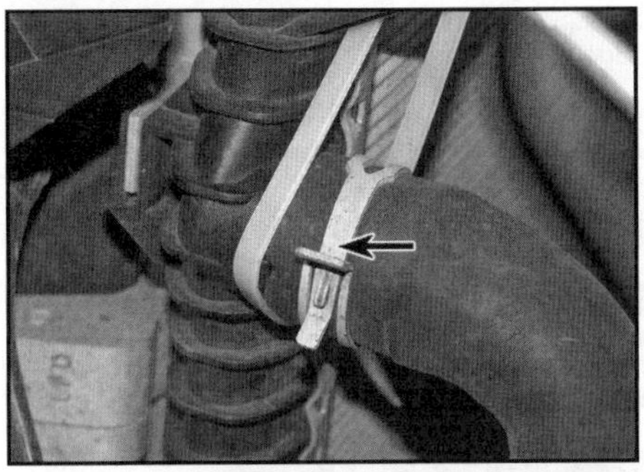

5.5a Lösen Sie die Schellen und trennen Sie den oberen ...

5.5b ... und den unteren Kühlerschlauch vom Kühler.

6 Drücken Sie bei Modellen mit Klimaanlage die Laschen an beiden Seiten des Verflüssigers ein und heben Sie diesen etwas an (siehe Abbildung). Befreien Sie an beiden Seiten des Kühlers die zwei Laschen aus den Führungen und stützen Sie den Verflüssiger sicher ab.

⚠ ***Warnung: Trennen Sie nicht die Kältemittel-Schläuche!***

5.6 Drücken Sie den Clip ein und heben Sie den Verflüssiger etwas an, um den Kühler zu befreien.

7 Trennen Sie ggf. vorhandene Kabelbinder und manövrieren Sie den Kühler nach unten aus dem Motorraum heraus.
8 Entfernen Sie die Gummibuchsen aus den oberen und unteren Kühlerhalterungen und kontrollieren Sie sie auf Verschleiß und Alterungserscheinungen (siehe Abbildung) – beschaffen Sie nötigenfalls Neuteile.

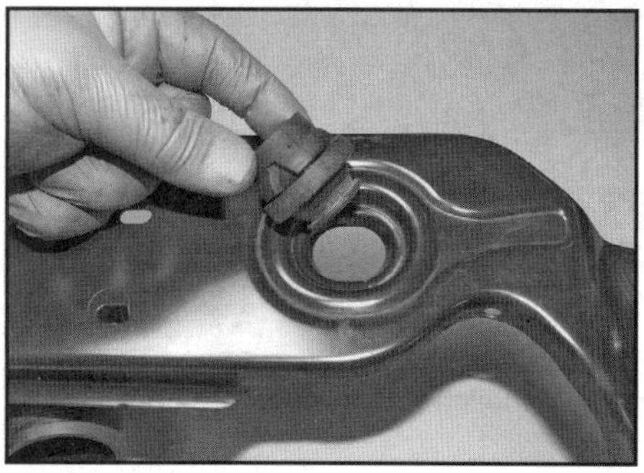

5.8 Inspizieren Sie die Gummibuchsen und ersetzen Sie sie nötigenfalls.

Kontrolle

9 Der ausgebaute Kühler kann auf Lecks und Schäden untersucht werden. **Ein leckender Kühler muss von einem Fachbetrieb repariert werden. Versuchen Sie nicht, einen Kühler zu schweißen oder zu löten, da hierbei spezielle Techniken erforderlich sind.**
10 Befreien Sie mit einem Gartenschlauch und einer weichen Bürste Schmutz und Insekten aus den Kühlerlamellen – verbiegen Sie diese dabei nicht.

Einbau

11 Der Einbau entspricht der umgekehrten Ausbaureihenfolge – beachten Sie dabei folgende Punkte:
a) Alle Gummibuchsen müssen korrekt auf den unteren Zapfen stecken.
b) Alle Schläuche müssen korrekt verbunden und mit ihren Schellen gesichert sein.
c) Füllen Sie zum Schluss das Kühlsystem auf (siehe Kapitel 1, Sektion 32).

6 Wasserpumpen – Ausbau und Einbau

Anmerkung: *Beachten Sie zunächst die Warnhinweise in Sektion 1.*

Anmerkung: *Der 2,0 l-Motor ist mit zwei Wasserpumpen ausgerüstet: die erste wird per Riemen von der Kurbelwelle angetrieben und wälzt das Kühlmittel um; die zweite arbeitet elektrisch, sitzt oberhalb der Lichtmaschine und fördert Kühlmittel zur AdBlue-Einspritzdüse (Abgasnachbehandlung).*

Kühlmittelpumpe

Anmerkung: *Um diese Arbeit beim eingebauten 2,0 l-Motor erledigen zu können, muss dieser korrekt abgestützt werden, da die rechte Motorhalterung entfernt werden muss; zudem muss das Fahrzeug vorn sicher angehoben und abgestützt werden. Ford-Werkstätten nutzen eine sich am Unterboden und der vorderen Querstrebe abstützende Aufnahme. Falls der Motor mit einem Rangierwagenheber von unten abgestützt werden soll, muss die Last mit Hölzern verteilt werden, um die Ölwanne nicht zu beschädigen. Weil Details der Prozedur von der vorhandenen Ausrüstung abhängig ist, ist die folgende Beschreibung nur repräsentativ. Der 2,2 l-Motor muss zur Demontage der Wasserpumpe nicht abgestützt werden, folgen Sie jedoch den ab Schritt 4 gegebenen Anweisungen.*
1 Entleeren Sie zuerst das Kühlsystem (siehe Kapitel 1, Sektion 32) – falls das Frostschutzmittel nicht erneuert werden muss, kann es später wiederverwendet werden, wenn es in einem sauberen Behälter gelagert wird. Fahren Sie beim 2,2 l-Motor mit Schritt 4 fort.
2 Entfernen Sie beim 2,0 l-Motor den flexiblen Wasserpumpen-Antriebsriemen (siehe Kapitel 1, Sektion 33).
3 Demontieren Sie beim sicher abgestützten 2,0 l-Motor die rechte Motorhalterung (siehe Kapitel 2A, Sektion 17) und heben Sie den Motor so weit an, dass genügend Platz zum Ausbau der Wasserpumpe entsteht (siehe Abbildung).

6.3 Ein selbstgebautes Werkzeug zum Stützen und Anheben des Motors, ohne dabei die Ölwanne zu beschädigen.

4 Lösen Sie beim 2,2 l-Motor an der Rückseite der Wasserpumpe die Schellen der zwei Schläuche und ziehen Sie diese ab.
5 Stützen Sie die Wasserpumpe des 2,2 l-Motors sicher ab und lösen Sie durch die Löcher des Servolenkungspumpen-Riemenrads die drei Schrauben, mit denen die Wasserpumpe an der Servopumpe gesichert ist (siehe Abbildung). Die Wasserpumpe des 2,0 l-Motors ist mit vier Schrauben befestigt (siehe Abbildung).

6.5a Lösen Sie beim 2,2 l-Motor die drei Wasserpumpen-Schrauben durch das Servolenkungspumpen-Riemenrad.

6.5b Wasserpumpen-Schrauben beim 2,0 l-Motor

6 Ziehen Sie beim 2,0 l-Motor die Wasserpumpe ab. Befreien Sie beim 2,2 l-Motor mit einem großen Schraubendreher die Antriebskupplung vom Mitnehmer der Welle; sobald der Mitnehmer befreit ist, kann die Wasserpumpe von der Servopumpe entnommen werden (siehe Abbildungen).

6.6a Befreien Sie beim 2,2 l-Motor die Antriebskupplung vom Mitnehmer der Welle; ...

6.6b ... sobald der Mitnehmer befreit ist, kann die Wasserpumpe von der Servopumpe entnommen werden.

7 Befreien Sie beim 2,2 l-Motor den Kühlerrohr-O-Ring oben von der Pumpe – beim Einbau wird ein neuer O-Ring benötigt.
8 Lösen Sie beim 2,0 l-Motor nötigenfalls die Schrauben des Auslassgehäuses und ziehen Sie dessen zwei Schläuche ab. Die Dichtringe der Stutzen müssen erneuert werden (siehe Abbildung).

6.8 Ersetzen Sie die Dichtringe des Kühlmittel-Auslassgehäuses – 2,0 l-Motor.

9 Der Einbau entspricht der umgekehrten Ausbaureihenfolge – verwenden Sie neue Dichtringe, ziehen Sie die Wasserpumpenschrauben mit 24 Nm an und füllen Sie zum Schluss das Kühlsystem auf (siehe Kapitel 1, Sektion 32).

Elektrische Wasserpumpe (2,0 l-Motor)

10 Klemmen Sie die zwei Schläuche der Pumpe mit geeigneten Werkzeugen ab, lösen Sie die Schellen und ziehen die Schläuche ab (siehe Abbildung) – seien Sie auf austretendes Kühlmittel vorbereitet. Trennen Sie den Pumpenstecker und befreien Sie die Verkabelung vom Pumpenhalter.

6.10 Lösen Sie die Schellen und ziehen Sie die Schläuche von der elektrischen Wasserpumpe – 2,0 l-Motor.

11 Lösen Sie die drei Torxschrauben, um die Pumpe vom Halter und befreien.
12 Der Einbau entspricht der umgekehrten Ausbaureihenfolge.

7 Heizungs- und Lüftungs-Komponenten – Ausbau und Einbau

Gebläsemotor

1 Lösen Sie im Beifahrer-Fußraum die drei Schrauben der Abdeckung unterhalb des Handschuhfachs und lösen Sie dessen Laschen (siehe Abbildung).

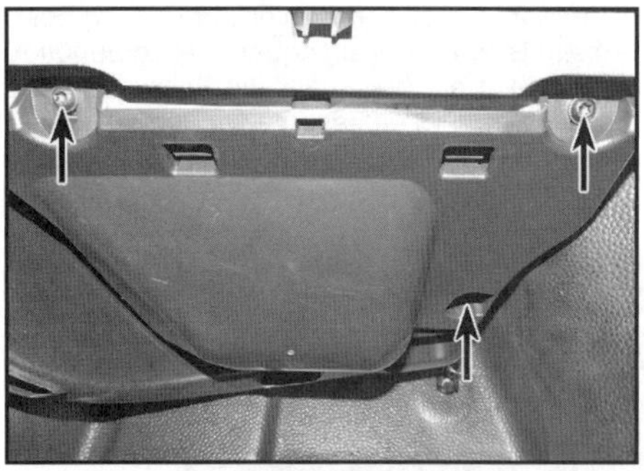

7.1 Lösen Sie die drei Schrauben und befreien Sie die Gebläsemotor-Abdeckung.

2 Lösen Sie die zwei Schrauben und manövrieren Sie die Lüfterhaube beiseite (siehe Abbildung).

7.2 Schrauben der Lüfterhaube

3 Trennen Sie den Stecker des Gebläsemotors und befreien Sie ggf. die Verkabelung (siehe Abbildung).

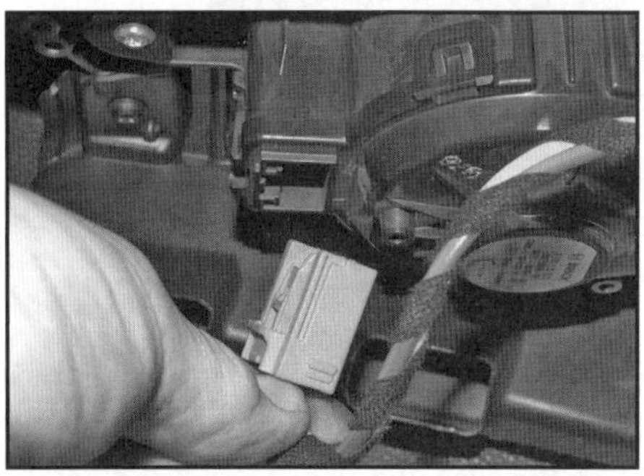

7.3 Trennen Sie den Gebläsemotorstecker.

4 Lösen Sie die drei Befestigungsschrauben des Gebläsemotors und senken Sie diesen ab (siehe Abbildung).

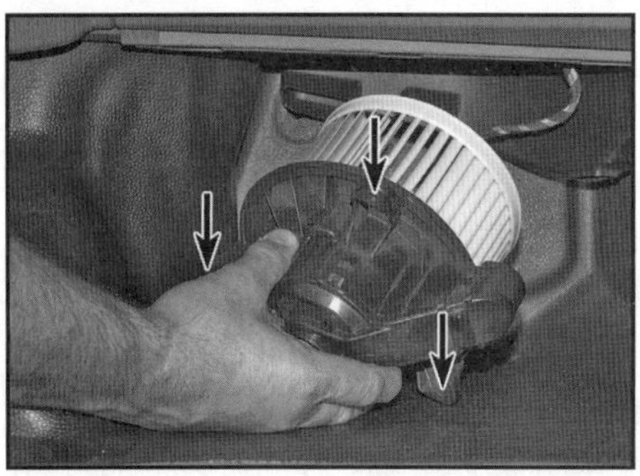

7.4 Lösen Sie die drei Befestigungsschrauben des Gebläsemotors und senken Sie diesen ab.

5 Der Einbau entspricht der umgekehrten Ausbaureihenfolge.

Gebläsemotor-Widerstand

Anmerkung: *Bei Fahrzeugen mit Klimaautomatik (statt manueller Klimaanlagen-Regelung) ist der Gebläsemotor nicht mit einem Widerstand, sondern mit einem Steuermodul ausgerüstet.*

Ausbau

6 Demontieren Sie das Handschuhfach (siehe Kapitel 11, Sektion 27).
7 Lösen Sie die zwei Schrauben und zwei Muttern der Heizungs-Halterung (siehe Abbildung) und entnehmen Sie sie – befreien Sie dabei die Gebläsemotor-Befestigung

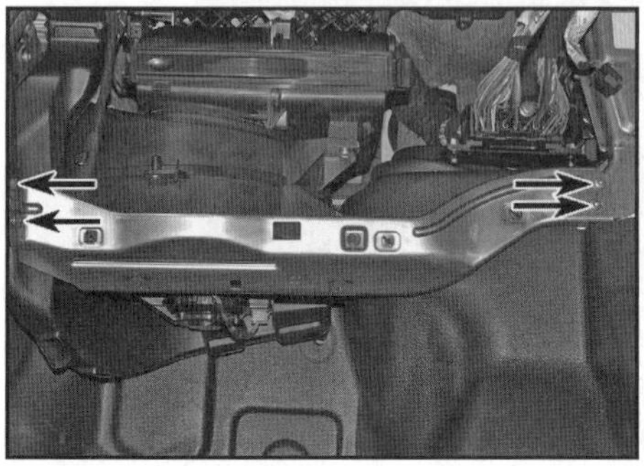

7.7 Lösen Sie die zwei Schrauben und zwei Muttern der Heizungs-Halterung.

8 Lösen Sie die Schrauben der Lüfterhaube und entfernen Sie diese (siehe Abbildungen).

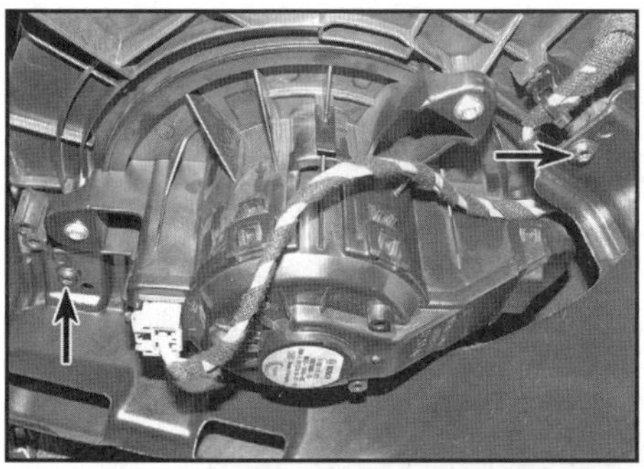

7.8a Untere Lüfterhauben-Schrauben ...

7.8b ... und obere Schraube

9 Trennen Sie den Stecker des Gebläsemotor-Widerstands (siehe Abbildung).

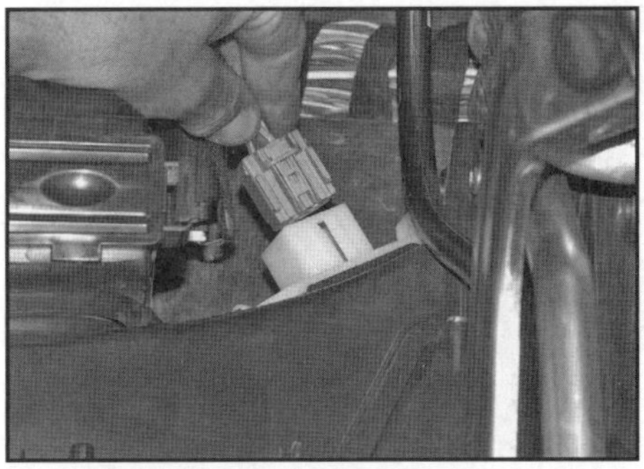

7.9 **Trennen Sie den Widerstand-Stecker.**

10 Lösen Sie die Torxschraube des Widerstands (siehe Abbildung).

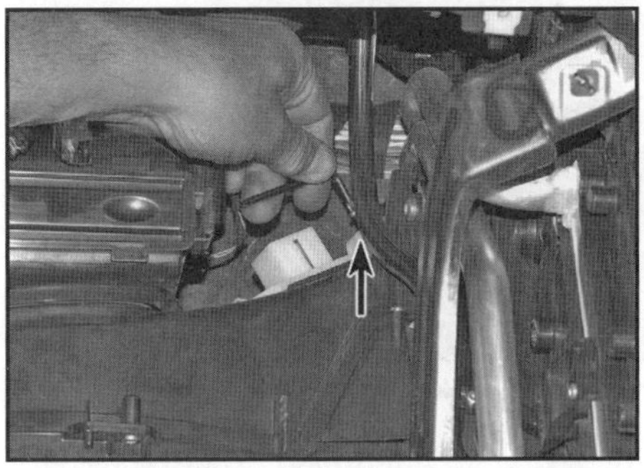

7.10 **Lösen Sie die Widerstand-Torxschraube.**

11 Manövrieren Sie den Gebläsemotor-Widerstand heraus.
12 Der Einbau entspricht der umgekehrten Ausbaureihenfolge.

Luftmischklappen-Stellmotor

13 Demontieren Sie das Handschuhfach (siehe Kapitel 11, Sektion 27).
14 Trennen Sie durch die Handschuhfachöffnung den Stecker, lösen Sie die drei Schrauben und entfernen Sie den Stellmotor (siehe Abbildung).

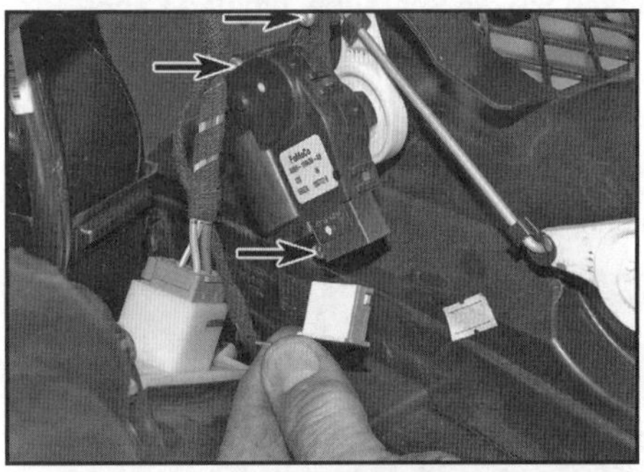

7.14 **Stecker und Schrauben des Luftmischklappen-Stellmotors**

15 Der Einbau entspricht der umgekehrten Ausbaureihenfolge.

Lüftungs-Verteilergehäuse

16 Lassen Sie bei Modellen mit Klimaanlage das Kältemittel von einer Fachwerkstatt ablassen.
17 Entleeren Sie zuerst das Kühlsystem (siehe Kapitel 1, Sektion 32) – falls das Frostschutzmittel nicht erneuert werden muss, kann es später wiederverwendet werden, wenn es in einem sauberen Behälter gelagert wird.
18 Demontieren Sie das Lüftungsgitter unterhalb der Windschutzscheibe (siehe Kapitel 12, Sektion 15).
19 Lösen Sie hinten im Motorraum die Mutter, mit denen die Kältemittelrohre am Expansionsventil gesichert sind (siehe Abbildung). Verstopfen Sie die Öffnungen, damit kein Schmutz eindringt. Beim Einbau werden neue O-Ringe benötigt.

7.19 **Lösen Sie die Mutter und ziehen Sie die Rohre vom Expansionsventil.**

20 Trennen Sie an der Motorraum-Spritzwand die Heizungsschläuche von den Stutzen des Wärmetauschers (siehe Abbildung) – drücken Sie am rechten Schlauch die Knöpfe und hebeln Sie am linken Schlauch die Drahtklemme hoch, um die Anschlüsse zu trennen.

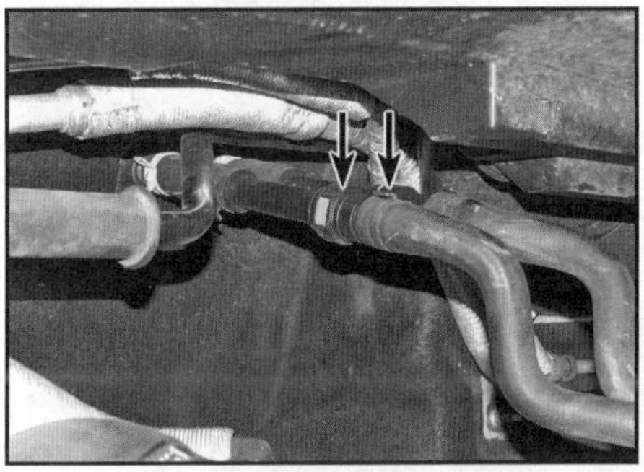

7.20 **Trennen Sie die Heizungsschläuche von den Stutzen des Wärmetauschers.**

21 Demontieren Sie beide vordere Türen (siehe Kapitel 11, Sektion 10).
22 Entfernen Sie beide A-Säulenverkleidungen (siehe Kapitel 11, Sektion 24).
23 Bauen Sie das komplette Armaturenbrett aus (siehe Kapitel 11, Sektion 27).
24 Demontieren Sie die Lenksäule (siehe Kapitel 10, Sektion 17).
25 Entfernen Sie an der mittleren unteren Armaturenbrettverkleidung die Kappen von den Schrauben, lösen Sie diese und entfernen Sie die Verkleidung (siehe Abbildung).

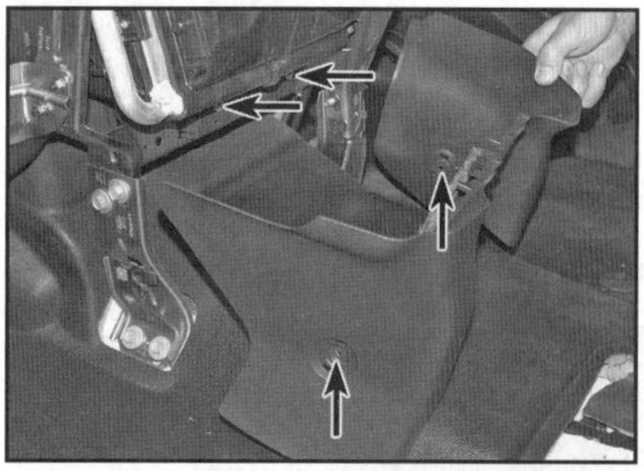

7.25 Schrauben der mittleren unteren Armaturenbrettverkleidung

26 Trennen Sie die Schalt-Seilzüge samt Hüllen von der Schalthebel-Baugruppe (siehe Kapitel 7, Sektion 4).
27 Lösen Sie die Muttern der Schalthebel-Baugruppe und entfernen Sie diese (siehe Abbildung).

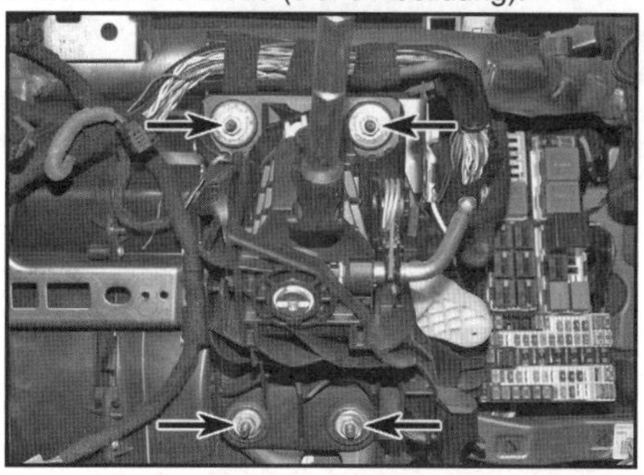

7.27 Muttern der Schalthebel-Baugruppe

28 Lösen Sie die Schraube vor der Lenksäulenhalterung (siehe Abbildung).

7.28 Schraube vor der Lenksäulenhalterung

29 Trennen Sie die Stecker unten an den A-Säulen und den Sicherungsboxen, lösen Sie dann links am Querträger die Schraube, die den Kabelbaum-Stecker sichert (siehe Abbildungen).

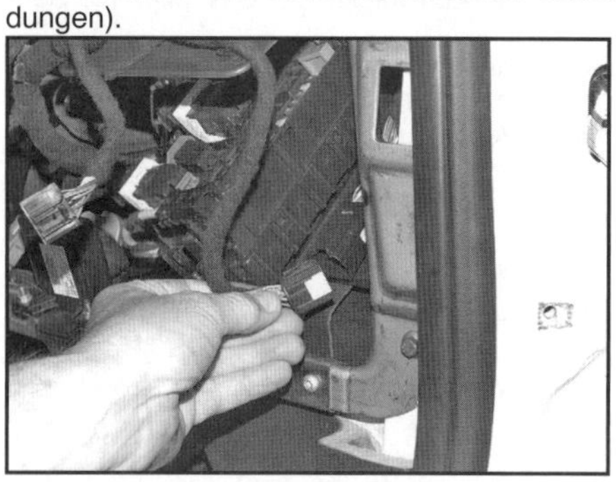

7.29a Beginnen Sie rechts und trennen Sie den Kabelstecker an der A-Säule ...

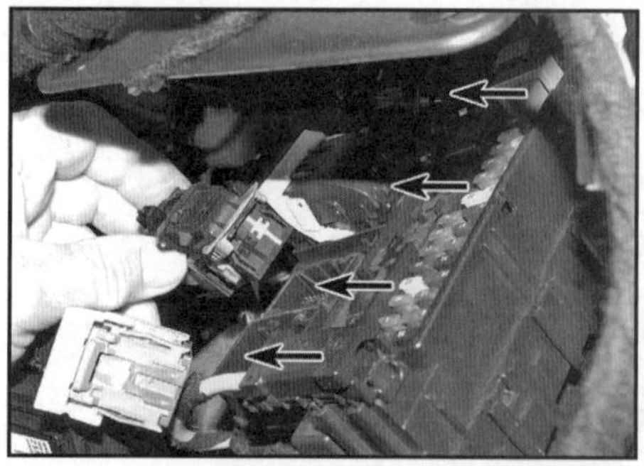

7.29b ... sowie die Stecker der Sicherungsbox.

7.29c Trennen Sie die Stecker unten an der linken A-Säule ...

7.29d ... und lösen Sie die Schraube, um den Kabelbaum-Stecker zu trennen.

30 Lösen Sie an beiden Seiten die vier Schrauben der jeweiligen Querträger-Verbindungselementen zum Bodenblech (siehe Abbildung) – lassen Sie dabei einen Assistenten die Querstrebe halten.

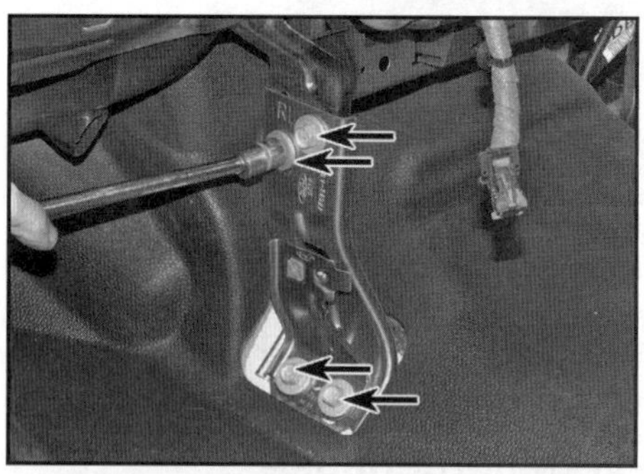

7.30 Lösen Sie die Schrauben der Querträger-Verbindungselemente.

31 Entfernen Sie an beiden Seiten die Gummistopfen aus der Karosserie und lösen Sie die Querträger-Schrauben (siehe Abbildung) – lassen Sie dabei einen Assistenten den Querträger dabei halten.
Achtung: Der Querträger ist scharfkantig und hat ein beträchtliches Gewicht!

7.31 Lösen Sie an beiden Seiten die Querträger-Schrauben.

32 Markieren Sie an jeder Seite die Einbaupositionen der zwei Querträger-Halteschrauben. Prüfen Sie, ob alle Kabel getrennt sind, und manövrieren Sie den Querträger samt Klimaanlagen-Block aus dem Fahrzeug heraus – führen Sie dabei die Rohre des Wärmetauschers und ggf. des Verdampfers durch die Spritzwand hindurch; seien Sie dabei auf etwas austretendes Kühlmittel vorbereitet (siehe Abbildung).

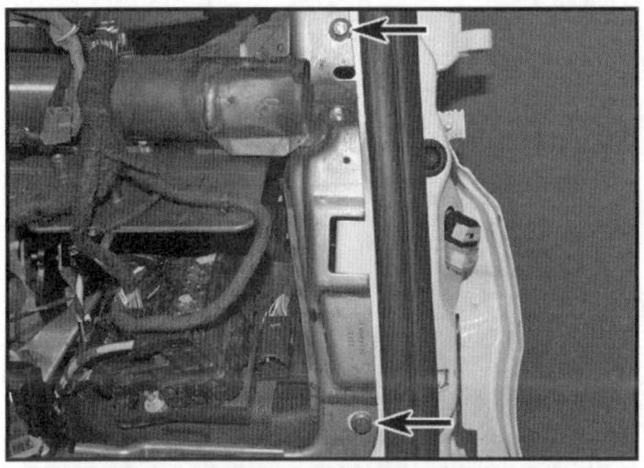

7.32 Markieren Sie an jeder Seite die Einbaupositionen der zwei Querträger-Halteschrauben.

33 Nachdem die Baugruppe auf die Werkbank gehoben ist, werden die Schrauben der Heizungs-Halterung gelöst und beim Entfernen auch die Befestigungen des Gebläsemotorgehäuse-Halters befreit (siehe Abbildungen).

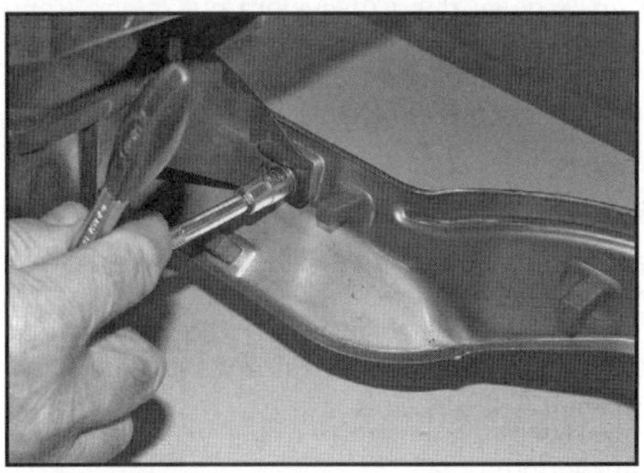

7.33a Lösen Sie die Mutter des Gebläsemotorgehäuse-Halters ...

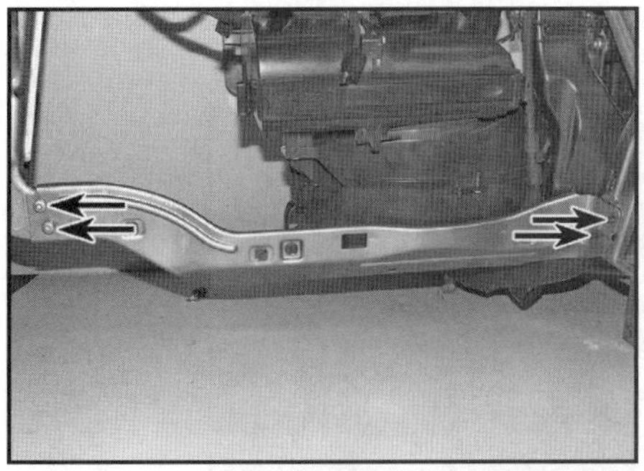

7.33b ... und die Schrauben des Heizungs-Halters.

34 Lösen Sie die Schellen und entfernen Sie die mit den Wärmetauscherstutzen verbundenen Heizungsschlauch-Verlängerungsrohre (siehe Abbildung).

7.34 Lösen Sie die Schellen und trennen Sie die Schläuche.

35 Trennen Sie den Gebläsemotor-Stecker und befreien Sie das Kabel (siehe Abbildung).

7.35 Trennen Sie den Gebläsemotor-Stecker.

36 Trennen Sie den Stecker des Luftmischklappen-Stellmotors (siehe Abbildung).

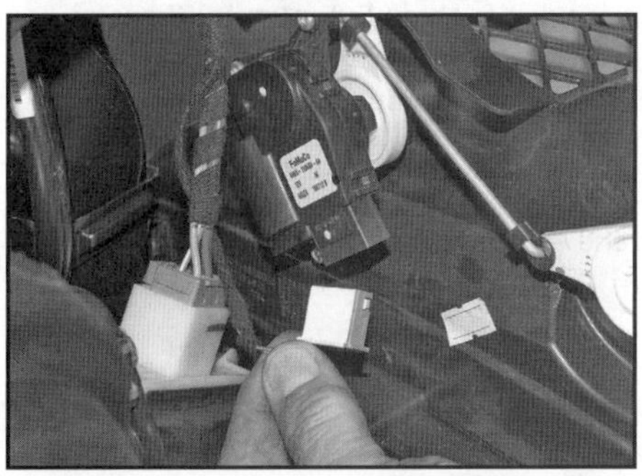

7.36 Trennen Sie den Stecker des Luftmischklappen-Stellmotors.

37 Trennen Sie den Stecker des Gebläsemotor-Widerstands (siehe Abbildung).

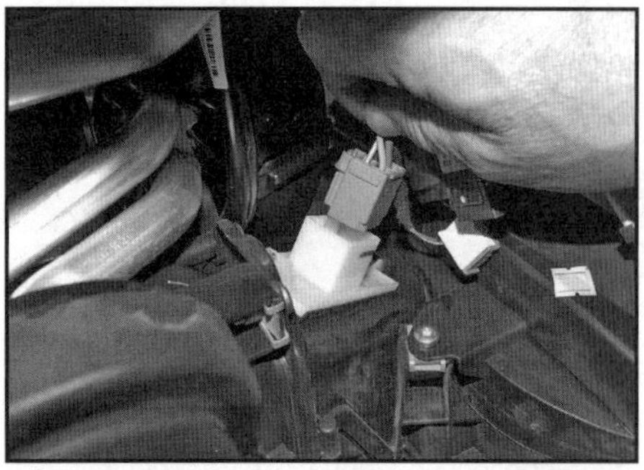

7.37 Trennen Sie den Stecker des Gebläsemotor-Widerstands.

38 Trennen Sie rechts am Lüftungs-Verteilergehäuse alle Kabelstecker (siehe Abbildung).

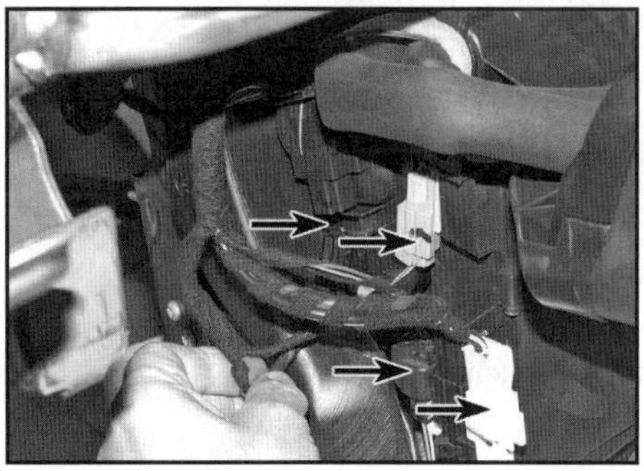

7.38 Trennen Sie alle Stecker rechts am Lüftungs-Verteilergehäuse.

39 Lösen Sie die Schraube des rechten Fußraum-Luftkanals und trennen Sie ihn (siehe Abbildung).

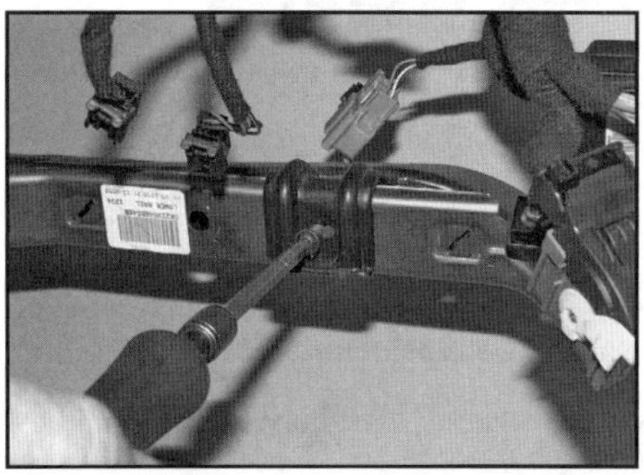

7.39 Entfernen Sie den rechten Fußraum-Luftkanal.

40 Entfernen Sie oben an der Baugruppe den Kabelbaum.
41 Lösen Sie die vier Muttern und die einzelne Schraube des Lüftungs-Verteilergehäuse. Lassen Sie nötigenfalls einen Assistenten den Querträger halten, während das Gehäuse entfernt wird (siehe Abbildungen).

7.41a Lösen Sie die zwei oberen ...

7.41b ... und zwei unteren Muttern ...

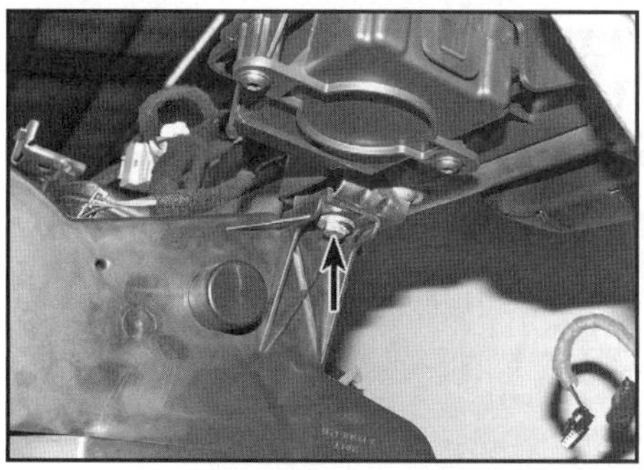

7.41c ... sowie die einzelne Schraube, die das Gehäuse am Querträger sichern.

42 Der Einbau entspricht der umgekehrten Ausbaureihenfolge – beachten Sie dabei folgende Punkte:
a) Der Einbau des Armaturenbretts samt Querträger ist in 11, Sektion 27 beschrieben.
b) Ersetzen Sie alle Kältemittelrohr-Dichtungen.
c) Füllen Sie zum Schluss das Kühlsystem auf (siehe Kapitel 1, Sektion 32).
d) Lassen Sie das Kältemittel vom Spezialbetrieb wieder auffüllen und die Klimaanlage auf Dichtigkeit prüfen.

Heizungs-Wärmetauscher

43 Demontieren Sie das Lüftungs-Verteilergehäuse aus dem Fahrzeug (siehe oben).
44 Lösen Sie die Schellen und entfernen Sie die mit den Wärmetauscherstutzen verbundenen Heizungsschlauch-Verlängerungsrohre (Abb. 7.34).
45 Entfernen Sie das Schaumstoff-Formteil von den Rohrstutzen (siehe Abbildung).

7.45 Ziehen Sie das Schaumstoff-Formteil von den Rohrstutzen.

46 Lösen Sie die drei Schrauben der Rohrstutzenführung vorn aus dem Lüftungs-Verteilergehäuse und entfernen Sie sie (siehe Abbildung).

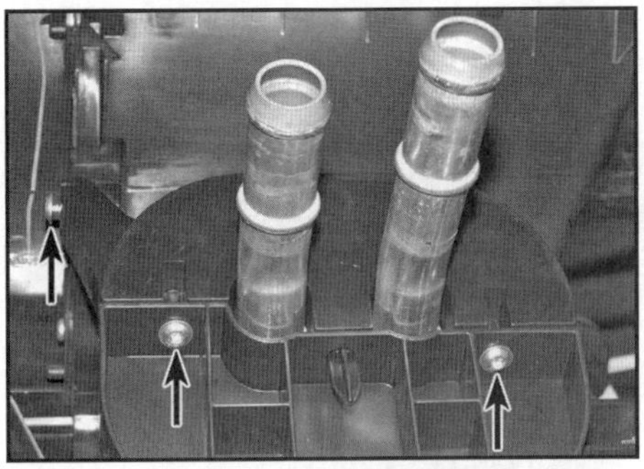

7.46 Schrauben der Rohrstutzenführung

47 Lösen Sie die zwei Schrauben des unteren Luftkanals und entfernen Sie ihn. Lösen Sie dann die einzelne Schraube des oberen Luftkanals und entfernen Sie auch diesen (siehe Abbildungen).

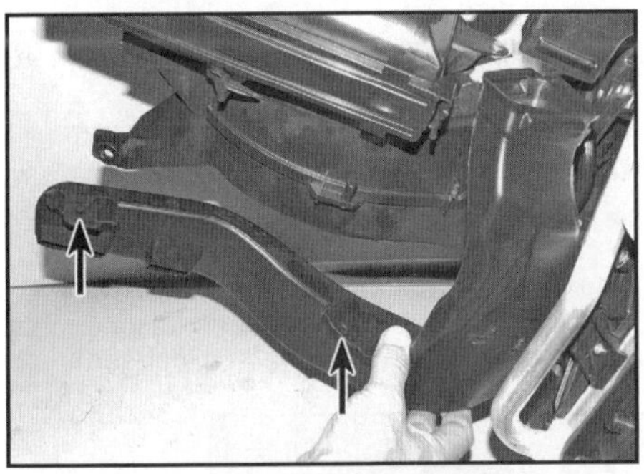

7.47a Entfernen Sie den unteren ...

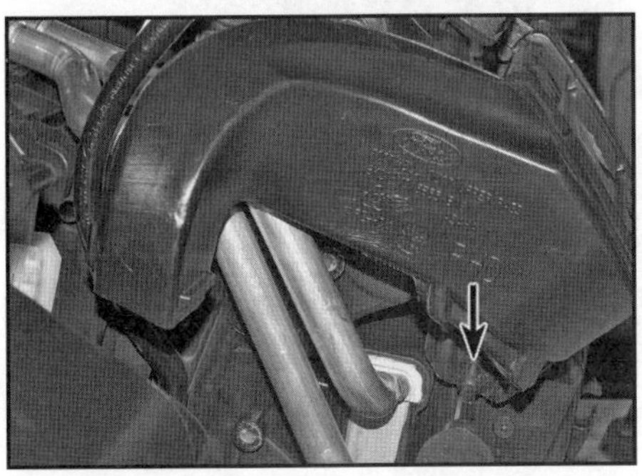

7.47b ... und den oberen Luftkanal.

48 Lösen Sie am unteren Stutzen die zwei Schrauben des kleinen Belüftungsrohrs und befreien Sie dies (siehe Abbildung).

7.48 Schrauben des kleinen Belüftungsrohrs

49 Lösen Sie die drei Schrauben des Einlasstrakts, befreien Sie den Clip und trennen Sie den Trakt vom Lüftungs-Verteilergehäuse (siehe Abbildung).

7.49a Lösen Sie die drei Schrauben ...

7.49b ... und den Clip des Einlasstrakts.

50 Lösen Sie die Schraube der Wärmetauscher-Haltelasche und entfernen Sie diese (siehe Abbildung).

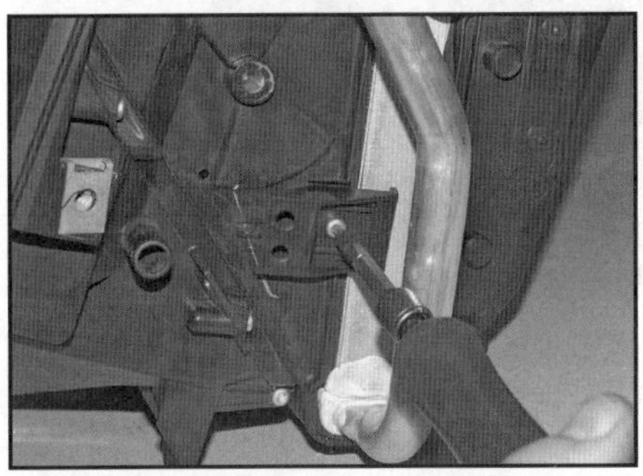

7.50 Lösen Sie die Schraube und entfernen Sie die Lasche.

51 Ziehen Sie vorsichtig den Wärmetauscher aus dem Lüftungs-Verteilergehäuse (siehe Abbildung).

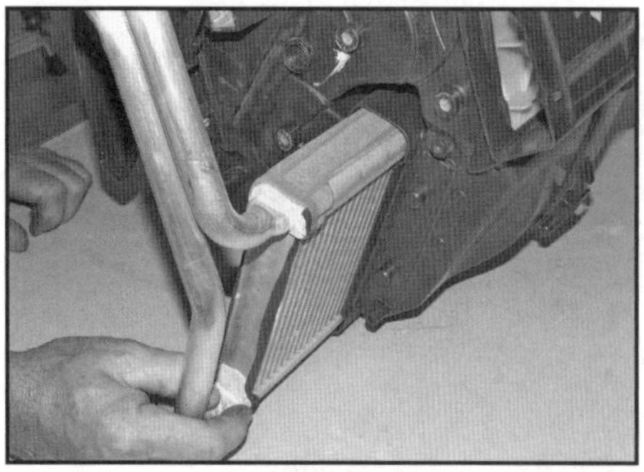

7.51 Befreien Sie den Wärmetauscher aus dem Lüftungs-Verteilergehäuse.

52 Der Einbau entspricht der umgekehrten Ausbaureihenfolge.

Elektrische Zusatzheizung

53 Entfernen Sie das Lüftungs-Verteilergehäuse (Schritt 16 ff).
54 Lösen Sie die Schraube des über der Heizung sitzenden Luftkanals und entfernen Sie diesen (siehe Abbildung).

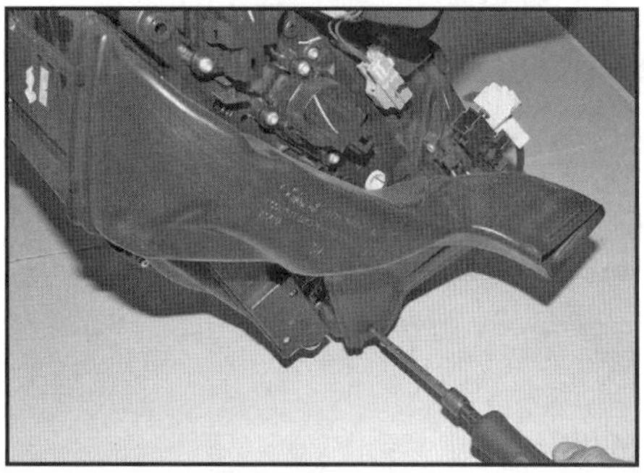

7.54 Entfernen Sie den über der Heizung sitzenden Luftkanal.

55 Befreien Sie Clips der Heizungs-Verkabelung und lösen Sie die zwei Torxschrauben des Heizelements (siehe Abbildung).

7.55 Lösen Sie die zwei Torxschrauben des Heizelements ...

56 Ziehen Sie die elektrische Zusatzheizung samt Steuerelement aus dem Gehäuse (siehe Abbildung).

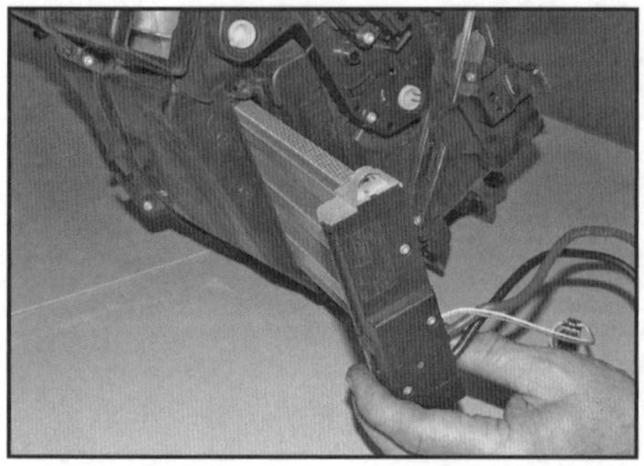

7.56 ... und ziehen Sie es aus dem Lüftungs-Verteilergehäuse.

Armaturenbrett-Lüftungsgitter

Äußere Luftdüsen

57 Lösen Sie die einzelne Schraube am äußeren Rand des Armaturenbretts und befreien Sie das Lüftungselement vorsichtig aus dem Armaturenbrett (siehe Abbildung).

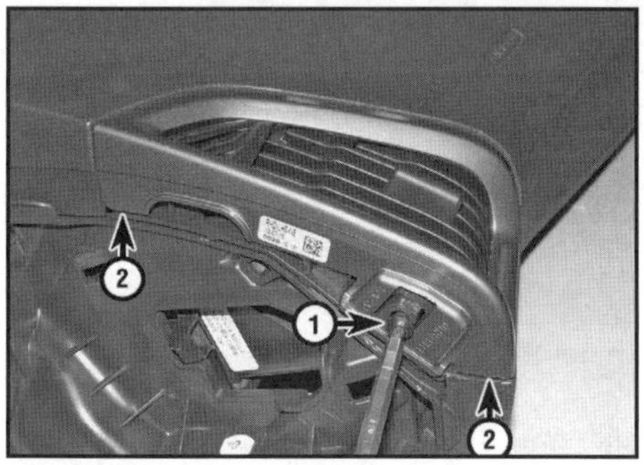

7.57 Lösen Sie die Schraube (1) und hebeln Sie vorsichtig die Laschen (2) an, um das Lüftungselement zu befreien.

58 Der Einbau entspricht der umgekehrten Ausbaureihenfolge.

Mittlere Luftdüsen

59 Entfernen Sie die Infotainment-Konsole (siehe Kapitel 12, Sektion 5)
60 Lösen Sie die hinten am Lüftungselement die zwei Torxschrauben und befreien Sie die verschiedenen Laschen, um das Element entnehmen zu können (siehe Abbildungen).

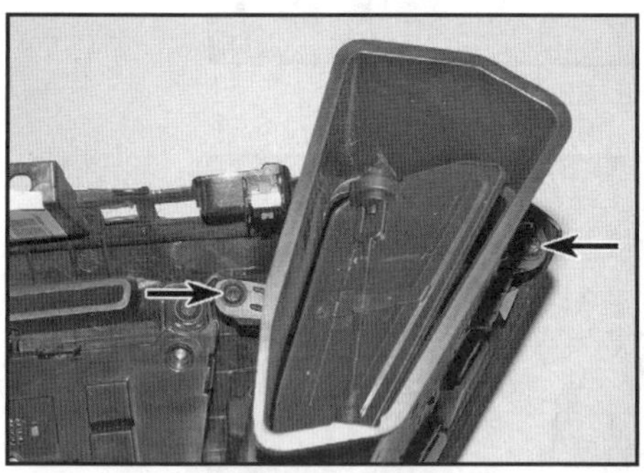

7.60a Lösen Sie die Schrauben ...

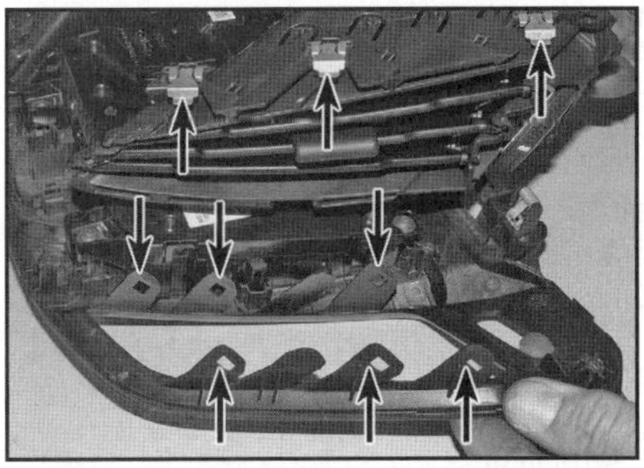

7.60b ... und befreien Sie die Laschen, um das Lüftungselement zu trennen.

61 Der Einbau entspricht der umgekehrten Ausbaureihenfolge.

8 Heizungs- und Klimaanlagen-Regler – Ausbau und Einbau

Anmerkung: *Diese Prozedur trifft auch auf Modelle mit Klimaautomatik zu.*
1 Trennen Sie den Masseanschluss (–) der Batterie (siehe Kapitel 5, Sektion 3).
2 Demontieren Sie die obere zentrale Armaturenbrett-Blende (siehe Kapitel 11, Sektion 27).
Anmerkung: *Beschädigen Sie beim Abhebeln nicht benachbarte Verkleidungsteile.*
3 Lösen Sie mit einem Kunststoffspachtel die Regler-Blende und ziehen Sie dabei den/die Stecker ab (siehe Abbildung).

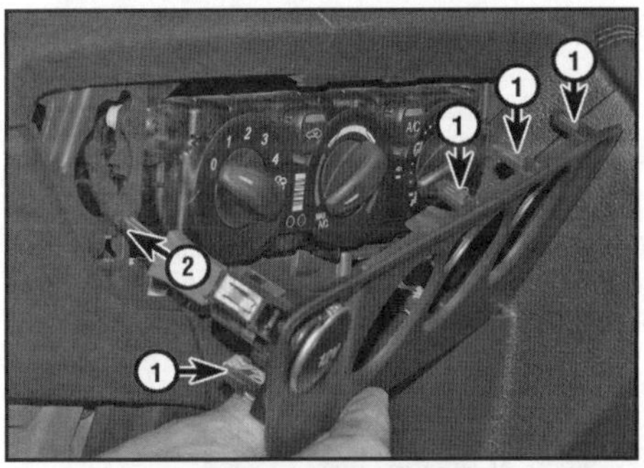

8.3 Reglerblenden-Clips (1) und Kabelstecker (2)

4 Lösen Sie die Schrauben der Regler-Einheit und befreien Sie sie (siehe Abbildung).

8.4 Schrauben der Regler-Einheit

5 Befreien Sie die Regler-Einheit und ziehen Sie dabei die Kabelstecker ab (siehe Abbildung).

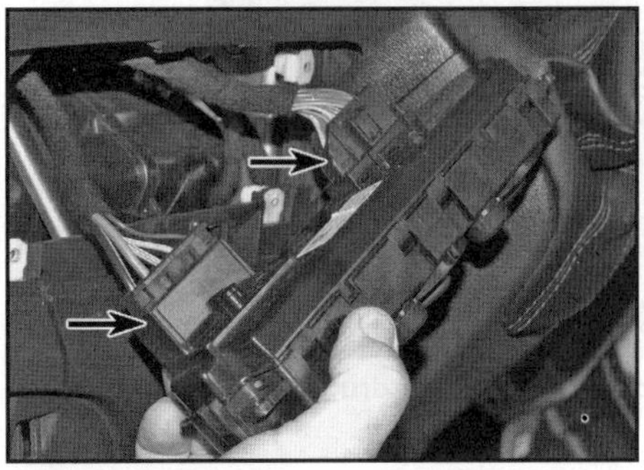

8.5 Kabelstecker der Regler-Einheit

6 Der Einbau entspricht der umgekehrten Ausbaureihenfolge.

9 Klimaanlage – Allgemeine Informationen und Warnhinweise

Allgemeine Informationen

1 Die Klimaanlage besteht aus einem vorn am Kühler sitzenden Verflüssiger, einem neben dem Heizungs-Wärmetauscher sitzenden Verdampfer, einem vom Keilrippenriemen angetriebenen Kompressor, einem Kältemittelsammler/Trockner und entsprechenden Verbindungsrohren. Zusammen mit der Heizung ermöglicht die Klimaanlage die Anpassung der Innenraumtemperatur. Sie reduziert auch die Luftfeuchtigkeit der einströmenden Frischluft und hindert so die Fenster am Beschlagen.
2 Die Kühlfunktion der Klimaanlage arbeitet ähnlich wie ein gewöhnlicher Kühlschrank. Der von der Kurbelwelle über den Keilrippenriemen angetriebene Kompressor presst gasförmiges Kühlmittel in den vorn am Wasserkühler sitzenden Verflüssiger, wo es Wärme abgibt und flüssig wird. Es durchströmt ein Expansionsventil und gelangt in den Verdampfer, wo es sich von unter hohem Druck stehender Flüssigkeit in Gas umwandelt, das unter niedrigem Druck steht. Diese Umwandlung wird von einer Temperaturabsenkung begleitet, sodass der Verdampfer abkühlt. Das Kühlmittel kehrt zum Kompressor zurück und der Kreislauf beginnt von vorn.
3 Durch den Verdampfer geblasene Luft passiert das Lüftungs-Verteilergehäuse, wo sie mit heißer Luft aus dem Wärmetauscher gemischt wird, um im Innenraum die gewünschte Temperatur zu erreichen.
4 Die Heizungsseite des Systems arbeitet wie eine normale Fahrzeugheizung (siehe Sektion 7).

Klimaanlagen-Wartungspunkte

5 Beide Wartungspunkte befinden sich vor der Sicherungsbox links im Motorraum (siehe Abbildung).

9.5 Hochdruck- (A) und Niederdruck-Wartungspunkt (B)

Warnhinweise

Warnung: Die Klimaanlage steht unter beträchtlichem Druck. Lockern Sie niemals irgendwelche Anschlüsse, solange nicht das System zuvor von einem Klimaanlagen-Spezialisten entleert wurde. Verstopfen Sie umgehend alle Öffnungen, um keine Luftfeuchtigkeit oder Schmutz eindringen zu lassen. Tragen Sie beim Trennen von Klimaanlagen-Anschlüssen stets eine Schutzbrille.

6 Bei der Arbeit an der Klimaanlage oder damit verbundenen Komponenten müssen besondere Warnhinweise beachtet werden. Das Kältemittel ist potenziell gefährlich, sodass nur qualifizierte Personen damit hantieren dürfen. Eine unkontrollierte Entleerung des Systems birgt Gefahren und ist aus den folgenden Gründen äußerst umweltschädlich:

a) *Auch wenn das verwendete Kältemittel (R134a) weniger umweltschädlich ist, als das früher verwendete R12, handelt es sich um eine äußerst gefährliche Substanz, die nicht in die Augen oder auf die Haut gelangen darf, da es Erfrierungen verursachen kann.*

b) *Kältemittel ist schwerer als Luft und kann Sauerstoff verdrängen. In einem geschlossenen Raum, der nicht ausreichend belüftet wird, besteht daher Erstickungsgefahr. Das Gas ist farb- und geruchslos, sodass es unbemerkt austreten kann.*

c) *Das Kältemittel ist selbst nicht giftig, doch in Anwesenheit einer offenen Flamme (auch einer Zigarette) bildet es giftige Gase, die u. a. zu Kopfschmerzen und Übelkeit führen können.*

d) *Lassen Sie R134a nicht in die Atmosphäre gelangen; es greift zwar nicht wie R12 die Ozonschicht an, ist aber ein Fluorkohlenwasserstoff, der einen starken Beitrag zum Treibhauseffekt hat.*

e) *Lassen Sie das System entleeren, bevor in der Nähe von Klimaanlagen-Komponenten geschweißt, gelötet oder anderweitig mit Wärme gearbeitet wird.*

Warnung: Versuchen Sie niemals, irgendeinen Schlauch- oder Rohranschluss der Klimaanlage zu öffnen, ohne dass das System zuvor von einem Klimaanlagen-Spezialisten entleert wurde. Nach Beendigung der Arbeit muss das System ebenfalls von einem Fachbetrieb wieder mit dem korrekten Kältemittel aufgefüllt werden.

Warnung: Getrennte Rohr- und Schlauchanschlüsse müssen direkt nach dem Trennen abgedichtet werden. Falls Luft eindringen kann, wird der Trockner-Behälter mit Feuchtigkeit zugesetzt, sodass er ausgetauscht werden muss. Ersetzen Sie alle Anschluss-Dichtringe.

Achtung: Aktivieren Sie nicht die Klimaanlage, wenn bekannt ist, dass Kältemittel fehlt – hierdurch kann der Kompressor beschädigt werden!

10 Klimaanlagen-Komponenten – Ausbau und Einbau

Anmerkung: *Beachten Sie die Warnhinweise und Vorsichtsmaßnahmen in Sektion 9!*

Verflüssiger

1 Lassen Sie die Klimaanlage von einem Spezialbetrieb vollständig entleeren.
2 Demontieren Sie die Frontverkleidung (siehe Kapitel 11, Sektion 22).
3 Lösen Sie an den beiden Luftabweisern links und rechts vom Verflüssiger die Zapfen und befreien Sie daran gesicherte Kabel, um die Abweiser zu entfernen (siehe Abbildung).

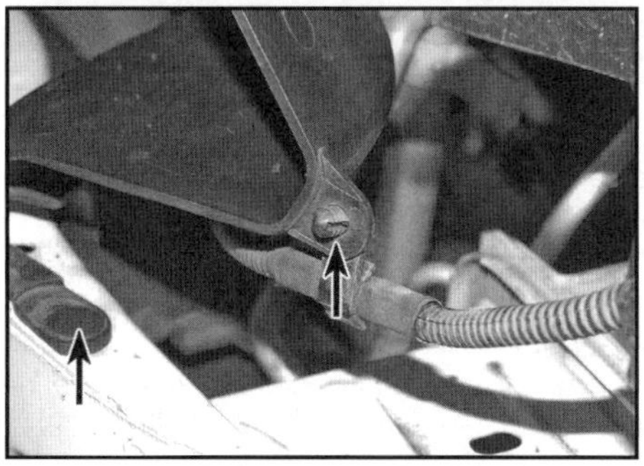

10.3 Ziehen Sie die Zapfen heraus und entfernen Sie die Abweiser.

4 Demontieren Sie den Ladeluftkühler (siehe Kapitel 4A, Sektion 18).
5 Trennen Sie die Kältemittelrohre vom Verflüssiger und verstopfen Sie umgehend die Öffnungen, um keine Luftfeuchtigkeit oder Schmutz eindringen zu lassen (siehe Abbildung) – alle O-Ringe müssen später durch Neuteile ersetzt werden.

10.5 Lösen Sie die Muttern und trennen Sie die Kältemittelrohre vom Verflüssiger.

6 Drücken Sie an beiden Seiten des Verflüssigers die Laschen ein und heben Sie ihn etwas an, um an beiden Seiten seiner Führungen am Kühler die Haltelaschen zu befreien und ihn nach unten zu befreien.
7 Der Einbau entspricht der umgekehrten Ausbaureihenfolge – verwenden Sie neue O-Ringe und »schmieren« Sie

sie vor dem Einbau mit frischem Kältemittel-Öl. Lassen Sie das Kältemittel vom Spezialbetrieb wieder auffüllen und die Anlage auf Dichtigkeit prüfen.

Verdampfer

8 Demontieren Sie den Heizungs-Wärmetauscher (siehe Sektion 7).

9 Falls noch nicht geschehen, müssen rechts am Verdampfergehäuse die Kabelstecker getrennt werden (siehe Abbildung).

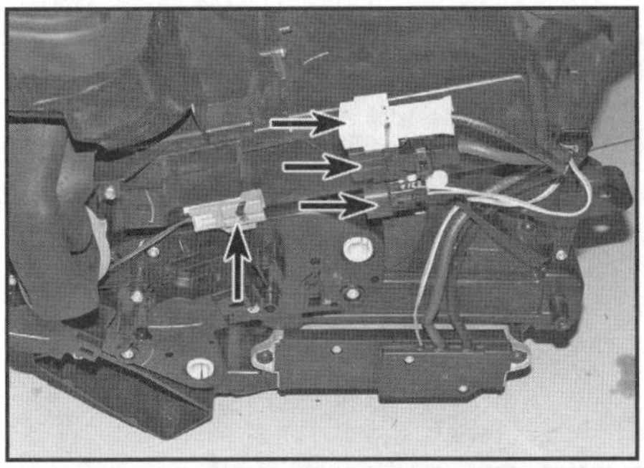

10.9 Trennen Sie rechts am Verdampfergehäuse die Kabelstecker.

10 Lösen Sie die Schrauben des thermostatischen Expansionsventils, entfernen Sie das Ventil und befreien Sie die Rohr-Dichtungen und den Rohr-Halter (siehe Abbildungen).

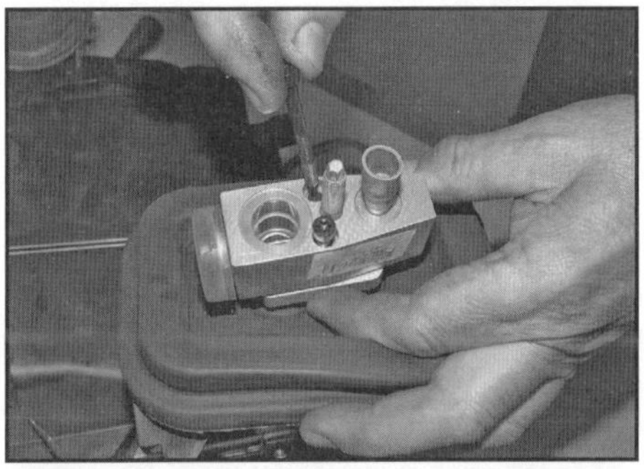

10.10a Entfernen Sie das thermostatischen Expansionsventil, ...

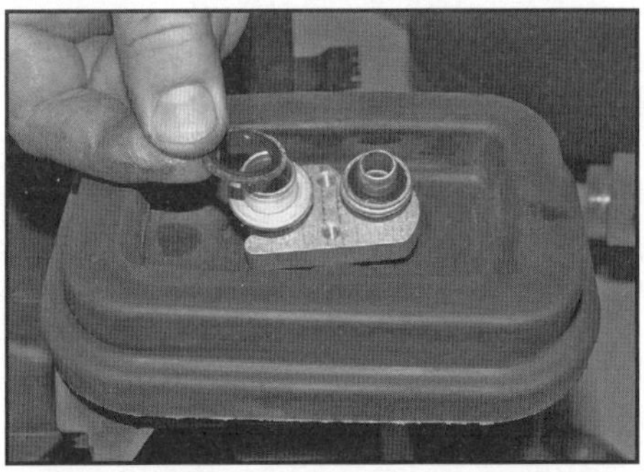

10.10b befreien Sie die Rohr-Dichtungen ...

10.10c ... und den Rohr-Halter.

11 Ziehen Sie das Schaumstoffelement von den Enden der Verdampferrohren (siehe Abbildung).

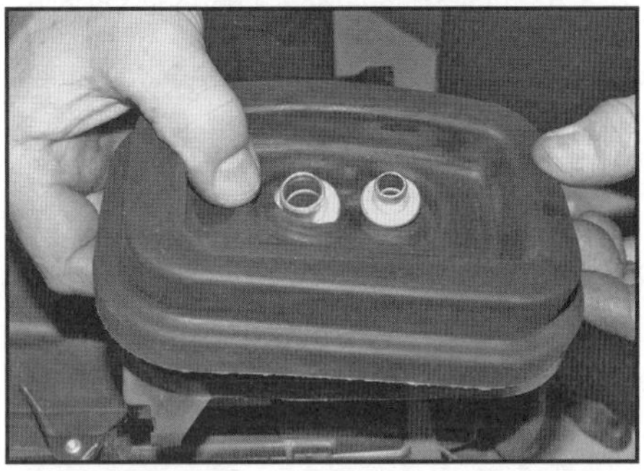

10.11 Ziehen Sie das Schaumstoffelement von den Rohrstutzen.

12 Entfernen Sie den Halter der Verdampferrohr-Führung (siehe Abbildung).

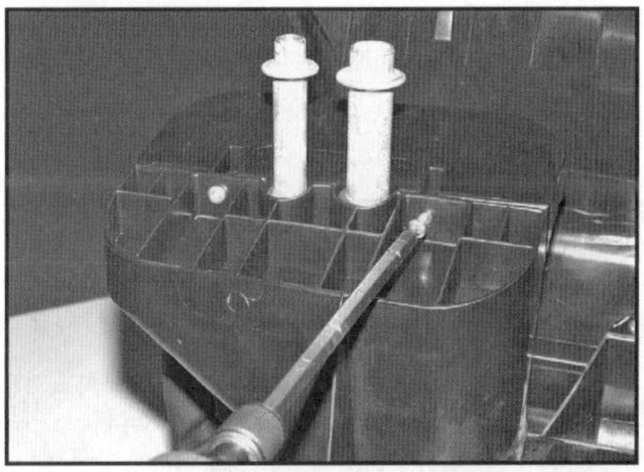

10.12 Lösen Sie die zwei Schrauben und trennen Sie den Halter der Verdampferrohr-Führung.

13 Lösen Sie die Schrauben der unteren Verdampfer-Abdeckung und entfernen Sie diese (siehe Abbildung).

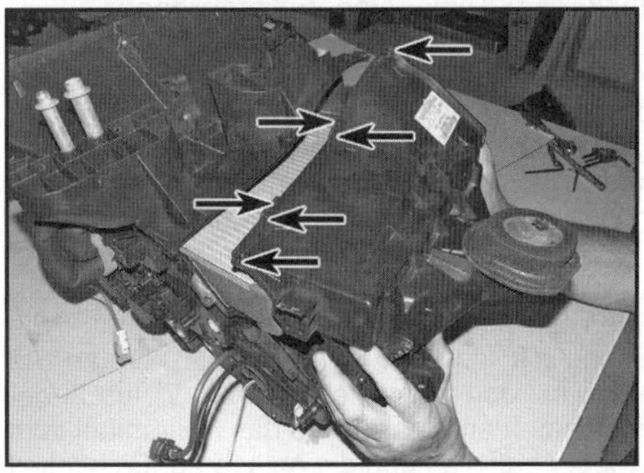

10.13 Schrauben der unteren Verdampfer-Abdeckung

14 Lösen Sie die Schrauben der oberen Verdampfer-Abdeckung und entfernen Sie diese (siehe Abbildung).

10.14 Entfernen Sie die obere Verdampfer-Abdeckung.

15 Ziehen Sie den Verdampfer aus dem Lüftungs-Verteilergehäuse.
16 Der Einbau entspricht der umgekehrten Ausbaureihenfolge.

Kompressor

17 Lassen Sie die Klimaanlage von einem Spezialbetrieb vollständig entleeren.
18 Trennen Sie den Masseanschluss (–) der Batterie (siehe Kapitel 5, Sektion 3).
19 Ziehen Sie die Handbremse fest an, heben Sie dann das Fahrzeug vorn an, und stützen Sie es sicher ab (siehe Seite 355).
20 Entfernen Sie den Keilrippenriemen (siehe Kapitel 1, Sektion 33).
21 Lösen Sie ggf. die drei Schrauben der Kälterohr-Abdeckung und entfernen Sie diese.
22 Lösen Sie die zwei Schrauben, mit denen die Kältemittelrohre am Motor gesichert sind. Lösen sie die zwei Muttern der Kältemittelrohr-Anschlüsse am Kompressor. Verstopfen Sie umgehend die Öffnungen, um keine Luftfeuchtigkeit oder Schmutz eindringen zu lassen.
23 Trennen Sie die Kabelstecker vom Kompressor (siehe Abbildung).

10.23 Kabelstecker am Klimaanlagen-Kompressor

24 Stützen Sie den Kompressor ab und lösen Sie die drei Befestigungsschrauben (eine davon kann bereits bei der Demontage der Rohrabdeckung entfernt worden sein). Ziehen Sie den Kompressor vom Motor ab – die Dichtringe müssen später erneuert werden. Verstopfen Sie umgehend die Kompressor-Öffnung, um keinen Schmutz eindringen zu lassen.
25 Der Einbau entspricht der umgekehrten Ausbaureihenfolge – verwenden Sie neue O-Ringe und »schmieren« Sie sie vor dem Einbau mit frischem Kältemittel-Öl. Ziehen Sie die Schrauben ggf. mit den in den technischen Daten angegebenen Drehmomenten an. Lassen Sie das Kältemittel vom Spezialbetrieb wieder auffüllen und die Anlage auf Dichtigkeit prüfen.

Sammler/Trockner

Anmerkung: *Das Sammler/Trockner-Gehäuse sitzt rechts am Verflüssiger und ist von unten zugänglich.*
26 Lassen Sie die Klimaanlage von einem Spezialbetrieb vollständig entleeren.
27 Demontieren Sie den Ladeluftkühler (siehe Kapitel 4A, Sektion 18).
28 Lösen Sie die vier Schrauben des unter dem Kühler sitzenden Spritzschutzes und entfernen Sie diesen.
29 Schrauben Sie den Deckel ab und entfernen Sie den Sammler/Trockner (siehe Abbildung).

10.29 Entfernen Sie den Deckel, um Zugang zum Sammler/Trockner zu erhalten.

30 Der Einbau entspricht der umgekehrten Ausbaureihenfolge.

Kapitel 4A

Kraftstoffsystem und Auspuffanlage

Inhalt — Sektion

Schwierigkeitsgrade

Leicht. Geeignet für Anfänger mit wenig Erfahrung.	**Relativ leicht.** Geeignet für Anfänger mit etwas Erfahrung.	**Relativ schwierig.** Geeignet für geübte Selbstschrauber.	**Schwer.** Geeignet für Selbstschrauber mit viel Erfahrung.	**Sehr schwer.** Geeignet für Experten und Profis.

Technische Daten

Allgemein

System-Typ.	Elektronisch gesteuerte »Common-Rail« Hochdruck-
Direkteinspritzung, Turbolader mit Ladeluftkühler	
Zündfolge	1-3-4-2 (Nr. 1 rechts an Steuerkette oder Zahnriemen)
Standgasdrehzahl.	850/min (geregelt vom Motorsteuergerät – nicht einstellbar)

Anzugsdrehmomente	**Nm**
AGR-Auslassrohr-Befestigungsschrauben	10
Auspuffanlagen-Klemmmuttern	45
Auspuffflansch-Muttern*	48
Auspuffstutzen an AGR-Kühlkörper	23
Auspuffstutzen an Zylinderkopf*	
2,0 l-Motor	
Schritt 1	12
Schritt 2	23
2,2 l-Motor	
Seitliche vordere Befestigungen (2)	10
Haupt-Befestigungen (8 Muttern und Schrauben)	40
Auspuffstutzendichtungs-Stehbolzen*	10
Druckspeicher-Befestigungsschrauben	
2,0 l-Motor	13
2,2 l-Motor	25
Druckspeicher-Drucksensor	
2,0 l-Motor	10
2,2 l-Motor	30
Einlassgehäuse an Luftklappengehäuse	10
Einlassgehäuse/Stutzen an Zylinderkopf	
2,0 l-Motor	
Schritt 1	10
Schritt 2	23

2,2 l-Motor	25
Einspritzdüsenklemmungs-Schrauben*	
2,0 l-Motor	
Schritt 1	9
Schritt 2	um 45° lockern
Schritt 3	6
Schritt 4	um 180° weiter
2,2 l-Motor	
Schritt 1	6
Schritt 2	um 360° weiter
Einspritzpumpen-Befestigungsschrauben	23
Einspritzpumpenhalter-Adapterplattenchrauben	10
Einspritzpumpenrad-Befestigungsschraube	
2,0 l-Motor	
Schritt 1	25
Schritt 2	75
2,2 l-Motor	55
Gaspedal-Befestigungsmuttern	8
Hitzeschild-Schrauben (Auspuffstutzen und Turbolader)	10
Katalysator-Befestigungen	25
Katalysator-Flansch an Turbolader – Mutter(n)*	
2,0 l-Motor	9
2,2 l-Motor	48
Klimaanlagenkompressor-Schrauben	25
Kraftstoffrohr-Klemme an Ventildeckelschraube (2,2 l-Motor)	10
Kraftstoffrohr-Anschlussmuttern	
Schritt 1	12
Schritt 2	16
Schritt 3	um 55° weiter
2,2 l-Motor	
Schritt 1	15
Schritt 2	30
Kühlerhalter-Schrauben	10
Kurbelwellensensor-Schrauben	
2,0 l-Motor	10
2,2 l-Motor	7
Lichtmaschinen-Befestigungsschrauben	48
Luftmassensensor-Befestigungsschrauben	5
Nockenwellensensor-Schraube	
2,0 l-Motor	8
2,2 l-Motor	10
Steuergerätestecker-Halter – Mutter und Schrauben	10
Tank-Halteband-Schrauben	35
Temperatur- und Einlassstutzen-Absolutdrucksensor	
2,0 l-Motor	8
2,2 l-Motor	5
Turbolader-Befestigungsmuttern*	23
Turboladerhalterungs-Schrauben	23
Turboladeröl-Rücklaufrohr-Mutter(n)	10
Turboladeröl-Zulaufrohr-Schraube (2,0 l-Motor)	10
Turboladeröl-Zulaufrohr-Anschlussschraube (2,2 l-Motor)	20
Zylinderkopf-Temperatursensor	10

** Stets durch Neuteile zu ersetzen*

1 Allgemeine Informationen

1 Das Kraftstoffsystem besteht aus einem unter dem Fahrzeug sitzenden Tank, dem darin sitzenden Tankuhr-Geber, einem Kraftstofffilter, der Hochdruck-Einspritzpumpe, Hochdruck-Kraftstoffleitungen, dem Druckspeicher (»Fuel-Rail«), den Einspritzdüsen und einem Turbolader samt Ladeluftkühler. Überwacht wird alles vom Motorsteuergerät (PCM).
2 Eine Förderpumpe saugt Kraftstoff aus dem Tank durch Kraftstofffilter (mit integriertem Wasserabscheider) im Motorraum, um ihn zur Einspritzpumpe zu transportieren.
3 Bei der als »Common Rail« bekannten Hochdruck-Diesel-Einspritzung dient ein gemeinsamer Druckspeicher dazu, alle vier Einspritzdüsen mit Kraftstoff zu versorgen, der mithilfe einer Hochdruckpumpe auf über 1.300 bar komprimiert wurde. Das Motorsteuergerät (PCM) bestimmt den Öffnungszeitpunkt und die Öffnungsdauer der elektromagnetisch aktivierten Einspritzdüse. Der Druck im Speicher wird vom einem Sensor überwacht und von einem Regelventil kontrolliert.
4 Die elektromagnetisch gesteuerten Einspritzdüsen werden einzeln vom Steuergerät aktiviert. Die Düsen sprühen den Kraftstoff direkt in den Brennraum; weil stets hoher Kraftstoffdruck anliegt, kann die Einspritzung sehr präzise und hochflexibel erfolgen – so kann die Verbrennung beträchtlich verbessert werden, wenn vor dem eigentlichen Haupt-Einspritzprozess schon eine kleine Menge Kraftstoff eingespritzt wird.
5 Sowohl der 2,0 l-EcoBlue-Motor als auch das 2,2 l-Duratorq TDCi-Triebwerk ist vollständig elektronisch gesteuert; zahlreiche Sensoren liefern Informationen mit vielen unterschiedlichen Parametern an das Steuergerät.
6 Beim Kaltstart überwacht das Steuergerät die Vorwärmdauer der in jeden Brennraum ragenden Glühkerzen. Eine beim Einschalten der Zündung aufleuchtende Warnlampe zeigt die Aktivierung der Glühkerzen an – sobald sie erlischt, kann der Motor gestartet werden.
7 Das Kraftstoffsystem von Commom-Rail-Dieselmotoren gilt allgemein als sehr zuverlässig. Vorausgesetzt, es wird sauberer Kraftstoff verwendet, es werden alle Wartungsintervalle eingehalten und es wird bei der Wartung oder Reparaturen auf absolute Sauberkeit geachtet, sollten keine Probleme zu erwarten sein. Nach einer sehr hohen Laufleistung müssen die Einspritzpumpe und die Einspritzdüsen möglicherweise überholt werden – dies muss auf jeden Fall eine Fachwerkstatt erledigen.

Vorsichtsmaßnahmen

⚠ ***Warnung: Bevor Arbeiten am Kraftstoffsystem – vor allem an dessen Hochdruck-Seite – erledigt werden, müssen die Hinweise in der Sektion »Sicherheit geht vor!« auf Seite 8 durchgelesen werden – ihnen ist unbedingt zu folgen! Beachten Sie auch die Warnhinweise am Anfang der entsprechenden Sektion sowie die speziellen Informationen in Sektion 2.***

⚠ ***Warnung: Starten Sie niemals den Motor, wenn Teile des Einlasstrakts getrennt oder das Filterelement entfernt ist – in den Motor gelangende Fremdkörper können große Schäden am Turbolader anrichten.***

Achtung: Der Motor darf – vor allem im kalten Zustand – niemals direkt nach dem Start hochgedreht werden. Lassen Sie dem Öl einige Sekunden Zeit, im Lager der Turbolader-Welle Druck aufzubauen.
Achtung: Lassen Sie den Motor vor dem Abschalten einige Sekunden im Standgas laufen – durch Abschalten direkt nach höheren Drehzahlen würde die Turboladerwelle ohne Öldruck weiterdrehen, sodass ihr Lager beschädigt werden kann.
Achtung: Beachten Sie die empfohlenen Öl- und Filterwechsel-Intervalle und verwenden Sie das vom Hersteller empfohlene Öl. Vernachlässigte Wechselintervalle oder minderwertige Öle können an der Turboladerwelle Kohleablagerungen hinterlassen, die zu vorzeitigen Schäden führen können.

2 Common-Rail-Einspritzanlage – Spezielle Informationen

Warnungen und Vorsichtsmaßnahmen

1 Bevor Arbeiten am Kraftstoffsystem – vor allem an dessen Hochdruck-Seite – erledigt werden, müssen die folgenden Vorsichtsmaßnahmen penibel durchgelesen werden. Zudem müssen die Hinweise in der Sektion »Sicherheit geht vor!« auf Seite 8 durchgelesen werden – ihnen ist unbedingt zu folgen! Beachten Sie die folgenden Informationen:
Führen Sie Arbeiten am Hochdruck-Kraftstoffsystem nur aus, wenn Sie über die erforderlichen Kenntnisse verfügen, die erforderlichen Werkzeuge besitzen und sich über die damit verbundenen Sicherheitsaspekte im Klaren sind.
Bevor Arbeiten am Kraftstoffsystem ausgeführt werden, muss nach dem Abschalten des Motors mindestens eine halbe Minute gewartet werden, damit der Druck im System abgebaut wird.
Arbeiten Sie niemals bei laufendem Motor am Hochdruck-Kraftstoffsystem!
Halten Sie sich von möglichen Undichtigkeiten fern – dies gilt besonders beim Starten des Motors nach durchgeführten Reparaturen. Aus einem Leck im System kann ein lebensgefährlicher Hochdruck-Strahl entweichen.
Halten Sie niemals ihre Hände oder andere Körperteile in die Nähe von Lecks im Hochdruck-Kraftstoffsystem!
Reinigen Sie niemals den Motor oder Teile des Kraftstoffsystems mit einem Dampfstrahler.

Reparatur-Prozeduren und allgemeine Informationen

2 Bei allen Arbeiten am Kraftstoffsystem muss absolute Sauberkeit herrschen. Dies gilt für den Arbeitsplatz im Allgemeinen, die ausführende Person und das zu bearbeitende Bauteil.
3 Bevor an Kraftstoffsystem-Komponenten gearbeitet wird, müssen sie sorgfältig mit einem geeigneten Entfettungsmittel gereinigt werden. Sauberkeit ist besonders wichtig bei der Arbeit an folgenden Kraftstoffsystem-Komponenten:
a) Kraftstofffilter
b) Einspritzpumpe
c) Druckspeicher
d) Einspritzdüsen
e) Hochdruck-Kraftstoffrohre
4 Nachdem alle Leitungen oder Komponenten getrennt wurden, müssen alle Öffnungen unverzüglich abgedichtet werden, damit kein Schmutz oder andere Fremdkörper eindringen können. Im Auto-Zubehörhandel sind hierfür Stopfen und Kappen unterschiedlicher Größen erhältlich (siehe Abbildung). Abgeschnittene Finger von neuen Gummihandschuhen können zum Schutz von Bauteilen wie Kraftstoffrohren, Einspritzdüsen und elektrischen Anschlüssen verwendet und

mit Gummibändern gesichert werden; Einweg-Handschuhe sind im Drogeriemarkt erhältlich.

2.4 Ein typisches Set aus Stopfen und Kappen zum Abdichten getrennter Kraftstoffsystem-Komponenten

5 Nachdem Hochdruck-Kraftstoffrohre getrennt oder demontiert wurden, müssen sie durch Neuteile ersetzt werden.
6 Die in den technischen Daten angegebenen Anzugsdrehmomente müssen beim Anziehen von Befestigungen und Anschlüssen strikt eingehalten werden – dies gilt besonders für die Anschlüsse der Hochdruck-Leitungen. Um einen Drehmomentschlüssel an den Anschlussmuttern ansetzen zu können, werden sog. Krähenfuß-Adapter benötigt, die im gut sortierten Werkzeughandel erhältlich sind.

3 Kraftstoffleitungen und Anschlüsse – Allgemeine Informationen und Trennen

1 Trennen Sie den Masseanschluss (–) der Batterie (siehe Kapitel 5, Sektion 3).
2 Die Kraftstoff-Versorgungsleitung verbindet die Förderpumpe im Tank mit der Hockdruckpumpe am Motor.
3 Kontrollieren Sie bei allen Arbeiten unter dem Fahrzeug die Kraftstoffleitungen und Rohre der Abgasregelung auf Lecks, Knicke, Beulen und andere Schäden. Beschädigte Leitungen müssen unverzüglich ausgetauscht werden.
4 Falls beim Zerlegen von Kraftstoffleitungen darin Ablagerungen gefunden werden, müssen alle getrennt und mit Druckluft ausgeblasen werden. Begutachten Sie das Ansaugsieb an der Tank-Pumpe auf Beschädigungen und Alterserscheinungen.

Stahlrohre

5 Kraftstoffleitungen müssen stets durch Leitungen des gleichen Typs ersetzt werden.
6 Manche Kraftstoffrohre aus Stahl sind mit Anschlussgewinden ausgerüstet. Halten Sie beim Lockern dieser Anschlüsse die festen Anschlüsse mit einem Maulschlüssel.

Kunststoffrohre

⚠ ***Warnung: Achten Sie beim Trennen und Verbinden von Kunststoffrohren darauf, sie nicht zu stark zu biegen oder zu verdrehen, da sie leicht beschädigt werden können. Kunststoffrohre sind nicht hitzefest, sodass sie nicht in die Nähe heißer Motorteile oder des Auspuffs gelangen dürfen.***

7 Achten Sie beim Austausch von Kunststoffrohren darauf, nur Original-Ersatzteile zu verwenden.

Flexible Schläuche

8 Achten Sie beim Austausch flexibler Kraftstoffschläuche darauf, nur Original-Ersatzteile oder spezielle Kraftstoffschläuche für Diesel zu verwenden.
9 Achten Sie bei der Verlegung von Schläuchen (und Rohren) darauf, dass sie nicht näher als 10 cm an Auspuffrohre und nicht näher als 28 cm an den Katalysator gelangen dürfen. Gummischläuche dürfen nicht gegen feste Teile des Fahrzeugs schlagen – durch die Vibrationen bilden sich schnell Scheuerstellen und Undichtigkeiten. Mit einem Abstand von 8 bis 10 mm zum Unterboden sollte man immer auf der sicheren Seite sein.

Trennen von Kraftstoffleitungs-Anschlüssen

10 Hier sind typische Anschlüsse gezeigt:

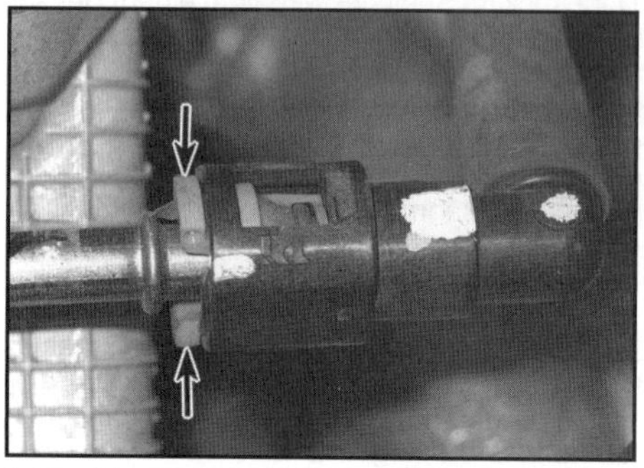

3.10a Zwei-Laschen-Anschluss: Drücken Sie beide Laschen mit den Fingern ein und ziehen Sie den Anschluss ab.

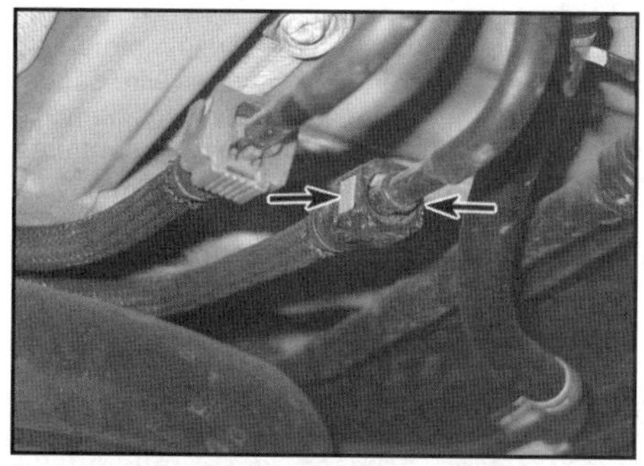

3.10b Hier müssen die gegenüberliegenden Knöpfe gedrückt und der Anschluss abgezogen werden.

3.10c Gewindeanschluss: Halten Sie den festen Teil des Rohrs oder der Komponente (A) und lockern Sie die Anschlussmutter mit einem Maulschlüssel.

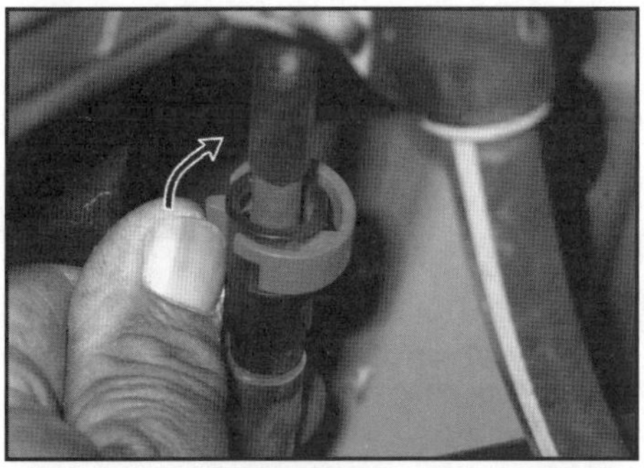

3.10d Kunststoffhülsen-Anschluss: Drehen Sie die Hülse, um die Leitung zu trennen.

3.10e Metallhülsen-Schnellverschluss: Ziehen Sie das Ende des Halters vom Rohr und befreien Sie das andere Ende vom Stutzen, ...

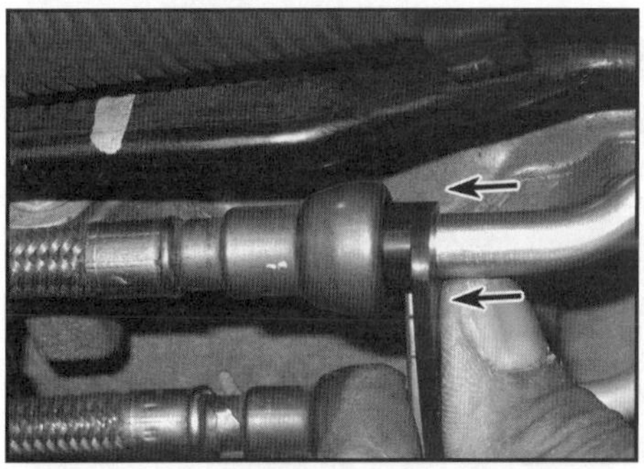

3.10f ... um dort ein Trennwerkzeug anzusetzen, in den Anschluss zu drücken und die Rohre auseinanderzuziehen.

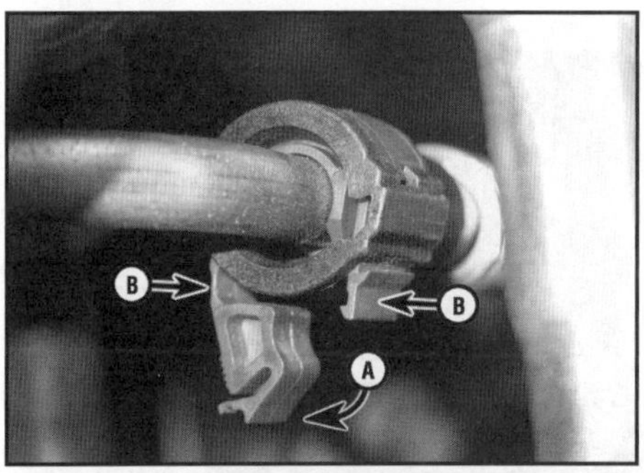

3.10g Sicherungslaschen-Anschluss: Lösen Sie die Lasche (A) und drehen Sie sie in die vollständig geöffnete Position. Drücken Sie dann die zwei kleinen Sicherungslaschen zusammen ...

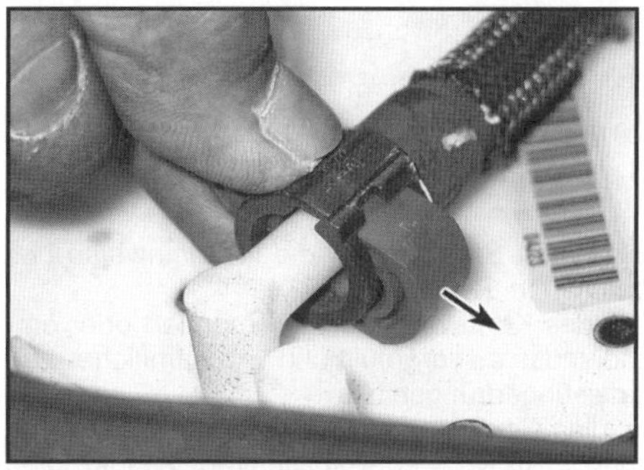

3.10h ... und drücken Sie die Arretierung heraus, um die Rohre trennen zu können.

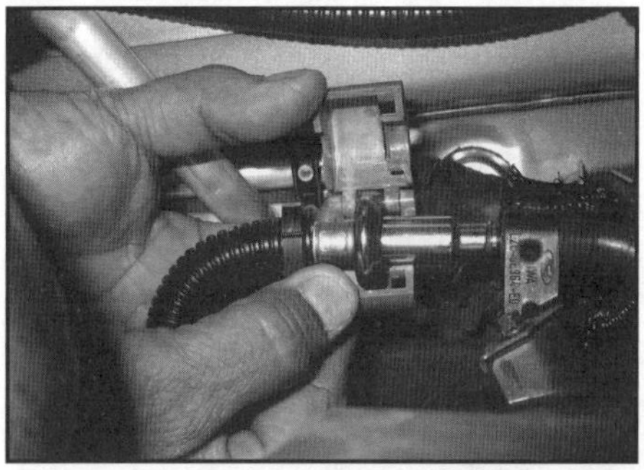

3.10i Federschloss-Kupplung: Öffnen Sie den Sicherheitsdeckel, installieren Sie ein Trennwerkzeug und schließen Sie dies um die Kupplung, ...

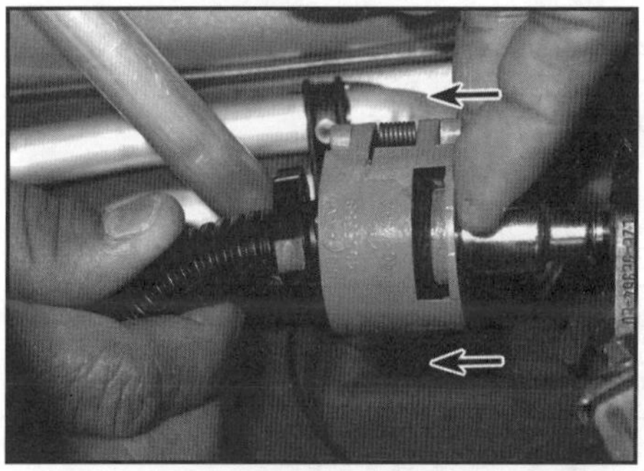

3.10j ... um es in den Anschluss zu drücken und die zwei Rohre trennen zu können.

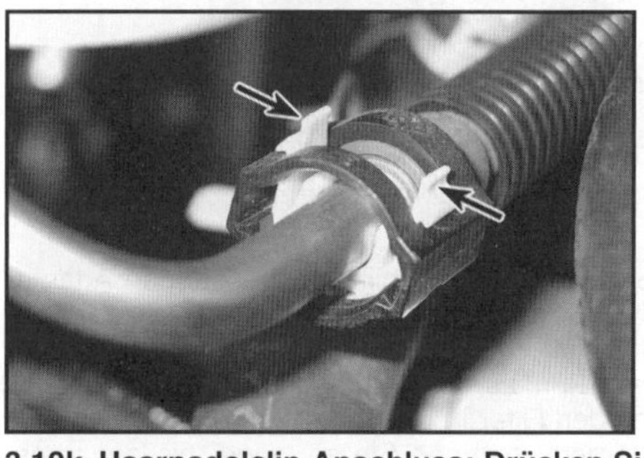

3.10k Haarnadelclip-Anschluss: Drücken Sie die Laschen der Arretierung zusammen und schieben Sie den Clip bis zum Anschlag herunter, um die Rohre trennen zu können.

4 Kraftstoffsystem – Vorfüllen und Entlüften

Anmerkung: *Beachten Sie zunächst die Warnhinweise und Vorsichtsmaßnahmen in Sektion 1 und 2.*

1 Nachdem Teile des Kraftstoffsystems demontiert oder entleert worden sind, muss es vorgefüllt und von sämtlicher Luft befreit werden, die eingedrungen ist.

2 Schalten Sie die Zündung auf ON (II) und warten Sie 30 Sekunden, bevor Sie sie wieder abschalten. Wiederholen Sie dies zweimal, bevor Sie den Motor starten. Falls der 2,2 l-Motor dabei nicht anspringt, wird wie folgt fortgefahren:

Anmerkung: *Die folgende Prozedur darf nur beim 2,2 l-Motor durchgeführt werden.*

3 Beschaffen Sie den speziellen Ford-Vorfüllschlauch (Set-Nr. 310-110A) oder eine vergleichbare Hand-Vorfüllpumpe samt verschiedener Adapter (siehe Abbildung), um sie mit den Kraftstoffleitungen zu verbinden.

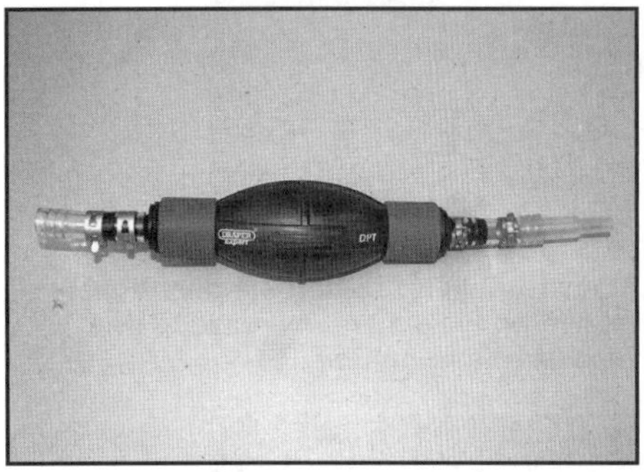

4.3 Eine Hand-Vorfüllpumpe samt verschiedener Adapter aus dem Auto-Fachhandel

4 In die Rücklaufleitung ist ein Ventil integriert, an die die Pumpe angeschlossen werden kann (siehe Abbildung).

4.4 Anschluss für die Hand-Vorfüllpumpe

5 Verbinden Sie die Pumpe mithilfe der passenden Adapter so zwischen die Rücklaufleitung und den Filter, dass der darauf angebrachte Pfeil zum Tank zeigt.

6 Drücken Sie mehrmals den Pumpbalg, um Kraftstoff aus dem Tank durch den Filter in die Kraftstoffpumpe und zurück zum Tank zu fördern; pumpen Sie so lange, bis am transparenten Adapter der Pumpe keine Luftblasen mehr zu sehen sind – dies kann etwas Zeit in Anspruch nehmen.

7 Sobald keine Luftblasen mehr zu sehen sind, wird versucht, den Motor zu starten – lassen Sie den Anlasser wieder nur maximal 10 Sekunden laufen und warten Sie vor dem nächsten Versuch 30 Sekunden. Falls sich der Motor mit zwei Versuchen nicht starten lässt, muss das System weiter mit der Handpumpe entlüftet werden.

8 Sobald der Motor anspringt und zufriedenstellend läuft, muss er abgeschaltet werden, um die Vorfüllpumpe zu entfernen und die Rücklaufleitung wieder anzuschließen.

5 Luftfilter-Baugruppe – Ausbau und Einbau

2,0 l-Motor

1 Befreien Sie den Kabelbaum, lösen Sie links am Luftfilter die Schraube des Drucksensors und entfernen Sie diesen (siehe Abbildung).

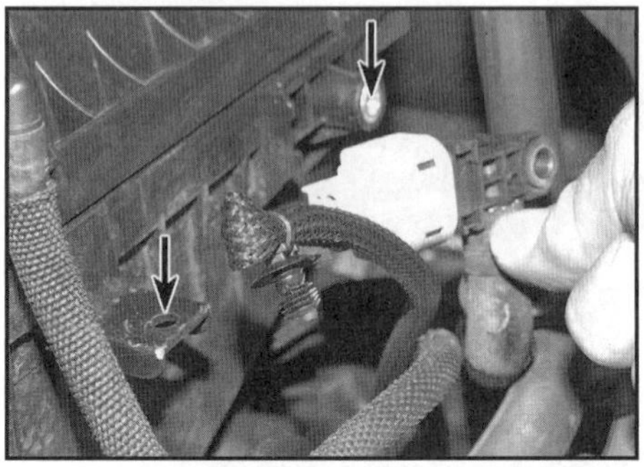

5.1 Lösen Sie die Schraube des Sensors und befreien Sie seine Verkabelung.

2 Drücken Sie den Schnellverschluss-Knopf des Luftstrom-Schlauchs und ziehen Sie diesen ab (siehe Abbildung).

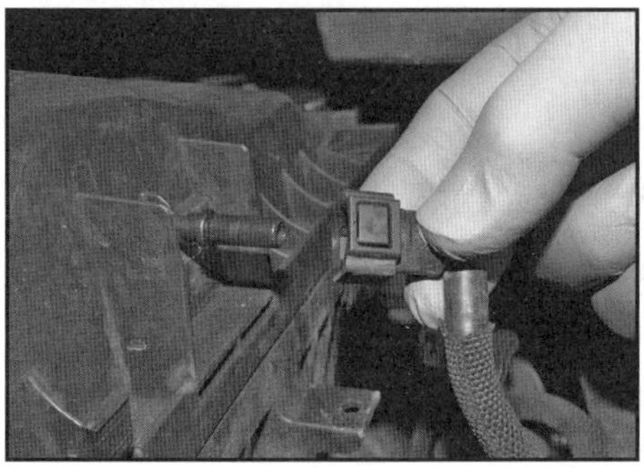

5.2 Trennen Sie den Luftstrom-Schlauch.

3 Lockern Sie rechts am Luftfilterdeckel die Schelle des Auslassstutzens und ziehen Sie diesen ab. Trennen Sie am Deckel den Stecker des Luftmassensensors und befreien Sie dessen Kabel (siehe Abbildung).

5.3 Lockern Sie die Schelle, ziehen Sie den Auslassstutzen ab und trennen Sie den Luftmassensensor-Stecker.

4 Entfernen Sie den Ansaugstutzen (siehe Abbildung).

5.4 Entfernen Sie den Ansaugstutzen.

5 Heben Sie die Luftfilter-Baugruppe vorne an, um ihren vorderen Zapfen zu befreien; ziehen Sie sie dann nach vorn heraus (siehe Abbildungen).

5.5a Heben Sie die Luftfilter-Baugruppe aus der vorderen Aufnahme ...

5.5b ... und ziehen Sie sie hinten ab.

6 Der Einbau entspricht der umgekehrten Ausbaureihenfolge.

2,2 l-Motor

7 Lockern Sie links am Luftfilter die Schelle des Auslassstutzens und ziehen Sie diesen ab (siehe Abbildung).

5.7 Lockern Sie die Schelle des Auslassstutzens und ziehen Sie diesen ab.

8 Trennen Sie vorn am Luftfilterdeckel den Stecker des Luftmassensensors (siehe Abbildung) und befreien Sie dessen Kabel vom Luftfiltergehäuse.

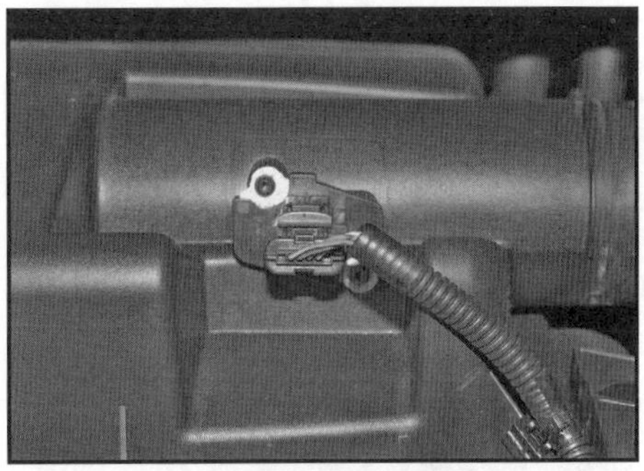

5.8 Stecker des Luftmassensensors

9 Befreien Sie den Ansaugstutzen rechts vom Luftfilter und von der vorderen Abdeckung (siehe Abbildung).

5.9 Befreien Sie den Ansaugstutzen von der vorderen Abdeckung.

10 Heben Sie die Luftfilter-Baugruppe vorne an, um ihren vorderen Zapfen zu befreien; ziehen Sie sie dann nach vorn heraus (siehe Abbildung).

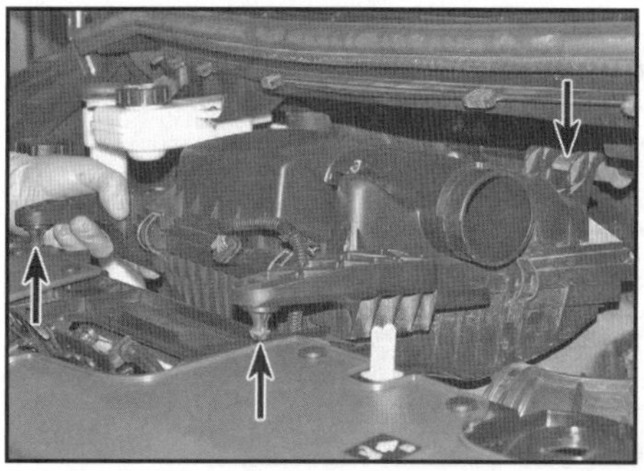

5.10 Heben Sie die Luftfilter-Baugruppe aus der vorderen Aufnahme und ziehen Sie sie hinten von der Stange ab.

11 Der Einbau entspricht der umgekehrten Ausbaureihenfolge.

6 Gaspedal – Ausbau und Einbau

1 Trennen Sie den Stecker des Gaspedalsensors, lösen Sie die drei Muttern der Gaspedalhalterung und befreien Sie sie von den Stehbolzen der Spritzwand (siehe Abbildung).

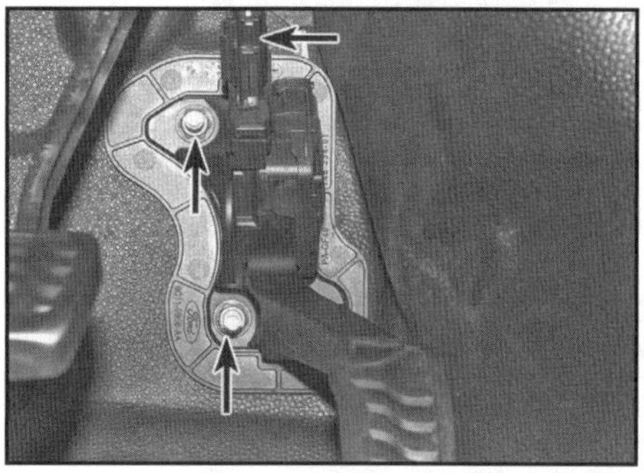

6.1 Trennen Sie den Sensorstecker, lösen Sie die drei Muttern und befreien Sie die Gaspedalhalterung.

2 Der Einbau entspricht der umgekehrten Ausbaureihenfolge – ziehen Sie die Muttern mit 8 Nm an und prüfen Sie nach dem Starten des Motors die Funktion des Gaspedals.

7 Kraftstofftank – Ausbau, Kontrolle und Einbau

Warnung: Beachten Sie zunächst die Warnhinweise in Sektion 1 und 2.

Ausbau

1 Da der Tank nicht mit einer Ablassschraube ausgerüstet ist, sollte er möglichst erst ausgebaut werden, nachdem er fast leer gefahren wurde. Teilweise kann der Tank dann per Handpumpe entleert werden.

2 Trennen Sie den Masseanschluss (–) der Batterie (siehe Kapitel 5, Sektion 3).

3 Ziehen Sie die Handbremse, heben Sie das Fahrzeug vorn an und stützen Sie es sicher ab (siehe Seite 355).

4 Trennen Sie oben am Tank den Stecker der Kraftstoffpumpen/Tankuhrgeber-Baugruppe, lockern Sie die Schellen des Einfüllstutzens, der Zulauf- und Rücklaufleitungen und trennen Sie den Belüftungsschlauch (siehe Abbildungen).

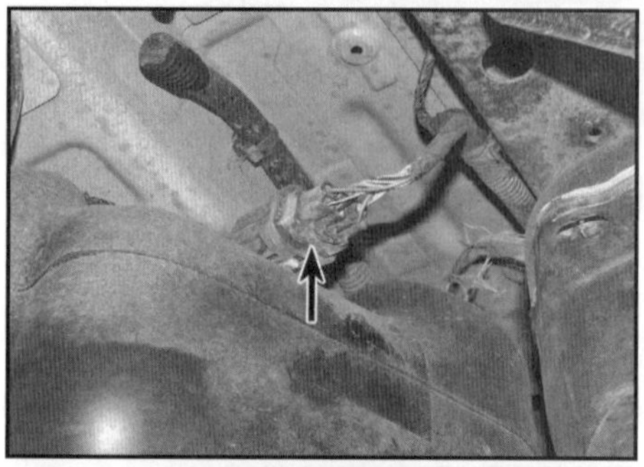

7.4a Trennen Sie den Stecker ...

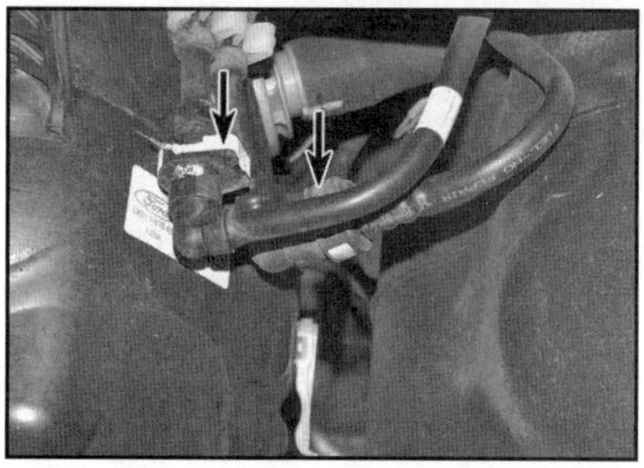

7.4b ... die Zulauf- und Rücklaufleitungen des Tanks ...

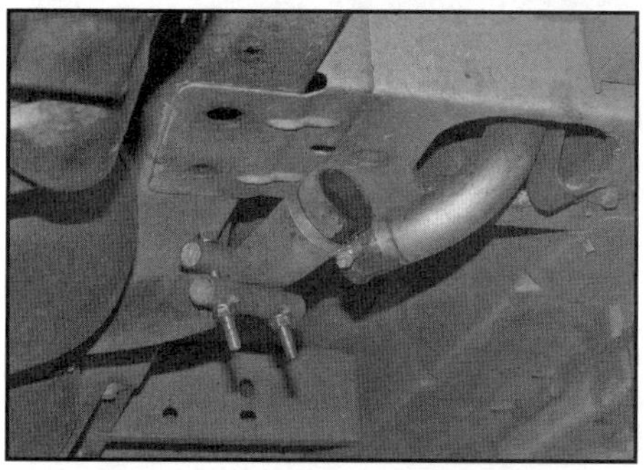

7.4c ... und den Einfüllstutzen – klemmen Sie den Tank-Stutzen ab, falls der Tank mehr als ein Drittel gefüllt ist.

5 Stützen Sie den Tank mithilfe eines Rangierwagenhebers und eines großen Bretts ab, um die Last gut zu verteilen. Achten Sie darauf, Zugang zu den Schrauben der Haltebänder zu haben.

6 Lösen Sie die inneren und äußeren Schrauben der drei Haltebänder und entfernen Sie diese (siehe Abbildung).

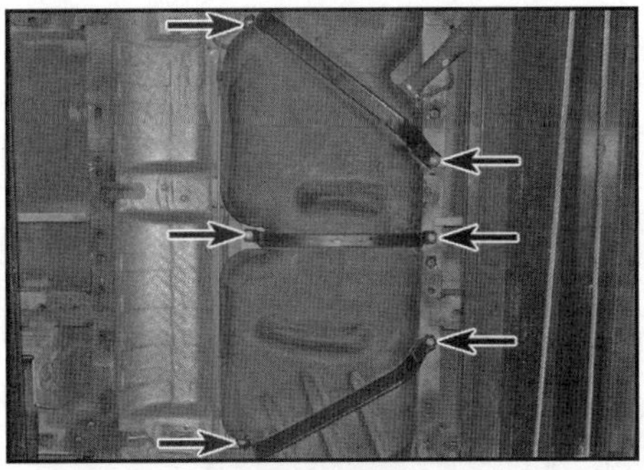

7.6 Tankhalteband-Schrauben

7 Senken Sie den Tank vorsichtig ab und manövrieren Sie ihn unter dem Fahrzeug heraus.
8 Der ausgebaute Tank kann auf mögliche Schäden untersucht werden. Nach dem Ausbau der Kraftstoffpumpen/Tankuhrgeber-Baugruppe kann der Tank von innen begutachtet und auf eingedrungene Ablagerungen oder Wasser kontrolliert werden; schwenken Sie den Tank nötigenfalls mit sauberem Kraftstoff aus. Ein leckender oder anderweitig beschädigter Tank darf ausschließlich von einer Fachwerkstatt repariert werden.
9 Der ausgebaute Tank darf nur an einem sicheren Ort gelagert werden, wo austretende Gase nicht durch Flammen oder Funken in Brand gesetzt werden können.

Einbau

10 Der Einbau entspricht der umgekehrten Ausbaureihenfolge – beachten Sie dabei folgende Punkte:
a) Achten Sie beim Anheben des Tanks darauf, dass keine Leitungen zwischen ihm und dem Unterboden eingeklemmt werden.
b) Ziehen Sie die Haltebandschrauben mit 35 Nm an.
c) Alle Schläuche, Leitungen und Kabelstecker müssen korrekt und sicher angeschlossen werden.
d) Drücken Sie Schnellverschlüsse so weit zusammen, bis ihre Arretierungen einrasten.
e) Füllen Sie zum Schluss den Tank auf und kontrollieren Sie alles auf Undichtigkeiten. Falls ein Leck auftritt, muss der Motor unverzüglich abgeschaltet und das Problem behoben werden.

8 Kraftstoffpumpe/Tankuhr-Geber und Steuergerät – Ausbau und Einbau

Warnung: Beachten Sie zunächst die Warnhinweise in Sektion 1 und 2.

Anmerkung: *Ford empfiehlt zum Lösen und Anziehen des Sicherungsrings das Spezialwerkzeug 23-055 – ein großer Zapfenschlüssel; im Fachhandel sind geeignete Alternativen erhältlich.*

Ausbau

1 Die Kraftstoffpumpen/Tankuhrgeber-Baugruppe ist von oben in den Tank montiert und kann nur befreit werden, wenn der Tank ausgebaut wurde (siehe Sektion 7).

Pumpe und Tankuhr-Geber

2 Drücken Sie die Hülsen in Richtung der Kraftstoffleitungen, um diese herausziehen zu können (siehe Abbildung).

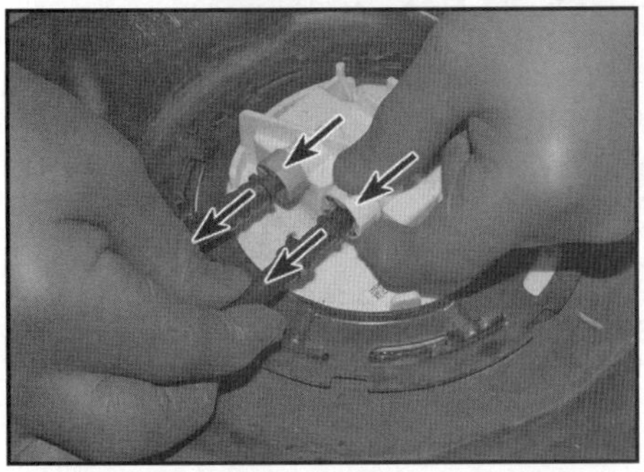

8.2 Drücken Sie die Hülsen in Richtung der Kraftstoffleitungen und ziehen Sie diese heraus.

3 Lösen Sie den Sicherungsring der Kraftstoffpumpen/Tankuhrgeber-Baugruppe mit dem Ford-Werkzeug oder einer geeigneten Alternative (siehe Abbildung).

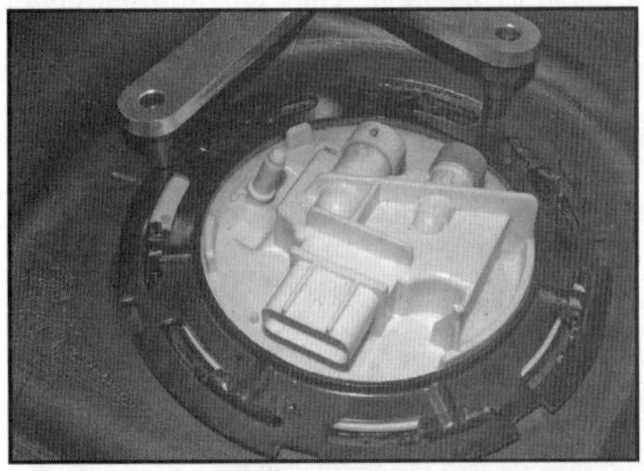

8.3 Schrauben Sie mit dem Zapfenschlüssel den Sicherungsring ab.

4 Heben Sie die Kraftstoffpumpen/Tankuhrgeber-Baugruppe vorsichtig aus dem Tank – beschädigen Sie dabei nicht den Schwimmer. Entnehmen Sie den Gummi-Dichtring (siehe Abbildung) – beim Einbau wird ein Neuteil benötigt.

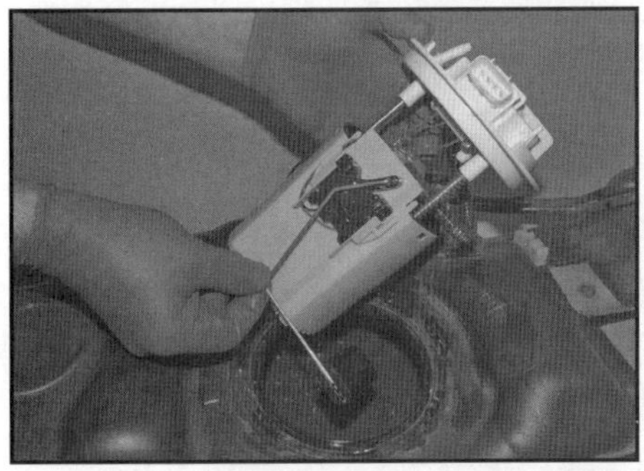

8.4 Heben Sie die Pumpen-Baugruppe aus dem Tank – beschädigen Sie dabei nicht den Schwimmer.

5 Um den Geber aus der Halterung zu befreien, müssen sein Stecker getrennt, die Laschen eingedrückt und der Geber aus der Halterung gezogen werden (siehe Abbildung).

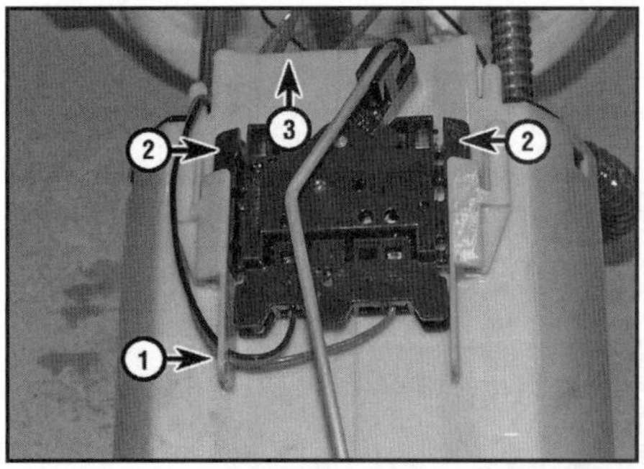

8.5 Trennen Sie das Kabel (1), drücken Sie die Laschen (2) und ziehen Sie den Geber aus der Halterung (3).

6 Der Geber kann mit einem Multimeter auf korrekte Widerstände in der Voll- und der Leer-Position überprüft werden – verbinden Sie dazu dessen Klemmen mit den Steckerkontakten, schwenken Sie den Schwimmer in die entsprechende Position und lesen Sie die Ergebnisse ab. Die Vorgaben:

Tankuhrgeber-Widerstand	**Ohm**
Voll ausgeschwenkter Schwimmer (Tank voll)	10
Voll eingeschwenkter Schwimmer (Tank leer)	180

7 Falls die ermittelten Widerstände stark von den Vorgaben abweichen (oder gar voller Widerstand oder Durchgang ermittelt werden), kann der Geber defekt sein.

Steuergerät

8 Trennen Sie oben am Tank den Stecker und drücken Sie die Lasche ein, um das Steuergerät zu entfernen (siehe Abbildungen).

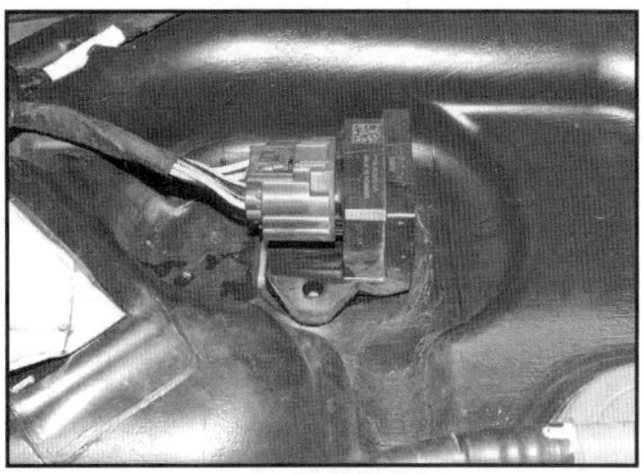

8.8a Trennen Sie den Stecker ...

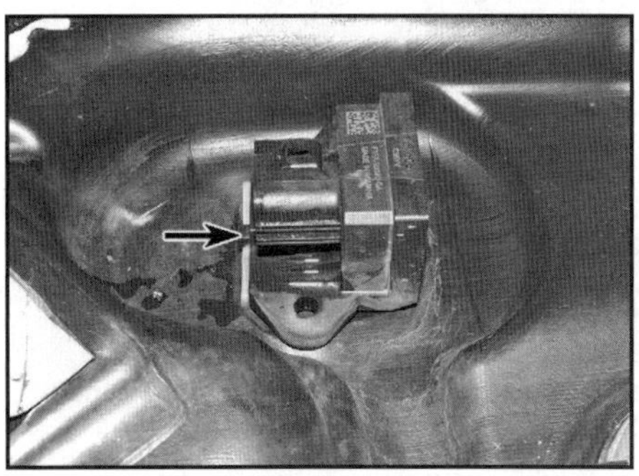

8.8b ... drücken Sie die Lasche und entfernen Sie das Steuergerät vom Tank.

Einbau

9 Der Einbau entspricht der umgekehrten Ausbaureihenfolge – verwenden Sie einen neuen Gummi-Dichtring (der alte kann aufgequollen sein, was den Einbau stark erschwert) (siehe Abbildung) und ziehen Sie den Sicherungsring sorgfältig an. Beachten Sie für den Einbau des Tanks die Hinweise in Sektion 7.

8.9 Rüsten Sie den Tank vor dem Einbau der Kraftstoffpumpen/Tankuhrgeber-Baugruppe mit einem neuen O-Ring aus.

9 Einspritzanlage – Kontrolle

Anmerkung: *Beachten Sie zunächst die Warnhinweise in Sektion 1.*

1 Falls in der Motorsteuerung ein Fehler auftritt, muss zuerst sichergestellt werden, dass alle Kabelstecker des Systems fest verbunden und frei von Korrosion sind. Der Fehler darf nicht aufgrund mangelnde Wartung zurückzuführen sein: Der Luftfilter muss also sauber sein, die Motor-Kompression muss innerhalb der Vorgaben liegen und die Schläuche der Motorentlüftung frei und unbeschädigt sein – beachten Sie für weitere Informationen die Hinweise in den Kapiteln 1A, 2A und 5B.

2 Falls diese Kontrollen nicht die Ursachen der Probleme beheben, muss das Fahrzeug in eine Ford-Werkstatt oder zu einem Motordiagnose-Spezialisten gebracht werden. Hier wird ein Diagnosegerät oder ein Auslesegerät mit dem passenden Stecker unter dem Armaturenbrett im Fahrer-Fußraum verbunden (siehe Abbildung). Öffnen Sie für den Zugang die untere Abdeckung des Armaturenbretts im Fahrerraum.

9.2 Diagnosestecker unter dem Armaturenbrett

3 Mithilfe des Auslesegeräts oder eines anderen Prüfgeräts können alle im Motorsteuergerät (PCM) und verschiedenen andere Steuergeräten gespeicherte Fehler ausgelesen werden. Die Anschaffung eines eigenen Auslesegeräts kann sich auch für den engagierten Hobbyschrauber lohnen.

4 Mit dem Auslesegerät können Fehler schnell und einfach lokalisiert werden – selbst wenn sie nur gelegentlich (Wackelkontakt) auftreten. Zudem müssen nicht alle Systemkomponenten einzeln und zeitaufwändig getestet werden, wobei außerdem das Risiko besteht, das Steuergerät zu beschädigen.

5 Mithilfe eines geeigneten Diagnosegeräts kann auch die Standgasdrehzahl ermittelt werden – falls sie außerhalb der Vorgabe von 850/min liegt, muss das Fahrzeug allerdings zu einer entsprechend ausgerüsteten Fachwerkstatt gebracht werden. Die Standgasdrehzahl ist nicht manuell einstellbar und nur auf mangelnde Wartung (verschmutzte oder nicht kalibrierte Einspritzdüsen) oder Fehler in der Einspritzanlage zurückzuführen.

6 Starker Rauch aus dem Auspuff oder Klopfgeräusche aus dem Motor können auf Probleme an den Einspritzdüsen zurückzuführen sein. Spezielle Einspritzdüsen-Reinigungsmittel können dem Kraftstoff zugegeben werden. Einspritzdüsen altern aber auch, sodass sie nach etwa 100 000 km überprüft und überholt oder ersetzt werden müssen. Das Testen, Überholen und Kalibrieren von Einspritzdüsen muss einer Fachwerkstatt überlassen werden.

10 Steuersystem-Komponenten – Ausbau und Einbau

Kurbelwellensensor

Anmerkung: *Ford schreibt den Austausch des Sensors vor, falls die Position des vorhandenen Sensors verändert wurde.*

1 Trennen Sie den Masseanschluss (–) der Batterie (siehe Kapitel 5, Sektion 3).

2 Der Sensor sitzt beim 2,0 l-Motor neben der Ölwanne und ist von unten zugänglich. Bei 2,2 l-Motoren sitzt der Sensor im hinteren Bereich oben an der Kupplungsglocke.

3 Ziehen Sie die Handbremse, heben Sie das Fahrzeug vorn an und stützen Sie es sicher ab (siehe Seite 355).

2,0 l-Motoren

4 Stellen Sie zunächst einen Sammelbehälter unter den Sensor. Trennen Sie den Sensorstecker und lösen Sie die Befestigungsschraube am vorderen Rand der Ölwanne. Lösen Sie dann die zweite Schraube und entfernen Sie den Sensor (siehe Abbildung) – seien Sie dabei auf austretendes Motoröl vorbereitet.

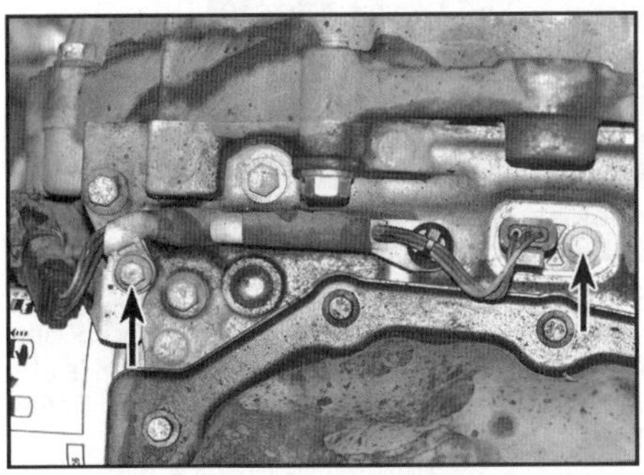

10.4 Schrauben des Kurbelwellensensors – 2,0 l-Motor

5 Der Einbau entspricht der umgekehrten Ausbaureihenfolge – ziehen Sie die Schrauben mit 10 Nm an.

2,2 l-Motoren

6 Lösen Sie ggf. die Mutter des über dem Sensor sitzenden Hitzeschilds und entfernen Sie dies. Trennen Sie den Sensorstecker, lösen Sie die Befestigungsschraube und ziehen Sie den Sensor aus seinem Halter (siehe Abbildungen).

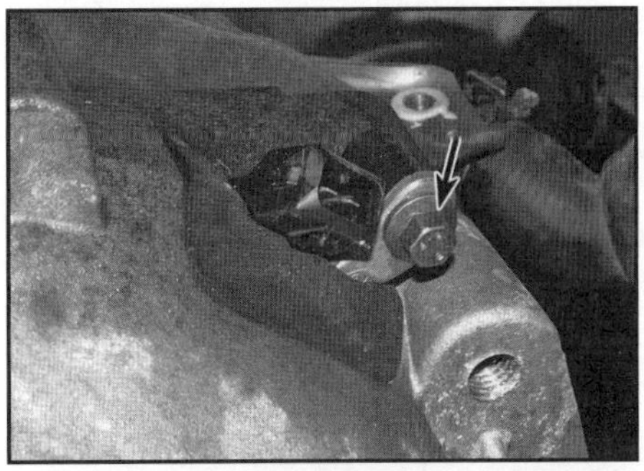

10.6a Lösen Sie die Befestigungsschraube ...

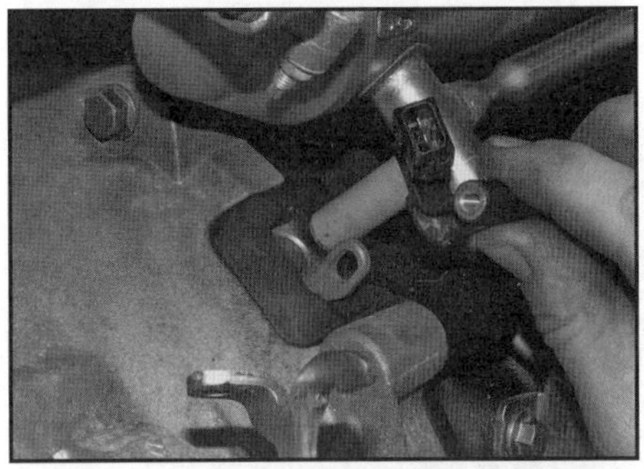

10.6b ... und ziehen Sie den Kurbelwellensensor aus seinem Halter in der Kupplungsglocke.

7 Beim Blick durch den Sensorhalter muss eine der Auslöser-Angüsse des Schwungrads in der Mitte der Öffnung zu sehen sein – drehen Sie nötigenfalls an der Riemenscheibe der Kurbelwelle, um dies sicherzustellen.

8 Stecken Sie den neuen Sensor in den Halter und drücken Sie ihn herunter, bis dessen zur Justierung dienenden Spitze am Auslöser aufliegt. Installieren Sie die Befestigungsschraube und ziehen Sie sie mit 7 Nm an.

9 Verbinden Sie den Sensorstecker und montieren Sie ggf. den Hitzeschild.

10 Senken Sie das Fahrzeug ab und schließen Sie die Batterie wieder an.

Zylinderkopf-Temperatursensor

Anmerkung: *Ford schreibt den Austausch des Sensors vor, falls die Position des vorhandenen Sensors verändert wurde.*

11 Trennen Sie den Masseanschluss (–) der Batterie (siehe Kapitel 5, Sektion 3).

12 Der Sensor ist links unterhalb der Vakuumpumpe in den Zylinderkopf geschraubt (siehe Abbildung).

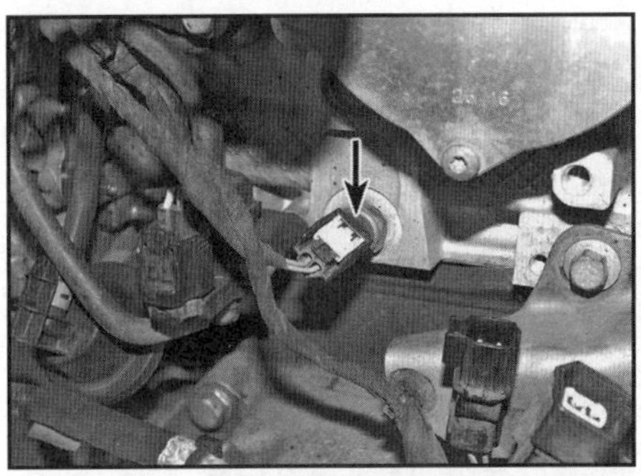

10.12 Position des *Zylinderkopf-Temperatursensors*

13 Verfolgen Sie das Sensorkabel und trennen Sie oben am Motor seinen Stecker.
14 Der Sensor kann jetzt herausgeschraubt werden – schneiden Sie nötigenfalls das Kabel durch, um einen Ringschlüssel ansetzen zu können.
15 Installieren Sie den neuen Sensor und ziehen Sie ihn ggf. mithilfe eines Krähenfuß-Adapters mit 10 Nm an. Verbinden Sie den Sensorstecker.

Temperatur- und Einlassstutzen-Absolutdrucksensor

16 Trennen Sie den Masseanschluss (–) der Batterie (siehe Kapitel 5, Sektion 3).
17 Um beim 2,0 l-Motor den Zugang zu verbessern, kann die Luftfilter-Baugruppe entfernt werden (siehe Sektion 5).
18 Trennen Sie den Stecker des am Einlassstutzen sitzenden Sensors (siehe Abbildung).

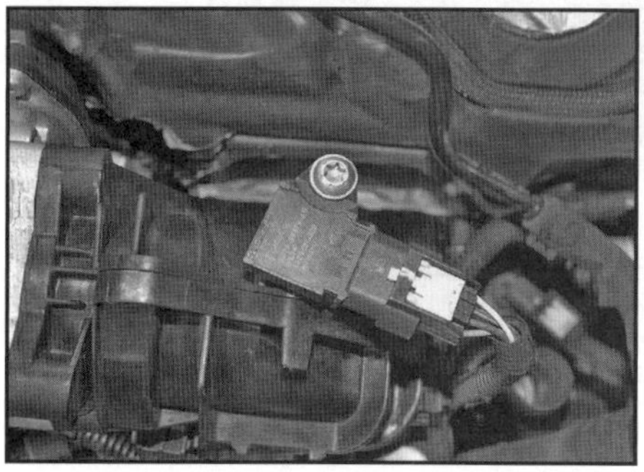

10.18 Position des Temperatur- und Einlassstutzen-Absolutdrucksensors am Einlassstutzen

19 Lösen Sie die Schraube und ziehen Sie den Sensor aus dem Einlassstutzen.
20 Der Einbau entspricht der umgekehrten Ausbaureihenfolge – ziehen Sie die Sensorschraube beim 2,0 l-Motor mit 8 Nm und beim 2,2 l-Motor mit 5 Nm an.

AGR-Ventil

21 Beachten Sie die Hinweise in Kapitel 4B, Sektion 2.

Kupplungspedal-Positionsschalter

22 Bei Modellen ohne Start-Stopp-Automatik ist der Sensor in den Kupplungs-Geberzylinder integriert. Sein Stecker kann getrennt werden, der Sensor kann jedoch nicht separat ersetzt werden – beachten Sie die Hinweise in Kapitel 6, Sektion 3.
23 Ziehen Sie bei Modellen mit Start-Stopp-Automatik unterhalb des Lenkrads die unteren Armaturenbrett-Verkleidungen ab (siehe Abbildung).

10.23 Ziehen Sie unterhalb des Lenkrads die unteren Armaturenbrett-Verkleidungen ab – Modelle mit Start-Stopp-Automatik.

24 Trennen Sie den Stecker des Kupplungspedalschalters (siehe Abbildung).

10.24 Stecker des Kupplungspedalschalters

25 Drehen Sie den Kupplungspedalschalter eine Viertelumdrehung gegen den Uhrzeigersinn und entfernen Sie ihn aus dem Pedalhalter. Betätigen Sie beim Aus- oder Einbau des Schalters nicht die Kupplung!
26 Halten Sie zum Einbau des Schalters das Kupplungspedal in der Ruheposition. Führen Sie den Schalter durch die Bohrung des Halters und drehen Sie ihn im Uhrzeigersinn, um ihn zu sichern. Verbinden Sie den Stecker mit dem Schalter.
27 Montieren Sie die unteren Armaturenbrett-Verkleidungen.

Bremslichtschalter/Bremspedal-Positionsschalter

28 Trennen Sie den Masseanschluss (–) der Batterie (siehe Kapitel 5, Sektion 3).
29 Ziehen Sie unterhalb des Lenkrads die unteren Armaturenbrett-Verkleidungen ab (Abb. 10.23).
30 Trennen Sie den Stecker des oben am Bremspedal sitzenden Schalters (siehe Abbildung).

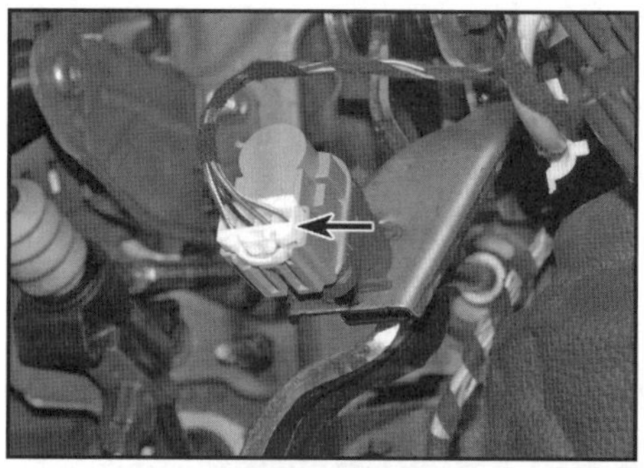

10.30 Stecker des oben am Bremspedal sitzenden Bremslichtschalter/Bremspedal-Positionsschalter

31 Drehen Sie den Schalter eine Viertelumdrehung im Uhrzeigersinn und entfernen Sie ihn aus dem Pedalhalter (siehe Abbildung). Betätigen Sie beim Aus- oder Einbau des Schalters nicht die Bremse!

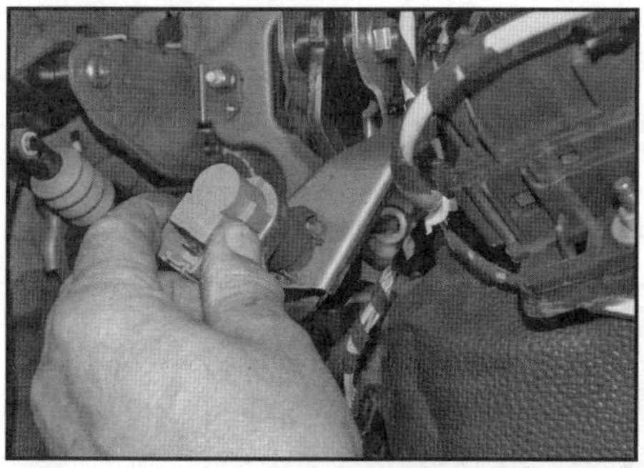

10.31 Drehen Sie den Schalter eine Viertelumdrehung im Uhrzeigersinn, um ihn zu entfernen.

32 Halten Sie zum Einbau des Schalters das Bremspedal in der Ruheposition. Führen Sie den Schalter durch die Bohrung des Halters, drücken Sie ihn herunter und drehen Sie ihn gegen den Uhrzeigersinn, um ihn zu sichern. Verbinden Sie den Stecker mit dem Schalter.
33 Montieren Sie die unteren Armaturenbrett-Verkleidungen.

Gaspedalsensor

34 Der Sensor ist in das Gaspedal integriert, dessen Ausbau in Sektion 6 beschrieben ist.

Motorsteuergerät (PCM)

Achtung: Das Steuergerät ist empfindlich – setzen Sie es weder Schlägen, extremen Temperaturen noch Nässe aus. Fassen Sie die Steckerkontakte nicht an, da statische Ladung elektronische Komponenten beschädigen kann.
Anmerkung: *Falls ein neues Motorsteuergerät installiert werden muss, sollte diese Arbeit einer Ford-Werkstatt überlassen werden, da sie über die erforderliche Ausrüstung verfügt, die zum Programmieren und Anpassen erforderlich ist. Ansonsten wird das PCM in den Not-Modus schalten, bei dem mit verringerter Motorleistung eine Werkstatt angesteuert werden kann.*
35 Trennen Sie den Masseanschluss (–) der Batterie (siehe Kapitel 5, Sektion 3).
36 Demontieren Sie den linken Scheinwerfer (siehe Kapitel 12, Sektion 11).
37 Das Motorsteuergerät sitzt links im Motorraum unterhalb des Kühlsystem-Ausgleichsbehälters.
38 Lösen Sie die Schrauben des Ausgleichsbehälters und verlagern Sie ihn nach oben, um dem Zugang zu verbessern.
39 Lösen Sie hinten am Steuergerät den Clip der Kunststoffabdeckung und heben Sie diese ab (siehe Abbildung).

10.39 Lösen Sie den Clip der Kunststoffabdeckung und heben Sie diese ab.

40 Falls das Steuergerät mit einem Sicherungsschild geschützt ist, müssen dessen Abscher-Schraubenköpfe ausgebohrt werden, um den Schild zu entnehmen (siehe Abbildung).

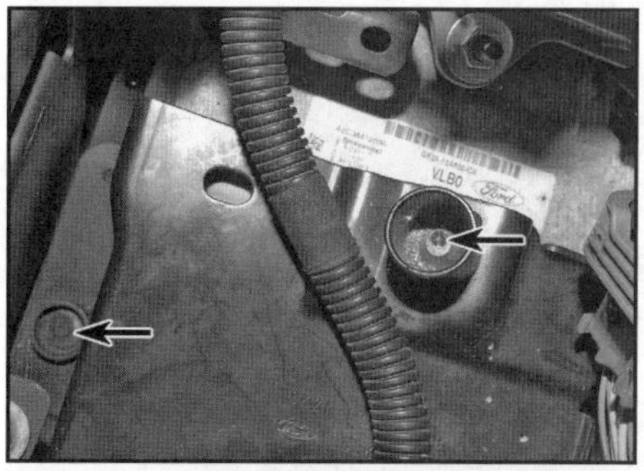

10.40 Bohren Sie ggf. die Schraubenköpfe aus und entnehmen Sie den Sicherungsschild.

41 Entfernen Sie das Glühkerzenmodul (siehe Kapitel 5, Sektion 12).
42 Schwenken Sie unten am Steuergerät die Arretierungen der Stecker hoch und trennen Sie diese (siehe Abbildung).

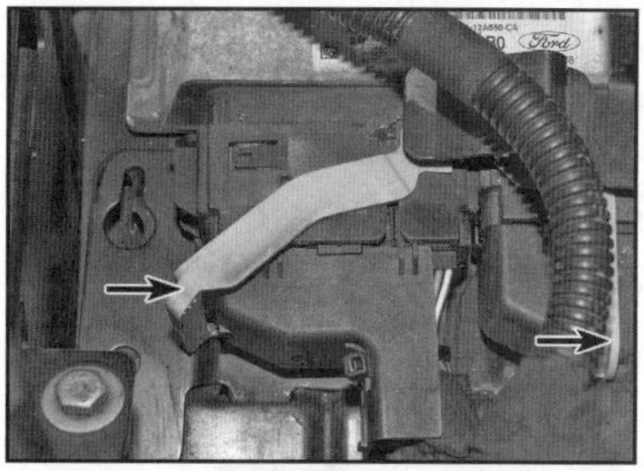

10.42 Arretierungen der Steuergerät-Stecker

43 Lösen Sie die Schrauben und die Mutter des Steuergerät-Halters und entfernen Sie das Steuergerät (siehe Abbildung).

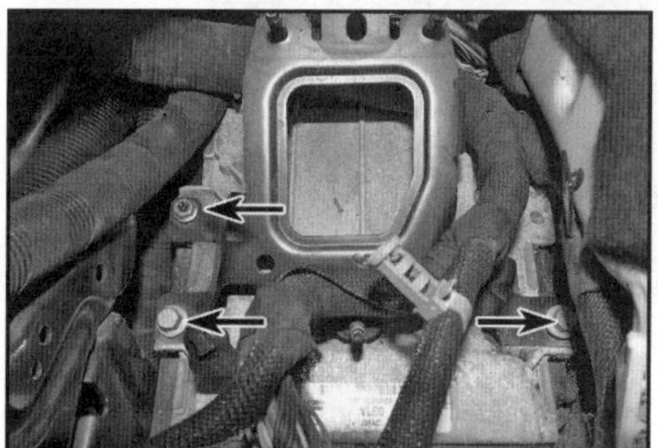

10.43 Schrauben und Mutter des Steuergerät-Halters

44 Der Einbau entspricht der umgekehrten Ausbaureihenfolge – sichern Sie ggf. den Sicherungsschild mit neuen Abscherschrauben.

Glühkerzenmodul

45 Der Aus- und Einbau des Glühkerzenmoduls ist in Kapitel 5, Sektion 12 beschrieben.

Luftmassensensor

46 Trennen Sie den Masseanschluss (–) der Batterie (siehe Kapitel 5, Sektion 3).
47 Trennen Sie den Stecker des im Luftfilterdeckel sitzenden Sensors (siehe Abbildung).

10.47 Position des Luftmassensensors – gezeigt beim 2,0 l-Motor

48 Lösen Sie die Befestigungsschrauben und entfernen Sie den Sensor.
49 Der Einbau entspricht der umgekehrten Ausbaureihenfolge.

Nockenwellensensor

50 Trennen Sie den Masseanschluss (–) der Batterie (siehe Kapitel 5, Sektion 3).
51 Entfernen Sie die Luftfilter-Baugruppe (siehe Sektion 5).
52 Entfernen Sie ggf. den Öleinfüllstutzen vom Nockenwellengehäuse und installieren Sie den Öleinfülldeckel wieder.
53 Heben Sie die Kunststoffabdeckung vom Motor.
54 Trennen Sie den Stecker des Nockenwellensensors (siehe Abbildung).

10.54 Trennen Sie den Stecker des Nockenwellensensors.

55 Lösen Sie die Schraube des Sensors und entfernen Sie diesen.
56 Rüsten Sie den Sensor beim Einbau mit einem neuen O-Ring aus und schmieren Sie ihn mit etwas Sprühöl.
57 Installieren Sie den Sensor und ziehen Sie die Schraube beim 2,0 l-Motor mit 8 Nm und beim 2,2 l-Motor mit 10 Nm an.
58 Schließen Sie zum Schluss die Batterie wieder an.

Kraftstoffdrucksensor (2,0 l-Motor)

Anmerkung: Beim 2,2 l-Motor kann der Drucksensor nur zusammen mit dem Druckspeicher ausgetauscht werden – er darf nicht von ihm getrennt werden. Der Aus- und Einbau des Druckspeichers ist in Sektion 13 beschrieben.
60 Entfernen Sie die Luftfilter-Baugruppe (siehe Sektion 5).
61 Befreien Sie am quer über den Motor verlaufenden Ladeluftrohr die Klemmen, lösen Sie die Schrauben und entfernen Sie das Rohr.
62 Entfernen Sie die Schallisolierung vom Motor.
63 Befreien Sie den Bereich um den Sensor von Schmutz und Ablagerungen, trennen Sie den Stecker und schrauben Sie den Sensor aus dem Druckspeicher (siehe Abbildung).

10.63 Schrauben Sie den Kraftstoffdrucksensor aus dem Druckspeicher – 2,0 l-Motor.

64 Der Einbau entspricht der umgekehrten Ausbaureihenfolge.

ABS- und Geschwindigkeitssensoren

65 Beachten Sie hierzu die Hinweise in Kapitel 9, Sektion 20.

11 Einspritzpumpe – Ausbau und Einbau

Achtung: Lassen Sie bei dieser Prozedur keinesfalls Schmutz in die Pumpe oder die Hochdruckleitungen gelangen!

Anmerkung: *Beachten Sie zunächst die Informationen in Sektion 1 und 2.*
Anmerkung: *Beim Einbau wird eine neue Kraftstoffleitung zwischen der Pumpe und dem Druckspeicher benötigt.*
Anmerkung: *Nachdem eine neue Einspritzpumpe installiert wurde, kann es sein, dass der Motor nicht richtig (oder gar nicht) läuft, bis das Motorsteuergerät (PCM) mithilfe eines Ford-Diagnosegeräts oder einer geeigneten Alternative neu konfiguriert wurde.*
1 Trennen Sie den Masseanschluss (–) der Batterie (siehe Kapitel 5, Sektion 3).
2 Entfernen Sie die Luftfilter-Baugruppe samt Ansaugstutzen (siehe Sektion 5).

2,0 l-Motor

Ausbau

3 Entfernen Sie den Keilrippenriemen (siehe Kapitel 1, Sektion 23).
4 Demontieren Sie den Anlasser (siehe Kapitel 5, Sektion 8).
5 Demontieren Sie die Lichtmaschine (siehe Kapitel 5, Sektion 5).
6 Entfernen Sie den Einspritzpumpendeckel (siehe Abbildung).

11.6 Entfernen Sie den Einspritzpumpendeckel.

7 Trennen Sie die Stecker der Einspritzpumpe sowie der Glühkerzen in den Zylindern 1 und 2. Lösen Sie die zwei Kabelbaum-Clips (siehe Abbildungen).

11.7a Trennen Sie den Einspritzpumpenstecker ...

11.7b ... und die zwei Stecker der Glühkerzen 1 und 2, befreien Sie dann den Kabelbaum aus den Clips.

8 Lösen Sie die zwei Schrauben des über der Einspritzpumpe sitzenden Halteblechs (siehe Abbildung).

11.8 Halteblech-Schrauben

9 Lösen Sie die Torxschraube des Keilrippenriemen-Spanners und entfernen Sie diesen (siehe Abbildung).

11.9 Schraube des Keilrippenriemen-Spanners

10 Lösen Sie die drei Schrauben der Servolenkungspumpe und verlagern Sie sie beiseite (siehe Abbildung) – die Hydraulikleitungen können angeschlossen bleiben.

11.10 Schrauben der Servolenkungspumpe – die Hydraulikleitungen sind für nur für eine bessere Sichtbarkeit entfernt

11 Drehen Sie die Abdeckung des Einspritzpumpen-Antriebsrads gegen den Uhrzeigersinn, um sie zu entfernen (siehe Abbildung).

Anmerkung: *Dichten Sie alle Kraftstoffleitungen mit Kappen oder Stopfen ab, um keinen Schmutz eindringen und möglichst wenig Kraftstoff austreten zu lassen – im Fachhandel sind entsprechende Stopfen erhältlich.*

11.11 Drehen Sie die Abdeckung des Einspritzpumpen-Antriebsrads nach links, um sie zu entfernen.

12 Lösen Sie den Anschluss des Hochdruckrohrs, um es zu trennen. Drücken Sie dann die Knöpfe der zwei Niederdruck-Leitungen, um sie zu trennen (siehe Abbildung). Das Hochdruckrohr zum Druckspeicher muss später durch ein Neuteil ersetzt werden.

11.12 Trennen Sie die drei Leitungen von der Einspritzpumpe.

13 Setzen Sie am Bolzen der Kurbelwellen-Riemenscheibe einen Steckschlüssel an und drehen Sie die Kurbelwelle im Uhrzeigersinn, bis die Markierung am Einspritzpumpenrad zur Markierung am Zwischenrad ausgerichtet ist (siehe Abbildung).
Achtung: Drehen Sie die Kurbelwelle nicht links herum!

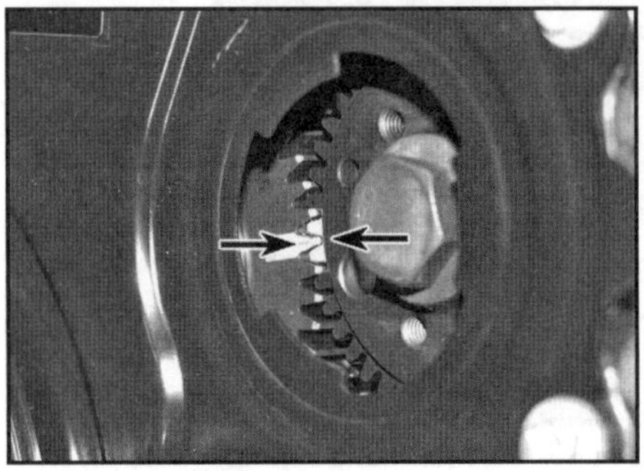

11.13 Drehen Sie die Kurbelwelle, bis die Markierungen der Zahnräder fluchten.

14 Um die Kurbelwelle am Verdrehen zu hindern, sollte das Ford-Werkzeug 303-1643 an der Anlasser-Öffnung eingesetzt werden, um damit den Zahnkranz des Schwungrads zu blockieren (siehe Abbildung).

11.14 Arretieren Sie den Anlasserzahnkranz mit dem Spezialwerkzeug.

15 Lösen Sie die vier gezeigten Schrauben aus dem Zahnriemendeckel (siehe Abbildung).

11.15 Lösen Sie die vier Schrauben aus dem Zahnriemendeckel.

16 Drehen Sie die drei zum Ford-Spezialwerkzeug 303-1635/3 gehörenden Zapfenschrauben in die Bohrungen des Einspritzpumpenrades, lösen Sie dann dessen zentrale Befestigungsschraube (siehe Abbildungen) – sie muss später durch ein Neuteil ersetzt werden.

11.16a Drehen Sie die zum Spezialwerkzeug gehörenden Zapfenschrauben in das Einspritzpumpenrad ...

11.16b ... und entfernen Sie den zentralen Bolzen.

17 Entfernen Sie das Ford-Werkzeug 303-1643 aus der Anlasser-Öffnung.
18 Installieren Sie das Ford-Spezialwerkzeug 303-1635 über das Einspritzpumpenrad, ziehen Sie die drei Befestigungsschrauben an und drehen Sie die drei Muttern auf die Zapfenschrauben (siehe Abbildung).

11.18 Installieren Sie die drei Schrauben und Muttern.

19 Installieren den zum Spezialwerkzeug gehörenden Bolzen samt Distanzhülse (Ford-Nr. 303-1635/2) durch die verbliebene Bohrung des Werkzeugs und drehen Sie ihn drei Umdrehungen, um ihn zu sichern (siehe Abbildung).

11.19 Installieren Sie das Werkzeug 303-1635/2.

20 Lösen Sie hinten an der Einspritzpumpe die zwei Befestigungsschrauben – sie müssen später durch Neuteile ersetzt werden.
21 Drehen Sie das Werkzeug 303-1635/2 im Uhrzeigersinn, um die Einspritzpumpe herauszudrücken (siehe Abbildung).

11.21 Drehen Sie das Werkzeug 303-1635/2 im Uhrzeigersinn, um die Einspritzpumpe herauszudrücken.

Einbau

22 Der Einbau entspricht der umgekehrten Ausbaureihenfolge – beachten Sie dabei folgende Punkte:
a) *Verwenden Sie beim Einbau der alten Pumpe eine neue Dichtung – diese muss absolut sauber sein.*
b) *Richten Sie die Lasche der Pumpenwelle zur Nut im Zahnrad aus.*
c) *Installieren Sie das Ford-Spezialwerkzeug 303-1635/6 und drehen Sie es im Uhrzeigersinn.*
d) *Sichern Sie die Pumpe mit zwei neuen Schrauben und ziehen Sie sie mit 23 Nm an.*
e) *Blockieren Sie die Kurbelwelle mit dem Ford-Werkzeug 303-1643, installieren Sie eine neue Pumpenradschraube und ziehen Sie sie zunächst mit 25 und dann mit 75 Nm an.*
f) *Ziehen Sie die Anschlussmuttern des Hochdruckrohrs zunächst mit 12 und dann mit 16 Nm an; drehen Sie sie in einem dritten Durchgang mithilfe einer Gradscheibe um 55° weiter.*

2,2 l-Motor

Ausbau

23 Entfernen Sie den Öleinfülldeckel aus dem Ventildeckel. Befreien Sie alle Schläuche aus dem Schallschutz, heben Sie diesen vom Motor und installieren Sie den Öleinfülldeckel wieder.
24 Reinigen Sie an der Pumpe sorgfältig die Bereiche um die Schnellverschlüsse der Kraftstoff-Zufuhr- und Rücklaufleitungen. Säubern Sie ebenfalls die Anschlüsse des zwischen der Pumpe und dem Druckspeicher verlaufenden Hochdruckrohrs, damit kein Schmutz in die Pumpe gelangt.
25 Drücken Sie an den Zufuhr- und Rücklaufleitungen die Knöpfe der Schnellverschlüsse, trennen Sie die Leitungen und verstopfen Sie alle Öffnungen mit geeigneten Kappen oder Stopfen – im Fachhandel sind entsprechende Stopfen erhältlich.
26 Trennen Sie hinten an der Einspritzpumpe die Stecker des Kraftstoff-Temperatursensors und des Bemessungsventils.
27 Lockern Sie vorsichtig die Anschlussmuttern des zwischen der Pumpe und dem Druckspeicher verlaufenden Hochdruckrohrs. Lösen Sie dann die Mutter der Leitungs-Halterung (siehe Abbildung).

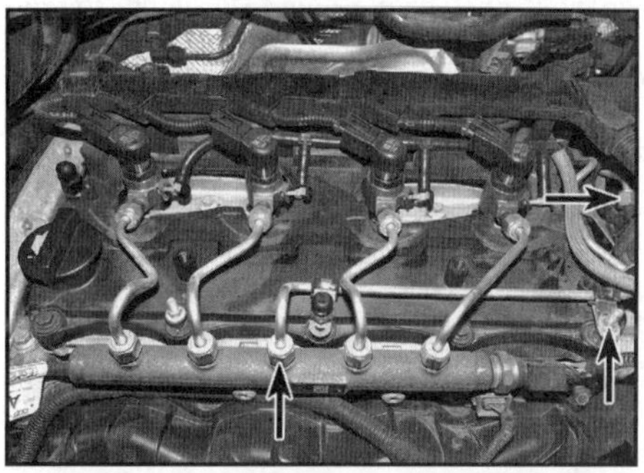

11.27 Anschlussmuttern und Befestigungsmutter der zum Druckspeicher führenden Hochdruckleitung.

28 Befreien Sie die Hochdruckleitung – beim Einbau muss ein neues Rohr verwendet werden.
29 Lösen Sie die einzelne Einspritzpumpen-Befestigungsschraube und befreien Sie die Pumpe vom Zylinderkopf und Kipphebelträger. Entfernen Sie den O-Ring – beim Einbau wird ein neuer benötigt.
30 Lösen Sie nötigenfalls (und falls vorhanden) die Schraube(n) der Einspritzpumpen-Adapterplatte, um diese vom Zylinderkopf und Kipphebelträger zu befreien – der O-Ring der Platte muss beim Einbau erneuert werden.
31 Entfernen Sie die Einspritzpumpen-Antriebskupplung vom Ende der Einlassnockenwelle.

Einbau

32 Verbinden Sie Einspritzpumpen-Antriebskupplung mit der Einlassnockenwelle.
33 Rüsten Sie ggf. die Einspritzpumpen-Adapterplatte mit einem neuen O-Ring aus und installieren Sie sie am Zylinderkopf und Kipphebelträger – ziehen Sie die Schrauben mit 10 Nm an.

34 Richten Sie die mit einem neuen O-Ring ausgerüstete Einspritzpumpe zur Antriebskupplung aus, installieren Sie die Schrauben und ziehen Sie sie mit 23 Nm an.
35 Positionieren Sie ein neues Hochdruckrohr zwischen der Einspritzpumpe und den Druckspeicher – achten Sie auf absolute Sauberkeit und biegen Sie das Rohr nicht. Drehen Sie die Anschlussmuttern zunächst handfest auf.
36 Ziehen Sie die Anschlussmuttern mithilfe eines Krähenfuß-Adapters zunächst mit 15 Nm und dann mit 30 Nm an (siehe Abbildung).

11.36 Ziehen Sie die Anschlussmuttern mithilfe eines Krähenfuß-Adapters zunächst mit 15 Nm und dann mit 30 Nm an.

37 Installieren Sie die Mutter der Hochdruckrohr-Halterung und ziehen Sie sie mit 10 Nm an.
38 Verbinden Sie hinten an der Einspritzpumpe die Stecker des Kraftstoff-Temperatursensors und des Bemessungsventils.
39 Schließen Sie die Kraftstoffzufuhr- und Rücklaufleitungen an.
40 Legen Sie die Schalldämmung auf den Motor.
41 Installieren Sie die Luftfilterbaugruppe (siehe Sektion 5).
42 Tauschen Sie den Kraftstofffilter aus (siehe Kapitel 1, Sektion 12).
43 Schließen Sie die Batterie an. Füllen Sie das Kraftstoffsystem vor und entlüften Sie es (siehe Sektion 4).
44 Starten Sie den Motor und bringen Sie ihn auf Betriebstemperatur. Kontrollieren Sie alle zuvor getrennten Anschlüsse auf Undichtigkeiten.

12 Einspritzdüsen – Ausbau und Einbau

Anmerkung: *Beachten Sie die in Sektion1 und 2 aufgelisteten Vorsichtsmaßnahmen.*
Achtung: Während des Prozesses darf auf keinen Fall Schmutz in die Einspritzanlage gelangen!

Ausbau

1 Trennen Sie den Masseanschluss (–) der Batterie (siehe Kapitel 5, Sektion 3).
2 Demontieren Sie die Luftfilterbaugruppe (siehe Sektion 5).
3 Entleeren Sie beim 2,0 l-Motor das Kühlsystem (siehe Kapitel 1, Sektion 32).
4 Entfernen Sie den Öleinfülldeckel. Lösen Sie beim 2,0 l-Motor die Schraube des Einfüllstutzens und entfernen Sie diesen aus dem Nockenwellengehäuse (siehe Abbildung).

12.4 Schraube des Einfüllstutzens – 2,0 l-Motor

5 Befreien Sie alle über den Motor verlaufenden Schläuche und Rohre aus ihren Befestigungen und verlagern Sie sie beiseite (siehe Abbildung). Installieren Sie den Öleinfülldeckel in das Nockenwellengehäuse.

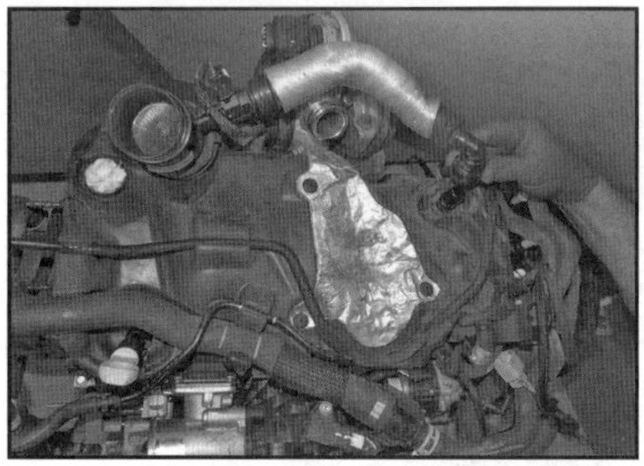

12.5 Positionieren Sie alle über den Motor verlaufenden Schläuche und Rohre beiseite.

6 Lockern Sie beim 2,0 l-Motor die Schellen der Ladeluftrohr-Baugruppe, lösen Sie dessen Schrauben und entfernen Sie sie (siehe Abbildungen).

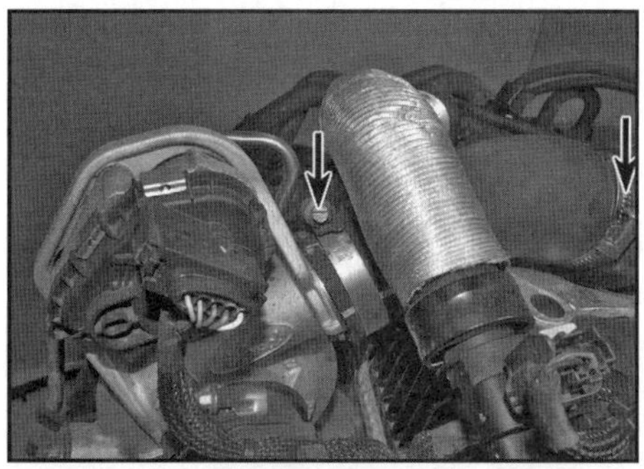

12.6a Lockern Sie die Schellen, ...

12.6b ... lösen Sie die Schrauben und entnehmen Sie die Ladeluftrohr-Baugruppe – 2,0 l-Motor.

7 Trennen Sie am Turbolader-Einlassrohr den Stecker, lockern Sie die Schelle und entfernen Sie das Rohr (siehe Abbildung).

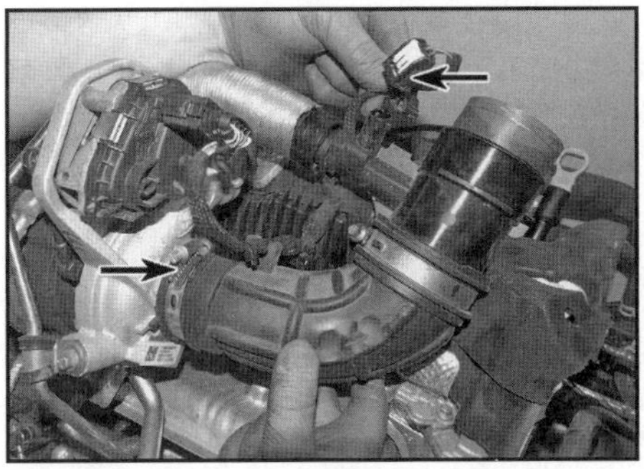

12.7 Stecker und Schelle des Turbolader-Einlassrohrs

8 Entfernen Sie die Schalldämmung vom Motor (siehe Abbildung).

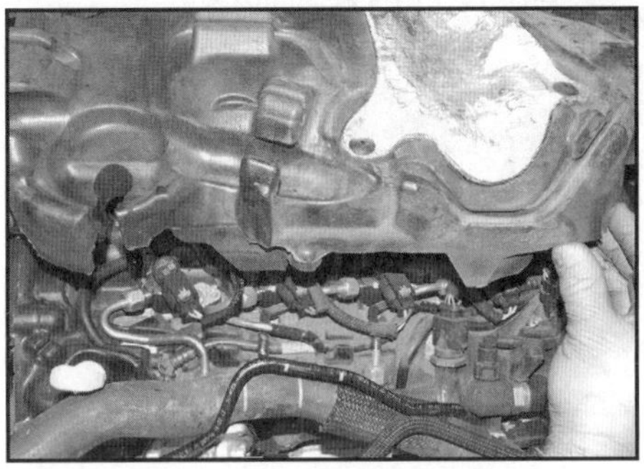

12.8 Heben Sie die Schalldämmung vom Motor.

9 Demontieren Sie die Lichtmaschine (siehe Kapitel 5, Sektion 5).
10 Reinigen Sie die Bereiche um die Einspritzdüsen und die Anschlüsse der zwischen dem Druckspeicher und den Düsen verlaufenden Hochdruckrohre, damit kein Schmutz eindringen kann.
11 Trennen Sie die Kabelstecker der Einspritzdüsen (siehe Abbildungen) – befreien Sie dabei nötigenfalls den Kabelbaum.

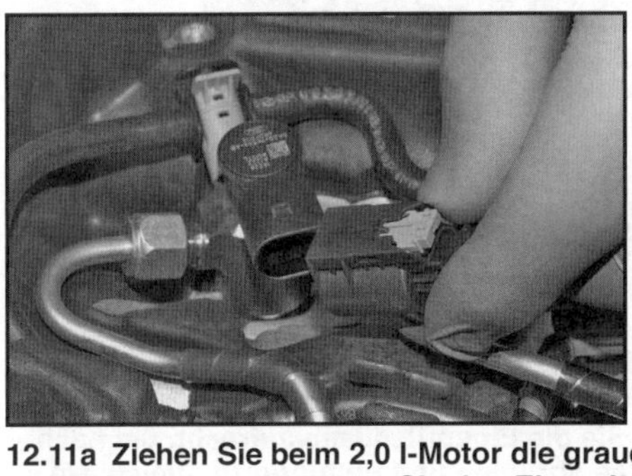

12.11a Ziehen Sie beim 2,0 l-Motor die graue Arretierlasche heraus und trennen Sie den Einspritzdüsenstecker.

12.11b Heben Sie beim 2,2 l-Motor die Arretierlasche an.

12.11c Kabelbaum-Clips – 2,0 l-Motor

12 Lösen Sie beim 2,0 l-Motor die vier Schrauben des Ölabscheiders und entfernen Sie diesen (siehe Abbildung).

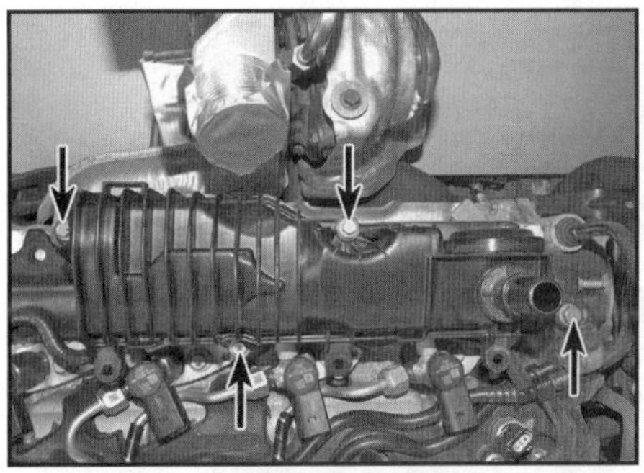

12.12 Ölabscheider-Schrauben

13 Befreien Sie den Rücklaufschlauch von allen Einspritzdüsen (siehe Abbildung) – kontrollieren Sie die O-Ringe der Anschlüsse und ersetzen Sie schadhafte Teile.

12.13 Drücken Sie oben an der Einspritzdüse den Halteclip des Rücklaufschlauch-Anschlusses zurück und trennen Sie diesen.

14 Lockern Sie an den Einspritzdüsen und dem Druckspeicher vorsichtig die Anschlüsse der Hochdruckrohre (siehe

Abbildung) – kontern Sie beim 2,2 l-Motor dabei mit einem zweiten Schlüssel die Anschlüsse der Einspritzdüsen. Sobald die Anschlüsse locker sind, müssen sie mit sauberen Küchentüchern oder Lappen umwickelt werden, damit kein Schmutz eindringen kann. Ford-Werkstätten verwenden spezielle Absaugsysteme, um Schmutz aus den Öffnungen fernzuhalten; verwenden Sie keinesfalls Druckluft, da hiermit Partikel hineingeblasen werden.

12.14 Lockern Sie an den Einspritzdüsen und dem Druckspeicher vorsichtig die Anschlüsse der Hochdruckrohre.

15 Drehen Sie die Anschlussmuttern vollständig ab und entnehmen Sie die Rohre – beim Einbau müssen neue verwendet werden. Verstopfen Sie alle Öffnungen.
16 Lösen Sie die Schrauben der Einspritzdüsen-Klemmstücke und entfernen Sie diese (siehe Abbildungen) – sowohl die Schrauben als auch die Klemmstücke müssen beim Einbau durch Neuteile ersetzt werden.

12.16a Beim 2,0 l-Motor ist jede Einspritzdüse mit einem Klemmstück und einer Schraube gesichert.

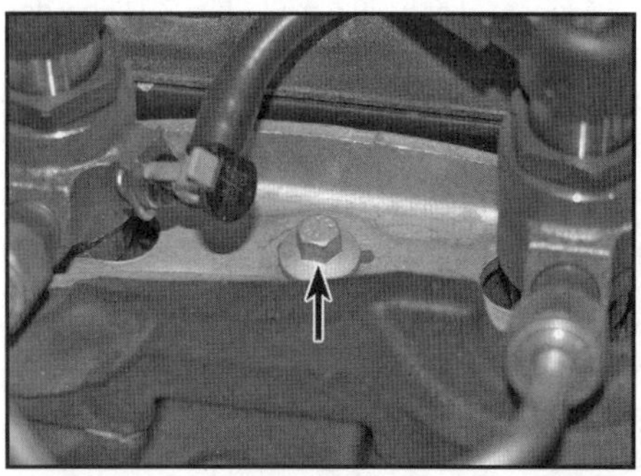

12.16b Beim 2,2 l-Motor sind die Einspritzdüsen paarweise mit einem Klemmstück und einer Schraube gesichert.

17 Wackeln Sie die Einspritzdüsen mithilfe eines Maulschlüssels hin und her, bis sie aus dem Zylinderkopf befreit werden können (siehe Abbildungen) – beim 2,2 l-Motor müssen die zwei Einspritzdüsen eines gemeinsamen Klemmstücks stets paarweise aus- und eingebaut werden. Die Dichtscheiben der Einspritzdüsen müssen stets durch Neuteile ersetzt werden.

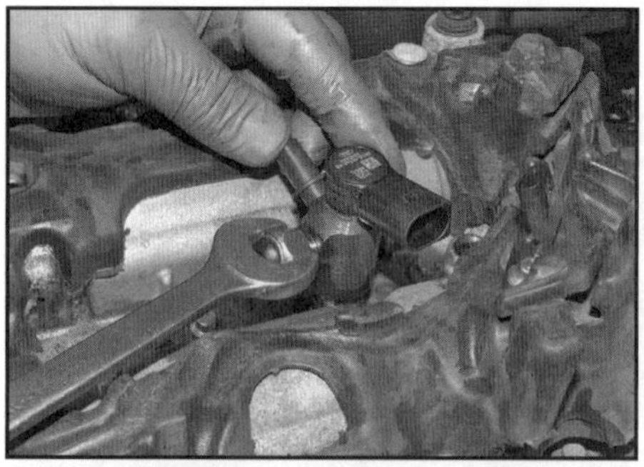

12.17a Wackeln Sie die Einspritzdüsen mithilfe eines Maulschlüssels hin und her, um sie zu befreien, ...

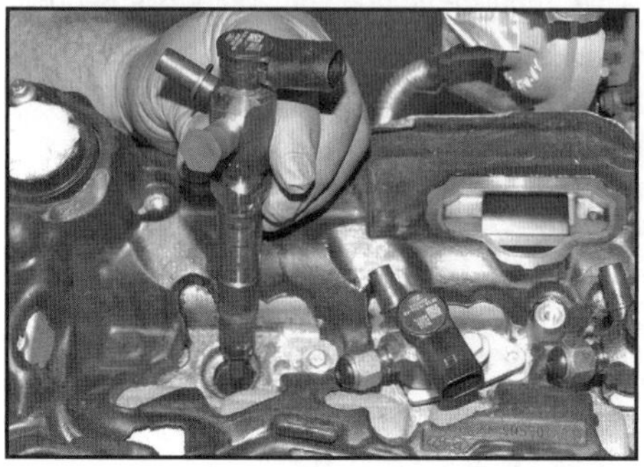

12.17b ... und ziehen Sie sie aus dem Zylinderkopf.

18 Falls vorhanden, müssen die Einspritzdüsen-Dichtungen mithilfe eines Schraubendrehers aus dem Nockenwellengehäuse befreit werden – beim Einbau sind Neuteile zu verwenden.
19 Falls die alten Einspritzdüsen wiederverwendet werden, müssen sie unbedingt an ihre ursprüngliche Positionen installiert werden – markieren Sie sie entsprechend, um sie nicht zu verwechseln. Lagern Sie die Einspritzdüsen aufrecht, um nach dem Einbau das Vorfüllen und Entlüften zu erleichtern (siehe Abbildung).

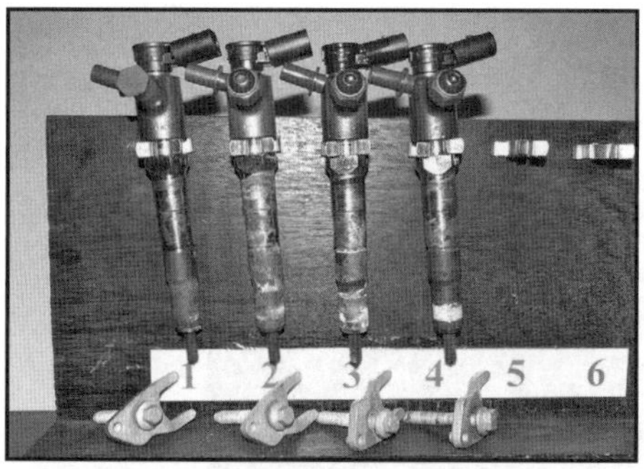

12.19 Lagern Sie die Einspritzdüsen aufrecht, um nach dem Einbau das Vorfüllen und Entlüften zu erleichtern.

Einbau

20 Falls neue Einspritzdüsen installiert werden, müssen ihre Identifizierungsnummern notiert werden (siehe Abbildung) – sie müssen später in das Steuergerät programmiert werden.

12.20 Die Identifizierungsnummern finden sich an den Oberseiten der Einspritzdüsen.

21 Rüsten Sie jede Einspritzdüse mit einer neuen Dichtscheibe aus (siehe Abbildung) – schieben Sie diese nötigenfalls mit einem langen Steckschlüssel auf.

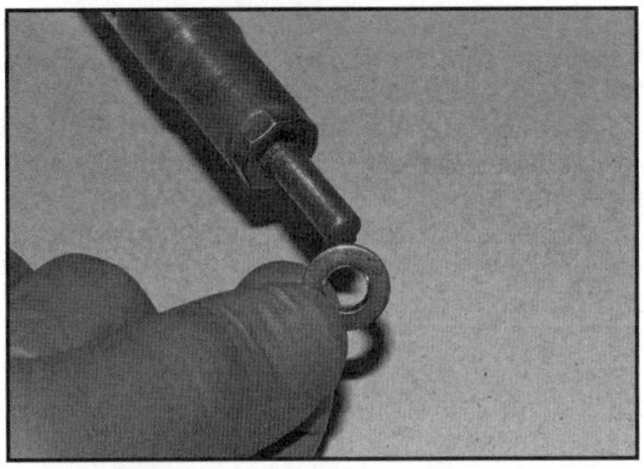

12.21 Rüsten Sie jede Einspritzdüse mit einer neuen Dichtscheibe aus.

22 Falls der 2,0 l-Motor mit neuen Einspritzdüsen ausgerüstet wird, müssen deren Spitzen an der Seite (nicht am Ende) mit dem Ford-Fett FL-LL/HUJ-M1C227-AA geschmiert werden.
23 Installieren Sie die Einspritzdüsen und ihre Klemmstücke in den Zylinderkopf und drehen Sie deren Schrauben zunächst handfest ein.
24 Arbeiten Sie zurzeit nur an einer Einspritzdüse und entfernen Sie die Stopfen von den Anschlüssen des Druckspeichers und der Einspritzdüse. Setzen Sie ein neues Hochdruckrohr an und drehen Sie die Anschlussmuttern zunächst handfest auf – verkanten Sie sie nicht und verbiegen Sie nicht das Rohr.
25 Sobald alle neuen Rohre auf diese Weise positioniert sind, werden die Einspritzdüsen-Klemmmuttern mit den in den technischen Daten angegebenen Drehmomenten angezogen und dann mithilfe einer Gradscheibe entsprechend weitergedreht.
26 Ziehen Sie alle Hochdruckrohr-Anschlussmuttern mithilfe eines Krähenfuß-Adapters zunächst mit dem korrekten Drehmoment an und dann beim 2,0 l-Motor um 55° weiter. Kontern Sie beim 2,2 l-Motor die Einsätze der Einspritzdüsen dabei mit einem Maulschlüssel.
27 Schmieren Sie beim 2,0 l-Motor den O-Ring des Ölabscheiders mit FL-LL-Fett und montieren Sie diesen.
28 Falls neue Einspritzdüsen installiert wurden, müssen deren Identifizierungsnummern mithilfe einer geeigneten Diagnoseausrüstung in das Motorsteuergerät programmiert werden. Falls diese Ausrüstung nicht vorhanden ist, muss die Arbeit von einer Fachwerkstatt erledigt werden – der Motor lässt sich nach dem Einbau im Notprogramm starten, sodass das Fahrzeug mit verminderter Leistung zur Werkstatt gefahren werden kann.
29 Der Rest des Einbaus entspricht der umgekehrten Ausbaureihenfolge.
30 Installieren Sie zum Schluss einen neuen Kraftstofffilter (siehe Kapitel 1, Sektion 12).
31 Schließen Sie die Batterie wieder an. Füllen Sie das Kraftstoffsystem vor und entlüften Sie es (siehe Sektion 4).
32 Starten Sie den Motor und lassen Sie ihn im Standgas laufen, um dabei die Anschlüsse der Hochdruckleitung auf Undichtigkeiten zu überprüfen. Erhöhen Sie dann die Motordrehzahl etwas und kontrollieren Sie erneut.
33 Unternehmen Sie eine kurze Probefahrt und kontrollieren Sie anschließend erneut alles auf Undichtigkeit. Falls irgendwo ein Leck auftritt, muss ein neues Hochdruckrohr beschafft und installiert werden – versuchen Sie niemals, einen undichten Anschluss durch weiteres Anziehen der Anschlussmutter zu reparieren!

13 Druckspeicher – Ausbau und Einbau

Anmerkung: *Beachten Sie die in Sektion1 und 2 aufgelisteten Vorsichtsmaßnahmen.*
Achtung: Während des Prozesses darf auf keinen Fall Schmutz in die Einspritzanlage gelangen!
Anmerkung: *Beim Einbau wird ein komplettes Set neuer Hochdruckrohre (zwischen Pumpe und Druckspeicher sowie zwischen Druckspeicher und Einspritzdüsen) benötigt.*

Ausbau

1 Trennen Sie den Masseanschluss (–) der Batterie (siehe Kapitel 5, Sektion 3).
2 Folgen Sie den Hinweisen zum Ausbau der Einspritzdüsen in Sektion 12, bis die Hochdruckleitungen zwischen dem Druckspeicher und den Einspritzdüsen entfernt sind.
3 Trennen Sie den Kabelstecker vom Druckspeicher.
4 Lockern Sie vorsichtig die Anschlussmuttern des zwischen der Pumpe und dem Druckspeicher verlaufenden Hochdruckrohrs. Lösen Sie beim 2,2 l-Motor die Mutter der Leitungs-Halterung (Abb. 11.27). Das Rohr muss später durch ein Neuteil ersetzt werden. Verstopfen Sie alle Öffnungen (siehe Abbildung).

13.4 Lösen Sie die Anschlüsse des zwischen der Einspritzumpe und dem Druckspeicher verlaufenden Hochdruckrohrs – gezeigt am 2,2 l-Motor.

5 Trennen Sie am Druckspeicher ggf. den Schnellverschluss des Kraftstoff-Rücklaufschlauchs.
6 Lösen Sie die Schrauben des Druckspeichers und heben Sie diesen ab (siehe Abbildung) – verlagern Sie nötigenfalls den Kabelbaum-Halter, um genügend Platz zu erhalten.

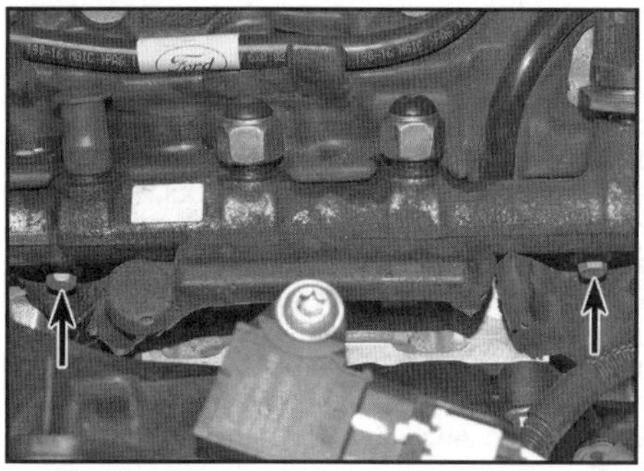

13.6 Schrauben des Druckspeichers

Einbau

7 Positionieren Sie den Druckspeicher an seinen Aufnahmen und drehen Sie die Schrauben handfest ein.
8 Installieren Sie neue von der Einspritzpumpe zum Druckspeicher und von diesem zu den Einspritzdüsen führende Rohre und drehen Sie die Anschlussmuttern zunächst handfest auf – verkanten Sie sie nicht und verbiegen Sie nicht die Rohre.
9 Ziehen Sie die Druckspeicher-Befestigungsschrauben beim 2,0 l-Motor mit 13 Nm und beim 2,2 l-Motor mit 25 Nm an.
10 Ziehen Sie alle Hochdruckrohr-Anschlussmuttern mithilfe eines Krähenfuß-Adapters zunächst mit dem korrekten Drehmoment an (siehe Abbildung) und dann beim 2,0 l-Motor um 55° weiter. Kontern Sie beim 2,2 l-Motor die Einsätze der Einspritzdüsen dabei mit einem Maulschlüssel.

13.10 Ziehen Sie die Anschlussmuttern mithilfe eines Krähenfuß-Adapters mit dem korrekten Drehmoment an.

11 Der Rest des Einbaus entspricht der umgekehrten Ausbaureihenfolge.
12 Installieren Sie zum Schluss einen neuen Kraftstofffilter (siehe Kapitel 1, Sektion 12).
13 Schließen Sie die Batterie wieder an. Füllen Sie das Kraftstoffsystem vor und entlüften Sie es (siehe Sektion 4).
14 Starten Sie den Motor und lassen Sie ihn im Standgas laufen, um dabei die Anschlüsse der Hochdruckleitung auf Undichtigkeiten zu überprüfen. Erhöhen Sie dann die Motordrehzahl etwas und kontrollieren Sie erneut.
15 Unternehmen Sie eine kurze Probefahrt und kontrollieren Sie anschließend erneut alles auf Undichtigkeit. Falls irgendwo ein Leck auftritt, muss ein neues Hochdruckrohr beschafft und installiert werden – versuchen Sie niemals, einen undichten Anschluss durch weiteres Anziehen der Anschlussmutter zu reparieren!

14 Turbolader – *Beschreibung und Vorsichtsmaßnahmen*

Beschreibung

1 Um die Leistung der Motoren zu erhöhen, sind die Motoren mit Turboladern ausgerüstet, die den Luftdruck im Einlassstutzen über den atmosphärischen Druck anheben. Der Motor muss die Luft also nicht ansaugen, sondern wird »druckbeatmet«. Das Motorsteuergerät passt die eingespritzte Kraftstoffmenge an die jeweilige Luftmenge an.
2 Die Energie zum Betreiben des Turboladers liefern die Abgase. Diese strömen durch ein speziell geformtes Gehäuse (das Turbinengehäuse) und versetzen dabei das Turbinenrad in Drehung. Dieses Rad sitzt auf einer Welle, an dessen anderem Ende ein weiteres Flügelrad sitzt – das Verdichterrad. Das Verdichterrad dreht sich in einem eigenen Gehäuse und drückt Frischluft in den Einlassstutzen.
3 Die komprimierte Luft wird durch den vorn im Motorraum sitzenden und vom Fahrtwind durchströmten Ladeluftkühler (»Intercooler«) geleitet. Durch die Abkühlung wird die Luft dichter und steigert die Leistungsfähigkeit des Motors weiter.
4 Der Turbolader ist je nach Motortyp mit festen oder verstellbaren Leitschaufeln (variable Turbinen-Geometrie – VTG) ausgerüstet – letztere schließen bei niedriger Motordrehzahl, um den Einlass-Querschnitt zu verringern und die Wirksamkeit des Turboladers zu verbessern. Die Verstellung der Schaufeln erfolgt durch eine Unterdruck-Einheit am Turbolader, die vom Ladedruck-Regelventil gesteuert wird, das wiederum vom Motorsteuergerät überwacht wird.
5 Der im Einlassstutzen vorhandene »Ladedruck« wird durch ein Regelventil (»Wastegate«) begrenzt, indem es mithilfe einer druckempfindlichen Betätigung die Abgase vom Turbinenrad ablenkt.
6 Die im Lagergehäuse drehende Welle wird durch ein an den Haupt-Ölkanal angeschlossenes Ölrohr mit Drucköl versorgt und geschmiert; durch ein Rücklaufrohr gelangt das Öl zurück in die Ölwanne.

Vorsichtsmaßnahmen

7 Der Turbolader arbeitet mit extrem hohen Drehzahlen und Temperaturen. Um Verletzungen und einen vorzeitigen Ausfall des Turboladers zu verhindern, müssen einige Vorkehrungen getroffen werden:

- Der Turbolader darf niemals mit freiliegenden Bauteilen oder entfernten Schläuchen oder Leitungen betrieben werden. Falls auch nur kleine Fremdkörper in die rotierenden Flügelräder fallen, können große Schäden entstehen und herausgeschleuderte Teile schwere Verletzungen hervorrufen.
- Der Motor darf – vor allem im kalten Zustand – niemals direkt nach dem Start hochgedreht werden. Lassen Sie dem Öl einige Sekunden Zeit, im Lager der Turbolader-Welle Druck aufzubauen.
- Lassen Sie den Motor vor dem Abschalten einige Sekunden im Standgas laufen – durch Abschalten direkt nach höheren Drehzahlen würde die Turboladerwelle ohne Öldruck weiterdrehen, sodass ihr Lager beschädigt werden kann.
- Lassen Sie den Motor nach längeren Hochgeschwindigkeitsfahrten einige Minuten im Standgas laufen, damit der Turbolader die darin entwickelte Hitze abgeben kann.
- Beachten Sie die empfohlenen Öl- und Filterwechsel-Intervalle und verwenden Sie das vom Hersteller empfohlene Öl. Vernachlässigte Wechselintervalle oder minderwertige Öle können an der Turboladerwelle Kohleablagerungen hinterlassen, die zu vorzeitigen Schäden führen können.

15 Turbolader – Ausbau und Einbau

Anmerkung: *Der Turbolader darf nur bei vollständig abgekühltem Motor demontiert werden.*

Ausbau

1 Trennen Sie den Masseanschluss (–) der Batterie (siehe Kapitel 5, Sektion 3).
2 Demontieren Sie die Luftfilterbaugruppe (siehe Sektion 5).
3 Entfernen Sie das zwischen dem Luftfilter und dem Turbolader sitzende Luftrohr und trennen Sie alle dazugehörigen Kabelstecker, Clips und Anschlüsse oben am Motor (siehe Abbildung).

15.3 Lockern Sie die Schellen, trennen Sie die Stecker und befreien Sie den Kabelbaum.

4 Entfernen Sie beim 2,0 l-Motor den Öleinfüllstutzen vom Nockenwellengehäuse. Entfernen Sie beim 2,2 l-Motor den Öleinfülldeckel vom Ventildeckel. Heben Sie die vorderen und hinteren Kühlerschläuche an und heben Sie die Schalldämmung vom Motor (siehe Abbildung) und installieren Sie den Öleinfülldeckel wieder.

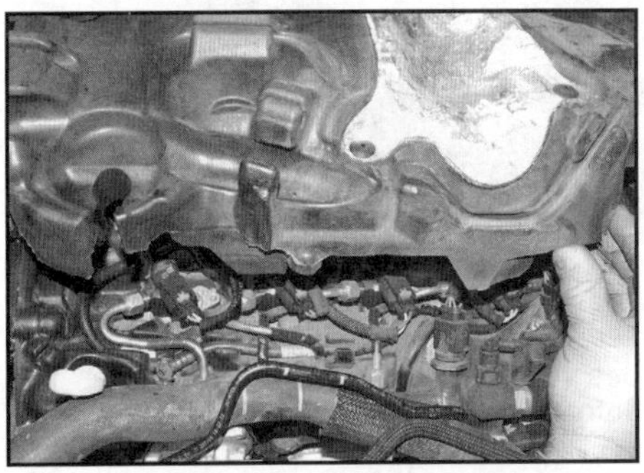

15.4 Heben Sie die Schalldämmung vom Motor.

5 Ziehen Sie die Handbremse, heben Sie das Fahrzeug vorn an und stützen Sie es sicher ab (siehe Seite 355).
6 Lösen Sie beim 2,0 l-Motor die Schrauben des Turbolader-Hitzeschilds und entfernen Sie dies (siehe Abbildung).

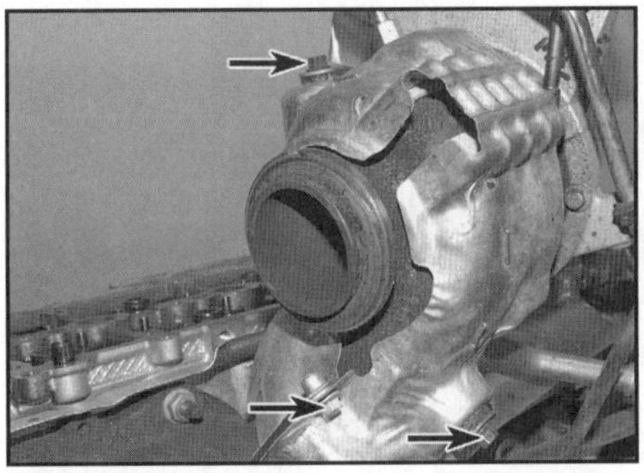

15.6 Schrauben des Turbolader-Hitzeschilds – 2,0 l-Motor

7 Lockern Sie am Turbolader die Schelle des zum Ladeluftkühler führenden Schlauchs und trennen Sie diesen (siehe Abbildung).

15.7 Lockern Sie am Turbolader die Schelle des zum Ladeluftkühler führenden Schlauchs – gezeigt am 2,2 l-Motor.

8 Lösen Sie am Motorgehäuse die Schraube(n) des Ölrücklaufschlauch-Flanschs und trennen Sie diesen (siehe Abbildung) – die Dichtung muss später erneuert werden.

15.8 Schraube des Ölrücklaufschlauch-Flanschs – gezeigt am 2,0 l-Motor

9 Lösen Sie am Motorgehäuse die Schraube(n) des Zufuhr-Rohrs. Befreien Sie beim 2,2 l-Motor das Rohr aus den zwei Halterungen (siehe Abbildung). Lösen Sie die Anschlussschraube des Ölrohrs und stellen Sie die zwei Kupferscheiben sicher.

15.9 Befreien Sie das Turbolader-Zulaufrohr vom Motorblock.

10 Entfernen Sie bei 2,2 l-Modellen mit Klimaanlage den Keilrippenriemen (siehe Kapitel 1, Sektion 33).
11 Trennen Sie bei 2,2 l-Modellen mit Klimaanlage den Stecker des Kompressors. Lösen Sie die drei Befestigungsschrauben und verlagern Sie den Kompressor beiseite – die Kältemittel-Leitungen müssen nicht getrennt werden.
12 Trennen Sie bei Modellen mit variabler Turbinengeometrie den Verstellmechanismus-Stecker.
13 Demontieren Sie den Katalysator/Partikelfilter (siehe Kapitel 4B, Sektion 3).
14 Lösen Sie die Muttern, die den Turbolader am Auspuffstutzen sichern (siehe Abbildung). Befreien Sie den Turbolader und entnehmen Sie die Dichtung – sie muss beim Einbau durch ein Neuteil ersetzt werden.

15.14 Turbolader-Muttern am Auspuffstutzen

15 Eine weitere Zerlegung des Turboladers ist nicht empfehlenswert. Veränderungen an der Wastegate-Einstellung kann zu mangelnder Motorleistung oder gar Motorschäden führen. Einzelteile des Turboladers sind nicht erhältlich.
16 Wenn bei einer Überprüfung Ölablagerungen am Turbinenrad oder Verdichterrad festgestellt werden, weist dies auf schadhafte Dichtungen hin – der Austausch sollte einem Fachbetrieb überlassen werden; solche Betriebe sind auch in der Lage, Turbolader zu überholen oder können einen Austausch-Turbolader anbieten.

Einbau

17 Der Einbau entspricht der umgekehrten Ausbaureihenfolge – beachten Sie dabei folgende Punkte:
a) Ziehen Sie alle Schrauben und Muttern mit den in den technischen Daten angegebenen Drehmomenten an.
b) Ersetzen Sie die Stehbolzen im Auspuffstutzen und ihre Muttern durch Neuteile.
c) Ersetzen Sie alle Dichtungen durch Neuteile.
d) Ersetzen Sie die Ölleitungs-Dichtscheiben durch Neuteile.

16 Einlassstutzen – Ausbau und Einbau

Ausbau

1 Trennen Sie den Masseanschluss (–) der Batterie (siehe Kapitel 5, Sektion 3).
2 Demontieren Sie die Luftfilterbaugruppe (siehe Sektion 5).
3 Entfernen Sie beim 2,0 l-Motor den Öleinfüllstutzen vom Nockenwellengehäuse. Entfernen Sie beim 2,2 l-Motor den Öleinfülldeckel vom Ventildeckel. Heben Sie die vorderen und hinteren Kühlerschläuche an, heben Sie die Schalldämmung vom Motor (siehe Abbildung) und installieren Sie den Öleinfülldeckel wieder.
4 Entfernen Sie beim 2,0 l-Motor das AGR-Auslassrohr (siehe Kapitel 4B, Sektion 2).
5 Lockern Sie am Rohr zwischen dem Ladeluftkühler und dem Luftklappengehäuse die Schellen und entnehmen Sie das Rohr (siehe Abbildungen).

16.5a Schelle des vom Ladeluftkühler kommenden Rohrs – 2,0 l-Motor.

16.5b Schelle des vom Ladeluftkühler kommenden Rohrs – 2,2 l-Motor.

6 Trennen Sie die Stecker des Temperatur- und Einlassstutzen-Absolutdrucksensors und des Luftklappenmotors und befreien Sie deren Verkabelung (siehe Abbildung).

16.6 Stecker des Einlassstutzen-Absolutdrucksensors und des Luftklappenmotors am Einlassstutzen

7 Lösen Sie am Zylinderkopf des 2,2 l-Motors die Schraube des Peilstab-Führungsrohrs und entfernen Sie dies (siehe Abbildung).

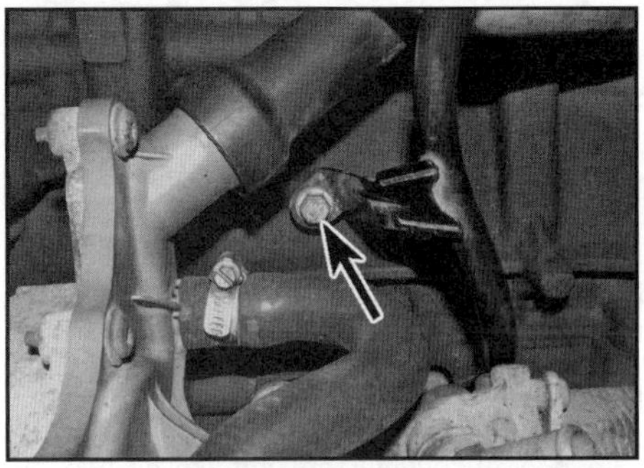

16.7 Schraube des Peilstab-Führungsrohrs (2,2 l-Motor)

8 Entfernen Sie beim 2,2 l-Motor das AGR-Ventil (siehe Kapitel 4B, Sektion 2).
9 Lösen Sie beim 2,0 l-Motor die drei Schrauben des Einlassstutzens und befreien Sie ihn (siehe Abbildung).

16.9 Schrauben des Einlassstutzens – 2,0 l-Motor

10 Lösen Sie beim 2,0 l-Motor nötigenfalls die Schrauben des Luftklappengehäuses und entfernen Sie dies (siehe Abbildungen) – beim Einbau wird eine neue Dichtung benötigt.

16.10a Schrauben des Luftklappengehäuses

16.10b Entfernen Sie die Dichtung zwischen Luftklappengehäuse und Einlassstutzen – 2,0 l-Motor.

11 Lösen Sie beim 2,2 l-Motor die neun Schrauben, die den Einlassstutzen am Zylinderkopf sichern. Lockern Sie die Schelle des Einlassrohrs und befreien Sie es vom Einlassstutzen. Entnehmen Sie den Stutzen und stellen Sie die Gummidichtungen sicher (siehe Abbildung).

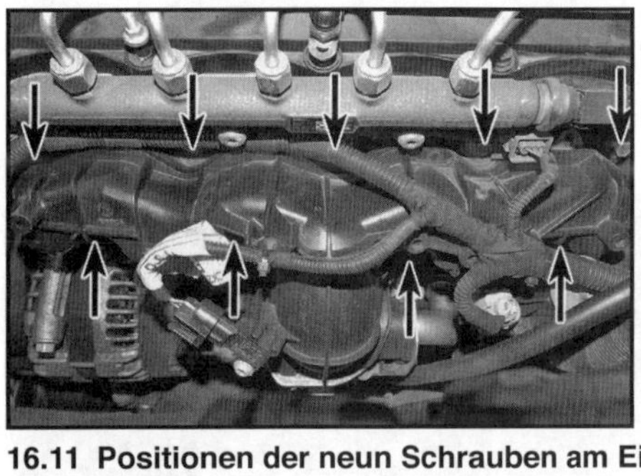

16.11 Positionen der neun Schrauben am Einlassstutzen des 2,2 l-Motors

Einbau

12 Der Einbau entspricht der umgekehrten Ausbaureihenfolge – beachten Sie dabei folgende Punkte:

a) Ziehen Sie alle Schrauben und Muttern mit den in den technischen Daten angegebenen Drehmomenten an.

b) Ersetzen Sie alle Dichtungen durch Neuteile.

c) Der Einbau des AGR-Ventils (nur 2,2 l-Motor) ist in Kapitel 4B, Sektion 2 beschrieben.

17 Auslassstutzen – Ausbau und Einbau

2,0 l-Motor

Ausbau

1 Demontieren Sie den Turbolader (siehe Sektion 15).

2 Entfernen Sie den Hitzeschild – dieser kann zweiteilig sein (siehe Abbildung).

17.2 Schrauben des Auspuffstutzen-Hitzeschilds

3 Lösen Sie ENTGEGEN der in Abb. 17.4 gezeigten Anzugsreihenfolge die Auspuffstutzen-Muttern und entnehmen Sie den Stutzen – die Muttern und die Dichtung müssen beim Einbau durch Neuteile ersetzt werden.

Einbau

4 Legen Sie eine neue Dichtung über die Stehbolzen und setzen Sie den Auspuffstutzen auf. Drehen Sie die neuen Muttern auf und ziehen Sie sie in der gezeigten Reihenfolge zunächst mit 12 und dann mit 23 Nm an (siehe Abbildung).

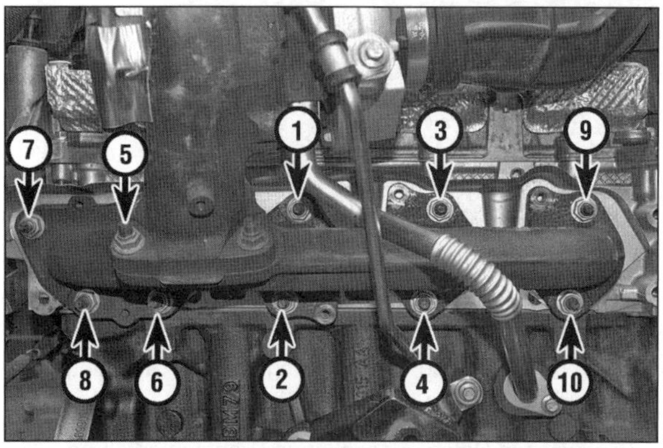

17.4 Anzugsreihenfolge der Auspuffstutzen-Muttern

5 Der Rest des Einbaus entspricht der umgekehrten Ausbaureihenfolge.

2,2 l-Motor

Ausbau

6 Demontieren Sie den Turbolader (siehe Sektion 15).

7 Entfernen Sie – falls vorhanden – den Auspuffstutzen-Hitzeschild.

8 Lösen Sie zuerst an der Oberseite des Auspuffstutzens die zwei Befestigungen zum Hitzeschild, lösen Sie dann die acht Muttern und Schrauben, die ihn am Zylinderkopf sichern, und lösen Sie zum Schluss die drei Schrauben, die den Stutzen mit dem Kühlkörper des AGR-Ventils verbinden (siehe Abbildung) – alle Schrauben müssen beim Einbau durch Neuteile ersetzt werden

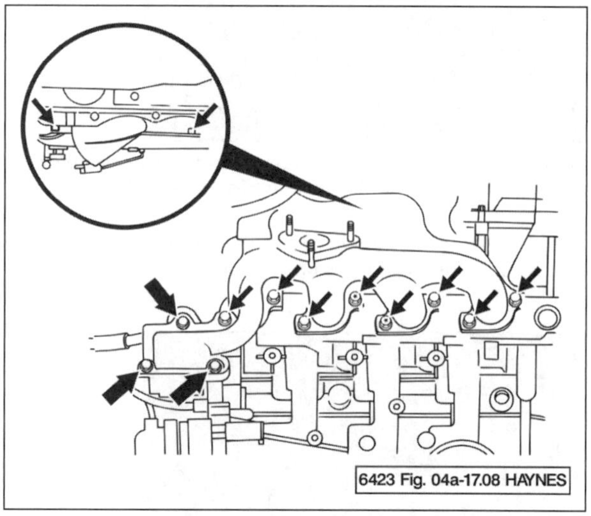

17.8 Lösen Sie zuerst die 2 oberen Schrauben (kleines Bild), dann die 8 Zylinderkopf-Schrauben und Muttern (kleine Pfeile) und schließlich die 3 Schrauben am AGR-Kühlkörper (große Pfeile).

9 Entnehmen Sie den Auspuffstutzen und stellen Sie die AGR-Dichtung, den Hitzeschild und die Dichtung zum Zylinderkopf sicher (siehe Abbildungen).

17.9a Entnehmen Sie den Auspuffstutzen ...

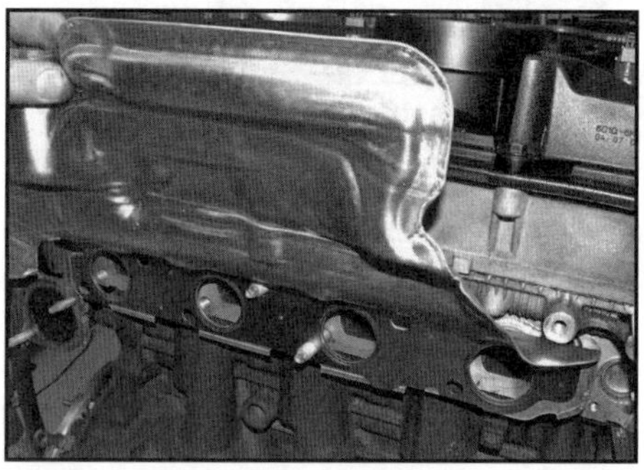

17.9b ... und entnehmen Sie den Hitzeschild.

Einbau

10 Der Einbau entspricht der umgekehrten Ausbaureihenfolge – beachten Sie dabei folgende Punkte:

a) Ersetzen Sie alle Dichtungen und Schrauben durch Neuteile.
b) Ziehen Sie zuerst die drei Schrauben zum AGR-Kühlkörper mit 20 Nm an. Ziehen Sie dann die acht Schrauben und Muttern zum Zylinderkopf schrittweise und über Kreuz bis zum Drehmoment von 40 Nm an. Ziehen Sie schließlich die zwei oberen Schrauben mit 10 Nm an. Ziehen Sie die Hitzeschild-Schrauben mit 10 Nm an.

18 Ladeluftkühler – Ausbau und Einbau

Ausbau

1 Trennen Sie den Masseanschluss (–) der Batterie (siehe Kapitel 5, Sektion 3).
2 Sichern Sie den Wasserkühler mit Draht oder Seilen an der oberen Querstrebe, damit er beim Entfernen der unteren Halterung nicht herunterfällt.
3 Ziehen Sie die Handbremse fest an, heben Sie dann das Fahrzeug vorn an, und stützen Sie es sicher ab (siehe Seite 355).
4 Lösen Sie vorn am Luftleitblech die Schrauben und entfernen Sie hinten den Kunststoffniet, um das Blech unter dem Ladeluftkühler zu befreien (siehe Abbildungen).

18.4a Lösen Sie an beiden Seiten des Luftleitblechs die Schraube ...

18.4b ... und hinten den Kunststoffniet.

5 Lockern Sie die Schellen der Einlass- und Auslass-Stutzen und befreien Sie diese vom Ladeluftkühler (siehe Abbildung).

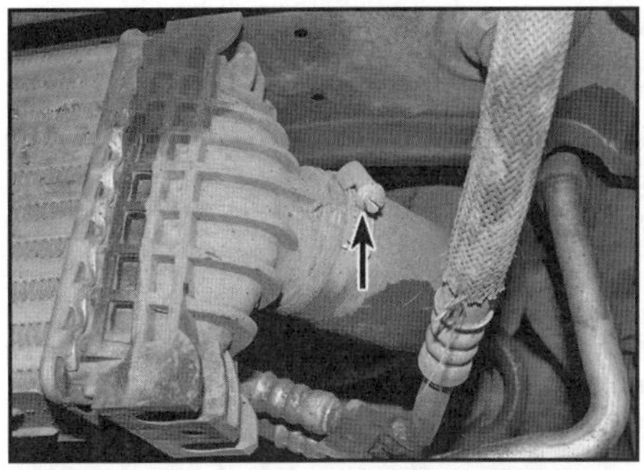

18.5 Lockern Sie an beiden Seiten des Ladeluftkühlers die Schellen der Einlass- und Auslass-Stutzen.

6 Befreien Sie den unteren Kühlerschlauch vom unteren Kühlerhalter.
7 Lösen Sie an beiden Seiten die zwei Schrauben des Kühlerhalters (siehe Abbildung). Hebeln Sie die Clips heraus, mit denen die Oberseite der Halterung an der Plastikblende unter dem Kühler gesichert ist – wahrscheinlich müssen die Clips später erneuert werden. Senken Sie den Kühlerhalter samt Ladeluftkühler ab und manövrieren Sie ihn unter dem Fahrzeug heraus.

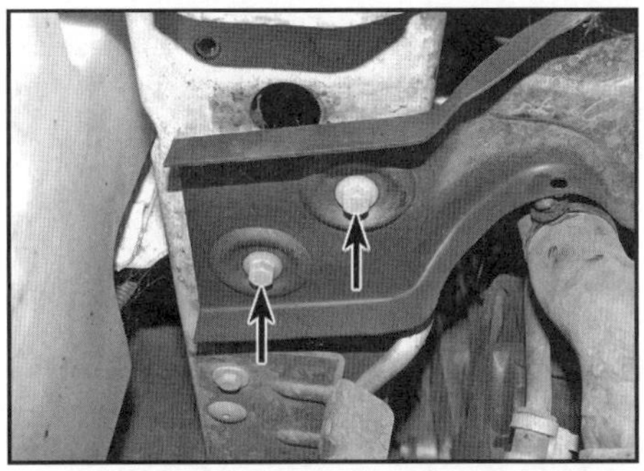

18.7 Lösen Sie an beiden Seiten die zwei Schrauben, die den Kühler-Halter am Unterboden sichern.

8 Legen Sie die Baugruppe auf die Werkbank und lösen Sie an beiden Seiten die zwei Schrauben, um den Ladeluftkühler vom Halter zu trennen (siehe Abbildung).

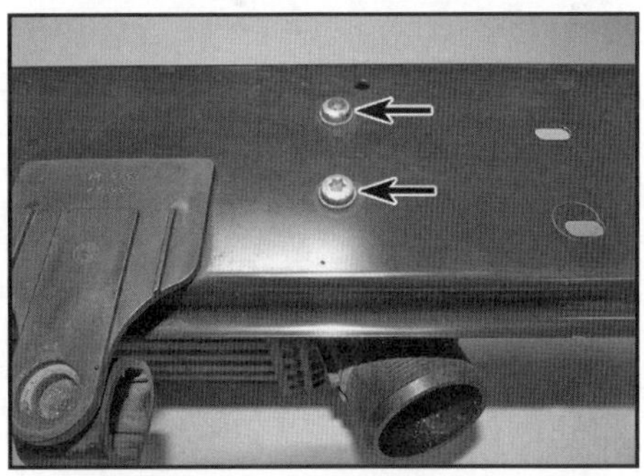

18.8 Schrauben, die eine Seite des Ladeluftkühlers am Halter sichern

Einbau

5 Der Einbau entspricht der umgekehrten Ausbaureihenfolge. Achten Sie vor dem Verbinden der Einlass- und Auslass-Schläuche darauf, dass sich darin keine Fremdkörper befinden. Alle Schläuche müssen in Ordnung und korrekt gesichert sein.

19 Auspuffanlage – Allgemeine Informationen und Austausch der Komponenten

Warnung: Lassen Sie den Motor vor Arbeitsbeginn ausreichend abkühlen! Vor allem der Katalysator wird im Betrieb sehr heiß und muss entsprechend lange abkühlen.

Allgemeine Informationen

1 Die Auspuffanlage besteht aus drei Segmenten: dem vorderen Rohr samt Katalysator und Partikelfilter; dem Zwischenrohr samt Schalldämpfern und dem Endrohr.
2 Das vordere Rohr ist mit einem flexiblen Segment aus Drahtgeflecht ausgerüstet, damit die Bewegungen des Motors ausgeglichen werden können. Die gesamte Auspuffanlage ist mit Gummihalterungen unter dem Unterboden gesichert.
3 Um Teile des Auspuffs entfernen zu können, muss das Fahrzeug vorn oder hinten angehoben und sicher abgestützt werden (siehe Seite 355). Alternativ kann das Fahrzeug über eine Grube gefahren oder mit einer Hebebühne angehoben werden.
4 Ford empfiehlt, alle Muttern (Flanschmuttern, Klemmstück-Muttern usw.) nach dem Ausbau durch Neuteile zu ersetzen, solange sie nicht absolut perfekt aussehen.

Austausch der Komponenten

Anmerkung: *Details zum Katalysator und Partikelfilter finden sich in Kapitel 4B, Sektion 3.*
5 Falls eine Auspuff-Komponenten beschädigt oder durchgerostet ist, entstehen starke Geräusche und Vibrationen.
6 Kontrollieren Sie die Auspuffanlage regelmäßig auf Korrosion und feste Verbindungen. Achten Sie auf beschädigte oder verbogene Bauteile, gerissene Schweißnähte, Löcher, lockere Anschlüsse, starke Korrosion oder andere Defekte, die dafür sorgen könnten, dass Abgase ins Wageninnere geraten können. Schadhafte Komponenten müssen umgehend ersetzt werden.
7 Falls sich Auspuffkomponenten aufgrund starker Korrosion nicht normal trennen lassen, müssen sie abgesägt und die Reste mit einem Meißel abgeklopft werden – tragen Sie dabei stets eine Schutzbrille und Handschuhe!
8 Bei der Reparatur am Auspuff sind einige grundsätzliche Hinweise zu befolgen:

a) Arbeiten Sie sich bei der Demontage von Auspuff-Komponenten von hinten nach vorn vor.
b) Sprühen Sie Flanschmuttern vor dem Lösen mit Kriechöl ein und lassen Sie dies einige Zeit einwirken.
c) Verwenden Sie beim Zusammenbau stets neue Dichtungen und Haltegummis.
d) Tragen Sie beim Zusammenbau an allen Gewinden Kupferpaste auf, um zukünftige Korrosion zu verringern.
e) Achten Sie darauf, dass zwischen den Auspuffkomponenten und dem Unterboden genügend Platz besteht – dies schützt vor klappernden Geräuschen und Hitzeschäden an der Karosserie.

Kapitel 4B

Schadstoff-Begrenzungssysteme

Inhalt — Sektion

Schwierigkeitsgrade

Leicht. Geeignet für Anfänger mit wenig Erfahrung.	**Relativ leicht.** Geeignet für Anfänger mit etwas Erfahrung.	**Relativ schwierig.** Geeignet für geübte Selbstschrauber.	**Schwer.** Geeignet für Selbstschrauber mit viel Erfahrung.	**Sehr schwer.** Geeignet für Experten und Profis.

Technische Daten

Anzugsdrehmomente	**Nm**
AdBlue-Tank-Befestigungen	35
AGR-Kühlkörper/Ventil-Befestigungen (2,0 l-Motor)	10
AGR-Rohr-Befestigungen	10
AGR-Ventil an Kühlkörper	
2,0 l-Motor	10
2,2 l-Motor	23
Auspuffstutzen an AGR-Kühlkörper (2,2 l-Motor)*	23
Katalysator an Turbolader – Klemmmutter (2,0 l-Motor)	9
Katalysator an Turbolader – Muttern (2,2 l-Motor)*	48
Katalysatorhalter-Schrauben	25

* *Stets durch Neuteile ersetzen*

1 Allgemeine Informationen

1 Um die strengen Abgasnormen einzuhalten, sind alle Modelle mit einer Kurbelgehäuse-Entlüftungsregelung und einem Katalysator samt Partikelfilter ausgerüstet. Zur weiteren Verbesserung der Abgase gibt es ein Abgasrückführungssystem (AGR) und bei 2,0 l-Motoren eine AdBlue-Einspritzung in den Auspuff.
2 Die Schadstoff-Begrenzungssysteme funktionieren folgendermaßen:

Kurbelgehäuse-Entlüftungsregelung

3 Um die Emission unverbrannter Kohlenwasserstoffe aus dem Kurbelgehäuse in die Umgebung zu reduzieren, kommt eine Kurbelgehäuse-Entlüftungsregelung zum Einsatz, bei der das Motorgehäuse abgedichtet ist und Leckgase sowie Ölnebel aus dem Ventildeckel in den Einlasstrakt geleitet werden, um vom Motor im normalen Betrieb mitverbrannt zu werden.
4 Die Gase werden durch den relativ höheren Druck im Motorgehäuse herausgedrückt. Bei einem verschlissenen Motor können Verbrennungsgase sowohl zwischen den Kolben und Zylindern in den Motor drücken oder durch undichte Ventile in den Einlass- oder Auspuffstutzen entweichen, sodass die Regelung nicht korrekt funktioniert.
5 Außer einer regelmäßigen Kontrolle der zum System gehörenden Schläuche auf Beschädigungen und Verstopfung erfordern die Komponenten keine weitere Aufmerksamkeit.

Abgasreinigung

6 Zur Minimierung der in die Umgebung geleiteten Schadstoffe sind alle Modelle mit einem geregelten Katalysator und einem Partikelfilter im Auspuff ausgerüstet.
7 Der Katalysator beinhaltet ein feinmaschiges Gewebe, das mit einem katalytischen Material beschichtet ist, welches in den passierenden heißen Abgasen die Oxidation schädlicher Kohlenmonoxide, unverbrannter Kohlenwasserstoffe und Rußpartikel beschleunigt und so wirkungsvoll die Menge der in die Atmosphäre entweichenden Schadstoffe reduziert.
8 Ein hinter dem Katalysator sitzender Partikelfilter enthält eine Wabenstruktur aus Siliciumcarbid, durch deren mikros-

kopisch kleine Kanäle die Abgase strömen und dabei die Rußpartikel ablagern. Damit der Ruß den Filter nicht verstopft, muss dieser regelmäßig ausgebrannt werden. Hierzu ändert das Steuergerät die Einspritz-Charakteristik, wobei die Abgastemperatur auf ca. 600 °C ansteigt, damit die Ablagerungen verbrennen. Ein Differentialdrucksensor und ein Temperatursensor informieren das Steuergerät über den Zustand des Partikelfilters sowie die Temperatur der Abgase während dieser »Regenerationsphase«. Die Häufigkeit des Freibrennens hängt von den Betriebszuständen des Motors ab, die Reinigung selbst ist während der Fahrt nicht spürbar.

Abgasrückführungssystem (AGR)

9 Das System sorgt dafür, dass kleine Abgasmengen wieder in den Einlasstrakt geleitet werden, um erneut verbrannt zu werden. Der Prozess reduziert die Menge der in die Atmosphäre freigesetzten Stickoxide. Die zirkulierende Abgasmenge wird durch ein Signal vom Motorsteuergerät an das am Einlassstutzen sitzende elektronisch gesteuerte AGR-Magnetventil geregelt. Das Motorsteuergerät empfängt dazu Signale verschiedener Sensoren. Die Abgase werden durch einen vom Kühlmittel umspulten AGR-Kühlkörper geführt, da sich hierbei die Bildung von Stickoxiden verringert.

Selektive katalytische Reduktion (SCR)

10 Durch die Einspritzung von Harnstoff in den Katalysator können darin enthaltene Stickoxide reduziert werden. Die als »AdBlue« bekannte Harnstoff-Lösung wird aus einem eigenen Tank mithilfe einer vom Motorsteuergerät überwachten Pumpe zu einer im Katalysator sitzenden Einspritzdüse gefördert. Die Düse wird mithilfe einer elektrischen Wasserpumpe vom Kühlmittel umspült, um nicht zu überhitzen. Weitere Informationen finden sich in Sektion 4.

2 Abgasrückführungs-System (AGR) – Kontrolle und Austausch der Komponenten

Kontrolle

1 Inspizieren Sie zunächst die gesamte Anlage auf beschädigte oder getrennte Schläuche, Rohre und Anschlüsse. Weitere Prüfungen sollten von einer Fachwerkstatt durchgeführt werden, da hierfür ein Abgas-Analysegerät und eine Diagnoseausrüstung nötigt sind.

AGR-Ventil – Ersetzen

2,0 l-Motor

2 Entfernen Sie den AGR-Kühlkörper samt Ventil (siehe unten).
3 Legen Sie die Baugruppe auf die Werkbank und lösen Sie die sieben Schrauben, die den Kühlkörper am Ventil sichern, trennen Sie die Komponenten und entfernen Sie die Dichtung (siehe Abbildung) – beim Zusammenbau wird eine neue benötigt.

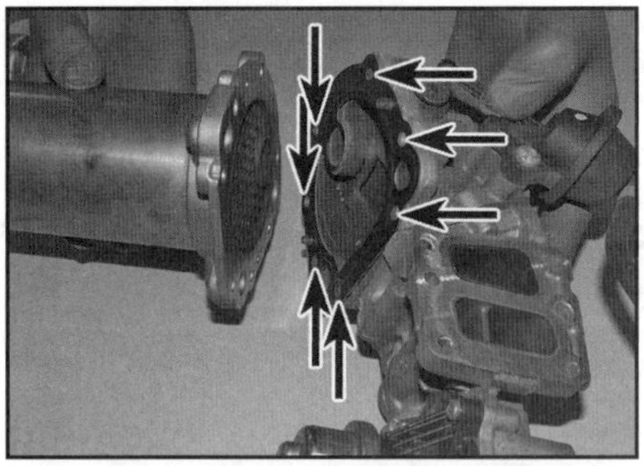

2.3 Lösen Sie die 7 Schrauben und trennen Sie den Kühlkörper vom Ventil – 2,0 l-Motor.

4 Der Einbau entspricht der umgekehrten Ausbaureihenfolge – verwenden Sie eine neue Dichtung und ziehen Sie die Schrauben über Kreuz mit 10 Nm an.

2,2 l-Motor

5 Trennen Sie den Masseanschluss (–) der Batterie (siehe Kapitel 5, Sektion 3).
6 Demontieren Sie die Luftfilterbaugruppe (siehe Kapitel 4, Sektion 5).
7 Entfernen Sie den Öleinfülldeckel vom Ventildeckel. Heben Sie die vorderen und hinteren Kühlerschläuche an, heben Sie die Schalldämmung vom Motor und installieren Sie den Öleinfülldeckel wieder.
8 Entleeren Sie das Kühlsystem (siehe Kapitel 1, Sektion 32) oder klemmen Sie die zwei zum AGR-Ventil führenden Kühlerschläuche mit geeigneten Schlauchklemmen ab – seien Sie auf austretendes Kühlmittel vorbereitet.
9 Trennen Sie den Kabelstecker vom AGR-Ventil (siehe Abbildung).

2.9 Trennen Sie oben am AGR-Ventil den Stecker.

10 Lösen Sie am AGR-Ventil die Schellen der Kühlerschläuche und ziehen Sie sie ab.
11 Lösen Sie die zwei Schrauben, die das Metall-Auslassrohr am Einlassstutzen sichern (siehe Abbildung).

2.11 Schrauben des aus Metall bestehenden AGR-Auslassrohrs am Einlassstutzen

12 Lösen Sie die Schrauben, die das AGR-Ventil am AGR-Kühlkörper sichern, ziehen Sie das Ventil heraus und entfernen Sie die Dichtung (siehe Abbildungen) – beim Zusammenbau wird eine neue benötigt.

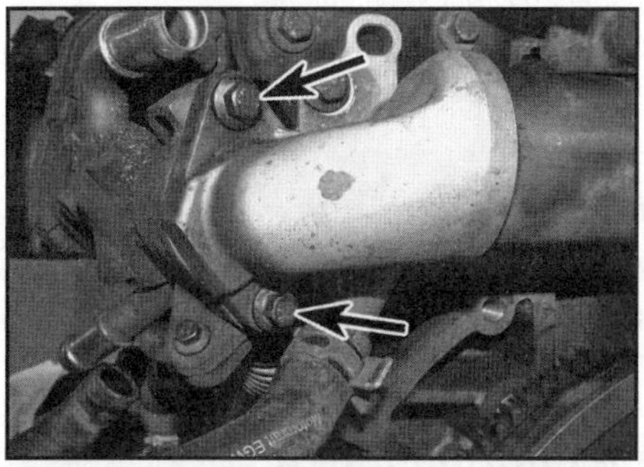

2.12a Lösen Sie die Schrauben, die das AGR-Ventil am AGR-Kühlkörper sichern, ...

2.12b ... ziehen Sie das Ventil heraus ...

2.12c ... und entfernen Sie die Dichtung.

13 Der Einbau entspricht der umgekehrten Ausbaureihenfolge – beachten Sie dabei folgende Punkte:

a) Reinigen Sie die Dichtflächen des Ventils, des Rohrs und des Kühlkörpers und legen Sie eine neue Dichtung auf.

b) Ziehen Sie die Schrauben mit den in den technischen Daten angegebenen Drehmomenten an.

c) Füllen Sie das Kühlsystem auf (siehe Kapitel 1, Sektion 32).

AGR-Ventil – Ersetzen

14 Trennen Sie den Masseanschluss (–) der Batterie (siehe Kapitel 5, Sektion 3).

15 Demontieren Sie die Luftfilterbaugruppe samt Auslassstutzen (siehe Kapitel 4A, Sektion 5).

16 4 Entfernen Sie beim 2,0 l-Motor den Öleinfüllstutzen vom Nockenwellengehäuse. Entfernen Sie beim 2,2 l-Motor den Öleinfülldeckel vom Ventildeckel. Heben Sie die vorderen und hinteren Kühlerschläuche an und heben Sie die Schalldämmung vom Motor (siehe Abbildung) und installieren Sie den Öleinfülldeckel wieder.

17 Demontieren Sie beim 2,0 l-Motor den Thermostaten (siehe Kapitel 3, Sektion 3).

18 Entfernen Sie beim 2,0 l-Motor das AGR-Auslassrohr, indem Sie die jeweils die zwei Schrauben lösen, die es am Einlassstutzen und am AGR-Kühlkörper sichern (siehe Abbildung) – die Schrauben und Dichtungen sowie der O-Ring an der Einlassstutzen-Seite müssen später durch Neuteile ersetzt werden.

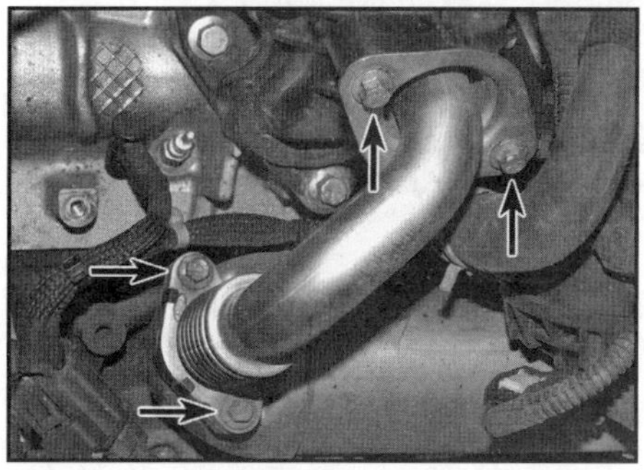

2.18 Schrauben des AGR-Auslassrohrs

19 Lassen Sie ggf. das Kühlmittel ab (siehe Kapitel 1, Sektion 32) oder klemmen Sie die zwei zum AGR-Ventil führenden Kühlerschläuche mit geeigneten Schlauchklemmen ab – seien Sie auf austretendes Kühlmittel vorbereitet.

20 Lockern Sie beim 2,0 l-Motor oben am AGR-Kühlkörper die Schelle des Kühlmittel-Schlauchs und trennen Sie den Stecker. Lösen Sie außerdem die Schelle des Unterdruckschlauchs und ziehen Sie auch diesen ab (siehe Abbildungen).

2.20a Trennen Sie den Kühlmittelschlauch, ...

2.20b ... den Kabelstecker ...

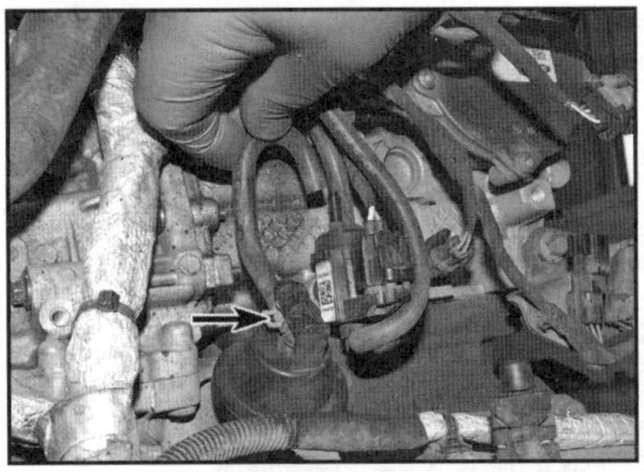

2.20c ... und den Unterdruckschlauch vom AGR-Kühlkörper – 2,0 l-Motor.

21 Lockern Sie beim 2,2 l-Motor die Schellen der beiden Kühlmittel-Schläuche und ziehen Sie diese vom AGR-Kühlkörper.
22 Ziehen Sie die Handbremse fest an, heben Sie dann das Fahrzeug vorn an, und stützen Sie es sicher ab (siehe Seite 355).
23 Lösen Sie beim 2,0 l-Motor die einzelne Schraube, die den Kühlkörper am Motor sichert, lösen Sie dann die sechs Schrauben des AGR-Ventils und entfernen Sie die Dichtung (siehe Abbildungen). Entnehmen Sie dann den AGR-Kühlkörper samt Ventil.

2.23a Lösen Sie die Schraube unterhalb des AGR-Kühlkörpers ...

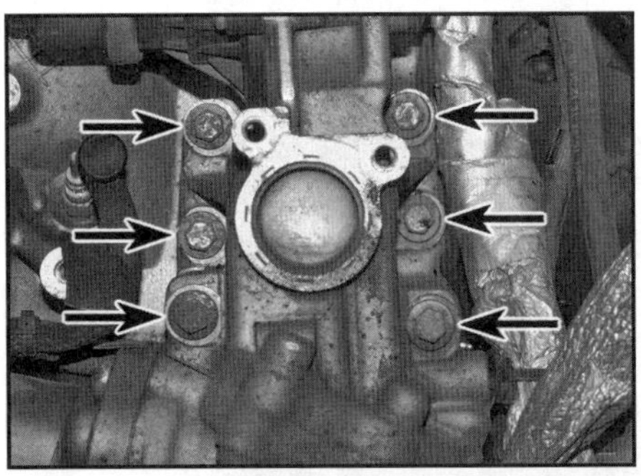

2.23b ... und die sechs Schrauben des AGR-Ventils.

24 Lösen Sie beim 2,2 l-Motor die drei Muttern, die den AGR-Kühlkörper am Auspuffstutzen sichern.
25 Lösen Sie beim 2,2 l-Motor ggf. die Schrauben, die das AGR-Ventil am AGR-Kühlkörper sichern (Abb. 2.12a).
26 Lösen Sie beim 2,2 l-Motor die Schraube, die den AGR-Kühlkörper am Zylinderkopf sichert, ziehen Sie den Kühlkörper ab und stellen Sie die zwei Dichtungen sicher.
27 Der Einbau entspricht der umgekehrten Ausbaureihenfolge – beachten Sie dabei folgende Punkte:

a) Reinigen Sie die Dichtflächen des Ventils, des Kühlkörpers und des Auspuffstutzens und legen Sie neue Dichtungen auf.
b) Ziehen Sie die Schrauben mit den in den technischen Daten angegebenen Drehmomenten an.
c) Füllen Sie das Kühlsystem auf (siehe Kapitel 1, Sektion 32).

3 Katalysator/Partikelfilter – Allgemeine Informationen und Warnhinweise, Ausbau und Einbau

Allgemeine Informationen

Anmerkung: *Der Dieselpartikelfilter ist in den Katalysator integriert.*
1 Der Katalysator wandelt gesundheitsschädliche Abgase in relativ harmlosere Gase um. Bei der dazu erforderlichen chemische Reaktion wird Sauerstoff zugesetzt, um eine Oxidation zu erzeugen.
2 Innerhalb des Katalysators befindet sich eine keramische Wabenstruktur, die mit den Edelmetallen Palladium, Platin und Rhodium beschichtet ist, die die chemische Reaktion fördern. Diese Reaktion erzeugt Hitze, die ebenfalls die Reaktion unterstützt. Aus diesem Grund wird der Katalysator während der Fahrt sehr heiß.
3 Die keramische Struktur ist äußerst empfindlich und verträgt keine grobe Behandlung. So sollte vermieden werden, mit dem heißen Katalysator durch tiefes Wasser zu fahren, da die plötzliche Abkühlung zu Rissen und Brüchen in der Keramik führen kann, was zur »Verstopfung« des Katalysators führen kann. Ein auf diese Weise beschädigter Katalysator kann nach dessen Ausbau durch Schütteln kontrolliert werden: Falls rasselnde Geräusche festgestellt werden, ist der Katalysator defekt und muss ersetzt werden.
Anmerkung: *Die Funktionsprüfung eines Katalysators erfordert eine teure und umfangreiche Diagnoseausrüstung einschließlich Abgas-Analysegerät. Falls der CO-Gehalt im Abgas zu hoch ist, muss zunächst eine umfangreiche Kontrolle der Motorsteuerung durchgeführt werden, um nicht versehentlich den Katalysator als defekt zu bezeichnen. Lassen Sie diese Diagnose von einer entsprechend ausgerüsteten Fachwerkstatt durchführen. Verschwenden Sie keine Zeit damit, das System ohne eine entsprechende Ausrüstung zu testen.*

Warnhinweise

4 Der Katalysator arbeitet automatisch und erfordert praktisch keine Wartung. Trotzdem sollten folgende Hinweise beachtet werden, um ihn lange Zeit funktionsfähig zu halten:
- *Verwenden Sie keine Kraftstoff-Additive – diese können Substanzen enthalten, die den Katalysator beschädigen können.*
- *Wenn der Motor Öl verbrennt und blaue Abgaswolken produziert, MUSS er unverzüglich repariert werden, da der Katalysator dadurch zerstört wird.*
- *Der Katalysator arbeitet mit sehr hohen Temperaturen. Parken Sie daher nach einer längeren Fahrt NICHT über trockenem Gras oder Laub.*
- *Behandeln Sie den Katalysator VORSICHTIG – er verträgt keine Schläge oder Stürze.*
- *Der Katalysator eines gut gewarteten und sorgsam gefahrenen Fahrzeugs sollte mindestens 160.000 km halten – ein nicht mehr wirksamer Katalysator muss ersetzt werden.*

Anmerkung: *Das flexible vordere Auspuffrohr darf nicht zu stark gebogen werden, da es ansonsten beschädigt wird.*

Stützen Sie das flexible Rohr mit einem Halteband oder einer Schiene.

Ausbau und Einbau

5 Ziehen Sie die Handbremse fest an, heben Sie dann das Fahrzeug vorn an, und stützen Sie es sicher ab (siehe Seite 355).
6 Trennen Sie den Masseanschluss (–) der Batterie (siehe Kapitel 5, Sektion 3).
7 Demontieren Sie die Luftfilterbaugruppe samt Auslassstutzen (siehe Kapitel 4A, Sektion 5).

2,0 l-Motoren

8 Trennen Sie die Schaltzüge am Getriebe (siehe Kapitel 7, Sektion 4).
9 Trennen Sie alle Kabelstecker vom Katalysator und Partikelfilter – merken Sie sich die Verlegung der Kabel.
10 Lockern Sie die Schelle, die das AdBlue-Rohr oben am Katalysator/Partikelfilter sichert (siehe Abbildung).

3.10 Lösen Sie die Schraube und befreien Sie die Schelle des AdBlue-Rohrs.

11 Lösen Sie die Schrauben, die den Katalysator/Partikelfilter hinten links am Motor sichern (siehe Abbildungen).
Anmerkung: *Die oberen hinteren Schrauben sichern auch den Halter des AdBlue-Rohrs.*

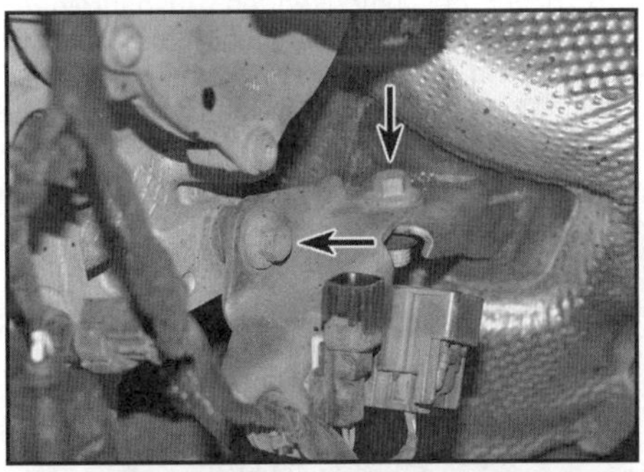

3.11a Lösen Sie die Schrauben hinten am Motor ...

3.11b ... und die Schraube oberhalb des Katalysators/ Partikelfilters.

12 Lockern Sie die Schelle, die den Katalysator am Turbolader sichert (siehe Abbildung).

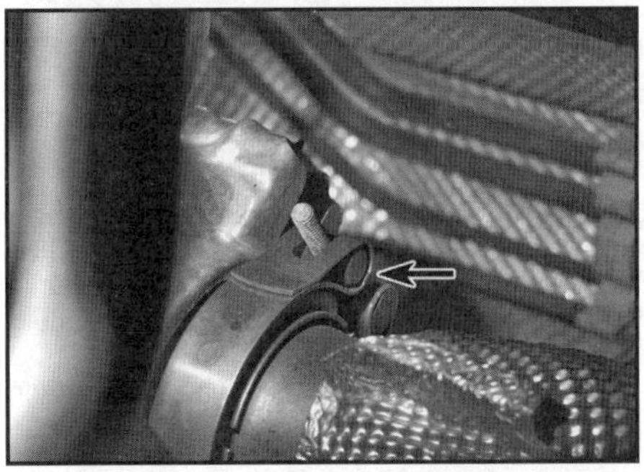

3.12 Schelle zwischen Katalysator und Turbolader

13 Lösen Sie am Flansch zwischen flexiblem Rohr und Zwischenrohr die zwei Muttern und trennen Sie die Bauteile (siehe Abbildung).

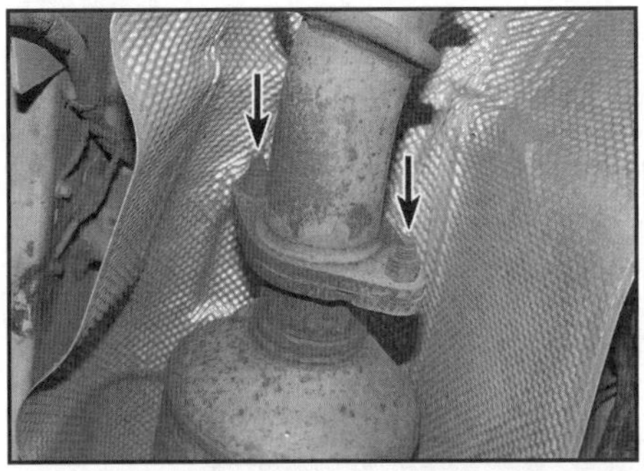

3.13 Flanschmuttern zwischen flexiblem Rohr und Zwischenrohr

14 Befreien Sie mithilfe eines Assistenten die Auspuffanlage aus allen Haltegummis und senken Sie sie ab. Entfernen Sie zwischen dem Auspuff und dem Partikelfilterrohr die Flanschdichtung (siehe Abbildung) – sie muss später erneuert werden. Achtung: Beschädigen Sie bei der Demontage der Baugruppe keine Kabel oder Sensoren!

3.14 Entfernen Sie zwischen dem Auspuff und dem Partikelfilterrohr die Flanschdichtung.

15 Der Einbau entspricht der umgekehrten Ausbaureihenfolge – verwenden Sie neue Dichtungen, Schrauben und Muttern und ziehen Sie alle Befestigungen mit den ggf. in den technischen Daten angegebenen Drehmomenten an.Calibri Anmerkung: Zwischen dem Motor und dem Katalysator darf keinerlei Dichtungsmasse verwendet werden. Selbst wenn sie keine den Katalysator gefährdenden Additive enthält, können Teile davon abbrechen, sich im Element verklemmen und zu lokaler Überhitzung führen.

4 Abgasnachbehandlungs-System-komponenten (2,0 l-Motor) – Ausbau und Einbau

Achtung: Tragen Sie beim Umgang mit Harnstofflösung (»AdBlue«) stets Handschuhe und eine Schutzbrille. Wischen Sie Spritzer umgehend mit klarem Wasser auf.

1 Beim 2,0 l-Motor kommt eine Selektive katalytische Reduktion (SCR) zum Einsatz, um Stickoxide zu reduzieren.

2 Ziehen Sie die Handbremse fest an, heben Sie dann das Fahrzeug vorn an, und stützen Sie es sicher ab (siehe Seite 355).

3 Entfernen Sie den AdBlue-Einfülldeckel und saugen Sie mit einer Unterdruckpumpe möglichst viel Flüssigkeit aus dem Tank – der Winkel des Einfüllrohrs macht dies etwas schwierig.

Pumpe

4 Die Pumpe sitzt unterhalb des AdBlue-Tanks – befreien Sie zunächst die zwei Clips und lösen Sie die zwei Befestigungen der unter der Pumpe sitzenden Abdeckung, hebeln Sie deren Gelenke heraus und entfernen Sie sie (siehe Abbildung).

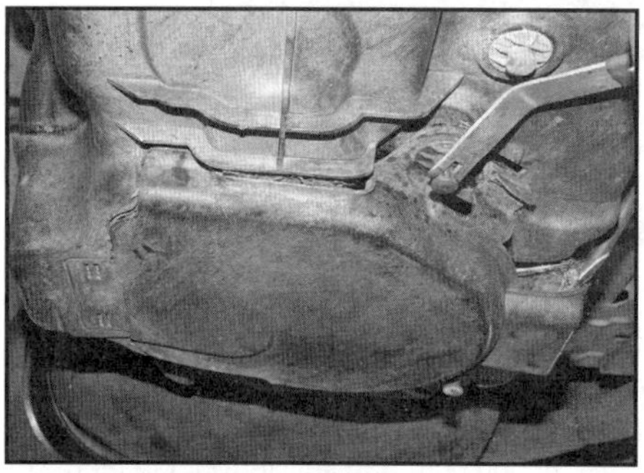

4.4 Entfernen Sie die unter der AdBlue-Pumpe sitzende Abdeckung.

5 Ziehen Sie am Pumpenstecker die graue Arretierlasche heraus und trennen Sie den Stecker von der Pumpe. Drücken Sie am abgewinkelten Schlauchanschluss die Laschen zusammen, um diesen abziehen zu können (siehe Abbildungen) – dies kann etwas schwierig sein. Seien Sie auf austretende Flüssigkeit vorbereitet.

4.5a Ziehen Sie die Arretierlasche heraus und trennen Sie den Pumpenstecker.

4.5b Drücken Sie die Laschen zusammen, um den Schlauchanschluss zu trennen.

6 Lösen Sie die Kunststoffniete der unteren Tankabdeckung und entfernen Sie diese (siehe Abbildung).

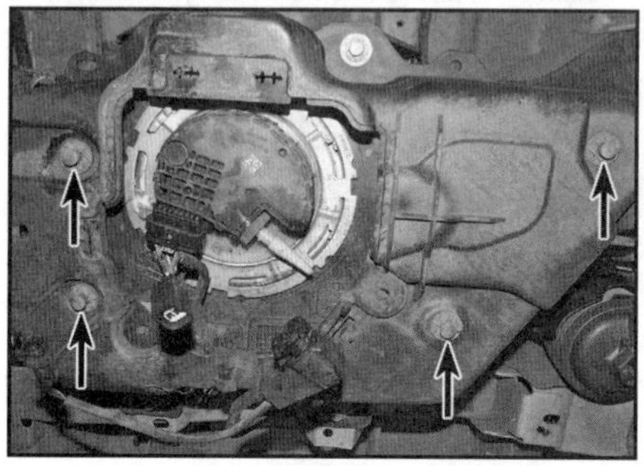

4.6 Befreien Sie mit einem gegabelten Werkzeug die Clips der unteren Tankabdeckung.

7 Drehen Sie den Pumpenring gegen den Uhrzeigersinn und senken Sie die Pumpe aus dem Tank ab – seine Sie auf weitere austretende Flüssigkeit vorbereitet. Der Dichtring muss beim Einbau durch ein Neuteil ersetzt werden.

8 Der Einbau entspricht der umgekehrten Ausbaureihenfolge – verwenden Sie einen neuen Dichtring und stellen Sie sicher, dass die Markierung am Tank zum Vorsprung am Pumpenflansch ausgerichtet ist (siehe Abbildung). Füllen Sie den AdBlue-Tank entsprechend der Hinweise im Fahrerhandbuch auf.

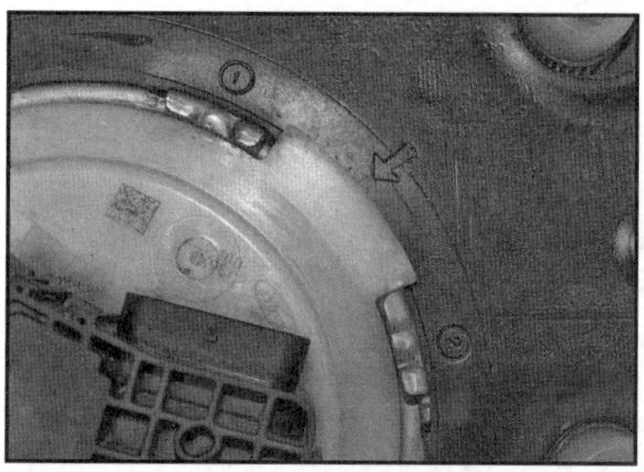

4.8 Die Markierung am Tank muss zum Vorsprung am Pumpenflansch ausgerichtet sein.

AdBlue-Tank

Anmerkung: *Der Zugang zu den Einfüllrohren kann durch den Ausbau des Kraftstofftanks verbessert werden (siehe Kapitel 4A, Sektion 7).*

9 Entfernen Sie die Pumpen- und die Tank-Abdeckungen, trennen Sie den Stecker und den Schlauchanschluss (siehe oben).

10 Befreien Sie die seitlich am Tank gesicherten Schläuche und Kabel und trennen Sie hinten am Tank die zwei Schläuche, die ihn mit dem Kraftstofftank verbinden (siehe Abbildung) – seien Sie auf austretende Flüssigkeit vorbereitet.

4.10 Befreien Sie die seitlich am Tank gesicherten Schläuche und Kabel aus ihren Halterungen.

11 Trennen Sie vorn oben am Tank den Kabelstecker (siehe Abbildung).

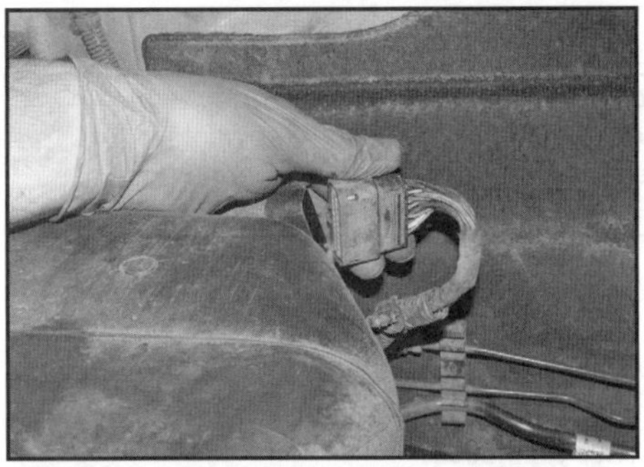

4.11 Trennen Sie den Stecker vorn oben am AdBlue-Tank.

12 Drücken Sie den Knopf des Entlüftungsschlauch-Stutzens und trennen Sie ihn vom Einfüllrohr (siehe Abbildung).

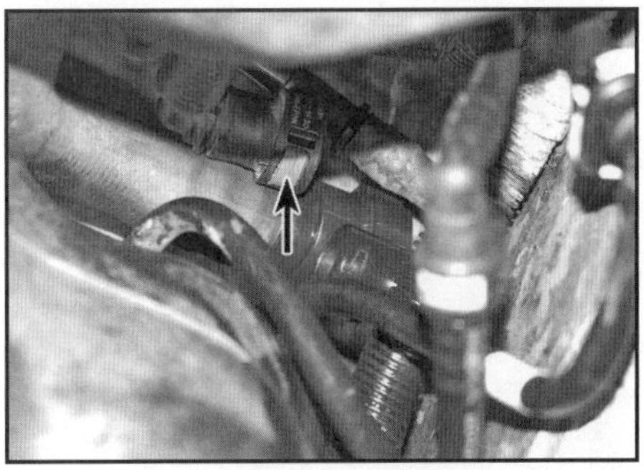

4.12 Trennen Sie den Entlüftungsschlauch vom Einfüllrohr.

13 Stützen Sie den Tank ggf. mithilfe eines Assistenten oder einer Vorrichtung ab, lösen Sie die vier Schrauben – zwei von ihnen sichern rechts den Halter am Unterboden – und senken Sie den Tank ab (siehe Abbildung).

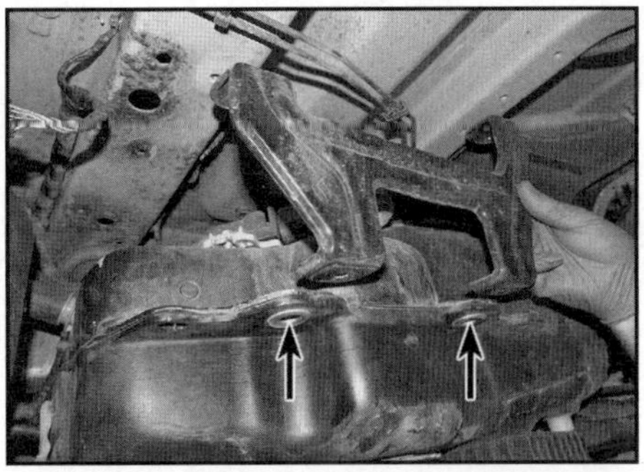

4.13 Lösen Sie die vier Schrauben des AdBlue-Tanks (gezeigt sind die zwei Verbindungen zum Halter).

14 Trennen Sie den Einfüllschlauch – durch leichtes Absenken des Tanks wird der Zugang besser, doch das Lösen des Schlauchs kann knifflig bleiben.
15 Befreien Sie alle relevanten Kabel und senken Sie den Tank ab.
16 Das Steuermodul für die AdBlue-Einspritzung sitzt oben am Tank. Nach dem Trennen des Steckers und dem Lösen der Schraube kann das Modul vom Tank befreit werden.
17 Der Einbau entspricht der umgekehrten Ausbaureihenfolge – füllen Sie den AdBlue-Tank entsprechend der Hinweise im Fahrerhandbuch auf.

AdBlue-Einspritzdüse

18 Die Einspritzdüse sitzt im Katalysator – dessen Aus- und Einbau ist in Sektion 3 beschrieben (zur Einspritzdüse selbst sind keine Informationen erhältlich, sodass bei einem vermuteten Defekt eine Ford-Werkstatt zurate gezogen werden muss).

Kapitel 5

Anlasser- und Ladesysteme

Inhalt — Sektion

Schwierigkeitsgrade

Leicht. Geeignet für Anfänger mit wenig Erfahrung.	**Relativ leicht.** Geeignet für Anfänger mit etwas Erfahrung.	**Relativ schwierig.** Geeignet für geübte Selbstschrauber.	**Schwer.** Geeignet für Selbstschrauber mit viel Erfahrung.	**Sehr schwer.** Geeignet für Experten und Profis.

Technische Daten

System . . . . 12 Volt, Minus an Masse

Batterie
Typ . . . . Silber-Cadmium
Ladezustand
  schwach . . . . unter 12,5 V
  normal. . . . . 12,6 V
  gut . . . . 12,7 V

Anzugsdrehmomente — **Nm**
Anlasser-Befestigungsschrauben. 35
Anlasserkabel-Sicherungsmuttern 10
Glühkerzen
  Schritt 1 (nur 2,2 l-Motor) 8
  Schritt 2. 13
Lichtmaschinen-Befestigungsschrauben 48
Lichtmaschinenzwischenrad-Schraube 48
Radmuttern. 200
Thermostathalter-Schraube 10

1 Allgemeine Informationen und Vorsichtsmaßnahmen

1 Die Motor-Elektrik besteht vor allem aus dem Ladesystem und dem Anlassersystem. Aufgrund ihrer motorbezogenen Funktionen werden diese Komponenten separat von der in Kapitel 12 zu findenden Karosserie-Elektrik (Beleuchtung, Instrumente usw.) behandelt.

2 Die Fahrzeugelektrik arbeitet mit 12 Volt Spannung und Minus an Masse.

3 Die Batterie wird von der Lichtmaschine geladen, die vom der Kurbelwelle mithilfe des Keilrippenriemens angetrieben wird.

4 Der als Schubtriebstarter ausgebildete Anlasser ist mit einem integrierten Magnetschalter ausgerüstet, der beim Starten das Antriebsrad zunächst in den Zahnkranz des Schwungrads (zwischen Motor und Getriebe) schiebt, bevor der Anlassermotor aktiviert wird. Sobald der Motor läuft, sorgt eine Freilaufkupplung dafür, dass bis zum Ausrücken des Antriebsrades nicht der Motor den Anlasser dreht.

5 Weitere Details zu den verschiedenen Systemen finden sich in den entsprechenden Sektionen dieses Kapitels – manchmal werden Reparaturhinweise gegeben, doch oft hilft nur der Austausch der Komponente.

Vorsichtsmaßnahmen

6 Bei der Arbeit an elektrischen Systemen ist besondere Vorsicht geboten, um keine Halbleiter (Dioden und Transistoren) zu beschädigen und sich nicht selbst zu verletzen. Neben den Hinweisen in der Sektion »Sicherheit geht vor!« am Anfang dieses Handbuchs müssen die folgenden Vorsichtsmaßnahmen beachtet werden:

- ***Legen Sie stets Schmuck, Armbanduhren usw. ab, bevor Sie an Elektrik-Systemen arbeiten. Auch bei abgeklemmter Batterie kann eine kapazitive Entladung entstehen, sobald der Anschluss einer Komponente durch ein Metallteil mit Masse verbunden wird, und einen Schock oder eine Verbrennung auslösen.***
- ***Vertauschen Sie nicht die Batteriepole. Bauteile wie die Lichtmaschine enthalten Halbleiter-Stromkreise, die irreparabel beschädigt werden können.***
- ***Falls der Motor mit einer Fremdbatterie gestartet werden soll, müssen stets Plus an Plus und Minus an Minus geklemmt werden (siehe Seite 11); dies trifft auch beim Anschließen eines Batterie-Ladegeräts zu.***
- ***Bei laufendem Motor dürfen niemals die Batterie, die Lichtmaschine oder andere elektrische Verbindungen getrennt werden – das gilt auch für Prüfinstrumente.***
- ***Lassen Sie niemals den Motor die Lichtmaschine drehen, wenn diese nicht angeschlossen ist.***
- ***Die Lichtmaschinen-Leistung darf niemals »getestet« werden, indem das Ausgangskabel gegen Masse gehalten wird, um Funken zu erzeugen.***
- ***Verwenden Sie für Stromkreis- oder Durchgangsprüfungen niemals ein Ohmmeter mit einem Handkurbel-Generator.***
- ***Der Masseanschluss (–) der Batterie muss stets getrennt sein, bevor an elektrischen Komponenten gearbeitet wird.***
- ***Bevor am Fahrzeug Schweißarbeiten durchgeführt werden, müssen die Batterie und die Lichtmaschine abgeklemmt werden, um Schäden daran zu vermeiden.***

2 Batterie – Testen und Laden

Testen

1 Die einfachste Art, eine Batterie zu testen, erfordert ein Voltmeter oder Multimeter (Messbereich 0-20 V DC), dessen Klemmen mit den Batteriepolen verbunden werden – achten Sie bei analogen Geräten auf die korrekte Polarität. Der Test liefert nur korrekte Ergebnisse, wenn die Batterie in den vergangenen sechs Stunden auf keinerlei Weise geladen wurde. Falls die Batterie zuvor geladen (oder mit dem Fahrzeug gefahren) wurde, müssen vor dem Test die Scheinwerfer für 30 Sekunden eingeschaltet und dann fünf Minuten gewartet werden. Alle anderen Verbraucher müssen abgeschaltet sein, sodass sichergestellt werden muss, dass alle Türen und ggf. die Heckklappe vollständig verschlossen sind.

2 Wenn weniger als 12,0 Volt ermittelt werden, befindet sich die Batterie in einem schlechten Zustand. Unter 11,5 Volt muss die Batterie unbedingt geladen werden. Auch wenn sich der Motor vielleicht noch mit 11,0 Volt starten lässt, kann man sich auf eine Batterie in diesem Zustand nicht mehr verlassen. Ein Ergebnis von ca. 10 Volt weit darauf hin, dass eine der sechs Batteriezellen ausgefallen ist – eine bei modernen Batterien durchaus häufige Ursache.

3 Falls die Batterie geladen werden muss, sollte sie ausgebaut werden (siehe Sektion 4).

Standard- und wartungsarme Batterien

4 Falls das Fahrzeug nur eine geringe jährliche Fahrleistung erreicht, sollte die Dichte der Säure etwa alle drei Monate getestet werden, um den Ladezustand der Batterie zu ermitteln. Führen Sie die Kontrolle mit einem Hydrometer durch und vergleichen Sie das Ergebnis mit den Angaben des Herstellers – typischerweise eine Skala mit Farbcodes.

5 Falls der Zustand der Batterie unklar ist, muss zuerst die Säure-Dichte in jeder Zelle geprüft werden – Unterschiede von 0,04 oder mehr zwischen den Zellen weisen auf einen Säureverlust oder Schäden an den Bleiplatten hin und die Batterie muss ersetzt werden.

6 Falls der Unterschied der Säure-Dichte zwischen den Zellen unter 0,04 liegt, die Batterie aber entladen ist, muss sie aufgeladen werden (siehe unten).

Wartungsfreie Batterien

7 Bei sogenannten »Wartungsfreien« oder MF-Batterien ist ein Auffüllen der Zellen und ein Ermitteln der Dichte nicht möglich. Der Zustand der Batterie kann daher nur mit einem Batterieprüfer oder einem Voltmeter getestet werden.

Laden

Anmerkung: *Die folgenden Hinweise sind nur grobe Richtlinien. Beachten Sie stets die Hinweise des Herstellers (oft auf Aufklebern an der Batterie zu erkennen), bevor Sie die Batterie laden.*

Standard- und wartungsarme Batterien

8 Falls möglich, sollten vor dem Laden die Kappen oder Deckel von den Batteriezellen entfernt werden – hierbei kann explosives Knallgas entweichen. Beim Annähern an die volle Ladung können zudem kleine Mengen Batteriesäure entweichen, sodass unbedingt eine Schutzbrille und geeignete Handschuhe getragen werden müssen. Bei geöffneten Batteriedeckeln kann nach einer Weile anhand aufsteigender Blasen erkannt werden, ob alle Zellen geladen werden – bleibt es in einer Zelle ruhig, ist die Batterie defekt und muss ersetzt werden.

9 Laden Sie die Batterie mit einer Stromstärke, die einem Zehntel der Batterie-Kapazität entspricht (z. B.: 4,0 Ampere bei einer Batterie mit 40 Amperestunden). Laden Sie so lange, bis nach jeweils vierstündigen Perioden keine höhere Dichte mehr messbar ist.

10 Alternativ kann ein Erhaltungsladegerät über Nacht angeschlossen werden, um die Batterie sicher mit 1,5 Ampere zu laden.

11 Sogenannte »Schnellladungen«, bei denen die Batterie innerhalb ein bis zwei Stunden vollständig geladen sein soll, werden nicht empfohlen, da sie die Bleiplatten überhitzen und so dauerhaft schädigen können.

12 Prüfen Sie beim Laden der Batterie die Temperatur – ihr Gehäuse darf niemals wärmer als 38 °C (etwas mehr als handwarm) werden.

Wartungsfreie Batterien

13 Dieser Batterietyp benötigt zum kompletten Aufladen deutlich mehr Zeit als eine Standardbatterie; die Zeit hängt von der Entladungsrate ab und kann bis zu drei Tage betragen.

14 Ein Konstantspannungs-Ladegerät muss bei 13,9 bis 14,9 Volt unter 25 Ampere Ladestrom liefern. Bei dieser Methode sollte eine teilweise entladene Batterie nach drei Stunden 12,5 Volt aufweisen und wieder einsetzbar sein; bei

komplett entladenen Batterien kann dies deutlich länger dauern.

15 Falls die Batterie vollständig entladen ist (unter 12,2 V), sollte sie mit einem Spezial-Ladegerät verbunden werden, wie es beim Ford-Händler oder einer Fachwerkstatt vorrätig sein sollte; die Laderate ist deutlich höher, und das Laden muss stets überwacht werden.

3 Batterie – Trennen und Verbinden, Ausbau und Einbau

Anmerkung: *Beim Trennen der Batterie werden alle im Motorsteuergerät gespeicherten Fehlercodes gelöscht. Falls vermutet wird, dass Fehler gespeichert sind, sollten diese zuvor von einer Ford-Werkstatt ausgelesen werden. Falls das Fahrzeug mit einem per Code geschützten Radio ausgerüstet ist, muss vor dem Trennen der Batterie das dazugehörige Handbuch beachtet werden.*

Trennen und Verbinden

1 Verschiedene Systeme des Fahrzeugs erfordern Dauerstrom – entweder, um ihre permanente Funktion sicherzustellen (z. B. die Uhr), um einen Sicherheitscode zu speichern, der ansonsten wieder neu eingegeben werden muss (z. B. das Radio) oder um Fehler in Steuergeräten zu speichern. Um hierbei nicht unvorhergesehene Konsequenzen zu erleben, sollten die folgenden Informationen durchgelesen werden:

a) Bei Modellen mit Zentralverriegelung ist es ratsam, den Zündschlüssel abzuziehen und bei sich zu behalten, damit er nicht versehentlich eingeschlossen werden kann, falls sich das Fahrzeug beim Verbinden der Batterie versehentlich verriegelt.

b) Je nach Modell und Ausrüstung kann sich die originale Alarmanlage beim Trennen oder Verbinden der Batterie automatisch aktivieren. Um dies zu verhindern, muss zunächst die Zündung ein und wieder ausgeschaltet und innerhalb von 15 Sekunden die Batterie getrennt werden. Falls sich die Alarmanlage beim Verbinden der Batterie einschaltet, muss eine der vorderen Türen verschlossen und wieder entriegelt werden, um sie zu deaktivieren.

c) Das Motorsteuergerät ist »selbstlernend«, beobachtet und speichert also im laufenden Betrieb die Einstellungen, mit denen unter allen Betriebszuständen eine optimale Motorleistung erzeugt werden kann. Beim Trennen der Batterie gehen diese Einstellungen verloren und das Steuergerät arbeitet wieder mit den Werkseinstellungen. Beim ersten Start nach dem Verbinden der Batterie kann der Motor dadurch für kurze Zeit etwas rauer laufen, bis die optimalen Einstellungen wieder erlernt wurden. Dieser Prozess lässt sich am besten dadurch beschleunigen, indem das Fahrzeug etwa ein Viertelstunde lang mit unterschiedlichen Drehzahlen (vor allem im Bereich zwischen 2.500 und 3.500/min) und Lasten gefahren wird.

d) Bei allen Modellen muss nach dem Anschließen der Batterie die Zündung eingeschaltet und etwa zehn Sekunden gewartet werden, bis sich alle elektronischen Systeme neu initialisiert und stabilisiert haben.

Ausbau

2 Die Batterie befindet sich unter dem Fahrersitz. Manche Modelle sind mit zwei Batterien ausgerüstet.

3 Bringen Sie den Sitz auf die höchste Position, schieben Sie ihn ganz nach vorn und klappen Sie die Rückenlehne nach vorn.

3.3 Vor allem beim Kastenwagen mit Bordwand ist die Batterie nicht leicht zugänglich.

4 Lösen Sie am Halteblech oben am Batteriekasten die zwei Schrauben, befreien Sie den Kabel-Clip, entfernen Sie die Minuspol-Abdeckung und dann die Haupt-Abdeckung (siehe Abbildungen).

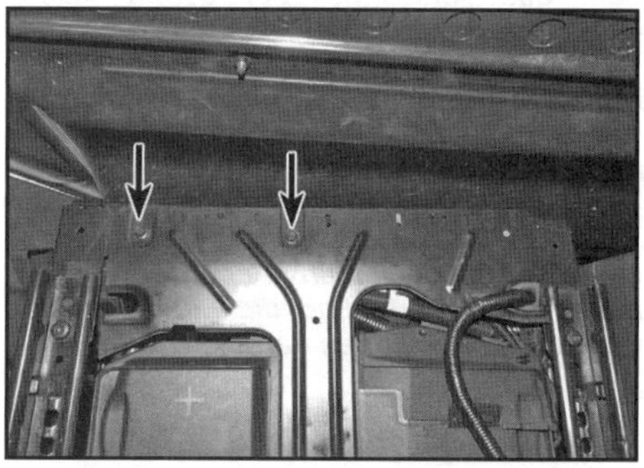

3.4a Lösen Sie die Schrauben, entfernen Sie da Halteblech, ...

3.4b ... befreien Sie die Minuspol-Abdeckung ...

3.4c ... und entnehmen Sie die Haupt-Batterieabdeckung.

5 Lockern Sie am Minuspol die Mutter des Klemmstücks und drehen Sie dies ab (siehe Abbildung). Falls zwei Batterien vorhanden sind, muss deren Minus-Anschluss auf die gleiche Weise getrennt werden. Beachten Sie, dass auf dem Batteriegehäuse angegeben ist, welches der Pluspol und der Minuspol ist.
Achtung: Trennen Sie immer zuerst den Minuspol (Masse), um versehentliche Kurzschlüsse beim Trennen des Pluspols zu vermeiden!

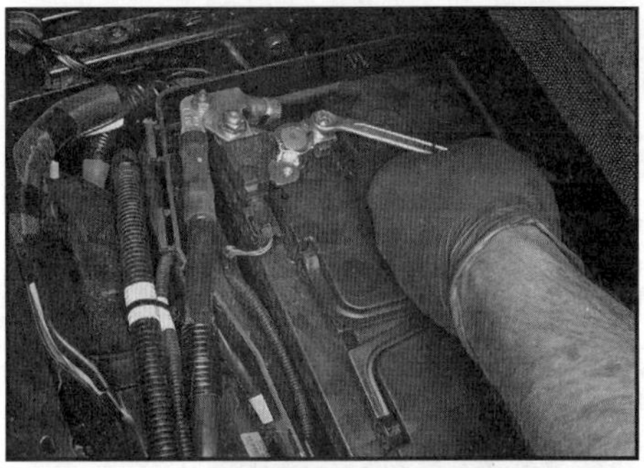

3.5 Lockern Sie die Mutter und ziehen Sie die Minusklemme (–) vom Batteriepol.

6 Heben Sie ggf. die Abdeckung vom Pluspol, lockern Sie die Mutter des Klemmstücks und drehen Sie dies ab (siehe Abbildung). Falls zwei Batterien vorhanden sind, muss deren Plus-Anschluss auf die gleiche Weise getrennt werden.

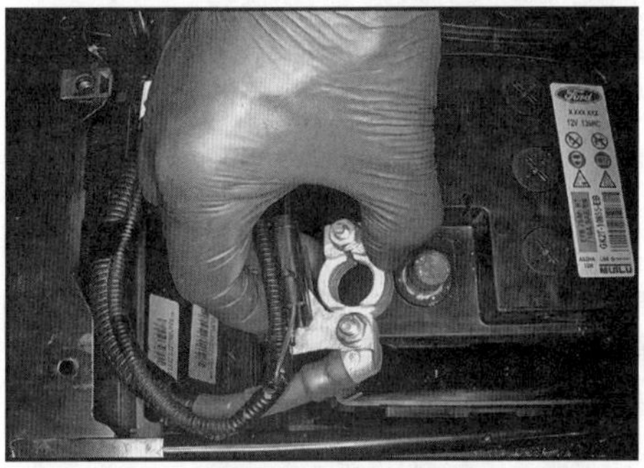

3.6 Lockern Sie die Mutter der Plus-Klemme und ziehen Sie sie vom Pluspol der Batterie.

7 Heben Sie die Batterie vorsichtig heraus – sie ist sehr schwer. Lassen Sie die Batterie nicht fallen und stellen Sie sie stets aufrecht hin.

Einbau

Anmerkung: *Prüfen Sie vor dem Einbau der Batterie, ob alle Türen entriegelt sind.*

8 Der Einbau entspricht der umgekehrten Ausbaureihenfolge – verbinden Sie zuerst den Plus-Anschluss und dann den Minus-Anschluss. Schmieren Sie die Anschlüsse nach dem Verbinden mit Polfett oder Vaseline, um Korrosion zu vermindern.

4 Ladesystem – Testen

Anmerkung: *Beachten Sie vor Arbeitsbeginn die Warnhinweise in »Sicherheit geht vor!« auf Seite 8 in Sektion 1 dieses Kapitels*

1 Falls am Ladesystem eine Fehlfunktion auftritt, darf nicht automatisch die Lichtmaschine für das Problem verantwortlich gemacht werden. Kontrollieren Sie zunächst die folgenden Punkte:

a) Prüfen Sie die Spannung des Keilrippenriemens (siehe Kapitel 1, Sektion 8) – falls er verschlissen oder beschädigt ist, muss er ersetzt werden (siehe Kapitel 1, Sektion 33).

b) Kontrollieren Sie die Festigkeit der Lichtmaschinenschrauben.

c) Die Lichtmaschinenkabel und alle Stecker müssen in Ordnung und fest verbunden sein.

d) Kontrollieren Sie die großen Hauptsicherungen in der Motorraum-Sicherungs/Relais-Box (siehe Kapitel 12, Sektion 3). Falls eine von ihnen durchgebrannt ist, muss die Ursache gefunden und behoben werden, bevor eine neue Sicherung installiert wird (der Motor lässt sich bei einer durchgebrannten Sicherung nicht starten und/oder Nebenaggregate funktionieren nicht).

e) Starten Sie den Motor und achten Sie auf ungewöhnliche Geräusche aus der Lichtmaschine – ein Kreischen oder Quietschen kann auf starken Verschleiß in einem Lager oder einer Buchse hinweisen.

f) Die Batterie muss vollständig geladen sein – eine defekte Batteriezelle kann zum Überladen durch die Lichtmaschine führen.

g) Trennen Sie die Batterieklemmen – Minus stets zuerst. Inspizieren Sie die Batteriepole und die Klemmen auf Korrosion und reinigen Sie sie nötigenfalls (siehe Wöchentliche Kontrollen). Verbinden Sie die Plusklemme an den Pluspol.

h) Wenn die Zündung und alle Verbraucher abgeschaltet sind, wird eine Prüflampe zwischen den Minuspol und der abgeklemmten Minusklemme gehalten:

i) Leuchtet die Lampe nicht, wird die Klemme mit dem Minuspol verbunden und mit Schritt 2 fortgefahren.

j) Wenn die Lampe leuchtet, liegt in der Fahrzeugelektrik ein Kurzschluss vor, der repariert werden muss, bevor das Ladesystem weiter kontrolliert werden kann.

k) Zum Orten eines Kurzschlusses wird die Lichtmaschinen-Verkabelung getrennt – erlischt die Lampe jetzt, ist die Lichtmaschine defekt; bleibt die Lampe an, müssen nach und nach die Sicherungen entfernt werden, bis sie erlischt. Die letzte entfernte Sicherung zeigt an, welche Komponente einen Kurzschluss hat.

2 Prüfen Sie bei abgeschaltetem Motor die Batteriespannung – sie muss bei mindestens 12,0 Volt liegen.

3 Starten Sie den Motor und messen Sie erneut die Batteriespannung – sie muss jetzt auf 13,5 bis 14,8 Volt gestiegen sein.

4 Schalten Sie möglichst viele Verbraucher (Scheinwerfer, Heckscheibenheizung, Heizgebläse) ein und kontrollieren Sie, ob die geregelte Spannung zwischen 13,5 und 14,8 Volt liegt (sie kann beim Einschalten kurz abfallen, muss dann aber wieder ansteigen). Auch wenn das Ladesystem korrekt arbeitet, kann es nötig sein, die Motordrehzahl leicht zu erhöhen, um die gewünschte Spannung zu erreichen.

5 Falls die geregelte Spannung nicht wie beschrieben ist, können verschlissene Kohlebürsten, ermüdete Bürstenfedern, ein defekter Spannungsregler, eine schadhafte Diode, eine durchtrennte Phasenwicklung oder verschlissene bzw. beschädigte Schleifringe die Ursache sein. Die Lichtmaschine muss ggf. erneuert oder von einer Fachwerkstatt getestet und ggf. repariert werden.

5 Lichtmaschine – Ausbau und Einbau

1 Trennen Sie den Masseanschluss (–) der Batterie (siehe Sektion 3).
2 Ziehen Sie die Handbremse, heben Sie das Fahrzeug vorn an und stützen Sie es sicher ab (siehe Seite 355).
3 Entfernen Sie den Keilrippenriemen (siehe Kapitel 1A, Sektion 21 oder Kapitel 1B, Sektion 23).

2,0 l-Motor

4 Demontieren Sie zur Verbesserung des Zugangs den rechten Scheinwerfer (siehe Kapitel 12, Sektion 11), befreien und entfernen Sie dann das Luft-Ansaugrohr zwischen der Frontverkleidung und dem Luftfiltergehäuse.
5 Lockern Sie die Schellen des vom Ladeluftkühler zum Luftfilter führenden Rohrs, lösen Sie die Schraube des Halters und entfernen Sie das Rohr (siehe Abbildung).

5.5 Lockern Sie die Schellen, lösen Sie die Schraube und entfernen Sie das Luftrohr.

6 Schieben Sie den Servolenkungs-Ausgleichsbehälter aus seiner Halterung hoch und verlagern Sie ihn beiseite.
7 Lösen Sie die Schraube der elektrischen Kühlmittelpumpe und verlagern Sie sie samt Halter beiseite (siehe Abbildung).

5.7 Halter der elektrischen Kühlmittelpumpe

Alle Motoren

8 Trennen Sie den Lichtmaschinenstecker (siehe Abbildungen).

5.8a Bei der Lichtmaschine des 2,0 l-Motors sitzt der Stecker vorn.

5.8a Bei der Lichtmaschine des 2,2 l-Motors sitzt der Stecker hinten.

9 Entfernen Sie die Kunststoffabdeckung von der Anschlussmutter des Haupt-Stromkabels, lösen Sie die Mutter und befreien Sie das Kabel (siehe Abbildung).

5.9 Anschlussmutter des Haupt-Stromkabels (+)

10 Lockern Sie die Lichtmaschinenschrauben und klopfen Sie mit einem weichen Hammer die Schraubenköpfe ab, um die Einstellhülsen zu lockern. Drehen Sie die Lichtmaschinenschrauben heraus und entnehmen Sie die Lichtmaschine (siehe Abbildung).

5.10 Lichtmaschinenschrauben

11 Lösen Sie beim 2,0 l-Motor nötigenfalls die Schraube des Lichtmaschinen-Zwischenrads und entfernen Sie dies

Einbau

12 Der Einbau entspricht der umgekehrten Ausbaureihenfolge. Ziehen Sie alle Lichtmaschinen-Befestigungen und die Schraube des Lichtmaschinen-Zwischenrads mit 48 Nm an.

6 Lichtmaschine – Testen und Überholen

1 Falls an der Lichtmaschine ein Defekt vermutet wird, muss sie ausgebaut und von einem Fachbetrieb getestet werden. Oft können hier Kohlebürsten zu vertretbaren Preisen getauscht werden; bei anderen Schäden kann es günstiger sein, eine Austausch-Lichtmaschine zu beschaffen.

7 Anlassersystem – Testen

Anmerkung: *Beachten Sie vor Arbeitsbeginn die Warnhinweise in »Sicherheit geht vor!« auf Seite 8 in Sektion 1 dieses Kapitels.*

1 Falls der Anlasser beim Drehen des Zündschlüssels in die entsprechende Position nicht arbeitet, kann dies folgende Ursachen haben:

a) Die Wegfahrsperre ist defekt.
b) Die Batterie ist defekt oder entladen.
c) Die elektrischen Verbindungen zwischen dem Zündschloss, dem Magnetschalter, der Batterie und dem Anlasser sind irgendwo unterbrochen oder beschädigt, sodass der nötige Strom nicht von der Batterie zum Anlasser und über Masse wieder zurückfließen kann.
d) Der Magnetschalter ist defekt.
f) Der Anlasser selbst hat einen mechanischen oder elektrischen Defekt.

2 Zur Kontrolle der Batterie werden die Scheinwerfer eingeschaltet. Wenn sie nach wenigen Sekunden dunkler werden, weist dies auf eine entladene Batterie hin, sodass sie geladen (siehe Sektion 2) oder ersetzt werden muss. Wenn die Scheinwerfer hell leuchten, wird wieder versucht, den Motor zu starten – werden sie hierbei dunkel, weist dies darauf hin, dass der Strom den Anlasser erreicht, sodass der Defekt hier liegen muss. Leuchten die Scheinwerfer weiter (und aus dem Magnetschalter des Anlassers ist kein Klicken zu hören), weist dies darauf hin, dass der Fehler in der Verkabelung oder dem Magnetschalter liegt (siehe folgende Schritte). Falls der Anlasser beim Starten nur langsam dreht, obwohl die Batterie geladen ist, ist entweder der Anlasser selbst defekt oder im Stromkreis ist ein beträchtlicher Widerstand vorhanden.

3 Falls im Stromkreis ein Defekt vermutet wird, müssen die Batteriekabel (einschließlich der Masseanschlüsse an der Karosserie), das Anlasser-/Magnetschalter-Kabel und das Masseband der Motor-Getriebe-Einheit getrennt werden. Reinigen Sie alle Kontakte sorgfältig und verbinden Sie alle Anschlüsse wieder. Prüfen Sie mit einem Voltmeter, ob am Plus-Anschluss des Magnetschalters Batteriespannung anliegt und Masse gut verbunden ist. Versehen Sie die Batteriepole mit Polfett oder Vaseline, um sie vor Korrosion zu schützen – korrodierte Anschlüsse sind die häufigsten Gründe für Elektrikfehler.

4 Wenn die Batterie und alle Anschlüsse in Ordnung sind, muss der Stromkreis durch Trennen des Magnetschalter-Anschlusses kontrolliert werden. Verbinden Sie ein Voltmeter oder eine Prüflampe zwischen das Pluskabel und Masse (z. B. dem Minuspol der Batterie) und prüfen Sie, ob beim Drehen des Zündschlüssels in die Startposition Spannung anliegt – ist dies nicht der Fall, müssen die Stromkreiskabel wie in Kapitel 12, Sektion 2 beschrieben kontrolliert werden.

5 Die Magnetschalter-Kontakte können getestet werden, indem ein Voltmeter oder eine Prüflampe zwischen den Plus-Anschluss an der Anlasserseite des Magnetschalters und Masse geklemmt wird. Beim Drehen des Zündschlüssels in die Startposition muss Spannung festgestellt werden – andernfalls ist der Magnetschalter defekt und muss ersetzt werden.

6 Wenn sich sowohl der Magnetschalter als auch der Stromkreis als funktionsfähig erwiesen haben, muss der Defekt im Anlasser liegen. Dieser kann von einem Spezialisten überholt werden. Kohlebürsten können oft relativ günstig ausgetauscht werden. Holen Sie auf jeden Fall einen Kostenvoranschlag ein und erkundigen Sie sich, was ein Neuteil oder ein Austausch-Anlasser kostet.

8 Anlasser – Ausbau und Einbau

Ausbau

1 Trennen Sie zunächst das Massekabel (–) der Batterie (siehe Sektion 3).

2 Ziehen Sie die Handbremse, heben Sie das Fahrzeug vorn an und stützen Sie es sicher ab (siehe Seite 355).

2,0 l-Motor

3 Entfernen Sie rechts am Anlasser-Magnetschalter die Kunststoffkappe und lösen Sie die Muttern der Batteriekabel, um diese zu trennen (siehe Abbildungen).

8.3a Entfernen Sie die Kappe über den Anschlussmuttern, ...

8.3b ... um diese zu lösen und die Batteriekabel vom Anlasser-Magnetschalter zu befreien.

4 Lösen Sie die Muttern des Anlasser, befreien Sie vom unteren Stehbolzen die Kabel-Halterung und das Massekabel und ziehen Sie den Anlasser heraus (siehe Abbildung).

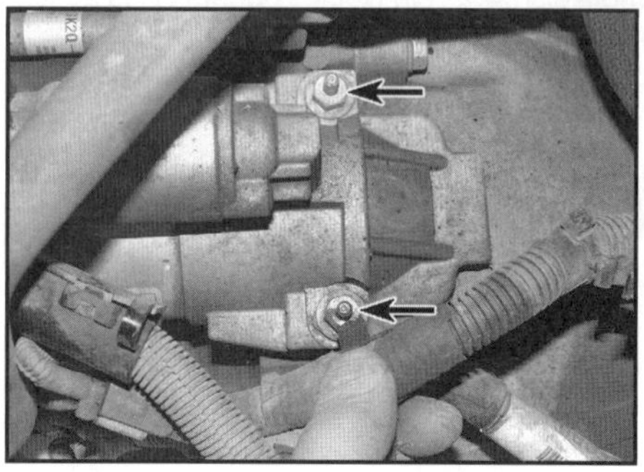

8.4 Anlasser-Befestigungsmuttern – die untere sichert auch die Kabel-Halterung und das Massekabel

2,2 l-Motor

5 Demontieren Sie die Luftfilterbaugruppe (siehe Kapitel 4A, Sektion 5).
6 Heben Sie den Kabelbaum-Halter vom unteren Anlasser-Stehbolzen, lösen Sie diesen und trennen Sie das Massekabel (siehe Abbildung).

8.6 Der untere Anlasser-Stehbolzen sichert auch das Massekabel.

7 Lösen Sie am Anlasser-Magnetschalter die Muttern der Batteriekabel, um diese zu trennen (siehe Abbildungen).

8.7a Lösen Sie am Anlasser-Magnetschalter die Muttern der Batteriekabel, ...

8.7b ... um diese zu trennen.

8 Lösen Sie den oberen Anlasser-Stehbolzen und befreien Sie den Anlasser nach unten heraus (siehe Abbildung).

8.8 Manövrieren Sie den Anlasser nach unten aus dem Fahrzeug heraus.

Einbau

9 Der Einbau entspricht der umgekehrten Ausbaureihenfolge. Positionieren Sie das Massekabel und den Kabelhalter und ziehen Sie die Anlasser-Befestigungen mit 35 Nm und die Anschlussmuttern mit 10 Nm an.

9 Anlasser – Testen und Überholen

1 Falls am Anlasser ein Defekt vermutet wird, muss er ausgebaut und von einem Fachbetrieb getestet werden. Oft können hier Kohlebürsten zu vertretbaren Preisen getauscht werden; bei anderen Schäden kann es günstiger sein, einen Austausch-Anlasser zu beschaffen.

10 Vorwärmsystem – Allgemeine Informationen

System-Beschreibung

1 Anhand der vom im Zylinderkopf sitzende Temperatursensor übermittelten Temperatur legt das Motorsteuergerät (PCM) beim Kaltstart den Zeitraum zur Aktivierung der Glühkerzen fest.
2 In jedem der vier Zylinder sitzt eine Glühkerze, die bei kaltem Motor vor und während des Startvorgangs elektrisch erhitzt wird; für die Zufuhr der beträchtlichen Strommengen ist das Glühkerzen-Relais verantwortlich.
3 Eine Kontrollleuchte im Cockpit weist den Fahrer auf aktive Glühkerzen hin – sobald diese erlischt, ist der Motor startbereit. Die Glühkerzen werden auch einige Sekunden nach dem Erlöschen noch mit Strom versorgt. Falls der Motor nach dem Vorglühen nicht gestartet wird, schaltet ein Timer die Stromversorgung aus, um die Glühkerzen nicht überhitzen zu lassen und die Batterie nicht zu überlasten.
4 Solange der Motor unter 2.500/min dreht und die Temperatur im Zylinderkopf nicht über 50 °C liegt, bleiben die Glühkerzen aktiviert, um den Motorlauf stabil zu halten und die Abgaswerte zu verbessern.

Lage der Komponenten

5 Das die Vorwärmung überwachende Motorsteuergerät sitzt links im Motorraum – beachten Sie die Hinweise in Kapitel 4A, Sektion 10.
6 Der Zylinderkopf-Temperatursensor ist links (Getriebe-Seite) in den Zylinderkopf geschraubt – beachten Sie die Hinweise in Kapitel 4A, Sektion 10.

11 Glühkerzen – Test, Ausbau und Einbau

Test

1 Bei schlechtem Kaltstartverhalten lässt sich die Funktion der Glühkerzen am besten durch den Austausch gegen erwiesenermaßen funktionierende Bauteile testen. Es sollten zunächst einige einleitende Kontrollen durchgeführt werden.
2 Klemmen Sie ein Voltmeter oder eine 12-Volt-Prüflampe zwischen das Glühkerzen-Versorgungskabel und Masse am Motor.
Achtung: Achten Sie darauf, dass das Stromkabel nicht direkt mit Masse in Berührung kommt!
3 Lassen Sie einen Assistenten die Zündung einschalten und prüfen Sie, ob an den Glühkerzen Spannung anliegt. Notieren Sie die Zeit, in der die Kontrolllampe leuchtet, sowie die Gesamtzeit, in der Spannung anliegt, bevor sich das System abschaltet. Lassen Sie die Zündung wieder abschalten.
4 Wenn ein Ampere-Messgerät mit einem Messbereich bis mindestens 40 A vorhanden ist, kann es zwischen das Glühkerzen-Versorgungskabel und die Stromschiene für die vier Glühkerzen geklemmt werden. Während der Vorwärmzeit zieht jede Glühkerzen ca. 8 Ampere, sodass insgesamt etwa 32 A festgestellt werden müssen, wenn alle vier Glühkerzen funktionieren. Falls eine oder mehrere Glühkerzen nicht zu arbeiten scheinen, muss die Stromschiene entfernt werden, um jede Glühkerze separat mit einem Durchgangsprüfer oder einer Prüflampe zu kontrollieren.
5 Falls an keiner Glühkerze Strom ankommt, können das Relais oder seine Verkabelung defekt sein. Andererseits kann dies auch auf einen schadhaften Zylinderkopf-Temperatursensor (siehe Kapitel 4A, Sektion 10) oder ein Problem im Motorsteuergerät hinweisen.
6 Um eine defekte Glühkerze zu lokalisieren, müssen das Haupt-Stromkabel und die Stromschiene von den Glühkerzen getrennt werden – verlieren Sie dabei keine Muttern und Scheiben.
7 Ermitteln Sie mit einem an den Pluspol der Batterie geklemmten Durchgangsprüfer oder einer Prüflampe den Durchgang zwischen dem Glühkerzen-Anschluss und Masse. Der Widerstand einer funktionierenden Glühkerze ist sehr gering (unter 1 Ohm), sodass ein hoher angezeigter Widerstand oder eine nicht leuchtende Prüflampe auf einen Defekt hinweisen.
8 Mit einem entsprechend ausgelegten Amperemeter kann der von einer Glühkerze aufgenommene Strom gemessen werden: Nach einem Initial-Strom von 15 bis 20 Ampere sollte jede Glühkerze etwa 8 A ziehen – jede Glühkerze, die deutlich mehr oder weniger zieht, ist wahrscheinlich defekt.
9 Für weitere Kontrollen müssen die Glühkerzen ausgebaut und inspiziert werden.
Achtung: Falls das Vorwärmsystem gerade aktiv war oder der Motor bis vor Kurzem lief, sind die Glühkerzen sehr heiß!

Ausbau

10 Trennen Sie zunächst das Massekabel (–) der Batterie (siehe Sektion 3).
11 Demontieren Sie beim 2,0 l-Motor die Luftfilter-Baugruppe (siehe Kapitel 4A, Sektion 5) und die Lichtmaschine (siehe Sektion 5). Trennen Sie dann die Stecker der vier Glühkerzen (siehe Abbildung).

11.11 Ziehen Sie beim 2,0 l-Motor die Glühkerzenstecker ab (gezeigt an Zylinder 1 und 2).

12 Demontieren Sie beim 2,2 l-Motor den Einlassstutzen (siehe Kapitel 4A, Sektion 16). Lösen Sie dann an jeder Glühkerze die Mutter und entfernen Sie die Scheibe, um das Kabel zu befreien (siehe Abbildung) – für den Ausbau der Zündkerze muss das Versorgungskabel vollständig entfernt werden.

11.12 Lösen Sie beim 2,2 l-Motor an jeder Glühkerze die Muttern des Versorgungskabel-Anschlusses.

13 Schrauben Sie bei allen Motoren die Glühkerzen heraus, um sie auf Beschädigungen zu kontrollieren (siehe Abbildung). Ein stark verbrannter oder verkohlter Schaft kann ein Hinweis auf eine schadhafte Einspritzdüse sein – konsultieren Sie eine auf Dieselmotoren spezialisierte Fachwerkstatt. Wenn der Motor bereits eine hohe Laufleistung hinter sich hat und nur eine Glühkerze beschädigt ist, sollten alle vier Glühkerzen ausgetauscht werden.

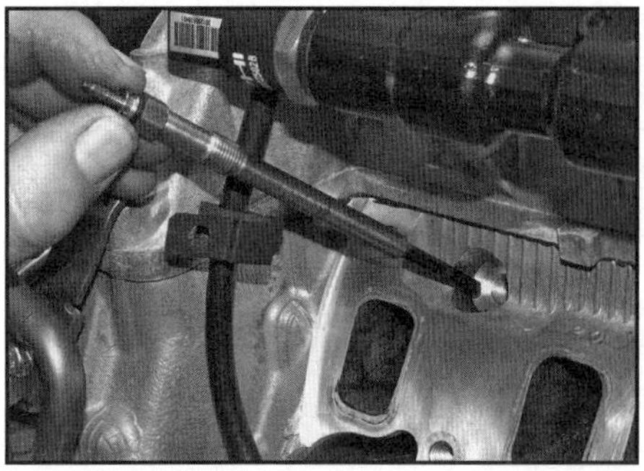

11.13 Schrauben Sie die Glühkerzen aus dem Zylinderkopf.

Einbau

14 Reinigen Sie sorgfältig die Glühkerzen und ihre Sitze im Zylinderkopf. Säubern Sie auch die Kontakte der Stecker oder Schraubanschlüsse.
15 Versehen Sie das Glühkerzen-Gewinde mit etwas Kupferpaste, schrauben Sie sie in den Zylinderkopf und ziehen Sie sie beim 2,2 l-Motor zunächst mit 8 Nm an. Ziehen Sie die Glühkerzen (dann) bei allen Motoren mit 13 Nm an.
16 Sichern Sie die Glühkerzen-Verkabelung an den Glühkerzen, indem Sie beim 2,2 l-Motor die Muttern sorgfältig anziehen (Scheiben nicht vergessen!) bzw. beim 2,0 l-Motor die Stecker fest aufdrücken.
17 Montieren Sie beim 2,2 l-Motor den Einlassstutzen (siehe Kapitel 4A, Sektion 16).
18 Montieren Sie beim 2,0 l-Motor die Lichtmaschine (siehe Sektion 5) und die Luftfilter-Baugruppe (siehe Kapitel 4A, Sektion 5).
19 Schließen Sie die Batterie wieder an (siehe Sektion 3).

12 Glühkerzen-Steuermodul – Ausbau und Einbau

1 Trennen Sie zunächst das Massekabel (–) der Batterie (siehe Sektion 3).
2 Demontieren Sie den linken Scheinwerfer (siehe Kapitel 12, Sektion 11).
3 Lösen Sie an der Kunststoff-Abdeckung über dem Steuermodul die Lasche und entfernen Sie sie (siehe Abbildung).

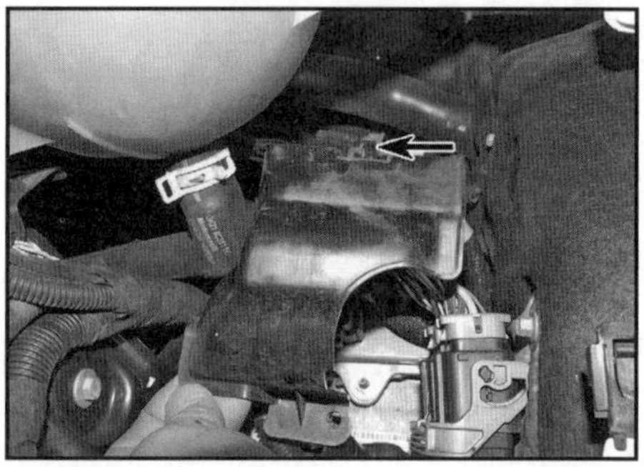

12.3 Lösen Sie den Clip und entfernen Sie die Abdeckung.

4 Trennen Sie die Kabelstecker, lösen Sie die drei Befestigungsmuttern und entfernen Sie das Steuermodul (siehe Abbildung).

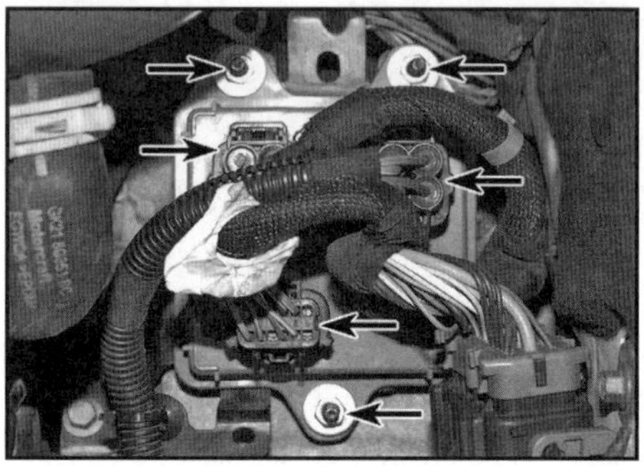

12.4 Trennen Sie die Kabelstecker und lösen Sie die drei Befestigungsmuttern.

5 Der Einbau entspricht der umgekehrten Ausbaureihenfolge.

Kapitel 6

Kupplung

Inhalt — Sektion

Schwierigkeitsgrade

Leicht. Geeignet für Anfänger mit wenig Erfahrung.	**Relativ leicht.** Geeignet für Anfänger mit etwas Erfahrung.	**Relativ schwierig.** Geeignet für geübte Selbstschrauber.	**Schwer.** Geeignet für Selbstschrauber mit viel Erfahrung.	**Sehr schwer.** Geeignet für Experten und Profis.

Technische Daten

Allgemein

Kupplungstyp ... Einscheiben-Trockenkupplung mit Tellerfeder
Betätigung ... hydraulisch mit Geber- und Ausrückzylinder

Kupplungsscheibe

Reibmaterial-Stärke
- Neu ... 9,0 mm
- Verschlissen ... 6,0 mm

Anzugsdrehmomente — **Nm**

Ausrückzylinder-Befestigungsschrauben ... 11
Druckplatten-Schrauben an Schwungrad
- Schritt 1 ... 6
- Schritt 2 ... 25
- Schritt 3 ... 30

Geberzylinder-Befestigungsschrauben ... 9

1 Allgemeine Informationen

1 Die in der Gehäuseglocke zwischen dem Motor und dem Getriebe sitzende Kupplung besteht aus einer Reibscheibe, einer Druckplatten-Baugruppe und dem Ausrückmechanismus.
2 Die zwischen dem Schwungrad (am Kurbelwellen-Ende) und der Kupplungs-Druckplatte auf der Getriebeeingangswelle verschiebbare Reibscheibe überträgt bei nicht getretenem Kupplungspedal die Kraft, bzw. trennt den Kraftschluss bei betätigter Kupplung.
3 Die mit dem Schwungrad verschraubte Druckplatten-Baugruppe beinhaltet die Tellerfeder, gegen die der hydraulische Ausrückmechanismus beim Treten der Kupplung arbeitet. Das Pedal wirkt auf den Geberzylinder, der über die Hydraulikleitung den um die Getriebewelle herum sitzenden Nehmerzylinder samt Ausrücklager aktiviert, um gegen die Finger der Druckplatten-Feder zu drücken.
4 Eine hydraulisch betätigte Kupplung hat gegenüber einer Seilzug-Kupplung mehrere Vorteile: Sie stellt sich vollständig selbst ein, erfordert geringeren Pedaldruck und verschleißt weniger.
Achtung: Beachten Sie zum Thema Hydraulikflüssigkeit die Warnhinweise in der folgenden Sektion!

2 Kupplungshydraulik – Entlüften

Warnung: Hydraulikflüssigkeit ist giftig! Waschen Sie Spritzer bei Hautkontakt unverzüglich ab und suchen Sie medizinischen Rat, falls etwas in die Augen gelangt. Hydraulikflüssigkeit kann brennbar sein und sich beim Kontakt mit heißen Bauteilen entzünden. Bei der Arbeit an der Kupplungshydraulik muss daher genauso vorgegangen werden wie beim Kraftstoffsystem. Hydraulikflüssigkeit ist ein wirksamer Lackentferner und greift Kunststoff an; Spritzer müssen unverzüglich mit reichlich klarem Wasser abgewaschen werden. Hydraulikflüssigkeit ist zudem hygroskopisch, absorbiert also Wasser aus der Luft, sodass Korrosion gefördert wird. Daher darf nur frische Bremsflüssigkeit des vorgeschriebenen Typs verwendet werden.

1 Die Kupplungshydraulik muss normalerweise nur entlüftet werden, wenn das System aufgrund von Reparaturen geöffnet wurde. Falls sich jedoch das Kupplungspedal schwammig anfühlt und die Kupplung beim Treten nicht richtig trennt, kann Entlüften helfen.
2 Ford empfiehlt, das System zunächst mithilfe der »Rück-Entlüftungs«-Methode zu entlüften und bietet hierfür unter der Teilenummer 416-D001 (23-036A) eine entsprechende Ausrüstung an, bei der eine Druckentlüftungs-Einheit mit frischer Bremsflüssigkeit an die Entlüftungsschraube des Nehmer- oder Ausrückzylinders angeschlossen wird. Nachdem etwas Bremsflüssigkeit aus dem Ausgleichsbehälter abgesaugt wurde, wird die Entlüftungsschraube geöffnet und die Hydraulikflüssigkeit zum Geberzylinder gepresst, wo sie in den Ausgleichsbehälter austritt und gesammelt wird.
3 In der Praxis ist diese Methode nur nötig, wenn neue Hydraulik-Komponenten installiert wurden oder das System vollständig entleert worden ist. Falls die Kupplungshydraulik nur getrennt wurde, um andere Komponenten aus- und einzubauen (z. B. für den Ausbau des Motors, die Demontage des Getriebes oder den Austausch der Kupplung), reicht es normalerweise, das System traditionell zu entlüften.
4 Wir haben folgende Ratschläge:
a) *Falls die Kupplungshydraulik nur teilweise getrennt wurde, sollte zunächst versucht werden, die konventionellen Entlüftungsmethoden anzuwenden (Schritte 9 bis 17).*
b) *Falls die Kupplungshydraulik komplett entleert und mit neuen Komponenten ausgerüstet wurde, sollte versucht werden, die Druckentlüftungsmethode anzuwenden (Schritte 18 bis 23).*
5 Während des Entlüftens darf nur frische Bremsflüssigkeit des vorgeschriebenen Typs verwendet werden – niemals bereits durch das System gespülte Flüssigkeit. Vor Arbeitsbeginn muss sichergestellt sein, dass genügend Bremsflüssigkeit vorhanden ist.
6 Falls im Kupplungssystem nicht dafür vorgesehene Flüssigkeit vorhanden ist, muss diese vollständig mit frischer Bremsflüssigkeit herausgespült werden, zudem sind neue Dichtungen zu verwenden.
7 Falls durch ein Leck im Kupplungssystem der Pegel im Ausgleichsbehälter stetig absinkt oder Luft eindringt, muss zunächst dieses Problem behoben werden.
8 Die Entlüftungsprozedur kann sich je nach Motor- und Getriebe-Typ leicht unterscheiden – beachten Sie daher die unten gegebenen Hinweise nötigenfalls als Richtlinien.

Konventionelles Entlüften

9 Die Entlüftungsschraube der Kupplung befindet sich oben an der Kupplungsglocke (siehe Abbildung).

2.9 Kupplungsausrückzylinder-Entlüftungsschraube

10 Beschaffen Sie ein sauberes Glasgefäß und einen ausreichend langen transparenten Schlauch, der fest über den Nippel der Entlüftungsschraube geschoben werden kann. Die Schraube selbst sollte mit einem passenden Ringschlüssel betätigt werden. Für die Arbeit wird ein Assistent benötigt.
11 Öffnen Sie den Deckel des Ausgleichsbehälters (den sich die Kupplungshydraulik mit der Bremshydraulik teilt) und füllen Sie ihn bis zur MAX-Markierung auf. Legen Sie den Deckel locker auf und achten Sie darauf, dass der Pegel während der gesamten Prozedur immer über der MIN-Markierung steht – andernfalls kann Luft ins System eindringen und die Prozedur muss wiederholt werden.
12 Falls noch nicht geschehen, muss die Entlüftungsschrauben-Kappe abgezogen, der Ringschlüssel angesetzt und der Schlauch auf die Schraube gesteckt werden.
13 Halten Sie das andere Schlauch-Ende in den mit etwas Bremsflüssigkeit gefüllten Behälter, sodass keine Luft angesaugt werden kann.
14 Lassen Sie den Assistenten das Kupplungspedal durchdrücken und gedrückt halten.
15 Lockern Sie bei gedrücktem Pedal die Entlüftungsschraube um etwa eine Umdrehung und lassen Sie die Flüssigkeit durch den Schlauch strömen. Der Assistent muss hierbei

das Pedal gedrückt halten und darf es erst auf Anweisung wieder loslassen. Wenn keine Flüssigkeit mehr austritt, wird die Entlüftungsschraube wieder angezogen, und der Assistent löst langsam das Kupplungspedal. Kontrollieren Sie den Pegel im Ausgleichsbehälter.

16 Wiederholen Sie die Schritte 14 und 15 so lange, bis frische Hydraulikflüssigkeit blasenfrei aus der Schraube austritt. Falls der Geberzylinder entleert und neu befüllt wurde, muss zwischen den Pump-Schritten jeweils fünf Sekunden gewartet werden, damit sich die Geberzylinder-Kanäle füllen können.

Praxis-Tipp ***Alte Bremsflüssigkeit ist deutlich dunkler als frische. Pumpen Sie so lange Bremsflüssigkeit heraus, bis helle Flüssigkeit austritt.***

»Rück-Entlüftungs«-Methode

17 Wenn die konventionelle Methode nicht funktioniert, muss die Hydraulik mit dem Rückentlüftungs-Kit von Ford entlüftet werden.

18 Saugen Sie Bremsflüssigkeit aus dem Ausgleichsbehälter, bis der Pegel bei MIN steht.

19 Entfernen Sie die Staubkappe des Entlüftungsventils und stecken Sie den Schlauch der Handpumpe auf. Füllen Sie die Pumpe mit frischer Bremsflüssigkeit, öffnen Sie die Entlüftungsschraube und drücken Sie die Bremsflüssigkeit ins Hydrauliksystem, bis der Pegel im Ausgleichsbehälter bei MAX steht.

20 Ziehen Sie die Entlüftungsschraube wieder sicher an.

21 Entfernen Sie den Handpumpenschlauch und stecken Sie die Staubkappe auf. Füllen Sie ggf. den Ausgleichsbehälter auf und installieren Sie seinen Deckel.

23 Treten Sie die Kupplung fünf- bis zehnmal durch, um restliche im System verbliebenen Luftblasen aufsteigen zu lassen.

3 Geberzylinder – Ausbau und Einbau

Anmerkung: *Beachten Sie vor Arbeitsbeginn die Warnhinweise am Anfang von Sektion 2.*

Ausbau

1 Weil mit Bremsflüssigkeitsspritzern im Motorraum zu rechnen ist, müssen Lappen unterhalb des Ausgleichsbehälters und unterhalb des Kupplungsschlauch-Anschlusses am Geberzylinder verteilt werden.

2 Demontieren Sie den Kupplungspedal-Positionsschalter (siehe Kapitel 4A, Sektion 10).

Achtung: Falls bei dieser Arbeit Bremsflüssigkeit verspritzt wird, muss sie umgehend mit kaltem Wasser aufgewischt werden, um keine Lackschäden zu verursachen!

3 Klemmen Sie den vom Bremshydraulik-Ausgleichsbehälter kommenden Schlauch ab (siehe Abbildung).

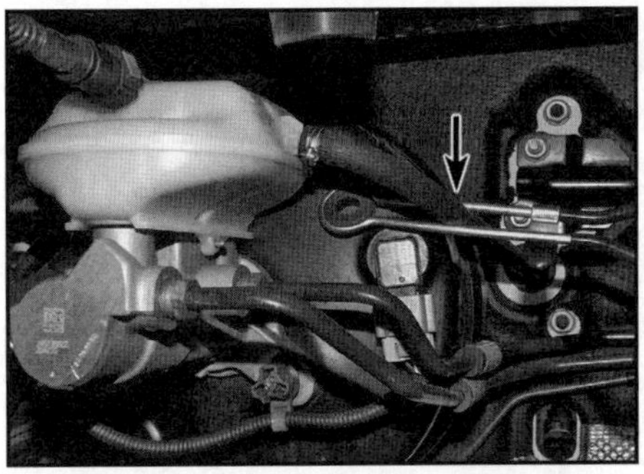

3.3 Schlauchklemme am vom Bremshydraulik-Ausgleichsbehälter kommenden Schlauch

4 Ziehen Sie im Motorraum den Sicherungsdraht des Hydraulikrohr-Anschlusses ab und befreien Sie diesen aus dem Geberzylinder (siehe Abbildung). Verstopfen Sie alle Öffnungen, um den Flüssigkeitsverlust zu minimieren und das Eindringen von Schmutz zu verhindern.

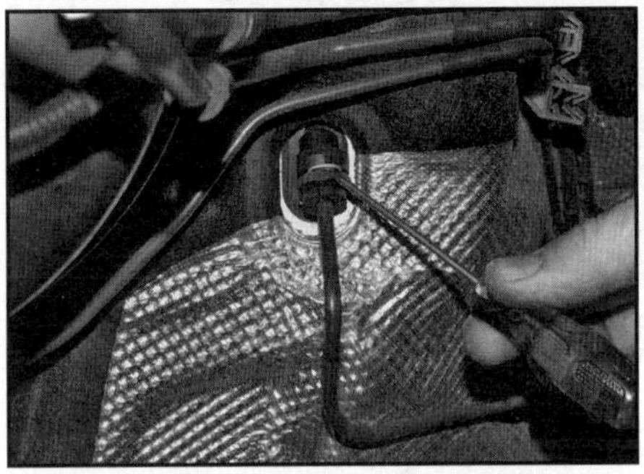

3.4 Ziehen Sie den Sicherungsdraht des Hydraulikrohr-Anschlusses heraus.

5 Ziehen Sie im Fahrerfußraum die linke untere Armaturenbrett-Verkleidung ab (siehe Abbildung).

3.5 Ziehen Sie im Fahrerfußraum die linke untere Armaturenbrett-Verkleidung ab.

6 Trennen Sie im Fußraum den Stecker des Kupplungspedalsensors (siehe Abbildung).

3.6 Stecker des Kupplungspedalsensors

7 Lösen Sie den Clip und befreien Sie die Geberzylinder-Druckstange vom Kupplungspedal (siehe Abbildung).

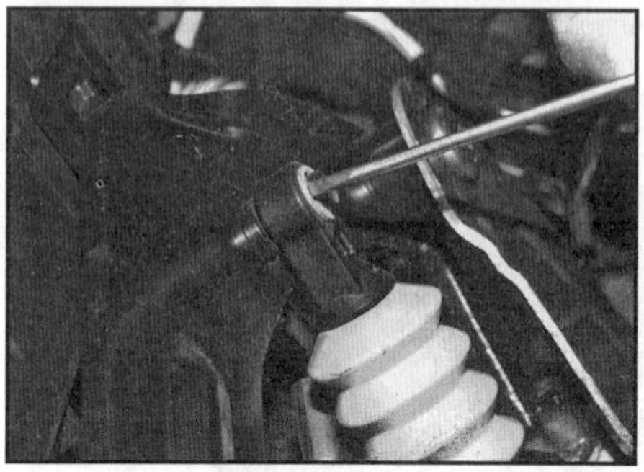

3.7 Lösen Sie den Clip, um die Geberzylinder-Druckstange vom Kupplungspedal zu befreien.

8 Lockern Sie die Schelle, um den Ausgleichsbehälterschlauch vom Geberzylinder zu befreien (siehe Abbildung) – seien Sie auf austretende Bremsflüssigkeit vorbereitet.

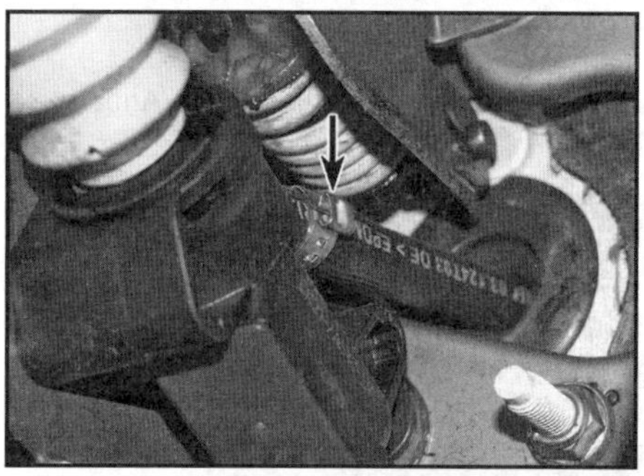

3.8 Schelle des Ausgleichsbehälterschlauchs

9 Lösen Sie die zwei Schrauben, die den Geberzylinder am Pedalhalter sichern (siehe Abbildung). Befreien Sie die Laschen des Geberzylinders und entfernen Sie ihn.

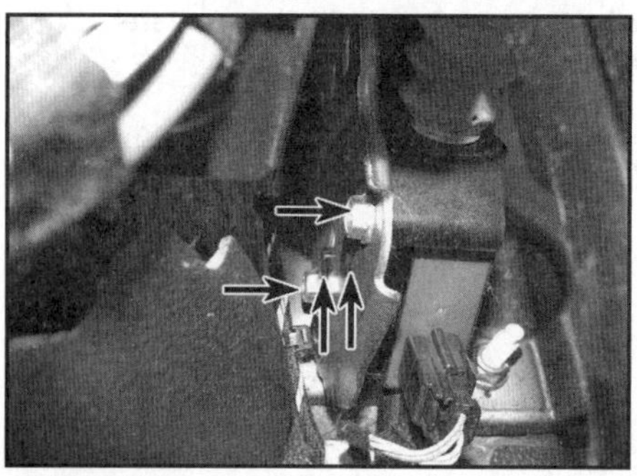

3.9 Der Geberzylinder ist mit zwei Schrauben und zwei Laschen am Pedalhalter gesichert.

Einbau

10 Der Einbau entspricht der umgekehrten Ausbaureihenfolge – beachten Sie dabei folgende Punkte:

a) *Ziehen Sie die Geberzylinder-Befestigungsschrauben mit 11 Nm an.*

b) *Entfernen Sie die Schlauchklemme und füllen Sie den Ausgleichsbehälter auf (siehe Wöchentliche Kontrollen).*

c) *Entlüften Sie die Kupplungshydraulik (siehe Sektion 2).*

4 Ausrückzylinder – Ausbau, Kontrolle und Einbau

Anmerkung: *Beachten Sie zum Thema Kupplungsbelag-Staub die Warnhinweise am Anfang von Sektion 2.*

Ausbau

1 Der Ausrückzylinder und der Nehmerzylinder bilden zusammen die Ausrückzylinder-Einheit – diese befindet sich innerhalb der Kupplungsglocke des Getriebes.

2 Demontieren Sie das Getriebe (siehe Kapitel 2C, Sektion 4).

3 Ziehen Sie innerhalb der Kupplungsglocke den Sicherungsdraht des Hydraulikrohrs heraus, um es aus dem Ausrückzylinder und der Kupplungsglocke zu befreien (siehe Abbildungen).

4.3a Ziehen Sie den Sicherungsdraht des Hydraulikrohrs heraus, ...

4.3b ... um es aus dem Ausrückzylinder und der Kupplungsglocke zu befreien.

4 Lösen Sie innerhalb der Kupplungsglocke die drei Schrauben des Ausrückzylinders, um ihn vom Getriebe zu befreien (siehe Abbildung).

4.4 Ausrückzylinder-Befestigungsschrauben

Kontrolle

5 Überprüfen Sie das Ausrücklager auf sanfte Funktion und ersetzen Sie es, falls es Spiel hat, rau läuft oder sich nur schwergängig drehen lässt. Versuchen Sie nicht, das Lager zu zerlegen, zu reinigen oder zu schmieren.
6 Ford bietet keine Reparatursets an, sodass bei einem defekten Lager der gesamte Ausrückzylinder erneuert werden muss.

Einbau

7 Der Einbau entspricht der umgekehrten Ausbaureihenfolge – beachten Sie dabei folgende Punkte:
a) Ziehen Sie die Ausrückzylinder-Befestigungsschrauben mit 9 Nm an.
b) Montieren Sie das Getriebe (siehe Kapitel 2C, Sektion 4).

5 Kupplungspedal – Ausbau und Einbau

1 Das Kupplungspedal wird zusammen mit dem Bremspedal und der Pedal-Halteplatte demontiert – beachten Sie hierzu die Hinweise in Kapitel 9, Sektion 11.

6 Kupplung – Ausbau, Kontrolle und Einbau

Warnung: Der durch den Abrieb in der Kupplung entstehende Staub kann hochgradig gesundheitsschädlich sein. Blasen Sie die Kupplung KEINESFALLS mit Druckluft aus und inhalieren Sie diesen Staub nicht. Entfernen Sie den Staub KEINESFALLS mit Benzin oder Lösungsmittel auf Petroleumbasis. Verwenden Sie Bremsenreiniger oder Spiritus, um den Staub in einen geeigneten Behälter zu spülen. Nachdem alle Kupplungs-Komponenten mit Lappen sauber gewischt sind, müssen diese sowie der Behälter mit dem ausgewaschenen Staub bei einer Sondermüll-Annahmestelle entsorgt werden.

Ausbau

1 Der Zugang zur Kupplung ist nach der Demontage des Getriebes möglich – dies kann vom eingebauten Motor oder nach dem Ausbau der gesamten Antriebseinheit (siehe Kapitel 2C, Sektion 3 oder 4) getrennt werden (siehe Kapitel 7, Sektion 7).
2 Prüfen Sie nach dem Trennen des Getriebes, ob irgendwelche Markierungen zum Ausrichten der Druckplatte zum Schwungrad vorhanden sind – bringen Sie ggf. selbst welche mit Farbe an. Diese Markierungen sind nötig, dass die Kupplung beim Einbau der originale Druckplatte korrekt ausgewuchtet ist.
3 Lockern Sie die Druckplatten-Schrauben schrittweise und über Kreuz um jeweils zwei Umdrehungen, bis der Federdruck gelöst ist und die Schrauben von Hand herausgedreht werden können. Nötigenfalls muss die Schwungscheibe dazu mit einem geeigneten Werkzeug gekontert werden (siehe Abbildung). Alternativ kann die Klinge eines ausreichend groß dimensionierten Schraubendrehers zwischen dem Anlasser-Zahnkranz und dem Motorgehäuse verklemmt werden.

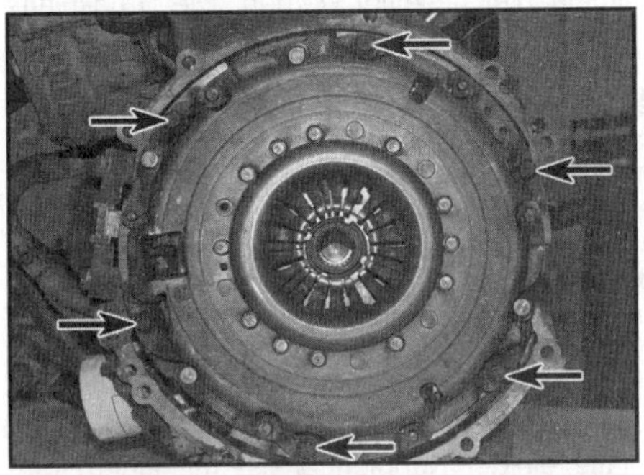

6.3a Lösen Sie die Druckplattenschrauben schrittweise und über Kreuz, ...

6.3b ... während das Schwungrad z. B. mit einem solchen Werkzeug gekontert ist.

4 Befreien Sie die Druckplatte von den Passhülsen; seien Sie dabei auf die herausfallende Kupplungsscheibe vorbereitet und merken Sie sich deren Einbaurichtung.

Kontrolle

5 Das häufigste Problem bei Kupplungen ist der Verschleiß der Kupplungsscheibe (Reibscheibe). Allerdings sollten auch alle anderen Kupplungs-Komponenten kontrolliert werden – vor allem, wenn bereits eine beträchtliche Laufleistung vorliegt. Solange die Bauteile der Kupplung nicht absolut neuwertig sind, sollten die Kupplungsscheibe, die Druckplatte und das Ausrücklager generell als Set ausgetauscht werden. Das alleinige Ersetzen der Kupplungsscheibe ist nicht immer zufriedenstellend, weil bei ihrem Durchrutschen die Druckplatte an Überhitzung gelitten haben wird.

6 Begutachten Sie die Beläge der Reibscheibe auf Verschleiß und lockere Niete. Kontrollieren Sie die Druckplatte auf Schäden an der Nabe und am Außenrand, Risse, gebrochene Torsionsfedern und verschlissene Mitnehmernuten. Die Oberfläche des Reibmaterials kann stark verglast sein, doch solange das eingearbeitete Muster klar erkennbar ist und die Stärke nur etwas unter 9 mm beträgt, kann die Scheibe wiederverwendet werden. Die Verschleißgrenze für die Belagscheibe liegt bei 6 mm.
7 Falls die Reibscheibe mit Öl oder Fett kontaminiert ist (erkennbar an schwarz glänzenden Flecken), muss sie ersetzt und die Ursache der Verölung gefunden werden; dies kann an einem defekten Kurbelwellen-Dichtring oder Getriebewellen-Dichtring liegen (Getriebeöl hat einen speziellen säuerlichen Geruch), deren Austausch in Kapitel 2A oder 2B, Sektion 15 bzw. Kapitel 7, Sektion 5 beschrieben ist.
8 Begutachten Sie die geschliffenen Reibflächen der Druckplatte und der Schwungscheibe – sie müssen sauber, absolut eben und frei von Riefen oder Kerben sein. Falls eine von ihnen durch übermäßige Hitze verfärbt ist oder Rissbildung zeigt, muss sie ersetzt werden (kleinere Fehler können allerdings auch mit Schmirgelpapier beseitigt werden. Die Druckplatte muss auch ersetzt werden, falls die Tellerfeder beschädigt oder ermüdet ist – kontrollieren Sie diese besonders auf die Spitzen der Federlaschen am Ausrücklager.
9 Bei ausgebautem Getriebe muss auch das Ausrücklager kontrolliert werden – generell empfiehlt sich allerdings sein Austausch. Da das Ausrücklager in den Ausrückzylinder integriert ist, muss zwar auch dieser erneuert werden, doch angesichts des Arbeitsaufwands für den Zugang sollte hier nicht am falschen Ende gespart werden.

Einbau

10 Die Druckplatte einiger Kupplungen ist mit einem Einstellmechanismus ausgerüstet, der den Verschleiß der Reibscheiben kompensieren soll. Falls die originale Druckplatte installiert werden soll, muss der Mechanismus zuvor zurückgesetzt werden. Eine neue Druckplatte sollte bereits korrekt eingestellt sein. Prüfen Sie, ob dies der Fall ist, ansonsten kann die Prozedur ignoriert werden.

Vorbereitung der alten Druckplatte

11 Klemmen Sie einen ausreichend dimensionierten Bolzen (mindestens M14), die durch die Druckplatte passt, mit dem Kopf in einen stabilen Schraubstock und legen Sie eine große Scheibe auf.
12 Legen Sie die Druckplatte mit der Reibscheiben-Seite nach unten über den Bolzen, sodass die Tellerfeder auf der Nabe aufliegt (siehe Abbildung).

6.12 Klemmen Sie einen ausreichend dimensionierten Bolzen samt Scheibe in den Schraubstock und legen Sie die Druckplatte auf.

13 Legen Sie mehrere große Scheiben und/oder Distanzstücke über den Bolzen, sodass sie außen auf den Fingern der Tellerfeder aufliegen. Drehen Sie dann eine Mutter von Hand auf, um die Scheibe zu arretieren (siehe Abbildung).

6.13 Legen Sie große Scheibe auf und drehen Sie die Mutter handfest auf den Bolzen.

14 Jetzt soll die in die Druckplatte integrierte Einstellscheibe so gedreht werden, dass die kleinen sichtbaren Schraubenfedern vollständig komprimiert werden. Ziehen Sie die Bolzenmutter an, bis die Scheibe frei drehbar ist. Positionieren Sie eine Spitz- oder Seegerringzange in einer der drei Fenster in der Druckplatten-Oberseite und öffnen Sie sie, um die Einstellscheibe gegen den Uhrzeigersinn zu drehen und die Federn vollständig zu komprimieren (siehe Abbildungen).

6.14a Ziehen Sie die Bolzenmutter an, bis die Scheibe frei drehbar ist, ...

6.14b ... und öffnen Sie die eingesetzte Zange, um die Feder zu komprimieren.

15 Halten Sie die Zange in dieser Position und lockern Sie die Bolzenmutter – die Einstellscheibe verklemmt sich in dieser Position und die Zange kann entfernt werden. Befreien Sie die Druckplatte vom Bolzen – sie kann jetzt eingebaut werden.

Einbau der alten und der neuen Druckplatte

16 Die Reibflächen des Schwungrads, der Reibscheibe und der Druckplatte müssen absolut sauber, glatt und fettfrei sein. Neuteile müssen mit nicht nachfettendem Lösungsmittel von

Schutzfetten befreit werden. Bauen Sie die Kupplung daher mit sauberen Händen zusammen und wischen Sie alle Kontaktflächen mit sauberen Lappen ab.
17 Zum Zentrieren der Kupplungsscheibe in der Tellerfeder wird entweder das Ford-Spezialwerkzeug 308-204 oder eine ein anderes geeignetes Werkzeug benötigt, das die Reibscheibe auf der Druckplatte zentriert und mittig in die Tellerfeder-Finger greift.
18 Positionieren Sie die Reibscheibe so gegen das Schwungrad, dass »GEARBOX SIDE« (Getriebeseite) lesbar ist – falls keine Beschriftung angebracht ist, muss darauf geachtet werden, dass die erhabene Nabe mit den Dämpferfedern vom Schwungrad weg zeigt (siehe Abbildung).

6.18 Diese Reibscheibe ist an der Getriebeseite mit »GEARBOX SIDE« markiert.

19 Setzen Sie die Druckplatte über die Passstifte des Schwungrads. Drehen Sie die Befestigungsschrauben handfest ein, sodass die Reibscheibe greift, aber noch bewegt werden kann.
20 Falls kein Zentrierwerkzeug zur Hand ist, muss die Reibscheibe jetzt so zentriert werden, dass beim Ansetzen des Getriebes an den Motor die Getriebeeingangswelle durch die Verzahnung der Reibscheibennabe geführt werden kann.
21 Das Zentrieren kann mit einer runden Stange ausgeführt werden, die durch die Bohrung in der Mitte der Reibscheibe gegen das Zapfenlager am Ende der Kurbelwelle geführt wird. Bewegen Sie die Stange seitlich oder auf und ab, um die Scheibe in die gewünschte Richtung zu zentrieren. Ziehen Sie die Stange heraus und kontrollieren Sie, ob die Nabe der Reibscheibe korrekt zu den Tellerfeder-Fingern ausgerichtet ist und die Scheibe in Relation zum Außenrand der Druckplatte mittig sitzt.
22 Eine alternative und genauere Ausrichtung der Kupplungsscheibe erfolgt mithilfe eines im Fachhandel erhältlichen Kupplungs-Zentrierwerkzeugs (siehe Abbildung).

6.22 Zentrieren der Kupplungsscheibe an der Schwungscheibe mithilfe eines Spezialwerzeugs.

23 Sobald die Kupplung zentriert ist, werden die neuen Druckplatten-Schrauben schrittweise und über Kreuz bis zum Drehmoment von 6 Nm angezogen. Wiederholen Sie das Anziehen in zwei weiteren Durchgängen mit 25 und 30 Nm.
24 Entfernen Sie das Zentrierwerkzeug.
25 Entfernen Sie die Schwungrad-Arretierung.
26 Sorgen Sie dafür, dass die Verzahnungen der Eingangswelle und der Kupplungsscheibe sauber sind, und tragen Sie sparsam Heißlagerfett auf die Verzahnung der Welle auf (siehe Abbildung) – zu viel würde auf das Belagmaterial schleudern und zum Durchrutschen der Kupplung führen. Ford empfiehlt hierfür WSS-M1C273-A.

6.23 Schmieren Sie die Eingangswellenverzahnung dünn mit Heißlagerfett ein.

27 Montieren Sie das Getriebe an den Motor (siehe Kapitel 7, Sektion 7).

Kapitel 7

Schaltgetriebe

Inhalt — Sektion

Schwierigkeitsgrade

Leicht. Geeignet für Anfänger mit wenig Erfahrung.	**Relativ leicht.** Geeignet für Anfänger mit etwas Erfahrung.	**Relativ schwierig.** Geeignet für geübte Selbstschrauber.	**Schwer.** Geeignet für Selbstschrauber mit viel Erfahrung.	**Sehr schwer.** Geeignet für Experten und Profis.

Technische Daten

Typ	Sechsganggetriebe mit Rückwärtsgang, alle Gänge synchronisiert, integriertes Differenzial
Typenbezeichnung	VMT6
Schmiersystem	
Getriebeöl-Typ	Getriebeöl nach Ford-Vorgabe WSS-M2C200-D2
Getriebeöl-Füllmenge	2,1 Liter
Anzugsdrehmomente	**Nm**
Getriebe/Motor-Verbindungsschrauben	40
Motorhalterungen hinten	
an Hilfsrahmen*	133
Durchgangsbolzen*	
M14 x 1,5	150
M14 x 2,0	175
Motor/Getriebehalterungen	siehe Kapitel 2A oder 2B
Öleinfüll- und Ablassschraube	35
Rückfahrlicht-Schalter	20
Radmuttern	200
Schalthebelgehäuse-Schrauben	9

* *Stets durch Neuteile ersetzen*

1 Allgemeine Informationen

1 Das Getriebe befindet sich in einem links an den Motor geschraubten Aluminiumgehäuse. Das Differenzial für den Antrieb der Vorderräder ist in das Gehäuse integriert.

2 Die Motorkraft wird von der Kurbelwelle über die Kupplung auf die in deren Nabenverzahnung geführten Getriebeeingangswelle übertragen. Von dort geht es weiter auf die Getriebeausgangswelle und das Tellerrad des Differenzials, dessen Planetenräder und die Sonnenräder an den Antriebswellen. Durch die Kraftverteilung über das Differenzial kann in Kurven das innere Vorderrad langsamer drehen als das äußere Rad.

3 Die Zahnräder der jeweils in zwei Rollenlagern geführten Getriebeeingangs- und -Ausgangswellen greifen permanent ineinander. Im Leerlauf drehen alle Zahnräder der Ausgangswelle frei, sodass die Kraft nicht auf das Differenzial übertragen werden kann.

4 Die über den am Armaturenbrett sitzenden Schalthebel gewählten Gänge werden über Bowdenzüge an die entsprechenden Schaltgabeln weitergeleitet werden, um die mit Synchronringen ausgerüsteten Schaltmuffen auf den Wellen zu verschieben, sodass das entsprechende Zahnrad arretiert wird und die Kraft übertragen kann. Damit die Gänge schnell und geräuschlos gewechselt werden können, sorgen die Synchronringe und federbelastete Laschen dafür, dass die Zahnräder bereits vor dem Arretieren auf die korrekte Drehzahl gebracht werden.

5 Aufgrund der Komplexität und diverser erforderlicher Spezialwerkzeug ist eine Reparatur der internen Bauteile eines Getriebes für den Hobbyschrauber nicht empfehlenswert. Falls im Getriebe Probleme auftreten, sollte eine Fachwerkstatt konsultiert und ggf. ein Austauschgetriebe beschafft werden.

2 Schaltzüge – Einstellung

Anmerkung: *Für die folgende Einstellung muss der Schalthebel in der Ebene des 3. und 4. Ganges arretiert werden. Beschaffen Sie hierfür entweder das Ford-Spezialwerkzeug 308-650 oder fertigen Sie selbst zwei entsprechende Werkzeuge an – siehe Werkzeug-Tipp.*

Praxis-Tipp ***Schneiden Sie aus einem 3 mm starkes Stahlblech zwei 65 x 13 mm großen Streifen, um damit die Schaltzüge arretieren zu können.***

1 Entfernen Sie die Verkleidungen unter dem Lenkrad, die Abdeckung unter dem Schalthebel und den unteren Teil der Blende zwischen der Mittelkonsole und den Lüftungsreglern (siehe Kapitel 11, Sektion 24 und Kapitel 3, Sektion 8).

2 Positionieren Sie den Schalthebel im 4. Gang und prüfen Sie, ob die Hebel am Getriebe ebenfalls im 4. Gang positioniert sind.

3 Befreien Sie am Schalthebel-Ende des für die seitliche Verschiebung zuständigen Schaltzugs mit einem kleinen Schraubendreher die Schiebe-Arretierung (siehe Abbildung).

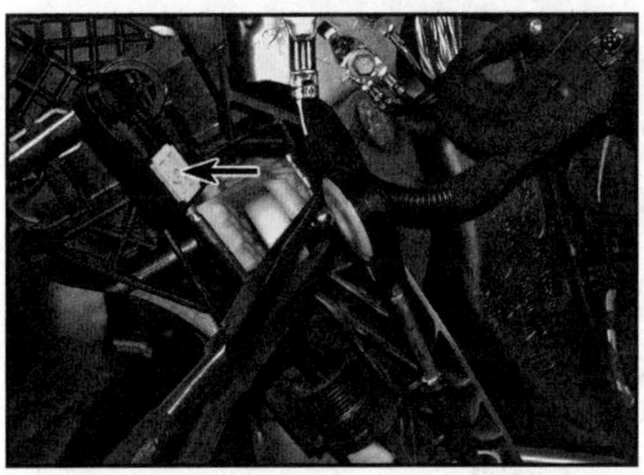

2.3 Hebeln Sie am Schaltzug-Anschluss die Schiebe-Arretierung heraus.

4 Während der Schalthebel weiter im 4. Gang positioniert ist, werden die Arretierwerkzeuge in die abgewinkelte Einstellnuten unten an der Rückseite des Schalthebelgehäuses eingeführt, um den Hebel in der Ebene für den 3. und 4. Gang zu sichern (siehe Abbildungen).

2.4a Einstellnuten am Schalthebelgehäuse – hier mit Schalthebel und Abdeckung entfernt

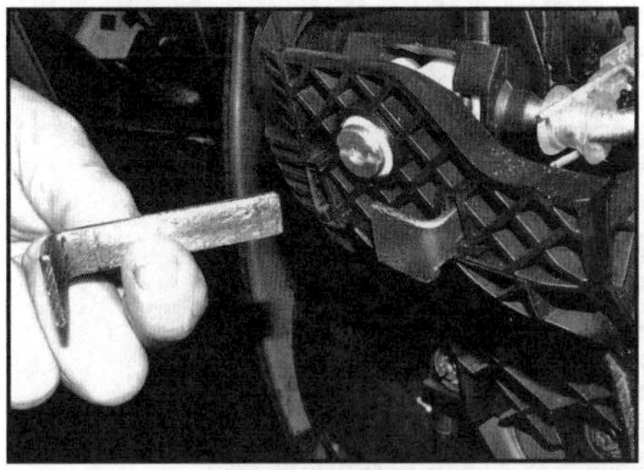

2.4b Schieben Sie die Arretierwerkzeuge in die Nuten ein.

5 Sobald der Schalthebel in dieser Position arretiert ist und die Hebel am Getriebe im 4. Gang stehen, wird die Schiebe-Arretierung wieder in den Schaltzug-Anschluss gedrückt.

6 Entfernen Sie die Arretierwerkzeuge aus den Nuten und prüfen Sie die Funktion der Schaltung.

7 Montieren Sie alle entfernten Verkleidungsteile.

3 Schalthebel – Ausbau und Einbau

1 Trennen Sie den Masseanschluss (–) der Batterie (siehe Sektion 3).

2 Entfernen Sie die Verkleidungen unter dem Lenkrad, die Abdeckung unter dem Schalthebel und die Schalthebel-Blende (siehe Kapitel 11, Sektion 24).

3 Demontieren Sie die Heizungsregler (siehe Kapitel 3, Sektion 8).

Achtung: Verbiegen oder knicken Sie nicht die Schaltzüge, während sie getrennt werden!

4 Hebeln Sie mit einem gegabelten Werkzeug oder einer Zange das Endstück der für seitliche Bewegungen zuständige Schaltzug-Hülle heraus und befreien Sie das Endstück vom Kugelkopf des Hebels (siehe Abbildung).

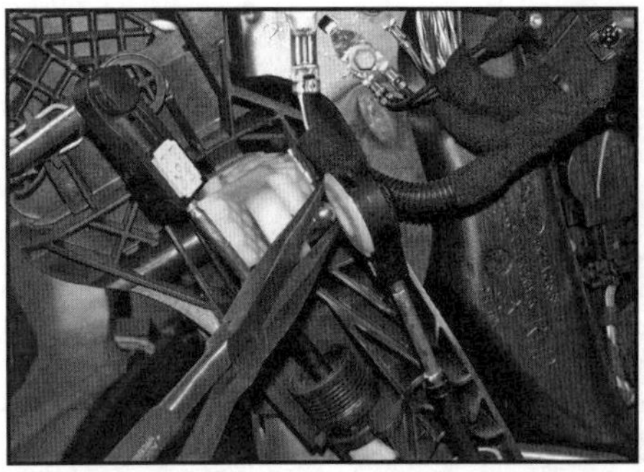

3.4 Trennen Sie den Schaltzug vom Kugelkopf des Schalthebels.

5 Ziehen Sie an der Schaltzug-Hülle die Sicherungshülse zurück und befreien Sie die Hülle seitlich vom Schalthebelgehäuses (siehe Abbildung).

3.5 Ziehen Sie an der Schaltzug-Hülle die Sicherungshülse zurück, um diese zu befreien.

6 Wiederholen Sie die Schritte 4 und 5 mit dem für Auf- und Ab-Bewegung zuständigen Schaltzug.
7 Lösen Sie die vier Muttern und heben Sie die Schalthebel-Gehäuse-Baugruppe ab (siehe Abbildungen).

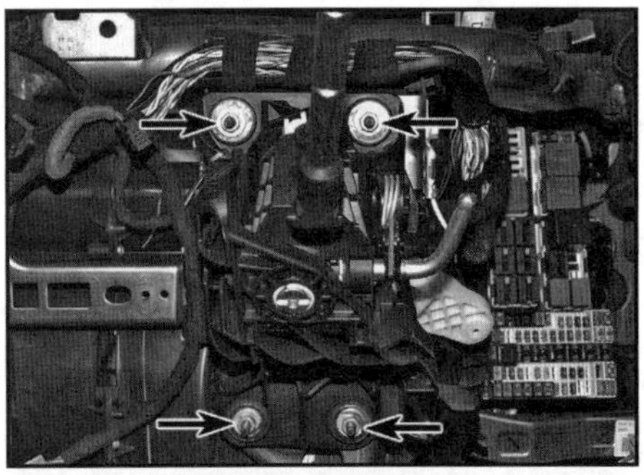

3.7a Lösen Sie die vier Muttern ...

3.7b ... und heben Sie die Schalthebel-Gehäuse-Baugruppe ab.

8 Der Einbau entspricht der umgekehrten Ausbaureihenfolge – prüfen Sie zum Schluss die Einstellung der Schaltzüge (siehe Sektion 2).

4 Schaltzüge – Ausbau und Einbau

1 Trennen Sie den Masseanschluss (–) der Batterie (siehe Sektion 3).
2 Trennen Sie am Getriebe den für seitliche Bewegungen zuständigen Schaltzug vom Kugelkopf des Hebels (siehe Abbildung). Wiederholen Sie dies mit dem für Auf- und Ab-Bewegung zuständigen Schaltzug.

4.2 Trennen Sie den für seitliche Bewegungen zuständigen Schaltzug vom Kugelkopf des Getriebehebels.

3 Ziehen Sie an den Schaltzug-Hüllen die Sicherungshülsen zurück und befreien Sie die Hüllen aus den Widerlagern am Getriebe (siehe Abbildung).

4.3 Ziehen Sie die Hülsen zurück und befreien Sie die Schaltzughüllen aus dem Widerlagern.

4 Trennen Sie die beiden Schaltzüge vom Schalthebel (siehe Sektion 3).
5 Lösen Sie die vier Schrauben der mittleren unteren Armaturenbrettverkleidung, um diese zu entfernen. Lösen Sie dann die vier Schrauben der rechten Armaturenbrett-Querstrebenhalterung, um diese von der Strebe und vom Bodenblech zu befreien (siehe Abbildungen).

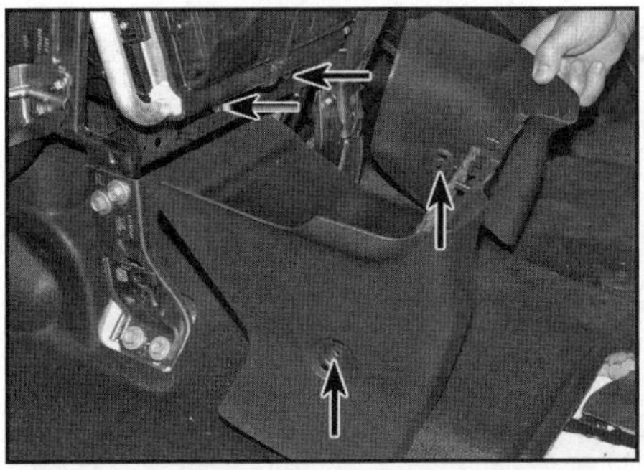

4.5a Lösen Sie die vier Schrauben der mittleren unteren Armaturenbrettverkleidung, um diese zu entfernen.

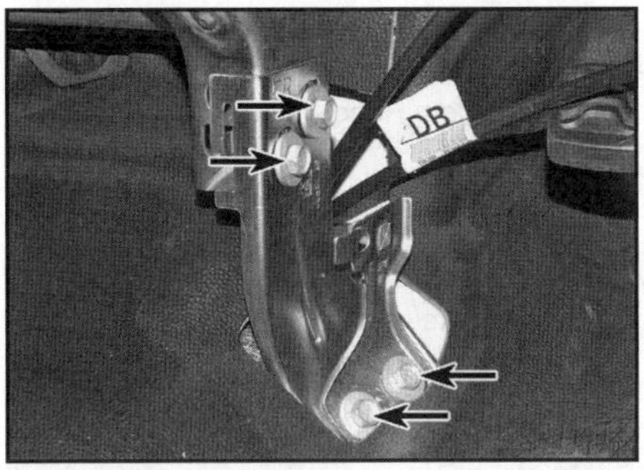

4.5b Schrauben der rechten Armaturenbrett-Querstrebenhalterung

6 Lösen Sie die zwei Schrauben, mit denen die Schaltzug-Sicherungsplatte am Bodenblech befestigt ist (siehe Abbildung) – für den Zugang zur rechten Schraube kann es nötig sein, den Dämmstoff aufzuschneiden.

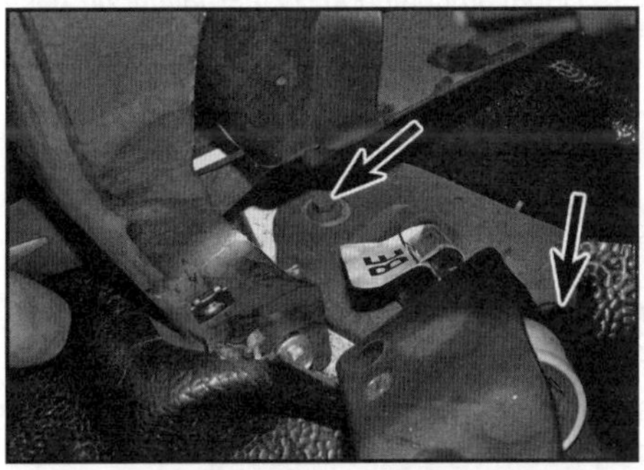

4.6 Schrauben, mit denen die Schaltzug-Sicherungsplatte am Bodenblech befestigt ist

7 Merken Sie sich die Verlegung und korrekten Anschlüsse der Schaltzüge und manövrieren Sie die Schaltzug-Baugruppe mithilfe eines Assistenten aus dem Fahrzeug.
Achtung: Verbiegen oder knicken Sie nicht die Schaltzüge, während sie getrennt sind!
8 Der Einbau entspricht der umgekehrten Ausbaureihenfolge – ziehen Sie die Schaltzüge mit Seilen am Getriebe in Position und prüfen Sie zum Schluss die Einstellung der Schaltzüge (siehe Sektion 2).

5 Dichtringe – Ersetzen

Differenzial-Dichtringe

1 Diese Dichtringe sitzen an den Ausgängen der Antriebswellen seitlich am Getriebe. Falls Undichtigkeiten vermutet werden, muss die Handbremse angezogen, das Fahrzeug vorn angehoben und sicher abgestützt werden (siehe Seite 355). Kontrollieren Sie dann den Bereich unterhalb der Antriebswellen auf Verölung.
2 Demontieren Sie die entsprechende Antriebswelle (siehe Kapitel 8, Sektion 2).
3 Hebeln Sie den alten Dichtring mit einem Reifenmontiereisen, einem großen Schraubendreher oder anderem Werkzeug aus seinem Sitz im Getriebe – beschädigen Sie diesen dabei nicht (siehe Abbildung).

5.3 Hebeln Sie den alten Dichtring vorsichtig heraus.

4 Reinigen Sie den Bereich um den Dichtring-Sitz.
5 Schmieren Sie die äußere Dichtlippe des neuen Dichtrings mit Fett ein und positionieren Sie diesen mit der Dichtlippe nach innen zeigend an seinem Sitz.
6 Treiben Sie den Dichtring senkrecht ein – nutzen Sie dazu z. B. einen Steckschlüssel, der nur den harten Außenbereich berührt (siehe Abbildung) – er muss bündig zum Gehäuse sitzen.

5.6 Treiben Sie den neuen Dichtring mithilfe eines passenden Steckschlüssels ein.

7 Montieren Sie die Antriebswelle ans Getriebe (siehe Kapitel 8, Sektion 2).
8 Füllen Sie das Getriebe mit dem vorgegebenen Getriebeöl auf (siehe Sektion 9).

Eingangswellen-Dichtring

9 Demontieren Sie den Kupplungs-Ausrückzylinder (siehe Kapitel 6, Sektion 4).

10 Notieren Sie die Einbautiefe des Dichtrings, bohren Sie ein kleines Loch hinein und drehen Sie eine selbstschneidende Schraube in das Loch, um den Dichtring so mit einer hier angesetzten Zange befreien zu können (siehe Abbildung).

5.10 Ziehen Sie den Dichtring mithilfe der eingedrehten Schraube heraus.

11 Schmieren Sie die äußere Dichtlippe des neuen Dichtrings mit Fett ein und positionieren Sie diesen mit der Dichtlippe nach innen zeigend an seinem Sitz. Treiben Sie den Dichtring senkrecht bis zur notierten Einbautiefe ein – nutzen Sie dazu z. B. einen Steckschlüssel, der nur den harten Außenbereich berührt (siehe Abbildung).

5.11 Der Dichtring muss in der beim Ausbau notierten Tiefe sitzen.

12 Montieren Sie den Ausrückzylinder (siehe Kapitel 6, Sektion 4).

6 Rückfahrlichtschalter – Test, Ausbau und Einbau

Test

1 Der Stromkreis des Rückfahrlichts wird von einem am Getriebehebel-Halter (oben am Getriebe) befestigten Schalter gesteuert. Prüfen Sie bei einem Problem zuerst, ob nicht die Sicherung des Stromkreises durchgebrannt ist (siehe Kapitel 12).

2 Zum Testen des Schalters muss sein Kabelstecker abgezogen (siehe Abbildung) und durch ein auf den Ohm-Bereich geschaltetes Messgerät oder eine Prüflampe samt Stromversorgung der Durchgang an den Schalterkontakten geprüft werden – dieser darf nur bei eingelegtem Rückwärtsgang bestehen; bei anderen Ergebnissen (und keinen offensichtlichen Unterbrechungen der Verkabelung) ist der Schalter defekt und muss ersetzt werden.

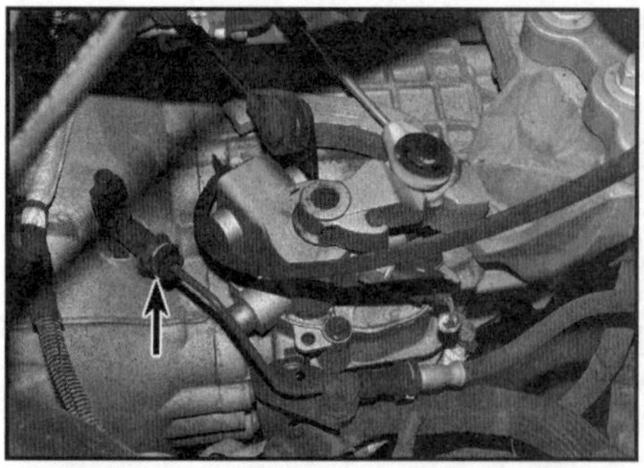

6.2 Stecker des Rückfahrlichtschalters

Ausbau

3 Trennen Sie den Stecker des Schalters (Abb. 5.2) und schrauben Sie diesen aus dem Hebel-Halter oben am Getriebe.

Einbau

4 Der Einbau entspricht der umgekehrten Ausbaureihenfolge – ziehen Sie den Schalter mit 20 Nm an.

7 Getriebe – Ausbau und Einbau

Anmerkung: *Lesen Sie zunächst die gesamte Prozedur durch, um einen Überblick über die erforderliche Ausrüstung – besonders Hebevorrichtungen – zu erhalten. Je nach vorhandener Ausrüstung kann der Hobbyschrauber vielleicht besser den Motor samt Getriebe ausbauen und dann die Baugruppe trennen (siehe Kapitel 2C).*

Ausbau

1 Trennen Sie den Masseanschluss (–) der Batterie (siehe Sektion 3).
2 Demontieren Sie beim 2,2 l-Motor die Luftfilter-Baugruppe (siehe Kapitel 4, Sektion 5).
3 Ziehen Sie die Handbremse, heben Sie das Fahrzeug vorn an und stützen Sie es sicher ab (siehe Seite 355) – es muss hoch genug abgestützt sein, um das Getriebe absenken und herausziehen zu können. Demontieren Sie beide Vorderräder.
4 Lassen Sie das Getriebeöl ab (siehe Sektion 9).
5 Heben Sie beim 2,2 l-Motor den Hitzeschild ab und trennen Sie den Stecker des hinten oben an der Kupplungsglocke sitzenden Kurbelwellensensors.
6 Trennen Sie beim 2,2 l-Motor den Katalysator vom Turbolader – stützen Sie das flexible Rohr entsprechend ab.
7 Lösen Sie die Schrauben der hinteren Motorhalterung am Hilfsrahmen und den Durchgangsbolzen, der die Halterung am Getriebe sichert (siehe Kapitel 2A oder 2B, Sektion 17) – sie müssen beim Einbau durch Neuteile ersetzt werden.
8 Demontieren Sie beide Antriebswellen (siehe Kapitel 8, Sektion 2).
9 Demontieren Sie den Anlasser (siehe Kapitel 5, Sektion 8).
10 Lösen Sie die zwei Schrauben und Muttern des Heizungsrohr-Halters, um ihn vom Getriebe zu befreien.
11 Trennen Sie den Getriebeentlüftungsschlauch vom Getriebe-Anschluss.
12 Trennen Sie den Stecker des Rückfahrlicht-Schalters (Abb. 6.2).

13 Trennen Sie alle verbliebenen Stecker und anderen Anschlüsse am Getriebe und befreien Sie den Kabelbaum aus seiner Halterung.
14 Trennen Sie die Schaltzüge (siehe Sektion 4).
15 Befreien Sie die Schaltzug-Hüllen aus ihren Widerlagern am Getriebe (Abb. 4.2 und 4.3).
16 Hebeln Sie mit einem kleinen Schraubendreher den Sicherungsdraht des Kupplungshydraulik-Anschlusses heraus und trennen Sie diesen (siehe Abbildung) – klemmen Sie den Schlauch ab, um das Austreten von Bremsflüssigkeit zu minimieren. Verstopfen Sie alle Öffnungen, um den Flüssigkeitsverlust zu minimieren und das Eindringen von Schmutz zu verhindern.
Achtung: Treten Sie bei getrennter Kupplungsleitung nicht auf das Kupplungspedal!

7.16 Hebeln Sie den Sicherungsdraht des Kupplungshydraulik-Anschlusses heraus.

17 Befreien Sie das Kupplungs-Hydraulikrohr aus der Halterung am Getriebe.
18 Befreien Sie die Auspuffgummis aus ihren Halterungen am Unterboden und senken Sie den Auspuff auf die Hinterachse ab.
19 Der Motor und das Getriebe müssen jetzt abgestützt werden, da die linke Halterung getrennt wird. Dies kann mit einer Haltestange erledigt werden, die oben auf den Innenkotflügeln aufliegt und mit der Motorhalteöse links am Zylinderkopf verbunden wird. Im Fachhandel sind entsprechende Vorrichtungen erhältlich.
20 Falls keine Haltestange vorhanden ist, kann auch eine geeignete Motor-Transportvorrichtung verwendet werden, mit der sich die Antriebseinheit leichter und sicher manövrieren lässt; das Ausbalancieren des Motors auf einem Rangierwagenheber ist nicht empfehlenswert.
21 Stützen Sie das Getriebe mit einem Rangierwagenheber von unten ab und entfernen Sie die linke Motor/Getriebe-Halterung (siehe Kapitel 2A oder 2B, Sektion 17).
22 Senken Sie die Motor/Getriebe-Einheit leicht nach links ab, um Platz zum Trennen des Getriebes zu erhalten.
23 Lockern Sie rundherum an der Kupplungsglocke die Verbindungsschrauben zum Motor und entfernen Sie sie. Trennen Sie alle vorhandenen Kabelbaum-Halterungen.
24 Ziehen Sie das Getriebe mithilfe eines Assistenten senkrecht vom Motor ab – belasten Sie dabei nicht seine Eingangswelle, da andernfalls die Reibscheibe der Kupplung beschädigt werden kann. Sobald das Getriebe frei ist, kann der Heber abgesenkt und das Getriebe unter dem Fahrzeug heraus manövriert werden.
25 Jetzt können alle Kupplungs-Komponenten kontrolliert und nötigenfalls erneuert werden (siehe Kapitel 6, Sektion 6) – solange die Kupplung nicht nahezu neuwertig ist, ist es ratsam, die Reibscheibe und das Ausrücklager bei jeder Demontage des Getriebes durch Neuteile zu ersetzen.

Einbau

26 Positionieren Sie das Getriebe unter dem Motorraum auf dem Rangierwagenheber, heben Sie es mithilfe eines Assistenten an und führen Sie es an den Motor heran – die Eingangswelle muss in die Verzahnung der Kupplungs-Reibscheibe greifen. Falls sich das Getriebe nicht sanft ansetzen lässt, muss die Eingangswelle gedreht oder der Winkel geändert werden; prüfen Sie nötigenfalls, ob die Kupplungs-Reibscheibe korrekt zentriert ist (siehe Kapitel 6, Sektion 6).
27 Der Rest des Einbaus entspricht der umgekehrten Ausbaureihenfolge – beachten Sie dabei folgende Punkte:
a) Verwenden Sie an der hinteren Motorhalterung einen neuen Durchgangsbolzen und neue Schrauben.
b) Ziehen Sie alle Schrauben und Muttern mit den in den technischen Daten angegebenen Drehmomenten an.
c) Erneuern Sie nötigenfalls die Differenzial-Dichtringe (siehe Sektion 5).
d) Montieren Sie die Antriebswellen (siehe Kapitel 8, Sektion 2).
e) Füllen Sie das vorgeschriebene Getriebeöl auf (siehe Sektion 9).
f) Verbinden Sie die Schaltzüge und stellen Sie sie ein (siehe Sektion 2).
28 Führen Sie eine letzte Kontrolle durch, um sicherzugehen, dass alle Anschlüsse verbunden und Befestigungen korrekt angezogen sind. Prüfen Sie bei einer Probefahrt die korrekte Funktion des Getriebes. Kontrollieren Sie nach der Rückkehr das Getriebe auf Undichtigkeiten.

8 Getriebeüberholung – Allgemeine Informationen

1 Das Überholen eines Schaltgetriebes ist für den Hobbyschrauber eine sehr schwierige Arbeit. Es beinhaltet das Zerlegen und Zusammenbauen vieler Einzelteile. Es müssen zahlreiche Maße ermittelt und Spiel nötigenfalls mit ausgewählten Distanzscheiben und Sicherungsringen ausgeglichen werden. Daher kann ein kompetenter Fahrzeugbesitzer zwar das Getriebe aus- und einbauen, doch sollte er das Überholen einer Fachwerkstatt überlassen. Es sind auch fertig überholte Austauschgetriebe erhältlich – fragen Sie beim Ford-Händler oder einem Getriebespezialisten nach. Der in die Überholung des eigenen Getriebes gesteckte Zeitaufwand und das Geld für Ersatzteile übersteigen fast immer die Kosten für ein Austauschgetriebe.
2 Dennoch ist es auch für einen wenig erfahrenen Schrauber nicht unmöglich, ein Getriebe zu reparieren – vorausgesetzt, alle Spezialwerkzeuge sind vorhanden und die Arbeit wird wohlüberlegt Schritt für Schritt durchgeführt, damit nichts übersehen wird.
3 Zu den für eine Überholung benötigten Werkzeugen gehören: Innen- und Außen-Seegerringzangen, ein Lagerabzieher, ein Zughammer, ein Set Treibdorne, eine Messuhr mit Halterungen und möglichst eine Hydraulikpresse. Zusätzlich werden eine große und solide Werkbank mit einem Schraubstock und ein Getriebeständer benötigt.
4 Beim Zerlegen des Getriebes muss sorgfältig notiert werden, wie und wo alles montiert ist und wie alle Teile in Position gehalten werden.
5 Bevor das Getriebe zum Reparieren zerlegt wird, sollte man wissen, wo die Fehlfunktion auftritt. Manche Probleme können eng mit bestimmten Bereichen im Getriebe in Verbindung gesetzt werden, sodass die Begutachtung und Reparatur einfacher wird. Beachten Sie die »Fehlersuche«-Sektion hinten in diesem Buch, um Informationen über mögliche Fehlerursachen zu erhalten.

9 Getriebeöl – Ablassen und Auffüllen

Anmerkung: *Ford schreibt für das Getriebeöl keine Wechselintervalle vor. Falls das Fahrzeug jedoch eine sehr hohe Laufleistung erreicht hat oder unter erschwerten Bedingungen lief (z. B. oft als Zugfahrzeug oder viel im Kurzstreckenbetrieb), sollte das Getriebeöl vorsorglich gewechselt werden; das gilt auch, wenn die Schaltvorgänge schwieriger werden.*

Ablassen

1 Heben Sie das Fahrzeug waagerecht an und stützen Sie es sicher ab (siehe Seite 355). Demontieren Sie das linke Vorderrad.
2 Stellen Sie einen geeigneten Ölauffangbehälter unter das Getriebe.
3 Lösen Sie die links unten am Differenzialgehäuse sitzende Ablassschraube und lassen Sie das Öl in den Behälter ablaufen (siehe Abbildungen). Kontrollieren Sie die ggf. vorhandene Dichtscheibe der Schraube und erneuern Sie sie nötigenfalls.

9.3 Getriebeöl-Ablassschraube

4 Nachdem das Öl vollständig abgetropft ist, wird die Ablassschraube ggf. samt (neuer) Dichtscheibe installiert und mit 35 Nm angezogen.
5 Entsorgen Sie das Altöl im Fachhandel, wo es gekauft wurde.

Auffüllen

Anmerkung: *Beachten Sie, dass das Fahrzeug zur Sicherstellung des korrekten Ölpegels absolut waagerecht stehen muss. Falls es vorn angehoben ist, muss es auch hinten entsprechend angehoben werden.*

6 Lösen Sie die kombinierte Einfüll- und Kontrollschraube vorn am Getriebe (siehe Abbildung).

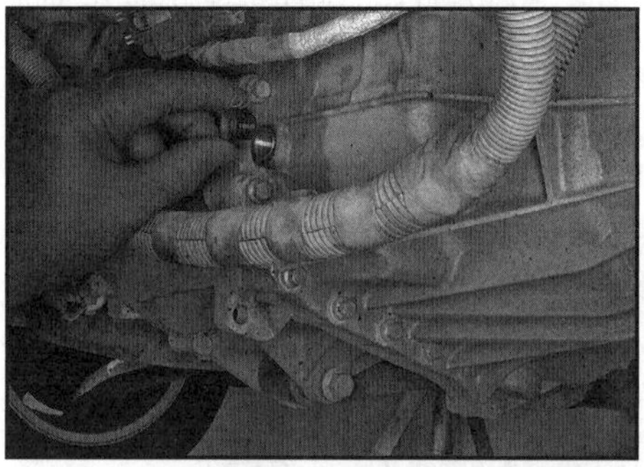

9.6 Getriebeöl-Einfüll- und Kontrollschraube

7 Füllen Sie durch die Bohrung mithilfe einer Spritze oder einer Plastikflasche samt Schlauch etwa 2 Liter Getriebeöl auf. Prüfen Sie mithilfe eines gebogenen Drahts oder Blechstreifens, ob der Pegel etwa 20 mm unterhalb der Schraubenbohrung steht. Füllen Sie nötigenfalls Öl auf und kontrollieren Sie den Pegel.
8 Installieren Sie die Einfüll/Kontroll-Schraube ggf. mit einer neuen Dichtung und ziehen Sie sie mit 35 Nm an.
9 Senken Sie das Fahrzeug ab, führen Sie eine Probefahrt durch und kontrollieren Sie die Dichtigkeit der Schraube.

Kapitel 8

Antriebswellen und Hinterachse

Inhalt — Sektion

Schwierigkeitsgrade

Leicht. Geeignet für Anfänger mit wenig Erfahrung.	**Relativ leicht.** Geeignet für Anfänger mit etwas Erfahrung.	**Relativ schwierig.** Geeignet für geübte Selbstschrauber.	**Schwer.** Geeignet für Selbstschrauber mit viel Erfahrung.	**Sehr schwer.** Geeignet für Experten und Profis.

Technische Daten

Antriebswellen

Typ	unterschiedlich lange Stahl-Wellen, außen mit Kugel-Gleichlaufgelenken, innen mit Tripodegelenken, rechts mit Zwischenwelle und Stützlager
Schmiermittel-Typ	Spezialfett – sollte in neue Manschetten vorgefüllt oder beigefügten sein
Hinterachse	
Typ	Starrachse, aufgehängt an halb-elliptischen Einzel-Blattfedern

Anzugsdrehmomente	**Nm**
Antriebswellen	
Antriebswellenmutter*	
Schritt 1	Radnabe 5 Umdrehungen drehen
Schritt 2	250
Schritt 3	Radnabe 5 Umdrehungen drehen
Schritt 4	500
Lenkhebel-Kugelkopf an Querlenker – Mutter*	
Kugelkopf mit Seegerring gesichert	150
Kugelkopf mit Schrauben gesichert	215
Spurstangenkugelkopf-Befestigungsmutter*	48
Zwischenwellenstützlager-Halterungsmuttern*	25
Hinterachse	
Blattfeder-Klemmbügel-Muttern*	
Schritt 1	25
Schritt 2	50
Schritt 3	75
Schritt 4	100
Schritt 5	125
Schritt 6	150
Schritt 7	175

Radnaben-Befestigungsmutter*	
Flanschmutter mit 45 mm Durchmesser	
Schritt 1	Radnabe 5 Umdrehungen drehen
Schritt 2	200
Schritt 3	Radnabe 5 Umdrehungen drehen
Schritt 4	300
Schritt 5	Radnabe 5 Umdrehungen drehen
Flanschmutter mit 51 mm Durchmesser	
Schritt 1	Radnabe 5 Umdrehungen drehen
Schritt 2	200
Schritt 3	Radnabe 5 Umdrehungen drehen
Schritt 4	420
Schritt 5	Radnabe 5 Umdrehungen drehen
Stoßdämpfer – obere Muttern	175
Stoßdämpfer – untere Muttern	110
Radmuttern	200

* *Stets durch Neuteile zu ersetzen*

1 Allgemeine Informationen

Antriebswellen

1 Der Antrieb vom Differenzial auf die Vorderräder erfolgt über zwei solide Antriebswellen, die innen mit verschiebbaren Tripodegelenken und außen mit festen Kugel-Gleichlaufgelenken ausgerüstet sind. Weil das Getriebe links am Motor sitzt, ist die rechte Welle mit einer Zwischenwelle und einem Stützlager ausgerüstet (siehe Abbildung).

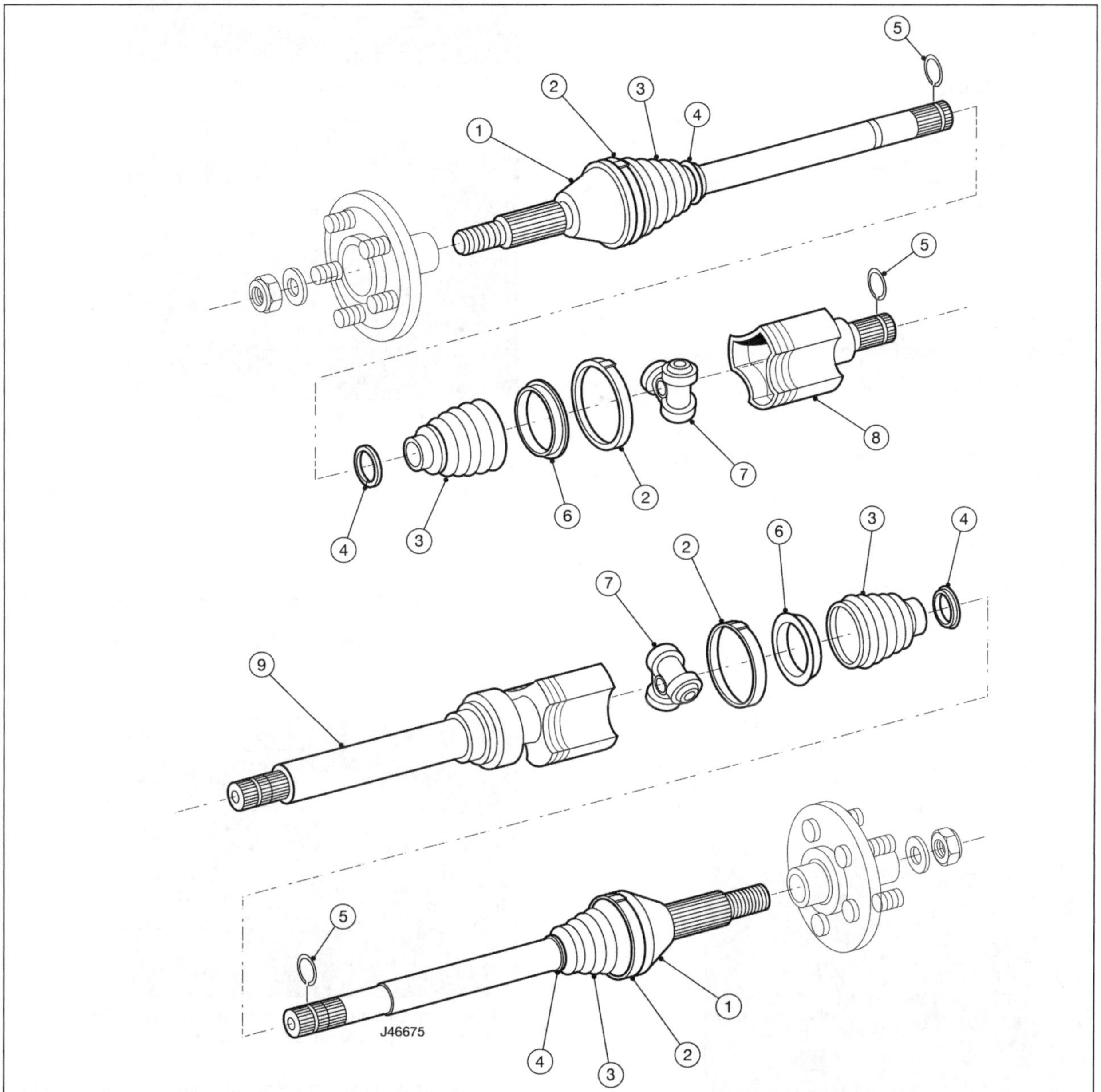

1.1 Einzelteile der Antriebswellen – oben die linke Welle, unten die rechte Welle mit Zwischenwelle

1 *Antriebswelle mit fest verbundenem äußeren Gleichlaufgelenk*
2 *Große Antriebswellenmanschetten-Klemme*
3 *Antriebswellenmanschette*
4 *Kleine Antriebswellenmanschetten-Klemme*
5 *Sprengring*
6 *Hülse*
7 *Inneres Tripodegelenk*
8 *Tripodegelenk-Gehäuse (links)*
9 *Zwischenwelle mit Tripodegelenk-Gehäuse (rechts)*

2 Jede Antriebswelle besteht aus drei Haupt-Komponenten: dem verschiebbaren inneren Tripode-Gleichlaufgelenk, der eigentlichen Welle und dem äußeren Kugel-Gleichlaufgelenk. Der Zapfen des linken Tripode-Gehäuses ist mit einem Sprengring im Differenzialrad gesichert, die Welle des rechten Gehäuses wird mit dem in einem Halter am Motor gesicherten Lager am rechten Differenzialrad in Position gehalten. Die äußeren Kugel-Gleichlaufgelenke sind fest auf den Wellen verpresst und können nicht zerlegt werden, ihre äußeren Zapfen werden mit Muttern an den Vorderradnaben gesichert. Alle Gelenke sind mit Gummimanschetten vor Witterungseinflüssen und dem Verlust der Fettfüllung geschützt.

Hinterachse

3 Die als Rundrohr ausgeführte starre Hinterachse wird auf beiden Seiten in elliptischen Einzel-Blattfedern geführt, die Federn selbst sind in Elastik-Elementen gelagert. An beiden Seiten der Achse sitzen verschraubte Wellenzapfen, die die Radnaben und Lager-Baugruppen tragen. Teleskop-Stoßdämpfer übernehmen die Dämpfung der Hinterachse.

2 Antriebswellen – Ausbau und Einbau

Achtung: Knicken Sie die Antriebswellengelenke beim Ausbau nicht mehr als 18° (innen) bzw. 45° (außen) ab, da sie hierdurch beschädigt werden können!
Anmerkung: *Beim Einbau werden neue Antriebswellenmuttern samt Scheiben und Splinten, neue Muttern für die Spurstangenköpfe und Querlenker-Kugelköpfe und bei der rechten Antriebswelle auch eine neue Stützlager-Halterung samt Muttern benötigt.*

Ausbau

1 Ziehen Sie die Handbremse, heben Sie das Fahrzeug vorn an, und stützen Sie es sicher ab (siehe Seite 355). Demontieren Sie das entsprechende Vorderrad.
2 Lassen Sie das Getriebeöl ab (siehe Kapitel 7, Sektion 9).
3 Befreien Sie den Splint aus der Antriebswelle und entfernen Sie den Sicherungsring der Mutter (siehe Abbildungen).

2.3a Biegen Sie den Splint gerade ...

2.3b ... und ziehen Sie ihn heraus.

2.3c Entfernen Sie dann den Sicherungsring der Mutter.

4 Um die Radnabe beim Lockern der Antriebswellenmutter zu blockieren, muss ein geeignetes Haltewerkzeug beschafft oder ggf. angefertigt (siehe Werkzeug-Tipp) und mit zwei Radmuttern an der Nabe gesichert werden (siehe Abbildung).

Praxis-Tipp

Ein Haltewerkzeug kann aus miteinander verschraubten stabilen Metallbändern (einem kurzen und einem langen) angefertigt werden.

2.4 Sichern Sie das Haltewerkzeug mit zwei Radmuttern an der Radnabe, lösen Sie die Mutter ...

5 Lösen Sie bei blockierter Radnabe die Mutter und entfernen Sie die Scheibe (siehe Abbildung) – beide Teile müssen später erneuert werden.

2.5 … und entfernen Sie die Scheibe.

6 Lockern Sie die Spurstangenkopf-Muttern um einige Umdrehungen und ziehen Sie mit einem Kugelkopfabzieher oder anderem Abzieher den Zapfen aus dem Spurhebel (siehe Abbildung). Sobald der Kugelkopf befreit ist, wird die Mutter abgedreht, um ihn vollständig vom Lenkhebel zu befreien – die Mutter muss beim Einbau erneuert werden.

2.6 Befreien Sie den Spurstangen-Kugelkopf aus dem Lenkhebel.

7 Lockern Sie die Mutter, die das Lenkhebel-Kugelgelenk mit dem Querlenker verbindet. Verbinden Sie einen Zweiarmabzieher mit dem Querlenker und ziehen Sie ihn an, um den Kugelgelenk-Zapfen unter Druck zu setzen (siehe Abbildung). Klopfen Sie mit einem Hammer mehrmals gegen das Ende des Querlenkers, um den Konus des Kugelgelenk-Zapfens zu befreien.

2.7a Lockern Sie die Mutter, die das Lenkhebel-Kugelgelenk mit dem Querlenker verbindet …

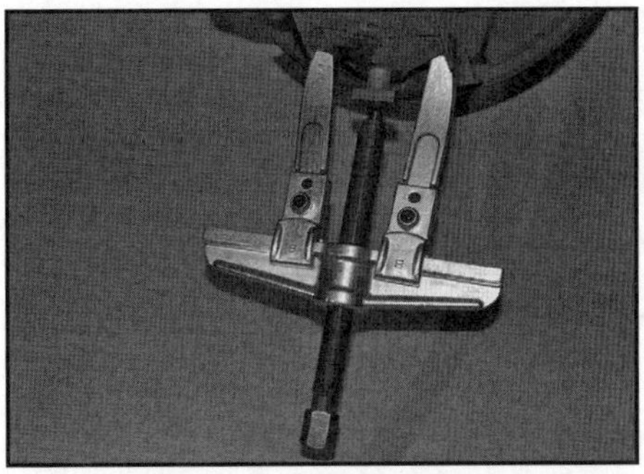

2.7b … und trennen Sie es mithilfe eines Zweiarmabziehers.

8 Entfernen Sie den Abzieher und lösen Sie die Mutter des Kugelkopf-Zapfens, kontern Sie diesen dabei mit einem Torxschlüssel (siehe Abbildung). Beachten Sie die Größe der Mutter (sie kann 24 oder 30 mm Schlüsselweite aufweisen) und beschaffen Sie ein entsprechendes Neuteil.

2.8 Kontern Sie den Kugelkopf-Zapfen und lösen Sie die Mutter.

9 Drücken oder hebeln Sie den Querlenker herunter, um den Kugelkopf-Zapfen zu befreien (siehe Abbildung). Schwenken Sie dann den Lenkhebel zu einer Seite und befreien Sie ihn von der Spurstange – beschädigen Sie dabei nicht die Gummimanschette des Kugelkopfs.

2.9 Drücken Sie den Querlenker herunter, um den Kugelkopf-Zapfen zu befreien.

10 Drücken Sie das äußere Ende der Antriebswelle durch die Vorderradnabe und ihren Träger. Falls die Welle fest sitzt, sollte zum Schutz des Gewindes die Mutter einige Umdrehungen aufgedreht werden. Klopfen Sie die Welle dann mit einem weichen Hammer heraus, während Sie sie hinten herausziehen. Bei einer besonders fest sitzenden Antriebswelle muss ein geeigneter Abzieher angesetzt werden (siehe Abbildung).

2.10 Drücken Sie die Antriebswelle nötigenfalls mithilfe eines Abziehers durch die Radnabe und ihren Träger.

Rechte Antriebswelle

11 Lösen Sie die Muttern des Zwischenwellen-Stützlagers, um die Halterung vom Motorgehäuse zu befreien (siehe Abbildung). Zum Lockern der Halterung wird möglicherweise ein Körner benötigt. Ford schreibt vor, die Halterung und die Mutter beim Einbau durch Neuteile zu ersetzen.

2.11 Lösen Sie die Muttern des Zwischenwellen-Stützlagers und entfernen Sie die Halterung.

12 Ziehen Sie die Zwischenwelle aus dem Getriebe – seien Sie dabei auf etwas austretendes Öl vorbereitet.
13 Befreien Sie die Antriebswelle unter dem Fahrzeug heraus.
14 Begutachten Sie den Dichtring im Differenzialgehäuse auf Schäden und Alterungserscheinungen und ersetzen Sie ihn nötigenfalls (siehe Kapitel 7, Sektion 5). Kontrollieren Sie das Stützlager und ersetzen Sie dies nötigenfalls (siehe Sektion 5).

Linke Antriebswelle

15 Setzen Sie zwischen dem inneren Antriebswellen-Gelenk und dem Getriebe einen Hebel an – schützen Sie das Gehäuse dabei mit einem Holz. Stellen Sie zudem einen Auffangbehälter darunter, um austretendes Getriebeöl aufzunehmen. Hebeln Sie jetzt vorsichtig das Gelenk aus dem Differenzial – beschädigen Sie dabei weder das Gehäuse noch den Dichtring (siehe Abbildung). Stützen Sie das innere Ende der Antriebswelle nötigenfalls mit einem geeigneten Bock ab – beachten Sie die Anmerkung am Anfang dieser Sektion.

2.15 Hebeln Sie das Gelenk vorsichtig aus dem Differenzial.

16 Befreien Sie die Antriebswelle unter dem Fahrzeug heraus.
17 Hebeln Sie am inneren Ende der Welle den Sprengring aus der Nut (siehe Abbildung) – beim Einbau muss ein neuer Ring beschafft werden.

2.17 Sprengring am inneren Ende der Welle

18 Begutachten Sie den Dichtring im Differenzialgehäuse auf Schäden und Alterungserscheinungen und ersetzen Sie ihn nötigenfalls (siehe Kapitel 7, Sektion 5).

Einbau

Rechte Antriebswelle

19 Schieben Sie das innere Ende der Zwischenwelle vorsichtig durch den Dichtring in die Verzahnung des Differenzialrades. Positionieren Sie das Zwischenlager am Motor, setzen Sie einen neuen Halter an und sichern Sie ihn mit neuen Muttern – diese müssen mit 25 Nm angezogen werden.

Linke Antriebswelle

20 Installieren Sie den neuen Sprengring in die Nut der inneren Wellenverzahnung (Abb. 2.17).
21 Richten Sie die Antriebswelle senkrecht zum Differenzial aus und schieben Sie das innere Ende der Zwischenwelle vorsichtig durch den Dichtring in die Verzahnung des Differenzialrades – drücken Sie die Welle ein, bis der Sprengring einrastet.

Beide Antriebswellen

22 Ziehen Sie den Radnabenträger nach außen und schieben Sie das äußere Ende der Antriebswelle durch die Nabe – drehen Sie diese nötigenfalls, um die Verzahnung auszurichten. Drücken Sie die Nabe vollständig auf die Welle – klopfen Sie sie nötigenfalls mit einem weichen Hammer auf.
23 Drücken Sie den Querlenker herunter und richten Sie den Lenkhebel-Kugelkopf dazu aus. Drehen Sie eine neue Mutter auf das Gewinde des Zapfens und ziehen Sie sie mit 150 Nm

(Kugelkopf mit Seegerring gesichert) bzw. 215 Nm (Kugelkopf mit zwei Schrauben gesichert) an.
24 Richten Sie den Spurstangenkopf zum Lenkhebel aus. Drehen Sie eine neue Mutter auf und ziehen Sie sie mit 48 Nm an – kontern Sie dabei nötigenfalls den Kugelkopf-Zapfen mit einem 5er-Inbussschlüssel. Falls der Zapfen keinen Ansatz für ein Werkzeug aufweist, muss die Spurstange mit einem stabilen Hebel hochgehebelt werden, damit der Konus greift und nicht mitdreht.
25 Legen Sie eine neue Scheibe auf das Ende der Antriebswelle und drehen Sie die neue Mutter auf. Ziehen Sie die Mutter mit vier Schritten an (siehe technische Daten) – kontern Sie dabei die Radnabe wie beim Ausbau.
26 Setzen Sie den Sicherungsring über die Antriebswellenmutter – richten Sie seine Nuten mit der Splint-Bohrung in der Welle aus. Installieren Sie einen neuen Splint und biegen Sie seine Enden um, um ihn zu sichern.
27 Montieren Sie das Vorderrad und ziehen Sie die Radmuttern mit 200 Nm an.
28 Füllen Sie Getriebeöl auf (siehe Kapitel 7, Sektion 9).

3 Antriebswellenmanschette innen – Ersetzen

Anmerkung: *Falls die Manschetten der inneren und äußeren Gelenke gleichzeitig ausgetauscht werden sollen, wird die äußere Manschette vom inneren Ende der Antriebswelle gezogen.*
1 Entfernen Sie die Antriebswelle (siehe Sektion 2).
2 Markieren Sie mit schnell trocknender Farbe die Ausrichtung der Antriebswelle zum Gelenk-Gehäuse (siehe Abbildung).
3 Lösen Sie mit einem Schraubendreher die innere und äußere Schelle, um die Manschette auf der Welle etwas herunterzuziehen und das innere Tripodegelenk freizulegen (siehe Abbildungen).

3.3a Lösen Sie die innere ...

3.3b ... und die äußere Schelle.

4 Ziehen Sie das innere Gelenkgehäuse vom Tripodegelenk und beseitigen Sie das Fett aus dem Gelenk und der Manschette (siehe Abbildung) – klopfen Sie das Gelenkgehäuse ggf. mit einem weichen Hammer ab und drehen Sie es, um das Gelenk zu befreien.

3.4 Ziehen Sie das Gelenk aus dem Gehäuse und entfernen Sie das Fett.

5 Kontrollieren Sie, ob das innere Ende der Antriebswelle in Relation zum Tripoden markiert ist – bringen Sie nötigenfalls vorsichtig Körnerschläge an, um sie wieder korrekt zusammensetzen zu können; alternativ kann auch schnelltrocknende Farbe verwendet werden.
6 Befreien Sie den Sprengring, der den Tripoden auf der Welle sichert (siehe Abbildung) – er muss beim Einbau durch ein Neuteil ersetzt werden.

3.6 Entfernen Sie den Sprengring vom inneren Ende der Antriebswelle.

7 Befreien Sie mithilfe eines Abziehers den Tripoden von der Antriebswelle (siehe Abbildung). Ziehen Sie jetzt die Manschette ab.

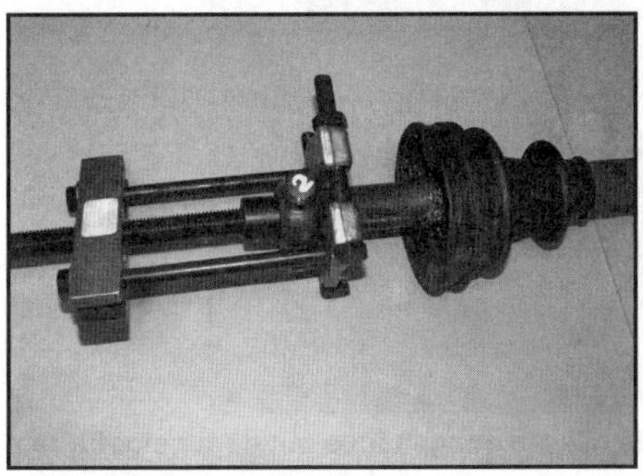

3.7 Befreien Sie mithilfe eines Abziehers den Tripoden von der Antriebswelle.

8 Falls auch die äußere Antriebswellenmanschette ersetzt werden soll, kann dies jetzt erledigt werden (siehe Sektion 4).

9 Reinigen Sie die Antriebswelle und beschaffen Sie einen neuen Sprengring. Die neue Manschette sollte mit neuen Schellen geliefert werden.
10 Schieben Sie die neue Manschette mit der neuen kleinen Schelle auf die Welle (siehe Abbildungen). Lassen Sie die Manschette in der Nut der Welle einrasten und sichern Sie sie mit der Schelle – hierzu wird ggf. eine spezielle Zange benötigt.

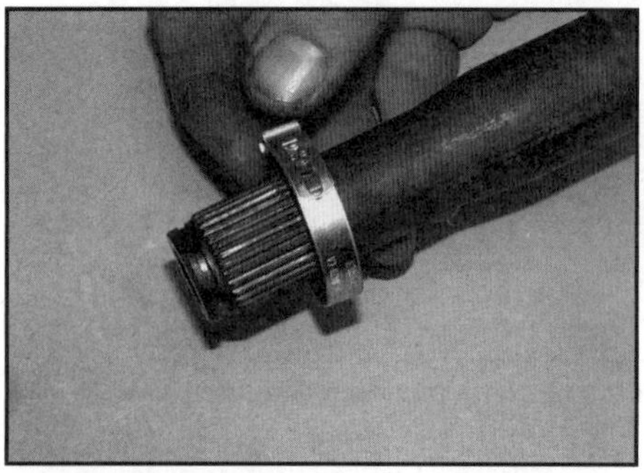

3.10a Schieben Sie die kleine Schelle ...

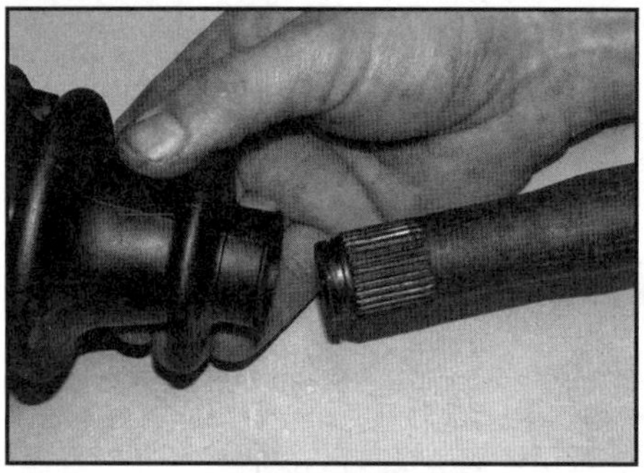

3.10b ... und die neue Manschette auf.

11 Installieren Sie den Tripoden mit der angeschrägten Seite voran und mit den korrekt ausgerichteten Markierungen auf die Wellenverzahnung – treiben Sie ihn nötigenfalls mit einem weichen Hammer auf. Installieren Sie den neuen Sprengring in die Nut, um ihn zu sichern.
12 Füllen Sie das Gelenkgehäuse mit dem im Reparaturset enthaltenen Fett (siehe Abbildung). Arbeiten Sie das Fett gut in die Tripoden und das Gehäuse ein und schmieren Sie den Rest in die Manschette.

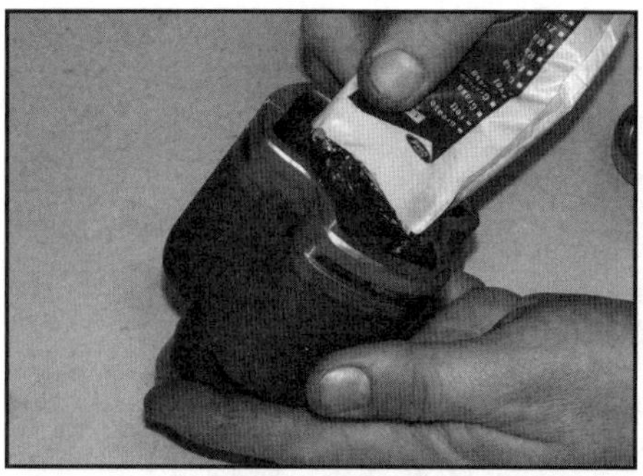

3.12 Füllen Sie das Gelenkgehäuse mit dem beigefügten Fett.

13 Führen Sie das Gelenkgehäuse vollständig auf den Tripoden und positionieren Sie die Manschette korrekt ausgerichtet in dessen Nut (siehe Abbildung) – sie darf nicht verdreht sein.

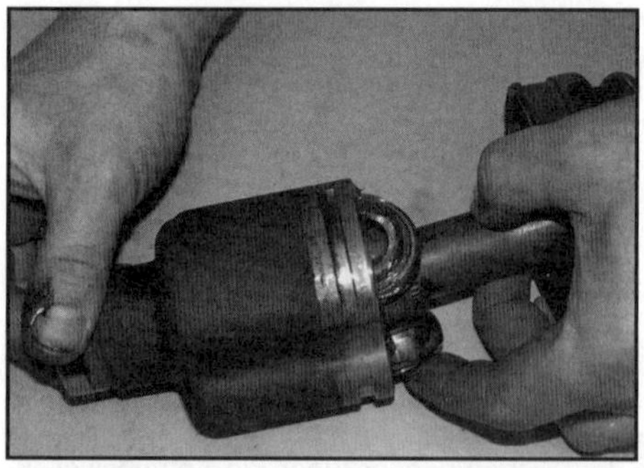

3.13a Führen Sie das Gelenkgehäuse vollständig auf den Tripoden ...

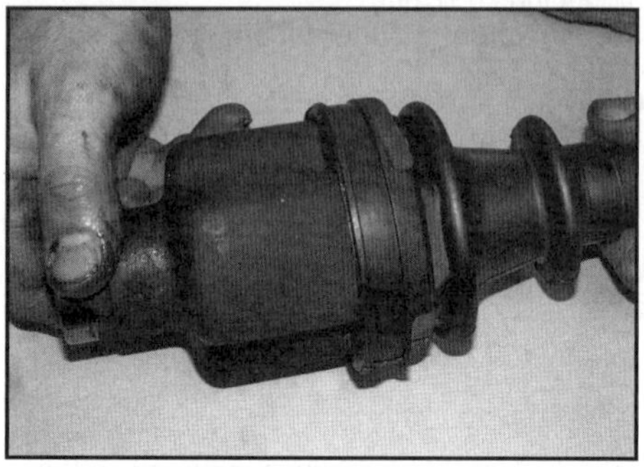

3.13b ... und positionieren Sie die Manschette korrekt ausgerichtet in dessen Nut.

14 Heben Sie die innere Manschetten-Dichtlippe mit einem kleinen Schraubendreher an, um überschüssige Luft entweichen zu lassen. Prüfen Sie mit einem Lineal, ob der Abstand zwischen den beiden Enden der Manschette 90 mm beträgt.
15 Installieren Sie die äußere Schelle und pressen Sie sie ggf. mit der Spezialzange zusammen.
16 Montieren Sie die Antriebswelle (siehe Sektion 2).

4 Antriebswellenmanschette außen – Ersetzen

Anmerkung: *Das äußere Kugel-Gleichlaufgelenk ist auf der Antriebswelle verpresst und kann nicht separat ersetzt werden.*
1 Die äußere Antriebswellenmanschette kann nur nach der Demontage der inneren Manschette ersetzt werden (siehe Sektion 3).
2 Reinigen Sie die Antriebswelle, um die Demontage der äußeren Manschette zu erleichtern.
3 Lösen Sie mit einem Schraubendreher die innere und äußere Schelle, um die Manschette auf der Welle herunterzuziehen (siehe Abbildungen). Beseitigen Sie möglichst viel Fett aus dem äußeren Gleichlaufgelenk.

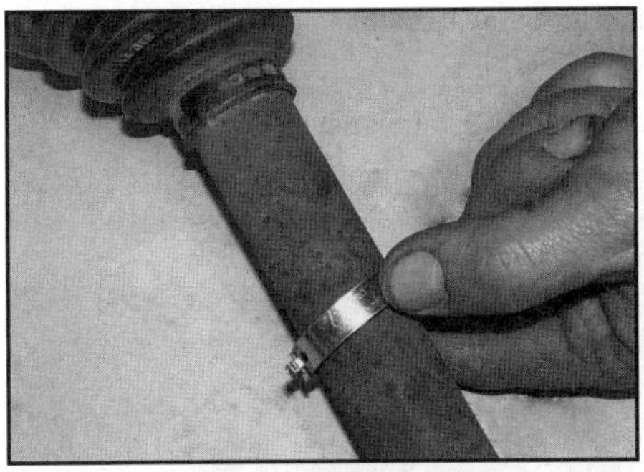

4.3a Lösen Sie die innere ...

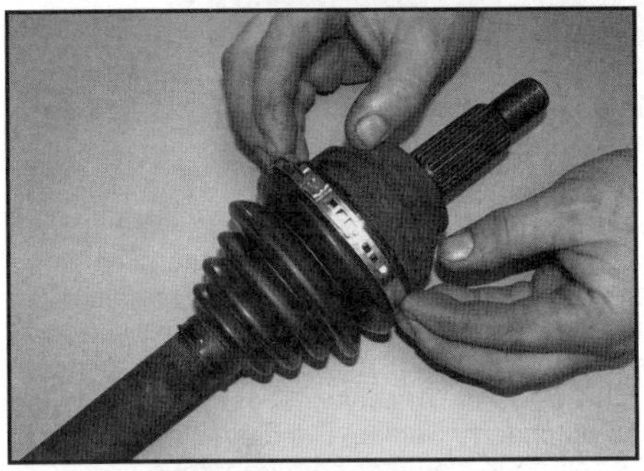

4.3b ... und die äußere Schelle, ...

4.3c ... um die Manschette nach innen von der Welle zu ziehen.

4 Schieben Sie die neue Manschette mit den neuen Schellen bis kurz vor das Gelenk auf die Welle.
5 Füllen Sie das Gelenk mit dem im Reparaturset enthaltenen Fett und arbeiten Sie es gut in die Kugel-Laufbahnen ein, während Sie das Gelenk in alle Richtungen schwenken; schmieren Sie den Rest in die Manschette.
6 Schieben Sie die Manschette vollständig über dem Gelenk in Position – sie darf nicht verdreht sein.
7 Sichergehend, dass die Manschette korrekt in der Nut der Antriebswelle sitzt, wird die kleine Schelle aufgeschoben und gesichert
8 Heben Sie die innere Manschetten-Dichtlippe mit einem kleinen Schraubendreher an, um überschüssige Luft entweichen zu lassen. Prüfen Sie mit einem Lineal, ob der Abstand zwischen den beiden Enden der Manschette ca. 110 mm beträgt.
9 Installieren Sie die äußere Schelle und pressen Sie sie ggf. mit der Spezialzange zusammen.
10 Montieren Sie die innere Antriebswellenmanschette (siehe Sektion 3).

5 Zwischenwellen-Stützlager – Ersetzen

1 Demontieren Sie die rechte Antriebswelle (siehe Sektion 2). Befreien Sie dann die innere Antriebswellenmanschette (siehe Sektion 3).
2 Befreien Sie mit einer geeigneten Presse oder einem Abzieher das Lager von der Zwischenwelle.
3 Treiben oder pressen Sie das neue Lager auf – belasten Sie dabei nur dessen Innenring.
4 Installieren Sie die innere Antriebswellenmanschette (siehe Sektion 3) und montieren Sie die rechte Antriebswelle (siehe Sektion 2).

6 Antriebswellen – Kontrolle und Allgemeine Informationen

1 Führen Sie eine Probefahrt durch, um bei langsamen Kurvenfahrten mit eingeschlagener Lenkung (links und rechts herum) auf metallisch klickende Geräusche zu achten. Diese Geräusche können auch beim Losfahren mit eingeschlagener Lenkung auftreten. Geräusche dieser Art weisen auf verschlissene äußere Gleichlaufgelenke hin, sodass die gesamte Antriebswelle ersetzt werden muss.
2 Falls beim Beschleunigen Vibrationen auftreten, die mit der gefahrenen Geschwindigkeit hochfrequenter werden, weist dies auf Verschleiß an den inneren Gleichlaufgelenken hin – bauen Sie die Antriebswellen aus (siehe Sektion 2) und trennen Sie die Tripodegelenke (siehe Sektion 3).
3 Dauerhafte und mit zunehmender Geschwindigkeit lauter werdende Geräusche von rechts weisen auf ein verschlissenes Stützlager an der Zwischenwelle hin – dessen Austausch ist in Sektion 5 beschrieben.

7 Hinterachse – Ausbau und Einbau

Anmerkung: *Die in dieser Sektion beschriebenen Details gelten für den Aus- und Einbau der Hinterachse; sie kann samt Hinterrädern und Blattfedern demontiert werden, allerdings muss dazu das Fahrzeug entsprechend hoch abgestützt werden – ignorieren Sie in diesem Fall die Hinweise auf die Demontage der Räder und das Trennen der Blattfedern von der Achse; beachten Sie stattdessen die Hinweise in Kapitel 10, Sektion 12 zum Trennen der Federn vom Unterboden.*
Anmerkung: *Beim Einbau werden für die Klemmbügel der Blattfedern neue Muttern benötigt.*

Ausbau

1 Blockieren Sie die Vorderräder, heben Sie das Heck des Fahrzeugs an und stützen Sie es vor den Blattfedern unter dem Rahmen-Seitenteilen ab (siehe Seite 355). Demontieren Sie beide Hinterräder.
2 Falls eine neue Hinterachse montiert werden soll, müssen die Radlager und Radnaben von der alten Achse demontiert werden (siehe Sektion 8).
3 Stützen Sie das Gewicht der Hinterachse mit einem mittig positionierten Rangierwagenheber ab.

4 Klemmen Sie die beiden zur Hinterachse führenden Bremsleitungen mit geeigneten Vorrichtungen ab.
5 Lösen Sie die zwei Schrauben, mit denen der Bremssattelträger an der Hinterachse befestigt ist. Ziehen Sie den Bremssattel samt Halter und Bremsbelägen von der Bremsscheibe und sichern Sie sie mit Kabelbindern abseits der Blattfeder (Abb. 8.3).
6 Lösen Sie an der Aufnahme der Hinterachse die Anschlussmuttern der Bremsleitungsrohre, um sie von den Bremsschläuchen zu trennen – seien Sie auf etwas austretende Bremsflüssigkeit vorbereitet und verstopfen Sie alle Öffnungen, um keinen Schmutz eindringen zu lassen.
7 Lösen Sie an der Bremsschlauch-Aufnahme der Hinterachse die Schraube und heben Sie die Aufnahme ab.
8 Lockern Sie die Handbremsseil-Einstellmutter, bis genügend Spiel besteht, um die Nippel der inneren Züge aus dem Waagebalken zu befreien (siehe Abbildung).

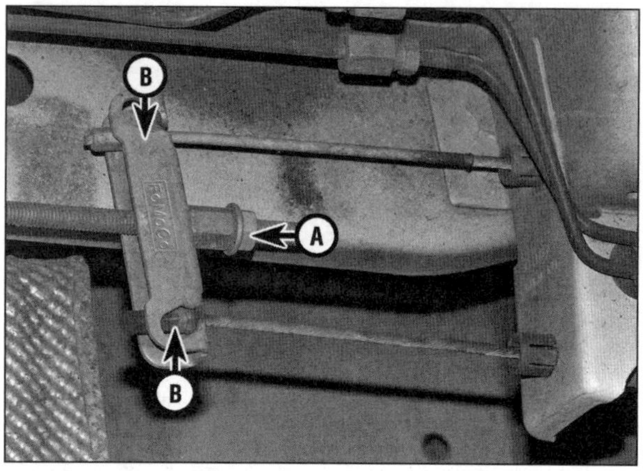

7.8 Handbremsseil-Einstellmutter (A), Nippel der inneren Züge (B) im Waagebalken

9 Drücken Sie die Laschen der Bremsseilhüllen-Endstücke und befreien Sie sie aus dem Widerlager-Halter.
10 Lösen Sie an beiden Seiten des Unterbodens die Schrauben der Bremsseil-Halterungen (siehe Abbildung). Befreien Sie die Bremsseile aus allen weiteren Aufnahmen, sodass sie zusammen mit der Achse demontiert werden können.

7.10 Lösen Sie an beiden Seiten des Unterbodens die Schrauben der Bremsseil-Halterungen.

11 Lösen Sie bei Fahrzeugen mit einem Lastverteilungsventil in der Bremshydraulik die an der Halterung der Hinterachse sitzende Schraube des Ventil-Betätigungsgestänges und entfernen Sie dies.

12 Trennen Sie am Rahmen-Längsträger den Stecker des Geschwindigkeitssensors.
13 Lösen Sie an der Achse die Muttern und die Schrauben der unteren Stoßdämpferaufnahmen (siehe Abbildung).

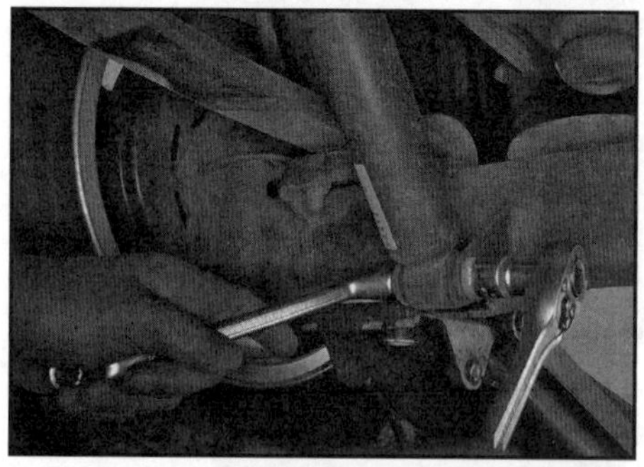

7.13 Lösen Sie an der Achse die unteren Stoßdämpferaufnahmen.

14 Prüfen Sie, ob die Hinterachse sicher mit dem mittig positionierten Rangierwagenheber gestützt ist. Lassen Sie einen Assistenten die Achse beim Absenken waagerecht halten.
15 Lösen Sie an jeder Seite die vier Muttern der Blattfeder-Klemmbügel (siehe Abbildung). Prüfen Sie, ob alle Achsen-Befestigungen und anderen Anschlüsse getrennt sind und nicht den Ausbau behindern. Senken Sie die Achse dann vorsichtig ab und befreien Sie sie unter dem Fahrzeug heraus.

7.15 Lösen Sie an jeder Seite die vier Muttern der Blattfeder-Klemmbügel (nur zwei sind gezeigt).

Einbau

16 Der Einbau entspricht der umgekehrten Ausbaureihenfolge – beachten Sie dabei folgende Punkte:
a) *Ziehen Sie alle Schrauben und Muttern mit den ggf. in den technischen Daten angegebenen Drehmomenten an.*
b) *Für die Klemmbügel der Blattfedern werden neue Muttern benötigt.*
c) *Der Endanzug der Klemmbügel-Muttern und Stoßdämpfer-Befestigungen erfolgt erst, wenn das Fahrzeug wieder auf den Rädern steht.*
d) *Das Auffüllen und Entlüften des Bremssystems ist in Kapitel 9, Sektion 2 beschrieben; die Einstellung der Handbremse in Kapitel 1, Sektion 22.*

8 Hinterradnabe und Radlager – Ausbau, Überholen und Einbau

Achtung: Aufgrund der extrem hohen Anzugsdrehmomente der Hinterachsmutter ist beim Lösen und Anzie-

hen besondere Vorsicht geboten. Verwenden Sie unbedingt korrekte und hochwertige Steckschlüssel und beim Lösen eine geeignete Verlängerung. Beim Anziehen wird ein Drehmomentschlüssel benötigt, der je nach Ausführung bis zu 420 Nm übertragen kann.

Anmerkung: *Beim Einbau wird eine neue Hinterachsmutter benötigt.*

1 Blockieren Sie die Vorderräder, heben Sie das Heck des Fahrzeugs an und stützen Sie es sicher ab (siehe Seite 355).

2 Demontieren Sie das entsprechende Hinterrad. Lösen Sie die Handbremse.

3 Lösen Sie die zwei Schrauben, mit denen der Bremssattelträger an der Hinterachse befestigt ist. Ziehen Sie den Bremssattel samt Halter und Bremsbelägen von der Bremsscheibe und sichern Sie sie mit Kabelbindern abseits der Blattfeder (siehe Abbildung).

8.3 Ziehen Sie den Bremssattel samt Halter und Bremsbelägen von der Bremsscheibe.

4 Lösen Sie die Hinterachsmutter und entnehmen Sie sie samt Scheibe. Ziehen Sie dann die Radnabe samt Bremsscheibe vom Achszapfen (siehe Abbildungen).

8.4a Lösen Sie die Hinterachsmutter ...

8.4b ... und entnehmen Sie sie samt Scheibe.

8.4c Ziehen Sie dann die Radnabe samt Bremsscheibe vom Achszapfen.

5 Messen Sie den Durchmesser des Hinterachsmutter-Flanschs und beschaffen Sie eine neue Mutter der entsprechenden Größe (45 oder 51 mm).

6 Lösen Sie nötigenfalls die Bremsscheibe von der Radnabe (siehe Kapitel 9, Sektion 8).

Überholen

7 Wischen Sie alle Komponenten sauber und begutachten Sie sie sorgfältig auf Schäden und Alterungserscheinungen. Kontrollieren Sie das Radlager auf Verschleiß, indem Sie seinen Innenring drehen – er darf nicht klemmen oder rau laufen; auch übermäßiges Spiel weist auf Verschleiß hin.

8 Falls das Radlager verschlissen oder beschädigt ist, muss die gesamte Hinterradnabe ersetzt werden – erkundigen Sie sich zuvor beim Ford-Händler, ob Einzelteile erhältlich sind.

Einbau

9 Schieben Sie die Radnabe samt Bremsscheibe auf den Achszapfen. Legen Sie eine neue Scheibe auf, drehen Sie die neue Mutter auf und ziehen Sie sie in fünf Schritten bis zum korrekten Drehmoment an (siehe technische Daten).

10 Schieben Sie die Bremssattel-Baugruppe über die Bremsscheibe in Position. Installieren Sie die zwei Schrauben des Bremssattelhalters und ziehen Sie sie mit 115 Nm an.

11 Kontrollieren Sie das Spiel der Handbremse und stellen Sie es nötigenfalls ein (siehe Kapitel 1, Sektion 22).

12 Montieren Sie das Hinterrad und ziehen Sie die Radmuttern nach dem Absenken des Fahrzeugs mit 200 Nm an.

Kapitel 9

Bremsanlage

Inhalt Sektion

Schwierigkeitsgrade

Leicht. Geeignet für Anfänger mit wenig Erfahrung.	**Relativ leicht.** Geeignet für Anfänger mit etwas Erfahrung.	**Relativ schwierig.** Geeignet für geübte Selbstschrauber.	**Schwer.** Geeignet für Selbstschrauber mit viel Erfahrung.	**Sehr schwer.** Geeignet für Experten und Profis.

Technische Daten

Bremsen	
Bremsen-Typ	
vorn	Innenbelüftete Scheibenbremse mit Zweikolben-Schwimmsattel
hinten	Standard-Scheibenbremse mit Einkolben-Schwimmsattel
Bremsbelag-Verschleißgrenze (nur Belagmaterial)	1,5 mm
Bremsscheiben-Durchmesser	288 oder 308 mm – je nach Modell
Bremsscheiben-Stärke (neu)	
vorn	33,0 mm
hinten	16,0 mm
Bremsscheiben-Stärke (Verschleißgrenze)	
vorn	30,0 mm
hinten	13,0 mm
Bremsscheiben-Verzug (max.)	0,1 mm
Bremsscheibenstärken-Variation (max.)	0,02 mm

Anzugsdrehmomente	**Nm**
ABS-Hydraulikmodulator an Halterung	20
ABS-Radsensor-Befestigungsschrauben	11
ABS-Steuergerät-Befestigungsschrauben	
Schritt 1	2
Schritt 2	3
Antriebswellenmutter*	
Schritt 1	Radnabe 5 Umdrehungen drehen
Schritt 2	250
Schritt 3	Radnabe 5 Umdrehungen drehen
Schritt 4	500

Bremskraftverstärker-Befestigungsmuttern	24
Bremsleitungs-Anschlüsse	
an ABS-Hydraulikmodulator	18
Schlauch an Bremssattel	17
Schlauch an Rohr	15
Bremspedalträger-Muttern	20
Handbremshebelhalter-Muttern	22
Hauptbremszylinder-Befestigungsmuttern	25
Hinterradbremssattel-Führungszapfen-Schrauben	31
Hinterradbremssattelhalter-Schrauben	115
Hinterradbremsscheiben-Flanschschrauben*	72
Kupplungsgeberzylinder-Befestigungsschrauben	9
Radmuttern	200
Radnaben-Befestigungsmutter*	
Flanschmutter mit 45 mm Durchmesser	
Schritt 1	Radnabe 5 Umdrehungen drehen
Schritt 2	200
Schritt 3	Radnabe 5 Umdrehungen drehen
Schritt 4	300
Schritt 5	Radnabe 5 Umdrehungen drehen
Flanschmutter mit 51 mm Durchmesser	
Schritt 1	Radnabe 5 Umdrehungen drehen
Schritt 2	200
Schritt 3	Radnabe 5 Umdrehungen drehen
Schritt 4	420
Schritt 5	Radnabe 5 Umdrehungen drehen
Vakuumpumpen-Schrauben	
2,0 l-Motoren	
Schritt 1	5
Schritt 2	10
2,2 l-Motoren	10
Vorderradbremssattelhalter-Schrauben	270
Vorderradbremssattel-Führungszapfen-Schrauben	60
Vorderradbremsscheiben-Flanschschrauben*	
Schritt 1	30
Schritt 2	um 90° weiter
Vorderradnabe an Lenkhebel*	53

** Stets durch Neuteile zu ersetzen*

1 Allgemeine Informationen

1 Das von einem Bremskraftverstärker (»Servobremse«) unterstützte Bremssystem arbeitet mit einem Zweikreissystem, bei dem jeder Bremskreis auf ein Vorderrad und ein Hinterrad wirkt. Unter normalen Umständen arbeiten beide Bremskreise gemeinsam. Falls jedoch ein Bremskreis ausfällt, kann immer noch bei zwei Rädern die volle Bremskraft angewendet werden.

2 Alle Räder werden mit Scheibenbremsen und einem Antiblockiersystem samt elektronisches Stabilisierungsprogramm (ESP) verzögert – beachten Sie für weitere Informationen die Hinweise in Sektion 19.

3 Auf die innenbelüfteten vorderen Bremsscheiben wirken Zweikolben-Schwimmsättel.

4 Auf die soliden hinteren Bremsscheiben wirken Einkolben-Schwimmsättel.

5 Der per Seilzug betriebene Handbremsmechanismus wirkt unabhängig von der Hydraulik auf die Hinterradbremse.

6 Der zwischen dem Hauptbremszylinder und der Spritzwand sitzende Bremskraftverstärker verringert die zum Bremsen benötigte Pedalkraft. Da bei Dieselmotoren nicht mit dem Unterdruck im Einlassstutzen gearbeitet werden kann, wird dieser mit einer am Zylinderkopf sitzenden und von der Auslassnockenwelle angetriebenen Vakuumpumpe erzeugt.

7 Die je nach Beladung erforderliche Bremskraftverteilung auf die jeweilige Achse übernimmt der ABS-Modulator.

⚠ *Warnung: Arbeiten an der Bremsanlage müssen sorgfältig und methodisch ausgeführt werden, beim Überholen von Hydraulik-Bauteilen muss auf absolute Sauberkeit geachtet werden. Ersetzen Sie Bauteile bei jedem Zweifel über ihren Zustand (ggf. an beiden Seiten der Achse) und benutzen Sie ausschließlich originale Ford-Ersatzteile oder hochwertige Markenprodukte. Beachten Sie bezüglich der Gefahren durch Bremsstaub und Hydraulikflüssigkeit die Warnhinweise in der Sektion »Sicherheit geht vor!« am Anfang dieses Buchs und in den entsprechenden Sektionen dieses Kapitels.*

2 Hydrauliksystem – Entlüften

⚠ *Warnung: Hydraulikflüssigkeit ist giftig! Waschen Sie Spritzer bei Hautkontakt unverzüglich ab und suchen Sie medizinischen Rat, falls etwas in die Augen gelangt. Hydraulikflüssigkeit kann brennbar sein und sich beim Kontakt mit heißen Bauteilen entzünden. Bei der Arbeit an der Bremshydraulik muss daher genauso vorgegangen werden wie beim Kraftstoffsystem. Hydraulikflüssigkeit ist ein wirksamer Lackentferner und greift Kunststoff an; Spritzer müssen unverzüglich mit reichlich klarem Wasser abgewaschen werden. Hydraulikflüssigkeit ist zudem hygroskopisch, absorbiert also Wasser aus der Luft. Je mehr Luftfeuchtigkeit aufgenommen wird, desto niedriger sinkt der Siedepunkt, sodass in einer heiß werdenden Bremse rasch Dampfblasen entstehen können und kein Bremsdruck mehr aufgebaut werden kann. Daher darf nur frische Bremsflüssigkeit des vorgeschriebenen Typs verwendet werden.*

Anmerkung: *Diese Prozedur gilt nur für Fahrzeuge ohne Stabilitäts-Assistenzsystem. Fahrzeuge mit diesem System müssen mithilfe der BleedMASTER-Funktion im Diagnosegerät entlüftet werden – erkundigen Sie sich in einer entsprechend ausgerüsteten Fachwerkstatt.*

Allgemeines

1 Die korrekte Funktion der Bremshydraulik ist nur möglich, wenn sämtliche Luft aus dem System entfernt ist; dies wird durch Entlüften gewährleistet.

2 Während des Entlüftens darf nur frische Bremsflüssigkeit des vorgeschriebenen Typs (DOT 4) verwendet werden – niemals bereits durch das System gespülte Flüssigkeit. Vor Arbeitsbeginn muss sichergestellt sein, dass genügend Bremsflüssigkeit vorhanden ist.

3 Falls im Bremssystem nicht dafür vorgesehene Flüssigkeit vorhanden ist, muss diese vollständig mit frischer Bremsflüssigkeit herausgespült werden, zudem sind neue Dichtungen zu verwenden.

4 Falls durch ein Leck im Bremssystem der Pegel im Ausgleichsbehälter stetig absinkt, muss zunächst dieses Problem behoben werden.

5 Ein Fahrzeug mit Lastverteilungsventil am Hinterradbremskreis muss zum Entlüften unbedingt auf den Rädern stehen, da dies bei entlasteter Hinterachse kaum möglich ist. Stellen Sie das Fahrzeug auf eine ebene Fläche, schalten Sie die Zündung aus, und legen Sie den ersten Gang oder den Rückwärtsgang ein. Blockieren Sie die Räder und lösen Sie die Handbremse.

6 Prüfen Sie, ob alle Schläuche und Rohre in Ordnung, alle Anschlüsse verbunden und alle Entlüftungsschrauben verschlossen sind. Entfernen Sie die Staubkappen und reinigen Sie die Bereiche um die Entlüftungsschrauben.

7 Öffnen Sie den Deckel des Ausgleichsbehälters und füllen Sie ihn bis zur MAX-Markierung auf. Legen Sie den Deckel locker auf und achten Sie darauf, dass der Pegel während der gesamten Prozedur immer über der MIN-Markierung steht – andernfalls kann Luft ins System eindringen und die Prozedur muss wiederholt werden.

8 Auf dem Markt sind zahlreiche Entlüftungs-Hilfsmittel erhältlich, von denen möglichst eines beschafft werden sollte, da der Entlüftungsprozess deutlich vereinfacht werden kann und das Risiko, bereits ausgetretene Luft wieder anzusaugen, minimiert wird. Falls ein solches Kit nicht erhältlich ist, muss mithilfe eines Assistenten die unten beschriebene Methode durchgeführt werden.

9 Falls ein Entlüftungs-Kit verwendet wird, muss das Fahrzeug wie oben beschrieben vorbereitet und dann den beigefügten Hinweisen gefolgt werden – die Prozeduren können sich je nach Vorrichtung leicht voneinander unterscheiden, doch die allgemeinen Schritte sind unter den entsprechenden Überschriften beschrieben (siehe unten).

10 Falls die Bremshydraulik nur teilweise getrennt und die Hinweise zur Minimierung von Flüssigkeitsverlusten beachtet wurden, reicht es, diesen Teil zu entlüften (d. h. den Primär- oder den Sekundär-Bremskreis). Falls der Hauptbremszylinder oder Haupt-Bremsleitungen getrennt wurden, muss das gesamte Bremssystem entlüftet werden.

Entlüften

Grundmethode (Zwei-Personen-Methode)

11 Beschaffen Sie ein sauberes Glasgefäß und einen ausreichend langen transparenten Schlauch, der fest über den Nippel der Entlüftungsschraube geschoben werden kann. Die Schraube selbst sollte mit einem passenden Ringschlüssel betätigt werden. Für die Arbeit wird ein Assistent benötigt.

12 Falls noch nicht geschehen, werden an der entlüftenden Bremse alle Entlüftungsschrauben-Kappen abgezogen (siehe Abbildungen) und der Schlauch auf die erste Schraube gesteckt. Halten Sie das andere Schlauch-Ende in den mit etwas Bremsflüssigkeit gefüllten Behälter, sodass keine Luft angesaugt werden kann.

2.12a Entlüftungsventil am vorderen Bremssattel ...

2.12b ... und am hinteren Bremssattel

13 Achten Sie stets darauf, dass der Ausgleichsbehälter mindestens bis zur MIN-Markierung mit Bremsflüssigkeit gefüllt ist.
14 Lassen Sie den Assistenten durch mehrfaches kräftiges Betätigen der Bremse Druck aufbauen und das Pedal gedrückt halten.
15 Lockern Sie bei gedrücktem Pedal die erste Entlüftungsschraube um etwa eine Umdrehung und lassen Sie die Flüssigkeit durch den Schlauch strömen. Der Assistent tritt hierbei das Pedal bis zum Boden durch und lässt es erst auf Anweisung wieder los. Wenn keine Flüssigkeit mehr austritt, wird die Entlüftungsschraube wieder angezogen, und der Assistent löst langsam das Bremspedal. Kontrollieren Sie den Pegel im Ausgleichsbehälter.
16 Wiederholen Sie die Schritte 14 und 15 so lange, bis frische Hydraulikflüssigkeit blasenfrei aus der Schraube austritt. Falls der Hauptbremszylinder entleert und wieder aufgefüllt wurde und die erste Bremse der Reihenfolge entlüftet wird, müssen zwischen den Entlüftungsschritten etwa 5 Sekunden Pause eingehalten werden, damit sich die Bremszylinder-Passage wieder füllen kann.
17 Sobald keine Luftblasen mehr austreten, wird die Entlüftungsschraube sorgfältig angezogen, der Schlauch abgezogen und die Staubkappe aufgesteckt. Ziehen Sie die Entlüftungsschraube nicht zu fest!
18 Wiederholen Sie die Prozedur an den anderen Bremsen in der in Schritt 12 aufgeführten Reihenfolge, bis sämtliche Luft aus dem Hydrauliksystem entfernt ist. Zum Schluss muss die Bremse einen festen Druckpunkt haben.

Praxis-Tipp ***Alte Bremsflüssigkeit ist deutlich dunkler als frische. Pumpen Sie so lange Bremsflüssigkeit heraus, bis helle Flüssigkeit austritt.***

Mit Rückschlagventil-Kit

19 Wie der Name bereits andeutet, bestehen diese Kits im Wesentlichen aus einem Schlauch mit integriertem Rückschlagventil, um einmal herausgedrückte Luft und Bremsflüssigkeit nicht wieder ins Bremssystem zu saugen. Manche Kits beinhalten einen transparenten Behälter, der so positioniert werden kann, dass die austretenden Luftblasen besser beobachtet werden können.
20 Verbinden Sie das Kit wird mit der Entlüftungsschraube und öffnen Sie diese dann. Setzen Sie sich ins Auto und drücken Sie mit sanftem Druck die Bremse vollständig durch, um sie dann langsam wieder zu lösen. Wiederholen Sie dies, bis frische Hydraulikflüssigkeit blasenfrei aus der Schraube austritt.
21 Diese Kits funktionieren so gut, dass man leicht den Pegel im Ausgleichsbehälter vergessen kann – achten Sie also stets darauf, dass sich in ihm stets genug Flüssigkeit befindet.

Mit Druckentlüftungs-Kit

22 Diese Geräte arbeiten oft mit dem im Reserverad gespeicherten Luftdruck; oft muss dieser jedoch zuvor auf einen niedrigeren Wert als üblich abgesenkt werden – beachten Sie die beigefügte Anleitung.
23 Indem ein unter Druck stehender und mit Bremsflüssigkeit gefüllter Behälter an den Ausgleichsbehälter angeschlossen wird, kann das Entlüften einfach durch das Öffnen der Entlüftungsschrauben (in der oben angegebenen Reihenfolge) erledigt werden – lassen Sie die Flüssigkeit austreten, bis keine Blasen mehr enthalten sind.
24 Diese Methode hat den Vorteil, dass der große Flüssigkeitsbehälter zusätzliche Sicherheit vor in das System gesaugte Luft bietet.
25 Druckentlüften ist besonders bei »schwierigen« Systemen zu empfehlen oder wenn das gesamte System bei einem Austausch der Bremsflüssigkeit gespült werden soll (siehe Praxis-Tipp oben).

Alle Methoden

26 Wenn das Entlüften beendet ist und wieder ein fester Pedaldruck besteht, werden alle Bremsflüssigkeits-Spritzer abgewaschen, die Entlüftungsschrauben sorgfältig angezogen und die Staubkappen aufgesteckt.
27 Prüfen Sie nach dem Entlüften den Pegel im Ausgleichsbehälter und füllen Sie ihn ggf. auf.
28 Betätigen Sie bei laufendem Motor die Bremse – falls das Pedal ein schwammiges Gefühl vermittelt oder sogar »gepumpt« werden muss, bis ein Druckpunkt entsteht, befindet sich noch Luft im Bremssystem, und es muss erneut entlüftet werden. Bringt auch eine Wiederholung keine zufriedenstellenden Ergebnisse, können defekte Dichtungen im Hauptbremszylinder die Ursache sein.
29 Die aus dem Bremssystem gespülte Bremsflüssigkeit muss fachgerecht entsorgt werden – keinesfalls darf sie wiederverwendet werden.

3 Bremsleitungen und Schläuche – Ersetzen

Anmerkung: *Beachten Sie vor Arbeitsbeginn die Warnhinweise in Sektion 2.*
1 Der Verlust an Bremsflüssigkeit kann minimiert werden, indem der Deckel des Ausgleichsbehälters geöffnet, ein Stück Plastikfolie über die Öffnung gelegt und der Deckel wieder aufgeschraubt wird – so ist der Behälter nicht belüftet, und bei einer getrennten Leitung läuft keine Flüssigkeit nach. Alternativ können Schläuche mit einer speziellen Bremsschlauchklemme abgedichtet werden. Anschlüsse von Metallrohren können direkt nach dem Trennen mit Kappen versehen werden – allerdings darf dabei kein Schmutz ins Bremssystem gelangen. Legen Sie reichlich Lappen unter zu trennende Leitungen, um austretende Bremsflüssigkeit aufzunehmen.
2 Wenn ein Bremsschlauch getrennt werden soll, muss zuerst die Anschlussmutter des Rohrs gelöst werden, bevor der Federclip entfernt wird, der den Schlauch an seiner Halterung sichert (siehe Abbildung). Befreien Sie den Schlauch ggf. von der Fahrwerks-Komponente und schrauben Sie dann seinen Anschluss aus dem Bremssattel.

3.2 Sicherungsclip eines vorderen Bremsschlauchs

3 Zum Lösen von Anschlussmuttern sollten spezielle Ringschlüssel mit Öffnung verwendet werden, die im gut sortierten Werkzeughandel erhältlich sind. Auch ein gut sitzender Maulschlüssel sollte nur im Notfall benutzt werden, da die nicht besonders harten Muttern oft korrodiert sind und durch den abrutschenden Schlüssel abgerundet werden. In solchen Fällen hilft oft nur eine Gripzange oder ein selbstsichernder Schlüssel und das Rohr muss samt Mutter ersetzt werden. Reinigen Sie einen Anschluss und seine Umgebung, bevor er getrennt wird. Falls eine Komponente mit mehr als einem Anschluss getrennt werden muss, sollten die Positionen der Anschlüsse vorher notiert werden.

4 Wenn ein Hydraulikrohr ersetzt werden muss, kann es in der richtigen Länge und mit allen Anschlüssen beim Ford-Händler erworben werden; es muss dann nur noch entsprechend der Vorgaben durch das Originalteil gebogen und am Fahrzeug montiert werden. Alternativ kann man sich Bremsleitungen anfertigen lassen; dies erfordert jedoch eine exakte Vermessung der Originalleitung – bringen Sie diese möglichst mit zur ausführenden Werkstatt.

5 Die Anschlussmuttern dürfen beim Verbinden nicht überdreht werden – für eine korrekte Abdichtung müssen sie nicht brutal angezogen werden.

6 Verbinden Sie die Schläuche so mit den Bremssätteln, dass sie weder die Karosserie noch die Räder berühren.

7 Alle Rohre und Schläuche müssen korrekt verlegt sein. Sie dürfen nicht geknickt werden und müssen mit allen vorhandenen Halterungen und Clips gesichert werden.

8 Entfernen Sie nach dem Einbau die Folie vom Hauptbremszylinder und entlüften Sie das Bremssystem (siehe Sektion 2). Waschen Sie alle Bremsflüssigkeits-Spritzer ab und kontrollieren Sie alles genau auf Undichtigkeit.

4 Vorderrad-Bremsbeläge – Ersetzen

Warnung: Ersetzen Sie immer alle Bremsbeläge beider Vorderradbremsen; der Austausch der Beläge nur an einer Seite würde zu einer ungleichmäßigen Bremswirkung führen.

Warnung: Der beim Verschleiß der Bremsbeläge entstehende Staub kann krebserregende Fasern enthalten und darf daher nicht mit Druckluft ausgeblasen und eingeatmet werden. Entfernen Sie den Staub KEINESFALLS mit Benzin oder Lösungsmittel auf Petroleumbasis. Verwenden Sie Bremsenreiniger oder Spiritus, um Bremsenteile zu reinigen. Lassen Sie weder Bremsflüssigkeit noch Öle oder Fette mit den Bremsbelägen oder der Bremsscheibe in Kontakt kommen. Beachten Sie die Warnhinweise in Sektion 2, um weitere Informationen zu Bremsflüssigkeit zu erhalten.

Anmerkung: *Beim Einbau wird ein neuer unterer Bremssattel-Führungszapfen benötigt.*

1 Betätigen Sie die Handbremse, heben Sie das Fahrzeug vorn an, und stützen Sie es sicher ab (siehe Seite 355). Demontieren Sie die Vorderräder.

2 Folgen Sie beim Wechsel der Beläge den Abbildungen 4.2a bis 4.2r. Halten Sie die richtige Reihenfolge ein und lesen Sie die Bildunterschriften deutlich durch. Beachten Sie die folgenden Schritte. Beachten Sie bei der Montage alter Beläge, dass sie wieder an ihre ursprüngliche Positionen gelangen.

4.2a Hebeln Sie nötigenfalls den Bremssattel etwas zurück, um die Beläge zu lockern.

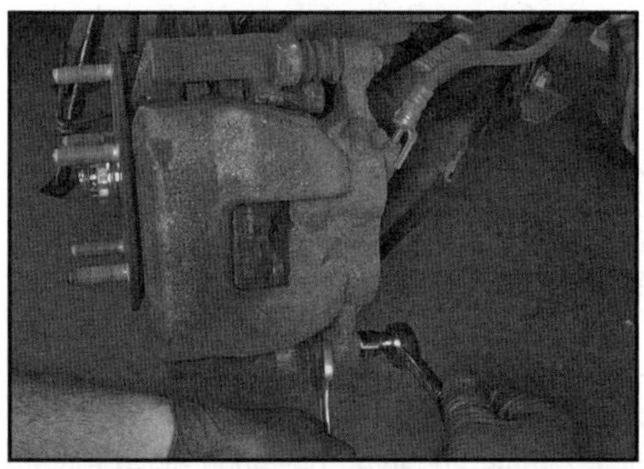

4.2b Lösen Sie die untere Führungszapfenschraube, kontern Sie dabei den Zapfen mit einem zweiten Schlüssel.

4.2c Heben Sie den Bremssattel an, um Zugang zu den Bremsbelägen zu erhalten, ...

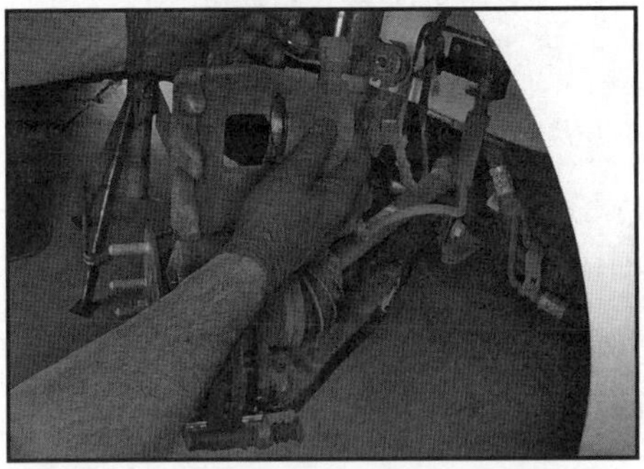

4.2d ... und sichern Sie ihn mit Draht oder Kabelbindern in dieser Position.

4.2e Trennen Sie am inneren Bremsbelag ggf. den Stecker der Verschleißanzeige, bevor Sie ihn ...

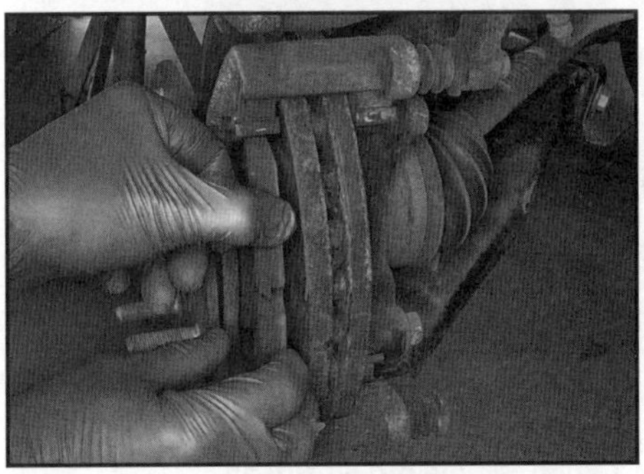

4.2f ... und den äußeren Belag entnehmen.

4.2g Entfernen Sie die vier Geräuschdämm-Federn aus dem oberen und unteren Bremssattelhalter – beachten Sie ihre Positionen.

4.2h Kontrollieren Sie den oberen und unteren Führungszapfen – falls sie nicht frei gleiten, müssen sie ausgebaut und mit Hochtempteraturfett geschmiert werden.

4.2i Messen Sie die Belagstärke – bei weniger als 1,5 mm müssen alle vier Vorderrad-Bremsbeläge erneuert werden.

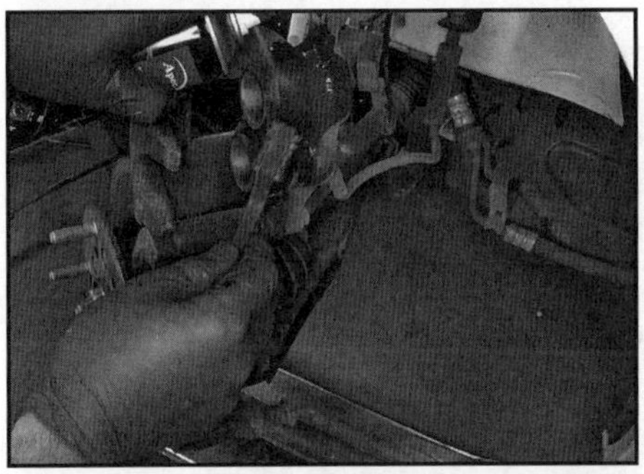

4.2j Reinigen Sie die Innenseite des Bremssattels, die Kolben und den Halter mit Bremsenreiniger-Spray und einer Drahtbürste.

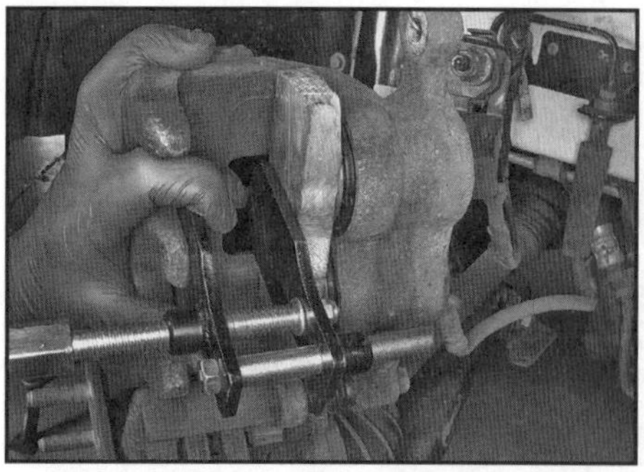

4.2k Falls neue Beläge installiert werden sollen, muss der Kolben in den Sattel gedrückt werden – nötigenfalls mithilfe eines speziellen Bremskolben-Eindrückwerkzeugs ...

4.2l ... – behalten Sie dabei den Pegel im Ausgleichsbehälter im Auge und saugen Sie ggf. etwas Flüssigkeit ab.

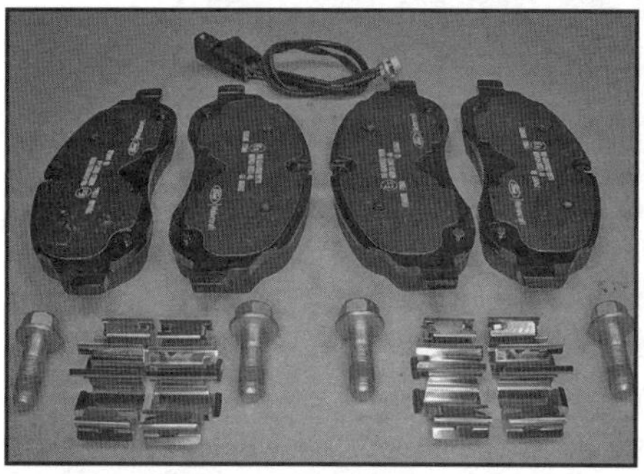

4.2m Ein komplettes Bremsbelag-Set einschließlich Verschleißanzeige-Kabel

4.2n Installieren Sie die vier neuen Geräuschdämm-Federn in den oberen und unteren Bremssattelhalter.

4.2o Installieren Sie den äußeren ...

4.2p ... und den inneren Bremsbelag so, dass ihr Belagmaterial an der Bremsscheibe anliegt.

4.2q Verbinden Sie ggf. den Verschleißanzeige-Stecker. Senken Sie den Bremssattel über den Belägen ab.

4.2r Installieren Sie die untere Führungszapfen-Schraube und ziehen Sie sie mit 60 Nm an.

3 Falls die alten Beläge wiederverwendet werden können, müssen sie sorgfältig mit einer sauberen feinen Drahtbürste gereinigt werden – beachten sie besonders die Seiten und Rückseiten Bereiche der Belagplatte. Reinigen Sie die Nuten im Belagmaterial und entfernen Sie größere Fremdkörper. Reinigen Sie sorgfältig die Sitze der Beläge im Bremssattel und dessen Halter.

4 Prüfen Sie vor dem Einbau neuer Beläge, ob die Führungszapfen fest im Bremssattelhalter sitzen. Kontrollieren Sie die Staubdichtung am Kolben und den Kolben selbst auf Undichtigkeiten, Korrosion oder Beschädigungen. Beachten Sie für den Austausch dieser Teile die Hinweise in Sektion 6.
5 Falls neue Bremsbeläge installiert werden sollen, muss der Bremssattelkolben vollständig in seine Bohrung gedrückt werden, um Platz dafür zu schaffen – verwenden Sie dazu eine Schraubzwinge, ein passendes Stück Holz als Hebel oder ein spezielles Bremskolben-Werkzeug (Abb. 4.2k). Klemmen Sie die zum Hauptbremszylinder führende Bremsleitung ab und verbinden Sie ein Entlüftungs-Kit mit der Entlüftungsschraube des Bremssattels. Öffnen Sie die Schraube beim Zurückdrücken des Kolbens, sodass überschüssige Bremsflüssigkeit in den Sammelbehälter gedrückt wird – hierdurch kann keine Luft ins System eindringen. Anmerkung: Die in der ABS-Einheit enthaltenen hydraulischen Komponenten reagieren sehr empfindlich auf kleinste Fremdkörper in der Bremsflüssigkeit, da sie sehr feine Kanäle und Ventile blockieren können. Die hier beschriebene Methode zum Zurückdrücken des Kolbens sorgt dafür, dass Ablagerungen im Bremssattel zurück in die ABS-Einheit gedrückt werden; zudem können auf diese Weise nicht die Dichtungen im Hauptbremszylinder beschädigt werden.
6 Treten Sie mehrmals das Bremspedal durch, um die Beläge an die Bremsscheiben zu drücken und anschließend einen normalen Druckpunkt herzustellen.
7 Wiederholen Sie die Prozedur mit dem anderen Vorderradbremssattel.
8 Montieren Sie die Räder, senken Sie das Fahrzeug ab, und ziehen Sie die Radmuttern mit 200 Nm an.
9 Prüfen Sie den Bremsflüssigkeitspegel und füllen Sie ggf. nach – siehe *Wöchentliche Kontrollen.*
Achtung: Wenn neue Bremsbeläge installiert wurden, sollten diese zunächst möglichst ohne Vollbremsungen »eingebremst« werden, damit sie sich den Bremsscheiben anpassen können.

5 Vorderrad-Bremsscheibe – Kontrolle, Ausbau und Einbau

Anmerkung: *Beachten Sie vor Arbeitsbeginn die den Bremsenstaub betreffenden Warnhinweise am Anfang von Sektion 4.*
Anmerkung: *Falls eine Bremsscheibe ersetzt werden muss, sind immer beide Vorderrad-Bremsscheiben auszutauschen, um eine gleichmäßige Bremswirkung sicherzustellen. Beim Austausch von Bremsscheiben müssen auch die Bremsbeläge erneuert werden.*

Kontrolle

1 Ziehen Sie die Handbremse an, heben Sie das Fahrzeug vorn an, und stützen Sie es sicher ab (siehe Seite 355). Demontieren Sie das entsprechende Vorderrad.
2 Trennen Sie ggf. an der Rückseite des Bremssattels den Verschleißanzeige-Stecker.
3 Lösen Sie die Schrauben, die den Bremssattelträger am Lenkhebel sichern, und ziehen Sie den Sattel samt Träger vom Lenkhebel und der Bremsscheibe – die Bremsbeläge müssen nicht entfernt werden (siehe Abbildung). Sichern Sie die Baugruppe z. B. mit einem Kabelbinder oder Draht am Federbein. **Achtung: Lassen Sie den Bremssattel und seinen Träger nicht an der Bremsleitung hängen!**

5.3 Ziehen Sie den Bremssattel samt Träger und Belägen vom Lenkhebel und der Bremsscheibe

4 Drehen Sie zwei der Radmuttern gegenüber und mit der flachen Seite zur Bremsscheibe auf ihre Stehbolzen und ziehen Sie sie schrittweise an, um die Bremsscheibe gut zu sichern.
5 Entfernen Sie sämtliche Korrosion von der Bremsscheibe; drehen Sie sie und begutachten Sie auf beiden Seiten den Zustand der Oberfläche auf Kerben und andere Beschädigungen. Messen Sie an mehreren Stellen (im Bereich der Bremsbelag-Kontaktflächen) mit einer Bügelmessschraube die Bremsscheiben-Stärke (siehe Abbildung) – es dürfen nicht weniger als 30 mm festgestellt werden. Leichte Kratzer sind nach Gebrauch normal und behindern nicht die Funktion der Bremse, tiefe Kerben und starker Abrieb reduzieren jedoch die Bremswirkung und erhöhen den Belagverschleiß. Eine Bremsscheibe kann nötigenfalls geschliffen werden, doch muss auf die Minimalstärke geachtet werden. Eine irgendwo gerissene Bremsscheibe muss natürlich erneuert werden.

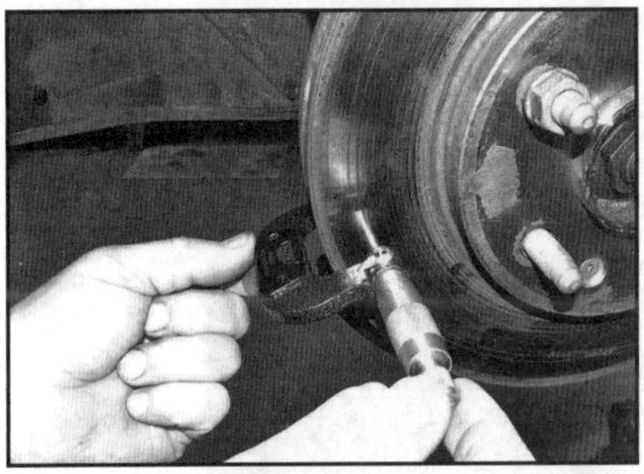

5.5 Ermitteln Sie die Bremsscheibe-Stärke mit einer Bügelmessschraube.

6 Ermitteln Sie 10 mm vom Außenrand der Bremsscheibe entfernt mithilfe einer Messuhr, ob die Scheibe verzogen ist; drehen Sie die Bremsscheibe und prüfen Sie, ob die Nadel um mehr als 0,1 ausschlägt (siehe Abbildung).

5.6 Ermittlung des Bremsscheiben-Verzugs mithilfe einer Messuhr

7 Falls der Verzug über 0,1 mm liegt, muss die Bremsscheibe wie folgt auf eine unterschiedliche Stärke kontrolliert werden: Markieren Sie die Bremsscheibe an acht um 45° voneinander entfernt liegenden Positionen und ermitteln Sie hier 15 mm vor dem Außenrand mit einer Messuhr die Stärke – falls die Differenz 0,02 mm übersteigt, muss die Bremsscheibe erneuert werden.

Ausbau

Achtung: Aufgrund der extrem hohen Anzugsdrehmomente der Antriebswellenmutter ist beim Lösen und Anziehen besondere Vorsicht geboten. Verwenden Sie unbedingt korrekte und hochwertige Steckschlüssel und beim Lösen eine geeignete Verlängerung. Beim Anziehen wird ein Drehmomentschlüssel benötigt, der 500 Nm übertragen kann. Überlassen Sie die Arbeit nötigenfalls einer entsprechend ausgerüsteten Fachwerkstatt.

Anmerkung: *Neben neuen Schrauben für die Bremsscheibe und die Radnaben-Baugruppe werden auch eine neue Antriebswellenmutter samt Scheibe und Splint benötigt.*

8 Ziehen Sie die Handbremse an, heben Sie das Fahrzeug vorn an, und stützen Sie es sicher ab (siehe Seite 355). Demontieren Sie das entsprechende Vorderrad.

9 Befreien Sie den Splint aus der Antriebswelle und entfernen Sie den Sicherungsring der Mutter (siehe Abbildungen).

5.9a Biegen Sie den Splint gerade ...

5.9b ... und ziehen Sie ihn heraus.

5.9c Entfernen Sie dann den Sicherungsring der Mutter.

10 Um die Radnabe beim Lockern der Antriebswellenmutter zu blockieren, muss ein geeignetes Haltewerkzeug beschafft oder ggf. angefertigt (siehe Werkzeug-Tipp) und mit zwei Radmuttern an der Nabe gesichert werden (siehe Abbildung).

Praxis-Tipp

Ein Haltewerkzeug kann aus miteinander verschraubten stabilen Metallbändern (einem kurzen und einem langen) angefertigt werden.

5.10 Sichern Sie das Haltewerkzeug mit zwei Radmuttern an der Radnabe, lösen Sie die Mutter ...

11 Lösen Sie bei blockierter Radnabe die Mutter und entfernen Sie die Scheibe (siehe Abbildung) – beide Teile müssen später erneuert werden.

5.11 ... und entfernen Sie die Scheibe.

12 Falls noch nicht geschehen, müssen die Schrauben, die den Bremssattelträger am Lenkhebel sichern, gelöst werden, um den Sattel samt Träger vom Lenkhebel und der Bremsscheibe ziehen zu können – die Bremsbeläge müssen nicht entfernt werden (Abb. 5.3). Sichern Sie die Baugruppe z. B. mit einem Kabelbinder oder Draht am Federbein. **Achtung: Lassen Sie den Bremssattel und seinen Träger nicht an der Bremsleitung hängen!**

13 Lösen Sie mit einem langen durch die Bohrungen des Nabenflanschs geführten Steckschlüssel die fünf Schrauben, mit denen die Radnaben-Baugruppe am Lenkhebel gesichert ist (siehe Abbildung) – die Schrauben müssen beim Einbau erneuert werden.

5.13 Schrauben, mit denen die Radnaben-Baugruppe am Lenkhebel gesichert ist.

14 Ziehen Sie die Radnabe samt Bremsscheibe vom Lenkhebel – klopfen Sie nötigenfalls die Rückseite der Bremsscheibe mit einem weichen Hammer ab, um sie zu lösen.
15 Legen Sie die Naben-Baugruppe auf die Werkbank, lösen Sie die fünf Schrauben, mit denen die Bremsscheibe gesichert ist, drehen Sie die Baugruppe um und heben Sie die Bremsscheibe ab (siehe Abbildungen) – die Schrauben müssen beim Einbau erneuert werden. Falls die originale Bremsscheibe wiederverwendet werden soll, muss ihre Ausrichtung zur Nabe markiert werden.

5.15a Lösen Sie die fünf Schrauben, mit denen die Bremsscheibe gesichert ist, ...

5.15b ... drehen Sie die Baugruppe um und heben Sie die Bremsscheibe ab.

Einbau

16 Die Kontaktflächen der Bremsscheibe und der Radnabe müssen absolut sauber und frei von Korrosion sein.
17 Richten Sie ggf. bei der alten Bremsscheibe die Markierung aus. Installieren Sie die fünf neuen Schrauben und ziehen Sie sie schrittweise und über Kreuz zunächst mit 30 Nm an und dann in einem zweiten Durchgang um 90° weiter.
18 Reinigen Sie die Kontaktflächen der Radnabe und des Lenkhebels, setzen Sie die Teile zusammen, installieren Sie die fünf neuen Schrauben und ziehen Sie sie schrittweise und über Kreuz mit 53 Nm an.
19 Legen Sie eine neue Scheibe über die Antriebswelle und drehen Sie die neue Mutter zunächst handfest auf.
20 Senken Sie die Bremssattel-Baugruppe über der Bremsscheibe ab und positionieren Sie sie am Lenkhebel. Installieren Sie die Bremssattelträger-Schrauben und ziehen Sie sie mit 270 Nm an.
21 Ziehen Sie die Antriebswellenmutter mit vier Schritten an (siehe technische Daten) – kontern Sie dabei die Radnabe wie beim Ausbau.
22 Setzen Sie den Sicherungsring über die Antriebswellenmutter – richten Sie seine Nuten mit der Splint-Bohrung in der Welle aus. Installieren Sie einen neuen Splint und biegen Sie seine Enden um, um ihn zu sichern.
23 Montieren Sie das Vorderrad und ziehen Sie die Radmuttern mit 200 Nm an.

6 Vorderrad-Bremssattel – Ausbau, Überholung und Einbau

Anmerkung: *Beim Einbau wird ein neuer oberer Führungszapfen-Bolzen benötigt. Beachten Sie vor Arbeitsbeginn die Warnhinweise am Anfang der Sektionen 2 und 4.*

Ausbau

1 Ziehen Sie die Handbremse an, heben Sie das Fahrzeug vorn an, und stützen Sie es sicher ab (siehe Seite 355). Demontieren Sie das entsprechende Vorderrad.
2 Der Verlust an Bremsflüssigkeit kann minimiert werden, indem der Deckel des Ausgleichsbehälters geöffnet, ein Stück Plastikfolie über die Öffnung gelegt und der Deckel wieder aufgeschraubt wird – so ist der Behälter nicht belüftet, und bei einer getrennten Leitung läuft keine Flüssigkeit nach. Alternativ können Schläuche mit einer speziellen Bremsschlauchklemme abgedichtet werden.
3 Reinigen Sie zunächst den Bereich um den Bremsleitungs-Anschluss am Bremssattel (siehe Abbildung). Lösen Sie den Anschluss, ziehen Sie den Schlauch ab und bedecken oder verstopfen Sie anschließend alle offenen Anschlüsse, um den Austritt von Bremsflüssigkeit zu minimieren und das Eindringen von Schmutz zu verhindern.

6.3 Bremsleitungs-Anschluss an einem vorderen Bremssattel

4 Entfernen Sie die Bremsbeläge (siehe Sektion 4).
5 Kontern Sie den Führungszapfen mit einem Schlüssel und lösen Sie dessen Bolzen, heben Sie dann den Bremssattel von seinem Halter.

Überholen

Anmerkung: *Erkundigen Sie sich vor Arbeitsbeginn nach der Verfügbarkeit von Ersatzteilen zum Überholen des Bremssattels.*

6 Reinigen Sie den auf der Werkbank liegenden Bremssattel – achten Sie darauf, keinen Staub einzuatmen.

7 Ziehen Sie die Staubdichtungen von den Kolben.

8 Sichern Sie mit einer Schraubzwinge oder einem passenden Holz einen der Kolben in der vollständig eingezogenen Position im Bremssattel.

9 Drücken Sie den anderen Kolben vorsichtig mit am Bremsleitungsanschluss angesetzter Druckluft etwa zur Hälfte heraus – verwenden Sie dabei nur geringen Luftdruck, schützen Sie den Kolben mit einem Stück Holz und passen Sie auf, sich nicht die Finger einzuklemmen.

10 Sichern Sie den teilweise herausgedrückten Kolben jetzt mit einer Schraubzwinge oder einem passenden Holz in dieser Position und setzen Sie erneut Druckluft an, um den anderen Kolben zur Hälfte herauszudrücken. Die beiden Kolben sollten jetzt von Hand entfernt werden können – achten Sie darauf, dass sie wieder an ihre ursprüngliche Positionen gelangen.

11 Befreien Sie mithilfe eines kleinen stumpfen Werkzeugs den Kolben-Dichtring aus der Nut der Bremssattelbohrung – beschädigen Sie diese dabei nicht.

12 Reinigen Sie sorgfältig alle Komponenten mit Spiritus oder sauberer Bremsflüssigkeit – verwenden Sie **niemals** Lösungsmittel auf Mineralölbasis (Benzin oder Petroleum), da diese die Gummiteile der Hydraulik angreifen! Trocknen Sie die Teile unverzüglich mit einem sauberen und fusselfreien Lappen und blasen Sie alle Kanäle möglichst mit Druckluft aus.

Achtung: Tragen Sie bei der Arbeit mit Druckluft stets eine Schutzbrille!

13 Kontrollieren Sie alle Bauteile. Falls der Kolben und/oder seine Bohrung verschlissen, beschädigt oder stark korrodiert ist, muss der gesamte Bremssattel erneuert werden. Inspizieren Sie auch die Führungszapfen und Manschetten im Bremssattelhalter (siehe Abbildung). Die Hülsen und Führungszapfen dürfen keine Schäden aufweisen, die gereinigten Zapfen spielfrei darin gleiten; bei jedem Zweifel über den Zustand irgendwelcher Teile müssen sie erneuert werden.

6.13 Kontrollieren Sie die Führungszapfen und Manschetten im Bremssattelhalter.

14 Falls der Bremssattel weiterverwendet werden kann, müssen neue Kolben-Dichtringe und Staubdichtungen beschafft werden, da die alten niemals wiederverwendet werden dürfen.

15 Sorgen Sie dafür, dass alle Komponenten absolut sauber sind.

16 Benetzen Sie den ersten Kolben, seine Bohrung und den neuen Dichtring mit frischer Bremsflüssigkeit.

17 Installieren Sie den neuen Kolben-Dichtring von Hand in die Nut der Bohrung – verwenden Sie hierfür keine Werkzeuge.

18 Rüsten Sie den Kolben mit der neuen Staubdichtung aus und drücken Sie ihn senkrecht in den Sattel, drehen Sie ihn dabei hin und her. Drücken Sie die Staubdichtung in die Nut des Bremssattels.

19 Wiederholen Sie die Schritte 17 bis 19 mit dem anderen Kolben.

Einbau

20 Positionieren Sie den Bremssattel an seinem Träger und installieren Sie den neuen oberen Führungszapfen-Bolzen. Kontern Sie den Zapfen und ziehen Sie den Bolzen mit 60 Nm an.

21 Montieren Sie die Bremsbeläge (siehe Sektion 4).

22 Verbinden Sie die Bremsleitung mit dem Bremssattel, richten Sie sie dabei korrekt aus. Ziehen Sie die Anschlussmutter mit 17 Nm an.

23 Entfernen Sie die Bremsschlauch-Klemme und entlüften Sie die Bremse (siehe Sektion 2) – vorausgesetzt, der Flüssigkeitsverlust wurde minimiert, müssen nur die Vorderradbremsen entlüftet werden.

24 Montieren Sie das Vorderrad, senken Sie das Fahrzeug ab und ziehen Sie die Radmuttern mit 200 Nm an.

25 Betätigen Sie mehrmals das Bremspedal, um die Beläge an die Bremsscheibe anzulegen und einen normalen Druckpunkt zu erzeugen.

26 Kontrollieren Sie den Pegel im Hauptbremszylinder und füllen Sie nötigenfalls frische Bremsflüssigkeit nach (siehe *Wöchentliche Kontrollen*). Testen Sie die Bremse vor der ersten Fahrt sorgfältig.

7 Hinterrad-Bremsbeläge – Ersetzen

Warnung: Ersetzen Sie immer alle Bremsbeläge beider Hinterradbremsen; der Austausch der Beläge nur an einer Seite würde zu einer ungleichmäßigen Bremswirkung führen.

Warnung: Der beim Verschleiß der Bremsbeläge entstehende Staub kann krebserregendes Asbest enthalten und darf daher nicht mit Druckluft ausgeblasen und eingeatmet werden. Entfernen Sie den Staub KEINESFALLS mit Benzin oder Lösungsmittel auf Petroleumbasis. Verwenden Sie Bremsenreiniger oder Spiritus, um Bremsenteile zu reinigen. Lassen Sie weder Bremsflüssigkeit noch Öle oder Fette mit den Bremsbelägen oder der Bremsscheibe in Kontakt kommen. Beachten Sie die Warnhinweise in Sektion 2, um weitere Informationen zu Bremsflüssigkeit zu erhalten.

Ausbau

1 Lockern Sie hinten die Radbolzen. Blockieren Sie die Vorderräder, heben Sie das Fahrzeug hinten an und stützen Sie es sicher ab (siehe Seite 355).

2 Demontieren Sie die Hinterräder.

3 Folgen Sie beim Wechsel der Beläge den Abbildungen 7.3a bis 7.3q. Halten Sie die richtige Reihenfolge ein und lesen Sie die Bildunterschriften deutlich durch. Beachten Sie auch die folgenden Schritte. Beachten Sie bei der Montage alter Beläge, dass sie wieder an ihre ursprüngliche Positionen gelangen.

7.3a Trennen Sie ggf. an der Rückseite des Bremssattels den Stecker des Verschleiß-Sensors. Lockern Sie die obere Führungszapfen-Schraube, während der Zapfen mit einem zweiten Schlüssel gekontert wird, ...

7.3b ... und lösen Sie den unteren Führungszapfen-Bolzen auf die gleiche Weise.

7.3c Heben Sie den Bremssattel vom Träger ...

7.3d ... und sichern Sie ihn mit Draht o. Ä. an den Radaufhängungen, um die Bremsleitung nicht unter Last zu setzen.

7.3e Entfernen Sie den äußeren ...

7.3f ... und den inneren Bremsbelag aus dem Bremssattelträger.

7.3g Entfernen Sie die vier Geräuschdämm-Federn aus dem Bremssattelhalter – beachten Sie ihre Positionen.

7.3h Messen Sie die Belagstärke – bei weniger als 1,5 mm müssen alle vier Hinterrad-Bremsbeläge erneuert werden.

7.3i Führen Sie den Kolben mithilfe eines speziellen Bremskolben-Eindrückwerkzeugs in den Bremssattel zurück. Bei bis zum 28.05.2016 gebauten Fahrzeugen muss der Kolben des linken Bremssattels linksherum und der Kolben des rechten Sattels rechtsherum gedreht werden. Bei ab dem 29.05.2016 gebauten Fahrzeugen muss der Kolben des linken Bremssattels rechtsherum und der Kolben des rechten Sattels linksherum gedreht

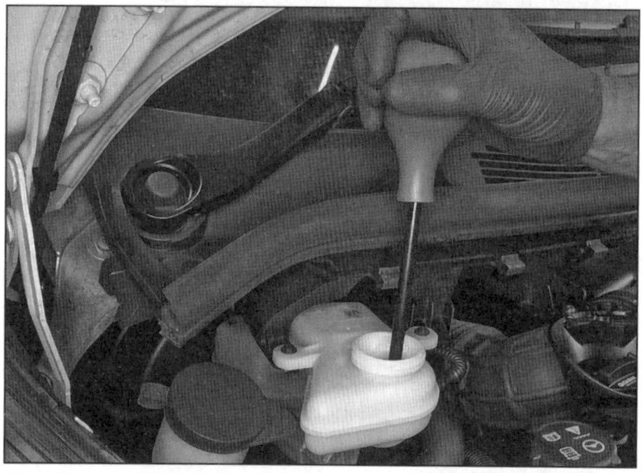

7.3j Kontrollieren Sie den Pegel im Ausgleichsbehälter und saugen Sie nötigenfalls etwas Flüssigkeit ab.

7.3k Wenn der Kolben vollständig zurückgezogen ist, wird er wieder soweit zurückgedreht, bis die Ausschnitte fast waagerecht stehen und zum Anguss am Bremssattelgehäuse ausgerichtet sind.

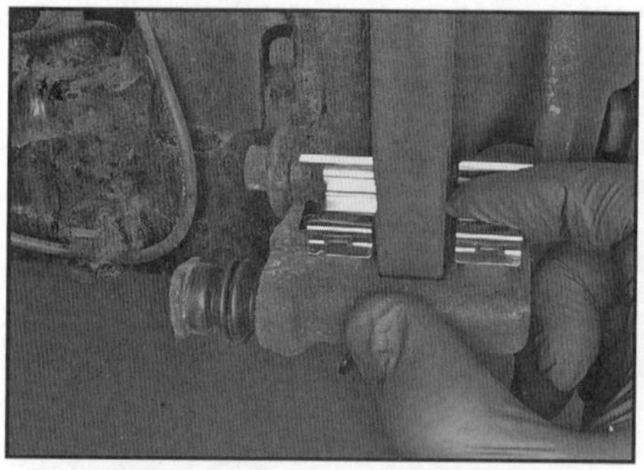

7.3l Installieren Sie die unteren ...

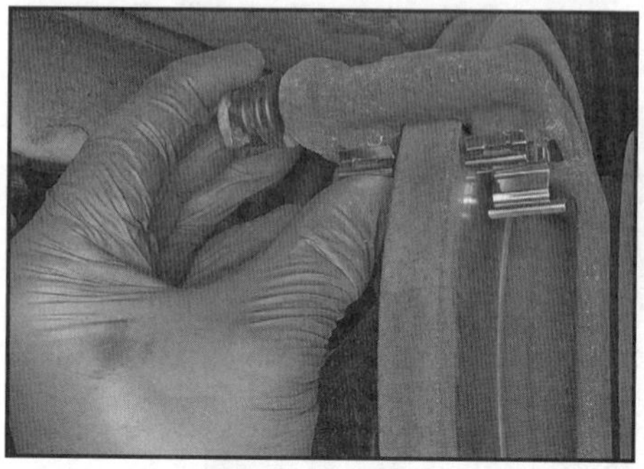

7.3m ... und die oberen Geräuschdämm-Federn an den Bremssattelträger.

7.3n Entfernen Sie ggf. die Schutzfolie von der Rückseite der Bremsbeläge und positionieren Sie den äußeren ...

7.3o ... und den inneren Belag im Träger – verbinden Sie hier ggf. den Stecker des Verschleiß-Sensors.

7.3p Schieben Sie den Bremssattel so am Träger in Position, dass der Anguss des inneren Belags in die Nut des Kolbens greift.

7.3q Installieren Sie die oberen und unteren Führungszapfen-Bolzen und ziehen Sie sie mit 31 Nm an.

4 Falls die alten Beläge wiederverwendet werden können, müssen sie sorgfältig mit einer sauberen feinen Drahtbürste gereinigt werden – beachten sie besonders die Seiten und Rückseiten Bereiche der Belagplatte. Reinigen Sie die Nuten im Belagmaterial und entfernen Sie größere Fremdkörper. Reinigen Sie sorgfältig die Sitze der Beläge im Bremssattel und dessen Halter.
5 Prüfen Sie vor dem Einbau, ob die Führungszapfen spielfrei im Bremssattelträger sitzen. Entfernen Sie Staub und Schmutz aus dem Bremssattel und vom Kolben – atmen Sie den Staub nicht ein! Kontrollieren Sie die Staubdichtung am Kolben und den Kolben selbst auf Undichtigkeiten, Korrosion oder Beschädigungen. Beachten Sie für den Austausch dieser Teile die Hinweise in Sektion 9.
6 Falls neue Bremsbeläge installiert werden sollen, muss der Bremssattelkolben vollständig in seine Bohrung gedreht werden, um Platz dafür zu schaffen – verwenden Sie dazu ein spezielles Bremskolben-Werkzeug und beachten Sie die Hinweise in Abb. 7.3i. Klemmen Sie die zum Hauptbremszylinder führende Bremsleitung ab und verbinden Sie ein Entlüftungs-Kit mit der Entlüftungsschraube des Bremssattels. Öffnen Sie die Schraube beim Zurückdrücken des Kolbens, sodass überschüssige Bremsflüssigkeit in den Sammelbehälter gedrückt wird – hierdurch kann keine Luft ins System eindringen. Anmerkung: Die in der ABS-Einheit enthaltenen hydraulischen Komponenten reagieren sehr empfindlich auf kleinste Fremdkörper in der Bremsflüssigkeit, da sie sehr feine Kanäle und Ventile blockieren können. Die hier beschriebene Methode zum Zurückdrücken des Kolbens sorgt dafür, dass Ablagerungen im Bremssattel zurück in die ABS-Einheit gedrückt werden; zudem können auf diese Weise nicht die Dichtungen im Hauptbremszylinder beschädigt werden.
7 Treten Sie mehrmals das Bremspedal durch, um die Beläge an die Bremsscheiben zu drücken und anschließend einen normalen Druckpunkt herzustellen.
8 Wiederholen Sie die Prozedur mit dem anderen Hinterradbremssattel.
9 Montieren Sie die Räder, senken Sie das Fahrzeug ab, und ziehen Sie die Radmuttern mit 140 Nm an.
10 Prüfen Sie den Bremsflüssigkeitspegel und füllen Sie ggf. nach – siehe Wöchentliche Kontrollen.
Achtung: Wenn neue Bremsbeläge installiert wurden, sollten diese zunächst möglichst ohne Vollbremsungen »eingebremst« werden, damit sie sich den Bremsscheiben anpassen können.

8 Hinterrad-Bremsscheibe – Kontrolle, Ausbau und Einbau

Anmerkung: *Beachten Sie vor Arbeitsbeginn die den Bremsenstaub betreffenden Warnhinweise am Anfang von Sektion 7.*
Anmerkung: *Falls eine Bremsscheibe ersetzt werden muss, sind immer beide Hinterrad-Bremsscheiben auszutauschen, um eine gleichmäßige Bremswirkung sicherzustellen. Beim Austausch von Bremsscheiben müssen auch die Bremsbeläge erneuert werden.*

Kontrolle

1 Blockieren Sie die Vorderräder, lockern Sie die Muttern des entsprechenden Hinterrads und heben Sie das Fahrzeug hinten an, um es sicher abzustützen (siehe Seite 355). Demontieren Sie dann das Hinterrad.
2 Entfernen Sie sämtliche Korrosion von der Bremsscheibe; drehen Sie sie und begutachten Sie auf beiden Seiten den Zustand der Oberfläche auf Kerben und andere Beschädigungen. Messen Sie an mehreren Stellen (im Bereich der Bremsbelag-Kontaktflächen) mit einer Bügelmessschraube die Bremsscheiben-Stärke – es dürfen nicht weniger als 13,0 mm festgestellt werden. Leichte Kratzer sind nach Gebrauch normal und behindern nicht die Funktion der Bremse, tiefe Kerben und starker Abrieb reduzieren jedoch die Bremswirkung und erhöhen den Belagverschleiß. Eine Bremsscheibe kann nötigenfalls geschliffen werden, doch muss auf die Minimalstärke geachtet werden. Eine irgendwo gerissene Bremsscheibe muss natürlich erneuert werden.
3 Ermitteln Sie 10 mm vom Außenrand der Bremsscheibe entfernt mithilfe einer Messuhr, ob die Scheibe verzogen ist; drehen Sie die Bremsscheibe und prüfen Sie, ob die Nadel um mehr als 0,1 ausschlägt.
4 Falls der Verzug über 0,1 mm liegt, muss die Bremsscheibe wie folgt auf eine unterschiedliche Stärke kontrolliert werden: Markieren Sie die Bremsscheibe an acht um 45° voneinander entfernt liegenden Positionen und ermitteln Sie hier 15 mm vor dem Außenrand mit einer Messuhr die Stärke – falls die Differenz 0,02 mm übersteigt, muss die Bremsscheibe erneuert werden.

Ausbau

5 Entfernen Sie die entsprechende Radnabe samt Lager (siehe Kapitel 8, Sektion 8).
6 Legen Sie die Naben-Baugruppe auf die Werkbank, lösen Sie die fünf Schrauben, mit denen die Bremsscheibe gesichert ist, drehen Sie die Baugruppe um und heben Sie die Bremsscheibe ab (siehe Abbildung) – die Schrauben müssen beim Einbau erneuert werden. Falls die originale Bremsscheibe wiederverwendet werden soll, muss ihre Ausrichtung zur Nabe markiert werden.

8.6 Lösen Sie die fünf Schrauben, mit denen die Bremsscheibe gesichert ist.

7 Stützen Sie die Bremsscheibe mit der Radnabe nach unten zeigend ab und versehen Sie den Kontaktbereich zwischen den beiden mit Kriechöl (siehe Abbildung). Die Nabe ist etwa 2 cm tief in die Bremsscheibe eingepresst und besonders bei älteren Fahrzeugen kann Korrosion zu einer sehr festen Verbindung geführt haben.

8.7 Kontaktfläche der Radnabe zur Bremsscheibe

8 Treiben Sie mit einem Hammer und geeigneten Dornen die Radnabe aus der Bremsscheibe (siehe Abbildung) – im Extremfall muss dazu eine hydraulische Presse verwendet werden.

8.8 Treiben Sie mit einem Hammer und geeigneten Dornen die Radnabe aus der Bremsscheibe.

Einbau

9 Die Kontaktflächen der Bremsscheibe und der Radnabe müssen absolut sauber und frei von Korrosion sein.
10 Positionieren Sie die Radnabe ggf. korrekt ausgerichtet in der Bremsscheibe. Installieren Sie die fünf neuen Schrauben und ziehen Sie sie schrittweise und über Kreuz bis zum Drehmoment von 72 Nm an (siehe Abbildungen).

8.10a Positionieren Sie die Radnabe ggf. korrekt ausgerichtet in der Bremsscheibe, ...

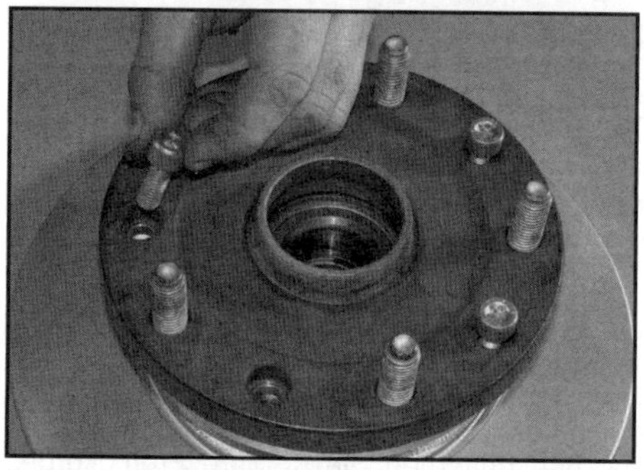

8.10b ... installieren Sie die fünf neuen Schrauben ...

8.10c ... und ziehen Sie sie schrittweise und über Kreuz bis zum Drehmoment von 72 Nm an.

11 Neue Bremsscheiben müssen mit nicht nachfettendem Lösungsmittel von sämtlichen Schutzbeschichtungen befreit werden.
14 Montieren Sie die Hinterradnabe samt Lager (siehe Kapitel 8, Sektion 8).
15 Betätigen Sie vor der ersten Fahrt mehrmals die Bremse, um die Beläge an der Bremsscheibe anliegen zu lassen.
16 Falls eine neue Bremsscheibe montiert wurde, muss die Prozedur am anderen Hinterrad wiederholt werden.

9 Hinterrad-Bremssattel – Ausbau, Überholung und Einbau

Anmerkung: *Beachten Sie vor Arbeitsbeginn die Warnhinweise am Anfang der Sektionen 2 und 7.*

Ausbau

1 Blockieren Sie die Vorderräder, heben Sie das Fahrzeug hinten an, und stützen Sie es sicher ab (siehe Seite 355). Demontieren Sie das entsprechende Hinterrad. Die Handbremse muss vollständig gelöst sein.
2 Schwenken Sie am Bremssattel den Handbremsenhebel nach oben, um den Bremsseil-Nippel zu befreien (siehe Abbildung).

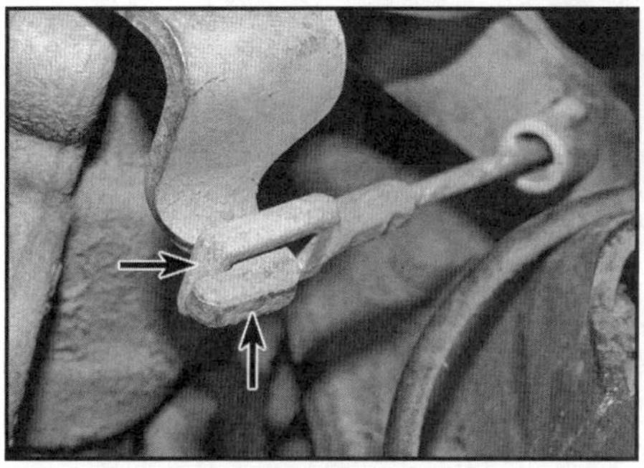

9.2 Schwenken Sie den Handbremsenhebel hoch und befreien Sie den Bremsseil-Nippel.

3 Drücken Sie mit einer Spitzzange am Wiederlager der Bremsseil-Hülle die Laschen zusammen und ziehen Sie den gesamten Bowdenzug aus dem Halter (siehe Abbildung).

9.3 Drücken Sie am Wiederlager der Bremsseil-Hülle die Laschen zusammen und ziehen Sie den gesamten Bowdenzug aus dem Halter.

4 Der Verlust an Bremsflüssigkeit kann minimiert werden, indem der Deckel des Ausgleichsbehälters geöffnet, ein Stück Plastikfolie über die Öffnung gelegt und der Deckel wieder aufgeschraubt wird – so ist der Behälter nicht belüftet, und bei einer getrennten Leitung läuft keine Flüssigkeit nach. Alternativ können Schläuche mit einer speziellen Bremsschlauchklemme abgedichtet werden.
5 Reinigen Sie den Bremssattel im Bereich des Bremsleitungs-Anschlusses und lockern Sie diesen – entfernen Sie ihn aber noch nicht.
6 Kontern Sie die Führungszapfen und lösen Sie ihre Bolzen. Ziehen Sie dann den Bremssattel vom Träger (siehe Abbildungen).

9.6a Lösen Sie den oberen und unteren Führungszapfen-Bolzen ...

9.6b ... und ziehen Sie den Bremssattel von seinem Träger.

7 Halten Sie den Bremssattel mit einer Hand und hindern Sie den Hydraulikschlauch mit der anderen Hand am Mitdrehen. Drehen Sie den Sattel von der Bremsleitung, ohne dass diese dabei verdreht oder anderweitig belastet wird. Bedecken oder verstopfen Sie anschließend alle offenen Anschlüsse, um den Austritt von Bremsflüssigkeit zu minimieren und das Eindringen von Schmutz zu verhindern.
8 Nötigenfalls können die Bremsbeläge entfernt (siehe Sektion 7) und der Bremssattelträger abgeschraubt werden (siehe Abbildungen).

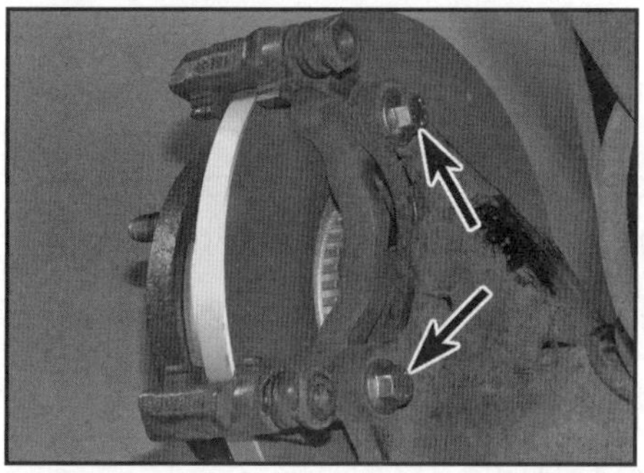

9.8a Lösen Sie die Schrauben des Hinterrad-Bremssattelträgers ...

9.8b ... und entfernen Sie diesen.

Überholen

9 Für Hinterrad-Bremssättel waren zum Zeitpunkt des Verfassens dieses Buchs (2018) keine Ersatzteile erhältlich, sodass der gesamte Sattel ersetzt werden muss – erkundigen Sie sich beim Ford-Händler nach Reparatursets. Versuchen Sie nicht, den Handbremsmechanismus im Bremssattel zu zerlegen – bei einem Defekt muss der gesamte Bremssattel erneuert werden.

Einbau

10 Montieren Sie den Bremssattel in der umgekehrten Ausbaureihenfolge – die Bremsschläuche dürfen nicht verdreht werden. Ziehen Sie alle Befestigungen mit den in den technischen Daten angegebenen Drehmomenten an.
11 Entlüften Sie die Bremse (siehe Sektion 2) – vorausgesetzt, der Flüssigkeitsverlust wurde minimiert, müssen nur die Hinterradbremsen entlüftet werden.
12 Betätigen Sie mehrmals das Bremspedal, um die Beläge an die Bremsscheibe anzulegen und einen normalen Druckpunkt zu erzeugen.
13 Kontrollieren Sie den Pegel im Hauptbremszylinder und füllen Sie nötigenfalls frische Bremsflüssigkeit nach (siehe *Wöchentliche Kontrollen*). Testen Sie die Bremse vor der ersten Fahrt sorgfältig.

10 Hauptbremszylinder – Ausbau, Überholen und Einbau

Anmerkung: *Beachten Sie vor Arbeitsbeginn die Warnhinweise am Anfang von Sektion 2.*

Ausbau

1 Lösen Sie die Befestigungsschrauben des Hauptbremszylinder-Ausgleichsbehälters (siehe Abbildung), befreien Sie ihn, schrauben Sie den Deckel ab und entleeren Sie die Bremsflüssigkeit in einen Sammelbehälter.

10.1 Eine von zwei Ausgleichsbehälterschrauben

2 Trennen Sie am unteren Behälter den Schnellverschluss des vom oberen Behälter kommenden Schlauchs und trennen Sie ihn (siehe Abbildung).

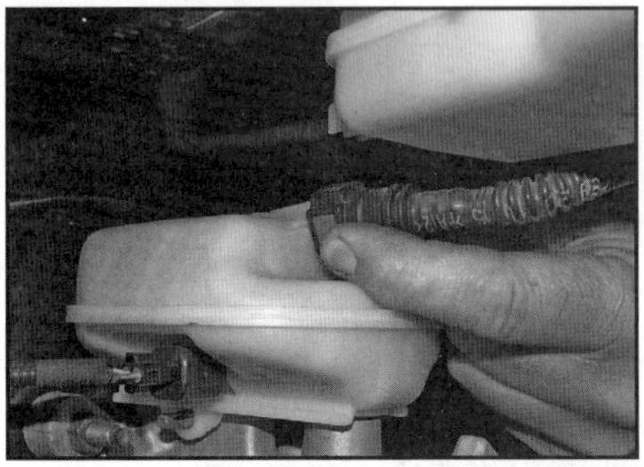

10.2 Drücken Sie die Knöpfe und trennen Sie den Verbindungsschlauch der beiden Ausgleichsbehälter.

3 Drücken Sie am unteren Behälter die Lasche des Pegelsensor-Steckers und ziehen Sie diesen ab (siehe Abbildung).

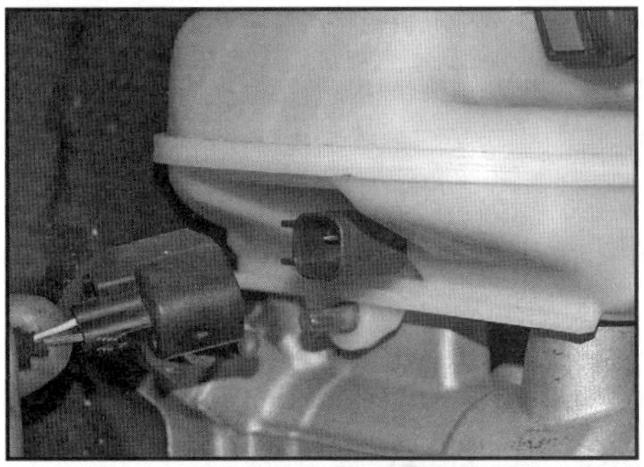

10.3 Trennen Sie den Stecker des Bremsflüssigkeitspegel-Sensors.

4 Lösen Sie am unteren Behälter die Schelle des Kupplungsschlauchs und ziehen Sie diesen ab – seien Sie auf austretende Bremsflüssigkeit vorbereitet. Verstopfen Sie alle Öffnungen.

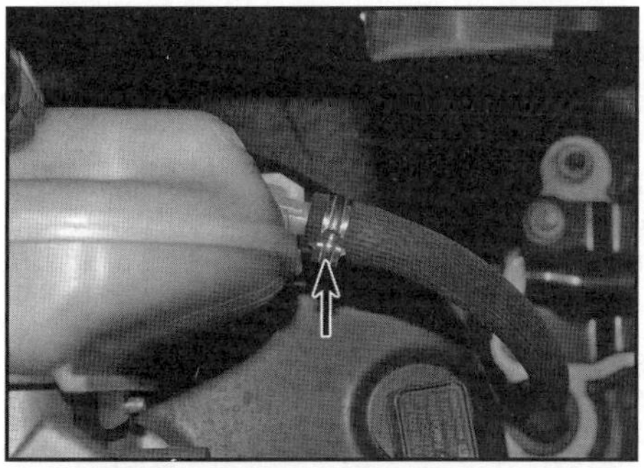

10.4 Kupplungsschlauch-Schelle am unteren Ausgleichsbehälter

5 Unterlegen Sie den Ausgleichsbehälter mit Lappen, um austretende Bremsflüssigkeit aufzunehmen. Beachten Sie die Positionen der Bremsleitungen, lösen Sie die Anschlussmuttern und verlagern Sie die Leitungen beiseite (siehe Abbildung) – seien Sie auf austretende Bremsflüssigkeit vorbereitet. Verstopfen Sie die Öffnungen, damit kein Schmutz eindringt.

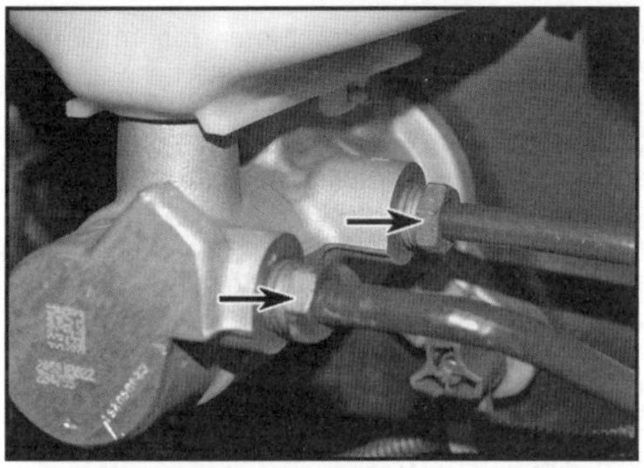

10.5 Bremsleitungs-Anschlussmuttern am Hauptbremszylinder

6 Befreien Sie alle Kabelclips, lösen Sie die zwei Muttern des Hauptbremszylinders und ziehen Sie diesen vom Bremskraftverstärker ab (siehe Abbildung) – waschen Sie Bremsflüssigkeitsspritzer unverzüglich von Lackoberflächen ab. Entfernen Sie die zwischen dem Hauptbremszylinder und dem Bremskraftverstärker sitzende Dichtung.

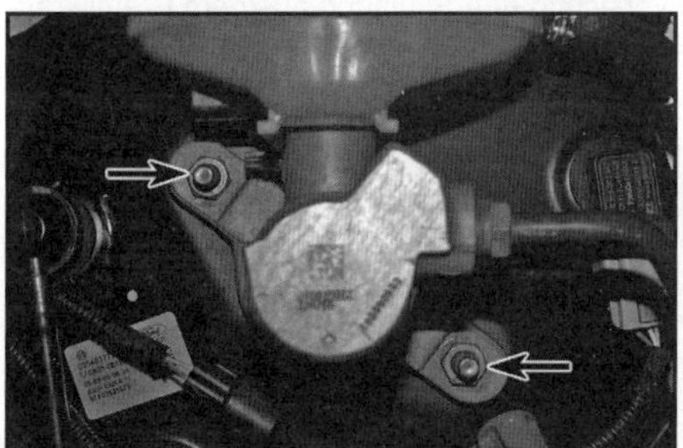

10.6 Muttern, die den Hauptbremszylinder am Bremskraftverstärker sichern.

7 Der Ausgleichsbehälter kann nötigenfalls vom Hauptbremszylinder getrennt werden – lösen Sie dazu die Schraube und ziehen Sie den Behälter ab.

Überholen

8 Für den Hauptbremszylinder sind außer den Ausgleichsbehältern und deren Deckel und Dichtungen keine Ersatzteile erhältlich.

9 Falls der Hauptbremszylinder defekt oder verschlissen ist, muss er durch ein Neuteil ersetzt werden.

10 Wenn neue Ausgleichsbehälter-Dichtungen installiert werden sollen, müssen die alten aus dem Zylindergehäuse befreit und die neuen mit Bremsflüssigkeit geschmiert und in ihre Sitze gedrückt werden.

Einbau

11 Drücken Sie ggf. den Ausgleichsbehälter in den Hauptbremszylinder und sichern Sie ihn mit der Schraube.

12 Entfernen Sie sämtlichen Schmutz von den Kontaktflächen des Hauptbremszylinders und des Bremskraftverstärkers. Positionieren Sie den Hauptbremskraftverstärker so am Bremskraftverstärker, dass dessen Druckstange mittig in seinen Kolben greift. Installieren Sie die Muttern und ziehen Sie sie mit 25 Nm an.

13 Wischen Sie die Bremsleitungsanschlüsse sauber, setzen Sie sie an und ziehen Sie die Anschlussmuttern sorgfältig an.

14 Verbinden Sie den Kupplungszylinderschlauch mit dem unteren Ausgleichsbehälter und sichern Sie ihn mit der Schelle (Abb. 10.4).

15 Verbinden Sie den ***Pegelsensor-Stecker (Abb. 10.3).***

16 Füllen Sie den oberen Ausgleichsbehälter mit frischer Bremsflüssigkeit auf und entlüften Sie anschließend die komplette Brems- und Kupplungshydraulik (siehe Sektion 2 und Kapitel 6, Sektion 2).

17 Prüfen Sie vor der ersten Fahrt sorgfältig die Funktion der Bremsen und der Kupplung.

11 Bremspedal – Ausbau und Einbau

Anmerkung: *Das Bremspedal kann nur zusammen mit dem Kupplungspedal als Baugruppe demontiert werden.*

Ausbau

1 Trennen Sie das Massekabel (–) der Batterie (siehe Kapitel 5, Sektion 3).

2 Demontieren Sie die Lenksäule (siehe Kapitel 10, Sektion 17).

3 Entfernen Sie den Kupplungs-Geberzylinder (siehe Kapitel 6, Sektion 3).

4 Entfernen Sie den Bremslichtschalter (siehe Kapitel 12, Sektion 5).

5 Entfernen Sie entweder den Kupplungspedal-Positionssensor (siehe Kapitel 4A, Sektion 10) oder (falls er in das Pedal integriert ist) trennen Sie seinen Stecker.

6 Befreien Sie die Kabel-Clips aus dem Pedalhalter.

7 Ziehen Sie am Druckstangengelenk des Bremspedals das Blech ab und entfernen Sie den Splint, um die Druckstange vom Pedal zu trennen (siehe Abbildung).

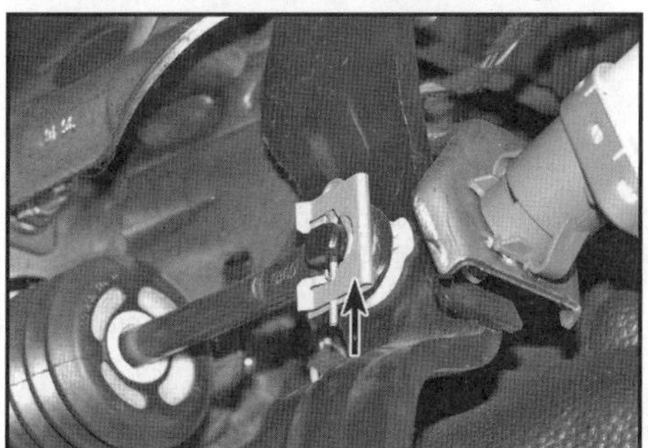

11.7 Befreien Sie das Blech und den Clip, um die Druckstange vom Bremspedal zu befreien.

8 Lösen Sie die vier Muttern, die den Bremskraftverstärker an der Spritzwand sichern – achten Sie darauf, dass er im Motorraum gesichert ist (siehe Abbildung).

11.8 Bremskraftverstärker-Muttern

9 Lösen Sie im Fahrerfußraum die drei Muttern sowie die zwei Muttern im Motorraum, um die Pedalaufnahme befreien zu können (siehe Abbildungen).

11.9a Die drei Pedalaufnahme-Muttern im Fußraum ...

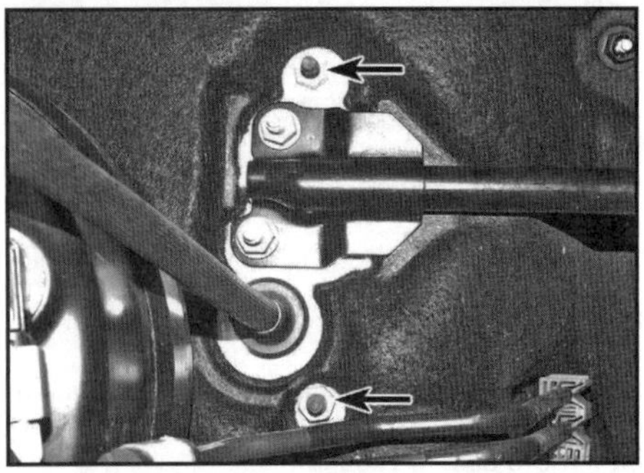

11.9b ... und die zwei Muttern im Motorraum

10 Kontrollieren Sie die Pedal und ihre Aufnahme auf übermäßigen Verschleiß und Beschädigungen. Da die Pedal-Lagerbuchsen nicht separat erneuert werden können, muss nötigenfalls eine komplette Pedal-Baugruppe beschafft werden.

Einbau

11 Positionieren Sie die Pedal-Baugruppe so an der Spritzwand, dass die Bremskraftverstärker-Druckstange korrekt am Bremspedal anliegt.
12 Installieren Sie die Muttern und ziehen Sie sie mit 20 Nm an.
13 Sichern Sie die über dem Zapfen des Bremspedal liegende Druckstange mit dem Splint und dem Sicherungsblech.
14 Verbinden Sie den Kupplungs-Geberzylinder mit dem Pedalhalter und sichern Sie ihn mit den sorgfältig angezogenen zwei Schrauben.
15 Verbinden Sie die Kupplungszylinder-Druckstange mit dem Kupplungspedal und sichern Sie sie mit dem Clip.
16 Sichern Sie den Kabelbaum am Pedalhalter.
17 Halten Sie das Brems- und das Kupplungspedal in der angehobenen Position und installieren Sie den Bremslichtschalter sowie ggf. den Kupplungs-Positionssensor in die Bohrungen des Pedalhalters. Drücken Sie die Schalter herunter, um die Kolben einzudrücken, verdrehen Sie sie dann, um sie zu sichern. Verbinden Sie die Kabelstecker mit den Schaltern.
18 Montieren Sie die Lenksäule (siehe Kapitel 10, Sektion 17).
19 Schließen Sie die Batterie wieder an.

12 Bremskraftverstärker – Test, Ausbau und Einbau

Test

1 Betätigen Sie bei abgeschaltetem Motor mehrmals die Bremse, bis der Unterdruck im Bremskraftverstärker abgebaut ist. Halten Sie das Pedal gedrückt und starten Sie den Motor – sobald er läuft, muss sich das Pedal durch den aufbauenden Unterdruck merklich weiter eindrücken lassen. Lassen Sie den Motor mindestens zwei Minuten laufen und schalten Sie ihn wieder ab. Beim erneuten Betätigen der Bremse muss sie sich normal anfühlen, nach einigen Aktivierungen muss sie sich deutlich fester anfühlen und weniger weit eindrücken lassen.
2 Falls sich die Bremse nicht wie beschrieben verhält, muss zunächst das Bremskraftverstärker-Regelventil überprüft werden (siehe Sektion 13).
3 Wenn sich das Regelventil als funktionsfähig erwiesen hat, wird der Defekt im Bremskraftverstärker selbst liegen – da Reparaturen nicht möglich sind, muss er ausgetauscht werden.

Ausbau

4 Demontieren Sie den Hauptbremszylinder (siehe Sektion 10).
5 Befreien Sie vorsichtig den Schlauch aus dem Bremskraftverstärker – verlieren Sie dabei nicht den Dichtstopfen (siehe Abbildung).

12.5 Trennen Sie den Anschluss des Unterdruckschlauchs am Bremskraftverstärker.

6 Trennen Sie ggf. den Kabelstecker des Bremskraftverstärkers (siehe Abbildung).

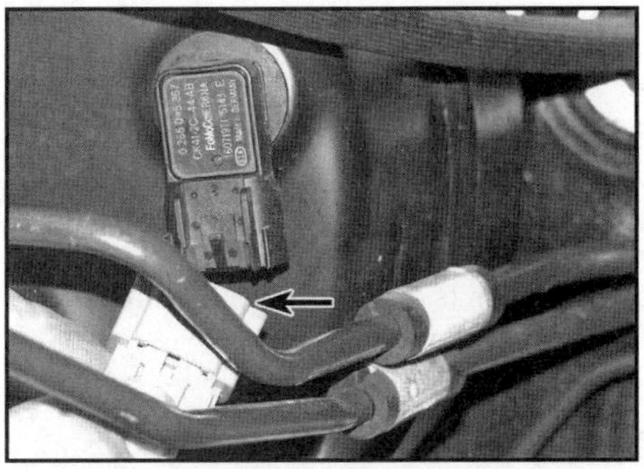

12.6 Trennen Sie ggf. den Kabelstecker des Bremskraftverstärkers.

7 Ziehen Sie im Fahrerfußraum die linke untere Verkleidung ab (siehe Abbildung).

12.7 Ziehen Sie die linke untere Armaturenbrettverkleidung ab.

8 Ziehen Sie am Druckstangengelenk des Bremspedals das Blech ab und entfernen Sie den Splint, um die Druckstange vom Pedal zu trennen (Abb. 11.7).
9 Lösen Sie die vier Muttern, die den Bremskraftverstärker an der Spritzwand sichern – achten Sie darauf, dass er im Motorraum gesichert ist (Abb. 11.9).
10 Der Bremskraftverstärker kann jetzt entnommen werden – stellen Sie die Dichtung zwischen ihm und der Spritzwand sicher.

Einbau

11 Legen Sie die Dichtung auf und positionieren Sie den Bremskraftverstärker an der Spritzwand. Installieren Sie die vier Muttern und ziehen Sie sie mit 25 Nm an.
12 Sichern Sie das Druckstangengelenk mit dem Splint und dem Blech am Bremspedal (Abb. 11.7).
13 Installieren Sie die Armaturenbrettverkleidung.
14 Verbinden Sie den Unterdruckschlauch mit dem Gummistopfen, sodass er korrekt sitzt.
15 Montieren Sie den Hauptbremszylinder (siehe Sektion 10).

13 Bremskraftverstärker-Regelventil – Ausbau, Test und Einbau

Ausbau

1 Befreien Sie den Unterdruckschlauch vorsichtig aus dem Bremskraftverstärker – verschieben Sie dabei nicht den Gummistopfen (Abb. 12.5).
2 Lösen Sie je nach Ausführung die Anschlussmutter oder trennen Sie den Schnellverschluss des Schlauchs von der Vakuumpumpe.
3 Merken Sie sich die Verlegung des Schlauchs und befreien Sie ihn aus allen Befestigungen im Motorraum – das Regelventil ist in den Schlauch integriert.

Test

4 Begutachten Sie das Regelventil und den Schlauch auf Beschädigungen und ersetzen Sie die Baugruppe nötigenfalls. Für eine Kontrolle wird von beiden Seiten ins Ventil geblasen – Luft darf aber nur vom Bremskraftverstärker aus hindurchgelangen. Bei anderen Ergebnissen muss das Ventil samt Schlauch ersetzt werden.
5 Kontrollieren Sie den Gummistopfen im Bremskraftverstärker auf Schäden und Alterungserscheinungen und ersetzen Sie ihn nötigenfalls.

Einbau

6 Der Einbau entspricht der umgekehrten Ausbaureihenfolge – der Schnellverschluss muss hörbar einrasten und der Schlauch fest im Stopfen des Bremskraftverstärkers sitzen.
7 Starten Sie anschließend den Motor und prüfen Sie die Verbindung des Ventils zum Bremskraftverstärker auf Undichtigkeiten.

14 Vakuumpumpe – Ausbau und Einbau

Ausbau

1 Trennen Sie den Masseanschluss (–) der Batterie (siehe Kapitel 5, Sektion 3).
2 Entleeren Sie beim 2,2 l-Motor das Kühlsystem (siehe Kapitel 1, Sektion 32).
3 Demontieren Sie die Luftfilter-Baugruppe samt Ansaugrohren (siehe Kapitel 4A, Sektion 5).
4 Lösen Sie bei 2,0 l-Motoren die Befestigungen der oberhalb der Vakuumpumpe liegenden Kraftstoffregler-Baugruppe und befreien Sie sie – die Rohre können dabei angeschlossen bleiben.
5 Lösen Sie am Vakuumpumpen-Stehbolzen die Mutter des Kabelbaum- und Schlauch-Halters und befreien Sie ihn.
6 Schrauben Sie beim 2,2 l-Motor das Thermostatgehäuse von der Vakuumpumpe – die Dichtung muss später erneuert werden.
7 Trennen Sie die Unterdruckschläuche von der Vakuumpumpe – beachten Sie die verschiedenen Anschlüsse (siehe Abbildung).

14.7 Anschlüsse der Unterdruckschläuche an der Vakuumpumpe

8 Lösen Sie die Befestigungsschrauben der Vakuumpumpe und befreien Sie sie vom Zylinderkopf – die Dichtung und der ggf. vorhandene Dichtring müssen beim Einbau erneuert werden (siehe Abbildungen).

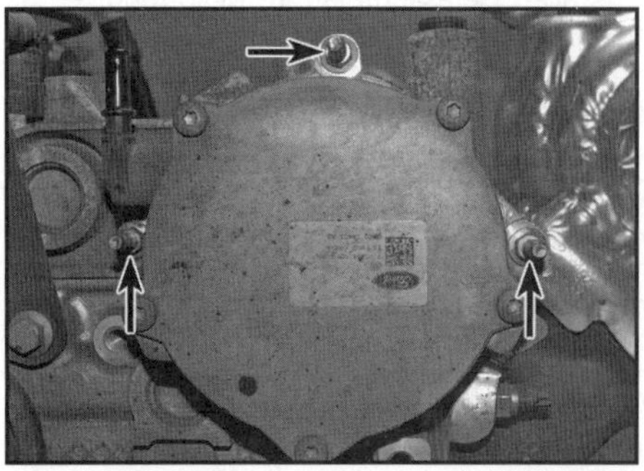

14.8a Befestigungsschrauben der Vakuumpumpe

14.8b Die Dichtung und der ggf. vorhandene Dichtring müssen durch Neuteile ersetzt werden.

9 Reinigen Sie sorgfältig die Dichtflächen der Pumpe, des Zylinderkopfs und des Thermostatgehäuses.

Einbau

10 Rüsten Sie den Zylinderkopf ggf. mit einem neuen Dichtring aus. Legen Sie eine neue Dichtung auf. Setzen Sie die Vakuumpumpe an den Zylinderkopf – die Mitnehmer müssen korrekt in die Nuten der Nockenwelle greifen (siehe Abbildung). Installieren Sie die Befestigungsschrauben und ziehen Sie sie beim 2,0 l-Motor zunächst mit 5 Nm an; ziehen Sie sie (dann) bei allen Modellen mit 10 Nm an.

14.10 Die Mitnehmer der Vakuumpumpe müssen korrekt in die Nuten der Nockenwelle greifen.

11 Setzen Sie das Thermostatgehäuse mit einem neuen O-Ring an der Pumpe an und ziehen Sie seine Schraube sorgfältig an.

12 Verbinden Sie den Unterdruckschlauch des Bremskraftverstärkers mit der Rückseite der Vakuumpumpe.

13 Verbinden Sie die Kühlerschläuche mit dem Thermostatgehäuse und den Ausgleichsbehälterschlauch mit der Vakuumpumpe.

14 Sichern Sie den Kabelbaum- und Schlauch-Halter mit der Mutter am Vakuumpumpen-Stehbolzen.

15 Montieren Sie die Luftfilter-Baugruppe samt Ansaugrohren (siehe Kapitel 4A, Sektion 5).

16 Schließen Sie die Batterie wieder an und befüllen Sie beim 2,2 l-Motor das Kühlsystem (siehe Kapitel 1, Sektion 32).

15 Handbremshebel – Ausbau und Einbau

1 Trennen Sie den Masseanschluss (–) der Batterie (siehe Kapitel 5, Sektion 3).

2 Blockieren Sie die Vorderräder, heben Sie das Fahrzeug hinten an und stützen Sie es sicher ab (siehe Seite 355). Die Handbremse muss vollständig gelöst sein.

3 Lösen Sie unter dem Fahrzeug die Kontermutter des Handbremsen-Einstellers und lockern Sie dessen Mutter vom Waagebalken (siehe Abbildung).

15.3 Handbremsseil-Einstellmutter

4 Lösen Sie die Clips der Handbremsen-Manschette aus dem Fahrzeugboden und ziehen Sie sie über den Hebel ab.

5 Trennen Sie den Stecker des Handbremsen-Warnleuchtenschalters (siehe Abbildung).

15.5 Trennen Sie den Stecker des Handbremsen-Warnleuchtenschalters.

6 Lösen Sie die zwei Schrauben der zweiteiligen Handbremsmechanismus-Abdeckung (siehe Abbildung).

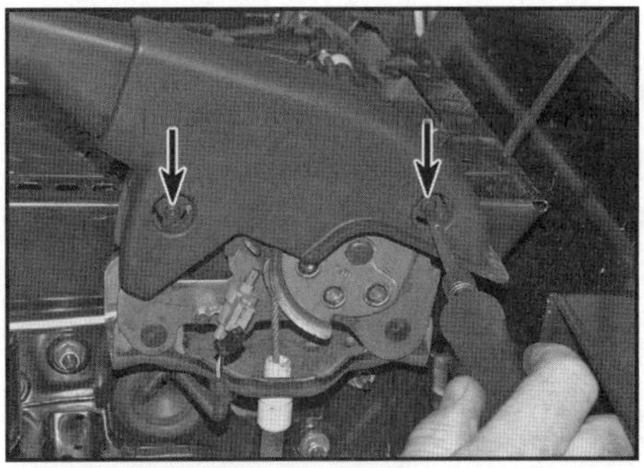

15.6 Lösen Sie die Schrauben und entfernen Sie die Abdeckungen.

7 Befreien Sie den Seilzugnippel vom Hebel und ziehen Sie die Hülle aus dem Widerlager an der Seite der Hebel-Grundplatte (siehe Abbildungen).

15.7a Befreien Sie den Seilzugnippel vom Handbremshebel ...

15.7b ... drücken Sie die Laschen (Pfeile) ein und ziehen Sie die Hülle aus dem Widerlager der Hebel-Grundplatte.

8 Schieben Sie den Fahrersitz ganz nach vorn und entfernen Sie die Batteriebox (siehe Abbildung).

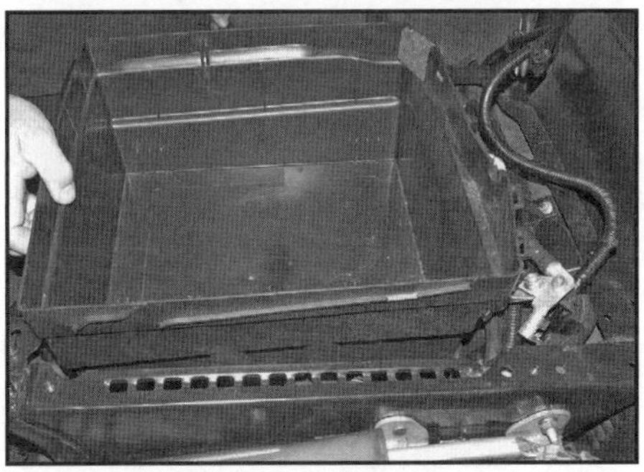

15.8 Entfernen Sie die Batteriebox.

9 Lösen Sie die Muttern, mit denen die Handbremsen-Baugruppe an der Seite der Batteriebox-Aufnahme gesichert ist, und entfernen Sie sie (siehe Abbildungen).

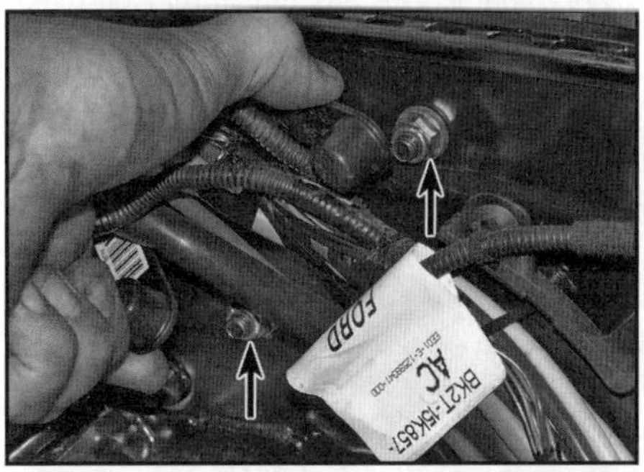

15.9a Muttern an der Seite der Batteriebox-Aufnahme – gezeigt bei entferntem Fahrersitz.

15.9b Mutter an der Handbremsen-Baugruppe

Einbau

10 Der Einbau entspricht der umgekehrten Ausbaureihenfolge – beachten Sie dabei folgende Punkte:

a) Schmieren Sie das zugängliche Ende des Handbremsseils und seiner Aufnahme am Hebel mit Molybdänfett.

b) Stellen Sie die Handbremse wie in Kapitel 1, Sektion 22 beschrieben ein.

16 Handbremsen-Seilzüge – Ausbau und Einbau

Ausbau

1 Die Handbrems-Seilzüge bestehen aus drei Sektionen: dem vorderen Zug vom Handbremshebel zum Zwischengestänge (oder Zwischenzug), an dessen Waagebalken die hinteren Seilzüge mit den Hinterradbremsen verbinden. Jede Sektion kann separat entfernt werden.

Vorderer Seilzug

2 Blockieren Sie die Vorderräder, heben Sie das Fahrzeug hinten an und stützen Sie es sicher ab (siehe Seite 355). Die Handbremse muss vollständig gelöst sein.

3 Lösen Sie unter dem Fahrzeug die Kontermutter des Handbremsen-Einstellers und lockern Sie dessen Mutter vom Waagebalken (Abb. 15.3).

4 Lösen Sie die Clips der Handbremsen-Manschette aus dem Fahrzeugboden und ziehen Sie sie über den Hebel ab.

5 Befreien Sie den Seilzugnippel vom Hebel und ziehen Sie die Hülle aus dem Widerlager an der Seite der Hebel-Grundplatte (Abb. 15.7a und b).
6 Trennen Sie den vorderen Zug aus der Verbindung zum Zwischengestänge oder Zwischenzug (siehe Abbildung).

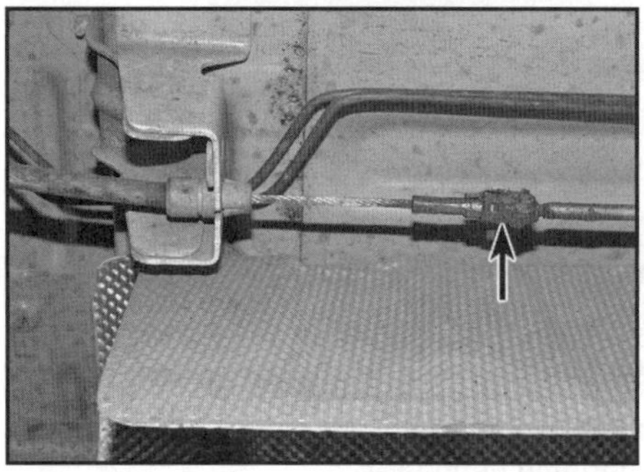

16.6 Verbindung des vorderen Zugs zum Zwischengestänge

7 Befreien Sie die vordere Seilzughülle aus dem Widerlager am Unterboden.
8 Heben Sie im Fahrzeug den Bodenbelag unter dem Handbremshebel ab und hebeln Sie den Bremsseil-Stopfen aus dem Bodenblech.
9 Befreien Sie das vordere Bremsseil nach unten aus dem Fahrzeug.

Zwischengestänge/Zwischenzug

10 Blockieren Sie die Vorderräder, heben Sie das Fahrzeug hinten an und stützen Sie es sicher ab (siehe Seite 355). Die Handbremse muss vollständig gelöst sein.
11 Lösen Sie unter dem Fahrzeug die Kontermutter des Handbremsen-Einstellers und lockern Sie dessen Mutter vom Waagebalken (Abb. 15.3).
12 Trennen Sie das Zwischengestänge oder den Zwischenzug vom vorderen Bremsseil und befreien Sie es/ihn nach unten aus dem Fahrzeug (Abb. 16.6).

Hintere Seilzüge

13 Blockieren Sie die Vorderräder, heben Sie das Fahrzeug hinten an und stützen Sie es sicher ab (siehe Seite 355). Die Handbremse muss vollständig gelöst sein.
14 Lösen Sie unter dem Fahrzeug die Kontermutter des Handbremsen-Einstellers und lockern Sie dessen Mutter vom Waagebalken (Abb. 15.3).
15 Schwenken Sie am Bremssattel den Handbremsenhebel nach oben, um den Bremsseil-Nippel zu befreien (siehe Abbildung).

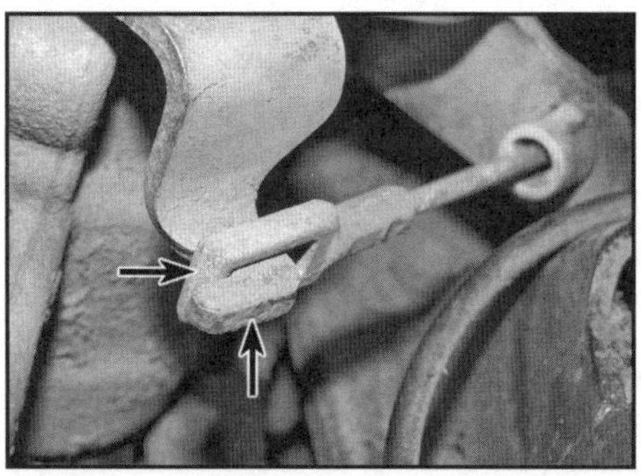

16.15 Schwenken Sie den Handbremsenhebel hoch und befreien Sie den Bremsseil-Nippel.

16 Drücken Sie mit einer Spitzzange am Wiederlager der Bremsseil-Hülle die Laschen zusammen und ziehen Sie den gesamten Bowdenzug aus dem Halter (siehe Abbildung).

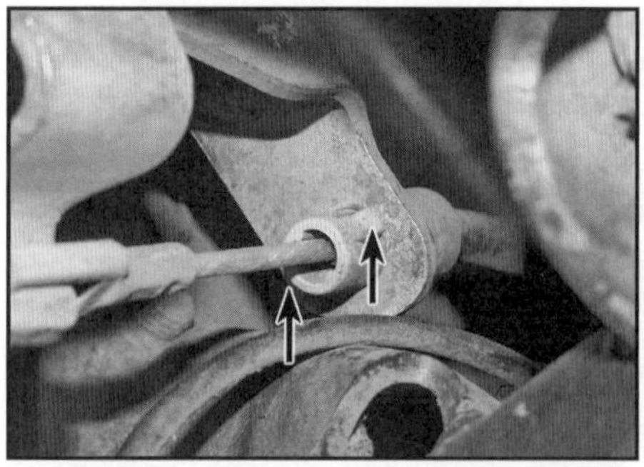

16.16 Drücken Sie am Wiederlager der Bremsseil-Hülle die Laschen zusammen und ziehen Sie den gesamten Bowdenzug aus dem Halter.

17 Die Bremsseil-Halterung links an der Hinterachse kann entweder geöffnet oder muss ausgebohrt werden (siehe Abbildung).

16.17 Hier muss der Niet der Bremsseil-Halterung ausgebohrt werden.

18 Lösen Sie am Unterboden-Längsträger die Schraube der Bremsseil-Führung und befreien Sie sie (siehe Abbildung).

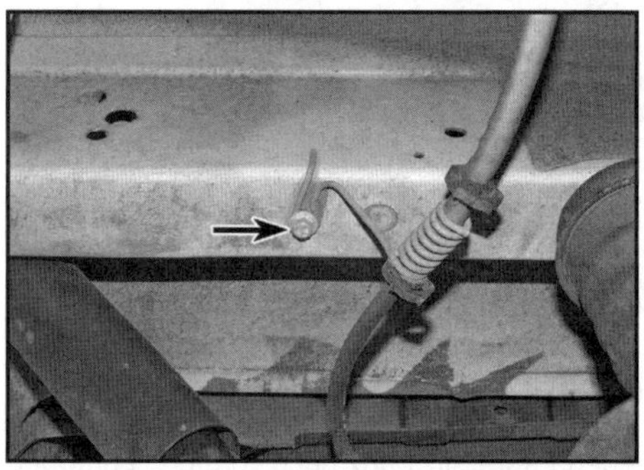

16.18 Schraube der Bremsseil-Führung am Unterboden-Längsträger

19 Befreien Sie den Seilzugnippel aus der entsprechenden Nut des Waagebalkens (siehe Abbildung).

16.19 Befreien Sie den Seilzugnippel aus der entsprechenden Nut des Waagebalkens.

20 Drücken Sie die Lasche der Seilzughülle zusammen und befreien Sie diese aus dem Widerlager am Unterboden (siehe Abbildung)

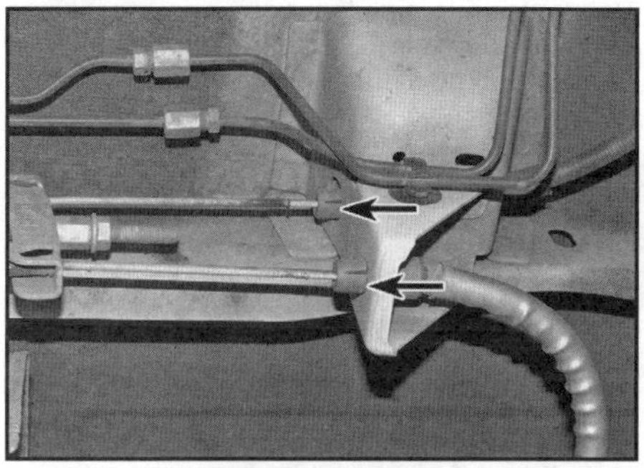

16.20 Laschen der Seilzughüllen am Widerlager des Unterbodens

17 Bremslichtschalter – Ausbau, Einbau und Einstellung

Ausbau

1 Der Bremslichtschalter sitzt am Bremspedalhalter im Fahrerfußraum.
2 Ziehen Sie im Fahrerfußraum die linke untere Verkleidung ab (Abb. 12.7).
3 Trennen Sie den Stecker des Bremslichtschalters (siehe Abbildung).

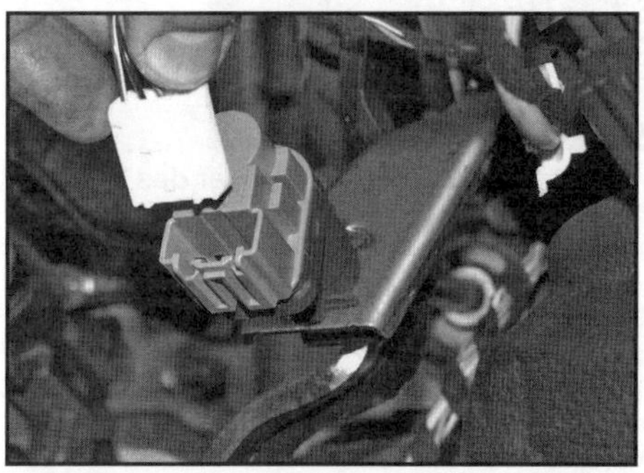

17.3 Trennen Sie den Bremslichtschalter-Stecker.

4 Drehen Sie den Schalter eine Viertelumdrehung im Uhrzeigersinn und ziehen Sie ihn aus der Pedalaufnahme (siehe Abbildung) – betätigen Sie beim Aus- und Einbau nicht die Bremse.

17.4 Drehen Sie den Schalter eine Viertelumdrehung nach rechts und ziehen Sie ihn heraus.

Einbau und Einstellung

5 Betätigen Sie bei auf OFF stehendem Zündschlüssel zehnmal die Bremse. Lassen Sie das Pedal in seine Ruheposition zurückkehren und installieren Sie den Bremslichtschalter in der umgekehrten Ausbaureihenfolge – hierbei darf das Bremspedal nicht bewegt werden.

18 Handbremsen-Warnleuchtenschalter – Ausbau und Einbau

1 Lösen Sie die Clips der Handbremsen-Manschette aus dem Fahrzeugboden und ziehen Sie sie über den Hebel ab.
2 Trennen Sie den Stecker des Handbremsen-Warnleuchtenschalters (Abb. 15.5).
3 Lösen Sie die Schrauben des Schalters, um ihn vom Handbremshebel-Halter zu befreien.
4 Der Einbau entspricht der umgekehrten Ausbaureihenfolge.

19 ABS- und ESP-Komponenten – Allgemeine Informationen

1 Das serienmäßig vorhandene Antiblockiersystem (ABS) überwacht beim Bremsen die Drehzahl aller Räder. Es beinhaltet ein elektronisches Stabilitätsprogramm (ESP) und andere Sicherheitsmerkmale.
2 Das System beinhaltet einen Hydraulik-Modulator und an jedem Rad einen Drehzahlsensor. Im Modulator befinden sich das Steuergerät, die Hydraulik-Magnetventile (ein Set für jede Bremse) und die elektrisch angetriebene Rücklaufpumpe. Wenn ein Rad plötzlich deutlich langsamer wird (und damit zu blockieren droht), wird an dieser Bremse der Hydraulikdruck reduziert oder kurzzeitig unterbrochen. Die Überwachung und das Regulieren findet mehrmals pro Sekunde statt und erzeugt im Bremspedal eine »pulsierende« Wirkung, wenn der Druck geändert wird.
3 Die Magnetventile werden vom Steuergerät überwacht, das wiederum Informationen von den Sensoren an den Rädern über deren Drehzahl erhält. Indem es diese Signale vergleicht, kann das Steuergerät die derzeit gefahrene Geschwindigkeit berechnen und so erkennen, wenn ein Rad deutlich langsamer

als die anderen wird und zum Blockieren neigt. Im normalen Fahrbetrieb funktioniert die Bremse genauso wie ein System ohne ABS.

4 Sobald das Steuergerät erkennt, dass ein oder mehrere Räder zum Blockieren neigen, werden die entsprechenden Auslass-Magnetventile geschlossen, um den Druck in den Bremsen zu verringern.

5 Wenn die Drehzahl des Rades weiterhin zu niedrig ist, öffnet es die Einlass-Magnetventile und aktiviert die elektrisch betriebene Rücklaufpumpe, um die Bremsflüssigkeit wieder in den Hauptbremszylinder zu fördern und so die Bremse zu lösen. Sobald die Drehzahl des Rades wieder einen normalen Wert erreicht, stoppt die Pumpe und das Auslass-Magnetventil öffnet wieder, um den Druck aus dem Hauptbremszylinder wieder an die Bremse weiterzuleiten und diese zu aktivieren.

6 Die Überwachung und das Regulieren findet mehrmals pro Sekunde statt und erzeugt im Bremspedal eine »pulsierende« Wirkung, wenn der Druck geändert wird.

7 Bei Modellen mit Traktionskontrolle beinhaltet der ABS-Hydraulikmodulator weitere hierfür zuständige Magnetventile. Das System arbeitet bis Geschwindigkeiten bis ca. 40 km/h und nutzt die Signale der Radsensoren. Falls das Steuergerät erkennt, dass eines der Antriebsräder die Traktion zu verlieren droht, aktiviert es kurzzeitig dessen Bremse. In manchen Situationen wie in tiefem Schlamm oder Schnee kann es sinnvoll sein, das System abzuschalten, damit die Räder mit voller Motorleistung drehen können, um besser hindurch zu kommen.

8 Eine weitere Funktion des ABS ist das »Elektronische Stabilitäts-Programm« (ESP). Hierbei beobachten zusätzliche Sensoren die Lenkradposition, die Gierrate des Fahrzeugs sowie die positive und negative Beschleunigung. Zusammen mit den Informationen der ABS-Sensoren kann das Steuergerät einer möglichen Instabilität des Fahrzeugs entgegenwirken, indem es erkennt, ob das Fahrzeug auf Lenkbewegungen des Fahrers adäquat reagieren kann oder instabil werden kann. Sobald Instabilität festgestellt wird, greift das Steuergerät mit der Aktivierung oder dem Lösen der entsprechenden Bremse sowie einer Reduzierung der Motorleistung ein, bis das Fahrverhalten wieder stabil ist.

9 Die Funktion des ABS, der Traktionskontrolle und des ESP hängt vollkommen von elektrischen Signalen ab. Und damit es nicht auf falsche Signale reagiert, überwacht eine integrierte Sicherheitsschaltung alle ins Steuergerät eingehenden Signale. Falls solche auftreten oder geringe Batteriespannung festgestellt wird, wird das ABS automatisch abgeschaltet und im Cockpit leuchtet eine entsprechende Warnlampe auf. Jetzt kann immer noch normal gebremst werden.

10 Falls in irgendeinem dieser Systeme ein Defekt festgestellt wird, leuchtet im Cockpit eine entsprechende Warnleuchte auf. Manche Fehler können vom bordeigenen Diagnosesystem behoben werden; halten Sie an, schalten Sie den Motor und die Zündung ab. Falls nach die Warnleuchte nach erneutem Fahrtantritt weiter leuchtet, muss das Fahrzeug zu einer entsprechend ausgerüsteten Fachwerkstatt gebracht werden, wo der Fehler mithilfe eines Diagnosegeräts ausgelesen und repariert werden kann.

20 ABS- und ESP-Komponenten – Ausbau und Einbau

Anmerkung: *Im ABS-Steuergerät gespeicherte Fehler können nur mit einem Ford-Diagnosegerät oder entsprechenden Alternativen ausgelesen werden.*

Anmerkung: *Beachten Sie zunächst die Hinweise zu Gefahren mit Bremsflüssigkeit in Sektion 2.*

Hydraulik-Modulator und Steuergerät/ ESP-Modul

Ausbau

1 Trennen Sie den Masseanschluss (–) der Batterie (siehe Kapitel 5, Sektion 3).

2 Schrauben Sie den Deckel des Ausgleichsbehälters ab und saugen Sie mit einer Spritze oder Pipette möglichst viel Bremsflüssigkeit ab. **Warnung: Saugen Sie Bremsflüssigkeit nicht mit dem Mund an – sie ist giftig!**

Anmerkung: *Alternativ kann eine gut zugängliche Entlüftungsschraube des Bremssystems geöffnet und mit Schläuchen versehen werden, um die Bremsflüssigkeit bei sanfter Betätigung der Bremse herauszudrücken (siehe Sektion 2).*

3 Demontieren Sie den linken Scheinwerfer (siehe Kapitel 12, Sektion 11).

4 Notieren Sie die Positionen der einzelnen Bremsleitungen am Modulator, lösen Sie die Anschlussmuttern und ziehen Sie die Rohre vorsichtig heraus (siehe Abbildung) – unterlegen Sie die Anschlüsse mit Lappen, um austretende Bremsflüssigkeit aufzunehmen. Verstopfen Sie die Öffnungen der Anschlüsse und des Modulators, damit kein Schmutz eindringen kann. Waschen Sie sämtliche Bremsflüssigkeitsspritzer unverzüglich mit kaltem Wasser auf.

20.4 Notieren Sie die Positionen der einzelnen Bremsleitungen am Modulator.

5 Ziehen Sie seitlich am Hydraulikmodulator die Arretierung des Mehrfachsteckers heraus und trennen Sie diesen (siehe Abbildung).

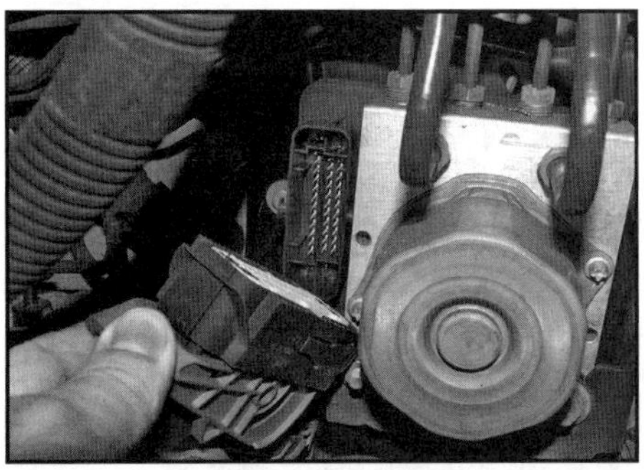

20.5 Trennen Sie am Modulator den Stecker des ABS-Steuergeräts.

6 Befreien Sie die Verkabelung aus dem Kabelbinder am Modulatorträger.

7 Lösen Sie die zwei Schrauben und befreien Sie den Modulator samt Halterung aus dem Motorraum.

8 Lösen Sie nötigenfalls die drei Muttern, um den Modulator von der Halterung zu trennen.

Einbau

9 Der Einbau entspricht der umgekehrten Ausbaureihenfolge – beachten Sie dabei folgende Punkte:

a) Ziehen Sie die Modulatorhalter-Schrauben mit 20 Nm an.
b) Verbinden Sie die Bremsleitungen mit ihren Anschlüssen und ziehen Sie die Anschlussmuttern mit 18 Nm an.
c) Die Verkabelung muss korrekt verlegt und der Stecker fest aufgedrückt und mit der Arretierung gesichert werden.
d) Entlüften Sie die komplette Bremshydraulik (siehe Sektion 2).
e) Schließen Sie die Batterie wieder an.

Steuergerät (ABS-ECU)

Anmerkung: *Falls ein neues Steuergerät installiert werden muss, sollte diese Arbeit einer mit entsprechenden Diagnosegeräten ausgerüsteten Fachwerkstatt überlassen werden, die das Steuergerät nach dem Einbau programmieren kann.*

Ausbau

10 Demontieren Sie den Hydraulik-Modulator (siehe oben).
11 Reinigen Sie sorgfältig den Bereich um das Steuergerät und den Hydraulikmodulator und achten Sie bei den folgenden Arbeiten auf absolute Sauberkeit.
12 Lösen Sie die vier Befestigungsschrauben und ziehen Sie das Steuergerät vorsichtig vom Hydraulikmodulator ab.
13 Reinigen und inspizieren Sie sorgfältig die Dichtflächen des Steuergeräts und des Hydraulikmodulators

Einbau

14 Legen Sie die Dichtung auf, halten Sie das Steuergerät nur an den äußeren Rändern und senken Sie es vorsichtig senkrecht über den Magnetventilen des Modulators ab.
15 Installieren Sie die Befestigungsschrauben und ziehen Sie sie schrittweise und über Kreuz zunächst soweit an, bis sie Kontakt zum Steuergerät-Gehäuse haben; ziehen Sie sie dann auf gleiche Weise weiter, bis das Steuergerät-Gehäuse Kontakt zum Hydraulikmodulator hat.
16 Montieren Sie zum Schluss den Hydraulikmodulator (siehe oben).

Vorderradsensor

Anmerkung: *Die Vorderradsensoren versorgen verschiedene Systeme mit Informationen über die Drehzahl der Räder und die gefahrene Geschwindigkeit.*
17 Ziehen Sie die Handbremse, heben Sie das Fahrzeug vorn an, und stützen Sie es sicher ab (siehe Seite 355). Demontieren Sie das entsprechende Vorderrad.
18 Lösen Sie die Schraube des am Lenkhebel sitzenden Sensors und ziehen Sie ihn heraus (siehe Abbildung).

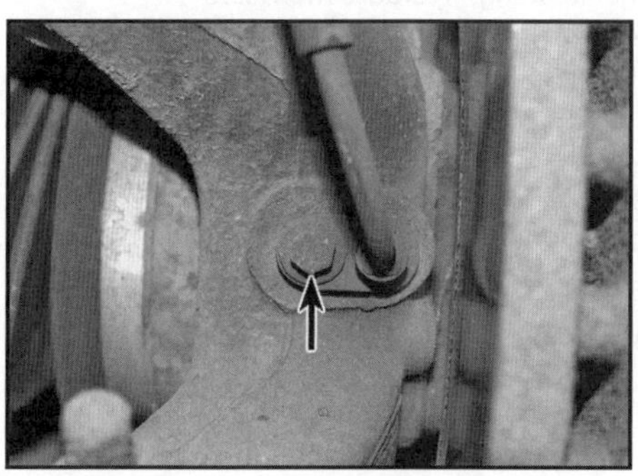

20.18 Schraube des Vorderradsensors

19 Trennen Sie am Federbein den Stecker des Sensorkabels (siehe Abbildung).

20.19 Trennen Sie am Federbein den Stecker des Sensorkabels.

20 Der Einbau entspricht der umgekehrten Ausbaureihenfolge – die Dichtflächen des Sensors und des Lenkhebels müssen sauber sein. Installieren Sie den Sensor und ziehen Sie seine Schraube mit 11 Nm an.

Hinterradsensor

21 Blockieren Sie die Vorderräder, heben Sie das Fahrzeug hinten an, und stützen Sie es sicher ab (siehe Seite 355). Demontieren Sie das entsprechende Hinterrad.
22 Trennen Sie den Sensorstecker und befreien Sie das Kabel aus den Clips an der Hinterachse (siehe Abbildung).

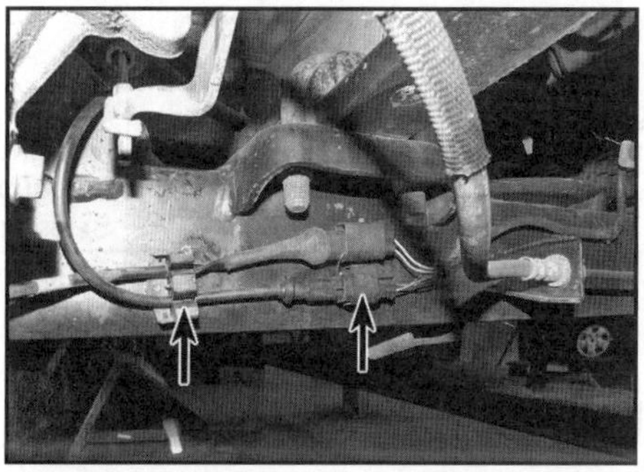

20.22 Sensorstecker und Kabel-Clips an der Hinterachse

23 Lösen Sie hinten am Achsträger die Sensor-Schraube und ziehen Sie den Sensor heraus (siehe Abbildung) – befreien Sie sein Kabel.

20.23 Schraube des Hinterradsensors und Kabel-Clip

24 Der Einbau entspricht der umgekehrten Ausbaureihenfolge – die Dichtflächen des Sensors und des Achsträgers müssen sauber sein. Installieren Sie den Sensor und ziehen Sie seine Schraube mit 11 Nm an.

Kapitel 10

Radaufhängung und Lenkung

Inhalt — Sektion

Schwierigkeitsgrade

Leicht. Geeignet für Anfänger mit wenig Erfahrung.	**Relativ leicht.** Geeignet für Anfänger mit etwas Erfahrung.	**Relativ schwierig.** Geeignet für geübte Selbstschrauber.	**Schwer.** Geeignet für Selbstschrauber mit viel Erfahrung.	**Sehr schwer.** Geeignet für Experten und Profis.

Technische Daten

Allgemeines	
Vorderradaufhängung	Einzelradaufhängung, MacPherson-Federbeine mit Schraubenfedern und integriertem Gasdruck-Stoßdämpfer, Stabilisator
Hinterradaufhängung	Starrachse, aufgehängt an halb-elliptischen Einzel-Blattfedern
Lenkung	Zahnstangenlenkung, hydraulische Servo-Unterstützung
Ausrichtung der Räder und Lenkwinkel	
Vorderräder	
Sturzwinkel	-0,5° ± 0,5°
Nachlaufwinkel	2,0° ± 0,6°
Spur-Einstellung	0,27° ± 0,25° Vorspur
Hinterräder	
Sturzwinkel	-1,0° ± 0,5°
Spur-Einstellung	0,2° ± 0,4° Vorspur
Anzugsdrehmomente	
Vorderradaufhängung	Nm
ABS-Radsensor-Befestigungsschrauben	11
ABS-Sensorkabelhalterung an Federbein	25
Antriebswellenmutter*	
Schritt 1	Radnabe 5 Umdrehungen drehen
Schritt 2	250
Schritt 3	Radnabe 5 Umdrehungen drehen
Schritt 4	500
Bremssattelträger-Schrauben	270

Bremsscheiben-Flanschschrauben*	
Schritt 1	30
Schritt 2	um 90° weiter
Federbein – obere Befestigungsmuttern	30
Federbein-Klemmschraube an Lenkhebel*	
Schritt 1	100
Schritt 2	um 180° weiter
Federbein-Kolbenstangenmutter	70
Hilfsrahmen-Befestigungsschrauben	
Halterung an Hilfsrahmen	133
Halterungs-Durchgangsbolzen	
M14 x 1,5	150
M14 x 2,0	175
Lenkhebel-Kugelkopf an Querlenker – Mutter*	
Kugelkopf mit Seegerring gesichert	150
Kugelkopf mit Schrauben gesichert	215
Querlenker-Befestigungsbolzen	275
Stabilisator an Hilfsrahmen – Klemmschrauben	63
Stabilisatoranlenkungs-Mutter	55
Hinterradaufhängung	
Blattfeder-Klemmbügel-Muttern*	
Schritt 1	25
Schritt 2	50
Schritt 3	75
Schritt 4	100
Schritt 5	125
Schritt 6	150
Schritt 7	175
Blattfeder – hintere Befestigungsbolzen-Muttern	275
Blattfeder – vordere Befestigungsbolzen-Muttern	175
Stabilisator-Anlenkungsmuttern*	70
Stabilisator-Klemmschrauben*	70
Stoßdämpfer – obere Muttern	175
Stoßdämpfer – untere Muttern	110
Lenkung	
Lenkgetriebe an vorderen Hilfsrahmen	115
Lenkrad-Schraube	48
Lenksäulen-Befestigungsmuttern	20
Kreuzgelenk-Klemmschraube an Lenkwelle*	28
Servolenkungs-Ölkühlerhalter-Schrauben	11
Servolenkungspumpe	
Befestigungsschrauben	24
Hochdruckrohr-Anschlussschraube	25
Kühlpumpen-Schrauben	23
Spurstangenkopf-Muttern*	48
Räder	
Radmuttern	200

* *Stets durch Neuteile zu ersetzen*

1 Allgemeine Informationen

1 Die einzeln aufgehängten Vorderräder werden mit MacPherson-Federbeinen geführt, die aus einer Schraubenfeder mit integriertem Stoßdämpfer bestehen. Die Federbeine sind unten über Kugelköpfe mit in Gummibuchsen gelagerten Querlenkern verbunden. Die Lenkhebel nehmen die Radlager, die Bremssättel und die Bremsscheiben auf und sind mit den Federbeinen verschraubt. Beide Federbeine sind über Stabilisator-Anlenkungen miteinander verbunden.

2 Die als Rundrohr ausgeführte starre Hinterachse wird auf beiden Seiten in elliptischen Einzel-Blattfedern geführt, die Federn selbst sind in Elastik-Elementen gelagert. An beiden Seiten der Achse sitzen verschraubte Wellenzapfen, die die Radnaben und Lager-Baugruppen tragen. Teleskop-Stoßdämpfer übernehmen die Dämpfung der Hinterachse. Manche Modelle sind auch hinten mit einem Stabilisator ausgerüstet.

3 Weitere Informationen zur Hinterachse finden sich in Kapitel 8.

4 Die vom Lenkrad zum Lenkgetriebe führende Lenkwelle ist oben mit einem Kreuzgelenk und unten mit einer flexiblen Kupplung befestigt. Das am vorderen Hilfsrahmen befestigte Lenkgetriebe ist über Spurstangen und Kugelköpfe mit den hinten an den Lenkhebeln sitzenden Hebeln verbunden

5 Alle Modelle sind mit einer hydraulischen Servolenkung ausgerüstet, die abhängig von der gefahrenen Geschwindigkeit die ins Lenkrad eingeleitete Bewegung unterstützt. Das System wird von einem vom Keilrippenriemen angetriebenen Pumpe mit Druck versorgt.

2 Vorderradträger – *und* Ausbau und Einbau

Ausbau

Achtung: Aufgrund der extrem hohen Anzugsdrehmomente der Antriebswellenmutter ist beim Lösen und Anziehen besondere Vorsicht geboten. Verwenden Sie unbedingt korrekte und hochwertige Steckschlüssel und beim Lösen eine geeignete Verlängerung. Beim Anziehen wird ein Drehmomentschlüssel benötigt, der 500 Nm übertragen kann. Überlassen Sie die Arbeit nötigenfalls einer entsprechend ausgerüsteten Fachwerkstatt.

Anmerkung: *Neben neuen Schrauben für die Bremsscheibe und die Radnaben-Baugruppe werden auch eine neue Antriebswellenmutter samt Scheibe und Splint benötigt.*

1 Ziehen Sie die Handbremse an, heben Sie das Fahrzeug vorn an, und stützen Sie es sicher ab (siehe Seite 355). Demontieren Sie das entsprechende Vorderrad.

2 Befreien Sie den Splint aus der Antriebswelle und entfernen Sie den Sicherungsring der Mutter (siehe Abbildungen).

2.2a Biegen Sie den Splint gerade ...

2.2b ... und ziehen Sie ihn heraus.

2.2c Entfernen Sie dann den Sicherungsring der Mutter.

3 Um die Radnabe beim Lockern der Antriebswellenmutter zu blockieren, muss ein geeignetes Haltewerkzeug beschafft oder ggf. angefertigt (siehe Werkzeug-Tipp) und mit zwei Radmuttern an der Nabe gesichert werden (siehe Abbildung).

Praxis-Tipp

Ein Haltewerkzeug kann aus miteinander verschraubten stabilen Metallbändern (einem kurzen und einem langen) angefertigt werden.

2.3 Sichern Sie das Haltewerkzeug mit zwei Radmuttern an der Radnabe, lösen Sie die Mutter ...

4 Lösen Sie bei blockierter Radnabe die Mutter und entfernen Sie die Scheibe (siehe Abbildung) – beide Teile müssen später erneuert werden.

2.4 ... und entfernen Sie die Scheibe.

5 Lösen Sie die zwei Schrauben, die den Bremssattelträger am Lenkhebel sichern, um den Sattel samt Träger vom Lenkhebel und der Bremsscheibe ziehen zu können – die Bremsbeläge müssen nicht entfernt werden (siehe Abbildung). Sichern Sie die Baugruppe z. B. mit einem Kabelbinder oder Draht am Federbein. **Achtung: Lassen Sie den Bremssattel und seinen Träger nicht an der Bremsleitung hängen!**

2.5 Ziehen Sie den Bremssattel samt Träger und Belägen vom Lenkhebel und der Bremsscheibe

6 Lösen Sie mit einem langen durch die Bohrungen des Nabenflanschs geführten Steckschlüssel die fünf Schrauben, mit denen die Radnaben-Baugruppe am Lenkhebel gesichert ist (siehe Abbildung) – die Schrauben müssen beim Einbau erneuert werden.

2.6 Schrauben, mit denen die Radnaben-Baugruppe am Lenkhebel gesichert ist.

7 Ziehen Sie die Radnabe samt Bremsscheibe vom Lenkhebel – klopfen Sie nötigenfalls die Rückseite der Bremsscheibe mit einem weichen Hammer ab, um sie zu lösen.
8 Legen Sie die Naben-Baugruppe auf die Werkbank, lösen Sie die fünf Schrauben, mit denen die Bremsscheibe gesichert ist, drehen Sie die Baugruppe um und heben Sie die Bremsscheibe ab (siehe Abbildungen) – die Schrauben müssen beim Einbau erneuert werden. Falls die originale Bremsscheibe wiederverwendet werden soll, muss ihre Ausrichtung zur Nabe markiert werden.

2.8a Lösen Sie die fünf Schrauben, mit denen die Bremsscheibe gesichert ist, …

2.8b … drehen Sie die Baugruppe um und heben Sie die Bremsscheibe ab.

Einbau

9 Die Kontaktflächen der Bremsscheibe und der Radnabe müssen absolut sauber und frei von Korrosion sein.
10 Richten Sie ggf. bei der alten Bremsscheibe die Markierung aus. Installieren Sie die fünf neuen Schrauben und ziehen Sie sie schrittweise und über Kreuz zunächst mit 30 Nm an und dann in einem zweiten Durchgang um 90° weiter.
11 Reinigen Sie die Kontaktflächen der Radnabe und des Lenkhebels, setzen Sie die Teile zusammen, installieren Sie die fünf neuen Schrauben und ziehen Sie sie schrittweise und über Kreuz mit 53 Nm an.
12 Senken Sie die Bremssattel-Baugruppe über der Bremsscheibe ab und positionieren Sie sie am Lenkhebel. Installieren Sie die Bremssattelträger-Schrauben und ziehen Sie sie mit 270 Nm an.
13 Legen Sie eine neue Scheibe über die Antriebswelle und ziehen Sie die neue Antriebswellenmutter mit vier Schritten an (siehe technische Daten) – kontern Sie dabei die Radnabe wie beim Ausbau.
14 Setzen Sie den Sicherungsring über die Antriebswellenmutter – richten Sie seine Nuten mit der Splint-Bohrung in der Welle aus. Installieren Sie einen neuen Splint und biegen Sie seine Enden um, um ihn zu sichern.
15 Montieren Sie das Vorderrad und ziehen Sie die Radmuttern mit 200 Nm an.

3 Vorderradlager – Kontrolle und Ersetzen

Kontrolle

1 Die als abgedichtete und voreingestellte Doppelrollenlager ausgeführten Vorderradlager erfordern normalerweise über die gesamte Lebensdauer des Fahrzeugs weder Wartung noch Aufmerksamkeit. Die Lager sind in die Vorderradnabe integriert, sodass bei einem Schaden die gesamte Nabe ausgetauscht werden muss. Die Lager selbst sind nicht separat erhältlich.
2 Um die Lager auf übermäßiges Spiel zu überprüfen, muss die Handbremse angezogen und das Fahrzeug vorn angehoben und sicher abgestützt werden (siehe Seite 355).
3 Greifen Sie den Reifen oben und unten und versuchen Sie, daran zu wackeln. Falls übermäßiges Spiel festgestellt wird, kann das Radlager defekt sein – oder aber Verschleiß im Querlenker-Kugelkopf vorliegen. Radlager-Verschleiß äußert sich in rauem Lauf oder Vibrationen und sollte während der Fahrt als rumpelndes oder brummende Geräusche hörbar sein.

Ersetzen

Anmerkung: *Zum Zerlegen und Zusammenbauen der Baugruppe wird eine geeignete Presse benötigt. Die inneren Lagerschalen sitzen fest am Nabenflansch und die äußeren Lagerschalen verbleiben am Nabenflansch, wenn dieser aus der Radnabe herausgepresst wird. Zum Entfernen wird ein Trennmesser-Abzieher benötigt.*
4 Entfernen Sie den Lenkhebel (siehe Sektion 2).
5 Stützen Sie die Außenseite der Radnaben-Baugruppe mit dem Nabenflansch nach unten sicher auf dem Presstisch ab und drücken Sie mit einem Steckschlüssel, der nur am inneren Ende des Nabenflanschs anliegt, den Flansch aus der Nabe (siehe Abbildung).

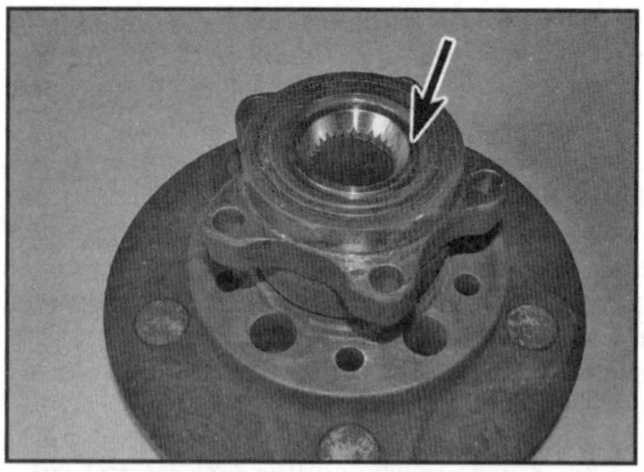

3.5 Drücken Sie mit einem Werkzeug, das nur am inneren Ende des Nabenflanschs anliegt, den Flansch aus der Nabe.

6 Nachdem der Nabenflansch aus der Nabenbaugruppe befreit ist, werden die äußeren Lagerrollen herausgehoben. Entfernen Sie die innere Lagerschale des äußeren Lagers, indem Sie die Schale stützen und den Nabenflansch hindurchpressen. Alternativ kann ein Lagerabzieher verwendet werden (siehe Abbildungen).

3.6a Verwenden Sie z. B. einen Trennmesser-Lagerabzieher, ...

3.6b ... um den Innenring des äußeren Lagers vom Nabenflansch zu befreien.

7 Reinigen Sie den Nabenflansch und entfetten Sie ihn sorgfältig, polieren Sie alle Grate und Erhebungen weg, die das Verbinden behindern könnten. Beschaffen Sie für den Zusammenbau eine neue Naben-Baugruppe (samt Lagern).
8 Stützen Sie den Nabenflansch mit den Rad-Stehbolzen nach unten sicher auf dem Presstisch ab und platzieren Sie die neue Nabe darüber. Drücken Sie mit einem Steckschlüssel, der nur am inneren Lagerring anliegt, die Nabe zu etwa einem Drittel auf den Flansch – achten Sie darauf, dass die Nabe senkrecht abgesenkt wird.
9 Drehen Sie die Naben-Baugruppe mindestens fünf Umdrehungen und pressen Sie sie etwa zur Hälfte auf den Flansch. Drehen Sie die Nabe erneut fünfmal und pressen Sie sie weiter, bis sie vollständig sitzt. Drehen Sie die Naben-Baugruppe erneut fünf Umdrehungen und entfernen Sie sie vom Presstisch.
10 Montieren Sie die Bremsscheibe (siehe Kapitel 9, Sektion 5) und verbinden Sie die Naben-Baugruppe mit dem Lenkhebel (siehe Sektion 2).

4 Lenkhebel – Ausbau und Einbau

Ausbau

1 Demontieren Sie den Vorderradträger (siehe Sektion 2).
2 Lösen Sie die Schraube des am Lenkhebel sitzenden Sensors und ziehen Sie ihn heraus (siehe Abbildung).

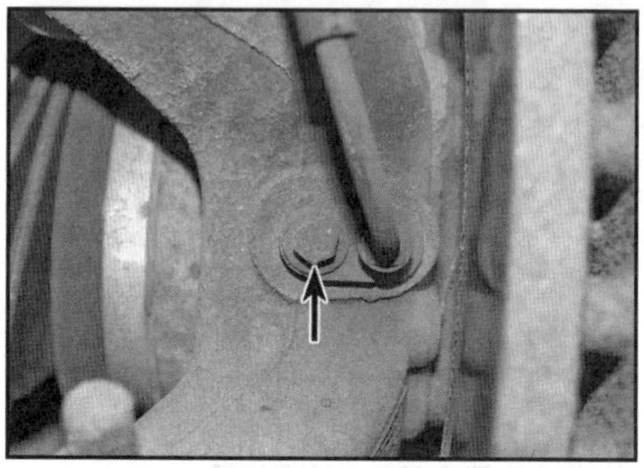

4.2 Schraube des Vorderradsensors

3 Lockern Sie die Spurstangenkopf-Muttern um einige Umdrehungen und ziehen Sie mit einem Kugelkopfabzieher oder anderem Abzieher den Zapfen aus dem Spurhebel (siehe Abbildung). Sobald der Kugelkopf befreit ist, wird die Mutter abgedreht, um ihn vollständig vom Lenkhebel zu befreien – die Mutter muss beim Einbau erneuert werden.

4.3 Befreien Sie den Spurstangen-Kugelkopf aus dem Lenkhebel.

4 Lockern Sie die Mutter, die das Lenkhebel-Kugelgelenk mit dem Querlenker verbindet. Verbinden Sie einen Zweiarmabzieher mit dem Querlenker und ziehen Sie ihn an, um den Kugelgelenk-Zapfen unter Druck zu setzen (siehe Abbildung). Klopfen Sie mit einem Hammer mehrmals gegen das Ende des Querlenkers, um den Konus des Kugelgelenk-Zapfens zu befreien.

4.4a Lockern Sie die Mutter, die das Lenkhebel-Kugelgelenk mit dem Querlenker verbindet ...

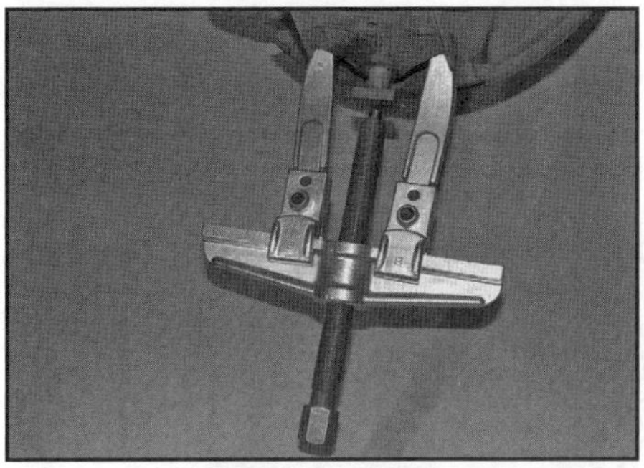

4.4b ... und trennen Sie es mithilfe eines Zweiarmabziehers.

5 Entfernen Sie den Abzieher und lösen Sie die Mutter des Kugelkopf-Zapfens – sie muss später durch ein Neuteil ersetzt werden.

6 Drücken oder hebeln Sie den Querlenker herunter, um den Kugelkopf-Zapfen zu befreien (siehe Abbildung). Schwenken Sie dann den Lenkhebel zu einer Seite und befreien Sie ihn von der Spurstange – beschädigen Sie dabei nicht die Gummimanschette des Kugelkopfs. Es ist ratsam, eine Abdeckung – z. B. einen zurechtgeschnittenen Sprühdosen-Deckel – über die Gummikappe zu legen, um sie zu schützen.

4.6 Drücken Sie den Querlenker herunter, um den Kugelkopf-Zapfen zu befreien.

7 Lösen Sie die Klemmschraube, die den Lenkhebel am Federbein sichert, und drehen Sie sie heraus – beim Einbau wird eine neue Schraube benötigt. Hebeln Sie die Klemmung mit einem geeigneten Werkzeug auf und befreien Sie den Lenkhebel vom Federbein (Abb. 5.5a und b) – klopfen sie ihn nötigenfalls mit einem weichen Hammer herunter.

Einbau

8 Reinigen Sie das untere Ende des Federbeins und seinen Sitz im Lenkhebel. Richten Sie den Lenkhebel am Federbein aus – beachten Sie die Lasche – und installieren Sie die neue Klemmschraube; ziehen Sie sie zunächst mit 100 Nm an und dann eine halbe Umdrehung (180°) weiter.

9 Drücken Sie den Querlenker herunter und richten Sie den Lenkhebel-Kugelkopf dazu aus. Drehen Sie eine neue Mutter auf das Gewinde des Zapfens und ziehen Sie sie mit 150 Nm (Kugelkopf mit Seegerring gesichert) bzw. 215 Nm (Kugelkopf mit zwei Schrauben gesichert) an.

10 Richten Sie den Spurstangenkopf zum Lenkhebel aus. Drehen Sie eine neue Mutter auf und ziehen Sie sie mit 48 Nm an – kontern Sie dabei nötigenfalls den Kugelkopf-Zapfen mit einem 5er-Inbusschlüssel. Falls der Zapfen keinen Ansatz für ein Werkzeug aufweist, muss die Spurstange mit einem stabilen Hebel hochgehebelt werden, damit der Konus greift und nicht mitdreht.

11 Installieren Sie den Radsensor in den Lenkhebel und ziehen Sie seine Schraube mit 11 Nm an.

12 Montieren Sie den Vorderradträger (siehe Sektion 2).

5 Federbein (vorn) – Ausbau und Einbau

Ausbau

1 Trennen Sie den Masseanschluss (–) der Batterie (siehe Kapitel 5, Sektion 3).

2 Ziehen Sie die Handbremse fest an, heben Sie das Fahrzeug vorn an, und stützen Sie es sicher ab (siehe Seite 355). Demontieren Sie das entsprechende Vorderrad.

3 Lösen Sie am Federbein die Mutter des ABS-Sensorkabelhalters und befreien Sie diesen (siehe Abbildung).

5.3 Mutter des ABS-Sensorkabelhalters

4 Lösen Sie am Federbein-Halter die Mutter der Stabilisator-Anlenkung – kontern Sie den Zapfen nötigenfalls mit einem Inbusschlüssel (siehe Abbildung).

5.4 Lösen Sie die Mutter der Stabilisator-Anlenkung.

5 Lösen Sie die Klemmschraube, die den Lenkhebel am Federbein sichert, und drehen Sie sie heraus – beim Einbau wird eine neue Schraube benötigt. Hebeln Sie die Klemmung mit einem geeigneten Werkzeug auf und befreien Sie den Lenkhebel vom Federbein (siehe Abbildungen) – klopfen sie ihn nötigenfalls mit einem weichen Hammer herunter.

5.5a Lösen Sie die Klemmschraube und drehen Sie sie heraus, ...

5.5b ... hebeln Sie die Klemmung auf und befreien Sie den Lenkhebel vom Federbein.

Linkes Federbein

6 Entfernen Sie im Fahrerfußraum die beiden Verkleidungsteile unter dem Lenkrad, den linken Becherhalter (um Zugang zur darunter liegenden Schraube zu erhalten) und lösen Sie die Schrauben des linken Armaturenbrett-Trägers (siehe Kapitel 11, Sektion 27).

7 Befreien Sie (aber trennen Sie nicht) unter der Sicherungsbox den Stecker, um Zugang zur linken unteren Schraube zu erhalten, lösen Sie diese und die vorderen Muttern, um die Sicherungsbox samt Halterung beiseite zu verlagern; es muss kein Stecker getrennt werden, aber der Zugang ist begrenzt (siehe Abbildungen). Zur Verbesserung des Zugangs können die zwei Muttern des 16-poligen Diagnosesteckers gelöst und dieser beiseite gedrückt werden.

5.7a Lösen Sie die Schraube ...

5.7b ... und die Sicherungsbox-Befestigungen vorn und hinten.

8 Ziehen Sie den Teppich zurück, um das Isolierstück von den Federbein-Befestigungen zu entnehmen (siehe Abbildung).

5.8 Heben Sie das Isolierstück von den Federbein-Befestigungen ab.

Rechtes Federbein

9 Öffnen Sie das Handschuhfach und befreien Sie den Becherhalter.

10 Lösen Sie die Schrauben des Mehrfachsteckers und trennen Sie diesen, um ihn beiseite zu verlagern (siehe Abbildung).

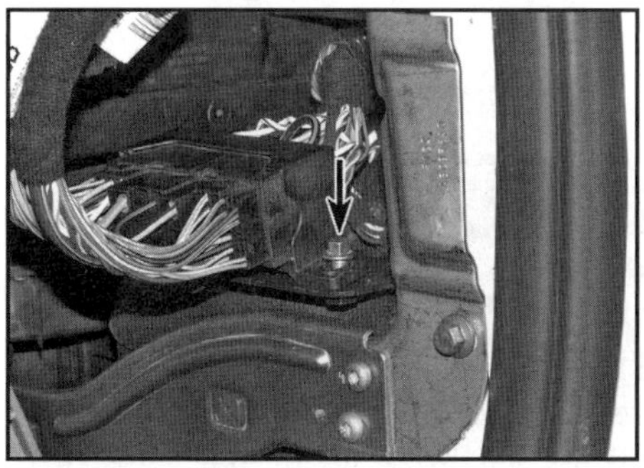

5.10 Eine der Schrauben des Mehrfachsteckers

11 Befreien Sie den Kabelbaum und entfernen Sie seinen Halter (siehe Abbildungen) – der Stecker muss nicht getrennt werden.

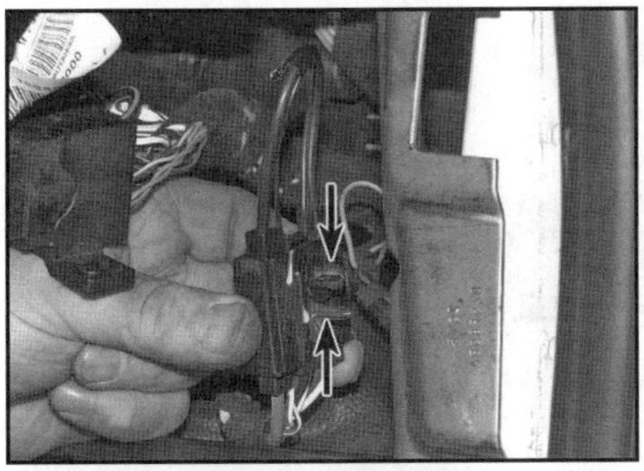

5.11a Befreien Sie den Kabelbaum ...

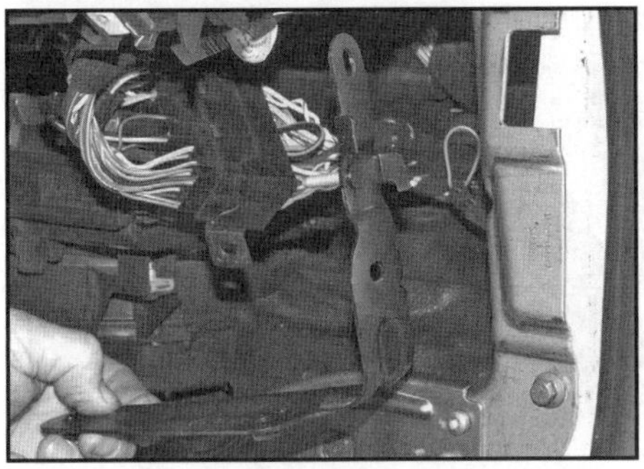

5.11b ... und entfernen Sie seinen Halter.

12 Entnehmen Sie das Isolierstück von den Federbein-Befestigungen.

Beide Federbeine

13 Lassen Sie einen Assistenten das Federbein von unten abstützen. Lösen Sie die drei oberen Befestigungsmuttern und lassen Sie das Federbein nach unten absenken (siehe Abbildung).

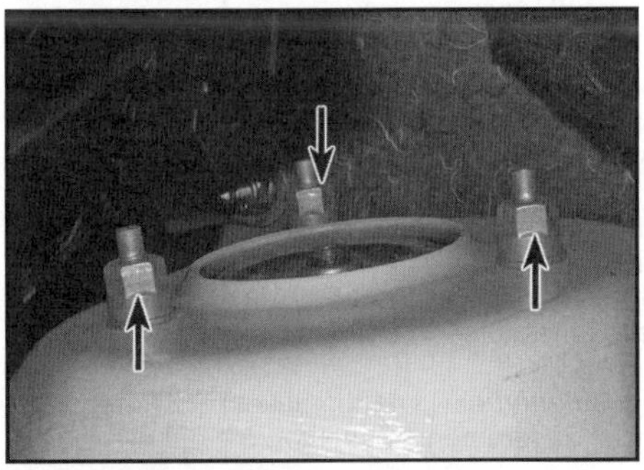

5.13 Obere Federbein-Muttern

Einbau

14 Lassen Sie den Assistenten das Federbein anheben, sodass die Stehbolzen durch ihre Bohrungen im Dom geschoben werden.
15 Drehen Sie die drei Muttern auf und ziehen Sie sie mit 30 Nm an.
16 Montieren Sie alle im Fußraum entfernten Komponenten und Verkleidungen.
17 Reinigen Sie das untere Ende des Federbeins und seinen Sitz im Lenkhebel. Richten Sie den Lenkhebel am Federbein aus – beachten Sie die Lasche – und installieren Sie die neue Klemmschraube; ziehen Sie sie zunächst mit 100 Nm an und dann eine halbe Umdrehung (180°) weiter.
18 Sichern Sie den ABS-Sensorkabelhalter am Federbein und ziehen Sie die Mutter mit 25 Nm an.
19 Verbinden Sie die Stabilisator-Anlenkung mit dem Halter am Federbein und ziehen Sie die Mutter mit 55 Nm an – kontern Sie den Zapfen nötigenfalls mit einem Inbusschlüssel (Abb. 5.4).
20 Montieren Sie das Vorderrad, senken Sie das Fahrzeug auf den Boden ab und ziehen Sie die Radmuttern mit 200 Nm an.

6 Federbein (vorn) – Überholen

Anmerkung: *Zum Zerlegen eines Federbeins werden geeignete Werkzeuge zum Komprimieren der Feder benötigt.*

Warnung: Versuche, ein Federbein ohne einen Schraubenfeder-Spanner zu zerlegen, stellen ein großes Gesundheitsrisiko dar!

1 Sobald ein Federbein Hinweise auf Verschleiß (Undichtigkeit, nachlassende Dämpfung, ermüdete oder gebrochene Feder) aufweist, muss es zerlegt und kann ggf. überholt werden. Der Stoßdämpfer selbst kann nicht repariert werden und muss nötigenfalls ersetzt werden, doch die Feder und andere Teile können ausgetauscht werden. Um ein sicheres Fahrverhalten zu gewährleisten, müssen stets beide Federbeine gleichzeitig überholt werden, auch wenn nur an einem Schäden festgestellt werden.
2 Bauen Sie das Federbein aus (siehe Sektion 5), reinigen Sie es und klemmen Sie es vorsichtig in einen Schraubstock.
3 Verbinden Sie die Schraubenfeder-Spanner mit der Feder des Federbeins und ziehen Sie diese so weit zusammen, bis sie keinen Druck mehr auf den oberen Federsitz ausübt.
4 Kontern Sie die Federbein-Dämpferstange mit einem Inbusschlüssel und lösen Sie die Mutter (siehe Abbildung).

6.4 Kontern Sie die Kolbenstange und lösen Sie die Mutter.

5 Entfernen Sie die Mutter, die obere Aufnahme, das Domlager, den Anschlag und den oberen Federsitz, die Manschette und die komprimierte Feder vom Stoßdämpfer (siehe Abbildungen).

6.5a Entfernen Sie die Mutter, ...

6.5b ... die obere Aufnahme, ...

6.5c ... das Domlager, ...

6.5d ... den Anschlag und den oberen Federsitz, ...

6.5e ... die Manschette ...

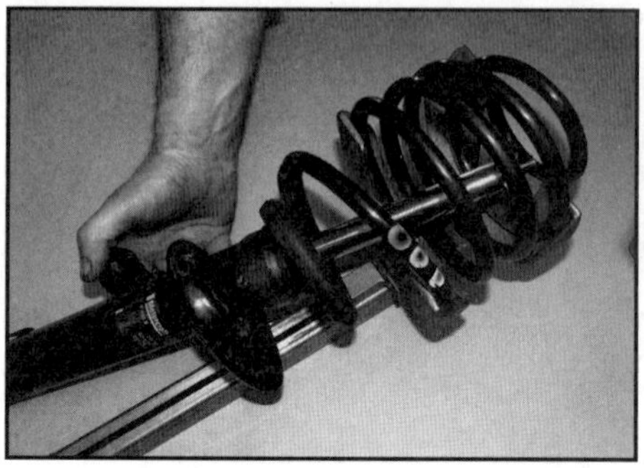
6.5f ... und die Feder (samt Spannwerkzeug).

6 Falls eine neue Feder montiert werden soll, muss das Spannwerkzeug vorsichtig von der alten Feder gelöst werden – ansonsten kann es daran verbleiben.
7 Sobald das Federbein so weit zerlegt ist, werden alle Komponenten auf Verschleiß, Beschädigungen und Verformung überprüft. Kontrollieren Sie das obere Domlager auf sanfte Funktion – ersetzen Sie alle schadhaften Teile.
8 Begutachten Sie den Dämpfer auf Undichtigkeiten. Kontrollieren Sie die Dämpferstange auf der gesamten Länge auf Ausbrüche. Überprüfen Sie das Dämpfergehäuse auf Beschädigungen.
9 Testen Sie den Dämpfer, indem Sie ihn aufrecht halten und die Dämpferstange zunächst vollständig hineinschieben und wieder herausziehen. Bewegen Sie sie dann in kürzeren Hüben von 5 bis 10 cm hin und her. In beiden Fällen muss ein gleichmäßiger Widerstand fühlbar sein. Falls sich die Stange ruckartig oder ungleichmäßig bewegt oder sichtbare Schäden oder Verschleißspuren festgestellt werden oder Öl austritt, muss der Stoßdämpfer ausgetauscht werden – die Feder und anderen Bauteile müssen dann auf das Neuteil übernommen werden.
10 Bauen Sie das Federbein in der umgekehrten Zerlegungsreihenfolge wieder zusammen – beachten Sie dabei folgende Punkte:

a) Die Enden der Feder müssen korrekt in den Sitzen der oberen und unteren Aufnahmen positioniert sein, bevor das Spannwerkzeug gelockert wird (siehe Abbildung).
b) Das Domlager muss korrekt an der oberen Aufnahme sitzen.
c) Ziehen Sie die Dämpferstangenmutter mit 70 Nm an.

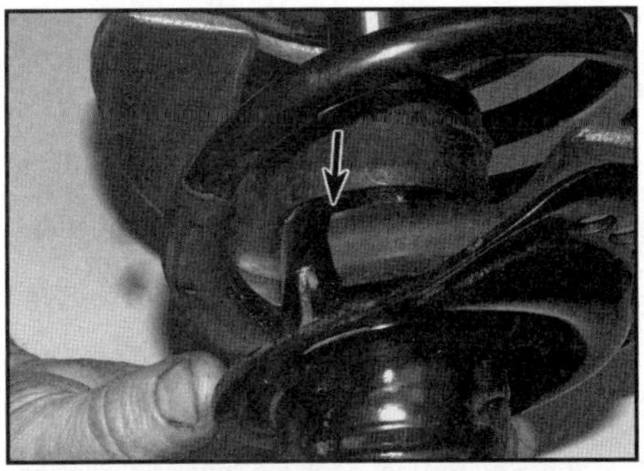

6.10 Die Enden der Feder müssen korrekt in den Aufnahmen sitzen.

7 Querlenker (vorn) – Ausbau und Einbau

Ausbau

1 Ziehen Sie die Handbremse, heben Sie die Fahrzeug-Front an und stützen Sie sie sicher ab (siehe Seite 355). Demontieren Sie das entsprechende Vorderrad.
2 Lockern Sie die Mutter, die das Lenkhebel-Kugelgelenk mit dem Querlenker verbindet. Verbinden Sie einen Zweiarmabzieher mit dem Querlenker und ziehen Sie ihn an, um den Kugelgelenk-Zapfen unter Druck zu setzen (Abb. 4.4a und b). Klopfen Sie mit einem Hammer mehrmals gegen das Ende des Querlenkers, um den Konus des Kugelgelenk-Zapfens zu befreien.
3 Entfernen Sie den Abzieher und lösen Sie die Mutter des Kugelkopf-Zapfens – sie muss später durch ein Neuteil ersetzt werden.
4 Drücken oder hebeln Sie den Querlenker herunter, um den Kugelkopf-Zapfen zu befreien (Abb. 4.6). Schwenken Sie dann den Lenkhebel zu einer Seite und befreien Sie ihn von der Spurstange – beschädigen Sie dabei nicht die Gummimanschette des Kugelkopfs. Es ist ratsam, eine Abdeckung – z. B. einen zurechtgeschnittenen Sprühdosen-Deckel – über die Gummikappe zu legen, um sie zu schützen.
5 Lösen Sie die vordere und hintere Schraube des Querlenkers, um diesen vom Hilfsrahmen zu befreien (siehe Abbildungen).

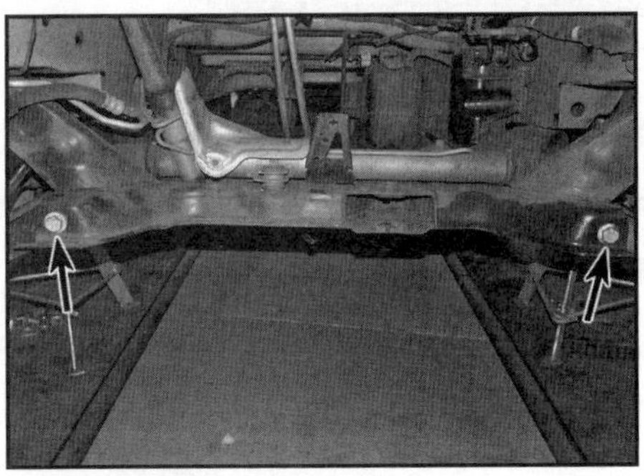

7.5a Vordere …

7.5b … und hintere Querlenker-Schrauben

Einbau

6 Positionieren Sie den Querlenker am Hilfsrahmen und installieren Sie die vordere Schraube, drehen Sie die Mutter zunächst nur handfest auf.
7 Stellen Sie einen Rangierwagenheber unter das äußere Ende des Querlenkers und heben Sie diesen an, bis er ungefähr waagerecht steht.
8 Installieren Sie die hintere Schraube und ziehen Sie dann alle Schrauben mit 275 Nm an.
9 Drücken Sie den Querlenker herunter und richten Sie den Lenkhebel-Kugelkopf dazu aus. Drehen Sie eine neue Mutter auf das Gewinde des Zapfens und ziehen Sie sie mit 150 Nm (Kugelkopf mit Seegerring gesichert) bzw. 215 Nm (Kugelkopf mit zwei Schrauben gesichert) an.
10 Montieren Sie das Vorderrad, senken Sie das Fahrzeug auf den Boden ab und ziehen Sie die Radmuttern mit 200 Nm an.

8 Querlenkerbuchsen (vorn) – Ersetzen

Anmerkung: *Für diese Arbeit wird ein Gummibuchsen-Ausziehwerkzeug benötigt.*
1 Demontieren Sie den Querlenker (siehe Sektion 7).
2 Falls die Querlenkerbuchsen spröde oder verschlissen sind, können sie mit einem speziellen Ausziehwerkzeug ausgebaut werden. Falls eine Presse vorhanden ist, können die Buchsen auch mit einer passenden Stange oder einem Rohr herausgedrückt werden. Schneiden Sie bei den horizontalen Buchsen zuerst deren überstehende Lippe mit einem scharfen Messer oder einer Bügelsäge ab (siehe Abbildungen).

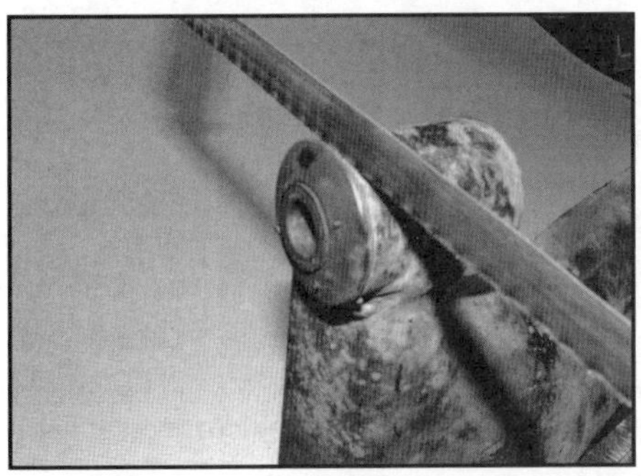

8.2a Schneiden Sie zunächst die überstehende Lippe der Buchse ab …

8.2b ... und pressen Sie sie dann mithilfe eines Ausziehwerkzeugs ...

8.2c ... aus dem Querlenker.

3 Schmieren Sie die Buchsen und ihre Sitze zunächst mit Mehrzweckfett und ziehen oder drücken Sie sie in den Querlenker, bis die Lippe korrekt sitzt (siehe Abbildung).

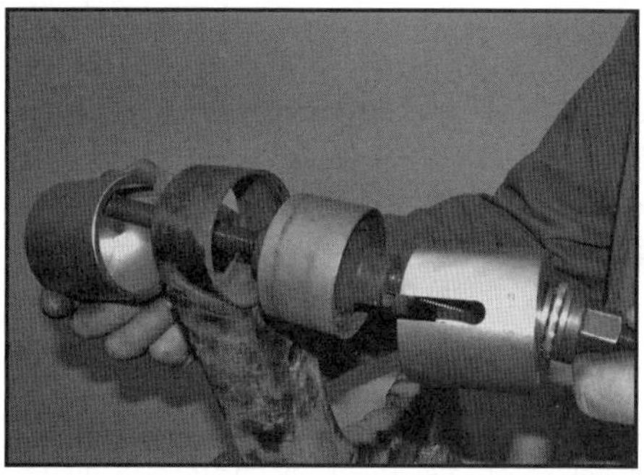

8.3 Einbau einer neuen Buchse mithilfe eines umfunktionierten Ausziehwerkzeugs

4 Wischen Sie überschüssiges Fett ab und montieren Sie den Querlenker (siehe Sektion 7).

9 Lenkhebel-Kugelgelenk – Ersetzen

1 Entfernen Sie den Lenkhebel (siehe Sektion 4).
2 Falls das Kugelgelenk mit einem Seegerring am Lenkhebel gesichert ist, muss dieser mit einer Seegerringzange entfernt werden.
3 Falls das Kugelgelenk mit zwei Schrauben am Lenkhebel gesichert ist, müssen diese gelöst werden.
4 Montieren Sie eine Schraubzwinge oder ein vergleichbares Werkzeug über dem Kugelgelenk – mit passenden Distanzstücken darüber und einem über die Kugel passenden Rohr darunter.
5 Ziehen Sie die Schraubzwinge an, um das Kugelgelenk nach unten aus dem Lenkhebel zu drücken.
6 Reinigen Sie den Sitz des Kugelgelenks im Lenkhebel und entfernen Sie Grate, die den Einbau behindern könnten.
7 Schmieren Sie den Sitz des Kugelgelenks mit Mehrzweckfett und setzen Sie das Kugelgelenk an.
8 Pressen Sie das neue Kugelgelenk mithilfe der Schraubzwinge und den Distanzstücken sowie dem Rohr vollständig in den Lenkhebel.
9 Installieren Sie den Seegerring oder die zwei Schrauben, um das Kugelgelenk zu sichern. Ziehen Sie ggf. die Schrauben sorgfältig an.
10 Montieren Sie den Lenkhebel (siehe Sektion 4).

10 Stabilisator vorn – Ausbau und Einbau

Ausbau

1 Ziehen Sie die Handbremse fest an, heben Sie das Fahrzeug vorn an, und stützen Sie es sicher ab (siehe Seite 355). Demontieren Sie beide Vorderräder.
2 Lösen Sie an beiden Seiten die Muttern, mit denen die Stabilisator-Anlenkungen am Stabilisator gesichert sind, kontern Sie dabei die Strebe mit einem 5er-Inbusschlüssel.
3 Lösen Sie an beiden Seiten die zwei Schrauben der Stabilisator-Klemmstücke, um diese vom Unterboden zu befreien (siehe Abbildung).

10.3 Schrauben des Stabilisator-Klemmstücks

4 Manövrieren Sie den Stabilisator an einer Seite unter dem Fahrzeug heraus.
5 Inspizieren Sie den Stabilisator auf Schäden, Korrosion und Risse. Kontrollieren Sie die Anlenkungen und Haltebuchsen auf gealterte Gummis.

Einbau

6 Der Einbau entspricht der umgekehrten Ausbaureihenfolge – ziehen Sie alle Muttern und Schrauben mit den in den technischen Daten angegebenen Drehmomenten an.

11 Hilfsrahmen (vorn) – Ausbau und Einbau

Ausbau

1 Ziehen Sie die Handbremse fest an, heben Sie das Fahrzeug vorn an, und stützen Sie es sicher ab (siehe Seite 355). Lenken Sie Vorderräder geradeaus und ziehen Sie den Zündschlüssel ab, um das Lenkschloss einrasten zu lassen.
2 Demontieren Sie den Stabilisator (siehe Sektion 10) und befreien Sie an beiden Seiten die Kugelköpfe der Lenkhebel aus den Querlenkern (siehe Sektion 9).
3 Lösen Sie am Hilfsrahmen die Klemmschrauben der Servolenkungs-Hydraulikrohre, um diese zu befreien.
4 Befreien Sie alle mit dem Hilfsrahmen verbundenen Kabel, Kraftstoffleitungen und andere Rohre.
5 Lösen Sie den Bolzen, der die hintere Motorhalterung mit dem Hilfsrahmen verbindet. Lösen Sie dann den Durchgangsbolzen, der die Halterung am Getriebe sichert, und entnehmen Sie die Halterung (siehe Abbildung) – beim Einbau wird ein neuer Durchgangsbolzen benötigt.

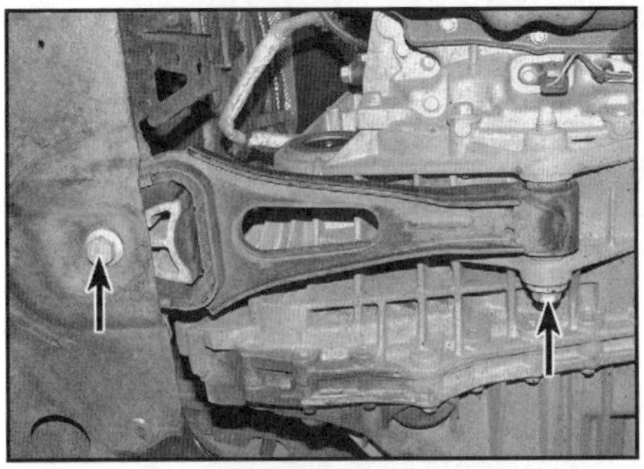

11.5 Bolzen der hinteren Motorhalterung

6 Lösen Sie die drei Schrauben, die das Lenkgetriebe am Hilfsrahmen sichern (siehe Abbildung). Sichern Sie es mit Kabelbindern abseits des Hilfsrahmens – die Hydraulikleitungen müssen nicht getrennt werden.

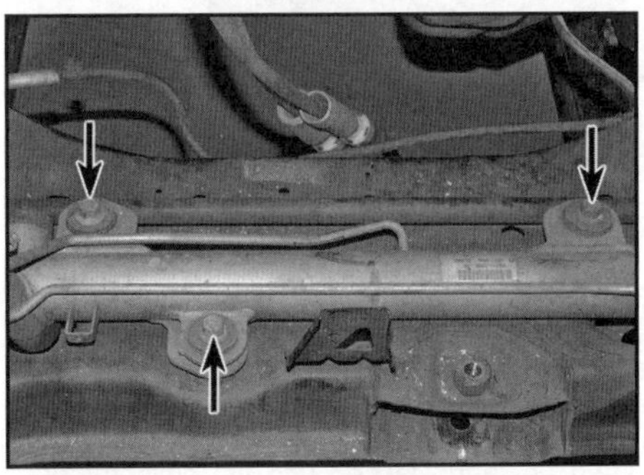

11.6 Schrauben, die das Lenkgetriebe am Hilfsrahmen sichern

7 Lassen Sie einen Assistenten den Hilfsrahmen mit einem Rangierwagenheber abstützen.
8 Lösen Sie an beiden Seiten die Schraube und die Mutter, die den Hilfsrahmen am Unterboden sichern (siehe Abbildung). Senken Sie den Wagenheber ab und befreien Sie den Hilfsrahmen unter dem Fahrzeug heraus.

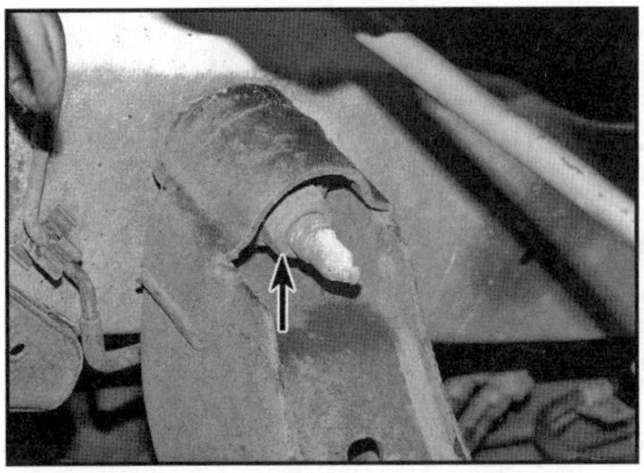

11.8 Hilfsrahmen-Befestigungsmutter

Einbau

9 Der Einbau entspricht der umgekehrten Ausbaureihenfolge – beschaffen Sie alle neuen Schrauben und Muttern und ziehen Sie alle Befestigungen mit den in den technischen Daten angegebenen Drehmomenten an. Beachten Sie, dass der Durchgangsbolzen, der diese Halterung am Getriebe sichert, je nach Modell unterschiedliche Gewindesteigungen (M14 x 1,5 oder M14 x 2,0 hat. Beschaffen Sie den korrekten Bolzen und beachten Sie die unterschiedlichen Anzugsdrehmomente.

12 Hinterachs-Blattfeder – Ausbau und Einbau

Ausbau

1 Blockieren Sie die Vorderräder, heben Sie das Fahrzeug hinten an, und stützen Sie es sicher ab (siehe Seite 355). Demontieren Sie das entsprechende Hinterrad.
2 Stützen Sie die Karosserie mit einem Böcken ab.
3 Lösen Sie an jeder Seite die vier Muttern der Blattfeder-Klemmbügel (siehe Abbildung).

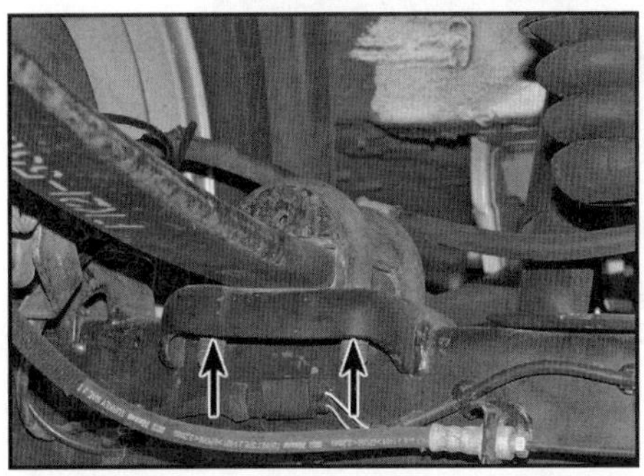

12.3 Lösen Sie an jeder Seite die vier Muttern der Blattfeder-Klemmbügel (nur zwei sind gezeigt).

4 Lösen Sie vorn und hinten die Muttern der Blattfeder-Befestigungsschrauben und entfernen Sie diese (siehe Abbildungen) – treiben Sie sie nötigenfalls aus.

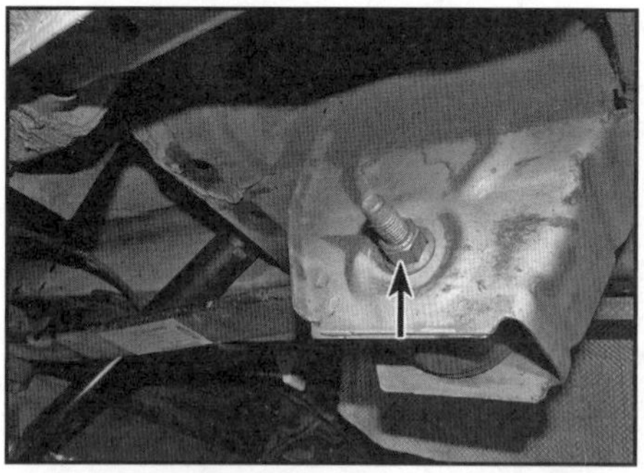

12.4a Mutter des vorderen ...

12.4b ... und des hinteren Blattfeder-Befestigungsschraube

5 Die Blattfeder kann jetzt von der Hinterachse gehoben und unter dem Fahrzeug herausgezogen werden.
6 Begutachten Sie die Blattfedern und ihre Lagerbuchsen und erneuern Sie schadhafte Teile. Die hintere Aufhängungs-Buchse besteht aus zwei Teilen, wogegen die Buchsen innerhalb der Feder einteilig sind (siehe Abbildung).

12.6 Entfernen Sie die Buchse mit einem Lagerbuchsen-Ausziehwerkzeug oder einer Gewindestange samt Muttern und Distanzhülsen.

Einbau

7 Der Einbau entspricht der umgekehrten Ausbaureihenfolge – beachten Sie dabei folgende Punkte:
a) Ziehen Sie alle Muttern und Schrauben mit den in den technischen Daten angegebenen Drehmomenten an – der Endanzug der Klemmbügel-Muttern erfolgt erst, wenn das Fahrzeug wieder auf den Rädern steht.
b) Ziehen Sie die Klemmbügel-Muttern gleichmäßig an – die heraus schauenden Gewinde dürfen sich in der Länge um maximal 3 mm unterscheiden.

13 Hinterradstoßdämpfer – Ausbau und Einbau

Anmerkung: *Stoßdämpfer sollten nötigenfalls immer paarweise ausgetauscht werden.*

Ausbau

1 Blockieren Sie die Vorderräder, heben Sie das Fahrzeug hinten an, und stützen Sie es sicher ab (siehe Seite 355).
2 Positionieren Sie einen Rangierwagenheber unter der Hinterachse.
3 Lösen Sie am unteren Stoßdämpferbolzen die Mutter und ziehen Sie den Bolzen heraus (siehe Abbildung).

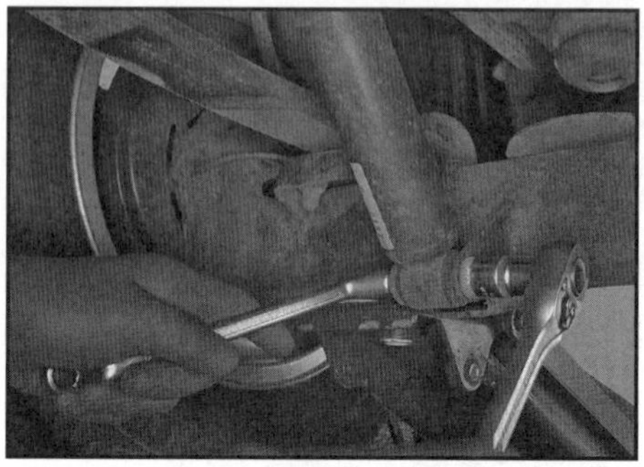

13.3 Lösen Sie die Mutter und den unteren Stoßdämpferbolzen.

4 Lösen Sie den oberen Stoßdämpferbolzen und entnehmen Sie den Dämpfer (siehe Abbildung).

13.4 Lösen Sie den oberen Stoßdämpferbolzen.

5 Inspizieren Sie den Stoßdämpfer auf Undichtigkeiten und Beschädigungen. Testen Sie den Stoßdämpfer, indem Sie ihn aufrecht halten und die Kolbenstange zunächst bis zum Anschlag herausziehen und hineinschieben und dann mehrmals um 5 bis 10 cm auf- und abbewegen – in allen Fällen muss sie sich sanft bewegen lassen und ein gleichmäßiger Widerstand fühlbar sein. Falls sich die Stange nur ruckartig oder ungleichmäßig bewegen lässt oder sichtbare Hinweise auf Verschleiß oder Beschädigungen erkennbar sind, muss der Stoßdämpfer ersetzt werden. Kontrollieren Sie die Gummibuchsen in den Stoßdämpferaugen auf Schäden und Alterungserscheinungen. Da die Buchsen nicht separat erhältlich sind, muss nötigenfalls der gesamte Stoßdämpfer ersetzt werden. Inspizieren Sie den Schaft des Stoßdämpferbolzens auf Verschleiß und Beschädigungen und ersetzen Sie ihn nötigenfalls.

Einbau

6 Der Einbau entspricht der umgekehrten Ausbaureihenfolge – ziehen Sie alle Muttern und Schrauben mit den in den technischen Daten angegebenen Drehmomenten an.

14 Stabilisator hinten – Ausbau und Einbau

Ausbau

Anmerkung: *Nicht alle Modelle sind mit einem hinteren Stabilisator ausgerüstet.*

Achtung: Vermeiden Sie beim Aus- oder Einbau der Anlenkungsmuttern den Einsatz von Maschinenwerkzeugen, da hiermit leicht die Kugelköpfe und Manschetten beschädigt werden können.

1 Blockieren Sie die Vorderräder, heben Sie das Fahrzeug hinten an, und stützen Sie es sicher ab (siehe Seite 355). Demontieren Sie beide Hinterräder.

2 Positionieren Sie einen Rangierwagenheber unter der Hinterachse.

3 Lösen Sie an beiden Seiten des Stabilisators die Muttern der Anlenkungen und befreien Sie diese – kontern Sie nötigenfalls die Zapfen mit einem 5er-Inbusschlüssel. Die Muttern müssen später durch Neuteile ersetzt werden.

4 Lösen Sie am unteren Stoßdämpferbolzen die Mutter und ziehen Sie den Bolzen heraus (Abb. 13.3).

5 Lösen Sie an beiden Seiten der Hinterachse die zwei Schrauben der Stabilisatorklemme (siehe Abbildung) – die Schrauben müssen später durch Neuteile ersetzt werden.

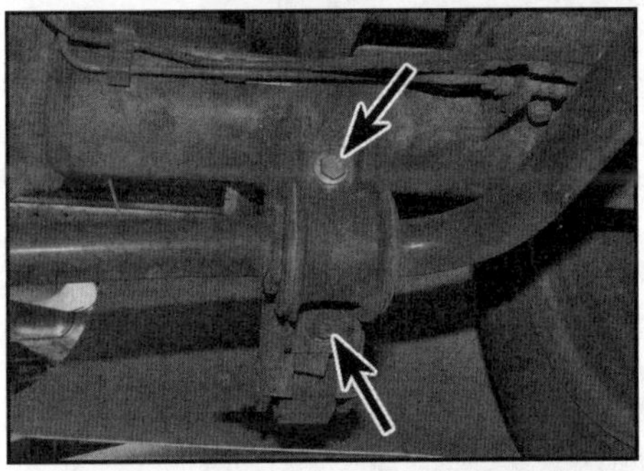

14.5 Schrauben einer der Stabilisatorklemmen an der Hinterachse

Einbau

6 Der Einbau entspricht der umgekehrten Ausbaureihenfolge – installieren Sie die ggf. neuen Stabilisatorbuchsen mit den Schlitzen zur Vorderseite des Fahrzeugs zeigend. Erneuern Sie die Muttern der Anlenkungen und die Schrauben der Stabilisatorklemmen und ziehen Sie alle Befestigungen mit den in den technischen Daten angegebenen Drehmomenten an.

15 Lenkrad – Ausbau und Einbau

⚠ ***Warnung: Beachten Sie die Sicherheitshinweise in Kapitel 12, Sektion 22, um keine Verletzungen durch den auslösenden Airbag davonzutragen.***

Ausbau

1 Demontieren Sie die Airbag-Einheit aus dem Lenkrad (siehe Kapitel 12, Sektion 23).

2 Entriegeln Sie mit dem Zündschlüssel das Lenkschloss, stellen Sie die Vorderräder geradeaus und lassen Sie das Lenkschloss wieder einrasten, indem Sie den Zündschlüssel abziehen.

3 Trennen Sie an der Lenkradnabe den Stecker der Lenkradschalter vom Airbag-Drehschalter (siehe Abbildung).

15.3 Trennen Sie den Stecker des Airbag-Drehschalters.

4 Lösen Sie im Lenkrad die zentrale Schraube – halten Sie das Lenkrad zum Kontern dabei gut fest (siehe Abbildung).

Anmerkung: *Verlassen Sie sich beim Kontern des Lenkrads nicht auf das Lenkradschloss, da dies dabei beschädigt werden kann.*

15.4 Lösen Sie die Lenkrad-Schraube.

5 Greifen Sie das Lenkrad mit beiden Händen und wackeln Sie es vorsichtig von der Verzahnung der Lenkwelle. Sobald das Lenkrad befreit ist, müssen die Airbag-Kabel durch die Lenkrad-Öffnung geführt werden – beschädigen Sie dabei nicht ihre Stecker (siehe Abbildung).

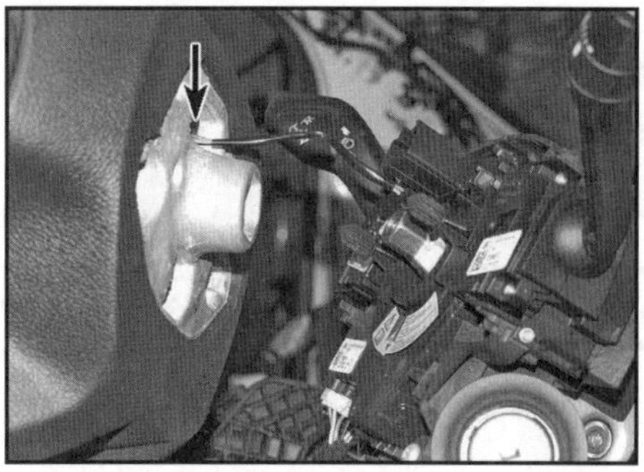

15.5 Entfernen Sie das Lenkrad und führen Sie die Kabel durch die Öffnung.

6 Hindern Sie den Drehstecker mit Klebeband am Drehen (siehe Abbildung).

15.6 Sichern Sie den Drehstecker mit Klebeband in seiner Position.

Einbau

7 Stellen Sie sicher, dass die Vorderräder geradeaus gelenkt sind. Entfernen Sie das Klebeband vom Airbag-Drehstecker.
8 Positionieren Sie das Lenkrad – führen Sie dabei die Airbag-Stecker durch die Öffnung.
Anmerkung: Die Laschen am Drehstecker müssen zu den Öffnungen im Lenkrad ausgerichtet sein und die zwei Pfeile am Stecker fluchten. Falls irgendein Zweifel über die Position des Steckers besteht, muss er zentriert werden – siehe Kapitel 12, Sektion 23.
9 Installieren Sie die Lenkradschraube, halten Sie das Lenkrad gut fest und ziehen Sie die Schraube mit 48 Nm an – kontern Sie das Lenkrad nicht mit dem Lenkschloss!
10 Verbinden Sie den Stecker der Lenkradschalter.
11 Entriegeln Sie das Lenkradschloss und montieren Sie den Airbag (siehe Kapitel 12, Sektion 23).

16 Lenkschloss/Zündschalter – Ausbau und Einbau

Ausbau

1 Trennen Sie den Masseanschluss (–) der Batterie (siehe Kapitel 5, Sektion 3).
2 Entfernen Sie die Lenksäulenverkleidungen (siehe Kapitel 11, Sektion 27).
3 Demontieren Sie das Lenkrad (siehe Sektion 15).

Lenkschloss-Zylinder

4 Ziehen Sie am Wegfahrsperren-Empfänger den Stecker ab (siehe Abbildung).

16.4 Trennen Sie den Stecker des Wegfahrsperren-Empfängers

5 Spreizen Sie am Wegfahrsperren-Empfänger die oberen und unteren Laschen und befreien Sie ihn vom Schlosszylinder (siehe Abbildung).

16.5 Spreizen Sie die Laschen des Wegfahrsperren-Empfängers und ziehen Sie ihn vom Schlosszylinder.

6 Stecken Sie den Zündschlüssel in den Zylinder und drehen Sie ihn in Position 1.
7 Führen Sie einen kleinen Schraubendreher in die Bohrungen unterhalb des Schlosszylinders ein und drücken Sie ihn ein, um die Verriegelung zu lösen, und ziehen Sie den Schlosszylinder mit dem Zündschlüssel heraus (siehe Abbildung).

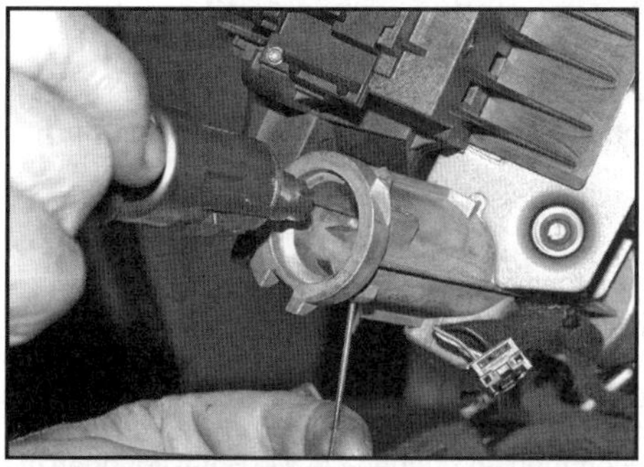

16.7 Lösen Sie mit einem kleinen Schraubendreher die Verriegelung und ziehen Sie den Schlosszylinder mit dem Zündschlüssel heraus.

Zündschalter

Achtung: Entfernen Sie nicht den Zündschloss-Schalter, solange der Schlosszylinder demontiert ist!
8 Drücken Sie am Zündschloss-Stecker die Arretierlasche des Steckers und ziehen Sie diesen ab (siehe Abbildung).

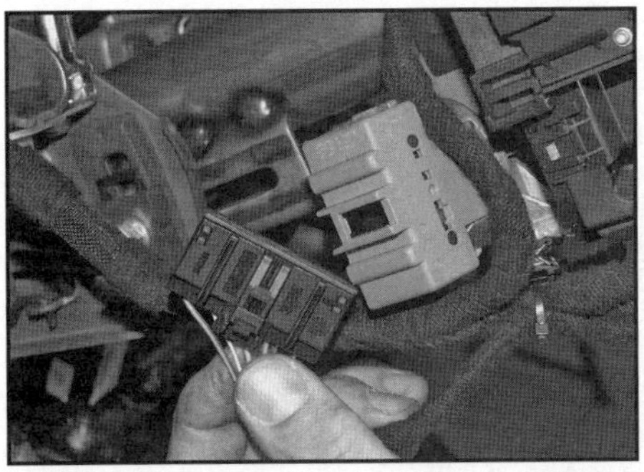

16.8 Drücken Sie die Arretierlasche des Zündschlosssteckers und trennen Sie ihn.

9 Drücken Sie am Zündschloss mit zwei kleinen Schraubendrehern die obere und untere Arretierlasche ein und entfernen Sie den Zündschalter (siehe Abbildungen).

16.9a Drücken Sie oben und unten die Laschen ein …

16.9b … und entfernen Sie das Zündschloss.

Einbau

10 Der Einbau entspricht der umgekehrten Ausbaureihenfolge.

17 Lenkwelle – Ausbau und Einbau

Ausbau

1 Trennen Sie den Masseanschluss (–) der Batterie (siehe Kapitel 5, Sektion 3).
2 Entfernen Sie die Lenksäulenverkleidungen (siehe Kapitel 11, Sektion 27).
3 Demontieren Sie das Lenkrad (siehe Sektion 15).
Anmerkung: *Die Lenkwelle muss mit Vorsicht behandelt werden, damit ihr Energie absorbierender Aufprallschutz nicht beschädigt wird.*
4 Lösen Sie an der Spritzwand die Schraube der Lenkgetriebe-Kupplung und befreien Sie die Lenkwelle (siehe Abbildung).

17.4 Lösen Sie die Schraube der Lenkgetriebe-Kupplung.

5 Trennen Sie die Stecker des Wegfahrsperren-Empfängers, des Scheibenwischerschalters, des Hupenschalters, des Zündschlosses und des Blinkerschalters. Befreien Sie die Verkabelung aus allen Befestigungen an der Lenkwellen-Aufnahme und verlagern Sie sie beiseite (siehe Abbildung).

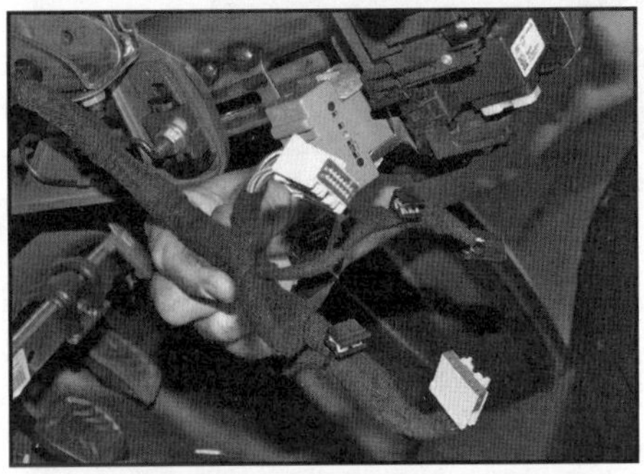

17.5 Trennen Sie alle relevanten Schalterstecker.

6 Obwohl nicht zwingend notwendig, macht die Demontage der Halterung für die Lenksäulenschalter, den Airbag-Drehschalter und das Lenkschloss den Ausbau der Lenkwelle deutlich einfacher. Die Baugruppe ist mit je zwei Schrauben oben und hinten gesichert (siehe Abbildungen).

17.6a Lösen Sie die zwei oberen …

17.6b ... und die zwei hinteren Schrauben der Halterung, um sie zu entfernen.

7 Lösen Sie die vier Muttern der Lenkwellenhalterung und entfernen Sie sie vorsichtig aus dem Fahrzeug (siehe Abbildung).

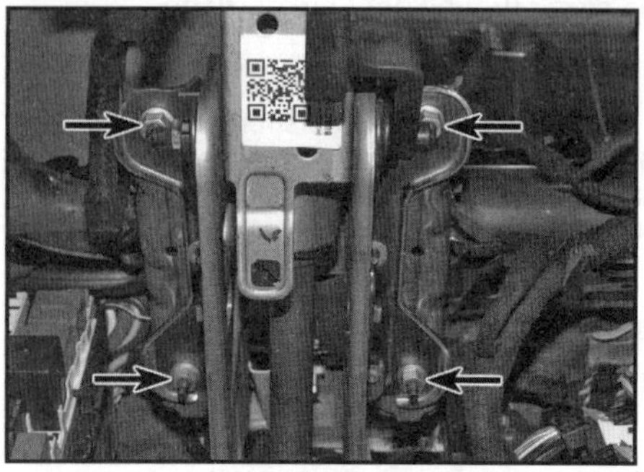

17.7 Muttern der Lenkwellenhalterung

Einbau

8 Der Einbau entspricht der umgekehrten Ausbaureihenfolge – beachten Sie dabei folgende Punkte:

a) Sowohl die Lenkwelle aus auch die Vorderräder müssen beim Verbinden der Zwischenwelle mit der Lenkgetriebe-Kupplung geradeaus stehen. Sichern Sie die Verbindung mit einer neuen Schraube und ziehen Sie sie mit 28 Nm an.

b) Ziehen Sie die vier Muttern der Lenkwellenhalterung mit 20 Nm an.

c) Achten Sie darauf, dass alle Kabel korrekt verlegt und ihre Stecker sicher verbunden sind.

18 Lenkgetriebe – Ausbau und Einbau

Ausbau

1 Trennen Sie den Masseanschluss (–) der Batterie (siehe Kapitel 5, Sektion 3).
2 Entriegeln Sie mit dem Zündschlüssel das Lenkschloss, stellen Sie die Vorderräder geradeaus und lassen Sie das Lenkschloss wieder einrasten, indem Sie den Zündschlüssel abziehen.
3 Lösen Sie an der Spritzwand die Schraube der Lenkgetriebe-Kupplung und befreien Sie die Lenkwelle (Abb. 17.4).
4 Lösen Sie die Schrauben der Kunststoffabdeckung und befreien Sie sie von der Spritzwand (siehe Abbildung).

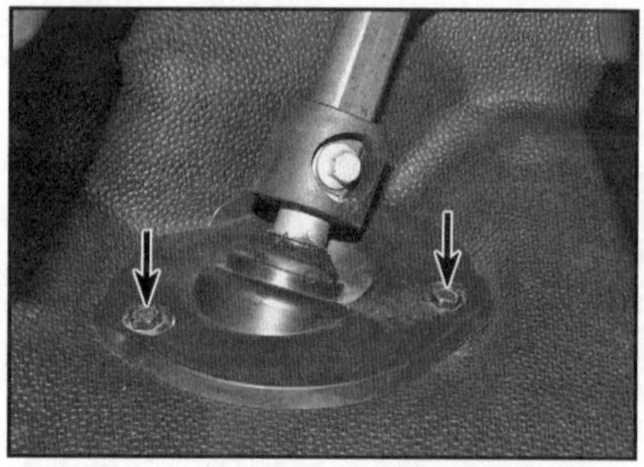

18.4 Schrauben der Kunststoffabdeckung

5 Ziehen Sie die Handbremse fest an, heben Sie das Fahrzeug vorn an, und stützen Sie es sicher ab (siehe Seite 355). Demontieren Sie beide Vorderräder.
6 Lösen Sie unter dem Fahrzeug an der flexiblen Kupplung zur Lenkgetriebewelle die Mutter der Klemmschraube und entfernen Sie diese – die Mutter und die Schraube müssen später durch Neuteile ersetzt werden. Ziehen Sie die Kupplung nach oben von der Welle ab.
7 Lösen Sie die zwei Schrauben der Lenkgetriebeabdeckung und entfernen Sie diese (siehe Abbildung).

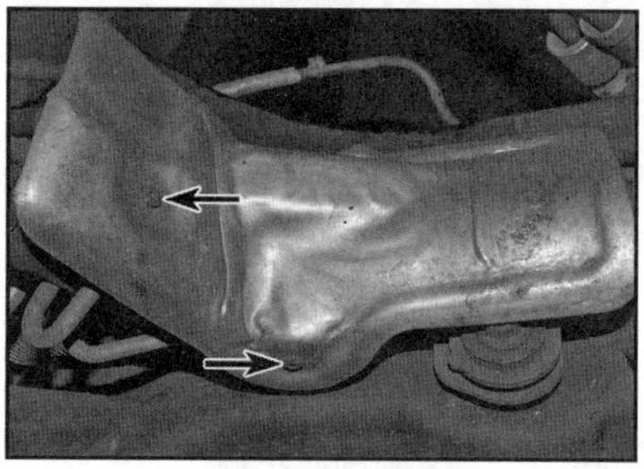

18.7 Schrauben der Lenkgetriebeabdeckung

8 Entfernen Sie die flexible Gummihalterung unten von der Lenkwelle und befreien Sie vorn am Hilfsrahmen die Servolenkungs-Hydraulikleitungen, um sie beiseite zu verlagern.
9 Arbeiten Sie zurzeit an einer Fahrzeugseite und lockern Sie die Spurstangenkopf-Muttern um einige Umdrehungen und ziehen Sie mit einem Kugelkopfabzieher oder anderem Abzieher den Zapfen aus dem Spurhebel (Abb. 4.3). Sobald der Kugelkopf befreit ist, wird die Mutter abgedreht, um ihn vollständig vom Lenkhebel zu befreien – die Mutter muss beim Einbau erneuert werden.
10 Befreien Sie alle Kabelclips vom Lenkgetriebe und verlagern Sie sie beiseite.
11 Lösen Sie hinten am Lenkgetriebe die zwei Schrauben der Hydraulikleitungs-Halterung und befreien Sie die Leitungen.
12 Befreien Sie die hintere Motorhalterung (siehe Kapitel 2A oder 2B, Sektion 17).
13 Lösen Sie an beiden Seiten des Stabilisators die Muttern der Anlenkungen – kontern Sie nötigenfalls die Lagerzapfen mit einem 5er-Inbusschlüssel. Lösen Sie an beiden Seiten die zwei Schrauben der Stabilisator-Klemmstücke, um diese vom Unterboden zu befreien (siehe Abbildung). Sichern Sie den Stabilisator mit Kabelbindern unter dem Fahrzeug.

18.13 Schrauben des Stabilisator-Klemmstücks

14 Stützen Sie mit einem Rangierwagenheber den Hilfsrahmen ab.
15 Lösen und entfernen Sie die vorderen und hinteren Hilfsrahmen-Schrauben (siehe Abbildung).

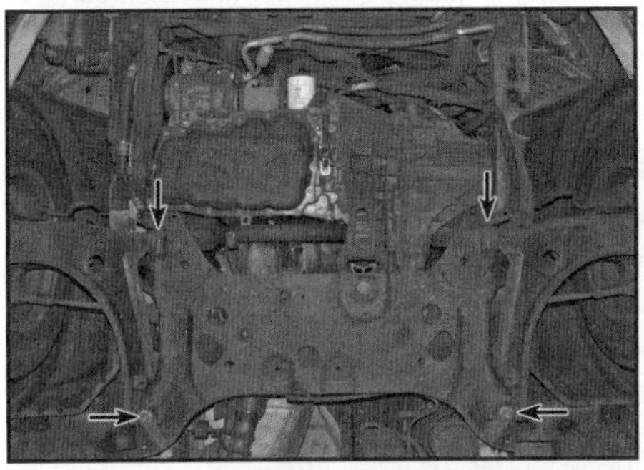

18.15 Lösen Sie die vorderen und hinteren Hilfsrahmen-Schrauben.

16 Lösen Sie die drei Schrauben, die das Lenkgetriebe vorn am Hilfsrahmen sichern und befreien Sie es durch den linken Radkasten aus dem Fahrzeug (siehe Abbildung).

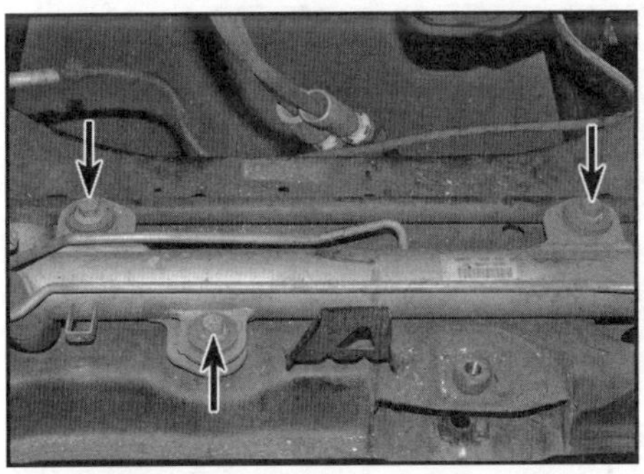

18.16 Schrauben, die das Lenkgetriebe vorn am Hilfsrahmen sichern.

Einbau

17 Der Einbau entspricht der umgekehrten Ausbaureihenfolge – beachten Sie dabei folgende Punkte:

a) Sowohl das Lenkrad aus auch das Lenkgetriebe müssen beim Verbinden der Zwischenwelle mit der Lenkgetriebe-Kupplung geradeaus stehen.
b) Falls ein neues Lenkgetriebe eingebaut werden soll, muss die Geradeaus-Position durch Abzählen der Umdrehungen bestimmt werden, die nötig sind, um die Spurstangen von Anschlag zu Anschlag zu bewegen.
c) Sichern Sie die Zwischenwellen-Kupplung und die Spurstangenköpfe mit neuen Schrauben und Muttern.
d) Rüsten Sie die Hydraulikleitungen mit neuen O-Ringen aus.
e) Ziehen Sie alle Befestigungen mit den in den technischen Daten angegebenen Drehmomenten an.
f) Befüllen und entlüften Sie die Servolenkungs-Hydraulik (siehe Sektion 23).
g) Lassen Sie bei nächster Gelegenheit die Ausrichtung der Vorderräder überprüfen und nötigenfalls justieren (siehe Sektion 24).

19 Spurstangenmanschetten – Ersetzen

1 Demontieren Sie den Spurstangenkopf (siehe Sektion 20).
2 Zählen Sie die sichtbaren Gewindegänge vor der Spurstangen-Kontermutter, notieren Sie die Zahl und lösen Sie die Kontermutter.
3 Lösen Sie beide Schellen der Manschette und ziehen Sie sie von der Spurstange (siehe Abbildung).

19.3 Öffnen Sie die Schelle mit einem Schlitzschraubendreher.

4 Reinigen Sie sorgfältig die Spurstange und schieben Sie die neue Manschette auf, sodass sie in die Nuten der Spurstange und des Lenkgetriebes greift.
5 Installieren Sie die (ggf. neuen) Schellen, sorgen Sie dafür, dass die Manschette nicht verdreht ist und sichern Sie sie.
6 Drehen Sie die Kontermutter wieder auf die Spurstange und positionieren Sie sie wie beim Lösen notiert.
7 Montieren Sie den Spurstangenkopf (siehe Sektion 20).

20 Spurstangenkopf – Ausbau und Einbau

Ausbau

1 Ziehen Sie die Handbremse an, heben Sie das Fahrzeug vorn an, und stützen Sie es sicher ab (siehe Seite 355). Demontieren Sie das entsprechende Vorderrad.
2 Kontern Sie die Spurstange und lockern Sie die Kontermutter des Kugelkopfs um eine viertel Umdrehung (siehe Abbildung). Nötigenfalls können die Mutter und die Gewindestange zuvor mit einer Drahtbürste entrostet und mit Kriechöl eingesprüht werden. Als zusätzliche Kontrolle sollte der sichtbare Teil des Gewindes auf der Spurstange mit einem Messschieber vermessen werden, damit der Spurstangenkopf später in der gleichen Position gesichert werden kann.

20.2 Lockern Sie die Kontermutter des Kugelkopfs um eine viertel Umdrehung.

3 Lockern Sie die Spurstangenkopf-Muttern um einige Umdrehungen und ziehen Sie mit einem Kugelkopfabzieher oder anderem Abzieher den Zapfen aus dem Spurhebel (Abb. 4.3). Sobald der Kugelkopf befreit ist, wird die Mutter abgedreht, um ihn vollständig vom Lenkhebel zu befreien – die Mutter muss beim Einbau erneuert werden.
4 Drehen Sie den Spurstangenkopf von der Stange – zählen Sie dabei genau die Umdrehungen mit, um ihn später wieder korrekt positionieren zu können.

Einbau

5 Drehen Sie den Spurstangenkopf mit der Anzahl der beim Ausbau notierten Umdrehungen auf die Spurstange.
6 Verbinden Sie das Kugelgelenk mit dem Achsgelenk-Hebel, installieren Sie eine neue Mutter und ziehen Sie sie mit 48 Nm an.
7 Kontern Sie die Spurstange und ziehen Sie die Kontermutter sorgfältig an.
8 Montieren Sie das Vorderrad, senken Sie das Fahrzeug ab und ziehen Sie die Radmuttern mit 200 Nm an.
9 Lassen Sie bei nächster Gelegenheit die Ausrichtung der Vorderräder überprüfen und nötigenfalls justieren (siehe Sektion 24).

21 Servolenkungspumpe – Ausbau und Einbau

Ausbau

1 Trennen Sie den Masseanschluss (–) der Batterie (siehe Kapitel 5, Sektion 3).
2 Lockern und arretieren Sie beim 2,0 l-Motor den Spanner des Haupt-Keilrippenriemens und befreien Sie ihn von der Servolenkungspumpe – der elastische Wasserpumpenriemen kann in seiner Position verbleiben. Entfernen Sie beim 2,2 l-Motor den elastischen Keilrippenriemen. Beide Prozeduren sind in Kapitel 1, Sektion 33 beschrieben.
3 Stellen Sie einen Auffangbehälter unter die Pumpe, um die beim Lösen der Rücklaufschlauch-Schelle (oben an der Pumpe) austretende Flüssigkeit aufzunehmen (siehe Abbildung). Lassen Sie das Hydrauliköl in den Behälter abtropfen und verstopfen Sie den Schlauch und die Pumpenöffnung anschließend, um keinen Schmutz eindringen zu lassen.

21.3 Schelle des Rücklaufschlauchs

4 Lockern Sie die Schraube der Hochdruckrohr-Aufnahme, lockern Sie dann die Anschlussmutter und trennen Sie das Rohr vorn (2,0 l-Motor) oder unten (2,2 l-Motor) an der Pumpe. Falls vorhanden, muss die Teflon-Dichtung vom Rohrstutzen entfernt werden – beim Einbau wird eine neue Dichtscheibe benötigt (siehe Abbildungen). Verstopfen Sie das Rohr und die Pumpenöffnung anschließend, um keinen Schmutz eindringen zu lassen.

21.4a Hochdruckrohr-Anschluss samt Schraube der Hochdruckrohr-Aufnahme – 2,0 l-Motor

21.4b Teflon-Dichtung am Rohr-Anschluss des 2,2 l-Motors

5 Stützen Sie beim 2,2 l-Motor die Wasserpumpe ab und lösen Sie durch die Öffnungen des Pumpenrads die drei Schrauben, mit denen die Wasserpumpe an der Servolenkungspumpe gesichert ist.

21.5 Lösen Sie durch die Öffnungen des Pumpenrads die drei Schrauben, mit denen die Wasserpumpe an der Servolenkungspumpe gesichert ist – 2,2 l-Motor.

6 Befreien Sie beim 2,2 l-Motor mit einem großen Schraubendreher den Wasserpumpenantrieb vom Mitnehmer der Servolenkungspumpen-Welle. Trennen Sie die Mitnehmerkupplung und befreien Sie die Wasserpumpe von der Servolenkungspumpe (siehe Abbildungen).

21.6a Hebeln Sie beim 2,2 l-Motor den Wasserpumpenantrieb vom Mitnehmer der Servolenkungspumpen-Welle ...

21.6b ... und trennen Sie die Mitnehmerkupplung, um die Wasserpumpe von der Servolenkungspumpe zu befreien.

7 Lösen Sie beim 2,0 l-Motor die drei Schrauben, mit denen die Servolenkungspumpe am Motorblock gesichert ist, und befreien Sie sie (siehe Abbildung).

21.7 Schrauben, mit denen die Servolenkungspumpe am Motorblock gesichert ist – 2,0 l-Motor

Einbau

8 Falls vorhanden, muss der Hochdruckanschluss mit einem neuen Teflon-Dichtring ausgerüstet – spreizen Sie ihn möglichst mit der Ford-Einbauhülse 211-188 über das Anschlussgewinde. Alternativ können auch ein konisch geformtes Kunststoffrohr oder Klebeband verwendet werden (siehe Abbildung).

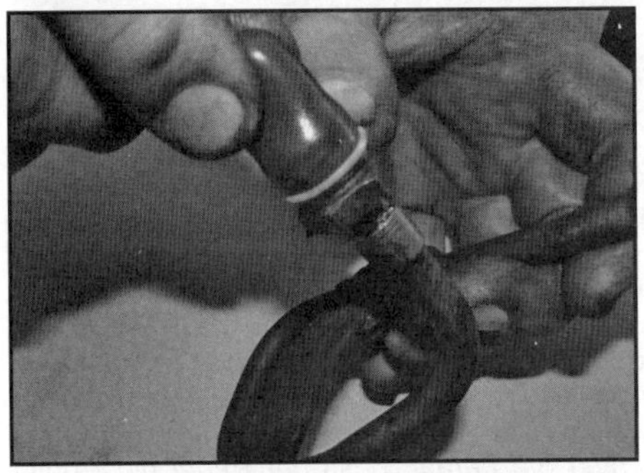

21.8 Installieren Sie den neuen Teflon-Dichtring z. B. mit einer konischen Hülse auf den Anschluss des Hochdruckrohrs – 2,2 l-Motor.

9 Installieren Sie beim 2,0 l-Motor die Servolenkungspumpe an den Motorblock und ziehen Sie die drei Schrauben mit 24 Nm an.
10 Richten Sie beim 2,2 l-Motor die Kupplung der Wasserpumpe zum Mitnehmer der Servolenkungspumpe aus und verbinden Sie beide Pumpen. Installieren Sie die drei Schrauben und ziehen Sie sie mit 24 Nm an.
11 Verbinden Sie bei allen Motoren das Hochdruckrohr mit der Pumpe und ziehen Sie die Anschlussmutter mit 25 Nm an.
12 Installieren Sie die Schraube der Hochdruckrohr-Aufnahme und ziehen Sie sie sorgfältig an.
13 Verbinden Sie den Rücklaufschlauch mit seinem Stutzen und sichern Sie ihn mit der Schelle.
14 Installieren Sie den Keilrippenriemen (siehe Kapitel 1, Sektion 33).
15 Schließen Sie die Batterie an, füllen Sie den Servopumpen-Ausgleichsbehälter mit Hydrauliköl auf und entlüften Sie die Servolenkung (siehe Sektion 23).

22 Servolenkungs-Ölkühler – Ausbau und Einbau

Ausbau

1 Entfernen Sie den Ladeluftkühler (siehe Kapitel 4A, Sektion 18).

2 Ziehen Sie Schutzhandschuhe an, entfernen Sie den Deckel des Servolenkungs-Ausgleichsbehälters und saugen Sie die gesamte Flüssigkeit z. B. mit einer Einwegspritze ab.
3 Lösen Sie die zwei Schrauben des Ölkühler-Halters und senken Sie die gesamte Baugruppe ab.
4 Stellen Sie einen Auffangbehälter unter den Ölkühler und klemmen Sie die zwei Schläuche mit geeigneten Klemmen ab.
5 Lockern Sie am Ölkühler die Schellen der Hydraulikleitungen und trennen Sie diese. Lassen Sie überschüssige Öl in den Auffangbehälter ablaufen. Verstopfen Sie alle Öffnungen anschließend, um keinen Schmutz eindringen zu lassen.

Einbau

6 Der Einbau entspricht der umgekehrten Ausbaureihenfolge – befüllen und entlüften Sie zum Schluss das Servolenkungs-Hydrauliksystem (siehe Sektion 23).

23 Servolenkung – Entlüften

1 Das System muss normalerweise nur entlüftet werden, wenn irgendein Teil des Hydrauliksystems getrennt wurde.
2 Entfernen Sie den Ausgleichsbehälterdeckel und füllen Sie den Behälter bis zur MAX-Markierung auf (siehe Wöchentliche Kontrollen).
3 Ziehen Sie die Handbremse, heben Sie das Fahrzeug vorn an und stützen Sie es sicher ab (siehe Seite 355).
4 Starten Sie den Motor, lenken Sie die Räder langsam von Anschlag zu Anschlag und füllen Sie Hydrauliköl nach, bis der Pegel nicht mehr absinkt.
Anmerkung: Achten Sie darauf, dass der Pegel nicht unter die MIN-Markierung abfällt.
5 Schalten Sie den Motor ab und senken Sie das Fahrzeug auf den Boden ab. Füllen Sie den Behälter erneut auf, starten Sie erneut den Motor und lassen Sie ihn im Standgas laufen. Drehen Sie die Lenkung nach links oder rechts zum Anschlag und halten Sie sie dort für zwei bis drei Sekunden. Drehen Sie die Lenkung in die andere Richtung und halten Sie sie auch dort für einige Sekunden. Wiederholen Sie dies mehrmals und füllen Sie ggf. Hydrauliköl nach, bis der Pegel nicht mehr absinkt.
6 Schalten Sie den Motor ab, kontrollieren Sie erneut den Pegel und füllen Sie nötigenfalls Hydrauliköl nach. Installieren Sie zum Schluss den Ausgleichsbehälterdeckel.

24 Ausrichtung der Räder und Lenkwinkel – Allgemeine Informationen

Definitionen

1 Die Lenk- und Fahrwerksgeometrie eines Automobils wird durch vier Grundeinstellungen definiert (siehe Abbildung). Alle Winkel werden in Grad ausgedrückt, nur die Spur-Einstellungen werden auch als Längenmaß angegeben. Die Lenkachse ist definiert als imaginäre Linie, die durch die Achse des Federbeins gezogen ist und an einem vorgegebenen Punkt den Boden berührt. Bei den hier behandelten Fahrzeugen lässt sich nur die Spur der Vorderräder einstellen, alle anderen Werte sind bei der Herstellung vorgegeben und nicht einstellbar, können aber vermessen werden, um nach einem Unfall festzustellen, ob das Fahrwerk noch korrekt ausgerichtet ist.

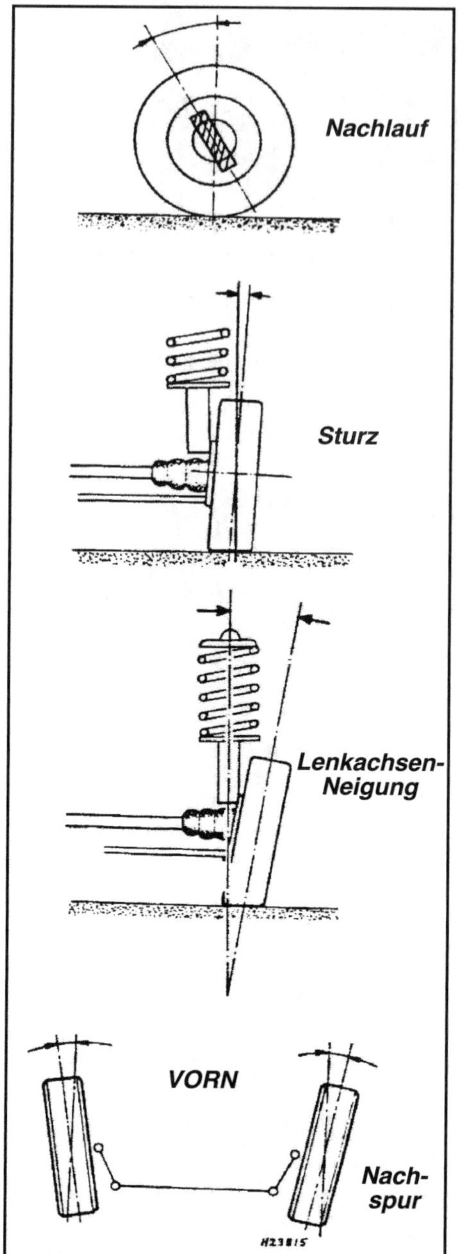

24.1 Details zur Lenk- und Fahrwerksgeometrie

2 Sturz bezeichnet den von vorn oder hinten betrachteten Winkel zwischen dem Rad und einer senkrechten Linie, die durch seine Mitte und der Reifenaufstandsfläche gezogen wird. Bei positivem Sturz sind die Räder oben nach außen gekippt; bei negativem Sturz sind sie nach innen gekippt.
3 Nachlauf beschreibt den von der Seite betrachteten Winkel zwischen der Lenkachse und einer senkrechten Linie, die durch seine Mitte und der Reifenaufstandsfläche gezogen wird. Üblicherweise trifft eine Linie durch die Lenkachse vor der senkrechten Linie auf den Untergrund, sodass ein positiver Nachlaufwinkel entsteht.
4 Lenkachsen-Neigung beschreibt den von vorn betrachteten Winkel zwischen der Senkrechten und einer imaginären

Linie durch die obere Federbein-Aufnahme und das Kugelgelenk des Querlenkers.

5 Spur bezeichnet den Verlauf der von oben betrachteten imaginären Linien durch die Räder im Verhältnis zur Mittellinie des Fahrzeugs. Bei Vorspur laufen die Räder nach innen, bei Nachspur laufen sie nach außen.

6 Die Spur der Vorderräder ist einstellbar, indem die Spurstangen aus ihren Köpfen heraus- oder hineingedreht werden, um ihre effektive Länge zu verändern. An den Hinterrädern kann die Spur nicht verstellt werden.

7 Aufgrund spezieller Messausrüstungen und Erfahrung, die für eine akkurate Kontrolle der Rad-Einstellung benötigt wird, sollte die Kontrolle und Einstellung besser einer Fachwerkstatt überlassen werden. Heute bieten auch viele Reifenhändler einen solchen Service an.

Kapitel 11

Karosserie und Innenausstattung

Inhalt — Sektion

Schwierigkeitsgrade

Leicht. Geeignet für Anfänger mit wenig Erfahrung.	**Relativ leicht.** Geeignet für Anfänger mit etwas Erfahrung.	**Relativ schwierig.** Geeignet für geübte Selbstschrauber.	**Schwer.** Geeignet für Selbstschrauber mit viel Erfahrung.	**Sehr schwer.** Geeignet für Experten und Profis.

Technische Daten

Anzugsdrehmomente	**Nm**
Fahrersitz-Befestigungsschrauben	40
Gurtverankerungs- und Befestigungsschrauben	40
Sitzbank-Befestigungsschrauben	48

1 Allgemeine Informationen

1 Die Karosserie und das Fahrgestell sowie alle Türen aller Versionen bestehen aus gepressten Stahlblechsektionen unterschiedlicher Stärken, die miteinander verschweißt sind. So entsteht eine steifere Struktur mit stabilen Aufnahmepunkten.
2 Es gibt zwei Fahrgestell-Versionen: L1 mit kurzem Radstand und L2 mit langem Radstand. Die Haupt-Karosserietypen sind Kastenwagen, Crew-Bus (Doppelkabinen-Kastenwagen), Kombi (9-Sitzer) und Tourneo Custom (8/9-sitziger Minibus, jeweils mit normaler Höhe (H1) oder Hochdach (H2). Der Laderaum ist von hinten entweder über zwei Türen oder eine Heckklappe zugänglich. Der hintere Bereich ist seitlich über eine oder zwei Schiebetüren zugänglich.
4 Viele Kunststoff-Komponenten finden sich im Innenraum, aber auch außen an der Karosserie. Die Stoßstangen bestehen aus einem sehr stabilen, aber dennoch leichten synthetischen Spritzgussmaterial. Plastik-Komponenten wie die Innenkotflügel sind an der Unterseite des Fahrzeugs angebracht, um den Korrosionsschutz zu verbessern.
5 Aufgrund der vielfältigen Ausführungen des Transit Custom gelten die in diesem Kapitel gegebenen Informationen lediglich für verbreitete Werks-Versionen und nicht für spezielle Karosserievarianten.

2 Karosserie und Fahrgestell – Wartung und Pflege

1 Der Allgemeinzustand der Karosserie eines Fahrzeugs ist der entscheidende Punkt bei der Bestimmung seines Werts. Wartung ist einfach, muss aber regelmäßig durchgeführt werden. Vernachlässigungen können besonders nach kleinen Beschädigungen rasch zu weiterem Verfall und entsprechend hohen Reparaturkosten führen. Wichtig ist, auch auf Fahrzeugteile zu achten, die nicht auf den ersten Blick erkennbar sind – also die Unterseite, die Radkästen und den unteren Bereich des Motorraums.
2 Die grundlegende Wartungstätigkeit im Bereich der Karosserie ist eine perfekte Wäsche mit reichlich Wasser aus dem Schlauch. Hierdurch werden alle lockeren Festkörper entfernt, die am Fahrzeug haften geblieben sind; durch Abwaschen besteht wenig Risiko, dass dabei der Lack zerkratzt wird. Die Radkästen und der Unterboden müssen auf die gleiche Weise gewaschen werden, damit Schlamm und Dreck entfernt werden, die sonst Feuchtigkeit speichern und so die Rostbildung beschleunigen. Paradoxerweise ist schlechtes Wetter die beste Zeit zum Reinigen des Unterbodens und der Radkästen, da der Matsch und Schlamm gut durchfeuchtet und weich sind. Bei Regenfahrten reinigt sich der Unterboden üblicherweise automatisch, sodass anschließend ein guter Zeitpunkt für eine Inspektion ist.
3 Außer bei mit Unterbodenschutz auf Wachsbasis behandelten Modellen ist es eine gute Idee, regelmäßig das gesamte Fahrgestell und den Motorraum mit einem Dampfstrahler zu reinigen, damit bei einer Inspektion auch kleine Schäden entdeckt werden, die repariert oder restauriert werden müssen. Viele Tankstellen halten Dampf- oder Hochdruckreiniger bereit, um damit auch verölte Ablagerungen entfernen zu können, die in manchen Bereichen sehr dick werden können. Falls kein Dampfreiniger zur Hand ist, können hervorragende Lösungsmittel und Entfetter mit Bürsten und Pinseln eingesetzt werden; anschließend kann der Schmutz mit dem Wasserschlauch beseitigt werden. Falls der Unterboden mit Wachs geschützt ist, darf diese Methode nicht angewendet werden, da die Schutzschicht dabei ebenfalls entfernt wird; solche Fahrzeuge sollten einmal jährlich – möglichst vor dem Winter – genau überprüft werden. Dabei wird der Unterboden gewaschen und beschädigter oder fehlender Unterbodenschutz ausgebessert. Im Idealfall wird eine komplette neue Wachsschicht aufgetragen. Auch Hohlraumversiegelungen für Türen, Schweller, Kastenprofile und andere Bereiche sind sehr empfehlenswert, da der Hersteller hier keine zusätzlichen Schutzmaßnahmen gegen Rostschäden eingeleitet hat.
4 Nachdem Lackflächen gewaschen sind, werden sie mit einem Fensterleder abgerieben, um fleckenfreien Glanz zu erzeugen. Eine Schicht Schutzwachspolitur schützt den Lack zusätzlich vor Umweltbelastungen. Falls die Lackschicht stumpf und oxidiert ist, kann eine Kombination aus Reiniger und Politur den alten Glanz wieder herstellen. Diese Arbeit ist zwar mühsam, doch der trübe Lack hat sich nur gebildet, weil das Fahrzeug nicht regelmäßig gewaschen wurde. Vorsicht ist bei Metallic-Lackierungen geboten: Spezielle Reinigungs- und Poliermittel greifen nicht den oberen Klarlack an. Kontrollieren Sie stets, ob die Ablaufbohrungen der Türen und der Belüftungsöffnungen frei sind, damit Wasser abtropfen kann. Verzierungen müssen genauso behandelt werden wie lackierte Flächen. Frontscheiben und Fenster müssen von Schmierfilmen freigehalten werden, wie sie oft durch normalen Fensterreiniger hervorgerufen werden. Verwenden Sie auf Glas niemals Wachs, Lack- oder Chrompolitur!

3 Polster und Teppiche – Wartung und Pflege

1 Matten und Teppiche sollten regelmäßig abgebürstet oder gesaugt werden, damit sich kein Sand und Dreck darin ansammeln. Wenn sie stark verschmutzt sind, müssen sie ausgebaut und ausgeklopft oder abgewaschen werden; vor dem Einbau müssen sie unbedingt trocken sein. Sitze und Verkleidungen können durch Abwischen mit einem feuchten Tuch sauber gehalten werden. Falls sie stärker verschmutzt sind (bei hellen Oberflächen besser sichtbar), müssen etwas Flüssigreinigungsmittel und eine weiche Nagelbürste eingesetzt werden, um den Dreck aus dem Gewebe zu bekommen. Bei der Verwendung von Flüssigreinigern im Innenraum dürfen die behandelten Flächen nicht zu nass werden. Feuchtigkeit zieht durch Nähte ein und kann Flecken, starke Gerüche und sogar Fäulnis verursachen. Falls der Innenraum des Fahrzeugs versehentlich nass wird, sollte er gut getrocknet werden – besonders wenn Teppiche betroffen sind. Belassen Sie hierfür jedoch keine mit Strom oder gar Kraftstoff betriebenen Heizgeräte im Fahrzeug.

4 Karosserie – Kleinere Reparaturen

Kratzer

1 Wenn der Kratzer nur oberflächlich ist und nicht bis zum Blech reicht, ist die Reparatur sehr einfach: Reiben Sie den Bereich um den Kratzer mit Lackreiniger oder sehr feiner Schneidpaste ab, um lockere Lackpartikel aus dem Kratzer zu entfernen und die Umgebung von Wachspolitur zu befreien. Spülen Sie alles mit klarem Wasser ab.
2 Tragen Sie mithilfe eines feinen Pinsels Tupflack auf dem Kratzer auf – dies muss so lange in dünnen Schichten geschehen, bis die Höhe des umgebenden Lacks erreicht ist. Lassen Sie der neuen Farbe mindestens zwei Wochen Zeit zum Aushärten, dann wird sie mit Lackreiniger oder sehr feiner Schneidpaste in die umgebende Lackschicht eingearbeitet. Tragen Sie zum Schluss Wachspolitur auf.
3 Wo ein Kratzer bis aufs Karosserieblech geht und das Blech zu rosten beginnt, muss eine andere Reparaturmethode angewendet werden. Entfernen Sie mit einer spitzen Klinge sämtlichen Rost aus dem Kratzer und tragen Sie Rostschutzfarbe auf. Füllen Sie anschließend den Kratzer mithilfe eines Gummi- oder Kunststoffspachtels mit Glasfaser-Spachtelmasse. Diese Paste kann nötigenfalls mit Nitroverdünner gemischt werden, um auch in kleine Kratzer einzudringen. Bevor die Spachtelmasse aushärtet, wird ein weiches Baumwolltuch um eine Fingerspitze gewickelt, in den Verdünner getunkt und dann rasch über die Spachtelmasse im Kratzer gewischt, um die Oberfläche leicht auszuhöhlen. Jetzt kann der Kratzer wie oben beschrieben mit Lack betupft werden.

Beulen

4 Beulen im Blech müssen zunächst so weit herausgezogen werden, bis die ursprüngliche Form möglichst wieder erreicht ist. Versuche, die Originalform komplett zu restaurieren, bringen nicht viel, da das Metall im beschädigten Bereich gestreckt oder gestaucht ist und nicht mehr in seine ursprüngliche Kontur zurückgeführt werden kann. Es ist besser, die

Oberfläche der Beule bis ca. 3 mm unterhalb der umliegenden Fläche herauszuziehen. Sehr flache Beulen sollten möglichst von der Rückseite (soweit zugänglich) mit einem weichen Hammer herausgeklopft werden; halten Sie dabei von außen ein Stück Holz davor, um die Schläge aufzufangen und Ausbeulungen zu verhindern. (Ein nicht unerheblicher Faktor hierbei ist die Zeit: direkt nach dem Einbeulen lässt sich Stahlblech oft deutlich besser wieder in seine ursprüngliche Form bringen als nach einigen Tagen.)

5 Falls die Beule in einem Karosseriebereich sitzt, wo Doppelbleche vorhanden sind oder andere Gründe vorliegen, warum sie nicht von hinten zugänglich ist, muss eine andere Technik eingesetzt werden: Bohren Sie einige kleine Löcher in die Beulen – möglichst in den tiefsten Stellen. Drehen Sie dann lange selbstschneidende Schrauben so weit ein, dass sie gerade fest genug sitzen. Jetzt wird der Schraubenkopf mit einer Zange gegriffen und die Beule herausgezogen.

6 Als Nächstes wird im beschädigten Bereich und einem Umkreis von 2 bis 3 cm der Lack entfernt – entweder mit einer Drahtbürste oder Schleifpapier, gern mit einer entsprechend ausgerüsteten Maschine. Zur Vollendung der Vorbereitung werden mit einer Feile oder anderen Werkzeugen Riefen ins Blech gekratzt oder kleine Löcher gebohrt, damit die Spachtelmasse wirklich guten Halt bekommt.

7 Weiter geht es mit der Sektion »Füllen und Lackieren«.

Rostlöcher

8 Entfernen Sie mit einer Drahtbürste oder Schleifpapier (oder einer entsprechend ausgerüsteten Maschine) den Lack im beschädigten Bereich und einem Umkreis von 2 bis 3 cm. Jetzt lässt sich auch der Umfang der Korrosion besser erkennen – und entscheiden, ob das gesamte Blech ersetzt (falls möglich) oder der schadhafte Bereich repariert wird. Reparaturbleche sind nicht sehr teuer und ihre Montage ist oft schneller und zufriedenstellender als das Reparieren größerer korrodierter Flächen.

9 Entfernen Sie sämtliche Befestigungen vom betroffenen Bereich (außer solchen, die als Hinweis auf die Originalform gelten (z. B. Scheinwerfergehäuse). Entfernen Sie dann mit einer kleinen Blechschere oder einem Sägeblatt sämtliches lockeres sowie stark korrodiertes Metall. Klopfen Sie mit einem Hammer die Räder der Löcher nach innen, um eine leichte Vertiefung für die Spachtelmasse zu erhalten.

10 Reinigen Sie den betroffenen Bereich mit einer Drahtbürste, um vom verbliebenen Metall sämtlichen Flugrost zu entfernen, und tragen Sie Rostumwandler auf – falls die Rückseite des verrosteten Bereichs zugänglich ist, sollte dies auch hier geschehen.

11 Bevor Spachtelmasse aufgetragen wird, muss das Loch irgendwie verstopft werden – beispielsweise mit einem Aluminium- oder Kunststoffgitter oder Aluminiumband.

12 Alu- oder Plastikgitter oder Glasfasermatten sind wahrscheinlich das beste Material für größere Löcher. Schneiden Sie ein entsprechendes Teil zurecht und positionieren Sie es so im Loch, dass seine Ränder unterhalb der umgebenden Karosserie liegen. Mit einigen Klecksen Spachtelmasse kann es rundherum in Position gehalten werden.

13 Aluminiumband kann bei kleineren oder sehr schmalen Löchern verwendet werden. Ziehen Sie ein Stück von der Rolle, bringen Sie es auf die gewünschte Größe und in Form, ziehen Sie dann ggf. die Schutzfolie ab, und kleben Sie das Band über das Loch – es darf überlappen, falls eine Lage nicht ausreicht. Drücken Sie die Ränder des Bands z. B. mit einem Schraubendrehergriff herunter, um sicherzugehen, dass es fest auf dem Untergrund klebt.

Füllen und Lackieren

14 Sie sind mit den Reparaturen aus den vorherigen Sektionen so weit fertig? Dann geht es hier weiter.

15 Auf dem Markt sind zahlreiche Spachtelmassen erhältlich, doch generell eignen sich für solche Reparaturen noch immer Zweikomponenten-Kits mit Füllspachtel und einer Tube Härter am besten. Um eine glatte und korrekt geformte Oberfläche zu erzeugen, wird ein breiter Spachtel aus Plastik oder Nylon benötigt.

16 Mischen Sie eine kleine Menge Spachtelmasse auf einem sauberen Stück Pappe oder einem Brett an – beachten Sie genau das vorgeschriebene Mischungsverhältnis, damit die Masse nicht zu schnell oder zu langsam aushärtet. Tragen Sie die Masse mit dem Spachtel auf der vorbereiteten Fläche auf; ziehen Sie den Spachtel über die Masse, um die korrekte Kontur und Höhe zu erreichen. Sobald die Form in etwa dem Original entspricht, wird aufgehört, da die Masse bei zu langer Arbeit klebrig wird und am Spachtel haften bleibt. Tragen Sie in zwanzigminütigen Intervallen weitere dünne Schichten Spachtelmasse auf, bis die Höhe knapp über der umgebenden Karosserie liegt.

17 Sobald die Spachtelmasse ausgehärtet ist, kann überschüssiges Material mit einem Metallhobel oder einer Feile entfernt werden. Von da an wird immer feineres Sandpapier verwendet – beginnend mit 40er-Körnung und endend mit 400er-Nassschleifpapier. Legen Sie das Schleifpapier stets um einen Gummi-, Kork- oder Holzblock, da ansonsten die Oberfläche der Spachtelmasse nicht komplett eben wird. Während des Glättens der Oberfläche mit dem Nass-Schleifpapier sollte der Bereich regelmäßig mit Wasser abgespült werden, um sicherzugehen, dass die Fläche ein besonders glattes Finish erhält.

18 Eine Beule sollte jetzt von einem Ring aus blankem Metall umgeben sein, der wiederum von einem feinen »gefiederten« Rand aus gutem Lack umrandet ist. Spülen Sie den Bereich mit klarem Wasser ab, bis sämtlicher Schleifstaub verschwunden ist.

19 Sprühen Sie den gesamten Bereich dünn mit Grundierung ein – dies zeigt alle Mängel in der Oberfläche der Spachtelmasse. Reparieren Sie diese Fehler mit frischer Spachtelmasse und glätten Sie die Oberfläche erneut mit Schleifpapier. Falls Glasfaser-Spachtelmasse verwendet wird, kann diese nötigenfalls mit Nitroverdünner gemischt werden, um auch in kleine Löcher einzudringen. Wiederholen Sie den Grundierungsauftrag und die Reparatur, bis eine perfekte Oberfläche entstanden ist und auch der »gefiederte« Rand gut aussieht. Waschen Sie erneut alles mit klarem Wasser ab und lassen Sie es komplett abtrocknen.

20 Der reparierte Bereich ist jetzt bereit für die Endlackierung. Sprühlacke müssen in einer warmen, trockenen, staubfreien und windsicheren Umgebung aufgetragen werden. Dieser Zustand kann künstlich erzeugt werden, wenn Zugang zu einer ausreichend dimensionierten Halle besteht; »Outdoor«-Lackierungen müssen dagegen sorgfältig mit dem Wetterbericht abgestimmt werden. In einer Halle hilft das Befeuchten des Bodens gegen aufgewirbelten Staub. Falls sich die Reparatur auf ein Karosserieteil beschränkt, müssen die umliegenden Bereiche abgeklebt werden; dies hilft bei der Minimierung der Wirkung einer leichten Farbdiskrepanz. Auch Anbauteile wie Zierleisten, Türgriffe usw. müssen abgedeckt werden; verwenden Sie hierzu Kreppband und mehrere Schichten Zeitungspapier.

21 Vor dem Lackieren muss die Sprühdose gut geschüttelt werden, dann werden Probestücke – z. B. alte Bleche – besprüht, bis die Technik beherrscht wird. Sprühen Sie den zu reparierenden Bereich zunächst dick mit Grundierung ein; die Stärke der Grundierung muss sich dabei aus mehreren dünnen Schichten zusammensetzen. Glätten Sie die Oberfläche mit 400er-Nassschleifpapier und spülen Sie dabei immer wieder die Fläche mit klarem Wasser ab. Lassen Sie alles trocknen, bevor weitere Farbschichten aufgetragen werden.

22 Sprühen Sie den eigentlichen Lack ebenfalls in dünnen Schichten auf; beginnen Sie dabei stets in der Mitte und schwenken Sie die Sprühdose im konstanten Abstand etwa

5 cm über den Originallack hinaus. Entfernen Sie die Abdeckungen 10 bis 15 Minuten nach dem Auftragen der letzten Farbschicht.
23 Lassen Sie den neuen Lack mindestens zwei Wochen aushärten, dann wird mit Lackreiniger oder sehr feiner Schneidpaste ein weicher Übergang in die umgebende Lackschicht hergestellt. Tragen Sie schließlich Wachspolitur auf.

Kunststoff-Komponenten

24 Mit der Verwendung von immer mehr Karosserieteilen aus Plastik durch die Hersteller (Stoßstangen, Spoiler und manchmal sogar größere Karosserieteile) muss die Reparatur ernsthafter Schäden an solchen Dingen entweder einer Fachwerkstatt überlassen werden oder die Teile werden einfach ausgetauscht. Angesichts der Kosten für die Ausrüstung und erforderliche Materialien sind solche Reparaturen für den Hobbyschrauber nicht wirklich praktikabel. Die Grundtechnik besteht bei Thermoplasten darin, mit einer entsprechenden Maschine entlang des Risses im Kunststoff eine Kerbe herzustellen, um dann mithilfe eines Heißluftgebläses und einer Kunststoffstange die beiden Hälften zu »verschweißen«. Überschüssiges Plastik wird dann abgeschliffen, bis eine glatte Oberfläche entsteht. Wichtig ist dabei, dass die »Schweißstange« aus exakt dem gleichen Kunststoff besteht wie das zu reparierende Teil (dies kann aus Polycarbonat, ABS oder Polypropylen bestehen).
25 Kleinere Schäden (Scheuerstellen, kleine Risse usw.) können relativ leicht mit Zweikomponenten-Epoxidspachtelmasse repariert werden. Wenn diese Masse aus zwei gleichen Teilen vermischt ist, kann sie genauso verwendet werden wie Glasfaser-Spachtelmasse auf Blechen. Der Füllspachtel härtet normalerweise in 20 bis 30 Minuten aus, um dann geschliffen und lackiert werden zu können.
26 Wer eine komplette Komponente selbst ersetzen will oder eine Reparatur mit Epoxid-Spachtel durchgeführt hat, hat das Problem, einen geeigneten Lack zu finden, der auf diesem Kunststoff hält. Irgendwann war die Verwendung normaler Lacke dank der verschiedenen Kunststoffe bei Karosserie-Komponenten nicht mehr möglich, da Standardlacke nicht gut darauf halten. Heute gibt es jedoch Kunststoff-Präpariersets, die aus einer Vorgrundierung, einer Grundierung und einer Farb-Endschicht bestehen. Die Vorgrundierung wird zuerst aufgetragen und darf etwa eine halbe Stunde trocknen, dann kommt die Grundierung, der etwa eine Stunde Zeit gegeben wird, bevor schließlich die eigentliche Lackschicht aufgebracht wird. Das Resultat ist eine korrekt lackierte Komponente, bei der die Farbschicht elastisch genug ist, um nicht bald wieder abzublättern – eine Eigenschaft, die normaler Lack nicht aufweist.

5 Karosserie – Größere Reparaturen

1 Falls größere Schäden aufgetreten sind oder größere Bereiche aufgrund Vernachlässigung ersetzt werden müssen, müssen komplett neue Sektionen oder Reparaturbleche eingeschweißt werden – was besser einer Fachwerkstatt überlassen werden sollte. Falls die Schäden durch einen Unfall entstanden sind, muss die Ausrichtung der gesamten Karosseriestruktur überprüft werden.
2 Bei Monocoque-Karosserien (ohne verschraubten Rahmen) kann die Stabilität und Form der gesamten Konstruktion durch einen Schaden in einem bestimmten Bereich beeinträchtigt werden. In solchen Fällen ist der Besuch einer mit speziellen Prüfgeräten ausgerüsteten Fachwerkstatt unerlässlich. Falls mit einer verzogenen Karosserie weitergefahren wird, besteht die größte Gefahr darin, dass sich das Fahrverhalten ändert. Aber auch die höhere Belastung der Lenkung, des Motors und des Antriebs sorgen für erhöhten Verschleiß oder den kompletten Ausfall einzelner Komponenten. Der Reifenverschleiß wird deutlich ansteigen.

6 Motorhaube – Ausbau, Einbau und Einstellung

Ausbau

1 Öffnen Sie die Motorhaube und stützen Sie sie mit der Haltestrebe ab.
2 Hebeln Sie in der Motorhaube die Halterungen der Dämmung heraus und entfernen Sie diese (siehe Abbildung).

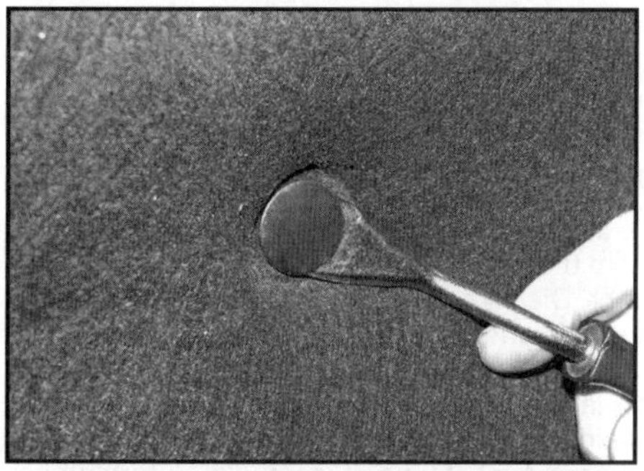

6.2 Hebeln Sie die Halterungen der Dämmung heraus und entfernen Sie diese aus der Motorhaube.

3 Trennen Sie den Wischwasser-Schlauch am Verbindungsstück unter der Motorhaube (siehe Abbildung).

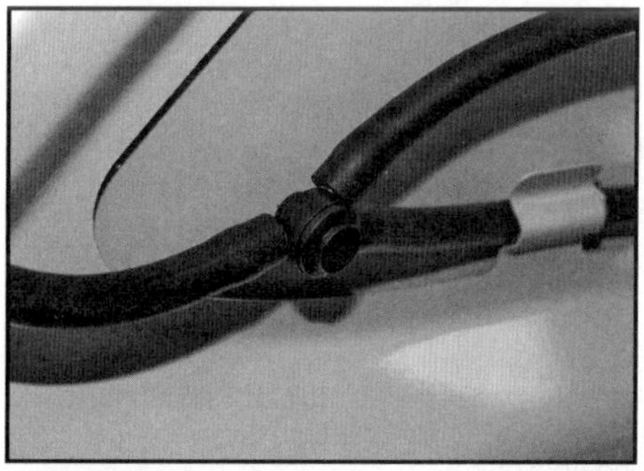

6.3 Trennen Sie den Wischwasch-Schlauch am Verbindungsstück.

4 Markieren Sie mit Farbe oder einem geeigneten Stift die Umrandung der Scharnierbleche an der Haube, um den Einbau zu erleichtern (siehe Abbildung).

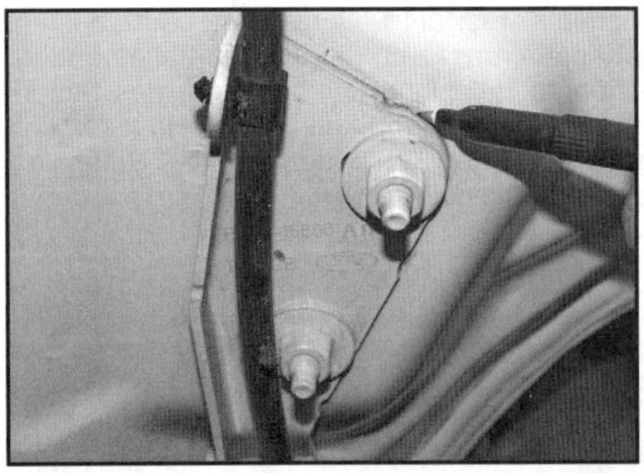

6.4 Markieren Sie die Umrandung der Scharnierbleche an der Haube.

5 Lösen Sie an beiden Seiten die zwei Motorhauben-Befestigungsmuttern und heben Sie die Haube mithilfe des Assistenten vorsichtig ab, um sie an einem sicheren Ort abzustellen.

Einbau

6 Der Einbau entspricht der umgekehrten Ausbaureihenfolge. Ziehen Sie die Befestigungsmuttern erst an, nachdem die Motorhaube korrekt ausgerichtet ist.

Einstellung

7 Schließen Sie die Motorhaube und prüfen Sie, ob an beiden Seiten ein gleich breiter und gleichmäßiger Spalt zu den Kotflügeln besteht. Die Motorhaube muss außerdem bündig zu den Scheinwerfern und zur Frontverkleidung stehen.
8 Die Motorhaube muss sich sanft und ohne übermäßigen Druck schließen lassen. Ist all dies nicht der Fall, muss die Haube wie folgt eingestellt werden:
9 Zur Einstellung der Ausrichtung müssen die Motorhauben-Befestigungsmuttern (Abb. 6.4) gelockert werden, um die Haube am Scharnier zu verschieben. Zur Einstellung der Höhe und der korrekten Funktion des Schließmechanismus sitzen am vorderen Karosserieblech einstellbare Anschläge, die nötigenfalls entsprechend heraus oder hineingedreht werden müssen.

7 Motorhaubenverriegelung – Ausbau und Einbau

Ausbau

1 Entfernen Sie die Frontverkleidung (siehe Sektion 22).
2 Entfernen Sie ggf. die Torxschrauben der Verriegelungsabdeckung (siehe Abbildung).

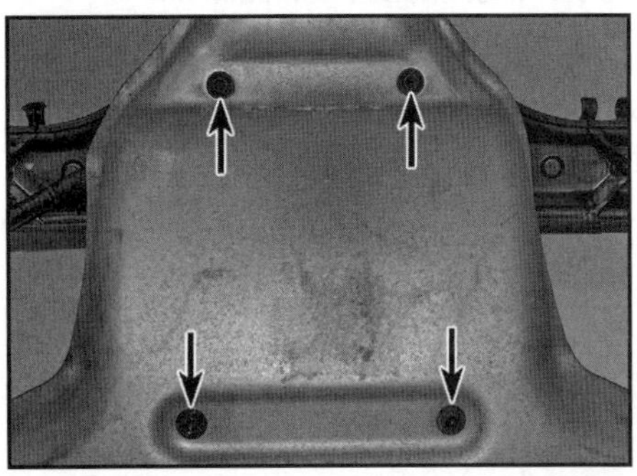

7.2 Torxschrauben der Verriegelungsabdeckung.

3 Hebeln Sie mit einem Schlitzschraubendreher den Sicherungsdraht ab, entfernen Sie die Gummikappe und ziehen Sie den Schlosszylinder heraus (siehe Abbildung).

7.3 Entfernen Sie den Sicherungsdraht und ziehen Sie den Schlosszylinder heraus.

4 Um den Rest der Entriegelung entfernen zu können, müssen die Seilzüge befreit, die Schrauben gelöst und die Baugruppe entnommen werden (siehe Abbildung).

7.4 Befreien Sie die Seilzüge, lösen Sie die Schrauben und entfernen Sie die Entriegelungs-Baugruppe.

Einbau

5 Installieren Sie zuerst den Sicherungsdraht und stecken Sie dann die Kappe auf den Schlosszylinder, bevor Sie diesen in die Baugruppe installieren.

8 Türverkleidungen – Ausbau und Einbau

Vordere Türen

Anmerkung: *In dieser Sektion ist die rechte (also Fahrertür) eines Rechtslenker-Modells abgebildet.*
1 Hebeln Sie am Außenrand vorsichtig den Stopfen aus der Verkleidung und lösen Sie die dahinter liegende Schraube (siehe Abbildung).

8.1 Hebeln Sie am vorsichtig den Stopfen aus der Verkleidung und lösen Sie die Schraube.

2 Hebeln Sie am Boden der oberen Mulde die Abdeckung ab und lösen Sie die darunter liegende Schraube (siehe Abbildungen).

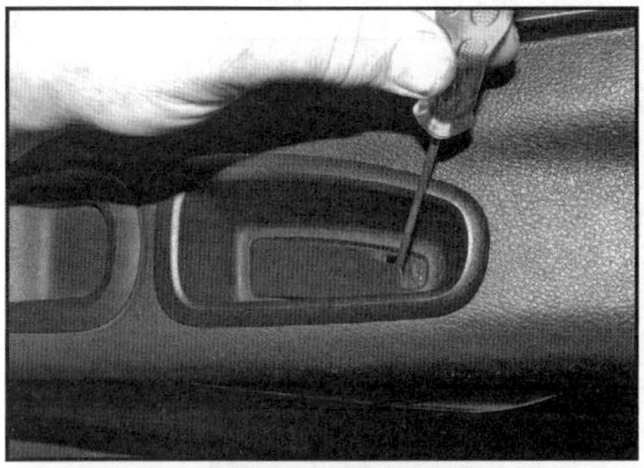

8.2a Hebeln Sie die Abdeckung ab ...

8.2b ... und lösen Sie die Schraube.

3 Hebeln Sie vorsichtig den Reflektor aus der Türverkleidung und lösen Sie die darunter liegende Schraube (siehe Abbildung).

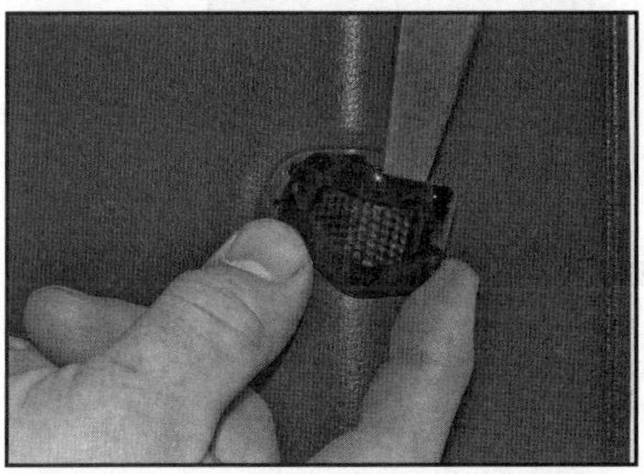

8.3 Hebeln Sie aus der Türverkleidung, um Zugang zur darunter liegenden Schraube zu erhalten.

4 Hebeln Sie mit einem geeigneten Werkzeug im unteren Ablagefach die Kappe heraus und lösen Sie die darunter liegende Schraube (siehe Abbildung).

8.4 Schraube im unteren Ablagefach

5 Hebeln Sie in der Türöffner-Mulde die Abdeckung heraus und lösen Sie die dahinter liegende Schraube (siehe Abbildung)

8.5 Hebeln Sie die Abdeckung aus der Türöffner-Mulde, um Zugang zur Schraube zu erhalten.

6 Hebeln Sie vorsichtig die Türgriff-Blende ab und lösen Sie die zwei dahinter liegenden Schrauben (siehe Abbildungen).

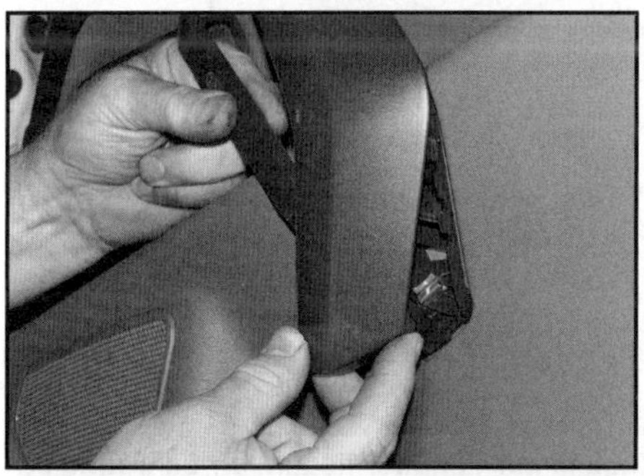

8.6a Hebeln Sie vorsichtig die Türgriff-Blende ab ...

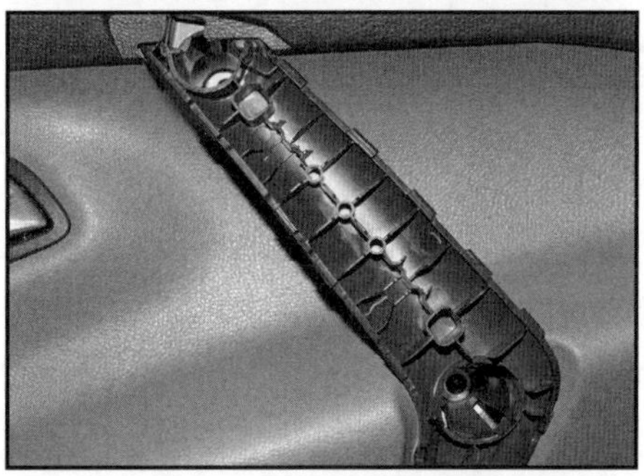

8.6b ... und lösen Sie die zwei Schrauben.

7 Lösen Sie die zwei Schrauben unten an der Türverkleidung (siehe Abbildung).

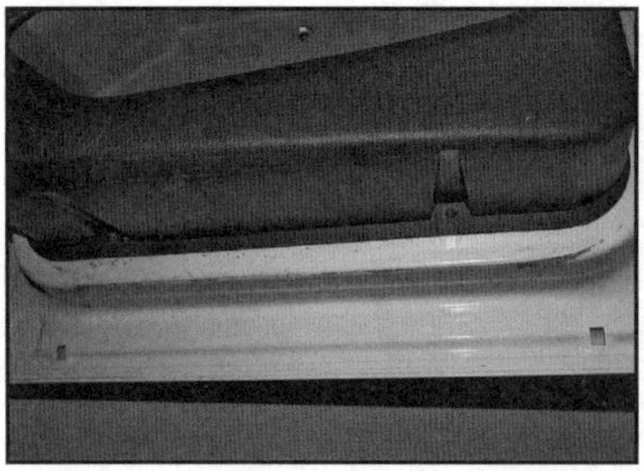

8.7 Lösen Sie die zwei Schrauben unten an der Türverkleidung.

8 Befreien Sie vorsichtig das Fensterheber-Steuermodul oben aus der Türverkleidung, indem Sie es zunächst hinten anheben und dann die Stecker trennen. Lösen Sie die jetzt zugängliche Schraube (siehe Abbildungen).

8.8a Heben Sie das Fensterheber-Steuermodul hinten an, um es zu entfernen ...

8.8b ... und Zugang zur dahinter liegenden Schraube zu erhalten.

9 Hebeln Sie vorsichtig den Zentralverriegelungsschalter aus der Türöffner-Blende und trennen Sie seinen Stecker (siehe Abbildung).

8.9 Hebeln Sie vorsichtig den Zentralverriegelungsschalter aus der Türöffner-Blende.

10 Hebeln Sie die Türverkleidung rundherum mit einem geeigneten Werkzeug von der Tür ab und trennen Sie alle zugänglichen Stecker sowie den Türöffner-Seilzug, während Sie die Verkleidung befreien (siehe Abbildungen).

8.10a Hebeln Sie die Türverkleidung rundherum mit einem geeigneten Werkzeug von der Tür ab ...

8.10b ... und trennen Sie alle zugänglichen Stecker ...

8.10c ... sowie den Türöffner-Seilzug.

11 Um Zugang zu den in der Tür sitzenden Komponenten zu erhalten, muss die mit dauerelastischem Klebstoff befestigte

Dichtfolie entfernt werden – schneiden Sie dazu mit einer sehr scharfen Klinge an der Klebmasse entlang und ziehen Sie sie ab (siehe Abbildung) – versuchen Sie nicht, die Folie ohne Aufschneiden des Klebstoffs abzuziehen. Legen Sie die Dichtfolie sicher ab und schützen Sie die Klebmasse vor Staub und Schmutz, um sie wiederverwenden zu können.

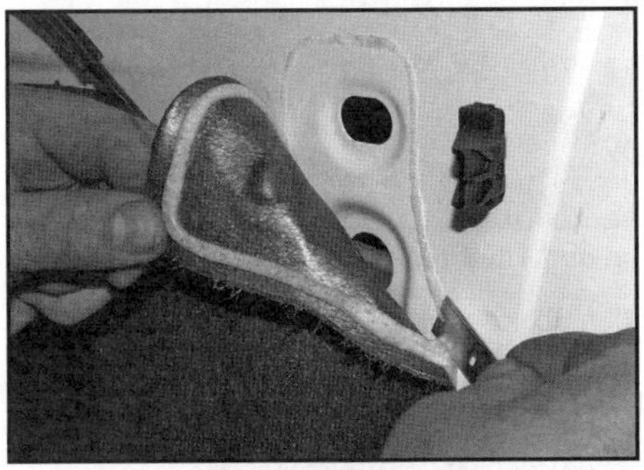

8.11 Ziehen Sie die Dichtfolie vorsichtig ab und schneiden Sie dabei die Klebmasse auf.

12 Der Einbau entspricht der umgekehrten Ausbaureihenfolge – beschädigen Sie dabei keine Kunststoff-Clips oder Laschen.

Hintere Türen und Heckklappe

13 Jede Türverkleidung ist mit acht Stiften in der Tür gesichert. Hebeln Sie zunächst dessen Mittelteil heraus und befreien Sie ihn dann aus der Verkleidung (siehe Abbildung). Ziehen Sie vorsichtig die Membran zurück.

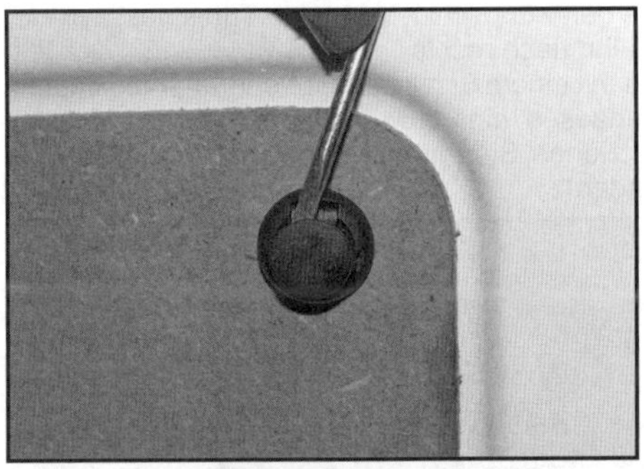

8.13 Hebeln Sie zunächst das Mittelteil des Verkleidungsstifts heraus und ziehen Sie ihn dann aus der Innenverkleidung.

14 Der Einbau entspricht der umgekehrten Ausbaureihenfolge – richten Sie das Verkleidungsteil korrekt aus, drücken Sie zunächst dann den Verkleidungsstift ein und sichern Sie ihn mit dem eingedrückten Mittelteil.

Schiebetür

15 Arbeiten Sie bei geschlossener Schiebetür im Fahrzeug und lösen Sie die Verkleidungsstifte (Abb. 8.13). Ziehen Sie vorsichtig die Membran zurück – ersetzen Sie sie, falls sie beschädigt ist.
16 Der Einbau entspricht der umgekehrten Ausbaureihenfolge – richten Sie das Verkleidungsteil korrekt aus, drücken Sie zunächst dann den Verkleidungsstift ein und sichern Sie ihn mit dem eingedrückten Mittelteil.

9 Türöffner und Schließmechanismus Vordertüren – Ausbau und Einbau

Anmerkung: *In dieser Sektion ist die rechte (also Fahrertür) eines Rechtslenker-Modells abgebildet.*

Türöffner außen

1 Öffnen Sie die Tür und hebeln Sie hinten vorsichtig die Kappe heraus, um Zugang zur Schließzylinder-Schraube zu erhalten. Lockern Sie diese um ca. 8 Umdrehungen, um die Blende entfernen zu können (siehe Abbildungen).

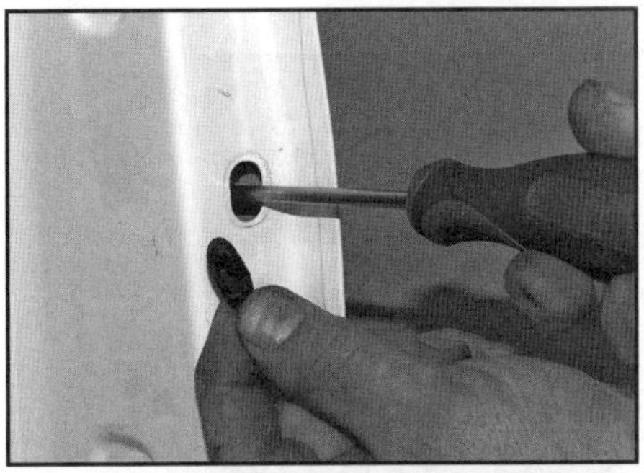

9.1a Drehen Sie die Schraube nach links, ...

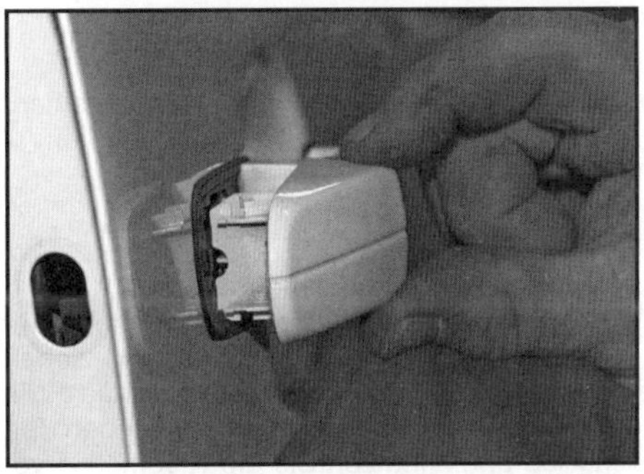

9.1b ... bis die Blende entfernt werden kann.

2 Ziehen Sie den Türgriff nach außen und hinten, um ihn befreien zu können (siehe Abbildung).

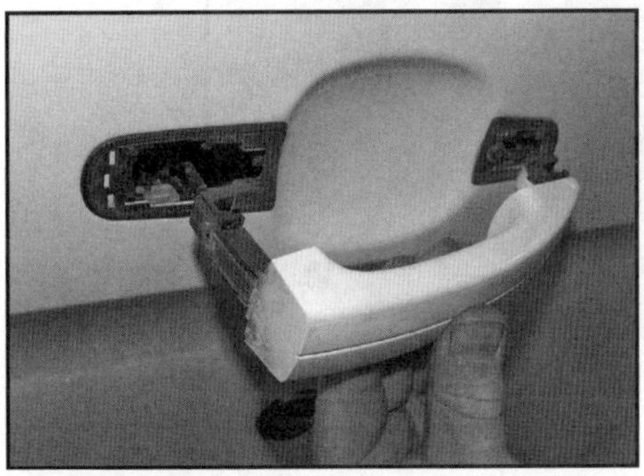

9.2 Ziehen Sie den Türgriff nach außen und hinten, um ihn zu befreien.

3 Stellen Sie die zwei Dichtungen sicher (siehe Abbildung).

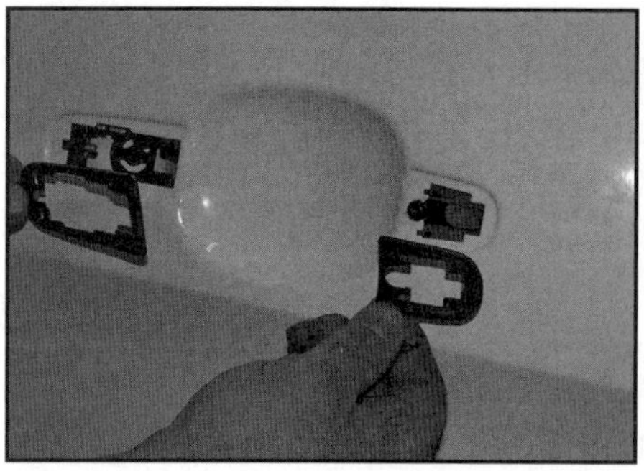

9.3 Stellen Sie die zwei Dichtungen sicher.

4 Lösen Sie nötigenfalls die Schraube und befreien Sie die Clips, um den Türgriffrahmen herauszuziehen (siehe Abbildung).

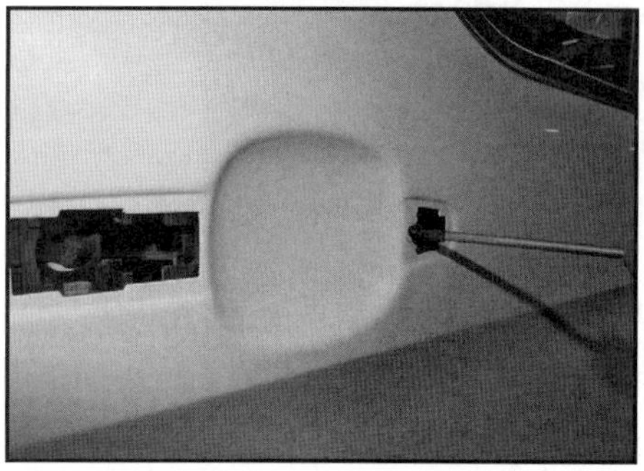

9.4 Lösen Sie die Schraube und befreien Sie die Clips, um den Türgriffrahmen herauszuziehen.

5 Der Einbau entspricht der umgekehrten Ausbaureihenfolge.

Türschlosszylinder

6 Entfernen Sie die Türverkleidung (siehe Sektion 8).
7 Entfernen Sie die Dichtfolie – schneiden Sie dazu mit einer sehr scharfen Klinge an der Klebmasse entlang und ziehen Sie sie ab (siehe Abbildung) – versuchen Sie nicht, die Folie ohne Aufschneiden des Klebstoffs abzuziehen. Legen Sie die Dichtfolie sicher ab und schützen Sie die Klebmasse vor Staub und Schmutz, um sie wiederverwenden zu können.

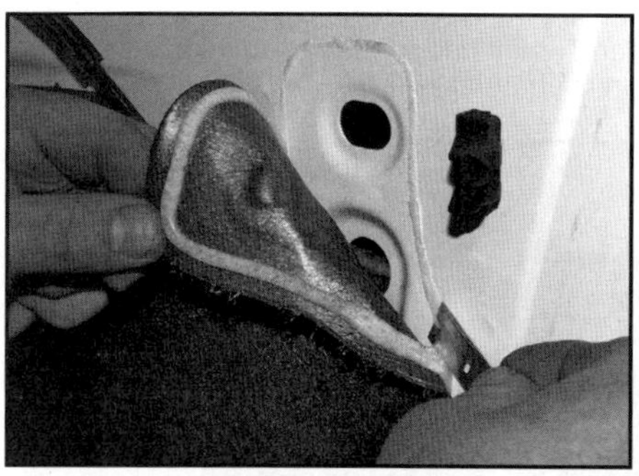

9.7 Ziehen Sie die Dichtfolie vorsichtig ab und schneiden Sie dabei die Klebmasse auf.

8 Ziehen Sie den Kabelstecker vom Türschloss ab (siehe Abbildung).

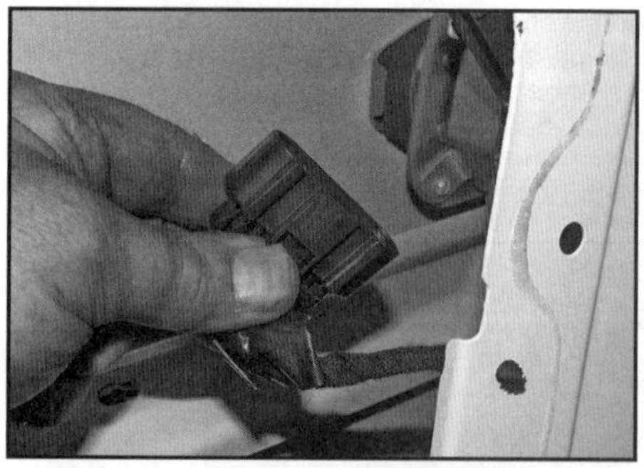

9.8 Trennen Sie den Türschloss-Stecker.

9 Befreien Sie den Schlosszylinder-Sicherungsclip (siehe Abbildung).

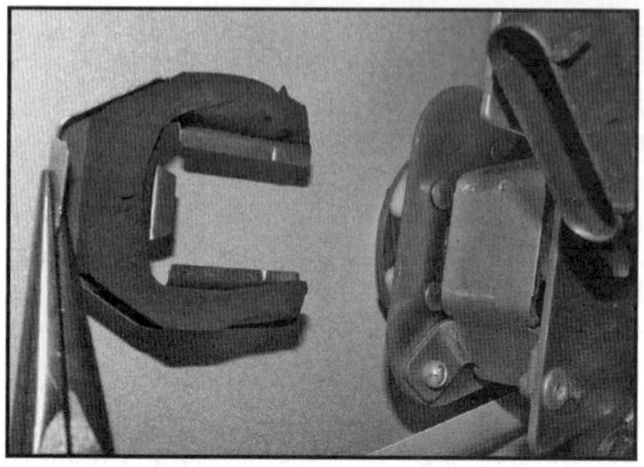

9.9 Ziehen Sie den Türschlosszylinder-Sicherungsclip heraus.

10 Stecken Sie den Zündschlüssel in den Türschlosszylinder und drehen Sie ihn nach rechts.
11 Drücken Sie mit einem Schlitzschraubendreher die Lasche des Zylindergehäuses ein, drehen Sie den Zündschlüssel nach links und ziehen Sie mit ihm den Zylinder aus der Tür (siehe Abbildungen).

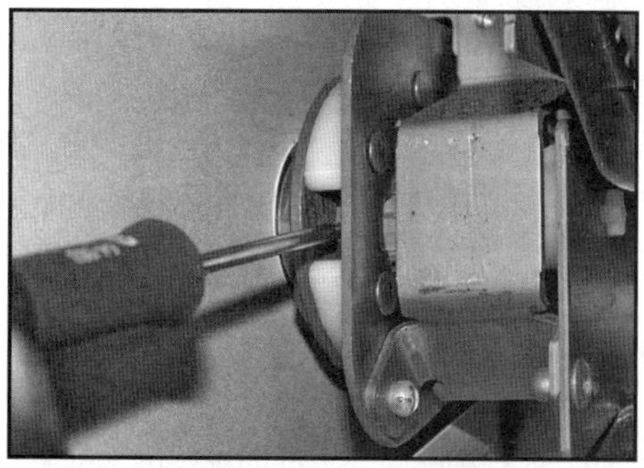

9.11a Drücken Sie die Lasche des Zylindergehäuses ein, ...

9.11b ... drehen Sie den Zündschlüssel nach links und ziehen Sie mit ihm den Zylinder aus der Tür.

12 Der Einbau entspricht der umgekehrten Ausbaureihenfolge – der Zündschlüssel muss abgezogen sein, bevor der Sicherungsclip installiert werden kann.

Türschloss-Baugruppe

13 Entfernen Sie die Türverkleidung (siehe Sektion 8).
14 Demontieren Sie den äußeren Türöffner (siehe oben).
15 Entfernen Sie nötigenfalls den Türschlosszylinder (siehe oben).
16 Lösen Sie die Schrauben der hinteren Türfenster-Führungsschiene und entfernen Sie diese (siehe Abbildungen).

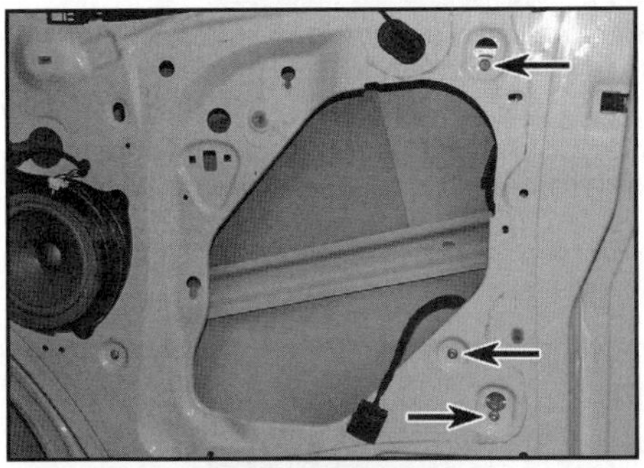

9.16a Lösen Sie die Schrauben ...

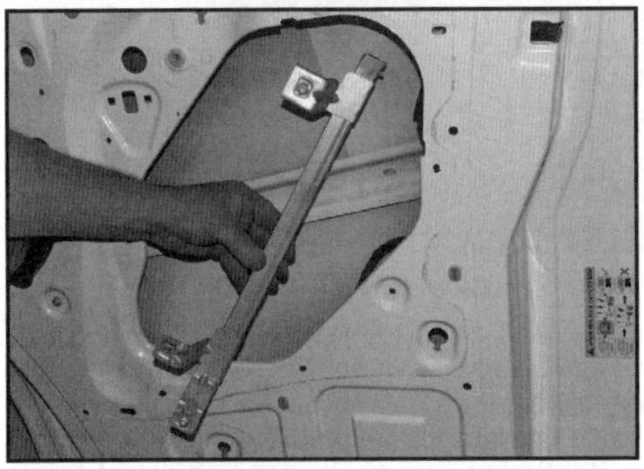

9.16b ... und entfernen Sie die hintere Türfenster-Führungsschiene.

17 Lösen Sie die Torxschraube in der Türgriff-Öffnung (siehe Abbildung).

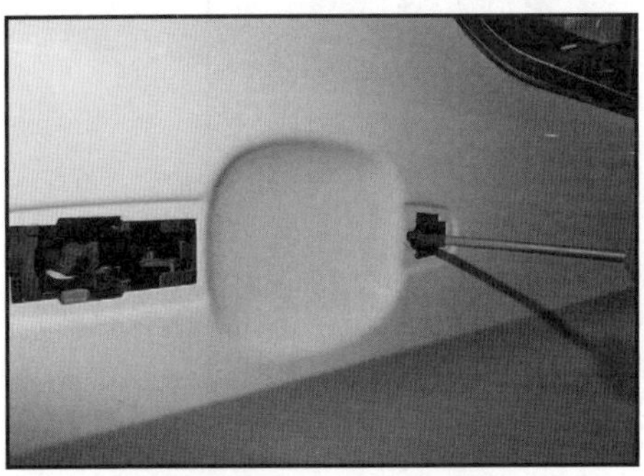

9.17 Lösen Sie die Torxschraube.

18 Lösen Sie an der hinteren Kante der Tür die Schrauben der Türschloss-Baugruppe (siehe Abbildung).

9.18 Lösen Sie die Schrauben der Türschloss-Baugruppe.

19 Befreien Sie den Türöffner-Seilzug, befreien Sie seinen Gummistopfen und führen Sie den Seilzug in die Tür (siehe Abbildung).

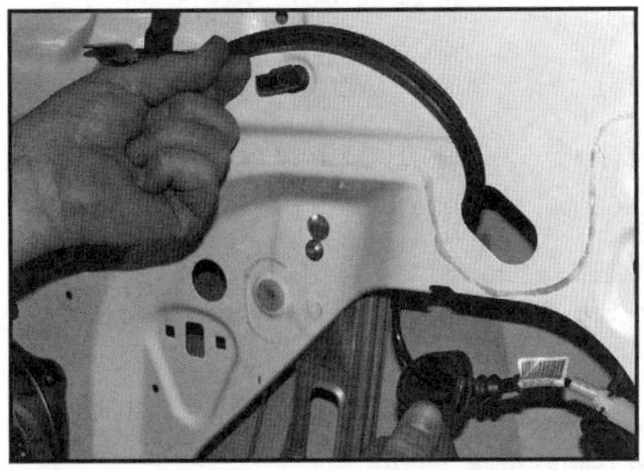

9.19 Befreien Sie den Türöffner-Seilzug und seinen Gummistopfen und führen Sie den Seilzug in die Tür.

20 Manövrieren Sie die Türschloss-Baugruppe aus der Tür heraus (siehe Abbildung).

9.20 Manövrieren Sie die Türschloss-Baugruppe heraus.

21 Der Türgriff-Halter kann nötigenfalls von der Türschloss-Baugruppe befreit werden – trennen Sie dazu den Außengriff-Seilzug vom Halter und befreien Sie die Clips (siehe Abbildungen).

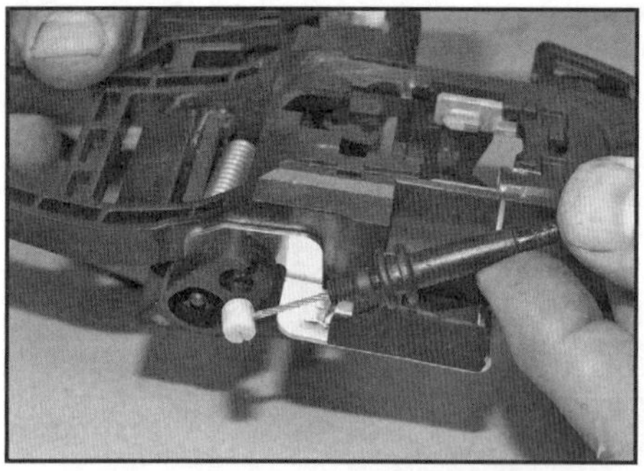

9.21a Befreien Sie den Außengriff-Seilzug vom Halter, ...

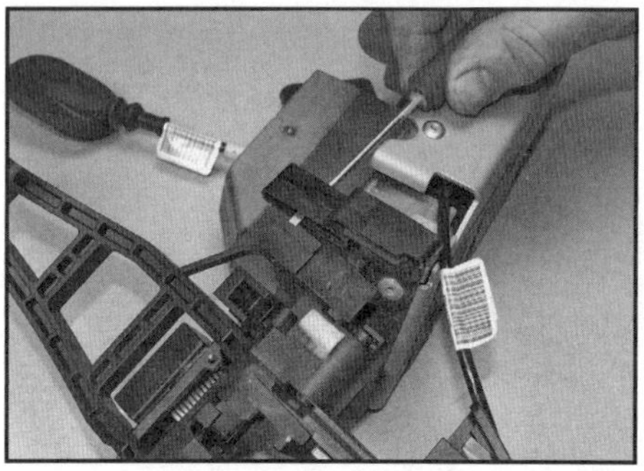

9.21b ... lösen Sie die Clips und trennen Sie den Halter von der Türschloss-Baugruppe.

22 Befreien Sie nötigenfalls den Seilzug des inneren Türöffners vom Halter (siehe Abbildung).

9.22 Befreien Sie den Seilzug des Innentüröffners vom Halter.

23 Der Einbau entspricht der umgekehrten Ausbaureihenfolge.

10 Türen vorn – Ausbau, Einbau und Einstellung

Ausbau

1 Trennen Sie den Masseanschluss (–) der Batterie (siehe Kapitel 5, Sektion 3).

2 Hebeln Sie vorsichtig die vordere Außenspiegel-Verkleidung ab (siehe Abbildung).

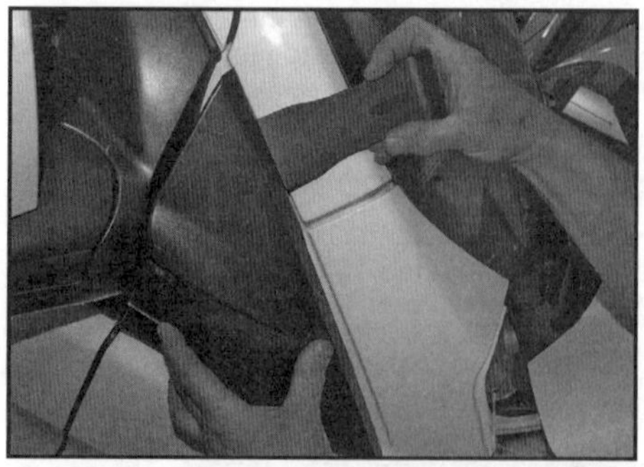

10.2 Hebeln Sie vorsichtig die vordere Außenspiegel-Verkleidung ab (siehe Abbildung).

3 Öffnen Sie die Tür und platzieren Sie eine geeignete Abstützung mit Hölzern darunter – heben Sie die Tür nicht damit an.

4 Lösen Sie an der A-Säule die Schraube des Türfangbands und befreien Sie dies (siehe Abbildung).

10.4 Lösen Sie die Schraube des Türfangbands.

5 Trennen Sie die Türkabel an der Karosserie; ziehen Sie zunächst die Gummikappe ab, heben Sie den Stecker an, um den unteren Clip zu befreien, und lösen Sie den oberen Clip mit einem Schraubendreher. Ziehen Sie den Kabelstecker aus dem Kotflügel und befreien Sie mit einem Schraubendreher die zwei karosserieseitigen Stecker aus dem Türstecker (siehe Abbildungen).

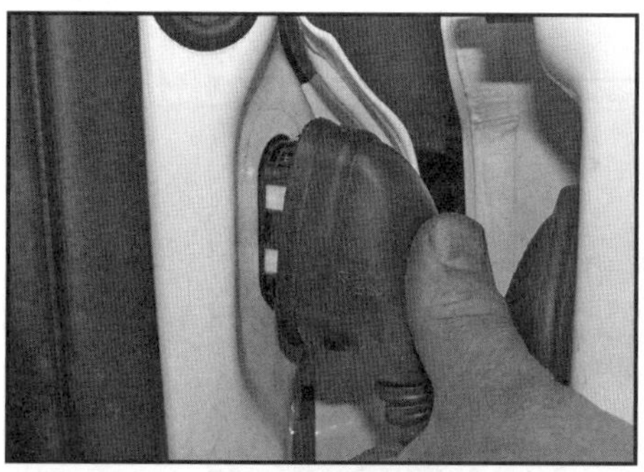

10.5a Ziehen Sie die Gummikappe ab, ...

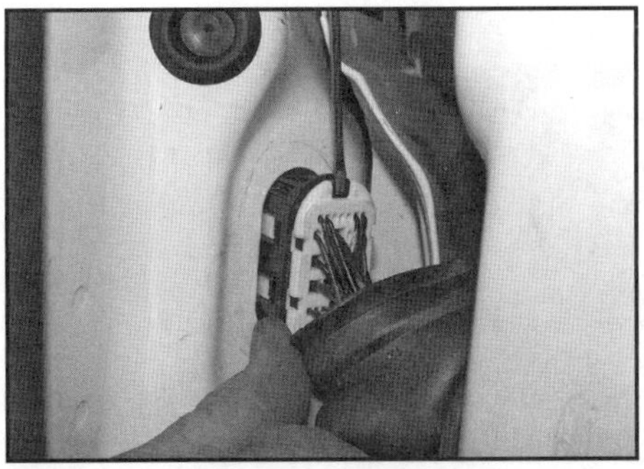

10.5b ... heben Sie den Stecker an, befreien Sie seine obere Lasche ...

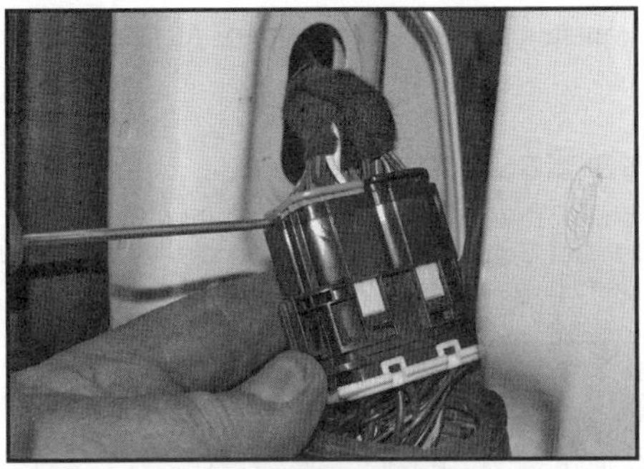

10.5c ... und ziehen Sie ihn aus dem Kotflügel.

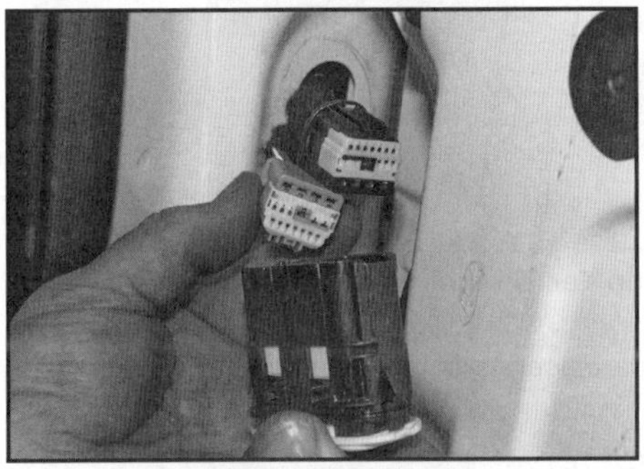

10.5d Befreien Sie mit einem Schraubendreher die zwei karosserieseitigen Stecker und ziehen Sie sie heraus.

6 Lassen Sie einen Assistenten die Tür halten, lösen Sie die oberen und unteren Scharniermuttern und heben Sie die Tür ab (siehe Abbildungen).

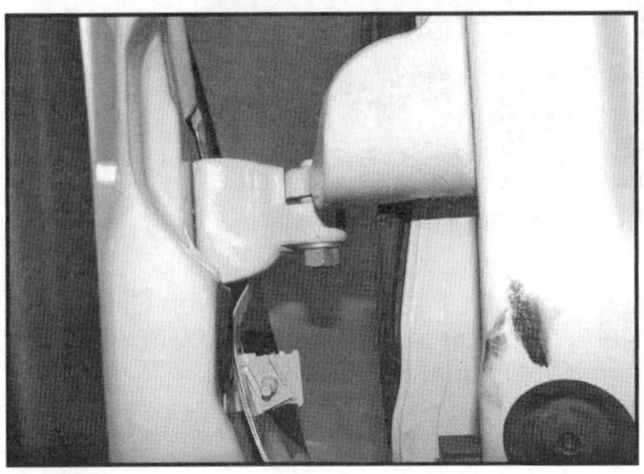

10.6a Obere ...

10.6b ... und untere Scharniermutter

Einbau und Einstellung

7 Der Einbau entspricht der umgekehrten Ausbaureihenfolge. Öffnen und schließen Sie die Tür, um sicherzugehen, dass sie nirgends klemmt. Stellen Sie nötigenfalls die Schließfalle ein. Prüfen Sie, ob der Gummistopfen der Türverkabelung korrekt sitzt.

11 Schiebetüröffner und Schließmechanismus – Ausbau und Einbau

Anmerkung: *In dieser Sektion ist die – bei Linkslenkern optional erhältliche – linke Schiebetür abgebildet.*

Türöffner außen

1 Entfernen Sie die Türverkleidung (siehe Sektion 8).

2 Lösen Sie von innen die Türöffner-Befestigungsschraube (siehe Abbildung).

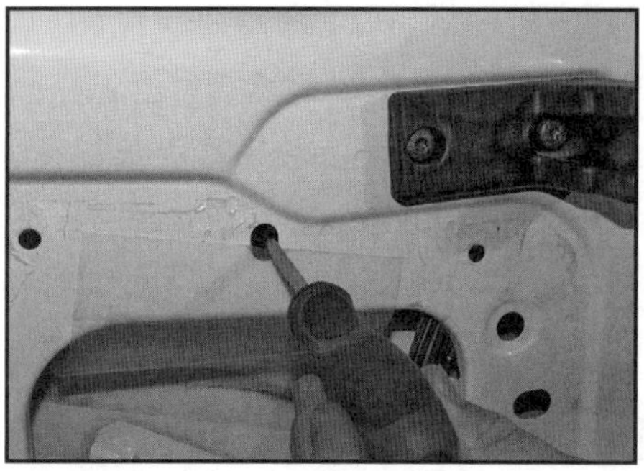

11.2 Lösen Sie von innen die Türöffner-Befestigungsschraube.

3 Ziehen Sie die Türöffner-Blende ab, ziehen Sie den Türöffner nach außen und schieben Sie ihn nach hinten, um ihn zu entfernen (siehe Abbildungen).

11.3a Ziehen Sie die Türöffner-Blende ab, ...

11.3b ... bevor Sie den Türöffner nach außen ziehen und nach hinten schieben, um ihn zu entfernen.

4 Entfernen Sie nötigenfalls die Gummidichtungen, lösen Sie die Schraube, befreien Sie die Clips und ziehen Sie den inneren Türöffner-Rahmen heraus (siehe Abbildungen) – ziehen Sie die Dichtfolie ein Stück ab, um Zugang zu erhalten.

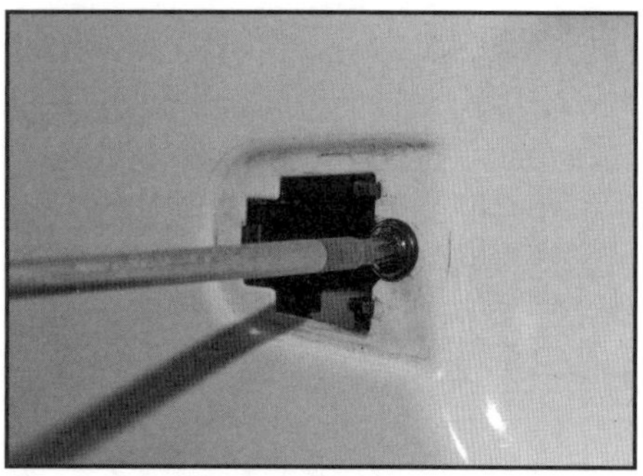

11.4a Lösen Sie die Schraube ...

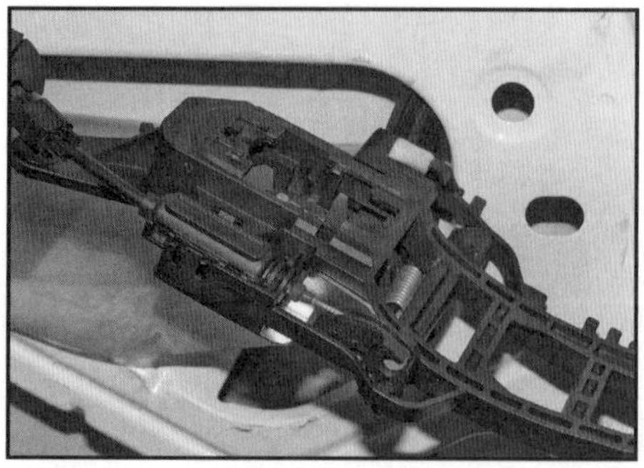

11.4b ... und entfernen Sie den inneren Türöffner-Rahmen.

5 Der Einbau entspricht der umgekehrten Ausbaureihenfolge.

Türschloss-Baugruppe

6 Entfernen Sie die Türverkleidung (siehe Sektion 8).
7 Lösen Sie die drei Schrauben, mit denen die Türschloss-Baugruppe an der Tür gesichert ist (siehe Abbildung).

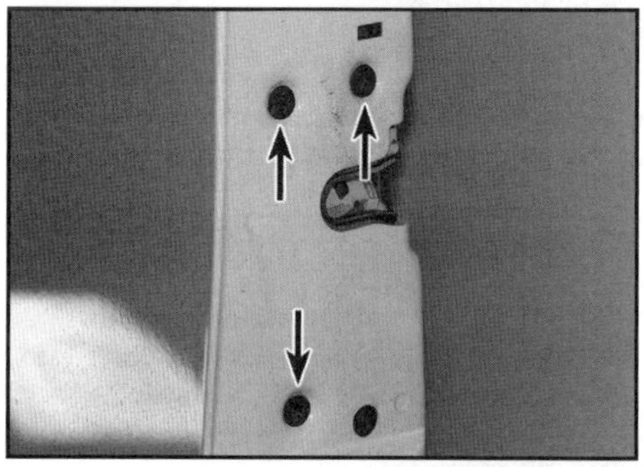

11.7 Schrauben der Türschloss-Baugruppe.

8 Hebeln Sie die Zugangsklappe innerhalb der Tür ab (siehe Abbildung).

11.8 Hebeln Sie die Zugangsklappe ab.

9 Ziehen Sie das Türschloss heraus und trennen Sie seinen Kabelstecker (siehe Abbildungen). Trennen Sie alle zum Ausbau erforderlichen Kabelbinder.

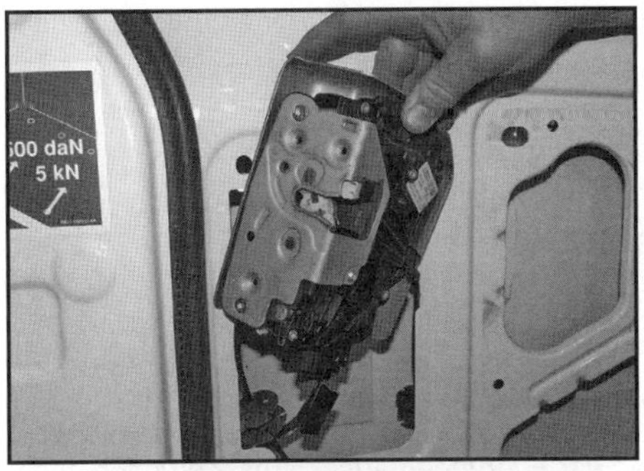

11.9a Ziehen Sie das Türschloss heraus ...

11.9b ... und trennen Sie seinen Kabelstecker.

10 Lösen Sie die zwei Schrauben des Sicherheitsblechs und entfernen Sie es (siehe Abbildungen).

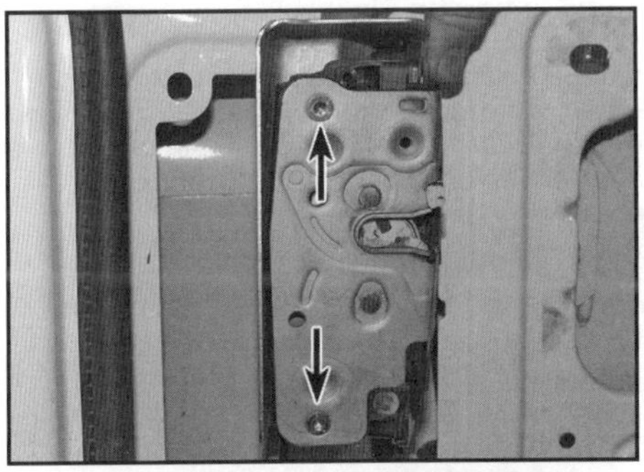

11.10a Lösen Sie die zwei Schrauben ...

11.10b ... und entfernen Sie das Sicherheitsblech.

11 Notieren Sie nötigenfalls die Positionen der Seilzüge und befreien Sie sie (siehe Abbildungen).

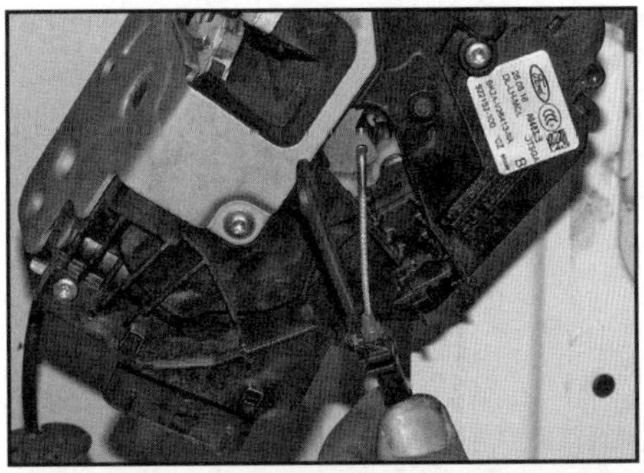

11.11a Notieren Sie nötigenfalls die Positionen der Seilzüge, ...

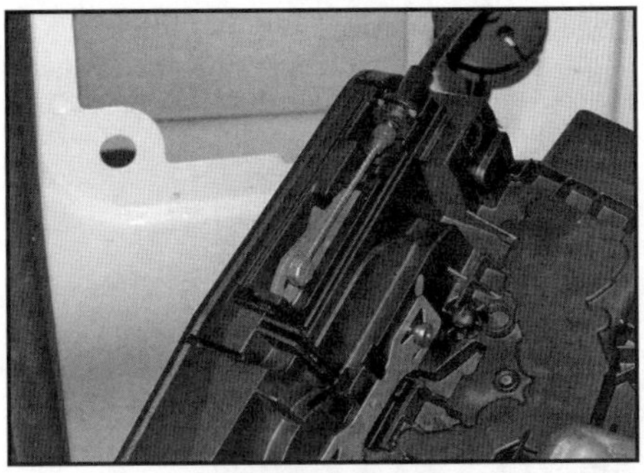

11.11b ... bevor Sie sie befreien.

12 Befreien Sie die Türschloss-Baugruppe aus der Schiebetür.

13 Der Einbau entspricht der umgekehrten Ausbaureihenfolge.

Türöffner innen

14 Entfernen Sie die Türverkleidung (siehe Sektion 8).

15 Befreien Sie die Kappen aus der Türöffner-Abdeckung und lösen Sie die zwei Muttern, um die Abdeckung zu entfernen (siehe Abbildungen).

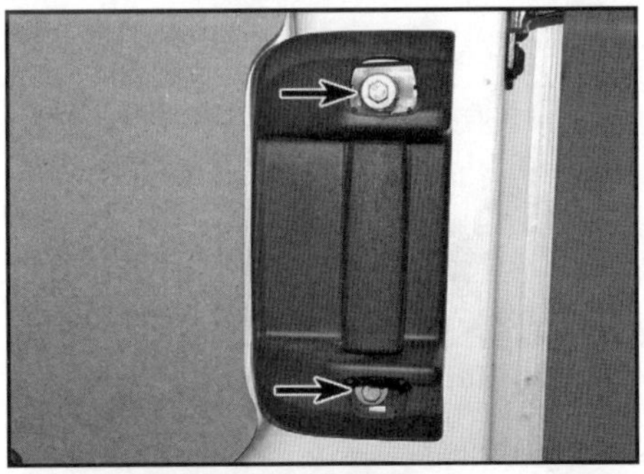

11.15a Lösen Sie die Muttern ...

11.15b ... und entfernen Sie die Türöffner-Abdeckung.

16 Befreien Sie die zwei Seilzüge aus den Clips innerhalb der Tür (siehe Abbildung).

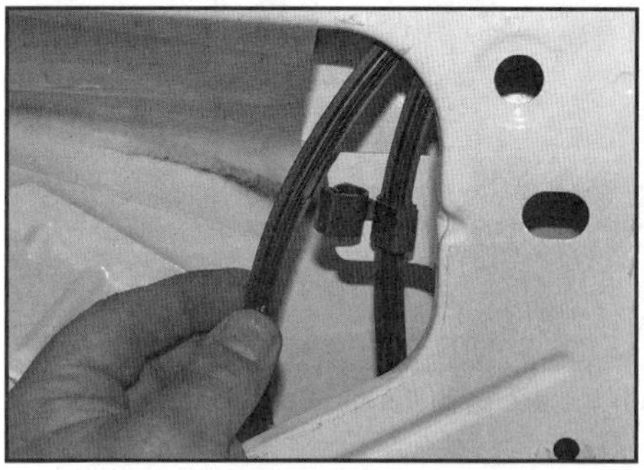

11.16 Befreien Sie die zwei Seilzüge aus den Clips.

17 Trennen Sie den Seilzugnippel aus dem Öffnermechanismus (siehe Abbildung).

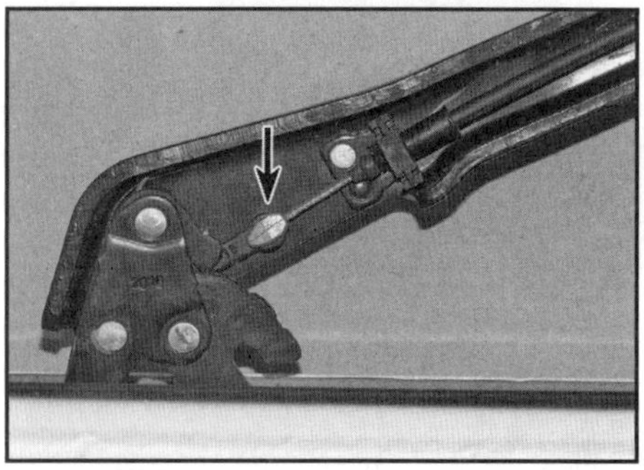

11.17 Seilzugnippel im Türöffnermechanismus

18 Heben Sie den Türöffner an und entfernen Sie ihn samt Öffnerzügen aus der Schiebetür (siehe Abbildung).

11.18 Befreien Sie den Türöffner samt Seilzüge.

19 Trennen Sie nötigenfalls die am Türöffner verbundenen Seilzüge (siehe Abbildung).

11.19 Seilzugnippel im Türöffner

20 Der Einbau entspricht der umgekehrten Ausbaureihenfolge.

12 Schiebetür – Ausbau, Einbau und Einstellung

Anmerkung: *In dieser Sektion ist die – bei Linkslenkern optional erhältliche – linke Schiebetür abgebildet.*
Anmerkung: *Vor dem Lösen von Befestigungen sollten an den Halterungen der Führungen Ausrichtmarkierungen angebracht werden.*

Ausbau

1 Lösen Sie an der mittleren Schiene die Schraube des Anschlags und entfernen Sie ihn (siehe Abbildung).

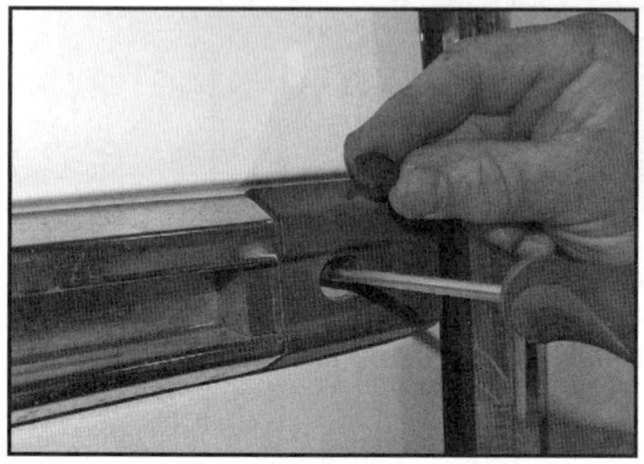

12.1 Lösen Sie an der mittleren Schiene die Schraube des Anschlags und entfernen Sie ihn.

2 Schieben Sie die Tür auf, ziehen Sie an der unteren Schiene ggf. die Kappen von den Muttern, lösen Sie diese und entnehmen Sie das Abdeckblech. Befreien Sie die untere Führungsrolle aus der Öffnung (siehe Abbildungen).

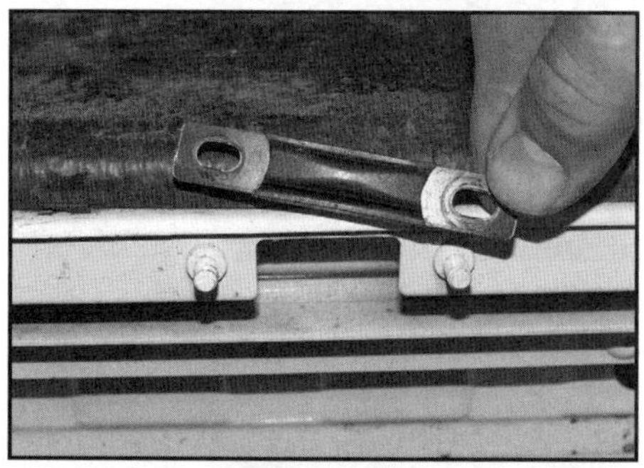

12.2a Entfernen Sie an der unteren Schiene die Abdeckung …

12.2b … und befreien Sie die untere Führungsrolle aus der Öffnung.

Einbau

3 Lassen Sie einen Assistenten die Tür in der mittleren Schiene halten und befreien Sie die obere Führungsrolle aus seiner Schiene.
4 Stützen Sie die Tür an beiden Enden ab und schieben Sie sie nach hinten, um sie vom Fahrzeug zu befreien.
5 Der Einbau entspricht der umgekehrten Ausbaureihenfolge. Richten Sie die Tür an der mittleren Schiene aus und führen Sie die Führungsrollen in die obere und untere Schiene ein.

Einstellung

6 Prüfen Sie, ob die Schiebetür sich korrekt schließen und öffnen lässt. Lockern Sie nötigenfalls die Schrauben der unteren Führungsschiene und positionieren Sie die Tür um, ziehen Sie die Schrauben wieder an und kontrollieren Sie die Tür erneut.
7 Zur Einstellung der Höhe muss die Kontermutter der oberen Führungsschiene gelockert, die Einstellschraube entsprechend verdreht und die Kontermutter wieder angezogen werden.
8 Die geschlossene Schiebetür muss rundherum bündig zur Karosserie stehen. Falls die Tür nicht korrekt schließt, muss die Schließfalle neu positioniert werden.

13 Hecktüröffner und Schließmechanismus – Ausbau und Einbau

Türgriff außen

1 Hebeln Sie die Kunststoffkappe am Rand der Tür heraus und lockern Sie die dahinter liegende Schraube um etwa acht Umdrehungen nach links (siehe Abbildung).

13.1 Entfernen Sie die Kappe und drehen Sie die Schraube 8 Umdrehungen nach links.

2 Entfernen Sie den hinteren Teil des Türgriffs und schieben Sie den Rest nach links, um ihn zu befreien (siehe Abbildungen).

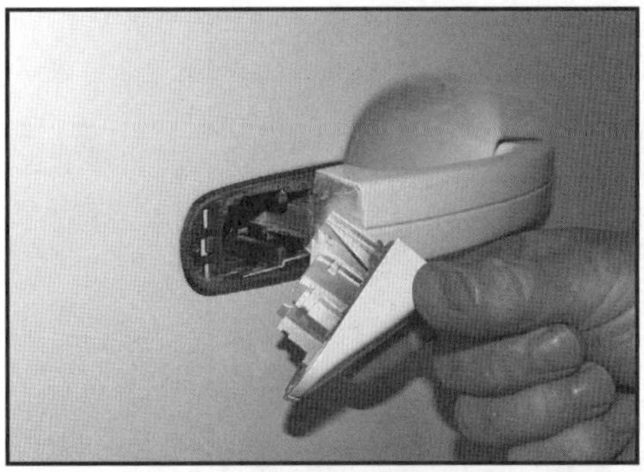

13.2a Entfernen Sie die Blende ...

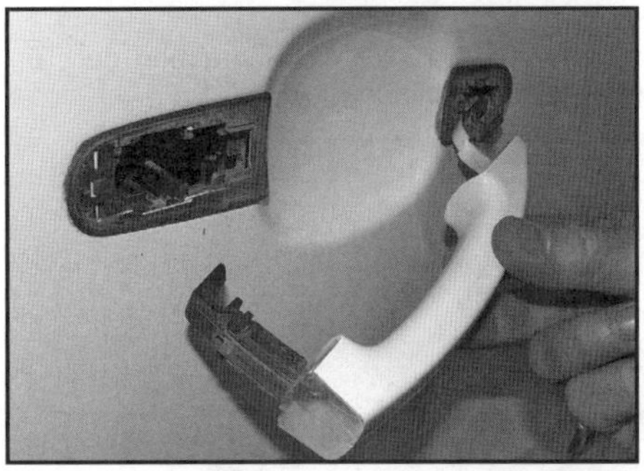

13.2b ... und schieben Sie den Türgriff nach links, um ihn zu befreien.

3 Entnehmen Sie die Gummidichtungen (siehe Abbildung).

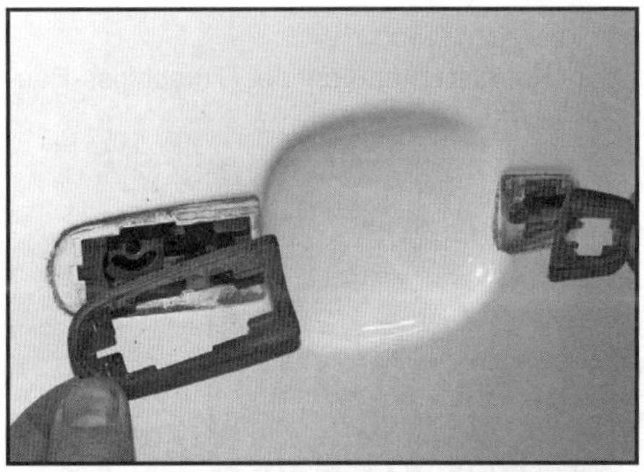

13.3 Entnehmen Sie die Gummidichtungen.

4 Der Einbau entspricht der umgekehrten Ausbaureihenfolge.

Türschloss-Baugruppe

5 Entfernen Sie die Türverkleidung (siehe Sektion 8).
6 Demontieren Sie den äußeren Türgriff (siehe oben).
7 Lockern Sie die Torxschraube in der Türgriff-Öffnung (siehe Abbildung).

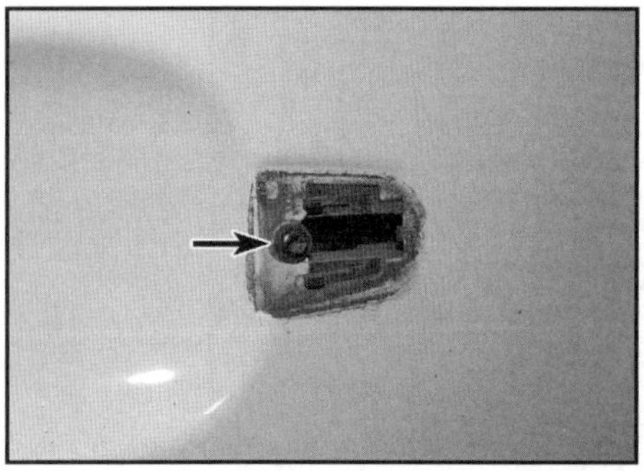

13.7 Lockern Sie die Torxschraube in der Türgriff-Öffnung.

8 Lösen Sie an der Ecke der Tür die Schrauben der Türschloss-Baugruppe (siehe Abbildung).

13.8 Lösen Sie die Schrauben der Türschloss-Baugruppe.

9 Trennen Sie den Kabelstecker von der Türschloss-Baugruppe (siehe Abbildung).

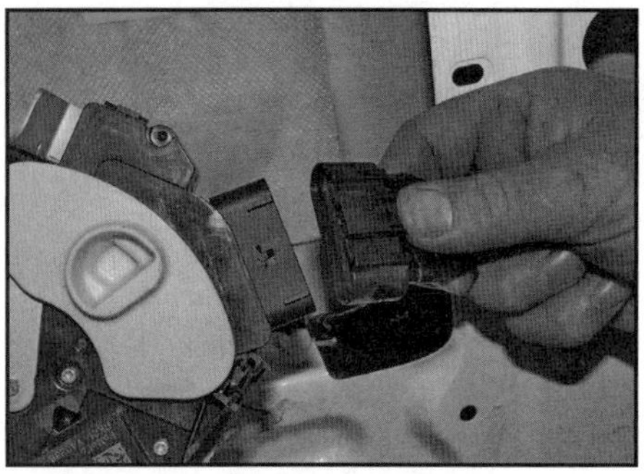

13.9 Trennen Sie den Kabelstecker.

10 Befreien Sie nötigenfalls die Öffner-Seilzüge aus der Türschloss-Baugruppe (siehe Abbildung).

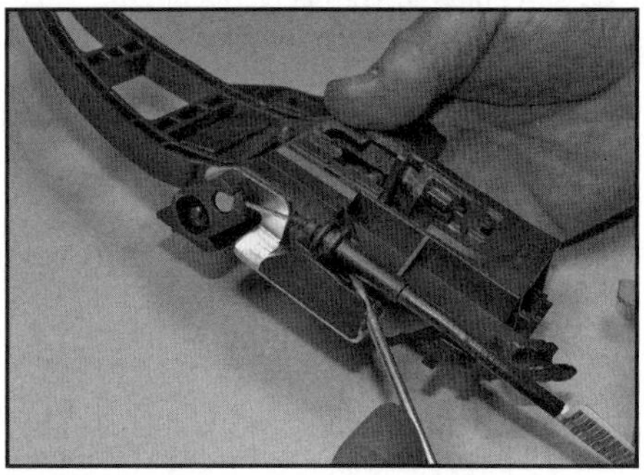

13.10 Befreien Sie die Seilzüge.

11 Der Öffner-Seilzug des äußeren Türöffners ist separat erhältlich – um ihn zu befreien, müssen die drei Niete ausgebohrt und das Blech entfernt werden (siehe Abbildung).

13.11 Bohren Sie die Niete aus und lösen Sie ggf. die Torxschraube.

12 Der Einbau entspricht der umgekehrten Ausbaureihenfolge.

Obere Verriegelung

13 Hebeln Sie die hintere Kante der Kunststoffabdeckung hoch, befreien Sie die Clips und entnehmen Sie die Abdeckung (siehe Abbildung).

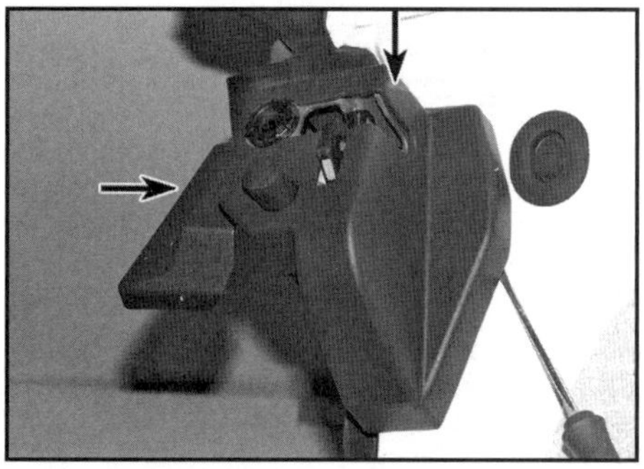

13.13 Hebeln Sie die Clips der Abdeckung heraus, um sie zu entfernen.

14 Lösen Sie die drei Torxschrauben und ziehen Sie die Verriegelung von der Tür ab (siehe Abbildung).

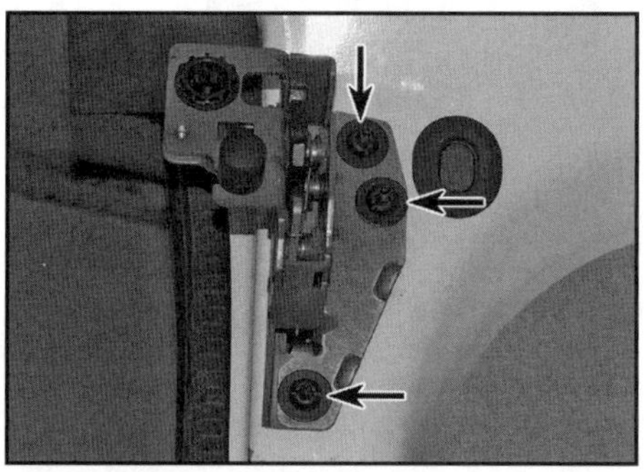

13.14 Verriegelungs-Befestigungsschrauben

15 Drücken Sie mit einer Spitzzange die Laschen der Seilzughülle zusammen, um sie aus dem Widerlager zu befreien (siehe Abbildung); hängen Sie dann den Seilzugnippel am Öffnerhebel aus.

13.15 Befreien Sie die Bowdenzughülle aus dem Widerlager.

16 Der Einbau entspricht der umgekehrten Ausbaureihenfolge – richten Sie die Verriegelung vor dem Anziehen der Schrauben zur Schließfalle aus (siehe Abbildung).

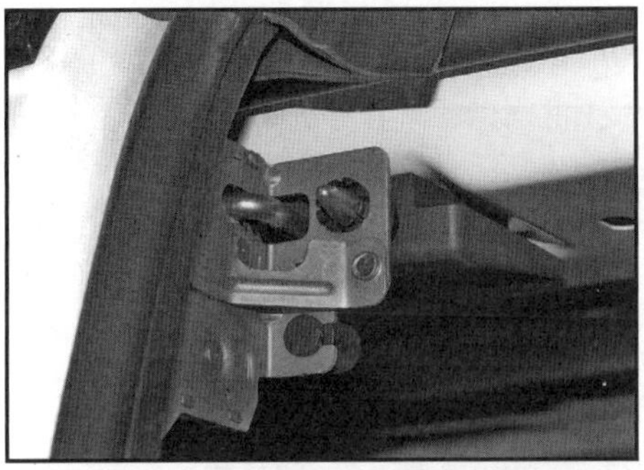

13.16 Richten Sie die Verriegelung zur Schließfalle aus und ziehen Sie die Schrauben sorgfältig an.

Untere Verriegelung

17 Entfernen Sie die Türverkleidung (siehe Sektion 8).
18 Entfernen Sie die Kunststoffabdeckung der Verriegelung (siehe Abbildung).

13.18 Befreien Sie die Verriegelungs-

19 Lösen Sie die drei Schrauben, mit denen die Verriegelung an der Tür gesichert ist (siehe Abbildung)

13.19 Schrauben der unteren Verriegelung

20 Ziehen Sie die Verriegelung ab und befreien Sie den Seilzug-Halter aus dem Widerlager, trennen Sie dann den Seilzugnippel aus dem Hebel (siehe Abbildung). Entnehmen Sie die Verriegelung.

13.20 Befreien Sie den Öffner-Seilzug aus der Verriegelung.

21 Der Einbau entspricht der umgekehrten Ausbaureihenfolge – richten Sie die Verriegelung vor dem Anziehen der Schrauben zur Schließfalle aus (siehe Abbildung).

13.21 Richten Sie die Verriegelung zur Schließfalle aus und ziehen Sie die Schrauben sorgfältig an.

Verriegelungs-Hebel

22 Entfernen Sie die Türverkleidung (siehe Sektion 8).
23 Lösen Sie die Torxschraube des Hebels (siehe Abbildung).

13.23 Lösen Sie die Schraube des Verriegelungshebels.

24 Lösen Sie die zwei Schrauben und befreien Sie den innerhalb der Tür sitzenden Hebel-Mechanismus (siehe Abbildung).

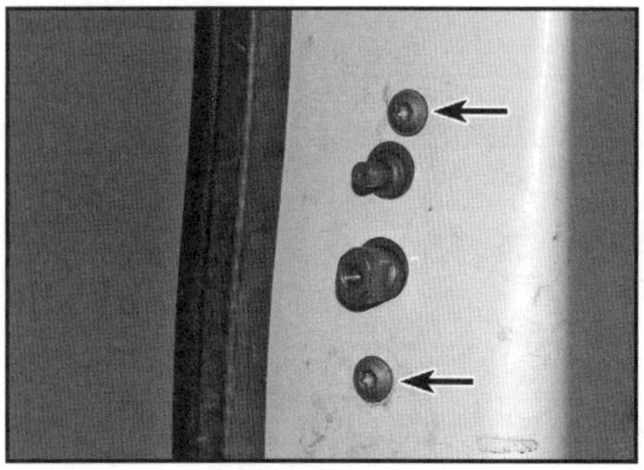

13.24 Schrauben des Hebel-Mechanismus

25 Befreien Sie mit einer Spitzzange die Verriegelungs-Seilzüge aus dem Mechanismus (siehe Abbildung).

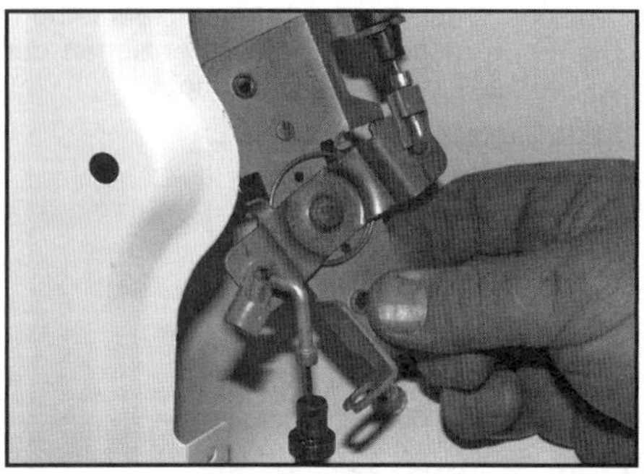

13.25 Befreien Sie die Verriegelungs-Seilzüge aus dem Mechanismus.

26 Der Einbau entspricht der umgekehrten Ausbaureihenfolge.

14 Hecktüren – Ausbau, Einbau und Einstellung

Ausbau

1 Öffnen Sie die Hecktüren. Entfernen Sie die Türverkleidungen (siehe Sektion 8).

2 Trennen Sie alle Kabelstecker, befreien Sie die Gummimanschette und ziehen Sie die Verkabelung aus der Tür heraus (siehe Abbildung).

14.2 Befreien Sie die Gummimanschette der Verkabelung aus der Tür.

3 Lösen Sie an der Tür die zwei Schrauben des Türfangbands (siehe Abbildung).

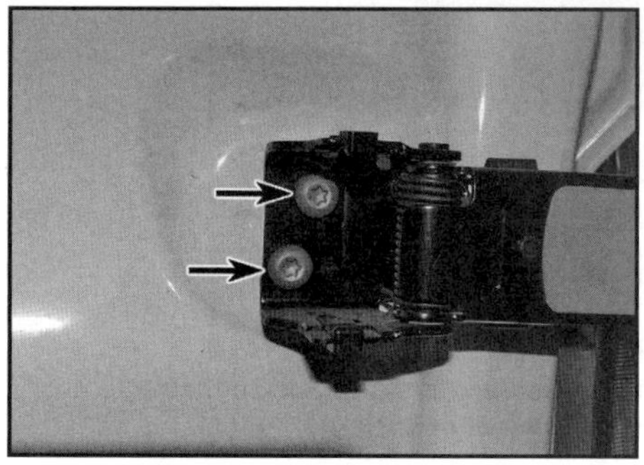

14.3 Schrauben des Türfangbands

4 Markieren Sie die Ausrichtung der Türscharniere an der Karosserie. Lassen Sie einen Assistenten die Tür abstützen, lösen Sie die drei Schrauben jedes Gelenks und heben Sie die Tür ab (siehe Abbildung).

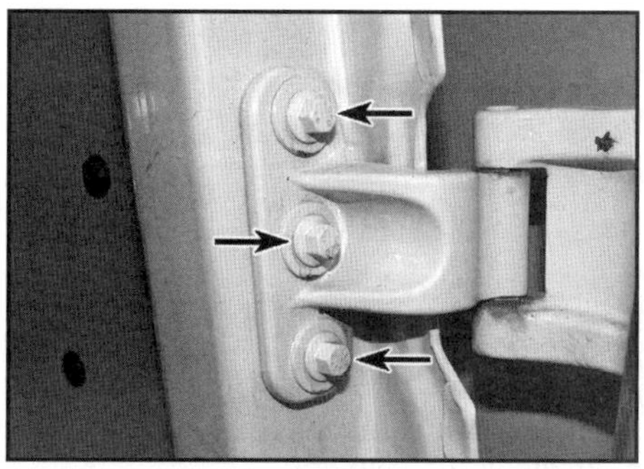

14.4 Hecktürgelenk-Schrauben

Einbau und Einstellung

5 Der Einbau entspricht der umgekehrten Ausbaureihenfolge – richten Sie die Scharniere an den zuvor angebrachten Markierungen aus und ziehen Sie die Schrauben sorgfältig an.

6 Öffnen und schließen Sie die Tür, um sicherzugehen, dass sie nirgends klemmt. Stellen Sie nötigenfalls die Schließfalle ein. Prüfen Sie, ob der Gummistopfen der Türverkabelung korrekt sitzt.

15 Heckklappen-Türöffner und Schloss – Ausbau und Einbau

Heckklappen-Öffner außen

1 Entfernen Sie die Heckklappenverkleidung (siehe Sektion 8).
2 Trennen Sie den Stecker der Kennzeichenbeleuchtung und des Verriegelungsmechanismus.
3 Lösen Sie die vier Muttern, die den Türöffner an der Heckklappe sichern und entfernen Sie ihn.
4 Der Einbau entspricht der umgekehrten Ausbaureihenfolge.

Heckklappen-Schloss

5 Entfernen Sie die Heckklappenverkleidung (siehe Sektion 8).
6 Entfernen Sie die Kunststoffabdeckung der Verriegelung.
7 Lösen Sie die drei Schrauben, mit denen die Schloss-Baugruppe an der Heckklappe gesichert ist.
8 Trennen Sie den Zentralverriegelungsstecker.
9 Der Einbau entspricht der umgekehrten Ausbaureihenfolge.

16 Heckklappe – Ausbau, Einbau und Einstellung

Ausbau

1 Für den Ausbau wird die Hilfe zweier Assistenten benötigt. Öffnen Sie zunächst die Heckklappe und stützen Sie sie geöffnet ab. Trennen Sie den Mehrfachstecker an der Karosserie, ziehen Sie die Verkabelung heraus und belassen Sie sie an der Heckklappe.
2 Trennen Sie ggf. den Schlauch der Heckscheiben-Waschanlage.
3 Hebeln Sie an den Gasfeder-Befestigungen der Heckklappe die Clips um ca. 4 mm an und ziehen Sie die Gasfedern von ihren Zapfen ab; schwenken Sie sie dann herunter. Falls eine Gasfeder undicht geworden ist und die Heckklappe nicht mehr sicher hochdrücken kann, sollten beide Federn durch Neuteile ersetzt werden.
4 Lockern Sie an jeder Seite die zwei Heckklappen-Scharnierbolzen und lassen Sie die Assistenten die Heckklappe wegtragen.

Einbau

5 Der Einbau entspricht der umgekehrten Ausbaureihenfolge – drücken Sie die Gasfeder-Kugelgelenke von Hand auf ihre Zapfen und sichern Sie sie mit den Clips.

Einstellung

6 Nachdem die Heckklappe montiert ist, wird sie geschlossen, um nachzuprüfen, ob sie nötigenfalls eingestellt werden muss.

Höheneinstellung

7 Lockern Sie die Scharnierschrauben und positionieren Sie die Heckklappe so, dass sie sowohl zur Schließfalle als auch zur Karosserieöffnung ausgerichtet ist. Ziehen Sie die Schrauben wieder sorgfältig an.

Seiteneinstellung

8 Lockern Sie die seitlichen Anschlag-Führungen, die Schließfalle und die Scharnierschrauben. Zentrieren Sie die Heckklappe in der Karosserieöffnung und ziehen Sie die Scharnierschrauben wieder an. Positionieren Sie nötigenfalls die Schließfalle neu, sodass die Heckklappe sicher schließt. Stellen Sie jetzt die Position der seitlichen Anschlag-Führungen so ein, dass sie gerade so die D-Säulen-Anschläge berühren, wenn sich die Heckklappe in der Sicherungslaschen-Position befindet; erst wenn die Heckklappe geschlossen ist, dürfen sie vollen Kontakt haben.

17 Türfenster vorn – Ausbau und Einbau

Anmerkung: *Zur Verbesserung des Zugangs können die Türlautsprecher demontiert werden (siehe Kapitel 12, Sektion 20).*
Anmerkung: *In dieser Sektion ist die rechte (also Fahrertür) eines Rechtslenker-Modells abgebildet.*

Ausbau

1 Öffnen Sie das Fenster um ca. 18 cm.
2 Trennen Sie den Masseanschluss (–) der Batterie (siehe Kapitel 5, Sektion 3).
3 Entfernen Sie die Türverkleidung und die Dichtfolie (siehe Sektion 8).
4 Lösen Sie die drei Schrauben der hinteren Türfenster-Führung (siehe Abbildung). Befreien Sie ggf. vorhandene Kabel.

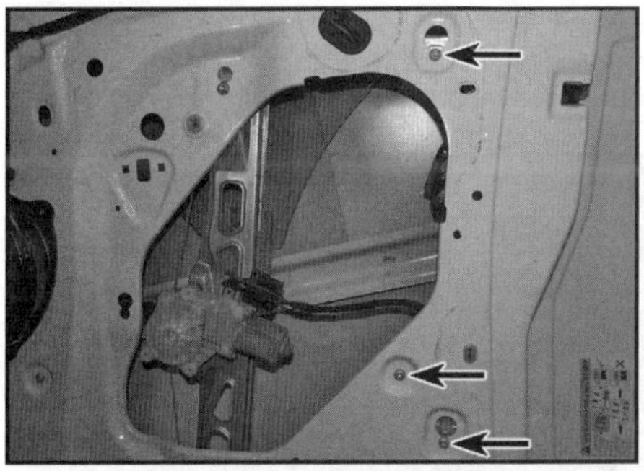

17.4 Schrauben der hinteren Türfenster-Führung

5 Drücken Sie vorsichtig den Sicherungsstift etwas heraus und schieben Sie das Fenster nach oben in den Rahmen (siehe Abbildung).

17.5 Drücken Sie den Sicherungsstift heraus.

6 Lösen Sie am elektrischen Fensterheber die Schraube, trennen Sie den Stecker und entnehmen Sie den Heber (siehe Sektion 18).
7 Senken Sie das Fenster in die Tür ab.
8 Lösen Sie an der vorderen Fensterführung die zwei Schrauben und befreien Sie diese aus der Tür (siehe Abbildungen).

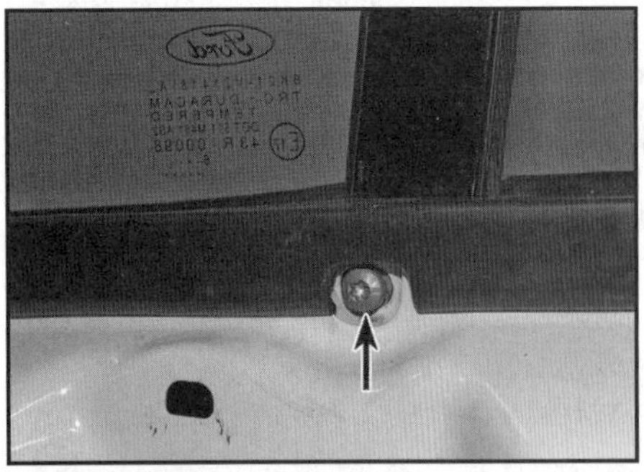

17.8a Obere ...

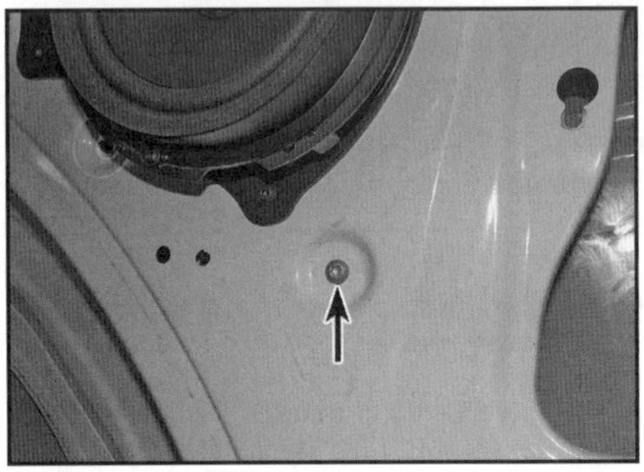

17.8b ... und untere Schraube der vorderen Fensterführung

9 Heben Sie das Fenster vorsichtig an und befreien Sie es innen aus der Tür (siehe Abbildung).

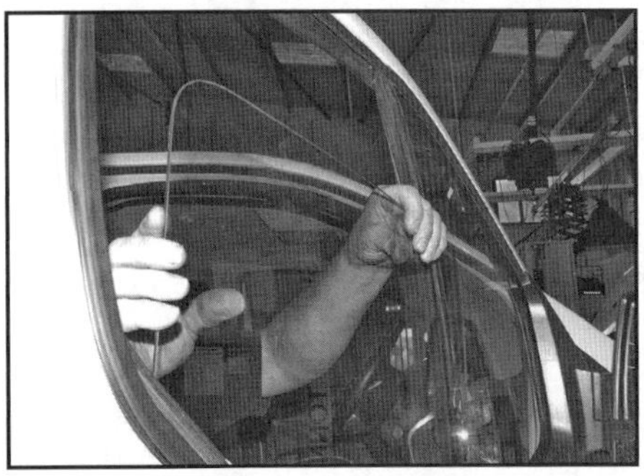

17.9 Befreien Sie das Fenster vorsichtig nach innen aus der Tür.

Einbau

10 Der Einbau entspricht der umgekehrten Ausbaureihenfolge – zum besseren Anheben des Fensters können die Türlautsprecher demontiert werden (siehe Kapitel 12, Sektion 20) (siehe Abbildung). Setzen Sie den Dichtstreifen zuerst in der vorderen unteren Ecke an und verbinden Sie ihn dann rundherum sicher mit der Tür. Prüfen Sie die Funktion des Fensterhebers, bevor Sie die Dichtfolie und die Türverkleidung montieren.

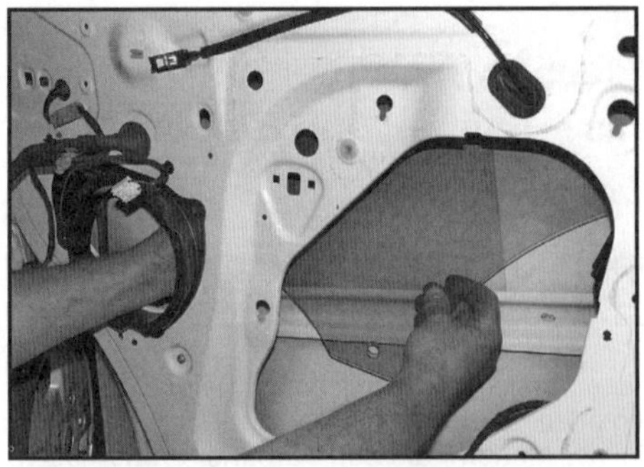

17.10 Durch die nach dem Ausbau des Lautsprechers entstandene Öffnung lässt sich das Fenster besser handhaben.

18 Elektrischer Fensterheber – Ausbau und Einbau

1 Folgen Sie den Hinweisen in Sektion 17, aber entfernen Sie das Türfenster nicht; sichern Sie es stattdessen mit Klebeband oben in der Tür.
2 Trennen Sie den Stecker des Fensterhebers (siehe Abbildung).

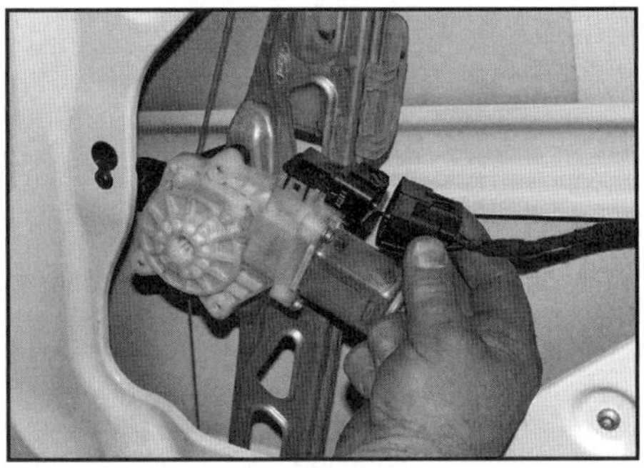

18.2 Trennen Sie den Stecker des Fensterhebers.

3 Lösen Sie die drei Schrauben des Fensterhebers (siehe Abbildung).

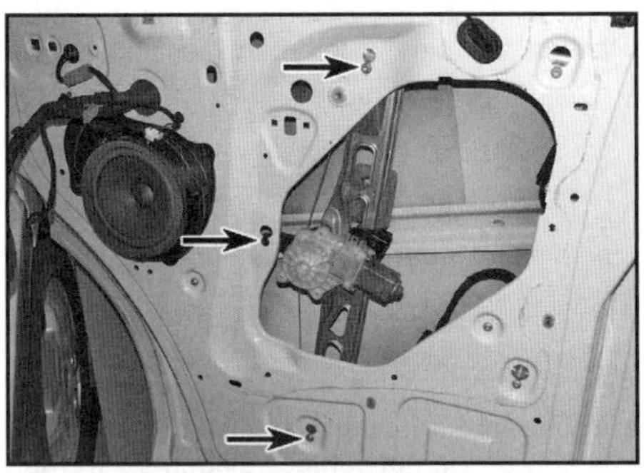

18.3 Schrauben des Fensterhebers

4 Befreien Sie den Fensterheber durch die Öffnungen nach innen aus der Tür heraus (siehe Abbildung).

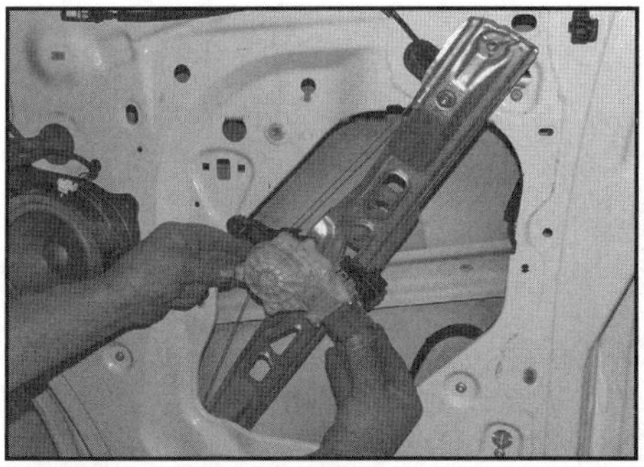

18.4 Befreien Sie den Fensterheber nach innen aus der Tür heraus.

5 Lösen Sie nötigenfalls die drei Schrauben, um den Motor von der Hebevorrichtung zu befreien (siehe Abbildung).

18.5 Gewinde der Fensterheber-Schrauben

6 Der Einbau entspricht der umgekehrten Ausbaureihenfolge.

19 Dreieckfenster in vorderen Türen – Ausbau und Einbau

1 Demontieren Sie das Türfenster (siehe Sektion 17).
2 Drücken Sie das Dreieckfenster sanft nach hinten, um es aus der Dichtung zu befreien (siehe Abbildung).

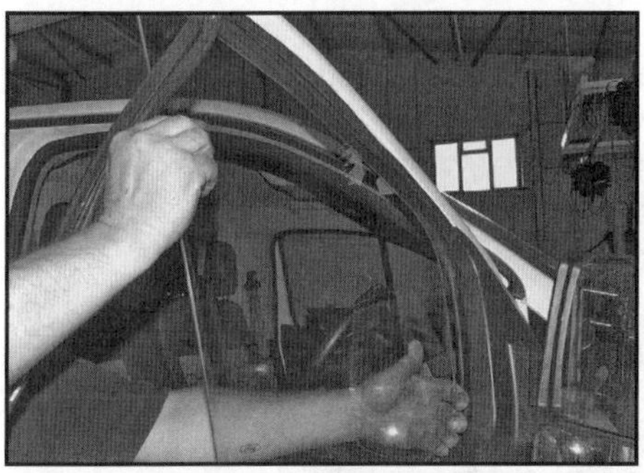

19.2 Drücken Sie das Dreieckfenster nach hinten aus der Dichtung.

3 Der Einbau entspricht der umgekehrten Ausbaureihenfolge.

20 Frontscheibe, Heckscheibe und andere feste Fenster – Ausbau und Einbau

1 Diese Glasflächen sind mit Spezialklebstoff gesichert und mit einer stabilen Dichtung abgedichtet. Der Austausch des Fensters ist eine schwierige, schmutzige und zeitaufwendige Aufgabe, die die Fähigkeiten der meisten Hobbyschrauber übersteigt. Beim Einkleben eine perfekte Abdichtung zu erreichen, ist nur mit reichlich Praxis möglich. Zudem besteht besonders bei der Verbundglas-Frontscheibe eine große Bruchgefahr. Aus all diesen Gründen wird sehr empfohlen, Arbeiten an allen fest montierten Fenstern einer Fachwerkstatt oder einem Autoglaser zu überlassen.

21 Außenspiegel – Ausbau und Einbau

Spiegelglas

Warnung: Falls das Glas gebrochen ist, müssen Schutzhandschuhe getragen werden!

1 Schwenken Sie den Spiegel von Hand oder mit dem elektrischen Einsteller ganz nach innen. Führen Sie außen einen Kunststoffspachtel oder ähnliches Werkzeug ein und hebeln Sie das Glas vorsichtig heraus (siehe Abbildung) – trennen Sie beim Entnehmen alle vorhandenen Kabelstecker. ***Der Einbau entspricht der umgekehrten Ausbaureihenfolge – lassen Sie das Spiegelglas korrekt einrasten.***

21.1 Hebeln Sie das Spiegelglas vorsichtig heraus.

Außenspiegel-Baugruppe

2 Entfernen Sie die entsprechende Türverkleidung (siehe Sektion 8).
3 Demontieren Sie den Türlautsprecher (siehe Kapitel 12, Sektion 20).
4 Trennen Sie innerhalb der Türöffnung den Stecker der Außenspiegel-Verkabelung und befreien Sie diese aus der Befestigung (siehe Abbildung).

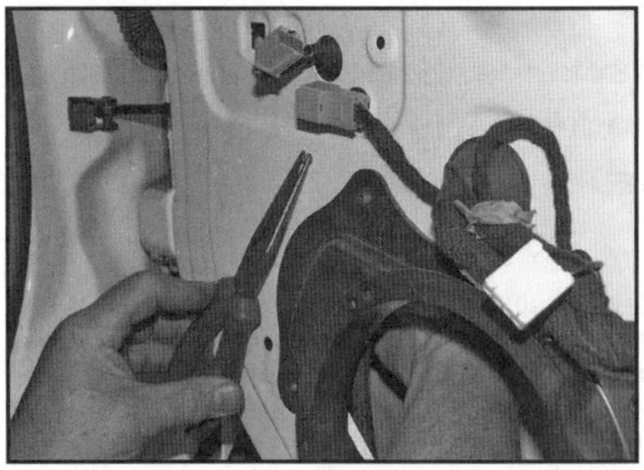

21.4 Trennen Sie den Spiegel-Stecker und befreien Sie das Kabel.

5 Entfernen Sie die zwei Stopfen über den unteren Schrauben, stützen Sie den Außenspiegel und lösen Sie alle drei Befestigungsschrauben. Heben Sie die Außenspiegel-Baugruppe ab (siehe Abbildungen).

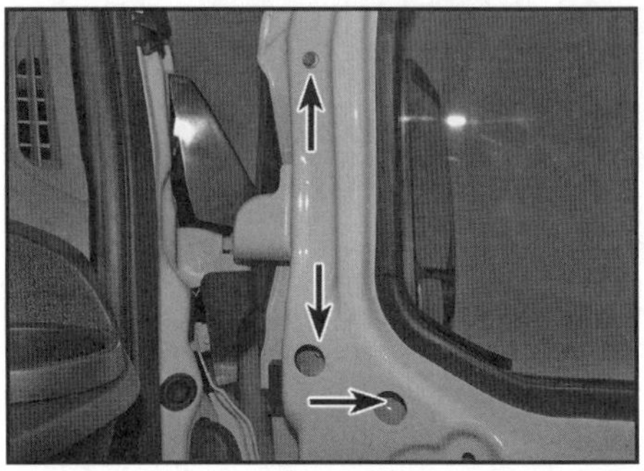

21.5a Lösen Sie die drei Befestigungsschrauben ...

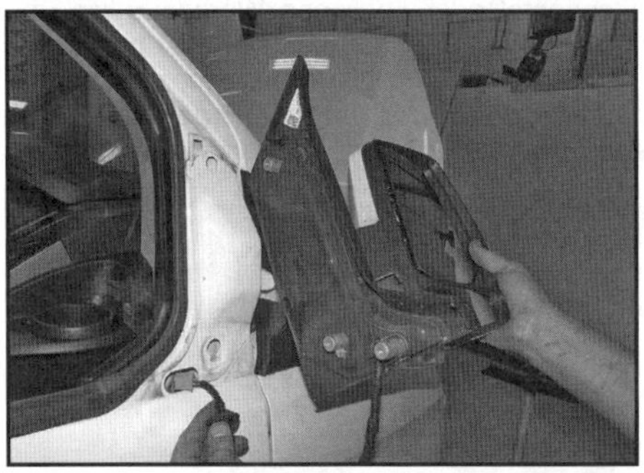

21.5b ... und heben Sie die Außenspiegel-Baugruppe ab.

6 Der Einbau entspricht der umgekehrten Ausbaureihenfolge.

Spiegel-Abdeckung

7 Hebeln Sie mit einem Kunststoffspachtel oder ähnlichem Werkzeug die Abdeckung von der Außenspiegel-Baugruppe (siehe Abbildung).

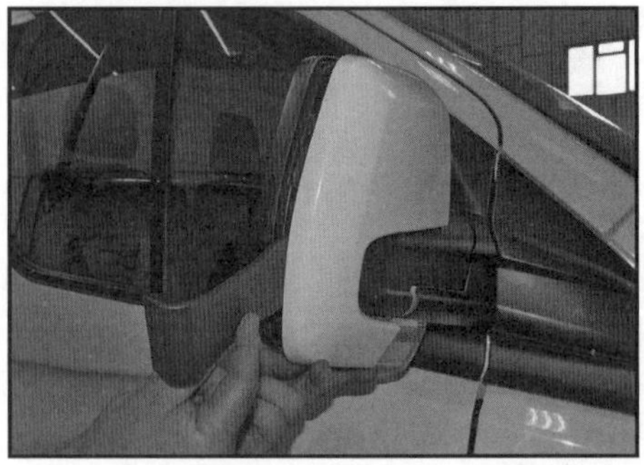

21.7 Hebeln Sie die Abdeckung von der Außenspiegel-Baugruppe.

8 Der Einbau entspricht der umgekehrten Ausbaureihenfolge.

22 Frontverkleidung und Stoßstangen – Ausbau und Einbau

1 Ziehen Sie die Handbremse an, heben Sie das Fahrzeug vorn an, und stützen Sie es sicher ab (siehe Seite 355). Demontieren Sie beide Vorderräder, um den Zugang zu verbessern.
2 Demontieren Sie die Scheinwerfer (siehe Kapitel 12, Sektion 11).
3 Lösen Sie die Schrauben des Kennzeichenhalters und entfernen Sie diesen. Lösen Sie die zwei dahinter liegenden Schrauben (siehe Abbildung).

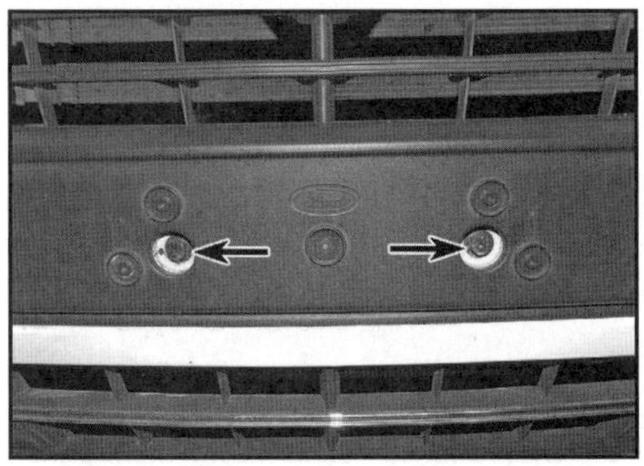

22.3 Schrauben hinter dem Kennzeichenhalter

4 Hebeln Sie an den Kunststoffnieten hinten an der oberen Abdeckung die Mittelstifte hoch und ziehen Sie die Niete heraus (siehe Abbildung).

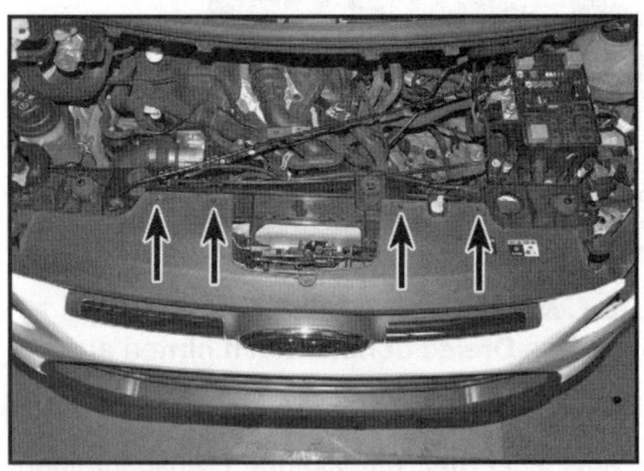

22.4 Entfernen Sie die vier Kunststoffniete.

5 Lösen Sie an der oberen Abdeckung die drei Schrauben (siehe Abbildung).

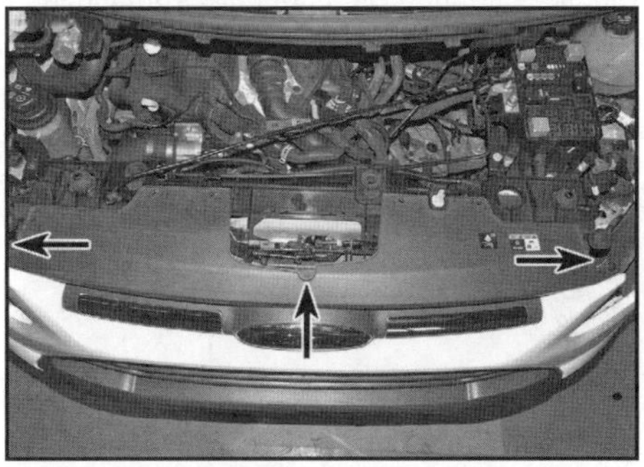

22.5 Lösen Sie die drei Schrauben.

6 Lösen Sie unten an der Stoßstange die Torxschrauben des Windabweisers und entfernen Sie diesen (siehe Abbildung).

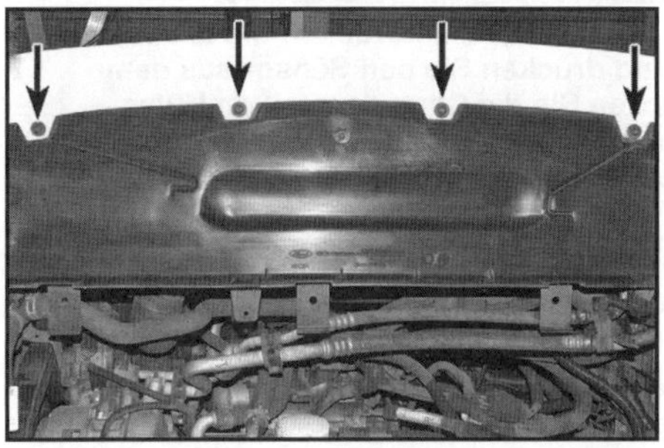

22.6 Windabweiser-Schrauben unten an der Stoßstange

7 Lösen Sie an beiden Seiten die zwei Schrauben hinten an der Stoßstange (siehe Abbildung).

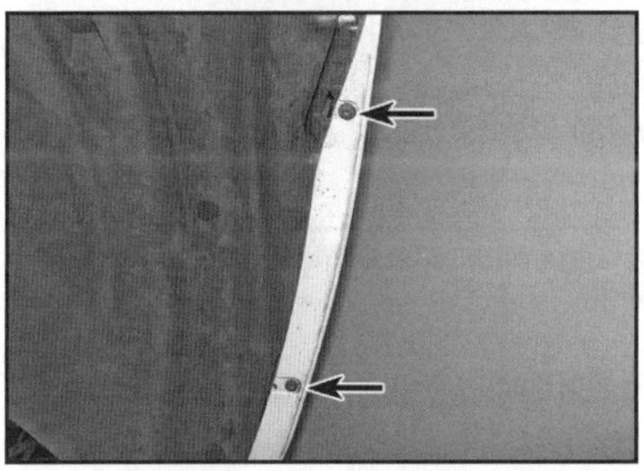

22.7 Stoßstangen-Torxschrauben im Radkasten

8 Ziehen Sie die hinteren Ecken der Stoßstange aus den Befestigungen am Innenkotflügel (siehe Abbildung).

22.8 Befreien Sie die Stoßstange aus den Befestigungen am Innenkotflügel.

9 Lösen Sie an der oberen Querstrebe die beiden Clips der Frontverkleidung (siehe Abbildung).

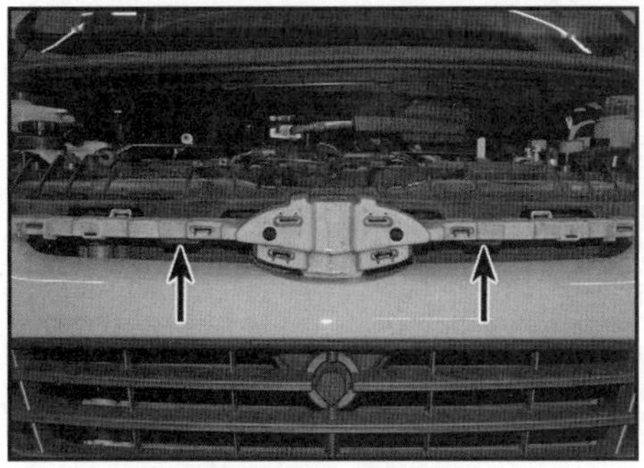

22.9 Clips der Frontverkleidung

10 Lösen Sie die Clips unten in den Scheinwerfer-Öffnungen (siehe Abbildung).

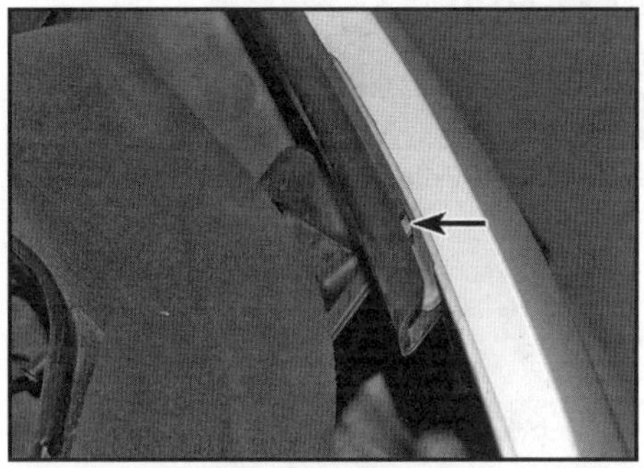

22.10 Clips in den Scheinwerfer-Öffnungen

11 Die Stoßstange kann jetzt samt Frontverkleidung mithilfe eines Assistenten vom Fahrzeug befreit werden – trennen Sie dabei alle noch angeschlossenen Stecker.
12 Lösen Sie an der Stoßstangenstrebe nötigenfalls die Befestigung des seitlichen Windabweisers und entnehmen Sie diesen.
13 Lösen Sie die Clips des Umgebungstemperatursensors und lösen Sie an beiden Seiten die vier Schrauben der Stoßstangenstrebe, um sie zu entfernen (siehe Abbildung).

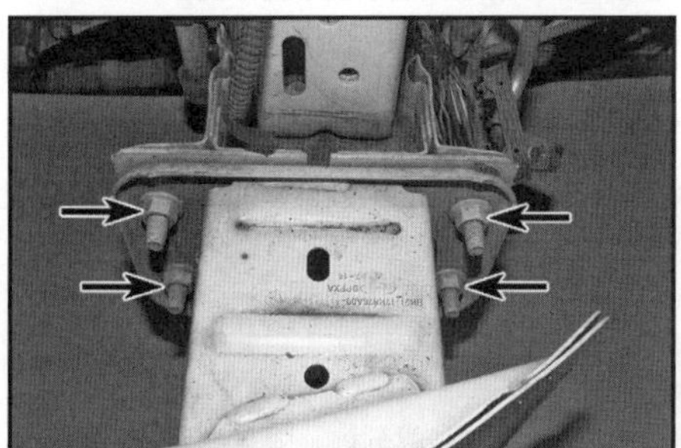

22.13 Die Stoßstangenstrebe ist an jeder Seite mit vier Schrauben gesichert.

14 Der Einbau entspricht der umgekehrten Ausbaureihenfolge.

23 Heckstoßstange – Ausbau und Einbau

1 Blockieren Sie die Vorderräder, heben Sie das Fahrzeug hinten an, und stützen Sie es sicher ab (siehe Seite 355). Demontieren Sie beide Hinterräder.
2 Hebeln Sie unterhalb der Stoßstange mit einem gegabelten Werkzeug die sechs Befestigungen heraus (siehe Abbildung).

23.2 Untere Stoßstangen-Befestigungen einer Seite

3 Lösen Sie die fünf Torxschrauben, mit denen die Oberseite des Stoßstangen-Mittelteils an der Karosserie gesichert ist (siehe Abbildung).

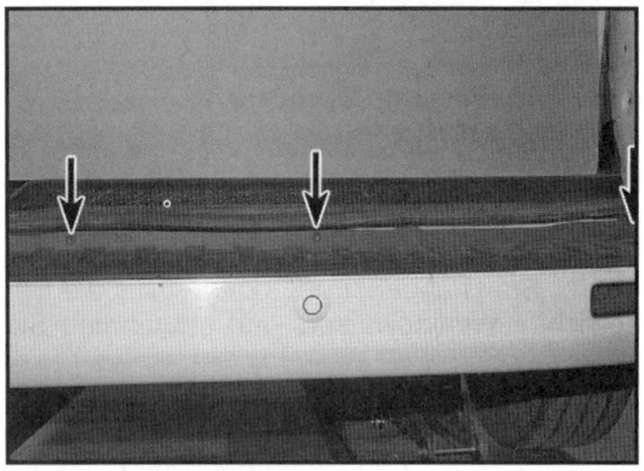

23.3 Drei der fünf Befestigungsschrauben des Stoßstangen-Mittelteils

4 Trennen Sie bei Modellen mit Einpark-Sensoren den Stecker unter der rechten Stoßstangenverkleidung.
5 Entfernen Sie die Befestigungen innerhalb der Heck-Öffnung (siehe Abbildung). Befreien Sie ggf. die Einparkhilfe-Sensoren.

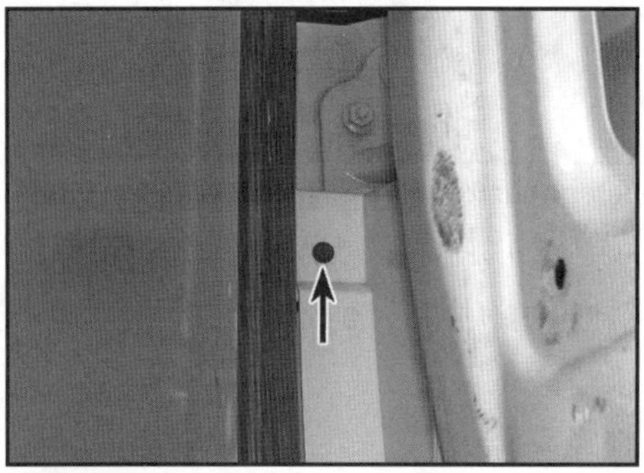

23.5 Stoßstangen-Befestigung rechts in der Heck-Öffnung

6 Ziehen Sie das Stoßstangen-Mittelteil nach hinten ab.
7 Ziehen Sie die Stoßstangen-Seitenteile vorsichtig heraus und entfernen Sie sie – trennen Sie dabei alle vorhandenen Stecker.
8 Befreien Sie ggf. die Einparkhilfe-Sensoren aus der Stoßstangen-Abdeckung (siehe Abbildung) – nicht alle sind auf die gleiche Art befestigt!

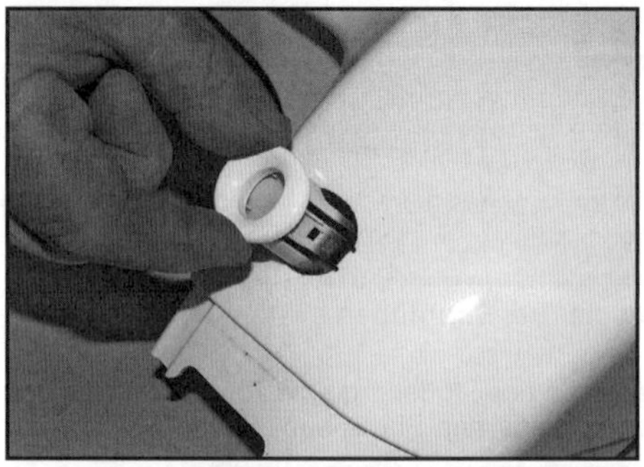

23.8 Trennen Sie den Stecker, drücken Sie die Laschen auseinander und drücken Sie den Sensor aus dem Gehäuse. Drücken Sie die Clips der weißen Hülse zusammen, um das Gehäuse aus der Stoßstangen-Abdeckung zu befreien.

9 Lösen Sie nötigenfalls an beiden Seiten die zwei Muttern, um die Stoßstangenstrebe vom Fahrzeug zu befreien – trennen Sie dabei alle vorhandenen Stecker (siehe Abbildung).

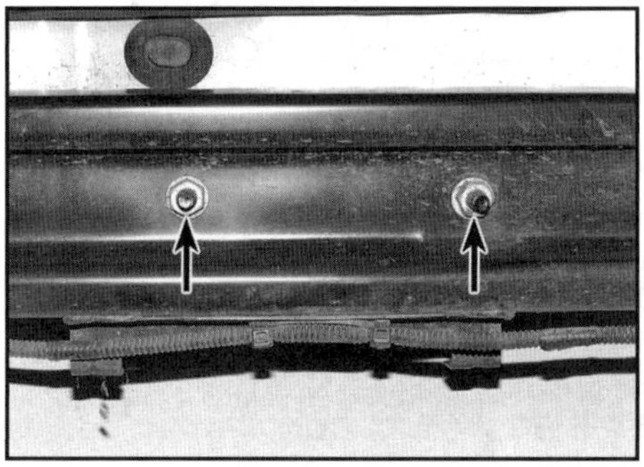

23.9 Die Stoßstangenstrebe ist an jeder Seite mit zwei Muttern befestigt.

10 Der Einbau entspricht der umgekehrten Ausbaureihenfolge.

24 Innenverkleidungen – Ausbau und Einbau

Türverkleidungen

1 Beachten Sie hierzu die Hinweise in Sektion 8.

A-Säulenverkleidung

2 Ziehen Sie den oberen Rand der Verkleidung ab, um die drei Laschen zu befreien – die obere wird wahrscheinlich abbrechen, sodass sie erneuert werden muss. Ziehen Sie die Verkleidung dann unten aus dem Armaturenbrett. Trennen Sie beim Befreien der Verkleidung den Stecker des Lautsprechers (siehe Abbildungen).

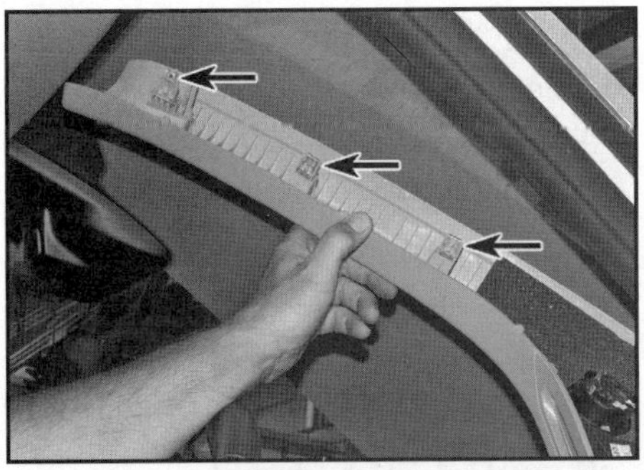

24.2a Ziehen Sie die Verkleidung oben von der A-Säule ab …

24.2b … und trennen Sie den Lautsprecher-Stecker.

3 Drücken Sie ggf. die drei Laschen des Lautsprechers ein, um ihn aus der Verkleidung zu befreien (siehe Abbildung).

24.3 Drücken Sie die Laschen ein und ziehen Sie den Lautsprecher aus der A-Säulenverkleidung.

4 Der Einbau entspricht der umgekehrten Ausbaureihenfolge – beschaffen Sie eine neue obere Lasche.

B-Säulenverkleidung

5 Ziehen Sie den mittleren Teil der Verkleidung oben ab, um die zwei Befestigungen zu lösen, und heben Sie sie an, um die unteren Laschen zu befreien (siehe Abbildung).

24.5 Lösen Sie zuerst die oberen Clips und ziehen Sie dann die unteren Laschen heraus.

6 Entfernen Sie die Abdeckung der oberen Gurtaufhängung, lösen Sie deren Schraube und verlagern Sie die Aufhängung samt Gurt beiseite (siehe Abbildungen).

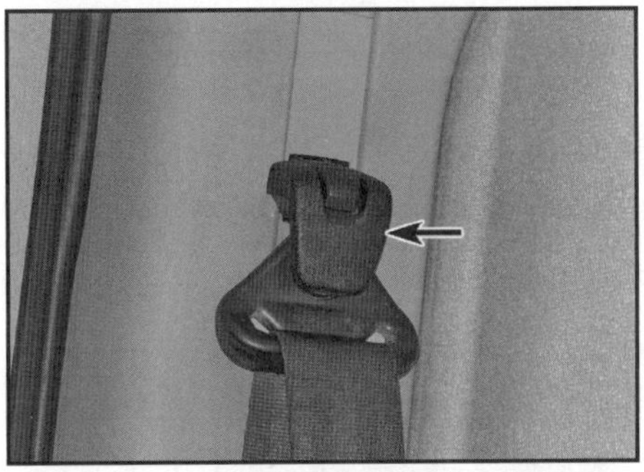

24.6a Entfernen Sie die Abdeckung der oberen Gurtaufhängung …

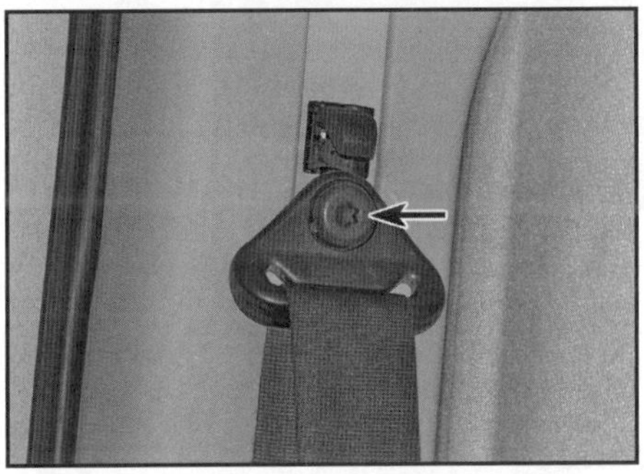

24.6b … und lösen Sie deren Schraube.

7 Hebeln Sie vorsichtig das untere Verkleidungssegment von der B-Säule, ohne dabei die Clips abzubrechen (siehe Abbildung).

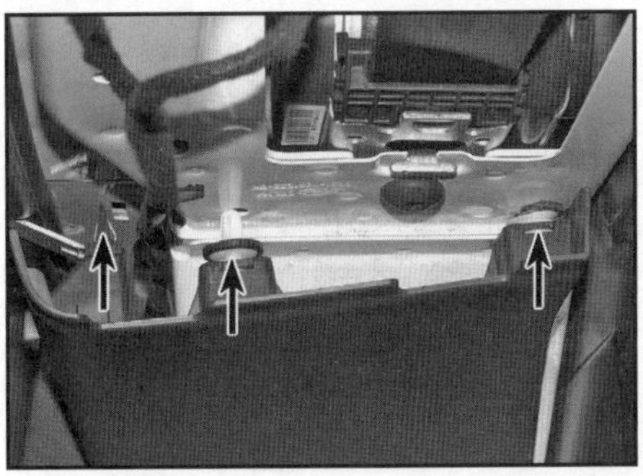

24.7 Befestigungen des unteren Verkleidungssegments

8 Lösen Sie die Schraube des obere Verkleidungssegments und ziehen Sie es ab, um die Clips zu befreien (siehe Abbildung).

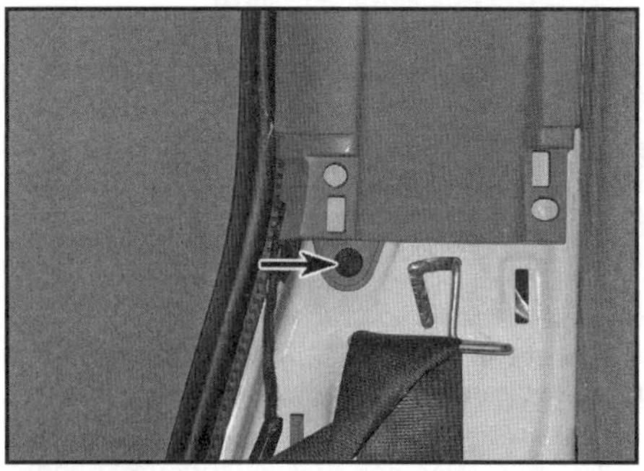

24.8 Schraube des obere Verkleidungssegments

9 Der Einbau entspricht der umgekehrten Ausbaureihenfolge – ziehen Sie die Schraube der oberen Gurtaufhängung mit 40 Nm an.

Haltegriff

10 Hebeln Sie mit einem kleinen Schraubendreher die Abdeckklappen über den Schrauben auf, lösen Sie diese und entfernen Sie den Haltegriff (siehe Abbildung).

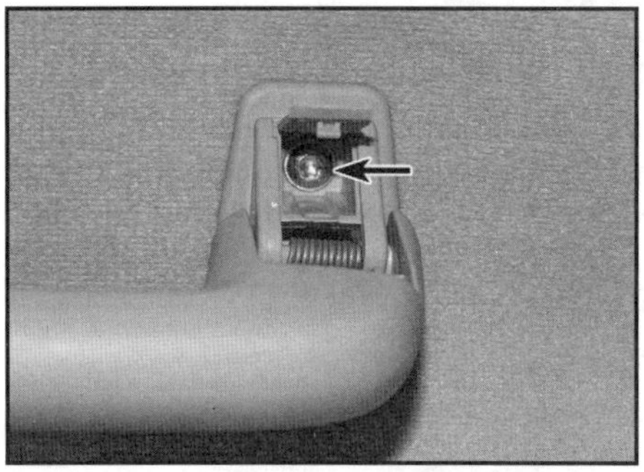

24.10 Eine der Haltegriff-Schrauben

11 Der Einbau entspricht der umgekehrten Ausbaureihenfolge.

Sonnenblende

12 Der Sonnenblenden-Halter ist mit zwei Schrauben gesichert – hebeln Sie zunächst mit einem kleinen Schraubendreher die Abdeckung ab, lösen Sie die Schrauben und befreien Sie das andere Ende der Sonnenblende aus der Klemme, um sie samt Halter zu entfernen (siehe Abbildung).

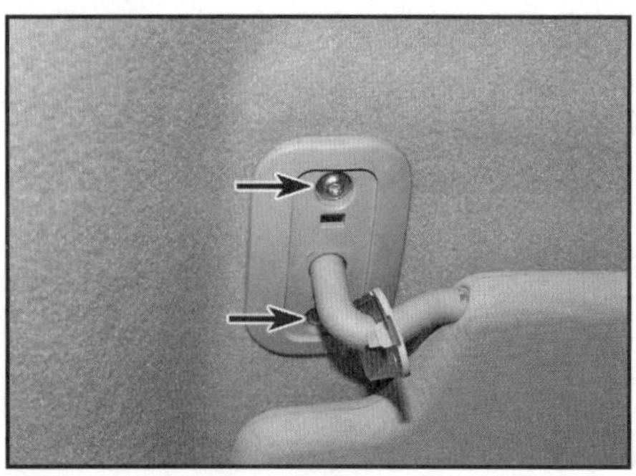

24.12 Schrauben der Sonnenblenden-Halterung

13 Die Sonnenblenden-Klemme ist mit einer hinter einer Abdeckung sitzenden Schraube gesichert – hebeln sie diese ab, um Zugang zu erhalten (siehe Abbildung).

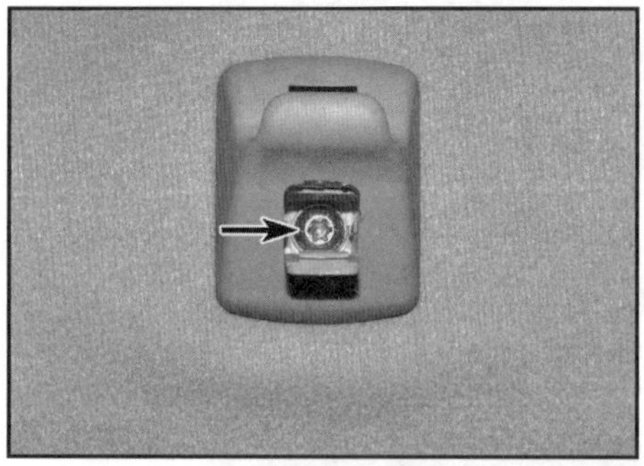

24.13 Schraube der Sonnenblenden-Klemme

Brillenhalter

14 Öffnen Sie mit einem kleinen Schraubendreher die Abdeckklappen des über dem Fahrersitz montierten Brillenhalters, lösen Sie die Schrauben und entnehmen Sie den Halter (siehe Abbildung).

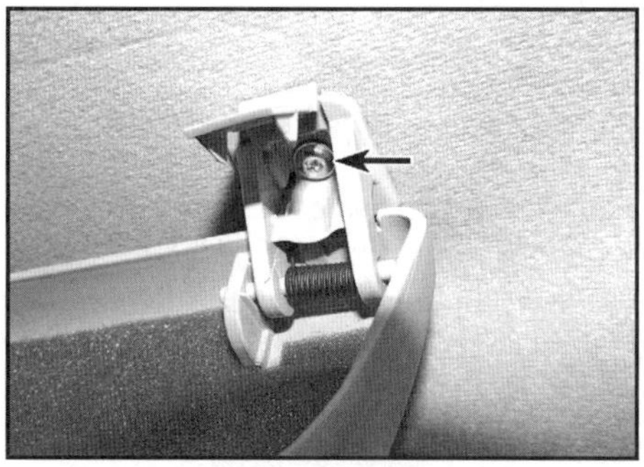

24.14 Schraube des Brillenhalters

Dachhimmel-Ablagefach

15 Das kleine Ablagefach sitzt zwischen den Vordersitzen im Dachhimmel.
16 Entfernen Sie die vordere Innenbeleuchtung (siehe Kapitel 12, Sektion 10), greifen Sie in die Lampenöffnung und drücken Sie den Kunststoffeinsatz nach hinten, um ihn zu befreien und zu entfernen. Lösen Sie die jetzt freigelegte obere Schraube und befreien Sie mit einem Schlitzschraubendreher die zwei Clips oben am hinteren Rand der Baugruppe, um sie nach hinten zu ziehen. Befreien Sie beim Herausziehen des Ablagefach-Rahmens alle damit verbundenen Kabel-Befestigungen (siehe Abbildungen).

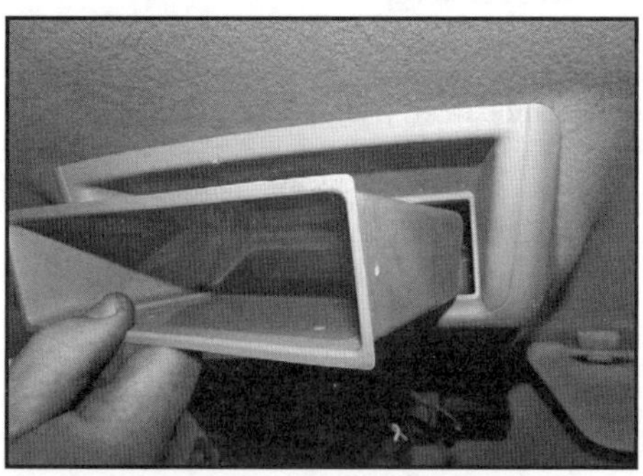

24.16a Befreien Sie das Fach aus dem Rahmen, …

24.16b ... lösen Sie die Schraube ...

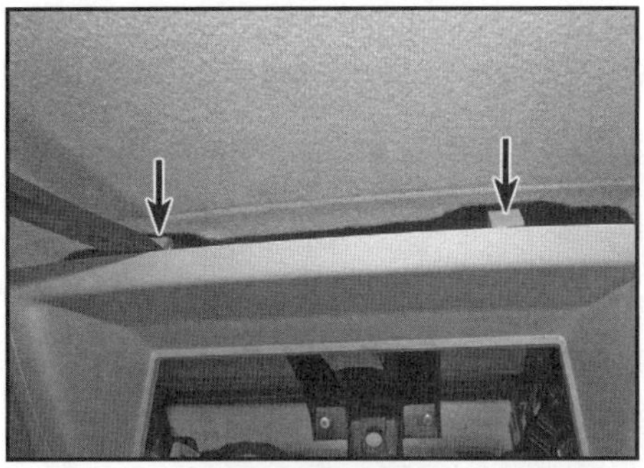

24.16c ... und die Laschen, um die Baugruppe nach hinten herauszuziehen.

17 Der Einbau entspricht der umgekehrten Ausbaureihenfolge.

Kleiderhaken

18 Öffnen Sie mit einem kleinen Schraubendreher die Abdeckklappe des Kleiderhakens, lösen Sie die Schraube und entnehmen Sie den Haken (siehe Abbildung).

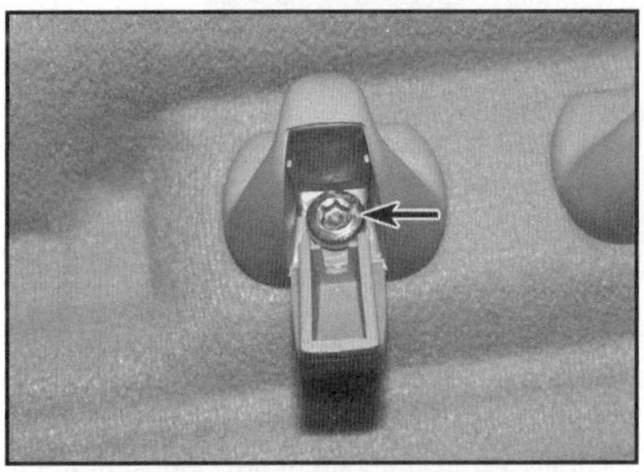

24.18 Schraube des Kleiderhakens

25 Sitze – Ausbau und Einbau

Warnung: Die Vordersitze einiger Modelle sind mit Seiten-Airbags ausgerüstet, die versehentlich ausgelöst schwere Verletzungen hervorrufen können. Beachten Sie die Warnhinweise in Kapitel 12, Sektion 22.

Achtung: Die Sitze sind sehr schwer!

Ausbau

1 Trennen Sie den Masseanschluss (–) der Batterie (siehe Kapitel 5, Sektion 3). Warten Sie bei Modellen mit Seiten-Airbags mindestens drei Minuten, damit sich Restspannungen entladen können.

Fahrersitz

2 Entfernen Sie die Abdeckung der unteren Gurt-Befestigung und lösen Sie die Schraube der Gurtverankerung (siehe Abbildungen).

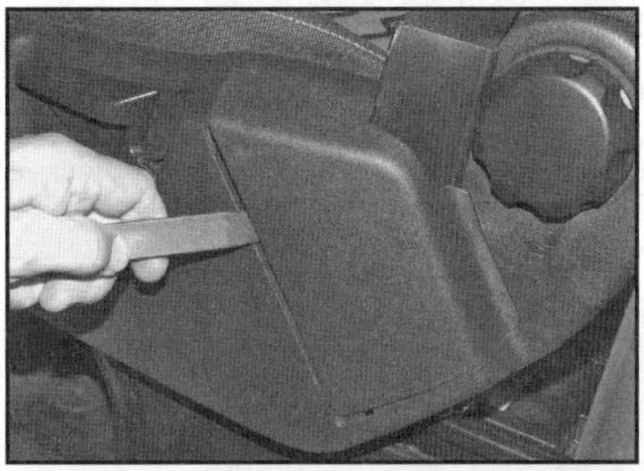

25.2a Hebeln sie am Fahrersitz die Abdeckung ab ...

25.2b ... und lösen Sie die Schraube der Gurtverankerung.

3 Entfernen Sie ggf. die untere Abdeckung hinten am Sitz, um an die Befestigungen der Batterieabdeckung zu gelangen und entfernen zu können (siehe Abbildung).

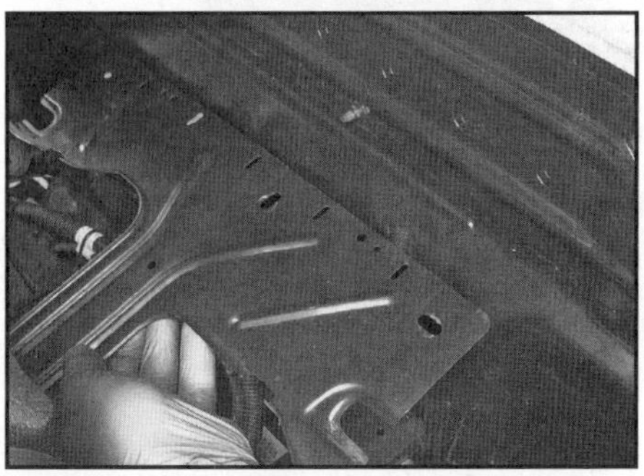

25.3 Entfernen Sie die Befestigungen der Batterieabdeckung.

4 Schieben Sie den Sitz ganz nach hinten und lösen Sie die zwei vorderen Sitzschienen-Schrauben (siehe Abbildung).

25.4 Lösen Sie auf beiden Seiten die vorderen Fahrersitzschienen-Schraube.

5 Lösen Sie unter dem Sitz die Schraube des Kabelsteckers und trennen Sie diesen (siehe Abbildung). Befreien Sie die Verkabelung aus allen Befestigungen.

25.5 Kabelstecker unter dem Fahrersitz

6 Schieben Sie den Sitz ganz nach vorn und lösen Sie die zwei hinteren Sitzschienen-Schrauben (siehe Abbildung).

25.6 Lösen Sie auf beiden Seiten die hinteren Fahrersitzschienen-Schraube.

7 Der Sitz kann jetzt aus dem Fahrzeug gehoben werden. Achten Sie beim Abstellen des Sitzes darauf, dass keine unter den Schienen herausragenden Komponenten beschädigt werden.

Sitzbank vorn

8 Entfernen Sie die Abdeckung der unteren Gurt-Befestigung und lösen Sie die Schraube der Gurtverankerung (siehe Abbildung).

25.8 Die hinter der Abdeckung sitzende Schraube der Gurtverankerung.

9 Klappen Sie das Sitzpolster hoch, trennen Sie den Stecker am Sitzbankrahmen und befreien Sie die Verkabelung (siehe Abbildung).

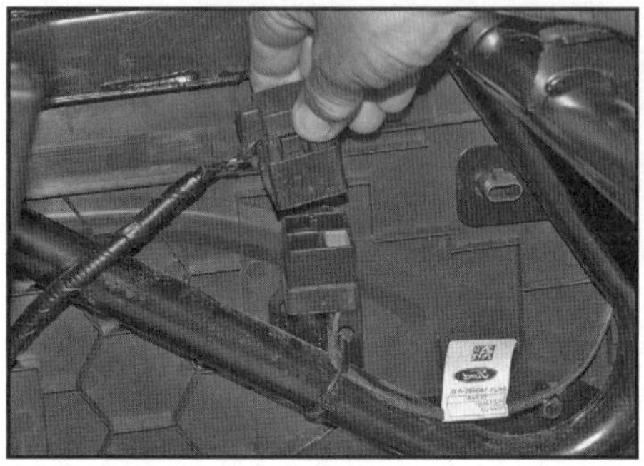

25.9 Trennen Sie den Stecker unter dem Sitzbankpolster.

10 Befreien Sie rechts an der Sitzbank die Abdeckung, um den Zugang zu den Befestigungsschrauben zu verbessern (siehe Abbildung).

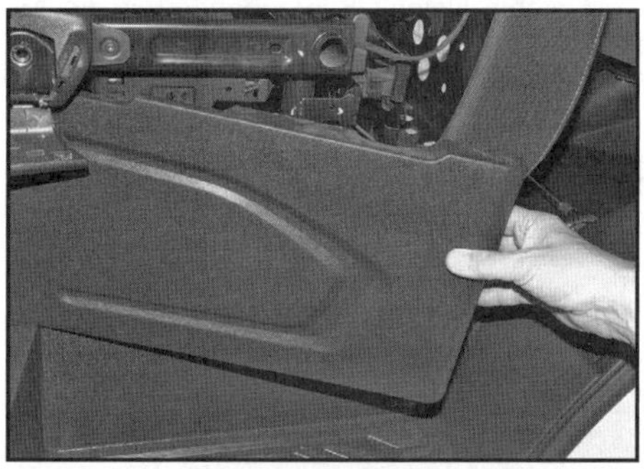

25.10 Entfernen Sie die Abdeckung, um die Sitzbank-Schrauben erreichen zu können.

11 Lösen Sie Sitzbank-Befestigungsmuttern und Schrauben (siehe Abbildungen).

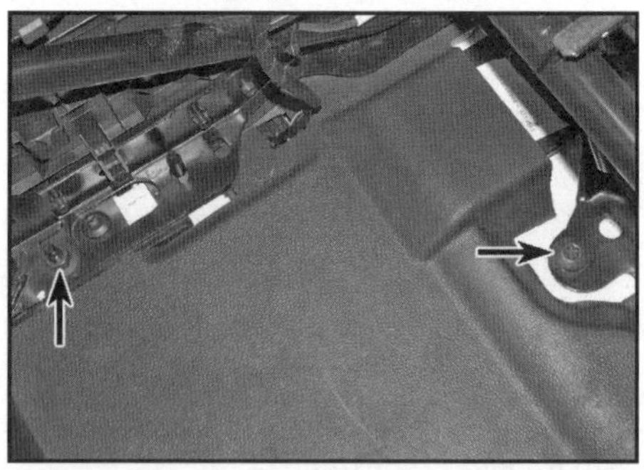

25.11a Sitzbank-Befestigungsmutter und Schraube (links) ...

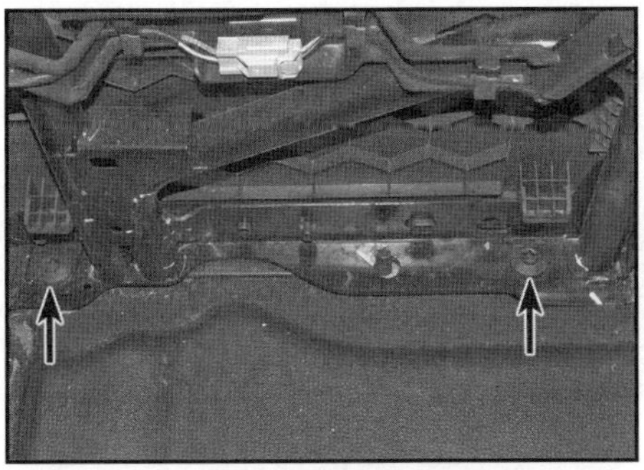

25.11b ... und Sitzbank-Schrauben (rechts)

12 Die Sitzbank kann jetzt aus dem Fahrzeug gehoben werden. Achten Sie beim Abstellen der Sitzbank darauf, dass keine unter dem Rahmen herausragenden Komponenten beschädigt werden.
13 Der Einbau entspricht der umgekehrten Ausbaureihenfolge – ziehen Sie die Sitzschienen-, Sitzbank- und Gurt-Schrauben mit den in den technischen Daten angegebenen Drehmomenten an.

Hintere Sitze

14 Je nach Fahrzeugtyp und Ausführung kommen verschiedene Sitz- und Sitzbank-Kombinationen zum Einsatz. Die Aus- und Einbauprozeduren ähneln stark denen der Vordersitze.

26 Sicherheitsgurte – Ausbau und Einbau

Linke und rechte Vordersitz-Gurt

1 Trennen Sie den Masseanschluss (–) der Batterie (siehe Kapitel 5, Sektion 3).

Warnung: Warten Sie mindestens drei Minuten, damit sich Restspannungen der in die Gurtrollen integrierten Gurtstraffer entladen können.

Warnung: Die Gurtstraffer können versehentlich ausgelöst schwere Verletzungen hervorrufen, sodass sie sehr vorsichtig behandelt werden müssen. Ausgebaute Gurtrollen dürfen weder mit Chemikalien behandelt noch größerer Hitze ausgesetzt werden, da die Gurtstraffer hierdurch auslösen können.

2 Entfernen Sie den oberen Teil der unteren B-Säulenverkleidung (siehe Sektion 24).
3 Trennen Sie an der Gurtrolle den Kabelstecker und lösen Sie die Schraube, um sie zu befreien (siehe Abbildungen).

26.3a Lösen Sie den Clip und trennen Sie den Stecker.

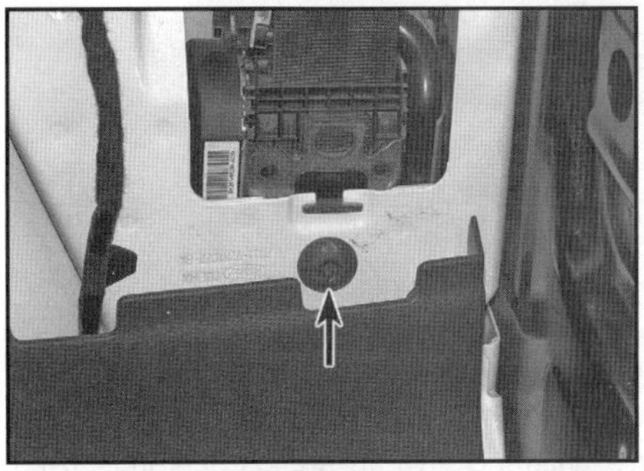

26.3b Lösen Sie die Schraube und befreien Sie die Gurtrolle aus der B-Säule.

4 Hängen Sie an der B-Säule die Gurtführung aus und entfernen Sie sie (siehe Abbildung).

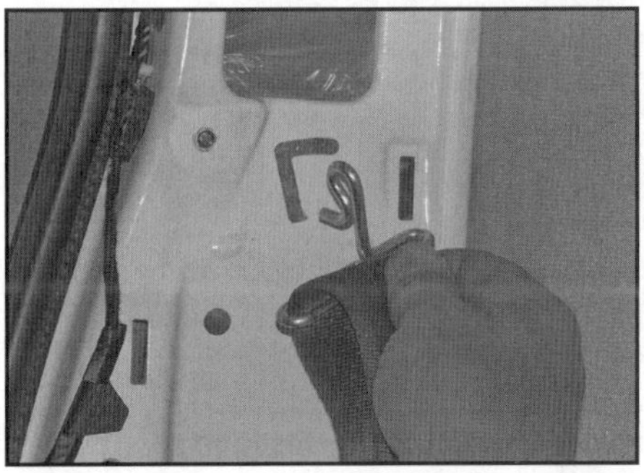

26.4 Hängen Sie an der B-Säule die Gurtführung aus.

5 Lösen Sie nötigenfalls die Schrauben des Gurt-Höhenverstellers und entfernen Sie diesen (siehe Abbildung).

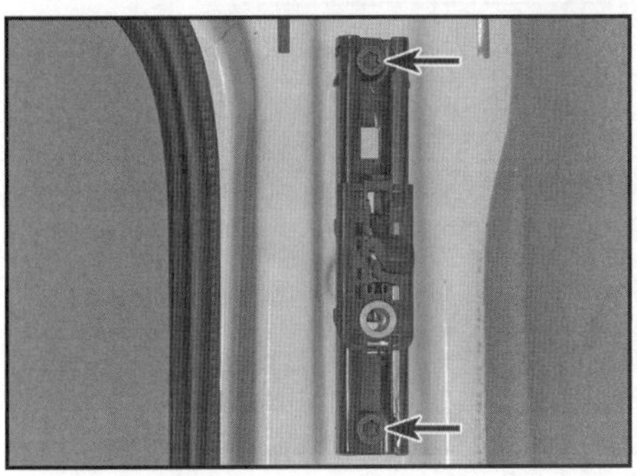

26.5 Schrauben des Gurt-Höhenverstellers

6 Der Einbau entspricht der umgekehrten Ausbaureihenfolge – die Gurtrolle muss korrekt in der B-Säule einrasten. Die Gurt-Schrauben müssen mit 40 Nm angezogen werden.

Mittlerer Vordersitz-Gurt

Anmerkung: Bei Modellen mit drei Vordersitzen ist die Gurtrolle des mittleren Sitzes innerhalb des Sitzpolsters untergebracht.

7 Demontieren Sie die Sitzbank (siehe Sektion 25). Befreien Sie die Kopfstützen.

8 Entfernen Sie die Kopfstützen-Führungen, indem Sie mit einem Inbusschlüssel sanft die Kunststofflasche drücken und die Führung herausziehen (siehe Abbildung) – beschädigen Sie die Laschen nicht.

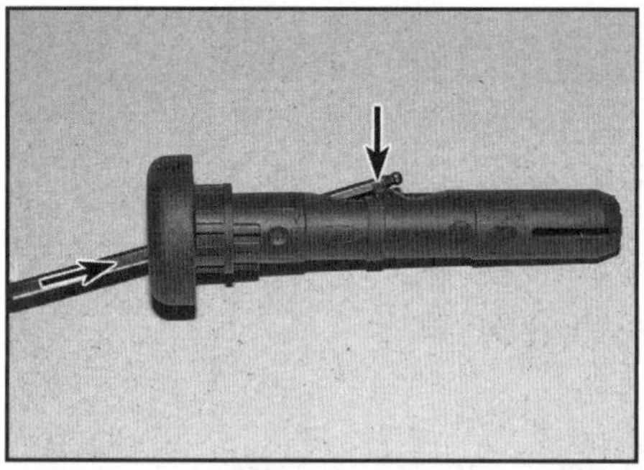

26.8 Drücken Sie mit einem Inbusschlüssel die Lasche und ziehen Sie die Führung aus der Rückenlehne.

9 Lösen Sie die untere Gurtverankerungs-Schraube (Abb. 25.8).

10 Klappen Sie das äußere Sitzpolster hoch und lösen Sie die Schraube der Gurtverankerung (siehe Abbildung).

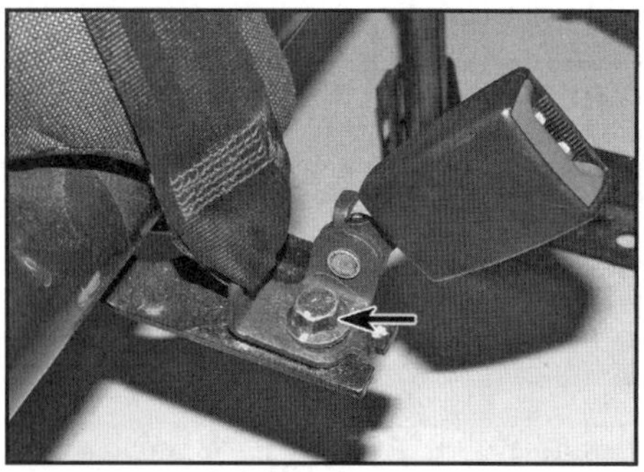

26.10 Schraube der Gurtschloss-Befestigung

11 Entfernen Sie die Kappe von den Schrauben der Gurtführung und lösen Sie diese (siehe Abbildung).

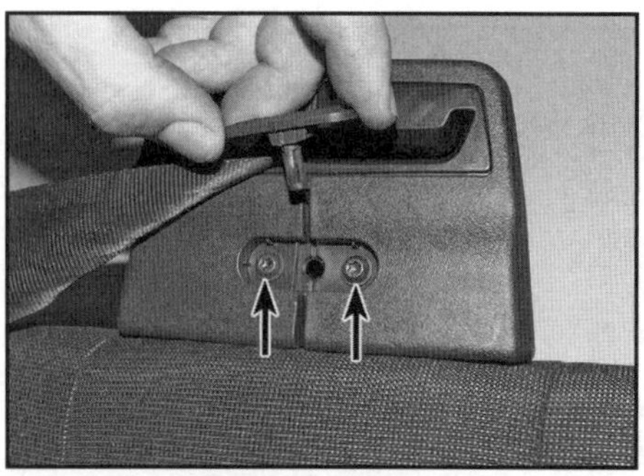

26.11 Schrauben der Gurtführung

12 Drücken Sie an der Gurtführung die Laschen und ziehen Sie die vordere und hintere Abdeckung ab (siehe Abbildungen).

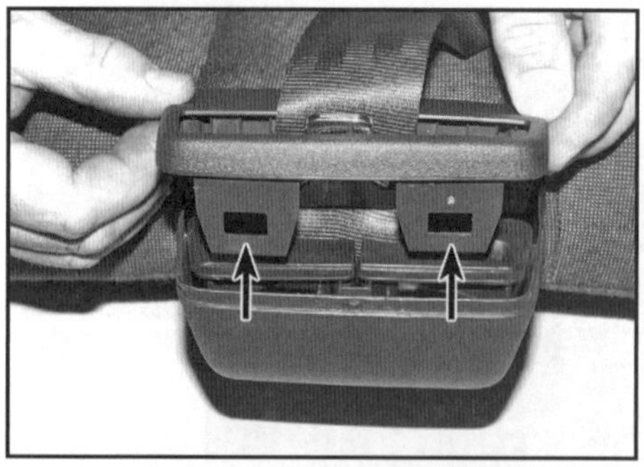

26.12a Drücken Sie die zwei Laschen und entfernen Sie die vordere Gurtführungs-Abdeckung.

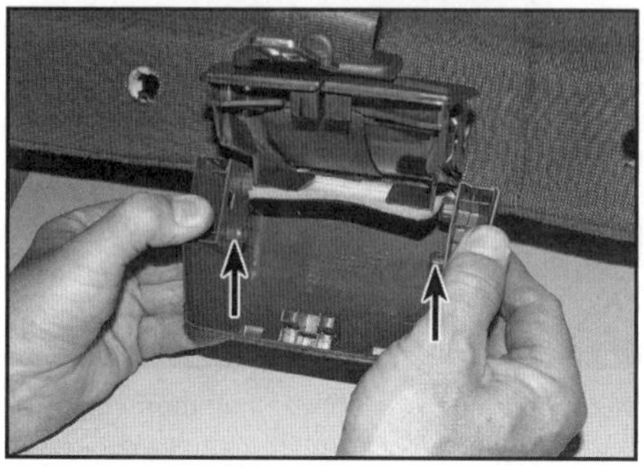

26.12b Drücken Sie die Clips auseinander, um die hintere Abdeckung zu entfernen.

13 Trennen Sie das hintere Sitzpolster vom vorderen, indem sie unten an der Sitzbank die zwei Befestigungen (für jeden Sitz eine) lösen (siehe Abbildung).

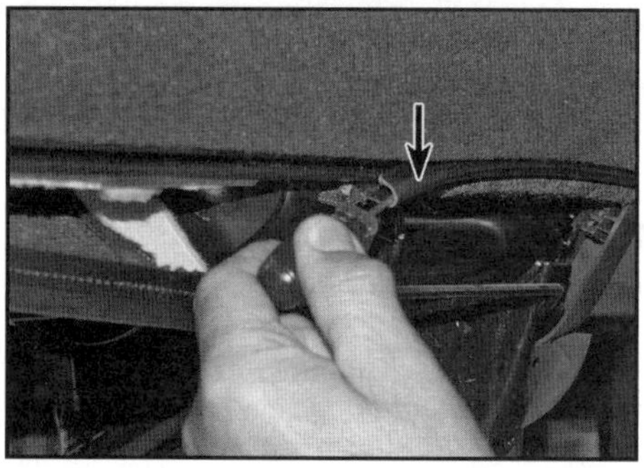

26.13 Lösen Sie die Befestigungen, um die Spitzpolster zu trennen.

14 Greifen Sie hinten unter die Sitzverkleidung und drücken Sie die Clips, um die Abdeckung der Armlehne/Becherhalterung zu befreien, und diese herauszumanövrieren (siehe Abbildung).

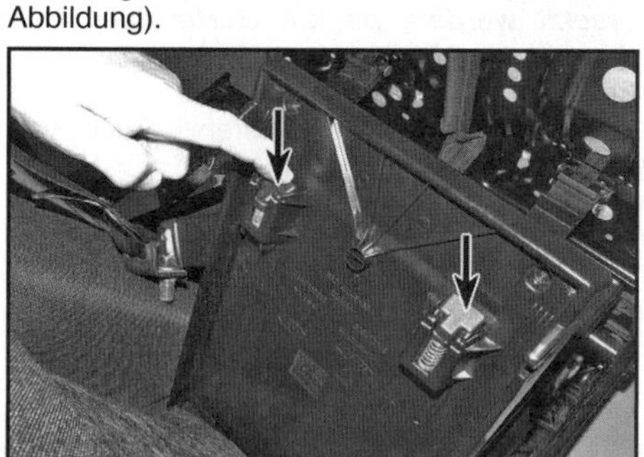

26.14 Clips der Abdeckung der Armlehne/Becherhalterung

15 Führen Sie den Gurt durch den Schlitz oben in der Gurtführung heraus und befreien Sie das Gurtschloss durch die Öffnung oben im Sitz, ohne dabei die Polsterung zu beschädigen (siehe Abbildung).

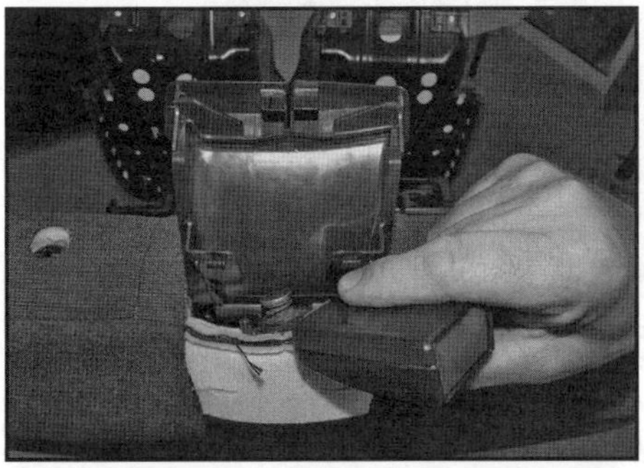

26.15 Führen Sie den Gurt und das Schloss durch das Sitzpolster.

16 Lösen Sie die Schraube der Gurtrolle und heben Sie diese aus dem Halter, um sie samt Gurt und Schloss unter dem Sitz heraus zu befreien (siehe Abbildung).

26.16 Schraube der Gurtrolle unter dem mittleren Vordersitz

17 Der Einbau entspricht der umgekehrten Ausbaureihenfolge – der Gurt muss korrekt im Führungskanal innerhalb der hinteren Sitzverkleidung verlegt sein (siehe Abbildung). Die Gurt-Schrauben müssen mit 40 Nm angezogen werden.

26.17 Gurt-Führungskanal innerhalb der hinteren Sitzverkleidung

Gurt-Verriegelungen

18 Je nach Fahrzeugtyp und Ausführung kommen verschiedene Gurt-Verriegelungen zum Einsatz. Die Aus- und Einbauprozeduren sind zumeist selbsterklärend, doch in manchen Fällen kann es nötig sein, Verkleidungsteile für den Zugang entfernen zu müssen (siehe Abbildung). Ziehen Sie beim Einbau die Schrauben oder Muttern mit 40 Nm an.

26.18 Hier ist die Mutter der Gurt-Verriegelung hinter einer Abdeckung versteckt.

27 Armaturenbrett-Komponenten – Ausbau und Einbau

1 Diese Operation ist umfangreich und erfordert den Ausbau zahlreicher Komponenten und das Trennen vieler Kabelstecker. Notieren Sie sich die Positionen aller getrennter Stecker oder bringen Sie dort Etiketten an, um alles wieder richtig verbinden zu können. Sehr hilfreich sind beim Ausbau angefertigte Fotos.

Handschuhfach

2 Öffnen Sie das Handschuhfach, drücken Sie an beiden Seiten des Deckels oben die Laschen ein und schwenken Sie den Deckel vollständig herunter (siehe Abbildung).

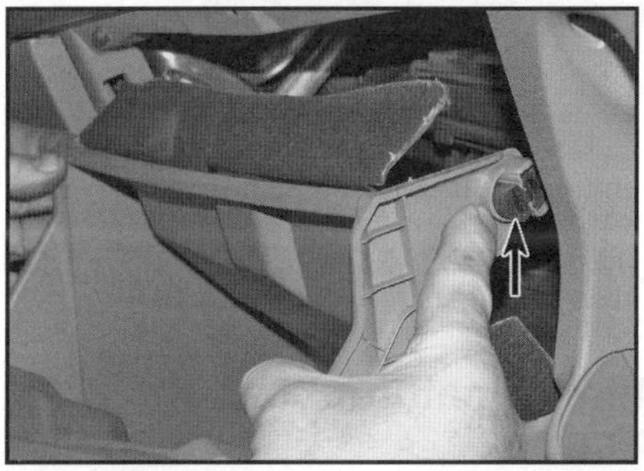

27.2 Drücken Sie an beiden Seiten die Laschen ein, um den Handschuhfach-Deckel nach unten zu schwenken.

3 Drücken Sie unten im Handschuhfach-Deckel die Gelenkzapfen mit einem Schraubendreher nach innen und entnehmen Sie den Deckel (siehe Abbildung).

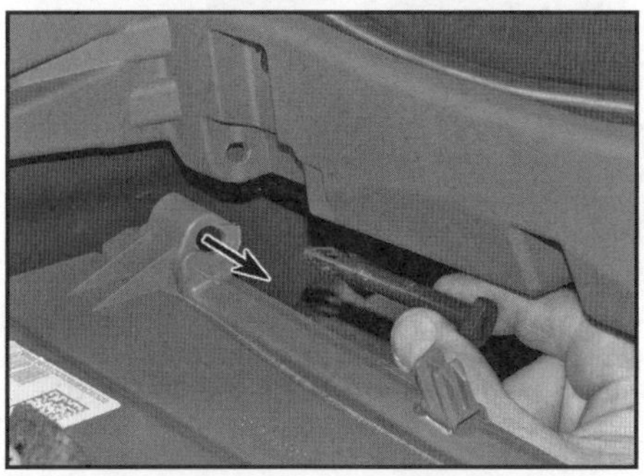

27.3 Befreien Sie unten im Handschuhfach-Deckel die Gelenkzapfen und entnehmen Sie den Deckel.

4 Der Einbau entspricht der umgekehrten Ausbaureihenfolge.

Seitliche Flaschenhalter

5 Entfernen Sie für den rechten Flaschenhalter das Handschuhfach (siehe oben) und für den linken Flaschenhalter die linke untere Armaturenbrettverkleidung (siehe Schritt 8).
6 Hebeln Sie mit einem geeigneten Werkzeug die Flaschenhalter-Blende aus dem Armaturenbrett und entfernen Sie dann den Flaschenhalter selbst (siehe Abbildungen).

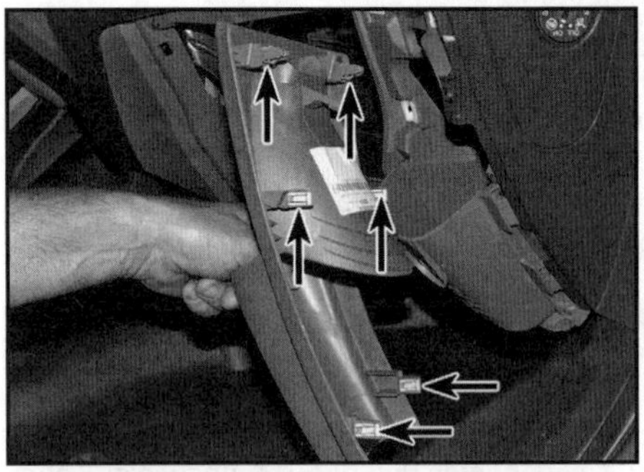

27.6a Lösen Sie die Clips der Blende ...

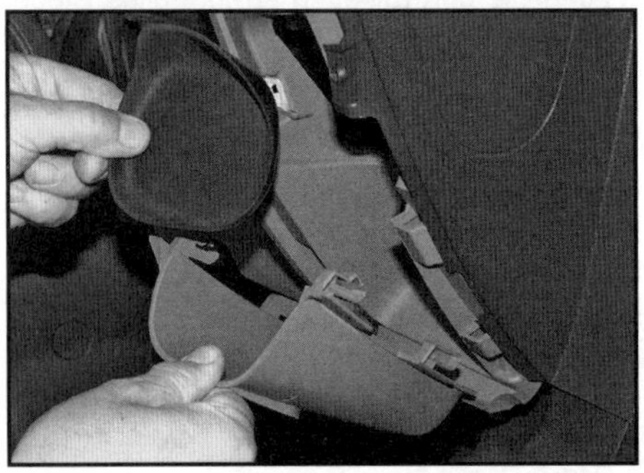

27.6b ... und entfernen Sie den Flaschenhalter.

7 Der Einbau entspricht der umgekehrten Ausbaureihenfolge.

Linke untere Armaturenbrettverkleidung

8 Hebeln Sie mit einem geeigneten Werkzeug die Flaschenhalter-Blende und die Verkleidung aus dem Armaturenbrett.

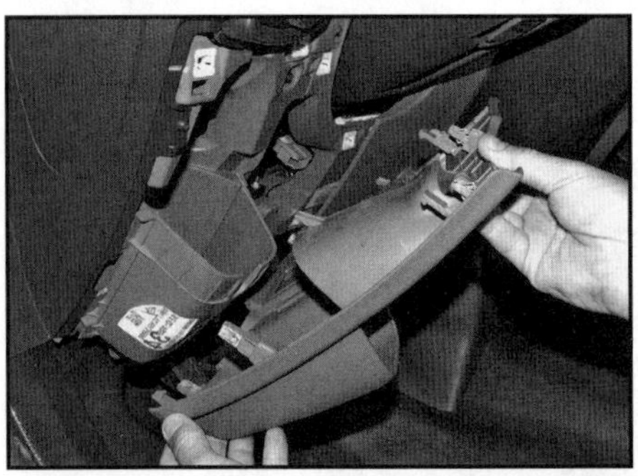

27.8 Entfernen Sie die linke untere Armaturenbrettverkleidung samt Flaschenhalter, indem Sie die Teile abziehen.

9 Entfernen Sie die innere untere Verkleidung unter dem Lenkrad, indem Sie sie abziehen (siehe Abbildung).

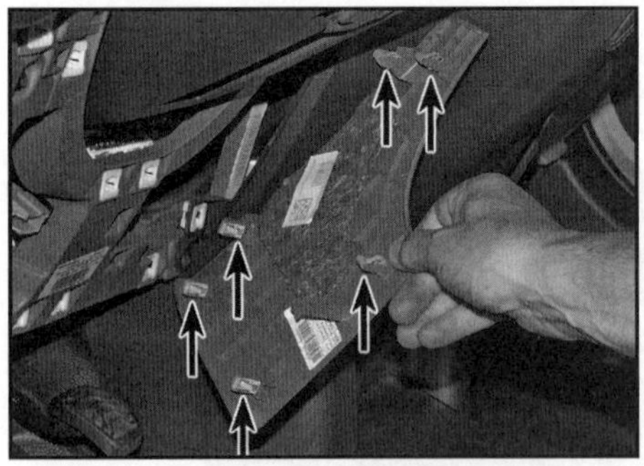

27.9 Ziehen Sie die innere Verkleidung unter dem Lenkrad ab, sodass ihre sechs Clips befreit werden.

10 Der Einbau entspricht der umgekehrten Ausbaureihenfolge.

Seitliche Becherhalter

11 Jeder Becherhalter ist mit fünf Clips und zwei Schrauben gesichert, eine Schraube sitzt unter dem oberen Becher-Formteil – ziehen Sie dies hoch, um Zugang zu erhalten.
12 Lösen Sie die Schraube und befreien Sie die Clips, um den Becherhalter aus dem Armaturenbrett zu befreien (siehe Abbildungen).

27.12a Lösen Sie die Schraube unter dem oberen Becher-Formteil.

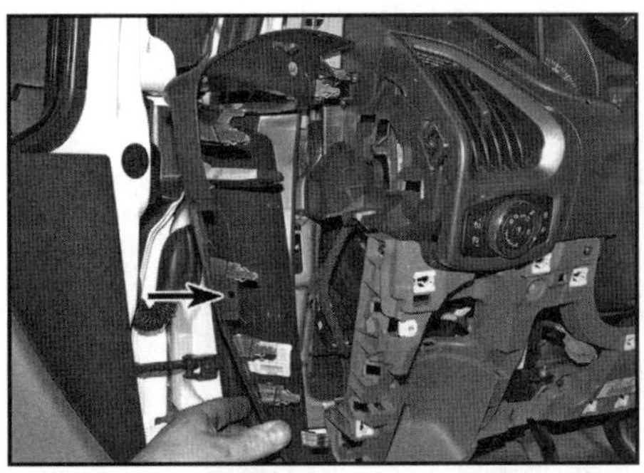

27.12b Lösen Sie die zwei anderen Schrauben und befreien Sie die Clips.

13 Der Einbau entspricht der umgekehrten Ausbaureihenfolge.

Untere Mittelkonsolen-Verkleidung

14 Entfernen Sie das Handschuhfach, das rechte untere Verkleidungsteil, die Lüftungsregler-Blende (siehe Kapitel 12, Sektion 5) und die linke untere Armaturenbrettverkleidung (siehe oben).

15 Ziehen Sie die Schalthebel-Manschette hoch, um ihre Befestigungen zu lösen.
16 Lösen Sie die drei Schrauben, mit denen die untere Mittelkonsolen-Verkleidung am Armaturenbrett gesichert ist. Hebeln Sie die Verkleidung vorsichtig vom Armaturenbrett ab, um ihre Laschen zu befreien (siehe Abbildungen).

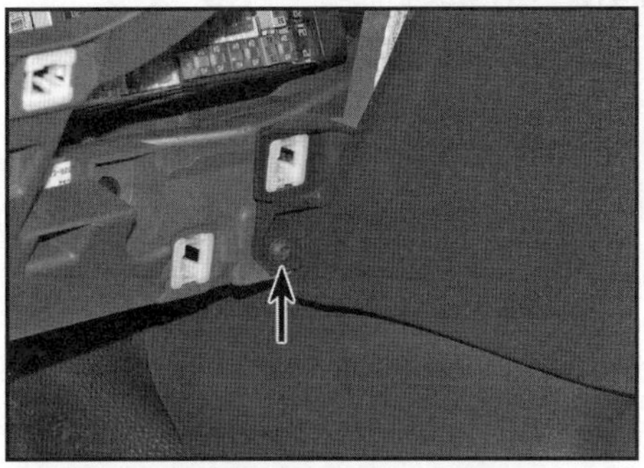

27.16a Lösen Sie die Schraube links ...

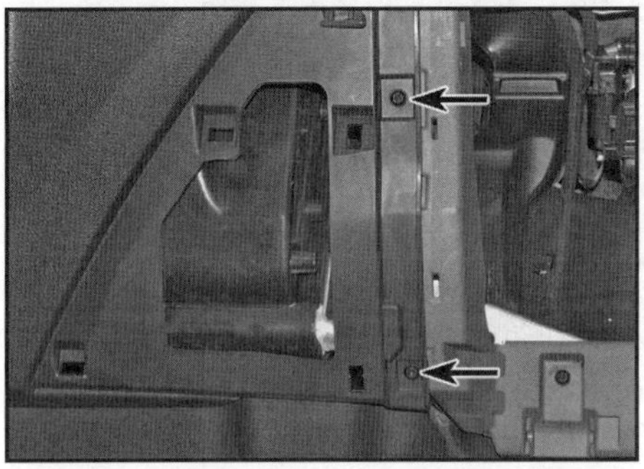

27.16a ... und die zwei Schrauben rechts, ...

27.16c ... bevor Sie die Verkleidung vorsichtig vom Armaturenbrett abhebeln.

17 Der Einbau entspricht der umgekehrten Ausbaureihenfolge.

Linker Armaturenbrett-Rahmen

18 Der linke Armaturenbrett-Rahmen besteht aus zwei Teilen – der äußere ist mit fünf Schrauben gesichert, der rechte Rahmen mit sechs Schrauben.
19 Lösen Sie die Schrauben, trennen Sie alle am Rahmen gesicherten Kabel und befreien Sie den ihn aus dem Fahrzeug (siehe Abbildung).

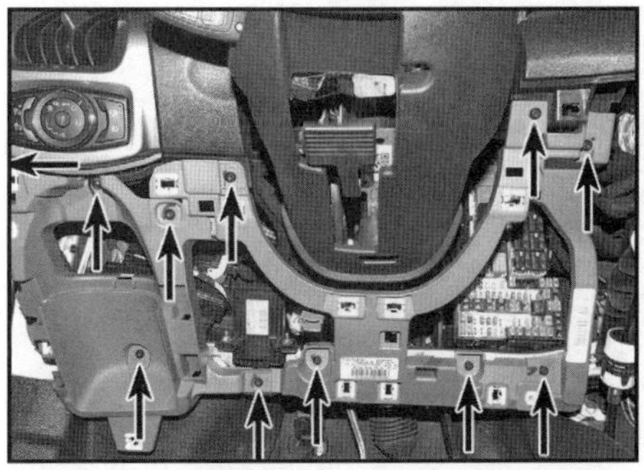

27.19 Lösen Sie die Schrauben und entfernen Sie den zweiteiligen linken Armaturenbrett-Rahmen.

Rechter Armaturenbrett-Rahmen

20 Der rechte Armaturenbrett-Rahmen ist mit sechs Schrauben und zwei Clips gesichert.
21 Lösen Sie die Schrauben, befreien Sie oben die zwei Clips und manövrieren Sie den Rahmen aus dem Fahrzeug heraus (siehe Abbildung).

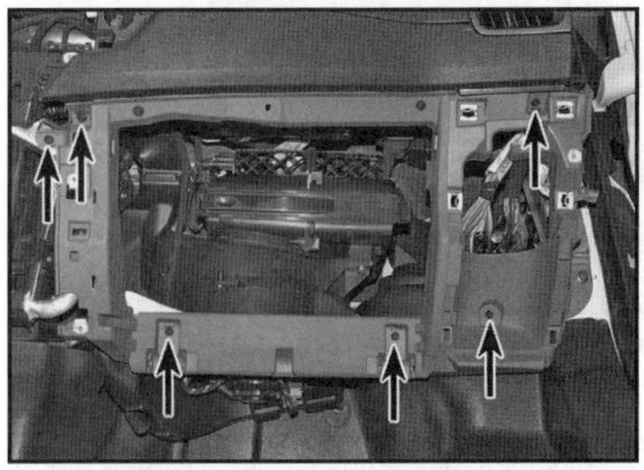

27.21 Lösen Sie die Schrauben und befreien Sie oben die zwei Clips des rechten Rahmens.

Oberes linkes Staufach

22 Öffnen Sie den Staufach-Deckel, lösen Sie die zwei Schrauben und entfernen Sie den Boden des Staufachs – trennen Sie dabei die Kabelstecker (siehe Abbildungen).

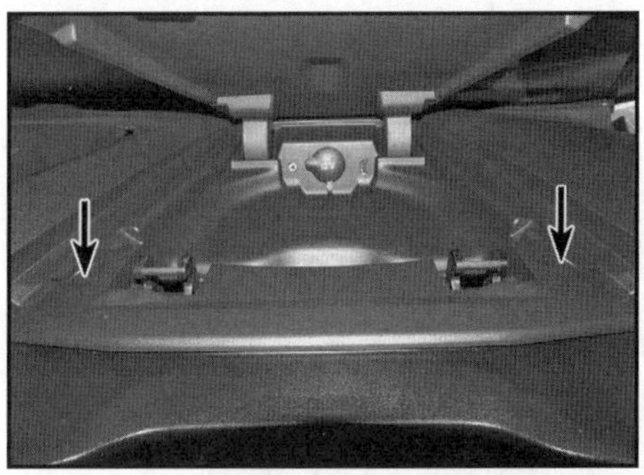

27.22a Lösen Sie die zwei Schrauben ...

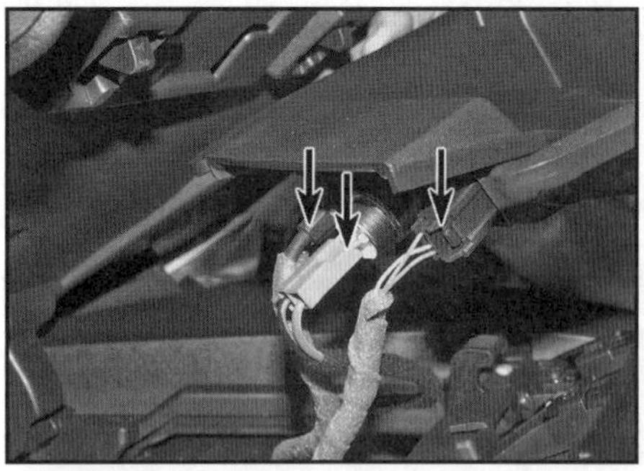

27.22b … und trennen Sie die drei Stecker, um den Staufach-Boden zu entfernen.

23 Schieben Sie mit einem Schraubendreher die Scharnierzapfen nach innen (siehe Abbildung). Drücken Sie die Scharniere nach innen, um den Deckel zu befreien.

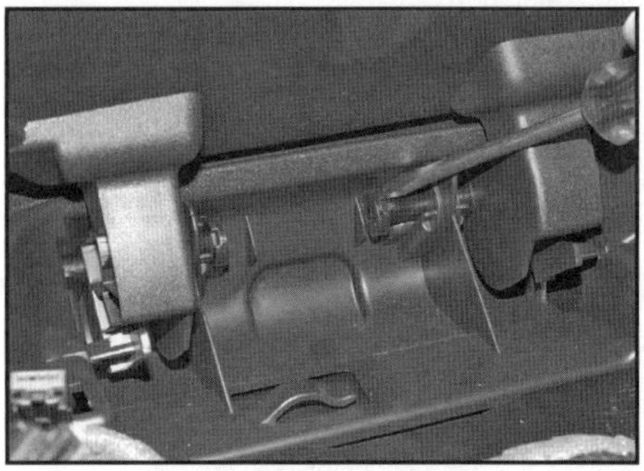

27.23 Schieben Sie die Scharnierzapfen nach innen, um den Deckel zu befrein.

24 Der Einbau entspricht der umgekehrten Ausbaureihenfolge.

Lenksäulenverkleidungen

25 Drehen Sie das Lenkrad aus der Geradeaus-Position heraus um eine Viertelumdrehung (90°) nach rechts. Drücken Sie mit einem kleinen Schraubendreher die Lasche ein, mit denen die linke Seite der oberen Abdeckung an der unteren gesichert ist, und heben Sie die obere Abdeckung an dieser Seite an. Drehen Sie das Lenkrad jetzt eine halbe Umdrehung nach links und wiederholen Sie die Prozedur mit der linken Seite (siehe Abbildung).

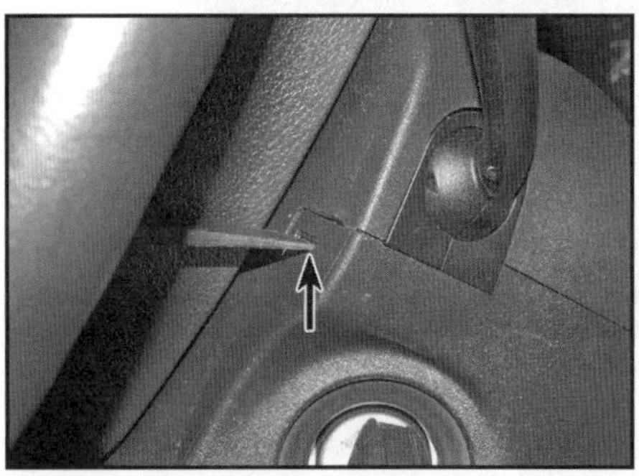

27.25 Drücken Sie die Lasche ein, um die obere Abdeckung von der unteren zu trennen.

26 Hebeln Sie mit einem geeigneten Werkzeug den vorderen Rand der Verkleidung ab – jetzt kann die gesamte obere Verkleidung entfernt werden (siehe Abbildung).

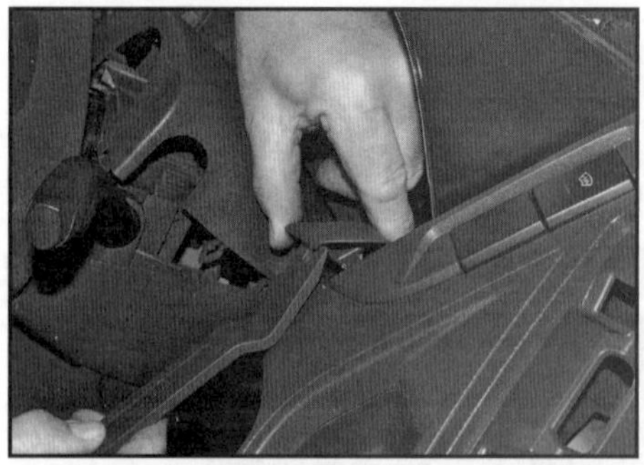

27.26 Hebeln Sie die obere Verkleidung vorn an und entfernen Sie sie.

27 Lösen Sie die zwei Schrauben, mit denen die untere Verkleidung an der Lenksäule gesichert ist, und entfernen Sie sie (siehe Abbildung).

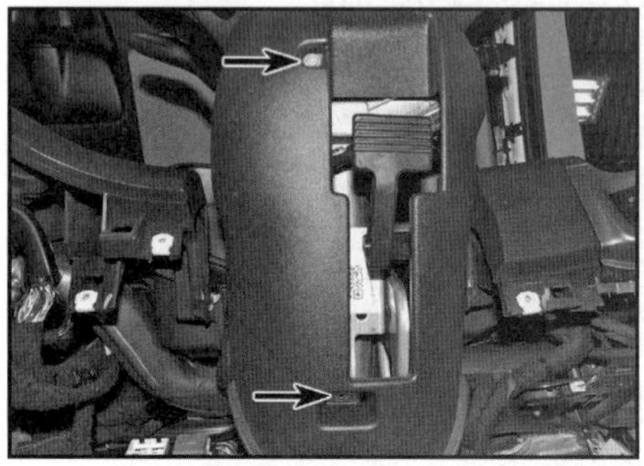

27.27 Schrauben der unteren Lenksäulenverkleidung

28 Der Einbau entspricht der umgekehrten Ausbaureihenfolge.

Instrumenten-Baugruppe

29 Entfernen Sie das obere linke Staufach und die Lenksäulenverkleidungen (siehe oben).
30 Lösen Sie die zwei oberen und zwei unteren Schrauben der Instrumenten-Baugruppe und ziehen Sie sie heraus – trennen Sie dabei den Kabelstecker (siehe Abbildungen).

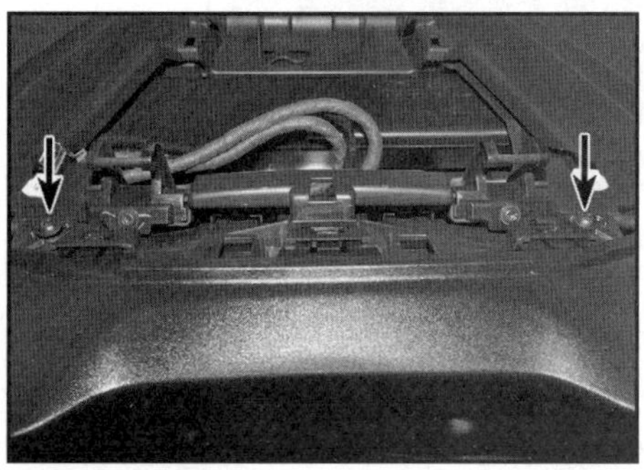

27.30a Obere …

27.30b … und untere Schrauben der Instrumenten-Baugruppe

31 Der Einbau entspricht der umgekehrten Ausbaureihenfolge.

Armaturenbrett (komplett).

32 Trennen Sie den Masseanschluss (–) der Batterie (siehe Kapitel 5, Sektion 3).
33 Entfernen Sie die A-Säulenverkleidungen (siehe Sektion 24).
34 Demontieren Sie die folgenden Armaturenbrett-Bauteile in der folgenden Reihenfolge – beachten Sie dabei die Hinweise oben in dieser Sektion:
35 Handschuhfach, rechter Flaschenhalter, linke untere Verkleidung linker Flaschenhalter, seitliche Flaschenhalter
36 Demontieren Sie die Verkleidung links neben dem Handschuhfach (siehe Abbildung).

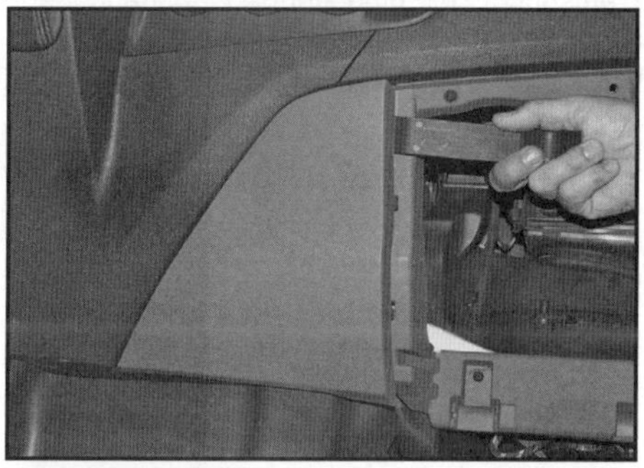

27.36 Demontieren Sie die Verkleidung links neben dem Handschuhfach.

37 Demontieren Sie die Lüftungsregler (siehe Kapitel 3, Sektion 8).
38 Demontieren Sie den linken Armaturenbrett-Rahmen (siehe Schritt 18).
39 Schrauben Sie den Schaltknauf ab und entfernen Sie die Schalthebel-Manschette, indem Sie ihre unteren Befestigungen befreien (siehe Abbildungen).

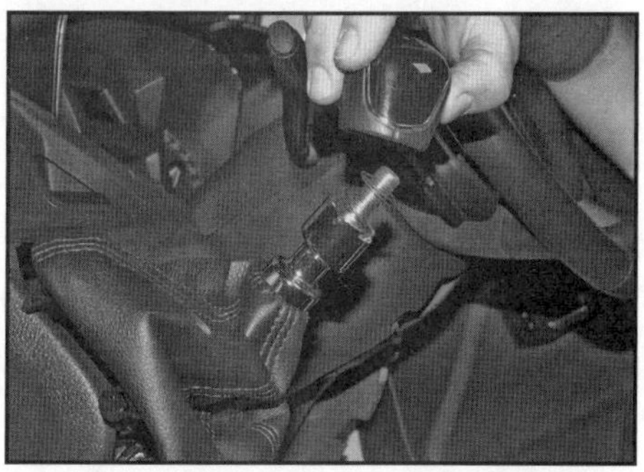

27.39a Schrauben Sie den Schaltknauf ab …

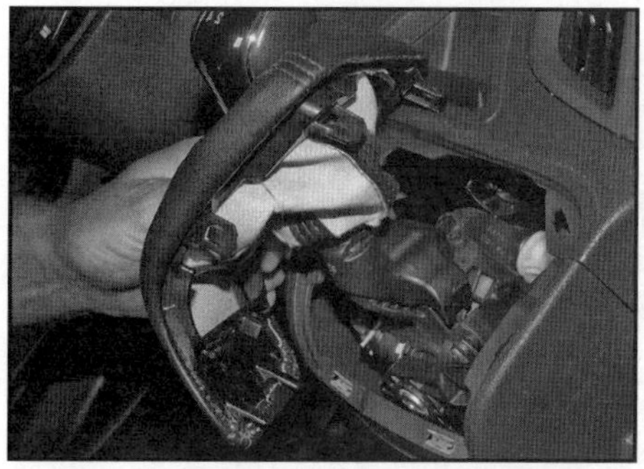

27.39b … und befreien Sie die Schalthebel-Manschette.

40 Entfernen Sie den rechten Armaturenbrett-Rahmen (siehe Schritt 20), den Infotainment-Monitor samt Abdeckung, die Mittelkonsolen-Schalter und die Audio-Einheit (siehe Kapitel 12, Sektionen 18, 5 und 19).
41 Entfernen Sie das obere linke Staufach, die Lenksäulenverkleidungen und die Instrumenten-Baugruppe (siehe oben). Demontieren Sie dann die Instrumentenblenden-Schalter und den Lichtschalter (siehe Kapitel 12, Sektion 5).
42 Greifen Sie in die Handschuhfach-Öffnung, lösen Sie die zwei Schrauben des Steuermoduls und trennen Sie dessen Stecker (siehe Abbildung).

27.42 Entfernen Sie das Steuermodul aus der Handschuhfach-Öffnung.

43 Lösen Sie in der Handschuhfach-Öffnung die zwei Airbag-Muttern und trennen Sie dessen Stecker (siehe Abbildung).

27.43 Muttern und Stecker des Beifahrer-Airbags

44 Befreien Sie die Kabel-Halterungen in der Monitor-Öffnung und lösen Sie die Schraube (siehe Abbildung).

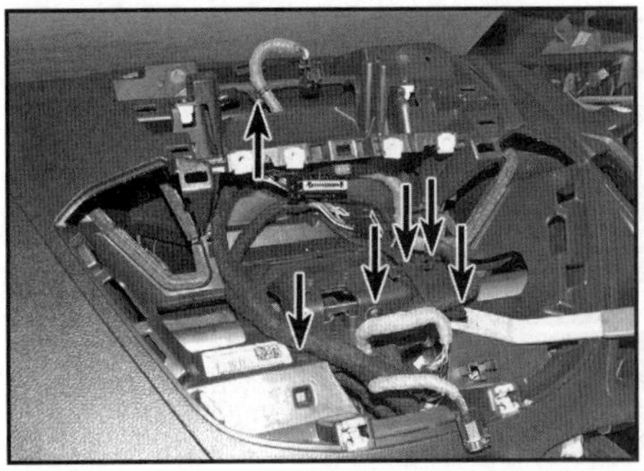

27.44 Befreien Sie die Kabel-Halterungen und lösen Sie die Schraube.

Anmerkung: *Achten Sie darauf, dass alle Kabel, die zu unterhalb des Armaturenbretts sitzenden Komponenten führen, sicher durch die Armaturenbrett-Öffnungen geführt sind, bevor die letzten Befestigungen gelöst werden. Achten Sie besonders auf Kabelstecker unten an den A-Säulen, die getrennt werden müssen.*

Achtung: Zum Ausbau des Armaturenbretts ist die Hilfe eines Assistenten unerlässlich.

45 Lösen Sie an beiden Seiten des Armaturenbretts die drei Schrauben sowie die zwei Schrauben unten in der Mitte (siehe Abbildungen). Positionieren Sie das Lenkrad ganz hinten und unten – so kann es montiert bleiben, aber der Platz zum Ausbau des Armaturenbretts ist begrenzt. Das Armaturenbrett ist mit weiteren Clips gesichert – ziehen Sie sie nach hinten und oben, prüfen Sie dabei, ob alle Kabelstecker und Clips befreit sind. Manövrieren Sie das Armaturenbretts mit dem Assistenten aus dem Fahrzeug heraus.

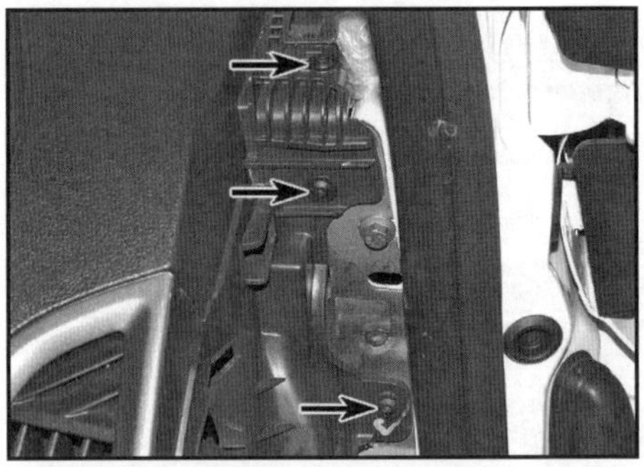

27.45a Lösen Sie an beiden Seiten des Armaturenbretts die drei Schrauben ...

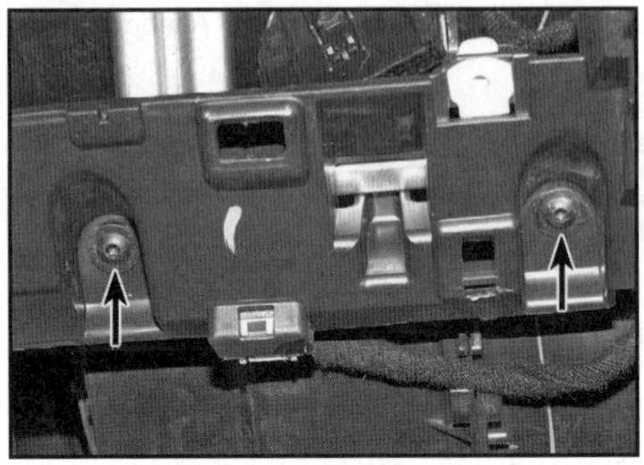

27.45b ... sowie die zwei Schrauben unten in der Mitte.

46 Der Einbau entspricht der umgekehrten Ausbaureihenfolge. Achten Sie darauf, dass alle Luftkanäle und Kabel korrekt verbunden und alle Befestigungen gesichert sind.

Kapitel 12

Fahrzeug-Elektrik

Inhalt — Sektion

Schwierigkeitsgrade

Leicht. Geeignet für Anfänger mit wenig Erfahrung.	**Relativ leicht.** Geeignet für Anfänger mit etwas Erfahrung.	**Relativ schwierig.** Geeignet für geübte Selbstschrauber.	**Schwer.** Geeignet für Selbstschrauber mit viel Erfahrung.	**Sehr schwer.** Geeignet für Experten und Profis.

Technische Daten

System-Typ	12 Volt, Minus an Masse
Sicherungen und Relais	beachten Sie die Hinweise auf den Sicherungsdeckeln und in den Schaltplänen am Ende dieses Kapitels

Lampen	**Leistung (Watt)**	**Typ**
Blinker	21	PY21W
Blinker-Seitenleuchte	5	WY5W
Brems-/Rücklicht	21/5	P21/5W
Einstieg-Beleuchtung	10	
Innenbeleuchtung	10	W5W
Nebelscheinwerfer	55	H11
Kennzeichenbeleuchtung	5	W5W
Leselampen	10	
Nebelschlusslicht	21	P21W
Rückfahrleuchte	16	W16W
Scheinwerfer	55	H7/H15
Seitenleuchten	3	
Standlicht	5	W5W
Zusatzbremsleuchte	16	W16W

Anzugsdrehmomente	**Nm**
Beifahrerairbag – Muttern der unteren Halterung	
Obere Muttern (4)	4
Untere Muttern (2)	25
Heckscheibenwischerhebel-Mutter	15
Scheibenwischerhebel-Mutter vorn	22
Scheibenwischermotor-Befestigungsschrauben	10

1 Allgemeine Informationen und Warnhinweise

⚠ ***Warnung: Bevor an der Elektrik gearbeitet wird, müssen die Hinweise in der Sektion »Sicherheit geht vor!« am Anfang dieses Handbuchs sowie am Anfang von Kapitel 5, Sektion 1 durchgelesen werden.***

1 Die Fahrzeug-Elektrik wird mit 12 Volt Spannung versorgt, Minus geht an Masse. Die Stromversorgung übernimmt ein Silber-Kalzium-Akkumulator, der von der Lichtmaschine geladen wird.
2 Dieses Kapitel beinhaltet Reparaturen und Wartungsarbeiten an den verschiedenen elektrischen Systemen, die nicht mit dem Ladesystem und der Motorsteuerung zu tun haben – diese finden sich in den Kapitel 5.

Warnhinweise

⚠ ***Warnung: Bevor an der Elektrik gearbeitet wird, muss das Massekabel (–) der Batterie getrennt werden, um Kurzschlüsse und dadurch entstehende Brände zu verhindern – beachten Sie dazu die Hinweise in Kapitel 5, Sektion 3.***

⚠ ***Warnung: Alle Modelle sind mit Airbags und Gurtstraffern ausgerüstet – beachten Sie daher bei Arbeiten an der Elektrik die Warnhinweise in Sektion 22, um die Systeme nicht auszulösen und kein Verletzungsrisiko einzugehen.***

2 Elektrik-Fehlersuche – Allgemeine Informationen

Anmerkung: *Beachten Sie vor Arbeitsbeginn die Warnhinweise in Sektion 1. Die folgenden Tests beziehen sich auf Kontrollen der Hauptstromkreise und dürfen nicht bei empfindlichen Elektronik-Bauteilen wie dem ABS- oder anderen Steuergeräten durchgeführt werden.*

Allgemeines

1 Ein typischer Stromkreis besteht aus einem Verbraucher, entsprechenden Schaltern, Relais und Motoren sowie Kabeln und Steckern, die das Bauteil mit der Batterie und der Karosserie (Masse) verbinden. Zur Lokalisierung eines Problems und als Hilfe bei den Kabelfarben können die Schaltpläne am Ende des Kapitels beachtet werden.
2 Bevor Sie einen defekten Stromkreis untersuchen, müssen Sie den Schaltplan studieren, um ein vollständiges Bild über die Bestandteile des Stromkreises zu erhalten. Probleme können beispielsweise dadurch eingekreist werden, indem man andere zum Stromkreis gehörende Komponenten auf ihre Funktion überprüft. Wenn mehrere Komponenten eines Stromkreises gleichzeitig ausfallen, ist es sehr wahrscheinlich, dass der Fehler in der Sicherung oder einem defekten Haupt-Masseanschluss liegt, da mehrere Stromkreise oftmals an derselben Sicherung oder Masse angeschlossen sind.
3 Elektrikprobleme sind oftmals auf Kleinigkeiten wie lockere oder korrodierte Stecker, eine durchgebrannte Sicherung oder ein defektes Relais zurückzuführen. Bevor Komponenten getestet werden, sollten stets die Sicherungen, Kabel und Stecker des betroffenen Stromkreises einer Sichtkontrolle unterzogen worden sein. Damit das Problem lokalisiert werden kann, müssen mithilfe der Schaltpläne die richtigen Anschlüsse überprüft werden.
4 Für Kontrollen am elektrischen System empfiehlt sich ein Multimeter – ein Mehrfachmessgerät, mit dem sich Spannungs-, Stromstärken- und Widerstandsmessungen durchführen lassen. Leicht ablesbare digitale Ausführungen sind nicht teuer. Für einfache Prüfungen reicht auch ein Durchgangstester oder eine Prüflampe, doch können hiermit keine Messungen vorgenommen werden. Für manche Messungen werden zudem Überbrückungskabel benötigt, mit denen Verbraucher direkt an die Batterie geklemmt werden können. Bevor versucht wird, ein Problem mit Prüfgeräten zu lokalisieren, muss mithilfe der Schaltpläne herausgefunden werden, wo diese angeschlossen werden müssen.
5 Um die Ursache einer unterbrochenen Leitung zu entdecken (üblicherweise eine korrodierte oder verschmutzte Steckverbindung oder eine beschädigte Kabelisolierung), kann ein »Wackeltest« hilfreich sein; hierbei wird von Hand an Kabeln gewackelt, um festzustellen, ob dabei der Fehler auftritt oder kurzzeitig behoben wird. Hierbei sollte es möglich sein, die Fehlerquelle auf eine begrenzte Sektion des Kabels einzugrenzen. Diese Prüfmethode kann zusammen mit den in den folgenden Untersektionen beschriebenen Tests verwendet werden.
6 Abgesehen von Problemen aufgrund schlechter Verbindungen können in einem elektrischen Stromkreis zwei grundlegende Fehlertypen auftreten: eine Stromkreisunterbrechung und ein Kurzschluss.
7 Stromkreisunterbrechungen können durch Kabelbrüche, abgerissene oder abgezogene Stecker irgendwo im Stromkreis hervorgerufen werden, sodass der Strom nicht mehr fließt. Eine Stromkreisunterbrechung hindert eine Komponente an der Funktion, sorgt aber nicht dafür, dass eine Sicherung durchbrennt.
8 Bei Kurzschlüssen findet der Strom eine Abkürzung, um nicht durch die elektrische Komponente, sondern direkt zu Masse zu fließen. Kurzschluss-Fehler entstehen üblicherweise durch eine defekte Kabelisolierung, sodass ein Stromkabel direkt mit einer mit Masse verbundenen Komponente oder der Karosserie in Kontakt kommt. Ein Kurzschluss-Fehler sorgt normalerweise dafür, dass die entsprechende Stromkreis-Sicherung durchbrennt.

Durchgangsprüfungen

9 Bei diesem Test wird ermittelt, ob der Strom durch einen Stromkreis fließen kann. Zum Testen eignen sich ein Durchgangsprüfer (der bei geschlossenem Stromkreis piept) oder das auf den Ohm-Messbereich geschaltete Multimeter. Beide Geräte arbeiten mit einer eigenen Stromversorgung, sodass die Zündung abgeschaltet sein muss. Zur Sicherheit sollte auch der Haupt-Masseanschluss (–) der Batterie getrennt werden – ganz besonders, wenn das Zündsystem überprüft wird.
10 Schalten Sie das Multimeter auf die Durchgangsfunktion (falls vorhanden) oder den Ohm-Messbereich. Halten Sie die beiden Spitzen der Prüfkabel zusammen – das Gerät sollte jetzt durch Piepen oder eine angezeigte Null Durchgang erkennen lassen. Schalten Sie nach dem Prüfen das Gerät aus, damit sich die Batterie nicht entlädt.
11 Ein Durchgangsprüfer kann auf die gleiche Weise benutzt werden – entweder piept er oder eine Lampe leuchtet auf, wenn Durchgang besteht.
12 Bei normalen Durchgangsprüfungen ist die Polarität des Messgerätes egal, allerdings muss beim Prüfen von Dioden oder Magnetschaltern darauf geachtet werden, den genauen Hinweisen über das Verbinden des Plus- und des Minus-Kabels zu folgen.

Durchgangsprüfung am Schalter

13 Scheint ein Schalter defekt zu sein, müssen seine Kabel bis zum Stecker verfolgt werden. Trennen Sie den Stecker und überprüfen Sie, ob seine Kontakte in Ordnung sind. Verschmutzte oder korrodierte Kontakte können Gründe für das Problem sein – reinigen Sie sie und versehen Sie sie mit etwas wasserverdrängendem Lösungsmittel wie WD40 oder Kontaktreiniger und geeignetem Schutzspray.
14 Wird ein Multimeter verwendet, muss es entweder auf die Durchgangsfunktion (falls vorhanden) oder den Ohm-Messbereich geschaltet werden, dann werden die Prüfkabel-Spitzen mit den Steckerkontakten verbunden. Einfache An/Aus-Schalter wie Bremslichtschalter haben nur zwei Kontakte, während kombinierte Schalter wie diejenigen am Armaturenbrett oft über mehrere Kabelkontakte verfügen. Studieren Sie den entsprechenden Schaltplan (am Ende dieses Kapitels), um sicherzustellen, dass an den korrekten Kabelkontakten geprüft wird. Bei eingeschaltetem Schalter muss Durchgang bestehen, bei ausgeschaltetem Schalter darf kein Durchgang bestehen.

Durchgangsprüfung bei Kabeln

15 Viele elektrische Probleme sind auf beschädigte Kabel zurückzuführen, was oft an einer falschen Verlegung, Quetschung bei falscher Montage von Teilen sowie lockeren oder korrodierten Steckern liegt.
16 Eine Durchgangsprüfung kann an einem einzelnen Kabel durchgeführt werden, nachdem man es an beiden Enden getrennt und hier die Prüfklemmen angeschlossen hat. Ist ein Kabel in Ordnung, wird Durchgang angezeigt – besteht dieser nicht, wird das Kabel irgendwo gebrochen sein.
17 Um den Durchgang eines Massekabels zu Masse zu prüfen, wird eine Prüfklemme an den Massekontakt des Steckers und die andere an die Karosserie, den Motor oder (bei angeschlossenem Massekabel) an den Minuspol der Batterie gehalten. Sind das Kabel und sein Massekontakt in Ordnung, wird Durchgang angezeigt. Wird kein Durchgang festgestellt, wird ein Kabel gebrochen sein oder einen schlechten Massekontakt haben (siehe unten).

Spannungsprüfungen

18 Eine Spannungsprüfung kann belegen, ob der Strom einen Verbraucher erreicht. Schalten Sie das Multimeter auf den Volt-Messbereich für Gleichstrom (DC), um die Spannung des Gleichrichters oder hinter der Batterie zu prüfen, schalten sie es auf AC (Wechselstrom), um die Spannung der Lichtmaschine zu messen. Für den Gleichstrombereich kann auch eine einfache Prüflampe verwendet werden, doch das Messgerät hat den Vorteil, den Wert der Spannung anzuzeigen.
19 Verbinden Sie die Prüfklemmen parallel zur vorhandenen Verkabelung.
20 Identifizieren Sie zuerst den entsprechenden Stromkreis mithilfe des Schaltplans am Ende dieses Kapitels.
21 Wird ein Messgerät eingesetzt, muss zunächst sichergestellt sein, dass die Prüfklemmen korrekt daran angeschlossen sind – rot an Plus (+), schwarz an Minus (–). Schalten Sie das Messgerät auf den gewünschten Bereich (z. B. 0 bis 20 Volt DC). Verbinden Sie die rote Plusklemme mit dem stromführenden Kabel und die schwarze Minusklemme mit Masse am Motor oder der Karosserie oder dem Minuspol der Batterie. Bei eingeschalteten Schaltern muss beispielsweise Batteriespannung oder ein anderer in den technischen Daten angegebener Wert angezeigt werden.
22 Wird eine Prüflampe eingesetzt, muss die Plusklemme mit dem stromführenden Kabel und die Minusklemme mit Masse an Motor oder Karosserie oder dem Minuspol der Batterie verbunden werden – bei eingeschaltetem Stromkreis muss die Lampe leuchten.
23 Liegt keine Spannung an, muss man sich zur Stromquelle (z. B. der Batterie) vorarbeiten, um herauszufinden, wo das Problem liegt.

Masseprüfung

24 Masseverbindungen gibt es entweder direkt zur Befestigung an der Karosserie oder dem Motor (wie z. B. den Anlasser) oder über Kabel zum Massekabel an der Batterie (siehe Abbildungen). Auch kann ein kurzes Kabel vom Verbraucher direkt zur Karosserie verlegt sein. Das Bauteil und/oder die Karosserie ist also Teil des Stromkreises, sodass lockere oder korrodierte Verbindungen auch für elektrische Defekte – vom Totalausfall eines Stromkreises bis zu einem kniffligen Teilausfall – verantwortlich sind. Lampen können schwächer leuchten (vor allem, wenn andere Verbraucher in Betrieb sind, die den gleichen Massepunkt nutzen), Motoren (Scheibenwischer, Kühlventilator) langsamer laufen und der Betrieb eines Stromkreises kann eine scheinbar unzusammenhängende Wirkung auf einen anderen haben. Isolierte Komponenten wie die elastisch aufgehängte Motor/Getriebe-Einheit werden mithilfe von Massebändern mit der Karosserie verbunden.

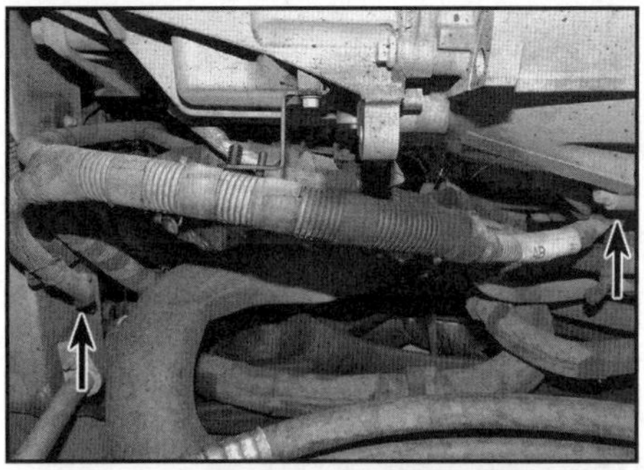

2.24a Das Haupt-Masseband verläuft zwischen dem Minuspol der Batterie und der Karosserie.

2.24b Andere Masseanschlüsse finden sich an verschiedenen Punkten im Motorraum.

25 Korrosion ist genauso ein verbreiteter Grund für eine schlechte Masseverbindung, wie es lockere Anschlüsse sind.
26 Fallen alle oder mehrere Verbraucher gleichzeitig aus, muss die Festigkeit des Massekabels (–) an der Batterie überprüft werden, außerdem sind das an den Motor geschraubte Massekabel sowie die Massepunkte an der Karosserie zu kontrollieren. Bei Korrosion muss der Anschluss freigelegt und gereinigt werden, bis wieder blankes Metall zum Vorschein kommt. Verbinden Sie den Anschluss und tragen Sie etwas Polfett auf, um weiterem Rost vorzubeugen.
27 Um einen Verbraucher auf guten Masseschluss zu prüfen, muss sein Massekontakt oder sein Gehäuse übergangsweise mithilfe eines Überbrückungskabels mit der Karosserie verbunden werden – arbeitet der Verbraucher jetzt, ist sein Masseschluss defekt.

28 Prüfen Sie bei einem Massekabel zunächst seine Anschlüsse auf Korrosion und lockere Kontakte, kontrollieren Sie dann das Kabel auf Durchgang (siehe Schritt 13).

> **Praxis-Tipp**
>
> ***Bedenken Sie immer: Ein elektrischer Stromkreis soll Strom von der Quelle (der Batterie) durch Kabel, Schalter, Relais usw. zum Verbraucher (Lampe, Anlasser etc.) leiten, von dort aus geht es über die Masseverbindung zurück zur Batterie. Elektrische Probleme sind im wesentlichen Unterbrechungen dieses Stromflusses.***

3 Sicherungen und Relais – Allgemeine Informationen

Sicherungen

1 Alle Modelle sind mit vier separaten Sicherungs-/Relais-Boxen ausgerüstet – eine befindet sich links im Motorraum, zwei weitere unter dem Lenkrad (Generisches Elektronikmodul genannt) und eine vierte unter dem Fahrersitz.
2 Um Zugang zu den Sicherungen im Motorraum zu erhalten, muss die Lasche des Sicherungsbox-Deckels angehoben und der Deckel entfernt werden (siehe Abbildung). Innerhalb der Box findet sich ein Werkzeug zum Austausch von Sicherungen.

3.2 Sicherungsbox im Motorraum

3 Um Zugang zu den Sicherungen unterhalb des Armaturenbretts zu erhalten, müssen die Lenksäulen-Verkleidungen entfernt werden (siehe Kapitel 11, Sektion 24) (siehe Abbildungen).

3.3a Rechte Armaturenbrett-Sicherungsbox

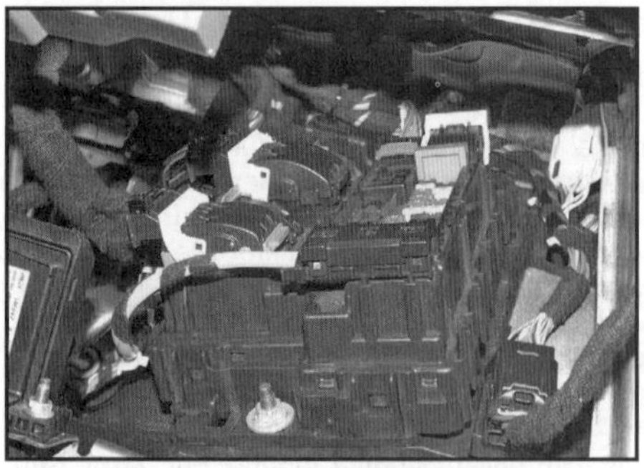

3.3b Linke Armaturenbrett-Sicherungsbox

4 Um Zugang zu den Vor-Sicherungen unter dem Fahrersitz zu erhalten, muss dieser ganz nach vorn geschoben und die Batterieabdeckung geöffnet werden; jetzt kann der Sicherungsdeckel abgehoben werden (siehe Abbildung).

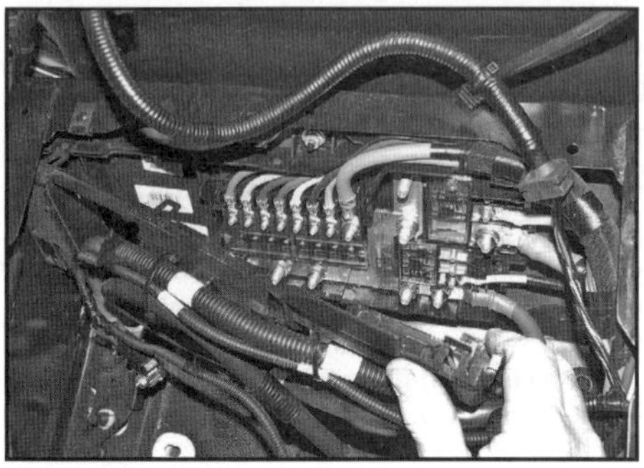

3.4 Die Sicherungsbox hinter der Batteriebox

5 Informationen zu den Positionen der jeweiligen Sicherungen und Relais und den Zuordnungen zu ihren jeweiligen Stromkreisen finden sich auf den Abdeckungen der Boxen sowie in den Schaltplänen am Ende dieses Kapitels. Jede Sicherung ist mit ihrer Absicherungsrate markiert.
6 Ziehen Sie die Sicherung mit dem beigefügten Werkzeug heraus und schieben Sie sie seitlich aus dem Werkzeug. Eine durchgebrannte Sicherung kann an der geschmolzenen Verbindung zwischen den beiden Steckkontakten erkannt werden (siehe Abbildungen).

3.6a Befreien Sie Sicherungen mit dem beigefügten Werkzeug.

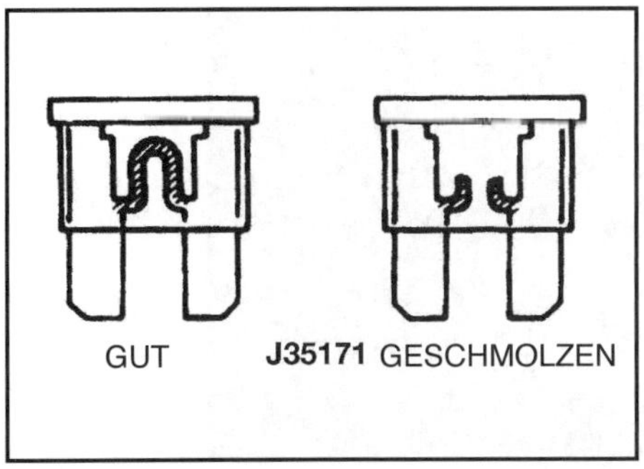

3.6b Die Sicherungen können mit einer Sichtkontrolle überprüft werden

7 Vor dem Ausbau einer Sicherung muss dafür gesorgt werden, dass der entsprechende Stromkreis abgeschaltet ist – sicherheitshalber sollte der Masseanschluss (–) der Batterie getrennt werden (siehe Kapitel 5, Sektion 3). Falls der Grund für den Ausfall der Sicherung bereits gefunden werden kann, sollte er beseitigt werden.
8 Verwenden Sie nur Ersatzsicherungen der gleichen Absicherungsrate. Auch eine kurzzeitig eingesetzte »stärkere« Sicherung oder Notreparaturen mit einem Stück Draht können größere Schäden bis hin zum Brand nach sich ziehen. Sicherungen sind mit unterschiedlichen Farben durchgefärbt, die auf die Absicherungsrate hinweisen.
9 Falls eine neue Sicherung sofort wieder durchbrennt, muss vor einem erneuten Austausch die Ursache dafür gefunden werden. Übermäßig viel Strom fließt normalerweise aufgrund einer defekten Komponente oder eines Kurzschlusses (siehe Sektion 2). Führen Sie stets Ersatzsicherungen der entsprechenden Absicherungsraten mit – je eine von jeder Rate muss in der Sicherungsbox sitzen.

Relais

10 Die Relais befinden sich in den Sicherungs- und Relaisboxen im Motorraum, unter dem Armaturenbrett und unter dem Fahrersitz (siehe Schritt 1).
11 Falls ein von einem Relais kontrollierter Stromkreis einen Fehler aufweist, der dem Relais zugeschrieben werden kann, muss er eingeschaltet werden – bei einem funktionsfähigen Relais sollte ein Klicken zu hören sein, sodass der Fehler in den Bauteilen oder der Verkabelung zu suchen ist. Falls das Relais nicht klickt, ist es entweder von der Stromversorgung getrennt oder weist einen internen Defekt auf. Ein Test erfolgt durch den Austausch gegen ein erwiesenermaßen funktionsfähiges Relais gleicher Bauart – andere Relais können genauso aussehen, aber unterschiedliche Kontaktbelegungen aufweisen.
12 Um ein Relais zu ersetzen, muss zunächst sichergestellt sein, dass die Zündung abgeschaltet ist. Ziehen Sie dann das Relais aus seinem Sockel und drücken Sie das neue Relais sorgfältig hinein.

4 Elektrische Verbindungen – Allgemeine Informationen

1 Die meisten elektrischen Verbindungen werden bei diesen Fahrzeugen mit Mehrfachsteckern aus Kunststoff sichergestellt. Die beiden Steckerhälften werden dabei oft mit angegossenen Laschen zusammengehalten. Einige größere Stecker (z. B. an den Instrumenten) werden mit einer durchgehenden Schraube zusammengehalten.
2 Um mit Laschen gesicherte Stecker zu trennen, müssen die Lasche vorsichtig mit einem Schraubendreher abgehebelt und die Stecker auseinandergezogen werden – ziehen Sie dabei stets am Gehäuse, um keine Kabel abzureißen. Schauen Sie sich die zu trennenden Stecker genau an, da manchmal nicht auf Anhieb zu erkennen ist, wie die Laschen einrasten; manche Stecker haben auch mehrere Laschen.
3 Jedes Stecker-Paar hat eine »männliche« und eine »weibliche« Seite. Achten Sie beim Blick auf den Stecker darauf, welche Seite zum Kabelbaum und welche zum Verbraucher führt. Steckerhälften sind immer Spiegelbilder des Gegenstücks, sodass zu einem rechts sitzenden Kontakt das Gegenstück links zu finden ist.
4 Oft müssen Spannungsmessungen bei verbundenen Steckern durchgeführt werden. Führen Sie hierbei möglichst einen kleinen geraden Stift (nicht den Messgerät-Stift) von hinten in den Stecker ein, um Kontakt zum Metall des Steckkontakts zu erhalten – beschädigen Sie diesen dabei nicht. Verbinden Sie hiermit das Messgerät.
5 Typische Fahrzeugelektrik-Stecker finden sich in den folgenden Abbildungen:

4.5a Die meisten Stecker sind mit einer Lasche gesichert, die zum Lösen gedrückt werden muss.

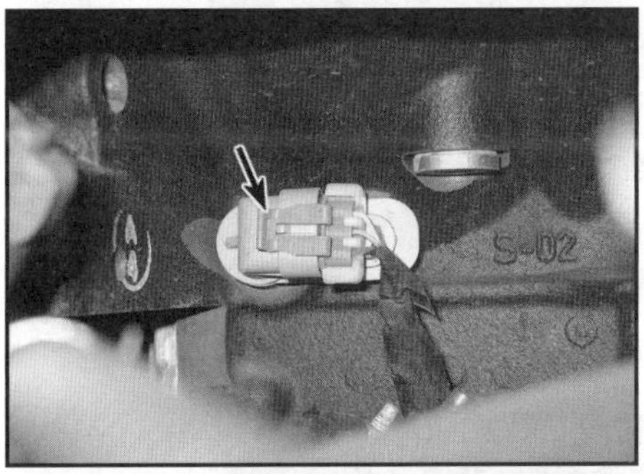

4.5b Bei manchen Steckern muss eine Lasche hochgehebelt werden, um den Stecker trennen zu können.

4.5c Bei diesem Stecker müssen zwei Laschen zusammengedrückt werden, um ihn abziehen zu können.

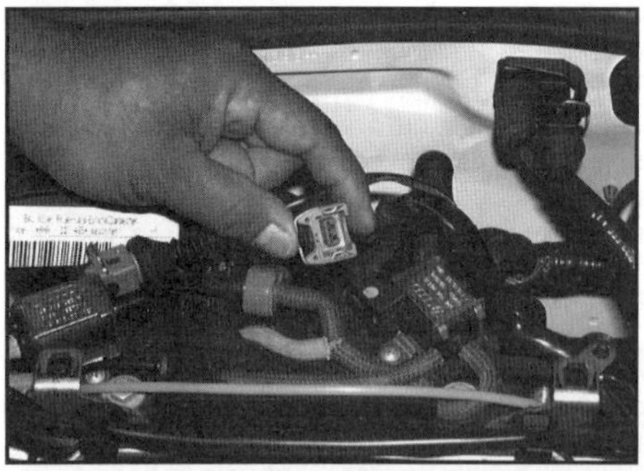

4.5d Manche Stecker können mit Drahtbügeln gesichert sein, die zusammengedrückt werden müssen.

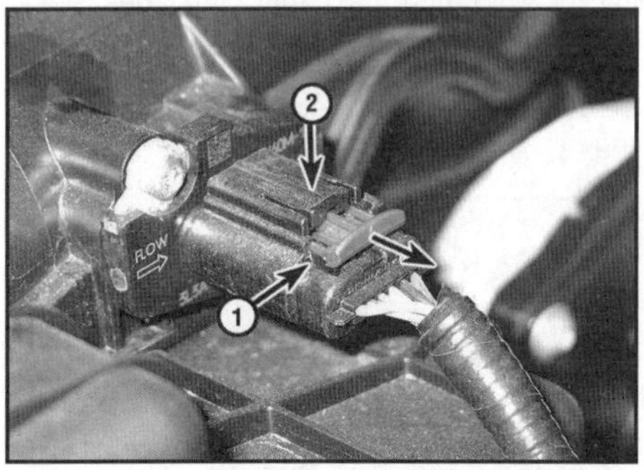

4.5e Wichtige Stecker sind oft mit einer Schiebesicherung (1) ausgerüstet, die herausgezogen werden muss, bevor die Lasche (2) gedrückt werden kann.

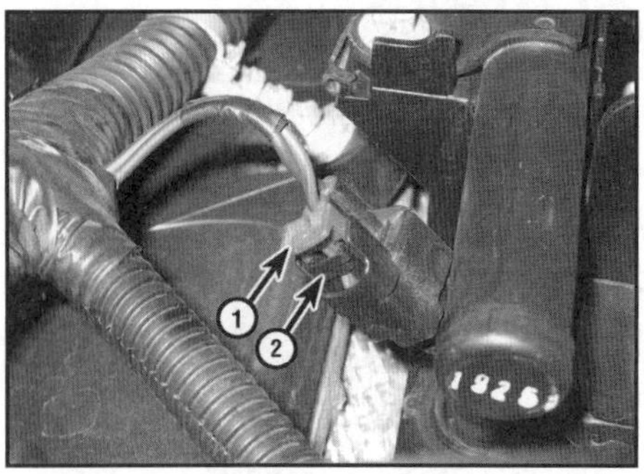

4.5f Ein anderer Stecker mit Schiebesicherung (1) und seitlicher Lasche (2)

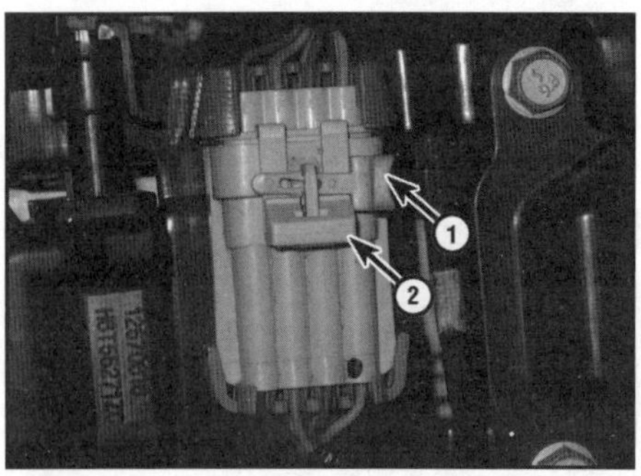

4.5g Hier muss die Schiebesicherung (1) seitlich herausgezogen und entfernt werden, bevor die Lasche (2) angehoben werden kann.

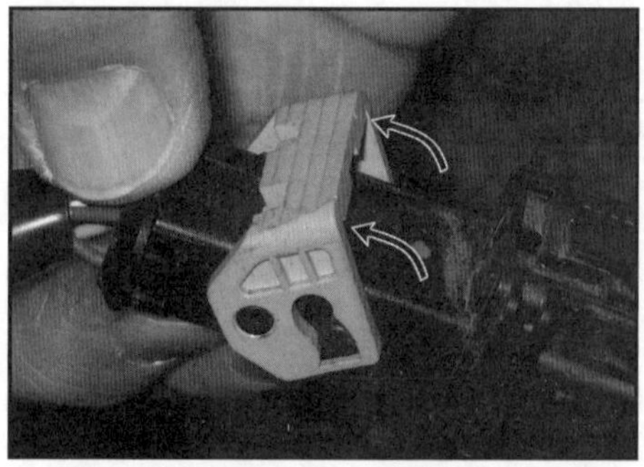

4.5h Vor allem Steuergerät-Stecker sind oft mit schwenkbaren Arretierungen ausgerüstet, die aufgeklappt werden müssen.

5 Schalter – Ausbau und Einbau

Anmerkung: *Bevor ein Schalter demontiert wird, muss das Massekabel (–) der Batterie getrennt werden (siehe Kapitel 5, Sektion 3), um Kurzschlüsse und dadurch entstehende Brände zu verhindern. Verbinden Sie nach dem Einbau der Batterie das Massekabel wieder.*

Zündschloss/Lenkschloss

1 Beachten Sie die Hinweise in Kapitel 10, Sektion 16.

Lenksäulenschalter

2 Die Lenksäulenschalter teilen sich in zwei unabhängig voneinander demontierbare Baugruppen auf. Die linke Schalterbaugruppe beinhaltet den Abblend- und Lichthupenschalter sowie den Blinkerschalter, rechts sitzt der Scheibenwischerschalter.
3 Demontieren Sie die Lenksäulenverkleidungen (siehe Kapitel 11, Sektion 27).
4 Lösen Sie am Schaltergehäuse die zwei Torxschrauben und drücken Sie die Laschen ein, um den entsprechenden Schalter herauszuziehen (siehe Abbildungen).

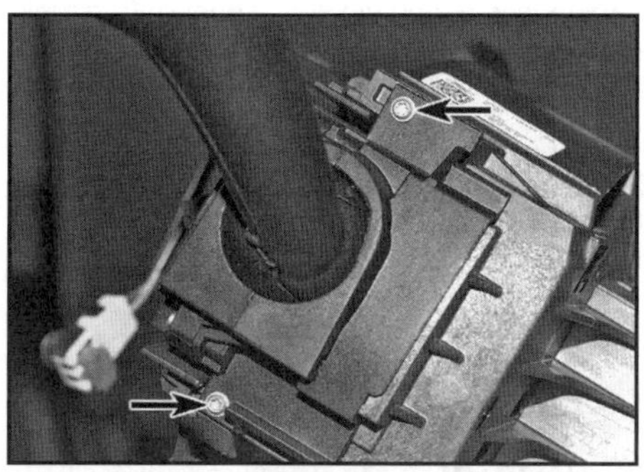

5.4a Lösen Sie die zwei Torxschrauben ...

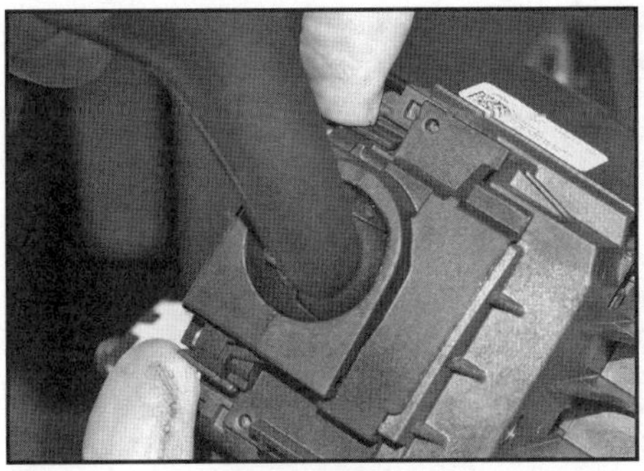

5.4b … und drücken Sie die Laschen ein, um den entsprechenden Schalter herauszuziehen

5 Der Einbau entspricht der umgekehrten Ausbaureihenfolge.

Außen-Lichtschalter

6 Entfernen Sie an der Fahrerseite den seitlichen Flaschenhalter (siehe Kapitel 11, Sektion 27).
7 Greifen Sie durch die Öffnung ins Armaturenbrett und drücken Sie den Lichtschalter heraus – trennen Sie dabei den Kabelstecker (siehe Abbildungen)

5.7a Drücken Sie den Lichtschalter heraus …

5.7b … und trennen Sie den Stecker.

8 Der Einbau entspricht der umgekehrten Ausbaureihenfolge.

Infotainment-Konsole

9 Demontieren Sie den Infotainment-Monitor (siehe Sektion 18).
10 Lösen Sie die zwei Schrauben oben an der Konsole und hebeln Sie die Blende vorsichtig mit einem geeigneten Werkzeug ab, um die vier Clips zu trennen. Ziehen Sie beim Befreien der Konsole die Stecker ab (siehe Abbildungen).

5.10a Lösen Sie die zwei Schrauben oben an der Konsole …

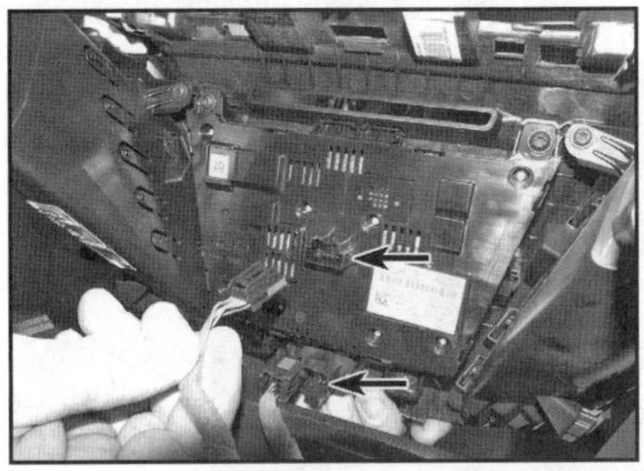

5.10b … und hebeln Sie die Blende vorsichtig ab, ziehen Sie dabei die Stecker ab.

11 Lösen Sie nötigenfalls die vier Schrauben hinten an der Konsole und entfernen Sie die Blende (siehe Abbildung).

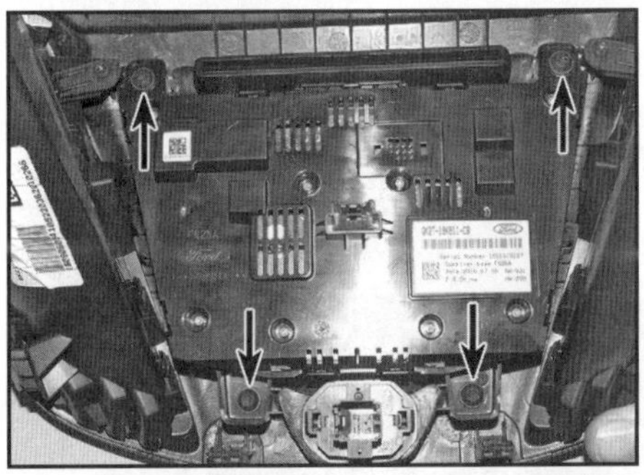

5.11 Vier Schrauben sichern die Konsole an der Blende.

12 Der Warnblinkschalter kann aus der Konsole befreit werden, nachdem die Laschen an seiner Rückseite zusammengedrückt wurden (siehe Abbildung).

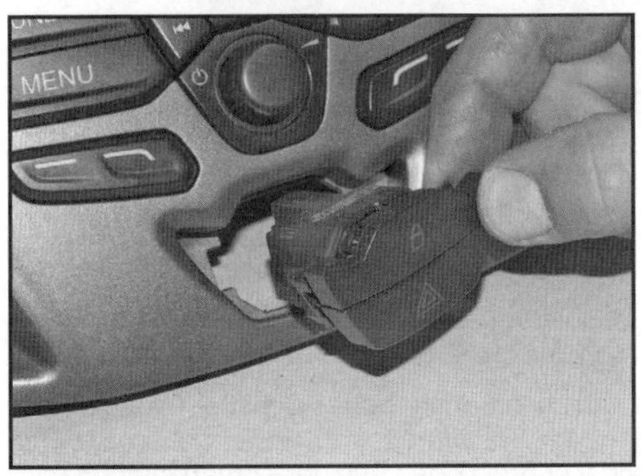

5.12 Befreien Sie den Warnblinkschalter aus der Konsole, indem Sie die Laschen an seiner Rückseite zusammendrücken.

13 Der Einbau entspricht der umgekehrten Ausbaureihenfolge.

Bremslichtschalter

14 Beachten Sie hierzu die Hinweise in Kapitel 9, Sektion 17.

Handbremsen-Warnschalter

15 Beachten Sie hierzu die Hinweise in Kapitel 9, Sektion 18.

Fensterheber-Schalter

16 Hebeln Sie mit einem geeigneten Werkzeug vorsichtig die hintere Kante des Schalters nach oben aus der Türverkleidung und trennen Sie die Kabelstecker (siehe Abbildung).

5.16 Hebeln Sie den Schalter heraus und trennen Sie die Stecker.

17 Der Einbau entspricht der umgekehrten Ausbaureihenfolge.

Zentralverriegelungsschalter

18 Hebeln Sie mit einem geeigneten Werkzeug den Schalters aus der Türöffner-Blende und trennen Sie die Kabelstecker (siehe Abbildung).

5.18 Hebeln Sie den Schalter heraus und trennen Sie den Stecker.

19 Der Einbau entspricht der umgekehrten Ausbaureihenfolge.

Außenspiegel-Schalter

20 Demontieren Sie den Fensterheber-Schalter (siehe oben).
21 Greifen Sie in die Schalteröffnung und drücken Sie den Außenspiegelschalter nach oben aus der Türverkleidung (siehe Abbildung) – trennen Sie dabei seinen Stecker.

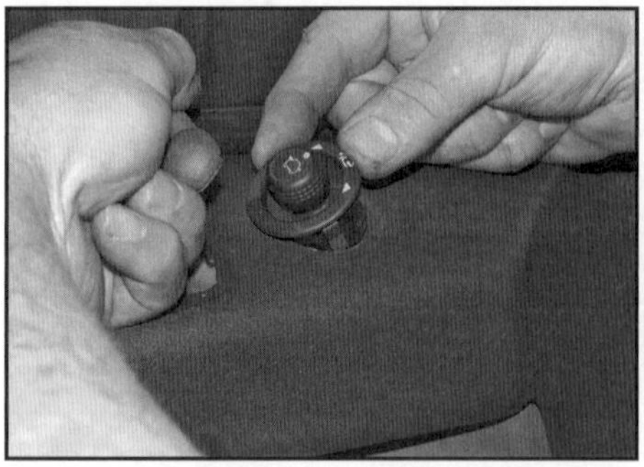

5.21 Drücken Sie den Außenspiegel-Schalter heraus und trennen Sie den Stecker.

22 Der Einbau entspricht der umgekehrten Ausbaureihenfolge.

Laderaumbeleuchtungs-Schalter

23 Der Schalter sitzt hinter der rechten Schiebetür in der Säule oberhalb des Radkastens. Trennen Sie den Kabelstecker und ziehen Sie den Schalter heraus (siehe Abbildung).

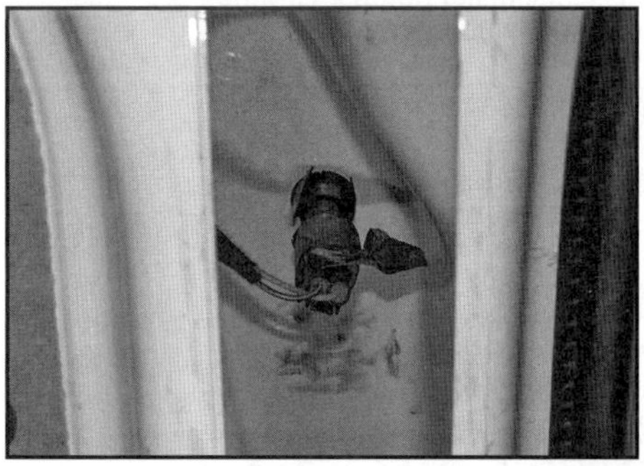

5.23 Position des Laderaumbeleuchtungs-Schalters

24 Der Einbau entspricht der umgekehrten Ausbaureihenfolge.

Heizungs/Lüftungs/Klimaanlagen-Schalter

25 Diese Schalter sind Bestandteil der Heizungs/Lüftungsregler-Baugruppe und können nicht einzeln demontiert werden. Falls ein Schalter defekt ist, muss die gesamte Baugruppe ersetzt werden (siehe Kapitel 3, Sektion 8).

Sitzheizungsschalter

26 Die Schalter befinden sich unter den Sitzpolstern. Heben Sie bei der Beifahrer-Sitzbank das Sitzpolster an und trennen Sie den Stecker. Drücken Sie die Laschen zusammen und drücken Sie den Schalter aus dem Sitzgestell. Drücken Sie an der Fahrerseite die Laschen zusammen und ziehen Sie den Schalter heraus, trennen Sie dann seinen Stecker (siehe Abbildungen).

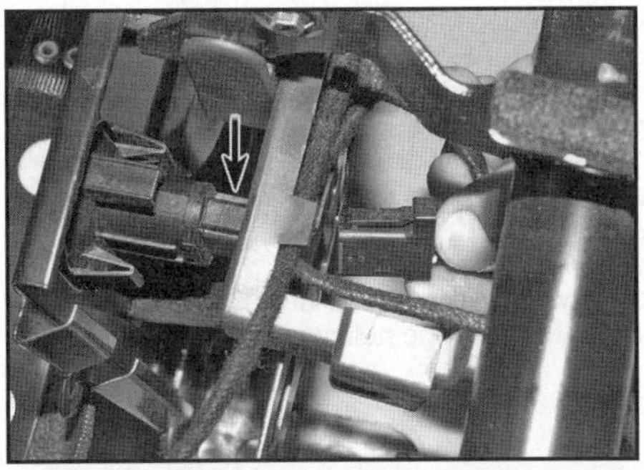

5.26a Trennen Sie unter dem Beifahrersitz zuerst den Stecker …

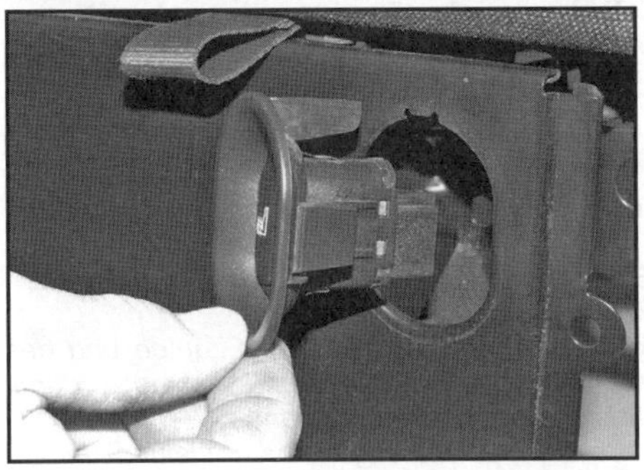

5.26b … und drücken Sie dann den Sitzheizungsschalter heraus.

Instrumentenblenden-Schalter

27 Demontieren Sie die Instrumentenblenden (siehe Kapitel 11, Sektion 27).
28 Greifen Sie in das Armaturenbrett und drücken Sie die Schalter heraus – trennen Sie dabei ihre Stecker (siehe Abbildung).

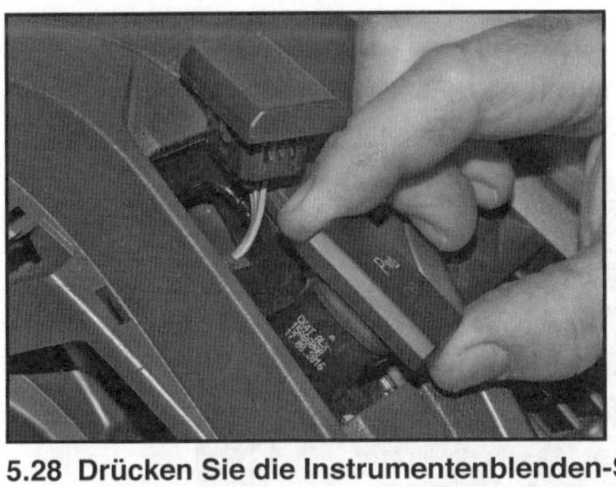

5.28 Drücken Sie die Instrumentenblenden-Schalter aus ihren Sitzen.

29 Der Einbau entspricht der umgekehrten Ausbaureihenfolge.

Lenkradschalter

30 Hebeln Sie mit einem geeigneten Werkzeug das verchromte Kunststoffgehäuse der Lenkradschalter aus seinem Rahmen (siehe Abbildung).

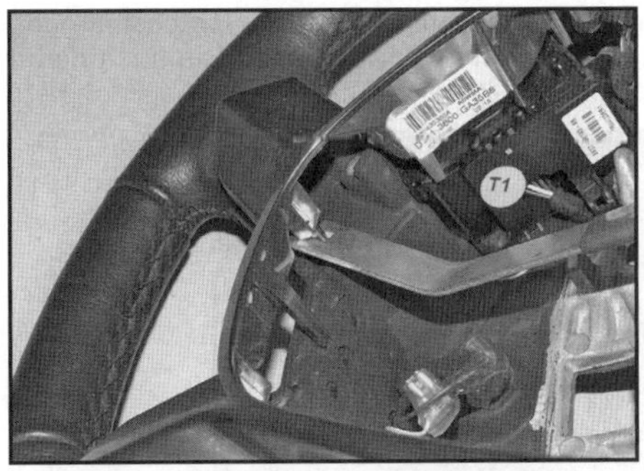

5.30 Einige Schalter sind mit einer verchromten Blende umrahmt.

31 Befreien Sie oben an der Rückseite des Lenkrads die Kabelklemmen (siehe Abbildung).

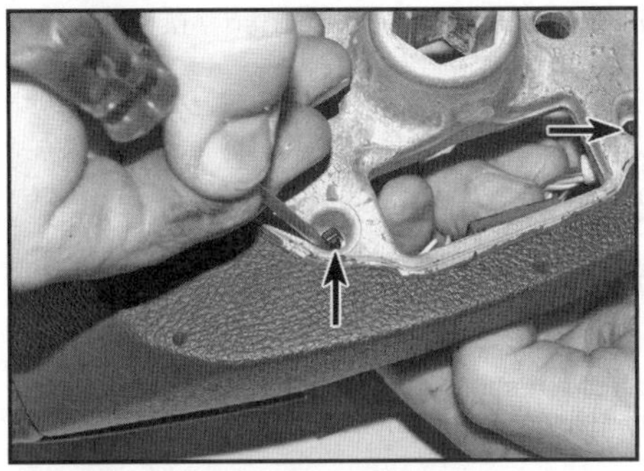

5.31 Lösen Sie an der Rückseite des Lenkrads die Kabelklemmen.

32 Trennen Sie den/die Stecker des jeweiligen Schalters (siehe Abbildung).

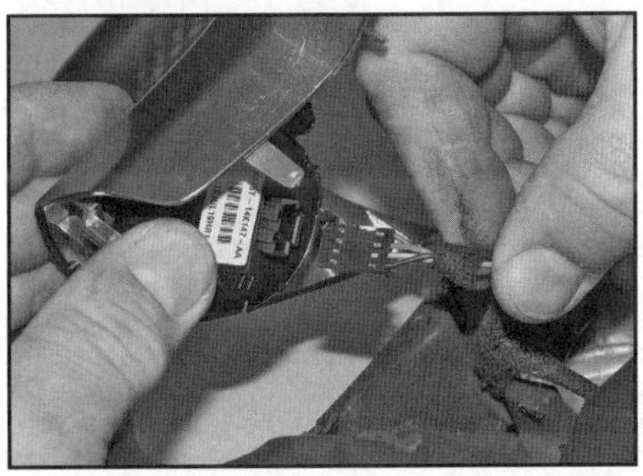

5.32 Drücken Sie die Laschen und trennen Sie den Stecker.

33 Lösen Sie die Schrauben des Schalters und entfernen Sie ihn (siehe Abbildung).

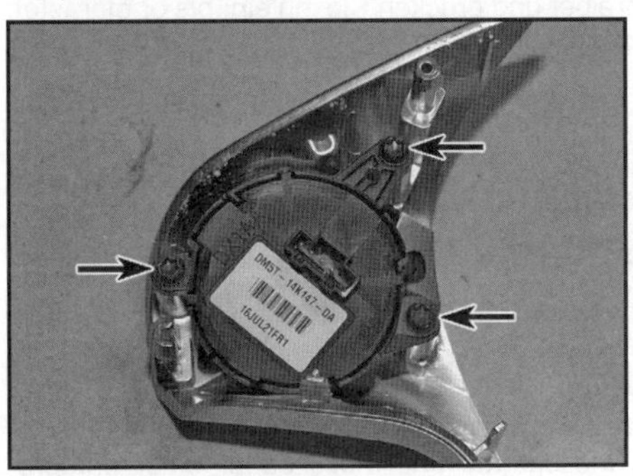

5.33 Lenkradschalter-Schrauben

34 Die Schalter des Tempomaten und für die Sprachsteuerung sitzen ggf. weiter unten im Lenkrad – lösen Sie auch deren Schrauben und trennen Sie den Stecker (siehe Abbildung).

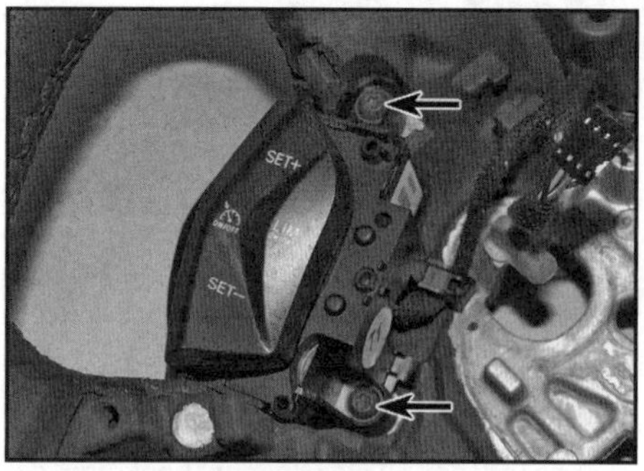

5.34 Schrauben des Tempomat-Schalters

35 Der Einbau entspricht der umgekehrten Ausbaureihenfolge.

6 Instrumenten-Baugruppe – Ausbau und Einbau

Der Ausbau der Instrumenten-Baugruppe und ihrer Abdeckung ist in Kapitel 11, Sektion 7 beschrieben.

7 Fahrtenschreiber – Ausbau und Einbau

Anmerkung: *Ford schreibt vor, dass der Austausch des Fahrtenschreibers ausschließlich von einem VDO-Fachbetrieb vorgenommen werden darf. Hier wird der neue Fahrtenschreiber auch kalibriert.*
Anmerkung: *Für den Ausbau des Fahrtenschreibers werden zwei Ford-Spezialwerkzeuge 415-001 benötigt – alternativ können Werkzeuge aus 3 mm starkem Draht angefertigt werden.*
1 Der Fahrtenschreiber – soweit vorhanden – befindet sich im Dachhimmel-Ablagefach.
2 Drücken Sie die Spezialwerkzeuge in die Bohrungen vorn am Fahrtenschreiber, bis sie einrasten – jetzt kann der Fahrtenschreiber herausgezogen werden.
3 Trennen Sie die Stecker an der Rückseite des Fahrtenschreibers und entnehmen Sie ihn.
4 Entfernen Sie die Spezialwerkzeuge.
5 Verbinden Sie beim Einbau die Stecker mit ihren Kontakten am Fahrtenschreiber und drücken Sie ihn ein, bis er einrastet; schließen Sie dann sein Display

8 Scheinwerfer/Nebelleuchten-Ausrichtung – Allgemeine Informationen

1 Eine akkurate Ausrichtung der Scheinwerfer erfordert spezielle optische Messgeräte und muss daher einer entsprechend ausgerüsteten Fachwerkstatt überlassen werden.
2 Alle Modelle sind in der Mitte des Lichtschalters mit einer elektrischen Scheinwerfer-Höhenverstellung ausgerüstet, mit deren Hilfe die Ausrichtung der Scheinwerfer an unterschiedliche Beladungen angepasst werden kann. Ohne Beladung sollte dieser Schalter auf Position 0 stehen. Je nach Beladung muss er Schalter entsprechend verstellt werden, sodass die Straße gut ausgeleuchtet, aber der Gegenverkehr nicht geblendet wird.
3 Die Nebelscheinwerfer können mit den Einstellern an der Rückseite der Stoßstange eingestellt werden (Abb. 9.40).

9 Lampen (außen) – Ersetzen

Allgemein

1 Beachten Sie beim Austauschen von Lampen die folgenden Punkte:
a) Bedenken Sie, dass Lampen im Betrieb sehr heiß werden und etwas Zeit zum Abkühlen brauchen.
b) Kontrollieren Sie stets die Kontakte der Lampe und des Sockels. Entfernen Sie Korrosion und Schmutz, damit guter Kontakt sichergestellt werden kann.
c) Achten Sie bei Lampen mit Bajonettverriegelung darauf, dass die Kontaktplatte im Sockel mit Federkraft gegen die Lampe drücken kann.
d) Achten Sie auf die korrekte Watt-Stärke der neuen Lampe – dies gilt vor allem für die Scheinwerferlampen und die Nebelscheinwerfer.
e) Fassen Sie das Glas nicht direkt mit den Fingern an bzw. reinigen Sie das Glas nach dem Einbau.

Lampen im Scheinwerfergehäuse

Fernlicht

2 Demontieren Sie das entsprechende Scheinwerfergehäuse (siehe Sektion 11).
3 Ziehen Sie hinten am Scheinwerfer die Gummikappe der Fernlichtlampe ab (siehe Abbildung).

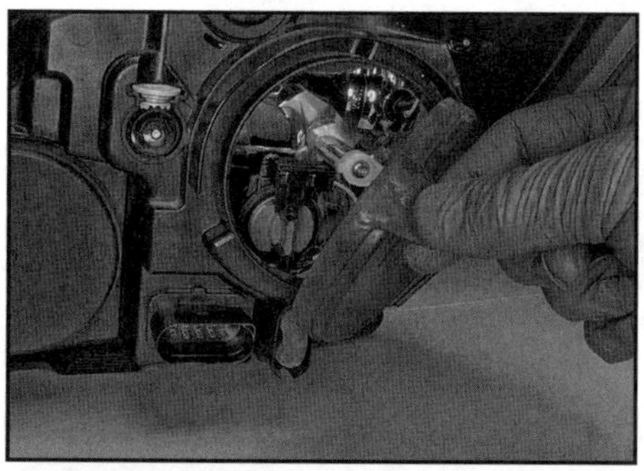

9.3 Ziehen Sie hinten am Scheinwerfer die Gummikappe der Fernlichtlampe ab.

4 Drehen Sie den Lampenhalter nach links, befreien Sie ihn aus dem Scheinwerfer und ziehen Sie den Stecker ab (siehe Abbildungen).

9.4a Drehen Sie den Lampenhalter nach links, ...

9.4b ... befreien Sie ihn aus dem Scheinwerfer und ziehen Sie den Stecker ab.

5 Die Lampe ist in den Halter integriert, sodass die gesamte Baugruppe ersetzt werden muss. Berühren Sie das Glas der neuen Lampe nicht mit den Fingern, sondern halten Sie sie mit einem sauberen Tuch (Fett und Schmutz wird Brandflecken hinterlassen und den Verschleiß der Lampe beschleunigen) – wischen Sie Fingerabdrücke ggf. mit einem mit Spiritus getränktem Tuch ab.
6 Stecken Sie den Kabelstecker auf, führen Sie die neue Lampe korrekt ausgerichtet in den Scheinwerfer ein und verdrehen Sie den Halter nach rechts, um ihn zu sichern.
7 Stecken Sie die Gummikappe auf und installieren Sie den Scheinwerfer (siehe Sektion 11). Prüfen Sie zum Schluss seine Funktion.

Abblendlicht

8 Demontieren Sie das entsprechende Scheinwerfergehäuse (siehe Sektion 11).
9 Ziehen Sie hinten am Scheinwerfer die Gummikappe der Abblendlichtlampe ab (siehe Abbildung).

9.9 Ziehen Sie hinten am Scheinwerfer die Gummikappe der Abblendlichtlampe ab.

10 Ziehen Sie den Abblendlicht-Lampenstecker ab (siehe Abbildung).

9.10 Ziehen Sie den Abblendlicht-Lampenstecker ab.

11 Drücken Sie den Sicherungsdraht zusammen und schwenken Sie ihn von der Lampe weg. Befreien Sie dann die Lampe aus dem Scheinwerfer (siehe Abbildungen). Berühren Sie das Glas der neuen Lampe nicht mit den Fingern, sondern halten Sie sie mit einem sauberen Tuch (Fett und Schmutz wird Brandflecken hinterlassen und den Verschleiß der Lampe beschleunigen) – wischen Sie Fingerabdrücke ggf. mit einem mit Spiritus getränktem Tuch ab.

9.11a Drücken Sie den Sicherungsdraht zusammen und schwenken Sie ihn von der Lampe weg, ...

9.11b ... um die Lampe aus dem Scheinwerfer zu befreien.

12 Führen Sie die neue Lampe korrekt ausgerichtet in den Scheinwerfer ein und sichern Sie sie mit dem Draht. Verbinden Sie den Lampenstecker.
13 Stecken Sie die Gummikappe auf und installieren Sie den Scheinwerfer (siehe Sektion 11). Prüfen Sie zum Schluss seine Funktion.

Standlichtlampe

14 Demontieren Sie das entsprechende Scheinwerfergehäuse (siehe Sektion 11).
15 Ziehen Sie hinten am Scheinwerfer die Gummikappe der Fernlichtlampe ab (Abb. 9.3).

16 Ziehen Sie den Standlicht-Lampenhalter aus dem Scheinwerfer und befreien Sie die sockellose Lampe aus dem Halter (siehe Abbildung).

9.16 Ziehen Sie den Standlicht-Lampenhalter aus dem Scheinwerfer.

17 Drücken Sie die neue Lampe in den Halter und installieren Sie diesen in den Scheinwerfer – prüfen Sie die Funktion des Standlichts.
18 Stecken Sie die Gummikappe auf und installieren Sie den Scheinwerfer (siehe Sektion 11).

Kurvenlicht

19 Demontieren Sie das entsprechende Scheinwerfergehäuse (siehe Sektion 11).
20 Ziehen Sie hinten am Scheinwerfer die Gummikappe der Kurvenlichtlampe ab (siehe Abbildung).

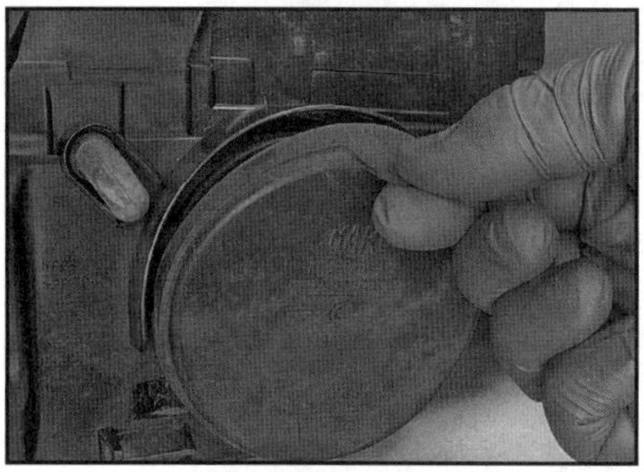

9.20 Ziehen Sie die Gummikappe der Kurvenlichtlampe ab.

21 Trennen Sie den Kurvenlicht-Lampenstecker (siehe Abbildung).

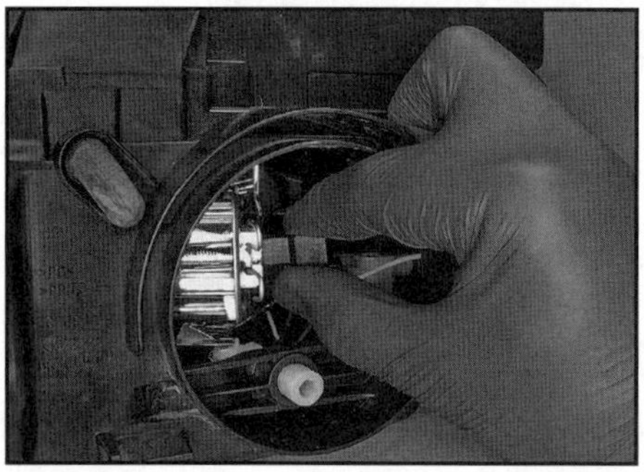

9.21 Ziehen Sie den Kurvenlicht-Lampenstecker ab.

22 Drücken Sie den Sicherungsdraht zusammen und schwenken Sie ihn von der Lampe weg. Befreien Sie dann die Lampe aus dem Scheinwerfer (siehe Abbildungen). Berühren Sie das Glas der neuen Lampe nicht mit den Fingern, sondern halten Sie sie mit einem sauberen Tuch (Fett und Schmutz wird Brandflecken hinterlassen und den Verschleiß der Lampe beschleunigen) – wischen Sie Fingerabdrücke ggf. mit einem mit Spiritus getränktem Tuch ab.

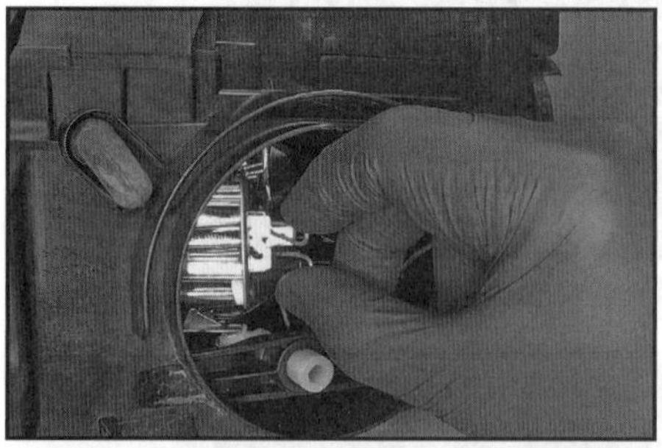

9.22a Drücken Sie den Sicherungsdraht zusammen und schwenken Sie ihn von der Lampe weg, ...

9.22b ... um die Kurvenlicht-Lampe aus dem Scheinwerfer zu befreien.

23 Führen Sie die neue Lampe korrekt ausgerichtet in den Scheinwerfer ein und sichern Sie sie mit dem Draht. Verbinden Sie den Lampenstecker.
24 Stecken Sie die Gummikappe auf und installieren Sie den Scheinwerfer (siehe Sektion 11). Prüfen Sie zum Schluss seine Funktion.

Blinkerlampe vorn

25 Demontieren Sie das entsprechende Scheinwerfergehäuse (siehe Sektion 11).
26 Drehen Sie den Lampenhalter gegen den Uhrzeigersinn und befreien Sie ihn aus dem Scheinwerfer (siehe Abbildung).

9.26 Drehen Sie den Blinkerlampenhalter gegen den Uhrzeigersinn, um ihn zu befreien.

27 Drücken Sie die Lampe in den Halter, drehen Sie sie gegen den Uhrzeigersinn und befreien Sie sie (siehe Abbildung).

9.27 Drücken Sie die Lampe herunter, drehen Sie sie gegen den Uhrzeigersinn und befreien Sie sie.

28 Installieren Sie die neue Lampe und verdrehen Sie sie nach rechts, um sie zu sichern. Installieren Sie den Lampenhalter in den Scheinwerfer und verdrehen Sie auch ihn nach rechts, um ihn zu sichern. Montieren Sie den Scheinwerfer (siehe Sektion 11).

Seitliche Blinkerlampe im Außenspiegel

29 Klappen Sie den Außenspiegel ganz nach vorn.
30 Lösen Sie die Torxschraube (siehe Abbildung).

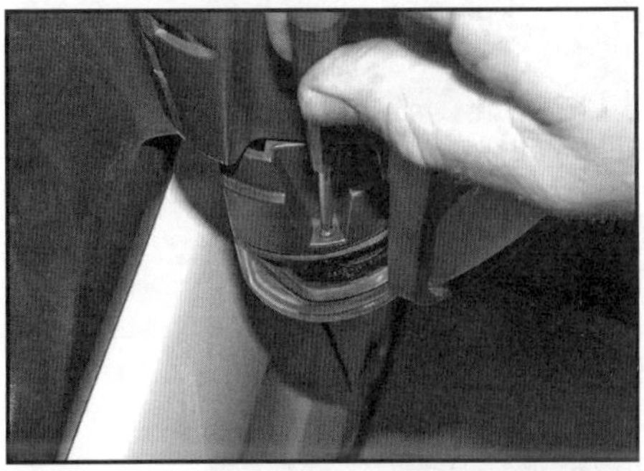

9.30 Torxschraube der Außenspiegel-Blinkleuchte

31 Klappen Sie den Außenspiegel in seine »geschlossene« Position zurück.
32 Lösen Sie mit einem kleinen Schraubendreher die Lasche und ziehen Sie die Blinkerleuchte aus dem Außenspiegel – beachten Sie ihre Einbauposition. Ziehen Sie den Lampenhalter aus der Leuchte (siehe Abbildungen)

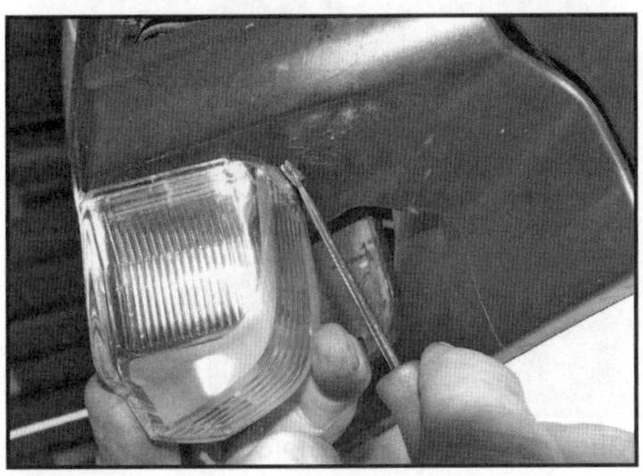

9.32a Lösen Sie die Lasche und ziehen Sie die Blinkerleuchte aus dem Außenspiegel.

9.32b Ziehen Sie den Lampenhalter aus der Leuchte.

33 Befreien Sie die sockellose Lampe aus dem Halter (siehe Abbildung).

9.33 Ziehen Sie die Lampe aus den Halter.

34 Drücken Sie die neue Lampe in den Halter und installieren Sie diesen in die Blinkerleuchte – prüfen Sie die Funktion der Lampe. Montieren Sie die Leuchte in der umgekehrten Ausbaureihenfolge an den Außenspiegel.

Nebelscheinwerfer

35 Trennen Sie innerhalb der Stoßstange den Stecker des Lampenhalters (siehe Abbildung).

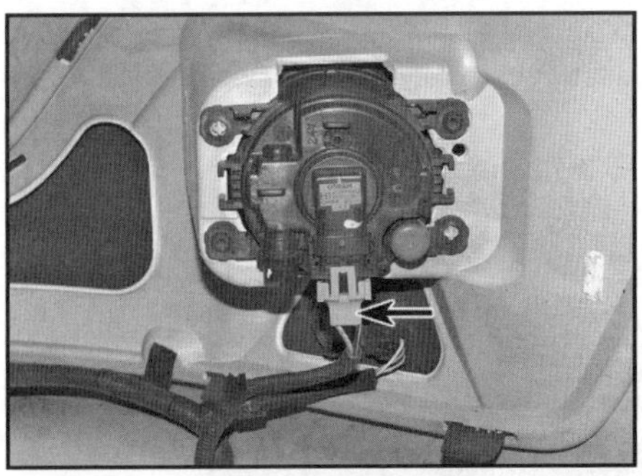

9.35 Trennen Sie innerhalb der Stoßstange den Stecker des Nebelscheinwerfers.

36 Drehen Sie den Lampenhalter nach links und entfernen Sie ihn – die Lampe ist darin integriert (siehe Abbildung).

9.36 Drehen Sie den Lampenhalter nach links und entfernen Sie ihn.

37 Berühren Sie das Glas der neuen Lampe nicht mit den Fingern, sondern halten Sie sie mit einem sauberen Tuch (Fett und Schmutz wird Brandflecken hinterlassen und den Verschleiß der Lampe beschleunigen) – wischen Sie Fingerabdrücke ggf. mit einem mit Spiritus getränktem Tuch ab.
38 Installieren Sie den neuen Lampenhalter in den Nebelscheinwerfer und verdrehen Sie ihn nach rechts. Verbinden Sie den Stecker und prüfen Sie die Funktion der Lampe.
39 Falls der gesamte Nebelscheinwerfer demontiert werden soll, müssen seine zwei Torxschrauben gelöst werden (siehe Abbildung).

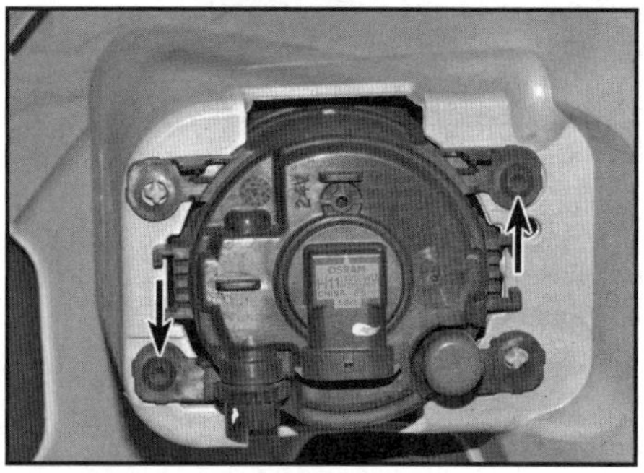

9.39 Der Nebelscheinwerfer ist mit zwei Torxschrauben in der Stoßstange gesichert.

40 Die Leuchtweite des Nebelscheinwerfers kann mit dem unten angebrachten Drehregler eingestellt werden (siehe Abbildung).

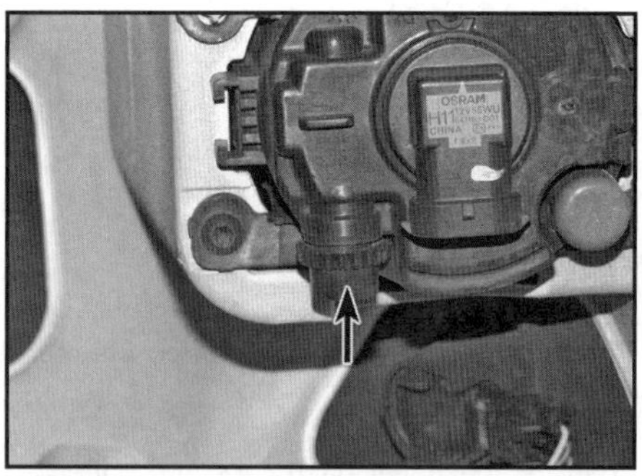

9.40 Die Leuchtweitenversteller des Nebelscheinwerfers

Rücklichtlampen

41 Öffnen Sie die Hecktür oder Heckklappe. Befreien Sie bei der Hecktür den Feststeller und schwenken Sie die Tür vollständig auf.
42 Lösen Sie innen die Mutter der Rücklichteinheit (siehe Abbildung).

9.42 Mutter der Rücklichteinheit

43 Lösen Sie oben, in der Mitte und unten die Schrauben und ziehen Sie die Rücklichteinheit vom Fahrzeug ab – trennen Sie dabei den Stecker (siehe Abbildungen).

9.43a Lösen Sie die obere, …

9.43b … mittlere und untere Schraube …

9.43c … und ziehen Sie die Rücklichteinheit vom Fahrzeug ab, …

9.43d ... trennen Sie dabei den Stecker.

44 Lösen Sie die acht Laschen und befreien Sie den Lampenhalter aus der Rücklichteinheit. Die darin sitzenden Lampen haben Bajonett-Sockel, sodass sie eingedrückt und nach links gedreht werden müssen, um entfernt werden zu können (siehe Abbildungen).

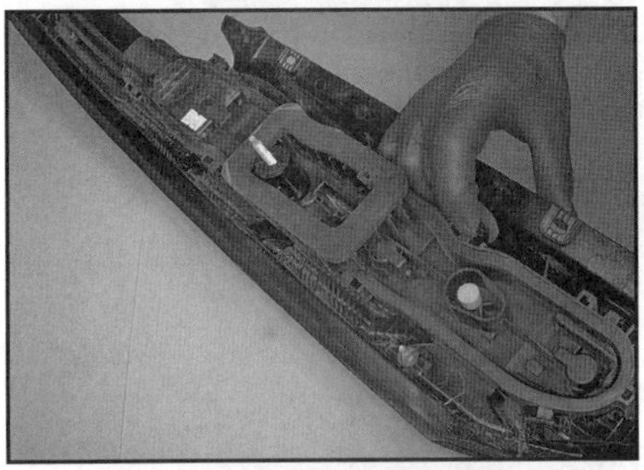

9.44a Lösen Sie die acht Laschen ...

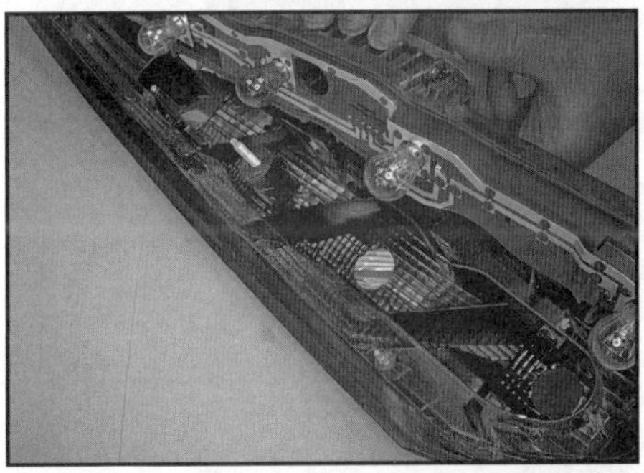

9.44b ... und befreien Sie den Lampenhalter aus der Rücklichteinheit.

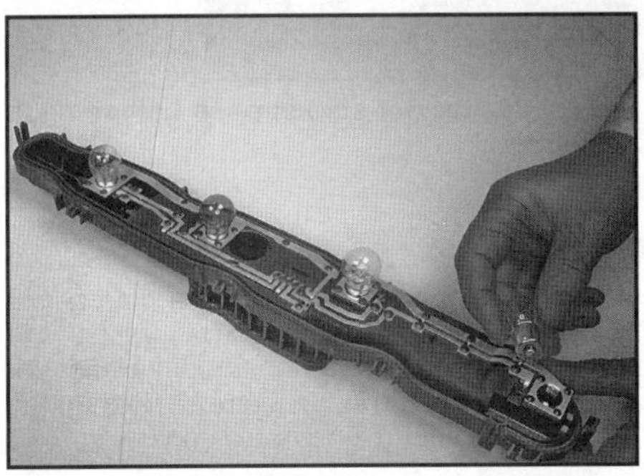

9.44c Drücken Sie die Lampe in den Halter und drehen Sie sie nach links, um sie herausziehen zu können.

45 Installieren Sie die neue(n) Lampe(n) in der umgekehrten Ausbaureihenfolge und prüfen Sie ihre Funktion, bevor Sie die Rücklichteinheit montieren.

Kennzeichenbeleuchtung

46 Hebeln Sie das Lampenglas mit einem Schraubendreher aus seinem Sitz, drehen Sie den Lampenhalter nach links, um ihn zu befreien, und ziehen Sie die sockellose Lampe heraus (siehe Abbildungen).

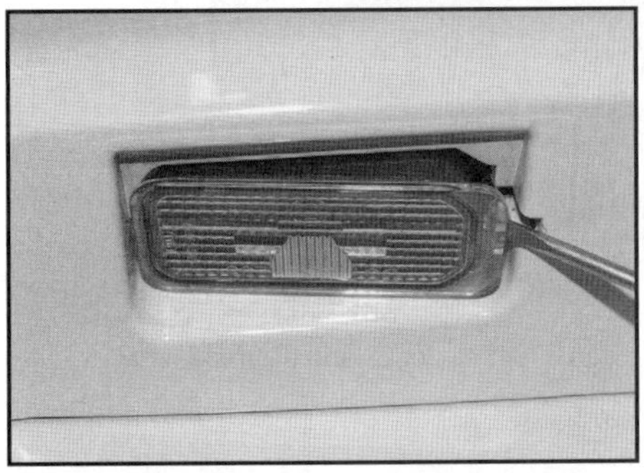

9.46a Hebeln Sie das Lampenglas mit einem Schraubendreher aus seinem Sitz, ...

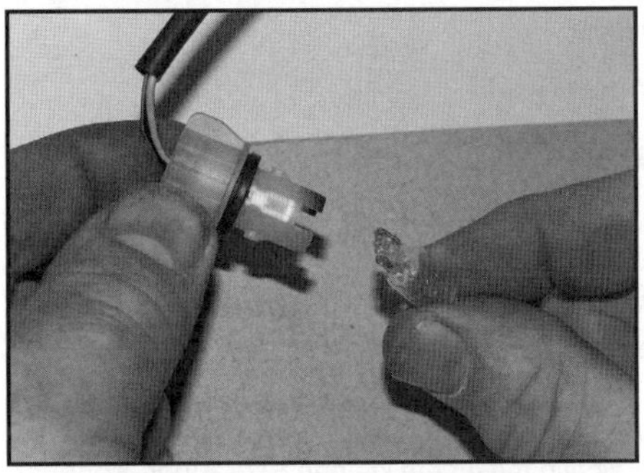

9.46b ... drehen Sie den Lampenhalter nach links, um ihn zu befreien, und ziehen Sie die sockellose Lampe heraus.

47 Installieren Sie die neue Lampe in der umgekehrten Ausbaureihenfolge und prüfen Sie ihre Funktion, bevor Sie den Lampenhalter in das Lampenglas installieren.

Zusatzbremsleuchte

Anmerkung: *Die Zusatzbremsleuchte ist mit LEDs ausgerüstet. Falls mehrere von ihnen defekt sind, muss die gesamte Einheit ersetzt werden.*

48 Falls vorhanden, muss die Verkleidung oberhalb des Heckfensters nach dem Lösen der vier Laschen entfernt werden.

49 Entfernen Sie die Gummistopfen und befreien Sie in den Löchern mit einem Schraubendreher die zwei Laschen der Zusatzbremsleuchte (siehe Abbildungen).

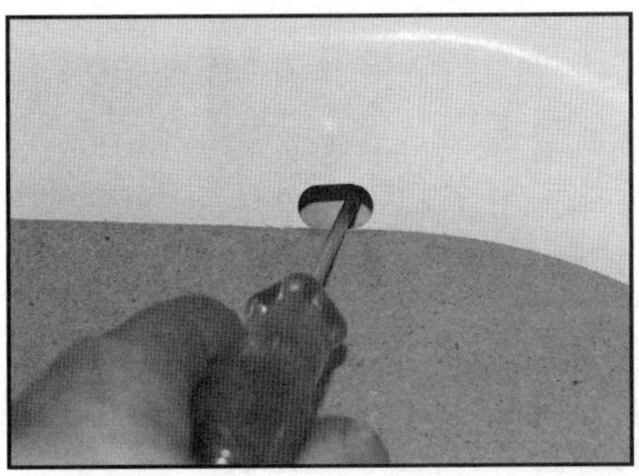

9.49a Befreien Sie mit einem Schraubendreher die Laschen ...

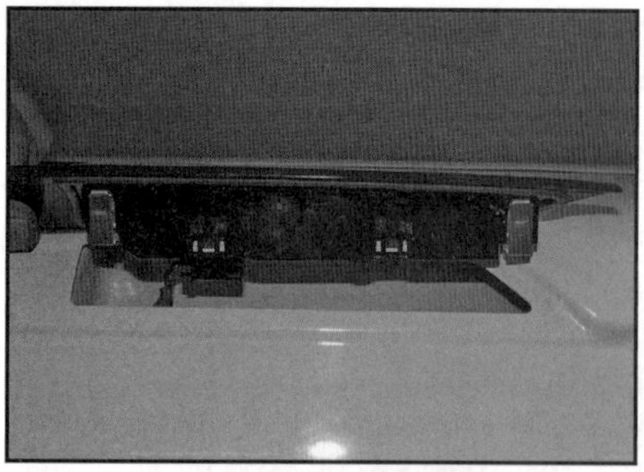

9.49b ... der Zusatzbremsleuchte.

50 Trennen Sie den Stecker der Zusatzbremsleuchte.

10 Lampen (innen) – Ersetzen

Allgemeines

1 Beachten Sie die Hinweise in Sektion 9, Schritt 1.

Innenbeleuchtung

Vordere Deckenleuchte

2 Die vordere Deckenleuchte besteht aus einer Soffitte und zwei sockellosen Lampen als Leseleuchten. Hebeln Sie das Lampenglas vorsichtig mit einem kleinen Schraubendreher ab und ziehen Sie die Soffitte aus ihren Kontaktklemmen (siehe Abbildungen).

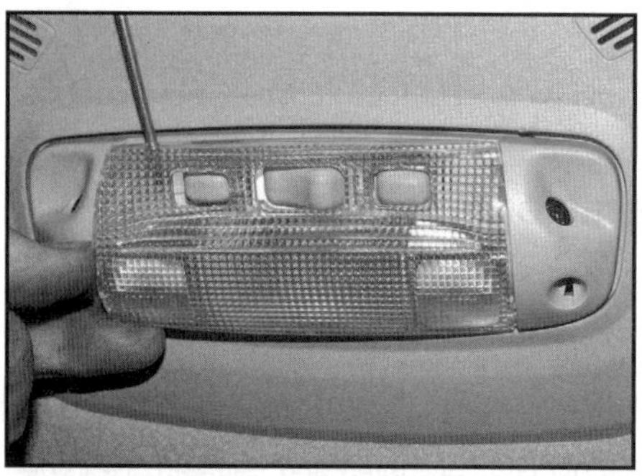

10.2a Hebeln Sie das Lampenglas vorsichtig mit einem kleinen Schraubendreher ab ...

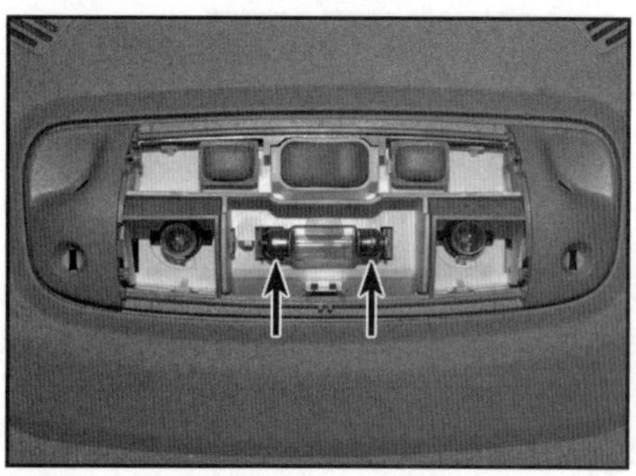

10.2b ... und ziehen Sie die Soffitte aus ihren Kontaktklemmen.

3 Die sockellosen Lampen lassen sich von unten nur schwierig ausbauen, sodass die gesamte Innenbeleuchtungs-Baugruppe nach dem Lösen der vorderen Lasche befreit werden sollte – trennen Sie dabei ihre Stecker. Lösen Sie mit einem kleinen Schraubendreher die Laschen des oben in der Baugruppe sitzenden Steuermoduls. Drehen Sie den Halter der sockellosen Lampe nach links, um ihn zu befreien. Ziehen Sie dann die Lampe aus dem Halter (siehe Abbildungen).

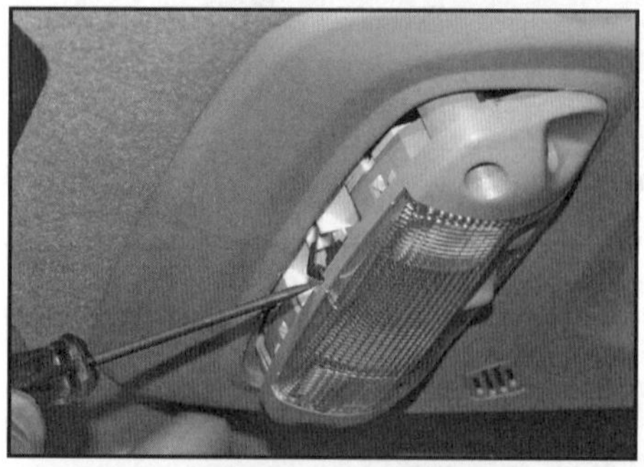

10.3a Lösen Sie vorn an der Innenbeleuchtungs-Baugruppe die Lasche, um sie zu befreien, ...

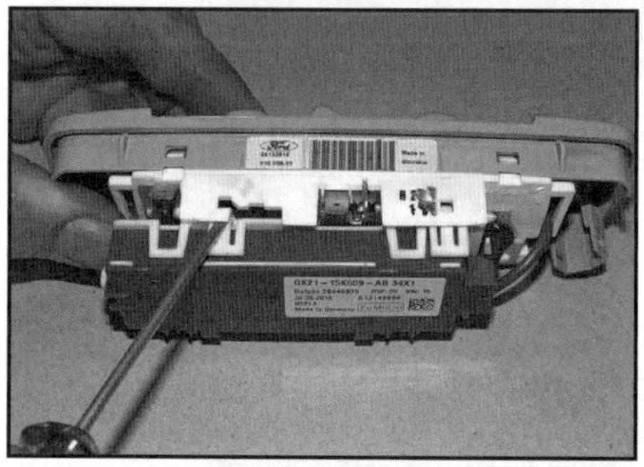

10.3b ... und trennen Sie das Steuermodul.

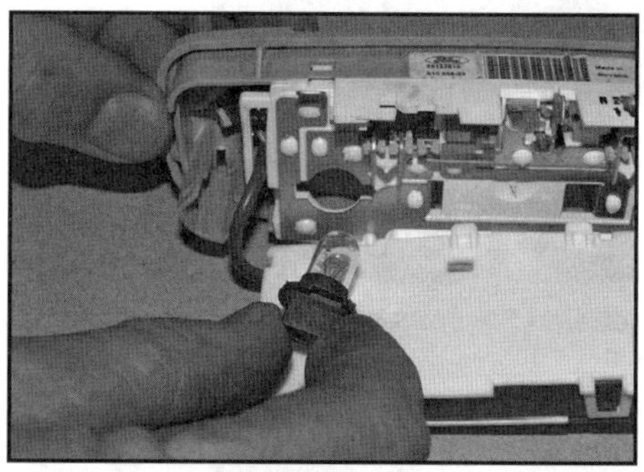

10.3c Drehen Sie den Halter der sockellosen Lampe nach links, um ihn zu befreien.

Hintere Deckenleuchte

4 Lösen Sie mit einem kleinen Schraubendreher die Lasche an der Vorderseite der Innenbeleuchtungs-Baugruppe und ziehen Sie diese aus dem Himmel. Drehen Sie den Halter der sockellosen Lampe nach links, um ihn zu befreien. Ziehen Sie dann die Lampe aus dem Halter (siehe Abbildungen).

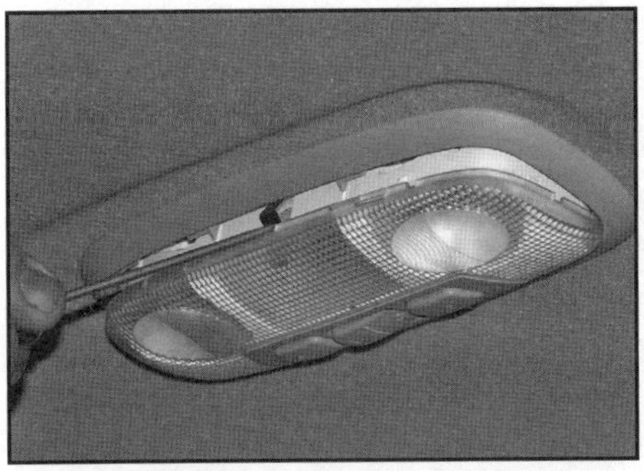

10.4a Lösen Sie die Lasche an der Vorderseite der Innenbeleuchtungs-Baugruppe, um sie zu befreien.

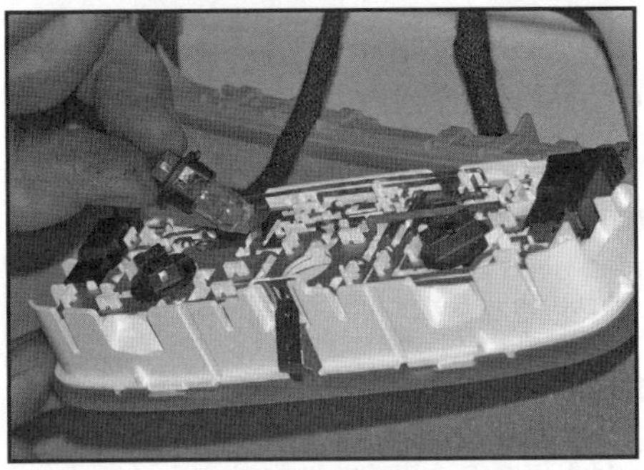

10.4b Drehen Sie den Lampenhalter nach links, um ihn zu entfernen.

5 Installieren Sie die neue(n) Lampe(n) in der umgekehrten Ausbaureihenfolge und prüfen Sie ihre Funktion, bevor Sie die Innenbeleuchtungs-Baugruppe montieren.

Sonnenblenden-Lampen

6 Hebeln Sie mit einem kleinen Schraubendreher vorsichtig das Lampenglas heraus (siehe Abbildung).

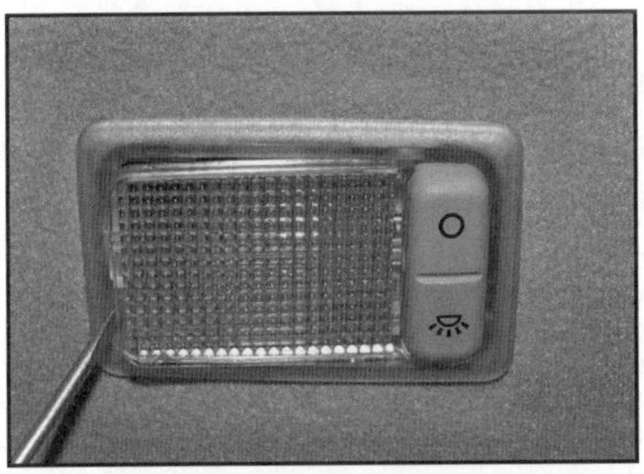

10.6 Hebeln Sie mit einem kleinen Schraubendreher vorsichtig das Lampenglas heraus.

7 Ziehen Sie die sockellose Lampe aus dem Lampenhalter und ersetzen Sie sie durch ein Neuteil (siehe Abbildung).

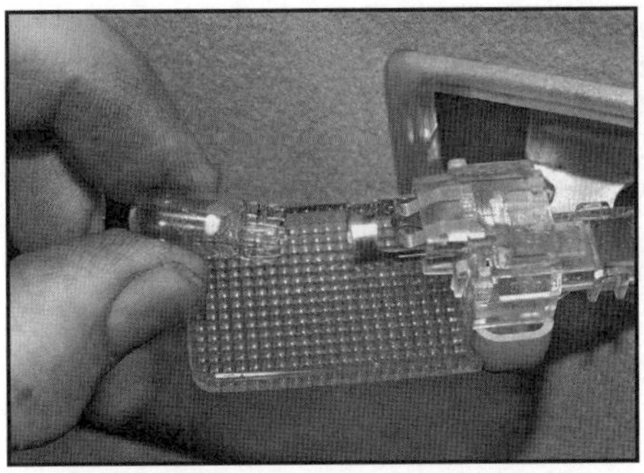

10.7 Ziehen Sie die sockellose Lampe aus dem Lampenhalter.

8 Prüfen Sie die Funktion der Lampe und drücken Sie das Lampenglas in den Rahmen.

Laderaum-Beleuchtung

9 Hebeln Sie mit einem kleinen Schraubendreher vorsichtig das Lampenglas heraus (siehe Abbildung).

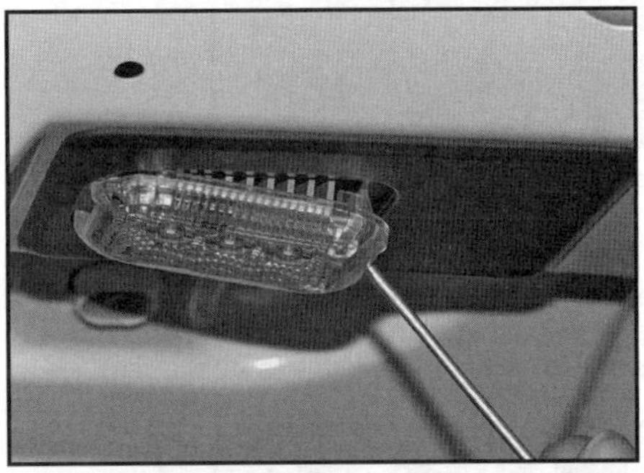

10.9 Hebeln Sie mit einem kleinen Schraubendreher vorsichtig das Lampenglas heraus.

10 Die Lampe ist mit LEDs bestückt, sodass beim Ausfall mehrerer Leuchtdioden die gesamte Lampe ersetzt werden muss.
11 Installieren Sie die Lampe in der umgekehrten Ausbaureihenfolge und prüfen Sie ihre Funktion.

Heizungsregler-Beleuchtung

12 Die Beleuchtung ist nicht separat austauschbar, sodass die gesamte Heizungsregler-Baugruppe ersetzt werden muss – beachten Sie hierzu die Hinweise in Kapitel 3, Sektion 8.

11 Lampen-Baugruppen (außen) – Ausbau und Einbau

Anmerkung: *Trennen Sie stets zuerst den Masseanschluss (–) der Batterie (siehe Kapitel 5, Sektion 3).*

Scheinwerfer und Steuermodul

Scheinwerfer-Baugruppe

Achtung: Beschädigen Sie bei der Arbeit an der Scheinwerfer-Baugruppe keine ihrer Befestigungen!
1 Lösen Sie die zwei Schrauben, mit denen die Scheinwerfer-Baugruppe an der Karosserie befestigt ist (siehe Abbildungen).

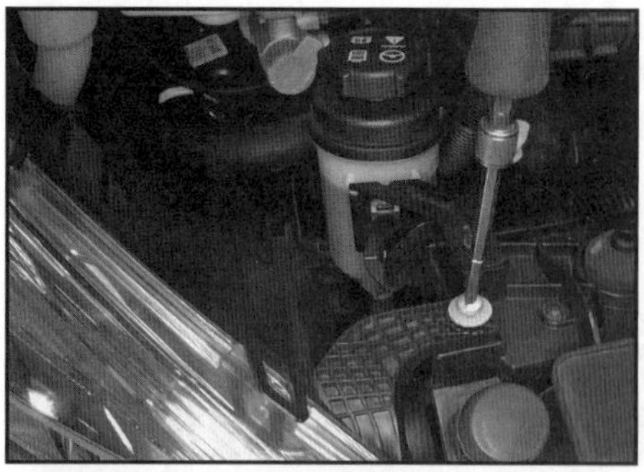

11.1a Lösen Sie die innere ...

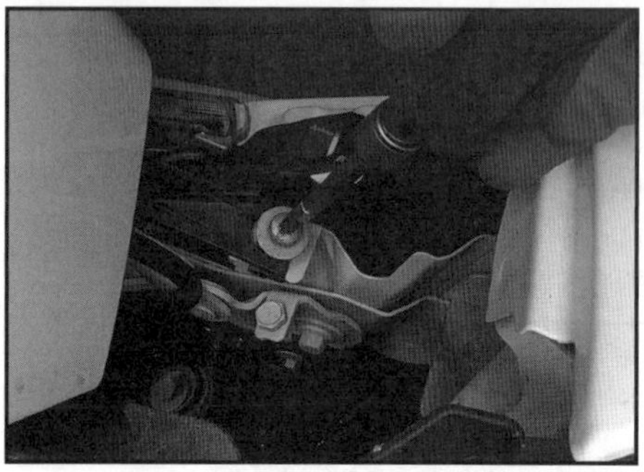

11.1b ... und die hintere Scheinwerfer-Befestigungsschraube.

2 Drücken Sie den Scheinwerfer nach hinten und oben, um seine obere Halterung zu befreien; ziehen Sie ihn dann heraus und trennen Sie dabei seine Stecker (siehe Abbildung).

11.2 Trennen Sie beim Ausbau des Scheinwerfers die Lampenstecker.

3 Der Einbau entspricht der umgekehrten Ausbaureihenfolge. Prüfen Sie die Funktion aller Lampen und stellen Sie ggf. die Leuchtweite ein (siehe Sektion 8).

Steuermodul

4 Das Scheinwerfer-Steuermodul sitzt an der Armaturenbrett-Querstrebe und ist nach dem Entfernen des Handschuhfachs (siehe Kapitel 11, Sektion 27) durch dessen Öffnung zugänglich.
5 Lösen Sie die zwei Torxschrauben unterhalb des Modulgehäuses, trennen Sie den Stecker und ziehen Sie das Modul heraus (siehe Abbildung).

11.5 Torxschrauben unterhalb des Scheinwerfermodul-Gehäuses (gezeigt bei ausgebauter Querstrebe)

Seitliche Blinkerlampe

6 Die Prozedur ist Teil des Lampenwechsels – beachten Sie die Hinweise in Sektion 9, Schritte 29 bis 34.

Nebelscheinwerfer

7 Die Prozedur ist beim Lampenwechsel beschrieben – beachten Sie die Hinweise in Sektion 9, Schritte 35 bis 39.

Rückleuchten

8 Die Prozedur ist Teil des Lampenwechsels – beachten Sie die Hinweise in Sektion 9, Schritte 41 bis 43.

Kennzeichenbeleuchtung

9 Die Prozedur ist Teil des Lampenwechsels – beachten Sie die Hinweise in Sektion 5, Schritte 46 bis 47.

Zusatzbremsleuchte

10 Die Prozedur ist Teil des Lampenwechsels – beachten Sie die Hinweise in Sektion 5, Schritte 48 bis 50.

12 GPS-Antenne/Regensensor-Modul – Ausbau und Einbau

1 Die Baugruppe ist vor dem Beifahrer-Airbag vorn rechts unter dem Armaturenbrett montiert.
2 Für den Zugang muss das komplette Armaturenbrett demontiert werden (siehe Kapitel 11, Sektion 27).
3 Drehen Sie das Armaturenbrett um, lösen Sie die Clips und ziehen Sie das Modul ab (siehe Abbildung).

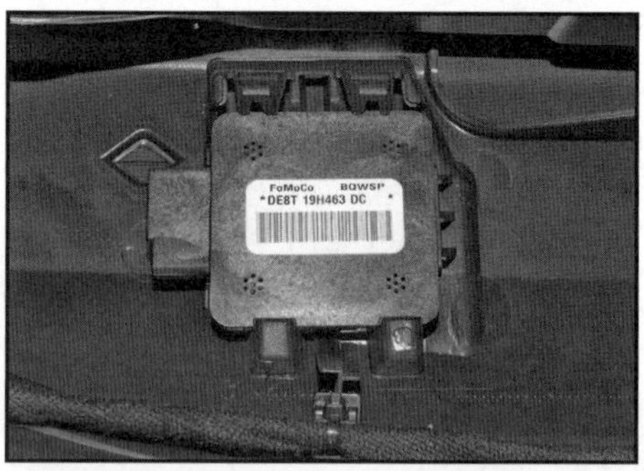

12.3 Lösen Sie die Clips und ziehen Sie das GPS-Antennen-/Regensensor-Modul heraus.

4 Der Einbau entspricht der umgekehrten Ausbaureihenfolge. Prüfen Sie die Funktion des Moduls.

13 Hupe – Ausbau und Einbau

1 Die Hupen sitzen vorn links im Motorraum.
2 Trennen Sie die Stecker von der Hupe, lösen Sie die zwei Schraube und befreien Sie die Hupe vom Halter. Die Hupe kann weder eingestellt noch repariert werden, sodass sie bei einem Defekt ausgetauscht werden muss.
3 Der Einbau entspricht der umgekehrten Ausbaureihenfolge. Prüfen Sie die Funktion der Hupe.

14 Scheibenwischerarme – Ausbau und Einbau

Ausbau

1 Schalten Sie die Scheibenwischer ein und wieder aus, sodass diese wieder in ihre Ruheposition gelangen – diese sollten auf der Frontscheibe eingeätzt sein (siehe Abbildung). Falls keine Markierungen sichtbar sind, müssen mit Kreppband die Position der Wischerblätter auf der Front- oder Heckscheibe markiert werden, um sie später wieder korrekt ausrichten zu können.

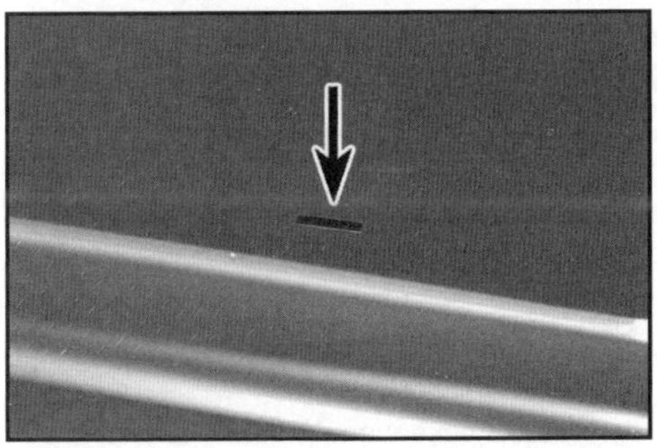

14.1 Eingeätzte Scheibenwischer-Ruheposition auf der Frontscheibe

2 Entfernen Sie die Kappe und lösen Sie die Mutter der Wischerarm-Welle; entfernen Sie sie samt Scheibe (siehe Abbildung).

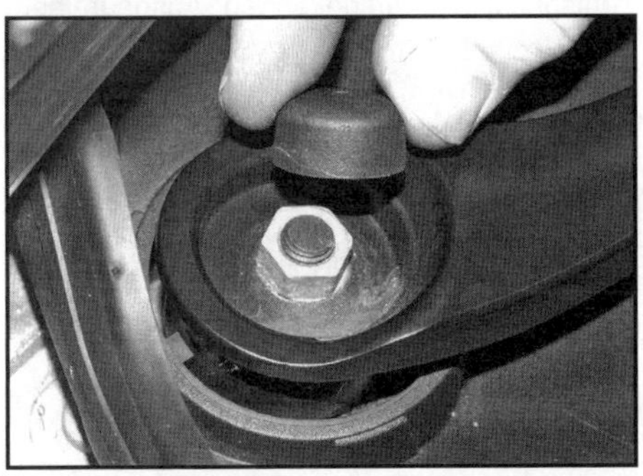

14.2 Entfernen Sie die Kappe und lösen Sie die Mutter des Wischerarms.

3 Heben Sie das Wischerblatt von der Fensterscheibe und ziehen Sie den Wischerarm von der Welle – hebeln sie ihn entweder ab oder ziehen Sie ihn mithilfe eines Abziehers ab (siehe Abbildung).

14.3 Befreien Sie den Wischerarm nötigenfalls mit einem Abzieher von der Welle.

Einbau

4 Die Kerbverzahnungen des Wischerarms und der Welle müssen sauber und trocken sein.
5 Richten Sie das Wischerblatt zur Markierung an der Scheibe aus und stecken Sie den Wischerarm auf die Welle.
6 Legen Sie die Scheibe auf, drehen Sie die Wellenmutter auf und ziehen Sie sie mit 22 Nm an. Drücken Sie die Kappe auf die Mutter.

15 Frontscheibenwischer-Komponenten – Ausbau und Einbau

Wischermotoren

1 Trennen Sie den Masseanschluss (–) der Batterie (siehe Kapitel 5, Sektion 3).
2 Demontieren Sie die Wischerarme (siehe Sektion 14).
3 Hebeln Sie vorn am Lüftungsgitter die Clips heraus (siehe Abbildung).

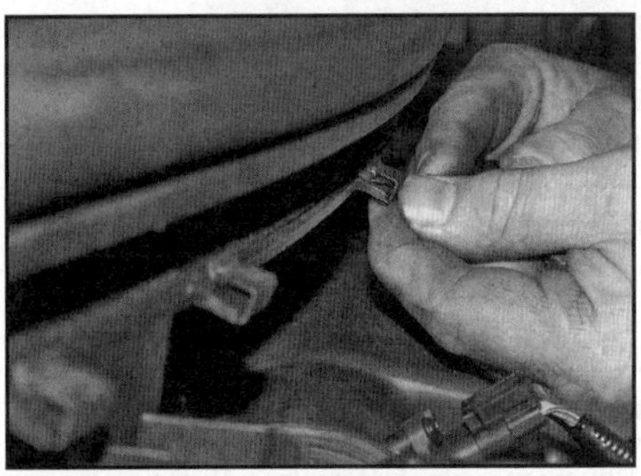

15.3 Hebeln Sie die Clips aus dem Lüftungsgitter heraus.

4 Heben Sie das Lüftungsgitter ab – befreien Sie es dabei vom unteren Rand der Frontscheibe (siehe Abbildung).

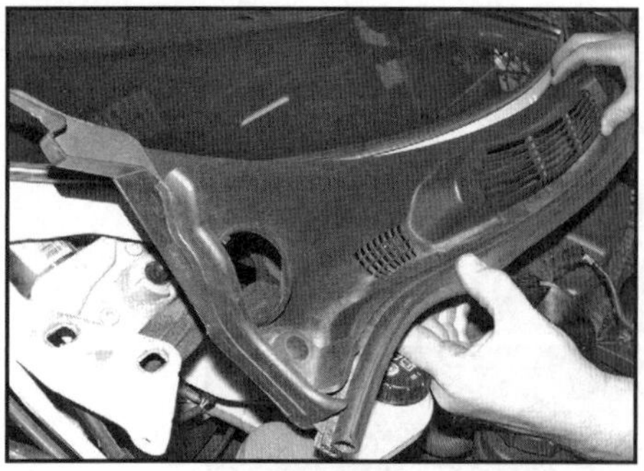

15.4 Heben Sie das Lüftungsgitter ab.

5 Lösen Sie die zwei Schrauben des (jeweiligen) Scheibenwischermotor-Halters und entfernen Sie diesen (siehe Abbildung) – trennen Sie dabei den Kabelstecker.

15.5 Schrauben des Scheibenwischermotor-Halters

6 Lösen Sie die drei Torxschrauben, die den Motor am Halter sichern, und befreien Sie ihn (siehe Abbildung).

15.6 Torxschrauben, die den Motor am Halter sichern

7 Der Einbau entspricht der umgekehrten Ausbaureihenfolge.

Regen-/Licht-Sensor

Achtung: Achten Sie beim Entfernen des Sensors darauf, nicht die Frontscheibe zu beschädigen.

8 Die Sensor-Baugruppe sitzt hinter einer Abdeckung oben an der Innenseite der Frontscheibe.

9 Hebeln Sie mit einem geeigneten Werkzeug vorsichtig die Abdeckung von der Kunststoff-Halterung am Frontscheiben-Glas. Trennen Sie den Sensorstecker, lösen Sie den Halter an beiden Seiten und entfernen Sie den Sensor (siehe Abbildungen).

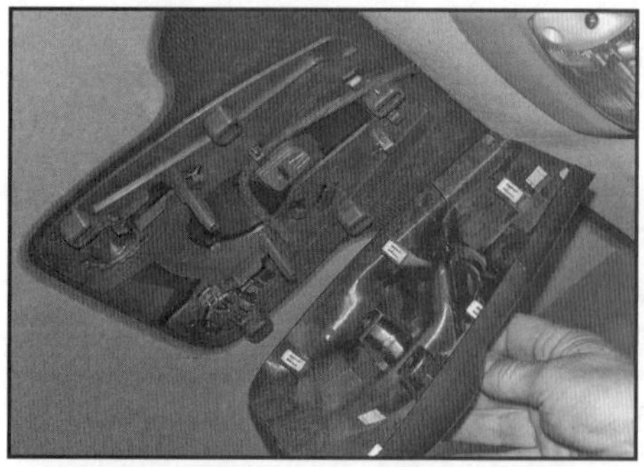

15.9a Hebeln Sie vorsichtig die Abdeckung von der Frontscheibe ...

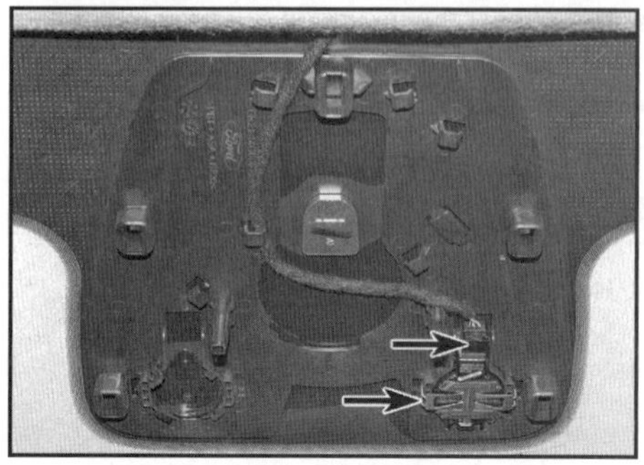

15.9b ... und trennen Sie den/die Stecker, um die Sensor-Halterung(en) zu befreien.

10 Achten Sie beim Einbau darauf, dass die Kontaktfläche absolut sauber ist.

16 Heckscheibenwischermotor – Ausbau und Einbau

1 Trennen Sie den Masseanschluss (–) der Batterie (siehe Kapitel 5, Sektion 3).
2 Demontieren Sie den Wischerarm.
3 Demontieren Sie die Hecktür-/Heckklappen-Innenverkleidung (siehe Kapitel 11, Sektion 24).
4 Trennen Sie den Kabelstecker vom Wischermotor und ziehen Sie den Schlauch des Wischwaschsystems ab.
5 Lösen Sie die drei Schrauben des Wischermotor-Halters und befreien Sie diesen aus der Hecktür oder Heckklappe.
6 Lösen Sie die Schrauben, die den Motor am Halter sichern. Stellen Sie beim Trennen des Motors alle Distanzhülsen sicher – merken Sie sich deren Positionen.
7 Der Einbau entspricht der umgekehrten Ausbaureihenfolge.

17 Scheibenwaschsystem-Komponenten – Ausbau und Einbau

Wischwasserbehälter und Pumpe

Ausbau

1 Demontieren Sie die rechte Scheinwerfer-Baugruppe siehe Sektion 11).

2 Demontieren Sie die vordere Stoßstange (siehe Kapitel 11, Sektion 22).
3 Lösen Sie den Einfüllstutzen aus dem Behälter und der Halterung im Motorraum (siehe Abbildungen).

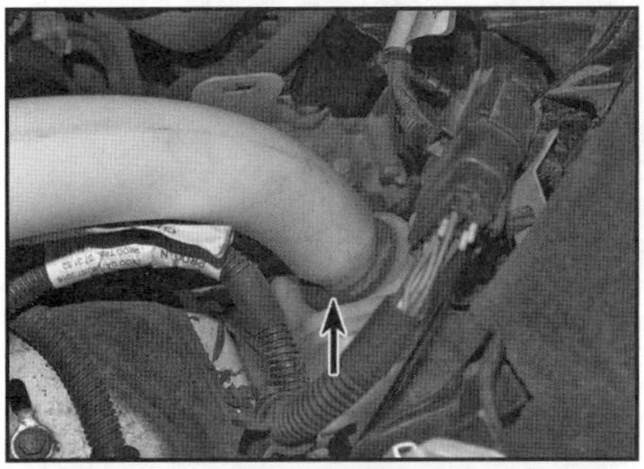

17.3a Lösen Sie den Einfüllstutzen aus dem Behälter ...

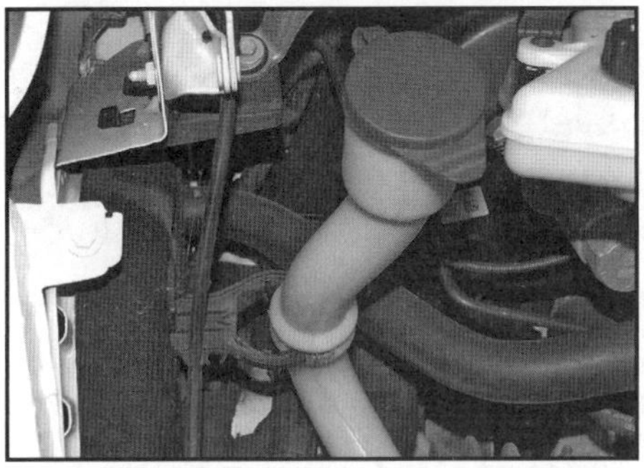

17.3b ... und der Halterung im Motorraum.

4 Trennen Sie den Kabelstecker und ziehen Sie den Pegelsensor aus dem Wischwasserbehälter (siehe Abbildung) – seien Sie auf austretendes Wischwasser vorbereitet.

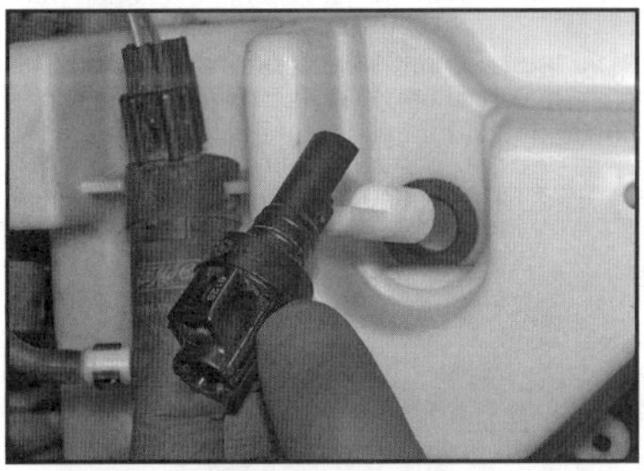

17.4 Ziehen Sie den Pegelsensor aus dem Wischwasserbehälter.

5 Trennen Sie den Stecker und den Wischwasserschlauch von der Pumpe und ziehen Sie diese nötigenfalls aus dem Behälter (siehe Abbildung).

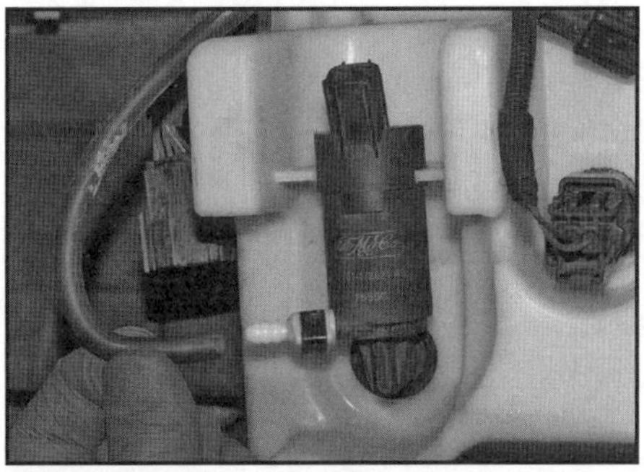

17.5 Ziehen Sie den Wischwasserschlauch von der Pumpe ab.

6 Befreien Sie alle Kabel und Schläuche vom Wischwasserbehälter.
7 Lösen Sie die zwei Befestigungsschrauben und entnehmen Sie den Wischwasserbehälter (siehe Abbildung).

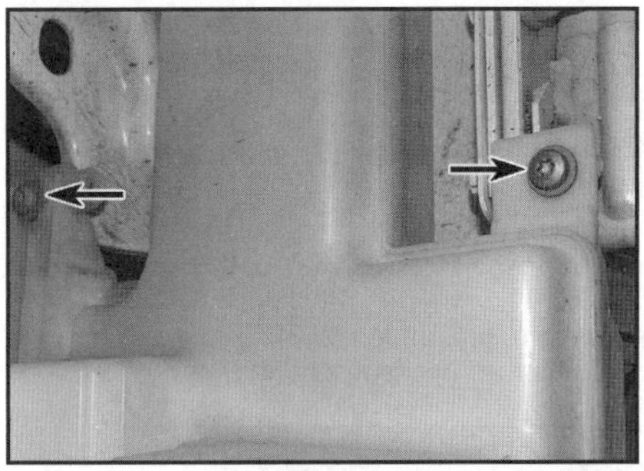

17.7 Befestigungsschrauben des Wischwasserbehälters

Einbau

8 Der Einbau entspricht der umgekehrten Ausbaureihenfolge – schmieren Sie ggf. den Pumpen-Dichtring mit Wischwasser, um den Einbau zu erleichtern.
9 Füllen Sie den Ausgleichsbehälter mit dem korrekten Wischwasser-Gemisch auf. Prüfen Sie die Funktion der Pumpe und kontrollieren Sie alles auf Undichtigkeiten.

Frontscheiben-Düse

10 Öffnen Sie die Motorhaube und stützen Sie sie ab. Hebeln Sie die Halterungen der Motorhauben-Dämmung heraus und entfernen Sie diese (siehe Abbildung).

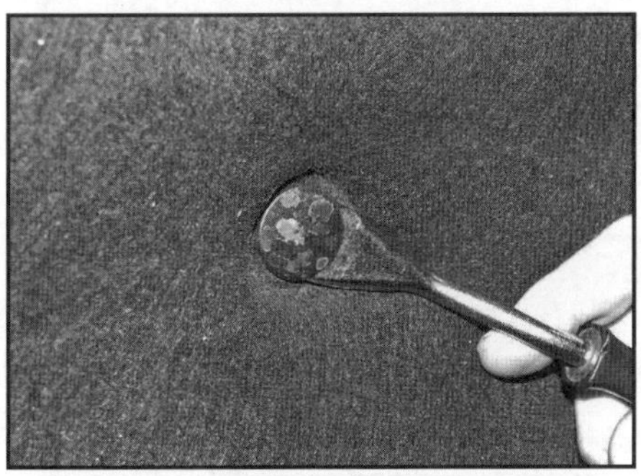

17.10 Hebeln Sie die Halterungen der Motorhauben-Dämmung heraus.

11 Ziehen Sie den Schlauch ab, drücken Sie die Lasche der Düse ein und drücken Sie sie aus der Motorhaube heraus (siehe Abbildung).

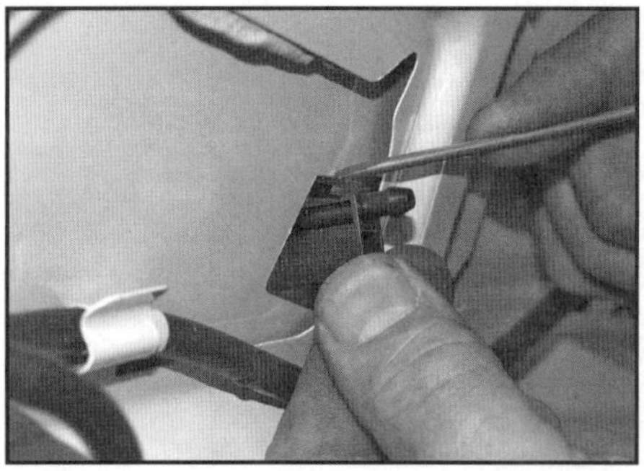

17.11 Drücken Sie die Lasche der Düse ein und drücken Sie sie aus der Motorhaube.

12 Der Einbau entspricht der umgekehrten Ausbaureihenfolge – die Düse ist nicht einstellbar.

18 Infotainment-Monitor – Ausbau und Einbau

1 Trennen Sie den Masseanschluss (–) der Batterie (siehe Kapitel 5, Sektion 3).
2 Hebeln Sie mit einem geeigneten Werkzeug vorsichtig die Abdeckung vom Monitor ab (siehe Abbildung).

18.2 Hebeln Sie vorsichtig die Monitor-Abdeckung ab.

3 Lösen Sie die zwei Schrauben des Monitors, heben Sie ihn an und trennen Sie seinen Stecker (siehe Abbildungen).

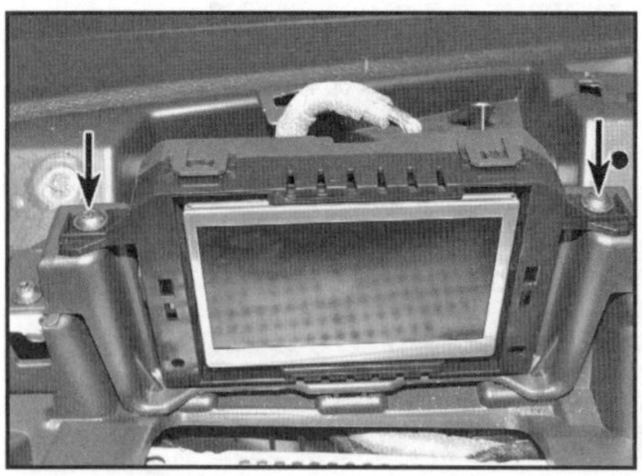

18.3a Lösen Sie die zwei Schrauben des Monitors, ...

18.3b ... heben Sie ihn an und trennen Sie seinen Stecker.

4 Der Einbau entspricht der umgekehrten Ausbaureihenfolge.

19 Audiosystem – Ausbau und Einbau

Anmerkung: *Die folgende Prozedur gilt für das ab Werk erhältliche Audiosystem.*
Anmerkung: *Falls das Audiosystem mit einem Zugangscode ausgerüstet ist, muss dieser nach jedem Trennen der Batterie neu eingegeben werden.*
Anmerkung: *Sobald ein neues Audiosystem eingebaut wurde, muss dies mit einer Ford-Diagnoseausrüstung konfiguriert werden – überlassen Sie diese Arbeit einer entsprechend ausgerüsteten Fachwerkstatt.*
1 Trennen Sie den Masseanschluss (–) der Batterie (siehe Kapitel 5, Sektion 3).
2 Demontieren Sie den Infotainment-Monitor (siehe Sektion 18).
3 Entfernen Sie die Infotainment-Konsole (siehe Sektion 5).
4 Lösen Sie die zwei Schrauben des Audiosystems und ziehen Sie es vorsichtig nach hinten (siehe Abbildung).

19.4 Lösen Sie die Schrauben des Audiosystems und ziehen Sie es nach hinten.

5 Trennen Sie hinten am Audiosystem alle Kabelstecker und den Antennenstecker und befreien Sie es aus dem Armaturenbrett (siehe Abbildung).

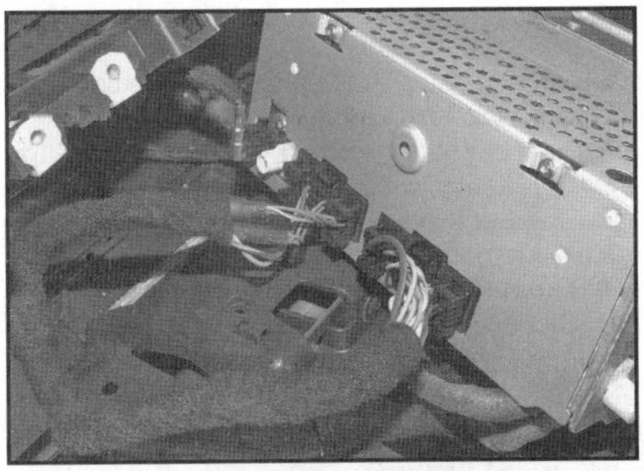

19.5 Trennen Sie hinten am Audiosystem alle Kabelstecker und den Antennenstecker.

6 Der Einbau entspricht der umgekehrten Ausbaureihenfolge – alle Stecker müssen sicher verbunden sein.

20 Lautsprecher – Ausbau und Einbau

Ausbau

1 Beachten Sie für den Ausbau des Hochtöners aus der A-Säule die Hinweise in Kapitel 11, Sektion 24.
2 Entfernen Sie für den Ausbau der Türlautsprecher die Türverkleidung (siehe Kapitel 11, Sektion 8).
3 Trennen Sie den Lautsprecher-Stecker, lösen Sie die drei Schrauben und befreien Sie den Lautsprecher aus der Tür (siehe Abbildungen).

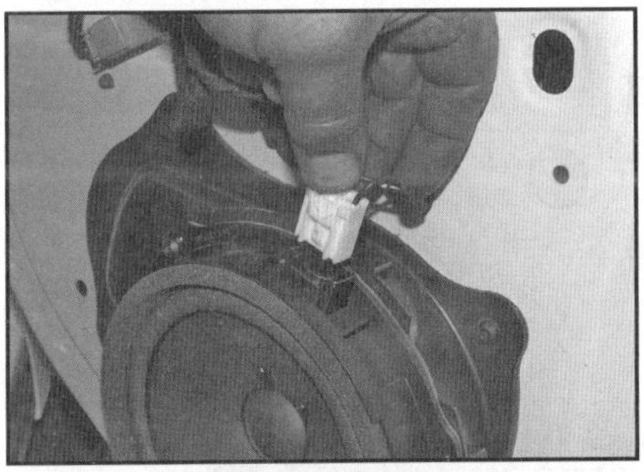

20.2a Trennen Sie den Lautsprecher-Stecker ...

20.2b ... und lösen Sie die drei Schrauben, um den Lautsprecher aus der Tür zu befreien.

4 Der Einbau entspricht der umgekehrten Ausbaureihenfolge.

21 Alarmanlage und Wegfahrsperre – Allgemeine Informationen

1 Alle Modelle sind serienmäßig mit einer Alarmanlage und einer Wegfahrsperre ausgerüstet, die beim Verriegeln der Fahrertür oder Betätigen der Fernbedienung automatisch ab- und einschaltet. Falls an der Alarmanlage ein Fehler auftritt, muss das Fahrzeug von einer Ford-Werkstatt überprüft werden.

22 Airbag-System – Allgemeine Informationen und Warnhinweise

Allgemeine Informationen

1 Alle Modelle sind serienmäßig mit einem Fahrer-Airbag (im Lenkrad) und einem Beifahrer-Airbag (oberhalb des Handschuhfachs) ausgerüstet. Manche Modelle sind zudem mit Seiten-Airbags (in den Vordersitzen) und Vorhang-Airbags (im Dachhimmel) ausgerüstet.
2 Das System ist nur bei eingeschalteter Zündung funktionsfähig, doch für den Fall einer Stromunterbrechung im Hauptkabel ist noch eine Reservestromquelle vorhanden. Die Airbags werden von einem vorn im Fahrzeug sitzenden Verzögerungssensor und unten in den B-Säulen sitzenden Seitenaufprall-Sensoren aktiviert und vom (auch für die Gurtstraffer zuständige) RCM-Steuergerät überwacht.
3 Bei einem Aufprall werden die Airbags binnen Millisekunden aufgepumpt, um den Insassen ein Polster zum Lenkrad bzw. dem Armaturenbrett oder zur Seite zu bieten und das Risiko von Verletzungen zu reduzieren. Der Airbag entleert sich anschließend fast genauso schnell. **Achtung: Ein versehentlich ausgelöster Airbag kann schwere Verletzungen hervorrufen!**

Warnhinweise

Warnung: Die folgenden Vorsichtsmaßnahmen müssen bei der Arbeit am Airbag-System beachtet werden, um Gesundheitsrisiken zu minimieren.

Allgemeine Vorkehrungen

4 Die folgenden Vorsichtsmaßnahmen **müssen** bei der Arbeit am Fahrzeug beachtet werden:
a) *Trennen Sie **niemals** die Batterie bei laufendem Motor.*
b) *Demontieren Sie alle Airbag-Komponenten, bevor irgendwelche Arbeiten in der Umgebung von Airbags durchgeführt werden.*
c) *Testen Sie **niemals** Stromkreise des Airbag-Systems mit irgendwelchen Messgeräten.*
d) *Versuchen Sie beim Aufleuchten der Airbag-Warnlampe **niemals** selbst, eine Fehlerdiagnose durchzuführen oder Teile des Airbag-Systems zu zerlegen – bringen Sie das Fahrzeug **unbedingt** in eine Ford-Werkstatt.*
e) *Deaktivieren Sie das Airbag-System, bevor Schweißarbeiten am Fahrzeug vorgenommen werden.*

Umgang mit dem Airbag

a) *Transportieren Sie einen Airbag **immer** mit dem Luftsack nach oben.*

*b) Legen Sie **niemals** Ihre Arme um den Airbag.*
*c) Halten Sie den Airbag **stets** dicht am Körper – mit dem Luftsack nach außen.*
*d) Lassen Sie einen Airbag **niemals** fallen; setzen Sie ihn keinen Schlägen aus.*
*e) Versuchen Sie **niemals**, einen Airbag zu zerlegen.*
*f) Verbinden Sie **niemals** irgendwelche elektrischen Komponenten mit Teilen des Airbag-Stromkreises.*

Lagern eines Airbags

a) Lagern Sie einen Airbag mit dem Luftsack nach oben in einem geschlossenen Schrank.
*b) Setzen Sie einen Airbag **niemals** Temperaturen über 80 °C aus.*
*c) Setzen Sie einen Airbag **niemals** offenen Flammen aus.*
d) Entsorgen Sie einen Airbag nur über eine Ford-Werkstatt.
*e) Bauen Sie **niemals** einen Airbag ins Auto ein, der erwiesenermaßen defekt oder beschädigt ist.*

Deaktivieren des Airbag-Systems

5 Bevor Arbeiten an Airbag-Komponenten oder umliegenden Bereichen erledigt werden, muss der Airbag folgendermaßen deaktiviert werden:
a) Schalten Sie die Zündung ein und prüfen Sie die Funktion der Airbag-Warnlampe – sie muss aufleuchten und dann erlöschen.
b) Schalten Sie die Zündung ab.
c) Ziehen Sie den Zündschlüssel ab.
d) Schalten Sie alle elektrischen Verbraucher ab.
e) Trennen Sie das Massekabel (–) der Batterie (siehe Kapitel 5, Sektion 3).
f) Isolieren Sie den Minuspol der Batterie und das Ende des Massekabels, um alle Risiken auszuschließen.
g) Warten Sie mindestens drei Minuten, bevor Sie fortfahren. Warten Sie mindestens zehn Minuten, falls die Airbag-Warnleuchte nicht korrekt funktionierte.

Aktivieren des Airbag-Systems

6 Nachdem die Arbeiten an Airbag-Komponenten oder umliegenden Bereichen erledigt sind, muss der Airbag folgendermaßen aktiviert werden:
a) Im Fahrzeug darf sich niemand aufhalten und in der Nähe des Lenkrads dürfen sich keine losen Objekte befinden. Schließen Sie alle Fenster und Türen des Fahrzeugs.
b) Wenn sichergestellt ist, dass die Zündung abgeschaltet ist, wird die Batterie wieder angeschlossen.
c) Öffnen Sie die Fahrertür, und schalten Sie die Zündung ein, ohne dabei direkt über das Lenkrad zu greifen. Prüfen Sie, ob die Airbag-Warnlampe kurz aufleuchtet und dann erlischt.
d) Schalten Sie die Zündung ab.
e) Falls die Airbag-Warnlampe nicht kurz aufleuchtet und dann erlischt, muss Rat bei einer Ford-Werkstatt gesucht werden, bevor mit dem Fahrzeug gefahren wird.

23 Airbag-Systemkomponenten – Ausbau und Einbau

Warnung: Beachten Sie vor der Arbeit die Warnhinweise in Sektion 22!

Fahrer-Airbag

1 Deaktivieren Sie das Airbag-System (siehe Sektion 22). Der Airbag ist in die Lenkradnabe integriert.
2 Entfernen Sie die Lenksäulen-Abdeckungen (siehe Kapitel 11, Sektion 27).
3 Positionieren Sie das Lenkrad möglichst tief und weit hinten.
4 Führen Sie einen kleinen Schraubendreher in einer der zwei Bohrungen hinten am Lenkrad ein und bringen Sie ihn in Kontakt zur Airbag-Sicherungsfeder (siehe Abbildung).

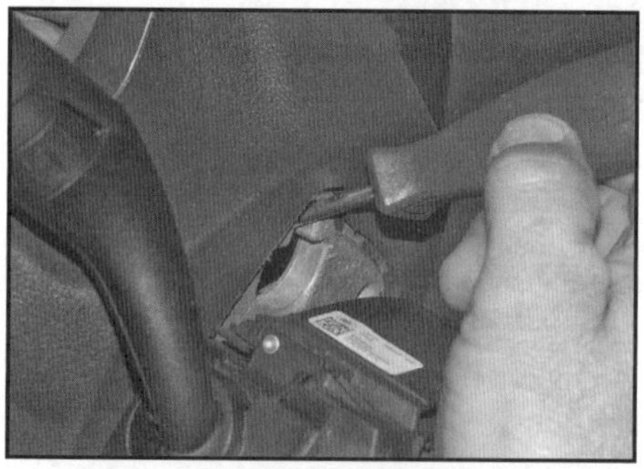

23.4 Führen Sie einen kleinen Schraubendreher in einer der zwei Bohrungen hinten am Lenkrad ein.

5 Drücken Sie den Schraubendreher hoch, um die Feder aus der Lasche am Lenkrad zu befreien, und ziehen Sie gleichzeitig die Airbag-Grundplatte vom Lenkrad ab. Befreien Sie den Federdraht auf der anderen Seite auf die gleiche Weise.
6 Sobald die Airbag-Federdrähte befreit sind, wird der Airbag vom Lenkrad abgezogen – trennen Sie dabei den Hauptstecker und die zwei Massekabel (siehe Abbildungen). Entfernen Sie den Airbag und lagern Sie ihn an einem sicheren Ort – beachten Sie die Warnhinweise in Sektion 22.

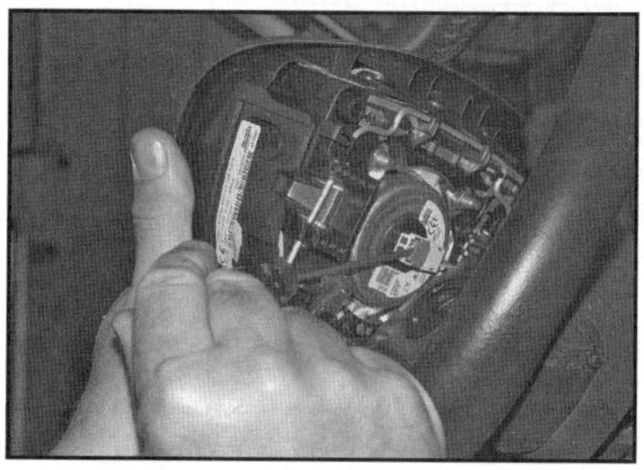

23.6a Ziehen Sie den Airbag vom Lenkrad ab und trennen Sie den Hauptstecker ...

23.6b ... sowie die zwei Massekabel.

7 Der Einbau entspricht der umgekehrten Ausbaureihenfolge – beachten Sie dabei folgende Punkte:

a) Die Batterie muss beim Verbinden der Airbag-Verkabelung unbedingt noch getrennt sein.
b) Der Airbag-Stecker muss sicher verbunden sein.
c) Der Airbag muss fest ins Lenkrad gedrückt werden, bis alle Federdrähte einrasten.

Beifahrer-Airbag

8 Deaktivieren Sie das Airbag-System (siehe Sektion 22).
9 Demontieren Sie das Handschuhfach (siehe Kapitel 11, Sektion 27).
10 Trennen Sie die Stecker des unter dem Airbag sitzenden Moduls, lösen Sie dessen zwei Muttern und befreien Sie da Modul vom Rahmen (siehe Abbildung).

23.10 Muttern des Airbag-Moduls

11 Lösen Sie die sechs Muttern der Airbag-Halterung (siehe Abbildung).

23.11 Muttern der Airbag-Halterung – vier von sechs gezeigt

12 Lösen Sie die vier Muttern, die die Oberseite des Airbags am Armaturenbrett sichern, und trennen Sie den Kabelstecker.
13 Hebeln Sie mit eine geeigneten Werkzeug vorsichtig die Airbag-Blende aus dem Armaturenbrett und befreien Sie den Airbag. Entfernen Sie den Airbag aus dem Fahrzeug und lagern Sie ihn an einem sicheren Ort – beachten Sie die Warnhinweise in Sektion 22.
14 Der Einbau entspricht der umgekehrten Ausbaureihenfolge – beachten Sie dabei folgende Punkte:
a) Die Batterie muss beim Verbinden der Airbag-Verkabelung unbedingt noch getrennt sein.
b) Der Airbag-Stecker muss sicher verbunden sein.
c) Alle Muttern müssen sorgfältig angezogen werden – beachten Sie die Anzugsdrehmomente in den technischen Daten.

Seiten-Airbag

15 Der Aus- und Einbau des Seiten-Airbags erfordert das Zerlegen des entsprechenden Sitzes – dies sollte einer Ford-Werkstatt überlassen werden.

Airbag-Drehstecker

Ausbau

16 Deaktivieren Sie das Airbag-System (siehe Sektion 22).
17 Demontieren Sie das Lenkrad (siehe Kapitel 10, Sektion 15).
18 Demontieren Sie die Lenksäulenverkleidungen (siehe Kapitel 11, Sektion 27).
19 Entfernen Sie die Lenksäulenschalter (siehe Sektion 5).
20 Trennen Sie den Kabelstecker unten am Drehstecker (siehe Abbildung).

23.20 Trennen Sie den Kabelstecker unten am Drehstecker.

21 Lösen Sie die Clips des Drehsteckers und befreien Sie ihn von der Lenksäule (siehe Abbildungen).

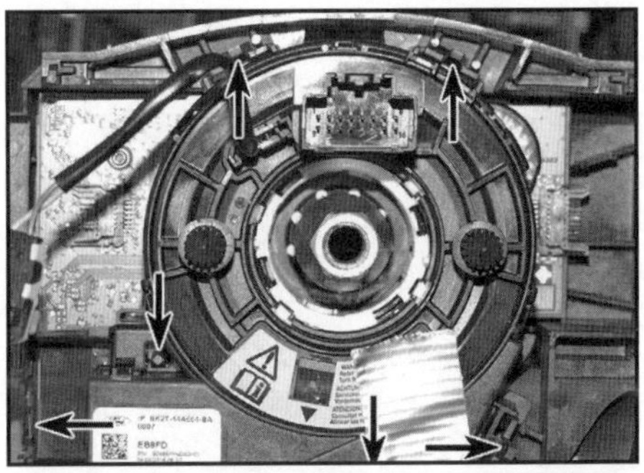

23.21a Lösen Sie die Clips des Drehsteckers ...

23.21b ... und befreien Sie ihn von der Lenksäule.

Einbau

22 Der Einbau entspricht der umgekehrten Ausbaureihenfolge.
23 Solange nicht absolut sichergestellt ist, dass das Lenkrad vor dem Ausbau zentriert wurde und der Drehschalter seit seiner Demontage nicht bewegt wurde, muss vor der Montage des Lenkrads der Drehschalter zentriert werden:

24 Die Prozedur zum Zentrieren des Drehschalter sollte darauf beschrieben sein; soweit sie sich deutlich vom unten Beschriebenen unterscheidet, müssen beim Ford-Händler die neuesten Informationen eingeholt werden.
25 Drehen Sie den Drehschalter zunächst sanft nach links, bis Widerstand fühlbar wird.
26 Drehen Sie den Schalter dann nach rechts, bis der darauf angebrachte Pfeil zum Dreieck am Drehschaltergehäuse fluchtet (siehe Abbildung).

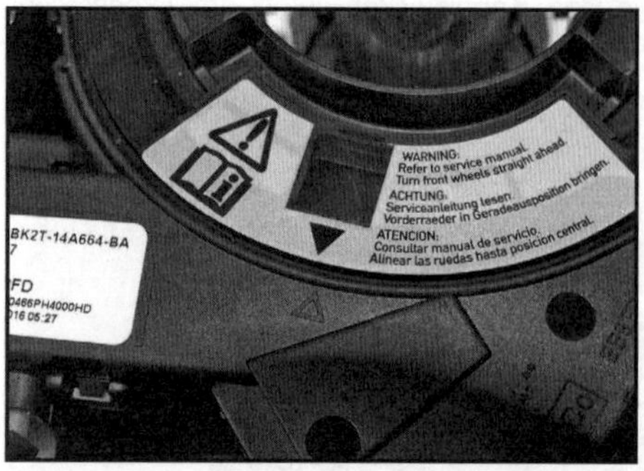

23.26 Zentrieren Sie den Drehschalter, sodass sein Pfeil zum Dreieck am Gehäuse fluchtet.

27 Montieren die Lenksäulenverkleidungen (siehe Kapitel 11, Sektion 27) und das Lenkrad (siehe Kapitel 10, Sektion 15).

Rückhaltesystem-Steuermodul (RCM)

28 Das Modul sitzt zwischen den Vordersitzen unterhalb des Armaturenbretts und darf nicht demontiert werden – überlassen Sie diese Arbeit einer Ford-Werkstatt.

ZUSATZ-ANSCHLUSSBOX (AJB) (2,0 L-MOTOR)

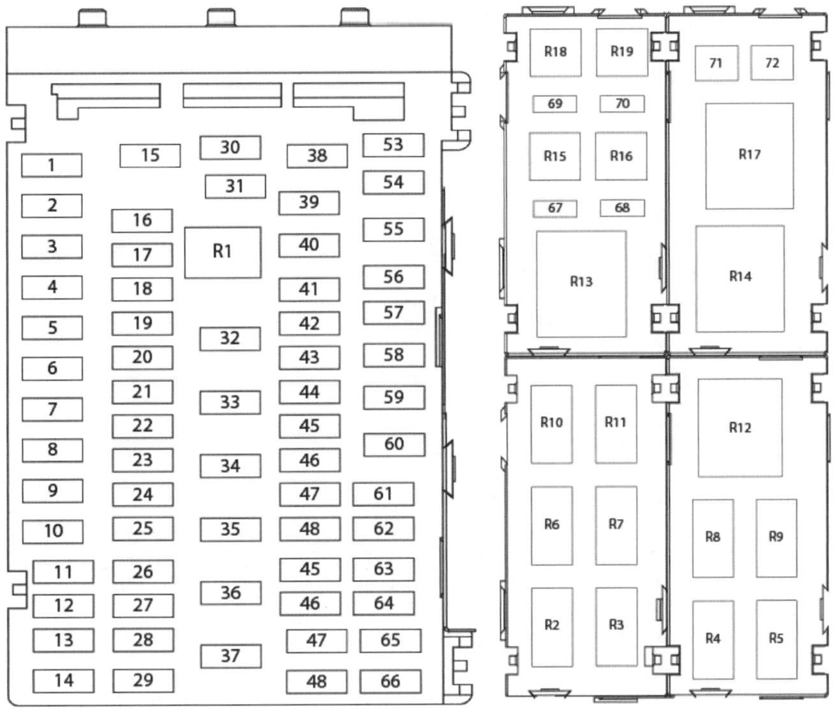

SICHERUNG/RELAIS	ABSICHERUNG	BESCHREIBUNG	BEZEICHNUNG
1	60 A	Frontscheibenwischer-Relais	F1
2	40 A	Gebläsemotor-Relais	F2
3	-	frei	F3
4	40 A	Heckscheibenheizungs-Relais	F4
5	40 A	Anhänger-Modul	F5
6	40 A	Hilfs-Leistungsrelais	F6
7	40 A	Leistungsrelais	F7
8	20 A	Hupen-Relais	F8
9	15 A	Heck-Wischwaschrelais	F9
10	10 A	Hupen-Relais, Gebläsemotor-Relais, Leistungsrelais, Hilf-Leistungsrelais, Frontscheibenwischer-Relais	F10
11	-	frei	F11
12	-	frei	F12
13	20 A	Zusatzsteckdose	F13
14	20 A	Steckdose vorn	F14
15	50 A	Niederspannungsgleichstrom/Gleichstrom-Transformator (DC/DC), Karosserie-Steuermodul (BMC) – F12, F13, F32, F33	F15
16	25 A	ABS	F16
17	5 A	Kraftstoffpumpen-Relais, Motorsteuergerät (PCM), Leistungsrelais	F17
18	10 A	Bremspedal-Positionsschalter	F18
19	15 A	Türverriegelungs-Relais	F19
20	5 A	Diesel-Standheizungs-Steuermodul	F20
21	15 A	Getriebe-Steuermodul (TCM)	F21

22	25 A	Getriebe-Hilfsölpumpe	F22
23	-	frei	F23
24	10 A	Außenspiegel links, Außenspiegel rechts	F24
25	7.5 A	Türschloss rechts	F25
26	7.5 A	Türschloss links	F26
27	-	frei	F27
28	-	frei	F28
29	40 A	Zusatzgebläsemotor-Relais	F29
30	20 A	Hintere Passagierraum-Steckdose	F30
31	30 A	Heckscheibenheizungs-Element	F31
32	60 A	Betriebs- und Start-Relais	F32
33	60 A	Kraftstoffpumpen-Relais	F33
34	40 A	Frontscheibenheizungs-Element links	F34
35	40 A	Frontscheibenheizungs-Element rechts	F35
36	50 A	Karosserie-Steuermodul (BMC)	F36
37	50 A	Karosserie-Steuermodul (BMC) – F1	F37
38	-	frei	F38
39	20 A	Sitzheizungsschalter	F39
40	5 A	Glühkerzen-Modul, Motorsteuergerät (PCM)	F40
41	5 A	Diesel-Standheizungs-Relais	F41
42	5 A	Scheinwerfer-Baugruppe links, Scheinwerfer-Baugruppe rechts, Lichtschalter	F42
43	5 A	Getriebe-Steuermodul (TCM), Getriebe-Hilfsölpumpe	F43
44	10 A	Niederspannungsgleichstrom/Gleichstrom-Transformator (DC/DC), Fahrzeug-Dynamikmodul (VDM), Näherungswarnradargerät, Hilfsgebläsemotorschalter, Einparkhilfe-Kamera hinten	F44
45	20 A	Adaptives Frontlichtmodul	F45
46	5 A	Hilfsgebläsemotor-Relais, Frontscheibenheizungselement-Relais links, Frontscheibenheizungselement-Relais rechts, Heckscheibenheizungs-Relais	F46
47	5 A	ABS-Modul	F47
48	10 A	Hintere 12 V-Steckdose	F48
49	20 A	Heckscheibenwischermotor	F49
50	5 A	Heck-Wischwaschrelais, Licht- und Regensensor	F50
51	25 A	Frontscheibenwischermotor (Linkslenker), Zusatz-Frontscheibenwischermotor (Rechtslenker)	F51
52	25 A	Frontscheibenwischermotor (Rechtslenker), Zusatz-Frontscheibenwischermotor (Linkslenker)	F52
53	40 A	Heckluftfederungs-Relais	F53
54	15 A	Fahrzeug-Dynamikmodul (VDM)	F54
55	40 A	ABS-Modul	F55
56	-	frei	F56
57	30 A	Vordersitz-Kontrollschalter	F57
58	-	frei	F58
59	30 A	Anlasserrelais	F59
60	15 A	Anhänger-Modul	F60
61	15 A	Fahrertürschloss (Linkslenker), Beifahrertürschloss (Rechtslenker), Schiebetür-Kontaktplatte (links)	F61
62	15 A	Hecktürschloss, Beifahrertürschloss (Linkslenker), Fahrttürschloss (Rechtslenker), Schiebetür-Kontaktplatte (rechts)	F62
63	15 A	Fahrertürschloss (Linkslenker), Beifahrertürschloss (Rechtslenker), Schiebetür-Kontaktplatte (links)	F63
64	15 A	Hecktürschloss, Beifahrertürschloss (Linkslenker), Fahrertürschloss (Rechslenker), Schiebetür-Kontaktplatte (rechts)	F64
65	20 A	Kraftstoffpumpen-Steuermodul	F65
66	40 A	Kraftstofffilter-Heizung/Wasser-in-Kraftstoff-Sensor	F66
67	-	frei	F67

Sicherungen und Relais – 2,0 l-Modelle (Fortsetzung)

68	-	frei	F68
69	7.5 A	Fahrtenschreiber	F69
70		frei	F70
71	40 A	Wechselrichter (DC/AC)	F71
72	30 A	Anhänger-Steckdoses	F72
R1	-	Hupenrelais	R1
R2	-	Heckscheibenheizungs-Relais	R2
R3	-	Zusatzgebläsemotor-Relais	R3
R4	-	Zusatzsteckdosen-Relais	R4
R5	-	Steckdosen-Relais	R5
R6	-	Frontscheibenheizungselement-Relais links	R6
R7	-	Frontscheibenheizungselement-Relais rechts	R7
R8	-	Heck-Wischwaschrelais	R8
R9	-	Diesel-Standheizungs-Relais	R9
R10	-	Gebläsemotor-Relais	R10
R11	-	Türverriegelungs-Relais	R11
R12	-	Klappspiegelmodul-Relais	R12
R13	-	Betriebs- und Start-Relais	R13
R14	-	Kraftstoffpumpen-Relais	R14
R15	-	frei	R15
R16	-	frei	R16
R17	-	Frontscheibenwischer-Relais	R17
R18	-	frei	R18
R19	-	frei	R19

BATTERIE-ANSCHLUSSBOX (BJB) (2,0 L-MOTOR)

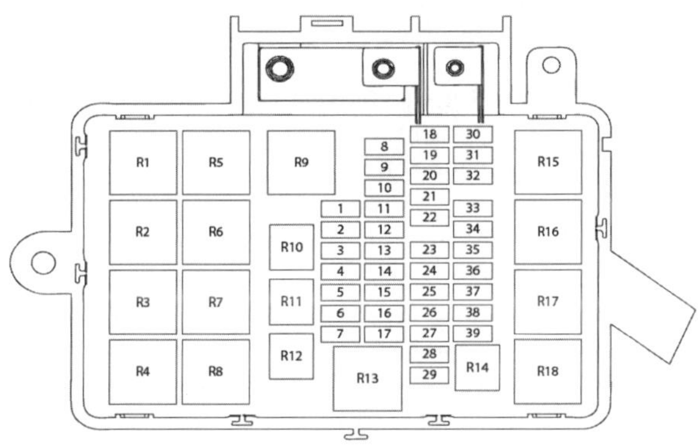

SICHERUNG/RELAIS	ABSICHERUNG	BESCHREIBUNG	BEZEICHNUNG
1	5 A	Audio-Steuermodul (ACM)	F1
2	-	frei	F2
3	-	frei	F3
4	-	frei	F4
5	-	frei	F5
6	-	frei	F6
7	-	frei	F7
8	20 A	Kühlventilator-Relais	F8
9	-	frei	F9
10	-	frei	F10

Sicherungen und Relais – 2,0 l-Modelle (Fortsetzung)

11	-	frei	F11
12	-	frei	F12
13	-	frei	F13
14	-	frei	F14
15	-	frei	F15
16	-	frei	F16
17	-	frei	F17
18	40 A	Kühlventilator-Relais	F18
19	60 A	Kühlventilator-Relais (langsame Stufe), Kühlventilator-Relais (hohe Stufe) – Doppel-Ventilator	F19
	40 A	Kühlventilator-Relais (langsame Stufe) – Doppel-Ventilator	
20	40 A	AdBlue-Heizungsrelais	F20
21	40 A	Glühkerzen-Modul	F21
22	40 A	Glühkerzen-Modul	F22
23	10 A	Klimaanlagenkompresssorkupplungs-Relais	F23
24	-	frei	F24
25	-	frei	F25
26	-	frei	F26
27	-	fre	F27
28	5 A	Motorentlüftungsventil-Heizelement	F28
29	15 A	Kühlmittelpumpe	F29
30	60 A	Motorsteuergerät-Leistungsrelais	F30
31	-	frei	F31
32	20 A	Zusatzheizungs-Steuermodul	F32
33	-	frei	F33
34	-	frei	F34
35	20 A	Motorsteuergerät (PCM)	F35
36	20 A	Batterie-Anschlussbox (BJB) – F28, F29	F36
37	15 A	AdBlue-Tank, Lambdasonden-Heizung, AGR-Kühler-Bypassventil-Magnetschalter	F37
38	10 A	Kühlventilator-Relais (hohe Stufe), Kühlventilator-Relais, Klimaanlagen-kompressorkupplungs-Relais, Kühlventilator-Relais (langsame Stufe)	F38
39	10 A	Glühkerzen-Modul, NOx-Sensor-Modul	F39
R1	-	Kühlventilator-Relais (hohe Stufe)	R1
R2	-	frei	R2
R3	-	Heckscheibenwischer-Relais	R3
R4	-	Heckluftfederungs-Relais	R4
R5	-	Kühlventilator-Relais	R5
R6	-	frei	R6
R7	-	frei	R7
R8	-	frei	R8
R9	-	Anlasserrelais	R9
R10	-	Klimaanlagenkompressorkupplungs-Relais	R10
R11	-	frei	R11
R12	-	frei	R12
R13	-	AdBlue-Heizungsrelais	R13
R14	-	frei	R14
R15	-	Kühlventilator-Relais (langsame Stufe)	R15
R16	-	frei	R16
R17	-	frei	R17
R18	-	Motorsteuergerät-Leistungsgrelais	R18

Sicherungen und Relais – 2,0 l-Modelle (Fortsetzung)

KAROSSERIE-STEUERGERÄT (2,0 L-MOTOR)

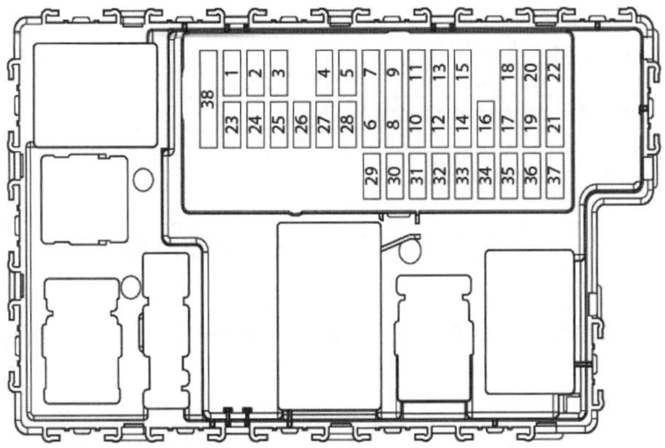

SICHERUNG/RELAIS	ABSICHERUNG	BESCHREIBUNG	BEZEICHNUNG
1	10 A	Innenbeleuchtung, Sonnenblenden-Lampen F1	F1
2	7.5 A	Klappspiegelmodul-Relais, Fahrertür-Fensterschalter, Außenspiegel-Schalter	F2
3	20 A	Zusatz-Anschlussbox (AJB) – F25, F26	F3
4	-	frei	F4
5	-	frei	F5
6	-	frei	F6
7	-	frei	F7
8	10 A	Alarmanlagen-Warnhupe links, Alarmanlagen-Warnhupe rechts	F8
9	-	frei	F9
10	-	frei	F10
11	5 A	Zusatzgebläsemotor-Schalter, Einbruchmelder	F11
12	7.5 A	Heizungs-/Gebläse-/Klimaanlagenregler-Modul	F12
13	7.5 A	Instrumenten-Baugruppe, Lenksäulen-Steuermodul, Schnittstellenmodul	F13
14	-	frei	F14
15	10 A	Schnittstellenmodul	F15
16	15 A	Schiebetür-Kontaktplatte links und rechts	F16
17	5 A	Alarmanlagen-Warnhupe mit integrierter Batterie	F17
18	5 A	Zündschloss	F18
19	5 A	Meldezentralenschalter	F19
20	5 A	Fahrtenschreiber	F20
21	5 A	Elektrische Standheizung	F21
22	-	frei	F22
23	10 A	Audio-Steuermodul (ACM), Wechselrichter (DC/AC)	F23
24	30 A	Zusatz-Anschlussbox (AJB) – F61, F62, F63, F64	F24
25	-	frei	F25
26	-	frei	F26
27	-	frei	F27
28	-	frei	F28
29	-	frei	F29
30	-	frei	F30
31	-	frei	F31

Sicherungen und Relais – 2,0 l-Modelle (Fortsetzung)

32	10 A	Hochfrequenz (RF)-Empfänger, Touchscreen-Schnittstellenmodul (FCDIM), SYNC-Modul (APIM), GPS-Modul (GPSM), Meldezentralenschalter	F32
33	20 A	Audio-Steuermodul (ACM)	F33
34	30 A	Karosserie-Steuergerät (BCM) – F19, F20, F21, F23, F35, F36	F34
35	5 A	Rückhaltesystem-Steuermodul (RCM)	F35
36	15 A	Lenksäulen-Steuermodul, automatische Innenspiegel-Abblendung, Parkassistent-Steuermodul	F36
37	-	frei	F37
38	30 A	Fahrertür-Fensterschalter, Beifahrertür-Fensterschalter	F38

STARKSTROM-BATTERIE-ANSCHLUSSBOX (2,0 L-MOTOR)

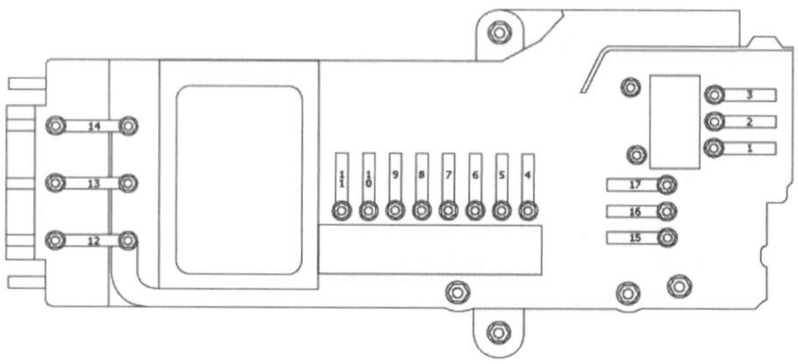

SICHERUNG/RELAIS	ABSICHERUNG	BESCHREIBUNG	BEZEICHNUNG
1	470 A	Lichtmaschine, Anlasser, Batterie-Anschlussbox – F18, F19, F20, F21, F22, F23	F1
2	100 A	Karosserie-Steuergerät (BCM) – F2, F3, F8, F11, F15, F16, F17, F18, F24, F34, F38	F2
3	40 A	Zusatz-Anschlussbox (AJB) – F71	F3
4	200 A	Zusatz-Anschlussbox (AJB) – F53, F54, F55, F57, F59, F60	F4
5	100 A	Zusatz-Anschlussbox (AJB) – F15, F16, F17, F18, F19, F20, F21, F22	F5
6	100 A	Elektrische Standheizung	F6
7	80 A	Zusatz-Anschlussbox (AJB) – F34, F35	F7
8	100 A	Zusatz-Anschlussbox (AJB) – F36, F37	F8
9	100 A	Zusatz-Anschlussbox (AJB) – F1, F2, F4, F5, F6, F7, F8, F9, F10	F9
10	100 A	Zusatz-Anschlussbox (AJB) – F32, F33	F10
11	100 A	Batterie-Anschlussbox (BJB) – F30, F32	F11
12	60 A	Hintere 12 V-Steckdose	F12
13	60 A	Hintere 12 V-Steckdose	F13
14	60 A	Hintere 12 V-Steckdose	F14
15	60 A	Zusatz-Anschlusssbox (AJB) – F29	F15
16	-	frei	F16
17	60 A	Hintere 12 V-Steckdose	F17

FARBKODIERUNG UND NENNSTRÖME VON FLACHSTECKSICHERUNGEN

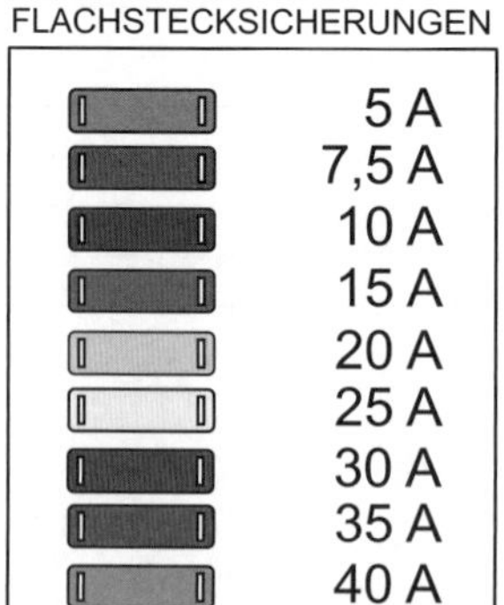

Sicherungen und Relais – 2,0 l-Modelle (Fortsetzung)

ZUSATZ-ANSCHLUSSBOX (AJB) (2,2 L-MOTOR)

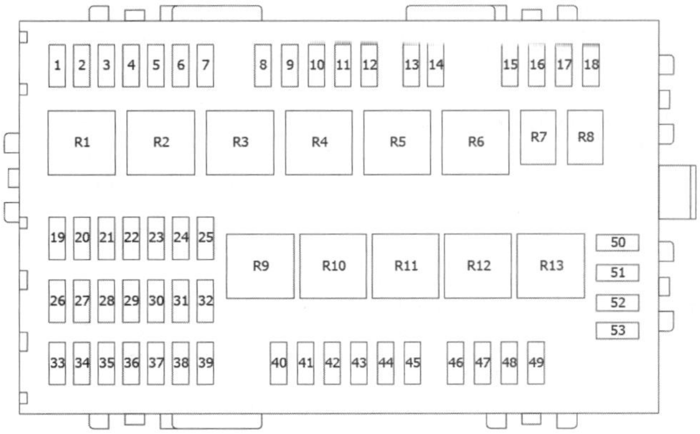

SICHERUNG/RELAIS	ABSICHERUNG	BESCHREIBUNG	BEZEICHNUNG
1	10 A	Rückhaltesystem-Steuermodul (RCM)	F1
2	-	frei	F2
3	10 A	Außenspiegel	F3
4	-	frei	F4
5	20 A	Zusatzheizungsregler-Modul	F5
6	5 A	Fahrtenschreiber	F6
7	-	frei	F7
8	40 A	Wechselrichter (DC/AC)	F8
9	-	frei	F9
10	30 A	Vordersitz-Schalter	F10
11	-	frei	F11
12	-	frei	F12
13	-	frei	F13
14	5 A	Motorsteuerungs-Relais	F14
15	40 A	Motorsteuerungs-Relais	F15
16	40 A	Karosserie-Steuergerät (BCM) – F1, F2, F3	F16
17	-	frei	F17
18	-	frei	F18
19	5 A	Fahrtenschreiber	F19
20	5 A	Heckscheibenheizungs-Relais, Frontscheibenheizungselement-Relais links und rechts, Wechselrichter (DC/AC)	F20
21	10 A	Hintere 12 V-Steckdose	F21
22	15 A	Karosserie-Steuergerät (BCM) – F4, F5	F22
23	7.5 A	Diesel-Standheizungs-Relais, Zusatzgebläsemotor-Schalter, elektrische Standheizung, Gebläsemotor-Schalter, Meldezentralenschalter	F23
24	5 A	Scheinwerfer-Baugruppen	F24
25	7.5 A	Innenbeleuchtung	F25
26	-	frei	F26
27	20 A	Sitzheizungsschalter (vorn)	F27
28	20 A	Adaptives Frontlichtmodul	F28
29	10 A	Bildverarbeitungsmodul B (IPMB), Automatische Innenspiegel-Abblendung, Lenksäulen-Steuermodul (SCCM), Bildverarbeitungsmodul A (IPMA)	F29
30	-	frei	F30
31	-	frei	F31

32	10 A	Innenbeleuchtung	F32
33	-	frei	F33
34	20 A	Heckscheibenwischer-Relais, Heckscheibenwischer-Motor	F34
35	5 A	Fahrertür-Fensterschalter, Außenspiegel-Schalter	F35
36	20 A	Hupenrelais	F36
37	7.5 A	SYNC-Modul (APIM), GPS-Modul (GPSM)	F37
38	5 A	Heckscheibenwischer-Relais, Hupenrelais, Gebläsemotor-Relais	F38
39	7.5 A	Zusatzgebläsemotor-Schalter, Hochfrequenz (RF)-Empfänger, Einbruchmelder	F39
40	40 A	Gebläsemotor-Relais	F40
41	40 A	Zusatzgebläsemotor-Relais	F41
42	30 A	Heckscheibenheizungs-Relais	F42
43	30 A	Anhänger-Modul, Anhänger-Steckdose	F43
44	60 A	Zusatzsteckdosen-Relais	F44
45	-	frei	F45
46	30 A	Fahrertür-Fensterschalter, Beifahrertür-Fensterschalter	F46
47	20 A	Zusatzsteckdose	F47
48	20 A	Rückbank-Steckdose	F48
49	20 A	Steckdose vorn	F49
50	60 A	Zusatz-Zündrelais 1	F50
51	60 A	Zusatz-Zündrelais 2	F51
52	40 A	Frontscheibenheizungselement-Relais links	F52
53	40 A	Frontscheibenheizungselement-Relais rechts	F53
R1	-	Diesel-Standheizungs-Relais	R1
R2	-	Zusatzsteckdosen-Relais	R2
R3	-	frei	R3
R4	-	Zusatz-Zündrelais 2	R4
R5	-	frei	R5
R6	-	Zusatz-Zündrelais 1	R6
R7	-	Hupenrelais	R7
R8	-	frei	R8
R9	-	Gebläsemotor-Relais	R9
R10	-	Zusatzgebläsemotor-Relais	R10
R11	-	Heckscheibenheizungs-Relais	R11
R12	-	Frontscheibenheizungselement-Relais rechts	R12
R13	-	Frontscheibenheizungselement-Relais links	R13

Sicherungen und Relais – 2,2 l-Modelle (Fortsetzung)

BATTERIE-ANSCHLUSSBOX (BJB) (2,2 L-MOTOR)

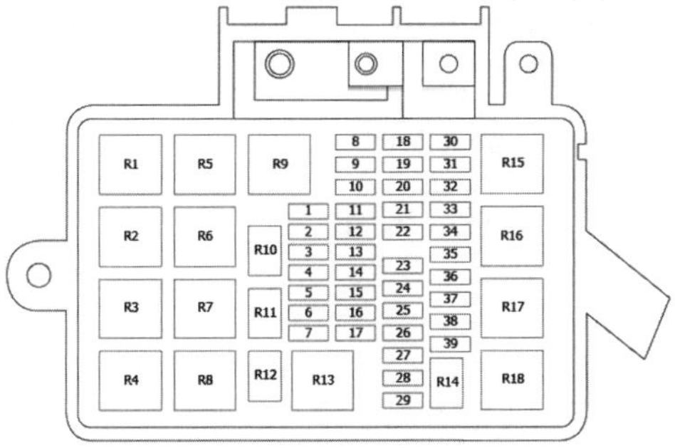

SICHERUNG/RELAIS	ABSICHERUNG	BESCHREIBUNG	BEZEICHNUNG
1	-	frei	F1
2	-	frei	F2
3	-	frei	F3
4	-	frei	F4
5	5 A	Motorsteuergerät (PCM)	F5
6	5 A	ABS	F6
7	7.5 A	Glühkerzenmodul, Motorsteuergerät (PCM)	F7
8	-	frei	F8
9	30 A	Frontscheibenwischer-Motor	F9
10	30 A	Zusatz-Frontscheibenwischer-Motor	F10
11	10 A	Klimaanlagenkompressorkupplungs-Relais	F11
12	20 A	Glühkerzen-Relais	F12
13	-	frei	F13
14	-	frei	F14
15	-	frei	F15
16	-	frei	F16
17	-	frei	F17
18	40 A	ABS	F18
19	30 A	Anlasserrelais	F19
20	60 A	Glühkerzenmodul	F20
21	60 A	Zündungs-Relais	F21
22	-	frei	F22
23	25 A	ABS	F23
24	7.5 A	Kraftstoffpumpen-Relais	F24
25	-	frei	F25
26	5 A	Econetic Kühlventil-Relais	F26
27	-	frei	F27
28	-	frei	F28
29	3 A	Econetic Kühlventil-Relais	F29
30	60 A	Kühlventilator-Relais (langsame Stufe), Kühlventilator-Relais (hohe Stufe)	F30
31	-	frei	F31
32	60 A	Frontscheibenwischermotor-Relais	F32
33	-	frei	F33
34	-	frei	F34
35	15 A	Motorsteuergerät (PCM)	F35
36	7.5 A	Luftmassensensor	F36
37	7.5 A	Kraftstoff-Bemessungsventil	F37
38	7.5 A	Klimaanlagenkompressorkupplungs-Relais	F38

Sicherungen und Relais – 2,2 l-Modelle (Fortsetzung)

39	15 A	Kühlventilator-Relais (langsame Stufe), Kühlventilator-Relais (hohe Stufe), Glühkerzen-Relais, Einspritzpumpen-Relais, Lambdasonden-Heizung, Ecnetic Kühlentil-Relais	F39
R1	-	Zündungs-Relais	R1
R2	-	Anlasserrelais (frühe Modelle)	R2
R3	-	Heckscheibenwischer-Relais	R3
R4	-	Frontscheibenwischermotor-Relais	R4
R5	-	frei	R5
R6	-	frei	R6
R7	-	frei	R7
R8	-	frei	R8
R9	-	Anlasserrelais (spätere Modelle)	R9
R10	-	Klimaanlagenkompressorkupplungs-Relais	R10
R11	-	Glühkerzen-Relais	R11
R12	-	Kraftstoffpumpen-Relais	R12
R13	-	frei	R13
R14	-	Econetic Kühlventil-Relais	R14
R15	-	Kühlventilator-Relais (langsame Stufe)	R15
R16	-	frei	R16
R17	-	Motorsteuergerät-Relais	R17
R18	-	Kühlventilator-Relais (hohe Stufe)	R18

KAROSSERIE-STEUERGERÄT (2,2 L-MOTOR)

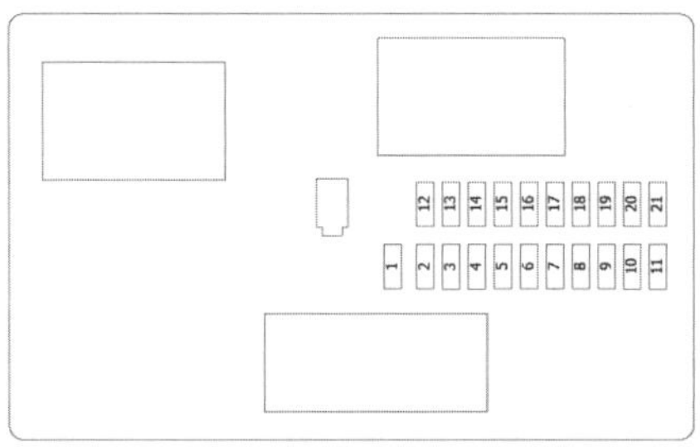

FUSE	VALUE	DESCRIPTION	OEM NAME
1	15 A	Fahrertürschloss, Beifahrertürschloss, Hecktürschloss, Schiebetür-Kontaktplatte	F1
2	15 A	Fahrertürschloss, Beifahrertürschloss, Hecktürschloss, Schiebetür-Kontaktplatte, Heckklappenschloss	F2
3	15 A	Zündschloss, Zusatzbatterie-Relais	F3
4	5 A	Einparkhilfe	F4
5	5 A	Licht- und Regensensor	F5
6	15 A	Wischwasserpumpe vorn	F6
7	7.5 A	Außenspiegel	F7
8	15 A	Nebelscheinwerfer	F8
9	10 A	Scheinwerfer-Baugruppe rechts	F9
10	10 A	Scheinwerfer-Baugruppe links	F10
11	25 A	Scheinwerfer-Baugruppe rechts, Rücklicht-Baugruppe links und rechts, Automatische Innenspiegel-Abblendung	F11
12	20 A	Alarmanlagen-Warnhupe mit integrierter Batterie, Alarmanlagen-Warnhupen links und rechts	F12

Sicherungen und Relais – 2,2 l-Modelle (Fortsetzung)

13	15 A	Datenverbindungs-Stecker (DLC), Handschuhfachbeleuchtung, Zusatzsteckdosen-Relais, Laderaum-Beleuchtung, Innenbeleuchtung, Sonnenblenden-Leuchten, Fußraum-Beleuchtung	F13
14	25 A	Scheinwerfer-Baugruppen, Rücklicht-Baugruppen, Außenspiegel	F14
15	25 A	Scheinwerfer-Baugruppe links, Rücklicht-Baugruppe links, Kennzeichenbeleuchtung, Anhängermodul	F15
16	20 A	Audio-Steuermodul	F16
17	7.5 A	Instrumenten-Baugruppe, Gebläsemotor-Schalter	F17
18	10 A	Lichtschalter, Bremspedal-Positionsschalter, Lenksäulen-Modul	F18
19	5 A	Touchscreen-Schnittstellenmodul (FCDIM), Meldezentralenschalter	F19
20	5 A	Wegfahrsperren-Empfänger	F20
21	5 A	Audio-Steuermodul	F21

STARKSTROM-BATTERIE-ANSCHLUSSBOX (2,2 L-MOTOR)

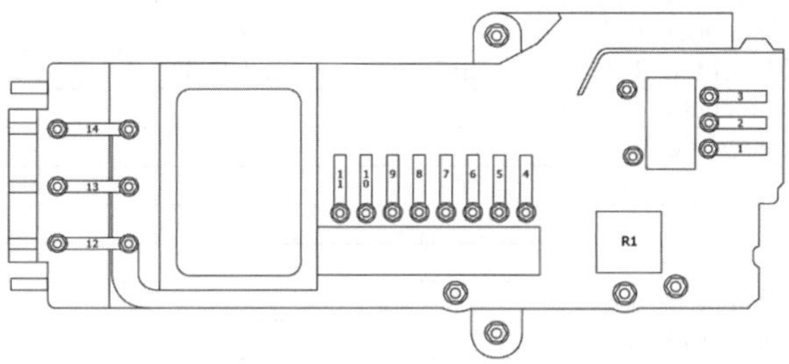

SICHERUNG/RELAIS	ABSICHERUNG	BESCHREIBUNG	BEZEICHNUNG
1	350 A	Lichtmaschine, Anlasser, Batterie-Anschlussbox – F18, F19, F20, F21, F23, F24, F26	F1; C
2	100 A	Zusatz-Anschlussbox (AJB) – F14, F15, F16	F2; D
3	-	frei	F3; E
4	200 A	Zusatz-Anschlussbox (AJB) – F35, F36, F37, F38, F39, F40, F41, F42, F43, F44	F4; F
5	100 A	Zusatz-Anschlussbox (AJB) – F5, F6, F8, F10	F5; G
6	80 A	Elektrische Standheizung	F6; H
7	80 A	Zusatz-Anschlussbox (AJB) – F52, F53	F7; J
8	100 A	Batterie-Anschlussbox (BJB) – F30, F32	F8; K
9	100 A	Zusatz-Anschlussbox (AJB) – F50, F51	F9; L
10	60 A	Karosserie-Steuergerät (BCM) – F6, F7, F8, F9, F10, F11	F10; M
11	60 A	Karosserie-Steuergerät (BCM) – F12, F13, F14, F15, F16, F17, F18, F19	F11; N
12	60 A	Hintere 12 V-Steckdose	F12; P
13	-	frei	F13; R
14	60 A	Hintere 12 V-Steckdose	F14; S
R1	-	Zusatzbatterie-Relais	-

Sicherungen und Relais – 2,2 l-Modelle (Fortsetzung)

ZUSATZSICHERUNGS- UND RELAIS-TAFEL (2,2 L-MOTOR)

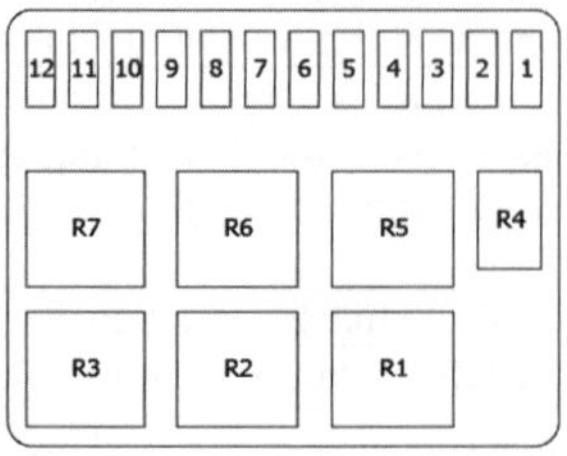

SICHERUNG/RELAIS	ABSICHERUNG	BESCHREIBUNG	BEZEICHNUNG
1	3 A	Warnleuchten-Schalter, Warmwasserbereiter-Schalter, Zusatzschalter 1 und 2	F1
2	-	frei	F2
3	20 A	Warnleuchten-Relais	F3
4	20 A	Zündungs-Relais	F4
5	15 A	Warmwasserbereiter-Relais, Zusatz-Relais 2	F5
6	15 A	Arbeitslampen-Relais	F6
7	15 A	Blinkleuchten-Relais links und rechts, Zusatz-Relais 1	F7
8	10 A	Innenbeleuchtungs-Relais	F8
9	20 A	Funksprechgerät	F9
10	-	frei	F10
11	-	frei	F11
12	-	frei	F12
R1	-	Warnleuchten-Relais	R1
R2	-	Zündungs-Relais	R2
R3	-	Warmwasserbereiter-Relais, Zusatzheizungs- oder Zusatz-Relais 2	R3
R4	-	Arbeitslampen-Relais	R4
R5	-	Blinkleuchten-Relais links, Dach-Blinkleuchten- oder Zusatz-Relais 1	R5
R6	-	Blinkleuchten-Relais rechts	R6
R7	-	Innenbeleuchtungs-Relais	R7

Sicherungen und Relais – 2,2 l-Modelle (Fortsetzung)

ZUSATZSICHERUNGSBOX (2,2 L-MOTOR)

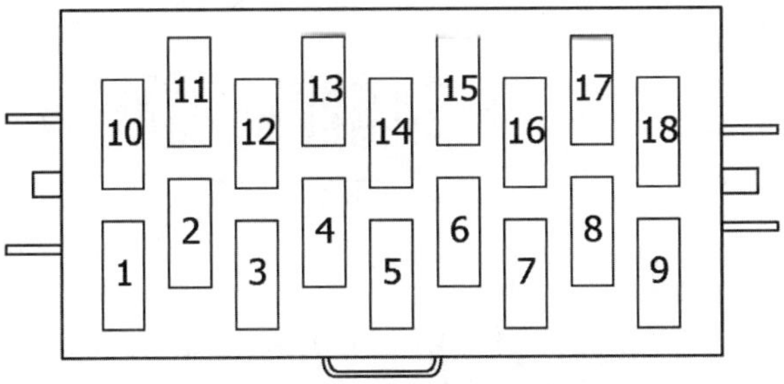

SICHERUNG/RELAIS	ABSICHERUNG	BESCHREIBUNG	BEZEICHNUNG
1	-	frei	F1
2	-	frei	F2
3	-	frei	F3
4	-	frei	F4
5	-	frei	F5
6	-	frei	F6
7	-	frei	F7
8	-	frei	F8
9	-	frei	F9
10	-	frei	F10
11	-	frei	F11
12	-	frei	F12
13	20 A	Dach-Blinkleuchte links, Dach-Blinkleuchte rechts	F13
14	-	frei	F14
15	-	frei	F15
16	-	frei	F16
17	-	frei	F17
18	-	frei	F18

FARBKODIERUNG UND NENNSTRÖME VON FLACHSTECKSICHERUNGEN

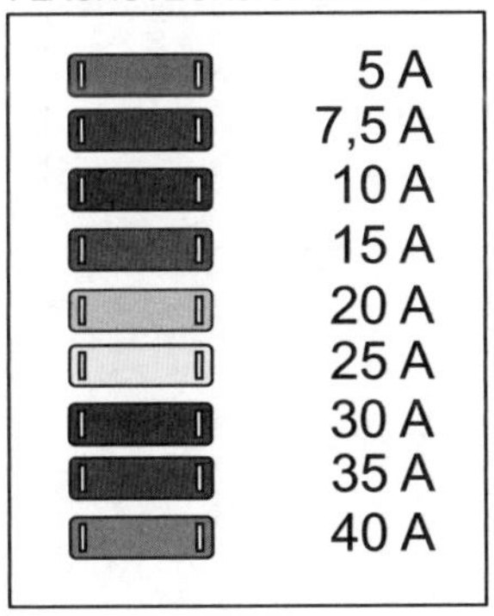

Sicherungen und Relais – 2,2 l-Modelle (Fortsetzung)

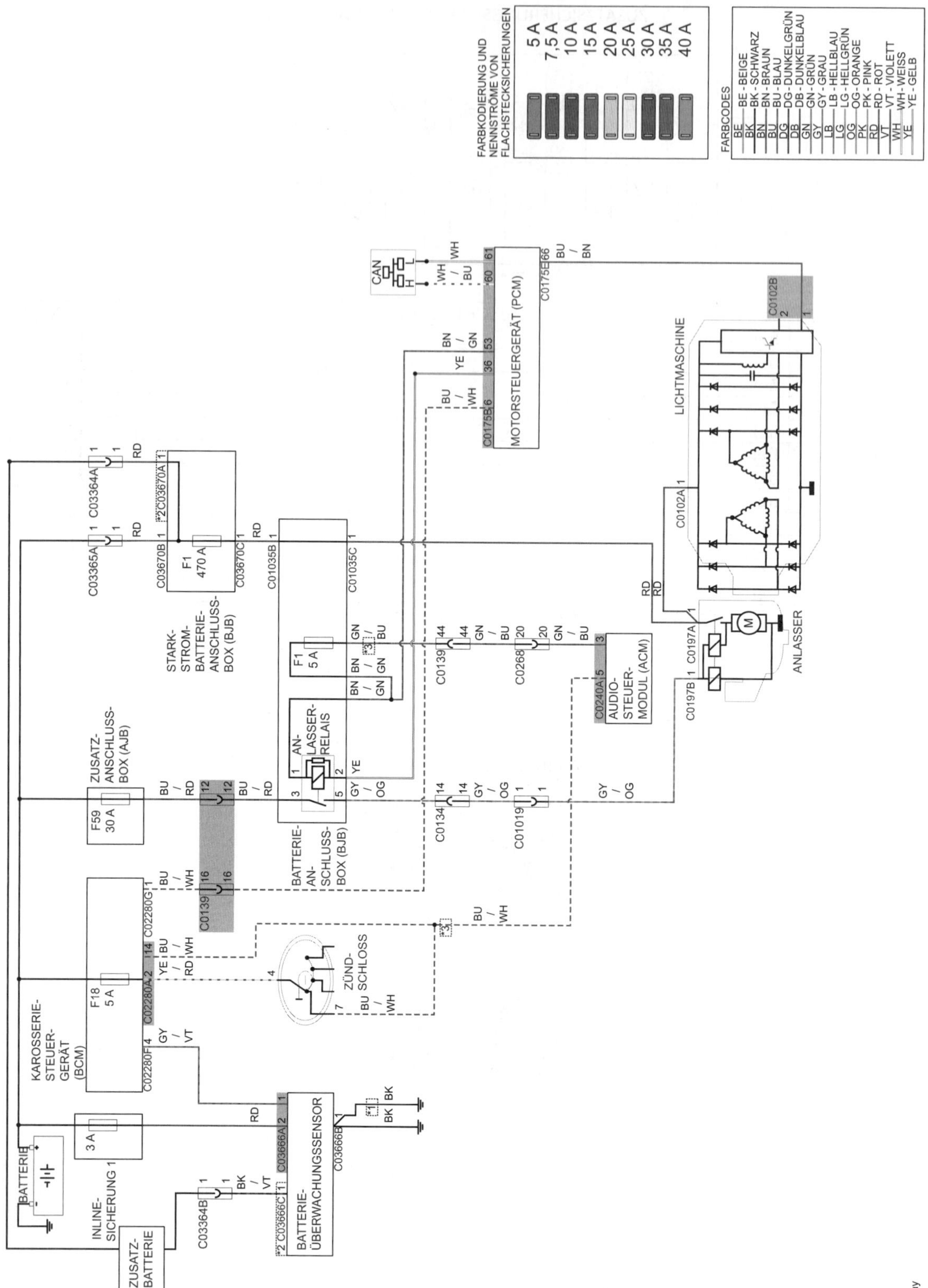

*1 Rechtslenker
*2 mit 2 Batterien
*3 Ohne Multifunktionsdisplay

Anlasser- und Ladesysreme – 2,0 l-Modelle

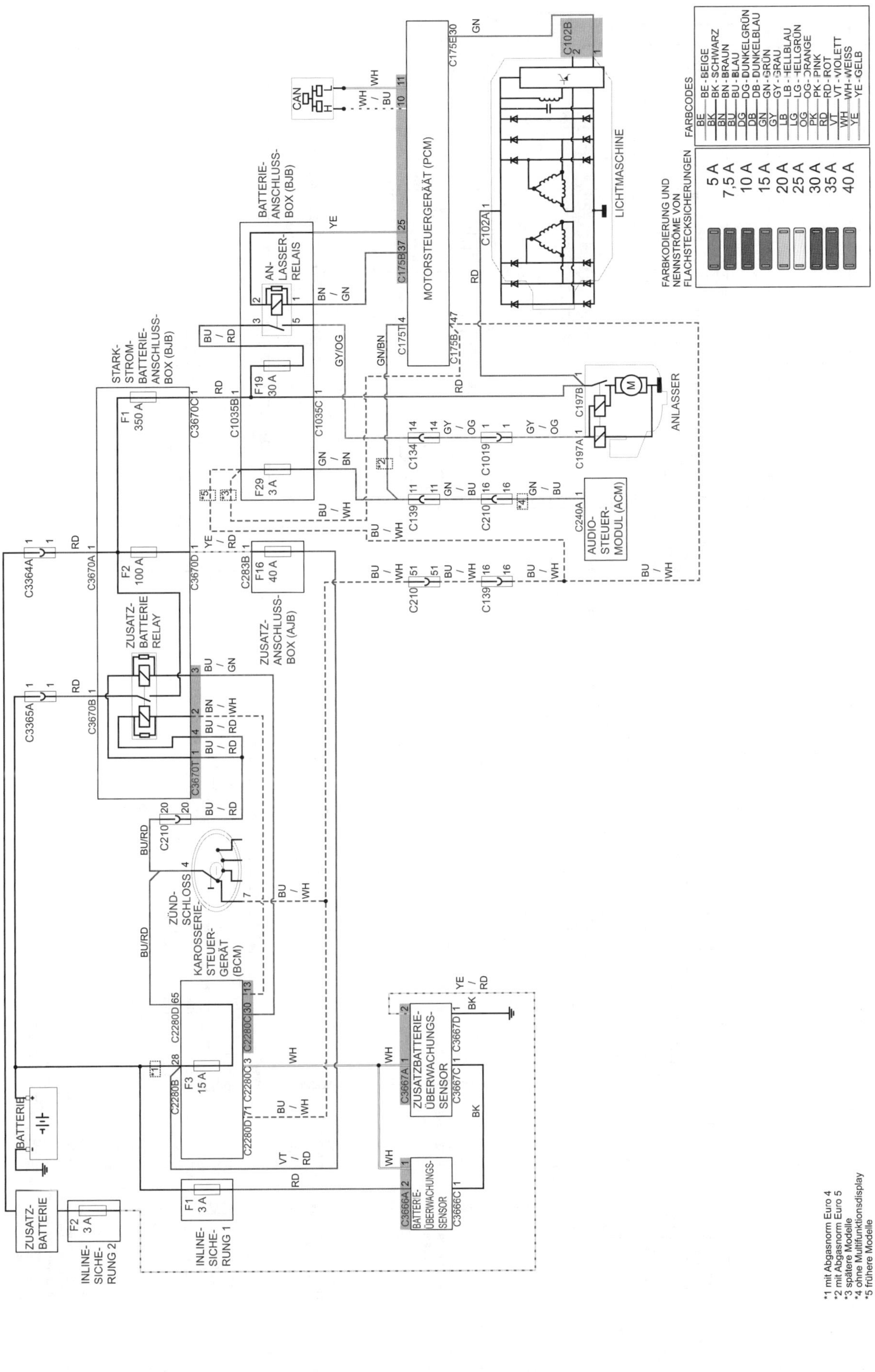

Anlasser- und Ladesysreme – 2,2 l-Modelle

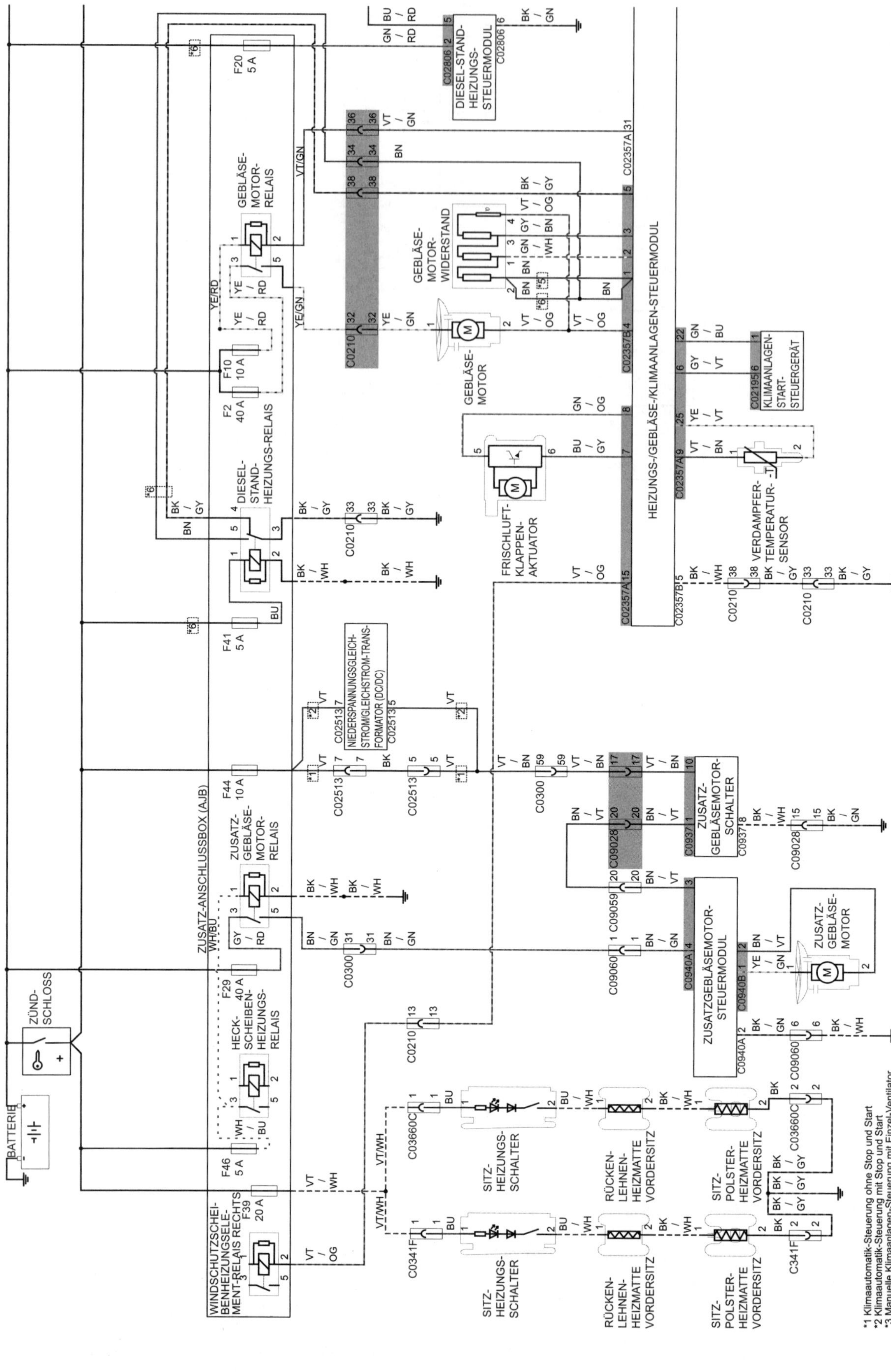

Klimaanlage, Heizung, Gebläse – 2,0 l-Modelle (Teil 1)

*1 Klimaautomatik-Steuerung ohne Stop und Start
*2 Klimaautomatik-Steuerung mit Stop und Start
*3 Manuelle Klimaanlagen-Steuerung mit Einzel-Ventilator
*4 Manuelle Klimaanlagen-Steuerung mit Doppel-Ventilator
*5 Manuelle Klimaanlagen-Steuerung ohne Diesel-Standheizung
*6 Manuelle Klimaanlagen-Steuerung mit Diesel-Standheizung
*7 Manuelle Klimaanlagen-Steuerung mit Zusatzheizung

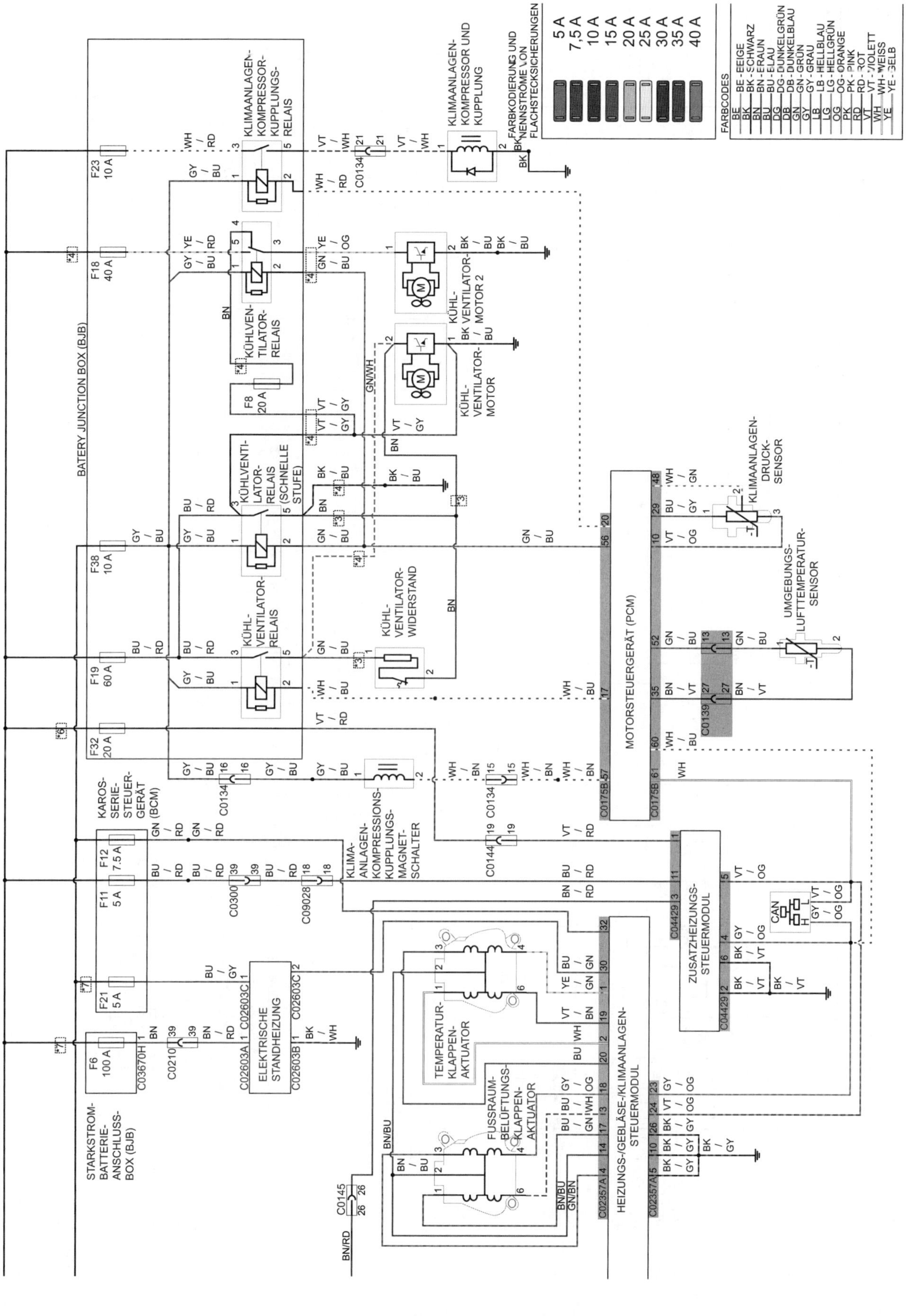

Klimaanlage, Heizung, Gebläse – 2,0 l-Modelle (Teil 2)

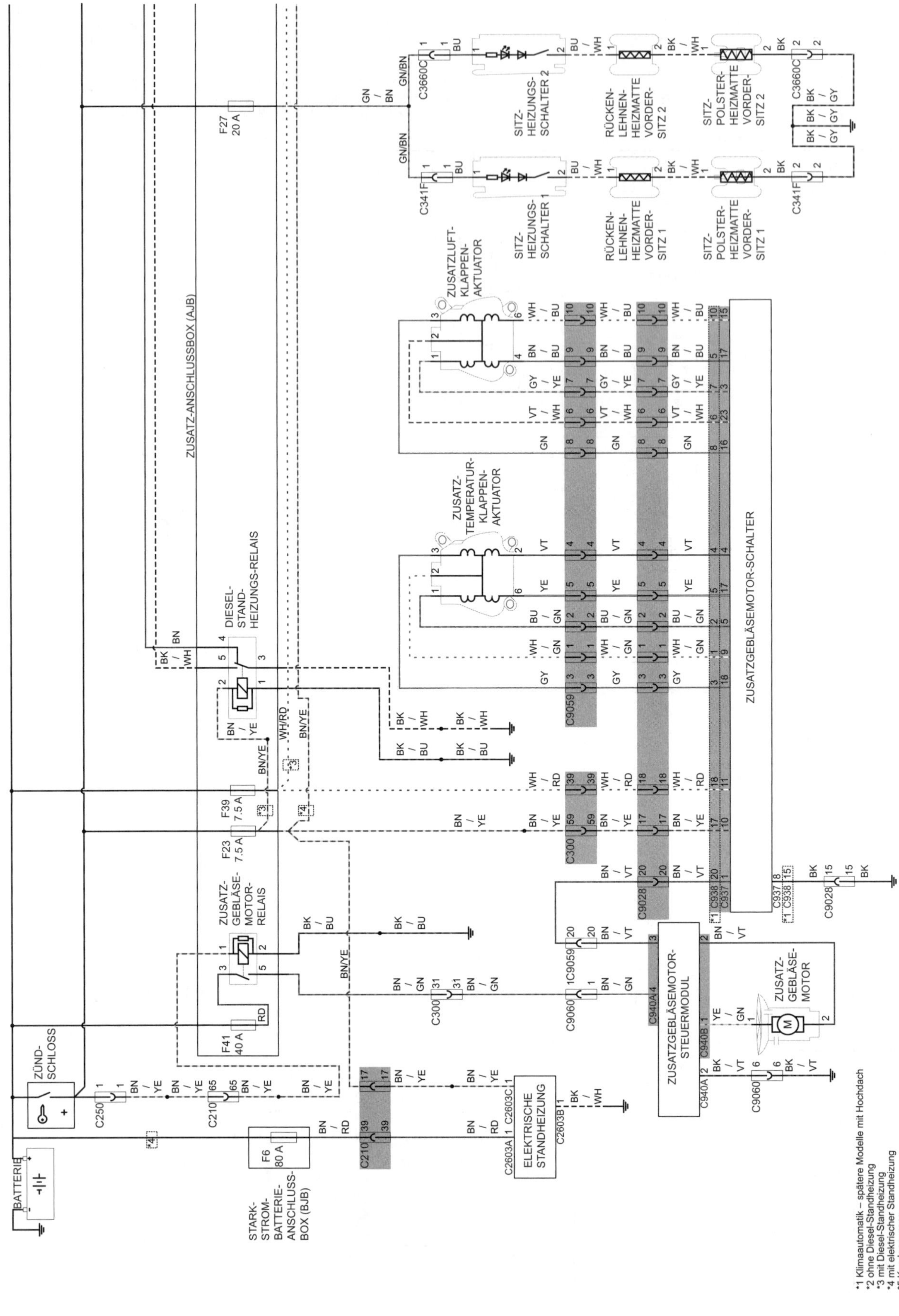

Klimaanlage, Heizung, Gebläse – 2,2 l-Modelle (Teil 1)

*1 Klimaautomatik – spätere Modelle mit Hochdach
*2 ohne Diesel-Standheizung
*3 mit Diesel-Standheizung
*4 mit elektrischer Standheizung
*5 Kundenzugang
*6 Camper-Umbau

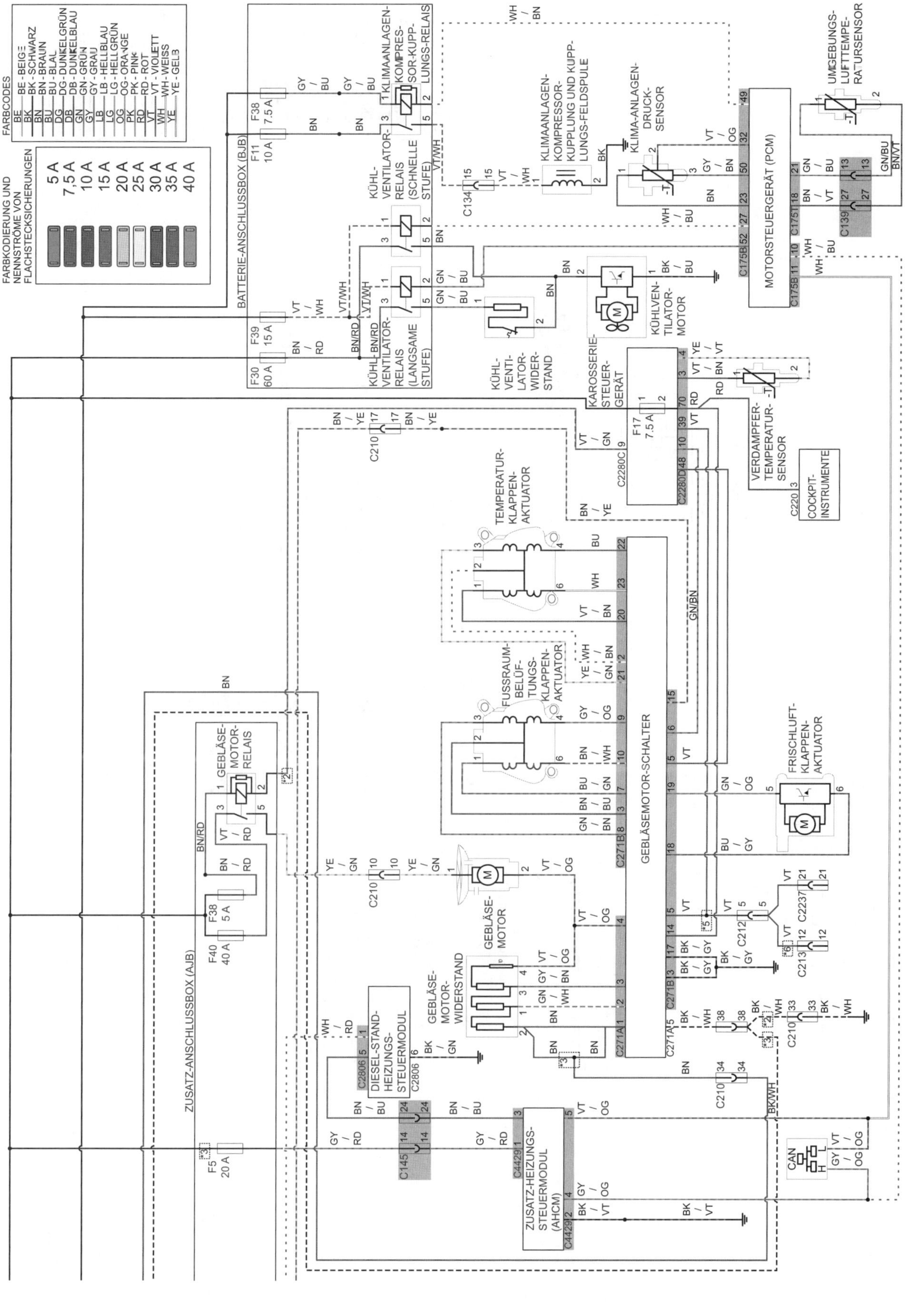

Klimaanlage, Heizung, Gebläse – 2,2 l-Modelle (Teil 2)

Kraftstoffpumpe

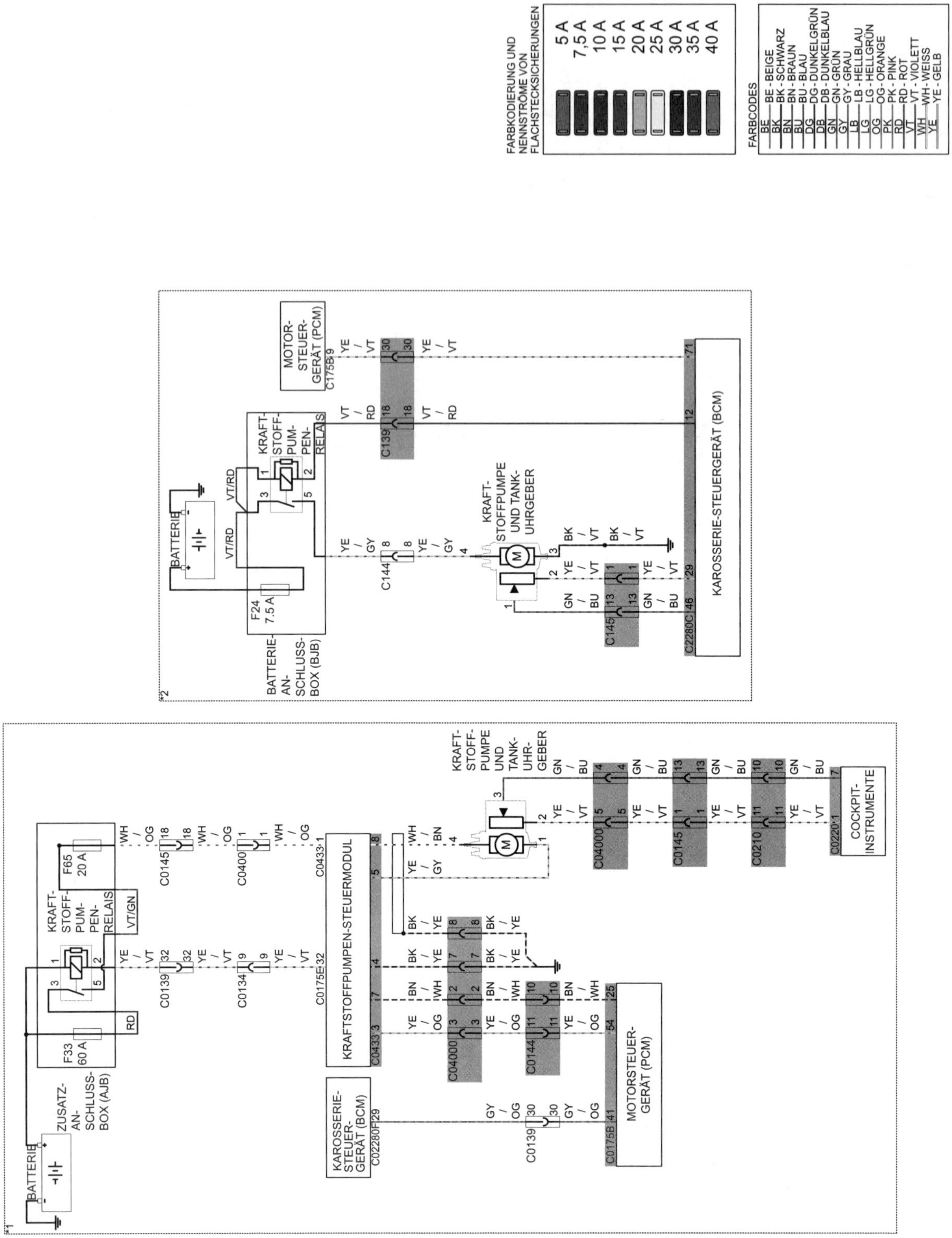

*1 2,0 l-Motor
*2 2,2 l-Motor

FARBKODIERUNG UND NENNSTRÖME VON FLACHSTECKSICHERUNGEN

- 5 A
- 7,5 A
- 10 A
- 15 A
- 20 A
- 25 A
- 30 A
- 35 A
- 40 A

FARBCODES

- BE - BEIGE
- BK - SCHWARZ
- BN - BRAUN
- BU - BLAU
- DG - DUNKELGRÜN
- DB - DUNKELBLAU
- GN - GRÜN
- GY - GRAU
- LB - HELLBLAU
- LG - HELLGRÜN
- OG - ORANGE
- PK - PINK
- RD - ROT
- VT - VIOLETT
- WH - WEISS
- YE - GELB

Elektrische Fensterheber

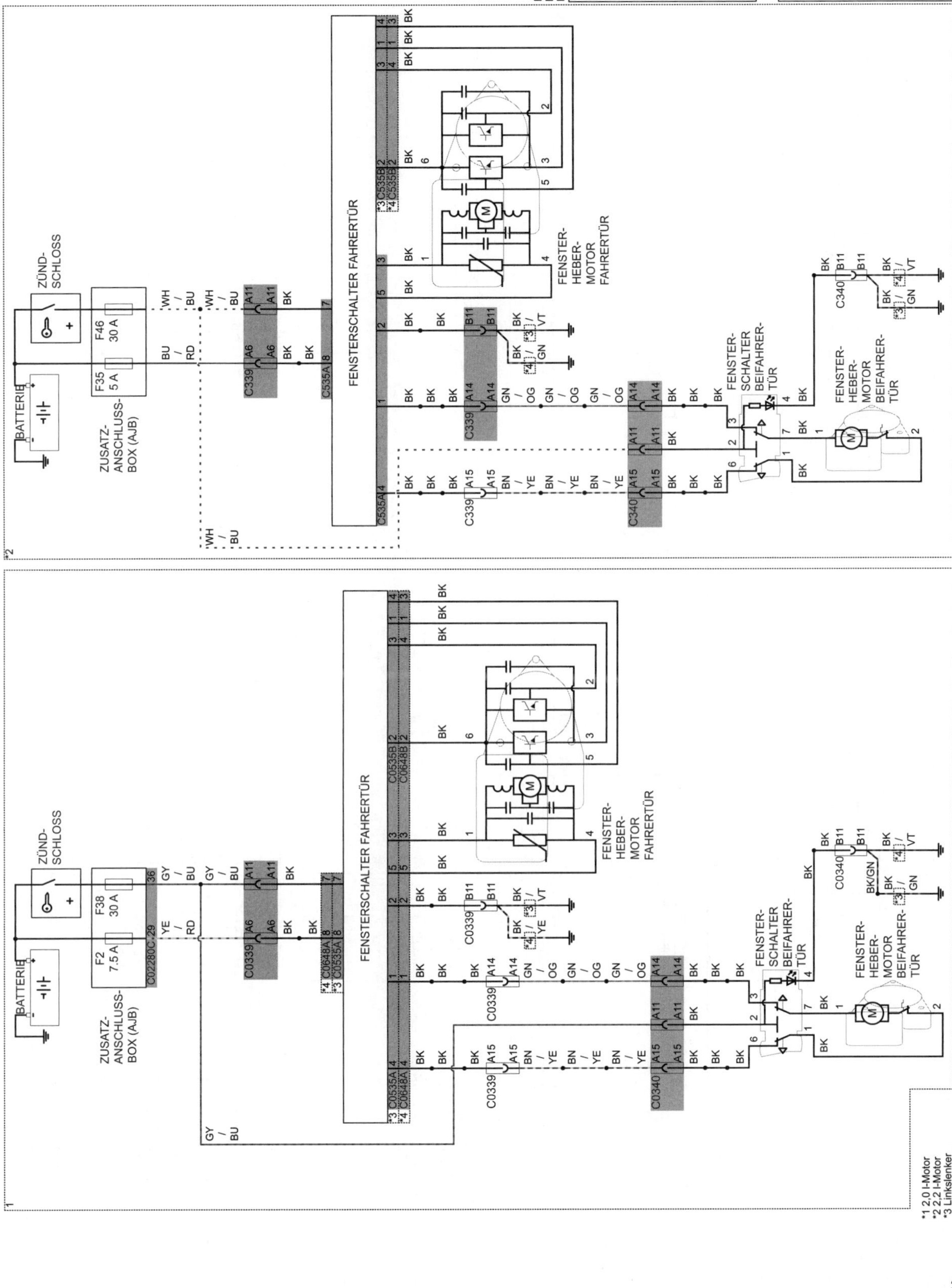

*1 2,0 l-Motor
*2 2,2 l-Motor
*3 Linkslenker
*4 Rechtslenker

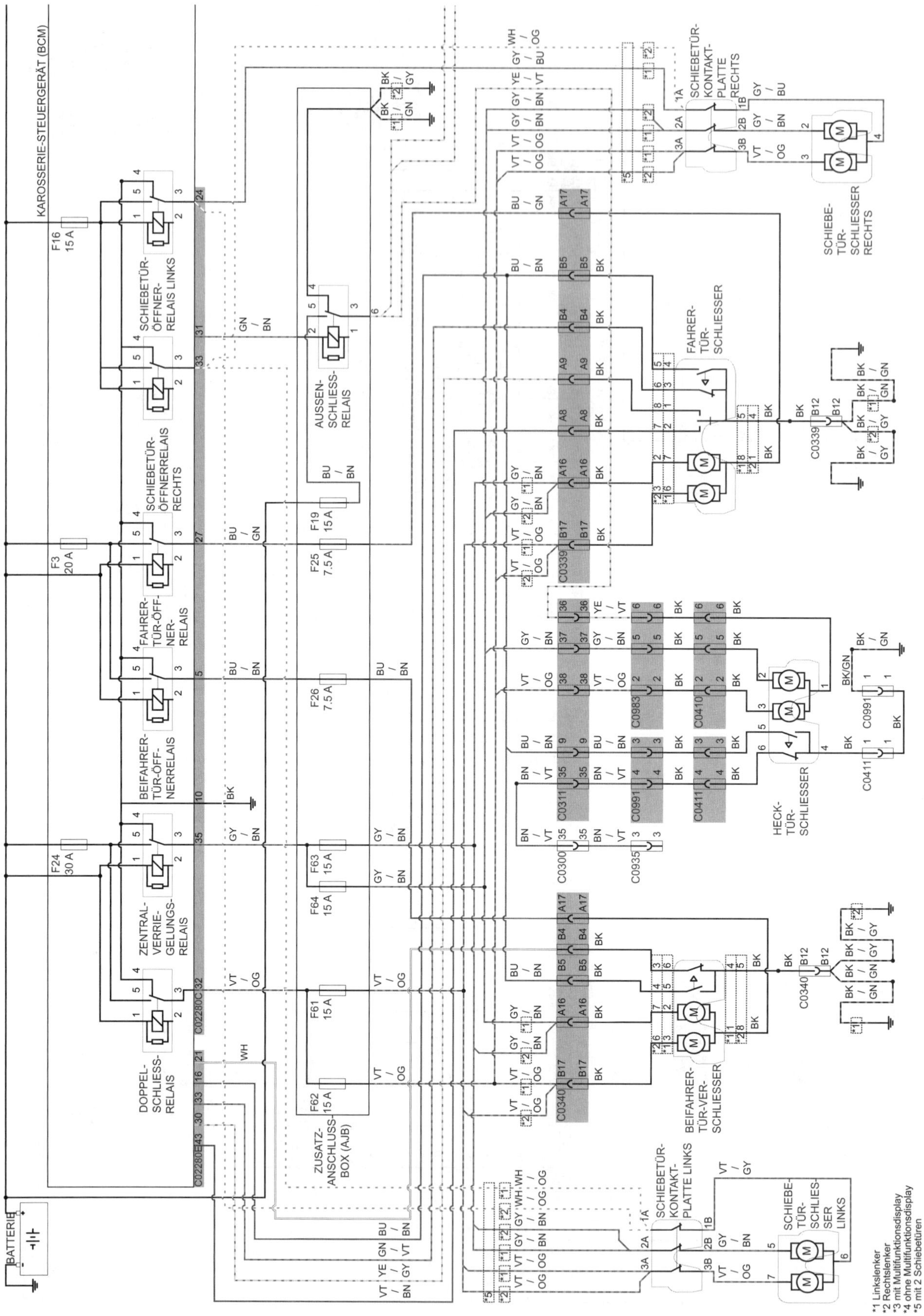

Zentralverriegelung - 2,0 l-Modelle (Teil 1)

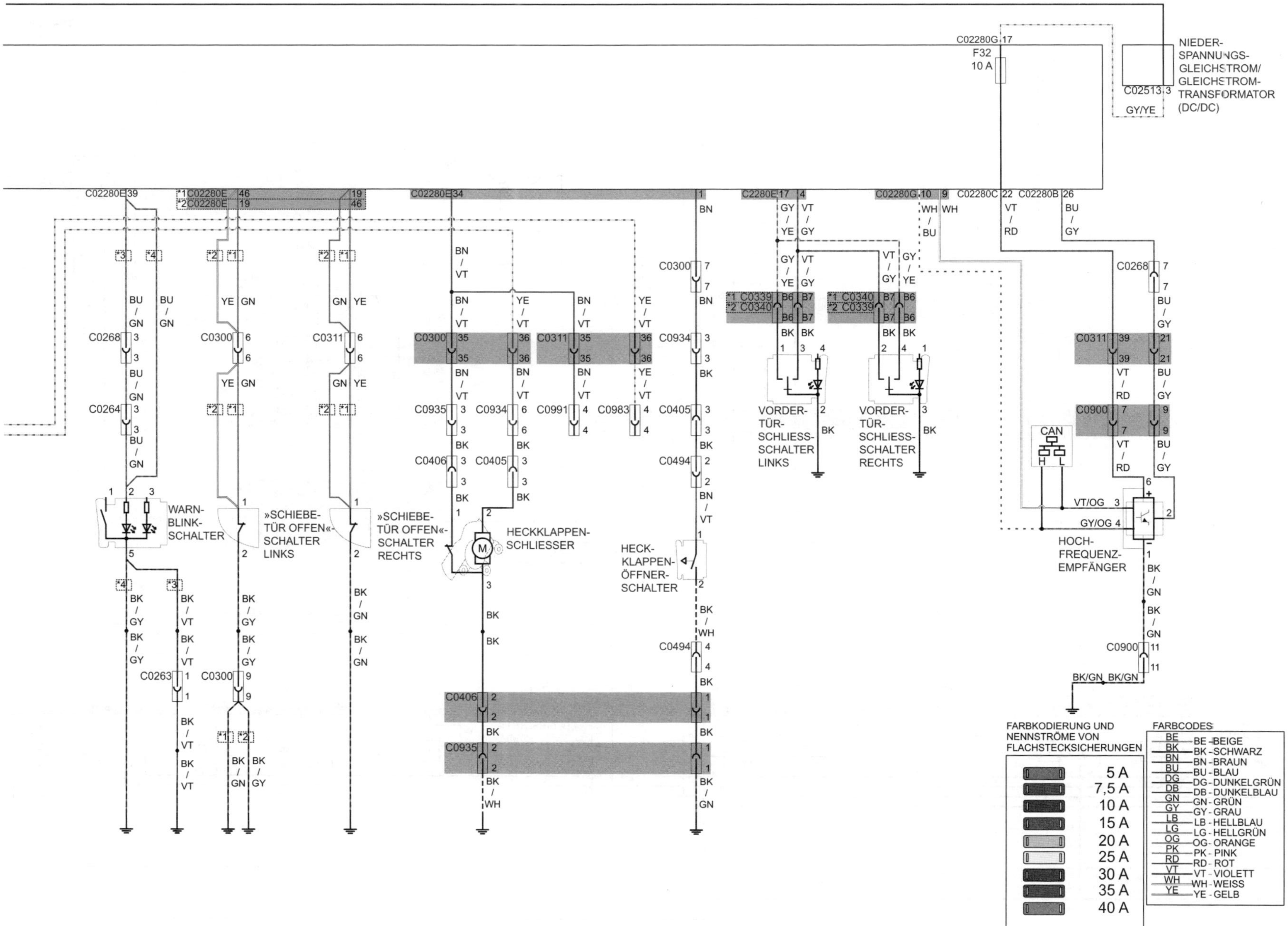

Zentralverriegelung - 2,0 l-Modelle (Teil 2)

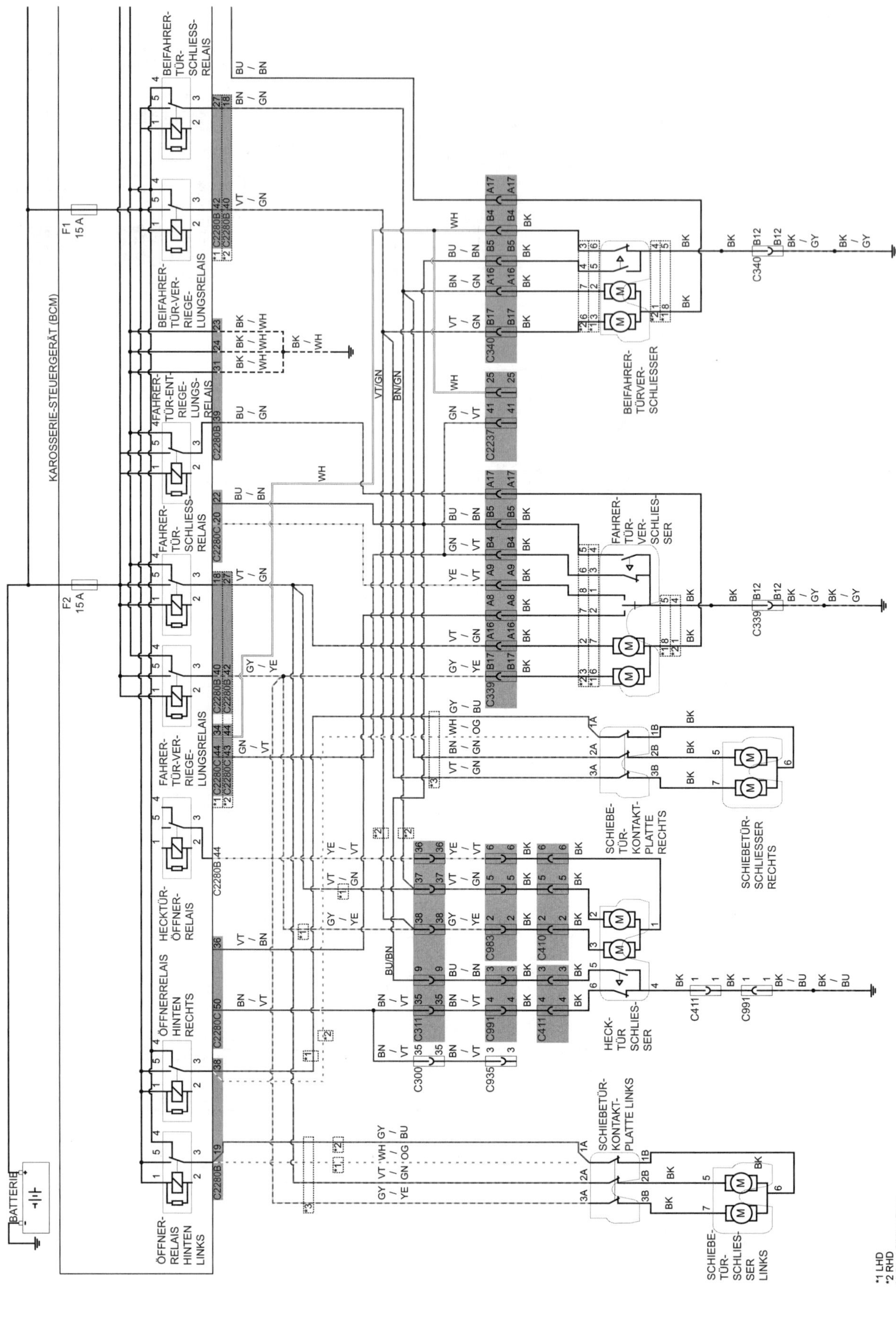

Zentralverriegelung - 2,2 l-Modelle (Teil 1)

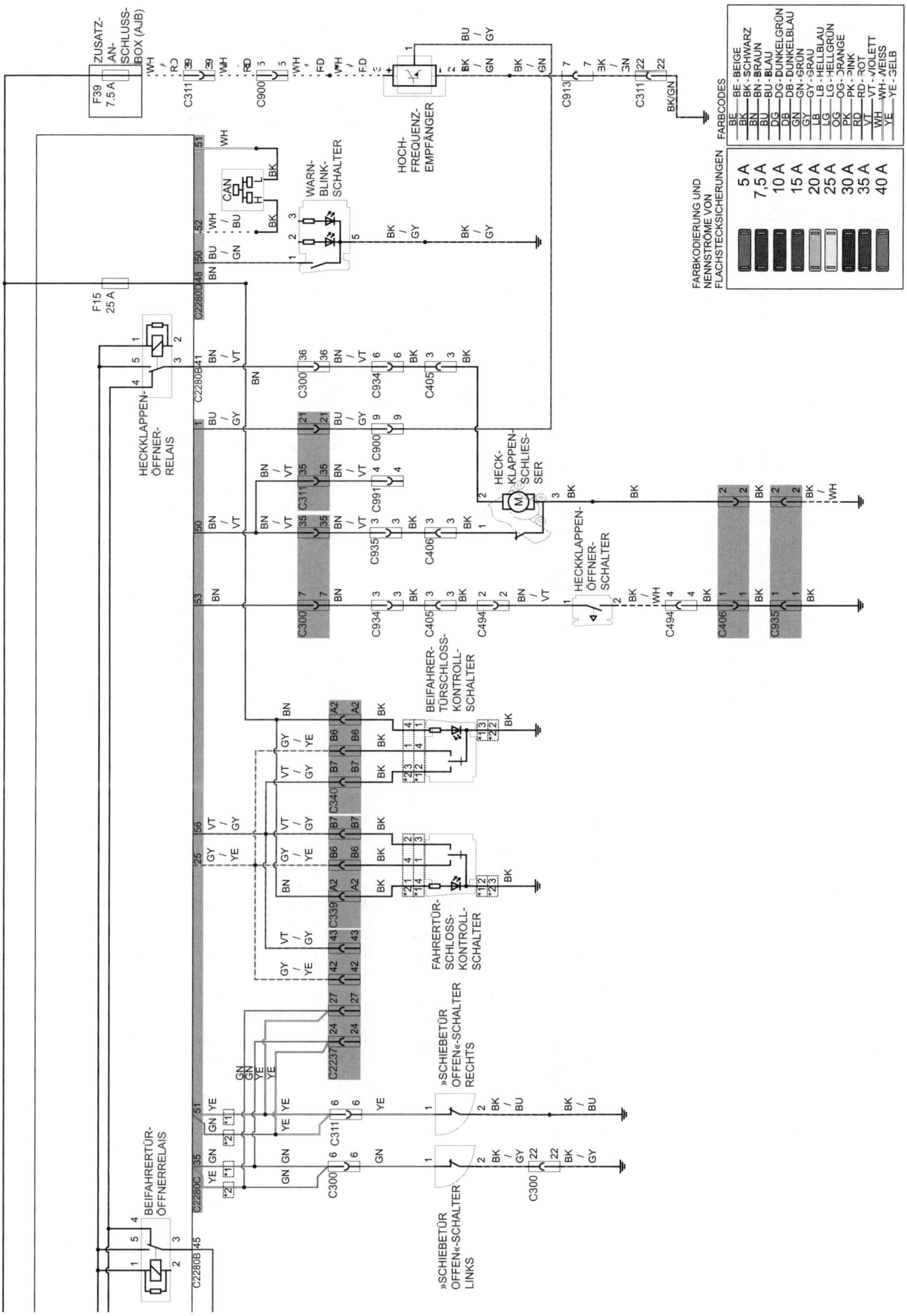

Zentralverriegelung - 2,2 l-Modelle (Teil 2)

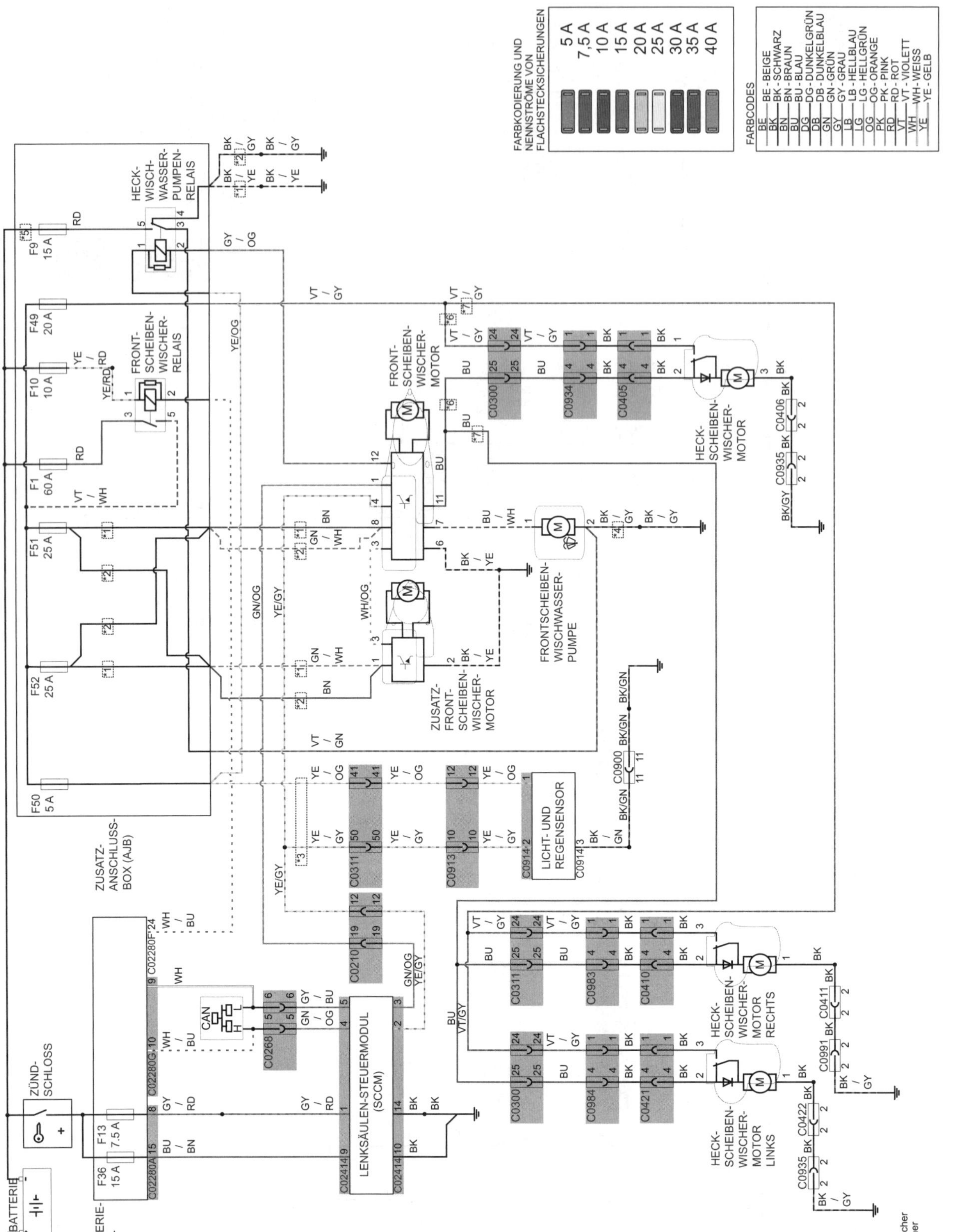

Scheibenwischer und Wischwaschsystem - 2,0 l-Modelle

*1 Linkslenker
*2 Rechtslenker
*3 Regensensor
*4 ohne Heckscheibenwischer
*5 mit Heckscheibenwischer
*6 Heckklappe
*7 Hecktüren

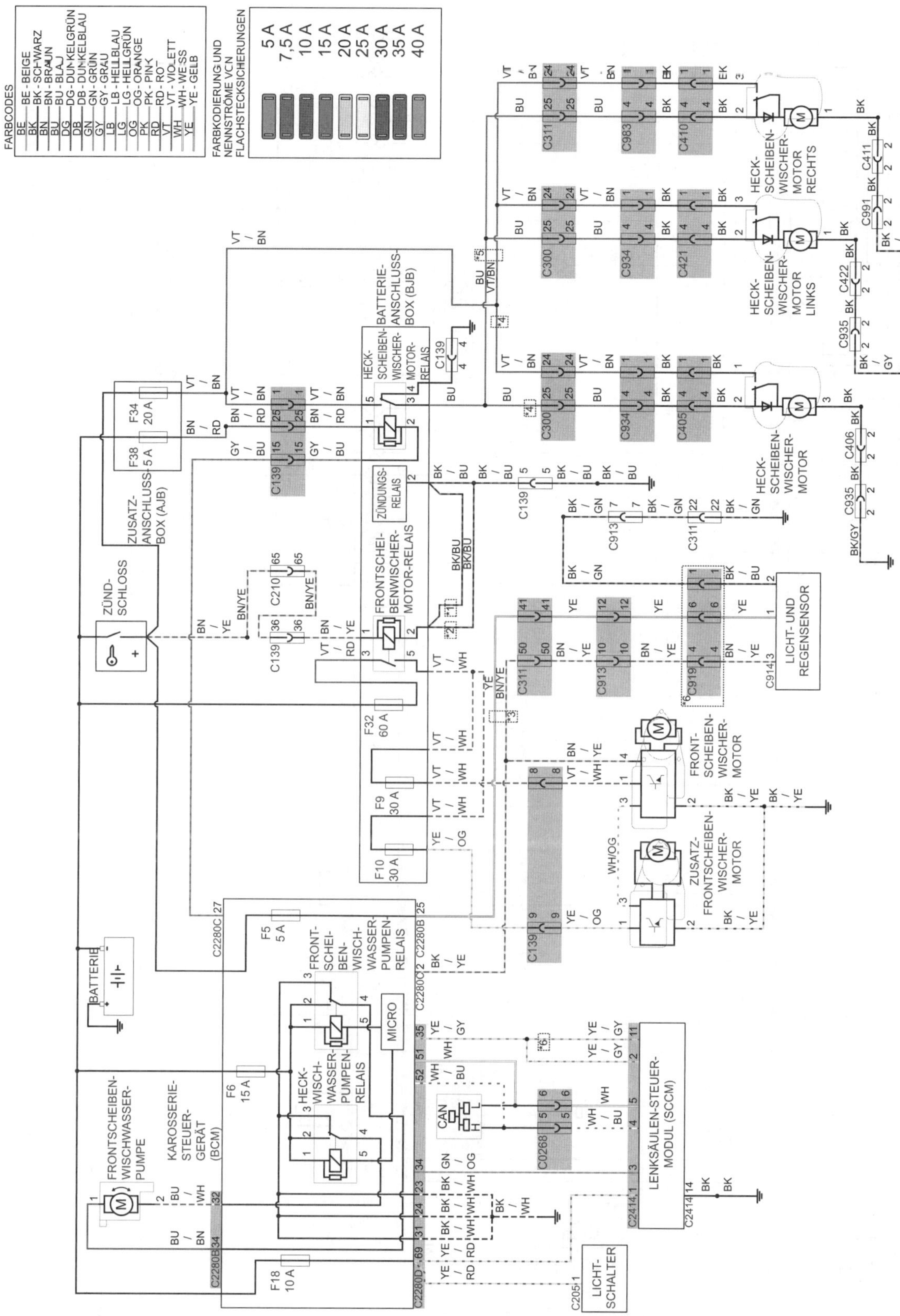

Scheibenwischer und Wischwaschsystem - 2,2 l-Modelle

*1 ohne Econetic
*2 mit Econetic
*3 Regensensor
*4 Heckklappe
*5 Hecktüren
*6 Spurhalteassistent

Außenbeleuchtung - 2,0 l-Modelle – (Teil 1)

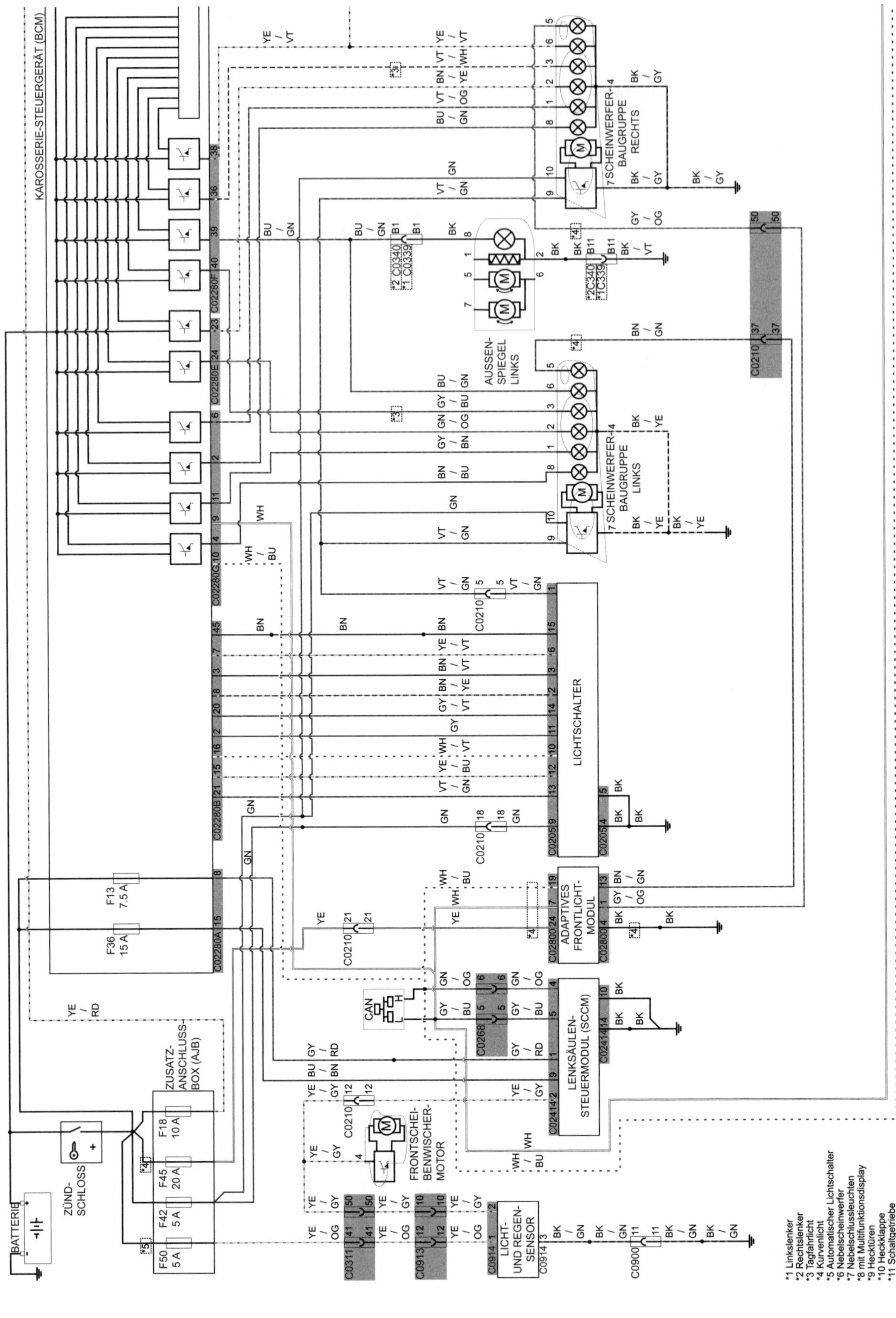

*1 Linkslenker
*2 Rechtslenker
*3 Tagfahrlicht
*4 Kurvenlicht
*5 Automatischer Lichtschalter
*6 Nebelscheinwerfer
*7 Nebelschlussleuchten
*8 mit Multifunktionsdisplay
*9 Hecktüren
*10 Heckklappe
*11 Schaltgetriebe
*12 ohne Multifunktionsdisplay

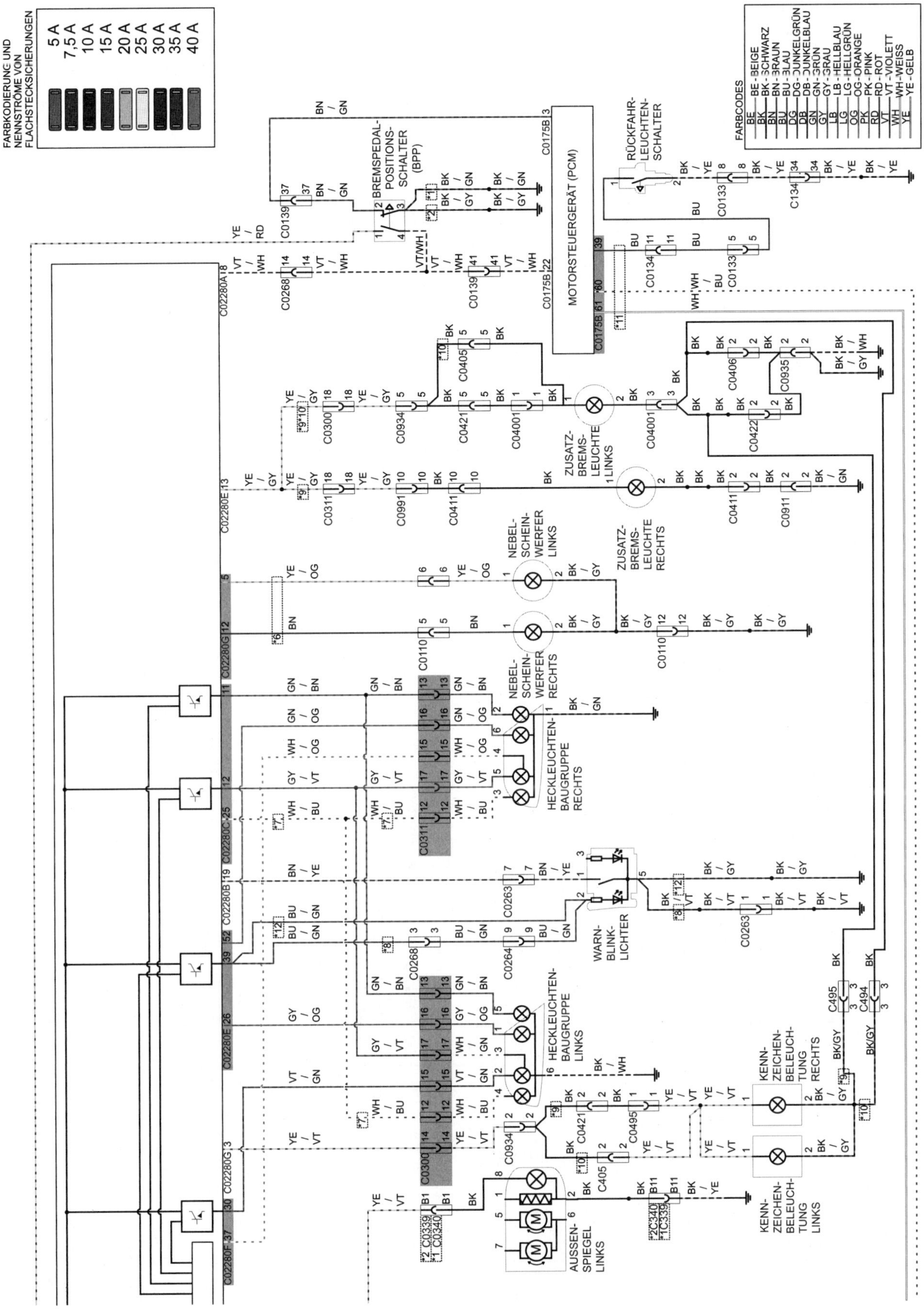

Außenbeleuchtung - 2,0 l-Modelle - (Teil 2)

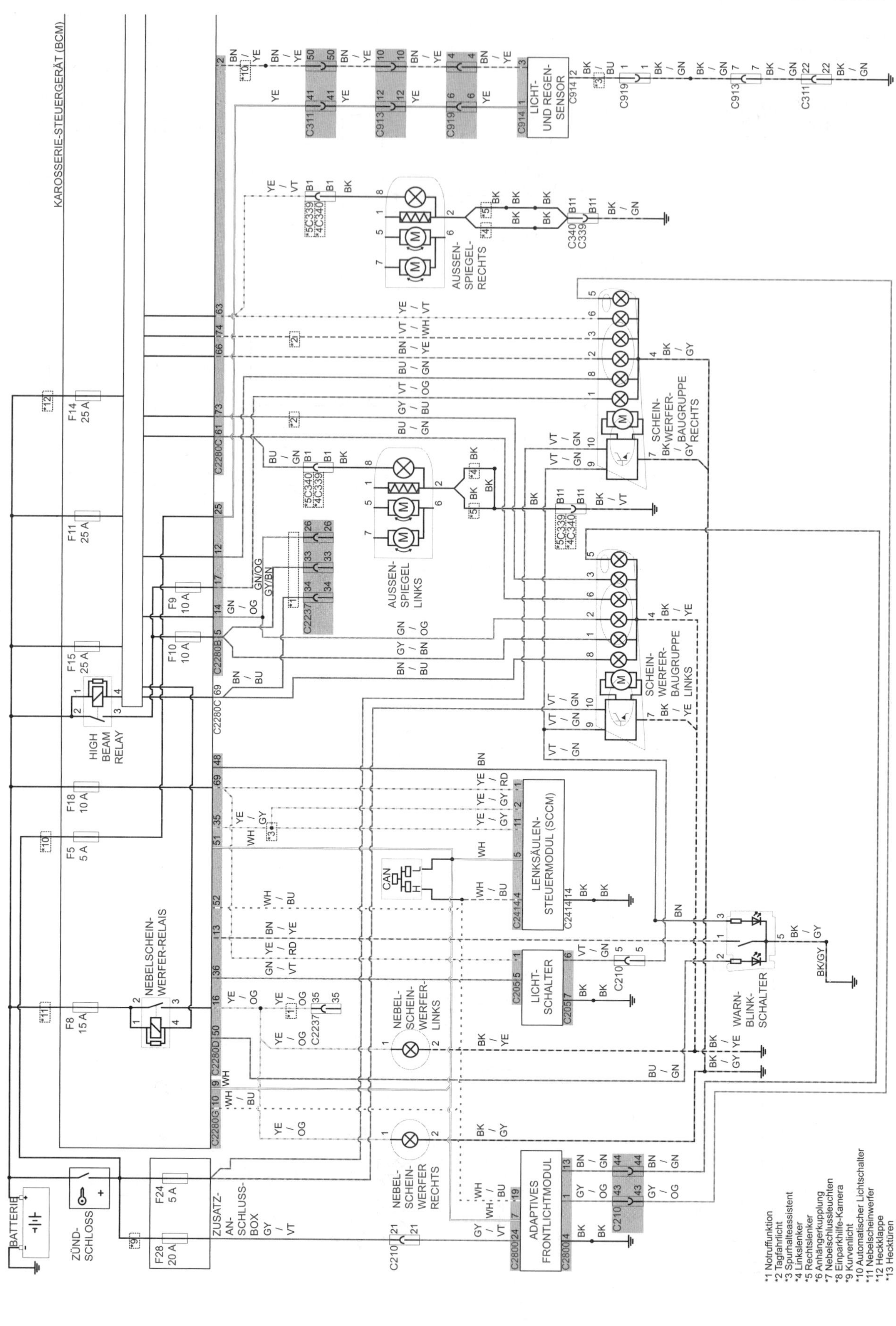

*1 Notruffunktion
*2 Tagfahrlicht
*3 Spurhalteassistent
*4 Linkslenker
*5 Rechtslenker
*6 Anhängerkupplung
*7 Nebelschlussleuchten
*8 Einparkhilfe-Kamera
*9 Kurvenlicht
*10 Automatischer Lichtschalter
*11 Nebelscheinwerfer
*12 Heckklappe
*13 Hecktüren

Außenbeleuchtung - 2,2 l-Modelle - (Teil 1)

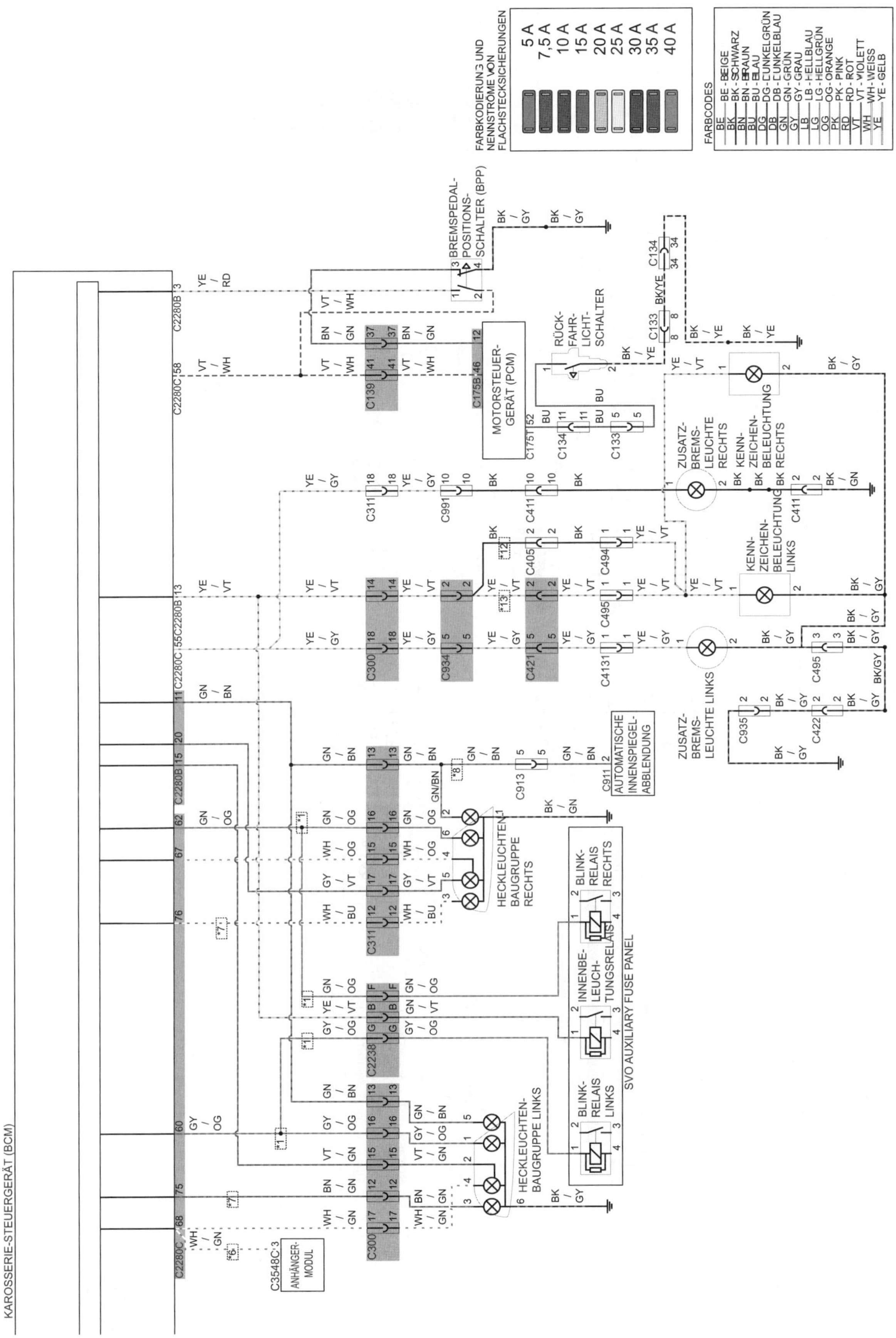

Außenbeleuchtung - 2,2 l-Modelle – (Teil 2)

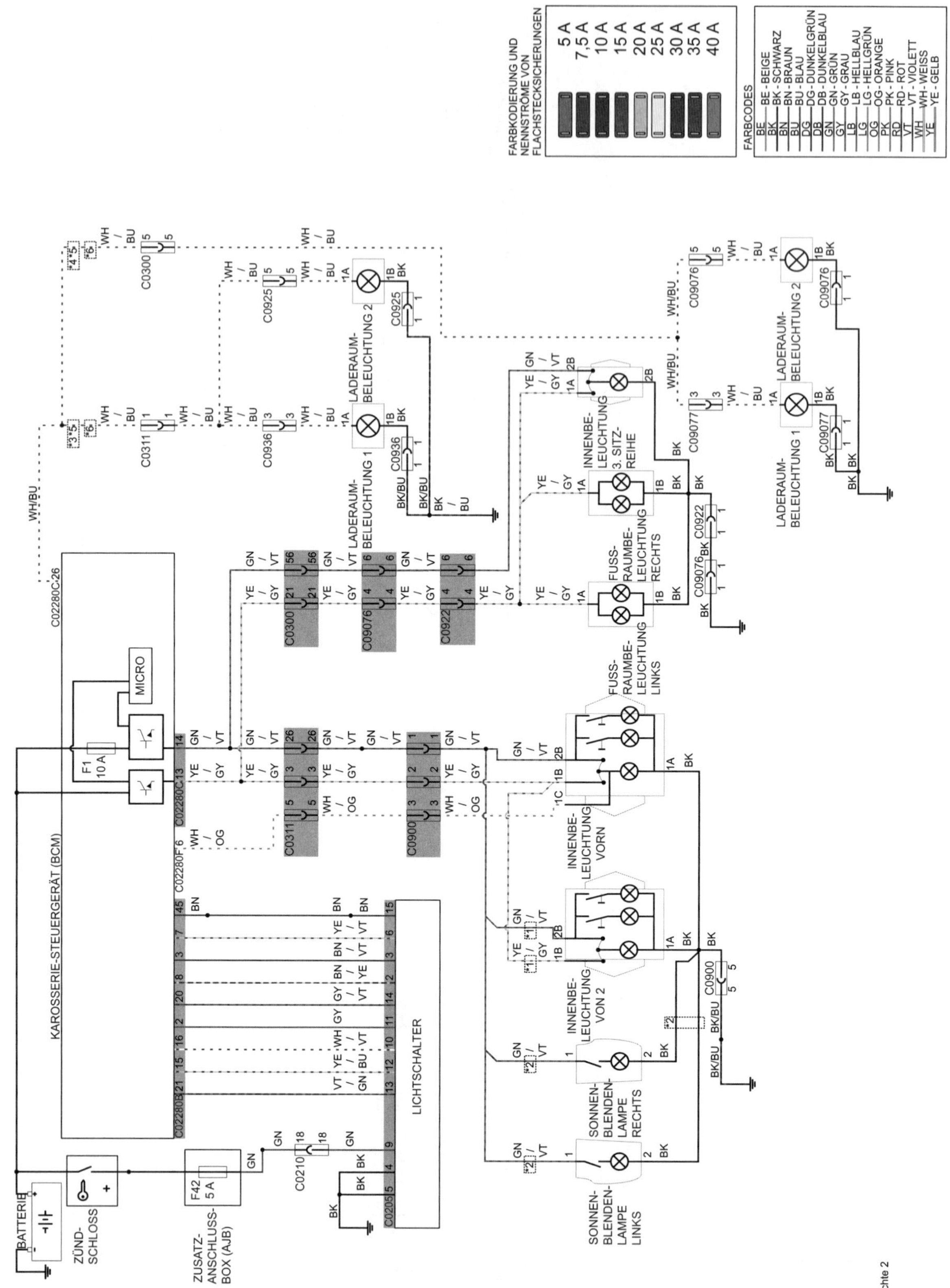

Innenbeleuchtung - 2,0 l-Modelle

*1 Dachhimmel-Innenleuchte 2
*2 Sonnenblenden
*3 Linkslenker
*4 Rechtslenker
*5 mit LED
*6 ohne LED

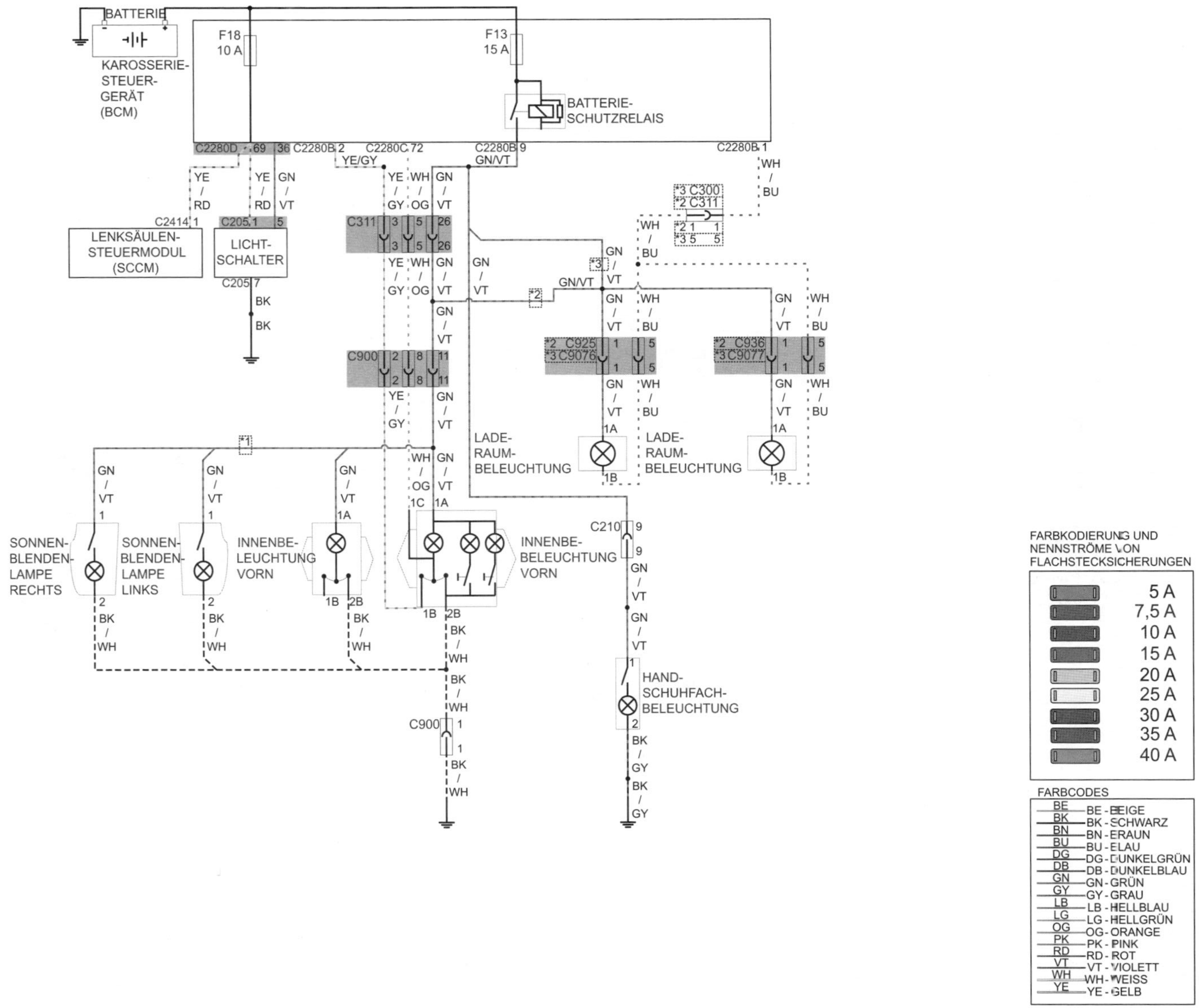

*1 Beleuchtete Sonnenblenden
*2 Linkslenker
*3 Rechtslenker

Innenbeleuchtung - 2,2 l-Modelle

Innenbeleuchtung - spätere 2,2 l-Modelle

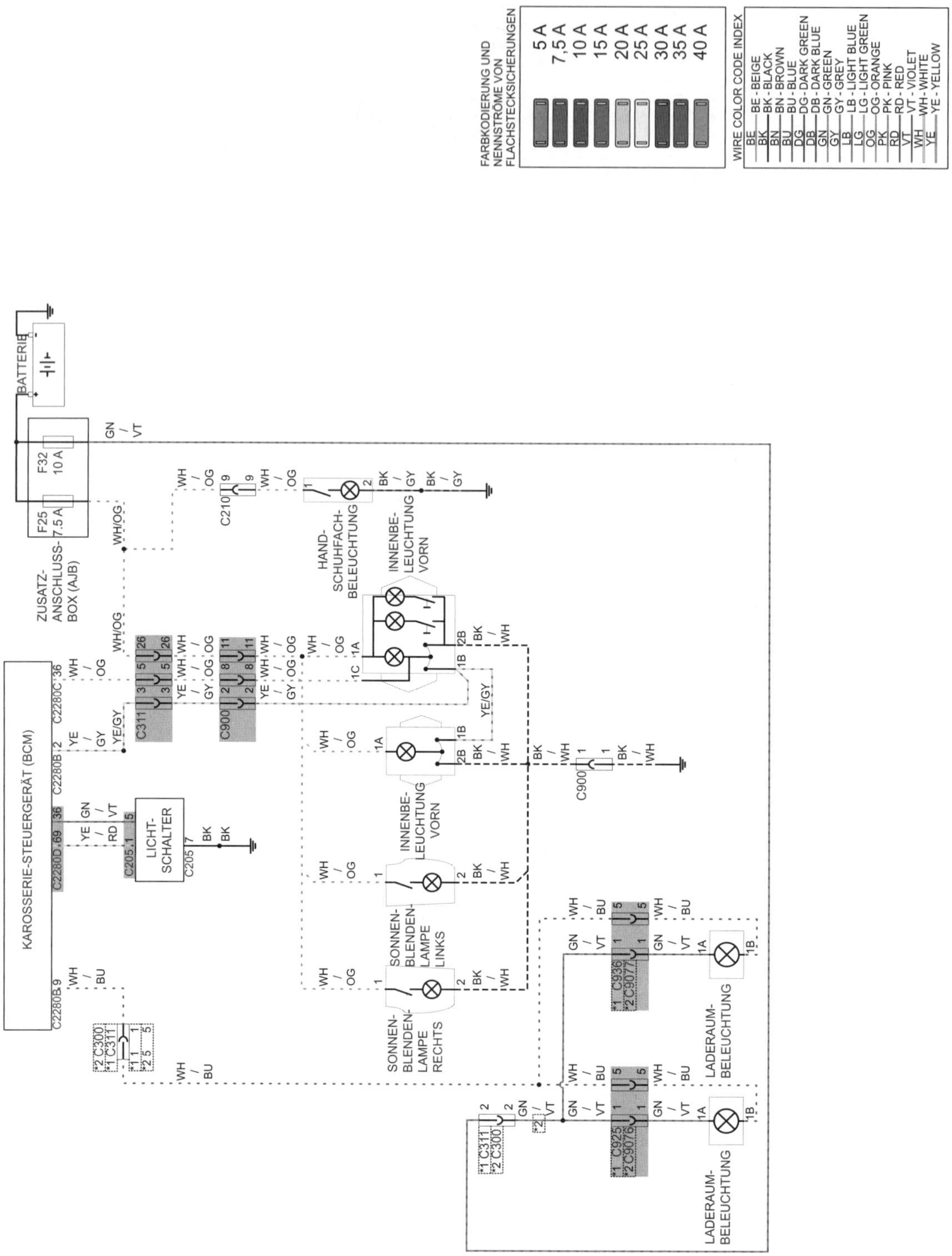

*1 Linkslenker
*2 Rechtslenker

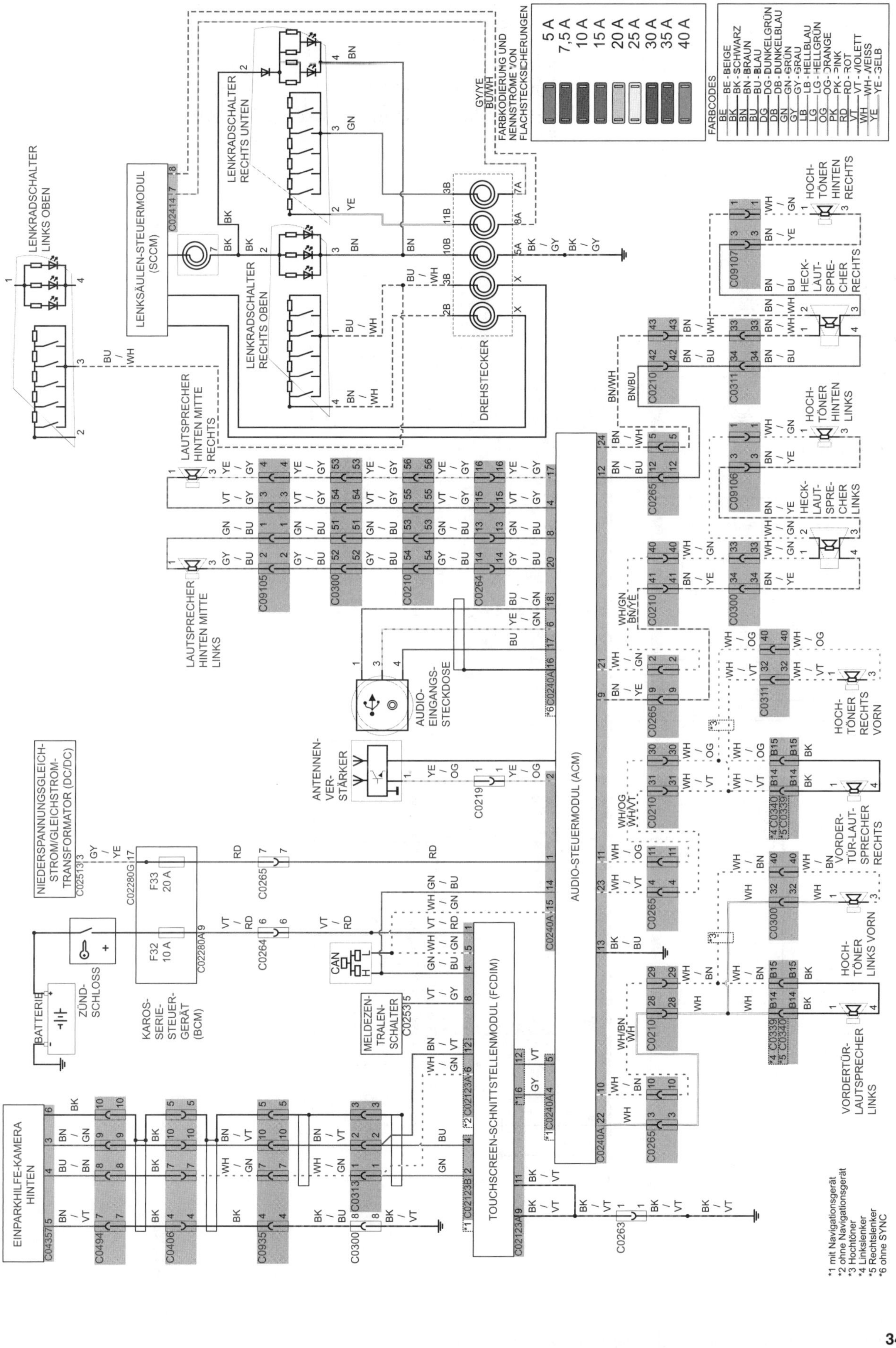

Soundsystem - 2,0 l-Modelle mit Multifunktionsdisplay

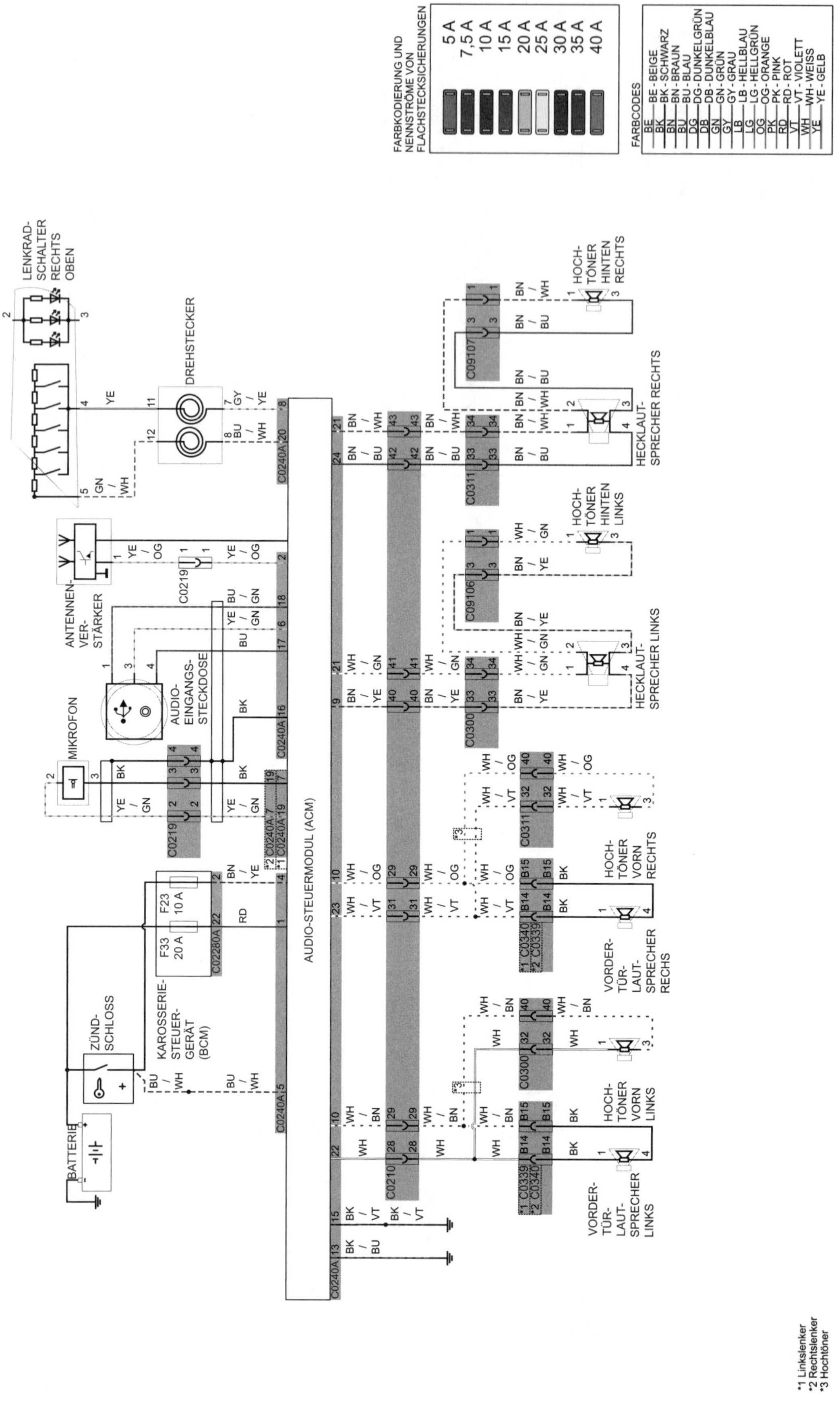

Soundsystem - 2,0 l-Modelle ohne Multifunktionsdisplay

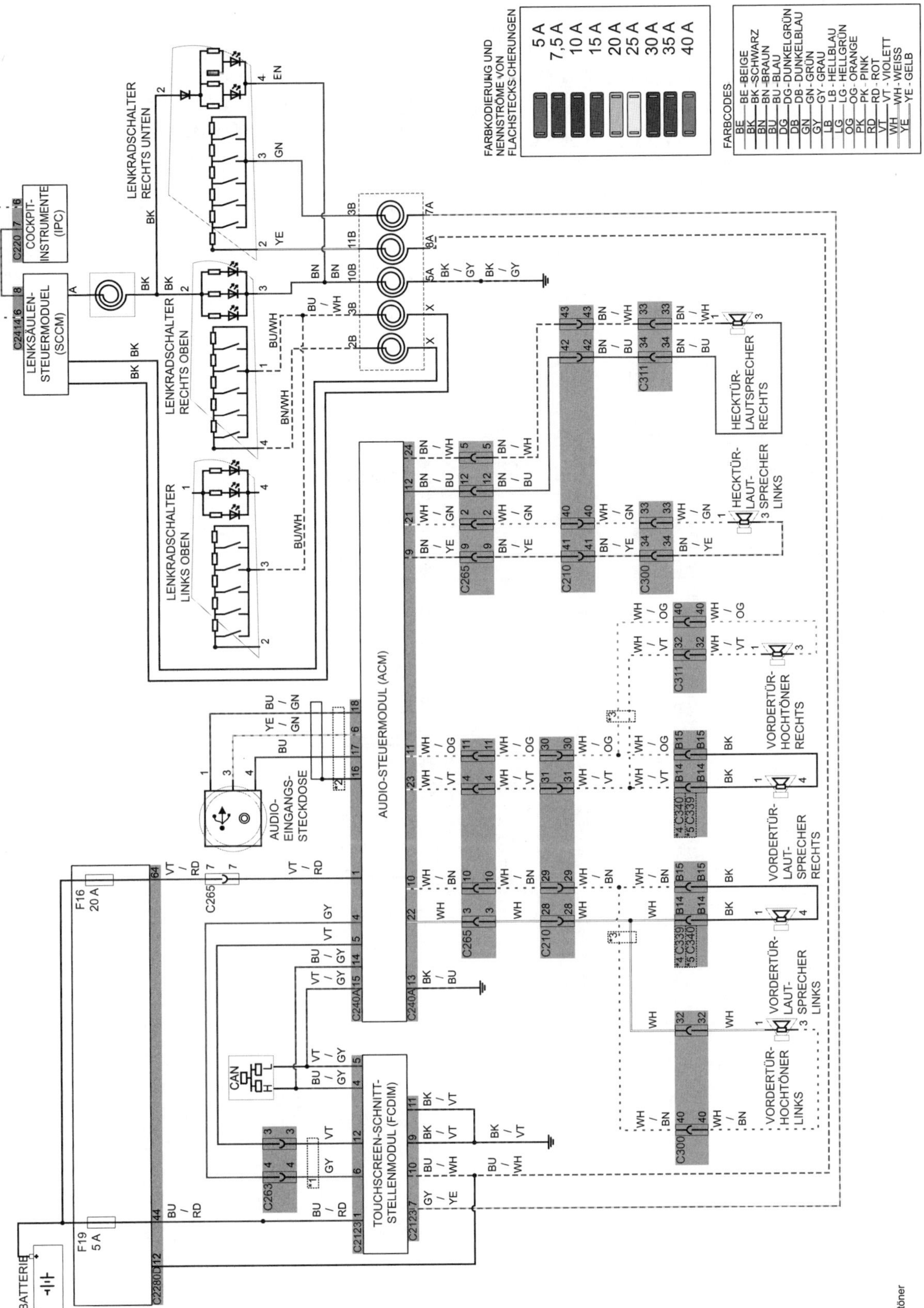

Soundsystem - 2,2 l-Modelle mit Multifunktionsdisplay

*1 mit SYNC
*2 ohne SYNC
*3 Vordertür-Hochtöner
*4 Linkslenker
*5 Rechtslenker

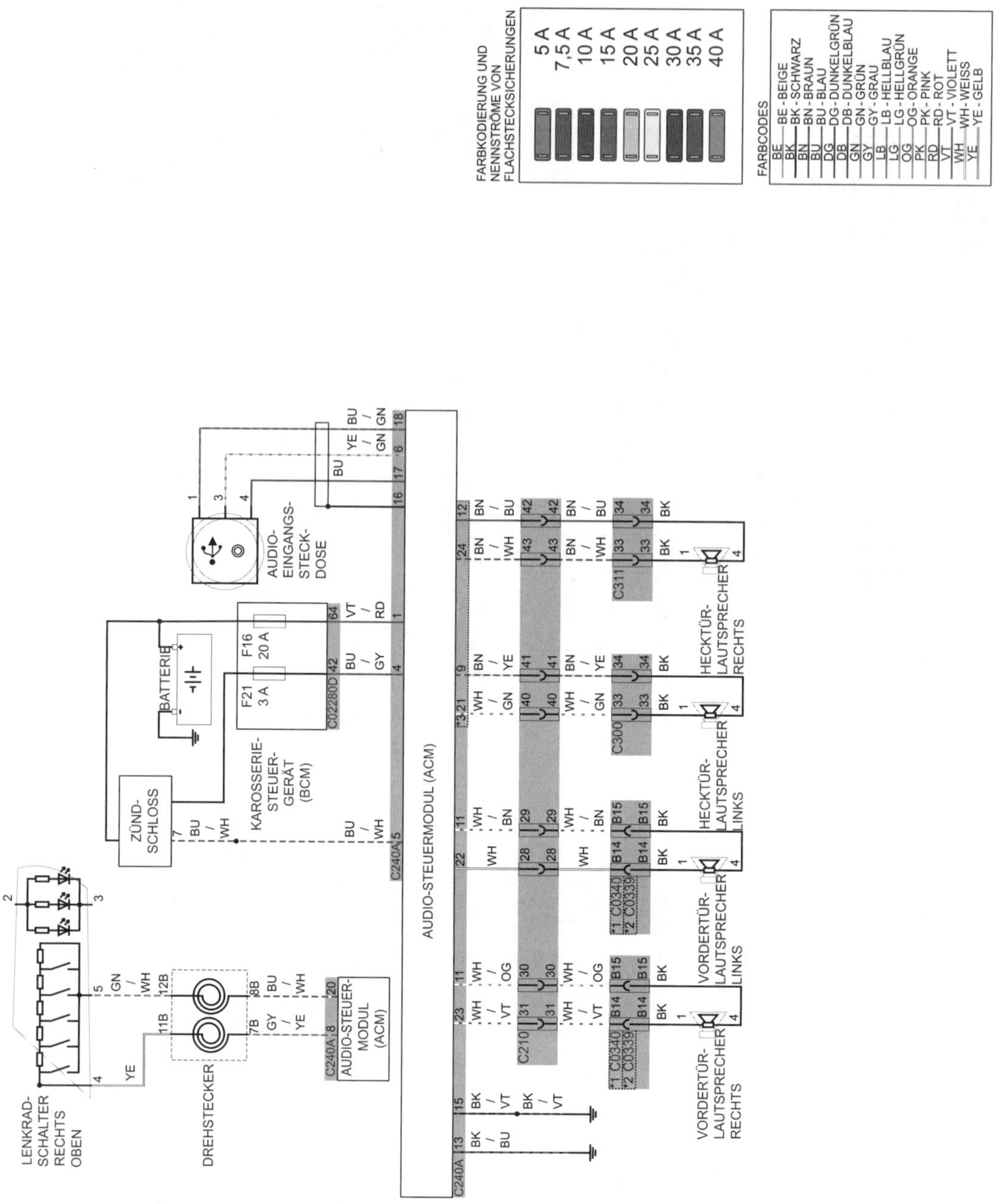

Soundsystem - 2,2 l-Modelle ohne Multifunktionsdisplay

*1 Linkslenker
*2 Rechtslenker
*3 Hecktür-Lautsprecher

Soundsystem – SYNC, ERA Glonass

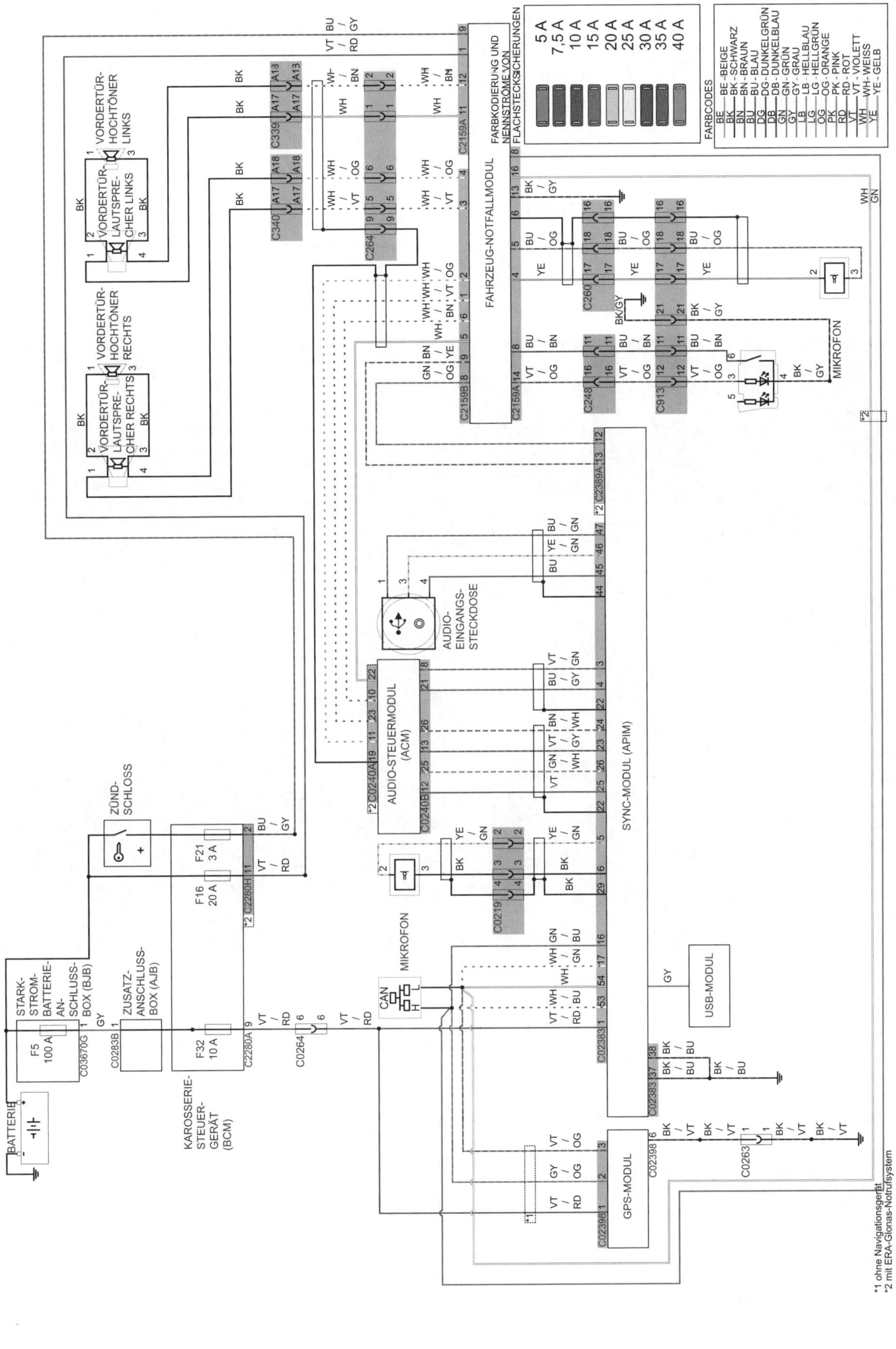

*1 ohne Navigationsgerät
*2 mit ERA-Glonas-Notrufsystem

Anhang

Inhalt

Sektion

Maße und Gewichte

Anmerkung: *Alle Angaben sind grobe Richtwerte; die tatsächlichen Werte variieren je nach Modell und Ausstattung. Beachten Sie für exakte Werte die Hinweise des Fahrzeugherstellers.*

Maße

Gesamtlänge (Kastenwagen und Bus ohne hintere Stufe)
- Modelle mit kurzem Radstand . . . 4972 mm
- Modelle mit langem Radstand . . . 5339 mm

Gesamtbreite (Kastenwagen und Bus ohne Rückspiegel) . . . 1986 mm

Gesamthöhe (Kastenwagen und Bus unbeladen)
- mit Standard-Dach . . . 1979 bis 2016 mm
- mit Hochdach . . . 2280 bis 2385 mm

Gewicht

Leergewicht . . . siehe Angaben auf dem Typenschild

Zulässiges Gesamtgewicht . . . siehe Angaben auf dem Typenschild

Ersatzteilkauf

Ersatzteile sind aus unterschiedlichen Quellen erhältlich: über den offiziellen Ford-Ersatzteilkatalog, aus dem Zubehörhandel, von Fachwerkstätten, vom Autoverwerter usw. Um sicherzugehen, das richtige Teil zu bekommen, sollten die Fahrzeug-Identifikations-, die Fahrgestell- und ggf. die Motornummer bereitgehalten werden; es kann auch hilfreich sein, das alte Teil zum Händler mitzunehmen. Dinge wie der Anlasser und die Lichtmaschine sind oft als Austauschteile erhältlich, sodass die Altteile gesäubert abgegeben werden müssen.
Unsere Ratschläge zum Thema Ersatzteil-Quellen lauten:

Offizielle Vertragshändler

Hier bekommt man Original-Ersatzteile und muss nicht das Risiko eingehen, minderwertige Nachbauten zu erhalten. Dies hat zwar seinen Preis, doch bei sicherheitsrelevanten Bauteilen darf Geld keine Rolle spielen. Bei neueren Fahrzeugen gilt zudem, dass Nachbauteile die Garantie erlöschen lassen.

Zubehörhandel

Hier können Teile gekauft werden, die bei der Wartung benötigt werden: Öle, Kraftstoff- und Luftfilter, Zündkerzen, Lampen, Antriebsriemen, Schmierstoffe, Bremsbeläge, Reparaturlack usw. Achten Sie darauf, dass das Material qualitativ hochwertig ist.

Fachwerkstatt

Gute Werkstätten haben die wichtigsten Verschleißteile auf Lager und können Komponenten zum Überholen von Baugruppen beschaffen. Sie erledigen auch Arbeiten wie das Schleifen von Zylinderbohrungen, das Einpressen vom Bauteilen usw.

Reifen- und Auspuff-Spezialisten

Oft bieten Spezialbetriebe den Austausch entsprechender Dinge zu besonders günstigen Konditionen an. Allerdings muss genau auf das Angebot geachtet werden, da beispielsweise bei einem Reifenwechsel das Auswuchten oder ein neues Ventil zusätzlich bezahlt werden müssen.

Andere Quellen

Wer Ersatzteile günstig im Internet, auf dem Flohmarkt oder bei ähnlichen Gelegenheiten kaufen will, darf sich nicht wundern, wenn ein niedriger Preis auch minderwertige Qualität bedeutet. Bei allen sicherheitsrelevanten Bauteilen wie Bremsbelägen sollte hier kein Risiko eingegangen werden.

Fahrzeug-Identifikation

Während der Fahrzeugproduktion werden unabhängig von größeren Modelländerungen ständig Bauteile verbessert und verändert, ohne dass dies irgendwo publiziert wird. Ersatzteillisten und Handbücher wurden auf numerischer Basis erstellt und die individuellen Fahrzeug-Identifikationsnummern sind für die korrekte Identifikation der betreffenden Teile unerlässlich.
Beim Bestellen von Ersatzteilen müssen stets so viele Informationen wie möglich bereitgehalten werden: das Fahrzeug-Modell, das Modelljahr (nicht unbedingt identisch mit dem Baujahr und der Erstzulassung!) und ggf. die Fahrgestell- und Motornummer.
Die *Fahrzeug-Identifikationsnummer (FIN)* ist auf dem an der linken A-Säule sitzenden Typenschild angegeben; hier finden sich auch der Motorcode, Informationen zum Fahrzeug-Gewicht sowie Farbcodes zum Lack und der Innenausstattung. Die *Fahrzeug-Identifikationsnummer ist auch von außen unten in der Windschutzscheibe ablesbar (siehe Abbildungen).*

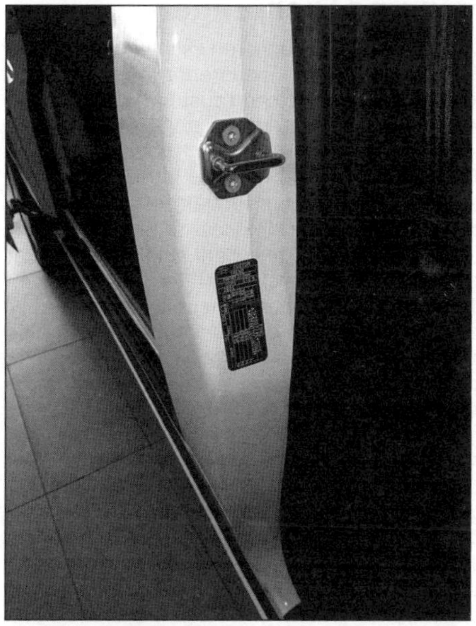

Das Typenschild ist vorn an der rechten B-Säule angebracht

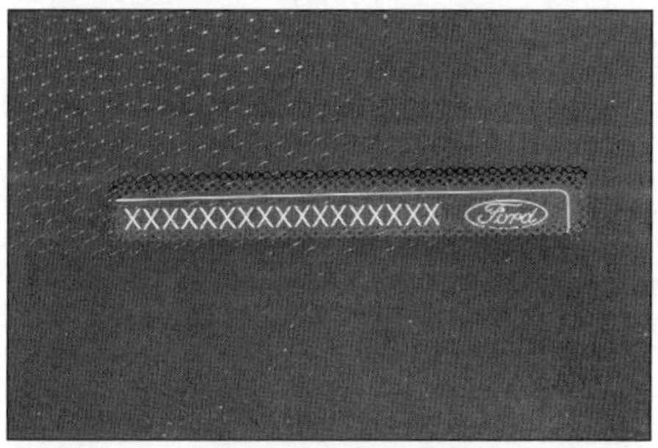

Die Fahrzeug-Identifizierungsnummer findet sich unten in der Windschutzscheibe wieder.

Die Motornummer ist am Motorblock eingeschlagen oder auf einem Typenschild angegeben (siehe Abbildung).

Die Motornummer ist auf einer ebenen Fläche des Motorblocks eingeschlagen.

Allgemeine Reparaturarbeiten

Wenn am Fahrzeug Wartungs-, Überhol- oder Reparaturarbeiten erledigt werden müssen, sollten die folgenden Hinweise und Anleitungen beachtet werden, um sämtliche Prozeduren effizient und professionell durchführen zu können.

Dichtflächen und Dichtungen

Zum Trennen von Komponenten an ihren Dichtflächen dürfen diese niemals mit einem Schraubendreher oder anderen Hilfsmitteln an diesen Kontaktbereichen auseinander gehebelt werden, da hierbei schwere Schäden entstehen können, die zu austretenden Betriebsflüssigkeiten (Öl, Kühlmittel) führen können. Zum Trennen müssen die Teile im Bereich der Dichtflächen mit einem weichen Hammer abgeklopft werden, um sie voneinander zu lösen. Diese Methode ist jedoch an Verbindungen, die mit Passhülsen gesichert sind, nicht immer wirkungsvoll; bei solchen finden sich oft außerhalb der Dichtflächen spezielle Angüsse, an denen gehebelt werden darf.
Wo zwischen zwei Komponenten eine Dichtung (aus Papier, Metall oder anderen Materialien) vorhanden ist, muss diese generell ersetzt werden. Solange nicht anders erwähnt, müssen die Dichtflächen trocken und sauber sein und die Dichtungen trocken aufgelegt werden. Falls eine Dichtfläche von altem Dichtmaterial befreit werden muss, dürfen dazu nur mechanische Hilfsmittel verwendet werden, die kein Gehäusematerial abtragen oder ihm Riefen zufügen. Falls Kerben oder Grate vorhanden sind, müssen diese vorsichtig mit einem Abziehstein oder einer feinen Feile beseitigt werden.
Gewindebohrungen sollten mit einem Pfeifenreiniger von Dichtungsresten befreit werden; ein Gewindebohrer kann auch die Reste alter Gewinde-Sicherungspaste beseitigen.
Alle Bohrungen, Kanäle und Rohre müssen sauber sein und möglichst mit Druckluft ausgeblasen werden.

Wellendichtringe

Diese auch »Simmerringe« genannten Dichtringe können z. B. mit einem breiten Schlitzschraubendreher aus ihren Sitzen gehebelt werden. Alternativ können selbstschneidende Blechschrauben in vorgebohrte Löcher gedreht werden, um daran eine Zange anzusetzen und den Ring herauszuziehen. Ein einmal ausgebauter Wellendichtring muss auf jeden Fall durch ein Neuteil ersetzt werden.
Die sehr feine Dichtlippe eines Wellendichtrings ist empfindlich und wird eine Welle, die nicht völlig frei von Kratzern oder Riefen ist, nicht lange abdichten können. Falls die originale Dichtfläche des Bauteils nicht wiederhergestellt werden kann und der Hersteller keine Angaben dazu macht, ob der Dichtring vielleicht etwas tiefer eingebaut werden darf, muss die Welle ersetzt werden.
Falls ein Dichtring z. B. über die Kerbverzahnung einer Welle geschoben werden muss, sollte diese mit Kreppband abgeklebt werden; an scharfen Kanten einer Welle sollte möglichst eine konische Hülse angesetzt werden. Schmieren Sie die Dichtlippe vor dem Einbau mit Öl; bei Doppel-Dichtlippen sollte der Bereich zwischen den beiden Lippen mit Fett gefüllt werden.
Soweit nicht anders erwähnt, müssen Wellendichtringe immer mit der Dichtlippe in Richtung der Flüssigkeit eingebaut werden.
Treiben Sie den Dichtring mit einem passenden Holzstück in seinen Sitz. Soweit der Sitz nicht in einer Vertiefung liegt und soweit nicht anders erwähnt, werden Dichtringe stets bündig zum Gehäuse installiert.

Schraubengewinde und Befestigungen

Festsitzende Muttern und Schrauben sind bei Korrosion ein unvermeidlicher Nebeneffekt. Kriechöl oder Rostlöser kann dieses Problem oft verringern, wenn ihm genügend Zeit zum Einwirken gegeben wird. Auch der Einsatz eines Schlagschraubers kann festsitzende Verbindungen lösen. Falls keine dieser Methoden Wirkung zeigt, muss das Glück mithilfe von Hitze und/oder einem Muttersprenger gesucht werden; manchmal hilft nur noch eine Säge bzw. ein Winkelschleifer.
Stehbolzen werden üblicherweise mithilfe zweier gegeneinander verkonterter Muttern herausgeschraubt – der Schlüssel wird hierbei an der unteren Mutter angesetzt. Schrauben oder Stehbolzen, die bündig oder unterhalb der Kontaktfläche abgerissen sind, können manchmal mit einem Linksausdreher entfernt werden – hierzu gehört allerdings etwas Geschick.
Gewinde-Sacklöcher müssen frei von Öl, Wasser, Fett und Schmutz sein, bevor die Schraube oder der Stehbolzen wieder eingedreht wird – andernfalls kann der dabei entstehende hydraulische Druck Risse im Gehäuse erzeugen.
Eine Kronenmutter, die mit einem Splint gesichert wird, muss zunächst bis zum vorgeschriebenen Drehmoment und dann weitergedreht werden, bis die nächste Kerbe zur Bohrung ausgerichtet ist, um den Splint zu installieren.
Viele Befestigungen – z. B. bei Zylinderköpfen – werden in mehreren Schritten (und einer vorgeschriebenen Reihenfolge!) angezogen, bei der im letzten Schritt die Mutter oder Schraube in einem bestimmten Winkel per Gradscheibe weitergedreht werden muss.
Ob Schrauben oder Muttern mit dem korrekten Drehmoment angezogen sind, kann geprüft werden, indem man sie um eine Viertelumdrehung lockert und dann wieder mit dem korrekten Wert anzieht; dies gilt nicht für Befestigungen, die nach dem Anziehen per Drehmomentschlüssel in einem zweiten Schritt per Gradscheibe angezogen werden müssen.

Sicherungsmuttern, Sicherungsscheiben, Sicherungsbleche

Bei Befestigungen, die beim Anziehen gegen ein Gehäuse oder ein anderes Bauteil gedreht werden, muss stets eine Scheibe untergelegt werden.
Federringe oder Federscheiben müssen immer erneuert werden, wenn sie wichtige Komponenten wie z. B. Pleuelschrauben sichern. Auch Sicherungsbleche, bei denen Laschen gegen Muttern gebogen werden, müssen ersetzt werden.
Selbstsichernde Muttern können in unkritischen Bereichen wiederverwendet werden, solange beim Aufdrehen ein gewisser Widerstand fühlbar ist; die Nylon-Einsätze verlieren allerdings mit den Jahren ihre Spannkraft, sodass die Muttern hin und wieder ersetzt werden müssen.
Splinte, deren Enden umgebogen werden, müssen nach jedem Ausbau durch Neuteile ersetzt werden.
Falls eine Schraube mit Sicherungspaste (»Loctite«) versehen wurde, muss ihr Gewinde mit einer Drahtbürste und Lösungsmittel gereinigt werden (die Bohrung möglichst mit einem Gewindebohrer), bevor direkt vor dem Einsetzen frische Dichtmasse aufgetragen wird.

Spezialwerkzeuge

Manche Reparaturmethoden in diesem Handbuch erfordern spezielle Werkzeuge wie eine Hydraulik-Presse, einen Zwei- oder Dreiarmabzieher, Federpressen usw. Soweit möglich, werden Alternativen zu den Spezialwerkzeugen des Herstellers beschrieben und im Einsatz gezeigt. Manchmal ist jedoch aus Gründen der Sicherheit oder der Wirksamkeit keine Alternative möglich. Solange man nicht Profi ist und die durchzuführende Prozedur komplett verstanden hat, darf niemals versucht werden, ein Spezialwerkzeug zu umgehen, wenn dies verlangt ist; neben Gefahren für die Gesundheit besteht ansonsten auch das Risiko teurer Schäden.

Umweltschutz

Öle, Bremsflüssigkeit und Kühlmittel dürfen weder im Boden versickern noch in die Kanalisation gelangen. Füllen Sie alle Betriebsflüssigkeiten (separat!) in auslaufsichere Behälter. Jeder Händler, der technische Öle verkauft, ist auch dazu verpflichtet, entsprechende Mengen Altöl zurückzunehmen. Bringen Sie andere Flüssigkeiten zur fachgerechten Entsorgung oder zum Recyclinghof.

Anheben und Abstützen

Der dem Bordwerkzeug (in einem Fach unter dem Beifahrersitz) beigefügte Wagenheber sollte nur bei Reifenpannen am Straßenrand verwendet werden, um das Reserverad zu montieren – siehe Seite 12. Für andere Arbeiten sollte das Fahrzeug unter den vorgegebenen Punkten mit einer hydraulischen Vorrichtung angehoben und mit Böcken abgestützt werden (siehe Abbildung). Falls die Räder nicht demontiert werden müssen, kommt auch eine Rampe in Betracht (die auch nach dem Anheben des Fahrzeugs unter die Räder geschoben werden kann).
Das Anheben darf nur auf einer festen und ebenen Oberfläche erfolgen. Selbst bei leichtem Gefälle muss sorgfältig darauf geachtet werden, dass sich das Fahrzeug nach dem Anheben nicht bewegen kann. Vom Anheben auf unebenem oder lockerem Untergrund wird abgeraten, da das Fahrzeuggewicht nicht gleichmäßig verteilt ist und die Hebevorrichtung abrutschen kann.
Belassen Sie ein angehobenes Fahrzeug möglichst niemals unbeaufsichtigt – besonders bei in der Nähe spielenden Kindern.
Ziehen Sie vor dem Anheben der Fahrzeug-Front stets die Handbremse an. Blockieren Sie vor dem Anheben des Hecks die Vorderräder mit Keilen und legen Sie den ersten Gang ein. Bei der Verwendung eines hydraulischen Rangierwagenhebers oder von Stützböcken müssen diese stets an den gezeigten Stellen unter den Schwellern angesetzt werden (siehe Abbildung). Verwenden Sie beim Anheben stets zwischen den Heber und das Fahrzeug eingesetzte Hölzer mit eingeschnittenen Kerben für die Blechfalze – diese verteilen die Last so besser und schützen Lack oder Unterbodenschutz vor Schäden.

Warnung: Arbeiten Sie NIEMALS unter oder neben einem nur angehobenen, aber nicht abgestützten Fahrzeug!

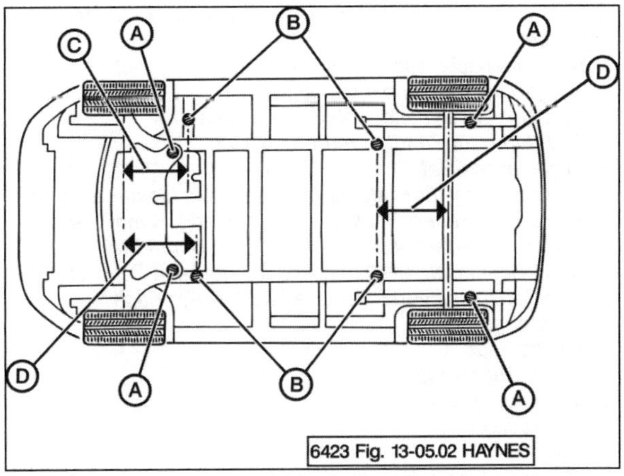

Hebepunkte und Abstützpunkte am Ford Transit Custom Kastenwagen und Bus

A Hier dürfen Wagenheber angesetzt werden.
B Hier dürfen Hebebühnen-Arme und Stützböcke angesetzt werden.
C 50 cm
D 70 cm

Werkzeug und Werkstatt-Ausrüstung

Einleitung

Ein gutes Werkzeugsortiment ist für jedermann, der Wartungs- und Reparaturarbeiten an seinem Fahrzeug durchführen möchte, eine grundlegende Voraussetzung. Wer kein oder nur sehr wenig Werkzeug zu Hause hat, muss zunächst in Werkzeug investieren, um durch Eigenleistung das Geld wieder einzusparen. Hochwertiges Werkzeug hält jahrzehntelang und macht sich bei regelmäßigem Gebrauch mehrfach bezahlt.
Um den Fahrzeugbesitzer besser entscheiden zu lassen, welche Werkzeuge er für die verschiedenen in diesem Buch beschriebenen Aufgaben benötigt, haben wir drei Listen erstellt: *Wartung und kleinere Reparaturen; Reparaturen und Überholung* sowie *Spezialwerkzeug.* Wer neu im Schrauber-Sektor ist, sollte mit dem Werkzeugsatz *Wartung und kleinere Reparaturen* beginnen und sich zunächst mit einfacheren Aufgaben am Fahrzeug vertraut machen. Sobald die Erfahrungen und das Vertrauen wachsen, können schwierigere Arbeiten verrichtet werden – mit den entsprechenden zusätzlichen Werkzeugen. Auf diese Weist kann ein Set *für Wartungsarbeiten und kleinere Reparaturen mit* der Zeit und ohne große Ausgaben zu einem Kit für *umfangreiche Reparaturen und Überholungen ausgeb*aut werden. Der erfahrene Hobbyschrauber hat dann eine Werkzeug-Ausstattung für die meisten Reparaturen und Überholtätigkeiten und muss nur noch dann Werkzeuge aus der letzten Kategorie dazukaufen, wenn er der Meinung ist, dass sich der finanzielle Aufwand zur Häufigkeit des Einsatzes lohnt.

Wartungsarbeiten und kleinere Reparaturen

Die hier aufgelisteten Werkzeuge können als Minimalausstattung für routinemäßige Wartungsarbeiten, die Instandhaltung und kleine Reparaturen betrachtet werden. Wir empfehlen den Kauf von kombinierten Ring-/Maul-Schlüsseln – diese sind zwar teurer als reine Maulschlüssel, hinterlassen bei richtigem Gebrauch aber auch weniger Schäden an Muttern und Schrauben.

- ☐ *Schraubenschlüssel-Set 8 bis 19 mm*
- ☐ *Rollgabelschlüssel bis ca. 35 mm*
- ☐ *Zündkerzenschlüssel (mit Gummieinsatz)*
- ☐ *Drahtlehre für Zündkerzen-Elektroden*
- ☐ *Fühlerlehren-Set*
- ☐ *Ringschlüssel für Entlüftungsnippel (falls kleiner als 8 mm)*
- ☐ *Schraubendreher: Schlitz – 100 mm lang, 6 mm breit*
  Phillips (Kreuzschlitz) – 100 mm lang, 6 mm breit
- ☐ *Inbus-Schlüssel, 4–10 mm Größe – je nach Fahrzeugtyp*
- ☐ *Torx-Schlüssel, verschiedene Größen – je nach Fahrzeugtyp*
- ☐ *Kombizange*
- ☐ *Metall-Bügelsäge*
- ☐ *Reifen-Luftpumpe*
- ☐ *Luftdruckprüfer*
- ☐ *Ölkanne*
- ☐ *Ölfilterschlüssel (Bandschlüssel)*
- ☐ *Feines Schleifpapier*
- ☐ *Drahtbürste (klein)*
- ☐ *Trichter (mittelgroß)*
- ☐ *Ablassschrauben-Schlüssel (je nach Fahrzeug)*

Umfangreiche Reparaturen und Überholung

Diese Werkzeuge sind – zusammen mit denen für Wartung und kleinere Reparaturen – für Reparaturen und andere Arbeiten am Fahrzeug unerlässlich. Zu dieser Liste gehört ein umfangreicher Steckschlüsselsatz; auch wenn er relativ teuer ist, ist er aufgrund seiner Vielseitigkeit unbezahlbar – besonders, wenn darin verschiedene Antriebe enthalten sind. Wir empfehlen einen Knarrenkasten mit Halbzoll-Antrieb, weil diese Steckschlüssel auch auf die meisten Drehmomentschlüssel passen.

Die Werkzeuge aus dieser Liste müssen manchmal durch Teile aus der Spezialwerkzeug-Liste ergänzt werden:

- ☐ *Steckschlüsselkasten mit*
  Sechskantschlüsseln (6–24 mm)
  Inbus-Einsätze
  Torx-Einsätze
  Ratsche
  Verlängerung 250 mm
  Kreuzgelenk
  verstellbarem T-Griff
- ☐ *Drehmomentschlüssel*
- ☐ *Gripzange*
- ☐ *Schlosserhammer mit Kugelkopf*
- ☐ *Kunststoff- oder Gummihammer*
- ☐ *Schlitzschraubendreher (verschiedene Größen)*
- ☐ *Phillips-Kreuzschlitzschraubendreher (verschiedene Größen)*
- ☐ *Zangen:*
  Spitzzange
  Wasserpumpenzange
  Seitenschneider
  Seegerringzange (innen und außen)
- ☐ *Flachmeißel (25 mm breit)*
- ☐ *Reißnadel*
- ☐ *Schaber*
- ☐ *Körner*
- ☐ *Treibdorn*
- ☐ *Metallsäge*
- ☐ *Bremsschlauch-Klemme*
- ☐ *Bremsen-/Kupplungs-Entlüftungskit*
- ☐ *Bohrer-Set*
- ☐ *Metall-Lineal/Richtwinkel*
- ☐ *Feilen-Sortiment*
- ☐ *Drahtbürsten*
- ☐ *Stützbock*
- ☐ *Hydraulischer Heber oder Rangierwagenheber*
- ☐ *Lampe mit Verlängerungskabel*
- ☐ *Multimeter (Volt AC/DC, Ohm, Ampere)*

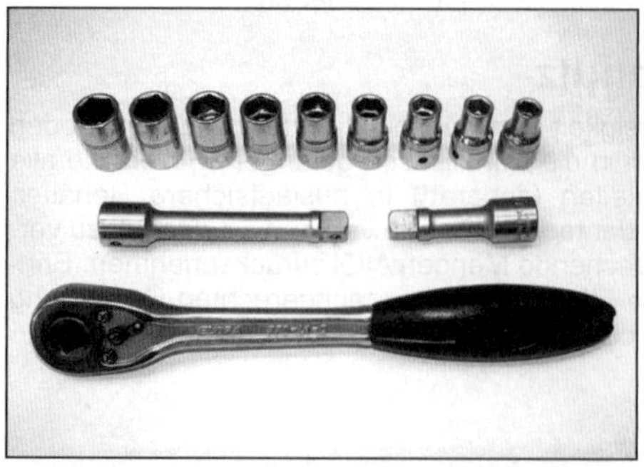

Steckschlüssel mit Ratsche und Verlängerungen

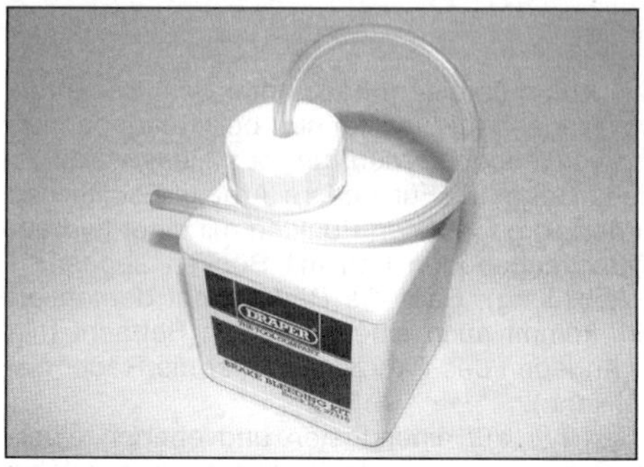

Bremsen-Entlüftungskit

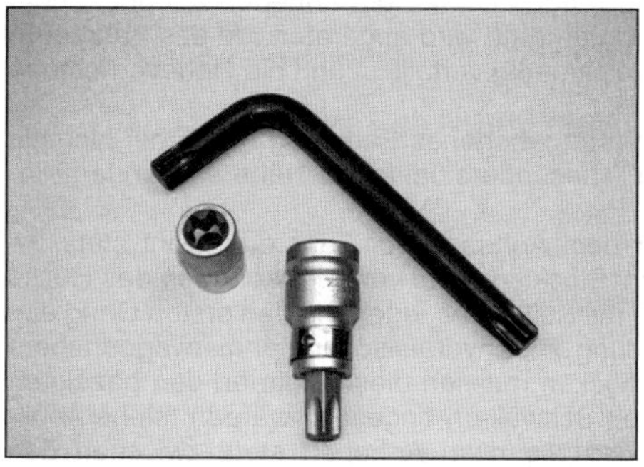

Torx-Schlüssel, -Steckschlüssel und -Bit

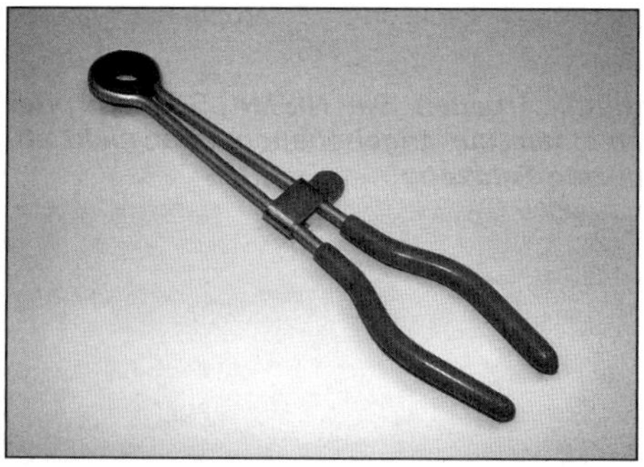

Schlauchklemme

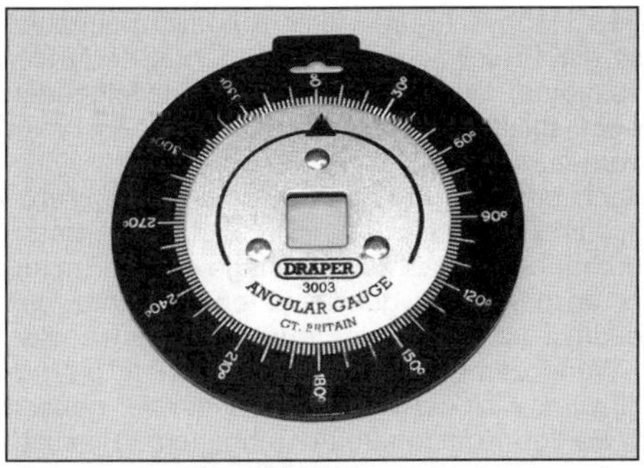

Gradscheibe mit Vierkant für Steckschlüssel-Antrieb

Spezialwerkzeug

Die in dieser Liste aufgeführten Werkzeuge werden nicht regelmäßig benötigt, sind teuer oder müssen entsprechend der Anweisungen ihrer Hersteller eingesetzt werden. Solange nicht regelmäßig schwierige Reparaturarbeiten verrichtet werden, ist der Kauf vieler dieser Werkzeuge nicht wirtschaftlich. In solchen Fällen kann man das Werkzeug entweder mit Freunden zusammen kaufen, einem Klub beitreten oder das Teil bei einer Werkstatt oder einem Werkzeugverleiher mieten. Auch viele Baumärkte vermieten Werkzeug zu moderaten Konditionen.
Die folgende Liste enthält nur frei verkäufliche Werkzeuge und Instrumente, aber keine Spezialwerkzeuge, die vom Fahrzeughersteller für sein Händlernetz produziert werden. Im Handbuch wird gelegentlich auf solche Werkzeuge verwiesen und oft wird auch eine Alternative dazu angegeben, doch manchmal ist das Hersteller-Spezialwerkzeug unerlässlich, sodass es beim Hersteller gekauft oder der Fachwerkstatt des Vertrauens ausgeliehen werden muss.

- ☐ *Gradscheibe*
- ☐ *Ventilfederpresse*
- ☐ *Ventil-Einschleif-Ausrüstung*
- ☐ *Kolbenringzange*
- ☐ *Zylinderbohrungs-Honwerkzeug*
- ☐ *Kolbenring-Aus- und Einbauwerkzeug*
- ☐ *Federpresse für Fahrwerk-Federn*
- ☐ *Kugelgelenk-Abzieher*
- ☐ *Zwei- und Dreiarmabzieher*
- ☐ *Schlagschrauber*
- ☐ *Messschieber und/oder Mikrometerschraube*
- ☐ *Messuhr*
- ☐ *Schließwinkelmesser / Drehzahlmesser*
- ☐ *Fehlercode-Auslesegerät*
- ☐ *Kompressionsprüfer*
- ☐ *Unterdruckpumpe und Druckprüfer*
- ☐ *Kupplungsscheiben-Zentrierwerkzeug*
- ☐ *Bremsbackenfeder-Ausbauwerkzeug*
- ☐ *Aus- und Einbauwerkzeug für Buchsen und Lager*
- ☐ *Stehbolzenausdreher*
- ☐ *Werkstattkran*
- ☐ *Rangierwagenheber*

Werkzeug-Kauf

Im Autozubehör- und Werkzeugfachhandel wird oft hochwertiges Werkzeug zu günstigen Preisen angeboten, sodass sich der Preisvergleich lohnt.
Man muss nicht das teuerste Werkzeug kaufen, doch es ist auch ratsam, nicht das billigste zu nehmen. Vorsicht ist auf Flohmärkten und bei »Kofferraum«-Geschäften auf Automärkten geboten. Es gibt zahlreiche Marken, die hochwertiges Werkzeug produzieren, doch stets sollte vor allem darauf geachtet werden, dass das Material alle wichtigen Sicherheitsstandards erfüllt. Im Zweifelsfall sollten vor einer Kaufentscheidung Fachleute zurate gezogen werden.

Werkzeug – Sorgfalt und Pflege

Nachdem ein akzeptables Werkzeug-Sortiment erworben wurde, ist es wichtig, die Werkzeuge in einem sauberen und brauchbaren Zustand zu erhalten. Nach jedem Einsatz müssen Schmutz, Fett und Metallpartikel mit sauberen und trockenen Lappen abgewischt werden, bevor das Werkzeug weggepackt wird. Niemals sollte man Werkzeug herumliegen lassen. Ein einfaches Regal an der Garagen- oder Werkstattwand ist für die meisten Werkzeuge völlig ausreichend. Ein Knarrenkasten sollte stets vollständig sein und Messinstrumente, Messuhren und andere sensible Geräte müssen sorgfältig gelagert werden, sodass sie weder Stöße abbekommen noch rosten.
Werkzeuge verschleißen mit der Zeit: Ein Hammerkopf bekommt unweigerlich Riefen und Schraubendreher-Klingen werden mit der Zeit rund. Der gelegentliche Einsatz von Schleifleinen oder einer Feile kann solche Dinge wieder in einen guten Zustand versetzen.

Arbeitsplatz

Beim Thema Werkzeug darf die Werkstatt nicht vergessen werden. Sobald mehr als routinemäßige Wartungsarbeiten verrichtet werden sollen, kommt man um einen brauchbaren Arbeitsplatz nicht herum.
Viele Fahrzeugbesitzer sind gezwungen, Bauteile ihres Autos – bis hin zum Motor – im Freien auszubauen, doch dann sollten Reparaturen stets unter einem schützenden Dach stattfinden.
Sämtliche Zerlegungen sollten stets auf einer sauberen und ebenen Arbeitsfläche durchgeführt werden, die sich in einer angenehmen Arbeitshöhe befindet.
Jede Werkbank benötigt einen Schraubstock; mit einem Öffnungsbereich von 100 mm sollten sich die meisten Arbeiten erledigen lassen. Wie bereits erwähnt, werden auch saubere und trockene Lagerflächen für Werkzeug, aber auch für Schmiermittel, Reinigungsmittel, Lacke usw. benötigt.
Das wichtigste Elektrowerkzeug ist eine gute Bohrmaschine mit Drehzahl-Einstellung; in diese können außer Bohrern viele andere Werkzeuge eingespannt werden, die die Arbeit erleichtern.
Schließlich muss eine Sammlung alter Zeitungen und sauberer, nicht fusselnder Lappen bereitgehalten werden, um den Arbeitsplatz, das Werkzeug und die zu reparierenden Dinge möglichst sauber zu halten.

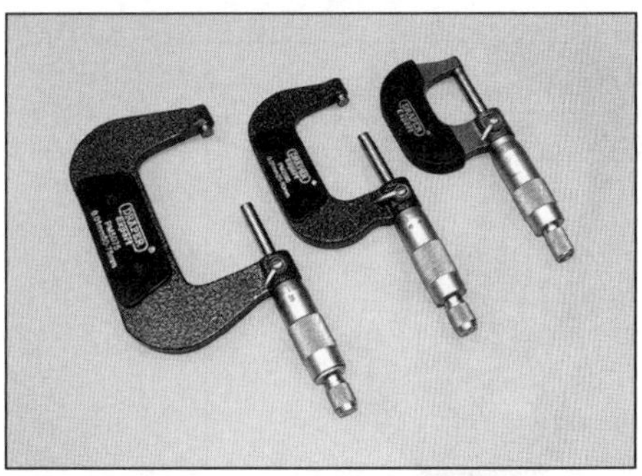

Mikrometerschraube (Bügelmessschraube)

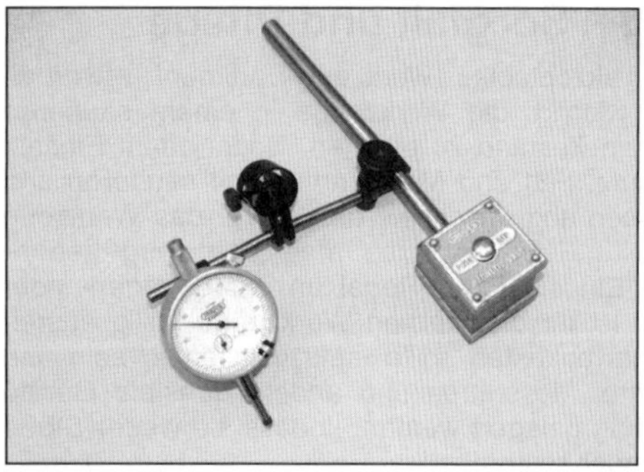

Messuhr

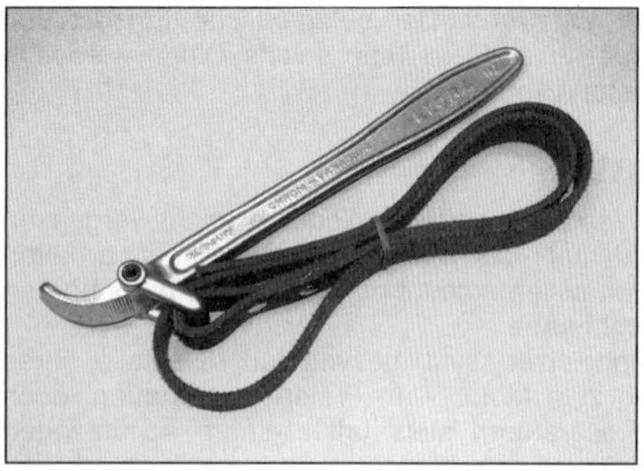

Bandschlüssel

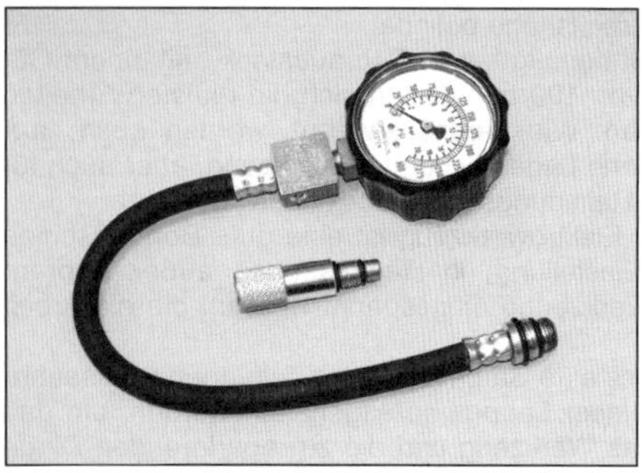

Kompressionsprüfer

Lagerabzieher

Hauptuntersuchungs-Vorbereitungen

Diese Hinweise sollen helfen, das Fahrzeug durch die alle zwei Jahre anstehende Hauptuntersuchung (HU) zu führen. Natürlich kann der Hobbyschrauber sein Auto nicht genauso kontrollieren wie der Prüfer beim TÜV, bei der DEKRA oder anderen Organisationen. Wer sich jedoch durch die folgenden Prüfpunkte arbeitet, sollte alle Probleme erkannt haben, bevor das Fahrzeug vorgeführt wird.

Wenn der Zustand einer zu prüfenden Komponente grenzwertig ist, liegt es im Ermessen des Prüfers, ob er sie beanstandet oder durchgehen lässt. Die Grundlage dieses Ermessens liegt darin, ob der Prüfer gut damit leben könnte, das Fahrzeug in diesem Zustand einem Freund oder Verwandten anzuvertrauen. Wenn das Auto sauber und offenbar gut gepflegt vorgestellt wird, wird der Prüfer vielleicht eher geneigt sein, eine grenzwertige Komponente durchgehen zu lassen, als dies bei einem ungepflegten und offensichtlich vernachlässigten Fahrzeug der Fall wäre.

Die hier beschriebenen Anforderungen können nur den aktuellen Stand beim Verfassen des Buchs wiedergeben. Prüfstandards werden immer strenger, doch für ältere Fahrzeuge gelten oft Ausnahmen.

Für einige Kontrollen wird ein Assistent benötigt.

Die Kontrollen wurden in vier Kategorien unterteilt:

1 Die Prüfung erfolgt:
Im Innenraum

2 Die Prüfung erfolgt:
Bei auf dem Boden stehendem Fahrzeug

3 Die Prüfung erfolgt:
Bei angehobenem Fahrzeug mit freien Rädern

4 Die Prüfung erfolgt:
Am Abgassystem

1 Die Prüfung erfolgt: **Im Innenraum**

Handbremse

☐ Prüfen Sie die Funktion der Handbremse. Zu viele Klicks weisen auf eine schlecht eingestellte Bremse hin. Die Wirkung lässt sich behelfsweise im Fahrversuch prüfen: Lassen Sie das Fahrzeug rollen und bremsen Sie es mit der Handbremse ab – die Räder müssen zum Blockieren gebracht werden können.

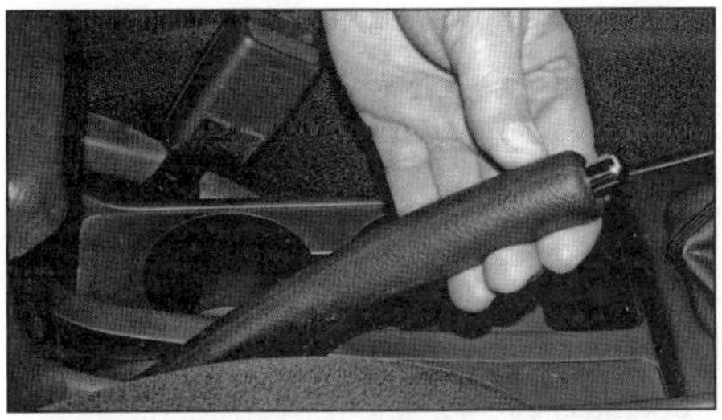

☐ Prüfen Sie, ob die Handbremse nicht durch seitliches Drücken des Hebels gelöst wird. Kontrollieren Sie die Festigkeit der Hebelaufnahme.
☐ Prüfen Sie bei einer elektrischen Handbremse, ob sie ohne große Verzögerung anzieht und wieder löst. Falls die Warnleuchte nicht erlischt oder beim Lösen der Bremse eine Warnmeldung angezeigt wird, kann dies auf einen Fehler hinweisen, der umgehend behoben werden muss.

Fußbremse

☐ Treten Sie auf das Pedal und prüfen Sie, ob es sich nicht bis zum Boden durchdrücken lässt (was auf einen Defekt im Hauptbremszylinder hinweist). Lassen Sie das Pedal zurückkehren, warten Sie einige Sekunden, und treten Sie es erneut. Falls es sich fast durchtreten lässt, bevor Widerstand spürbar wird, sind Einstellungen oder Reparaturen erforderlich. Falls sich das Pedal schwammig anfühlt und/oder sich »aufpumpen« lässt, befindet sich Luft im System, die entleert werden muss.

☐ Prüfen Sie, ob das Bremspedal sicher befestigt und nicht ausgeschlagen ist. Kontrollieren Sie auch den Bereich um das Pedal herum auf ausgetretene Bremsflüssigkeit – dies weist auf einen defekten Dichtring im Hauptbremszylinder hin.
☐ Kontrollieren Sie den Bremskraftverstärker, indem Sie das Bremspedal mehrmals durchtreten, dann gedrückt halten und den Motor starten – hierbei muss es sich etwas weiter herunterdrücken lassen; andernfalls kann der Unterdruckschlauch oder der Bremskraftverstärker selbst defekt sein. Schalten Sie bei getretenem Bremspedal den Motor ab: Wird der Unterdruck nicht gehalten, so sind Bremskraftverstärker und/oder Schlauch defekt.

Lenkrad und Lenksäule

☐ Begutachten Sie das Lenkrad auf Brüche, lockeren Sitz oder lockere Teile.

☐ Drücken Sie das Lenkrad nach links und rechts sowie auf und ab – es darf kein Spiel aufweisen. Kontrollieren Sie ggf. das Lenksäulen-Lager und die Lenkradschraube.
☐ Drehen Sie das Lenkrad – es darf weder Spiel aufweisen noch rau laufen, ansonsten können Lager, Kreuzgelenke oder das Lenkgetriebe verschlissen sein.
☐ Bei abgezogenem Zündschlüssel muss beim Drehen des Lenkrads das Lenkschloss einrasten.

Windschutzscheibe, Rückspiegel und Sonnenblende

☐ Die Windschutzscheibe darf im Sichtbereich des Fahrers keine Kratzer, Risse oder Steinschlaglöcher aufweisen. Als grobe Einschätzung für das Sichtfeld kann behelfsmäßig ein hochkant vor die Scheibe gelegtes DIN-A4-Blatt genommen werden. Die Rückspiegel müssen funktionsfähig und einstellbar sein.

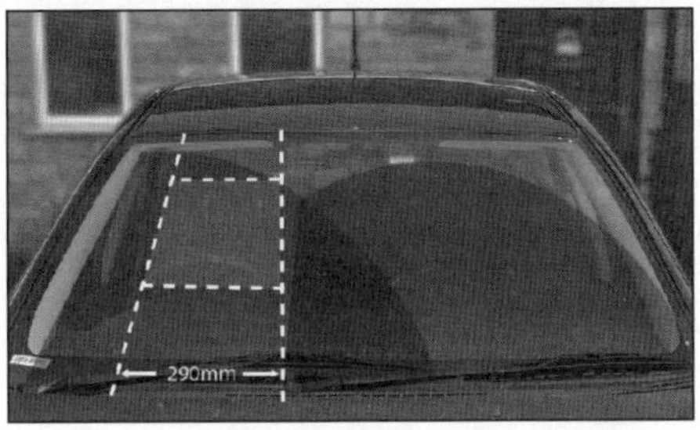

☐ Die Sonnenblende des Fahrers darf nicht von allein herunterklappen.

Sicherheitsgurte, Sitze und zusätzliche Rückhaltesysteme (SRS)

Anmerkung: *Die folgenden Kontrollen betreffen sowohl die Vordersitze als auch die Rücksitze.*

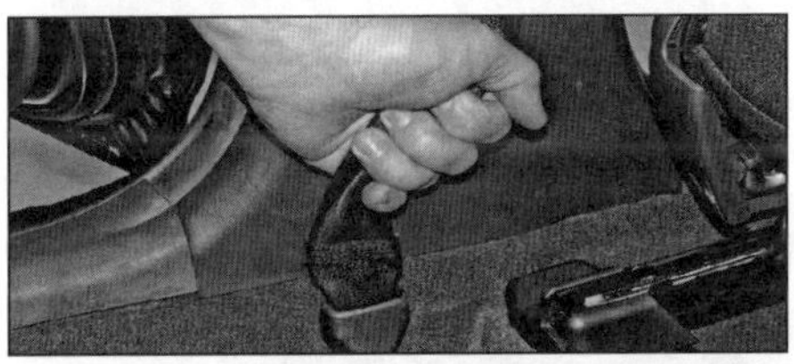

☐ Kontrollieren Sie das Gewebe aller Gurte auf Risse, Ausfransungen oder andere Beschädigungen. Prüfen Sie bei allen Gurten die Funktion der Gurtschlösser und – falls vorhanden – der Gurtrollen-Sperren. Prüfen Sie die Festigkeit aller von innen zugänglichen Gurt- und Gurtpeitschen-Befestigungen. Die Höhenverstellungen der oberen Aufhängungen müssen sicher einrasten.
☐ Wo ein Gurt am Sitz befestigt ist, muss dessen Rahmen und die Aufnahmen auf festen Sitz kontrolliert werden.
☐ Gurte mit Gurtstraffer-Vorrichtungen haben an der Gurtpeitsche eine Kennzeichnung – die Gurtstraffer selbst können nicht getestet werden.
☐ Alle Airbags dürfen keine sichtbaren Schäden aufweisen.
☐ Die Vordersitze müssen sicher befestigt sein und die Rückenlehne muss in jeder Position arretierbar sein.

Türen

☐ Die vorderen Türen müssen sich von innen und außen öffnen und schließen lassen. Beim Zudrücken müssen sie sicher einrasten.
☐ Die hinteren müssen sich von außen öffnen und schließen lassen. Beim Zudrücken müssen sie sicher einrasten.

☐ Alle Türscharniere, Türfangbänder und Schließbolzen müssen fest angebracht und so beschaffen sein, dass sie das Öffnen und Schließen der Türen nicht behindern.

Motorhaube, Hecktüren oder Heckklappe

☐ Die Motorhaube und die Hecktüren oder Heckklappe müssen beim Zuschlagen sicher verriegelt werden.

Tachometer

☐ Der Tachometer muss funktionieren und mit entsprechender Beleuchtung auch Nachts ablesbar sein.

2 Die Prüfung erfolgt: Bei auf dem Boden stehendem Fahrzeug

Fahrzeug-Identifikation

☐ Die Kennzeichen müssen sich in einem guten Zustand befinden und in ihren Maßen den Vorschriften entsprechen.
☐ Das Typenschild und die eingeschlagene Fahrgestellnummer müssen lesbar sein.

Fahrzeug-Elektrik

☐ Schalten Sie die Zündung ein und prüfen Sie die Funktion der Hupe.
☐ Prüfen Sie die Funktion aller Scheibenwischer und der Scheibenwaschanlage. Ersetzen Sie beschädigte oder verschlissene Wischerblätter.

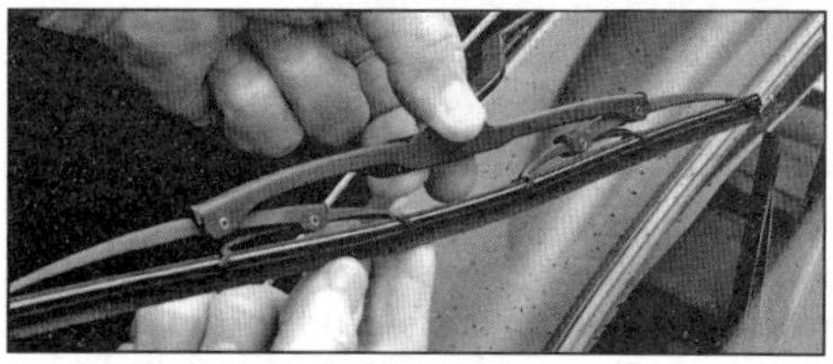

☐ Prüfen Sie die komplette Beleuchtungseinrichtung
☐ Prüfen Sie die Funktion der Bremsleuchten. Auch die Zusatzbremsleuchte muss funktionieren.
☐ Prüfen Sie die Funktion der Standleuchten und Rücklichter. Lampengläser und Reflektoren müssen fest sitzen, sauber sein und dürfen keine Risse aufweisen.
☐ Prüfen Sie bei eingeschalteter Zündung die Funktion und Ausrichtung der Scheinwerfer. Die Reflektoren dürfen nicht matt sein und die Lampengläser dürfen weder matt sein noch Risse aufweisen.
☐ Bei Modellen ab Erstzulassung 1. März 2018 muss das Tagfahrlicht korrekt funktionieren.
☐ bei eingeschalteter Zündung die Funktion und Ausrichtung der Scheinwerfer. Die Reflektoren dürfen nicht matt sein und die Lampengläser dürfen weder matt sein noch Risse aufweisen.
☐ Achten Sie bei der Kontrolle des Abblendlichts darauf, dass die ggf. vorhandene Leuchtweitenregelung funktioniert (Anpassung der Scheinwerfereinstellung an eventuelle Beladung). Die Einstellung des Abblendlichts ist für den Gegenverkehr von entscheidender Bedeutung und ist daher immer genau zu überprüfen (korrekte Asymmetrie und Höhe der Einstellung)
☐ Prüfen Sie bei eingeschalteter Zündung die Funktion aller Blinker einschließlich der Kontrollleuchten im Armaturenbrett. Prüfen Sie die Funktion des Warnblinkers. Die Blinker dürfen nicht die Standlicht- oder Rücklichtlampen beeinträchtigen – ansonsten liegt ein Massefehler vor. Falls die Blinkfrequenz ungewöhnlich schnell oder langsam ist, kann das Blinkrelais defekt sein oder ebenfalls ein Massefehler vorliegen.
☐ Prüfen Sie die Funktion der Nebelschlussleuchte und ihrer Kontrollleuchte im Armaturenbrett oder im Schalter.
☐ Prüfen Sie die Funktion der Rückfahrleuchte – sie muss sich beim Einlegen des Rückwärtsgangs einschalten.
☐ Alle Kontrollleuchten müssen nach dem Einschalten der Zündung entsprechend der Herstellervorgaben aufleuchten. Nach dem Starten des Motors müssen die meisten Leuchten wieder erlöschen, die ABS-Warnleuchte muss nach wenigen Sekunden erlöschen.
☐ Alle sichtbaren Kabel müssen korrekt verlegt sein und dürfen keine Scheuerstellen aufweisen, die zu einem Kurzschluss führen können.

Bremsen

☐ Begutachten Sie den Hauptbremszylinder, den Bremskraftverstärker, den ABS-Modulator und alle Bremsleitungen auf korrekte Verlegung/Befestigung, Undichtigkeit, lockere Anschlüsse, Korrosion und andere Schäden.
☐ Der Ausgleichsbehälter am Hauptbremszylinder muss fest sitzen und der Pegel muss zwischen der MAX- (A) und MIN-Markierung (B) liegen (ein kurz vor Minimum stehender Bremsflüssigkeitsstand deutet auf verschlissene Scheibenbremsbeläge hin, eventuell auch auf eine Undichtigkeit).

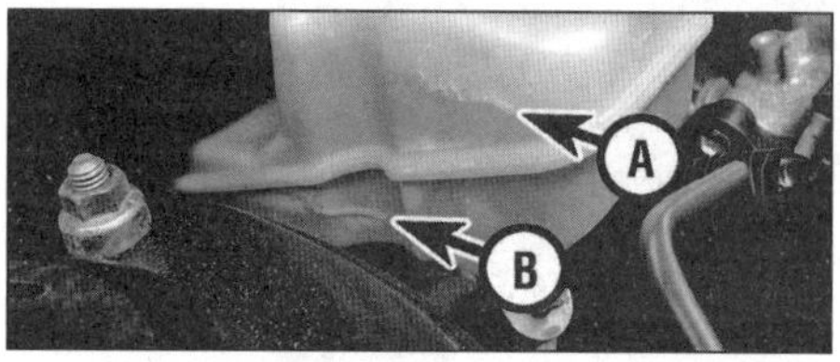

☐ Kontrollieren Sie die Hydraulikflüssigkeit im Ausgleichsbehälter auf Verschmutzung und Ablagerungen.
☐ Kontrollieren Sie alle Bremsschläuche auf Risse und Alterungserscheinungen. Drehen Sie die Lenkung von Anschlag zu Anschlag, um zu prüfen, ob die vorderen Schläuche nicht die Räder, Reifen oder andere Teile der Lenkung oder der Radaufhängung berühren. Bei fest gedrücktem Bremspedal muss kontrolliert werden, ob die Schläuche ausbeulen oder Lecks aufweisen. Treten Sie bei laufendem Motor ohne Gasgeben (also aktivem Bremskraftverstärker) mehrfach schlagartig und kräftig auf das Pedal, um eine Extrembelastung zu simulieren, der eine intakte Bremsanlage gewachsen sein muss.

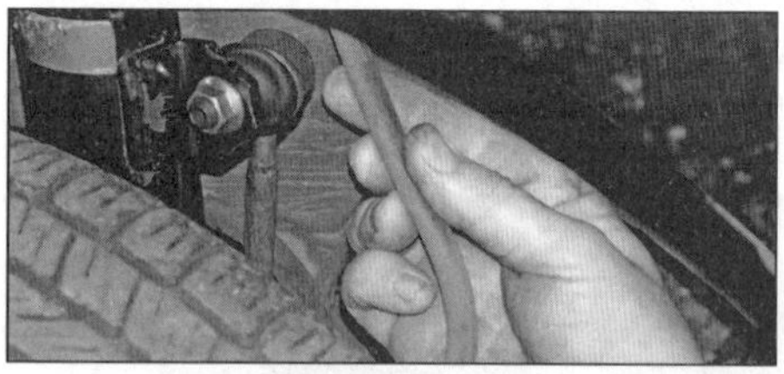

Lenkung und Radaufhängungen

☐ Lassen Sie einen Assistenten das Lenkrad leicht zwischen den Punkten, an denen die Bewegung auf die Räder übertragen wird, hin- und herdrehen, um sein Spiel zu ermitteln.

Ein Standard-Lenkrad (380 mm Durchmesser) darf bei einer Zahnstangenlenkung außen nicht mehr als 13 mm Spiel aufweisen

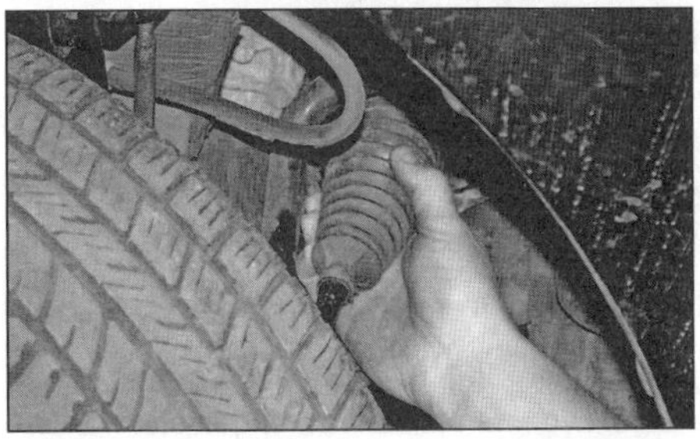

☐ Lassen Sie den Assistenten das Lenkrad kräftig in beide Richtungen drehen, sodass sich die Vorderräder zu bewegen beginnen. Kontrollieren Sie hierbei alle Verbindungselemente, Befestigungen und Anschlüsse (also Spurstangenköpfe, Spurstangen, Lenkhebel, Lenkschubstangen, Trag- und Führungsgelenke etc.). Ersetzen Sie alle Bauteile, die Verschleiß (also unzulässiges Spiel) oder Schäden aufweisen.
☐ Prüfen Sie die Funktion und den Zustand aller Komponenten der Servo-Unterstützung (bei laufendem Motor).
☐ Prüfen Sie, ob das auf einer ebenen Fläche stehende Fahrzeug nicht an einer Seite oder vorn bzw. hinten herunterhängt.

Stoßdämpfer

☐ Drücken Sie das Fahrzeug nacheinander an jeder Ecke herunter und lassen Sie es wieder los – es muss wieder ausfedern und in seine Ruheposition zurückkehren. Falls es nachwippt, ist der Stoßdämpfer defekt; dieser Zustand kann zu gefährlichem Fahrverhalten führen. Zudem sind alle Stoßdämpfer auf Dichtigkeit zu überprüfen.

Auspuffanlage

☐ Starten Sie den Motor und lassen Sie einen Assistenten das Auspuffrohr mit einem Lappen verstopfen. Prüfen Sie jetzt die gesamte Auspuffanlage auf Undichtigkeit und reparieren oder ersetzen Sie entsprechende Bauteile.

3 Die Prüfung erfolgt: Bei angehobenem Fahrzeug mit freien Rädern

Heben Sie das Fahrzeug vorn und hinten an und stützen Sie es so auf Böcken ab, dass diese nicht die Federelemente behindern. Die Räder müssen frei drehbar und die Lenkung von Anschlag zu Anschlag zu bewegen sein.

Lenkung

☐ Lassen Sie einen Assistenten das Lenkrad von Anschlag zu Anschlag drehen. Prüfen Sie, ob sich die Lenkung frei drehen lässt und keine Teile der Lenkung (einschließlich der Räder und Reifen) mit Bremsleitungen oder andere Bauteilen in Kontakt kommen.
☐ Kontrollieren Sie die Gummimanschetten des Lenkgestänges auf Beschädigungen oder lockere Schellen. Prüfen Sie, ob irgendwo Hydraulikflüssigkeit der Servolenkung austritt. Kontrollieren Sie, ob die Lenkung schwergängig ist, ob irgendwo Splinte fehlen oder Befestigungen locker sind und ob im Umkreis von 30 cm um irgendwelche Befestigungspunkte der Lenkung an der Karosserie starke Korrosion auftritt.

Vorder- und Hinterradfederung sowie Radlager

☐ Beginnen Sie an der vorderen rechten Ecke, greifen Sie das Vorderrad in der 3- und 9-Uhr-Position und versuchen Sie, daran zu wackeln. Prüfen Sie, ob Spiel in den Radlagern, an den Federungs-Kugelgelenken, den Aufhängungen, Gelenken und Befestigungen festzustellen ist.
☐ Greifen Sie jetzt das Rad in der 12- und 6-Uhr-Position und wiederholen Sie die Prüfung. Drehen Sie das Rad, um im Radlager Schwergängigkeit oder rauen Lauf festzustellen.

☐ Falls an einem Gelenk übermäßiges Spiel vermutet wird, kann dies mit einem zwischen der Halterung und dem angeschlossenen Teil als Hebel eingeführten großen Schraubendreher festgestellt werden; so lässt sich ermitteln, ob der Verschleiß in seiner Befestigung, den Lagerbuchsen oder in der Halterung selbst liegt (oft schlagen die Schraubenlöcher aus).

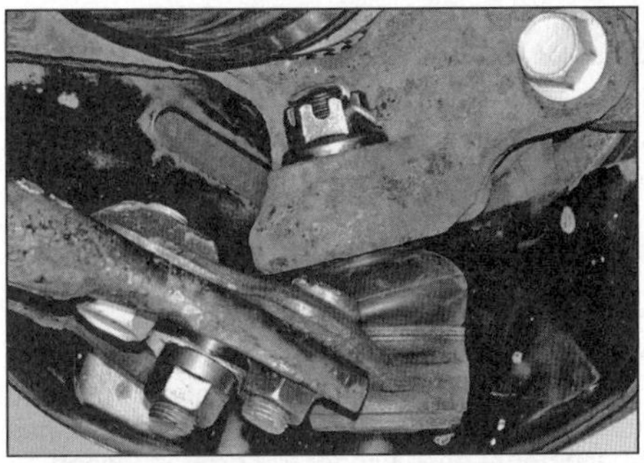

☐ Führen Sie alle beschriebenen Kontrollen am anderen Vorderrad und dann an den Hinterrädern durch.

Federn und Stoßdämpfer

☐ Begutachten Sie die Federbeine auf austretendes Öl, Korrosion oder ein beschädigtes Gehäuse. Prüfen Sie auch die Festigkeit aller Aufnahmen.
☐ Die Enden von Schraubenfedern müssen in ihren Sitzen liegen und die Feder selbst darf nicht korrodiert, gerissen oder gebrochen sein.
☐ Kontrollieren Sie die Stoßdämpfer auf Undichtigkeit. Anschlaggummis sowie Gummibuchsen in den Aufnahmen dürfen nicht spröde oder beschädigt sein.

☐ Die hinteren Blattfedern dürfen keine Risse aufweisen und die Achse muss sicher daran befestigt sein. Die Aufnahmen der Blattfedern dürfen nicht ausgeschlagen oder anderweitig beschädigt sein

Antriebswellen

☐ Drehen Sie die angetriebenen Räder und überprüfen Sie dabei die Manschetten der Gleichlaufgelenke auf Risse und Beschädigungen. Die Antriebswellen selbst dürfen nicht verbogen oder beschädigt sein.

Bremssystem

☐ Prüfen Sie die Bremsbelag-Stärke und den Zustand der Bremsscheiben möglichst im eingebauten Zustand. Das Belagmaterial (A) und die Bremsscheibe (B) dürfen nicht unter die in Kapitel 9 angegebenen Werte verschlissen sein. Die Bremsscheibe darf weder gebrochen noch gerissen sein oder starke Riefen oder Ausbrüche aufweisen.

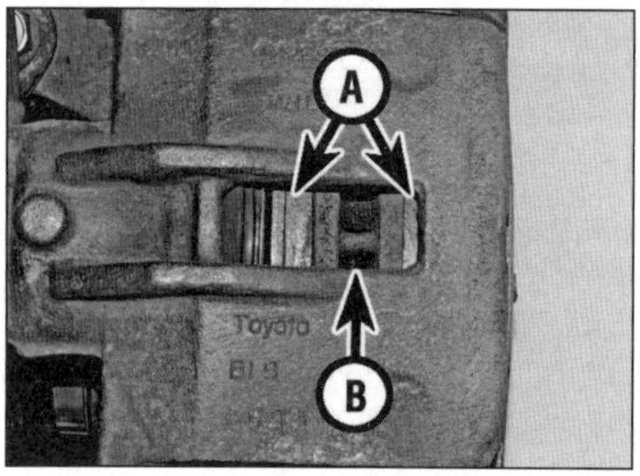

☐ Kontrollieren Sie alle Bremsleitungen und Bremsschläuche unter dem Fahrzeug auf Undichtigkeit und/oder andere Schäden. Die Leitungen dürfen nicht verrostet oder geknickt sein, die Schläuche dürfen keine Risse oder Blasen aufweisen.
☐ An den Bremssätteln und den Bremsankerplatten dürfen keine Flüssigkeiten austreten. Reparieren oder erneuern Sie undichte Bauteile.
☐ Drehen Sie jedes Rad langsam von Hand, während der Assistent das Bremspedal gleichmäßig herunterdrückt und wieder löst. Jede Bremse muss korrekt funktionieren und das Rad muss sich nach dem Lösen wieder frei drehen lassen.
☐ Kontrollieren Sie den Handbremsmechanismus auf ausgefranste oder gerissene Seilzüge, starke Korrosion oder Verschleiß und übermäßiges Spiel am Gestänge. Prüfen Sie, ob die Bremse auf beide Hinterräder wirkt und diese sich nach dem Lösen wieder frei drehen lassen.

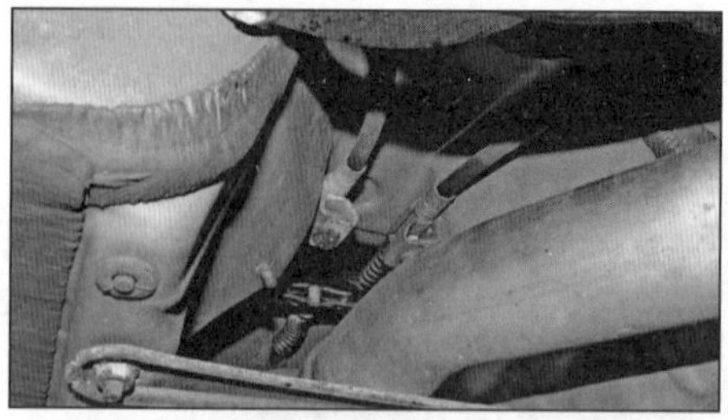

☐ Kontrollieren Sie die Kabel der ABS-Sensoren auf Beschädigungen, Scheuerstellen und Alterungserscheinungen.
☐ Die Bremswirkung ist ohne einen Prüfstand nicht kontrollierbar, aber bei einer Probefahrt kann später getestet werden, ob das Fahrzeug beim Bremsen nicht zu einer Seite zieht.

Kraftstoff- und Auspuffsystem

☐ Kontrollieren Sie den Tank (einschließlich Tankdeckel), alle Kraftstoffleitungen und ihre Anschlüsse. Alle Komponenten müssen sicher befestigt sein und dürfen nicht lecken.

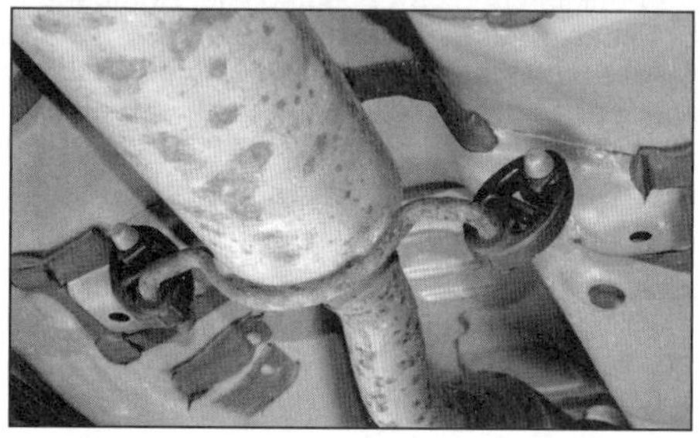

☐ Begutachten Sie die Auspuffanlage von vorn bis hinten auf Beschädigungen, gerissene oder fehlende Befestigungen, fest sitzende Schellen und Durchrostungen.
☐ Die Auspuffanlage muss mit allen serienmäßig vorgesehenen Katalysatoren und ggf. Lambdasonden ausgerüstet sein.

Räder und Reifen

☐ Kontrollieren Sie die Flanken und Laufflächen aller Reifen. Achten Sie auf Schnitte, Risse, Beulen, Auswölbungen, sich lösende Profilblöcke und durch Beschädigungen oder Verschleiß sichtbares Gewebe. Der Reifenwulst muss korrekt auf der Felge sitzen, das Ventil muss dicht sein und korrekt sitzen.
☐ Keine Felge darf verzogen, verbogen, gerissen oder stark korrodiert sein. Alle Radmuttern oder Bolzen müssen fest sitzen.
☐ Die Reifen müssen die in den Fahrzeugpapieren angegebene Größen haben. Reifen auf einer Achse sollten baugleich sein (empfehlenswert, aber nicht vorgeschrieben). Der Luftdruck aller Reifen muss in Ordnung sein.

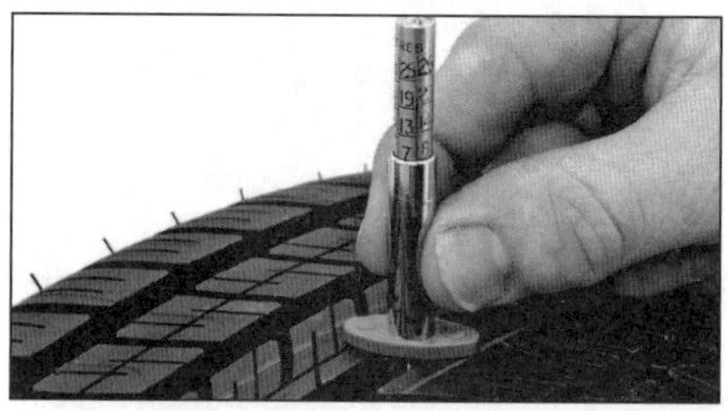

☐ Kontrollieren Sie die Profiltiefe. Aktuell darf an keiner Stelle weniger als 1,6 mm gemessen werden. Ungleichmäßig verschlissene Reifen weisen auf falsch eingestellte Radaufhängungen hin.

Korrosion

☐ Überprüfen Sie die gesamte Fahrzeugstruktur auf Korrosion an tragenden Teilen (Kastenprofile des Chassis, Schweller, Querträger, Säulen und sämtliche Radaufhängungen, Federelemente, Lenkungs- und Bremsenteile sowie Gurtbefestigungen und Verankerungen). Jede Korrosion, die die Materialstärke tragender Teile verringert, stellt eine ernsthafte Gefahr dar, sodass professionelle Reparaturmaßnahmen eingeleitet werden müssen. Bei einer selbsttragenden Karosserie (um solche Karosserien handelt es sich bei heutigen Autos in 99 % aller Fälle) sind alle Blechteile als tragend zu betrachten. Eine durchgerostete Tür kann also durchaus dafür sorgen, dass eine HU nicht positiv abgeschlossen wird.
☐ Beschädigungen oder Korrosion, die zu scharfkantigen Rändern führen, können dazu führen, dass die HU nicht bestanden wird.

Abschlepp-Vorrichtungen

☐ Überprüfen Sie die Abschleppösen oder deren Befestigungen auf Korrosion und Beschädigungen. Demontierbare Vorrichtungen dürfen kein übermäßiges Spiel aufweisen.

4 Die Prüfung erfolgt:
Am Abgassystem

Dieselmotor

☐ Hier wird lediglich der Anteil der Rußpartikel gemessen. Bei diesem Test wird der Motor je nach Herstellervorgabe für ein paar Sekunden mit Maximaldrehzahl betrieben. Bei der »freien Beschleunigung« wird die sogenannte Rauchgastrübung gemessen, die weder die vom Fahrzeug-Hersteller vorgegebenen noch die gesetzlichen Grenzwerte übersteigen darf.
Anmerkung: *Bei Modellen mit Steuerriemen (»Zahnriemen«) muss dieser in einem perfekten Zustand sein, damit der Motor den Test übersteht. Im permanenten Stadtverkehr zugesetzte Dieselmotoren sollten vor der Abgasuntersuchung auf einer längeren Strecke »freigefahren« werden.*
☐ Der aufgewärmte Motor wird zunächst maximal 5 Sekunden nach Herstellervorgabe (meistens Abregeldrehzahl) »gespült«, dann wird der Motor langsam auf seine maximale Drehzahl gebracht, um zu sehen, ob er dies aushält. Anschließend wird das Abgasmessgerät angeschlossen und der Motor wird dreimal hintereinander rasch auf Höchstdrehzahl beschleunigt. Liegt dabei die Rußentwicklung unter dem Maximalwert von 2,5 m^{-1} (Saugmotoren) bzw. 3,0 m^{-1} (Turbomotoren), hat das Fahrzeug die Prüfung bestanden (bei aktuellen Fahrzeugen liegt sie eher im Bereich zwischen 0,5 m^{-1} und 1,5 m^{-1}). Falls zu viel Ruß produziert wird, kann ein neuer Luftfilter oder eine Einspritzdüsen-Reinigung helfen. Falls der Motor insgesamt schlecht läuft, sollte ggf. das Steuergerät auf Fehlercodes ausgelesen werden. Kontrollieren Sie ggf. auch das Abgasrückführungs-System. Nach einer hohen Laufleistung müssen eventuell die Einspritzdüsen professionell kontrolliert werden.

Fehlersuche

Motor

- ☐ Motor lässt sich nicht per Anlasser durchdrehen
- ☐ Motor dreht, springt aber nicht an
- ☐ Motor springt kalt schlecht an
- ☐ Motor springt warm schlecht an
- ☐ Anlasser macht laute Geräusche oder rückt übermäßig hart ein
- ☐ Motor startet und geht gleich wieder aus
- ☐ Motor läuft im Standgas ungleichmäßig
- ☐ Motor produziert im Standgas Fehlzündungen
- ☐ Motor produziert im Fahrbetrieb Fehlzündungen
- ☐ Motor beschleunigt schlecht
- ☐ Motor stirbt ab
- ☐ Motorleistung mangelhaft
- ☐ Motor erzeugt Auspuffknallen
- ☐ Öldrucklampe leuchtet bei laufendem Motor auf
- ☐ Motor läuft nach dem Abschalten weiter
- ☐ Motor macht ungewöhnliche Geräusche

Kühlsystem

- ☐ Kühlmittel überhitzt
- ☐ Kühltemperatur zu gering
- ☐ Kühlmittel läuft aus
- ☐ Kühlmittel gelangt in den Motor
- ☐ Korrosion

Kraftstoff- und Auspuffsystem

- ☐ Übermäßiger Kraftstoffverbrauch
- ☐ Kraftstoff läuft aus und/oder verursacht Gerüche
- ☐ Laute Geräusche aus dem Auspuff
- ☐ Rauch aus dem Auspuff

Kupplung

- ☐ Kupplungspedal lässt sich bis zum Boden durchtreten – kein Druck oder geringer Widerstand
- ☐ Kupplung trennt nicht (Gänge lassen sich nicht einlegen)
- ☐ Kupplung rutscht (Motordrehzahl steigt, Geschwindigkeit aber nicht)
- ☐ Kupplung vibriert beim Einrücken
- ☐ Geräusche beim Einrücken oder Ausrücken der Kupplung

Schaltgetriebe

- ☐ Geräusche im Leerlauf bei laufendem Motor
- ☐ Geräusche in einem bestimmten Gang
- ☐ Gänge lassen sich schwierig einlegen
- ☐ Gang springt heraus
- ☐ Vibrationen
- ☐ Getriebeöl tritt aus

Antriebswellen

- ☐ Vibrationen beim Beschleunigen oder im Schiebebetrieb
- ☐ Geräusche (Klopfen oder Klicken) in Kurven (geringes Tempo bei eingeschlagener Lenkung)

Hinterachse

- ☐ Rumpeln aus dem Heckbereich – lässt sich mit leicht gezogener Handbremse vermindern

Bremssystem

- ☐ Fahrzeug zieht beim Bremsen zu einer Seite
- ☐ Geräusche (Schleifen oder Quietschen) beim Bremsen
- ☐ Langer Bremspedalweg
- ☐ Bremspedal fühlt sich beim Treten schwammig an
- ☐ Zum Verzögern ist übermäßige Kraft beim Treten des Bremspedals nötig
- ☐ Beim Bremsen treten im Bremspedal oder im Lenkrad Vibrationen auf
- ☐ Bremsen schleifen
- ☐ Hinterräder blockieren beim normalen Bremsen

Radaufhängungen und Lenkung

- ☐ Fahrzeug zieht zu einer Seite
- ☐ Räder flattern oder vibrieren
- ☐ Starkes Einsinken und/oder Schlingern in Kurven oder beim Bremsen
- ☐ Fahrzeug bleibt nicht in der Spur oder ist generell instabil
- ☐ Schwergängige Lenkung
- ☐ Übermäßiges Spiel in der Lenkung
- ☐ Mangelnde Servo-Unterstützung
- ☐ Starker Reifenverschleiß

Elektrik

- ☐ Batterie entlädt nach wenigen Tagen
- ☐ Zündungs- oder Ladekontrollleuchte leuchtet nach dem Starten des Motors weiter
- ☐ Zündungs- oder Ladekontrollleuchte leuchtet beim Einschalten der Zündung nicht
- ☐ Licht funktioniert nicht
- ☐ Instrumente zeigen falsch oder ungleichmäßig an
- ☐ Hupe funktioniert nicht oder nur unzuverlässig
- ☐ Scheibenwischer funktionieren nicht oder nur unzuverlässig
- ☐ Scheibenwaschanlage funktioniert nicht oder nur unzuverlässig
- ☐ Elektrische Fensterheber funktionieren nicht oder nur unzuverlässig
- ☐ Zentralverriegelung funktioniert nicht oder nur unzuverlässig

Einleitung

Fahrzeugbesitzer, die alle Wartungsarbeiten entsprechend der Vorgaben erledigen, müssen in diese Sektion nicht allzu oft hineinschauen. Vorausgesetzt, dass Verschleiß und Alterung regelmäßig überprüft und entsprechende Teile erneuert werden, muss dank der Zuverlässigkeit moderner Komponenten heute kaum noch mit plötzlichen Ausfällen gerechnet werden; allerdings steigt die Wahrscheinlichkeit mit zunehmendem Alter und hoher Laufleistung immer mehr an. Störungen entstehen üblicherweise nicht als Ergebnis eines plötzlichen Ausfalls, sondern entwickeln sich mit der Zeit. Gerade größeren technischen Defekten gehen oft charakteristische Symptome über Hunderte oder gar Tausende von Kilometern voraus. Bauteile, die gelegentlich ohne Vorwarnung ausfallen, sind oft klein und können leicht repariert oder ausgetauscht werden.

Bei jeder Fehlersuche liegt der erste Schritt in der Entscheidung, wo mit der Untersuchung begonnen werden soll. Manchmal ist dies offensichtlich, doch hin und wieder ist auch etwas Detektivarbeit nötig. Besitzer, die ein halbes Dutzend planlose Einstellungen vornehmen oder willkürlich Teile tauschen, mögen beim Behandeln von Ausfällen (oder deren Symptomen) erfolgreich sein, sind aber nicht klüger, wenn der Defekt zurückkehrt; zudem haben sie am Ende mehr Geld und Zeit als nötig investiert. Eine ruhige und logische Herangehensweise ist langfristig gesehen deutlich zufriedenstellender. Stets müssen Warnsignale und Abnormalitäten aller Art berücksichtigt werden, die in der Zeit vor dem Ausfall bemerkt wurden: Leistungsmangel, hohe oder niedrige Anzeigewerte, ungewöhnliche Gerüche usw. Zudem muss bedacht werden, dass Ausfälle von Bauteilen wie Sicherungen oder Zündkerzen zumeist nur Hinweise auf tatsächliche Defekte sind.

Die folgenden Seiten stellen einen einfachen Leitfaden zu den üblichen Problemen dar, die im normalen Fahrbetrieb auftreten können. Diese Probleme und ihre möglichen Ursachen sind nach den verschiedenen Komponenten oder Systemen (Motor, Kühlung usw.) geordnet. Das Kapitel, in dem das Problem behandelt wird, ist in Klammern angegeben. Wo auch immer der Defekt liegt – es gelten stets gewisse Grundprinzipien:

Überprüfen Sie den Defekt. Hier geht es einfach darum, vor Arbeitsbeginn die Symptome mit Sicherheit zu erkennen. Dies ist besonders wichtig, falls man einen Fehler für jemand anderes finden muss, der das Problem vielleicht nicht exakt beschreiben konnte.

Übersehen Sie nicht das Wesentliche. Lässt sich das Fahrzeug beispielsweise nicht starten, sollte auch überprüft werden, ob Kraftstoff im Tank ist (Vertrauen Sie gerade hierbei nie den Worten anderer oder der Tankanzeige). Falls ein Elektrik-Ausfall festgestellt wird, muss zuerst auf getrennte Stecker oder lockere Kabel geachtet werden, bevor die Prüfausrüstung ausgepackt wird.

Heilen Sie das Leiden, nicht die Symptome. Eine entladene Batterie durch eine vollständig geladene zu ersetzen, kann einen zunächst einmal wieder nach Hause bringen, doch wenn die zugrunde liegende Ursache nicht behandelt wird, ist die neue Batterie auch bald wieder leer. Genauso macht bei Benzinmotoren der Austausch verölter Zündkerzen durch Neuteile das Auto erst einmal wieder mobil, doch auch der Grund für diese Verschmutzung (solange es nicht ein falscher Wärmewert war) muss rasch gefunden und behoben werden.

Nehmen Sie nichts als gegeben hin. Vergessen Sie vor allem niemals, dass auch eine »neue« Komponente defekt sein kann (besonders, wenn sie schon monatelang im Kofferraum durchgeschüttelt wurde). Schließen Sie auch keine Komponenten bei der Fehlerdiagnose aus, nur weil sie neu sind oder erst kürzlich installiert wurden. Wenn schließlich ein schwieriger Defekt diagnostiziert wurde, wird man möglicherweise feststellen, dass alle Beweise von Anfang an darauf hingewiesen haben.

Fehlerdiagnose beim Dieselmotor

Die Mehrheit aller Startprobleme bei Dieselmotoren haben elektrische Ursachen. Mechaniker, die sich mit Benzinmotoren besser auskennen als mit Dieselmotoren, könnten dazu neigen, die Einspritzdüsen und die Einspritzpumpe beim Diesel ähnlich zu betrachten wie Zündkerzen und den Verteiler beim Benziner. Aber dies wäre ein großer Fehler. Falls sich das Fahrzeug schwierig starten lässt, muss zunächst sichergestellt werden, dass die korrekte Startprozedur verstanden und befolgt wurde. Manche Fahrer sind sich nicht über die Bedeutung der Vorwärmsystem-Warnleuchte bewusst; bei mildem Wetter springen die meisten modernen Motoren auch beim Ignorieren dieser Lampe an, doch im Winter beginnen die Probleme. Vor allem die Glühkerzen werden oft vernachlässigt – und nur ein einziger defekter Stecker erschwert den Motorstart bei kaltem Wetter beträchtlich.

Wenn der Motor schlecht anspringt, aber anschließend korrekt läuft, gilt die Faustregel: Das Problem ist elektrischer Natur (Batterie, Anlasser oder Vorwärmsystem). Wenn nach dem schlechten Anspringen mangelnde Leistung hinzukommt, kann das Problem in der Kraftstoffversorgung liegen. Bevor die Einspritzdüsen und die Hochdruckpumpe verdächtigt werden, sollte jedoch der mit niedrigem Druck arbeitende Versorgungsbereich überprüft werden. Häufig ist eingedrungene Luft das Problem bei der Kraftstoffversorgung, sodass die Leitungen vom Tank zum Druckspeicher auf Undichtigkeiten überprüft werden müssen. Die Pumpe ist üblicherweise unverdächtig, da sie zumeist fehlerfrei arbeitet, solange nicht an ihr manipuliert wurde.

Motor

Motor lässt sich nicht per Anlasser durchdrehen

- ☐ Batterieanschlüsse locker oder korrodiert (*Wöchentliche Kontrollen*)
- ☐ Batterie entladen oder defekt (Kapitel 5, Sektion 2)
- ☐ Verkabelung im Anlasserstromkreis gebrochen, locker oder getrennt (Kapitel 5, Sektion 2)
- ☐ Anlasser-Magnetschalter oder Zündschloss defekt (Kapitel 5 oder 12)
- ☐ Anlasser defekt (Kapitel 5, Sektion 9)
- ☐ Zähne am Anlasser-Zahnrad oder Schwungscheiben-Zahnkranz gebrochen (Kapitel 2A oder 2B, Sektion 15 oder Kapitel 5, Sektion 7)
- ☐ Massekabel des Motors gebrochen oder getrennt (Kapitel 5)
- ☐ »Hydraulische Blockade« durch eingedrungenes Wasser (größeres internes Leck im Kühlsystem oder angesaugt beim Waten) – konsultieren Sie eine Fachwerkstatt.

Motor dreht, springt aber nicht an

- ☐ Tank leer
- ☐ Batterie entladen (Anlasser dreht langsam) (Kapitel 5, Sektion 2)
- ☐ Batterieanschlüsse locker oder korrodiert (*Wöchentliche Kontrollen*)
- ☐ Wegfahrsperre defekt oder nicht codierter Zündschlüssel (Kapitel 12)
- ☐ Vorwärmsystem defekt (Kapitel 5)
- ☐ Einspritzung/Motorsteuerung defekt (Kapitel 4A oder 4B)
- ☐ Luft im Kraftstoffsystem (Kapitel 4A, Sektion 4)
- ☐ Größerer technischer Defekt (z. B. Steuerkette oder Zahnriemen übergesprungen) (Kapitel 2A oder 2B)

Motor springt kalt schlecht an

- ☐ Batterie entladen (Kapitel 5, Sektion 2)
- ☐ Batterieanschlüsse locker oder korrodiert (*Wöchentliche Kontrollen*)
- ☐ Vorwärmsystem defekt (Kapitel 5)
- ☐ Einspritzung/Motorsteuerung defekt (Kapitel 4A oder Kapitel 4B)
- ☐ Motoröl mit falscher Viskosität (zu »zäh«) (*Wöchentliche Kontrollen oder Kapitel 1)*
- ☐ Motorkompression niedrig (Kapitel 2A oder 2B, Sektion 2)
- ☐ Luft im Kraftstoffsystem (Kapitel 4A, Sektion 4)

Motor springt warm schlecht an

- ☐ Luftfilterelement verschmutzt oder verstopft (Kapitel 1, Sektion 27)
- ☐ Einspritzung/Motorsteuerung defekt (Kapitel 4A oder 4B)
- ☐ Motorkompression niedrig (Kapitel 2A oder 2B, Sektion 2)
- ☐ Luft im Kraftstoffsystem (Kapitel 4A, Sektion 4)

Anlasser macht laute Geräusche oder rückt übermäßig hart ein

- ☐ Zähne am Anlasser-Zahnrad oder Schwungscheiben-Zahnkranz gebrochen (Kapitel 2A oder 2B oder Kapitel 5, Sektion 7)
- ☐ Anlasser-Befestigungsschrauben locker oder verloren gegangen (Kapitel 5, Sektion 8)

- ☐ Interne Anlasser-Komponenten verschlissen oder defekt (Kapitel 5, Sektion 9)

Motor startet und geht gleich wieder aus
- ☐ Einspritzdüse(n) verstopft (Kapitel 4A, Sektion 9 oder Kapitel 4B, Sektion 3)

Motor läuft im Standgas ungleichmäßig
- ☐ Luftfilterelement verstopft (Kapitel 1, Sektion 27)
- ☐ Motorkompression ungleichmäßig oder niedrig (Kapitel 2A oder 2B, Sektion 2)
- ☐ Nockenwellen-Nocken stark verschlissen (Kapitel 2A oder 2B, Sektion 9)
- ☐ Einspritzdüsen verstopft, Einspritzung/Motorsteuerung defekt (Kapitel 4A oder 4B)
- ☐ Luft im Kraftstoffsystem (Kapitel 4A, Sektion 4)

Motor produziert im Standgas Fehlzündungen
- ☐ Einspritzdüse(n) defekt (Kapitel 4A, Sektion 12)
- ☐ Motorkompression ungleichmäßig oder niedrig (Kapitel 2A oder 2B, Sektion 2)
- ☐ Motorentlüftungsschläuche getrennt, undicht oder beschädigt (Kapitel 4B)
- ☐ Einspritzung/Motorsteuerung defekt (Kapitel 4A oder 4B)

Motor produziert im Fahrbetrieb Fehlzündungen
- ☐ Kraftstofffilter verstopft (Kapitel 1, Sektion 12)
- ☐ Tankentlüftung oder Kraftstoffleitungen verstopft (Kapitel 4A)
- ☐ Einspritzdüse(n) defekt (Kapitel 4A, Sektion 12)
- ☐ Motorkompression ungleichmäßig oder niedrig (Kapitel 2A oder 2B, Sektion 2)
- ☐ Katalysator verstopft (Kapitel 4B, Sektion 12)
- ☐ Einspritzdüsen verstopft, Einspritzung/Motorsteuerung defekt (Kapitel 4A oder 4B)
- ☐ Motor überhitzt (Kapitel 3)

Motor beschleunigt schlecht
- ☐ Einspritzdüse(n) defekt (Kapitel 4A, Sektion 12)
- ☐ Einspritzdüsen verstopft, Einspritzung/Motorsteuerung defekt (Kapitel 4A oder 4B)

Motor stirbt ab
- ☐ Kraftstofffilter verstopft (Kapitel 1, Sektion 12)
- ☐ Tankentlüftung oder Kraftstoffleitungen verstopft (Kapitel 4A)
- ☐ Einspritzdüsen verstopft, Einspritzung/Motorsteuerung defekt (Kapitel 4A oder 4B)
- ☐ Dieselmotoren: Einspritzdüse(n) defekt (Kapitel 4A, Sektion 12)

Motorleistung mangelhaft
- ☐ Luftfilter verstopft (Kapitel 1, Sektion 27)
- ☐ Kraftstofffilter verstopft (Kapitel 1, Sektion 12)
- ☐ Kraftstoffleitungen verstopft oder gequetscht (Kapitel 4A)
- ☐ Motor überhitzt (Kapitel 3)
- ☐ Gaspedalsensor defekt (Kapitel 4A, Sektion 6)
- ☐ Einspritzdüse(n) defekt (Kapitel 4A, Sektion 12)
- ☐ Motorkompression ungleichmäßig oder niedrig (Kapitel 2A oder 2B, Sektion 2)
- ☐ Einspritzdüsen verstopft, Einspritzung/Motorsteuerung defekt (Kapitel 4A oder 4B)
- ☐ Katalysator verstopft (Kapitel 4B, Sektion 12)
- ☐ Bremsen schleifen (Kapitel 1A, Sektion 11, Kapitel 1B, Sektion 12 und Kapitel 9)
- ☐ Kupplung rutscht durch (Kapitel 6)

Motor erzeugt Auspuffknallen
- ☐ Einspritzdüsen verstopft, Einspritzung/Motorsteuerung defekt (Kapitel 4A oder 4B)
- ☐ Katalysator verstopft (Kapitel 4B, Sektion 12)

Öldrucklampe leuchtet bei laufendem Motor auf
- ☐ Ölpegel niedrig, Viskosität gering oder Ölsorte falsch (*Wöchentliche Kontrollen*)
- ☐ Öldruckschalter oder Kabel defekt (Kapitel 2A oder 2B, Sektion 13)
- ☐ Ölpumpe und/oder Gleitlager im Motor verschlissen (Kapitel 2A, 2B oder 2C)
- ☐ Motortemperatur zu hoch (Kapitel 3)
- ☐ Öl-Überdruckventil defekt (Kapitel 2A oder 2B, Sektion 12)
- ☐ Öl-Ansaugsieb verstopft (Kapitel 2A oder 2B, Sektion 12)

Motor läuft nach dem Abschalten weiter
- ☐ Erhebliche Kohleablagerungen im Motor (Kapitel 2C, Sektion 7)
- ☐ Motortemperatur zu hoch (Kapitel 3)
- ☐ Einspritzung/Motorsteuerung defekt (Kapitel 4A oder 4B)

Motor macht ungewöhnliche Geräusche

Klingeln oder Klopfen beim Beschleunigen oder unter Last
- ☐ Erhebliche Kohleablagerungen im Motor (Kapitel 2C, Sektion 7)
- ☐ Einspritzung/Motorsteuerung defekt (Kapitel 4A oder 4B)
- ☐ Einspritzdüse(n) defekt (Kapitel 4A, Sektion 12)

Pfeifen oder Zischen
- ☐ Auspuffstutzen-Dichtung oder Rohranschluss undicht (Kapitel 4A)
- ☐ Unterdruckschlauch undicht (Kapitel 4A oder 4B)
- ☐ Zylinderkopfdichtung defekt (Kapitel 2A oder 2B, Sektion 10)
- ☐ Motorentlüftung teilweise blockiert oder undicht (Kapitel 4B)

Pochen oder Klappern
- ☐ Ventiltrieb oder Nockenwelle(n) verschlissen (Kapitel 2A oder 2B)
- ☐ Zweimassen-Schwungrad verschlissen oder beschädigt (Kapitel 2A oder 2B, Sektion 16)
- ☐ Nebenaggregate (Wasserpumpe, Lichtmaschine usw.) defekt (Kapitel 3, 5A usw.)

Klopfen oder Schlagen
- ☐ Pleuelfußlager verschlissen (gleichmäßiges starkes Klopfen, unter Last eventuell leiser) (Kapitel 2C)
- ☐ Kurbelwellen-Hauptlager verschlissen (Rumpeln und Klopfen, unter Last eventuell stärker) (Kapitel 2C)
- ☐ Kolben-Kippen (bei kaltem Motor am lautesten) (Kapitel 2C)
- ☐ Nebenaggregate (Wasserpumpe, Lichtmaschine usw.) defekt (Kapitel 3, 5A usw.)
- ☐ Motorhalterungen verschlissen oder defekt (Kapitel 2A oder 2B, Sektion 17)
- ☐ Vorderradaufhängung oder Lenkung defekt (Kapitel 10)

Kühlsystem

Kühlmittel überhitzt
- ☐ Kühlmittel-Pegel zu niedrig (*Wöchentliche Kontrollen*)
- ☐ Thermostat defekt (klemmt geschlossen) (Kapitel 3, Sektion 3)
- ☐ Wasserkühler verstopft oder Rippen stark verschmutzt (Kapitel 3, Sektion 5)
- ☐ Kühlerventilator defekt (Kapitel 3, Sektion 4)
- ☐ Zylinderkopftemperatursensor defekt (Kapitel 4A, Sektion 10)

- ☐ Lufteinschlüsse im Kühlsystem (Kapitel 1 oder 3)
- ☐ Überdruckventil defekt (Kapitel 1 oder 3)
- ☐ Motorsteuerung defekt (Kapitel 4A oder 4B)

Kühltemperatur zu gering
- ☐ Thermostat defekt (klemmt offen) (Kapitel 3, Sektion 3)
- ☐ Zylinderkopftemperatursensor defekt (Kapitel 4A, Sektion 10)
- ☐ Kühlerventilator defekt (Kapitel 3, Sektion 4)
- ☐ Motorsteuerung defekt (Kapitel 4A oder 4B)

Kühlmittel läuft aus
- ☐ Schläuche porös oder beschädigt, Schellen defekt (Kapitel 3, Sektion 2)
- ☐ Wasserkühler oder Heizungs-Wärmetauscher undicht (Kapitel 3, Sektion 5)
- ☐ Überdruckventil defekt (Kapitel 1 oder 3)
- ☐ Wasserpumpendichtring defekt (Kapitel 3, Sektion 6)
- ☐ Wasserpumpendichtung defekt (Kapitel 3, Sektion 6)
- ☐ Kühlmittel kocht bei Überhitzung auf (Kapitel 3)
- ☐ Froststopfen undicht (Kapitel 2C, Sektion 11)

Kühlmittel gelangt in den Motor
- ☐ Zylinderkopfdichtung defekt (Kapitel 2A oder 2B, Sektion 10)
- ☐ Zylinderkopf oder Motorblock gerissen (Kapitel 2C)

Korrosion
- ☐ Kühlmittel wurde nicht regelmäßig ersetzt, Kühlsystem wurde nicht gespült (Kapitel 1, Sektion 32)
- ☐ Falsches Frostschutz-Gemisch oder falscher Frostschutzmittel-Typ (siehe Kapitel 1, Sektion 32)

Kraftstoff- und Auspuffsystem

Übermäßiger Kraftstoffverbrauch
- ☐ Unökonomischer Fahrstil oder ungünstige Bedingungen (Kälte, starker Gegenwind usw.)
- ☐ Luftfilter verschmutzt oder verstopft (Kapitel 1, Sektion 27)
- ☐ Einspritzung/Motorsteuerung defekt (Kapitel 4A oder 4B)
- ☐ Motorentlüftung blockiert (Kapitel 4B)
- ☐ Reifendruck zu gering (*Wöchentliche Kontrollen*)
- ☐ Bremsen schleifen (Kapitel 1 oder 9)
- ☐ Kraftstoffsystem undicht (vorgetäuschter hoher Verbrauch) (Kapitel 1, 4A oder 4B)

Kraftstoff läuft aus und/oder verursacht Gerüche
- ☐ Tank, Kraftstoffleitungen oder Anschlüsse verrostet oder beschädigt (Kapitel 4A)

Laute Geräusche aus dem Auspuff
- ☐ Auspuffanlagen-Verbindungen oder Auspuffstutzen undicht (Kapitel 1, Sektion 19 oder Kapitel 4A, Sektion 19)
- ☐ Schalldämpfer innerlich verrostet oder Rohre durchgerostet (Kapitel 1, Sektion 19 oder Kapitel 4A, Sektion 19)
- ☐ Halterungen gebrochen oder gerissen, sodass Kontakt zu Karosserie oder Fahrgestell entsteht (Kapitel 1, Sektion 19 oder Kapitel 4A, Sektion 19)

Kupplung

Kupplungspedal lässt sich bis zum Boden durchtreten – kein Druck oder geringer Widerstand
- ☐ Kupplungshydraulik enthält Luft (Kapitel 6)
- ☐ Kupplungshydraulik defekt (Kapitel 6, Sektion 4)
- ☐ Kupplungsgeber- oder Ausrückzylinder defekt (Kapitel 6, Sektion 4)
- ☐ Tellerfeder in Druckplatte gebrochen (Kapitel 6, Sektion 6)

Kupplung trennt nicht (Gänge lassen sich nicht einlegen)
- ☐ Kupplungshydraulik enthält Luft (Kapitel 6)
- ☐ Kupplungshydraulik defekt (Kapitel 6)
- ☐ Mitnehmerscheibe klemmt auf Getriebewellen-Kerbverzahnung (Kapitel 6, Sektion 6)
- ☐ Mitnehmerscheibe klemmt in Schwungscheibe oder an Druckscheibe (Kapitel 6, Sektion 6)
- ☐ Druckscheiben-Baugruppe defekt (Kapitel 6, Sektion 6)

Kupplung rutscht (Motordrehzahl steigt, Geschwindigkeit aber nicht)
- ☐ Kupplungshydraulik defekt (Kapitel 6)
- ☐ Druckscheiben-Beläge extrem verschlissen (Kapitel 6, Sektion 6)
- ☐ Druckscheiben-Beläge verölt (Kapitel 6, Sektion 6)
- ☐ Druckscheiben-Baugruppe defekt oder Tellerfeder ermüdet (Kapitel 6, Sektion 6)

Kupplung vibriert beim Einrücken
- ☐ Druckscheiben-Beläge verölt (Kapitel 6, Sektion 6)
- ☐ Druckscheiben-Beläge extrem verschlissen (Kapitel 6, Sektion 6)
- ☐ Druckscheibe oder Tellerfeder defekt oder verzogen (Kapitel 6, Sektion 6)
- ☐ Motor/Getriebe-Aufnahmen verschlissen oder locker (Kapitel 2A oder 2B, Sektion 17)
- ☐ Druckscheiben-Nabe oder Getriebewellen-Kerbverzahnung verschlissen (Kapitel 6, Sektion 6)

Geräusche beim Einrücken oder Ausrücken der Kupplung
- ☐ Ausrückzylinder verschlissen (Kapitel 6, Sektion 4)
- ☐ Kupplungspedal-Buchsen verschlissen oder trocken (Kapitel 6, Sektion 5)
- ☐ Geberzylinder-Kolben verschlissen oder trocken (Kapitel 6, Sektion 4)
- ☐ Druckscheiben-Baugruppe defekt (Kapitel 6, Sektion 6)
- ☐ Tellerfeder gebrochen (Kapitel 6, Sektion 6)
- ☐ Druckscheiben-Dämpferfedern gebrochen (Kapitel 6, Sektion 6)

Schaltgetriebe

Geräusche im Leerlauf bei laufendem Motor
- ☐ Getriebeölpegel zu niedrig (Kapitel 2, Sektion 28)
- ☐ Eingangswellen-Lager verschlissen (wird beim Treten der Kupplung leiser) (Kapitel 7)*
- ☐ Kupplungs-Ausrücklager verschlissen (wird beim Treten der Kupplung lauter) (Kapitel 6, Sektion 4)

Geräusche in einem bestimmten Gang
- ☐ Zahnrad-Zähne verschlissen oder ausgebrochen (Kapitel 7)*
- ☐ Getriebelager verschlissen (Kapitel 7)*

Gänge lassen sich schwierig einlegen
- ☐ Kupplung defekt (Kapitel 6)
- ☐ Schaltgestänge und Anlenkungen verschlissen, beschädigt oder schlecht eingestellt (Kapitel 7, Sektion 4)
- ☐ Getriebeölpegel zu niedrig (Kapitel 1, Sektion 28)
- ☐ Synchronringe verschlissen (Kapitel 7)*

Gang springt heraus
- ☐ Schaltgestänge und Anlenkungen verschlissen, beschädigt oder schlecht eingestellt (Kapitel 7, Sektion 4)
- ☐ Synchronringe verschlissen (Kapitel 7)*
- ☐ Schaltgabeln verschlissen (Kapitel 7)*

Vibrationen
- ☐ Getriebeöl-Mangel (Kapitel 1, Sektion 28)
- ☐ Getriebelager verschlissen (Kapitel 7)*

Getriebeöl tritt aus
- ☐ Antriebs- oder Schaltwellendichtring undicht (Kapitel 7)
- ☐ Getriebegehäuse-Dichtfläche undicht (Kapitel 7)*
- ☐ Eingangswellen-Dichtring defekt (Kapitel 7)*

** Obwohl die notwendigen Arbeitsschritte zur Beseitigung der beschriebenen Symptome außerhalb der Fähigkeiten eines Hobbyschraubers liegen, können die Informationen helfen, die Ursache zu isolieren, sodass bei einer Fachwerkstatt klare Aussagen gemacht werden können.*

Antriebswellen

Geräusche (Klopfen oder Klicken) in Kurven (geringes Tempo bei eingeschlagener Lenkung)
- ☐ Schmierstoffmangel an Gleichlaufgelenk (eventuell wegen beschädigter Manschette) (Kapitel 8)
- ☐ Äußere Gleichlaufgelenke verschlissen (Kapitel 8, Sektion 6)

Vibrationen beim Beschleunigen oder im Schiebebetrieb
- ☐ Innere Gleichlaufgelenke verschlissen (Kapitel 8, Sektion 6)
- ☐ Antriebswelle verbogen oder verdreht (Kapitel 8, Sektion 6)
- ☐ Antriebswellen-Zwischenlager (rechts) verschlissen (Kapitel 8, Sektion 5)

Hinterachse

Rumpeln aus dem Heckbereich – lässt sich mit leicht gezogener Handbremse vermindern
- ☐ Hinterradlager verschlissen (Kapitel 8, Sektion 8)
- ☐ Blattfeder-Bügel locker (Kapitel 8, Sektion 12)
- ☐ Radmuttern locker (Kapitel 1 oder 10)

Bremssystem

Anmerkung: *Bevor von einem Bremsenproblem ausgegangen wird, muss überprüft werden, ob die Reifen in Ordnung und korrekt aufgepumpt sind, die Spur der Vorderräder korrekt eingestellt ist und das Fahrzeug nicht ungleichmäßig beladen ist. Abgesehen von der Überprüfung aller Bremsleitungen sollten alle Mängel am ABS von einer Fachwerkstatt diagnostiziert und behoben werden.*

Fahrzeug zieht beim Bremsen zu einer Seite
- ☐ Bremsbeläge einer Seite sind verschlissen, beschädigt oder verölt (Kapitel 1 oder 9)
- ☐ Bremssattelkolben schwergängig oder fest (Kapitel 1 oder 9)
- ☐ Bremsbelag-Material unterscheidet sich zwischen beiden Seiten (Kapitel 1 oder 9)
- ☐ Bremssattel-Befestigung locker (Kapitel 9)
- ☐ Lenkungs- oder Radaufhängungs-Komponenten verschlissen oder beschädigt (Kapitel 1 oder 10)

Geräusche (Schleifen oder Quietschen) beim Bremsen
- ☐ Bremsbeläge bis auf Sensor oder Trägerplatte verschlissen (Kapitel 1 oder 9)
- ☐ Bremsscheiben stark korrodiert (z. B. nach langer Standzeit) (Kapitel 1 oder 9)
- ☐ Fremdkörper (Steine, Äste usw.) zwischen Bremsscheibe und Spritzschutz eingeklemmt (Kapitel 1 oder 9)

Langer Bremspedalweg
- ☐ Hauptbremszylinder defekt (Kapitel 9, Sektion 10)
- ☐ Luft in Bremshydraulik (Kapitel 9, Sektion 2)
- ☐ Bremskraftverstärker defekt (Kapitel 9, Sektion 12)
- ☐ Vakuumpumpe defekt (Kapitel 9, Sektion 14)
- ☐ Bremskraftverstärker-Unterdruckschlauch getrennt, beschädigt oder schlecht gesichert (Kapitel 9, Sektion 13)

Bremspedal fühlt sich beim Treten schwammig an
- ☐ Luft in Bremshydraulik (Kapitel 9, Sektion 2)
- ☐ Bremsschläuche stark gealtert (Kapitel 1, Sektion 20 oder Kapitel 9, Sektion 3)
- ☐ Hauptbremszylinder-Muttern locker (Kapitel 9, Sektion 10)
- ☐ Hauptbremszylinder defekt (Kapitel 9, Sektion 10)

Zum Verzögern ist übermäßige Kraft beim Treten des Bremspedals nötig
- ☐ Bremskraftverstärker defekt (Kapitel 9, Sektion 12)
- ☐ Vakuumpumpe defekt (Kapitel 9, Sektion 14)
- ☐ Bremskraftverstärker-Unterdruckschlauch getrennt, beschädigt oder schlecht gesichert (Kapitel 9, Sektion 13)
- ☐ Primär- oder Sekundär-Bremskreis defekt (Kapitel 9)
- ☐ Geberzylinder- oder Bremssattelkolben schwergängig oder fest (Kapitel 9)
- ☐ Bremsbeläge falsch montiert (Kapitel 9)
- ☐ Bremsbelag-Material falsch (Kapitel 9)
- ☐ Bremsbeläge verölt (Kapitel 1 oder 9)

Beim Bremsen treten im Bremspedal oder im Lenkrad Vibrationen auf

Anmerkung: *Durch das ABS können beim starken Bremsen im Bremspedal Vibrationen fühlbar sein – dies ist normal und beeinträchtigt nicht die Funktion.*
- ☐ Bremsscheibe(n) stark verzogen oder verformt (Kapitel 1 oder 9)
- ☐ Bremsbeläge verschlissen (Kapitel 1 oder 9)
- ☐ Bremssattel-Befestigung locker (Kapitel 9)
- ☐ Lenkungs- oder Radaufhängungs-Komponenten verschlissen (Kapitel 1 oder 10)
- ☐ Vorderräder sind nicht korrekt gewuchtet (*Wöchentliche Kontrollen*)

Bremsen schleifen
- ☐ Bremssattelkolben schwergängig oder fest (Kapitel 9)
- ☐ Hauptbremszylinder defekt (Kapitel 9, Sektion 10)

Hinterräder blockieren beim normalen Bremsen
- ☐ Hinterradbremsbeläge verschmutzt oder beschädigt (Kapitel 1)
- ☐ Hinterradbremsscheibe(n) verzogen (Kapitel 1 oder 9)
- ☐ ABS defekt (Kapitel 9)

Radaufhängungen und Lenkung

Anmerkung: *Bevor von einem Problem an den Radaufhängungen oder der Lenkung ausgegangen wird, muss überprüft werden, ob das Problem nicht durch falschen Reifendruck, falsche Reifen oder eine schleifende Bremse entstanden ist.*

Fahrzeug zieht zu einer Seite
- ☐ Reifen defekt (*Wöchentliche Kontrollen*)
- ☐ Lenkungs- oder Radaufhängungs-Komponenten stark verschlissen (Kapitel 1 oder 10)
- ☐ Spur und Sturz nicht korrekt eingestellt (Kapitel 10, Sektion 24)
- ☐ Unfallschaden an Lenkungs- oder Radaufhängungs-Komponenten (Kapitel 1 oder 10)

Räder flattern oder vibrieren
- ☐ Vorderräder nicht gewuchtet (Vibrationen vor allem im Lenkrad spürbar) (*Wöchentliche Kontrollen*)
- ☐ Hinterräder nicht gewuchtet (Vibrationen im Fahrzeug spürbar) (*Wöchentliche Kontrollen*)
- ☐ Räder beschädigt oder verzogen (*Wöchentliche Kontrollen*)
- ☐ Reifen beschädigt oder defekt (*Wöchentliche Kontrollen*)
- ☐ Lenkungs- oder Radaufhängungs-Gelenke, Buchsen und Komponenten verschlissen (Kapitel 1 oder 10)
- ☐ Radmuttern locker (Kapitel 1)

Starkes Einsinken und/oder Schlingern in Kurven oder beim Bremsen
- ☐ Stoßdämpfer defekt (Kapitel 1 oder 10)
- ☐ Federn und/oder Federelemente ermüdet oder gebrochen (Kapitel 1 oder 10)
- ☐ Stabilisator oder Befestigungen verschlissen oder beschädigt (Kapitel 1 oder 10)

Fahrzeug bleibt nicht in der Spur oder ist generell instabil
- ☐ Spur und Sturz nicht korrekt eingestellt (Kapitel 10, Sektion 24)
- ☐ Lenkungs- oder Radaufhängungs-Gelenke, Buchsen und Komponenten verschlissen (Kapitel 1 oder 10)
- ☐ Räder nicht gewuchtet (*Wöchentliche Kontrollen*)
- ☐ Reifen beschädigt oder defekt (*Wöchentliche Kontrollen*)
- ☐ Radmuttern locker (Kapitel 1)
- ☐ Stoßdämpfer defekt (Kapitel 1 oder10)
- ☐ Servolenkungs-System defekt (Kapitel 10)

Schwergängige Lenkung
- ☐ Spurstangenkopf- oder Federbein-Kugelgelenk klemmt (Kapitel 1 oder 10)
- ☐ Spur und Sturz der Vorderräder nicht korrekt eingestellt (Kapitel 10, Sektion 24)
- ☐ Lenkgestänge oder Lenksäule verbogen oder beschädigt (Kapitel 10, Sektion 18)
- ☐ Servolenkungs-System defekt (Kapitel 10)

Übermäßiges Spiel in der Lenkung
- ☐ Lenksäulen-Kreuzgelenk(e) verschlissen (Kapitel 10, Sektion 17)
- ☐ Spurstangenköpfe verschlissen (Kapitel 10, Sektion 10)
- ☐ Lenk-Zahnstange verschlissen (Kapitel 10, Sektion 18)
- ☐ Lenkungs- oder Radaufhängungs-Gelenke, Buchsen und Komponenten verschlissen (Kapitel 1 oder 10)

Mangelnde Servo-Unterstützung
- ☐ Servolenkungspumpen-Antriebsriemen gerissen (Kapitel 1, Sektion 8)
- ☐ Servolenkungs-System defekt (Kapitel 10)
- ☐ Lenk-Zahnstange verschlissen (Kapitel 10, Sektion 18)

Starker Reifenverschleiß

Verschleiß an den Innen- oder Außenrädern
- ☐ Luftdruck zu gering (*Wöchentliche Kontrollen*)
- ☐ Spur und Sturz nicht korrekt eingestellt (Verschleiß nur an einer Seite) (Kapitel 10, Sektion 22)
- ☐ Lenkungs- oder Radaufhängungs-Gelenke, Buchsen und Komponenten verschlissen (Kapitel 10, Sektion 22)
- ☐ Sportliche Fahrweise
- ☐ Unfallschaden

Reifenprofil bildet »Sägezähne«
- ☐ Spur nicht korrekt eingestellt (Kapitel 10, Sektion 24)

Reifenverschleiß in der Profilmitte
- ☐ Luftdruck zu hoch (*Wöchentliche Kontrollen*)

Verschleiß an den Innen- und Außenrädern
- ☐ Luftdruck zu gering (*Wöchentliche Kontrollen*)

Ungleichmäßiger Verschleiß
- ☐ Reifen schlecht oder nicht gewuchtet (*Wöchentliche Kontrollen*)
- ☐ Reifen oder Felge stark verschlissen (*Wöchentliche Kontrollen*)
- ☐ Stoßdämpfer verschlissen (Kapitel 1 oder 10)
- ☐ Reifen defekt (*Wöchentliche Kontrollen*)

Elektrik

Anmerkung: *Probleme mit dem Anlasser werden unter dem Stichpunkt »Motor« behandelt.*

Batterie entlädt nach wenigen Tagen
- ☐ Batterie stark verschmutzt, sodass Kriechströme entstehen (*Wöchentliche Kontrollen*)
- ☐ Batterie hat internen Defekt (Kapitel 5, Sektion 2)
- ☐ Batterieanschlüsse locker oder korrodiert (*Wöchentliche Kontrollen*)
- ☐ Keilrippenriemen locker oder verschlissen (Kapitel 1, Sektion 8)
- ☐ Lichtmaschine lädt nicht mit korrekter Leistung (Kapitel 5, Sektion 4)
- ☐ Lichtmaschine oder Spannungsregler defekt (Kapitel 5, Sektion 6)
- ☐ Kurzschluss verursacht dauerhafte Entladung (Kapitel 5 oder 12)

Ladekontrollleuchte leuchtet nach dem Starten des Motors weiter
- ☐ Keilrippenriemen locker oder verschlissen (Kapitel 1, Sektion 8)
- ☐ Lichtmaschine oder Spannungsregler defekt (Kapitel 5, Sektion 4)
- ☐ Kabel des Ladestromkreises getrennt, locker oder gebrochen (Kapitel 5 oder 12)

Ladekontrollleuchte leuchtet beim Einschalten der Zündung nicht
- ☐ Cockpit-Instrumente defekt (Kapitel 11, Sektion 27)
- ☐ Kabel des Kontrollleuchten-Stromkreises getrennt, locker oder gebrochen (Kapitel 5 oder 12)
- ☐ Lichtmaschine defekt (Kapitel 5, Sektion 4)

Licht funktioniert nicht
- ☐ Lampe durchgebrannt (Kapitel 12)
- ☐ Lampen- oder Sockel-Kontakt korrodiert (Kapitel 12)
- ☐ Sicherung durchgebrannt (Kapitel 12, Sektion 3)
- ☐ Relais defekt (Kapitel 12, Sektion 3)
- ☐ Kabel getrennt, locker oder gebrochen (Kapitel 12)
- ☐ Schalter defekt (Kapitel 12, Sektion 5)

Instrumente zeigen falsch oder ungleichmäßig an
Tankuhr oder Temperaturanzeige zeigt nichts an
- ☐ Geber defekt (Kapitel 4A, Sektion 8 oder 10)
- ☐ Stromkreis unterbrochen (Kapitel 12)
- ☐ Anzeige defekt (Kapitel 12, Sektion 11)

Tankuhr oder Temperaturanzeige zeigen ständig Maximalwerte an
- ☐ Geber defekt (Kapitel 4A, Sektion 8 oder 10)
- ☐ Kurzschluss im Stromkreis (Kapitel 12)
- ☐ Cockpit-Instrumente defekt (Kapitel 11, Sektion 27)

Hupe funktioniert nicht oder nur unzuverlässig
Hupe arbeitet ständig
- ☐ Hupenknopf klemmt oder hat Dauer-Massekontakt (Kapitel 12)
- ☐ Lenkrad-Kabelstecker hat Massekontakt (Kapitel 12)

Hupe funktioniert nicht
- ☐ Sicherung durchgebrannt (Kapitel 12, Sektion 3)
- ☐ Lenkrad-Kabelstecker getrennt, locker oder gebrochen (Kapitel 122)
- ☐ Hupe defekt (Kapitel 12, Sektion 13)

Hupe arbeitet unzuverlässig oder erzeugt krächzende Töne
- ☐ Kabelstecker locker (Kapitel 12)
- ☐ Hupen-Befestigung locker (Kapitel 12, Sektion 13)
- ☐ Hupe defekt (Kapitel 12, Sektion 13)

Scheibenwischer funktionieren nicht oder nur unzuverlässig
Scheibenwischer funktioniert gar nicht oder nur sehr langsam
- ☐ Wischerblätter kleben auf Scheibe (Pollen, Baumharz, Blattläuse)
- ☐ Wischergestänge klemmt, Gelenke stark verrostet (Kapitel 12)
- ☐ Sicherung durchgebrannt (Kapitel 12, Sektion 3)
- ☐ Batterie entladen (Kapitel 5, Sektion 2)
- ☐ Kabel getrennt, locker oder gebrochen (Kapitel 12, Sektion 2)
- ☐ Relais defekt (Kapitel 12, Sektion 3)
- ☐ Scheibenwischermotor defekt (Kapitel 12, Sektion 15)

Wischerblätter wischen über zu großen oder zu kleinen Bereich der Glasscheibe
- ☐ Wischerblätter falsch montiert oder falsche Größe (*Wöchentliche Kontrollen*)
- ☐ Wischerarm falsch auf Welle positioniert (Kapitel 12, Sektion 14)
- ☐ Wischergestänge stark verschlissen (Kapitel 12, Sektion 14)
- ☐ Scheibenwischermotor- oder Wischerarm-Befestigungen locker (Kapitel 12, Sektion 15)

Wischerblätter können Glasscheibe nicht wirkungsvoll reinigen
- ☐ Wischerblätter stark verschmutzt, verschlissen oder eingerissen (*Wöchentliche Kontrollen*)
- ☐ Wischerblätter falsch montiert oder falsche Größe (*Wöchentliche Kontrollen*)
- ☐ Wischerarm-Feder gebrochen oder Scharniere verrostet (Kapitel 12, Sektion 14)
- ☐ Waschwasser-Zusatz zu wenig, fehlt oder falsch (*Wöchentliche Kontrollen*)

Scheibenwaschanlage funktioniert nicht oder nur unzuverlässig
Eine oder mehrere Düsen funktionieren nicht
- ☐ Düse verstopft – mit Nadel reinigen
- ☐ Schlauch abgezogen, abgeknickt oder verstopft (Kapitel 12, Sektion 17)
- ☐ Wischwasserbehälter leer (*Wöchentliche Kontrollen*)

Wischsystem-Pumpe arbeitet nicht
- ☐ Kabel getrennt, locker oder gebrochen (Kapitel 12, Sektion 2)
- ☐ Sicherung durchgebrannt (Kapitel 12, Sektion 3)
- ☐ Schalter defekt (Kapitel 12, Sektion 5)
- ☐ Pumpe defekt (Kapitel 12, Sektion 17)

Wischsystem-Pumpe läuft lange, bis Wasser aus Düsen austritt
- ☐ Einwegventil in Schlauch defekt (Kapitel 12, Sektion 17)

Elektrische Fensterheber funktionieren nicht oder nur unzuverlässig
Fensterheber arbeitet nur in eine Richtung
- ☐ Schalter defekt (Kapitel 12, Sektion 5)

Fensterheber arbeitet sehr langsam
- ☐ Batterie entladen (Kapitel 5, Sektion 2)
- ☐ Fensterheber-Mechanismus festgegangen, Schmiermangel (Kapitel 11, Sektion 18)
- ☐ Türverkleidung oder andere Komponenten behindern Fensterheber-Mechanismus (Kapitel 11)
- ☐ Motor defekt (Kapitel 11, Sektion 18)

Fensterheber arbeitet nicht
- ☐ Sicherung durchgebrannt (Kapitel 12, Sektion 3)
- ☐ Relais defekt (Kapitel 12, Sektion 3)
- ☐ Kabel getrennt, locker oder gebrochen (Kapitel 12, Sektion 2)
- ☐ Motor defekt (Kapitel 11, Sektion 18)

Zentralverriegelung funktioniert nicht oder nur unzuverlässig
Zentralverriegelung komplett ausgefallen
- ☐ Fernbedienungs-Batterie entladen (falls vorhanden) (Kapitel 1, Sektion 31)
- ☐ Sicherung durchgebrannt (Kapitel 12, Sektion 3)
- ☐ Relais defekt (Kapitel 12, Sektion 3)
- ☐ Kabel getrennt, locker oder gebrochen (Kapitel 12, Sektion 2)
- ☐ Aktuator defekt (Kapitel 11)

Türverriegelung schließt, aber öffnet nicht oder umgekehrt
- ☐ Fernbedienungs-Batterie entladen (falls vorhanden) (Kapitel 1, Sektion 31)
- ☐ Hauptschalter defekt (Kapitel 12, Sektion 5)
- ☐ Gestänge oder Hebel ausgehängt oder gebrochen (Kapitel 11)
- ☐ Relais defekt (Kapitel 12, Sektion 3)
- ☐ Aktuator defekt (Kapitel 11)

Einzelnes Türschloss funktioniert nicht
- ☐ Kabel getrennt, locker oder gebrochen (Kapitel 12, Sektion 2)
- ☐ Betätigung defekt (Kapitel 11)
- ☐ Gestänge oder Hebel ausgehängt oder gebrochen (Kapitel 11)
- ☐ Türverriegelung defekt (Kapitel 11)

PAUL FRAYSSE • PHILIPPE SAUVAT
RESTAURIEREN WIE DIE PROFIS
1000 Tipps für professionelle Oldtimer-Restaurierung von den Achsen bis zum Auspuff
So wird's gemacht
Special
MOTOR
FAHRWERK
KAROSSERIE
INTERIEUR
SCHNEIDER MEDIA

PAUL FRAYSSE • PHILIPPE SAUVAT
RESTAURIEREN WIE DIE PROFIS
Weitere 1000 Tipps für die Oldtimer-Restaurierung von den Bremsen bis zum Zylinderkopf
So wird's gemacht
Special
MOTOR
BREMSEN
KAROSSERIE
MONTAGE
SCHNEIDER MEDIA